生 物 统 计 学 基 础

Fundamentals of Biostatistics

（原书第五版）

〔美〕伯纳德·罗斯纳 著

孙尚拱 译

科学出版社

北京

图字：01-2002-1679 号

内 容 简 介

本书是国外优秀教材 *Fundamentals of Biostatistics*（第五版）的中译本，由哈佛大学具有丰富教学经验的一流教授编写。

本书是介绍生物统计学重要知识和基本应用的导论性教材。书中运用丰富的医学和生物学实例及流程图，生动形象地阐明了生物统计学的概念内涵和方法公式。为了便于读者自学，本书尽量贯穿初等数学讨论，而不过多涉及高等数学证明，并且每章末附摘要、练习题和参考文献，书末有习题解答、索引及数据光盘。

本书适用于高等院校数学、生物学和医学相关专业师生使用。

图书在版编目（CIP）数据

生物统计学基础/（美）罗斯纳（Rosner，B.）著；孙尚拱译. —北京：科学出版社，2004

书名原文：Fundamentals of Biostatistics，5th Edition

ISBN 978-7-03-010394-9

Ⅰ. 生… Ⅱ.①罗…②孙… Ⅲ. 生物统计-理论-教材 Ⅳ.Q332

中国版本图书馆 CIP 数据核字（2002）第 027340 号

责任编辑：周 辉 单冉东 盖 宇 黄 方/责任校对：柏连海
责任印制：张 伟/封面设计：耕者工作室

科 学 出 版 社 出版
北京东黄城根北街 16 号
邮政编码：100717
http://www.sciencep.com
北京凌奇印刷有限责任公司印刷
科学出版社发行 各地新华书店经销

＊

2004 年 4 月第 一 版 开本：B5（720×1000）
2024 年 11 月第九次印刷 印张：50 1/4
字数：985 000

定价：198.00 元
（如有印装质量问题，我社负责调换）

本书献给我的妻子 Cynthia 及我的

孩子 Sarah、David 和 Laura

译　序

　　译者从事医学统计教学及应用研究 30 余年，读过的国内外统计教材不在少数，而这本医学统计教材，我认为是我所见过的最好的，称之为典范之作也不为过。

　　这是一本非常有特色的书，与其他同类书比较，其优点非常多。今只讲我认为最重要的三点：

　　一、这是一本通俗易懂但又非常严谨、细致、深入而又全面的教材。书中的多数公式都有证明，且多用初等数学方法，对于不能用初等方法证明的也都给出出处。对比国内的医学统计教材，其中公式基本上是既没有证明又无出处。

　　二、本书核心是医学应用，作者通过大量的医学实例，引入及介绍统计方法，从如何构思（第 1 章）到分析结果的解释，几乎都有全过程。由于一切从实用出发，所以对实用极为重要的知识，比如功效（power）及样本量的估计，都是实际工作者极为关心的，至今译者未看到有一本同类书能像本书那样详细地介绍功效及样本量的估计。本书有 351 个医学实例，1166 个练习题，内容几乎涉及医学的所有领域。仔细读这些例子的提出及解决，对提高科研能力极有帮助。

　　三、学术上的先进性。本书是第 5 版，作者能在每个版本中把当时国际上最流行的统计方法及统计软件及时吸收在书内，本书的第 13 章（流行病研究中的设计与分析技术）及第 14 章（假设检验：人-时间数据）最为精彩，也最有代表性。

　　译者译本书时，常有联想，中国的大学教材几乎都不比美国的差，但为什么中国的医学统计教材与美国哈佛大学医学教材差距如此之大？当然与学制不同很有关系，但医学统计专业的研究生又如何？我以为，我们的医学统计教师及流行病学教师们，如都认真地阅读此书，我国的医学统计教学及科研水平必定会有大的提高。

　　最后，译者非常感谢中国科学院院士陈希孺教授推荐我承担本书翻译工作，也感谢我的同事何平平老师帮我翻译第 6 章及其后的练习题和所有的流程图。

孙尚拱

前　言

　　这本导论性质的生物统计学教材，是为高年级大学生或对医学卫生领域有兴趣的研究生而写的。读者不需要有统计学的背景，他（她）仅需有代数知识即可。

　　《生物统计学基础》一书是由我在哈佛大学（Harvard University）及哈佛医学院执教 25 年多的教学笔记发展而成。我写本书的目的，是为了帮助学生掌握大量出现在医学文献中的统计方法。从学生角度看，书中引用的大量实际存在于文献中的例子是很有代表性的，它对于理解及掌握统计方法是重要的。因此，这些例子及练习题是本书的基础，它们要么取自医学文献中的实际论文，要么是作者在哈佛医学院从事医学研究及咨询工作中遇到的实际问题。

方法

　　大多数入门的统计教材要么完全不用数学公式，要么采用严密复杂的数学公式。本书介于两者之间，用最少量的数学公式并对重要概念给以完全的解释。本书中的每一个新概念都是从当前医学研究问题的例子中有步骤地引出的。另外，我也引用电脑输出的结果，这对说明这些概念是合适的。

　　首先，我把本书写成介绍性的生物统计教材。但是这个领域在过去的几年中发展很快，因为新的统计软件包的增加，使我们可以比过去更好地完成复杂的数据分析。由此，本书的第二个目标是在介绍性的水平上去展示新的统计方法，以使学生能通晓它们而无需涉足特殊的（通常是更高级）统计教材。

　　为了更清楚地区分这两个目标，我把介绍性的内容放在前 12 章，它构成了本书的主要部分。然后增加"流行病研究中的设计与分析技术"作为第 13 章，"假设检验：人-时间数据"作为第 14 章。这两章包括了最新流行病学研究中的更高级的统计技术。

第 5 版中的变动

　　在第 5 版中，增加了 11 节新内容并基本上重写了其他 8 节。新的内容如下：
■扩充了真实数据的计算机练习题。这个版本中包含有 23 组数据，它们都存放在本书背面的一个软盘中。读者首先应检查这些数据集，它们是用 Excel 可读格式存放的，而在过去的版本中，是用 MINITAB® 及 ASCII 格式存放的。

■一个附加的病例研究——有关抽烟对于骨密度的影响——贯穿于本书的几章。

■新的或扩充了下面的主题：

■ROC 曲线（3.7.1 节）

■在微软 Excel 软件上使用电子表格（4.8.2 节）

■协方差（5.6.1 节及 11.7 节）

■随机变量是应变量时的线性组合的方差及期望值（5.6.1 节）

■使用 Excel 软件完成假设检验及求取置信区间（第 6 至第 14 章）

■纵向研究中样本量的估计（8.11 节）

■delta 方法（13.3 节）

■等效性研究（13.9 节）

■再分析（meta-analysis, 13.8 节）

■方差-协方差矩阵（12.5 节）

■估计相关系数时的样本量（11.8.4 节）

■聚集性的二态数据（13.11 节）

■测度误差的方法（13.12 节）

■对于"人-时间"数据中功效及样本量的估计（14.4 及 14.6 节）

■生存分析中样本量的估计（14.12 节）

■对于单样本发病率数据的统计推断（14.2 节）

■发病率的置信区间（14.2 节）

新的或扩充了的部分，在本版目录中用"*"加以注明。

练习题

本版中包含有 1166 个练习题（而以前的版本中有 893 个），练习题的所有数据也包括在内。每章末尾的习题中带有"*"的在本书末都给出简单的答案。按照学生的要求，约有 600 个较为复杂的练习题的解答是在 *Study Guide to Accompany Fundamentals of Biostatistics*, 5th edition（ISBN 0-534-37120-5）中*。该学习指导提供每一问题的完全解答。另外，上述练习题中约 100 个是很有特色的混合题，它们是随机编排的，并不与书中所在的章有联系。这可以给学生一次锻炼的机会，以决定在什么情形下应该用什么方法。最后，在学习指导的附录中，对于本书中的 Excel 统计命令作了一个简单的描述。

---

* 此题解书未包括在本次翻译计划内。——译者注

计算方法

计算方法类似于第四版。所有中间结果都是完全精确的（10 位以上有意义的数字），即使在书中它们仅以较少的位数（通常是 2 或 3 位）出现也是如此。在某些情形中，中间结果似乎与最后结果不一致，但事实并非如此。

编制法

第 5 版的生物统计学基础是按下面形式编写的。

第 1 章是绪言，把我参与的实际医学研究工作的发展作了一个简述。它展示的生物统计学在医学研究中的作用给人感觉独特。

第 2 章介绍描述性统计。为了表示医学数据，作者介绍了所有重要的数值及图形工具。这一章对于医学论文的作者及读者都是特别地重要，因为这两者之间的信息传递是通过这些描述性工作而完成的。

第 3 至第 5 章介绍概率。内有概率的基本原理，某些最重要的概率分布，比如二项分布及正态分布，这些分布大量地出现于本书后面的章节之中。

第 6 至第 10 章介绍统计推理的某些基本方法。

第 6 章介绍从总体中抽取随机样本的概念。叙述了抽样分布中难弄的记号，并介绍了常见的抽样分布[*]，比如 t 分布及卡方分布。另外还有估计理论的基本方法，包括置信区间的拓广性讨论。

第 7 及第 8 章包含假设检验的基本原理。内有正态分布数据的最基本的假设检验，比如 t 检验，对单样本及两样本问题作了充分地讨论。

第 9 章介绍非参数统计的基本原理。放松了对正态分布的假设，从而发展了与第 7 及第 8 章相似的检验公式而又没有规定分布类型。

第 10 章介绍用于类型数据的假设检验的基本概念，包括一些最广泛使用的统计过程，比如卡方检验及 Fisher 精确检验。

第 11 章发展了回归分析原理。内有简单线性回归及多重回归。还包括回归模型的拟合优度的重要部分，最后介绍秩相关。

第 12 章介绍方差分析（ANOVA）原理。讨论固定方差的单向分析及随机效应模型。另外，也讨论双向 ANOVA 及协方差分析。最后，讨论单向 ANOVA 的非参数方法。

第 13 章讨论流行病研究中的设计和分析方法。介绍最重要的研究设计，包括前瞻性研究、病例-对照研究、横断面研究及交叉设计。介绍了混杂变量（即

---

[*] 原书把 t、卡方分布称为是 Sampling distribution，而国内统计学界常把他们称为"样本统计量的分布"。——译者注

该变量与疾病及暴露变量都有关系）的概念，详细讨论了包括 Mantel-Haenszel 检验及多重 logistic 回归的混杂的控制法。随后探讨了流行病学数据分析中目前最受关注的话题，包括 meta-analysis（再分析法——多于一个研究结果的组合）；聚集性的二态数据技术（这个技术可以用于分析重复测量数据，比如对相同的人重复测量牙齿）；测量误差方法（在收集暴露变量数据时如有实质性的测量误差时可用此法）；等效性研究（等效指两种处理方式之间，没有一种比另一种更好）。

第 14 章介绍人-时间数据的分析法。这章中包含有发病率数据的统计方法，及生存分析的几种方法：Kaplan-Meier 生存曲线估计，对数秩检验及 Cox 比例危险率模型。

贯穿于全书，特别是第 13 章，都在讨论研究设计的基础，包括匹配概念，队列研究，病例-对照研究，回顾性研究，前瞻性研究，灵敏度、特异度及筛选检验的预测值。这些设计出现于实际样本的上下文中。此外，第 7、8、10、11、13 及第 14 章包括有不同研究情况下估计样本量的公式。

书末给出统计推理各种方法的一个流程图（749~753 页），它可以作为本书中各种方法相关联系的参考指南。第 7 至第 14 章中每章末尾的某些练习题，我都让学生去查看这些流程图。目的是锻炼学生正确判断本章方法与另外章中方法之间相互关系的能力。

另外，我提供了一个应用索引，按医学专业分组，总结了本书的所有例子及问题。

致谢

我感谢 Debra Sheldon，已故的 Marie Sheehan 及帮助打印书稿的 Harry Taplin，帮助准备软盘的 Marion Mcphee。我还感谢书稿的审读者，其中有：San Diego 州立大学的 John E. Alcaraz；Pittsburgh 大学的 Stewart J. Andorson；California 大学 Davis 分校的 Christiana Drake；McMaster 大学的 P. D. M. Macdonald；North Carolina 大学 Chapel Hil 分校的 Craig D. Turnbull；California 大学 Berkeley 分校的 Mark J. van der Laan 及 Kansas 大学医学院的 Dennis Wallace。我还要感谢我的同事 Nancy Cook、Robort Glynn、Cathy Berkey 及 Donna Spiegelman，他们帮助审读了本版的新材料。

另外，我感谢 Carolyn Crockett, Mary Vezilich, Anne Draus, Greg Draus 及 Linda Purrington 提供编辑建议并帮助准备书稿。

我还感谢 Channing 实验室的同事，主要有已故的 Edward Kass、Frank Speizer、Charles Hennekens、已故的 Frank Polk、Ira Tager、Jerome Klein、James Taylor、Stephen Zinner、Scott Weiss、Frank Sacks、Walter Willett、Alvaro Munoz、

Graham Colditz 及 Susan Hankinson 以及我在哈佛医学院的其他同事，主要有 Frederik Mosteller、Eliot Berson、Robert Ackerman、Mark Abelson、Arthur Garvey、Leo chylack、Eugene Braunwald 及 Arthur Dempster，是他们激励了我去写这本书。我还感激 John Hopper 及 Philip Landrigran 为我们的病例研究提供数据。

最后，我感谢 Leslie Miller、Andrea Wagner、Loren Fishman 及 Frank Santopietro，没有他们在医学上的帮助，本版是不可能出版的。

Bernard Rosner

目　　录

第1章　概　　述

统计学是在相对有限的样本数据上,对特定的随机现象作推断的学科。统计学的范围可分成两个主要的领域:数理统计学与应用统计学。**数理统计学**更关注统计推断中新方法的发展及要求有较多的抽象数学知识作为工具。**应用统计学**则关心如何把数理统计方法应用到特定的领域,比如经济学、心理学及公共卫生学。**生物统计学**是应用统计学的分支,它涉及统计方法应用到医学及生物学领域,但统计学的数理统计学和应用统计学在此有些重叠。例如,在某些实例中,某个已有的标准统计方法不大适用而必须加以修正。在这种情形下,生物统计学就涉及如何去发展新方法。

学习生物统计的一个好的方法是在研究过程中,从开始计划阶段直到完成期间都能参与在内,这包括在研究完成时书写研究报告或为出版物写初稿。作为例子,我将描述我以前参加的一个研究工作。

一天早晨,我的一个朋友来电话,我们谈话中提及他近来使用了一个新的自动血压计,而这种型式的仪器在许多银行、旅馆及百货店中都可以见到。在近几个季度中该血压计已经测量得他的舒张压的平均值为 115 mmHg(毫米汞柱*),而最高的读数是 130 mmHg。我当时很吃惊于他的血压读数,因为如果这些数字是真的,则我的朋友很可能与某些严重的心血管病很接近了。我指点他到和我在一个医院工作的同事那里去用标准血压计再测量。测量结果是他的舒张压为 90 mmHg。这种相反的读数引起了我的兴趣,我开始注意此事,每次经过我所在的地区银行时,我都草草记录下这种仪器所显示的读数。明显的发现是,该仪器的读数有很大的百分数是在高血压范围。虽然高血压患者可能更相信这样的仪器,但我相信这样的血压读数不能与医院中用标准方法获得的读数相比较。我把我的怀疑向 B.Frank Polk 医生说了,并表示我有兴趣继续关注这个仪器的行为。于是我们决定派一个人去考察仪器。此人先接受了很好的训练,以使他能很好地使用医院中的标准血压计(人工法)及市场上的自动测血压的仪器。他的工作是向自愿接受测试者付 50 美分,向他调查一些问题及接受两种方式(自动仪器与人工)的测量。

在这时,我需要作出某些重要的决定,这些决定有:

(1)应检查多少仪器?

(2)在每个仪器上应检查多少人?

---

* 1mmHg(毫米汞柱)=1.3322×10^2Pa。——译者注

(3)自动仪器与人工测量的顺序问题——应该先使用仪器还是先用人工的标准血压计？当然如能对一个受试者同时用自动仪器及人工测量是可以避免上述问题的,但实际上这是不可能的。

(4)在问卷中我们应收集什么样的数据？而这些数据可能影响上述两个方法的比较。

(5)数据应如何记录以便为今后的电脑计算提供方便？

(6)应如何检查已进入电脑中数据的准确性？

我是按如下的方式解决上述问题的：

(1)及(2)问题中,我们决定使用 4 个仪器,因为我们不能担保这些自动血压计的质量。但我们准备对每个自动血压计使用足够的受试者以使它在与人工标准的血压器之间可作精细的比较。我们预测了上两个方法之间可能有多大的不一致后,使用本书中估计样本量的公式,我们计算出每个自动血压器大约需要测试 100 个受试者。

(3)在决定两个仪器使用的顺序时,按某些已有的报告,在接受两次血压测量时,第一次测量的值往往偏高,这是因为开始测量时人的肌肉容易绷紧。因此,我们不能总是先用某一型仪器。为了方便,我们采用随机化技术:采用投掷一个钱币的正反面来决定受试者应先采用哪一种仪器,当然这也可以使用本书附录表 4 的**随机数**法。

(4)我们感到体型对测量结果是不重要的,因为肥胖者的手臂只不过是读数时有困难而已。因此,我们的问卷只包括性别、年龄及过去是否有高血压病史。

(5)数据的记录中,我们使用数码形式,因为这种数码容易被电脑读入也容易做分析。每个受试者被指定一个识别(ID)号。由这个 ID 号可以惟一地识别受试者。这些数码是通过电脑键盘打入并给以核实,核实法就是用相同方式打入两次,如两个记录不相同,则再重新输入一次。

(6)数据进入电脑后,我们执行某个编辑程序去考察这些数据的准确性。用手工检查表格中的每个项目是不可能的(因为数据量大),代替法是检查每个变量的数值是否落在某个指定的范围内并找出异常值。例如,我们检查所有血压的记录是否都超过 50 及不大于 300,且打印出所有不在以上范围内的记录。

完成了上述的数据收集、资料录入及数据检测阶段后,我们就可以去考察研究的结果。在这个过程中,首先用某些描述性统计概述该数据的某些信息。这种描述性工作可以用数字也可以用图来表示。如果用数字表示,则可以表示成表格,或用**频数分布**形式看看数据中的每个值发生的频数。如用图示法,则可以把数据形象地做成一个或多个图。描述数据的形式应视变量的分布形式而改变:如变量的取值是**连续**的,也就是它可能有无限个取值,如我们此处的血压,则用均值及标准差作为描述性统计量将是合适的。但如果变量是**离散**的,即该变量仅有少数可能的取值,比如,本例中的性别则考察每个可能值的百分比将是合适的描述性统计。在某些情形下,对于连续性变量可以同时使用上述两种形式的描述法,即把连续性取值划分为几个组,考察落入每个组的百分比作为描述性统计。比如,可以考察血压值落在 120 至 129 mmHg 及 130 至 139 mmHg 的百分比人数,等等。

　　在本文的研究中我们首先看看每个方法在每个位置上血压的均值,见表 1.1,见文献[1]。

表 1.1　平均血压及两个方法间的差值

受试者位置	受试人数	舒张压/mmHg					
		自动仪器		人工测量		差　值	
		均值	标准差	均值	标准差	均值	标准差
A	98	142.5	21.0	142.0	18.1	0.5	11.2
B	84	134.1	22.5	133.6	23.2	0.5	12.1
C	98	147.9	20.3	133.9	18.3	14.0	11.7
D	62	135.4	16.7	128.5	19.0	6.9	13.6

注:获得 American Heart Association, Inc. 准许。

　　从这个表中,可以看到,我们并没有从 100 个受试者得出全部有意义的数据,因为我们在每个仪器中并没有得到全部有价值的读数。这种漏失值的情形在生物统计中是很平常的,它应当在计划阶段决定样本大小时即考虑在内(但在此例中我们未考虑在内)。

　　这个研究的下一步是判断两个方法(自动仪器与手工标准仪器)之间(C,D)位置上表面上的差异是某种意义上"客观实在"的差异还是由于受试地区间的"变化"造成的。这个问题属于**"推断统计学"**。表 1.1 中 C 位置上的 98 人在两个方法之间的差异达 14mmHg,我们应认识到这个差异有可能是不真实的,因为如果我们在不同时间调查另外 98 人,这个差异有可能并不会继续下去。这里涉及到**估计误差**问题。在统计学的专门术语中,这 98 个人代表了**总体**的一个**样本**。这里的总体是指那些可以使用自动血压计的全部人群。我们感兴趣的是这个总体,我们需要用样本去认识总体。特别地,在我们的例子中,我们需要知道这 14 mmHg 的**估计平均差异**是否为使用这种自动仪器的所有人的总体中存在的**真实平均差异**。尤其是,我们想知道这两个血压测量方法之间是否不存在有实质性的差异,而表面上的差异是否因位置的改变而引起? 这里 98 个受试者(组)的 14 mmHg 被认为是这个总体中两方法间真实平均差异(d)的一个**估计**。从一个样本去推断总体的特性是统计推断的中心课题。要实现这个目标,就需要发展一个**概率模型**。在这个模型中假定这个总体中两个方法之间没有实际差异,再去估计发生有 14 mmHg 差异的概率有多大。如果这个概率是充分地小,则认为总体中这两个方法之间存在有实质性的差异。在此例中,我们的概率模型建立在 t 分布基础上。对于 C 及 D 位置上的仪器,可以计算得到上述的概率小于千分之一。由于这个概率很小,所以我们的结论是:4 个被检测仪器中的两个自动仪器与人工标准仪器之间有真实的差异。

完成上述数据分析需要统计软件。这些软件收集了大量的统计计算程序,它可以描述数据及完成各种检验工作。目前最流行的统计软件有 SAS、SPSS、BMDP、MINITAB、Stata 及 Excel。

这个研究的最后一步,即完成数据分析后就应以出版形式编写研究报告。不可避免地,由于字数的限制,在数据分析阶段中大量的多余材料(包括部分结果)应被剔除而仅保留最基本的部分。

这一章的概述是让读者了解医学研究的某些概念及生物统计学的作用。第 2 章则用不同的方式叙述描述性统计。第 3 至第 5 章提供概率的某些基本原理及供以后各章做推断统计用的各种概率模型。第 6 至第 14 章介绍统计推断的基本课题。研究设计或数据收集方面的内容仅因为它涉及到本书的其他课题而编写的。

参 考 文 献

[1] Polk, B.F., Rosner, B., Feudo, R., & Vandenburgh, M.(1980).An evalnation of the Vita-Stat automatic blood pressure measuring device. *Hypertension*, 2(2),221—227

第2章 描述性统计

2.1 绪　　言

首先,我们要用简单明了的方式考察及描述数据,这可以把每个数据列成表格形式。一般说来,这个步骤往往是令人乏味及使人厌烦的。

例2.1　癌与营养　某些研究者提出,维生素 A 可以预防癌。为检验这个理论,收集 200 例在医院中治疗的每天按规定服用一定量的维生素 A 的癌病人的问卷数据,同时收集 200 例与癌症患者在性别、年龄上配对且都是同时期住同一医院的无相关疾病的对照者。这些数据收集到后应如何分析?

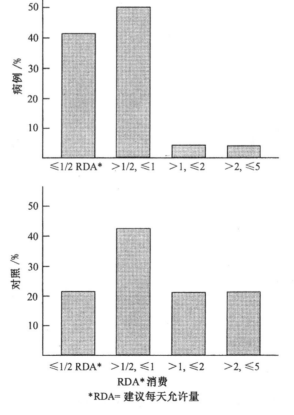

图 2.1　癌患者与对照组每天维生素 A 的消费量

在正式回答上述问题以前,应首先描述癌症患者与对照组在维生素 A 上的消费情况。图 2.1 上,**条形图**形象地显示出对照组比疾病组有较高的维生素 A 的消费量,特别是在极度过量的每天允许量(RDA)上的消费水平上更是如此。

例 2.2 肺病 医学研究者常常猜想被动吸烟者(本人不抽烟但却生活或工作在另外抽烟者的环境中)的肺功能可能会受到损伤。在 1980 年,美国 San Diego 的一个研究小组在出版的结果中指出,被动吸烟者比不生活(或工作)在抽烟环境中的人们有显著低得多的肺功能[1]。为了支持这个证据,作者在被动吸烟者及没有抽烟者(禁烟区)的环境中测量了一氧化碳(CO)的浓度,目的是看看这些环境中的 CO 的浓度是否会有不同。这些结果在图 2.2 中以**散点图**形式显示出来。

图 2.2 清楚地显示出,在两个工作环境中,白天早晨时 CO 浓度是相同的,但在中午前后很大的范围内差别很大,而到下午的 7 点以后两者再次近似相同。

图像法可以说明描述性统计的重要性,它可以很快地显示出数据的基本倾向

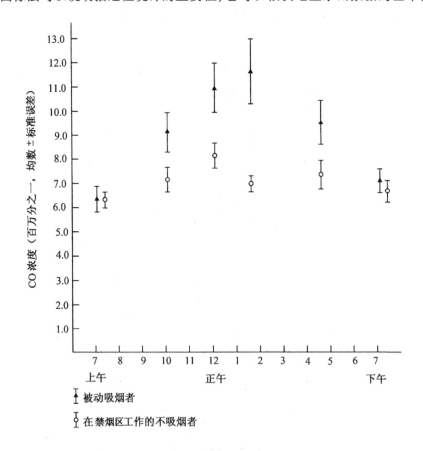

图 2.2 在被动吸烟者环境及禁烟区中,每天不同时间的平均 CO 浓度(±标准误差)

注:获得 The New England Journal of Medicine, 302,720~723,1980 准许

性,揭示你在什么地方值得使用统计推断方法去更详细地考察数据。在最后写研究报告沟通研究结果时,描述性统计也具有极重要的作用。除了特别对此感兴趣的人以外,大多数读者将会被描述性统计的结果所影响。

一个好的图示或数值表示应是怎样的? 基本准则是应尽可能多且又简单明了地包含原始信息。变量的特性应有清楚的标记,图上的字母、单位及坐标轴应当有清楚的标记,图上及表上的统计术语应当有好的定义,出现的数值应有相等的重要性。如果构建的是条形图,则这种“条形”既不可太多也不可太少。在分组列表格时也应如此。

在用数值及图形法描述数据时,可用许多方法。本章将简要地介绍这些方法并指出其作用。

2.2　位　置　测　度

统计问题可以这样叙述:考察一组数据样本 $x_1, \cdots, x_n$,其中 x_1 代表第一个样本点,而 x_n 代表第 n 个样本点。假定这些样本点都是从某个总体 P 中抽出,利用样本怎样推断总体 P 或有什么结论?

在回答这个问题以前,我们应尽可能简要地概述这批数据。概括一批数据的测度形式可以用样本中心或中间值表示。这是一种**位置测度法**(measures of location)。

2.2.1　算术均数

如何定义样本的“中间”? 这似乎很容易,但如多思考以后你会发现没有那么容易。表 2.1 是从 San Diego 的一个私人医院中收集的活婴一周内的出生体重。

表 2.1　加州 San Diego 一私人医院活婴一周内的出生体重(g)

i	x_i	i	x_i	i	x_i	i	x_i
1	3265	6	3323	11	2581	16	2759
2	3260	7	3649	12	2841	17	3248
3	3245	8	3200	13	3609	18	3314
4	3484	9	3031	14	2838	19	3101
5	4146	10	2069	15	3541	20	2834

此样本位置的一种测度是算术平均(arithmetic mean)(通俗的说法是均值)。算术平均(或称均值或样本均值)常记为 $\bar{x}$。

定义 2.1　算术平均　是所有观察值的和除以观察的个数。在统计学上常记为

$$\bar{x} = \frac{1}{n} \sum_{i=1}^{n} x_i$$

定义 2.1 中的 $\sum$ (sigma)是一个加法记号。表达式

$$\sum_{i=1}^{n} x_i$$

是 $(x_1 + x_2 + \cdots + x_n)$ 的简化写法。

如 a 及 b 是整数,且 $a \leqslant b$,则

$$\sum_{i=a}^{b} x_i$$

意味着它是 $x_a + x_{a+1} + \cdots + x_b$。如果 $a = b$,则 $\sum_{i=a}^{b} x_i = x_a$。"和"记号的一个基本性质是,如果和式中每一项有相同的乘数 c,则 c 可以被乘到和号的外边,即

$$\sum_{i=1}^{n} c x_i = c \left(\sum_{i=1}^{n} x_i \right)$$

例 2.3   如果 $x_1 = 2, x_2 = 5, x_3 = -4$,求

$$\sum_{i=1}^{3} x_i, \quad \sum_{i=2}^{3} x_i, \quad \sum_{i=1}^{3} x_i^2, \quad \sum_{i=1}^{3} 2 x_i$$

解

$$\sum_{i=1}^{3} x_i = 2 + 5 - 4 = 3 \qquad \sum_{i=2}^{3} x_i = 5 - 4 = 1$$

$$\sum_{i=1}^{3} x_i^2 = 4 + 25 + 16 = 45 \qquad \sum_{i=1}^{3} 2 x_i = 2 \sum_{i=1}^{3} x_i = 6$$

例 2.4   表 2.1 中出生体重样本的算术平均是什么?

解 $\bar{x} = (3265 + 3260 + \cdots + 2834)/20 = 3166.9$ g

一般说来,算术平均是位置测度的一种很自然的测度。但它的缺点是对极端值太敏感。在这种情形下,它就不能代表样本点的绝大多数。例如,在表 2.1 中的第一个婴儿如果是早产,它的体重仅 500 g 而不是 3265 g,这时的算术平均就是 3028.7 g。于是就有 7 个新生儿的体重低于 3028.7 g 的算术平均,而有 13 个新生儿的体重高于此算术平均。在极端情形下,有时可出现只有一个观察值是在算术平均的一边。也就是说,在有极端值情形下,算术平均并不是中心位置的一个好的测度。但不管怎样,算术平均至今仍是度量中心位置中最广泛使用的测度。

2.2.2   中位数

表示位置测度的第二个最常用的指标是**中位数**(median),准确的名字是**样本中位数**(sample median)。

在一个样本中如果包含有 n 个观察值,并且这些观察值是从小到大排序,则

中位数的定义如下。

定义 2.2　样本中位数

(1)如果 n 是奇数,则第 $(n+1)/2$ 个最大观察值就是样本中位数;

(2)如果 n 是偶数,则第 $n/2$ 个最大值与第 $(n/2+1)$ 个最大观察值的平均就是样本中位数。

上述定义的理由是确保在样本中位数的两边有相同数量的观察值。上述定义中区分 n 为奇偶数是因为没有办法用一个式子去定义它。例如,样本中有 7 个观察值,则第 4 个最大值就是中心点,有 3 个点小于这个中心点,而另外 3 个点大于这个中心点。对于偶数个观察值的样本,比如样本大小是 8,则第 4 与第 5 个观察值的平均就作为中位数,因为这时没有中心观察值。

例 2.5　在表 2.1 中计算样本中位数。

解　把表 2.1 中的观察数从小到大重新排列:

2069,2581,2759,2834,2838,2841,3031,3101,3200,3245,3248,3260,3265,3314,3323,3484,3541,3609,3649,4146

因为 $n=20$ 是偶数,所以

$$样本中位数 = 第\ 10\ 个与第\ 11\ 个最大观察值的平均$$
$$= (3245 + 3248)/2 = 3246.5\ \mathrm{g}$$

例 2.6　传染病

考察表 2.2 中的数据,计算中位数。

表 2.2　在宾夕法尼亚州的某医院中某一天测量到全部病人的白血球计数($\times 1000$)

i	x_i	i	x_i
1	7	6	3
2	35	7	10
3	5	8	12
4	9	9	8
5	8		

解　首先对他们重新排序:

3, 5, 7, 8, 8, 9, 10, 12, 35

因为 $n=9$ 是奇数,所以样本中位数是第 5 个最大值,它是 8。

样本中位数的重要优点是,它对于样本中的很大或很小值不敏感。比如,在表 2.2 中某个白血球数不是 35000 而是 65000,这时样本中位数仍然未变化,因为第 5 个最大值仍然是 8000。相反,在这新样本中的算术平均值则从原来的 10778 显著地增加到 14111。样本中位数的基本弱点是,它的数值基本上是被样本的中间值所决定,而对于实际数据中样本中位数以外的数值不敏感。

2.2.3　算术平均与中位数的比较

如果分布是**对称**的,则在样本中位数两边的点的相对位置是相同的。例如,表 2.1 中的出生体重的分布近似于对称;图 2.3a 中数据取自某工厂 30 至 39 岁工人的舒张压,它的分布也近似于对称。

如果一个分布是"**正倾斜**"(向右边倾斜),则大于中位数的点在距离中位数的绝对值上将会超过小于中位数的点的距离。这种分布的一个例子见图 2.3b,这是

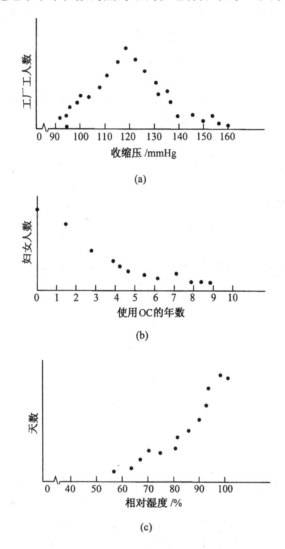

图 2.3　图形显示(a)对称,(b)正倾斜,(c)负倾斜

20～29 岁妇女使用口服避孕药(OC)的年数的分布。类似地,如果一个分布是**负倾斜**(向左边倾斜),则小于中位数的点的绝对值距离将会超过大于中位数的点的距离。例子见图 2.3c,这是在潮湿季节的同一时刻上观察空气中相对湿度的天数分布。此例中,在最潮湿的天气时,湿度可达 100%,而干燥的天气很少有(图 2.3c)。

在许多样本中,利用算术平均及样本中位数可以判断分布的对称性。因为在对称分布中,算术平均将近似于中位数;对于正倾斜分布则算术平均将大于中位数;而对于负倾斜分布,算术平均将小于中位数。

2.2.4 众数

另一个广泛使用的位置测度是众数(mode)。

定义 2.3 在一个样本的所有观察值中,发生频率最大的一个值称为**样本的众数**。

例 2.7 妇科学 表 2.3 是 500 名 18～21 岁女大学生相邻两次月经间隔天数的数据。频数列中是对应于天数的妇女数。这里众数是 28,因为在此天数上发生的频数最多。

表 2.3 某大学中女生相邻两次月经的间隔(天)

天数	频数	天数	频数	天数	频数
24	5	29	96	34	7
25	10	30	63	35	3
26	28	31	24	36	2
27	64	32	9	37	1
28	185	33	2	38	1

例 2.8 计算表 2.2 中数据分布的众数。

解 众数是 8000,因为在此值上发生的频数比另外值发生的频数都多。

有些数据的分布可以有多个众数。按照众数个数分类法,一般称只有一个众数的分布为**单峰**分布;有两个众数的称为**双峰**分布;有三个众数的分布称为**三峰**分布;等等。

例 2.9 计算表 2.1 中数据的众数。

解 没有众数,因为每个值都只出现一次。

例 2.9 说明了一个普遍性问题:如果样本数是很大的一组数据,而其中每个数值都不是经常发生,则众数的位置测度指标就没有什么用处了。因为这时的众数值要么远离样本中心,要么在极端情形下,它根本不存在(如例 2.9)。这个众数指标,在本书中并不使用,因为它的数学性质相当地难以找出,而且在一般情形下这个指标远不如算术平均值那样常用。

2.2.5   几何平均

很多实验室数据,特别是浓度形式的数据,因为它使用了冲稀技术,这样的数据往往可以写成 2 的倍数或一个常数乘以 2 的乘方。例如表 2.4 是 74 个病人的数据,它代表青霉素 G 对于尿中淋病的最低抑制浓度(MIC)[2]。此时算术平均用来描述位置测度是不合适的,因为它的分布相当倾斜。

表 2.4   青霉素 G 对于淋病的最低抑制浓度(MIC)

浓度(μg/mL)	频数	浓度(μg/mL)	频数
$0.03125 = 2^0(0.03125)$	21	$0.250 = 2^3(0.03125)$	19
$0.0625\ \ = 2^1(0.03125)$	6	$0.50\ \ = 2^4(0.03125)$	17
$0.125\ \ \ = 2^2(0.03125)$	8	$1.0\ \ \ = 2^5(0.03125)$	3

注:得 JAMA, 220, 205~208, 1972 准许。American Medical Association 1972 年版权。

但是这数据有某种规律,即每个可能的取值有如下规律:$2^k(0.03125)$,$k = 0$, $1, 2, \cdots$。解决此数据的位置测度问题可以对这些数据作对数变换。取对数后,就有一个性质,相邻两个可能的浓度的差是一个常数:

$$\log(2^{k+1}c) - \log(2^k c) = \log(2^{k+1}) + \log c - \log(2^k) - \log c$$
$$= (k+1)\log 2 - k\log 2 = \log 2$$

即浓度的对数是按相同的距离从一个变到另一个的,其结果是取对数后的数据并不倾斜。于是算术平均值可以按对数尺度而计算出来,即

$$\overline{\log x} = \frac{1}{n}\sum_{i=1}^{n}\log x_i$$

可以作为此样本的位置测度。但是,它更可取的是在 $\overline{\log x}$ 上取反对数,从而做成几何平均,这就引出下面的定义:

定义 2.4 $\overline{\log x}$ 的反对数称为**几何平均**(geometric mean)*,这里

$$\overline{\log x} = \frac{1}{n}\sum_{i=1}^{n}\log x_i$$

在几何平均的计算中,对数的底可以取任何数,但常用的底是 10 或自然数 e。

例 2.10   传染病   计算表 2.4 中样本的几何平均数。

解   (1)为方便,这里使用 10 为底。

---

* 在国内的统计书中,几何平均的定义为 $(x_1 x_2 \cdots x_n)^{1/n}$。——译者注

(2)计算

$$\overline{\log x} = [21\log(0.03125) + 6\log(0.0625) + 8\log(0.125)$$
$$+ 19\log(0.250) + 17\log(0.50) + 3\log(1.0)]/74$$
$$= -0.846$$

(3)几何平均数 $= -0.846$ 的反对数 $= 0.143$

2.3　算术平均数的某些性质

考察一个原始样本 $x_1, x_2, \cdots, x_n$。今创造一个变换后的样本：$x_1 + c, x_2 + c, \cdots, x_n + c$，而 c 是常数。记 $y_i = x_i + c, i = 1, 2, \cdots, n$。如果我们要计算变换后样本的算术平均，则可以有下面的关系式：

方程 2.1　如果 $y_i = x_i + c, i = 1, 2, \cdots, n$，则 $\bar{y} = \bar{x} + c$。

因此，y 的算术平均实是 x 的算术平均加上常数 c。

这个公式是很有用的，因为有时我们为了方便常改变样本数据中的"起点"，于是只要计算得变换后样本的算术平均后，再把它变换回原来的"起点"就是原来数据的算术平均值。

例 2.11　在表 2.3 中，明显的是对近似于零的数作计算要比对近似于 28 的数作计算更为方便。因此，我们可以在表 2.3 中每列的"天数"中减去 28，求得它的算术平均后再加 28，即得原数据的算术平均。计算列于表 2.5 中。

表 2.5　对表 2.3 中月经周期样本作变换

变后值	频数	变后值	频数	变后值	频数
-4	5	1	96	6	7
-3	10	2	63	7	3
-2	28	3	24	8	2
-1	64	4	9	9	1
0	185	5	2	10	1

注：$\bar{y} = [(-4)(5) + (-3)(10) + \cdots + (10)(1)]/500 = 0.54$；

$\bar{x} = \bar{y} + 28 = 0.54 + 28 = 28.54$ 天。

类似地，收缩压指标常取值在 100 与 200 之间。因此，我们可以对每个收缩压值减去 100，寻找得变换后样本的均值，再加上 100 即是原初样本的均值。

如果数据中的单位或尺度发生改变，算术平均值有何改变？**重新标度的样本**可以有下面形式：

$$y_i = cx_i, i = 1, 2, \cdots, n$$

这时下面的结果成立：

方程 2.2 如果 $y_i = cx_i, i = 1, 2, \cdots, n$，则 $\bar{y} = c\bar{x}$。

因此，要计算 y 的算术平均，只要计算 x 的算术平均再乘以倍数 c 即可。

例 2.12 将表 2.1 中的出生体重均值(克)改用盎司表示。

解 我们知道 1 盎司 = 28.35 g，且前面已求得 $\bar{x} = 3166.9$ g。于是以上数据如改用盎司表示时，它的均值为

$$c = 1/28.35 \qquad \bar{y} = (3166.9)/28.35 = 111.71 \text{ 盎司}$$

有时我们需要既改变数据的起点，又同时改变数据的标度。这时使用方程 2.1 与方程 2.2，得：

方程 2.3 设 $x_1, \cdots, x_n$ 是样本的原始数据，而 $y_i = c_1 x_i + c_2, i = 1, 2, \cdots, n$，则变换后样本的均值为用因子 c_1 乘原始均值再加常数 c_2。公式表示：

如果 $y_i = c_1 x_i + c_2, i = 1, 2, \cdots, n$，则 $\bar{y} = c_1 \bar{x} + c_2$。

例 2.13 如果我们有一个样本的数据是按摄氏度(℃)表示且已求得它的算术平均值为 11.75 ℃，则改变数据按华氏度(℉)表示，如何求它的算术平均？

解 记 y_i 是对应于按 ℃ 表示的 x_i，但 y_i 的单位是℉，这时的变换式为

$$y_i = \frac{9}{5} x_i + 32, i = 1, \cdots, n$$

于是算术平均为

$$\bar{y} = \frac{9}{5}(11.75) + 32 = 53.15 \text{ ℉}$$

2.4 离散性测度

考察图 2.4 中的两个样本。他们代表胆固醇测量的两种方法：对相同的人，使用两种不同的仪器测量胆固醇。图中可见，这两个样本有相同的中心。算术平均都是 200 mg/dL。但直观上看，这两个样本差别极大。差异是自动分析法比微酶法有更大的**变异性**(variability)，或称**离散性**(spread)。本节将对变异性给以量化。可以用位置测度与**离散性测度**(measures of spread)的联合去描述很多样本的整体特性。

2.4.1 极差

可以用几种方法描述一个样本的变异性。最简单的测度或许是极差。

定义 2.5 一个样本中最大与最小观察值之间的差异称为**极差**(range)。

例 2.14 表 2.1 中样本的极差是

$$4146 - 2069 = 2077 \text{ g}$$

例 2.15 计算图 2.4 中自动分析法与微酶法的数据极差,并比较两个方法的离散性。

解 自动分析法的极差为 $226 - 177 = 49$ mg/dL。而微酶法的极差为 $209 - 192 = 17$ mg/dL。此两值说明:自动分析法显得有更大的变异。

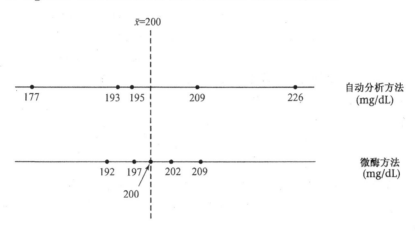

图 2.4 使用自动(autoanalyzer)及微酶(microenzymatic)
两种测量技术测量同一个人的胆固醇

极差法的一个优点是如果数据已经排序,则计算极差非常容易。它的根本性缺点是,对于极端的观察值太敏感了。比如在表 2.1 中最轻的婴儿如是 500 g 而不是 2069 g,则极差值是 $4146 - 500 = 3646$ g,即极差大大地增加了。极差法的另一个缺点是依赖于样本大小(n)。也就是说,对于较大的 n,对应的极差也常是较大的。这就使得我们在不同样本之间难以作比较。

2.4.2 分位数

改进极差法的一种方法是用**分位数**(quantiles)或**百分位数**。直观上看,第 p 个百分位数是找这样的 V_p 值:样本中有 $p\%$ 的观察值小于或等于 V_p。中位数实是第 50 个百分位数,它是分位数的一个特例。如同中位数一样,需要对第 p 百分位数作定义,它取决于 $np/100$ 是否为一个整数。

定义 2.6 第 p 个**百分位数**定义如下:

(1)如果 $np/100$ 不是一个整数,而 k 是小于 $np/100$ 的最大整数,则第 $k+1$ 个最大样本点即是第 p 个百分位数。

(2)如果 $np/100$ 是整数,则第 $np/100$ 与第 $np/100+1$ 个大的观察值的平均定义为第 p 个百分位数。

百分位数有时也称为**分位数**。

样本分布的离散性可以通过指定的几个百分位数去描述。例如,第 10 及第 90 百分位数常用于去表示离散性。百分位数比对极端值敏感的极差有更大的优点,它不大受样本大小的影响。

例 2.16 在表 2.1 中计算第 10 及第 90 的百分位数。

解 $20 \times 0.1 = 2$ 及 $20 \times 0.9 = 18$ 都是整数,于是第 10 及第 90 的百分位数为

第 10 百分位数:第 2 与第 3 大值的平均 = $(2581 + 2759)/2 = 2670$ g

第 90 百分位数:第 18 与第 19 大值的平均 = $(3609 + 3649)/2 = 3629$ g

由以上两个百分位数,我们可以估计出,80% 的出生体重落在 2670 g 与 3629 g 之间,这就给了我们这批样本离散性的一个总体印象。

例 2.17 对表 2.2 的数据,计算第 20 个百分位数。

解   因为 $np/100 = 9 \times 0.2 = 1.8$ 不是整数,因此第 20 百分位数是第 $(1 + 1)$ 个大值,即第 2 个大值 5000。

计算百分位数时,样本点必须排序。因此,当样本数 n 大时,这是相当困难的。一个较为容易的方法是使用茎叶图(stem-and-leaf plot,见 2.8.3 节),或者用电脑程序。

用多少个百分位数是没有限制的。但最有用的百分位数常根据样本大小及人们主观愿望而定。通常使用的百分位:有四分位数(25,50 及 75),五分位数(20,40,60,80),及百分位数(10,20,30,$\cdots$,90)。我们常常为了得到数据的分散性及分布的一般形状而使用百分位数。

2.4.3 方差与标准差

图 2.4 中数据显示,微酶法的数据比自动分析法的数据在某种意义上更接近于样本中心。如果样本的中心定义为算术均值,则我们可以考察每个样本点离中心的距离,即

$$x_1 - \bar{x}, x_2 - \bar{x}, \cdots, x_n - \bar{x}$$

一个简单的测度是

$$d = \frac{\sum_{i=1}^{n} (x_i - \bar{x})}{n}$$

不幸的是,这个测度由于下面的原因变得没有意义。

方程 2.4 一个样本中每个观察值与样本平均值偏差的总和永远是零。

例 2.18 计算图 2.4 中自动分析法及微酶法下数据离均值偏差的和。

解   对于自动分析法下的数据

$$d = (177 - 200) + (193 - 200) + (195 - 200) + (209 - 200) + (226 - 200)$$

$$= -23 - 7 - 5 + 9 + 26 = 0$$

对于微酶法下的数据

$$d = (192 - 200) + (197 - 200) + (200 - 200) + (202 - 200) + (209 - 200)$$
$$= -8 - 3 + 0 + 2 + 9 = 0$$

也就是说,在识别样本离散性上,这个偏差 d 没有价值。

第 2 个可能的测度是

$$\sum_{i=1}^{n} | x_i - \bar{x} | / n$$

这可称为平均偏差。平均偏差是一种合理的离散性测度,但当数据分布呈钟形时,它的分散性特征不如标准差(见定义 2.8)好。

第 3 个分散性测度是用离样本均值偏差的平均平方和法。这个测度常记为 s^2:

$$s^2 = \frac{\sum_{i=1}^{n} (x_i - \bar{x})^2}{n}$$

而更有用的测度是用 $n-1$ 作为上式的分母(而不是用 n)。这时的测度称为样本方差(或简称方差)

定义 2.7 样本方差,或**方差**(variance)定义如下:

$$s^2 = \frac{\sum_{i=1}^{n} (x_i - \bar{x})^2}{n - 1}$$

使用 $n-1$ 作分母的合理性见本书第 6 章的讨论。

另一个广泛使用作为分散性测度的是样本标准差。

定义 2.8 样本标准差,或**标准差**(standard deviation)定义为

$$s = \sqrt{\frac{\sum_{i=1}^{n} (x_i - \bar{x})^2}{n - 1}} = \sqrt{样本方差}$$

例 2.19 对图 2.4 中数据计算方差和标准差。

解 对于自动分析法

$$s^2 = [(177 - 200)^2 + (193 - 200)^2 + (195 - 200)^2 + (209 - 200)^2 + (226 - 200)^2]/4$$
$$= (529 + 49 + 25 + 81 + 676)/4 = 1360/4 = 340$$

$$s = \sqrt{340} = 18.4$$

对于微酶法:

$$s^2 = [(192 - 200)^2 + (197 - 200)^2 + (200 - 200)^2 + (202 - 200)^2 + (209 - 200)^2]/4$$
$$= (64 + 9 + 0 + 4 + 81)/4 = 158/4 = 39.5$$

$$s = \sqrt{39.5} = 6.3$$

可见,自动分析法下的标准差约是微酶法的 3 倍。

2.5   方差与标准差的某些性质

如同算术平均值一样,相同的问题是,方差和标准差会受数据的起点或单位的改变的影响吗? 假设有一样本 $x_1, \cdots, x_n$ 及对这些数据全部加上一个常数 c,也就是用 $y_i = x_i + c, i = 1, \cdots, n$,由此产生一个新样本。

在图 2.5 中,我们显然希望 x 样本的方差及标准差与 y 样本中的方差及标准差是相同的,因为在样本内,点的相互关系都是相同的。这个性质可以叙述如下:

方程 2.5   假设有两样本

$$x_1, \cdots, x_n \quad 及 \quad y_1, \cdots, y_n$$

而此处 $y_i = x_i + c, i = 1, \cdots, n$。若其样本方差分别记为

$$s_x^2 \quad 及 \quad s_y^2$$

则

$$s_y^2 = s_x^2$$

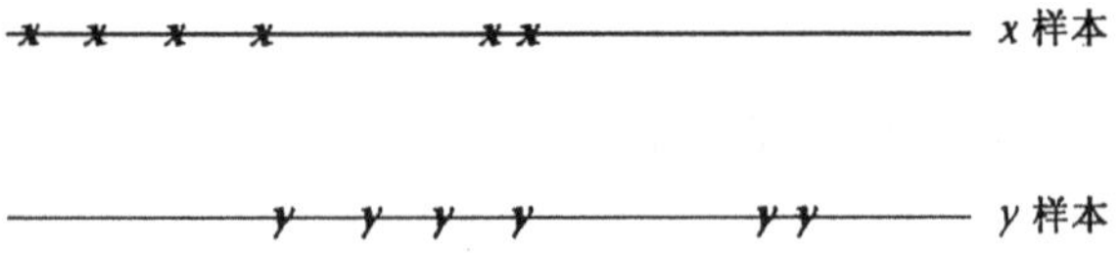

图 2.5   比较两样本的方差,此处一个样本是另一个样本的平移

例 2.20   比较表 2.3 及表 2.5 中数据的方差与标准差。

解   这两个方差与标准差是相同的,这是因为第二个样本是从第一个样本中减去 28 天而得出的,即这两个样本有如下关系:

$$y_i = x_i - 28$$

现假设由于单位的改变而产生新样本 $y_1, \cdots, y_n$,比如设 $y_i = cx_i, i = 1, \cdots, n$。这时下面关系式成立:

方程 2.6   设有两个样本

$$x_1, \cdots, x_n \quad 及 \quad y_1, \cdots, y_n$$

此处 $y_i = cx_i, i = 1, \cdots, n, c > 0,$

   则

$$s_y^2 = c^2 s_x^2, \quad s_y = c s_x$$

这可以用记号给以说明:

$$s_y^2 = \frac{\sum_{i=1}^{n} (y_i - \bar{y})^2}{n-1} = \frac{\sum_{i=1}^{n} (c x_i - c \bar{x})^2}{n-1}$$

$$= \frac{\sum_{i=1}^{n} [c(x_i - \bar{x})]^2}{n - 1} = \frac{\sum_{i=1}^{n} c^2 (x_i - \bar{x})^2}{n - 1}$$

$$= \frac{c^2 \sum_{i=1}^{n} (x_i - \bar{x})^2}{n - 1} = c^2 s_x^2$$

$$s_y = \sqrt{c^2 s_x^2} = c s_x$$

例 2.21 对表 2.1 中的出生体重数据,按克与盎司计算方差与标准差。

解 原始数据用克作单位,首先计算它的方差及标准差:

$$s^2 = \frac{(3265 - 3166.9)^2 + \cdots + (2834 - 3166.9)^2}{19}$$

$$= 3768147.8/19 = 198323.6 \text{ g}^2$$

$$s = 445.3 \text{ g}$$

以盎司为单位计算方差与标准差,由于

$$1 \text{ 盎司} = 28.35 \text{ g 或 } y_i = \frac{1}{28.35} x_i$$

于是

$$s^2 \text{ 盎司} = \frac{1}{28.35^2} s^2(\text{g}) = 246.8 \text{ 盎司}^2$$

$$s \text{ 盎司} = \frac{1}{28.35} s(\text{g}) = 15.7 \text{ 盎司}$$

因此,样本点如乘有尺度因子 c,则方差的改变要乘以因子 c^2,而标准差的改变要乘以因子 c。由于标准差与算术平均有相同的单位,而方差则没有此特性,这就是为什么标准差比方差更为常用。因此,对表 2.1 中数据,把单位改变为盎司时,例 2.12 及例 2.21 中的算术平均及标准差只要乘以因子 1/28.35 即可。

在科学文献中,位置测度与离散性测度中最为常用的测度即是算术平均与标准差。其基本理由之一是,后面叙述的正态分布(或钟形分布)明显地由以上两个参数完全决定,而正态分布又是广泛地出现在许多生物及医学领域。正态分布将在第 5 章中讨论。

2.6 变 异 系 数

这是一个与算术均值和标准差都相关的量。因为当两个样本的算术平均值分别是 10 和 1000 而标准差同为 10 时,如何说明这两个样本的差异? 变异系数常用于此类目的。

定义 2.9 变异系数(coefficient of variation, CV) 由下式定义：

$$100\% \times (s/\bar{x})$$

不管数据的尺度如何变化，上述测度是不变的，这是因为单位通过因子 c 而改变时，均值及标准差也都改变一个因子 c，而其比值 CV 仍然不变*。

例 2.22 在表 2.1 中的数据，当出生体重用克或盎司表示时，计算数据的变异系数。

解 CV = $100\% \times (s/\bar{x})$ = $100\% \times (445.3 \text{ g}/3166.9 \text{ g})$ = 14.1%

如数据用盎司表示，则

CV = $100\% \times (15.7 \text{ 盎司}/111.71 \text{ 盎司})$ = 14.1%

变异系数最常用于比较几个不同样本之间的变异性，这些样本可能有不同的算术均值。因为当均值增加时，人们常期望有较高的变异性，而 CV 可以定量地测度这个变异性。比如，我们在几个地方研究空气的污染情形时，我们希望在不同地点上逐日比较污染的变异性。我们期望有较高污染的地方应有较高的变异性。一个更精确的比较是用 CV 值而不是比较其标准差。

变异系数也可用于比较不同变量间的再现性。一个例子见表 2.6，数据取自文献[3]。

表 2.6 儿童心血管危险因子的再现性(Bogalusa Heart Study, 1978~1979)

	n	均数	标准差	CV(%)
身高/cm	364	142.6	0.31	0.2
体重/kg	365	39.5	0.77	1.9
三头肌皮肤褶/mm	362	15.2	0.51	3.4
收缩压/mmHg	337	104.0	4.97	4.8
舒张压/mmHg	337	64.0	4.57	7.1
总胆固醇/(mg/dL)	395	160.4	3.44	2.1
HDL 胆固醇/(mg/dL)	349	56.9	5.89	10.4

在此研究中，观察间隔约 3 年。每 3 年，一部分儿童重复测量一个短时间。表 2.6 仅列出一部分心血管危险因子的再现性数据。我们看到，变异系数的变化范围从身高的 0.2% 到 HDL 胆固醇的 10.4%。这里的标准差是在相同儿童重复测量的组内标准差。如何详细计算组内及组间变异，见第 12 章中方差模型的随机效应模型。

---

* 变异系数虽不受单位的影响，但却严重地受均值的影响，因此如测量误差(均值＝0)及两样本均值差别很大的数据，用 CV 作比较时，可比性有问题——译者注

2.7 分组数据

有时我们的样本太大以致难以显示所有的原始数据。同样,由于对数据的测量难以达到所希望的精度,或由于测量误差或病人的不准确的回忆,这些都使我们常常按分组形式收集数据。例如,标准袖珍式的测量收缩压的血压计通常允许有 2 mmHg 的误差,因为使用这种仪器要更精确地估价它是很困难的。因此,一个读数为 120 mmHg 的记录,它的真实值可能是某个 ≥119 mmHg 且 <121 mmHg 的值。类似的,由于很难准确回忆每天的饮食量,因此对于鱼肉的消费量的最精细的估计是如下形式:每天 2~3 份,每天一份,每周 5~6 份,每周 2~4 份,每周 1 份,每周 <1 份,每月 ≥1 份,从不食用。

考察表 2.7 中的数据,这是在 Boston 医院中顺序分娩的 100 个婴儿的出生体重。为了写研究报告,我们如何显示这些数据? 如把这些数据放在电脑中,最方便的是使用常用统计软件包,把数据做成频数分布的形式。

表 2.7　100 个顺序分娩的婴儿出生体重样本(盎司)

58	118	92	108	132	32	140	138	96	161
120	86	115	118	95	83	112	128	127	124
123	134	94	67	124	155	105	100	112	141
104	132	98	146	132	93	85	94	116	113
121	68	107	122	126	88	89	108	115	85
111	121	124	104	125	102	122	137	110	101
91	122	138	99	115	104	98	89	119	109
104	115	138	105	144	87	88	103	108	109
128	106	125	108	98	133	104	122	124	110
133	115	127	135	89	121	112	135	115	64

定义 2.10　频数分布　是按数值大小有序地显示数据中的每个值及其出现的**频数**;所谓频数即是指该数值在数据组中出现的次数。而样本点的百分数按经典方式给出。

表 2.7 中 100 个出生体重样本的频数分布见表 2.8,它是用 MINITAB 软件包产生的。

表 2.8   表 2.7 中出生体重数据的频数分布(使用 MINITAB 软件)

出生体重	频数	相对频率/%	累加频数	累加百分数/%
32	1	1.00	1	1.00
58	1	1.00	2	2.00
64	1	1.00	3	3.00
67	1	1.00	4	4.00
68	1	1.00	5	5.00
83	1	1.00	6	6.00
85	2	2.00	8	8.00
86	1	1.00	9	9.00
87	1	1.00	10	10.00
88	2	2.00	12	12.00
89	3	3.00	15	15.00
91	1	1.00	16	16.00
92	1	1.00	17	17.00
93	1	1.00	18	18.00
94	2	2.00	20	20.00
95	1	1.00	21	21.00
96	1	1.00	22	22.00
98	3	3.00	25	25.00
99	1	1.00	26	26.00
100	1	1.00	27	27.00
101	1	1.00	28	28.00
102	1	1.00	29	29.00
103	1	1.00	30	30.00
104	5	5.00	35	35.00
105	2	2.00	37	37.00
106	1	1.00	38	38.00
107	1	1.00	39	39.00
108	4	4.00	43	43.00
109	2	2.00	45	45.00
110	2	2.00	47	47.00
111	1	1.00	48	48.00
112	3	3.00	51	51.00
113	1	1.00	52	52.00
115	6	6.00	58	58.00
116	1	1.00	59	59.00
118	2	2.00	61	61.00
119	1	1.00	62	62.00

续表

出生体重	频数	相对频率/%	累加频数	累加百分数/%
120	1	1.00	63	63.00
121	3	3.00	66	66.00
122	4	4.00	70	70.00
123	1	1.00	71	71.00
124	4	4.00	75	75.00
125	2	2.00	77	77.00
126	1	1.00	78	78.00
127	2	2.00	80	80.00
128	2	2.00	82	82.00
132	3	3.00	85	85.00
133	2	2.00	87	87.00
134	1	1.00	88	88.00
135	2	2.00	90	90.00
137	1	1.00	91	91.00
138	3	3.00	94	94.00
140	1	1.00	95	95.00
141	1	1.00	96	96.00
144	1	1.00	97	97.00
146	1	1.00	98	98.00
155	1	1.00	99	99.00
161	1	1.00	100	100.00
$N=$	100			

MINITAB 中的 Tally 程序可对样本中的每个出生体重提供频数(COUNT)、相对频率(PERCENT)、累加频数(CUMCNT)、及累加百分数(CUMPCT)。对任何指定的出生体重值 b, 出生体重小于或等于 b 的个数即是累加频数, 或 CUMCNT。而 PERCENT $= 100 \times$ COUNT$/n$, 同时, 累加百分比(CUMPCT) $= 100 \times$ CUMCNT$/n =$ 出生体重小于等于 b 的百分比。

如果样本中单值样本点的数目很大, 这时研究报告中的频数分布也就会很大。代替法是把数据分成较多的组数, 把一个组看作一个类, 某些一般性的说明书会对这种类型变量提供如下的指导:

(1)请把数据分成 k 个区间, 指定一个较低的界点 y_1, 及某个较大的上界点 y_{k+1}。

(2)第 1 个区间是从 y_1 到 y_2, 但 y_2 不在该区间内; 第 2 个区间是从 y_2 到 y_3, 而 y_3 不在该区间内; ……; 第 k 个区间是从 y_k 到 y_{k+1}, 但不包括 y_{k+1}。这种做法的原理是把所有的点包含在组区间内但各区间又彼此不相交。在描述分组数据时误差是很平常的。

(3)组区间一般说来应分成相同大小, 但并不是必须如此。比如在血压或出生体重例子中可以分成相等区间,但在膳食回忆资料中未必合适。

(4)落在每个区间内的观察值个数就是频数。

(5)最后,分组的区间及对应的频数 f_i 以表 2.9 的形式出现。

表 2.9　分组数据的一般性设计

分组区间	频数
$y_1 \leqslant x < y_2$	f_1
$y_2 \leqslant x < y_3$	f_2
$\vdots$	$\vdots$
$y_i \leqslant x < y_{i+1}$	f_i
$\vdots$	$\vdots$
$y_k \leqslant x < y_{k+1}$	f_k

表 2.7 中的数据,如以分组形式表示,则可以做成表 2.10 的形式。

表 2.10　100 个顺序分娩的出生体重(盎司)的分组频数分布

分组区间	频数
$29.5 \leqslant x < 69.5$	5
$69.5 \leqslant x < 89.5$	10
$89.5 \leqslant x < 99.5$	11
$99.5 \leqslant x < 109.5$	19
$109.5 \leqslant x < 119.5$	17
$119.5 \leqslant x < 129.5$	20
$129.5 \leqslant x < 139.5$	12
$139.5 \leqslant x < 169.5$	6
	100

2.8　图　示　法

2.1 节至 2.7 节中,我们用数值及表格形式描述数据。在这部分中,我们用广泛使用的图示方法显示数据。使用图形显示法的目的是使我们可以对整个数据有一个总体的直观印象,这些印象在数值描述法中是得不到的。

2.8.1　条形图

显示分组数据,最广泛使用的是条形图。条形图(bar graph)可以用下法构建:

(1)把数据按 2.7 节中指示的方法分成几个组。

(2)对每一组构建一个长方形,长方形高度正比于该组的频数而宽度是不变的。

(3)相邻长方形之间一般不相接触但有相同的空间间隔。

图 2.1 就是 200 个癌病例组与 200 个与癌病人在年龄与性别上匹配的对照组的每天服用维生素 A 的条形图。

2.8.2 直方图

在数据分组时,组为非数值的属性名称时,条形图是很合适的图示法,比如┆现在抽烟/过去曾抽烟/从不抽烟┆或┆病情恶化了/病情好转/病情未变化┆等都是属性类型。如果数据中的组别由数值组成,比如收缩压或出生体重,则直方图更为可取。在直方图中, x 轴上长方形的位置对应于组区间的位置,而长方形大小(面积)将对应于该组的频数。

直方图(histogram)的构成法:

(1)数据按 2.7 节的方式分组。

(2)对每一个组构建一个长方形,这个长方形的底放在 x 轴上相应的位置上,而长方形的面积要正比于该组发生的频数。

(3)任一个轴上的尺度(标尺)应可以拟合图上所有的长方形。

注意,长方形的面积,而不是高度,要正比频数。如果每个组区间的长度是相同的,则面积和高度是有相同的比例,这时高度是正比于频数。但如果某个组区间的长度是另一个区间的 5 倍而两个组区间上有相同的频数,则前一个区间的高度应是后一个区间高度的 1/5,以确保这两个区间上的长方形面积是相同的。在文献中,一个普遍性的错误是,在不相同的区间长度上构造的长方形高度都是正比于频数。这样的做法易给人以错误的印象。表 2.10 中出生体重的直方图见图 2.6。

2.8.3 茎叶图

直方图有两个问题:(1)有时很难构建一个直方图,(2)在某些组的区间上有漏失的样本点。克服这种缺点的图示法是采用茎叶图。

茎叶图(stem-and-leaf plot)构建法如下:

(1)把每个样本点的数值分成两部分,茎(树干)及叶。比如某样本点的值为 483,这里"茎"是 48 而"叶"是 3,即"叶"是最后一位数字,而另外的数字组成"茎"。

(2)把数据中最小值的"茎"写在图的左边角上。

(3)在第一个"茎"的下面写上第 2 个"茎"的值,它应是第一"茎"值加 1。

(4)继续(3),一直写到数据中最大的"茎"。

(5)在"茎"列数的右边画一竖线。

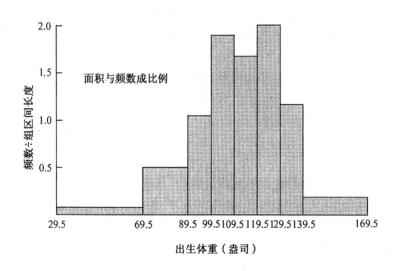

图 2.6   表 2.10 中出生体重数据的直方图

(6)把数据集中的每一个数据,在竖线上找出合适的位置,而把"叶"写在竖线的右边。

这个图形可以给出样本点分布的一般形状。此外,真实的样本点的值受到很好的保护而又以分组的形式显示数据,这些都是优于直方图的地方。最后,我们还很容易从图上计算中位数、分位数。图 2.7 是用 MINITAB 软件计算的。图中 5|8

出生体重的茎叶图 N = 100		
叶的单位 = 1.0		
1	3	2
1	4	
2	5	8
5	6	478
5	7	
15	8	3556788999
26	9	12344568889
45	10	0123444445567888899
(17)	11	00122235555556889
38	12	011122223444455567788
18	13	222334557888
6	14	0146
2	15	5
1	16	1

图 2.7   表 2.7 中出生体重数据(盎司)的茎叶图

表示原数据是 58,11|8 表示 118,等等。注意,这个图能给出数据分布的整体感。出现在图左边的第 1 列上是累加频数,它是从上到下及从下到上做累加。在"茎"为 11 的位置上出现的(17),它代表茎等于 11 的有 17 个,而且中位数即在茎 = 11 上。

茎叶图可以有某些变化,"叶"的数字可以多于一位数。对于出生体重的例子,对图 2.7 作改变可能是合适的,因为三位数字时,要求"茎"对应的竖列应有很大的长度。在这时图右边的"叶"可以用两位数字,而左边的"茎"也是两位数字,但"叶"的两位数字可以用划线法以区别不同的"叶",表 2.1 的数据可做成图 2.8。

```
20 | 69
21 |
22 |
23 |
24 |
25 | 81
26 |
27 | 59
28 | 41 38 34
29 |
30 | 31
31 | 01
32 | 65 60 45 00 48
33 | 23 14
34 | 84
35 | 41
36 | 49 09
37 |
38 |
39 |
40 |
41 | 46
```

图 2.8　表 2.1 中出生体重数据(g)的茎叶图

对普通茎叶图的另外改变:当"叶"的数目多时,我们可以把每个"茎"值变成两个或更多的线,而图的顶端及最底部的"茎"仍是一个值。图 2.9 是用 SAS 统计软件包中的 UNIVARIATE 语句做出的,现在说明如下。

每个茎有两线,从 5 到 9 的叶写在上面茎中,0 到 4 的叶写在下面的茎中;每线上叶的数目列在 ♯ 列中,这样做有利于计算中位数及分位数。比如,对应于茎 12 上面线的 ♯ 列的数字为 7,它指出样本点中出生体重从 125 到 129 盎司的有 7 个;而数 13 指出有 13 个出生体重在 120 到 124 盎司之间。最后,在图 2.9 的底部给出乘数因子,它使得茎叶图可用于表示有小数点的数据。特别地,如果没有乘数因子(m)出现,它表示所有数字有实际的值,形为"茎、叶";而如果有 m 出现,则实际数就应当是"茎、叶" $\times 10^m$。例如,若乘数因子是 10^1,则茎叶图上的 64 就代表 $6.4 \times 10^1 = 64$ 盎司。

2.8.4　盒形图

在 2.2.3 节中我们通过比较中位数与算术平均法考察分布的形状。这也可以通过**盒形图**(box plot)技术完成。盒形图是利用中位数、上百分位数、下百分位数去描述分布的倾斜性。

这上及下百分位数其实就是样本中近似于第 75 及第 25 的百分位数,即 3/4 及 1/4 的有序样本点。

为什么中位数、上百分位数及下百分位数可以判断分布的对称性?

Stem	Leaf	#	Boxplot
16	1	1	|
15	5	1	|
15			|
14	6	1	|
14	014	3	|
13	557888	6	|
13	222334	6	|
12	5567788	7	|
12	0111222234444	13	+-----+
11	5555556889	10	| |
11	0012223	7	*--+--*
10	5567888899	10	| |
10	012344444	9	| |
9	568889	6	+-----+
9	12344	5	|
8	556788999	9	|
8	3	1	|
7			|
7			|
6	78	2	|
6	4	1	|
5	8	1	0
5			
4			
4			
3			
3	2	1	0

----+----+----+----+

Multiply Stem.Leaf by 10**+1

图 2.9　表 2.7 的出生体重数据(盎司)的茎叶及盒形图
是用 SAS 中的 UNIVARIATE 法产生

(1)如果分布是对称的,则上下百分位数离中位数的距离(空间)应近似相等。

(2)如果上百分位数比下百分位数离中位数更远,则此分布应是正倾斜。

(3)如果下百分位数比上百分位数离中位数更远,则分布是负倾斜。

这种关系可以形象地用盒形图法表现。在图 2.9 中,上面的框边对应于上百分位数,下面的框边对应于下百分位数,中位数则由一水平线表示。另外,SAS 软件的盒形图中,还把样本均值通过 + 号列于框图的边缘*。

例 2.23 我们如何从图 2.9 中考察出生体重数据的对称性?

解 在图 2.9 中由盒形图的上直线、下直线及中间线(中位数)的相对距离可以看出,下百分位数离中位数更远,所以此分布稍微有负倾斜。这种模式在许多出生体重数据中都存在。

另外,为了表示样本的对称性,盒形图亦能给出样本分散性的印象,它可以帮助识别异常值,即与样本中其他点不相容的值。在盒形图中,异常值定义如下:

定义 2.11 一个观察值 x 如果是属于下面之一,则为**异常值**(outlying value):

(1)$x >$ 上百分位数 $+1.5×$(上百分位数 $-$ 下百分位数),或

(2)$x <$ 下百分位数 $-1.5×$(上百分位数 $-$ 下百分位数)。

定义 2.12 一个观察值如属于下面之一,则称为**极端异常值**(extreme outlying value):

(1)$x >$ 上百分位数 $+3×$(上百分位数 $-$ 下百分位数),或

(2)$x <$ 下百分位数 $-3×$(上百分位数 $-$ 下百分位数)。

盒形图的做法:

(1)在样本中从上百分位数到最大的非异常值之间画一垂直的条形。

(2)在样本中从下百分位数到最小的非异常值之间画一垂直的条形。

(3)在样本中识别异常值及极端异常值,并分别用"0"及"﹡"表示。

例 2.24 在图 2.9 中使用盒形图,评述表 2.7 中样本的离散性及异常值。

解 使用定义 2.6,可求得表 2.7 中样本的上下百分位数分别为 124.5 及 98.5 盎司。所以异常值 x 必须满足下面关系:

$$x > 124.5 + 1.5×(124.5 - 98.5) = 124.5 + 39.0 = 163.5$$

或

$$x < 98.5 - 1.5×(124.5 - 98.5) = 98.5 - 39.0 = 59.5$$

类似地,一个极端异常值 x 必须满足下面关系:

$$x > 124.5 + 3×(124.5 - 98.5) = 124.5 + 78.0 = 202.5$$

或

---

* 图中未标识出。——译者注

$$x < 98.5 - 3 \times (124.5 - 98.5) = 98.5 - 78.0 = 20.5$$

于是观察值 32 及 58 盎司是两个异常值但不是极端异常值,因为这些值在盒形图 2.9 中都有标记 0。图上有一个垂直线是从 64 盎司(最小的非异常值)到下百分位数,且有一垂直线从 161 盎司(最大的非异常值 = 样本中的最大值)到上百分位数。这两个识别出来的异常值 58 及 32 应该进一步检查。

　　用定义 2.11 及 2.12 识别异常值的方法是描述性的,它对样本的大小很敏感,即大样本时会有更多的异常值被检查出来。其他识别异常值的方法是建立在假设检验的基础上,见第 8 章。

2.9　病例研究 1:儿童的神经及心理机能遭受铅暴露的效应研究

　　铅对儿童的神经及心理健康的影响的研究见文献[5]。这个研究的原始数据集见 LEAD.DAT,文件的格式说明见数据集 LEAD.DOC。这个数据集是由 Philip Landrigan 大夫提供的。所有数据集都出现在本书的数据软盘中。

　　简要介绍:一组儿童生活在一个铅矿(在 Texas 州的 El Paso)的附近,测量其血铅水平。暴露组有 46 个儿童,每人的血铅水平都 ≥ 40 $\mu g/mL$(1972 年,少数是 1973 年),这个组由变量 GROUP = 2 定义。对照组是 78 名儿童,其血铅水平 < 40 $\mu g/mL$(1972 年及 1973 年),这个组由变量 GROUP = 1 定义。所有的儿童都在铅矿邻近生活。

　　两个重要的结果变量是:(1)在优势手中,轻叩手指腕,记录 10 秒钟内的记分

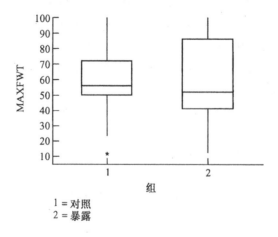

图 2.10　在暴露及对照组中轻叩优势手指腕得分(El Paso 铅研究)

数(这是神经机能的测量指标),(2)Wechsler 的全量表 IQ 得分。要考察铅暴露对结果变量的关系,此处用 MINITAB 软件分别对暴露及对照组的儿童的上两个结果变量作盒形图,结果见图 2.10 及图 2.11。在数据集中我们无法识别优势手,所以我们取右手及左手中指腕部的得分值大者作为优势手。

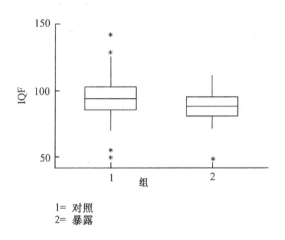

1= 对照
2= 暴露

图 2.11 在暴露及对照组中 Wechsler 全量表 IQ 得分(El Paso 铅研究)

我们注意到每组的分散性都相当大,但两个结果变量:轻叩手指腕最大分数(MAXFWT)及 Wechsler 全量表 IQ 得分(IQF),似乎都显示暴露组比对照组稍微低一些。我们在后面章节中将用 t 检验、方差分析,及回归法详细地分析它。

2.10 病例研究 2:中年妇女吸烟对骨无机物密度的效应研究

在双胞胎上作抽烟与骨密度关系的研究见文献[6]。澳大利亚某医院进行骨密度测定研究,共记录了 41 对生双胞胎的中年妇女,每对妇女具有不同的抽烟史。其他的信息也通过问卷同时被收集,它包括:抽烟的详细情况,酒精、咖啡、茶消费;奶制品钙的摄入量;绝经期、生育及骨折史;使用口服避孕药或雌激素替代治疗;身体活动性评价。这个研究的数据集由 John Hopper 医生提供,数据集名为 BONEDENT.DAT,而此文件的说明见 BONEDEN.DOC。

烟叶消费量用变量 pack-year 表示,定义为:如果一年中每天一包卷烟(通常是20 支/包),则 pack-year 值为 1。使用双胞胎研究的一大优点是遗传因 素对骨密度的影响被控制了。分析这批数据时,研究者首先要利用变量 pack-year 去识别严重抽烟者及轻微抽烟者。此处把从不抽烟、偶然抽烟或仅在短时间内抽过烟的人定义为轻微抽烟者,记为 pack-year = 0。于是研究者把轻微与严重抽烟者之间在骨无机质密度(**BMD**)上的差异(重抽烟者 **BMD** 减轻抽烟者 BMD 的值作为差值,再把它表示成两个双胞胎平均骨密度的百分比)当作抽烟引起的结果。BMD 在三

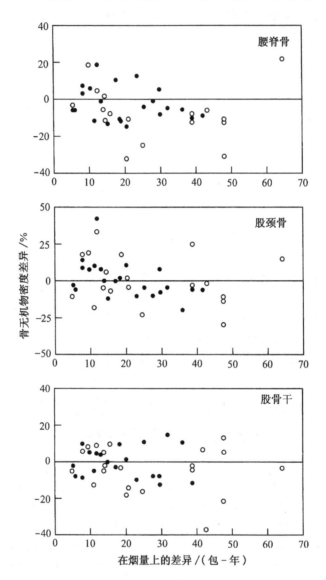

图 2.12　41 对女性双胞胎的腰椎(lumbar spine)**,股颈骨部位**(femoral neck)**及股骨干**(femoral shaft)**上,骨密度的差与抽烟数量差异之间的函数关系**

单受精卵双胞胎用实圆点表示,双受精卵双胞胎用空圆点表示。一个配对组间骨密度的差异被计算成两个双胞胎平均骨密度的百分比

个部位上做出:腰椎骨、股颈骨和股骨干。图2.12中用散点图表示BMD上的差异与抽烟量的关系,图2.12中的横坐标是双胞胎中严重抽烟者的pack-year值减去轻微抽烟者的pack-year值。

注意,在腰椎骨部位上,BMD上的差异与抽烟量间的关系有一个逆向关系(即向下倾斜)。这特别在双胞胎抽烟量有大的差异(即pack-year≥30)时更为明显。实际上大多数的BMD差异值都低于0,这表明,抽烟严重者比轻微者有较低的BMD值。类似的关系对于股颈骨(臀部)也成立,而对于股骨干部位不大明显。

这是匹配研究的一个典型例子,它将在第8章中详细讨论。在这个研究中,暴露者(严重抽烟者)与对照者(轻微抽烟者)在结果变量(BMD)以外的特性上是彼此匹配的。其基本匹配是他们有相类似的基因。我们将在今后的各章中使用二项分布、t 检验及回归方法继续分析。

2.11 摘 要

本章提供某些**数值**及**图示法**去**描述数据**。这些方法是用于

(1)很快地概述数据集,同时或

(2)向另外人介绍结果。

一般说来,一个数据集可以按**位置测度**及**离散性测度**作定量的描述。对于位置测度,可以选择**算术平均**、**中位数**、**众数**及**几何平均**;而对于离散性测度则可以选取**标准差**、**百分位数**及**极差**。文中讨论了在特别情形下选择的标准。为概述数据,引进几个图示法,包括传统的方法,比如**条形图**及**直方图**,也介绍了更现代的数据分析(EDA),比如**茎叶图**及**盒形图**。

如何让本章中描述性方法去适应本书后面要讨论的统计推断法?特别地,使用描述性方法发现了某些有趣的倾向性而做某种假设时,我们就需要一些方法去判断这些倾向性假设是否有显著性。为此目的,在第3至第5章引进某些**概率模型**,而在第6至第14章使用**统计推断**法去检验这些模型的有效性。

练 习 题

传染病

表2.11的数据是从宾夕法尼亚州(Pennsylvania)一个医院的大样本中下载的部分数据,该大样本是使用抗生素好处的一个回顾性调查[7]。这数据也出现在本书末软盘的HOSPI-TAL.DAT上,变量说明见HOSPITAL.DOC文件。

2.1 对住院的25个病人计算住院时间(天)的平均数及中位数。

2.2 计算住院25个病人住院时间的标准差及极差。

2.3 临床上有意思的是,住院时间长短是否受病人接受抗生素与否的影响? 回答此问题应使用数值或图示法描述数据。

表 2.11　住院数据

识别号	住院时间	年龄	性别 1＝男 2＝女	入院时体温 /°F	入院时白血球 /(×10³)	接受抗生素 1＝是 2＝否	接受细菌培养 1＝是 2＝否	服务 1＝内科 2＝外科
1	5	30	2	99.0	8	2	2	1
2	10	73	2	98.0	5	2	1	1
3	6	40	2	99.0	12	2	2	2
4	11	47	2	98.2	4	2	2	2
5	5	25	2	98.5	11	2	2	2
6	14	82	1	96.8	6	1	2	2
7	30	60	1	99.5	8	1	1	1
8	11	56	2	98.6	7	2	2	1
9	17	43	2	98.0	7	2	2	1
10	3	50	1	98.0	12	2	1	2
11	9	59	2	97.6	7	2	1	1
12	3	4	1	97.8	3	2	2	2
13	8	22	2	99.5	11	1	2	2
14	8	33	2	98.4	14	1	1	2
15	5	20	2	98.4	11	2	1	2
16	5	32	1	99.0	9	2	2	2
17	7	36	1	99.2	6	1	2	2
18	4	69	1	98.0	6	2	2	2
19	3	47	1	97.0	5	1	2	1
20	7	22	1	98.2	6	2	2	2
21	9	11	1	98.2	10	2	2	2
22	11	19	1	98.6	14	1	2	2
23	11	67	2	97.6	4	2	2	1
24	9	43	2	98.6	5	2	2	2
25	4	41	2	98.0	5	2	2	1

　　假设数据集中每一个观察值都乘一个正的常数,试问:

*2.4　对中位数有什么影响?

*2.5　对众数有什么影响?

*2.6　对几何平均值有什么影响?

*2.7　对极差有什么影响?

眼科学

　　表 2.12 是 18～22 岁英国男性青年眼睛的散光分布。假设散光度用四舍五入法,比如表中

---

　　*　指此问题的答案见本书末的"部分习题答案"。——译者注

的 0.2~0.3 组,它的实际范围是从 0.15 到 0.35,且假设组中的每个青年的散光度是取组的平均值,即用(0.15+0.35)/2=0.25 屈光度,它代表 0.2~0.3 组中的每个人的屈光度。

表 2.12　年龄在 18~22 岁的 1033 名青年男性眼睛的散光分布

散光程度(屈光度)	频数
<0.2	458
0.2~0.3	268
0.4~0.5	151
0.6~1.0	79
1.1~2.0	44
2.1~3.0	19
3.1~4.0	9
4.1~5.0	3
5.1~6.0	2
	1033

注:British Medical Journal, May 7, 1394~1398, 1960 准许。

2.8　计算算术平均值。

2.9　计算标准差

2.10　做直方图且适当地说明这批数据。

心血管疾病

表 2.13 的数据是一组胆固醇水平的样本,这 24 个受试者都是医院职员,他们同意素食 1 个月,接受美国标准的指定饮食。血清胆固醇水平在素食前及素食一个月后测定。

表 2.13　吃素食前后血清胆固醇水平(mg/dL)

受试者	素食前	素食后	前－后
1	195	146	49
2	145	155	−10
3	205	178	27
4	159	146	13
5	244	208	36
6	166	147	19
7	250	202	48
8	236	215	21
9	192	184	8
10	224	208	16
11	238	206	32
12	197	169	28
13	169	182	−13
14	158	127	31

续表

受试者	素食前	素食后	前－后
15	151	149	2
16	197	178	19
17	180	161	19
18	222	187	35
19	168	176	－8
20	168	145	23
21	167	154	13
22	161	153	8
23	178	137	41
24	137	125	12

* **2.11** 计算胆固醇的平均变化。
* **2.12** 计算胆固醇变化的标准差。
  2.13 对胆固醇的变化构建茎形图。
* **2.14** 计算胆固醇变化的中位数。
  2.15 对胆固醇的变化值作盒形图放到条形图的右边。
  2.16 利用练习题 2.11 到 2.15 的结果叙述以上改变值分布的对称性。
  2.17 某些研究者认为素食对于高胆固醇水平的人的影响会更加明显。如果你把表 2.13 的数据按基础胆固醇的中位数上下分开，你能描述上述的命题吗？

高血压

　　测量血压时身体位置对血压的影响的实验工作已完成且发表于文献[9]。32 名受试者被要求用两种位置测血压：躺着且手臂放在边上与标准姿势(即手臂放在心脏水平)，数据见表 2.14。

表 2.14　位置对血压的影响

受试者	血　压/mmHg			
	躺着 臂在边上		标准 臂在心脏水平	
B.R.A.	99[a]	71[b]	105[a]	79[b]
J.A.B.	126	74	124	76
F.L.B.	108	72	102	68
V.P.B.	122	68	114	72
M.F.B.	104	64	96	62
E.H.B.	108	60	96	56
G.C.	116	70	106	70
M.M.C.	106	74	106	76
T.J.F.	118	82	120	90
R.R.F.	92	58	88	60

续表

| 受试者 | 血 压/mmHg | | | |
	躺着 臂在边上		标准 臂在心脏水平	
C.R.F.	110	78	102	80
E.W.G.	138	80	124	76
T.F.H.	120	70	118	84
E.J.H.	142	88	136	90
H.B.H.	118	58	92	58
R.T.K.	134	76	126	68
W.E.L.	118	72	108	68
R.L.L.	126	78	114	76
H.S.M.	108	78	94	70
V.J.M.	136	86	144	88
R.H.P.	110	78	100	64
R.C.R.	120	74	106	70
J.A.R.	108	74	94	74
A.K.R.	132	92	128	88
T.H.S.	102	68	96	64
O.E.S.	118	70	102	68
R.E.S.	116	76	88	60
E.C.T.	118	80	100	84
J.H.T.	110	74	96	70
F.P.V.	122	72	118	78
P.F.W.	106	62	94	56
W.J.W.	146	90	138	94

a 收缩压； b 舒张压。

注：获得 American Journal of Medicine 准许。

2.18 分别计算两种位置的收缩压及舒张压的差异的算术平均及中位数(差异=躺着－标准)。

2.19 对每种形式的血压,计算两种位置间血压差值的茎叶图及盒形图。

2.20 根据 2.18 及 2.19 的答案,叙述位置不同对收缩压及舒张压的影响。

肺病

用力呼气量 FEV(forced expiratory volume)是测量肺功能的一个指标:用力吸气一秒后排出的气体体积。FEV.DAT 上的数据(存放在数据软盘上)是 1980 年 654 名 3～19 岁儿童的 FEV 结果。这些儿童的 FEV 结果是由 East Boston, Massachusetts 州的儿童呼吸道疾病研究(CRD Study)所收集的。他们被纵向观察肺功能的变化,此处仅列出部分数据[10]。

表 2.15 给出了每个儿童的变量名称及位置。

表 2.15　FEV.DAT 上的格式

列	变量	格式或码代号
1~5	ID 号	
7~8	年龄(岁)	
10~15	FEV(升)	X.XXX
17~20	身高(英寸)	XX.X
22	性别	0＝女性/1＝男性
24	抽烟	0＝现在不抽烟/1＝现在抽烟

2.21　对每个变量(ID 号除外)做适宜的统计描述(用数值及图示)。

2.22　使用数值及图示法评判 FEV 与年龄、身高及抽烟的关系(对女孩及男孩分开)。

2.23　比较男孩及女孩的 FEV 与年龄关系的生长模式。他们有类似性吗？有什么差异吗？

营养学

　　食物频数问卷(FFQ)常用于流行病学中,用于判断指定食物的消费。这要求每人写出过去的一年中 100 种食物的每天典型消费量。用食物成分表可把此消费量合计为营养摄入量(比如,蛋白质、脂肪等)。FFQ 调查花费不多,但它的准确性不如每天的饮食记录 DR(这是食物流行病学中的金标准)。为了每天记录饮食,每个参加者要做一周内饮食摄入量的日记,而营养学家使用特殊的电脑程序从食物日记中计算出摄入的营养。这种规定饮食记录法是花费很贵的方法。为了证实 FFQ 法,173 名护士参加了护士健康研究班,他们做 4 周的饮食日记,而过了一年后,再做 FFQ 问卷[11]。数据列于 VALID.DAT(在数据盘上),内有 DR 及 FFQ 两法的饱和脂肪、总脂肪、酒精的总消费量及摄入的总热量。对于 DR 法,计算的是 4 周中饮食日记的平均营养。这个数据文件的格式见表 2.16。

表 2.16　数据 VALID.DAT 的格式

列	变　量	格式或代码
1~6	ID 号(用于识别)	XXXXXX
8~15	饱和脂肪——DR(g)	XXXXX.XX
17~24	饱和脂肪——FFQ(g)	XXXXX.XX
26~34	总脂肪——DR(g)	XXXXX.XX
35~42	总脂肪——FFQ(g)	XXXXX.XX
44~51	酒精消费——DR(盎司)	XXXXX.XX
53~60	酒精消费——FFQ(盎司)	XXXXX.XX
62~70	总热量——DR	XXXXXX.XX
72~80	总热量——FFQ	XXXXXX.XX

2.24　使用数值及图示法适当地做 DR 及 FFQ 的描述性统计。

2.25 用描述性统计叙述 DR 与 FFQ 营养摄入量间的联系。你认为 FFQ 能适当地近似为 DR 吗？为什么是？或为什么不？

2.26 定量描述饮食摄入量的常用方法是 5 分位数法。对每种营养及每个饮食记录法计算 5 分位数，且使用 5 分位数指标找出 DR 与 FFQ 法中营养成分间的联系(即 DR 上的 5 分位数是如何与 FFQ 上的 5 分位数相联系)。在用 5 分位数法后(2.25 题)，关于 DR 与 FFQ 之间的一致性问题，你有什么印象？在营养流行病中，通常估价一种营养物的价值是找它与总热量的联系。一个指标是营养密度，定义为 100% ×(某营养物的热量/摄入的总热量)。1 克脂肪等价于 9 卡热量。

2.27 对 DR 及 FFQ 法计算总脂肪的营养密度，且对这个变量做适合的描述性统计，如何比较他们？

2.28 DR 法中总脂肪营养密度的 5 分位数与 FFQ 法对应的 5 分位数有什么联系(用 2.26 题)？当总脂肪被表示成营养密度后，DR 及 FFQ 法下的总脂肪之间相一致吗？谁更强、更弱或相同？这结论与从原始营养数据(未取密度)法结论相反吗？

环境卫生，儿科学

在 2.9 节中，我们描述了数据集 LEAD.DAT(在书后的软盘内)，它涉及铅暴露对儿童神经及心理机能的影响。

2.29 比较暴露与对照组在年龄及性别上的差异，使用合适的数值及图像法描述它。

2.30 比较暴露与对照组在词语及 IQ 行为上的差别，使用合适的数值及图像法描述它。

心血管病

放射性蛋白 C(记为 APC)的阻力是血清的标记物：它形成的血块常引起成年人的心脏病突发。一个在青少年中进行以估价这种危险因子的研究。为判断检定的重复性，把 10 个血样分裂成两个子样本，且分别估价每个子样本。结果列于表 2.17。

表 2.17   分裂样本的 APC 阻力

样本号	A	B	A − B
1	2.22	1.88	0.34
2	3.42	3.59	− 0.17
3	3.68	3.01	0.67
4	2.64	2.37	0.27
5	2.68	2.26	0.42
6	3.29	3.04	0.25
7	3.85	3.57	0.28
8	2.24	2.29	− 0.05
9	3.25	3.39	− 0.14
10	3.30	3.16	0.14

2.31 什么样的测度可以判断检定的重复性? 请计算这个测度且解析是什么意思?

(提示:考虑用标准差)

2.32 假设分裂样本之间的变异是平均水平的一个函数,则当平均水平增加时应出现更多的变异。在这情形下,重复性测度是什么?

2.33 比较 2.31 与 2.32 的两个重复性测度。解析哪一个更为合适?

微生物学

本研究目的是叙述蚕豆与带有固氮菌的大豆嫁接,这时产量会更多且生长更合适而不必使用花费多且对环境有害的综合化肥。试验是在相同土壤的控制条件下进行。初始假设是嫁接了的植物将变成与非嫁接植物相类似。这个假设是建立在如下事实上的:植物需要氮去制造有生命力的蛋白质及氨基酸,而固定氮将有利于使植物增加大小及产量。有 8 株嫁接了的植物(I)及 8 株未嫁接植物(U)。植物产量(豆荚)被当作测度列于表 2.18。

表 2.18 豆荚重量(gm):I = 嫁接,U = 未嫁接

样本号	I	U
1	1.76	0.49
2	1.45	0.85
3	1.03	1.00
4	1.53	1.54
5	2.34	1.01
6	1.96	0.75
7	1.79	2.11
8	1.21	0.92

注:数据由 David Rosener 提供。

2.34 对植物 I 及 U 计算合适的描述性统计。

2.35 对 I、U 两组用图示法作比较。

2.36 在上两组中对于产量你有什么总体印象?

内分泌学

在 2.10 节中我们描述了数据 BONEDEN.DAT(放在数据盘中),涉及到烟草对骨无机质密度(BMD)的影响。

2.37 对每对双胞胎,在腰椎骨(lumbar spine)上,计算

A = 双胞胎母亲中严重抽烟者的 BMD − 双胞胎母亲中抽烟轻微者的 BMD = $x_1 - x_2$。

B = 双胞胎母亲 BMD 的平均 = $(x_1 + x_2)/2$

$C = 100\% \times (A/B)$

对该总体做 C 变量的描述性统计。

2.38 如果把双胞胎母亲按抽烟量上的差值以 10 pack-year 作间距(即 $0 \sim 9.9, 10 \sim 19.9, 20 \sim 29.9, 30 \sim 39.9, 40$ 以上 pack-year),请适当的描述变量 C 及对 C 变量在变量 pack-year

上作散点图。

2.39 基于 2.38 题,你对 BMD 与烟草之间有什么印象?

2.40~2.42 在股颈骨部位(femoral neck)重复做 2.37~2.39 题。

2.43~2.45 在股骨干部位(femoral shaft)重复做 2.37~2.39 题。

参 考 文 献

[1] White. J. R., & Froeb, H. E. (1980). Small-airways dysfunction in nonsmokers chronically exposed to tobacco smoke. *New England Journal of Medicine* 302(33), 720—723

[2] Pedersen, A., Wiesner, P., Holmes, K., Johnson, C., & Turck, M. (1972). Spectinomycin and Penicillin G in the treatment of gonorrhea. *JAMA*, 220(2), 205—208

[3] Foster, T., & Berenson, G. (1987). Measurement error and reliability in four pediatric cross-sectional surveys of cardiovascular disease risk factor variables- the Bogalusa Heart Study. *Journal of Chronic Disease*, 40(1), 13—21

[4] Tukey, J. (1977). *Exploratory data analysis*. Reading, MA: Addison-Weslev

[5] Landrigan, P.J., Whitworth, R.H., Baloh, R.W., Staehling, N.W., Barthel, W.F., & Rosenblum, B.F. (1975, March 29). Neur psychological dysfunction in children with chronic low-level lead bsorption. *Lancet*, 1, 708—715

[6] Hopper, J.H., & Seeman, E. (1994). The bone densit of female twins discordant for tobacco use. *New England Journal of Medicine*, 330, 387—392

[7] Townsend, T.R., Shapiro, M., Rosner, B., & Kass, E.H. (1979). Use of antimicrobial drugs in general hospitals I. Description of population and definition of methods. *Journal of Infectious Diseaes*, 139(6), 688—697

[8] Sorsby, A., Sheridan, M., Leary, G.A., & Benjamin B. (1969, May 7). Vision, visual acuity and ocular refraction of young men in a sample of 1033 subjects. *British Medical Journal*, 1394—1398

[9] Kossmann, D.E. (1946). Relative importance of certain variables in clinical determination of blood pressure. *America Journal of Medicine*. 1, 464—467

[10] Tager, I.B., Weiss, S.T., Rosner, B., & Speizer, F.E. (1979). Effect of parental cigarette smoking on pulmonary function in children. *American Journal of Epidemiology*, 110, 15—26

[11] Willett, W.C., Sampson, L., Stampfer, M.J., Rosoner, B., Bain, C., Witschi, J., Hennekens, C.H., & Speizer, F.E. (1985). Reproducibility and validity of a semi-quantitative food frequency questionnaire. *American Journal of Epidemilogy*, 122, 51—65

第3章 概　　率

3.1 绪　　言

第 2 章中概述了各种描述性统计,但我们需要获得更多的信息。特别地,我们应当对数据的某个行为的推断作出检验。

例 3.1　癌　一种涉及乳腺癌病因学的理论认为:妇女在 30 岁以后才怀孕生孩子比 20 岁以前生第一个孩子得乳腺癌的危险性大得多。由于上层社会的妇女一般生孩子较晚,因此这个理论解析了上层社会的妇女发生乳腺癌的危险性高于社会下层妇女的原因。为检验这个假设,我们可以从特殊的统计系统识别出 2000 名如下的妇女:她们现在年龄在 45~54 岁之间且没有患过乳腺癌,这群人中 1000 名妇女在 20 岁以前生育过孩子(称为 A 组),而另 1000 名妇女 30 岁以后才生孩子(称为 B 组)。我们可以跟踪她们 5 年,看看她们在这期间有多少人会患乳腺癌?假设 A 组中发现有 4 名患乳腺癌而 B 组中有 5 名。

有足够证据能判断这两组妇女在患癌的危险性上有差异吗? 多数人会认为在这样有限的数据上作结论是不容易的。

如果我们有更大的计划,从 A 组及 B 组中分别抽 10000 名妇女,发现 A 组中有 40 名病人而 B 组有 50 名病人,再问相同的问题。因为样本大了,我们可以有更大把握作结论,但是我们仍然应承认两组间发病率上的差异可能是偶然性造成的。

这个问题使得我们需要构造一个实质性的概念,这就是**概率**。本章中我们将定义概率及引出它的一些规律。在统计检验中了解概率及解释 p-值是最基本的。它可以使我们能很好地了解在第 7 章中出现的灵敏度、特异度及筛选检验的预测值的意义。

3.2　概率的定义

例 3.2　产科学　假定我们关心在全美国所有分娩时生下男孩的概率。理智的思考可以告诉我们,这个概率应该近似于 0.5。我们可以用表 3.1 中某些人口统计数字来说明[1]。1965 年,男孩出生概率为 0.51247, 1965 ~ 1969 年为 0.51248,而 1965~1974 年为 0.51268。这是建立在有限总体上的**经验概率**。在原则上讲,样本大小能无限地延伸,从而使概率的估计更加精确。

表 3.1　1965～1974 年间活产男婴的概率

时间	出生男婴数	总的出生数	男婴出生的经验概率
1965	1927054	3760358	0.51247
1965～1969	9219202	17989361	0.51248
1965～1974	17857857	34832051	0.51268

这个原则可以引导我们定义概率如下:

定义 3.1　样本空间　是所有可能结果的一个集合。一个**事件**就是感兴趣结果的一个子集。一个事件的**概率**就是这个事件在整个无限增大(或无限大)试验次数中的相对频率(见定义 2.10)。

例 3.3　肺病　结核病皮肤试验是传统的用于检查肺结核病的筛选试验。试验结果是定性的:阳性,阴性,或不确定。如果阳性的概率为 0.1,这就意味着如做大量的同样试验,约有 10% 的人会是阳性,而且随着试验的增多,出现阳性的结果将愈近似于 0.1。

例 3.4　癌　从未发生过乳腺癌的 40 岁妇女今后 30 年内发生乳腺癌的概率近似于 1/11。这个概率意味着 40 岁未发生过乳腺癌妇女的大样本,她们到 70 岁时,11 个人中大约有 1 人会发生乳腺癌。样本愈大,发生的比例愈接近 1/11。

在现实生活中,试验不可能做无限次。代替它的是,从一个大样本中(比如例 3.2～3.4)用经验概率估计一个事件发生的概率。在另外情况下,常要构建理论概率模型,并由此计算许多不同类型事件的概率。在统计推断中,一个重要的命题是比较经验概率与理论概率,也就是判断概率模型的拟合优良性。这个命题见 10.7 节。

例 3.5　癌　从 1963 到 1965 年在美国康涅狄格州的肿瘤登记数中,可查出 45 岁到 49 岁妇女胃癌的发病率是十万分之十四[2]。假设我们早已在这个岁数的该州妇女中抽取过一小群样本,则十万分之十四的值应是任何收集到的资料的最好估计,我们应去考察我们的新样本是否与这个概率相一致。

从定义 3.1 及先前的一些例子,我们可以归结出概率有如下的基本性质:

方程 3.1　(1)用 $Pr(E)$ 表示事件 E 的概率,则 $0 \leqslant Pr(E) \leqslant 1$。

(2)如果 A 和 B 是两个不会同时发生的事件,则 Pr(发生 A、B 事件之一) $= Pr(A) + Pr(B)$

例 3.6　高血压　设 A 是某人有正常舒张压(DBP<90)的事件,而 B 是有可疑高血压的事件(90≤DBP<95)。假设 $Pr(A) = 0.7$, $Pr(B) = 0.1$,记 C 是 DBP<95 的事件,则

$$Pr(C) = Pr(A) + Pr(B) = 0.8$$

这是因为 A 和 B 是不可能同时发生的。

定义 3.2　如果 A 与 B 在相同时间内不会同时发生,则称这两个事件是**互不相容**的。

因此,例 3.6 中的事件 A 与 B 是互不相容的。

例 3.7　高血压　设 X 是 DBP(变量),C 是 $X \geqslant 90$ 的事件,D 是 $75 \leqslant X \leqslant 100$ 的事件。则 C 与 D 并不是互不相容的,因为在 $90 \leqslant X \leqslant 100$ 时这两个事件可以同时发生。

3.3　某些有用的概率记号

定义 3.3　记号 $\{\ \}$ 是"事件"的简记。

定义 3.4　$A \cup B$ 记为 A 或 B 事件中至少发生一个或两个都发生的事件。

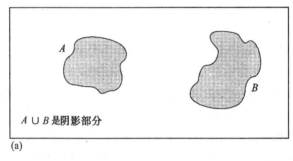

(a)

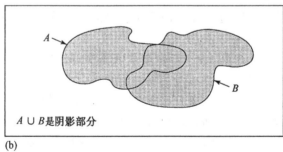

(b)

图 3.1　$A \cup B$ 的图解表示:(a)A 与 B 互不相容,(b)A 与 B 不是互不相容

图 3.1 描绘出 A 与 B 两事件互不相容及不是互不相容的情形。

例 3.8　高血压　在例 3.6 中 A 与 B 是定义为:$A = \{X < 90\}$,$B = \{90 \leqslant X < 95\}$,此处 $X = \text{DBP}$,则 $A \cup B = \{X < 95\}$。

例 3.9　高血压　如 C 及 D 是由例 3.7 所定义:
$$C = \{X \geqslant 90\}, \qquad D = \{75 \leqslant X \leqslant 100\}$$

则

$$C \cup D = \{X \geqslant 75\}$$

定义 3.5 记号 $A \cap B$ 表示两事件 A 及 B 同时发生的事件。$A \cap B$ 的图示见图 3.2。

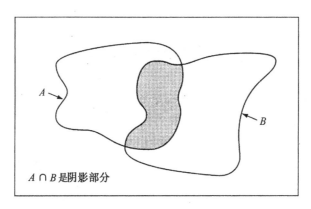

图 3.2 $A \cap B$ 的图示

例 3.10 高血压 设 C 与 D 事件如例 3.7 所定义,即

$$C = \{X \geqslant 90\}, \qquad D = \{75 \leqslant X \leqslant 100\}$$

则
$$C \cap D = \{90 \leqslant X \leqslant 100\}$$

注意,在例 3.6 中,$A \cap B$ 是不好定义的,因为 A 与 B 不能同时发生。这种情形对任何互不相容事件都是如此。

定义 3.6 $\overline{A}$ 是 A 不会发生的事件。它被称为 A 的补(或余)。注意,由于仅在 A 不发生时才发生 $\overline{A}$ 事件,所以 $Pr(\overline{A}) = 1 - Pr(A)$,图示见图 3.3。

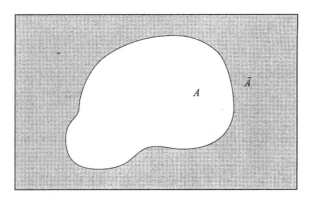

图 3.3 $\overline{A}$ 的图示

例3.11 高血压 记 A 及 C 如例 3.6 及 3.7 所定义,即

$$A = \{X < 90\}, \qquad C = \{X \geqslant 90\}$$

则 $C = \bar{A}$,因为 C 仅是 A 不发生时才发生。注意

$$Pr(C) = Pr(\bar{A}) = 1 - 0.7 = 0.3$$

于是,如果 70% 的人是 DBP<90,则 30% 的人必然有 DBP≥90。

3.4   概率的乘法规则

事件如前所述。这部分讨论某些指定形式的事件。

例3.12 高血压,遗传学 假设我们在家庭中使用高血压筛选计算程序。在一个给定的家庭中,考虑父母亲所有可能的 DBP 的测量。假设父母亲之间无遗传相关性,则样本空间是所有可能形式的 (X, Y) 的配对,此处 $X>0$, $Y>0$,代表母亲及父亲的 DBP。在本节中,我们感兴趣的是某个指定的事件。特别地,我们考察母亲或父亲是高血压的情况,即我们定义:事件 $A = \{$母亲的 DBP>95$\}$,$B = \{$父亲的 DBP>95$\}$。这些事件的图示法见图 3.4。

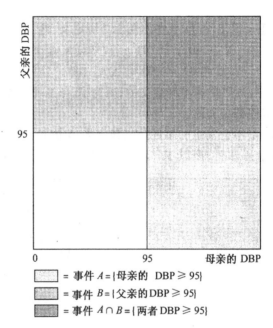

图3.4   在一个家庭中母亲及父亲可能的舒张压度量

如果我们知道 $Pr(A) = 0.1$,$Pr(B) = 0.2$,那么 $Pr(A \bigcap B) = Pr($母亲 DBP≥95且父亲 DBP≥95$) = Pr($父母都是高血压$)$ 是什么值? 对此,如没有其他

信息则无法回答,除非我们做某些假设。

定义 3.7 如果下面式子成立,

$$Pr(A \cap B) = Pr(A) \times Pr(B)$$

则称事件 A 与 B 是**独立**的。

例 3.13 高血压,遗传学 如果例 3.12 中的两事件独立,计算父、母亲都是高血压的概率。

解 如果 A 与 B **独立**,则

$$Pr(A \cap B) = Pr(A) \times Pr(B) = 0.1 \times 0.2 = 0.02$$

这个例子应如下解释:认为母亲的高血压不依赖于(也不影响)父亲有否高血压,反之亦然。如果高血压的发生仅受遗传性影响而与环境因素无关,则可以认为这两个事件是独立的。而如果环境对血压有影响,即如果父亲有高血压(B 是真实的)而母亲会有比父亲没有高血压时(B 不真)更高的血压(A 是真的)。在本章末,我们将讨论这种缺乏独立性的事件。

如果两个事件不独立,则我们说他们是相关或相依的。

定义 3.8 两事件是**相依性**的,是指如果下式成立

$$Pr(A \cap B) \neq Pr(A) \times Pr(B)$$

例 3.14 是相关事件的典型例子。

例 3.14 高血压,遗传学 考虑一个母亲及她第一个出生孩子的如下情形的舒张压。

记 $A = \{$母亲的 DBP$\geqslant 95\}$, $B = \{$第一个孩子的 DBP$\geqslant 80\}$

假设 $Pr(A \cap B) = 0.05$, $Pr(A) = 0.1$, $Pr(B) = 0.2$

则 $Pr(A \cap B) = 0.05 > Pr(A) \times Pr(B) = 0.02$

可见 A、B 事件不独立。

这个结果是可以预料的,因为母亲与第一个孩子有相同的生活环境而且有遗传性。也就是说,母亲有高血压的孩子的血压会比母亲不是高血压的孩子更为高一些。

例 3.15 性传播疾病 假设两个医生 A 及 B,检查 VD 诊所中所有有关梅毒病人的病例。记事件 $A^+ = \{$医生 A 诊断为阳性$\}$,$B^+ = \{$医生 B 诊断为阳性$\}$。设 A 医生诊断所有来看病的病人中有 10% 是阳性,而 B 医生诊断出 17% 的病人为阳性,而 A、B 两医生同时诊断为阳性的为 8%。请问 A^+ 与 B^+ 是两个独立事件吗?

解 我们已有

$$Pr(A^+) = 0.1 \quad Pr(B^+) = 0.17 \quad Pr(A^+ \cap B^+) = 0.08$$

于是,

$$Pr(A^+ \cap B^+) = 0.08 > Pr(A^+) \times Pr(B^+) = 0.1 \times 0.17 = 0.017$$

因此,这两事件是相关的。这个结果是可以预见的,因为两个医生对梅毒的诊断应该有相似性。

定义 3.7 可以拓广到 $k(>2)$ 个独立事件,这常称为概率的乘法规则。

方程 3.2　概率的乘法规则　如果 $A_1,\cdots,A_k$ 彼此独立,则

$$Pr(A_1 \bigcap A_2 \bigcap \cdots \bigcap A_k) = Pr(A_1) \times Pr(A_2) \times \cdots \times Pr(A_k)$$

3.5　概率的加法规则

前面已经看到,如果 A 与 B 互不相容,则有 $Pr(A \bigcup B) = Pr(A) + Pr(B)$。下面发展更一般的公式,允许 A 与 B 不是互不相容:

方程 3.3　概率的加法规则　如果 A 与 B 是任何两事件,则

$$Pr(A \bigcup B) = Pr(A) + Pr(B) - Pr(A \bigcap B)$$

这个公式的原理见图 3.5。于是要计算 $Pr(A \bigcup B)$,只要分别对 A 及 B 事件的概率做加法,然后减去重叠部分的概率 $Pr(A \bigcap B)$。

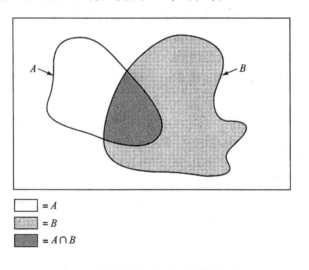

□ $= A$

▦ $= B$

▨ $= A \bigcap B$

图 3.5　概率加法规则的图示表达式

例 3.16　性传播疾病　考虑例 3.15 中给出的数据。对一个病人作检查后,如两个医生(A 及 B)中至少有一个做出阳性诊断,则该病人被建议去实验室再进一步作检查,试问一个病人被送去实验室做检查的概率有多大?

解　被任一个医生作出阳性诊断的事件为 $A^+ \bigcup B^+$,于是

$$Pr(A^+ \bigcup B^+) = Pr(A^+) + Pr(B^+) - Pr(A^+ \bigcap B^+),$$

将

$$Pr(A^+) = 0.1, \quad Pr(B^+) = 0.17, \quad Pr(A^+ \bigcap B^+) = 0.08$$

代入上式,得
$$Pr(A^+ \bigcup B^+) = 0.1 + 0.17 - 0.08 = 0.19$$
即 19% 的病人将被建议去实验室做进一步检查。

加法规则中有两个特例是很有趣的:第一个是,如果 A 与 B 事件互不相容,这时 $Pr(A \bigcap B) = 0$,即 $Pr(A \bigcup B) = Pr(A) + Pr(B)$,这就是方程 3.1;第二个,如果 A 与 B 独立,即 $Pr(A \bigcap B) = Pr(A) \times Pr(B)$,这时有 $Pr(A \bigcup B) = Pr(A) + Pr(B) - Pr(A) \times Pr(B)$。即得出下面的重要特例。

方程 3.4 独立事件的概率加法规则 如果事件 A 和 B 独立,则
$$Pr(A \bigcup B) = Pr(A) + Pr(B) \times [1 - Pr(A)]$$

这个加法特例可以解释如下:事件 $A \bigcup B$ 可以分成如下两个彼此不相容的事件:$\{A$ 发生$\}$ 及 $\{B$ 发生但 A 不发生$\}$。由于独立性,所以后一个事件发生的概率为 $Pr(B) \times [1 - Pr(A)]$。这个概率由图 3.6 所示。

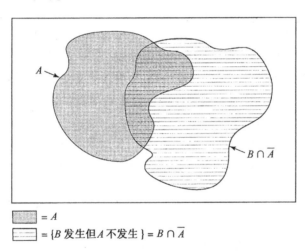

$$\boxed{\quad} = A$$
$$\boxed{\equiv} = \{B\text{ 发生但}A\text{ 不发生}\} = B \bigcap \bar{A}$$

图 3.6 独立事件的加法规则图示法

例 3.17 高血压 回到例 3.12,此处
$$A = \{\text{母亲的 DBP} \geqslant 95\}, \qquad B = \{\text{父亲的 DBP} \geqslant 95\}$$
而 $Pr(A) = 0.1$,$Pr(B) = 0.2$,且设 A 与 B 是独立的事件。事件 A 或 B 发生即认为是高血压事件。高血压家庭的定义为:父或母亲中至少有一个是高血压。我们问,高血压家庭出现的概率有多大?

解 Pr(高血压家庭)为
$$Pr(A \bigcup B) = Pr(A) + Pr(B) \times [1 - Pr(A)] = 0.1 + 0.2(0.9) = 0.28$$
即约有 28% 的家庭是高血压家庭。

我们可以拓广加法规律到多于两个事件。比如,有 3 个事件 A、B 及 C,则

$$Pr(A \bigcup B \bigcup C) = Pr(A) + Pr(B) + Pr(C) - Pr(A \bigcap B) - Pr(A \bigcap C)$$
$$- Pr(B \bigcap C) + Pr(A \bigcap B \bigcap C)$$

理论上可以拓广到任意个事件,但这不在本书的范围。

3.6 条件概率

假设需要同时计算几个事件的概率。如果事件彼此独立,则乘法规律就可以用上。如果事件中某些有相关(依存)性,则乘法规则就必须拓广。考虑下面的例子。

例 3.18 癌 对 50 岁以上的所有妇女做乳腺癌检查。权威性的检查是活组织检查法。但是这个方法太昂贵了且有伤害性。代替法是对这个年龄组的妇女每 1 或 2 年做早期胸部肿瘤 X 射线测定法。如果 X 射线检查阳性则再去做活组织检查,这就是筛选检验。理想的情形是:如果妇女在 X 射线筛选检查中呈阳性,则活组织检查有癌的概率为 1;而同时如果 X 射线检查中呈阴性,则活组织检查有癌的概率为 0。两个事件{X 线检查阳性}与{乳腺癌}是相关(或依存)的;因此筛选检验自动地可决定疾病状态。极端相反的是{X 射线检查阳性}与{乳腺癌}是独立的情形。这时不论 X 射线检查结果如何都不会影响活组织检查的结论,这时显然 X 线检查法就完全无用处了。

这些概念可以用定量法来描述。令 $A = \{X \text{ 射线检查 } +\}$,$B = \{乳腺癌\}$,我们感兴趣的是求已知 X 射线检查是阳性($A$)下求患乳腺癌妇女的概率。这个概率可以写成 $Pr(A \bigcap B)/Pr(A)$。

定义 3.9 量 $Pr(A \bigcap B)/Pr(A)$ 被定义为**给定 A 事件下事件 B 的条件概率**,它常记为 $Pr(B \mid A)$。

但是从 3.4 节我们知道,如果两事件独立,则 $Pr(A \bigcap B) = Pr(A) \times Pr(B)$。两边除以 $Pr(A)$,则有 $Pr(B) = Pr(A \bigcap B)/Pr(A) = Pr(B \mid A)$。类似地,如果 A 与 B 独立,则 $Pr(B \mid \overline{A}) = Pr(B \mid A) = Pr(B)$。这个关系式引出下面的按条件概率解析独立性事件。

方程 3.5 (1)如果 A 与 B 独立,则 $Pr(B \mid A) = Pr(B) = Pr(B \mid \overline{A})$。

(2)如果 A 与 B 相关,则 $Pr(B \mid A) \neq Pr(B) \neq Pr(B \mid \overline{A})$

且 $Pr(A \bigcap B) \neq Pr(A) \times Pr(B)$。

定义 3.10 B 事件对于 A 事件的**相对危险性**(relative risk, **RR**)为
$$Pr(B \mid A)/Pr(B \mid \overline{A})$$

注意:如果两个事件独立,则相对危险性为 1,这也提示我们,两事件相关(依存)性愈大,则相对危险性愈远离 1。

例 3.19 癌 设 10000 名乳房 X 射线照片检查后为阴性的妇女中在 2 年内

发现有乳腺癌的是 20 例,或写成 $Pr(B \mid \overline{A}) = 20/10^5 = 0.0002$,而 10 名乳房 X 射线照片检查后为阳性的妇女在这两年内发现是乳腺癌的是 1 例,这可写成 $Pr(B \mid A) = 0.1$。这时有

$$RR = Pr(B \mid A)/Pr(B \mid \overline{A}) = 0.1/0.0002 = 500$$

说明事件 A 与 B 有很高的相关(或依存)性。也就是说,乳房 X 射线检查为阳性妇女在 2 年内患乳腺癌的危险性是乳房 X 射线检查为阴性的妇女患有癌危险性的 500 倍。这就是说,使用乳房 X 射线检查是合理的。而如果事件 A 与 B 独立,则相对危险性应是 1,即乳房 X 射线检查阳性或阴性者得乳腺癌的危险性是一样的,这时乳房 X 射线检查作为筛选手段也就没有必要了。

例 3.20 性传播疾病 使用例 3.15 中数据,计算在已知 A 医生诊断病人有梅毒后 B 医生诊断该病人为梅毒的概率。另外,医生 A 已诊断病人为阴性梅毒时医生 B 仍诊断该病人为阳性梅毒,B^+ 对于 A^+ 的相对危险性多大?

解 $Pr(B^+ \mid A^+) = Pr(B^+ \bigcap A^+)/Pr(A^+) = 0.08/0.1 = 0.8$

即 B 医生可证实 A 医生诊断的 80%。类似地,

$$Pr(B^+ \mid A^-) = Pr(B^+ \bigcap A^-)/Pr(A^-) = Pr(B^+ \bigcap A^-)/0.9$$

可见必须计算 $Pr(B^+ \bigcap A^-)$。我们知道,若医生 B 诊断病人为阳性,则医生 A 既可能证实该诊断也可能否定该诊断。因此

$$Pr(B^+) = Pr(B^+ \bigcap A^+) + Pr(B^+ \bigcap A^-)$$

因为事件 $B^+ \bigcap A^+$ 与 $B^+ \bigcap A^-$ 互不相容。若从上式两边减去 $Pr(B^+ \bigcap A^+)$,则有

$$Pr(B^+ \bigcap A^-) = Pr(B^+) - Pr(B^+ \bigcap A^+) = 0.17 - 0.08 = 0.09$$

因此,

$$Pr(B^+ \mid A^-) = 0.09/0.9 = 0.1$$

这说明,当 A 医生诊断某病人为阴性后,B 医生有相反诊断的概率为 10%。因此,B^+ 关于 A^+ 的相对危险性为

$$Pr(B^+ \mid A^+)/Pr(B^+ \mid A^-) = 0.8/0.1 = 8$$

说明,当 A 医生已诊断病人为阳性时,B 医生再诊断为阳性的概率是 8 倍于 A 医生已诊断为阴性而 B 医生仍诊断为阳性的概率。

条件概率($Pr(B \mid A)$,$Pr(B \mid \overline{A})$)与无条件概率($Pr(B)$)的关系为下式:

方程 3.6 对任何两事件 A 和 B,

$$Pr(B) = Pr(B \mid A) \times Pr(A) + Pr(B \mid \overline{A}) \times Pr(\overline{A})$$

这个公式告诉我们,B 的无条件概率是下述两项的和式:一项是 A 发生条件下 B 的条件概率乘 A 的无条件概率,另一项是 A 不发生条件下 B 的条件概率乘 A 不发生的无条件概率。

可以给出上面公式的证明:

注意发生 B 事件中, A 可以发生也可以不发生。因此,
$$Pr(B) = Pr(B \cap A) + Pr(B \cap \overline{A})$$
从条件概率定义,有
$$Pr(B \cap A) = Pr(A) \times Pr(B \mid A)$$
及
$$Pr(B \cap \overline{A}) = Pr(\overline{A}) \times Pr(B \mid \overline{A})$$
代入上式,得
$$Pr(B) = Pr(B \mid A)Pr(A) + Pr(B \mid \overline{A})Pr(\overline{A})$$

例 3.21　癌　记 A 与 B 是由例 3.19 所定义,且假定妇女总体经 X 线检查发现 7% 的人是阳性。在接下的 2 年中发生有乳腺癌的概率有多大?

解　$Pr(B) = Pr(乳腺癌)$
$= Pr(乳腺癌 \mid X 线检查^+) \times Pr(X 线检查^+)$
$+ Pr(乳腺癌 \mid X 线检查^-) \times Pr(X 线检查^-)$
$= 0.1(0.07) + 0.0002(0.93) = 0.00719 = 719/10^5$

即在接下来的 2 年内发展为乳腺癌的无条件概率($719/10^5$)是 X 射线检查为阳性的妇女(0.1)在今后 2 年内发展成乳腺癌的条件概率与 X 射线检查为阴性妇女($20/10^5$)在今后 2 年内发展为乳腺癌的条件概率的加权平均。

在方程 3.6 中 B 事件的概率仅表示成两个互不相容事件 A 与 $\overline{A}$。而在许多情形中事件 B 的概率需要表示成多个互不相容的事件 $A_1, A_2, \cdots, A_k$。

定义 3.11　一个事件集 $A_1, \cdots, A_k$ 称为**完备集事件**,意即至少有一个事件必然发生。

假设事件 $A_1, \cdots, A_k$ 彼此不相容且完备,意即 $A_1, \cdots, A_k$ 中至少发生一个事件而且没有两个事件能同时发生。于是 $A_1, \cdots, A_k$ 中有且只有一个必然发生。

方程 3.7　全概率法则

如果 $A_1, \cdots, A_k$ 是彼此不相容且完备事件,则 B 的无条件概率能写成给定 A_i 下 B 的条件概率的加权平均: *
$$Pr(B) = \sum_{i=1}^{k} Pr(B \mid A_i)Pr(A_i) \, ^*$$

要证明它,只要知道如果 B 发生时,则 $A_1, \cdots, A_k$ 中有且只有一个也必发生,因此
$$Pr(B) = \sum_{i=1}^{k} Pr(B \cap A_i)$$
用条件概率定义,
$$Pr(B \cap A_i) = Pr(A_i) \times Pr(B \mid A_i)$$
代入即得方程 3.7。

---

* 方程 3.7 中也可以把 $Pr(A_i)$ 当作权,这样的加权平均似乎更常用。——译者注

全概率法则的一个应用见下例:

例 3.22 眼科学 我们计划对 60 岁及以上的 5000 人的一个总体做 5 年期的白内障研究。我们从普查数据中已知道:它在 60~64 岁的人中占 45%,65~69 岁的人占 28%,70~74 岁的人占 20%,75 岁及以上的人占 7%。我们从 Framingham 的眼研究[4]中知,在接下来的 5 年中上述总体的各年龄组中分别有 2.4%,4.6%,8.8% 及 15.3% 的人发展有白内障。试问,在这 5 年中该总体中发生白内障的比例有多大? 有多少人得了白内障?

解 记 $A_1 = \{60~64$ 岁$\}$,$A_2 = \{65~69$ 岁$\}$,$A_3 = \{70~74$ 岁$\}$,$A_4 = \{75$ 岁及以上$\}$。这些事件是彼此不相容且完备的,因为在这总体中每一个人必属于也只能属于其中一组。进一步,从给出的条件,知 $Pr(A_1) = 0.45$,$Pr(A_2) = 0.28$,$Pr(A_3) = 0.20$,$Pr(A_4) = 0.07$,及 $Pr(B \mid A_1) = 0.024$,$Pr(B \mid A_2) = 0.046$,$Pr(B \mid A_3) = 0.088$,及 $Pr(B \mid A_4) = 0.153$,此处 $B = \{$在今后 5 年中发展成白内障$\}$。最后,使用全概率公式,有

$$Pr(B) = Pr(B \mid A_1) \times Pr(A_1) + Pr(B \mid A_2) \times Pr(A_2)$$
$$+ Pr(B \mid A_3) \times Pr(A_3) + Pr(B \mid A_4) \times Pr(A_4)$$
$$= 0.024(0.45) + 0.046(0.28) + 0.088(0.20) + 0.153(0.07) = 0.052$$

即今后 5 年中上述总体中将有 5.2% 的人发生白内障,人数为 $5000 \times 0.052 = 260$ 人。

条件概率的定义允许概率的乘法规则拓广到相关性事件。

方程 3.8 拓广了的概率乘法规则

如果 $A_1, \cdots, A_k$ 是任意的事件集,则

$$Pr(A_1 \bigcap A_2 \bigcap \cdots \bigcap A_k)$$
$$= Pr(A_1) \times Pr(A_2 \mid A_1) \times Pr(A_3 \mid A_2 \bigcap A_1) \times \cdots$$
$$\times Pr(A_k \mid A_{k-1} \bigcap \cdots \bigcap A_1)$$

如果这些事件独立,则方程 3.8 右边的条件概率简化为无条件概率,且拓广了的乘法规则简化为方程 3.2 中的独立事件乘法规则。方程 3.8 也把定义 3.9 中对两个事件的公式 $Pr(A \bigcap B) = Pr(A) \times Pr(B \mid A)$ 拓广到多于两个事件。

3.7 Bayes 规则与筛选检验

在例 3.18 中早期肿瘤的 X 射线测定法叙述了筛选检验的一般性概念,它可以定义如下:

定义 3.12 一个筛选检验的**预测值阳性**(predictive value positive, PV^+)是指一个人在该检验中呈阳性条件下而患病的概率,即定义为

$$Pr(\text{疾病} \mid \text{检验}^+)$$

而**预测值阴性**(PV^-)是指一个人在检验中呈阴性条件下而未曾患病的概率,即是下面的概率:

$$Pr(\text{无疾病} \mid \text{检验}^-)$$

例 3.23　癌　在例 3.19 的数据中,计算早期胸部肿瘤的 X 射线测定法的预测值阳性及预测值阴性。

解　我们有

$$PV^+ = Pr(\text{乳腺癌} \mid \text{X 射线}^+) = 0.1$$

$$PV^- = Pr(\text{没有乳腺癌} \mid \text{X 射线}^-)$$

$$= 1 - Pr(\text{有乳腺癌} \mid \text{X 射线}^-) = 1 - 0.0002 = 0.9998$$

这就是说,如果 X 射线测定是阴性,则几乎可以肯定地说这个妇女在今后的 2 年中不会患乳腺癌($PV^- \approx 1$);同时,如果 X 射线测定是阳性,则该妇女在今后 2 年内有 10% 的可能患乳腺癌($PV^+ = 0.10$)。

一个症状或一组症状可以看作是对疾病的一个筛选检验。筛选检验(或症状)有较高的值说明这个检验(或症状)有较高的价值。实际上,我们总在找一组症状,以使得它既有 $PV^+ = 1$,又有 $PV^- = 1$。这样我们就可以准确地对每个病人作出诊断。

临床医生通常不能直接测得一组症状的预测值。但是他们常能在病人及正常人中测得有特效的指标。这些测度指标有:

定义 3.13　一个症状(或一组症状,或筛选检验)的**灵敏度**(sensitivity)是疾病发生后出现症状的概率。

定义 3.14　一个症状(或一组症状,或筛选检验)的**特异度**(specificity)是疾病不发生时不出现症状的概率。

定义 3.15　某实验的结果是阴性但实际是阳性,称为**假阴性**(false negative)。实验结果是阳性但实际是阴性,称为**假阳性**(false positive)。

在预测疾病中某个症状是有效的,就是指该症状的两个指标(灵敏度及特异度)都是高的。

例 3.24　癌　此处疾病是肺癌,而症状是抽烟。我们假设肺癌患者中 90% 是抽烟者,而没有肺癌的人(基本上是总体人口)中 30% 是抽烟者,于是灵敏度及特异度指标分别为 0.9 及 0.7。显然,抽烟者不能把自己作为诊断工具去预测肺癌,因为这将会有太多的假阳性(正常人中的烟民)。

例 3.25　癌　假设疾病是妇女的乳腺癌,而症状是乳腺癌的家族史(母亲或姐妹之一有乳腺癌)。如果有乳腺癌的病人中 5% 有乳腺癌的家族史,而没有乳腺癌的妇女中只有 2% 的人有上述家族史。于是此处的灵敏度的值是 0.05 而特异度是 1 - 0.02 = 0.98。乳腺癌家族史不能被用于诊断乳腺癌,因为会有太多的假阴性(没有乳腺癌家族史者但有此疾病)。

如何使一个(或一组)症状的灵敏度及特异度指标能被医生所估计且能用于计算预测值? 记 A=症状,B=疾病。从定义 3.12~3.14,我们有

$$预测值阳性 = PV^+ = Pr(B \mid A)$$
$$预测值阴性 = PV^- = Pr(\overline{B} \mid \overline{A})$$
$$灵敏度 = Pr(A \mid B)$$
$$特异度 = Pr(\overline{A} \mid \overline{B})$$

记 $Pr(B)$=有关总体中有疾病的概率。我们按照其他的形式去计算 $Pr(B|A)$ 及 $Pr(\overline{B}|\overline{A})$。这就是 *Bayes* 法则。

方程 3.9 Bayes 法则

记 A=症状,B=疾病,则

$$PV^+ = Pr(B \mid A) = \frac{Pr(A \mid B) \times Pr(B)}{Pr(A \mid B) \times Pr(B) + Pr(A \mid \overline{B}) \times Pr(\overline{B})}$$

这也可以改写成

$$PV^+ = \frac{灵敏度 \times x}{灵敏度 \times x + (1 - 特异度) \times (1 - x)}$$

此处 $x = Pr(B)$=有关总体中疾病的患病率。类似地,

$$PV^- = \frac{特异度 \times (1 - x)}{特异度 \times (1 - x) + (1 - 灵敏度) \times x}$$

很容易证明上述公式,从条件概率的定义,

$$PV^+ = Pr(B \mid A) = \frac{Pr(B \bigcap A)}{Pr(A)}$$

从条件概率的定义,亦有

$$Pr(B \bigcap A) = Pr(A \mid B) \times Pr(B)$$

最后,从全概率公式,

$$Pr(A) = Pr(A|B) \times Pr(B) + Pr(A|\overline{B}) \times Pr(\overline{B})$$

把 $Pr(B \bigcap A)$ 及 $Pr(A)$ 表达式代入 PV^+,得

$$PV^+ = Pr(B|A) = \frac{Pr(A|B) \times Pr(B)}{Pr(A|B) \times Pr(B) + Pr(A|\overline{B}) \times Pr(\overline{B})}$$

也就是说,PV^+ 能被表示成灵敏度、特异度及疾病的概率的函数。类似地可求得 PV^-。

例 3.26 高血压 假设自动测血压计把有高血压的人中 84% 诊断为有高血压,而把正常血压的人中 23% 诊断为高血压,试问该自动测压计的预测值阳性及预测值阴性多大? 这里假设成年人中 20% 有高血压。

解 由上知,灵敏度=0.84,特异度=1-0.23=0.77。由 Bayes 法则,得

$$PV^+ = (0.84)(0.2)/[(0.84)(0.2) + (0.23)(0.8)]$$
$$= 0.168/0.352 = 0.48$$

类似，
$$PV^- = (0.77)(0.8)/[(0.77)(0.8) + (0.16)(0.2)]$$
$$= 0.616/0.648 = 0.95$$

从这些结果可看出：该自动计对于有阴性结果的人是很有预测能力的，这是因为它高达 95% 的概率保证：如该自动计显示的结果是阴性，则他(她)不会是高血压。但是对于自动计显示的阳性结果，它有很差的预测能力，这是因为它仅有 48% 的概率相信自动计显示是阳性者时，他(她)确是高血压患病者。

例 3.26 中仅考察两个可能的疾病状态：高血压与正常血压。但在临床中，我们常有更多的疾病状态。我们希望能从一个(或组)症状中诊断出更多的疾病。我们假设已经从临床试验(或检查)中知道了这些症状，而要找患有每种疾病的概率。这使得我们拓广 Bayes 法则：

方程 3.10 广义的 Bayes 法则

记 $B_1, B_2, \cdots, B_k$ 是彼此不相容及完备的疾病状态，意即至少有一种疾病会发生而且不会同时发生两种疾病。记 A 是一组(或个)症状。则

$$Pr(B_i \mid A) = Pr(A \mid B_i) \times Pr(B_i)/\left[\sum_{i=1}^{k} Pr(A \mid B_i) \times Pr(B_i)\right]$$

证明   这个结果是与两个疾病状态的做法一样的(3.9 节)。特别地，从条件概率定义，有

$$Pr(B_i \mid A) = \frac{Pr(B_i \cap A)}{Pr(A)}$$

另外，由条件概率，

$$Pr(B_i \cap A) = Pr(A \mid B_i) \times Pr(B_i)$$

从全概率公式，有

$$Pr(A) = Pr(A \mid B_1) \times Pr(B_1) + \cdots + Pr(A \mid B_k) \times Pr(B_k)$$

把后两式代入上式，得

$$Pr(B_i \mid A) = \frac{Pr(A \mid B_i) \times Pr(B_i)}{\sum_{i=1}^{k} Pr(A \mid B_i) \times Pr(B_i)}$$

例 3.27 **肺病** 一个从不抽烟的 60 岁男性去医院看病，主诉有慢性咳嗽及非经常性的憋气。医生安排病人去医院做肺活组织检查。假设肺组织检查的结果是下述之一：肺癌，结节病，没有严重的肺病。在这情形中

症状 $A = \{$慢性咳嗽，非经常性的憋气$\}$

疾病状态 $B_1 =$ 正常

$B_2 =$ 肺癌

$$B_3 = 结节病$$

假设 $Pr(A|B_1) = 0.001$, $Pr(A|B_2) = 0.9$, $Pr(A|B_3) = 0.9$, 且在 60 岁老年从不抽烟的男性中已知

$$Pr(B_1) = 0.99, \quad Pr(B_2) = 0.001, \quad Pr(B_3) = 0.009$$

上述第一组公式 $Pr(A|B_i)$ 值可以从临床经验中找出, 后面一组概率值 $Pr(B_i)$ 可以从年龄-性别-抽烟的患病率中找到。我们感兴趣的是如何估计三种疾病状态在已知症状条件下的概率 $Pr(B_i|A)$。

解 可用 Bayes 公式回答上述问题:

$$Pr(B_1|A) = Pr(A|B_1) \times Pr(B_1)/\left[\sum_{j=1}^{3} Pr(A|B_j) \times Pr(B_j)\right]$$

$$= 0.001(0.99)/[0.001(0.99) + 0.9(0.001) + 0.9(0.009)]$$

$$= 0.00099/0.00999 = 0.099$$

$$Pr(B_2|A) = 0.9(0.001)/[0.001(0.99) + 0.9(0.001) + 0.9(0.009)]$$

$$= 0.00090/0.00999 = 0.090$$

$$Pr(B_3|A) = 0.9(0.009)/[0.001(0.99) + 0.9(0.001) + 0.9(0.009)]$$

$$= 0.00810/0.00999 = 0.811$$

如此, 我们看到: 结节病的无条件概率 (0.009) 很低, 但已有症状及已知年龄、性别和抽烟状态下该人患结节病的条件概率高达 0.811。也就是说, 虽然这组症状与两种疾病 (肺癌及结节病) 相符合, 但按病人的症状及性别、年龄、抽烟情况考察, 则应诊断为结节病。

例 3.28 肺病 现在假定例 3.27 中该 60 岁男性是一个抽烟者, 且过去 40 年中每天抽 2 包卷烟。且这时, $Pr(B_1) = 0.98$, $Pr(B_2) = 0.015$, $Pr(B_3) = 0.005$。试问这样的病人患上述三种疾病的概率。

解 $Pr(B_1|A) = 0.001(0.98)/[0.001(0.98) + 0.9(0.015) + 0.9(0.005)]$

$$= 0.00098/0.01898$$

$$= 0.052$$

$$Pr(B_2|A) = 0.9(0.015)/0.01898$$

$$= 0.01350/0.01898$$

$$= 0.711$$

$$Pr(B_3|A) = 0.9(0.005)/0.01898$$

$$= 0.237$$

即在此类病人的模式下, 肺癌是最合适的诊断。

3.7.1 ROC 曲线

在某些情形中, 一个实验可提供多个结果而不是简单的阳性或阴性。在另外

情形中,实验结果是连续性变量。在这任一情形下,为识别实验是阳性或阴性的切断点(cut-off-point)常是任意的。

例 3.29 放射学 下面材料由 Hanley 及 McNeil[5]提供。可能有神经系统疾病的 109 名受试者接受某放射学家的 CT 成像术的检查,结果用等级(rating)形式表示。每一个受试者实际上是否有病是早已知道的。数据列于表 3.2,我们如何计算诊断的准确性?

表 3.2　某放射学家做的 CT 成像术的等级结果

疾病的实际状态	CT 成像诊断					总　　数
	肯定正常(1)	可能正常(2)	有问题(3)	可能不正常(4)	肯定不正常(5)	
正常	33	6	6	11	2	58
不正常	3	2	2	11	33	51
总　数	36	8	8	22	35	109

不同于过去例子的是,表 3.2 中未给出明确的切断点用于诊断疾病。对表 3.2 我们对切断点给出不同的值,就会有不同的结果。比如,如我们规定"可能不正常"与"肯定不正常"作为检验的阳性(即把等级 4 或 5,或 4 及以上作为阳性),则这个检验的灵敏度为$(11+33)/51=44/51=0.86$,而同时特异度是$(33+6+6)/58=45/58=0.78$。表 3.3 就是按照这种不同的准则来计算灵敏度及特异度的。

表 3.3　对表 3.2 数据放射学家使用不同准则去确定阳性时的灵敏度与特异度

检验的阳性准则	灵敏度	特异度
1^+	1.0	0
2^+	0.94	0.57
3^+	0.90	0.67
4^+	0.86	0.78
5^+	0.65	0.97
6^+	0	1.0

对于表 3.3,我们可以构造一个 ROC(receiver operating characteristic,接受者操作特性)曲线。

定义 3.1　ROC 曲线 是灵敏度相对于(1-特异度)的筛选检验曲线,此处曲线上的不同点对应于用不同的切断点去识别阳性。

例 3.30 放射学 对表 3.3 中的数据构建 ROC 曲线。

解 构建法即是以"1-特异度"为横坐标,灵敏度为纵坐标作图,即为图 3.7。

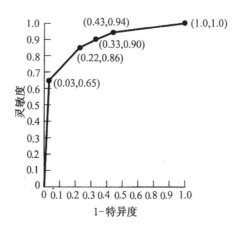

图 3.7 表 3.3 中数据的 ROC 曲线

ROC 曲线下面积是检验整个诊断精度的一个合理指标。文献[5]中给出面积的求法,它是梯形法则求面积。ROC 曲线作出后,对于任何一个等级(取为切断点),放射学家按受试者的检验等级值是低于上述切断点则诊断该受试者为正常,如高于切断点则认为是不正常。

例 3.31 放射学 计算图 3.7 中 ROC 曲线下的面积,并解析它的意义。

解 使用梯形面积法,面积为

$$0.5(0.94+1.0)(1-0.43)+0.5(0.90+0.94)(0.43-0.33)+0.5(0.86+0.90)$$
$$(0.33-0.22)+0.5(0.65+0.86)(0.22-0.03)+0.5(0+0.65)(0.03-0)=0.89$$

这意味着放射学家能按 CT 等级的相对顺序而正确地把一个正常人从不正常人中识别出来的概率是 89%[*]。当正常受试者与不正常受试者有相同等级时,放射学家可以随机地作决定。

一般情况下,对于相同疾病的两个筛选检验中,ROC 曲线下面积大者被认为是较好的检验。但在某种特殊情形下可以例外,比如在两个检验比较中,某个值的灵敏度或特异度特别重要时,面积的比较就没有必要了。

3.8 患病率与发病率

临床医生中,患病率及发病率是用于表示一种特殊场合的概率,本书中经常用到它们。

定义 3.17 患病率(prevalence)是某人现时(指在考察或研究的瞬时)有病的

---

[*] 这种说法的理论根据似不充分。——译者注

概率,它不依赖于人们是何时得的病。求法是现时有病的人数除以所研究的总体中人群的总数。

例 3.32　高血压　美国政府的一个研究显示[6],1974 年,17 岁及以上人群中 15.7% 的人患有高血压。计算法:用有高血压的人数 22626 除以当时研究的人群总体数 144380。

定义 3.18　某病的**累加发病率**　(cumulative incidence)是如下的一种概率,人们以前没有此病而在某个指定时间内发生该病的概率。

我们将在第 14 章中区别定义在很长时间区间上的累加发病率与定义在很短时间内的发病密度(incidence density)。在该章以前,为简化起见,我们把累加发病率简称为发病率(incidence)。

例 3.33　癌　美国康涅狄格州的 40 到 44 岁的妇女在 1970 年 1 月 1 日到 1970 年 12 月 31 日止的时间内乳腺癌的累加发病率是千分之一[2]。这个值意味着,40 到 44 岁的妇女 1000 人,在 1970 年 1 月 1 日以前未曾有乳腺癌,而到 1970 年 12 月 31 日止时,大约有 1 名妇女患有乳腺癌。

3.9　摘　要

本章介绍概率及概率的加法及乘法法则。人们应能区别独立事件与相关(相依存)事件。条件概率与相对危险性定量地描述了两个事件间的依存性。这些概念可应用于疾病的筛选。特别地,作为条件概率的应用,灵敏度、特异度及预测值都常用作筛选的精度。当识别试验阳性或阴性的切断点具有任意性时,ROC 曲线可以拓广灵敏度与特异度的应用范围。

在某些情形下,仅使用灵敏度及特异度就可以了,我们由此可计算筛选检验的预测值,它是通过 Bayes 公式的计算而完成的。实际上 Bayes 公式常会改变条件概率结论的方向性。最后,患病率及发病率作为概率参数,他们常被定量地描述为一个总体人口中疾病的水平。

在下两章中,概率的一般原理将被用于某些重要的概率模型,在生物医学研究中常会遇见这些模型:有二项,泊松及正态模型。这些模型将极广泛地用于数据的假设检验。

练　习　题

考察一个家庭,内有母亲、父亲及两个孩子。记 $A_1 = \{$母亲感冒$\}$,$A_2 = \{$父亲感冒$\}$,$A_3 = \{$第 1 个孩子感冒$\}$。$A_4 = \{$第 2 个孩子感冒$\}$,$B = \{$至少一个孩子感冒$\}$,$C = \{$至少一个双亲感冒$\}$,$D = \{$家庭中至少一人感冒$\}$。

*3.1　$A_1 \cup A_2$ 意思是什么?

*3.2 $A_1 \cap A_2$ 意思是什么?

*3.3 A_3 与 A_4 彼此是不相容?

*3.4 $A_3 \cup B$ 意思是什么?

*3.5 $A_3 \cap B$ 意思是什么?

*3.6 用 A_1、A_2、A_3、A_4 表示 C。

*3.7 用 B、C 表示 D。

*3.8 $\overline{A}_1$ 意味什么?

*3.9 $\overline{A}_2$ 意味什么?

*3.10 用 A_1、A_2、A_3、A_4 表示 $\overline{C}$。

*3.11 用 B、C 表示 $\overline{D}$。

假设流行性感冒袭击一个城市。10% 的家庭中母亲感冒;10% 的家庭中父亲感冒;2% 的家庭中父母亲都感冒。

3.12 A_1 与 A_2 事件独立吗*?

假设每个孩子得感冒的概率是 20%,而在两孩子的家庭中,两孩子都感冒的概率是 10%。

3.13 至少一个孩子感冒的概率多大?

高血压

治疗高血压病常用多种药物。设高血压病人服用 A 药后有 10% 的人有肠胃不适的副作用 (记为 GI);而服用 B 药者有 GI 副作用的是 20%。

3.14 设两种药物的副作用是彼此独立的,一个病人同时服上述两种都有 GI 副作用的药物。
试问至少一种药物有副作用的概率多大?

以下 2 题要参考 3.12 题。

3.15 在母亲感冒的条件下,父亲感冒的条件概率多大?

3.16 在父亲感冒的条件下,母亲感冒的条件概率多大?

精神卫生

表 3.4 中列出早老年性痴呆的患病率,由 Preffer 等人[7]提供。

设一个 77 岁男子,一个 76 岁妇女,一个 82 岁妇女彼此不相关且取自一个社区。

表 3.4 早老年性痴呆(Alzheimer 型)的患病率(每 100 人中)

年龄组	男性	女性
65~69	1.6	0.0
70~74	0.0	2.2
75~79	4.9	2.3
80~84	8.6	7.8
85 及以上	35.0	27.9

---

* 原书未交代 A_1 及 A_2,可能就是 3.1 题中的 A_1 及 A_2。——译者注

3.17 所有 3 个人都患有早老年性痴呆的概率多大?

3.18 至少一个妇女有早老年性痴呆的概率多大?

3.19 3 人中至少 1 人有早老年性痴呆的概率多大?

3.20 3 人中恰有 1 人患早老年性痴呆的概率?

3.21 假设我们知道 3 人中有 1 人患早老年性痴呆,但不知道是哪一个。一个妇女有早老年性痴呆的概率多大?

3.22 假设我们知道 3 人中 2 人有早老年性痴呆,3 人中 2 个妇女患此病的条件概率是什么?

3.23 假设我们知道 3 人中 2 人有早老年性痴呆。此 2 人恰都是小于 80 岁的条件概率是多少?

假设两人都是 75~79 岁的一对配偶,他们都患有早老年性痴呆的概率是 0.0015。

3.24 女性有病的条件下男性有病的概率多大? 此值与表 3.4 的值比较结果如何? 为什么应当相同或不同?

3.25 男性有病条件下女性有病的概率是多大? 此值与表 3.4 的值比较结果如何? 为什么应当相同或不同?

3.26 这对配偶中至少一人有病的概率多大?

假设早老年性痴呆的研究是在一个 65 岁以上退休老人的社区进行的,表 3.5 是老人的年龄-性别的分布。

表 3.5　某退休老人社区中年龄-性别分布

	男性/%[a]	女性/%
65~69	5	10
70~74	9	17
75~79	11	18
80~84	8	12
85 及以上	4	6

[a] 在社区人口中的百分数。

3.27 表 3.5 社区中早老年性痴呆患病率按表 3.4 计算。试问:该社区中早老年性痴呆的总患病率是多少?

3.28 如果社区中有 1000 个 65 岁以上的人,则该社区患早老年性痴呆的理论人数是多少?

职业卫生

这个研究涉及在一个化学工厂工作的 50~69 岁的男性。考察在工厂工作的工人的死亡率与正常人群的死亡率。设有 500 名上述工人,年龄分布是:50~54 岁的占 35%,55~59 岁的占 30%,60~64 岁的占 20%,65~59 岁的占 15%。*

*3.29 如果统计年报中全国的死亡率是:50~54 岁男性为 0.9%,55~59 岁男性为 1.4%,

---

*　此处死亡率实指死亡概率。——译者注

60～64岁男性为2.2%,65～69岁男性为3.3%,则该工厂中男性工人按全国的死亡率计算,它的年度死亡率应是多少?

标准化死亡率比(记为 SMR)在职业病研究中常被当作一个危险性测度指标,其定义为:暴露组中某事件观察到的人数除以暴露组该事件的期望人数(建立在某个参考总体上)再乘100%。

*3.30 上述化学工厂的 500 名工人经过 1 年后死亡 15 人,则 SMR 值是多少?

遗传学

设一种疾病在遗传中以显性的方式遗传,且双亲之一患有此病而另一个没有,它的遗传方式是任何一个子女将有 1/2 的概率患有此病。

3.31 在一个有两个孩子的上述家庭中,两个孩子都受遗传的概率多大?

3.32 一个孩子受遗传的概率?

3.33 两大孩子都未受遗传的概率?

3.34 大孩子已受遗传,小的孩子再受遗传的概率多大?

3.35 如 A 与 B 是如下两个事件:$A=\{$大孩子受遗传$\}$,$B=\{$小孩子受遗传$\}$,问:A 与 B 事件独立?

设疾病的遗传以隐性的方式遗传给后代。在这种遗传方式中,家庭中的每一个孩子将有 1/4 的概率患有此病。

3.36 有两个孩子的上述隐性疾病的家庭,两子女都受遗传的概率多大?

3.37 两个孩子中一个受遗传的概率多大?

3.38 两个孩子都未受遗传的概率?

设一个疾病是以伴性(性连锁)的方式遗传,即男性的后代有 50% 的机会得此遗传性疾病,而女性后代却不会患此病。

3.39 在有一个男性及有一个女性子女的家庭中,两子女都患此病的概率是多大?

3.40 有一个子女受遗传的概率多大?

3.41 设有一个子女患上述的遗传病的概率多大?

3.42 在有两个男性孩子的家庭中回答 3.39 题。

3.43 在有两个男性孩子的家庭中回答 3.40 题。

3.44 在有两个男性孩子的家庭中回答 3.41 题。

设有两个男性孩子的家庭中,两个男孩都会得遗传性疾病。亦假定:这家庭的遗传史是未知的,但知道其遗传方式可能是"显性"、"隐性"或"伴性"中的一种方式。

3.45 假设显性、隐性及伴性的遗传方式的概率法则分别出现在 3.31,3.36 及 3.39 题中,没有其他家族史的先验知识,即认为有相等性机会发生。在这家庭中,出现每一种遗传方式的概率多大?

3.46 有两个男性孩子的家庭中仅有一个子女得遗传病时回答 3.45 题。

3.47 有一个男性及一个女性孩子的家庭,两个子女都受遗传影响。回答 3.45 题。

3.48 3.47 题中如仅男性孩子受遗传影响,再做 3.47 题。

产科学

表 3.6 妊娠长度的分布

妊娠长度	概率
<20 周	0.0004
20~27 周	0.0059
28~36 周	0.0855
>36 周	0.9082

下面的数据是引自美国国家卫生统计中心 1973 年的出生统计报告。数据仅与活产有关。

假设出生婴儿可按下面两种方式划分:如出生体重≤2500 g 的称为低体重,如出生体重≥2501 g 的称为正常体重;另一分类法是按妊娠时间划分:<20 周,20~27 周,28~36 周,>36 周。不同妊娠时间的概率列于表 3.6。

我们假设妊娠时间<20 周条件下有低体重的概率为 0.540,妊娠时间 20~27 周条件下有低体重者的概率为 0.813,妊娠时间 28~36 周条件下低体重者的概率为 0.379,且妊娠时间>36 周下出现低体重者的概率为 0.035。

* **3.49**   求一婴儿出生低体重的概率。

 3.50   试说明事件{妊娠时间≤27 周}与事件{低体重}并非独立。

* **3.51**   已知出生时是低体重,求妊娠时间≤36 周的概率。

肺病

Colley 等人在 1974 年的论文中叙述双亲抽烟与一岁孩子的肺炎及支气管炎发病率的关系[9]。一个重要的发现:一岁内孩子与没有抽烟的双亲一起时肺炎及(或)支气管炎的发病率为 7.8%,而与双亲之一抽烟者一起时发病率为 11.4%,与双亲全抽烟时发病率为 17.6%。假设在一般人口中,双亲都抽烟的家庭为 40%,双亲之一抽烟的家庭占 25%,全不抽烟的家庭占 35%。

3.52   求在一般人口中,一岁以内孩子有肺炎及(或)支气管炎的百分比。

第一个孩子出生前双亲就抽烟,但经护士劝告后戒烟了的一组家庭。假设这些家庭中双亲又都恢复抽烟的是 10%,双亲之一恢复抽烟的是 30%,而其他家庭到孩子出生时都未恢复抽烟。假设双亲的抽烟状态在孩子出生的一年内都保持在孩子出生时状态。

3.53   求这组家庭中孩子有肺炎及(或)支气管炎的概率。

3.54   在这些双亲抽烟的家庭中,如没有一人接受护士的劝告,则婴儿出生 1 年内患肺炎及(或)支气管炎的百分比为多少? 试比较与 3.53 题的差别。

肺病

呼吸道疾病的家庭聚集性在临床上早已发现。但造成这个现象的原因是遗传还是环境或两者的联合作用,这是一个有争论的问题。一个研究者对一个特殊的环境因子进行研究:研究双亲的抽烟习惯是否会影响与他们生活在一起的 5~9 岁的大孩子是否有气喘病。假设研究者发现:(1)如果双亲现在仍都在抽烟,则子女有气喘病的概率为 0.15;(2)如果母亲现在抽烟而父亲现在不抽烟,则子女患气喘病的概率是 0.13;(3)如果父亲现在抽烟而母亲现在不抽,则子女有气喘病的概率是 0.05;(4)如果两个双亲都不抽烟,则子女有气喘病的概率为 0.04。

*3.55 假设双亲的抽烟习惯彼此独立,且母亲现在抽烟的概率是 0.4,而父亲现在抽烟的概率是 0.5。求双亲现在都在抽烟的概率。

*3.56 考虑母亲现在不抽烟家庭的一个子集。在这样的家庭中,父亲现在抽烟的概率是多少?这个概率与 3.55 题的结果有多大的差别?

假定下面两个命题必成立一个:如父亲现在抽烟,那么母亲现在也抽烟的概率为 0.6;而如果父亲现在不抽烟,那么母亲现在抽烟的概率是 0.2。且假定前面所述的(1),(2),(3)和(4)仍然成立。

*3.57 如果父亲现在抽烟的概率为 0.5,试计算父亲现在抽烟而母亲现在不抽烟的概率。

*3.58 父亲与母亲现在是否抽烟的两个事件彼此独立吗? 为什么?

*3.59 在 3.57 题及 3.58 题的假定下,求子女有气喘病的无条件概率。

*3.60 假定一个孩子有气喘病,求父亲现在抽烟的概率。

*3.61 如果一个孩子有气喘病,求母亲现在抽烟的概率。

*3.62 如果孩子没有气喘病,回答 3.60 题。

*3.63 如果孩子没有气喘病,回答 3.61 题。

*3.64 孩子有否气喘病与父亲的抽烟状态是相互独立的吗? 为什么?

*3.65 孩子有否气喘病与母亲的抽烟状态是相互独立的吗? 为什么?

肺病

在预防癌、心脏病及肺病中,禁烟是公共卫生计划中的一个重要方面。为了这个目的,美国 Boston 的退伍军人管理局,在 1962 年开始做纵向研究,收集现在抽烟的男性数据以作为标准老化研究的一部分。对这组人群的人未曾作任何干预,表 3.7 列出每年仍健康的人戒烟的百分数[10]。

表 3.7 男性抽烟者每年戒烟的比例,数据取自"标准老化研究"1962～1975

时间	轻微抽烟者(≤1 包/天)平均每年 100 人中戒烟人数	重度抽烟者(>1 包/天)平均每年 100 人中戒烟人数
1962～1966	3.1	2.0
1967～1970	7.1	5.0
1971～1975	4.7	4.1

注意:1967 年到 1970 年的高戒烟率,恰是第一任美国军医局局长做抽烟报告的时期。

3.66 设一个男人在 1962 年 1 月 1 日时是轻微抽烟者。计算他到 1975 年末时戒烟的概率(假定他在戒烟前一直保持轻微抽烟且直到 1975 年时仍维持戒烟)。

3.67 对一个重度抽烟男性回答 3.66 题(假定他在戒烟前一直保持重度抽烟且直到 1975 年时仍维持戒烟)。

肺病

研究抽烟习惯时,抽烟和戒烟都应有精细的指标。而在大量宣传抽烟的害处时容易使抽烟者隐瞒真相。对纸烟使用化学标记法能对抽烟行为提供一种客观指标。一种广泛使用而不会造成伤害的标记物是唾液中的硫氰化物水平(SCN)。对 Minneapolis 州的中学地区 8 年级的 1332 名学生,

(1)让他们看一场电影,使他们知道最近抽过烟如何可以从一小滴唾液中检查出来;

(2)提供一个人的唾液硫化氰样本;

(3)让他们提供最近一周抽烟的数量。

这些结果列于表3.8。

现在假设表上的自述是完全精确的且能代表一般社区中8年级学生的抽烟情况。我们现在使用 SCN≥100 μg/mL 作为识别烟民的一般准则;如果他(或她)每周抽1支或更多就看作是阳性。

表 3.8　唾液中硫化氰水平(SCN)与学生自述一周中抽烟的关系

最近一周内自述 抽烟数量(支)	学生数目	SCN≥100 μg/mL 的百分比
未抽	1163	3.3
1～4	70	4.3
5～14	30	6.7
15～24	27	29.6
25～44	19	36.8
45 及以上	23	65.2

注:获 American Journal of Public Health, 71(12),1320,1981 年准许。

*3.68　计算轻微抽烟学生(每周抽≤14 支烟)的灵敏度。

*3.69　计算中等抽烟学生(每周抽 15～44 支烟)的灵敏度。

*3.70　计算重度抽烟学生(每周抽≥45 支烟)的灵敏度。

*3.71　这个检验的特异度是什么?

*3.72　这个检验的预测值阳性是什么?

*3.73　这个检验的预测值阴性是什么?

假设我们认为所有自述有抽烟行为的学生都是有效的,但是自述未抽烟学生中有 20% 的人实际上每周抽 1～4 支而且 10% 的人每周抽 4～14 支。

*3.74　真实报告每周抽 1～4 及 5～14 支烟的两组中,如我们假设指标 SCN≥100 μg/mL 的学生百分数是相同的,请计算此假设下的特异度。

*3.75　在上述已改变了的假设下,计算预测值阴性(PV^-)。请与 3.73 题中基于自述的 PV^- 作比较。

高血压

心血管反应性的实验室测量指标正在被更多的人所注意。他们是在有形的及心理压力计的作用下可以产生比经典的静力学测度指标更多及更有意义的心血管功能性生物学指标。经典的心血管反应性测量包含有自动血压监视器,用于去检查实验刺激(比如一个电子游戏)前后血压的改变。为此目的,一种 BP 仪器能在玩一种电子游戏的前后自动地测量血压。类似地,我们也可以用手工方法测量血压。如果某人在玩这游戏后他(她)的舒张压(DBP)能增加 10 mmHg 及以上,则把此人分类为有"反应"(即 ΔDBP≥10),而另外的结果列为"没反应"。结果列于表 3.9。

表 3.9　使用自动及手工脉搏计后,心血管反应性的分类

ΔDBP,自动	ΔDBP,手工	
	<10	≥10
<10	51	7
≥10	15	6

3.76　如果把手工仪器的结果当作反应性测度的“真实”指标,那么自动测 DBP 的仪器的灵敏度如何?

3.77　计算自动测 DBP 仪器的特异度。

3.78　如果被实验的样本可以代表一般总体,计算这个试验的预测值阳性及预测值阴性。

耳鼻喉科

　　表 3.10 的数据是 214 个参加临床试验的急性中耳炎(OME)的儿童[12],他们随机分组。在研究开始时每个儿童要么是一个(单侧病例),要么是两个(双侧病例)耳朵有 OME。每个儿童接受 14 天的抗生素疗程:随机地指定使用 CEF(cefaclor)或 AMO(amoxicillin)药。而此处的数据仅涉及在 14 天随访调查中被确定为有中耳炎的 203 个儿童。表 3.10 是说明这组数据的格式,数据见 EAR.DAT(在软盘内)。

表 3.10　EAR.DAT 的格式

列	变量	格式或代码
1~3	ID	
5	Clearance by 14 days	1 = 已治愈,0 = 未治愈
7	Antibiotic(抗菌素)	1 = CEF,2 = AMO
9	Age	1 = <2 岁,2 = <2~5 岁 3 = 6 岁及以上
11	Ear	1 = 第一个耳朵,2 = 第二个耳朵

3.79　两种抗生素药在清除中耳炎疾病的效果上有什么差异?请按相对危险性的结果作说明。对单耳及双耳可以单独作分析,也可联合两种情况作分析。

3.80　研究者把儿童的年龄列在数据之内,因为他们认为这变量可能对治疗结果有重要影响。他们的判断正确否?请按相对危险性表达你的结果。

3.81　当控制年龄后,试分析比较两种抗生素的有效性,请把结果按相对危险性表示。

3.82　在这个试验中,治疗耳朵的数目(1 个或 2 个)与抗生素的疗效是否可能有关系?请对所有收集到的数据作分析。

　　随机临床试验的概念更详细的讨论见第 6 章。列联表分析见第 10 及第 13 章,那里有许多方法可以分析这种类型的数据。

心血管病

　　美国 Utah 大学建立起一组实验,使用 Bayes 法则帮助医生做诊断[13]。特别地,对每个病人详细询问已往病史、已有的心电图及可能的先天性心脏病的情况。从已往经验及已出版的信息

中,他们提出两个概率:

(1)计算发生每一种可能疾病的无条件概率(见表 3.11 中患病率列)。

(2)计算在特定疾病下出现各种症状的条件概率(见表 3.11 中其他各列)。

表 3.11　先天性心脏病的患病率与症状

诊断	患病率	症　状						
		X_1	X_2	X_3	X_4	X_5	X_6	X_7
Y_1	0.155	0.49	0.50	0.01	0.10	0.05	0.05	0.01
Y_2	0.126	0.50	0.50	0.02	0.50	0.02	0.40	0.70
Y_3	0.084	0.55	0.05	0.25	0.90	0.05	0.10	0.95
Y_4	0.020	0.45	0.45	0.01	0.95	0.10	0.10	0.95
Y_5	0.098	0.10	0.00	0.20	0.70	0.01	0.05	0.40
Y_6	0.391	0.70	0.15	0.01	0.30	0.01	0.15	0.30
Y_7	0.126	0.60	0.10	0.30	0.70	0.10	0.20	0.70

Y_1 = 正常

Y_2 = 没有肺动脉瓣狭窄及肺动脉高血压的心房隔膜缺损[a]

Y_3 = 瓣膜肺动脉瓣狭窄的心室隔膜缺损

Y_4 = 分离性肺动脉高血压

Y_5 = 大脉管移位

Y_6 = 没有肺动脉高血压的心室隔膜缺损

Y_7 = 有肺动脉高血压的心室隔膜缺损

X_1 = 年龄在 1~20 岁

X_2 = 年龄大于 20 岁

X_3 = 轻微发绀(青紫)

X_4 = 容易疲劳

X_5 = 胸痛

X_6 = 屡犯呼吸道感染

X_7 = EKG 轴超过 110°

[a] 肺动脉高血压定义:肺部动脉血压≥系统动脉血压

注:获 American Medical Association 的 JAMA,177(3),177~183,American Medical Association 1961 年版权。

假设医生的诊断仅有一种病,而一个病人有且仅有一种病。

3.83　如果你已知道患有分离性的肺动脉高血压,则出现胸痛症状的概率是多少?

3.84　在这临床中出现 20 岁以上人的概率多大?

3.85　在给出一种诊断后,我们假设出现任一组症状组合都是独立的(比如,在正常人诊断中,出现 20 岁以上的人且有胸痛及轻微发绀的概率为 $0.50 \times 0.05 \times 0.01 = 0.00025$)。试计算在诊断为正常的情况下,同时出现下面症状的概率:(1)1~20 岁,(2)屡次患呼吸道传染病,(3)容易疲劳。

3.86　当已知有下面的症状:(1)轻度发绀,(2)年龄 >20 岁,(3)EKG 轴超过 110°后,你的最可能诊断是什么? 第 2 个可能的诊断是什么?

假设我们使用症状 EKG 轴超过 110° 作为诊断 Y_2 (没有肺动脉瓣狭窄及肺动脉高血压的心房隔膜缺损)的筛选准则。

3.87 这个试验的灵敏度是多少?

3.88 这个试验的特异度是多少?

3.89 假设我们需要用年龄 1～20 岁的症状加到 EKG 轴超过 110° 的症状上去诊断 Y_2,请计算预测值阳性。

3.90 假设我们需要用两个症状(不一定非包含 EKG 轴超过 110°)去诊断 Y_2,则哪两个症状的组合可以有最大的预测值阳性? (用电脑回答此题)。

3.91 使用 3 个症状的组合,回答 3.90 题(用电脑回答)。

3.92 写一个电脑程序计算:在给定任意 7 个症状的组合下,每种疾病发生的概率。

注意:某些症状是彼此不相容的,即不可能同时发生。例如,症状 1 = 年龄从 1 个月至 1 岁与症状 2 = 年龄从 1 岁至 20 岁。

3.93 用 3.90 题及 3.91 题的答案去检验你的电脑程序。

妇科学

一个制药公司正在为门诊病人发展一种新的妊娠检验工具。他们先对 100 名已知自己怀孕的妇女作检验,用此工具发现 95 人呈阳性。公司又对另外 100 名已知自己不曾怀孕的妇女作检验,发现 99 人是阴性。

***3.94** 计算这个检测的灵敏度。

***3.95** 计算这个检测的特异度。

公司估计使用这个妊娠检测工具的妇女中 10% 是真实怀孕者。

***3.96** 这个检验的预测值阳性是什么?

***3.97** 记检测一个假阳性的成本为 c,假设检验一个假阴性的成本为 $2c$(因为对一个假阴性的胎儿将会延缓诊断约 3 个月)。如果标准家庭用的妊娠检测工具(另一个制药公司生产)的灵敏度是 0.98 且特异度是 0.98,请问哪一个检测(新的或标准的)的价钱更便宜及差别多大?

精神卫生

中国人的最少精神病测验(CMMS)由 114 个项目组成,用于去识别老年性痴呆[14]。这个指标也被延伸且用到临床。每个老人与精神病医生及护士谈话并被诊断有否老年性痴呆。表 3.12 仅列出一部分正式受过教育的部分老人资料。

表 3.12 中国人最少精神状态测验(CMMS)与临床老年性痴呆的关系

CMMS 得分	没有老年性痴呆的人数	有老年性痴呆的人数
0～5	0	2
6～10	0	1
11～15	3	4
16～20	9	5
21～25	16	3
26～30	18	1
合计	46	16

假设 CMMS 合计值≤20 分者被识别为有老年性痴呆。

3.98 计算这个测验的灵敏度。

3.99 计算这个测验的特异度。

3.100 把 CMMS 值定在 20 分作分界点(即切断点)是任意的。假设我们改变分界点值。今分别取分界点值为 5,10,15,20,25,30,请分别计算灵敏度及特异度且把他们做成表格。

3.101 请用 3.100 题做成的表格构建一个 ROC 曲线。

3.102 假设我们要求灵敏度及特异度都不低于 70%。请找出最佳的分界点以用于识别老年性痴呆。

3.103 计算 ROC 曲线下的面积。结合本题的前后关系解释这个面积的意义。

人口学

在挪威的医学出生登记中,我们可以看到,出生数据是按先前分娩的生存结局而记载的[15]。数据见表 3.13。

表 3.13 挪威人口出生率与先前出生的生存结局的关系

围产结局	第 1 次分娩	继续到第 2 次分娩	第 2 次分娩结局		继续到第 3 次分娩	第 3 次分娩结局		
	n	*n*		*n*	*n*			*n*
D	7022	5924	D	368	277	D		39
						L		238
			L	5556	3916	D		115
						L		3801
L	350693	265701	D	3188	2444	D		140
						L		2304
			L	262513	79450	D		1005
						L		78445

注:D=死亡,L=分娩时存活且至少活 1 周。

3.104 计算在已知第 1 次妊娠结局是死产(D)时第 2 次分娩是活产(L)的概率。

3.105 计算在已知第 1 次妊娠结局是活产时第 2 次分娩是活产的概率。

3.106 如第 1 次分娩是死产,计算再妊娠 0,1 和 2 次及以上的概率。

3.107 如第 1 次分娩是活产,回答 3.106 题。

精神卫生

APOE(载脂蛋白的 ε4 等位基因)是与早老年性痴呆疾病强有力的联系在一起。但它在诊断疾病上仍然不确定。一个研究涉及 2188 个病人,这些人按两种方式被诊断:病理学的解剖法及临床法。数据列于表 3.14。

表 3.14 早老年性痴呆的临床与病理解剖诊断的关系

临床诊断	病理诊断	
	早老年性痴呆	其他老年痴呆病
早老年性痴呆	1643	190
其他老年痴呆病	127	228

假设病理诊断被认为是金标准。

3.108 如果临床诊断被当作诊断早老年性痴呆的筛选检验,则这个检验的灵敏度如何?

3.109 临床检验的特异度如何?

为改善临床上对早老年性痴呆的诊断的精度,考虑把 APOE 基因型信息与临床相结合。这些数据列于表 3.15。

表 3.15 APOE 基因型在诊断早老年性痴呆中的作用

APOE 基因型	联合临床及病理学准则诊断 AD[a]	仅使用临床准则诊断 AD	仅使用病理准则诊断 AD	既不用临床也不用病理准则诊断 AD
≥1 ε4 等位基因	1076	66	66	67
无 ε4 等位基因	567	124	61	161
合　计	1643	190	127	228

[a] AD＝早老年性痴呆。

假设我们把对早老年性痴呆的临床诊断与 APOE≥1 ε4 等位基因两者联合作为早老年性痴呆病的筛选检验。

3.110 计算这个检验的灵敏度。

3.111 计算这个检验的特异度。

心血管病

现在极度吸引人的主题是"拉丁美洲谬论":美国普查数据表明,美国不同少数民族社区中拉丁美洲人趋向于有比非拉丁美洲白人(记为 NHW)较低的冠心病(CHD)患病率,虽然他们的危险因子横断面调查一般都是更坏(拉丁美洲人比 NHW 人有更多的高血压、糖尿病和肥胖症)。对此的进一步研究是:研究者于 1990 年在 Texas 洲的几个县中取 1000 名 50～64 岁的拉丁美洲男性,他们都没有 CHD,然后跟踪 5 年。这时发现其中有 100 名男性发展成 CHD(他们要么是致命性的,要么虽非致命性但心脏病突发后存活)。

3.112 1000 人中 100 人有病的比例数是患病率还是发病率,或两者都不是?

3.113 在同一时期,在同样的县中,对非拉丁美洲白人(NHW)作完全相同的调查。结果发现 NHW 中 CHD 与上述可作比较用的百分比是 8%。对这些数据,你认为拉丁美洲人中 CHD 的上述两个百分比是否有显著的差异?

在 CHD 的流行病学中,另外一个重要的参数是疾病死亡率(case fatality rate),是指突发心脏病人中死亡的比例。在上述的 100 例确诊为 CHD 的病人中,50 例是致死性的病。

3.114　在过去 5 年的调查中,他们被当作先前有突发心脏病的拉丁美洲男人,他们的病死率是什么? 如果认为具有 CHD 的 NHW 男人中的期望病死率为 20%,则与上述拉丁美洲人可作比较的 NHW 的疾病死亡率是多少?

3.115　这些比例是患病率,发病率,还是都不是? 这个问题的上述结果能否使我们明白"拉丁美洲谬论"(如政府调查中指出,拉丁美洲男性有较低的 CHD 危险性)为什么会或不会发生?

遗传学

一种显性的遗传性病可以通过一个大家庭在几个世代的遗传而被识别。但是约半数家庭都有完全外显率(complete penetrance),它是指如果双亲之一患此病,则有 50% 的概率可以使任一个子女也患此类病。类似地,约半数家庭具有减数分裂外显率的显性遗传病,这是指如果双亲之一患此类遗传病,则有 25% 的概率使其任一子女患此类病。

假设在一个特定的家庭中,双亲之一及 2 个子女全都患病。

3.116　在有完全外显率的显性家庭中 2 个子女中 2 个患遗传病的概率是多少?

3.117　在有减数分裂外显率的显性家庭中 2 个子女中 2 个患此遗传病的概率多大?

3.118　试计算完全外显率的显性遗传模式的概率。

3.119　假设你是一个遗传学方面的顾问,而某双亲请教你:如果他们有第 3 个子女,则这个子女患此类遗传性疾病的概率是多少?

高血压

表 3.16　挪威基线时舒张压(DBP)与 10 年内死亡率的关系

DBP/mmHg	10 年内死亡情况		
	死亡	存活	总数
100 及以上	124	295	419
≤99	764	3851	4615
总数	888	4146	5034

在挪威的 Bergen 地区完成一个研究[17]:1963 年,在一般性的总体中测量 7000 人的血压,每人有两个记录,两个读数中的第 2 个读数被用于作分析。以后随访 10 年,部分结果列于表 3.16 中,表中的 5034 人在 1963 年是 50～59 岁的男性。

3.120　如果把舒张压≥100 mmHg 作为 10 年期的预测死亡的筛选试验的阳性指标,请计算该试验的灵敏度。

3.121　该试验的特异度是多少?

3.122　如果该样本可以很好地代表总体,试计算这个试验的预测值阳性及阴性。

3.123　如果诊断阳性的阈值从 100^+ 改为 95^+,则灵敏度、特异度是增加还是减少,或者未变化?

传染病

设标准的抗生素可以消除某种细菌的 80%。现在一种新的抗生素被认为可能比标准的抗生素更好。为此需作试验:对 100 个传染有此类细菌的病人作试验。用假设检验的原理(见第 7 章),如果新抗生素至少能杀死 100 个传染此病的 88 人身上的细菌,则研究者就认为此新抗生素"显著地好于"旧药。

3.124 假设新抗生素杀死细菌的真正有效的概率是 85%。现在用电脑产生随机数法做"模拟研究"(比如用 MINITAB 或 Excel):用电脑产生 100 个随机模拟的病人。重复此工作 20 次并把他们放在 20 个不同的列上。试问:该新抗生素疗效"显著好于"标准抗生素的比例是多少?(这个百分比称为这个实验的统计功效)

3.125 重复 3.124 题,但假设新抗生素的疗效是(a)80%,(b)90%,(c)95%,再分别计算(a),(b),(c)的统计功效。

3.126 把统计功效与真实的有效概率作图。如果真实有效概率是 90%,你认为 100 个病人的样本足以揭露新药是"显著优于"旧药吗?

参 考 文 献

[1] National Center for health Statistics. (1976, February 13). *Monthly vital statistics report*, *advance report*, *final natality statistics* (1974), 24(11)(Suppl. 2)

[2] Doll, R., Muir, C., & Waterhouse, J. (Eds.). (1970). *Cancer incidence in five continents II*. Berlin: Springer-Verlag

[3] Feller, W. (1960). *An introduction to probability hteory and its applications* (Vol. I). New York: Wiley

[4] Podgor, M. J., Leske, M. C., & Ederer, F. (1983). Incidence estimates for lens changes, macular changes, openangle glaucoma, and diabetic retinopathy. *American Journal of Epidemiology*, 118(2), 206—212

[5] Hanley, J. A., & McNeil, B. J. (1982). The meaning and use of the area under a Receiver Operating Characteristic (ROC) curve. *Diagnostic Radiology*, 143, 29—36

[6] National Center for Health Statistics. (1976, November 8). *Advance data from vital and health statistics*, 2

[7] Pfeffer, R. I., Afifi, A. A., & Chance, J. M. (1987). Prevalence of Alzheimer's disease in a retirement community. *American Journal of Epidemiology*, 125(3), 420—436

[8] National Center for Health Statistics. (1975, January 30). *Monthly vital statistics report*, *final natality statistics* (1973), 23(11) (Suppl.)

[9] Colley, J. R. T., Holland, W. W., & Corkhill, R. T. (1974). Influence of Passive smoking and parental phlegm on pneumonia and bronchitis in early childhood. *Lancet*, *II*, 1031

[10] Garvey, A. J., Bossé, R., Glynn, R. J., & Rosner, B. (1983). Smoking cessation in a prospective study of healthy adult males: Effects of age, time period, and amount smoked. *American Journal of Public Health*, 73(4), 446—450

[11] Luepker, R. V., Pechacek, T. F., Murray, D. M., Johnson, C. A., Hund, F., & Jacobs, D. R. (1981). Saliva thiocyanate: A chemical indicator of cigarette smoking in adolescents. *American Journal of Public Health*, 71(12), 1320

[12] Mandel, E., Bluestone, C.D., Rockette, H.E., Blatter, M.M., Reisinger, K.S., Wucher, F.P., & Harper, J.(1982). Duration of effusion after antibiotic treatment for acute otitis media: Comparison of cefaclor and amoxicillin. *Pediatric Infectious Diseases*, 1, 310—316

[13] Warner, H., Toronto, A., Veasey, L.G., & Stephenson, R.(1961). A mathematical approach to medical diagnosis. *JAMA*, 177(3), 177—183

[14] Katzman, R., Zhang, M.Y., Ouang-Ya-Qu, Wang, Z.Y., Liu, W.T., Yu, E., Wong, S.C., Salmon, D.P., & Grant, I.(1988). A Chinese version of the Mini-Mental State Examination; impact of illiteracy in a Shanghai dementia survey. *Journal of Clinical Epidemiology*, 41(10), 971—978

[15] Skjaerven, R., Wilcox, A.J., Lie,, R.T., & Irgens, L.M.(1988). Selective fertility and the distortion of perinatal mortality. *American Journal of Epidemiology*, 128(6), 1352—1363

[16] Mayeux, R., Saunders, A.M., Shea, S., Mirra, S., Evans, D., Roses, A.D., Hyman, B.T., Crain B., Tang, M.X., & Phelps, C.H. (1998). Utility of the apolipoprotein E genotype in the diagnosis of Alzheimer's disease. Alzheimer's Disease Centers Consortium on Apolipoprotein E and Alzheimer's Disease. *New England Journal of Medicine*, 338(8), 506—511

[17] Waaler, H.T.(1980). Specificity and sensitivity of blood pressure measurements. *Journal of Epidemiology and Community Health* 34(1), 52—58

第4章 离散概率分布

4.1 绪 言

第3章定义了概率并引进某些基本工具,现在我们考察能用概率解决的问题:这就是从实际数据出发,对某些事件的概率作估计,并用具体的概率模型拟合我们所提的问题。

例 4.1 眼科学 视网膜炎是一种进行性的眼病,在某些情况下它最终可以导致眼盲。这个疾病的 3 个主要基因型是显性、隐性及伴性。他们的病情发展各不相同:显性模式发展最慢而伴性模式最快。假如对某个家庭中眼病的先前史一无所知,但该家庭中 2 个男孩中 1 个患有此病,而 1 个女孩却没有患病。这些信息能帮助去识别基因型吗?

二项分布(binomial distribution)能用于计算这个事件发生的概率,而这些结果能用于推断最可能的基因型。实际上这个分布能用于任何下述的家庭:n_1 个男孩中有 k_1 个有视网膜炎及 n_2 个女孩中有 k_2 个也患此病。

例 4.2 癌 第 2 个被广泛应用的例子涉及 Massachusetts 州的 Woburn 地区的癌恐慌问题。新闻报道说,在该地区中青少年死于癌的数目过分地多,且推测这么高的死亡率是由于在该地区的东北角上大量的倾倒工业垃圾引起[1]。假设该地区报告说发生有 12 例白血病而其中 6 例可能是正常发生的。这个差别能足够地用于说明在该地区存在有过度的白血病数目吗?

如果我们已知道该地区白血病的正常发病率,则我们可以用 **Poisson(泊松)分布**计算发生有 12 例(或更多)白血病的概率。如果这个概率足够小,则我们可以下结论:这个地区有太多的白血病;也就是说,对此地区做更长时间的监视是必要的。

本章引入离散随机变量的一般概念,并讨论二项分布及泊松分布。这是后面关于二项分布及泊松分布中作假设检验的基础(见第 7 及 10 章)。

4.2 随 机 变 量

在第 3 章中我们处理的是很特殊的事件,比如结核菌皮肤试验,血压计等。现在我们要引进有相同概率结构的不同类型的事件。为此,我们先引进随机变量的概念。

定义 4.1 在样本空间中,对不同事件指定有相应概率的数值函数,此函数称为一个**随机变量**。

随机变量在本书中有两种形式:离散及连续。

定义 4.2   一个可以离散取值且对应有指定概率的随机变量,称为**离散随机变量**。

例 4.3   耳鼻喉科   中耳炎是儿童的常见病之一。设 X 代表儿童在生命头 2 年中患中耳炎事件的数目,则 X 是一个离散随机变量,因为它的取值是 0, 1, 2, ……

例 4.4   高血压   最近几十年引进许多新药医治高血压。假设某内科医生考虑在头 4 个未经治疗的高血压病人上使用新药。记 X 是 4 个病人中同意使用新药的病人数目。于是,这 X 是一个离散随机变量,它取值是 0, 1, 2, 3, 4。

定义 4.3   一个随机变量的可能的取值是不能计数的,这样的随机变量称为**连续性随机变量**。

例 4.5   环境卫生   长期暴露在低水平的放射线下工作,这是公共卫生所感兴趣的命题。这个命题中的一个问题是如何测度一个工人的累积暴露量。美国 Portsmouth 港口的海军造船厂对这个问题进行了研究:每个工人穿戴一个标志物或放射线测量仪,它可以测度每年的放射线暴露量(单位:雷姆, rem, $1\text{rem} = 10^{-2}$ Sv)[2]。一个工人的累加暴露量可以通过累加每年的暴露量而得出。这个累加暴露量就是一个连续性随机变量,因为它的可能值从 0.000 到 91.44 雷姆,它可以取无限个值但又不能计数。

4.3   离散随机变量的概率质量函数

离散随机变量所取的值及与取值相对应的概率能按一种规律发生联系,这些概率值组成一个概率质量函数。

定义 4.4   一个**概率质量函数**是一个数学关系式或一种规律,它对随机变量 X 的任一可能的指定值 r 都有一个概率 $Pr(X = r)$。这里的指定值是指所有具有正概率的 r 值。有时也称概率质量函数为**概率分布**。

概率质量函数可以用表格表示:每个取值对应一个概率;也可以在所有可能的取值与概率之间表示成一个数学公式。

例 4.6   高血压   考虑例 4.4。假设从过去的经验,制药公司期望任一个临床实践中, 4 个病人中一个也不愿意用新药的概率为 0.008, 4 人有 1 个病人愿意用新药的概率是 0.076, 4 人中有 2 个病人用新药的概率是 0.265, 4 人中有 3 个病人愿意用新药的概率是 0.411,全部 4 个病人都愿意用新药的概率是 0.240。这个概率质量函数,或称概率分布列于表 4.1。

表 4.1 高血压病例的概率质量函数

$Pr(X = r)$	0.008	0.076	0.265	0.411	0.240
r	0	1	2	3	4

注意,对任一概率质量函数,概率值必须在 0 与 1 之间,且所有可能取值的概率之和必须是 1。即有 $0 < Pr(X = r) \leqslant 1$,$\sum Pr(X = r) = 1$,此和式是对所有可能值求和。

例 4.7 高血压 在表 4.1 中,及在任何临床实践中,4 个高血压病人中不愿或愿用新药的事件的总和为 1,即

$$0.008 + 0.076 + 0.265 + 0.411 + 0.240 = 1$$

4.3.1 概率分布与样本分布间的关系

在第 1 章及第 2 章中讨论了一个样本的**频数分布**。它是描述数据集的每一个取值及对应于此值发生的计数。如果用样本总数除以每个计数,则这样的分布(频率分布)可以当作概率分布的一个样本类似物。特别地,一个概率分布可以被想像成是建立在无限大样本上的一个模型,无限大样本中数据点上的分数应该就是数据点上的概率。因为一个模型(指概率分布)的合适性可以通过比较有限观察样本的频率分布与概率分布间的差异而被估价。这种比较,在正规的统计方法中称为**"拟合优度检验"**(goodness-of-fit test),见第 10 章。

例 4.8 高血压 表 4.1 的概率质量函数如何能用于去判断真实的效果是否与制药公司的预测相一致?制药公司可以把新药分配给 100 个内科医生,且询问每个医生如何处理所遇到的头 4 个未经医治的高血压病人。于是,每个内科医生向制药公司报告结果,联合所有报告结果就能够与表 4.1 的期望结果作比较。例如,100 个医生中有 19 个报告说全部 4 个病人都接受了新药,48 个医生报告说 4 个病人中 3 个接受了新药,24 个医生报告说 4 个病人中 2 个接受了新药,其余 9 个医生报告说 4 个病人中仅 1 个接受了新药。这时就可以计算出样本-频率分布,见表 4.2 及图 4.1。

表 4.2 在高血压例中样本频率分布与理论概率分布的比较

病人接受新药数 r	概率分布 $Pr(X = r)$	频率分布
0	0.008	$0.000 = 0/100$
1	0.076	$0.090 = 9/100$
2	0.265	$0.240 = 24/100$
3	0.411	$0.480 = 48/100$
4	0.240	$0.190 = 19/100$

　　表 4.2 中的两个分布看来是相当类似。统计推断的任务是去判断：这两个分布间的差异是由于偶然性造成的,还是由于临床实践与制药公司先前的经验之间有实际的差异造成的?

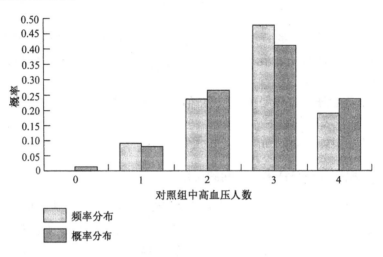

图 4.1　在高血压病例中频率与概率分布的比较

　　学生常会问,概率质量函数从何而来? 在某些情况下,过去曾研究过同类型的随机变量时获得的数据可以用来计算概率质量函数。在另外情形中,先前数据不合适或根本就没有,这时某些已知的分布可以用来与实际数据作比较。实际上,后者的方法已用于表 4.2,因为表 4.2 中的概率质量函数就是从二项分布中引出且用于去与从 100 个内科医生所做的样本的频率分布作比较。

4.4　离散随机变量的期望值

　　如果随机变量中有正概率值的数目很大,则概率质量函数并不是一个常用的汇总测度。实际上,我们常试图计数每个数据值而去汇总样本。

　　对一个随机变量也与样本一样,可以定义有位置及离散性测度。与算术平均 $\bar{x}$ 相类似的是随机变量或总体的期望值,也称总体均值,常记为 $E(X)$ 或 μ。期望值代表了随机变量的"平均"值。它是把每个可能取值乘以对应的概率,然后在所有可能的值上做加法。

　　定义 4.5　离散随机变量的期望值(expected value)的定义为

$$E(X) \equiv \mu = \sum_{i=1}^{R} x_i Pr(X = x_i)$$

此处 x_i 是随机变量具有正概率的取值。

上式中和式是对所有可能的取值上作出, R 是有限也可以是无限。

例 4.9 高血压 寻找表 4.1 上随机变量的期望值。

解 $E(X) = 0(0.008) + 1(0.076) + 2(0.265) + 3(0.411) + 4(0.240) = 2.80$

也就是说,未曾医治过的 4 个高血压病人平均有 2.8 个人愿接受新药。

例 4.10 耳鼻喉科 考虑例 4.3 中的随机变量,它代表儿童在 2 岁前犯中耳炎的数目。假定这个随机变量的概率质量函数列于表 4.3。

表 4.3　一个儿童 2 岁前患中耳炎病次数的概率质量函数

r	0	1	2	3	4	5	6
$Pr(X=r)$	0.129	0.264	0.271	0.185	0.095	0.039	0.017

试求一个儿童 2 岁前患中耳炎次数的期望值。

解 $E(X) = 0(0.129) + 1(0.264) + 2(0.271) + 3(0.185) + 4(0.095)$
$$+ 5(0.039) + 6(0.017) = 2.038$$

也就是说,一个 2 岁以内的孩子,平均约有 2 次机会患中耳炎病。

在例 4.8 中,随机变量的概率质量函数(概率分布)可以与样本中的频率分布相比较。同样,随机变量的期望值可以与样本的均值($\bar{x}$)作比较。

例 4.11 高血压 为与例 4.9 中的期望值 μ 作比较,计算表 4.2 中样本的平均值($\bar{x}$)。

解 由表 4.2,我们有
$$\bar{x} = [1(9) + 2(24) + 3(48) + 4(19)]/100 = 2.77^*$$

此值与例 4.9 中计算的期望值 $\mu = E(X) = 2.80$ 相当好地一致。随机变量的观察平均值(即算术平均)与期望值的比较将出现在第 7 章中。注意,($\bar{x}$)也可以写成
$$\bar{x} = 0(0/100) + 1(9/100) + 2(24/100) + 3(48/100) + 4(19/100)$$

也就是说,这是一种加权平均,这里的权是观察到的概率。而期望值(μ)也可以写成以理论概率为权的平均:
$$\mu = 0(0.008) + 1(0.076) + 2(0.265) + 3(0.411) + 4(0.240)$$

于是,两个量($\bar{x}$ 与 μ)实际上是有相同的算法,一个是以"观察"概率作权,而另一个则是以"理论"概率作权。

4.5　离散随机变量的方差

在随机变量中,与样本方差(s^2)相类似的是随机变量的方差,或称总体方差,

---

* $\bar{x}$ 在定义 2.1 中的形式不同于此,但作如下变动就一致了:把 1(9) 理解为 9 个 1 相加,2(24) 理解为 24 个 2 相加,余此类推。——译者注

且记为 Var(X)。相对于期望值而言,方差是描述了随机变量中具有正概率值的分散性。特别地,方差的算法为:所有可能的值离期望值的距离平方,再乘以对应的概率,最后在所有可能值上求和。

定义 4.6 离散随机变量的方差(variance) 它被记为 Var(X),由下式定义

$$\text{Var}(X) = \sum_{i=1}^{R}(x_i - \mu)^2 Pr(X = x_i)$$

此处 x_i 是随机变量中具有正概率的值。**随机变量 X 的标准差**(standard deviation)记为 $sd(X)$ 或 σ,是方差的平方根。

总体方差也可以表示成较简单的如下形式:

方程 4.1 总体方差的另一简式:

$$\sigma^2 = E(X - \mu)^2 = \sum_{i=1}^{R} x_i^2 Pr(X = x_i) - \mu^2$$

例 4.12 耳鼻喉科 计算表 4.3 所示的随机变量的方差及标准差。

解 在例 4.10 中我们已算得 $\mu = 2.038$。因此,

$$\sum_{i=1}^{R} x_i^2 Pr(X = x_i) = 0^2(0.129) + 1^2(0.264) + 2^2(0.271) + 3^2(0.185)$$

$$+ 4^2(0.095) + 5^2(0.039) + 6^2(0.017)$$

$$= 0(0.129) + 1(0.264) + 4(0.271) + 9(0.185)$$

$$+ 16(0.095) + 25(0.039) + 36(0.017) = 6.12$$

于是

$$\text{Var}(X) = \sigma^2 = 6.12 - (2.038)^2 = 1.967,$$

X 的标准差是

$$\sigma = \sqrt{1.967} = 1.402$$

随机变量的标准差有什么意义? 下面的结果在许多情形中是成立的,但并不是对一切情形成立:

方程 4.2 随机变量的值约有 95% 是落在随机变量均值的 2 倍标准差范围 (2σ) 之内。

如果方程 4.2 中 2σ 代以 1.96σ,则上述方程对于正态分布的随机变量是精确地成立,而某些其他随机变量则近似地成立。正态分布随机变量将在第 5 章中详细讨论。

例 4.13 耳鼻喉科 寻找 a 及 b 值,使得 2 岁以内 95% 的孩子患中耳炎次数近似地落在 a 与 b 值之间。

解 表 4.3 的随机变量已有均值(μ)= 2.038 且标准差(σ)= 1.402。于是 $\mu \pm 2\sigma$ 区间为

$$2.038 \pm 2(1.402) = 2.038 \pm 2.805$$

或区间是 -0.77 到 4.84。由于这个随机变量仅取正整数才是有效的，因此 $a=0$, $b=4$ 次。表 4.3 给出 $\leqslant 4$ 次的概率为

$$0.129 + 0.264 + 0.271 + 0.185 + 0.095 = 0.944$$

方程 4.2 使得我们可以很快地知道随机变量的绝大多数取值是落在什么范围之内，而无需去一个个地计数他们。第 6 章将讨论方程 4.2 的应用。

4.6 离散随机变量的累加分布函数

许多随机变量是按累加分布函数而不是像表 4.1 的概率分布那样显示成表或图的。它的基本做法是，对每个指定的值，计算随机变量取值不大于指定值的概率。它的定义如下：

定义 4.7 一个随机变量 X，对于 X 的任一指定值 x，概率值 $Pr(X \leqslant x)$ 称为 X 的**累加分布函数**（cumulative-distribution function, cdf），常用记号 $F(x)$ 表示。

例 4.14 **耳鼻喉科** 计算表 4.3 中耳炎随机变量的累加分布函数且用图表示。

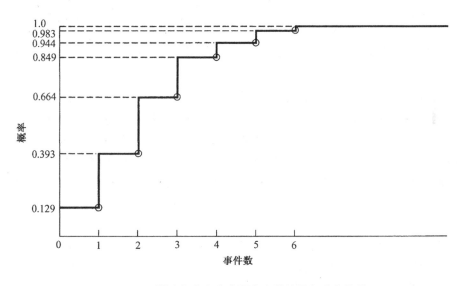

图 4.2 2 岁以内儿童患中耳炎次数的累加分布函数

解 累加分布函数为

$$
\begin{array}{lll}
F(x)=0 & \text{如果} & x<0 \\
F(x)=0.129 & \text{如果} & 0 \leqslant x < 1 \\
F(x)=0.393 & \text{如果} & 1 \leqslant x < 2 \\
F(x)=0.464 & \text{如果} & 2 \leqslant x < 3
\end{array}
$$

$$F(x) = 0.849 \qquad \text{如果} \qquad 3 \leqslant x < 4$$
$$F(x) = 0.944 \qquad \text{如果} \qquad 4 \leqslant x < 5$$
$$F(x) = 0.983 \qquad \text{如果} \qquad 5 \leqslant x < 6$$
$$F(x) = 1.0 \qquad \text{如果} \qquad x \geqslant 6$$

这个函数显示在图 4.2 上。

离散随机变量与连续随机变量间的区别可以通过该变量的累积分布函数 (cdf)来识别:对于离散随机变量,cdf 看来像是一阶梯函数;而对于连续随机变量,它的 cdf 则是一光滑的曲线。当变量可取的值增加时,离散变量的 cdf 将近似于光滑曲线。在第 5 章中,我们将详细地讨论连续随机变量。

4.7　排列与组合

4.2 节到 4.6 节按很一般的术语引入离散随机变量。本章的另外部分将集中于某些特定的离散随机变量,他们常常出现于医学及生物学中。考虑下面的例子。

例 4.15　传染病　在任何常规医学检查中,最普通的实验检查是血液计数。血液计数的两个主要方面是:(1)计数白血球细胞数;(2)鉴别白血球细胞的类型:嗜中性、淋巴、单核、嗜曙红、嗜碱性。白血球的计数及鉴别广泛应用于临床诊断。此处我们将注意力放在鉴别上,特别关注 100 个白血球中有 k 个嗜中性白血球数的分布问题。我们可以看出,这是个二项分布问题。

要研究二项分布,我们必须先介绍在概率论中是起重要作用的**排列**与**组合**。

例 4.16　精神卫生　假设我们可以识别出 50～59 岁具有精神分裂症的 5 名男性,我们希望把他们与同性别同年龄且住在同社区的正常人配对。我们使用**配对设计**(matched-pair-design),即每个病人配上 1 名同性别同年龄的正常男性。5 名心理学家参与研究,每个心理学家与一个病人及与他配对的人进行谈话。如果社区中有 10 个合格的 50～59 岁的男性(记为 $A, B, \cdots, J$)可作对照,如果被选作对照的人最多只能参加 1 次,则有多少种方法可供选择?

解　第一个对照可以是 $A, B, \cdots, J$ 中任何一个,于是有 10 种选择法。一旦第一个对照被选定了,他不可以再出现于另外的对照中,因此,第 2 个对照者只有 9 种选择法。于是头 2 个对照即可以有 $10 \times 9 = 90$ 种选择法。类似地,第 3 个对照可以在余下的 8 个人中选 1,即 8 种方法,第 4 个对照有 7 种方法,第 5 个对照有 6 种方法。总之,共有 $10 \times 9 \times 8 \times 7 \times 6 = 30240$ 种方法选 5 个对照组。例如一种选择是 $ACDFE$。这意味着对照组中 A 对应于第一个病人,对照组中 C 对应于第 2 个病人,余类推。对照组中的次序是很重要的,因为每一个心理学家只与一个匹配的两人作谈话。于是选择 $ABCDE$ 不同于 $CBAED$,虽然他们都是相同的 5 个人。

一般性的问题是:从 n 个客体中选择 k 个,选择次序是重要的,共有多少种选择法? 此处第一个客体有 $n = (n+1) - 1$ 个选择法。第一个客体被选后,第 2 个客体有 $n - 1 = (n+1) - 2$ 个选择法,……,则第 k 个客体的选择共有 $n - k + 1 = (n+1) - k$ 种选择方法。

定义 4.8 n 个物品中取 k 个物品的**排列**数为

$$_nP_k = n(n-1) \times \cdots \times (n-k+1)$$

这里,n 个中选 k 个的次序是重要的。

例 4.17 精神卫生 设有 3 个年龄在 $50 \sim 59$ 岁的精神分裂症妇女,与 6 个合格的对照者生活在同一社区。有多少种方法选对照者中 3 人而且次序是很重要的?

解 这里,实际上是从 6 人中取 3 人。

$$_6P_3 = 6 \times 5 \times 4 = 120$$

即有 120 种方法选 3 个对照者。例如,一种方法是选 A 与病人 1 匹配,B 与病人 2 匹配,C 与病人 3 匹配,即 ABC 匹配法。另外,我们也可选对照者中 F 与病人 1 匹配,对照者 C 与病人 2 匹配,对照者 D 与病人 3,即 FCD 选择法。选择次序是重要的,因为选择 ABC 不同于选择 BCA。

在某些情况中,我们感兴趣的是一种特别的排列:n 个中选 n 个,这里的关键是次序。用前面的记号,共有

$$_nP_n = n(n-1) \times \cdots \times [(n-n+1)] = n(n-1) \times \cdots \times 2 \times 1$$

种排列法。这里用一个特别的记号 $n!$,称为 n 阶乘。

定义 4.9 $n! = n$ **阶乘** $= n(n-1) \times \cdots \times 2 \times 1$

例 4.18 计算 5 的阶乘

$$5! = 5 \times 4 \times 3 \times 2 \times 1 = 120$$

$0!$ 没有具体意义,但为了相容性,它被定义为 1,即 $0! = 1$。

另外我们可以用阶乘表示 $_nP_k$

$$
\begin{aligned}
_nP_k &= n(n-1) \times \cdots \times (n-k+1) \\
&= \frac{n(n-1) \times \cdots \times (n-k+1) \times (n-k) \times (n-k-1) \times \cdots \times 1}{(n-k) \times (n-k-1) \times \cdots \times 1} \\
&= n!/(n-k)!
\end{aligned}
$$

方程 4.3 排列的其他形式 可以按照阶乘表示排列:

$$_nP_k = n!/(n-k)!$$

例 4.19 精神卫生 如有 4 个女性精神分裂症病人要在 7 个合格的对照组中选 4 人,有多少种选法?

解 选择法有 $_7P_4 = 7(6)(5)(4) = 840$。

另法： $_7P_4 = 7!\ /3!\ = 5040/6 = 840$。

例 4.20 精神卫生 考虑例 4.16 的一个稍为不同的研究设计。它称为**非匹配研究设计**(unmatched study design)，这里所有病人及所有对照组的人都与同一个心理学家谈话。如有 10 个合格者可作对照，则在此研究中有多少种方法选 5 人？

解 因为一个心理学家与所有病人谈话，这里与选择的次序无关。因此问题是：在 10 个合格的对照人中选出 5 个而与次序无关，则共有多少种选法？注意，在选出的 5 人（比如 A, B, C, D, E）中，与次序有关的共有 $5 \times 4 \times 3 \times 2 \times 1 = 5!$（比如 $ACBED$ 与 $DBCAE$ 是两种次序）。因此 10 个中选 5 个不考虑顺序的选法个数 = （（10 个中选 5 个与顺序有关的个数）/5！= $_{10}P_5/5!$） = $(10 \times 9 \times 8 \times 7 \times 6)/120$ = 252 种方法。这时 $ABCDE$ 与 $CDEIJ$ 是两种方法，而 $ABCDE$ 与 $BCADE$ 不当作两个方法。

10 个物体中不计较次序的选 5 个的个数称为**组合**(combinations)**数**，记为 $_{10}C_5$ 或 $\begin{pmatrix} 10 \\ 5 \end{pmatrix} = 252$（译者注：国内也常记为 C_{10}^5）。

这个问题可以拓广为一般性提法：n 个物体中取 k 个，共有多少种组合法。注意，k 个物体的不同排列法共有 $k(k-1) \times \cdots \times 2 \times 1 = k!$ 种组合法。于是我们有下面定义：

定义 4.10 n 个物体中取 k 个物体的**组合数**为

$$_nC_k = \begin{pmatrix} n \\ k \end{pmatrix} = \frac{n(n-1) \times \cdots \times (n-k+1)}{k!}$$

另外一种写法，利用方程 4.3，我们有

$$_nC_k = \begin{pmatrix} n \\ k \end{pmatrix} = {}_nP_k/k!$$
$$= n!/[(n-k)!\,k!]$$

如此，我们有下面的组合定义：

定义 4.11 n 个物体中取 k 个物体的**组合数**为

$$_nC_k = \begin{pmatrix} n \\ k \end{pmatrix} = \frac{n!}{k!(n-k)!}$$

它代表了所选出的 k 个物体是不考虑次序的。

例 4.21 计算 $_7C_3$

$$_7C_3 = \frac{7 \times 6 \times 5}{3 \times 2 \times 1} = 7 \times 5 = 35$$

为了方便，组合更常用的记号是 $\begin{pmatrix} n \\ k \end{pmatrix}$，而且简单说成是"$n$ 选 k"。

一个特例是 $\dbinom{n}{0}$，因为 $\dbinom{n}{0} = n! \ /(0! \ n!)$，由于 $0! \ = 1$，所以有 $\dbinom{n}{0} = 1$ 对任何 n 成立。

下面是组合的对称性质，可以方便于计算。

方程4.4 对任何非负整数 n 及 k，$n \geqslant k$，有

$$\dbinom{n}{k} = \dbinom{n}{n-k}$$

此式很简单，从下面可以看出，由定义 4.11 有

$$\dbinom{n}{k} = \frac{n!}{k!(n-k)!}$$

上式中 $n-k$ 代以 k，则

$$\dbinom{n}{n-k} = \frac{n!}{(n-k)![n-(n-k)]!} = \frac{n!}{(n-k)!k!} = \dbinom{n}{k}$$

直观上很容易理解方程 4.4：不计次序地从 n 个物体中选 k 个，如果这 k 个选定以后，则另外剩余的 $n-k$ 个也被确定了。因此，n 个中选 $n-k$ 个而不计较次序，当然也与 n 个中选 k 个的次数一样多。

因此，当 $k \leqslant n/2$ 时，如果计算得 $\dbinom{n}{k}$，则对于 $k > n/2$，我们只需利用 $\dbinom{n}{n-k} = \dbinom{n}{k}$ 即可以了。

例4.22 计算

$$\dbinom{7}{0}, \dbinom{7}{1}, \cdots, \dbinom{7}{7}$$

解

$$\dbinom{7}{0} = 1, \dbinom{7}{1} = 7, \dbinom{7}{2} = \frac{7 \times 6}{2 \times 1} = 21, \dbinom{7}{3} = \frac{7 \times 6 \times 5}{3 \times 2 \times 1} = 35,$$

$$\dbinom{7}{4} = \dbinom{7}{3} = 35, \dbinom{7}{5} = \dbinom{7}{2} = 21, \dbinom{7}{6} = \dbinom{7}{1} = 7, \dbinom{7}{7} = \dbinom{7}{0} = 1$$

4.8 二 项 分 布

所有二项分布（binomial distribution）的例子都有一个共同结构：n 次独立试验，每一次试验仅有两个结果，要么"成功"，要么"失败"。而且每次试验成功的概率都是相同的，记为 p。因此每次失败的概率即是 $q = 1 - p$。这里术语"成功"是一种广义的提法而没有特别的意义。

例如,在例 4.15 中,相当于此处 $n = 100$,而"成功"是指白血球细胞是一个"嗜中性白血球"。

例 4.23   传染病   重新回到例 4.15,但此处我们是检查 5 个白血球而不是 100 个。问题是求第 2 个及第 5 个白血球是嗜中性而其余都不是嗜中性,而已知任一个白血球是嗜中性的概率都是 0.6。

解   把嗜中性白细胞记为 x,而非嗜中性白细胞记为 o,则问题是检查 5 个白细胞,试求 $oxoox$ 的概率 $Pr(oxoox)$ 是多少。因为成功及失败的概率分别是 0.6 及 0.4,假设不同细胞的检查全是独立的,则所求概率为

$$q \times p \times q \times q \times p = p^2 q^3 = (0.6)^2 (0.4)^3$$

例 4.24   传染病   现在考察更一般的问题,检查 5 个白细胞内有 2 个是嗜中性白细胞的概率是多少。

解   5 个白细胞出现 $oxoox$ 仅是 10 个可能有序排列内有 2 个嗜中性白细胞的一种排列。而这 10 种可能的排列见表 4.4。

表 4.4   5 个白细胞中有 2 个是嗜中性的可能排列

$xxooo$	$oxxoo$	$ooxox$
$xoxoo$	$oxoxo$	$oooxx$
$xooxo$	$oxoox$	
$xooox$	$ooxxo$	

按照组合的术语,5 个白细胞中选出有 2 个是嗜中性的数目为 $\binom{5}{2} = (5 \times 4)/(2 \times 1) = 10$

表 4.4 中任一排列出现的概率都是 $(0.6)^2 (0.4)^3$。于是在 5 个白细胞中获得 2 个嗜中性白细胞的概率即为

$$\binom{5}{2}(0.6)^2(0.4)^3 = 10(0.6)^2(0.4)^3 = 0.230$$

假设现在把嗜中性白细胞问题拓广到一般问题:有 n 次而不是 5 次试验,问有 k 次(而不是 2 次)获得成功的概率? 这 k 次成功的试验如发生在 k 次**详细指定**的试验上,而另外 $n - k$ 次是失败的,则这里被指定发生事件的概率为 $p^k(1 - p)^{n-k}$。由于 k 次成功可以发生在 n 次试验中任何的 k 次上,这样的组数共有 $\binom{n}{k}$ 次,如同表 4.4。于是 n 次试验中有 k 次成功的概率为

$$\binom{n}{k}p^k(1 - p)^{n-k} = \binom{n}{k}p^k q^{n-k}$$

方程 4.5   在 n 次统计独立的试验中,每次试验成功的概率是 p,则成功次数

的分布是**二项分布**,它的概率质量函数为

$$Pr(X = k) = \binom{n}{k} p^k q^{n-k}, k = 0, 1, 2, \cdots, n$$

例 4.25 出生时是男孩的概率为 0.51,则出生 5 个孩子有 2 个是男孩的概率多大? 假设孩子出生彼此是随机独立的。

解 使用二项分布 $n = 5, p = 0.51, k = 2$,计算

$$Pr(X = 2) = \binom{5}{2} (0.51)^2 (0.49)^3 = \frac{5 \times 4}{2 \times 1} (0.51)^2 (0.49)^3$$

$$= 10 (0.51)^2 (0.49)^3 = 0.306$$

4.8.1 使用二项分布表

通常对给定的 n 及 p,二项分布的概率是要通过方程 4.5 计算。但此工作显然很枯燥乏味。代替的是把它做成表格,对于较少的 $n (n \leqslant 20)$ 及给定的 p 值,附录中表 1 已经给出计算结果。在这表 1 中,第 1 列是试验数(n),试验成功数(k)列于表 1 中第 2 列。第 1 行则是每次试验成功的概率。二项分布概率是对 $n = 2$, $3, \cdots, 20; p = 0.05, 0.10, \cdots, 0.50$ 上做出的。

例 4.26 传染病 求 10 个白细胞中出现 2 个淋巴细胞的概率,如果已知 1 个细胞是淋巴细胞的概率为 0.2。

解 借助附录中表 1,此处 $n = 10, k = 2, p = 0.20$。查表 1 中 $n = 10$ 下 $k = 2$ 的行及 $p = 0.20$ 的列,得数为 0.3020。

例 4.27 肺病 一个研究者注意到,孩子出生后的头一年内患慢性支气管炎病的人中,双亲有支气管炎的 20 个家庭中有 3 个孩子也患支气管炎,而全国的慢性支气管炎发生率在一岁以内的孩子是 5%。上述的数据与全国的发生率之间的差异是有实质性的还是偶然性造成的? 特别地,如果上述的 20 个家庭中至少有 3 个婴儿患支气管炎而假定在每个家庭中子代患此病的概率是 0.05,出现这种情形的概率又是多少?

解 设子代患此病的概率为 0.05,子代有慢性支气管炎的家庭数是一个二项分布,其中 $n = 20, p = 0.05$。于是 20 中出现 k 个病人的概率为

$$\binom{20}{k} (0.05)^k (0.95)^{20-k}, k = 0, 1, 2, \cdots, 20$$

如求至少有 3 个家庭患病,则回答的概率为

$$Pr(X \geqslant 3) = \sum_{k=3}^{20} \binom{20}{k} (0.05)^k (0.95)^{20-k} = 1 - \sum_{k=0}^{2} \binom{20}{k} (0.05)^k (0.95)^{20-k}$$

右边的 3 个概率($k = 0, 1, 2$)可以通过查附录中表 1 而得出,此处 $n = 20, p = 0.05$,于是得

$$Pr(X = 0) = 0.3585, Pr(X = 1) = 0.3774, Pr(X = 2) = 0.1887$$

即得

$$Pr(X \geqslant 3) = 1 - (0.3585 + 0.3774 + 0.1887) = 0.0754$$

于是 $X \geqslant 3$ 的事件是一个不常见或称较稀见的事件, 但并不是很异常。通常是把概率值为 0.05 或更小概率的事件识别为异常(稀有)事件。这个准则的详细讨论见第 7 章。如果 20 个家庭中出现 3 个家庭的婴儿有此病, 则不应该认为此病有家庭聚集性, 除非有更大的样本能证明它。

有人会问: 在例 4.27 中我们为什么使用 $Pr(X \geqslant 3$ 个家庭有病) 而不是用 $Pr(X = 3$ 个家庭有病)? 而后者是我们真实观察到的。* 一个直觉的回答是: 双亲有慢性支气管炎的家庭数如果是很大的话(比如, 扩大 25 倍, $n = 1500$, $k = 75$), 则任何一个指定值发生的概率都是很小的。例如, 上述 1500 个家庭有 75 个子代有慢性支气管炎的概率($p = 0.05$)为

$$\binom{1500}{75}(0.05)^{75}(0.95)^{1425} = 0.047^{**}$$

上述结果虽然与全国该病的发病率(5%)似乎是非常一致, 但却是一个较小的值**。另外, 我们可以计算: 上述 1500 个家庭中至少 75 个家庭的子女在 1 岁以前得慢性支气管炎, 而全国 1 岁以内的发病率为 0.05。则可以算得此概率近似于 0.5。而在前面已指出在这样的家庭中发生这种情形不是不异常的, 这应该是正确的结论。如果计算得的概率足够小, 就可以怀疑这些家庭中发病率的假设。例 4.27 中的方法将在第 7 章的假设检验中详细讨论。另外, 分析这样的数据方法是用 Bayes 推断, 但这已超出本书的范围。

在二项分布表中, 如果成功概率大于 0.5, 利用

$$\binom{n}{k} = \binom{n}{n-k}$$

及记 X 是二项分布且参数为 n 及 p, 记 Y 是具有参数为 n 及 $1 - p = q$, 则方程 4.5 可以改写如下:

方程 4.6 $$Pr(X = k) = \binom{n}{k}p^k q^{n-k} = \binom{n}{n-k}q^{n-k}p^k = Pr(Y = n - k)$$

换言之, 具有参数为 n 及 p 参数的二项分布 X 发生 k 次成功的概率, 是与具有参数 n 及 q 参数的二项分布 Y 发生 $n - k$ 次成功的概率是相同的。显然, 如 $p > 0.5$, 则 $q = 1 - p < 0.5$, 这时表 1 在相同的 n 大小下, 成功次数为 $n - k$ 及以 q 作为成功概率, 则表中查得的概率值即是所求 X 上的 k 次成功的概率。

---

* $n = 20$ 时, $Pr(X = 3) = 0.0596$。——译者注

**   当样本是 500 倍或 1000 倍地增大时, 上述概率的理论值将非常近似于零。——译者注

例 4.28 传染病 计算在 5 个白血球细胞中检出 k 个是嗜中性的概率，$k = 0,1,2,3,4,5$，而已知嗜中性细胞发生的概率为 0.6。

解 因为 $p > 0.5$，把它当作前面所指的 Y 随机变量，此时 $n = 5$，$p = 1 - 0.6 = 0.4$，这时

$$Pr(X = 0) = \binom{5}{0}(0.6)^0(0.4)^5 = \binom{5}{5}(0.4)^5(0.6)^0 = Pr(Y = 5) = 0.0102$$

上式是查 $n = 5$，$k = 5$ 行，$p = 0.4$ 列得出。类似地有

$n = 5$ 下，查 $k = 4$ 行及 0.40，$Pr(X = 1) = Pr(Y = 4) = 0.0768$

$n = 5$ 下，查 $k = 3$ 行及 0.40，$Pr(X = 2) = Pr(Y = 3) = 0.2304$

$n = 5$ 下，查 $k = 2$ 行及 0.40，$Pr(X = 3) = Pr(Y = 2) = 0.3456$

$n = 5$ 下，查 $k = 1$ 行及 0.40，$Pr(X = 4) = Pr(Y = 1) = 0.2592$

$n = 5$ 下，查 $k = 0$ 行及 0.40，$Pr(X = 5) = Pr(Y = 0) = 0.0778$

4.8.2 使用电子表

在许多情形中，我们需要估计二项分布中 $n > 20$ 及（或）p 值不在附录中表 1 的情形。对于充分大的 n，后面要介绍的正态分布能近似地估计二项分布，正态分布表能用于去估计二项概率。这个估计法比直接用方程 4.5 要方便得多，但这要在第 5 章介绍。另外一法，如样本不是足够地大，这时正态分布近似法不很合适；或 p 值不在表 1 中，则我们可以用电子表法估计二项分布。

电子表的一个例子是使用微软 Excel 软件。该软件中有一个统计函数的手册，它可以指导读者计算许多概率分布。这个手册中就有二项分布的计算。它可以计算任何二项分布的概率质量函数及 cdf(累加分布函数)。

例 4.29 肺病 这是例 4.27 的继续。如果全国出生的 1 岁以内婴儿的慢性支气管炎的发病率是 0.05，今在 1500 个双亲有慢性支气管炎的家庭中出生不足 1 岁的孩子中发现 75 个家庭的孩子有慢性支气管炎，求出现这样事件的概率，及至少 75 个家庭中有上述病的概率。

解 我们使用 Excel 97 的二项分布电子表去解此题。表 4.5 给出结果。首先我们可以算出 $Pr(X = 75) = 0.047$，这是一个异常事件。我们再计算 $Pr(X \leqslant 74)$，得 0.483。最后得至少 75 个的概率：

表 4.5 使用 Excel 97 计算二项概率

n	1500
k	75
p	0.05
$Pr(X = 75)$	0.047210
$Pr(X \leqslant 74)$	0.483458
$Pr(X \geqslant 75)$	0.516542

$$Pr(X \geqslant 75) = 1 - Pr(X \leqslant 74) = 1 - 0.483 = 0.517$$

即 1500 儿童中出现 75 个及以上的事件是正常的。

例 4.30 传染病 假设年龄 60~64 岁的 100 名男性在 1986 年注射了一种新的流感疫苗而在第二年内死亡 5 人。这是不是一个异常事件? 或者这个死亡比例在这个年龄-性别组中是正常的吗? 这 60 到 64 岁的 100 个男性老人中注射抗流感疫苗后,在第 2 年至少死亡 5 人的概率是多大?

解 首先我们要寻找 60~64 岁男性的年死亡概率。在 1986 年的美国寿命表中,我们找到,60~64 岁男性老人第 2 年的死亡概率近似于 0.020[3]。于是从二项分布的 100 个男人有 k 人死亡的概率近似为 $\binom{100}{k}(0.02)^k(0.98)^{100-k}$。我们需要知道 100 个男性的样本死亡 5 人是否为一个"异常"事件。**这种估计的一个准则是寻找至少 5 人死亡的概率,**而使用正常全国男性同性别同年龄组的死亡概率(0.02)为"成功"的概率。这个概率为 $Pr(X \geqslant 5)$,即

$$\sum_{k=5}^{100} \binom{100}{k}(0.02)^k(0.98)^{100-k}$$

因为上式有 96 个和式,计算太烦,我们先计算下面的概率

$$Pr(X < 5) = \sum_{k=0}^{4} \binom{100}{k}(0.02)^k(0.98)^{100-k}$$

再用 $Pr(X \geqslant 5) = 1 - Pr(X < 5)$。因为 $n > 20$,附录中表 1 不能用,此处我们用 Excel 软件,结果见表 4.6。

表 4.6 1986 年 60~64 岁男性中死亡至少 5 人的概率

n	100
p	0.02
$Pr(X \leqslant 4)$	0.94917
$Pr(X \geqslant 5)$	0.05083

我们看出:

$$Pr(X \leqslant 4) = 0.949, \quad Pr(X \geqslant 5) = 1 - Pr(x \leqslant 4) = 0.051$$

可见 100 人中死亡至少 5 人是稍微有些异常,但不是很异常。如果至少死亡的是 10 人而不是 5 人,则可算得

$$Pr(X \geqslant 10) = 1 - Pr(X < 10) < 0.001$$

这就是很不正常,因此在没有其他证据证明此疫苗是有效前,我们应考虑停止使用这疫苗。

4.9 二项分布的期望值

按照我们工作中获得的知识及后面在估计及假设检验中的需要,二项分布的期望值及方差是重要的。从定义 4.5 我们知道离散随机变量的期望值是

$$E(X) = \sum_{i=1}^{R} x_i Pr(X = x_i)$$

在二项分布时,它的取值是 $0, 1, 2, \cdots, n$,与之对应的概率为

$$\binom{n}{0} p^0 q^n, \binom{n}{1} p^1 q^{n-1}, \cdots,$$

于是

$$E(X) = \sum_{k=0}^{n} k \binom{n}{k} p^k q^{n-k}$$

可以证明,上式的结果是很简单的值 np。利用定义 4.6,我们有

$$\mathrm{Var}(X) = \sum_{k=0}^{n} (k - np)^2 \binom{n}{k} p^k q^{n-k} = npq$$

这就引出下面的结果:

方程 4.7 二项分布的期望值及方差分别是 np 及 npq。

这个结果很容易理解:n 次试验中成功的平均次数就是试验次数与每次试验成功概率的乘积 np,而方差是 npq。由图 4.3 可见,在 $p = 1/2$ 时方差最大,当 p 离 1/2 愈远则方差也随之减小,而且当 $p = 0$ 或 1 时方差为 0。此结果也很好解析:$p = 0$ 时意即不会有成功,自然成功数也就是 0;$p = 1$ 时意即每次试验都会成功,自然有 n 次的成功了;这两种特例中都不会再有变异,方差自然也应是零。当 p 接近于 0 或 1 时成功的次数也接近于 0 或 n,这从图 4.4 中明显可见。

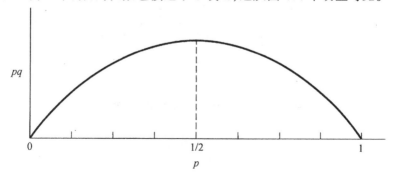

图 4.3 二项分布中 pq 与 p 的关系

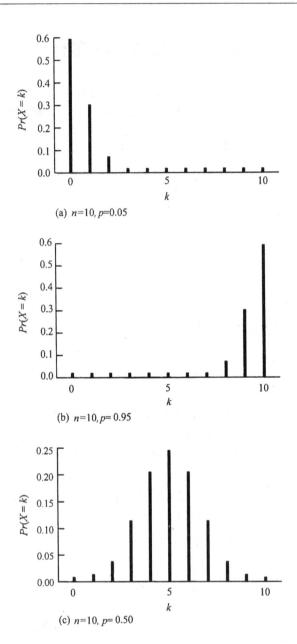

(a) n=10, p=0.05

(b) n=10, p= 0.95

(c) n=10, p= 0.50

图 4.4　当 n = 10 时, 不同 p 值时的二项分布

4.10　泊松分布

离散随机变量中泊松分布(Poisson distribution)大概是第二重要的分布, 这个分布常与稀有事件相联系。

例4.31 传染病 考虑在一段时间(比如1年)内,伤寒发烧的死亡人数。在这段时间,任何一天之内新的死亡的人数往往是很少的,而且两个不同时间内,死亡人数也常是彼此独立的,这种情形下,在这段时间(1年)内死亡人数的随机变量将是一个泊松分布。

例4.32 细菌学 前面例子涉及的是一段时间内的稀有事件。这种稀有事件也可出现在面积问题上。比如,在琼脂培养皿上细菌群体数目的分布。假设我们有100cm² 的琼脂培养皿,并假设在任何一点 a(更严格讲是包含 a 的一个小面积)上发现有细菌群体的概率很小,而且在任何两点 a_1, a_2 上发现细菌群体的两个事件是独立的。这时在整个琼脂培养皿上细菌群体数将是一个泊松分布。

考虑例4.31,问题是:在时间0到时间 t(此处 t 是某个较长的时间周期,比如1年或20年)内由于伤寒发烧而死亡的人数是什么分布?

关于疾病的发病率,此处需要有3个假设。考虑时间长度 t 内的任何很小的一个长为 Δt 的子区间。

假设4.1 我们认为

(1)在这小区间上直接观察到1个死亡的概率是正比于时间长度 Δt,即

$$Pr(1个死亡) \approx \lambda \Delta t, \lambda 是某个常数。$$

(2)在这小区间上未观察到死亡的概率为 $1 - \lambda \Delta t$。

(3)在这小区间上观察到超过1个死亡数的概率基本上是零。

假设4.2 稳定性(stationarity) 在整个长时间区间内,假设任一单位长度上死亡数是相同的。也就是说,在时间长度 t 的区间内,如果考察时间点的数值增加会导致发病率随之增加,这违反了上述的假设。注意,这里的时间长度 t 也不应该太长,因为 t 增加很多时,这个假设是很少会维持不变的。

假设4.3 独立性(independence) 如果死亡发生在某个子区间内,则它不应该与另外子区间的死亡数发生联系。这个假设在流行病的情形中是不会成立的,因为一个新的死亡常会影响下一个时段内的死亡数。

上述的假设成立,就有下面的泊松分布:

方程4.8 对于具有参数 λ 的泊松随机变量,发生在一个时间长度 t 内有 k 个事件发生的概率为

$$Pr(X = k) = e^{-\mu}\mu^k/k!, \qquad k = 0, 1, 2, \cdots$$

此处 $\mu = \lambda t$ 且 e 是近似于2.71828的自然数。

于是泊松分布是依赖于参数 $\mu = \lambda t$。注意,参数 λ 代表每单位长度时间内事件发生的期望数,而参数 μ 代表了时间长度 t 内事件发生的期望数。泊松分布与二项分布的一个重要差别是涉及试验数 n 及事件。在二项分布中试验数 n 是有限的,且事件数不能够超过 n。而在泊松分布中,试验数实质上是无限的,且事件

数(或死亡数)可以是无限地增加,虽然当 k 变大时发生 k 个事件的概率将变得很小。

例 4.33 传染病 考察伤寒发烧病例。假设在 1 年内伤寒发烧而死亡的人数是具有参数 $\mu = 4.6$ 的泊松分布。试求,在 6 个月内死亡数的概率分布,及 3 个月内死亡数的概率分布。

解 记 $X =$ 在 6 个月内死亡数。因为 $\mu = 4.6$, $t = 1$ 年,所以 $\lambda = 4.6$(1 年中死亡数)。对于 6 个月的区间,由于 $\lambda = 4.6$(1 年死亡数), $t = 0.5$ 年,则 $\mu = \lambda t = 2.3$。由此,

$$Pr(X = 0) = e^{-2.3} = 0.100$$

$$Pr(X = 1) = \frac{2.3}{1!} e^{-2.3} = 0.230$$

$$Pr(X = 2) = \frac{2.3^2}{2!} e^{-2.3} = 0.265$$

$$Pr(X = 3) = \frac{2.3^3}{3!} e^{-2.3} = 0.203$$

$$Pr(X = 4) = \frac{2.3^4}{4!} e^{-2.3} = 0.117$$

$$Pr(X = 5) = \frac{2.3^5}{5!} e^{-2.3} = 0.054$$

$$Pr(X \geqslant 6) = 1 - (0.100 + 0.231 + 0.265 + 0.203 + 0.117 + 0.054)$$
$$= 0.030$$

记 $Y =$ 在 3 个月中死亡数。以 3 个月作为区间,我们已知有 $\lambda = 4.6$(1 年死亡数), $t = 0.25$ 年,所以 $\mu = \lambda t = 1.15$。于是

$$Pr(Y = 0) = e^{-1.15} = 0.317$$

$$Pr(Y = 1) = \frac{1.15}{1!} e^{-1.15} = 0.364$$

$$Pr(Y = 2) = \frac{1.15^2}{2!} e^{-1.15} = 0.209$$

$$Pr(Y = 3) = \frac{1.15^3}{3!} e^{-1.15} = 0.080$$

$$Pr(Y \geqslant 4) = 1 - (0.317 + 0.364 + 0.209 + 0.080) = 0.030$$

这些分布用图 4.5 表示。注意,当时间区间长度增加时,即当 μ 增加时泊松分布趋向于对称。

泊松分布也应用于例 4.32,例中讨论琼脂培养皿的面积 A 上细菌群体数的分布。假设在任何一个小区域面积为 ΔA 的范围内发现 1 个细菌群体的概率是 $\lambda \Delta A$,此处 λ 是某个常数,且假定在任何两个不同的培养皿小区域内细菌群体数是彼此独立的,则在面积 A 上发现有 k 个细菌群体的概率可以写为 $e^{-\mu} \mu^k / k!$,此处 $\mu = \lambda A$。

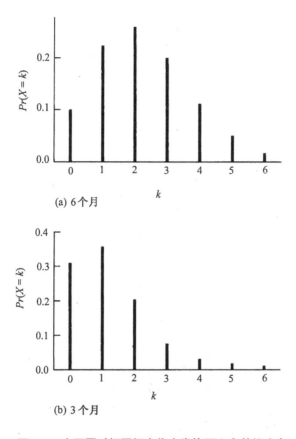

(a) 6个月

(b) 3个月

图4.5 在不同时间区间内伤寒发烧死亡人数的分布

例4.34 细菌学 如果 $A = 100 \text{ cm}^2$, $\lambda = 0.02$ 群体数/cm^2。计算细菌群体数的概率分布。

解 我们有 $\mu = \lambda A = 100(0.02) = 2$。令 $X =$ 群体数。

$Pr(X = 0) = e^{-2} = 0.135$

$Pr(X = 1) = e^{-2}2^1/1! = 2e^{-2} = 0.271$

$Pr(X = 2) = e^{-2}2^2/2! = 2e^{-2} = 0.271$

$Pr(X = 3) = e^{-2}2^3/3! = \frac{4}{3}e^{-2} = 0.180$

$Pr(X = 4) = e^{-2}2^4/4! = \frac{2}{3}e^{-2} = 0.090$

$Pr(X \geqslant 5) = 1 - (0.153 + 0.271 + 0.271 + 0.180 + 0.090) = 0.053$

很明显,对于较大的 λ 值,会出现较多的群体数。

4.11 泊松概率的计算

4.11.1 使用泊松表

对于相同的 μ 值,泊松分布的计算会反复地出现某些量,这在方程 4.8 看得明显。代替法:对于 $\mu \leqslant 20$ 时,附录表 2 中列出了各种已计算的结果。表 2 中 μ 出现在第一行,事件数(k)出现在第 1 列,对应的泊松概率就是第 k 行第 μ 列上的值。

例 4.35 计算 $\mu = 3$ 时,至少发生 5 个事件的泊松分布的概率。

解 查表 2 中 3.0 的列,记 X = 事件数

$Pr(X = 0) = 0.0498$ $Pr(X = 1) = 0.1494$

$Pr(X = 2) = 0.2240$ $Pr(X = 3) = 0.2240$

$Pr(X = 4) = 0.1680$

于是 $Pr(X \geqslant 5) = 1 - Pr(X \leqslant 4)$

$$= 1 - (0.0498 + 0.1494 + 0.2240 + 0.2240 + 0.1680)$$
$$= 1 - 0.8152 = 0.1848$$

4.11.2 泊松分布的电子表

当 μ 值不出现在附录中的表 2 时,比如对于大的 $\mu(\mu \geqslant 10)$,可利用第 5 章介绍的正态分布近似法。另外也可如二项分布一样,利用电子表。

例 4.36 传染病 考虑例 4.33 中伤寒发烧死亡数的概率。此例中 $\mu = 4.6$,我们用 Excel 97 的泊松分布,结果见表 4.7。我们看到,1 年内如死亡数是 9 人或更多则是一个异常事件。

表 4.7 1 年内伤寒发烧死亡数的概率分布($\mu = 4.6$,泊松分布)

死亡人数	概率
0	0.010
1	0.046
2	0.106
3	0.163
4	0.188
5	0.173
6	0.132
7	0.087
8	0.050
$\leqslant 8$	0.955
$\geqslant 9$	0.045

4.12 泊松分布的期望值与方差

在许多情形中,对泊松分布的假设,我们不能判断它们是否被满足。但泊松分布的期望值与方差的关系有助于我们去判断这个分布是否为泊松分布。这个关系为:

方程 4.9 具有参数 μ 的泊松分布,它的均值和方差是相同的且都等于 μ。

这个事实是很有用的,如果一个离散随机变量的一批数据,发现它的均值及方差近似相同,则我们有理由相信这样本可能是泊松分布,因而可以使用各种假设检验去判断上述猜想的正确性。

例 4.37 传染病 小儿麻痹症在 1968~1976 年期间死亡数见表 4.8[4,5]。请对这批数据评论泊松分布的适用性。

表 4.8 1968~1976 年内小儿麻痹死亡数

年	1968	1969	1970	1971	1972	1973	1974	1975	1976
死亡数	24	13	7	18	2	10	3	9	16

解 可直接算得 1968~1976 年期间由于小儿麻痹而死亡的数目的样本均值及方差为 11.3 及 51.5。显然按方程 4.9,这批数据是不适合用泊松分布去拟合它,这是因为方差是均值的 4.5 倍,差别太大了。这么大的方差可能是由于在某个时期及地理位置上,小儿麻痹死亡的聚集性造成的,这就违反了泊松分布中要求发病率不随时间及地理的改变及独立性的要求。

假设我们研究的是罕见现象且想应用泊松分布。如何去估计参数 μ? 如果这个数据适合于用泊松分布,则可用时间长度 t(比如 1 年)内事件发生数的观察均值估计参数 μ。如果这个数据不合适于用泊松分布,自然该用另外的渠道去分析数据。

例 4.38 职业卫生 食物营养中如包含有可能致癌的二溴乙烯(EDB),这就涉及公共卫生的问题。某些食物中如含有过量的 EDB,则就不能让消费者购买。在 Texas 州及 Michigan 州的两个工厂中,人们观察这两个工厂中暴露于 EDB 下的161 名白人男性职工在 1940~1975 年间的死亡资料[6]。有 7 人死于癌症,而从全国的白人男性中,这时间内死于癌的人数平均为 5.8 人。现要判断这观察到的癌死亡人数是否超过全国水平?

解 从全美国白人死亡率出发,癌的期望死亡数当作参数 μ 的估计,即 $\mu = 5.8$。记 X 是一个泊松随机变量且参数为 $\mu = 5.8$。使用关系式

$$Pr(x \geqslant 7) = 1 - Pr(X \leqslant 6)$$

此处 $Pr(X=k)=e^{-5.8}(5.8)^k/k!$

由于 $\mu=5.8$ 不包括在附录的表 2 中,我们使用 Excel 97 去作计算。结果列于表 4.9。如此,

$$Pr(x\geqslant 7)=1-Pr(X\leqslant 6)$$
$$=1-0.638=0.362$$

可见癌死亡数的观察值不能认为超过全国水平。

表 4.9　在 EDB 例中癌死亡数的概率分布计算

平均死亡数	概率
0	0.003
1	0.018
2	0.051
3	0.098
4	0.143
5	0.166
6	0.160
$\leqslant 6$	0.638
$\geqslant 7$	0.362

4.13　泊松分布与二项分布的近似

如前面所述,在某些应用中泊松分布可以很好地拟合数据。泊松分布的一个重要特征是可用二项分布来近似。考虑一个有较大试验次数的 n 及较小的 p 值的二项分布。这个分布的均值是 np 而方差为 npq。在 p 值小时,$q\approx$(近似等于)1,这时显然 $npq\approx np$。因此,在这种情形下,二项分布的均值及方差近似地相等,这就提出下面的一个法则:

方程 4.10　泊松近似于二项分布　对于大的 n 及小的 p 值的二项分布,能够相当准确地用一个参数为 $\mu=np$ 的泊松分布近似。

使用这个近似式的合理性是,泊松分布比二项分布更易计算。因为二项分布中涉及到计算 $\dbinom{n}{k}$ 及 $(1-p)^{n-k}$,当 n 大时这个计算很烦。

例 4.39　癌,遗传学　假如我们研究乳腺癌的遗传易感性。我们发现,母亲曾患有乳腺癌的 1000 名 40~49 岁的妇女,在我们研究开始后的 1 年中,有 4 人患有乳腺癌。而我们从大总体中知道在这相同的时间内,1000 人中有 1 人发生乳腺

癌。试问上述观察到的事件是否为异常?

解 如用精细的二项分布,则 $n = 1000$, $p = 1/1000$,所以

$$Pr(x \geqslant 4) = 1 - Pr(X \leqslant 3)$$

$$= 1 - \left[\binom{1000}{0} (0.001)^0 (0.999)^{1000} + \binom{1000}{1} (0.001)^1 (0.999)^{999} \right.$$

$$\left. + \binom{1000}{2} (0.001)^2 (0.999)^{998} + \binom{1000}{3} (0.001)^3 (0.999)^{997} \right]$$

而如果使用泊松分布近似,则 $\mu = 1000(0.001) = 1$,则

$$Pr(X \geqslant 4) = 1 - [Pr(X = 0) + Pr(X = 1) + Pr(X = 2) + Pr(X = 3)]$$

使用附录中表 2,在 $\mu = 1.0$ 下,我们发现有

$$Pr(X = 0) = 0.3679$$
$$Pr(X = 1) = 0.3679$$
$$Pr(X = 2) = 0.1839$$
$$Pr(X = 3) = 0.0613$$

于是 $Pr(X \geqslant 4) = 1 - (0.3679 + 0.3679 + 0.1839 + 0.0613)$

$$= 1 - 0.9810 = 0.0190$$

这个事件其实是异常事件,即认为有乳腺癌的妇女,她们的子代具有遗传敏感性。为了比较目的,我们精确地计算二项分布,即在 $X = 0, 1, 2, 3$ 时,二项分布的精确值为 0.3677,0.3681,0.1840 及 0.0613。这时对应的二项分布中患乳腺癌 4 人及以上的概率为 0.0189,它与泊松分布的近似值 0.0190 非常接近。

上面的近似计算中,一个问题是,应该有多大的 n 及多小的 p 值才能使上述的近似合适? 一个保守的法则是当 $n \geqslant 100$ 及 $p \leqslant 0.01$ 时可以使用近似式。作为一个例子,我们给出精确的二项分布及泊松近似值于表 4.10,那里 $n = 100$, $p = 0.01$,而 $k = 0, 1, 2, 3, 4, 5$。表 4.10 中两个分布的一致性在 0.002 之内。

表 4.10 二项分布用泊松近似的例子,$n = 100$, $p = 0.01$, $k = 0, 1, 2, 3, 4, 5$

k	精确二项分布	泊松近似	k	精确二项分布	泊松近似
0	0.366	0.368	3	0.061	0.061
1	0.370	0.368	4	0.015	0.015
2	0.185	0.184	5	0.003	0.003

例 4.40 传染病 1984 年在芬兰暴发了小儿麻痹症,但在此前的 20 年内,这个国家没有报告发生过 1 例此病。结果,这个国家在 1984 年的 2 月 9 号到 3 月 15 号的 5 周时间内开展了大规模的免疫运动;这个运动覆盖了 94% 的人口,而且取

得了很大成功。在这个运动期间及以后,有几个患有格-巴二氏多神经炎(GBS)病的人住进了芬兰的神经病医院,因为这种病是一种罕见的神经性疾病且常常发展成麻痹[7]。

原作者每月提供 GBS 病的发病数,这些数据列于表 4.11。要考察的是,1985年 3 月的病人数是否不正常地超过表 4.11 中其他 18 个月的发病数?

表 4.11　芬兰在 1984 到 1985 年 GBS 病的发病数

月份	GBS 病的发病数	月份	GBS 病的发病数	月份	GBS 病的发病数
1984 年 4 月	3	1984 年 10 月	2	1985 年 4 月	7
1984 年 5 月	7	1984 年 11 月	2	1985 年 5 月	2
1984 年 6 月	0	1984 年 12 月	3	1985 年 6 月	2
1984 年 7 月	3	1985 年 1 月	3	1985 年 7 月	6
1984 年 8 月	4	1985 年 2 月	8	1985 年 8 月	2
1984 年 9 月	4	1985 年 3 月	14	1985 年 9 月	2
				1985 年 10 月	6

　　解　如果 GBS 病的每月发病人数很少,即发病率(p)低,则可以把每月的发病人数看作是泊松分布。参数 μ 的估计:把表 4.11 中 18 个月的发病数取平均(不计1985 年 3 月),即 $(3+7+\cdots+6)/18=3.67$。要考察 1985 年 3 月时发病数(14)是否为不正常,即计算 $Pr(X\geqslant14\,|\,\mu=3.67)$。此处 X 是每月发病数。计算结果(用Excel 97)列于下表

1985 年 3 月时,GBS 发病数是观察数 14 或更多的概率

均数	3.67
$Pr(X\leqslant13)$	0.999969
$Pr(X\geqslant14)$	3.09×10^{-5}

　　这个结果指出:$Pr(X\geqslant14\,|\,\mu=3.67)=3.09\times10^{-5}$。也就是说在假定另外 18个月的发病是正常情形下,这 1985 年 3 月的 14 例发病数是极不正常的。

4.14　摘　　要

　　这一章中讨论了随机变量及离散与连续随机变量的区别。介绍了概率质量函数(或概率分布),累加分布函数,期望值及方差。这些概念与在第 2 章中有限样本的类似概念有相关性,特别地,样本频率函数实是概率分布的一个样本实现;另外,样本均值($\bar{x}$)和方差(s^2)实是随机变量的期望值及方差的样本类似物。概率模型

与有限样本的关系将在第 6 章中更加详细地叙述。

最后,引入某些特殊的概率模型,主要是二项分布及泊松分布。二项分布适用于二态结局,也就是仅有两个可能的结果,且不同试验的结果是彼此独立的。这两个结果标记为"成功"及"失败",而且每次试验中成功的概率是相同的。泊松分布是一个经典模型,它常用于描述稀有事件。

概率模型的研究将在第 5 章中继续,那里集中讨论连续随机变量。

练 习 题

记 X 是例 3.12 中成人高血压的人数。

*4.1 引出 X 的概率质量函数。

*4.2 什么是期望值?

*4.3 什么是方差?

*4.4 什么是累加分布函数?

设我们通过对病历中一组症状的回顾而去检查心绞痛的诊断。

4.5 如果我们有 50 例心绞痛,且我们希望选 5 例做检查,若与选择的顺序有关,则可以有多少种选择法?

4.6 在 4.5 题中如果与选择顺序无关,回答 4.5 题。

4.7 计算 $\binom{10}{0}, \binom{10}{1}, \cdots, \binom{10}{10}$。

*4.8 计算 9!

4.9 在某小学一个班级中 15 个学生中有 6 个学生得了流行性感冒,而此时全国的小学中,该年级中有 20% 的学生患流行性感冒,能否说这个班级的学生病人数异常? 也就是说,如果全国性的比率是成立的话,该班中至少 6 个学生患流感的概率是多少?

4.10 这个班级中学生患流感的期望值是多少?

*4.11 对于参数 $\mu = 4.0$ 的泊松分布,精确发生 6 个事件的概率是多少?

*4.12 对于参数 $\mu = 4.0$ 的泊松分布,至少发生 6 个事件的概率是多少?

*4.13 对于参数 $\mu = 4.0$ 的泊松分布,它的期望值和方差是多少?

传染病

在马萨诸塞州的 5 所医院中检查新生儿的人类免疫缺陷性病毒(HIV 或 AIDS 病毒)。数据列于表 4.12[8]。

表 4.12 新生儿血样中,HIV 抗体的血清患病率,按照医院的形式分类

医院	形式	检查数	阳性数	阳性数(每 1000 人)
A	城市内	3741	30	8.0
B	城市/郊区	11864	31	2.6
C	城市/郊区	5006	11	2.2
D	郊区/农村	3596	1	0.3
E	郊区/农村	6501	8	1.2

4.14 如果在城市内医院检查 500 个新生儿,发现 5 个 HIV 阳性时其精确的二项分布概率是多少?

4.15 上题中,如果至少发现 5 个 HIV 阳性,其精确的二项分布概率是多少?

4.16 回答 4.14 及 4.15 题,用近似估计法。

4.17 对一个城市/郊区医院(即医院 C),回答 4.14 题。

4.18 对一个城市/郊区医院(即医院 C),回答 4.15 题。

4.19 对一个城市/郊区医院(即医院 C),回答 4.16 题。

4.20 对一个郊区/农村医院(即医院 E),回答 4.14 题。

4.21 对一个郊区/农村医院(即医院 E),回答 4.15 题。

4.22 对一个郊区/农村医院(即医院 E),回答 4.16 题。

职业卫生

　　许多研究者怀疑在做装饰的工业部门工作的工人中癌的发病率是不正常的。

*4.23 假设在 1964 年 1 月 1 日到 1983 年 12 月 31 日的 20 年间,工人由于膀胱癌而死亡的期望数(基于美国死亡率)为 1.8。如果泊松分布是合适的,则在装饰工人中有 6 人死于膀胱癌的事件是否异常?

*4.24 一个与上题类似的做法是对胃癌。在这个工厂中,工人中有 4 人死于胃癌,而按美国的死亡率计算,死于胃癌的期望数为 2.5,这是一个异常事件吗?

传染病

　　一个假设是淋病在某些中心城市中有聚集性。

4.25 在某个县城内,在过去 3 个月中 10000 个居民中发现 10 例淋病。而在这 3 个月中全国的淋病发病率为十万分之五十。在这期间,该县城的淋病发病数是否不正常?

耳鼻喉科

　　假设童年时期中耳炎的每年发病数是一个泊松分布,且参数 $\lambda = 1.6$ 次/每年。

*4.26 在 2 岁以内的儿童发生 3 次及以上次数中耳炎的概率是什么?

*4.27 求 1 岁以内儿童不发生中耳炎的概率。

　　在儿科学中一个有意思的问题是,在一个家庭中中耳炎是否有倾向性。

*4.28 求两兄弟(或姐妹)在 2 岁以内都患 3 次及以上次数中耳炎的概率。

*4.29 求两兄弟中只有一人患 3 次及以上次数中耳炎的概率。

*4.30 求两兄弟中没有人患 3 次及以上次数中耳炎的概率。

*4.31 在一个有两兄弟的家庭中,2 岁内患 3 次及以上中耳炎次数的家庭的期望数。

高血压

　　高血压病常被认为有"家庭聚集性"。即在一个家庭中如果一人有高血压则他(她)的同胞也可能会有高血压。在 50～59 岁的一般人口中高血压的患病率是 18%。设我们在一个所有成员为 50～59 岁的社区中识别出 3 人是亲属。

4.32 在上述这样的亲属中识别出 0,1,2,3 个人是高血压的概率是多少? 如果设此相同家庭中 2 个亲属间的高血压状态是彼此独立的。

4.33 设在这种形式的 25 个亲属中,5 人中至少 2 人是患病者的亲属,这些数据与 4.32 题的独立性是否相一致?

环境卫生,产科学

设先天畸形率在一般人口中是每 100 个分娩妇女中有 2.5 个婴儿是畸形。一项研究是,越南退伍军人的子代是否有先天性畸形。

*4.34 如果在出生记录中查出,100 个越南退伍军人父亲的子代中有 4 个先天性畸形,试问该组畸形率是否异常?

使用相同的出生登记资料,让我们考察母亲使用大麻对先天性畸形的影响。

*4.35 母亲服食大麻的 75 个子代中,发现 8 人有先天性畸形,这样的数据是否异常?

高血压

一个全国性的研究发现:对高血压病的适当医治可以减少 20% 的死亡率*。及时医治实是有困难,因为估计约 50% 的病人并不知道自己患有高血压;而另外的高血压病人中也有 50% 的人被内科医生作不适当的医治;而其他病人虽得到了及时医治,但仍有 50% 的病人未服用合适数量的药丸。

4.36 10 个真正高血压病人中,至少 50% 的人被适当地医治且又能按医生要求照做的概率是多少?

4.37 10 个高血压病人中至少 7 人知道他们有高血压的概率是多少?

4.38 由于进行大规模的教育而使前述的 50% 递减率每次都变为 40%,则它对真实高血压患者的死亡率影响是多少? 也就是说,在上述的教育后,死亡率是减少了,试问这可以降低多少高血压病人的死亡百分比?

肾病

尿样中出现细菌有时与妇女的肾病有关。假设在妇女的大总体中,尿样中细菌呈阳性的是 5%。

*4.39 如在这个总体中抽 5 个妇女,试计算至少 1 人细菌呈阳性的概率。

*4.40 假设在这总体妇女中抽 100 个妇女,试计算至少有 3 人细菌呈阳性的概率。

细菌一个有意思的现象是会发生"倒转",即在同一妇女的两个不同时间点上测量细菌,结果不会总是相同的。在时间 0 时检测有细菌的妇女中,在时间 1(1 年后)时检测仅 20% 妇女有细菌;反之,在时间 0 时检测没有细菌的妇女中,约 4.2% 的妇女在时间 1 时检测有细菌。以 X 代表一个妇女在 2 次时间检测中有细菌事件次数的随机变量,假设一个妇女在任何时间的检测中,细菌呈阳性的概率都是 5%。

*4.41 求 X 的概率分布。

*4.42 求 X 的均值。

*4.43 求 X 的方差。

人口学

表 4.13 是 1986 年全国的生命表数据。此表可用来估计任何 2 个年龄之间的生存概率。例如,对白人男性,计算 60 岁到 62 岁仍存活的概率为:在白人列中找年龄在 60 至 62 岁线下的两个数字,再相除得 79669/82435 = 0.966。考察表 2.11 中 25 人中的 11 个男性(这些人由于未知种族,所以在表 4.13 中使用"所有种族")。

---

* 严格讲应是病死率。——译者注

表 4.13　1986 年美国如果出生 100 000 人,则他们今后在各年龄时按性别和种族的生存人数

年龄	所有种族			白人			所有其他种族					
	不分性别	男	女	不分性别	男	女	总数·不分性别	总数·男	总数·女	不分性别	男	女
0	100000	100000	100000	100000	100000	100000	100000	100000	100000	100000	100000	100000
1	98964	98845	99090	99106	98998	99220	98426	98262	98597	98190	97996	98391
2	98892	98764	99028	99040	98923	99164	98332	98158	98513	98085	97882	98296
3	98838	98704	98980	98991	98869	99121	98256	98075	98444	98000	98790	98218
4	98796	98658	98942	98953	98828	99087	98194	98007	98388	97932	97716	98155
5	98762	98620	98912	98923	98794	99060	98143	97951	98342	97876	97655	98104
6	98733	98587	98887	98897	98765	99038	98100	97904	98304	97830	97605	98062
7	98707	98557	98866	98874	98738	99019	98064	97863	98272	97792	97563	98028
8	98684	98530	98847	98853	98712	99002	98033	97828	98246	97760	97526	97999
9	98663	98505	98830	98834	98689	98987	98006	97797	98223	97732	97494	97975
10	98645	98484	98815	98817	98669	98973	97982	97769	98203	97706	97464	97954
11	98628	98464	98801	98802	98651	98960	97959	97742	98184	97681	97435	97934
12	98610	98443	98786	98785	98632	98946	97935	97713	98166	97655	97404	97914
13	98587	98415	98768	98763	98606	98929	97907	97677	98146	97625	97365	97893
14	98554	98372	98745	98730	98564	98906	97871	97629	98123	97587	97314	97869
15	98507	98309	98716	98683	98501	98876	97825	97565	98095	97538	97247	97840
16	98445	98223	98678	98620	98414	98838	97767	97484	98061	97477	97161	97805
17	98369	98116	98633	98542	98306	98792	97696	97384	98021	97403	97056	97763
18	98280	97991	98583	98452	98180	98741	97612	97264	97975	97315	96930	97715
19	98183	97852	98530	98355	98041	98688	97515	97123	97923	97214	96 781	97662

续表

年龄	所有种族 不分性别	所有种族 男	所有种族 女	白人 不分性别	白人 男	白人 女	总数 不分性别	总数 男	总数 女	所有其他种族 不分性别	所有其他种族 男	所有其他种族 女
20	98081	97702	98477	98254	97894	98635	97405	96959	97867	97098	96607	97603
21	97974	97542	98424	98150	97740	98583	97281	96771	97805	96967	96407	97538
22	97861	97372	98370	98043	97578	98532	97143	96560	97737	96821	96181	97467
23	97745	97196	98316	97935	97412	98482	96993	96331	97664	96661	95933	97390
24	97628	97018	98261	97827	97247	98432	96834	96089	97586	96490	95670	97306
25	97512	96843	98204	97720	97086	98381	96669	95839	97502	96311	95395	97216
26	97397	96672	98147	97616	96931	98330	96499	95582	97413	96124	95110	97119
27	97283	96504	98088	97514	96780	98278	96322	95317	97318	95927	94814	97015
28	97168	96336	98027	97412	96632	98225	96137	95043	97217	95719	94503	96902
29	97050	96164	97964	97309	96481	98171	95942	94756	97107	95497	94174	96778
30	96927	95986	97897	97202	96325	98115	95735	94455	96988	95258	93823	96642
31	96798	95800	97826	97090	96162	98056	95515	94139	96858	95001	93450	96492
32	96663	95606	97751	96973	95993	97994	95283	93807	96718	94727	93054	96329
33	96522	95405	97672	96852	95818	97928	95038	93459	96568	94436	92636	96154
34	96377	95199	97588	96727	95639	97859	94781	93093	96411	94131	92196	95970
35	96227	94988	97500	96598	95457	97786	94512	92708	96247	93812	91735	95779
36	96072	94771	97407	96465	95271	97708	94230	92303	96076	93480	91252	95581
37	95910	94546	97308	96326	95079	97625	93934	91877	95896	93132	90745	95373
38	95739	94311	97202	96180	94878	97534	93622	91429	95705	92765	90212	95152
39	95557	94065	97086	96024	94667	97434	93291	90958	95498	92373	89649	94911

续表

年龄	所有种族			白人			总数			所有其他种族		
	不分性别	男	女	不分性别	男	女	不分性别	男	女	不分性别	男	女
40	95363	93805	96958	95856	94443	97323	92938	90462	95271	91952	89052	94646
41	95153	93528	96816	95674	94203	97199	92560	89939	95022	91500	88419	94353
42	94927	93232	96659	95476	93945	97061	92156	89386	94751	91015	87749	94033
43	94683	92916	96487	95261	93668	96909	91727	88806	94458	90501	87046	93687
44	94421	92579	96300	95029	93371	96743	91276	88201	94145	89962	86315	93318
45	94139	92218	96097	94778	93051	96563	90803	87572	93812	89400	85559	92928
46	93836	91831	95878	94507	92705	96367	90307	86919	93458	88816	84781	92518
47	93508	91413	95639	94212	92329	96153	89784	86237	93081	88206	83974	92082
48	93151	90960	95377	93888	91919	95917	89226	85514	92673	87559	83125	91614
49	92758	90464	95087	93531	91469	95656	88620	84733	92226	86862	82217	91104
50	92325	89919	94766	93137	90973	95365	87957	83881	91733	86104	81237	90545
51	91848	89320	94409	92701	90427	95042	87230	82951	91189	85280	80178	89931
52	91324	88665	94016	92221	89827	94684	86440	81945	90594	84389	79042	89261
53	90752	87949	93586	91694	89167	94291	85591	80869	89951	83437	77836	88540
54	90130	87169	93122	91117	88441	93864	84693	79735	89268	82433	76575	87774
55	89458	86322	92623	90488	87644	93401	83749	78549	88548	81382	75266	86968
56	88733	85405	92088	89803	86773	92901	82763	77316	87794	80287	73915	86124
57	87951	84413	91513	89058	85823	92360	81729	76030	87000	79142	72514	85236
58	87103	83339	90888	88247	84788	91770	80630	74674	86148	77930	71046	84284
59	86180	82173	90203	87361	83661	91121	79444	73227	85215	76626	69487	83244

续表

年龄	所有种族			白人			总数			所有其他种族		
	不分性别	男	女	不分性别	男	女	不分性别	男	女	不分性别	男	女
60	85173	80908	89449	86393	82435	90406	78156	71675	84185	75215	67822	82097
61	84077	79539	88619	85338	81105	89619	76757	70011	83047	73687	66042	80834
62	82891	78065	87712	84193	79669	88758	75254	68243	81808	72051	64157	79461
63	81618	76492	86731	82961	78131	87823	73665	66388	80485	70328	62189	77999
64	80264	74827	85681	81645	76497	86817	72016	64473	79104	68548	60167	76479
65	78833	73076	84565	80246	74770	85740	70325	62516	77684	66732	58113	74922
66	77327	71244	83381	78766	72955	84590	68600	60526	76232	64890	56039	73337
67	75740	69325	82122	77199	71046	83360	66834	58499	74737	63015	53941	71715
68	74059	67305	80776	75532	69027	82040	65011	56423	73180	61092	51805	70035
69	72267	65161	79330	73750	66877	80618	63109	54279	71534	59098	49612	68270
70	70353	62881	77772	71841	64581	79082	61111	52055	69778	57018	47350	66401
71	68312	60462	76096	69801	62139	77427	59013	49749	67903	54848	45018	64419
72	66149	57916	74299	67634	59561	75649	56823	47373	65916	52598	42630	62332
73	63872	55256	72383	65347	56860	73748	54557	44945	63830	50284	40203	60154
74	61491	52503	70350	62949	54057	71724	52236	42489	61666	47926	37763	57904
75	59016	49675	68200	60450	51169	69577	49877	40023	59437	45540	35329	55597
76	56452	46785	65931	57853	48210	67303	47486	37558	57145	43133	32914	53236
77	53800	43842	63538	55162	45191	64896	45061	35097	54783	40706	30522	50815
78	51061	40855	61012	52376	42122	62350	42594	32639	52339	38254	28154	48324
79	48235	37833	58347	49498	39013	59657	40078	30181	49799	35773	25811	45749

续表

年龄	所有种族			白人			总数			所有其他种族		
	不分性别	男	女	不分性别	男	女	不分性别	男	女	不分性别	男	女
80	45324	34789	55535	46530	35879	56812	37506	27723	47151	33260	23495	43081
81	42333	31739	52570	43478	32737	53809	34876	25270	44387	30716	21215	40314
82	39269	28705	49450	40350	29611	50643	32192	22831	41506	28147	18982	37447
83	36144	25712	46172	37158	26528	47313	29461	20419	38509	25564	16812	34485
84	32972	22791	42736	33916	23520	43817	26695	18053	35405	22982	14728	31435
85	29771	19977	39143	30642	20625	40155	23912	15755	32206	20419	12755	28312

4.44 这 11 个男性在今后 1 年中死亡的期望数是多少?(基于表 4.13 中的生存数)

4.45 在今后 2 年内,回答 4.44 题。

4.46 在今后 3 年内,回答 4.44 题。

如果需要,使用电脑回答 4.47 题至 4.52 题。

4.47 11 名男性在今后 1 年内死亡的精确概率?

4.48 在今后 2 年内,回答 4.47 题。

4.49 在今后 3 年内,回答 4.47 题。

4.50 在今后 1 年内,11 名男性中至少死 4 人的概率。

4.51 在今后 2 年内,回答 4.50 题。

4.52 在今后 3 年内,回答 4.50 题。

儿科,耳鼻喉科

中耳炎是在幼儿期频繁地发生的一种病。表 4.14 给出在 1 岁内在一般总体中中耳炎发生的频数。表中列出的是刚出生的 2500 个婴儿,在每月末调查一次时,仍然未患中耳炎的婴儿数。(假设追踪期间没有婴儿中途退出。)

表 4.14 2500 名婴儿出生后到 12 个月末,每月末仍然未患中耳炎的人数

i/月	在第 i 月末仍然未患中耳炎的人数
0	2500
1	2425
2	2375
3	2300
4	2180
5	2000
6	1875
7	1700
8	1500
9	1300
10	1250
11	1225
12	1200

*4.53 计算 6 个月末至少一个婴儿患中耳炎的概率,计算 1 年末患中耳炎的概率。

*4.54 在出生第 3 个月末时没有发现有中耳炎的婴儿中,到第 9 个月末时至少发生 1 次中耳炎的概率?

*4.55 一个"中耳炎倾向性家庭"是指,出生 6 个月内的 5 个亲属中至少有 3 人患中耳炎。如果我们假设在一个家庭中的不同亲属患中耳炎是彼此独立的,则 5 个亲属家庭患中耳炎的比例数是什么?

*4.56 100 个 5 个亲属家庭"中耳炎倾向性家庭"的期望数是多少?

癌,流行病学

设计一个实验用于去检验一种药物在 20 只老鼠身上的效力。先前的研究表明,10mg 的药在头 4 个小时内可致死 5% 的老鼠;在头 4 小时仍存活的老鼠,在接下去的 4 小时内死亡 10%。

4.57　在头 4 小时内至少死亡 3 只老鼠的概率是多少?

4.58　假设 2 只老鼠死在头 4 个小时内,计算在后 4 个小时内死亡数不超过 2 只的概率。

4.59　计算在总共 8 小时内无一死亡的概率。

4.60　计算在总共 8 小时内死亡 1 只老鼠的概率。

4.61　计算在 8 小时内死亡 2 只老鼠的概率。

4.62　请写出 8 小时内死亡 x 只老鼠的概率表达式,并计算 $x = 0, 1, \cdots, 10$ 时的值。

环境卫生

在核工厂周围,一个重要问题是判断核辐射是否超过致病的危险水平。在华盛顿州环绕 Hanford 的社区进行了一个研究,考察环绕核工厂周围的具有先天性畸形的患病率[9]

*4.63　假设在华盛顿州的 Idaho 及 Oregon 地区观察发现有 27 例患 Down 氏症候群,而它在出生缺陷监视中估计患病率的理论值应不超过 19 例。试问,环绕核工厂周围发现的病例是否显著地超标?

假设实际观察到有 12 例裂腭病人,而出生缺陷监视器的理论值不应超过 7 例。

*4.64　如果该地区没有产生裂腭病人的危险因子,则观察到精确 12 例病人的概率是多少?

*4.65　在环绕核工厂的地区,你是否觉得裂腭缺陷数超过正常?

健康促进

一个研究涉及 234 人,他们都想戒烟但还未戒烟。在他们戒烟的这一天,测量了每个人的 CO(一氧化碳)水平并记下他们抽最后一支烟到 CO 测定的时间。CO 的水平提供了一个他们先前抽烟数量的客观指标,但其值也受到抽最后一支烟的时间的影响,因此抽最后一支烟的时间可以用来调整 CO 的水平。记录下研究对象的性别、年龄及自述每天抽烟支数。这个调查跟踪 1 年,考察他们一直保持戒烟的天数。戒烟天数是从 0 到他(她)退出戒烟或研究截止时间(1年)的天数。假定他们全部没有人中途退出研究。

这数据由 Massachuestt 州 Boston 的 Dr. Arthur J. Garvey 提供,且存放在 SMOKE.DAT 文件*上,数据格式见表 4.15。

表 4.15　SMOKE.DAT 的格式

变　　量	所在列号	代码
ID 号	1～3	
Age(年龄)	4～5	
Gender(性别)	6	1 = 男, 2 = 女
Cigarettes/day(每日烟数,支)	7～8	
CO(×10)	9～11	
Minutes(离抽最后一支烟的"分"数)	12～15	
LogCOAdj[a](×1000)	16～19	
Days[b](戒烟天数)	20～22	

[a]这变量代表 CO 的调整值 = $\log_{10} CO - (-0.000638) \times (\text{min} - 80)$,

　　此处,min 是上一个变量 minutes 数*。

[b]戒烟天数小于 1 天的记为 0。

---

*　文件 SMOKE.DAT 中此值总是比上述公式的结果少 1000。——译者注

4.66 请构建一个类似于表 4.14 式样的生存表,但戒烟按 1, 2, …, 12 月分配(为简单起见,在头 11 个月中以 30 天为 1 月,而第 12 个月是 35 天)。请用手工或电脑对这些数值作图。计算 1 个人在 1 个月,3 个月,6 个月及 12 个月时仍然戒烟的概率。

4.67 对数据中年龄、性别、每天抽烟数及 CO 水平(每次一个变量)分别构建上述形式的生存表。给出的这些数据,你是否感到年龄、性别、每天抽烟数,或 CO 水平是与成功的戒烟有关?

遗传学

4.68 近 30 年中在遗传学文献中性别比的研究很多。特别地,提出一种假设:有足够多的家庭是男性(女性)优势,即相继出生的孩子的性别不是独立随机变量,而是彼此相关的。这个假设已被拓广到依次出生之外。所以某些作者在考虑两个子代出生次序(第 1 个与第 3 个,第 2 个与第 4 子代等等)间的关系。数据文件 SEXRAT.DAT(在软盘中)给出 51868 个家庭的头 5 次分娩结果。这个文件的格式见表 4.16[10]。请分析这些数据并提出你的看法。

表 4.16 SEXRAT.DAT 格式

变量	列号
孩子数[a]	1
孩子性别[b]	3～7
家庭数	9～12

[a]对于有 5 个以上孩子,孩子数记为 5(因为只记录前 5 个)。

[b]给出依次出生的性别。比如,MMMF 表示前 3 个是男性,第 4 个是女性。这样的家庭数有 484 个。

传染病

对于感染有 HIV 的人使用静脉注射药物[11]。研究发现,每月使用＜100 针剂(轻度)者中 40% 是 HIV 阳性,而每月使用≥100 针剂(重度)者中 55% 是 HIV 阳性。

4.69 试计算 5 个轻度使用者中恰有 3 个是 HIV 阳性的概率。

4.70 试计算 5 个轻度使用者中至少有 3 个是 HIV 阳性的概率。

4.71 假设我们 10 个轻度 10 个重度的一组人,这 20 人中恰有 3 个是 HIV 阳性的概率。

4.72 上题 20 人中至少 4 人 HIV 阳性的概率?

眼科学,糖尿病

在胰岛素依赖的糖尿病中,最新研究眼盲的发病率时显示,在 30～39 岁的人中,男性胰岛素依赖糖尿病(男性 IDDM)人中,每年眼盲的发病率是 0.67%,女性(女性 IDDM)是 0.74%。

4.73 如果 30～39 岁的男性 200 人的 IDDM 被跟踪调查,计算在今后 1 年中 2 人出现眼盲的概率。

4.74 如果 30～39 岁的女性 200 人的 IDDM 被跟踪调查,计算在今后 1 年中至少 2 人出现眼盲的概率。

4.75 一个 30 岁男性 IDDM 病人在今后 10 年中变成眼盲的概率多大?

4.76 如果眼盲发病率一直保持不变,30 岁的妇女 IDDM 病人要经过多少年的跟踪,才出现眼盲的累加发病率达到 10%?

4.77 什么是累加发病均值(cumulative incidence mean)? 参考上面的练习题。

心血管病

最近出版的一篇论文[13]涉及心脏病死亡是由于 1994 年 1 月 17 日 Los Angeles 县的地震。在地震以前,Los Angeles 县每天死于心脏病的人平均为 15.6 人。而在地震的当天,51 人死于心脏病。

4.78 如果先前心脏病的死亡率一直保持到地震这一天,则在一天中死亡 51 人的概率是多少?

4.79 一天死亡 51 个人是一个异常事件吗? (提示:使用与例 4.30 相同的方法)

4.80 按照地震前 1 周的心脏病死亡率,在地震的这一天心脏病死亡的最大数是多少? (提示:选 0.05 的分界点去决定最大数)

环境卫生

某些研究表明,医院中每天允许进入急救室的病人数与每天的空气污染水平有关。一个地区性小医院发现,普通情况下(即非高污染时)允许进入急救室的人数可以当作泊松分布,均值为 2.0(每天进入人数)。假设每个允许进入急救室的病人在急救室中只能停留一天。

4.81 某医院正计划设置一个新急救室,它应该允许有足够的床位以至少使 95% 的正常污染天气中应该进入的病人会有床位。试问,这个医院中的急救室至少要有多少床位以满足上述需要?

4.82 某医院发现,高污染天气时需要急救的病人人数呈泊松分布,每天均值为 4.0 人。试回答在高污染天气时的 4.81 题。

4.83 某人在 1 年中随机选取了 1 天,发现共有 4 个病人需要进入急救室,请问出现这样事件的概率多大? 假设 1 年中正常污染天数是 345 天,而 20 天是高污染天数。

妇女卫生

美国 15～44 岁妇女每 1000 人合法流产数见表 4.17[14]。例如,1980 年时 15～44 岁的 1000 名妇女中,在 1980 年期间合法流产数为 25 人。

表 4.17　每年合法流产发生率

年	每年合法流产发生率 (每 1000 妇女)年龄 15～44 岁
1975～1979	21
1980～1984	25
1985～1989	24
1990～1994	24
1995～2004	20

4.84 如果我们认为:(1)每 1 个妇女流产数不超过 1 次;(2)不同年份中流产事件彼此独立。
试问:1975 年时 15 岁的妇女,在她今后生育生命的 30 年间(年龄 15～44 或 1975～

2004),她有 1 次流产的概率多大?

一个研究是去判断流产与乳腺癌的关系。在一个"Nurses´ Health Study Ⅱ"的研究报告中指出,在跟踪妇女的生育年龄中 2 169321 人年中有 16359 次流产。(注:1 人年 = 1 名妇女跟踪 1 年)

4.85 在上述时间内流产的期望数是多少? 如果假定流产发生率是每 1000 名妇女每年共流产 25 次且没有一个妇女有 1 次以上的流产。

4.86 上题中流产率是否显著地不同于全国已有的经验性结果? 为什么? 或为什么不是。(提示:使用泊松分布)

内分泌学

4.87 考察数据盘中数据文件 BONEDEN.DAT。计算每一对双胞胎中严重抽烟者与轻微抽烟者在腰脊骨骨密度(g/cm^2)上的差异(共 41 对双胞胎),差异 = 严重抽烟者的骨密度 - 轻微抽烟者的骨密度。假如抽烟对骨密度没有影响。有负值差异的双胞胎的期望值是多大? 具有负差异值的双胞胎的实际值是多少? 你认为抽烟与腰脊骨的骨密度有关系吗? 为什么? (提示:使用二项分布)

4.88 按"包-年",把双胞胎成员间抽烟数的差异排序。找出具有最大差异的 20 对。在这 20 对中回答 4.87 题。

4.89 对股颈骨的骨密度,回答 4.87 题。

4.90 对股颈骨的骨密度,回答 4.88 题。

4.91 对股骨干的骨密度,回答 4.87 题。

4.92 对股骨干的骨密度,回答 4.88 题。

模拟

现代统计软件(比如 MINITAB 或 Excel)的一个有意思的特性是,它能使用电脑及在电脑上模拟随机变量,也能使用观察样本与随机变量的理论特性作比较。

4.93 从二项分布上抽取 100 个随机样本,每个随机样本上有 10 个试验,每个试验的成功概率 = 0.05。请在 100 个随机样本上求成功数的频率分布,并画出分布。与图 4.4(a)比较之。

4.94 在 4.93 题中改二项分布中参数为 $n = 10$ 及 $p = 0.95$,回答 4.93 题。把此结果与图 4.4 (b)作比较。

4.95 在 4.93 题中改二项分布中参数为 $n = 10$ 及 $p = 0.50$,回答 4.93 题。把此结果与图 4.4 (c)作比较。

模拟

4.96 在二项分布中抽 200 组随机样本,每组样本中有 100 次试验,每次试验成功概率为 0.01。在这 200 组随机样本上求成功数的频率分布,并画分布函数。

4.97 在泊松分布中,抽 200 组随机样本,每组样本中均值为 1。求 200 组随机样本中成功数的频率分布,且画出分布。

4.98 比较 4.96 题和 4.97 题。你是否认为泊松分布与二项分布的近似是合适的?

参 考 文 献

[1] *Boston Globe*, October 7, 1980

[2] Rinsky, R.A., Zumwalde, R.O., Waxweiler, R.J., Murray, W.E., Bierbaum, P.J., Landrigan, P.J., Terpilak, M., & Cox, C. (1981, January 31). Cancer mortality at a naval nuclear shipyard. *Lancet*, 231—235

[3] U.S. Department of Health and Human Services. (1986). *Vital statistics of the United States*, 1986

[4] National Center for Health Statistics. (1974, June 27). *Monthly vital statistics report, annual summary for the United States* (1973),22(13)

[5] National Center for Health Statistics. (1978, December 7). *Monthly vital statistics report, annual summary for the United States* (1977),26(13)

[6] Ott, M.G., Scharnweber, H.C., & Langner, R. (1980). Mortality experience of 161 employees exposed to ethylene dibromide in two production units. *British Journal of Industrial Medicine*, 37, 163—168

[7] Kinnunen, E., Junttila, O., Haukka, J., & Hovi, T. (1998). Nationwide oral Poliovirus vaccination campaign and the incidence of Guillain-Barré syndrome. *American Journal of Epidemiology*, 147(1)69—73

[8] Hoff, R., Berardi, V.P., Weiblen, B.J., Mahoney-Trout, L., Mitchell, M.L., & Grady, G.F. (1988). Seroprevalence of human immunodeficiency virus among childbearing women. *New England Journal of Medicine*, 318(9), 525—530

[9] Sever, L.E., Hessol, N.A., Gilbert, E.S., & McIntyre, J.M. (1988). The prevalence at birth of congenital malformations in communities near the Hanford site. *American Journal of Epidemiology*, 127(2), 243—254

[10] Renkonen, K.O., Mäkelä, O., & Lehtovaara, R. (1961). Factors affecting the human sex ratio. *Annales Medicinae Experimentalis et Biologiae Fenniae*, 39, 173—184

[11] Schoenbaum, E.E., Hartel, D., Selwyn, P.A., Klein, R.S., Davenny, K., Rogers, M., Feiner, C., & Friedland, G. (1989). Risk factors for human immunodeficiency virus infection in intravenous drug users. *New England Journal of Medicine*, 321(13), 874—879

[12] Sjolie, A.K., & Green, A. (1987). Blindness in insulin-treated diabetic patients with age at onset less than 30 years. *Journal of Chronic Disease*,40(3), 215—220

[13] Leor, J., Poole, W.K., & Kloner, R.A. (1996). Sudden cardiac death triggered by an earthquake. *New England Journal of Medicine*, 334(7), 413—419

[14] National Center for Health Statistics. (1997, December 5). *Morbidity and mortality weekly report* (1980), 46(48)

第5章 连续概率分布

5.1 绪 言

本章讨论连续概率分布。特别讨论在统计工作中最广泛应用的正态分布。

正态分布,也称高斯或"钟形"分布,它是本书其余部分中估计理论及假设检验的基础。许多随机变量,比如出生体重,一般人口中的血压,都近似于正态分布。另外,许多本身不是正态分布的随机变量,通过许多次的和式计算也可近似于正态分布。在这些情形中使用正态分布是很理想的,因为正态分布很容易使用,它比许多其他分布都使用得更广泛。

例5.1 传染病 在2个白血球细胞内嗜中性白血球的个数不可能是正态分布,但在100个白血球内嗜中性白血球数却很近似于正态分布。

5.2 一 般 概 念

对于连续型的随机变量,我们需要发展一种类似于4.3节中离散变量的概率质量函数(4.3节)。它使我们知道这个随机性变量的那些值比其他值更可能地出现,以及出现的概率。

例5.2 高血压 考察35~44岁男性中舒张压(DBP)的分布。在实际情况中,这个分布的取值是离散的,这因为样本中只有有限个血压记录值,也因为血压计的精度只有2 mmHg或5 mmHg。但如果没有仪器误差,显然这个血压随机变量可以取连续性的一切可能的值。这个假设的一个结果是,任一个具体指定的血压值比如117.3的概率是零*,因此离散变量中概率质量函数的概念就不能应用于此了。这个叙述的证明已不在本书范围之内。代替这种具体单个值的方法是,考察血压落在某个范围的概率。具体而言,如令 X 是血压随机变量,我们讨论的是,$90 \leqslant X < 100, 100 \leqslant X < 110$,或 $X \geqslant 110$ 的概率,它分别可能是15%,5%及1%。人们也可以把落入上述范围内的血压称为轻度高血压、中度高血压及重度高血压。

---

* 117.3或90.0的血压值都是客观存在的,但在纯理论上看,可以证明,对任何单个具体值的血压,它出现的概率都是0,这是"抽象"与"客观实际"的矛盾。就像平面几何学中任何"点"或"直线段"的面积是0一样。希望读者不要花很多时间去找原因。——译者注

　　虽然随机变量精确取某值的概率是 0,但我们直观上可以感觉到某范围上的值可能比另外范围上的值更频繁地发生。这个概念可以用概率密度函数定量化。

　　定义 5.1　随机变量 X 的**概率密度函数**(probability density function,简记为 pdf)是如下的一个函数:任何两点 a 与 $b(a < b)$ 之间及与函数对应的曲线下的面积等于随机变量 X 落在 a 与 b 之间的概率。因此,曲线下的总面积必是 1。

　　由上定义可知,在有很高概率出现的变量范围上,概率密度函数值也总是很大,而有低概率出现的范围上,pdf 的值也就低。

　　例 5.3　**高血压**　35~44 岁男性舒张压的概率密度函数见图 5.1。面积 A, B 及 C 对应于轻度高血压、中度高血压及重度高血压出现的概率。在图上也可看出,上述人群中舒张压的最可能出现的范围是在 80mmHg 周围。

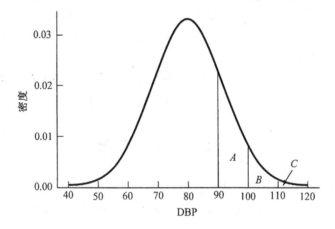

图 5.1　35~44 岁男性舒张压的概率密度函数

　　例 5.4　**心血管病**　血清三酸甘油脂是一个非对称、正倾斜、连续的随机变量,它的概率密度函数见图 5.2。

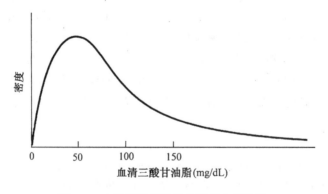

图 5.2　血清三酸甘油脂的概率密度函数

累加分布函数(或记为 cdf)的定义与离散随机变量相同(见 4.6 节)。

定义 5.2 在任一值 a 上,随机变量 X 取值 $\leqslant a$ 的概率被定义为**累加分布函数**(cdf)在 a 点上的值。它也代表概率密度函数在 a 左边曲线下的面积。

例 5.5 **产科学** 图 5.3 给出一般总体中出生体重(盎司)的概率密度函数。在 88 盎司点上的累加分布函数 $Pr(X \leqslant 88)$ 代表这个曲线下到 88 盎司左边的面积。在产科学中区域 $X \leqslant 88$ 盎司有一个特别的意义,它代表低出生体重婴儿的区域。这样的婴儿在各种不幸结局中代表了高危险因子。

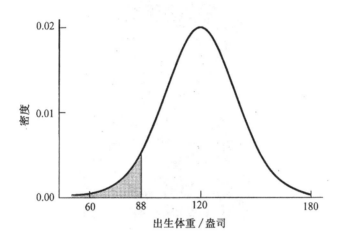

图 5.3 出生体重的概率密度函数

一般地,当 X 是连续随机变量时,概率 $Pr(X < x)$ 与 $Pr(X \leqslant x)$ 是没有区别的。原因是 $Pr(X \leqslant x) = Pr(X < x) + Pr(X = x) = Pr(X < x)$(因为 $Pr(X = x) = 0$)。

连续随机变量的期望值及方差与离散随机变量有相同的定义,但不在本书介绍之列。

定义 5.3 一个连续随机变量 X 的**期望值**记为 $E(X)$(或 μ),它是随机变量值的平均。

定义 5.4 一个连续随机变量 X 的**方差**记为 $\mathrm{Var}(X)$(或 σ^2),它是随机变量每个值离期望值的平方距离上的平均,它的定义是 $E(X-\mu)^2$,也可用简短记号 $E(X^2) - \mu^2$。而 X 的**标准差**(或 σ)是方差的平方根,即 $\sigma = \sqrt{\mathrm{Var}(X)}$。

例 5.6 **高血压** $35 \sim 44$ 岁男性的舒张压的期望值及标准差分别是 80 mmHg 及 12 mmHg。

5.3 正态分布

正态分布是连续随机变量分布中最广泛使用的分布,它也常称为高斯分布。高斯(Karl Friedrich Gauss)是非常著名的数学家,见图 5.4。

图 5.4 **Karl Friedrich Gauss**(1777~1855)

例 5.7 高血压 体重的分布或 33~44 岁男性舒张压的分布常是正态分布。许多其他本身不是正态分布的变量,由于通过数据变换也常可用正态分布近似。

例 5.8 心血管病 样本数据 33~44 岁男性血清中三酸甘油脂的分布是个正倾斜分布。但是对这些数据的对数变换后,它常变成正态分布。

一般而言,能表示成许多其他随机变量和的任一随机变量可以很好地用正态分布近似。例如,许多心理学指标常用几个遗传性及环境危险因子的组合表示,也常可以用正态分布很好地近似。

例 5.9 传染病 在 100 个白血球中鉴别(鉴别的意思见例 4.15)淋巴白血球数目的分布将是一个正态分布,因为这个随机变量是 100 个随机变量的一个和式,其中每个随机变量代表对应的一个白血球“是”或“不是”淋巴。

因为上述这种“和式”几乎是无所不在,所以正态分布是极其重要的,大多数的估计方法及假设检验也建立在正态分布的基础上。

另外一个重要特性是,正态分布常是许多其他分布的一种近似。而正态分布也远比其他分布更方便地去做分析工作,特别在假设检验中。因此,如能找到对正态分布的精确近似,也就常用正态分布法去研究这些分布。

定义 5.5 一个**正态分布**(normal distribution)常用它的**概率密度函数**(或 pdf)作定义,其 pdf 为

$$f(x) = \frac{1}{\sqrt{2\pi}\sigma}\exp[-\frac{1}{2\sigma^2}(x-\mu)^2], \; -\infty < x < \infty$$

其中 μ 及 σ 是两个参数($\sigma > 0$)。

此处 exp 函数是指数函数,以 $e \approx 2.71828$ 为底。当 $\mu = 50$ 及 $\sigma^2 = 100$ 时的正态概率密度函数图形见图 5.5。

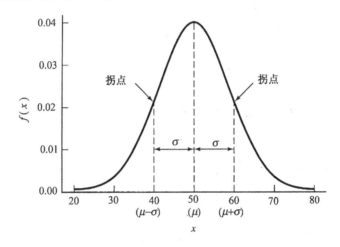

图 5.5 均值为 $\mu(=50)$ 及方差 $\sigma^2(=100)$ 的概率密度函数图形

此密度函数像一个钟形曲线,众数在 μ,即最频繁发生的值是在 μ 及其周围。曲线关于 μ 对称,拐点在 μ 的两边 $\mu - \sigma$ 及 $\mu + \sigma$ 上。所谓拐点是指在该点上曲线形状发生变化的点。在图 5.5 上,在 $\mu - \sigma$ 的左边,曲线的形状上升很快;而在 $\mu - \sigma$ 的右边,曲线上升的速度减慢;均值 μ 的右边侧曲线下降。因此,从 μ 到拐点的距离提供了参数 σ 的大小。

你可能会对 μ 及 σ^2 的意义感到奇怪。而通过计算可以证明,μ 及 σ^2 恰好分别代表了正态分布的均值(期望)及方差。而正态分布的形状是由 (μ, σ^2) 惟一决定了的。

例 5.10 对于舒张压可以得 $\mu = 80$ mmHg,$\sigma = 12$ mmHg;而在出生体重例中,$\mu = 120$ 盎司,$\sigma = 20$ 盎司。

正态分布的整个形状由两个参数 μ 及 σ^2 决定。如果两个正态分布有相同的方差 σ^2 和不同的均值 μ_1, μ_2,而 $\mu_2 > \mu_1$,则他们的密度函数见图 5.6,其中 $\mu_1 = 50$,$\mu_2 = 62$,且 $\sigma = 7$。

类似地,也可以比较两个有相同的均值而有不同的方差($\sigma_2^2 > \sigma_1^2$)的正态分布,

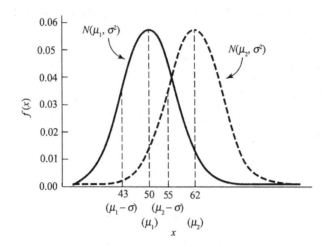

图 5.6   有相同方差及不同均值的两个正态分布的比较

见图 5.7,其中 $\mu_1 = 50$, $\sigma_1 = 5$, $\sigma_2 = 10$。注意,任何正态密度函数下的面积必是 1。因此,图 5.7 中两个正态分布曲线必然会交叉,因为如不相交,则一条曲线完全地在另一条曲线上面,则总有一个曲线下面的面积不会是 1。

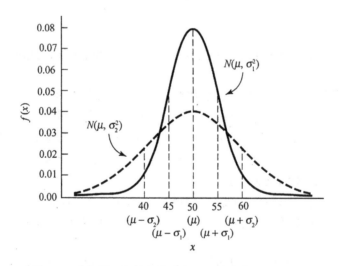

图 5.7   有相同均值及不同方差的两个正态分布的比较

定义 5.6   具有均值 μ 及方差 σ^2 的正态分布   一般记作 $N(\mu, \sigma^2)$ 分布。

注意,这里第 2 个参数常常是方差 σ^2 而不是标准差。

正态概率密度函数的另一个性质是高度,显然图形曲线高度 $= 1/\left(\sqrt{2\pi}\sigma\right)$。这个高度与 σ 成反比。这使我们去推想 σ。在图 5.7 中,由于 $\sigma_2 > \sigma_1$,因此

$N(\mu, \sigma_1^2)$分布的高度就要大于 $N(\mu, \sigma_2^2)$分布的高度。

定义 5.7 均值为 0 及方差为 1 的正态分布称为**标准**(standard)或**单位**(unit)正态分布,且常记为 $N(0,1)$。

我们将看到一个 $N(\mu, \sigma^2)$分布的任何信息将可以适当地处理 $N(0,1)$分布而得出。

5.4 标准正态分布的性质

为了熟悉 $N(0,1)$分布,我们将重新叙述某些性质。首先,概率密度函数变为:

方程 5.1 $f(x) = \dfrac{1}{\sqrt{2\pi}} e^{-x^2/2}, \ -\infty < x < +\infty$

这个密度函数是对于 0 对称,即 $f(x) = f(-x)$,见图 5.8。

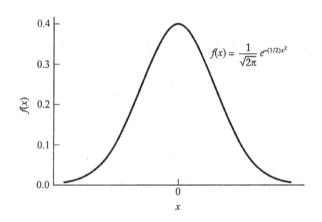

图 5.8 标准正态分布的概率密度函数

方程 5.2 标准正态密度函数下在 +1 与 -1 之间的面积约 68%,在 -2 与 +2 之间的面积约 95%,而在 -2.5 与 +2.5 之间的面积约 99%。

这些关系式可以更精细地写为

$$Pr(-1 < X < 1) = 0.6827, \quad Pr(-1.96 < X < 1.96) = 0.95$$
$$Pr(-2.576 < X < 2.576) = 0.99$$

于是,标准正态密度函数倾斜得很快,而且绝对值超过 3 几乎是不可能的。这些关系式见图 5.9。

标准正态密度函数下的面积表(也称正态表)中只有 x 的正值,这是因为对称性的关系。

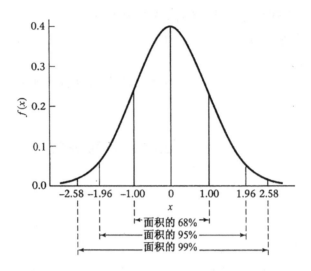

图 5.9 标准正态分布的常用性质

定义 5.8 **标准正态分布的累加分布函数**(cdf)常记为

$$\Phi(x) = Pr(X \leqslant x)$$

此处 X 是一个 $N(0,1)$ 分布。这个函数是图 5.10 中的阴影面积的值。

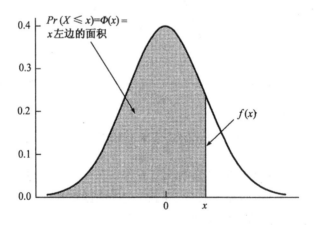

图 5.10 标准正态分布的累加分布函数 $\Phi(x)$

定义 5.9 记号～是"**分布为**"的简记。比如 $X \sim N(0,1)$ 表示随机变量 X 的分布为 $N(0,1)$ 分布。

5.4.1 使用正态表

附录表 3 中的 A 列,它是标准正态分布 $\Phi(x)$ 的值。这个累加分布函数的曲线图形见图 5.11。注意, $x=0$ 时左边的面积(即 $\Phi(0)=A(0)$)是 0.5;当 x 很小时, x 左边的面积接近于 0,即 $\Phi(-\infty)=0$;而当 x 变得很大时, x 右边面积接近于 1,即 $\Phi(+\infty)=1$ 。

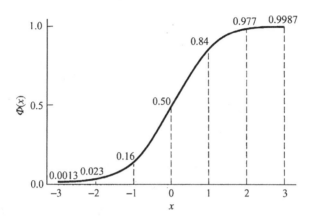

图 5.11 标准正态分布的累加分布函数[$\Phi(x)$]

标准正态分布右侧尾部的面积= $Pr(X\geqslant x)$,其值见表 3 的 B 列。

例 5.11 如果 $X\sim N(0,1)$,求 $Pr(X\leqslant 1.96)$ 及 $Pr(X\leqslant 1)$ 。

解 由附录表 3 的 A 列,得

$\Phi(1.96)=0.975, \Phi(1)=0.8413$

方程 5.3 标准正态分布的对称性 利用这个对称性,我们有

$\Phi(-x)=Pr(X\leqslant -x)=Pr(X\geqslant x)=1-Pr(X\leqslant x)=1-\Phi(x)$

对称性见图 5.12 的阴影部分。

例 5.12 计算 $Pr(X\leqslant -1.96)$,当 $X\sim N(0,1)$ 时。

解 $Pr(X\leqslant -1.96)=Pr(X\geqslant 1.96)=0.0250$ (见表 3 的 B 列)。

对于任何两数 a,b ,我们有 $Pr(a\leqslant X\leqslant b)=Pr(X\leqslant b)-Pr(X\leqslant a)$,因此,对任何 a 及 b ,从表 3 我们可以计算 $Pr(a\leqslant X\leqslant b)$ 。

例 5.13 计算 $Pr(-1\leqslant X\leqslant 1.5)$,如果 $X\sim N(0,1)$ 。

解 $Pr(-1\leqslant X\leqslant 1.5)=Pr(X\leqslant 1.5)-Pr(X\leqslant -1)$

$\qquad\qquad = Pr(X\leqslant 1.5)-Pr(X\geqslant 1)=0.9332-0.1587$

$\qquad\qquad = 0.7745$

例 5.14 肺病 最大肺活量(FVC)是肺功能的一个标准测度,它代表的是一个人在 6 秒钟内排出的空气体积。现代研究者感兴趣的课题是考察危险因子的潜在影响,比如抽烟、空气污染,或在家中使用的火炉或烘房等,都可能影响小学生的FVC。一个问题是,肺功能也受年龄、性别及身高变量的影响。因此在考察上述危

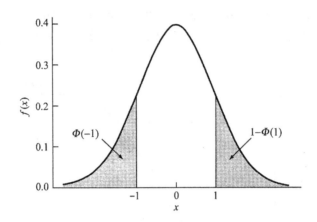

图 5.12   正态分布对称性

险因子时必须先修正上述这些变量的影响。一个修正法是,对某一个孩子,找出与这孩子同性别、同年龄及相同身高(差别不超过 2 英寸*)的一组人,计算出这组人肺活量 FVC 的均值 μ 及标准差 σ;再计算该孩子的**标准化 FVC** 值:$(X - \mu)/\sigma$,此处 X 是孩子的原始 FVC 值。这个标准化 FVC 值将近似为一个 $N(0,1)$分布。假设某孩子的标准化 FVC< -1.5,则认为他(或她)的肺健康是不佳的,这样的孩子所占的比例多大?

解   上述肺健康不佳的孩子比例数为

$$Pr(X < - 1.5) = Pr(X > 1.5) = 0.0668$$

即约有 7% 的孩子是属于肺健康不佳的,上式中的 X 是指标准化 FVC。

在许多情形中,我们都要计算一个标准正态分布在 0 的某一边侧的尾部面积。例如,在生物计量学中,常要对指定的值 x,计算随机变量 X 落在均值左右 x 个标准差范围内的概率。对于标准化正态变量,这个概率就是 $Pr(- x \leqslant X \leqslant x)$。这个值在表 3 的 D 列可以找到。

例 5.15   肺病   肺功能正常发育者是指他(或她)的 FVC 落在均值的 1.5 个标准差之内。在这个正常发育的范围内,这种孩子的比例多大?

解   这个问题可归结为求 X 是标准化正态分布时,求概率 $Pr(-1.5 \leqslant X \leqslant 1.5)$。查表 3 中 $x = 1.5$ 时 D 列上的值,得 0.8664。即在上述的正常肺功能发育的定义中约 87% 的孩子符合定义。

最后,表 3 的 C 列,这是从 0 到 x 时标准正态概率密度函数下的面积,这个面积在统计工作中有时是很有用的。

例 5.16   求标准正态密度下从 0 到 1.45 的面积。

---

* 1 英寸 = 2.54 厘米。——译者注

解 参看表 3 的 C 列,在 1.45 值时这个面积是 0.4265。

当然,表 3 中 A、B、C 及 D 列上数值是多余的,因为只要给出上述 4 列中任一列即可推算出另外 3 列。我们可以很容易发现有关系式

$$B(x) = 1 - A(x), C(x) = A(x) - 0.5,$$
$$D(x) = 2 \times C(x) = 2 \times A(x) - 1.0。$$

但这种多余列是经仔细考虑的,因为这在实际应用时会提供更多的方便。

另外,我们也可以利用"电子表"计算标准正态分布下的任何面积。例如,在 Excel 97 中,利用 NORMDIST(x) 将提供给我们在任何 x 值下的 cdf。

例 5.17 使用电子表,找在标准正态密度下在 2.824 值左边的面积。

解 使用 Excel 97 函数 NORMSDIST 求在 2.824 的值,即 [NORMSDIST(2.824)],则结果输出为

x	2.824
NORMSDIST(x)	0.997629

即所求面积为 0.9976。

正态分布的百分位数在统计推断中很有用。例如,我们可以求上及下的第 5 百分位点,用以决定在儿童中 FVC 值的正常范围。因此,我们需要定义一个标准正态分布的百分位点:

定义 5.10 记 z_u 是一个标准正态分布的**第$(100 \times u)$百分位点**,它的定义是 z_u 满足下式:

$$Pr(X < z_u) = u, \qquad 此处 X \sim N(0,1)$$

由图 5.13 即图示法找 z_u。

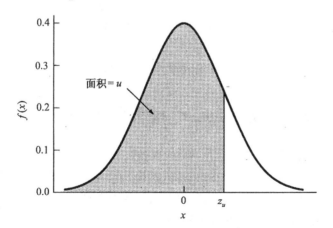

图 5.13 标准正态分布的第$(100 \times u)$百分位点(z_u)的图示法

z_u 值是概率 u 的函数, 它常被称为逆正态函数(inverse normal function)。在先前的正态表的使用中, 我们是在给定 x 下, 利用正态表去找曲线在 x 左边的面积, 即找 $\Phi(x)$(标准正态分布)。

求百分位点 z_u 法是做逆向运算。先找表 3 中 A 列的面积 u(已知), 再去找与面积 u 对应的横坐标值 z_u。如果 $u < 0.5$, 我们利用对称性, 可得 $z_u = -z_{1-u}$, 此处 z_{1-u} 可以由表 3 中查出。

例 5.18   计算 $z_{0.975}$, $z_{0.95}$, $z_{0.5}$ 及 $z_{0.025}$。

解   从表 3, 我们有

$$\Phi(1.96) = 0.975$$
$$\Phi(1.645) = 0.95$$
$$\Phi(0) = 0.5$$
$$\Phi(-1.96) = 1 - \Phi(1.96) = 1 - 0.975 = 0.025$$

于是,

$$z_{0.975} = 1.96$$
$$z_{0.95} = 1.645$$
$$z_{0.5} = 0$$
$$z_{0.025} = -1.96$$

此处, $z_{0.95}$ 是使用内插法, 由 1.64 及 1.65 而取 1.645。

例 5.19   找 x 值, 以使 x 左边的面积 $= 0.85$。

解   使用 Excel 97 中函数 NORMSINV 在点 0.85 上的值, 即求 NORMSINV(0.85), 结果为

x	0.85
NORMSINV(x)	1.036433

于是 1.036 左边的面积是 0.85。

百分位点 z_u 将经常被使用在第 6 章及第 7 至 14 章。

5.5   转换 $N(\mu, \sigma^2)$ 分布到 $N(0, 1)$ 分布

例 5.20   高血压   对于 35 至 44 岁的男性, 如果舒张压是在 90 与 100mmHg 之间, 我们称为轻度高血压; 又设这总体人的血压呈正态分布且均值为 80, 方差为 144。随机从这总体中抽一人, 此人恰好是患轻度高血压的概率是多少? 这个问题可以叙述得更确切, 如果 $X \sim N(80, 144)$, 则 $Pr(90 < X < 100) = ?$

(稍后给出解答)

更一般地, 可以提这样的问题, 如果 $X \sim N(\mu, \sigma^2)$, 则对任何 a 及 b, 求 $Pr(a < X < b)$? 要解这个问题, 我们要把有关 $N(\mu, \sigma^2)$ 的问题转换为等价的有关

$N(0, 1)$分布的问题。考察随机变量 $Z = (X - \mu)/\sigma$,我们有下面的关系式:

方程5.4 如果 $X \sim N(\mu, \sigma^2)$,则 $Z \sim N(0, 1)$。

方程5.5 任何正态分布都可以通过标准正态分布计算概率。

如果 $X \sim N(\mu, \sigma^2)$,而 $Z = (X - \mu)/\sigma$

则 $Pr(a < X < b) = Pr\left(\dfrac{a - \mu}{\sigma} < Z < \dfrac{b - \mu}{\sigma}\right) = \Phi[(b - \mu)/\sigma] - \Phi[(a - \mu)/\sigma]$.

因为 Φ 函数是标准正态分布的累加分布,它的数值可以由附录表3中A列查出,因此对于任何正态分布的概率都可以用表3查出。这个方法在图5.14中的阴影部分示出,其中 $\mu = 80$, $\sigma = 12$, $a = 90$, $b = 100$,图5.14(a)中的阴影与图5.14(b)中的阴影是相同的。

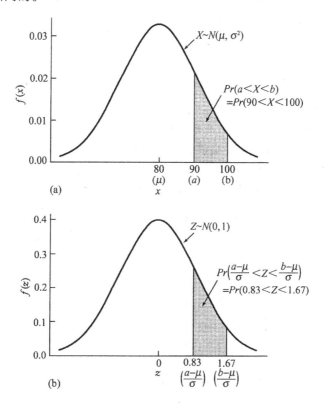

图5.14 使用标准化法估计任何正态分布的概率

方程5.5的方法称为**正态变量的标准化法**。

方程5.6 对于任何涉及形为 $Pr(a < X < b)$ 的正态变量求概率问题,使用减去均值(μ)再除以标准差(σ)的方法,总可以把它化为求等价的标准化正态变量 Z

的下述概率问题:

$$Pr[(a - \mu)/\sigma < Z < (b - \mu)/\sigma]$$

这时标准正态表就可以估计后式的概率。

例 5.20 的解:35～44 岁男性中某人有轻度高血压的概率为

$$Pr(90 < X < 100) = Pr\left(\frac{90 - 80}{12} < Z < \frac{100 - 80}{12}\right)$$
$$= Pr(0.83 < Z < 1.67) = \Phi(1.67) - \Phi(0.83)$$
$$= 0.9522 - 0.7977 = 0.155$$

也可这样说,这个总体中约 15.5% 的人患有轻度高血压。

例 5.21　植物学　设某林区某种树木的直径为正态分布且均值是 8 英寸,标准差为 2 英寸。试求一棵大树的直径超过通常值,即大于 12 英寸的概率。

解　我们有 $X \sim N(8, 4)$ 且要求

$$Pr(X > 12) = 1 - Pr(X \leqslant 12) = 1 - Pr(Z < \frac{12 - 8}{2})$$
$$= 1 - Pr(Z \leqslant 2.0) = 1 - 0.977 = 0.023$$

即约 2.3% 的树有超常的直径。

例 5.22　脑血管病　基于临床症状而诊断中风是困难的。在临床中一个标准的诊断检查实验是做病人的血管造影。这种检查对病人有些危险,几种没有伤害性的技术已经发展起来,希望能与血管造影同样有效。一种方法是使用大脑血流图计测量大脑血流(CBF),因为中风病人趋向于有较低水平的 CBF 值。假设在一般人口中 CBF 呈正态分布,均数值 75,标准差为 17。如果某人的 CBF 低于 40,则认为该病人有中风危险。试问:一个正常(无中风)的病人被错误诊断为中风的概率是多少?

解　记 X 是 CBF 随机变量,则正常人 $X \sim N(75, 17^2) = N(75, 289)$。我们的目的是求 $Pr(X < 40)$。我们使用标准化分布法。$(40 - 75)/17 = -2.06$,记 Z 表示标准化正态随机变量 $= (X - \mu)/\sigma$,则

$$Pr(X < 40) = Pr(Z < -2.06)$$
$$= \Phi(-2.06) = 1 - \Phi(2.06) = 1 - 0.9803 \approx 0.020$$

即大约 2.0% 的正常病人将会被错误诊断为中风。

如果我们使用电子表,则可以对任何正态分布求得 pdf, cdf 及逆正态分布,这时不需要去做标准化。例如,使用 Excel 97,在此例中需要用到两个函数 NORMDIST 及 NORMINV。要找概率 p,以使有 $N(\mu, \sigma^2)$ 分布的随机变量 $\leqslant x$ 的概率为 p,即

$$p = \text{NORMDIST}(x, \mu, \sigma, \text{TRUE})$$

找 x 点上的概率密度函数值 f,则用

$$f = \text{NORMDIST}(x, \mu, \sigma, \text{FALSE})$$

如要找值 x, 以使一个有 $N(\mu, \sigma^2)$ 分布的 cdf 等于 p, 则用

$$x = \mathrm{NORMINV}(p, \mu, \sigma)$$

方程 5.7 一个正态分布的第 p 个百分位点(x)能够按标准正态分布的百分位点(z_p)写成下式:

$$x = \mu + z_p \sigma$$

例 5.23 眼科学 青光眼是一种眼病, 表征为高的眼内部血压。这种眼内压在正常人群中近似呈正态分布, 均值为 16mmHg, 标准差为 3 mmHg。如果眼内压的正常范围是在 12 mmHg 到 20 mmHg 之间, 则正常人落入这个范围的百分数是多少?

解 这就是计算 $Pr(12 \leqslant X \leqslant 20)$, 此处 $X \sim N(16, 9)$, 见图 5.15。

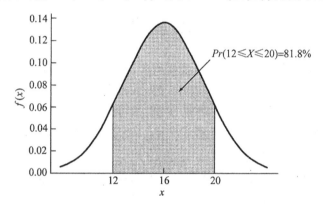

图 5.15 眼内压在正常范围中的比例计算

我们使用 Excel 97 中的 NORMDIST 函数去完成这个计算。首先, 计算 $p1 = Pr[X \leqslant 20 | X \sim N(16, 9)]$, 这就是计算 NORMDIST(20, 16, 3, TRUE)。其次, 计算 $p2 = Pr[X \leqslant 12 | X \sim N(16, 9)]$, 这就是 NORMDIST(12, 16, 3, TRUE)。于是, $Pr(12 \leqslant X \leqslant 20) = p1 - p2 = 0.818$。计算结果列于下面。

$p1 = \mathrm{NORMDIST}(20, 16, 3, \mathrm{True})$		0.908789
$p2 = \mathrm{NORMDIST}(12, 16, 3, \mathrm{True})$		0.091211
$p = p1 - p2$		0.817577

也就是说, 81.8% 的人有正常的眼内压。

例 5.24 高血压 假设在 35~44 岁男性中舒张压的分布是正态分布, 且均值为 80, 方差为 144。找这个分布的上、下第 5 个百分位点。

解 我们可以使用表 3, 也可以使用 Excel。如使用表 3, 则我们记 $x_{0.05}$ 及 $x_{0.95}$ 为上、下第 5 个百分位点, 则从方程 5.7, 我们有

$$x_{0.05} = 80 + z_{0.05}(12)$$

$$= 80 - 1.645(12) = 60.3\text{mmHg}$$

$$x_{0.95} = 80 + z_{0.95}(12)$$

$$= 80 + 1.645(12) = 99.7\text{mmHg}$$

如果我们使用 Excel, 则有

$$x_{0.05} = \text{NORMINV}(0.05, 80, 12)$$

$$x_{0.95} = \text{NORMINV}(0.95, 80, 12)$$

结果分别记为

$$x_{(0.05)} \quad \text{NORMINV}(0.05, 80, 12) \quad 60.3$$

$$x_{(0.95)} \quad \text{NORMINV}(0.95, 80, 12) \quad 99.7$$

5.6 随机变量的线性组合

在统计推断中, 经常会碰到随机变量的和、差, 或更复杂的线性函数。因此, 需要考察随机变量的线性组合。

定义 5.11 $X_1, \cdots, X_n$ 是随机变量, 我们称下面形式的随机变量 $L = c_1 X_1 + \cdots + c_n X_n$ ($c_1, \cdots, c_n$ 为常数) 为 $X_1, \cdots, X_n$ 的**线性组合** (linear combination), 它也常被称为**线性约束** (linear contrast)。

例 5.25 肾病 记 X_1, X_2 表示患有末期肾病的两个人的血清肌酸酐水平。请说明这两个随机变量的和、差及平均随机变量。

解 $X_1 + X_2$ 是和, 相当于线性组合中 $c_1 = c_2 = 1$; 差是 $X_1 - X_2$, 相当于 $c_1 = 1, c_2 = -1$; 平均为 $(X_1 + X_2)/2$, 相当于 $c_1 = 0.5, c_2 = 0.5$。

我们常常要计算随机变量线性组合的期望及方差。L 的期望值也就是 n 个随机变量的和的期望, 即是 n 个期望值之和。应用此原理, 有

$$E(L) = E(c_1 X_1 + \cdots + c_n X_n)$$

$$= E(c_1 X_1) + \cdots + E(c_n X_n) = c_1 E(X_1) + \cdots + c_n E(X_n)$$

方程 5.8 随机变量线性组合的期望值 线性组合 $L = \sum_{i=1}^{n} c_i X_i$ 的期望值是 $E(L) = \sum_{i=1}^{n} c_i E(X_i)$。

例 5.26 肾病 设例 5.25 中两个人的血清肌酸酐的期望值分别是 1.3 及 1.5。求这两个人的平均血清肌酸酐的期望值。

解 平均血清肌酸酐水平 $= E(0.5 X_1 + 0.5 X_2) = 0.5 E(X_1) + 0.5 E(X_2) = 0.65 + 0.75 = 1.4$。

计算随机变量线性组合的方差, 我们首先假定这些随机变量是彼此独立的。在此假定下, 我们可以给出下面结果, n 个随机变量和的方差就是各个方差的和,

即

$$\text{Var}(L) = \text{Var}(c_1 X_1 + \cdots + c_n X_n)$$
$$= \text{Var}(c_1 X_1) + \cdots + \text{Var}(c_n X_n) = c_1^2 \text{Var}(X_1) + \cdots + c_n^2 \text{Var}(X_n)$$

其中 $\text{Var}(c_i X_i) = c_i^2 \text{Var}(X_i)$。

方程5.9 独立随机变量线性组合的方差 线性组合 $L = c_1 X_1 + \cdots + c_n X_n$ 的方差就是 $\text{Var}(L) = \sum_{i=1}^n c_i^2 \text{Var}(X_i)$，其中 $X_1, \cdots, X_n$ 彼此独立。

例5.27 肾病 例 5.26 中，如果我们已知 $\text{Var}(X_1) = \text{Var}(X_2) = 0.25$，求平均血清肌酸酐的方差。

解 计算 $\text{Var}(0.5 X_1 + 0.5 X_2)$，应用方程 5.9，

$$\text{Var}(0.5 X_1 + 0.5 X_2) = (0.5)^2 \text{Var}(X_1) + (0.5)^2 \text{Var}(X_2)$$
$$= 0.25(0.25) + 0.25(0.25) = 0.125$$

上述求随机变量线性组合的期望及方差中对随机变量并没有正态分布的条件，但正态分布随机变量的线性组合常被具体指定。下面叙述，任何正态分布随机变量的线性组合仍是正态分布随机变量，下面是重要结果：

方程5.10 如果 $X_1, \cdots, X_n$ 是独立正态随机变量，分别具有均值 $\mu_1, \cdots, \mu_n$ 及方差 $\sigma_1^2, \cdots, \sigma_n^2$，而 L 是任何线性组合，且等于 $\sum_{i=1}^n c_i X_i$，则 L 是正态随机变量且

$$\text{期望值} = E(L) = \sum_{i=1}^n c_i \mu_i, \qquad \text{方差} = \text{Var}(L) = \sum_{i=1}^n c_i^2 \sigma_i^2$$

例5.28 肾病 如果 X_1 和 X_2 是由例 5.25～5.27 定义的随机变量，且每个都是正态分布，则平均值 $L = 0.5 X_1 + 0.5 X_2$ 的分布是什么？

解 基于例 5.26 及 5.27，我们知道 $E(L) = 1.4$，$\text{Var}(L) = 0.125$，因此 $(X_1 + X_2)/2 \sim N(1.4, 0.125)$。

5.6.1 相依性随机变量

在很多情形中，线性约束中的随机变量并不总是独立的。

例5.29 肾病 存在一种假设，在糖尿病病人中高蛋白饮食会加重肾病。为检验这个假设而做一个小规模试验，给 20 个糖尿病病人以低蛋白饮食且跟踪 1 年。血清肌酸酐是常用于检验肾功能的参数。记 X_1 是基础血清肌酸酐，而 X_2 是 1 年后血清肌酸酐水平。我们希望这 1 年中血清肌酸酐没有改变，即计算 $D = X_1 - X_2$，而且假设 $E(X_1) = E(X_2) = 1.5$ 且 $\text{Var}(X_1) = \text{Var}(X_2) = 0.25$。

解 这里 X_1 与 X_2 是不相独立的，因为他们是同一个人的血清肌酸酐。但我们仍使用方程 5.8 计算 D 的期望值，这是因为不管随机变量是否独立，线性组合期望值公式都是有效的。因此，$E(D) = E(X_1) - E(X_2) = 0$。但是对于相依性变

量,方程 5.9 中方差公式却不成立。

协方差是一种定量地说明两个随机变量关系的测度。

定义 5.12　　两个随机变量 X 与 Y 间的**协方差**(covariance)记为 Cov(X, Y),由下式定义

$$\text{Cov}(X, Y) = E[(X - \mu_x)(Y - \mu_y)]$$

上式也可以写成 $E(XY) - \mu_x\mu_y$,此处 μ_x 及 μ_y 分别是 X 及 Y 的期望值,$E(XY)$ 则是 X 与 Y 相乘积的平均值。

可以证明,如果随机变量是独立的,则协方差必是 0。如果 X 与 Y 的大值发生在同一个人上(X 与 Y 的小值也是),则协方差必为正;如果同一个人的 X 大值与 Y 的小值(或相反,X 的小值与 Y 的大值)同时出现,则协方差必为负。

如果协方差中的两个随机变量都有单位方差,我们即可得出相关系数。

定义 5.13　　两个随机变量 X 与 Y 之间的**相关系数**(correlation coefficient)记为 Corr(X, Y),定义如下:

$$\rho = \text{Corr}(X, Y) = \text{Cov}(X, Y)/(\sigma_x\sigma_y)$$

此处 σ_x 及 σ_y 是 X 与 Y 的标准差。

不同于协方差的是,相关系数没有量纲且取值在 -1 与 1 之间。当变量间只

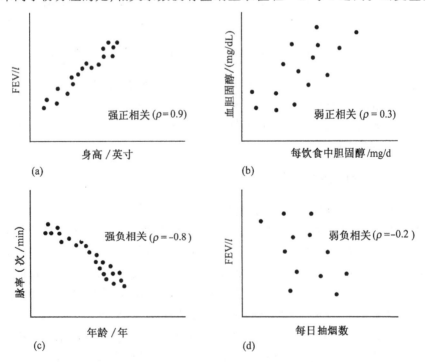

图 5.16　各种相关程度的解释

可能有线性的依赖性时,0 相关系数隐含两个变量有独立性。近似于 1 的相关系数隐含有 X 的大值对应于 Y 有大值而且 X 的较小值对应着 Y 有小值。强相关的一个例子是用力呼气量(FEV)与身高(图 5.16(a)),其中用力呼气量是肺功能的一个指标。有时也存在有弱的正相关,比如血清中胆固醇与饮食中胆固醇摄入量的关系就是如此(见图 5.16(b))。相关系数近似于 -1,则近似于完全负相关,即 X 的大值对应于 Y 的小值及相反的情形;例证为 10 岁以下儿童的年龄与休息时的脉率的关系(见图 5.16(c))。弱负相关例见图 5.16(d),即儿童中 FEV 与每天抽烟数。

在没有线性关系的两变量中,要从它的相关系数去判断变量间的独立性或依赖性是很困难的。

例 5.30 设在 7 岁孩子中,记 X 是身高为 Z 得分的随机变量,而身高为 Z 得分 =(身高 - μ)/σ,

$$\mu = 7 \text{ 岁孩子的平均身高}$$
$$\sigma = 7 \text{ 岁孩子身高的标准差}$$

令 Y = 身高为 Z 得分的平方 = X^2,试计算 X 与 Y 的相关系数,假定 X 是正态随机变量。

解 因为 X 是关于 0 对称,而 X 取绝对值相同的正值及负值时 Y 值是相同的,容易证明 $\text{Corr}(X, Y) = 0$。但是 X 与 Y 在总体上看是依赖性的,因为 X 值已知时 Y 的值就完全决定了。例如 $X = 2$,则 $Y = 4$。因此,如果认为相关系数为 0 就独立是不正确的。只有当变量间只有线性程度的相关时,才可以认为 0 相关也是独立。在第 11 章中我们将进一步讨论变量间的线性及非线性关系。

当两个变量有相关性时,我们可以拓广方程 5.9 如下:

方程 5.11 $$\text{Var}(c_1 X_1 + c_2 X_2)$$
$$= c_1^2 \text{Var}(X_1) + c_2^2 \text{Var}(X_2) + 2 c_1 c_2 \text{Cov}(X_1, X_2)$$
$$= c_1^2 \text{Var}(X_1) + c_2^2 \text{Var}(X_2) + 2 c_1 c_2 \sigma_x \sigma_y \text{Corr}(X_1, X_2)$$

例 5.31 肾病 设例 5.29 中血清肌酸酐在 1 年前及后的相关系数是 0.5。试计算 1 年后血清肌酸酐改变值的方差,有关参数已见例 5.29。

解 我们有 $\text{Var}(X_1) = \text{Var}(X_2) = 0.25$,$\text{Corr}(X_1, X_2) = 0.5$,所以对于 $D = X_1 - X_2$,从方程 5.11,有

$$\text{Var}(D) = (1)^2(0.25) + (-1)^2(0.25) + 2(1)(-1)(0.5)(0.5)(0.5)$$
$$= 0.25 + 0.25 - 0.25 = 0.25$$

注意,这个方差是远小于视两个变量是独立时两个血清肌酸酐的差的方差,此时 $\text{Corr}(X_1, X_2) = 0$,所以

$$\text{Var}(D) = (1)^2(0.25) + (-1)^2(0.25) + 0 = 0.50$$

这就是使用自我对照的优点,因为它可以很大程度上减少不确定性。在第 8 章中

我们将更详细地讨论两组群的比较中使用匹配样本及独立样本实验设计(即处理组与对照组)问题。

当线性约束中有 n 个相依随机变量时,它的方差计算公式为

方程 5.12　随机变量线性组合的方差(一般情形)

线性约束　$L = \sum_{i=1}^{n} c_i X_i$ 的方差为

$$\mathrm{Var}(L) = \sum_{i=1}^{n} c_i^2 \mathrm{Var}(X_i) + 2 \sum_{\substack{i=1 \\ i<j}}^{n} \sum_{j=1}^{n} c_i c_j \mathrm{Cov}(X_i, X_j)$$

$$= \sum_{i=1}^{n} c_i^2 \mathrm{Var}(X_i) + 2 \sum_{\substack{i=1 \\ i<j}}^{n} \sum_{j=1}^{n} c_i c_j \sigma_i \sigma_j \mathrm{Corr}(X_i, X_j)$$

更详细地讨论方差及相关系数见第 11 章。

最后,我们拓广方程 5.11 如下。

方程 5.13　如果 $X_1, \cdots, X_n$ 是正态随机变量,且期望值为 $\mu_1, \cdots, \mu_n$,方差为 $\sigma_1^2, \cdots, \sigma_n^2$,而 $L = \sum_{i=1}^{n} c_i X_i$,则 L 是正态分布的变量且具有期望值为 $\sum_{i=1}^{n} c_i \mu_i$,而方差为

$$\mathrm{Var}(L) = \sum_{i=1}^{n} c_i^2 \sigma_i^2 + 2 \sum_{\substack{i=1 \\ i<j}}^{n} \sum_{j=1}^{n} c_i c_j \sigma_i \sigma_j \rho_i$$

此处 $\rho_{ij} = X_i$ 与 X_j 间的相关系数,$i \neq j$。

5.7　二项分布的正态近似

在第 4 章中引入的二项分布,是在 n 次独立试验中估计发生 k 次成功的概率,这里每次试验成功的概率(p)是不变的。如果 n 大,则二项分布的计算是很麻烦的,因而常用近似计算而不是求精确的二项分布。由于正态分布的计算方便,因此正态分布也常用于计算二项分布。关键问题是,什么情况下正态分布可以精确地近似于二项分布。

设二项分布有参数 n 及 p。如果 n 大且 p 接近于 0 或 1,则这时二项分布分别严重地正倾斜或负倾斜,见图 5.17(a)及图 5.17(b)。类似地,当 n 小,对任何 p,这时分布也是倾斜的,见图 5.17(c)。但是若 n 中等地大而 p 不是太极端,则这时二项分布趋向于对称而且可以很好地用正态分布近似,见图 5.17(d)。

我们从第 4 章中知道,二项分布的均值及方差分别是 np 及 npq。很自然地,与它近似的正态分布应有相同的均值及方差,即近似的正态分布应是 $N(np, npq)$。若 X 是二项分布,参数为 n 及 p,假设我们需要计算 $Pr(a \leqslant X \leqslant b)$,此处

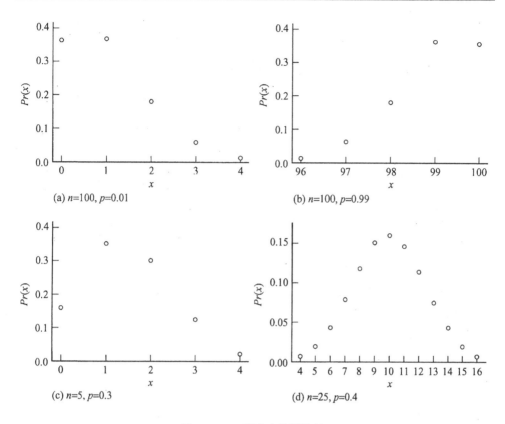

图 5.17   二项分布的对称性

a, b 是两个给定的正整数, 则这个概率就可以用正态曲线下从 a 到 b 的面积代替。但我们可以由经验给出一个更好的近似估计, 即正态曲线下从 $a - 1/2$ 到 $b + 1/2$ 的面积估计上述概率。这对任何离散分布用正态分布近似时都适用。这就是下面的法则:

方程 5.14   对二项分布的正态近似   如果 X 是二项随机变量且具有参数 n 及 p, 则概率 $Pr(a \leqslant X \leqslant b)$ 可以被正态分布 $N(np, npq)$ 曲线下从 $(a - 1/2)$ 到 $(b + 1/2)$ 的面积所近似。这法则隐含有:当 $a = b$ 时, 二项概率 $Pr(X = a)$ 可以用正态曲线下从 $(a - 1/2)$ 到 $(a + 1/2)$ 间的面积近似。惟一例外的是, $Pr(X = 0)$ 及 $Pr(X = n)$ 分别被正态曲线下 $1/2$ 左边的面积及 $n - 1/2$ 右边的面积所近似。

我们在方程 5.10 中看到, 如果 $X_1, \cdots, X_n$ 是独立的正态随机变量, 则任何线性组合变量 $L = \sum_{i=1}^{n} c_i X_i$ 将是正态随机变量。特例, 如果 $c_1 = \cdots = c_n = 1$, 则正态随机变量的和式 $L = \sum_{i=1}^{n} X_i$ 将是正态随机变量。

二项分布对正态分布的近似是一个很重要的统计定理的特例, 称为**中心极限**

定理，它是方程 5.10 的拓广。在这个定理下，对于大的 n，n 个随机变量的和将近似于正态随机变量，即使和式中的随机变量本身不是正态变量。

定义 5.14 记 X_i 是如下的随机变量，取值 1 的概率为 p，而取值 0 的概率为 $q = 1 - p$。这种形式的随机变量称为**伯努利试验**（Bernoulli trial），它是 $n = 1$ 的二项随机变量的特例。

从上述定义知道，这时 $E(X_i) = 1(p) + 0(q) = p$，且 $E(X_i^2) = 1^2(p) + 0^2(q) = p$。于是 $\mathrm{Var}(X_i) = E(X_i^2) - [E(X_i)]^2 = p - p^2 = p(1 - p) = pq$。

现在考虑随机变量 $X = \sum_{i=1}^{n} X_i$，由于 X_i 取值仅为 0 或 1，所以上面和式代表了 n 次试验中成功的次数。

例 5.32 在 100 个白血球细胞中嗜中性粒细胞个数的例子中（例 4.15），解析 $X_1, \cdots, X_n$ 及 X。

解 当 $n = 100$ 时，如果第 i 个细胞是嗜中性粒细胞，则规定 $X_i = 1$。如果第 i 个细胞不是嗜中性粒细胞，则定义 $X_i = 0$。X 就表示 $n = 100$ 个白细胞中嗜中性粒细胞的个数。

由方程 5.8 及 5.9 知道，

$$E(X) = E\left(\sum_{i=1}^{n} X_i \right) = p + \cdots + p = np$$

及

$$\mathrm{Var}(X) = \mathrm{Var}\left(\sum_{i=1}^{n} X_i \right) = \sum_{i=1}^{n} \mathrm{Var}(X_i)$$
$$= pq + pq + \cdots + pq = npq$$

基于二项分布可以被正态分布所近似，这里的 X 可以用正态分布所近似，且均值 $= np$，方差 $= npq$。我们在 6.5.3 节中将更详细地讨论中心极限定理。

例 5.33 假设二项分布有参数 $n = 25$，$p = 0.4$。如何近似 $Pr(7 \leqslant X \leqslant 12)$？

解 我们有 $np = 25(0.4) = 10$，$npq = 25(0.4)(0.6) = 6.0$。如此，这个分布可以用均值为 10 及方差为 6 的正态随机变量 Y 的分布近似。我们特别需要计算的是 Y 从 6.5~12.5 之间正态曲线下的面积，我们有

$$Pr(6.5 \leqslant Y \leqslant 12.5) = \Phi\left(\frac{12.5 - 10}{\sqrt{6}} \right) - \Phi\left(\frac{6.5 - 10}{\sqrt{6}} \right)$$
$$= \Phi(1.021) - \Phi(-1.429)$$
$$= \Phi(1.021) - [1 - \Phi(1.429)]$$
$$= \Phi(1.021) + \Phi(1.429) - 1$$
$$= 0.8463 + 0.9235 - 1 = 0.770$$

这个近似见图 5.18。为比较，我们亦计算基于精细二项分布下的 $Pr(7 \leqslant X \leqslant 12)$，这是用 Excel 算得，结果为 0.773，此值与正态近似法结果 0.770 非常好地一致。

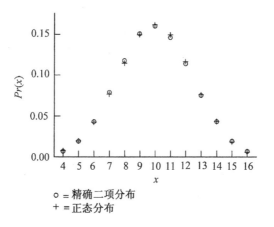

○ = 精确二项分布
+ = 正态分布

**图 5.18　具有参数 $n = 25, p = 0.4$ 的二项分布用
具有均值 $= 10$, 方差 $= 6$ 的正态变量 Y 近似**

例 5.34　传染病　假如我们要计算 100 个白细胞中有 50 到 75 个嗜中性粒细胞概率, 此处任一个白细胞是嗜中性粒细胞的概率为 0.6。这些值都是在正常人群中出现嗜中性粒细胞的范围。我们要找在这个定义下出现在这个正常范围内的人群百分比。

解　精确概率是

$$\sum_{k=50}^{75} \binom{100}{k} (0.6)^k (0.4)^{100-k}$$

用正态分布去近似上式。二项分布中的均值为 $100(0.6) = 60$, 方差为 $100(0.6)(0.4) = 24$。因此, 我们找 49.5 到 75.5 之间 $N(60,24)$ 曲线下的面积。它是

$$\Phi\left(\frac{75.5 - 60}{\sqrt{24}}\right) - \Phi\left(\frac{49.5 - 60}{\sqrt{24}}\right) = \Phi(3.164) - \Phi(-2.143)$$

$$= \Phi(3.164) + \Phi(2.143) - 1$$

$$= 0.9992 + 0.9840 - 1$$

$$= 0.983$$

即约 98.3% 的人群落在这正常范围内。

例 5.35　传染病　在例 5.34 的情况下, 假设如果嗜中性粒细胞数大于等于 76, 则称嗜中性粒细胞数异常的高; 如果嗜中性粒细胞数小于等于 49, 则认为嗜中性异常的低。请计算 100 个上述白细胞中出现上述异常高或低的概率。

解　异常高的概率是 $Pr(X \geqslant 76) \approx Pr(Y \geqslant 75.5)$, 此处 X 是参数为 $n = 100$ 及 $p = 0.6$ 的二项随机变量; 而 $Y \sim N(60, 24)$。于是 $Pr(Y \geqslant 75.5)$ 为

$$1 - \Phi\left(\frac{75.5 - 60}{\sqrt{24}}\right) = 1 - \Phi(3.164) = 0.001$$

类似地,出现异常低的概率为

$$Pr(X \leqslant 49) \approx Pr(Y \leqslant 49.5)$$

$$= \Phi\left(\frac{49.5 - 60}{\sqrt{24}}\right)$$

$$= \Phi(-2.143)$$

$$= 1 - \Phi(2.143)$$

$$= 1 - 0.9840$$

$$= 0.016$$

于是嗜中性粒细胞异常高的人约有 0.1%,而嗜中性粒细胞异常低的人约有 1.6%。这些概率表示在图 5.19 上。

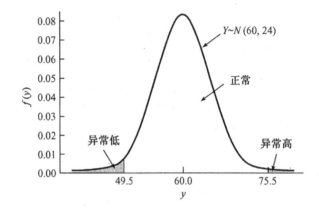

图 5.19　对于嗜中性粒细胞的正态近似

　　为了比较,我们分别从精确的二项分布出发,计算人们的嗜中性粒细胞在正常范围,异常高及异常低的精确概率。结果为

$$Pr(50 \leqslant X \leqslant 75) = 0.983$$

$$Pr(X \geqslant 76) = 0.0006$$

$$Pr(X \leqslant 49) = 0.017$$

可见,此结果几乎与正态近似完全一致。

　　那么应该在什么条件下使用正态近似?

　　方程 5.15　当二项分布中参数 n 及 p 满足 $npq \geqslant 5$ 时,二项分布用正态近似是好的[*]。

---

　　[*] 方程 5.15 不是一个定理。国内统计书用:如 $np \geqslant 5$,则认为可用正态近似二项分布。显然以 $npq \geqslant 5$ 作为标准是保守的,这从图 5.20 也可看出:图 5.20(c)中 $np = 5$,但 $npq = 4.5$,而图 5.20(c)应是不错的正态分布。——译者注

如果 n 是中等大小且 p 不太小, 则这条件会被满足. 例如, $p = 0.1$, $n = 10$, $20, 50, 100$ 时图形见图 5.20(a) 到 5.20(d); $p = 0.20$, $n = 10, 20, 50$ 及 100 时图形见图 5.21(a) 到图 5.21(d).

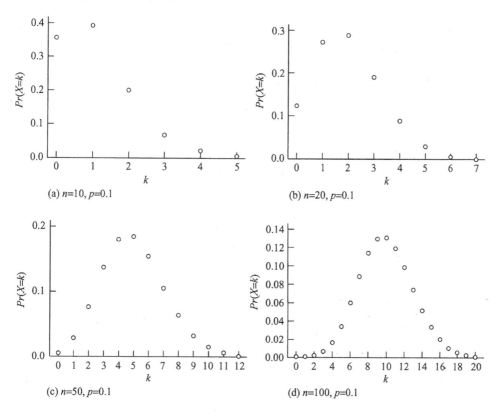

图 5.20 二项分布用 MINITAB 计算结果 ($n = 10, 20, 50, 100$, $p = 0.1$)

注意, 从图 5.20 可见, 用正态分布拟合二项分布不好的有图 5.20(a), $n = 10$, $p = 0.1$ ($npq = 0.9$); 图 5.20(b), $n = 20$, $p = 0.1$ ($npq = 1.8$). 近似勉强合适的是图 5.20(c), $n = 50$, $p = 0.1$ ($npq = 4.5$), 此图右边尾部比左边尾部稍长了一点. 近似得相当好的是图 5.20(d), $n = 100$, $p \geqslant 0.1$ ($npq = 9.0$), 此图相当对称. 对 $p = 0.2$ 情形类似, 此处勉强合适的是 $n = 20$ (图 5.21 (b), $npq = 3.2$), 而拟合相当好的是 $n = 50$ (图 5.21(c), $npq = 8.0$) 及 $n = 100$ (图 5.21(d), $npq = 16.0$).

注意, 用正态分布近似二项分布时, 拟合得好 (即 $npq \geqslant 5$) 的是 n 为中等大小, 而 p 不能太大也不能太小; 一般来说这个条件与用泊松分布拟合二项分布的条件 ($n > 100$ 及 $p \leqslant 0.01$) 是不相同的. 但是有时这两个条件也会同时出现, 比如 $n = 1000$ 及 $p = 0.01$, 这时两种近似会有相同的结果. 但这时正态近似由于应用

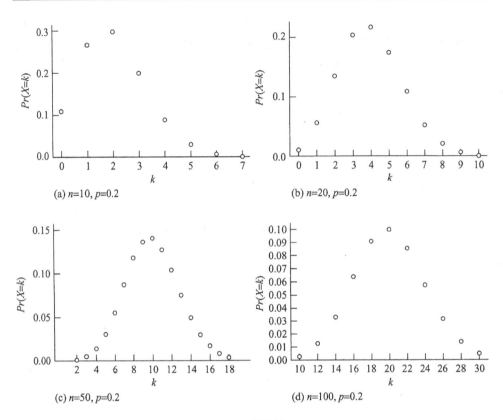

图 5.21　**二项分布用 MINITAB 计算结果**($n = 10, 20, 50, 100, p = 0.2$)
方便而更有优势。

5.8　泊松分布的正态近似

正态分布也可以用来近似除二项分布以外的其他离散型分布,特别是泊松分布。这样做的原因是当 μ 值很大时,泊松分布的计算太不方便。

二项分布中的技术也可用于泊松分布,即泊松分布的均值及方差也就是近似正态分布的均值及方差。

方程 5.16　**正态分布对泊松分布的近似**　参数为 μ 的泊松分布可以被均值与方差为 μ 的正态分布所近似。$Pr(X = x)$ 的泊松概率可以被 $N(\mu, \mu)$ 曲线下从 $x - 1/2$ 到 $x + 1/2$($x > 0$ 时)的面积所近似;在 $x = 0$ 时则可以由 $x = 0$ 到 $1/2$ 左边的正态曲线下的面积所近似。而这个近似适用于 $\mu > 10$ 的情形。

对于 $\mu = 2, 5, 10$ 及 20 的泊松分布图形由 MINITAB 作出,见图 5.22(a)到(d),在 $\mu = 2$ 时,正态分布明显不合适(图 5.22(a));而在 $\mu = 5$ 时勉强合适(图 5.22(b));而在 $\mu = 10$(图 5.22(c))及 $\mu = 20$ 时(图 5.22(d))则相当合适。

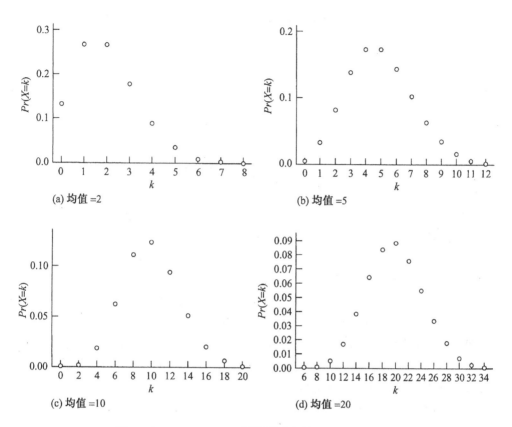

图 5.22 $\mu = 2, 5, 10, 20$ 下泊松分布的 MINITAB 作图

例 5.36 细菌学 考虑在一个面积为 A 的盘子上的细菌群数的分布。假设观察到的 x 个细菌群是精确的泊松分布，参数为 $\mu = \lambda A$，$\lambda = 0.1$ 细菌群/cm^2，$A = 100$cm^2。假设在 A 上观察到 20 个细菌群，试问，这个事件异常吗？

解 这个泊松分布的参数为 $\mu = 10$。我们用均值为 10、方差为 10 的正态分布近似它。因此，计算：

$$Pr(X \geqslant 20) \approx Pr(Y \geqslant 19.5)$$

此处 $Y \sim N(\lambda A, \lambda A) = N(10, 10)$。

我们有

$$Pr(Y \geqslant 19.5) = 1 - Pr(Y \leqslant 19.5) = 1 - \Phi\left(\frac{19.5 - 10}{\sqrt{10}}\right)$$

$$= 1 - \Phi\left(\frac{9.5}{\sqrt{10}}\right) = 1 - \Phi(3.004)$$

$$= 1 - 0.9987 = 0.0013$$

因此,在 $100cm^2$ 的面积上观察到 20 或更多个细菌群的期望仅是 1000 次中有 1.3 次,这是极罕见的。为了比较,我们也计算精确的泊松分布。用 Excel,得 $Pr(X \geqslant 20 \mid \mu = 10) = 0.0035$。因此,这里的正态近似是合理的,而结论是相同的:在 $100cm^2$ 上观察有 20 个细菌群是一个罕见事件(不正常)。

5.9　摘　　要

本章讨论连续随机变量。引进概率密度函数,它在离散变量中的类似物是概率质量函数。另外,也拓广了期望值,方差和累加分布函数。

最重要的连续分布是正态分布。它最广泛地应用于统计分析,因为许多随机现象属于这个分布,特别是许多随机变量之和常近似于正态分布。正态分布由两个参数,均值 μ 和方差 σ^2 所完全决定。幸运的是,任何正态分布的计算问题都可转化为标准化或单位正态概率的计算,标准正态分布即均值为 0、方差为 1 的正态分布。当涉及标准正态分布的概率计算时,常使用正态表。另外,电子表也常用于估计面积和(或)任何正态分布的百分位点。由于正态分布使用方便,所以常用于近似地取代另外分布的计算。我们研究了正态分布对二项分布及泊松分布的近似,这是中心极限定理的一个特例,在第 6 章中将详细地介绍。我们也讨论了随机变量的线性组合,讨论了独立及相依存的随机变量。

在下面的 3 章中,正态分布是统计推断中的基石。

练　习　题

心血管病

因为血清胆固醇与年龄和性别有关,某些研究者常按 z 得分去代替它。如果 $X=$ 原血清中的胆固醇水平,则 $z = (X - \mu)/\sigma$ 即是标准正态分布,此处 μ, σ^2 分别是给定年龄及性别组中的血清胆固醇的均值及方差。

*5.1　$Pr(z < 0.5) = ?$

*5.2　$Pr(z > 0.5) = ?$

*5.3　$Pr(-1.0 < z < 1.5) = ?$

如果 $z > 2.0$,则认为某人的胆固醇过高;而如果 $1.5 < z < 2.0$,则认为是边界胆固醇。

*5.4　胆固醇过高的人的比例是多少?

*5.5　边界胆固醇的人的比例是多少?

营养学

假设 12～14 岁男孩的整个糖类(碳水化合物)摄入量呈正态分布,均值为 124 克/千卡,标准差为 20 克/千卡。

5.6　这个年龄段中的男孩糖类摄入量超过 140 克/千卡的比例是多少?

5.7　这个年龄段中的男孩糖类摄入量低于 90 克/千卡的比例是多少?

设在此年龄段中的男孩生活在贫困线水平以下,即平均糖摄入量是 121 克/千卡及标准差是 19 克/千卡。

5.8 在这个年龄段及经济环境中回答 5.6 题。

5.9 在这个年龄段及经济环境中回答 5.7 题。

糖尿病

有一大群胰岛素依赖型糖尿病(IDDM)病人,设在这组病人中"理想体重"的百分比分布是正态分布,且均值为 110、标准差为 13。

5.10 IDDM 病人中,理想体重超过 100 者的比例是多少?

5.11 IDDM 病人中,超重者的比例是什么?(超重指超过理想体重的 10% 或以上)

5.12 IDDM 病人中,过度肥胖者的比例是多少?(过度肥胖指超过理想体重的 20% 或以上)

5.13 IDDM 病人中,过轻者的比例是多少?(过轻指低于理想体重 10% 及以下)

5.14 IDDM 病人中,正常体重者的比例是多少?(正常体重指体重在理想体重的 10% 波动范围内)

肺病

许多研究者研究了石棉暴露物与死于慢性阻塞性肺病(COPD)间的关系。

5.15 假设 1980 年时,一造船厂的工人的工作是暴露于石棉之下,10 年后由于 COPD 病而死亡有 33 人。而在同期全国的死亡率中仅 24 人是由于此病而死亡的。这个工厂中由于 COPD 而死亡的数目是否异常的高?

5.16 生活在某个普查区内 5 年以上的人中,有 12 人死于白血病。同期内全国癌发病率报告的期望死亡数仅 6.7 例,上述 12 例死亡是否不正常?

心血管病,肺病

抽烟与许多疾病有关,包括肺癌及各种心脏病。假设我们知道在 30～34 岁一直抽烟的男性人群中,平均抽烟 12.8 年而标准差为 5.1 年。在这年龄组一直抽烟的妇女中,平均抽烟 9.3 年而标准差为 3.2 年。

*5.17 假设抽烟年数是正态分布,在此年龄组中男性抽烟 20 年以上的比例多大?

*5.18 对妇女回答 5.17 题。

癌

过去的普查资料已经指出,年龄在 45～54 岁的妇女患子宫癌的比例近似于 0.2%。但一般人的感觉是子宫癌已经减少了。

5.19 使用信件问卷的一项新研究指出,上述年龄 10 万人中有 100 名妇女患子宫癌。试问,这个比例数与普查数据相一致吗?

心血管病

血清胆固醇是冠心病的一个重要危险因子。我们已经知道血清胆固醇近似呈正态分布,均值为 219 mg/dL 且标准差为 50mg/dL。

*5.20 如果临床对于胆固醇的理想范围是 < 200 mg/dL,则人们的胆固醇在临床理想范围内的比例多大?

*5.21 某些研究者认为,仅由胆固醇水平超过 250 mg/dL,就已对心脏病造成足够高的危险,就应进行治疗。试问,总体中这样的人数比例多大?

*5.22   一般人中临界高胆固醇者的比例多大？（临界高胆固醇指：> 200 mg/dL 但
        <250 mg/dL）

营养学,癌

胡萝卜素被认为可以预防癌。一个膳食调查是为了测量美国人的胡萝卜素的摄入量。假
设 ln(β胡萝卜素摄入量)的分布是正态,且均值为 8.34 及标准差为 1.00(单位是 ln(IU))。

5.23   人们的膳食中 β胡萝卜素低于 2000IU 的比例多大？

5.24   人们的膳食中 β胡萝卜素低于 1000IU 的比例多大？

5.25   某些研究指出, β胡萝卜素摄入量超过 10000IU 可以预防癌。人们的膳食中至少有
        10000 IU 的比例多大？

假设每人每天在饮食中服用剂量为 5000 IU 的 β胡萝卜素丸一粒,其结果是 ln(β胡萝卜素
摄入量)的分布呈正态且均值为 9.12,标准差为 1.00。

5.26   人们在饮食及添加的药丸中摄入至少10000IU 的比例多大？

高血压

如果收缩压高于同年龄组中某个指定值,则把它归类为高血压。这些指定值细目见表
5.1。

表 5.1   在指定年龄组中收缩压的均值及标准差

年龄组	平均	标准差	指定高血压水平
1～14	105.0	5.0	115.0
15～44	125.0	10.0	140.0

假设收缩压呈正态分布,其均值及标准差见表 5.1。一个家庭(作为一个组)有 2 人在 1～
14 岁,2 人在 15～44 岁。如果家庭中任一人是高血压,则认为该家庭是高血压家庭。

*5.27   1～14 岁组中高血压家庭的比例是多少？

*5.28   15～44 岁组中高血压家庭的比例是多少？

*5.29   高血压家庭的比例是多少？（假设一个家庭中不同成员的高血压状态彼此独立）

*5.30   假设一个高楼住宅中,住有 200 个家庭。请问,此高楼内有 10 到 25 个家庭是高血压家
        庭的概率？

肺病

用力呼气量(FEV)是肺功能的一个指标:它测度了努力吸气 1 秒后排出的空气体积。已知
FEV 值受性别、年龄及抽烟影响。假设 45～54 岁男性未抽烟者的 FEV 呈正态分布,均值为
4.0 升,标准差为 0.5 升。

在可比较的年龄组中,现在抽烟的男性的 FEV 是正态分布,均值为 3.5 升,标准差为 0.6
升。

5.31   如果 FEV 小于 2.5 升是被认为肺功能有些损伤(偶然的喘气,爬楼梯乏力,等等),试问,
        一个现在男性抽烟者有肺功能损伤的概率？

5.32   对于非抽烟的男性,回答 5.31 题。

有些人现在并没有肺功能损伤,但是随着年龄的增长,肺功能常常要衰退而最终成为肺功

能的损伤者。假设经过 n 年后,FEV 的下降值呈正态分布,且下降的均值为 $0.03n$ 升,标准差为 $0.02n$ 升。

5.33 一个 45 岁的男性,其 FEV 为 4.0 升,他到 75 岁时发生肺功能损伤的概率是多少?

5.34 对于 FEV 是 4.0 升的 25 岁男性,回答 5.33 题。

传染病

  在血液检查中鉴别分化是一种标准测量法,它可把白细胞分成 5 种:(1)嗜碱性粒细胞,(2)嗜酸性粒细胞,(3)单核细胞,(4)淋巴细胞,(5)嗜中性粒细胞。通常做法是在显微镜下观察随机选取的 100 个白细胞,再计数上述每类细胞的数目。假设一个正常成年人每种细胞的比例是:嗜碱性粒细胞占 0.5%,嗜酸性粒细胞占 1.5%,单核细胞占 4%,淋巴细胞占 34%,嗜中性粒细胞占 60%。

***5.35** 过多的嗜酸性粒细胞有时会有极端的变态(过敏)反应。一个正常成年人有 5 个或更多的嗜酸性粒细胞的精确概率是多少?

***5.36** 过多的淋巴细胞常与各种病毒性感染,比如肝炎相关联。一个正常成年人有 40 个或更多淋巴细胞的概率是多少?

***5.37** 一个正常成年人有 50 个或更多淋巴细胞的概率是多少?

***5.38** 当你感到“正常”模式不成立时,则鉴别分化后应当出现多少个淋巴细胞?

***5.39** 过多的嗜中性粒细胞常与几种细菌感染相关联。假设一个成年人有 x 个嗜中性粒细胞。x 值应多大才能使一个正常成年人至少有 x 个嗜中性粒细胞的概率 $\leqslant 5\%$?

***5.40** x 值应多大才能使一个正常成年人至少有 x 个嗜中性粒细胞的概率 $\leqslant 1\%$?

血液化学

  假设经典的血糖水平呈正态分布,均值为 90mg/dL,标准差为 38mg/dL。

5.41 如果正常范围是 65~120mg/dL,则血糖水平落在此范围的概率多大?

5.42 某些研究认为只要测量到的血糖水平达到正常值上界值的 1.5 倍及以上,就可以认为此人的血糖异常。试计算落在此范围的概率多大?

5.43 在上题中改 1.5 倍为 2 倍,回答 5.42 题。

5.44 通常若检查得到不正常结果时,常要做重复检查。一个正常人在两次分离的血糖检查中,检查到血糖水平是正常值上界的 1.5 倍的概率多大?

5.45 假设有一个药物研究涉及 6000 个病人,75 个病人在检查中发现血糖值至少是正常值上界的 1.5 倍。试问,这样的结果是由于偶然性造成的概率多大?

癌

  提出了一种试验,目的是检验维生素 E 是否有预防癌的作用。研究中的一个问题是,如何判断参与者的依从性。为此进行了小规模试验去建立依从性的准则。在这种考虑中,10 个病人每天给 400 IU 的维生素 E,而另外 10 个病人给以大小一样的安慰剂片。研究时间是 3 个月。在 3 个月前及后分别测量血清维生素 E 的水平,水平值的改变(3 个月后水平-基数)列于表 5.2。

***5.46** 假设血清水平改变 0.30mg/dL 当作检验依从性的标准,也就是说,一个病人的血糖如改变 0.30mg/dL 以上则被当作一个依从维生素 E 的接受者。如果假设此改变值是正态变量,则维生素 E 组的血糖改变至少 0.30mg/dL 的百分比是多少?

表 5.2　在预试验中血清维生素 E 的改变(mg/dL)

组	平均	标准差	n
维生素 E	0.80	0.48	10
安慰剂	0.05	0.16	10

*5.47　5.46 题中使用的测度是下面中的哪一个,灵敏度,特异度,还是预测值?

*5.48　安慰剂组中血糖改变值低于 0.30mg/dL 的百分比是多少?

*5.49　5.48 题的测度是灵敏度,特异度,还是预测值?

*5.50　在建立依从性指标时,现在使用一个新的血糖变化分界值 Δ,目的是使在此 Δ 值时, 5.46 题中的依从性测度(百分比)与 5.48 题中的依从性测度(百分比)是相等的,此 Δ 值应取多少? 在此新的分界值下,维生素 E 组及安慰剂组中的依从率是多少?

精神卫生

5.51　参看表 3.4 及 3.5(见第 3 章练习题)。假设一个研究老年性痴呆的研究小组计划在多个 退休老人社区中收集老人。需要找多少个老人来参与研究,才能有 90% 的概率(把握性) 至少可以发现 100 例早老年性痴呆病人? 设年龄-性别患病率及年龄-性别分布同表 3.4 及表 3.5。

5.52　在 5.51 题中改 100 例为 50 例,回答 5.51 题。

肺病

　　参看在数据盘中文件名为 FEV.DAT 的肺功能数据(看第 2 章的练习题 2.21)。我们感兴 趣的是,抽烟状态与肺功能之间是否有相关性。FEV 不受年龄和性别影响,而且抽烟儿童也常 比不抽烟儿童年龄较大。由于这些原因,所以 FEV 应该对年龄及性别作标准化处理。要做此 工作,应该使用 5.1 题那种 z 得分法,此处 z 得分应按年龄及性别组而定义。

5.53　按抽烟与不抽烟分别画 z 得分的分布图。这些图看来像正态分布吗? 在这些数据中能 显示出抽烟与肺功能的任何关系吗?

5.54　对 10 岁以上的儿童重复分析 5.53 题(因为 10 岁以下很少有抽烟)。你是否有类似结 论?

5.55　分别对男孩及女孩重复 5.54 题。在这两组中你的结论相同吗?

　　注:用正规的方法比较抽烟组与不抽烟组之间平均 FEV 上的差异见第 8 章。

心血管病

　　一个临床试验是要检验硝苯啶(nifedipine)的有效性,这是一种用于减轻心绞痛病人胸痛的 新药,该病严重时必须住院治疗。病人在医院中接受 14 天的治疗,除非病人过早退出,医院允 许他(她)离开,或在这期间内死亡。病人随机被指定用硝苯啶或心得安。在治疗的第 1 阶段 时,这两种药被做成有相同剂量及相同大小的胶囊。如果在此阶段中疼痛并未停止,或疼痛停 止后又再复发,则治疗进入第 2 阶段。这时每种药的剂量按预先设计的增加。类似地,如果疼 痛继续或停了又复发,则治疗进入第 3 阶段。这时治疗心绞痛的药的剂量再增加。这时病人被 随机地分到任一组而接受硝酸盐治疗,其实这是临床大夫设法控制病痛。

　　这个研究主要目的是比较硝苯啶与心得安对病痛减轻的程度上的差别。第二个目的是为 了更好地了解这些药物在其他一些生理参数,比如心率与血压上的作用。这些数据存放在数据盘名为 NIFED.DAT 的文件上,文件的格式见表 5.3。

表 5.3 NIFED.DAT 的格式

列	变 量	代 码
1~2	ID	
4	处理组	N=硝苯啶 P=心得安
6~8	基础心率[a]	次/分
10~12	阶段 1 的心率[b]	次/分
14~16	阶段 2 的心率	次/分
18~20	阶段 3 的心率	次/分
22~24	基础 SBP[a]	mmHg
26~28	阶段 1 的 SBP[b]	mmHg
30~32	阶段 2 的 SBP	mmHg
34~36	阶段 3 的 SBP	mmHg

[a]随机化前的心率及收缩压

[b]在治疗的每一阶段内最大心率及收缩压

注:漏失值是由于下列原因之一:

    (1)在进入这阶段前病人自己退出;

    (2)在治疗的这阶段前病人已达到减轻病痛目的;

    (3)病人有意造成数据遗失。

5.56 描述这种治疗安排下心率及血压的变化,你认为这些参数的变化分布像正态分布吗?

5.57 在这种治疗安排下,请用图示法比较治疗时心率及血压的影响。你注意到两种处理之间的差异吗?

    注:在两组之间对心率及血压作正规比较见第 8 章。

高血压

    早就知道成人血压在白人与黑人之间存在有种族差异,但这种差异一般情况下不存在于白人与黑人的儿童之中。这是因为先前在成人中的研究表明,醛固酮水平与血压水平有相关性。下面的研究考察在黑人及白人儿童中醛固酮水平[1]。

*__5.58__ 如果在黑人儿童中血清醛固酮的平均值是 230 pmol/L,标准差 sd = 203 pmol/L。试求黑人儿童中醛固酮水平≤300 pmol/L 的比例,假定正态分布条件成立。

*__5.59__ 如果在白人儿童中血清醛固酮的平均值是 400pmol/L,标准差 sd = 218 pmol/L,试求白人儿童中醛固酮水平≤300 pmol/L 的比例,假定正态性条件成立。

*__5.60__ 在 53 个白人及 46 个黑人儿童中血清醛固酮浓度的分布列于图 5.23。你认为正态性的假设条件合理吗? (提示:定量地比较低于 300 pmol/L 的儿童观察数目与正态性假定下的理论数目)。

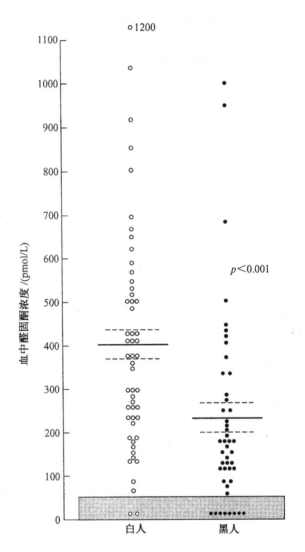

图 5.23　在 53 个白人及 46 个黑人儿童中血清醛固酮浓度
图底部阴影内的区域是不能识别的(因为＜50 pmol/L)

肝病

　　假设我们观察有肝硬化的 84 名喝酒者,其中 29 人已有肝癌——肝细胞癌。假设我们从大样本中知道,喝酒者中没有肝硬化而有肝癌的危险率(risk)是 24％。

5.61　如果在喝酒者(有或没有肝硬化)中肝癌的真实比率(true rate)是 0.24,试计算正确观察到 29 个有肝癌的肝硬化饮酒者的概率?

5.62　在 5.61 题的假定下,计算在 84 名肝硬化的饮酒者中至少观察到 29 个肝癌的概率。

5.63　有肝硬化与没有肝硬化的饮酒者中,肝癌的发病率是不同的,在 84 例肝硬化的喝酒者中要显示出两组有差异的最少肝癌数是多少? 提示:用 5％的概率法表示出两组(有与没有肝硬化)在肝癌发生数之间的差异。

高血压

文献[2]中提出了按年龄和性别分组的儿童血压标准。比如对于 17 岁男孩的舒张压的均值 ± 标准差为 (63.7 ± 11.4) mmHg(基于大样本)。

5.64 对于成年人的舒张压,标准的做法是以 90mmHg 为分界点。对于 17 岁的男孩如使用成年人标准做法,则他们的高血压比例是多少?

5.65 设在第 11 年级中 2000 个 17 岁男孩中发现有成年人的高血压(5.64 题方法)。试问,这是不正常的吗? 为什么?

环境卫生

5.66 在俄亥俄州的 Steubenville 地区,研究每天的死亡率与特殊空气污染的关系[3]。在过去 10 年中平均每天死亡 3 人。假设在 90 个高污染日,在这些天中悬浮的颗粒总数占 10 年中总数的四分之一,每天平均死 3.2 人,即在这 90 天中死 288 人。在这些高污染日中 288 个死亡数是不正常的吗?

参看数据文件 VALID.DAT(放在软盘内),格式描述见表 2.16。

5.67 考察营养饱和脂肪、总脂肪及总热量。对两种饮食记录(DR)和食物频数问卷(FFQ),画出每种营养的分布。你认为这些分布是正态分布吗?

(提示:考察落入均值的 1.0,1.5,2.0 及 2.5 个标准差范围内的观察值比例。把这些观察比例与正态条件成立时的理论比例作比较)。

5.68 对 5.67 题中的每个营养成分作对数变换。变换后的分布图形比不经变换的分布图形是否更接近正态? 还是两种都不接近正态?

5.69 酒精消费中有一个特别的问题,常常有大量的人不饮酒(酒精消费量 = 0)及大量的人饮酒(酒精消费 > 0)。因此,整个酒精消费的分布显示出双峰(指概率密度函数而不是累加分布——译者)。请对 DR 及 FFQ 作酒精分布图,这些分布是单峰还是双峰? 你认为这两个分布是正态分布吗?

职业卫生

表 5.4 是从 1975 年美国统计摘要中抽取的[4]。表的右边是 1973 年美国人按种族-性别在指定年内的 1 年死亡率。请注意,表右边的每列是每 1000 人中死亡的数目,他们不是百分比。现在我们研究在某核工厂工作的工人,希望判断在此工厂工作的工人的死亡率是否高于或低于全国的期望水平。在 1973 年 1 月 1 日,这个工厂的年龄分布见表 5.5。

表 5.4　1973 年按年龄、性别及种族统计的期望寿命及死亡率

| 年龄 | 期望寿命/年 | | | | | 在指定年龄内,每 1000 名存活者的死亡率 | | | | |
| | | 白人 | | 黑人及其他种族 | | | 白人 | | 黑人及其他种族 | |
	总计	男	女	男	女	总计	男	女	男	女
40	34.9	32.2	38.5	28.7	34.4	2.95	3.20	1.82	8.12	4.45
41	34.0	31.3	37.6	27.9	33.6	3.20	3.50	1.99	8.53	4.79
42	33.1	30.4	36.7	27.1	32.7	3.50	3.87	2.18	9.07	5.19
43	32.2	29.5	35.7	26.4	31.9	3.85	4.31	2.42	9.79	5.65

续表

年龄	期望寿命/年					在指定年龄内,每 1000 名存活者的死亡率				
		白人		黑人及其他种族			白人		黑人及其他种族	
	总计	男	女	男	女	总计	男	女	男	女
44	31.3	28.6	34.8	25.6	31.1	4.25	4.81	2.68	10.66	6.17
45	30.5	27.8	33.9	24.9	30.3	4.70	5.39	2.97	11.63	6.74
46	29.6	26.9	33.0	24.2	29.5	5.17	6.00	3.27	12.62	7.32
47	28.8	26.1	32.1	23.5	28.7	5.64	6.61	3.57	13.56	7.88
48	27.9	25.3	31.2	22.8	27.9	6.08	7.19	3.85	14.42	8.39
49	27.1	24.4	30.3	22.1	27.1	6.53	7.77	4.12	15.23	8.87
50	26.3	23.6	29.5	21.5	26.4	6.99	8.38	4.41	16.03	9.35
51	25.5	22.8	28.6	20.8	25.6	7.51	9.09	4.74	16.94	9.90
52	24.6	22.0	27.7	20.2	24.9	8.16	9.97	5.14	18.05	10.57
53	23.8	21.2	26.9	19.5	24.1	8.97	11.07	5.64	19.47	11.42
54	23.1	20.5	26.0	18.9	23.4	9.90	12.36	6.22	21.13	12.40
55	22.3	19.7	25.2	18.3	22.7	10.92	13.76	6.86	22.93	13.46
56	21.5	19.0	24.4	17.7	22.0	11.97	15.22	7.52	24.75	14.53
57	20.8	18.3	23.5	17.2	21.3	13.06	16.76	8.19	26.51	15.58
58	20.0	17.6	22.7	16.6	20.6	14.18	18.36	8.84	28.12	16.58
59	19.3	16.9	21.9	16.1	20.0	15.32	20.04	9.49	29.64	17.54
60	18.6	16.2	21.1	15.6	19.3	16.56	21.82	10.21	31.25	18.64
61	17.9	15.6	20.3	15.0	18.7	17.89	23.73	11.02	32.98	19.85
62	17.2	15.0	19.6	14.5	18.0	19.27	25.75	11.88	34.66	20.93
63	16.6	14.3	18.8	14.0	17.4	20.68	27.88	12.81	36.24	21.82
64	15.9	13.7	18.0	13.5	16.8	22.17	30.15	13.82	37.81	22.63
65	15.3	13.2	17.3	13.1	16.2	23.73	32.56	14.94	39.20	23.18
70	12.2	10.4	13.7	10.7	13.2	35.38	47.85	23.63	57.22	40.74
75	9.5	8.1	10.4	9.2	11.3	55.13	72.33	41.66	78.02	55.91
80	7.3	6.3	7.9	7.9	9.4	82.71	107.02	68.61	93.95	65.28
85 及以上	5.4	4.7	5.7	6.3	7.3	1000.00	1000.00	1000.00	1000.00	1000.00

来源:U.S. National Center for Health Statistics, *Vital Statistics of the United states*, annual.

表5.5 工厂工人的年龄分布

年龄	n
45[a]	30
50	80
55	70
60	20
总数	200

a. 为简单起见,我们假设表中的 $n = 30$ 是指45岁的人有30个,50岁的人有80个,余类推。另外假定,在每一年龄组中,80%为白人,20%为黑人。

5.70 假定我们跟踪男性工人5年(从1973年1月1日到1977年12月31日),发现这期间有20名男性死亡。这个死亡数不正常吗?请提供你的证据。此处还应假设死亡率在这5年中是保持不变的(提示:考虑使用一种近似法解此问题)。

癌,营养学

一个研究涉及有囊性纤维病的人患癌的危险性[5]。根据美国和加拿大在1985年1月1日至1992年12月31日期间囊性纤维病的记录,与美国国立癌研究所在1984年至1988年建立起来的计算期望癌发病率的 SEER 程序作比较。

5.71 按囊性纤维病的记录,观察到37例癌,而由 SEER 程序计算期望值应是45.6例癌。在这些囊性纤维病病人中癌发病数的分布应该是什么分布?

5.72 囊性纤维病人中癌的发病数是否不正常地低?(接上题)

5.73 在上述的同一个研究中,观察到13例消化道癌,而期望值仅应2例。这个观察值是否不正常地高?

高血压

医生诊断病人有高血压,于是开处方给降压药。确定病人的临床状态法是:病人开始服药前(基础)医生给病人测量 n 次血压,在开始服药后4周(随访)测量血压 n 次;医生用基础的 n 次血压的平均值减去4周后 n 次血压的平均值用于估价病人的临床状态。根据过去的临床经验,医生知道大多数病人在4周后舒张压平均可以减少5mmHg且方差为33/n,此处 n 是基础及随访测量时测血压的次数。

5.74 如果我们认为平均舒张压的变化呈正态分布,则在重复1次测量情况下病人的血压至少下降5 mmHg的概率是多少?

5.75 医生也知道,如果病人未医治(或并未服用处方药),则在4周后平均舒张压将下降2mmHg,而方差为33/n。如果在基础及随访时仍用1次重复测量,病人的血压至少下降5 mmHg的概率是多少?

5.76 假设医生不能确信病人是否真地服用了处方药。他就想在基础及随访时测量血压次数足够地多,以使在5.74题中的概率至少5倍于5.75题中的概率,这时医生应重复测量多少次?

内分泌学

一个完成了的研究是在绝经后期 60 岁以下妇女中为预防骨损失而比较两种处理[6]。腰椎骨的无机物密度的平均改变值在对照组中是 −1.8%（平均减少），而标准差是 4.3%。假设骨中无机物密度的改变值呈正态分布。

5.77　如果骨无机物密度下降 2% 被当作有临床显著性，试求对照组妇女中至少减低 2% 的百分比？

处理组是 2 年内每个妇女接受 alendronate 5mg 治疗，这时腰椎骨无机物密度平均增长 3.5% 而标准差为 4.2%。

5.78　处理组中期望出现临床显著下降 2% 的妇女百分比是多少？

5.79　假设在服用 alendronate 5mg 的妇女组中，有 10% 的妇女未按照医生要求服用药丸（非依从率）。如果这些非依从妇女有类似于对照组同样的反应，则处理组中认真服用药物的妇女中出现临床显著下降的百分比是多少？（提示：使用全概率公式）

心血管病

肥胖症是心血管病的重要决定性因子，因为它可直接影响几种心血管病的危险因子，包括高血压及糖尿病。可以估计出，18 岁妇女平均体重是 123 磅（1 磅 = 0.454 千克），50 岁妇女是 142 磅。我们假设 50 岁妇女的平均收缩压（SBP）是 125mmHg，标准差是 15 mmHg，而且假设收缩压呈正态分布。

5.80　如果高血压的定义是 SBP≥140 mmHg，则 50 岁妇女有高血压的比例是多少？

从过去的临床经验中知道，体重每减少 10 磅则平均 SBP 下降 3 mmHg。

5.81　假设一个妇女在 18 岁到 50 岁时并没有增加体重。这样的 50 岁妇女的期望（平均）血压（SBP）是多少？

5.82　在 5.81 题假设下，SBP 的标准差仍是 15 mmHg，而 SBP 分布也仍是正态，则高血压妇女的期望比例是多少？

5.83　在 18 岁到 50 岁期间，50 岁妇女的高血压比例中有多少是由于体重增加引起的？

模拟

5.84　从参数 $n = 10$，$p = 0.4$ 的二项分布中随机抽 100 个随机数。考虑它的一个近似正态分布，均值为 $np = 4$，方差为 $npq = 2.4$。在上述参数下的正态分布中随机抽取 100 个随机数，在相同的坐标上画上述的两个频率分布，且比较之。你认为正态近似合适吗？

5.85　在 5.84 题中改为 $n = 20$，$p = 0.4$，重复 5.84 题。

5.86　在 5.84 题中改为 $n = 50$，$p = 0.4$，重复 5.84 题。

模拟

存在一种堆积小球的装置。小球从顶部进入第 1 层，它只能随机且等概率地进入左边一格或右边一格（见图 5.24）。当它落进第 2 层时，也是随机且等概率地进入右边或左边一格。这个过程共进行到第 15 层。每个从顶部进入的小球很快地在底部堆积起来（注：类似地装置呈现在 Massachusetts 州 Boston 的科学博物馆中，见图 5.25）。

5.87　小球在装置的底部形成什么样的精确概率分布？

5.88　你能否想像与 5.87 题中精确分布近似的分布？

5.89　对此过程请用 100 个小球完成一次模拟（比如使用 MINITAB 或 Excel），且画出小球在底部的频数分布。显示出来的分布符合 5.87 题及 5.88 题中引出的分布吗？

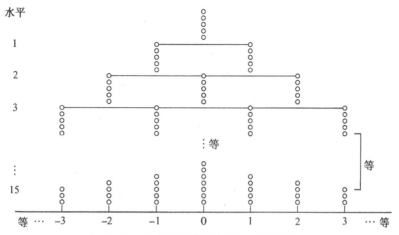

图 5:24 小球在仪器中随机移动的示意图

图 5.25 美国 Boston 科学博物馆中的概率仪

照片取自 David Rosner

参 考 文 献

[1] Pratt, J. H., Jones, J. J., Miller, J. Z., Wagner, M. A., & Fineberg, N. S. (1989, October). Racial differences in aldosterone excretion and plasma aldosterone concentrations in children. *New England Journal of Medicine*, 321(17), 1152—1157

[2] *Report of the Second Task Force on Blood Pressure Control in Children—1987*. (1987, January). Bethesda, MD. National Heart, Lung and Blood Institute. *Pediatrics*, 79(1), 1—25

[3] Schwartz, J., & Dockery, D. W. (1992, January). Particulate air pollution and daily mortality in Steubenville, Ohio. *American Journal of Epidemiology*, 135(1), 12—19

[4] U. S. National Center for Health Statistics. (1975) *Vital statistics of the United States*. Washington, DC: U. S. Government Printing Office

[5] Neglia, J. F., Fitzsimmons, S. C., Maisonneauve, P., Schoni, M. H., Schoni-Affolter, F., Corey, M., Lowenfels, A. B., & the Cystic Fibrosis and Cancer Study Group. (1995). The risk of cancer among patients with cystic fibrosis. *New England Journal of Medicine*, 332, 494—400

[6] Hosking, D., Chilvers, C. E. D., Christiansen, C., Ravn, P., Wasnich, R., Ross, P., McClung, M., Belske, A., Thompson, D., Daley, M. T., & Yates, A. J. (1998). Prevention of bone loss with alendronate in postmenopausal women under 60 years of age. *New England Journal of Medicine*, 338, 485—492

第6章 估 计

6.1 绪 言

第3章至第5章讨论不同概率模型的性质。在那些章节中,我们常常假设某个指定的概率分布是已知的。

例6.1 传染病 我们认为 100 个白细胞中出现嗜中性粒细胞的个数是二项分布且参数 $p = 0.6$。

例6.2 细菌学 我们认为在 100 cm^2 的琼脂培养基盘上细菌群数是泊松分布且参数 $\mu = 2$。

例6.3 高血压 我们认为 35～44 岁男性的舒张压分布是正态分布,且均值 $\mu = 80$ mmHg 及 $\sigma = 12$ mmHg。

一般,我们假定数据所属总体的分布性质是已知的,问题仅是在已知上述性质下预测这批数据的行为。

例6.4 高血压 使用例 6.3 的数据,我们可以预测到 35～44 岁男性的所有舒张压大约 95% 的人是落在 56 mmHg 到 104 mmHg 之间。

本书的其他部分要解决的问题及更基本的统计问题是:我们已有了一个数据集,而我们要去**推断**这批数据中潜在(或称未知)分布的性质。这种推断通常属于**归纳性**推论而不是**演绎性**;也就是说,拟合数据可以有很多种概率模型,原则上我们应选取一个对数据有最好"拟合"的模型。

统计推断进一步可分成两个主要领域:**估计**与**假设检验**。**估计**是指要用样本数据去估计指定的总体参数;**假设检验**是指用样本数据去检验总体参数值是否等于某个指定值。本章讨论估计问题,而假设检验则在第 7 章至第 10 章中讨论。

某些涉及估计的经典问题如下:

例6.5 高血压 假设我们测量了 Samoan 地区村民的收缩压,我们相信潜在的分布是正态分布。如何估计分布参数 (μ, σ^2)?

例6.6 传染病 假设我们考察生活在城市内某个低收入地区。我们希望估计社区中 HIV 阳性者的患病率。我们假设 n 个人的样本中患病人数服从二项分布,其参数为 p。如何估计参数 p?

在例 6.5 及 6.6 中,我们的兴趣集中在去找某个数值作为我们参数的估计。这些数值就称为**点估计**(point estimate)。而有时我们希望去找一个范围,我们关心的参数最有可能地存在于这个范围中。如果这个范围是窄的,我们可以感觉到我们的点估计是好的。这种形式的估计问题称为**区间估计**(interval estimation)。

例6.7　眼科学　一个研究是在 65 岁以上的 1000 人中去识别有视力损伤的人,即双眼视力在 20~50 或更坏,他们需要眼镜帮助了。假设这些必须查明的人属于二项分布,其中参数 $n = 1000$ 而 p 是未知的。我们要求 p 的点估计并提供这个点估计的一个区间,以便看看这个点估计的精确度。例如,如果点估计是 0.05,显然 0.04~0.06 的区间估计要优于 0.01~0.10 的区间估计。

6.2　总体与样本的关系

例6.8　产科学　假如我们要表示 1998 年美国活产婴儿的出生体重的分布。假设出生体重的潜在分布中有一个期望值(或均值)μ 及分差 σ^2。当然,我们希望能用美国的全部出生婴儿去估计 μ 及 σ^2。但是对这样大的总体,要完成这个任务是很困难的。代替法是选取一组 n 个婴儿的随机样本,他们可以代表全美国的婴儿,记此样本的出生体重为 $x_1, \cdots, x_n$,从此样本中我们设法去估计 μ 及 σ^2。那么什么叫随机样本?

定义6.1　随机样本　这是指从总体中选取某些成员,每个成员是被独立地选取而且都有一个已知非零的出现概率。

定义6.2　简单随机样本　是指每个成员都有相同概率被选中的随机样本。

定义6.3　参考(reference),**目标**(target),**研究**(study)**总体**　是指我们要研究的某个组,而随机样本就是从此研究总体中抽取的。

为了便于讨论,以后提到的"随机样本"都是指一个简单随机样本。

虽然许多样本在实际上都是随机样本,但它不是样本的惟一形式。常用的另一种设计是**整群抽样**(cluster sampling)。

例6.9　心血管病　Minnesota 州的心脏病研究是要寻找精确估计不同形式心血管病(比如心脏病的突发及中风)的患病率及发病率。我们不可能对该州的每个成员做调查。我们也不能亲自做大量的调查,要在全州做随机抽样也有困难,因为这要求有遍布于全州的大量的调查员。取代法是,把 Minnesota 州按地理位置分成一些紧凑的群体。再对群体做一次随机抽样供研究之用,一些调查员被分到选中的群体中去。第一个目标是遍访一个群体中的所有家庭,再调查这些家庭中的每个成员。如果某些可疑的心血管患病者被调查员识别,于是再把他们送到该群体内的卫生组织去详细地检查。调查员调查过的所有人组成了该州的一个样本,称为**群样本**(cluster sample)。类似地,分层的概念也在许多国家的卫生调查中被使用。对于群样本的统计分析法不在本书范围之内,可以参见 Cochran[1]。

本书中,我们将认为所有样本都从一个参考总体中随机取出。

例6.10　流行病学　护士健康研究是一个大流行病学研究,它涉及美国 11

个州的 10 万名女性护士。这些护士在 1976 年时首先通过邮件相互联系, 以后再通过邮件跟踪 2 年。假设我们需要选择 100 名护士作为检验护士, 用于去检验获得血清样本的一个新方法。选样本的一个方法是先指定每个护士有一个 ID 号, 然后选有最低 ID 号的 100 名护士。这种采样法不是一个随机样本, 因为每一个护士被选中的概率是不相同的。其次, 因为 ID 号中的头二位数字是代表州的号码, 所以选最低的 100 个号码时很可能使这 100 个护士都来自同一个州。一个备选的方法是使用电脑, 产生 100 个**随机数**(从 1 到 100000 中选取)。每一个随机数都代表一个护士。这种做法中每一个护士都有相同的概率被取作为样本。这是真实的随机样本(更详细地讨论随机样本见 6.3 节)。

实际上, 很少有机会让参考总体中的每一个成员都被我们列举出来, 以便你可以选一个随机样本, 而且假设你所选的样本还要具备一个随机样本的所有性质。在例 6.8 中参考总体是有限的而且容易被定义, 因而也可以被计数。但在许多情形中, 参考(研究)的总体实际上是无限的或根本无法很好地给出定义。

例 6.11　癌　设我们要估计首次被诊断为乳腺癌并且都很快做了乳房切除术的 45~54 岁妇女的 5 年生存率。我们的参考总体是以下全部妇女: 在 45~54 岁时曾首次被诊断为乳腺癌, 并且很快做了切除术; 及今后在 45~54 岁时将被诊断为乳腺癌, 并且马上就做了切除术的全部女性。

这样的一个总体的成员, 实质上是无限的。因为她不可能被一一列举出来而计数, 而再从中随机选取一部分作样本。但是我们仍然假定我们所选择的样本是一个随机样本。

本教材中, 我们认为所有所研究的(参考)总体**实际上是无限的**, 像例 6.8 及 6.10, 虽是有限但因为很大, 而总被认为是无限总体。抽样理论是统计学的特别分支, 它是对有限总体作统计推断; 它已不在本书范围之内, 可参见[1], 其中有很好的叙述。

6.3　随　机　数　表

本节讨论选取随机样本的实际方法。

例 6.12　高血压　假设我们要研究医治高血压的有效性。我们给出所有参与该研究的 1000 名病人的名册, 但只能抽取 20 名作调查。我们希望这 20 名是从所有参与者中随机抽取。这组随机样本应如何选取?

电脑可以产生一列随机数, 使你可以选择样本。

定义 6.4　随机数(random number)或**随机数字**(random digit)是一个取值为 $0, 1, 2, \cdots, 9$ 的随机变量 x, 而且每个值的出现概率是相同的, 即

$$Pr(X = 0) = Pr(X = 1) = \cdots = Pr(X = 9) = \frac{1}{10}$$

定义 6.5   计算机产生的**随机数**由满足下面两个性质的数字所组成：

(1)每个数字 $0, 1, 2, \cdots, 9$ 是等概率发生。

(2)任何一个数字的产生都独立于其他任何已选的数字。

附录中的表 4 列出由计算机产生的 1000 个随机数字。

例 6.13   假设 5 是一个选中了的随机数字。这是否意味着"5"字在下面的数字选择中有更大的机会出现？

解   答案是"否"。每一个数字在选中"5"以前及以后,都有相等的概率出现。

计算机产生的很大的一列随机数字, 它们近似地满足定义 6.5 的要求。这种随机数有时也称为**伪随机数**(pseudorandom numboer), 这是因为它们是用模拟法产生满足定义 6.5 要求的。

例 6.14   高血压   在例 6.12 中如何利用附录中表 4 的随机数在 1000 名的参与者中选 20 名随机参与者？

表 6.1   在高血压处理组的(例 6.12)1000 名参与者中随机选 20 名

随机数表的前 3 行				实际选中的随机号码				
32924	22324	18125	09077	329	242	232	418	125
				090	775	463	290	374
54632	90374	94143	49295	941	434	929	588	720
88720	43035	97081	83373	430	359	708	183	373

解   必须编制好 1000 人的名册, 每个成员都指定有一个 000 到 999 的数字。你可以按姓名的英文字母顺序排列, 可能做起来容易些。再去选 3 位数的 20 个人。可以在随机表中的任一位置开始。例如我们在附录中表 4 的第一行开始,把它们列于表 6.1 上。按次序取 3 位数 $329, 242, \cdots, 373$;直到取足 20 个 3 位数, 而且考察 20 个 3 位数中没有重复出现为止, 如有重复则继续取一个 3 位数。最后结果见表 6.1 右边, 它们是 $329, 242, \cdots, 373$。上述这种过程也称为**随机选取**(random selection)。

例 6.15   糖尿病   假设我们对糖尿病病人作临床试验,服用低血糖剂与使用标准胰岛素治疗法作比较。小试验是在 10 个病人身上进行, 随机取 5 个病人服用低血糖剂,另 5 个病人接受胰岛素治疗。如何用随机数表来安排它们？

解   把病人从 0 到 9 计数。在随机数表中从任何位置开始取 5 个单值数字,比如我们从附录中表 4 的第 28 行开始。头 5 个单值不相同的数字是 6, 9, 4, 3, 7。于是,我们把 3, 4, 6, 7, 9 号病人作为服用低血糖剂组, 而其他病人(0, 1, 2, 5, 8 号)

指定为标准胰岛素组。在上述安排中,如果 10 个病人原先是按 1,2,…,10 排列,则我们可以把上述抽得的 5 个单值数 3,4,6,7,9 全加 1,即变成 3+1,4+1,6+1,7+1,9+1 号作为第 1 组,另 5 个作第 2 组。

上述过程也被称为**随机分配**或**随机**指定(random assignment),它不同于随机选取(例 6.14)。典型做法是,每组中病人数(5)是事先指定的。随机数表是选 5 个病人作为二组中的一组,另外未选用的病人自然地分在另一组了。如果使用随机选取法,该方法可以这样做:给每一个病人抽一个随机数字。如果抽到的随机数字是 0 到 4,则这个病人被分到第 1 组(口服低血糖剂组);如果这个病人的随机数字是 5 到 9,则这个病人被分到第 2 组(标准胰岛素疗法)。这个方法并不要求两组中人数必须相等。这种方法通常认为是最有效的设计。但在本例中随机分配法可能更可取。

例 6.16 产科学 表 6.2 中列举了在 Boston 市医院(为低收入人服务的医院)连续分娩 1000 名婴儿的出生体重(盎司)。这个例子中把出生体重的总体看作是一个无限总体。我们是想用计算机从这个总体中抽取 5 组,每组大小为 10 个的出生体重。这样的样本如何选取?

表 6.2 1000 个依次分娩的出生体重(盎司)样本(Boston 市医院)

ID (识别号)	0	1	2	3	4	5	6	7	8	9	10	11	12	13	14	15	16	17	18	19
000-019	116	124	119	100	127	103	140	82	107	132	100	92	76	129	138	128	115	133	70	121
020-039	114	114	121	107	120	123	83	96	116	110	71	86	136	118	120	110	107	157	89	71
040-059	98	105	106	52	123	101	111	130	129	94	124	127	128	112	83	95	118	115	86	120
060-079	106	115	100	107	131	114	121	110	115	93	116	76	138	126	143	93	121	135	81	135
080-099	108	152	127	118	110	115	109	133	116	129	118	126	137	110	32	139	132	110	140	119
100-119	109	108	103	88	87	144	105	138	115	104	129	108	92	100	145	93	115	85	124	123
120-139	141	96	146	115	124	113	98	110	153	165	140	132	79	101	127	137	129	144	126	155
140-159	120	128	119	108	113	93	144	124	89	126	87	120	99	60	115	86	143	97	106	148
160-179	113	135	117	129	120	117	92	118	80	132	121	119	57	126	126	77	135	130	102	107
180-199	115	135	112	121	89	135	127	115	133	64	91	126	78	85	106	94	122	111	109	89
200-219	99	118	104	102	94	113	124	118	104	124	133	80	117	112	112	112	102	118	107	104
220-239	90	113	132	122	89	111	124	148	103	112	128	86	111	140	126	143	120	124	110
240-259	142	92	132	128	97	132	99	131	120	106	115	101	130	120	130	89	107	152	90	116
260-279	106	111	120	198	123	152	135	83	107	55	131	108	100	104	112	121	102	114	102	101
280-299	118	114	121	133	139	113	77	109	142	144	114	117	97	96	93	120	149	107	107	117
300-319	93	103	121	118	110	89	127	100	156	106	122	105	92	128	124	125	118	113	110	149
320-339	98	98	141	131	92	141	110	130	90	88	111	137	67	95	102	75	108	118	99	79
340-359	110	124	122	104	133	98	108	125	106	128	132	95	114	67	134	136	138	122	103	113
360-379	142	121	125	111	97	127	117	122	120	80	114	126	103	98	108	100	106	98	116	109
380-399	98	97	129	114	102	128	107	119	84	117	119	128	121	113	128	111	112	120	122	91
400-419	117	100	108	101	144	104	110	146	117	107	126	120	104	129	147	111	106	138	97	90
420-439	120	117	94	116	119	108	109	106	134	121	125	105	177	109	109	79	118	92	103
440-459	110	95	111	144	130	83	93	81	116	115	131	116	97	108	103	134	140	72	112

续表

ID(识别号)	0	1	2	3	4	5	6	7	9	9	10	11	12	13	14	15	16	17	18	19
460-479	101	111	129	128	108	90	113	99	103	41	129	104	144	124	70	106	118	99	85	93
480-499	100	105	104	113	106	88	102	125	132	123	160	100	128	131	49	102	110	106	96	116
500-519	128	102	124	110	129	102	101	119	101	119	141	112	100	105	155	124	67	94	134	123
520-539	92	56	17	135	141	105	133	118	117	112	87	92	104	104	132	121	118	126	114	90
540-559	109	78	117	165	127	122	108	109	119	98	120	101	96	76	143	83	100	128	124	137
560-579	90	129	89	125	131	118	72	121	91	113	91	137	110	137	111	135	105	88	112	104
580-599	102	122	144	114	120	136	144	98	108	130	119	97	142	115	129	125	109	103	114	106
600-619	109	119	89	98	104	115	99	138	122	91	161	96	138	140	32	132	108	90	118	58
620-639	158	127	121	75	112	121	140	80	125	73	115	120	85	104	95	106	100	87	99	113
640-659	95	146	126	58	64	137	69	90	104	124	120	62	83	96	126	155	133	115	97	105
660-679	117	78	105	99	123	86	126	121	109	97	131	133	121	125	120	97	101	92	111	119
680-699	117	80	145	128	140	97	126	109	113	125	157	97	119	103	102	128	116	96	109	112
700-719	67	121	116	126	106	116	77	119	119	122	109	117	127	114	102	75	88	117	99	136
720-739	127	136	103	97	130	129	128	119	22	109	145	129	96	128	122	115	102	127	109	120
740-759	111	114	115	112	146	100	106	137	48	110	97	103	104	107	123	87	140	89	112	104
760-779	130	123	125	124	135	119	78	125	103	55	69	83	106	130	98	81	92	110	112	104
780-799	118	107	117	123	138	130	100	78	146	137	114	61	132	109	133	132	120	116	133	133
800-819	86	116	101	122	126	94	93	132	126	107	98	102	135	59	137	120	119	106	125	122
820-839	101	119	97	86	105	140	89	139	74	131	118	91	98	121	102	115	115	135	100	90
840-859	110	113	136	140	129	117	117	129	143	88	105	110	123	87	97	99	128	128	110	132
860-879	78	128	126	93	148	121	95	121	127	80	109	105	136	141	103	95	140	115	118	117
880-899	114	99	144	119	127	116	103	144	117	131	74	109	117	100	103	123	93	107	113	144
900-919	99	170	97	135	115	89	120	106	141	137	107	132	132	58	113	102	120	98	104	108
920-939	85	115	108	89	88	126	122	107	68	121	113	116	94	85	93	132	146	98	132	104
940-959	102	116	108	107	121	132	105	114	107	121	101	110	137	122	102	125	104	124	121	111
960-979	101	93	93	88	72	142	118	157	121	58	92	114	104	119	91	52	110	116	100	147
980-999	114	99	123	97	79	81	146	92	126	122	72	153	97	89	100	104	124	83	81	129

　　解　MINITAB 软件中有一个功能,可以从列中采样。用户先要指定样本的行的数目(也就是要选择的随机样本的大小)。因此,1000 个出生体重预先要储存在一单列(比如,C_1)上。我们随机地指定 10 行,并将此 10 行的出生体重组成了一个大小为 10 的样本。此大小是 10 的随机样本可以储存在另一列(比如 C_2 列)上。这个过程可以重复 5 次,结果储存了 5 个不同的列。这就可以对每一组随机样本计算均值及 sd(标准差),结果列于表 6.3。在用计算机随机采样时的一个命题是,先前抽得的样本是"放回去"还是"不放回去"再抽另外的样本? 在计算机中没有要求具体指明时,采样是不放回去的,也就是说,总体中相同的样本点不可能在一组

样本中出现两次或以上。如使用"放回"采样,则一个样本点被重复抽取到是完全可能的。表 6.3 中的采样是在"不放回去"情况下取得的。

表 6.3 出现在表 6.2 中出生体重(盎司)总体中抽取大小为 10 的 5 组随机样本

号	样本				
	1	2	3	4	5
1	97	177	97	101	137
2	117	198	125	114	118
3	140	107	62	79	78
4	78	99	120	120	129
5	99	104	132	115	87
6	148	121	135	117	110
7	108	148	118	106	106
8	135	133	137	86	116
9	126	126	126	110	140
10	121	115	118	119	98
$\bar{x}$	116.90	132.80	117.00	106.70	111.90
S	21.70	32.62	22.44	14.13	20.46

6.4 随机化临床试验

在临床研究设计中一个重要的进展是使用了随机化及随机化临床试验(randomized clinical trial, RCT)。

定义 6.6 随机化临床试验(RCT)是为了比较不同处理的研究设计方法,在此方法中对病人的处理安排遵守某种随机化准则。对病人处理的安排过程称为**随机化**(randomization),如果是大样本,随机化意味着对病人作不同处理方式(或组)的指定将是类似的。但如果样本少的话,则各组之间病人的特性可能是不可比的。这时一个常规做法是列出 RCT 中不同处理组的特性,用以检查随机化的好坏。

例 6.17 高血压 老年人收缩压方案(SHEP)试验是一个研究设计,用于估计 60 岁及以上老人中降压药在降低孤立性收缩压高血压病上的能力。这种病人的收缩压超过 160 mmHg 而有正常的舒张压(<90 mmHg)[2]。所研究的 4736 人中 2365 人随机地被指定为流行的药物处理组,而 2371 人随机地被指定为对照组。表 6.4 是随机化分配病人后两组的基础特性,可以看出两组的基础特性在处理以前是可比的。

表 6.4　按处理组分类的随机化 SHEP 参与者的基础特征[a]

特　　征	有效处理组	安慰剂组	总　　数
随机化数	2365	2371	4736
年龄, y			
平均[b]	71.6 (6.7)	71.5 (6.7)	71.6 (6.7)
%			
60~69	41.1	41.8	41.5
70~79	44.9	44.7	44.8
≥80	14.0	13.4	13.7
种族, 性别 %[c]			
黑人男性	4.9	4.3	4.6
黑人女性	8.9	9.7	9.3
白人男性	38.8	38.4	38.6
白人女性	47.4	47.7	47.5
教育, y[b]	11.7 (3.5)	11.7 (3.4)	11.7 (3.5)
血压, mmHg[b]			
收缩压	170.5 (9.5)	170.1 (9.2)	170.3 (9.4)
舒张压	76.7 (9.6)	76.4 (9.8)	76.6 (9.7)
开始接触时使用降压药, %	33.0	33.5	33.3
抽烟, %			
现在抽烟	12.6	12.9	12.7
过去抽烟	36.6	37.6	37.1
从不抽烟	50.8	49.6	50.2
喝酒, %			
从不	21.5	21.7	21.6
以前	9.6	10.4	10.0
偶然	55.2	53.9	54.5
每天或几乎每天	13.7	14.0	13.8
心肌梗塞史, %	4.9	4.9	4.9
中风史, %	1.5	1.3	1.4
糖尿病史, %	10.0	10.2	10.1
颈动脉杂音, %	6.4	7.9	7.1
脉率, 次/分[b,d]	70.3 (10.5)	71.3 (10.5)	70.8 (10.5)
身体质量指标, kg/m[2b]	27.5 (4.9)	27.5 (5.1)	27.5 (5.0)
血液胆固醇, mmol/L[b]			
总	6.1 (1.2)	6.1 (1.1)	6.1 (1.1)
高密度脂蛋白	1.4 (0.4)	1.4 (0.4)	1.4 (0.4)
抑郁症状, %[e]	11.1	11.0	11.1
认知损伤证据, %[f]	0.3	0.5	0.4

续表

特　征	有效处理组	安慰剂组	总　数
每日生活中活动性没有限制, %[d]	95.4	93.8	94.6
基础心电图异常, %[g]	61.3	60.7	61.0

[a] SHEP 简要地说明了老年人收缩压方案。

[b] 值表示均值(标准差)*

[c] 在白人中, 204 人是亚洲人(占 5%), 84 人是西班牙人(占 2%), 41 人是其他地区的人(占 1%)。

[d] 药物处理组与对照组比较时, $P < 0.05$。

[e] 抑郁症量表得分在 7 及以上者。

[f] 认知损伤量表得分在 4 及以上者。

[g] 下面是明尼苏达州的心电图中的代码: 1.1~1.3(Q/QS), 3.1~3.4(高的 R 波), 4.1~4.4(ST 下降), 5.1~5.4(T 波改变), 6.1~6.8(AV 传导缺损), 7.1~7.8(心室传导缺损), 8.1~8.6(心律失常), 9.1~9.3 及 9.5(杂音等项)。

在现代临床研究中随机化是重要的, 但不可以有过高的估计。在提出随机化以前, 不同处理组间的比较常常是建立在没有可比性的被选样本上。

例 6.18　传染病　氨基糖苷是一类抗生素, 它可以有效地抑制革兰氏阴性有机体, 但是它也有副作用, 包括肾中毒(损伤肾)及耳病(比如暂时性听力损伤), 近几十年中, 研究者正在比较不同氨基糖苷的有效性及安全性。许多研究者总是用最常用的氨基糖苷(庆大霉素)与同类其他抗生素(比如妥布霉素)相比较。最容易的研究是非随机化研究法。典型做法是, 内科医生把以庆大霉素治疗的所有病人的结果, 与用其他抗生素治疗的所有病人的结果作比较。在这种比较中未对病人的预先指定用任何随机化原理。这里的一个问题是, 使用妥布霉素治疗的病人的病情可能比用庆大霉素病人的病情严重, 特别是当妥布霉素是适合及有效而且用的药又是精选时。在这种非随机化研究中, 有时会出现令人啼笑皆非的结果: 一个真实有效的抗生素可能会被判为"坏的"。这是因为使用这种有效的抗生素的病人的病情可能是最严重的一些病人。近来的临床试验实质上已全部使用随机化方法了, 这样不同抗生素的疗效也就有了可比性。

6.4.1　随机化临床试验的设计特性

在不同研究中, 随机化的实际方法差别很大, 随机选取, 随机分配, 及其他随机方法都可以用作随机化方法。在临床试验中, 有时把随机分配称为**区组随机化**(block randomization)。

定义 6.7　区组随机化定义如下。在临床试验中要比较两种处理(常记为处理 A 及处理 B), 预先确定有 $2n$ 个区组量, 即在研究中要有 $2n$ 个病人参与, n 个

---

* 教育是指受过正规教育的年数。——译者注

病人要随机地指定为 A 组, 另外 n 个病人指定为 B 组。类似的方法也可用于多于两组的临床试验。例如, 如果有 k 个处理组, 每个组需要有 n 个病人, 即要有 kn 个病人参与该试验: n 个病人随机地指定为第 1 组, n 个病人随机地指定为第 2 组, ……, n 个病人指定为第 k 组。

因此如果有两个处理组, 则在区组随机化要求下, $2n$ 个病人将分成相等数目进入每一组。这里每一组有相同的病人数是为了有更好的可比性。但这个条件并非最重要的, 有时也可以改变。比如第 1 组是 8 人, 第 2 组是 6 人, 第 3 组是 10 人等等。

在随机化方法中其他常用的是**分层**(stratification)。

定义 6.8　在某些临床研究中, 病人可再分成子群, 或称层, 他们是按照疾病的特征来划分的。这时在每一层中使用随机化以使在每一层内部的病人之间有可比性。这个过程称为**分层**(stratification)。对每一层可以使用随机选取(一般随机化)或随机分配(区组随机化)。典型的用于分层的特征有年龄, 性别, 或病人的临床条件。

现代临床研究中其他的重要进展是使用**盲法**(blinding)。

定义 6.9　一个临床试验称为**双盲**(double blind)是指, 不论是医生还是病人都不知道每个病人接受的是什么处理。一个临床试验称为**单盲**(single blind)是指, 病人不知道他(或她)接受的是什么处理, 但医生都是知道的。一个临床试验称为**非盲**(unblinded)是指, 医生及病人都知道处理是如何安排的。

现在, 临床研究中的金标准是随机化的双盲法, 在这个方法中, 病人被指定到哪一个处理是随机的, 而且医生及病人都不知道处理的安排。

例 6.19　**高血压**　在例 6.17 的 SHEP 研究中使用双盲法。病人及医生都不知道病人服用的是降压药还是对照用的药。双盲法目的是为了避免医生或病人在结果报告中的偏性。但是这种方法却不是在所有试验中都能行得通的。

例 6.20　**脑血管病**　Atrial fibrillation(AF)是老人中的常见症状, 它由一组特殊的不正常心节律所表征。例如, 美国前总统 George Bush(乔治·布什)在白宫中时就有这个情况。有 AF 症状的人的中风危险性要远高于同年龄同性别的老人。warfarin(苄丙酮香豆素, 也称华法令)是一种药, 它可以有效地防止有 AF 症状的人犯中风病。但是此药也能造成复杂的出血。因此一个重要的问题是, 对病人如何用药以使能最大地预防中风而有最小的出血危险。不幸的是, 监测剂量要求周期性地估价凝血酶原的时间(一种测量血块容量的指标), 当剂量可以增加、减少或不变时, 则要经常地检查凝血时间。有时还要哄骗病人去做血液检查。因为这样的做法不实际, 因此产生了要选择一种好的控制处理与苄丙酮香豆素做临床比较。在多数的临床试验中, 涉及到的苄丙酮香豆素及病人要随机地被指定为处理组及对照组, 此处的对照就是简单地不做处理。这种做法的一个重要问题是, 有时试验对象会破坏盲法中指定的安排。

盲法的其他问题是,病人开始时接受了盲法中的安排,但由于太强烈的副作用而改变了实际的安排。

例 6.21 心血管病   在内科医生健康研究中,要比较阿司匹林(aspirin)与阿司匹林的安慰剂在预防心血管疾病上的效果,而阿司匹林的一个副作用是使肠胃出血,一出现这种副作用就强烈地表明这个处理组使用了阿司匹林。

6.5 一个分布中均值的估计

现在你已经明白总体中随机样本的意义,也明白使用计算机产生随机数作为样本的实际方法,我们将继续讨论估计问题。问题是,如何使用一组指定的随机样本 $x_1, \cdots, x_n$ 去估计潜在的总体的均值 μ 及方差 σ^2? 估计均值是本节的焦点,而方差的估计见 6.7 节。

6.5.1 点估计

对于总体均值 μ 的一个自然估计是样本均值

$$\bar{X} = \sum_{i=1}^{n} X_i / n$$

$\bar{X}$ 有什么性质使得这个估计是理想的? 暂时忘记我们上面的具体样本数值,而让我们考察从总体中所有可能选 n 个点的样本全体。在每一个大小为 n 的样本中都有一个 $\bar{X}$,一般而言,不同的样本上 $\bar{X}$ 值不会相同,记 $\bar{x}_1$ 为第 1 个样本中 n 个点的平均,$\bar{x}_2$ 是第 2 个样本中 n 个点的平均,……。关键的是,我们要忘却惟一已被选中的样本而代以所有可能的样本量为 n 的样本。另一种叙述法是,由于上式中 X_i 实际上在不同抽样中是可变的,因此,$\bar{X}$ 是一个随机变量,而在某一个实际抽样中计算的 $\bar{x}$ 只是 $\bar{X}$ 的一个实现。在本书的另外部分,我们记 X 总是表示随机变量,而 x 代表随机变量 X 的一个实现[*]。

定义 6.10 $\bar{X}$ 的**抽样分布**是指大量 $\bar{x}$ 值的分布:一个 $\bar{x}$ 值是从参考总体中所有可能有的大小为 n 的样本中的一个样本中计算出来的样本均值。

在图 6.1 中,提供了这样的一个分布例子。这个例子是在表 6.2 中的 1000 个出生体重中随机地选 10 个出生体重而计算出来的 $\bar{x}$ 值,而再重复 200 次,即有 200 个大小为 10 的出生体重数据,从而可计算得 200 个 $\bar{x}$ 值,将其做成频率(百分数)图。这是用统计分析软件(SAS)中的 PROC CHART 做出的。

我们可以看出,所有 $\bar{x}$ 的均值近似于 μ 值,特别是当样本组数(此例中为 200)

---

[*] 它虽未给出具体值但却是有指定的值。——译者注

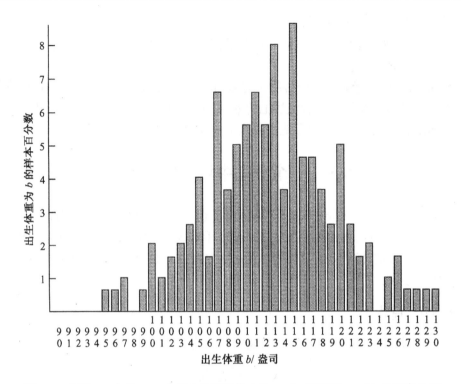

图 6.1   在表 6.2 中的 1000 个出生体重总体中选 10 个,再重复 200 次,从而有 $\bar{x}$ 的
抽样分布$(100 = 100.0 - 100.9, \text{etc.})$

增大时,近似将会更好。换言之,在所有采样分布中 $\bar{X}$ 的期望值就是 μ。这个结果可以总结出下面的结果。

方程 6.1   记 $X_1, \cdots, X_n$ 是从具有均值 μ 的同一总体中抽出的一个随机样本,则 $\bar{X}$ 的样本均值为 $E(\bar{X}) = \mu$。

注意,方程 6.1 对任何分布成立。也可以说 $\bar{X}$ 是 μ 的无偏估计。

定义 6.11   一个参数 θ 的**估计量**是 $\hat{\theta}$, 如果 $E(\hat{\theta}) = \theta$, 则称 $\hat{\theta}$ 是 θ 的**无偏估计**。这意味着,在大量重复的抽样量为 n 的样本中,$\hat{\theta}$ 的平均值将是 θ。

$\bar{X}$ 的无偏性并不是用它来估计 μ 的一个充分理由。实际上,还有很多 μ 的无偏估计,比如样本中位数,样本中最大值与最小值的平均值等都有同样的性质。为什么会选用 $\bar{X}$ 而不是选用另外的无偏估计量去估计 μ? 理由是,当 X 的潜在性总体是正态总体时,可以证明,$\bar{X}$ 的方差是最小的。也就是说,$\bar{X}$ 是 μ 的**最小方差无偏估计量**。

说明这一点的例子见图6.2(a)到(c)。那是从表 6.2 中的 1000 个出生体重的总体中抽取大小为 10 的样本,重复 200 次。样本均值($\bar{x}$)的采样分布见图 6.2(a),样本中位数的采样分布见图 6.2(b),而样本中最大值与最小值的平均的

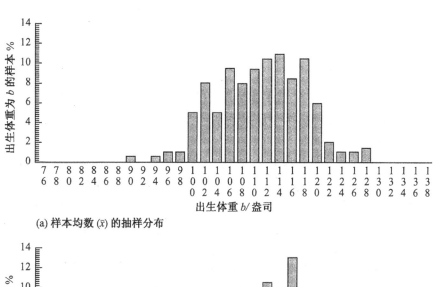

(a) 样本均数 ($\bar{x}$) 的抽样分布

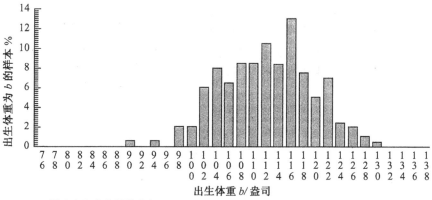

(b) 样本中位数的抽样分布

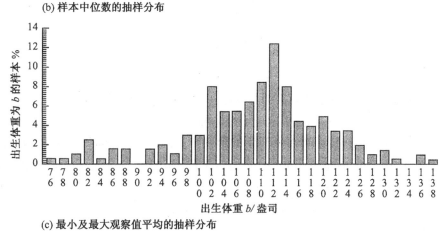

(c) 最小及最大观察值平均的抽样分布

图 6.2 在表 6.2 中 1000 个出生体重中随机选 10 个,共做 200 次的随机样本,估计 μ 的几个估计量的抽样分布($100 = 100.0 - 100.9$, etc.)

采样分布见图 6.2(c)。可以看出,样本均值($\bar{x}$)的变异略小于中位数中的变异,而比样本中最大值与最小值平均数的变异则要小得多。

6.5.2　均值的标准误差

从方程 6.1,我们知道 $\bar{X}$ 是未知参数 μ 的无偏估计,这对任何大小的 n 成立。为什么在大样本中的估计会比小样本(n 小)的估计更好? 理由是,大样本时对 μ 的估计会更精细。

例 6.22　产科学　考察表 6.3。注意这表中的 50 个出生体重的变化范围是从 62 到 198(盎司),且样本标准差为 23.79(盎司)。而 5 组样本均值的范围则是 106.7 到 132.8(盎司),这 5 组 $\bar{x}$ 值的标准差为 9.77(盎司)。也就是说,建立在 10 个观察值上的样本均值的变化小于样本点到样本点中均值的变化,后者可以看作是 $n=1$ 时的样本均值。

其实,我们可以期望,对样本大小为 100 的重复抽样的样本均值,将比在样本大小为 10 的样本均值的变化要小,可以证明这个结果是真实的。可以利用方程 5.9 中独立随机变量的线性组合的性质:

$$\mathrm{Var}(\bar{X}) = \left(\frac{1}{n^2}\right)\mathrm{Var}\left(\sum_{i=1}^{n} X_i\right)$$

$$= \left(\frac{1}{n^2}\right)\sum_{i=1}^{n}\mathrm{Var}(X_i)$$

由定义知, $\mathrm{Var}(X_i) = \sigma^2$,因此

$$\mathrm{Var}(\bar{X}) = \frac{1}{n^2}(\sigma^2 + \sigma^2 + \cdots + \sigma^2)$$

$$= \left(\frac{1}{n}\right)(n\sigma^2)$$

$$= \sigma^2/n$$

由标准差(sd) $= \sqrt{\text{方差}}$,得 $sd(\bar{X}) = \sigma/\sqrt{n}$ 。如此,我们有下面的结果:

方程 6.2　设 $X_1, \cdots, X_n$ 是从一个总体抽得的一组随机样本,总体的均数为 μ 方差为 σ^2。则在大小为 n 的样本的重复抽样中,样本均数的集合总体中,这个 $\bar{X}$ 集合的方差为 σ^2/n,标准差为 $\sigma/\sqrt{n}$,后者也常称为均值的标准误差(standard error of mean(sem)),或简称为标准误(standard error)。

实际上,总体方差 σ^2 常是未知的。我们将在 6.7 节中看到,σ^2 的合理估计是 s^2,这引出下面的定义。

定义 6.12　**均值的标准误差**(sem),或称**标准误**,是 $\sigma/\sqrt{n}$,它的估计量是 $s/\sqrt{n}$ 。这个标准误差代表了从一个具有方差 σ^2 的总体中重复抽取大小为 n 的样本的样本均值所构成的集合中的标准差。

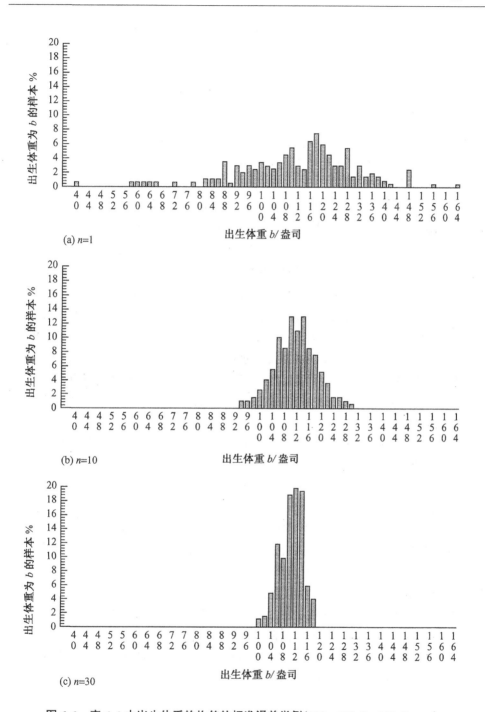

图 6.3 表 6.2 中出生体重的均值的标准误差举例(100 = 100.0 − 103.9, etc.)

注意,标准误差不是个体观察 X_i 的标准差,而是样本均值 $\overline{X}$ 的标准差。均值标准误差的例子见图 6.3(a)~(c)。在图 6.3(a)中,样本均值的频率分布是由 200 组 $n=1$ 时的表 6.2 中出生体重所制成的。图 6.3(b)是从 $n=10$ 的样本中的 200 个随机样本(200 个 $\bar{x}$),作图制成的,而图 6.3(c)则是由 $n=30$ 的 200 个 $\bar{x}$ 构成的。可以看出, $n=1$ 时频率分布的离散性远大于图 6.3(b),而更远大于 $n=30$ 时的图 6.3(c)。

例 6.23　产科学　计算表 6.3 中出生体重的第 3 组样本的均值标准误差。

解　均值标准误差为

$$s/\sqrt{n}=22.44/\sqrt{10}=7.09$$

标准误差是样本均值分散性的一个定量测度指标。注意,该公式中标准误差正比于 $1/\sqrt{n}$ 及 σ。这就说明在估计未知参数 μ 时,用样本均值 $\bar{x}$ 估计 μ 时,其精度与样本大小 n 有关。即,我们用样本大小为 400 的 $\bar{x}$ 估计 μ 总比用 100 个大小的样本估计要好,前者的标准误差只有后者的 1/2。即较大的样本可以提供更精细的估计。注意,我们的估计也受未知方差 σ^2 大小的影响。但是 σ^2 有时也受实验技术的影响。例如,在测量血压时,σ^2 可以因人而异,受过标准测量血压训练的人自然是 σ^2 较小;另外,二次或多次重复测量取平均可以改变血压测量的精度。

例 6.24　妇科学　设一个妇女为了避孕目的而希望精确地估算排卵日期。一个理论是,排卵在体温上升 0.5 ℉到 1 ℉时发生。因此,体温的变化可以用来预测排卵时间。

要使用这个方法,首先需要有在一个时期内不排卵时身体的基础体温。假设一个妇女在她的经期后头 10 天早上醒来后即测量体温,得数据为:

97.2 ℉,96.8 ℉,97.4 ℉,97.4 ℉,97.3 ℉,97.0 ℉,97.1 ℉,97.3 ℉,
97.2 ℉,97.3℉

在早上,她的基础体温(μ)的最好估计是多少? 这个估计的精度多大?

解　在此非月经期间,她在早上时体温的最好估计是

$$\bar{x}=(97.2+96.8+\cdots+97.3)/10=97.20 \text{ ℉}, \qquad s=0.189$$

估计的标准误差是 $s/\sqrt{10}=0.189/\sqrt{10}=0.06$ ℉

在我们后面的置信区间部分(6.5.5 节)中,我们将表明,对于许多未知分布而言,真实的均值(μ)是近似地在 $\bar{x}$ 的两倍标准差之间。在此例中,这个 μ 的置信区间为 97.20 ℉ ±2(0.06) ℉≈(97.1 ℉~97.3 ℉)。因此体温如至少升高 0.5 ℉就可以指示此女性正处在排卵期,即为了避孕就不应有性生活。*

---

* 此例中样本数为 10,用建立在大样本上的均值±2 倍标准差法是不妥的,应该用 2.262 取代 2,这时置信区间为 97.20 ℉±2.262(0.06) ℉=(97.06 ℉~97.34 ℉)。但即便这样,数据中的 97.0 ℉及两个 97.40 ℉仍未包括在此区间之内,说明这组数据的正态性不好。——译者注

6.5.3 中心极限定理

如果潜在的分布是正态,则样本均值的分布仍是正态分布且均值为 μ 而方差为 σ^2/n(见 5.6 节)。换言之, $\bar{X} \sim N(\mu, \sigma^2/n)$。如果潜在的分布不是正态分布,则有下面的定理可以使 $\bar{x}$ 仍可能有正态性质。

方程 6.3   中心极限定理(central-limit theorem)。设 $X_1, \cdots, X_n$ 是某一个均值为 μ 方差为 σ^2 的总体的一个随机样本。则对于大的 n,有近似 $\bar{X} \overset{\cdot}{\sim} N(\mu, \sigma^2/n)$,这里总体的分布可以不是正态。(上述记号 $\overset{\cdot}{\sim}$ 表示“近似分布”)。

这个理论是很重要的,因为在实际工作中很多分布不是正态的。在这种情形中,中心极限定理就可以适用于 $\bar{X}$ 的分布了。即 X 可能不是正态随机变量,但样本均值 $\bar{X}$ 的近似分布却是正态。

例 6.25   产科学   中心极限定理可以用图示法表示出来。图 6.4(a)是从出生体重例中(表 6.2)取 $n = 1$ 时,抽 200 组样本的 200 个 $\bar{x}$ 而作图;类似地,在图 6.4(b)中是 $n = 5$ 时的 200 组 $\bar{x}$ 作图;图 6.4(c)是 $n = 10$ 时的图形。注意,出生体重例中的 X 的分布图 6.4(a)稍为倾斜(均值的左边),而 $n = 5$ 及 $n = 10$ 时 $\bar{x}$ 的频率分布已不再倾斜了,且愈来愈接近钟形的正态分布。

例 6.26   心血管病   血清三酸甘油脂是某种冠心病的重要危险因子。它的分布有些正倾斜或者称向右倾斜,即少数人有高值,如图 6.5(a)所示。在中等样本大小下,图 6.5(b)显示,样本均值相当近似于正态分布,虽然图 6.5(a)已指出这个 X 的分布并非正态分布。当然在此例中,我们也可以对原始数据作某些变换,比如作对数变换可以减小此例中的倾斜性。

例 6.27   产科学   计算表 6.2 中 10 个婴儿的平均体重落在 98.0 到 126.0 盎司(即 $98 \leqslant \bar{X} \leqslant 126$)之间的概率。且已知 1000 个出生体重的平均体重为 112.0 盎司及标准差为 20.6 盎司。

解   在 $\bar{X}$ 上使用中心极限定理,已知 $\mu = 112.0$ 盎司及标准差为 $\sigma/\sqrt{n} = 20.6/\sqrt{10} = 6.51$ 盎司,于是有

$$Pr(98.0 \leqslant \bar{X} \leqslant 126.0) = \Phi\left(\frac{126.0 - 112.0}{6.51}\right) - \Phi\left(\frac{98.0 - 112.0}{6.51}\right)$$
$$= \Phi(2.15) - \Phi(-2.15)$$
$$= \Phi(2.15) - [1 - \Phi(2.15)]$$
$$= 2\Phi(2.15) - 1$$

应用附录中的表 3,得

$$Pr(98.0 \leqslant \bar{X} \leqslant 126.0) = 2(0.9842) - 1.0 = 0.968$$

因此,如果此例中 $n = 10$ 的样本均值上中心极限定理成立,则由 10 个出生体

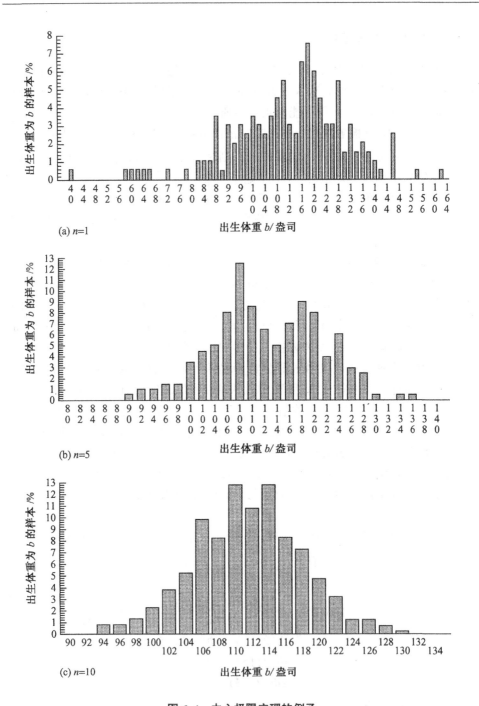

图 6.4　中心极限定理的例子

(a)100 = 100.0 − 103.9,(b)及(c)为 100 = 100 − 101.9

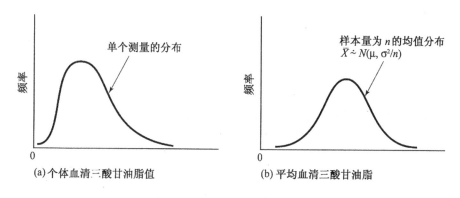

图 6.5 血清三酸甘油脂的分布及样本均值的分布(n 是中等大小)

重的样本计算出的样本均值落在 98 到 126 盎司之间的概率为 96.8%。这个值可以通过图 6.2(a)来检查,注意图 6.2(a)中的 90 列对应于出生体重 90.0 到 91.9,92 列对应于 92.0 到 93.9,等等。注意,出生体重为 90 列上对应的频率为 0.5%,94 列上为 0.5%,96 列上为 1%,126 列上为 1%,128 列上为 1.5%。也就是说,$\bar{X}$ 中少于 98 盎司的频率是 2%,而大于等于 126 盎司的是 2.5%。因此,图 6.2(a)中落在 198.0 与 126.0 之间的频率为 $1 - (2\% + 2.5\%) = 95.5\%$。此值与中心极限定理中的 96.8%相对应。两值相近似也说明,即使在 $n = 10$ 的小样本时,中心极限定理也在此例中近似成立。

6.5.4 区间估计

我们已经讨论了用 $\bar{x}$ 估计分布的均值,及该估计的一个分散性测度,即标准误差。这些结果对任何未知分布都成立。但是我们常常希望得出均值的一个似乎是合理的区间估计,以便对均值的精确值有一个最好估计。我们下面的区间估计要能正确成立仅当未知分布是正态分布,如不是正态分布,则只能是近似成立,如同在中心极限定理中所述一样。

例 6.28 产科学 在表 6.3 中 10 个出生体重的第一组样本已给出。对总体均值 μ 的最好估计是样本均值 $\bar{x} = 116.9$ 盎司。虽然 116.9 盎司是 μ 的最好估计,但我们仍不能断定 μ 就是 116.9 盎司。其次,我们从表 6.3 的第 2 组 10 个出生体重的计算可以看出,μ 的最好估计也可用 132.8 代替。上述两个 μ 的估计属于 μ 的点估计。

我们从前面知识知道,表 6.2 的出生体重分布是正态分布,均值为 μ 及方差为 σ^2。我们也已知道样本均值 $\bar{X}$ 有性质 $\bar{X} \sim N(\mu, \sigma^2/n)$。因此,如果 μ 及 σ^2 已知,则由前面知识可知,在大样本(即 n 大)时,所有的样本均值,约 95% 是落在($\mu - 1.96\sigma/\sqrt{n}$,$\mu + 1.96\sigma/\sqrt{n}$)。

方程 6.4   如果我们把 $\bar{X}$ 重写成前面的标准形式, 即记

$$Z = \frac{\bar{X} - \mu}{\sigma/\sqrt{n}}$$

则 Z 应当是标准正态分布。所以, 当重复抽样时, 95% 的 Z 值落在 -1.96 到 1.96 之间, 这是因为他们对应于第 2.5 个百分位点及 97.5% 的百分位点。但是, 假定 σ 为已知是太不自然了, 因为在实际中 σ 是极少已知的。

6.5.5 t 分布

因为 σ 未知, 合理的估计是用样本标准差 s 估计 σ, 而用 $(\bar{X} - \mu)/(s/\sqrt{n})$ 去构建置信区间。这时的问题是, 这个量已不再是正态分布了。

这个问题首先在 1908 年由统计学家 William Gossett 解决。在其职业生涯中, 他在爱尔兰的一个叫 Guinness Brewery 的酿酒厂工作, 他为自己选了一个笔名叫 "Student", 于是 $(\bar{X} - \mu)/(s/\sqrt{n})$ 的分布就常称为**学生 t 分布**(Student's t distribution)。Gossott 发现, 这个分布的形状与样本数 n 关系大。即 t 分布并不是一个分布而是一组分布, 它是依赖于称为**自由度**(degree of freedom, 简记为 df)的分布。

方程 6.5   如果 $X_1, \cdots, X_n \sim N(\mu, \sigma^2)$ 彼此独立, 则 $(\bar{X} - \mu)/(s/\sqrt{n})$ 的分布称为具有 $(n-1)$ 自由度的 t 分布。

再重复一次, t 分布不是一个分布而是一组具有自由度 d 的分布。这样的分布有时简记为 t_d 分布。

定义 6.13   具有自由度 d 的 t 分布上的第 $100 \times u$ 的百分位点记为 $t_{d,u}$, 即

$$Pr(t_d < t_{d,u}) \equiv u$$

例 6.29 $t_{20,0.95}$ 表示什么?

解 $t_{20,0.95}$ 是自由度为 20 的 t 分布中的第 95 个百分位点或上侧第 5 个百分位点。

把自由度为 d 的 t 分布与 $N(0,1)$ 分布作比较是有意义的。图 6.6 就是 $d=5$ 时的 t 密度函数与 $N(0,1)$ 的密度函数的比较。

注意, t 分布关于 0 对称但比 $N(0,1)$ 分布有更大的离散性。可以证明的是, 对于任何 $\alpha(\alpha>0.5)$, $t_{d,1-\alpha}$ 总是大于对应的 $N(0,1)$ 上的分布点 $Z_{1-\alpha}$。这个关系见图 6.6。可是当 d 变大, 则 t 分布愈近似于 $N(0,1)$ 分布。这是可以解释的, 在有限的样本中, 样本方差 (s^2) 仅是总体方差 (σ^2) 的一个近似, 这个近似造成了 $(\bar{X} - \mu)/(s/\sqrt{n})$ 比 $(\bar{X} - \mu)/(\sigma/\sqrt{n})$ 有更大的分散性。而当 n 变大时, 这时 s^2 变得对 σ^2 有更好的近似, 因此两个分布也就有了更好的近似。t 分布的上侧第 2.5 个百分位点与 $N(0,1)$ 上侧第 2.5 个百分位点的关系见表 6.5。

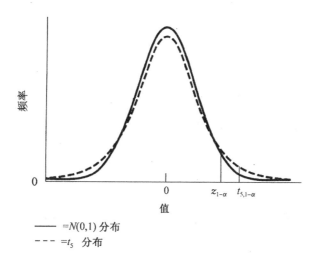

图 6.6 5 个自由度的 Student's t 分布与 $N(0,1)$ 分布的比较

表 6.5 t 分布的第 97.5 个百分位点与正态分布的比较

d	$t_{d,0.975}$	$z_{0.975}$	d	$t_{d,0.975}$	$z_{0.975}$
4	2.776	1.960	60	2.000	1.960
9	2.262	1.960	∞	1.960	1.960
29	2.045	1.960			

当样本数 n 小时($n < 30$), t 分布与正态分布有最大的差别, 附录中的表 5 给出了 t 分布在各种自由度下的百分位点。自由度放在附录中表 5 的第 1 列上, 百分位点在第 1 行上, 第 1 列与第 1 行的交叉点即是 t 分布的第 n 个百分位点值。

例 6.30 寻找有 23 个自由度的 t 分布的上侧第 5 个百分位点。

解 $t_{23,0.95}$ 在表 5 中第 23 行及 0.95 列的交叉上, 值为 1.714。

统计软件包如 MINITAB, Excel, 或 SAS 都可计算 t 分布的精确概率。这对于未列入附录中表 5 的情形特别有用。

如果 σ 未知, 在方程 6.4 中用 S 代 σ, 对应的 Z 统计量改为 t 统计量, 即

$$t = \frac{\overline{X} - \mu}{S/\sqrt{n}}$$

这个 t 统计量是有 $n-1$ 个自由度的 t 分布。所以在重复抽样为 n 的样本数中, 95% 的样本将落在 t 分布的第 2.5 及 97.5 个百分位点之间, 或写成

$$Pr(t_{n-1,0.025} < t < t_{n-1,0.975}) = 95\%$$

更一般地, 对于样本大小为 n 的 t 统计量重复抽样时, $100\% \times (1-\alpha)$ 的 t 统计量

将落在上、下 t_{n-1} 的百分位点之间,或者写成

$$Pr(t_{n-1,\alpha/2} < t < t_{n-1,1-\alpha/2}) = 1 - \alpha$$

上面不等式可以写成两个不等式

$$t_{n-1,\alpha/2} < \frac{\overline{X} - \mu}{S/\sqrt{n}} \quad \text{及} \quad \frac{\overline{X} - \mu}{S/\sqrt{n}} < t_{n-1,1-\alpha/2}$$

在两边乘上 $S/\sqrt{n}$ 及加上 μ,我们有

$$\mu + t_{n-1,\alpha/2}S/\sqrt{n} < \overline{X} \quad \text{及} \quad \overline{X} < t_{n-1,1-\alpha/2}S/\sqrt{n} + \mu$$

最后,前一不等式两边减去 $t_{n-1,\alpha/2}S/\sqrt{n}$,后一不等式两边减去 $t_{n-1,1-\alpha/2}S/\sqrt{n}$,则有

$$\mu < \overline{X} - t_{n-1,\alpha/2}S/\sqrt{n} \quad \text{及} \quad \overline{X} - t_{n-1,1-\alpha/2}S/\sqrt{n} < \mu$$

将其表示成一个不等式,即有

$$\overline{X} - t_{n-1,1-\alpha/2}S/\sqrt{n} < \mu < \overline{X} - t_{n-1,\alpha/2}S/\sqrt{n}$$

利用 t 分布的对称性,则有 $t_{n-1,\alpha/2} = -t_{n-1,1-\alpha/2}$,上式改为

$$\overline{X} - t_{n-1,1-\alpha/2}S/\sqrt{n} < \mu < \overline{X} + t_{n-1,1-\alpha/2}S/\sqrt{n}$$

因此,我们看到

$$Pr(\overline{X} - t_{n-1,1-\alpha/2}S/\sqrt{n} < \mu < \overline{X} + t_{n-1,1-\alpha/2}S/\sqrt{n}) = 1 - \alpha$$

这时,称区间 $(\bar{x} - t_{n-1,1-\alpha/2}s/\sqrt{n}, \bar{x} + t_{n-1,1-\alpha/2}s/\sqrt{n})$ 为 μ 的 $100\% \times (1-\alpha)$ 置信区间(confidence interval, CI)。这个结果可以写成:

方程 6.6　正态分布中均数的置信区间　具有未知方差的正态分布的均值 μ 的 $100\% \times (1-\alpha)$ 置信区间(简称 CI)可以写成

$$(\bar{x} - t_{n-1,1-\alpha/2}s/\sqrt{n}, \bar{x} + t_{n-1,1-\alpha/2}s/\sqrt{n})$$

也可以简写为

$$\bar{x} \pm t_{n-1,1-\alpha/2}s/\sqrt{n}$$

例 6.31　对表 6.3 中的样本数为 $n = 10$ 的第一组样本计算均值的 95% CI。

解　此处 $n = 10, \bar{x} = 116.90, s = 21.70$,因为是 95% 的置信区间(CI),所以 $\alpha = 0.05$。因此,从方程 6.6,95% 的 CI 为

$$[116.9 - t_{9,0.975}(21.70)/\sqrt{10}, \quad 116.9 + t_{9,0.975}(21.70)/\sqrt{10}]$$

查附录中的表 5,$t_{9,0.975} = 2.262$,因此 95% CI 是

$$[116.9 - 2.262(21.70)/\sqrt{10}, \quad 116.9 + 2.262(21.70)/\sqrt{10}]$$
$$= (116.9 - 15.5, \quad 116.9 + 15.5)$$
$$= (101.4, 132.4)$$

注意,如果样本数大的话(比如 $n > 200$),则 t 分布实质上是正态分布。在此情形下,合理的 μ 的 $100 \times (1-\alpha)$ 置信区间为:

方程6.7　正态分布中均值的置信区间(大样本时)　未知方差时,正态分布的均值 μ 的 $100\% \times (1-\alpha)$ 的置信区间为

$$(\bar{x} - z_{1-\alpha/2}s/\sqrt{n}, \quad \bar{x} + z_{1-\alpha/2}s/\sqrt{n})$$

这个区间应该仅使用于 $n > 200$ 的情形。但如果 σ 已知,则用 σ 代公式中 s,则上式对 $n < 200$ 也适用。

你可能对置信区间的意义感到困惑。μ 是一个固定的未知常数,如何能够说它在某个指定区间内的概率,比如 95% ? 一个主要原因是,区间的边界依赖于样本均值及样本方差,而且不同的样本会有不同的边界。正因为如此,所以才能对样本量为 n 的随机抽样可以作重复,从而构建出上述置信区间。

例6.32　产科学　在表 6.3 中,抽取出生体重的 5 个样本,其中样本大小为10,我们考察置信区间。由于 $t_{9,0.975} = 2.262$,于是 95% 的 CI 为

$$(\bar{x} - t_{9,0.975}s/\sqrt{n}, \bar{x} + t_{9,0.975}s/\sqrt{n}) = \left(\bar{x} - \frac{2.262s}{\sqrt{10}}, \bar{x} + \frac{2.262s}{\sqrt{10}} \right)$$
$$= (\bar{x} - 0.715s, \bar{x} + 0.715s)$$

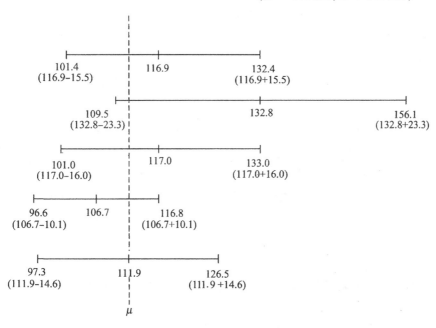

图6.7　由表 6.2 的出生体重而计算的表 6.3,我们构建表 6.3 的 5 组样本的关于均值 μ 的 95% 置信区间(每个区间的中点是 $\bar{x}_i$)

把表 6.3 中的 5 组样本代入上式,见图 6.7。5 个区间是各不相同,图中的虚线表示未知 μ 的想像值,原因是,假设有大量的样本量为 10 的样本,则 95% 的区间应

包含有 μ,而任何一个区间,它可以包含也可以不包含有 μ。在图 6.7 中,我们把它们画成都包含有 μ 了。但在更多的样本中可能就不都是如此了。

因此,我们不能够说,参数 μ 有 95% 的机会落在一个已知的 95% 置信区间内。但是我们能够叙述如下:

方程 6.8　重复样本量为 n 的所有随机样本,从而构建出的所有置信区间中,95% 的区间含有未知参数 μ。

置信区间的长度给出了点估计 $\bar{x}$ 的精度指标,如果某种情形中,每一个置信区间的范围都是从 20～47 盎司,这时我们可怀疑这个点估计 $\bar{x}$ 的精确性,这也隐含着我们需要增大样本数去估计参数 μ。

例 6.33　妇科学　考察例 6.24 中的体温数据,构建 95% 的 CI。

解　95% 的 CI 为

$$\bar{x} \pm t_{9,0.975}s/\sqrt{n} = 97.2\ ℉ \pm 2.262(0.189)/\sqrt{10}$$
$$= 97.2\ ℉ \pm 0.13\ ℉$$
$$= (97.07\ ℉, 97.33\ ℉)$$

我们也可以构建其他水平的置信区间而不是 95%CI。

例 6.34　用表 6.3 中第 1 列的样本,计算参数 μ 的 99% 置信区间。

解　99%CI 为

$$(116.9 - t_{9,0.995}(21.70)/\sqrt{10},\quad 116.9 + t_{9,0.995}(21.70)/\sqrt{10})$$

从附录中表 5,可得 $t_{9,0.995} = 3.250$,因此 99%CI 为

$$(116.9 - 3.250(21.70)/\sqrt{10},\quad 116.9 + 3.250(21.70)/\sqrt{10}) = (94.6, 139.2)$$

注意,例 6.34 中 99% 的区间 (94.6, 139.2) 比例 6.31 中 95% 的置信区间 (101.4, 132.4) 要宽。这是因为较高置信水平的置信区间应该有更宽的置信区间才能使 μ 位于其中。另外,从公式看,95%CI 的长度为 $2(2.262)s/\sqrt{n}$,而 99%CI 的长度为 $2(3.250)s/\sqrt{n}$。一般而言,对于 $100\% \times (1-\alpha)$ 的置信区间,其长度为

$$2t_{n-1,1-\alpha/2}s/\sqrt{n}$$

因此,我们看到,置信区间的长度由三个数决定:n,s 及 α。

方程 6.9　影响置信区间长度的因素。关于 μ 的一个 $100\% \times (1-\alpha)$ 的置信区间的长度是 $2t_{n-1,1-\alpha/2}s/\sqrt{n}$,它的值由 n,s 及 α 所决定:

n——当样本量 (n) 增加时,区间长度减小。

s——标准差,它反映了观察值分布的分散性,标准差增加则区间长度增加。

α——如希望增加置信度(或置信水平),即减小 α,则置信区间长度会增加。

例 6.35　妇科学　在例 6.24 的体温数据中,求均值的 95%CI,假设天数是 100 而不是 10。

解　95% CI 为

$$97.2 \pm t_{99,0.975}(0.189)/\sqrt{100} = 97.2 \pm 1.984(0.189)/10$$
$$= 97.2 \pm 0.04$$
$$= (97.16\ ^\circ\mathrm{F}, 97.24\ ^\circ\mathrm{F})$$

此处我们使用 Excel 中的 TINV 函数去计算 $t_{99,0.975}$ 的值为 1.984。注意,这个区间是比例 6.33 中的区间(97.07 ℉, 97.33 ℉)要窄很多。

例 6.36 在例 6.24 中的体温例子中,计算均值的 95% 置信区间,假设标准差是 0.4 ℉而不是例 6.24 中的 0.189 ℉,而样本大小为 10。

解 95% CI 为

$$97.2 \pm 2.262(0.4)/\sqrt{10} = 97.2 \pm 0.29$$
$$= (96.91\ ^\circ\mathrm{F}, 97.49\ ^\circ\mathrm{F})$$

注意这个区间比原来例 6.33 中的(97.07 ℉, 97.33 ℉)要宽很多,原因就是标准差变大了。

通常情况下 n 及 α 是可以控制的。而 s 是所研究的变量的一个函数。减小 s 是很重要的,减小 s 的一个重要方法是对每一个"个体"作重复测量,再对重复测量值取平均而取代个体中一次的测量值。

至今置信区间一直是描述分布中估计未知参数精度的一种基本工具。置信区间的另一用法是可以判断数据的大体变化区域。

例 6.37 心血管病,儿科学 从大量研究中我们已经知道,2~14 岁儿童的胆固醇平均水平是 175 mg/dL。我们想了解,胆固醇是否有家族聚集性。我们已经知道一群曾有过突发心脏病而且胆固醇水平都超过 250 mg/dL 的男性,而要考察他们的子代 2~14 岁儿童的胆固醇水平。

假设我们发现这群 100 名儿童的胆固醇平均水平是 207.3 mg/dL 且标准差为 30 mg/dL。这个值是否充分地远离 175 mg/dL,以使我们相信这群选取的儿童的平均胆固醇明显地不同于 175 mg/dL?

解 一种方法是让我们构建所取样本的 95% 置信区间。我们可以使用下面的判断法则,如果此置信区间包含 175 mg/dL,则我们不可以说这批样本中未知均值与所有儿童的均值(175)有任何差异,因为在此 μ 的可能值中,175 是可能的值。另外,如果置信区间中不包含 175,则我们的结论是这群样本中未知均值不同于175。如果 CI 的低值超过 175,则说明有家族聚集性。这个判断的基础见假设检验一章。

此例中,父亲有心脏病突发史的儿童的胆固醇 95% 置信区间为

$$207.3 \pm t_{99,0.975}(30)/\sqrt{100} = 207.3 \pm 6.0 = (201.3, 213.3)$$

显然,175 远离此区间的下界,因此我们可以下结论,胆固醇有家族聚集性。

6.6　疾病研究:中年妇女吸烟对骨无机物密度的效应研究

研究 41 对双胞胎。我们想判断骨无机物密度(BMD)是否与抽烟有关。一种方法是计算每对双胞胎中严重抽烟者与轻微抽烟者间骨无机物密度的差值,然后计算 41 对双胞胎的平均差值。可计算得,BMD 的平均差值为(-0.036 ± 0.014) g/cm^2(均值±标准误差)。我们可以使用置信区间法来解决此问题。BMD 的真实平均差值(μ_d)的 95% CI 是

$$-0.036 \pm t_{40, 0.975}(s/\sqrt{41})$$

但此处因为标准误差 $se = s/\sqrt{41}$,上式可写成

$$-0.036 \pm t_{40, 0.975}(se) = -0.036 \pm 2.021(0.014)$$
$$= -0.036 \pm 0.028 = (-0.064, -0.008)$$

因为 95% 的 CI 上界小于 0,所以我们能相信真实的差异小于 0。另外一种叙述法是,我们能够有理由说,严重抽烟者双胞胎的真实平均 BMD 值低于轻微抽烟者双胞胎的真实平均 BMD 值。用统计学术语的说法是,BMD 与抽烟有显著性地联系。我们将在第 7 章讨论统计显著性。

6.7　方差的估计

6.7.1　点估计

在第 2 章中样本方差定义为

$$s^2 = \frac{1}{n-1} \sum_{i=1}^{n} (x_i - \bar{x})^2$$

这个定义有点不大直观,因为分母不是人们想象的 n,而是 $n-1$。下面我们给出对这个定义的正式解释。如果我们的样本 $x_1, \cdots, x_n$ 是从某一个总体具有均值 μ 及方差 σ^2 中抽得,则如何从样本中估计方差 σ^2? 有下面的原理。

方程 6.10　设 $X_1, \cdots, X_n$ 是均值为 μ 方差为 σ^2 的某总体中的一组随机样本。在样本量为 n 的所有随机样本中,样本方差 S^2 是 σ^2 的无偏估计;也就是说 $E(S^2) = \sigma^2$。

因此,如果在总体中重复样本量为 n 的随机抽样,如表 6.3 所示,可以计算出每一个随机样本的样本方差 s^2,则在这种大量的样本方差 s^2 中取平均,它就是总体方差 σ^2。而这个公式对任何分布成立。

例 6.38　妇科学　使用例 6.24 中的体温数据计算方差的估计。

解　我们有

$$s^2 = \frac{1}{9} \sum_{i=1}^{10} (x_i - \bar{x})^2 = 0.189^2 = 0.0356$$

这就是 σ^2 的无偏估计。

注意,如用 n 代替 s^2 的分母中 $n-1$,即

$$\frac{1}{n} \sum_{i=1}^{n} (x_i - \bar{x})^2$$

它将是 σ^2 的一个偏低估计,相当于估计 σ^2 的 $(n-1)/n$ 倍。这个公式在大样本时可以忽略。对于 σ^2 的更复杂的讨论见文献[3]。

6.7.2 卡方分布

对正态分布的均值的区间估计已在 6.5.4 节及 6.5.5 节中讨论。我们也需要获得方差的区间估计。如对均值的区间估计一样,对方差的区间估计也需在未知分布是正态分布的条件下进行。方差的区间估计对正态性条件要远比在均值上的要求高得多,这在使用时要特别注意。

例 6.39 高血压 已经生产出一种新仪器称为超声波血压计,它能把血压读数记录在一盘磁带中而不再依靠人耳听出来。一个主要争论点是在同一人身上测试时,这仪器有低于标准袖珍式血压计的变异。

现在假设我们有一批数据见表 6.6,是在 10 个人身上由 2 个测试员记录的收缩压值。我们用 d_i 表示第 1 个与第 2 个测试员测试的差值,用这差值表示仪器的内部变异,如果我们假设这些差异的未知分布是正态分布,且均值为 μ 及方差为 σ^2。如何估计 σ^2? 显然,高的 σ^2 值对应着仪器的波动性大。

表 6.6 用超声血压计测量 10 个人的收缩压(mmHg),每人的血压由 2 个测试员测试

人	测试员		差值(d_i)
	1	2	
1	194	200	-6
2	126	123	$+3$
3	130	128	$+2$
4	98	101	-3
5	136	135	$+1$
6	145	145	0
7	110	111	-1
8	108	107	$+1$
9	102	99	$+3$
10	126	128	-2

由前面知识可知,σ^2 的无偏估计是样本方差 s^2。即

$$平均差异 = (-6 + 3 + \cdots - 2)/10 = -0.2 = \bar{d}$$

$$样本方差 = s^2 = \sum_{i=1}^{10} (d_i - \bar{d})^2/9$$

$$= [(-6 + 0.2)^2 + \cdots + (-2 + 0.2)^2]/9 = 8.178$$

如何找 σ^2 的区间估计?

要找 σ^2 的区间估计,需要介绍一类新的分布,称为卡方分布(Chi-square distribution, χ^2)。

定义 6.14   如果 $G = \sum_{i=1}^{n} X_i^2$,此处 $X_1, \cdots, X_n \sim N(0,1)$,且彼此独立,则 G 称为**自由度(df)为 n 的卡方分布**。这个分布常被记为 χ_n^2。

卡方分布与 t 分布一样,是具有参数(自由度)的一类分布。不同于 t 分布的是,它不是对称分布,只有正值而且向右倾斜。它的一般形状见图 6.8。

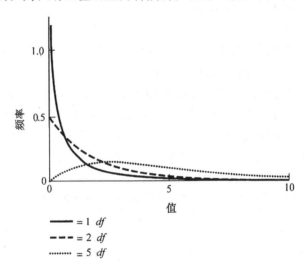

图 6.8   不同自由度($n\,df$)下 χ^2 分布的一般形状

在 $n = 1, 2$ 时,这个分布有一个众数是 $0^{[3]}$。对于 $n \geqslant 3$,这个众数大于 0 的分布形状也向右倾斜。当 n 增加时倾斜性也减小。可以证明,χ_n^2 的期望值是 n 且方差为 $2n$。

定义 6.15   具有 $n\,df$ 的 χ_n^2 的第 u 个百分位点记为 $\chi_{n,u}^2$,即 $Pr(\chi_n^2 < \chi_{n,u}^2) \equiv u$。这个百分位点见图 6.9,数值列于附录中表 6。

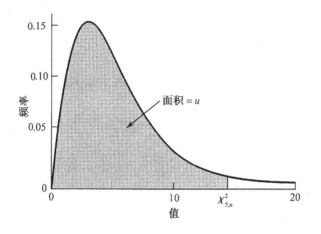

图 6.9 χ_5^2 分布的百分位点 $\chi_{5,u}^2$

附录中表 6 的构建类似于附录中表 5 的 t 表,第 1 列是自由度,而百分位点见第 1 行。t 表与卡方表的基本差别是,卡方表中给出了下侧($u \leqslant 0.5$)及上侧($u > 0.5$)的百分位点,而 t 表中只给出了上侧百分位点。这因为 t 分布是关于 0 对称的,所以任何下侧百分位点都对应于上侧百分位点的负值。而卡方分布是一个倾斜分布,它没有对称性,即也没有下侧与上侧百分位点的关系式。

例 6.40 寻找自由度为 10 的卡方分布的上、下侧第 2.5 个百分位点。

解 按照附录中表 6,上、下侧的百分位点为:

$$\chi_{10,0.975}^2 = 20.48, \qquad \chi_{10,0.025}^2 = 3.25$$

对于未列入附录表 6 中的卡方值可以通过计算机软件,比如 MINITAB 或 Excel 而计算出来。

6.7.3 区间估计

为求 σ^2 的区间估计,我们需要知道 S^2 的分布。设 $X_1, \cdots, X_n \sim N(\mu, \sigma^2)$,则可以证明有

方程 6.11 $S^2 \sim \dfrac{\sigma^2 \chi_{n-1}^2}{n-1}$

为明白这一点,我们回忆 5.5 节。如 $X \sim N(\mu, \sigma^2)$,则我们可以把 X 标准化(即 X 减去 μ 再除以 σ),这时新的随机变量 $Z = (X - \mu)/\sigma$ 就是 $N(0,1)$ 分布。再从定义 6.14,我们有

方程 6.12 $\displaystyle\sum_{i=1}^{n} Z_i^2 = \sum_{i=1}^{n} (X_i - \mu)^2/\sigma^2 \sim \chi_n^2 = $ 自由度为 n 的卡方,因为我们通常不知道 μ,常用 $\overline{X}$ 估计 μ。这时方程 6.12 中将损失 1 个自由度[3],这结果造

成了下面的关系式。

方程 6.13 $\sum_{i=1}^{n}(X_i - \bar{X})^2/\sigma^2 \sim \chi^2_{n-1}$

我们回忆样本方差的定义,即 $S^2 = \sum_{i=1}^{n}(X_i - \bar{X})^2/(n-1)$ 。于是上式两边乘 $(n-1)$,产生下面的关系式

$$(n-1)S^2 = \sum_{i=1}^{n}(X_i - \bar{X})^2$$

代入方程 6.13,有

方程 6.14 $\dfrac{(n-1)S^2}{\sigma^2} \sim \chi^2_{n-1}$

如果两边乘 $\sigma^2/(n-1)$,即求得方程 6.11:

$$S^2 \sim \frac{\sigma^2}{n-1}\chi^2_{n-1}$$

利用方程 6.11,我们可以用来求 σ^2 的 $100\% \times (1-\alpha)$ 的置信区间。从方程 6.11 可以看出

$$Pr\left(\frac{\sigma^2\chi^2_{n-1,\alpha/2}}{n-1} < S^2 < \frac{\sigma^2\chi^2_{n-1,1-\alpha/2}}{n-1}\right) = 1-\alpha$$

这个不等式可以写成两个分离不等式:

$$\frac{\sigma^2\chi^2_{n-1,\alpha/2}}{n-1} < S^2 \quad 及 \quad S^2 < \frac{\sigma^2\chi^2_{n-1,1-\alpha/2}}{n-1}$$

在前一不等式两边乘 $(n-1)/\chi^2_{n-1,\alpha/2}$,在后一不等式两边乘 $(n-1)/\chi^2_{n-1,1-\alpha/2}$,则

$$\sigma^2 < \frac{(n-1)S^2}{\chi^2_{n-1,\alpha/2}} \quad 及 \quad \frac{(n-1)S^2}{\chi^2_{n-1,1-\alpha/2}} < \sigma^2$$

将此两不等式联合起来,即

$$\frac{(n-1)S^2}{\chi^2_{n-1,1-\alpha/2}} < \sigma^2 < \frac{(n-1)S^2}{\chi^2_{n-1,\alpha/2}}$$

此即

$$Pr\left[\frac{(n-1)S^2}{\chi^2_{n-1,1-\alpha/2}} < \sigma^2 < \frac{(n-1)S^2}{\chi^2_{n-1,\alpha/2}}\right] = 1-\alpha$$

用样本实测方差 s^2 代 S^2,即得 $100\% \times (1-\alpha)$ 的置信区间。

方程 6.15 σ^2 的 $100\% \times (1-\alpha)$ 置信区间为

$$[(n-1)s^2/\chi^2_{n-1,1-\alpha/2}, (n-1)s^2/\chi^2_{n-1,\alpha/2}]$$

例 6.41   **高血压**   我们回到例 6.39 中的数据。假设我们希望构建样本点内的变异性 σ^2 的 95% 置信区间。

解　因为有 10 个人, $s^2 = 8.178$, 这时

$$(9s^2/\chi^2_{9,0.975}, 9s^2/\chi^2_{9,0.025}) = [9(8.178)/19.02, 9(8.178)/2.70]$$
$$= (3.87, 27.26)$$

类似地, σ 的 95% 置信区间为 $(\sqrt{3.87}, \sqrt{27.26}) = (1.97, 5.22)$。注意, σ^2 的置信区间并不是关于 $s^2 = 8.178$ 对称, 而在 μ 的置信区间却关于 $\bar{x}$ 对称。

如果我们已有了新血压计读数内部变异的一个好的估计, 我们可以用 σ^2 的置信区间对新血压计的变异做出判断。例如, 如果某仪器的内部差异可以用某两个测试员测量的差异的方差来衡量, 而这个方差已知是 35。这个值落在新仪器的 σ^2 的置信区间 (3.87, 27.26) 之外, 因此我们说, 我们例中的新血压计的观察者内部差异低于某仪器的内部差异。反之, 如果某仪器的内部差异方差已知是 15, 则我们说此新仪器与某仪器的内部变异没有什么差异。

注意, 方程 6.15 中 σ^2 的 CI 仅对正态分布的样本有效。如果未知分布不是正态, 则置信区间的水平不会是 $1 - \alpha$, 即使在大样本中仍是如此, 这一点不同于方程 6.6 中对均值 μ 的 CI, 那里当 n 大时, 可以用中心极限定理保证 CI 仍近似成立, 即使未知分布不是正态。

6.8　二项分布的估计

6.8.1　点估计

本节讨论二项分布中参数 p 的估计问题。

例 6.42　癌　我们要估计全美国 45～54 岁妇女中恶性黑色素瘤的患病率问题。假设在这个年龄组中随机抽 5000 名妇女, 发现 28 例患此病。令 X_i 代表第 i 个妇女的疾病状态, 如果此妇女有恶性黑色素瘤则记 $X_i = 1$, 否则记 $X_i = 0$, $i = 1, \cdots, 5000$。这个随机变量就是在定义 5.14 中的一个伯努利试验。假设在这个年龄组中疾病患病率为 p。如何估计 p?

记 $X = \sum_{i=1}^{n} X_i = n$ 个妇女中患有恶性黑色毒瘤的数目。

按方程 5.8 及方程 5.32, 我们有 $E(X) = np$ 及 $\mathrm{Var}(X) = npq$。

注意, 此处 X 也可看作是具有参数 n 及 p 的二项分布。

最后, 考虑随机变量 $\hat{p} = $ 样本中事件发生的比例, 此例中即是妇女中恶性黑色素瘤的比例数。如此有

$$\hat{p} = \frac{1}{n} \sum_{i=1}^{n} X_i = X/n$$

因为 $\hat{p}$ 是样本均值, 可以应用方程 6.1 于此例, 于是有 $E(\hat{p}) = E(X_i) \equiv \mu = p$。进而由方程 6.2, 得

及

$$\text{Var}(\hat{p}) = \sigma^2/n = pq/n$$

$$se(\hat{p}) = \sqrt{pq/n}$$

这样,对于样本大小为 n 的样本比例, $\hat{p}$ 就是总体比例 p 的无偏估计,而这个比例的标准误差 $\sqrt{pq/n}$ 则由 $\sqrt{\hat{p}\hat{q}/n}$ 所估计。这样就汇总成下面的公式。

方程 6.16　二项参数 p 的点估计　记 X 是二项随机变量,其参数为 n 及 p。p 的无偏估计为事件的样本比例 $\hat{p}$,标准误差 $\sqrt{pq/n}$ 的精确估计量是 $\sqrt{\hat{p}\hat{q}/n}$。

例 6.43　估计例 6.42 中恶性黑色素瘤的患病率及其标准误。

解　45～54 岁妇女中恶性黑色素瘤患病率的最好估计是 $28/5000 = 0.0056$,其标准误为

$$\sqrt{0.0056(0.9944)/5000} = 0.0011$$

6.8.2　区间估计——正态理论法

上面介绍了二项分布中参数 p 的估计,如何做参数 p 的**区间估计**?

例 6.44　癌　我们如何估计 50～54 岁妇女中乳腺癌的患病率? 假设这些妇女的母亲都曾有乳腺癌。我们随机抽取 10000 名上述妇女,发现 400 人有乳腺癌。我们知道,患病率 p 的最好估计是样本比例 $\hat{p} = 400/10000 = 0.040$。如何构建置信区间(见例 6.45 的解)?

由方程 5.14 知,二项分布可以用正态分布很好地近似,即 n 个妇女中有 X 个事件发生数可以用正态分布近似,均值为 np,方差为 npq。与之对应的妇女有恶性黑色素瘤的比例为 $\hat{p} = X/n$,也是正态分布且参数分别为均值 p 及方差 pq/n。

正态分布近似式可以由中心极限定理导出。其实,前面已指出 $\hat{p}$ 是 n 次伯努利试验的平均值,每个试验都有均值为 p 方差为 pq。因此,当 n 大时,由中心极限定理知, $\hat{p} = \bar{X}$ 是正态分布且均值为 p 及方差为 $\sigma^2/n = pq/n$,或

方程 6.17　$\hat{p} \overset{\cdot}{\sim} N(p, pq/n)$

另外,在方程 6.17 中两边乘 n,则 n 次伯努利试验中成功次数 $X = n\hat{p}$,则有下式

方程 6.18　$X \overset{\cdot}{\sim} N(np, npq)$

这个公式实际上与二项分布的正态近似是相同的,它早已由方程 5.14 给出。n 应多大才能使用这个近似? 在第 5 章中我们已经介绍, $npq \geqslant 5$ 时,则二项分布用正态近似是好的。但在第 5 章中介绍的 p 是已知的,而此处 p 是未知的。如此,我们用 $\hat{p}$ 代 p, $\hat{q} = 1 - \hat{p}$ 代 q,应用上面规则,则如果 $n\hat{p}\hat{q} \geqslant 5$,我们可以使用正态近似。类似于 6.5.5 节, p 的 $100\% \times (1-\alpha)$ 置信区间可以从方程 6.17 中引出:

$$Pr\left(p - z_{1-\alpha/2} \sqrt{pq/n} < \hat{p} < p + z_{1-\alpha/2} \sqrt{pq/n} \right) = 1 - \alpha$$

这个不等式也写成两个不等式:

$$p - z_{1-\alpha/2} \sqrt{pq/n} < \hat{p} \quad 及 \quad \hat{p} < p + z_{1-\alpha/2} \sqrt{pq/n}$$

要从上两不等式中解出 p，这是一个二次方程不等式。为了避免复杂性，我们用 $\hat{p}\hat{q}/n$ 代 pq/n，重写上面两个不等式如下：

$$p - z_{1-\alpha/2} \sqrt{\hat{p}\hat{q}/n} < \hat{p} \quad 及 \quad \hat{p} < p + z_{1-\alpha/2} \sqrt{\hat{p}\hat{q}/n}$$

前一不等式两边加 $z_{1-\alpha/2} \sqrt{\hat{p}\hat{q}/n}$，且在后一不等式减去 $z_{1-\alpha/2} \sqrt{\hat{p}\hat{q}/n}$，则上面两不等式变为

$$p < \hat{p} + z_{1-\alpha/2} \sqrt{\hat{p}\hat{q}/n} \quad 及 \quad \hat{p} - z_{1-\alpha/2} \sqrt{\hat{p}\hat{q}/n} < p$$

联合这两个不等式，得

$$\hat{p} - z_{1-\alpha/2} \sqrt{\hat{p}\hat{q}/n} < p < \hat{p} + z_{1-\alpha/2} \sqrt{\hat{p}\hat{q}/n}$$

也可写成

$$Pr\left(\hat{p} - z_{1-\alpha/2} \sqrt{\hat{p}\hat{q}/n} < p < \hat{p} + z_{1-\alpha/2} \sqrt{\hat{p}\hat{q}/n} \right) = 1 - \alpha$$

于是 p 的 $100\% \times (1-\alpha)$ 置信区间为

$$\left(\hat{p} - z_{1-\alpha/2} \sqrt{\hat{p}\hat{q}/n}, \quad \hat{p} + z_{1-\alpha/2} \sqrt{\hat{p}\hat{q}/n} \right)$$

方程 6.19 二项分布中参数 p 的正态理论法估计置信区间 二项分布中参数 p 的正态分布法估计 $100\% \times (1-\alpha)$ 置信区间为

$$\hat{p} \pm z_{1-\alpha/2} \sqrt{\hat{p}\hat{q}/n}$$

这个方法中的置信区间要求 $n\hat{p}\hat{q} \geqslant 5$ 时才可以使用。

例 6.45 癌 使用例 4.4 的数据，计算母亲曾患乳腺癌的 50～54 岁妇女患乳腺癌的患病率置信区间。

解 $\hat{p} = 0.040, \alpha = 0.05, z_{1-\alpha/2} = 1.96, n = 10000$，因此，95% 置信区间的近似为

$$\left[0.040 - 1.96 \sqrt{0.04(0.96)/10000}, \quad 0.040 + 1.96 \sqrt{0.04(0.96)/10000} \right]$$
$$= (0.040 - 0.004, \quad 0.040 + 0.004) = (0.036, \quad 0.044)$$

假设我们知道美国 50～54 岁妇女的乳腺癌患病率是 2%。此值低于上例中置信区间的下限 3.6%，因此我们可以认为母亲曾患过乳腺癌的妇女的乳腺癌患病率要高于全国的相应人口的比例。

6.8.3 区间估计——精确法

问题仍是估计二项分布中 p 的置信区间。当使用正态方法不合适或我们希望有精确的置信区间时，可用此处介绍的方法。

例 6.46 癌,营养学 假设我们要估计老鼠中膀胱癌的比例，这些老鼠每天供给高糖食物。我们共饲养老鼠 20 只，发现 2 只患上了膀胱癌。在此例中 p 的点估计为 $\hat{p} = 2/20 = 0.1$。但是 $n\hat{p}\hat{q} = 20(2/20)(18/20) = 1.8 < 5$。这时不能使用

正态分布近似法。在这种情形下如何做区间估计?

下面提出一种小样本情形下估计置信区间的方法。

方程 6.20   估计二项分布中参数 p 的精确置信区间法   二项参数 p 的一种 $100\% \times (1-\alpha)$ 的置信区间法是求区间 (p_1, p_2),其中 p_1 及 p_2 满足下面等式:

$$Pr(X \geqslant x \mid p = p_1) = \frac{\alpha}{2} = \sum_{k=x}^{n} \binom{n}{k} p_1^k (1-p_1)^{n-k}$$

$$Pr(X \leqslant x \mid p = p_2) = \frac{\alpha}{2} = \sum_{k=0}^{x} \binom{n}{k} p_2^k (1-p_2)^{n-k}$$

这个置信区间的合理性将在 7.9.2 节中讨论。这个问题的困难之处是计算

$$\sum_{k=0}^{x} \binom{n}{k} p^k (1-p)^{n-k}$$

幸好,已有人专门作了计算并制成了表格,因此计算 p 的置信区间只要查附录中表 7 即可。表 7 的用法如下。

方程 6.21   二项比例的精确置信区间

(1)每条曲线上已注明样本量 (n)。两条相同 n 的曲线构成了一个置信区间,一条曲线代表区间下限,另一条代表上限。

(2)如果 $0 \leqslant \hat{p} \leqslant 0.5$,则

  (a)在水平轴上找出对应于样本比例 $\hat{p}$ 的点。

  (b)在水平轴的 $\hat{p}$ 点上画一垂直线,找出垂直线与样本数为 n 的两曲线的交点(见(1))。

  (c)读出两曲线交点在左边纵坐标轴上的两个近似读数。这就是置信区间的上、下限值 p_2 及 p_1。

(3)如果 $0.5 < \hat{p} \leqslant 1.0$,则

  (a)在水平轴上找出样本比例 $\hat{p}$ 的点。

  (b)由水平轴的 $\hat{p}$ 点出发画一垂直线,找出垂直线与样本数为 n 的两曲线的交点(见(1))。

  (c)读出两曲线交点在右边纵坐标轴上的两个近似读数。这就是置信区间的上、下限值的 p_2 及 p_1。

例 6.47   癌   对例 6.46 中的数据,找出膀胱癌发病率的 95% 精确置信区间。

解   在附录表 7a($\alpha = 0.05$)中识别出 $n = 20$ 的两条曲线。因为 $\hat{p} = 0.1 \leqslant 0.5$,在水平轴 0.10 处上画一垂直线直到与 $n = 20$ 的两曲线相交为止。我们在左边轴上找出与两曲线相交点的坐标 0.01 及 0.32。于是 95% 的置信区间就是 $(0.01, 0.32)$。注意这个区间不与 $\hat{p} = 0.10$ 对称。

例 6.48   健康促进   作为宣传预防心脏病的一部分。劝告 100 名抽烟者,其

中10人戒烟至少一个月。随访一年后,发现10人中6人恢复抽烟。这种戒烟又恢复的比例数称为再犯率(recidivism vate)。请在此例中找出99%的再犯率置信区间。

解 由于 $n\hat{p}\hat{q} = 10 \times 0.6 \times 0.4 = 2.4 < 5$,所以用精确二项分布置信区间。在附录中找表7b($\alpha = 0.01$)。在水平轴上0.60点处画一垂直线与 $n = 10$ 的两曲线相交,再在右边的纵坐标上找出对应于曲线上两交点的坐标是0.19及0.92,于是精确99%区间为(0.19, 0.92)。

在文献[4]中介绍有更精细及拓广了的二项分布置信区间表。另外,精细置信区间也可由某些统计软件,比如STATA,或Excel中的BINOMDIST函数计算出来,也见Geigy科学表[47]。

6.9 泊松分布的估计

6.9.1 点估计

这部分我们讨论泊松分布中参数 λ 的点估计。

例6.49 癌,环境卫生 在Massachusetts州的Woburn地区完成了一个研究,该地区儿童中是否有白血病发病率的不正常超标?他们在1970年1月1日至1979年12月31日,共诊断出12名儿童(<19岁)发生白血病。假设Woburn地区在那期间总共有12000名小于19岁的儿童居民。而那时全国小于19岁儿童的白血病发病率是每100000人一年中有5例。我们能在Woburn地区估计儿童白血病发病率并提供这个估计的置信区间吗?

我们记 X = Woburn地区在那期间儿童发生白血病的数目。因为 X 是罕见事件,我们认为 X 服从泊松分布,参数为 $\mu = \lambda T$。我们在第4章中已知道泊松分布中 $E(X) = \lambda T$,其中 T = 时间,λ = 单位时间内事件发生数。

定义6.16 1个**人-年**(person-year)是时间的一种单位:1个人存活1年。

这个人-年单位是一种随访时间单位,常用于纵向研究,即对相同的个体一直跟踪下去。

例6.50 癌,环境卫生 在例6.49中的Woburn地区累积有多少个人-年?

解 在Woburn地区,有12000个儿童,每人随访观察10年,因此共累积有120000个人-年。这个数实际上是一个近似值,因为对有白血病儿童的跟踪是截止至诊断出有病,但由于这些白血病人总数非常少,所以上述近似人-年数实际上是很精确的。

最后,虽然在这10年中有儿童会迁出该地区,但也会有儿童迁进这一地区。因此我们不考虑这一点。

现在我们要利用上述数据,在 T 个人-年内有 X 个事件发生的数据,如何去估

计参数 λ。

方程6.22 泊松分布的点估计 假设在 T 人-年内发生事件数 X 是一个泊松分布,参数为 $\mu = \lambda T$。则 λ 的无偏估计为 $\hat\lambda = X/T$,其中 X 是在 T 个人-年中观察到的事件发生数。

如果 λ 是每个人-年中的发病率,T = 跟踪调查中的人-年数,我们假定在整个 T 人-年中事件数 X 是泊松分布,则 X 的期望数为 $E(X) = \lambda T$。因此

$$E(\hat\lambda) = E(X)/T = \lambda T/T = \lambda$$

如此,$\hat\lambda$ 是 λ 的一个无偏估计。

例6.51 癌,环境卫生 在例6.49中,估计 Woburn 地区从1970年开始的儿童白血病的发病率。

解 在 120000 人-年中有 12 例白血病,所以每个人-年的发病率为 $12/120000 = 1/10000 = 0.0001$。因为癌的每个人-年发病率都很低,所以常把它表示成每10万(或 10^5)个人-年内有多少病例。所以改成以 10^5 个人-年为一个单位,即时间单位 $= 10^5$ 人-年,则 $T = 1.2$ 且 $\lambda = 0.0001(10^5) = 10$(个事件/每 10^5 人-年)。

6.9.2 区间估计

问题是如何求 λ 的置信区间。方法类似于二项分布中求精确置信区间。首先是找 μ = 在 T 时间内期望事件数,即找 μ 的 (μ_1, μ_2) 形式置信区间,再找对应的 λ 的置信区间 $(\mu_1/T, \mu_2/T)$。方法如下:

方程6.23 泊松分布参数 λ 的精确置信区间 对 λ 的精确 $100\% \times (1-\alpha)$ 置信区间是 $(\mu_1/T, \mu_2/T)$,此处 μ_1, μ_2 满足下面方程

$$Pr(X \geqslant x \mid \mu = \mu_1) = \frac{\alpha}{2} = \sum_{k=x}^{\infty} e^{-\mu_1} \mu_1^k / k!$$

$$= 1 - \sum_{k=0}^{x-1} e^{-\mu_1} \mu_1^k / k!$$

$$Pr(X \leqslant x \mid \mu = \mu_2) = \frac{\alpha}{2} = \sum_{k=0}^{x} e^{-\mu_2} \mu_2^k / k!$$

而 x = 事件的观察数,T = 跟踪调查中的人-年数。

如在二项分布中一样,这里的困难是计算 μ_1 及 μ_2,以使它满足方程6.23。附录中表8已给出解答。当 $x \leqslant 50$ 时,表8给出 90%,95%,98%,99% 或 99.8% μ 的置信区间。观察到事件数(x)列于表8的第1列,置信水平列于第1行。置信区间是在 x 行与 $1-\alpha$ 列的相交处求出。

例6.52 假设我们观察到8个事件,且假设事件数是泊松分布,参数为 μ,求 μ 的 95% 置信区间。

解 在附录表 8 中的第 8 行找出 0.95 的列,得 μ 的 95% CI 是 $(3.45, 15.76)$。我们可以看出,这个区间不在 x 处(8)对称,因为 $15.7 - 8 = 7.76 > 8 - 3.45 = 4.55$。除非 x 很大,这种不对称性对泊松分布的 CI 都成立。

例 6.53 癌,环境卫生 计算在例 6.49 中 Woburn 地区儿童白血病数的期望值(μ)的 95% 置信区间及每 10^5 人-年中儿童白血病发病率(λ)的 95% 置信区间。

解 10 年中我们观察到 12 个病例。于是从附录表 8 找到 $x = 12$ 及 95% 的置信区间,对 μ 的 95% CI 是 $(6.20, 20.96)$。因为 $T = 120000$ 人-年,因此发病率的 95% CI 是每人-年 $\left(\dfrac{6.20}{120000}, \dfrac{20.96}{120000} \right)$,或写成每 10^5 人-年有 $\left(\dfrac{6.20}{120000} \times 10^5, \dfrac{20.96}{120000} \times 10^5 \right) = (5.2, 17.5)$ 个白血病例,此即 λ 的 95% CI。

例 6.54 癌,环境卫生 解释例 6.53 的结果。特别地,你是否感到 Woburn 地区的白血病人数比例比全美国高?

解 考察例 6.49,我们知道全美国在 1970 年起的时间内每 10^5 人-年内有 5 例白血病,我们记此数为 λ,例 6.53 中,λ 在每 10^5 人-年内的 95% CI 是 $(5.2, 17.5)$。这个置信区间的下限值超过 $\lambda_0 (= 5)$,所以我们可以认为,Woburn 地区在 1970 年起的 10 年中的白血病例数显著超常。另一种表示是用**标准化发病率**比较法(standardized morbidity ratio, SMR),定义如下(参见例 6.5.1):

$$SMR = \frac{\text{Woburn 地区儿童白血病发病率}}{\text{全美国儿童白血病发病率}} = \frac{10/10^5}{5/10^5} = 2$$

如果全美国发病率已知$(= 5/10^5)$,则 SMR 的 95% CI 为 $\left(\dfrac{5.2}{5}, \dfrac{17.5}{5} \right) = (1.04, 3.50)$。因为 SMR 置信区间的下限大于 1,所以我们的结论是,Woburn 地区有显著高的儿童白血病。我们可以在第 7 章中用假设检验及 p-值法作出其他分析。

某些情形中,一个时期内代表稀有事件的随机变量常被当作泊松分布,但人-年的总数要么未知要么在文献中未被报告。在这样的情形中,我们仍然可以用附录表 8 求 μ 的置信区间,但不可能获得 λ 的置信区间。

例 6.55 职业卫生 在例 4.38 中,描述了在 Texas 州及 Michigan 州的两个工厂中白人工人暴露于二溴乙烯(EDB)下可能致癌的问题。研究报告指出在 1940~1975 年间,有 7 人死于癌,而全美国在那个时期白人中平均有 5.8 例癌死亡。试求在暴露下的工人死于癌的期望数的 95% CI 并判断其是否不同于全国总体。

解 此例中真实的人-年数未在原论文中出现。实际上,计算期望死亡数很复杂,因为

(1)随访调查的每个工人有不同的年龄。

(2)工人年龄随时间改变。

(3)相同年龄的死亡率随时间可以改变。

但是,我们仍可使用附录中表 8 计算 μ 的 95% CI。因为 $x=7$,我们得出 95% CI 为 $(2.81, 14.42)$。而全国白人的死亡期望数为 5.8,落在上述区间内。因而结论是,以上两工厂的工人在 EDB 暴露下的死亡并没有不同于全国水平。

附录中表 8 也不限于只应用于稀有事件的泊松分布,对于那些在一段时间内并不稀有的事件的泊松分布也可应用。

例 6.56   细菌学   在一个培养皿上观察到 15 群细菌,而假设细菌群数是泊松分布,参数为 μ。求 μ 的 90% 置信区间。

解   在附录表 8 中找第 15 行及 0.90 列,得 90% 置信区间为 $(9.25, 23.10)$。

6.10   单侧置信区间

前面涉及的置信区间都是双侧置信区间。下面给出其他形式置信区间的实例。

例 6.57   癌   对某一形式的癌存在有一种标准治疗法,病人接受这种治疗的 5 年生存率是 30%。提出一种新的治疗法,它有未知的生存率 p。我们仅对此新疗法是否优于标准法感兴趣。假设 100 个病人接受了这种新治疗法,发现 40 例的存活期超过 5 年。你能说此新疗法优于标准法?

判断这批数据的一种方法是构建单侧置信区间,其中我们仅关心置信区间的一个边界,此例中,我们关心置信区间的下界。如果标准法的 30% 低于这个下界,我们有理由下结论,此新疗法在此例中优于标准法。

方程 6.24   二项参数 p 的上单侧置信区间——正态理论法   形式 $p > p_1$ 的上单侧 $100\% \times (1-\alpha)$ 置信区间满足

$$Pr(p > p_1) = 1 - \alpha$$

如果正态近似二项分布成立,则可以证明这个置信区间近似为下式

$$p > \hat{p} - z_{1-\alpha}\sqrt{\hat{p}\hat{q}/n}$$

这个置信区间应该仅在 $n\hat{p}\hat{q} \geqslant 5$ 时适用。

证明如下,如果正态近似二项分布成立,则 $\hat{p} \sim N(p, qp/n)$。因此,由定义

$$Pr(\hat{p} < p + z_{1-\alpha}\sqrt{pq/n}) = 1 - \alpha$$

用 $\sqrt{\hat{p}\hat{q}/n}$ 代 $\sqrt{pq/n}$,在上式两边减去 $z_{1-\alpha}\sqrt{\hat{p}\hat{q}/n}$,则有

$$\hat{p} - z_{1-\alpha}\sqrt{\hat{p}\hat{q}/n} < p$$

或 $p > \hat{p} - z_{1-\alpha}\sqrt{\hat{p}\hat{q}/n}$,及 $Pr(p > \hat{p} - z_{1-\alpha}\sqrt{\hat{p}\hat{q}/n}) = 1 - \alpha$。因此,如果正态分布近似二项分布成立,则 $p > \hat{p} - z_{1-\alpha}\sqrt{\hat{p}\hat{q}/n}$ 就是 p 的上 $100\% \times (1-\alpha)$ 单侧置信区间。

注意,$z_{1-\alpha}$ 用于构建单侧区间,而 $z_{1-\alpha/2}$ 用于构建双侧区间。

例 6.58   假设对二项分布中参数 p 构建置信区间,则什么样的百分位点用

于单侧区间,什么样的百分位点用于双侧区间?

解 对于 $\alpha = 0.05$,我们使用 $z_{1-0.05} = z_{0.95} = 1.645$ 于单侧区间,而 $z_{1-0.05/2} = z_{0.975} = 1.96$ 则用于双侧区间。

例 6.59 癌 请构建例 6.57 中生存率的上单侧 95% 置信区间。

解 首先检查使用正态性条件:$n\hat{p}\hat{q} = 100 \times 0.4 \times 0.6 = 24 \geqslant 5$,所以用正态法近似。

$$Pr\left[p > 0.40 - z_{0.95}\sqrt{0.4(0.6)/100}\right] = 0.95$$
$$Pr\left[p > 0.40 - 1.645(0.049)\right] = 0.95$$
$$Pr(p > 0.319) = 0.95$$

因为 0.30(标准治疗生存率)不在 $(0.319, 1.0)$ 之间,所以结论是,此例中新治疗法优于标准治疗法。

如果我们感兴趣的是 5 年死亡率而不是生存率,则单侧置信区间应由 $Pr(p < p_2) = 1 - \alpha$ 中获得,因为我们仅对新治疗法中的死亡率是否低于标准法感兴趣。

方程 6.25 二项参数 p 的下单侧置信区间法——正态理论法 所求区间为 $p < p_2$,即

$$Pr(p < p_2) = 1 - \alpha$$

称为 p 的**下单侧 $100\% \times (1-\alpha)$ 置信区间**。其近似式为

$$p < \hat{p} + z_{1-\alpha}\sqrt{\hat{p}\hat{q}/n}$$

这个公式可以用与方程 6.24 相同的方式证明,开始时有关系式

$$Pr(\hat{p} > p - z_{1-\alpha}\sqrt{pq/n}) = 1 - \alpha$$

用 $\sqrt{\hat{p}\hat{q}/n}$ 代 $\sqrt{pq/n}$,不等式两边加 $z_{1-\alpha}\sqrt{\hat{p}\hat{q}/n}$,则有

$$Pr(p < \hat{p} + z_{1-\alpha}\sqrt{\hat{p}\hat{q}/n}) = 1 - \alpha$$

例 6.60 癌 计算例 6.57,数据中死亡率的下单侧 95% 置信区间。

解 此时有 $p = 0.6$,于是代上式有

$$Pr\left[p < 0.6 + 1.645\sqrt{0.6(0.4)/100}\right] = 0.95$$
$$Pr\left[p < 0.6 + 1.645(0.049)\right] = 0.95$$
$$Pr(p < 0.681) = 0.95$$

因为标准治疗法的死亡率 $1 - 0.30 = 70\%$ 并未包含在这个置信区间(即 $(0, 0.681)$)内,所以说新治疗法的 5 年死亡率低于标准法的死亡率。

类似的方法及思想也可用于正态分布中关于均值及方差的单侧置信区间构建法。对于二项参数 p 及泊松期望值 μ 也都可使用精确法求单侧置信区间。

6.11　摘　　要

本章介绍了抽样分布的概念。这些概念对于了解统计推断的原理极其重要。要牢牢记住基础概念:我们抽得的样本不是惟一存在的,它仅是样本量为 n 的所有可能样本中的一个随机样本。利用这个概念,则可证明 $\bar{X}$ 是总体中均值 μ 的一个无偏估计:意即它是样本量为 n 的所有可能的样本平均值的平均等于总体均值。进一步,如果总体是正态分布,则 $\bar{X}$ 是所有可能的无偏估计中具有最小方差的估计,这也称为 μ 的最小方差无偏估计(minimum-variance unbiased estimator of μ)。最后,如总体是正态分布,则 $\bar{X}$ 也是一个正态分布。但即使总体不是正态分布,在样本量充分大时样本均值仍近似于正态分布。这很重要,它将为本书其他章节的许多假设检验提供理论基础。其根据就是中心极限定理。

本章引进区间估计(或置信区间)。特例是,95%置信区间指如下的一个区间:在总体中所有可能找出来的随机样本构成的区间中,有95%个这样的区间将包含有真实参数。点估计及区间估计应用于

(1)估计正态分布中的均值 μ

(2)估计正态分布中的方差 σ^2

(3)估计二项分布中参数 p

(4)估计泊松分布中参数 λ

(5)估计泊松分布中期望值 μ

而为了估计(1)及(2),引进了 t 及卡方分布。

在第7到14章,继续讨论统计推断,但集中于假设检验而不再是参数估计了。从某种角度看,假设检验的观点与置信区间有某种平行关系。

练　习　题

胃肠病学

我们假定建立一系列的治疗方案,对入选的十二指肠溃疡患者比较不同治疗方法。

6.1　预计本研究入选20名患者,采用2种治疗方法,请建立一个随机分配治疗方法的列表(从附表4的随机数字表第28行开始)。

6.2　计数分配到每一处理组的人数。如何把这个数值与每一组的期望数值作比较?

6.3　假定我们改变想法,入选40名患者并分配到4个处理组。利用计算机程序(如 MINITAB 或 Excel)建立随机分配处理措施的列表,可以参考练习6.1。

6.4　针对练习6.3中分配处理措施的列表,回答练习6.2。

肺病

表6.7的数据是有关于正常男性和慢性气流阻塞男性患者的三头肌皮肤皱褶厚度的平均值[5]。

表 6.7 正常男性和慢性气流阻塞男性患者的三头肌皮肤皱褶厚度

组别	均值	标准差	例数
正常人	1.35	0.5	40
慢性气流阻塞患者	0.92	0.4	32

注:获 Chest, 85(6), 585~595, 1984 准许。

*6.5 每组均值的标准误是多少?

6.6 假定中心极限定理是适用的,那么在这个问题中它的含义是什么?

表 6.8 27 例急性扩张性心肌病患者的左室射出分数(LVEF)值

患者编号	LVEF	患者编号	LVEF
1	0.19	15	0.24
2	0.24	16	0.18
3	0.17	17	0.22
4	0.40	18	0.23
5	0.40	19	0.14
6	0.23	20	0.14
7	0.20	21	0.30
8	0.20	22	0.07
9	0.30	23	0.12
10	0.19	24	0.13
11	0.24	25	0.17
12	0.32	26	0.24
13	0.32	27	0.19
14	0.28		

注:获 New England Journal of Medicine, 312(14), 885~890, 1985 准许。

心病学

表 6.8 搜集了 27 例急性扩张性心肌病患者的左室射出分数(LVEF)的数据[6]。

6.7 计算这些患者的 LVEF 的标准差。

6.8 计算 LVEF 的均值的标准误。

6.9 利用计算机,从这 27 例患者中抽取样本量为 10 的 50 个子样本,计算每个子样本的样本均值。你认为样本均值的分布是正态分布吗? 中心极限定理对于这些子样本适用吗?

6.10 给出自由度 $df = 16$ 的 t 分布的上侧第 1 百分位数。

6.11 给出自由度 $df = 28$ 的 t 分布的下侧第 10 百分位数。

6.12 给出自由度 $df = 7$ 的 t 分布的上侧第 2.5 百分位数。

6.13 计算表 2.11 中平均住院时间的 95% 置信区间。

6.14 计算表 2.11 中平均白血球数的 95% 置信区间。

6.15 试求练习 6.14 中 90% 置信区间。

6.16 练习 6.14 和 6.15 的结果有什么关系?

6.17 对于自由度 $df = 2$ 的 χ^2 分布,上侧和下侧第 2.5 百分位数是多少? 表示这些百分位数用什么符号?

参考表 2.11 中的数据。假定这家医院对宾夕法尼亚医院具有代表性。

*6.18 从宾夕法尼亚医院出院的患者中男性所占比例的最佳点估计是多少?

*6.19 从练习 6.18 得到的估计值的标准误差是多少?

*6.20 给出从宾夕法尼亚医院出院的患者中男性所占比例的 95% 置信区间。

6.21 除了住院期间接受细菌培养的育龄期妇女(18~45 岁)以外,出院患者所占比例的最佳点估计是多少?

6.22 给出练习 6.21 中相应估计值的 95% 置信区间。

6.23 对于练习 6.22,给出相应的 99% 置信区间。

微生物学

进行一项 9 个实验室合作的研究,评价用 30 µg 奈替米星(netilmicin)的圆盘进行灵敏度检测的质量控制[7]。每个实验室做 150 次实验,在不同的 Mueller-Hinton 琼脂上检测 3 种标准的控制菌株。作为对照,每个实验室也在相同的 Mueller-Hinton 琼脂上对每种控制菌株附加 15 次实验。表 6.9 给出了每个实验室的平均区域直径。

表 6.9　9 个实验室中检测的 30 µg 奈替米星的圆盘的平均区域直径

	控制菌株的类型					
	大肠杆菌		金黄色葡萄球菌		绿脓杆菌	
实验室	不同培养基	相同培养基	不同培养基	相同培养基	不同培养基	相同培养基
A	27.5	23.8	25.4	23.9	20.1	16.7
B	24.6	21.1	24.8	24.2	18.4	17.0
C	25.3	25.4	24.6	25.0	16.8	17.1
D	28.7	25.4	29.8	26.7	21.7	18.2
E	23.0	24.8	27.5	25.3	20.1	16.7
F	26.8	25.7	28.1	25.2	20.3	19.2
G	24.7	26.8	31.2	27.1	22.8	18.8
H	24.3	26.2	24.3	26.5	19.9	18.1
I	24.9	26.3	25.4	25.1	19.3	19.2

*6.24 如果每个实验室用不同的培养基做灵敏度检测,对每一类型控制菌株给出实验室间平均区域直径的点估计和 95% 置信区间。

*6.25 如果每个实验室用相同的培养基做灵敏度检测,回答练习 6.24。

*6.26 如果每个实验室用不同的培养基做灵敏度检测,对每一类型控制菌株给出实验室之间平均区域直径标准差的点估计和 95% 置信区间。

*6.27 如果每个实验室用相同的培养基做灵敏度检测,回答练习 6.26。

6.28 考虑实验室间结果的标准化时,与用不同的培养基相比,用相同的培养基做灵敏度检测有什么优点?

肾病

对一群肾病晚期采取透析的患者进行生理和心理变化的队列研究[8]。102 例患者在基线时首次被确诊,其中 69 例患者在随访 18 个月时被再次确诊。数据见表 6.10。

6.29 给出基线及随访时期每个指标均值的点估计和 95% 置信区间。

6.30 对于这组患者生理及心理的变化,你有何看法?

表 6.10 肾病晚期患者的生理和心理指标

变量	基线($n = 102$)		18 个月随访($n = 69$)	
	均值	标准差	均值	标准差
血清肌酐/(mmol/L)	0.97	0.22	1.00	0.19
血清钾/(mmol/L)	4.43	0.64	4.49	0.71
血清磷酸盐/(mmol/L)	1.68	0.47	1.57	0.40
疾病(PAIS)量表的心理学校正	36.50	16.08	23.27	13.79

高血压

为了检查儿童高血压,在某个社区测量了 30 例 5~6 岁儿童的血压。测得这些儿童的舒张压的均值为 56.2 mmHg,标准差为 7.9 mmHg。经过全国范围的调查,我们知道 5~6 岁儿童的平均舒张压为 64.2 mmHg。

6.31 是否能证明该社区儿童的平均舒张压不同于全国同龄儿童的平均舒张压?

6.32 基于这 30 例儿童的数据,给出该社区 5~6 岁儿童的舒张压标准差的 95% 置信区间。

眼科学,高血压

某项研究为了验证"青光眼患者比一般人群血压更高"的假设,调查了 200 例青光眼患者,测得他们的收缩压的均值为 140 mmHg,标准差为 25 mmHg。

6.33 试求青光眼患者中真实平均收缩压的 95% 置信区间。

6.34 如果一般人群(年龄具有可比性)的平均收缩压为 130 mmHg,那么青光眼与血压之间是否有关联?

性传播疾病

假定进行一项临床试验,目的是检验一种新药(壮观霉素)治疗女性淋病的疗效。46 例患者服用该药,剂量为每日 4 g,一周后观察疗效,仍有 6 例患者淋病未愈。

*6.35 该药治疗无效的概率 p 的最佳点估计是多少?

*6.36 p 的 95% 置信区间是多少?

*6.37 假定我们知道青霉素 G(剂量为每日 4.8 百万单位)的无效率为 10%,比较这两种药物,我们能得出什么结论?

肝病

假定我们进行一项实验,以固定剂量给一组豚鼠接种某种能引起肝脏扩大的毒物。结果发现,40 只豚鼠中 15 只出现肝脏扩大。

6.38　引起豚鼠肝脏扩大的概率 p 的最佳点估计是多少?

6.39　假设 $\hat{p}$ 服从近似正态分布,那么 p 的双侧 95% 置信区间是多少?

6.40　如果 $\hat{p}$ 不服从近似正态分布,试回答练习 6.39。

药理学

假定我们希望估计不同时期尿中氨苄青霉素的含量($\mu g/mL$)。调查 25 例服用氨苄青霉素的志愿者,测得他们尿中氨苄青霉素含量的均值为 $7.0\ \mu g/mL$,标准差为 $2.0\ \mu g/mL$。假设尿中氨苄青霉素含量服从正态分布。

*6.41　试求尿中氨苄青霉素含量的总体均值的 95% 置信区间。

*6.42　试求尿中氨苄青霉素含量的总体方差的 95% 置信区间。

*6.43　如果我们假设该样本的标准差仍然为 $2.0\ \mu g/mL$,那么为了使练习 6.41 中置信区间的长度为 $0.5\ \mu g/mL$,应该需要多大的样本量?

环境卫生

暴露于麻醉药气体可能对健康产生危害,这一点已经有很多讨论。1972 年的一项研究中对 525 例密歇根州的护理麻醉师进行信访或电话访问,以确定癌症的发病率[9]。在这组人群中有 7 例妇女报告 1971 年期间除皮肤癌之外,出现了新的恶性肿瘤。

6.44　这组数据中 1971 年发病率的最佳点估计是多少?

6.45　给出真实发病率的 95% 置信区间。

比较上述密歇根州的报告和 1969 年康涅狄格州肿瘤登记处有关癌症发病率的报告(康涅狄格州的期望发病率为 402.8/10 万人-年)。

6.46　评论密歇根州和康涅狄格州癌症发病率比较的结果。

产科学, 血清学

一种新的测定方法用于测定孕妇血清中人型支原体的含量。此测定方法的研究者希望考察实验室技术的变异性。出于这个目的,现提取 1 名妇女的血清样品,将该样品分为 10 份子样品,每份子样品各 1 mL;用该测定方法测定每份子样品,测得浓度如下:$2^4, 2^3, 2^5, 2^4, 2^5, 2^4, 2^3, 2^4, 2^4, 2^5$。

*6.47　如果假定该含量是以 2 为底的对数值,它的分布是正态分布,试求该含量方差的最佳估计值。

*6.48　计算该含量方差的 95% 置信区间。

*6.49　假定练习 6.47 的点估计就是真实的参数,那么对于 1 名妇女,其以 2 为底的对数测定值不超过实际值的 1.5 个对数单位的概率有多大?

*6.50　对于 2.5 个对数单位,回答练习 6.49。

高血压

假定给予 100 例高血压患者服用某种降压药,我们观察到其中 20 例服药有效。"有效"是指服药后 1 个月再次测量血压,舒张压至少降低 10 mmHg。

6.51　该药有效的概率 p 的最佳点估计是多少?

6.52　假定我们知道所有服用安慰剂的高血压患者中,有 10% 的人服药后 1 个月的舒张压至少降低 10 mmHg。我们能确信我们观察到的不仅仅是安慰剂效应吗?

6.53 在练习 6.52 中你需要做什么假定?

假定我们认为评价药物有效性更好的方法不是前面所说的方法,而是血压的平均下降值。令 $d_i = x_i - y_i, i = 1, \cdots, 100$, x_i 为第 i 个人服药前的舒张压, y_i 为第 i 个人服药后 1 个月的舒张压。假定 d_i 的样本均值为 5.3,样本标准差为 144.0。

6.54 $\bar{d}$ 的标准误是什么?

6.55 d 的总体均值的 95% 置信区间是什么?

6.56 对该药的疗效,我们能下结论吗?

6.57 这个例子中均值的 95% 置信区间的含义是什么?

从表 6.2 中随机抽取含量为 5 的 6 个样本。

6.58 对这 6 个样本分别计算平均出生体重。

6.59 计算 6 个样本均值的标准差,这个数值的另一个名称是什么?

6.60 对这 6 个样本分别取第三个数值,计算相应的样本标准差。

6.61 练习 6.59 和练习 6.60 的标准差有什么理论上的联系?

6.62 比较练习 6.59 和练习 6.60 时,样本的实际结果是什么?

产科学

图 6.4(b) 给出了从表 6.2 中 1000 例婴儿出生体重值的总体中,抽取样本含量为 5 的 200 个样本的样本均值抽样分布。在表 6.2 中 1000 例婴儿出生体重的均值为 112.0 盎司,标准差为 20.6 盎司。

*6.63 如果中心极限定理成立,那么落入总体均值(112.0 盎司)的 0.5 磅范围的样本均值的比例有多大(1 磅 = 16 盎司)?

*6.64 用 1 磅代替 0.5 磅时,回答练习 6.63。

*6.65 将练习 6.63 和练习 6.64 的结果与落在相应范围的样本均值的观察比例进行比较。

*6.66 你认为中心极限定理对这一总体中样本含量为 5 的样本适用吗?

高血压,儿科学

高血压的病因学仍然是一个需要积极探索的课题。下面假定被普遍接受,即过量摄入钠对血压有不利影响。为了探索这个假设,对盐味的敏感性及与血压的相关性进行研究。此方案用于育婴室中出生 3 天的婴儿,给他们不同的溶液一滴,从而诱导吸吮反射,记录他们的吸吮活动,用 MSB(每个突发吸吮活动中的吸吮次数)表示。在 10 个顺序时期内溶液的成分改变如下:(1)水,(2)水,(3)0.1 mol/L 盐 + 水,(4)0.1 mol/L 盐 + 水,(5)水,(6)水,(7)0.3 mol/L 盐 + 水,(8)0.3 mol/L 盐 + 水,(9)水,(10)水。另外,作为对照,在盐味方案结束后,婴儿对糖味的反应也被测定。在本试验中吸吮反射在 5 个不同的时期用下列刺激测定:(1)非营养吸吮,即不用任何外在物质的单纯的吸吮反射;(2)水;(3)5% 蔗糖 + 水;(4)15% 蔗糖 + 水;(5)非营养吸吮。

数据集 INFANTBP.DAT 中给出前 100 例婴儿的数据,数据集 INFANTBP.DOC 给出此数据的格式。建立一个测量盐反应的变量。例如,计算试验 3 和 4 的平均 MSB − 试验 1 和 2 的平均 MSB = 溶液是(0.1 mol/L 盐 + 水)时的平均 MSB − 溶液是水时的平均 MSB。一个类似的指标可以通过比较试验 7 和 8 与试验 5 和 6 来计算。

6.67 试对这些盐味指标作统计描述和统计图。这些指标是正态分布吗？为什么？计算这些指标的样本均值及 95% 置信区间。

6.68 建立测定糖味敏感性的指标，并对这些指标作统计描述和统计图。这些指标是正态分布吗？为什么？计算这些指标的样本均值及 95% 置信区间。

6.69 我们希望将这些指标和血压联系起来。分别作出盐味指标(糖味指标)与平均收缩压、平均舒张压的散点图。这些指标和血压之间是否表现出某种联系？我们将在第 11 章回归分析中更详细地讨论这个问题。

遗传学

在数据集 SEXRAT.DAT 中，列举了 50000 多个家庭(有一个以上孩子)中孩子的性别。

6.70 用区间估计的方法来判断,前面出生孩子的性别是否可以预测随后相继出生孩子的性别？

营养学

在数据集 VALID.DAT 中,提供了对 173 例个体采用两种方法的饮食评估,其中不仅包括总热量摄入量,还包括总脂肪、饱和脂肪和酒精的每日消耗量。

6.71 用计算机从这个总体中重复地随机抽取样本量为 5 的样本。对于这些样本中相应的饮食指标,中心极限定理适用吗？

6.72 当随机抽取样本量为 10 的样本时,回答练习 6.71。

6.73 当随机抽取样本量为 20 的样本时,回答练习 6.71。

6.74 试比较样本含量为 5,10,20 时的抽样分布？请用图形及数字方法回答这个问题。

传染病

对血友病患者进行队列研究,以获得血清转化后的艾滋病(AIDS)发作的时间分布(即潜伏期)。血清转化的所有患者在 10 年内出现症状,潜伏期的分布如下表：

潜伏期/年	患者数	潜伏期/年	患者数
0	2	6	52
1	6	7	37
2	9	8	18
3	33	9	11
4	49	10	4
5	66		

6.75 假定潜伏期服从正态分布,计算潜伏期的均值和方差的 95% 置信区间。

6.76 假定潜伏期服从正态分布,估计一名患者的潜伏期至少为 8 年的概率 p。

6.77 现在我们不假定潜伏期服从正态分布,重新估计一名患者的潜伏期至少为 8 年的概率 p 以及 p 的 95% 置信区间。

环境卫生

在前面我们已经描述过数据集 LEAD.DAT。根据 1972 年和 1973 年的血铅水平对儿童分组,分组变量为 GROUP,其中 1 = 1972 年和 1973 年血铅水平都 < 40 $\mu g/100$ mL, 2 = 1973 年

血铅水平 $\geqslant 40~\mu g/100~mL$, 3 = 1972 年血铅水平 $\geqslant 40~\mu g/100~mL$ 但 1973 年血铅水平 < 40 $\mu g/100~mL$。

6.78 分别计算三组儿童平均语言 IQ 值的均值、标准差、标准误差和 95% 的置信区间。给出盒式图以比较三组儿童语言 IQ 值的分布。简要总结你的结论。

6.79 对于行为 IQ 值，回答练习 6.78。

6.80 对于总量表的 IQ 值，回答练习 6.78。

心脏病学

在前面我们描述过数据集 NIFED.DAT。我们希望观察每一种处理分别对心率和收缩压的疗效。

6.81 分别给出硝苯地平(nifedipine)和普萘洛尔(propranolol)影响心率和收缩压的变化值(第 1 水平相对于基线)的点估计和 95% 置信区间。同时给出两个处理组变化值的盒式图。

6.82 当考虑第 2 水平相对于基线的变化值时，回答练习 6.81。

6.83 当考虑第 3 水平相对于基线的变化值时，回答练习 6.81。

6.84 当考虑最后一个可能的水平相对于基线的变化值时，回答练习 6.81。

6.85 当考虑所有水平相对于基线的平均变化值(心率或血压)时，回答练习 6.81。

职业卫生

*6.86 参考练习 4.23。给出近 20 年来装饰工人中死于膀胱癌的期望死亡人数的 95% 置信区间。这组人群中是否有过多的膀胱癌患者？

*6.87 参考练习 4.24。给出近 20 年来装饰工人中死于胃癌的期望死亡人数的 95% 置信区间。这组人群中是否有过多的胃癌患者？

癌症

作为乳腺癌的筛选方法，尤其是应用于年轻妇女中，乳房造影术的价值一直都是有争论的。近来对来自哈佛移民卫生保健院(新英格兰的一个大型医疗保养组织，简称 HMO)的约 10000 名妇女进行了一项研究，以观察乳房造影术筛选的假阳性率[10]。据报道，对 40～49 岁妇女的 1996 次检测中，有 156 次假阳性。

6.88 上述的假阳性检测意味着什么？

6.89 一些医生认为，如果不能很确信(如 95% 的把握度)假阳性率低于 10%，那么乳房造影术不是节省成本的有效方法。基于前面的数据，你对这个问题有何见解？(提示：用置信区间(CI)方法。)

6.90 假定对一名妇女从 40 岁开始每 2 年做一次乳房造影术。这名妇女在 5 次筛选检测中至少 1 次假阳性的概率多大？(假定重复筛选检测是相互独立的。)

6.91 给出练习 6.90 中概率估计值的双侧 95% 置信区间。

营养学

在数据集 VALID.DAT 中，变量 alcohol DR 是 173 名美国护士报告的饮食记录中酒精消耗总量。考虑真实时间的偏倚，在一年内分别间隔约 3 个月，一周 4 次记录所吃的每一种食物。对 alcohol DR 加 1，然后取自然对数，记为 ln(alcohol DR + 1)。现在利用计算机，从 173 个 ln(alcohol DR + 1)值的分布中随机抽取 500 个样本量都为 5 的样本。

对每一个样本量为 5 的样本，我们计算样本均值 $\bar{x}$，样本标准差 s 及统计量 t 值，t 值的计算如下：

$$t = \frac{\bar{x} - \mu_0}{s/\sqrt{n}}$$

此处 $n = 5, \mu_0 = 1.7973$（为 173 例 $\ln(\text{alcohol DR} + 1)$ 值的总体均值）。

6.92 如果中心极限定理成立，那么 t 值应该遵循什么分布？假定 μ_0 是 $\ln(\text{alcohol DR} + 1)$ 的总体均值。

6.93 如果中心极限定理成立，那么绝对值大于 2.776 的 t 值有多大比例？

6.94 绝对值大于 2.776 的 t 值实际个数是 38。你认为中心极限定理对这批样本量为 5 的样本适用吗？

心血管病

进行一项研究，以调查儿童胆固醇和其他脂类测定值的变异性。据报道，儿童胆固醇的标准差是 7.8 mg/dL[11]。

6.95 假定对 1 名儿童测定 2 次总胆固醇含量，取平均值为 200 mg/dL。问，这名儿童真实总胆固醇含量的双侧 90% 置信区间是多少？（提示：假定这名儿童胆固醇的样本标准差是 7.8 mg/dL。）

6.96 假定用 2 次总胆固醇含量的平均值作为筛选具有高胆固醇水平的儿童的方法。调查者希望找到一个 c 值，以便进一步筛选出 2 次总胆固醇含量的平均值 $\geqslant c$ 的儿童；并且不再随访总胆固醇含量的平均值 $< c$ 的儿童。为了确定 c 值，调查者想选择一个 c 值，使得 2 次总胆固醇含量的平均值 $= c$ 时，μ 的单侧 90% 置信区间的下限不包括 250 mg/dL。满足这个条件的 c 最大值是多少？

内分泌学

参考数据集 BONEDEN.DAT。

6.97 用置信区间的方法，评价股骨颈的骨密度和吸烟之间是否有联系？（提示：参考 6.6 节。）

6.98 用置信区间的方法，评价股骨干的骨密度和吸烟之间是否有联系？（提示：参考 6.6 节。）

模拟

6.99 利用计算机，从 $n = 10, p = 0.6$ 的二项分布中产生 200 个随机样本。对于每一个样本获得相应 p 值的 90% 置信区间。

6.100 包含有参数 p 的置信区间的比例有多大？

6.101 你认为大样本的二项分布置信区间的公式适合这个分布吗？

6.102 对于 $n = 20, p = 0.6$ 的二项分布，回答练习 6.99 中同样的问题。

6.103 对于 $n = 20, p = 0.6$ 的二项分布，回答练习 6.100 中同样的问题。

6.104 对于 $n = 20, p = 0.6$ 的二项分布，回答练习 6.101 中同样的问题。

6.105 对于 $n = 50, p = 0.6$ 的二项分布，回答练习 6.99 中同样的问题。

6.106 对于 $n = 50, p = 0.6$ 的二项分布，回答练习 6.100 中同样的问题。

6.107 对于 $n = 50, p = 0.6$ 的二项分布，回答练习 6.101 中同样的问题。

参 考 文 献

[1] Cochran, W. G. (1963). *Sampling techniques* (2nd ed.). New York: Wiley

[2] SHEP Cooperative Research Group. (1991). Prevention of stroke by antihypertensive drug treatment in older persons with isolated systolic hypertension: Final results of the Systolic Hypertension in the Elderly Program (SHEP). *JAMA*, 265(24):3255—3264

[3] Mood, A., & Graybill, F (1973). *Introduction to the theory of statistics* (3rd ed.). New York: McGraw-Hill

[4] *Documenta Geigy scientific tables*, vol. 2(8th ed.). (1982). Basel: Ciba-Geigy

[5] Arora, N. S., & Rochester, D. F. (1984). Effect of chronic airflow limitation (CAL) on sternocleidomastoid muscle thickness. *Chest*, 85(6), 58S-59S

[6] Dec, G. W., Jr., Palacios, I. F., Fallon, J. T., Aretz, H. T., Mills, J., Lee, D. C. S., & Johnson, R. A. (1985). Active myocarditis in the spectrum of acute dilated cardiomyopathies. *New England Journal of Medicine*, 312(14), 885—890

[7] Barry, A. L., Gavan, T. L., & Jones, R. N. (1983). Quality control Parameters for susceptibility data with 30 μg netilmicin disks. *Journal of Clinical Microbiology*, 18(5), 1051—1054

[8] Oldenburg, B., Macdonald, G. J., & Perkins, R. J. (1988). Prediction of quality of life in a cohort of end-stage renal disease patients. *Journal of Clinical Epidemiology*, 41(6), 555—564

[9] Corbett, T. H., Cornell, R. G., Leiding, K., & Endres, J. L. (1973). Incidence of cancer among Michigan nurseanesthetists. *Anesthesiology*, 38(3), 260—263

[10] Elmore, J. G., Barton, M. B., Moceri, V. M., Polk, S., Arena, P. J., & Fletcher, S. W. (1998). Ten year risk of false positive screening mammograms and clinical breast examinations. *New England Journal of Medicine*, 338, 1089—1096

[11] Elveback, L. R., Weidman, W. H., & Ellefson, R. D. (1980). Day to day variability and analytic error in determination of lipids in children. *Mayo Clinic Proceedings*, 55, 267—269

第7章 假设检验:单样本推断

7.1 绪 言

第6章讨论了各种分布中参数的点估计及区间估计。但是研究者常常对这些参数已有先入之见,我们应检验这些数据是否符合这些先入之见。

例7.1 心血管病,儿科学 目前流行研究心血管危险因子的家庭聚集性问题。假设在一般儿童中"平均"胆固醇水平是 175 mg/dL。今有一组去年死于心脏病的男性,其子代的胆固醇水平被测量记录。今考虑两个假设:

(1)这些孩子的平均胆固醇水平是 175 mg/dL。

(2)这些孩子的平均胆固醇水平超过 175 mg/dL。

这种形式的问题就形成了一个假设检验,它包含有两个假设:一个零(也称无效)假设及一个备择假设。我们希望在上述每一个假设下,通过样本去计算并比较有关的概率值。例 7.1 中,零假设是父亲死于心脏病的这些儿童的平均胆固醇水平是 175 mg/dL,而备择假设是这些儿童的平均胆固醇水平大于 175 mg/dL。

为什么假设检验如此重要? 假设检验使用概率方法而不依赖于主观想象去做决策。人们可以对一批数据形成不同的观点,但是一个假设检验提供一种始终如一的判断——依靠某种对所有人都相同的标准去做决定。

本章的某些假设检验的基本概念是应用于单样本的统计推断问题。单样本中的假设总是仅涉及一个分布;而两个样本问题是要比较不同的分布。

7.2 一 般 概 念

例7.2 产科学 假定我们要检验如下假设,低经济状态(SES)的母亲在分娩时易出生低于"正常"体重的婴儿。为检验这个假设,在低 SES 地区的某医院产科病房中依次收集足期分娩的 100 例活婴的出生体重,其均值为 $\bar{x} = 115$(盎司),样本标准差为 24(盎司)。假设我们从全美国几百万分娩的调查中已知道平均婴儿出生体重为 120(盎司)。你能否说上述医院取得的样本的平均出生体重低于全国平均?

可以认为这 100 个出生体重是从一个潜在的具有未知均值 μ 的正态总体中抽取的样本。可以假设 $\mu = 120$(盎司)。在 6.10 节中我们已介绍了我们可以对 μ 构建一个 95% 的下单侧置信区间,也就是说这个置信区间的形式为 $\mu < c$(c 为上

界)。如果这个区间包含 120 盎司(即 $c \geqslant 120$),则这个假设将被接受,即认为这些出生体重与全国平均水平是类似的。如果此置信区间不包含 120 盎司(即 $c < 120$),则认为该假设不能被接受,即这些出生体重倾向于低于全国平均水平。

我们也可以从假设检验的角度来考察这批数据。即从零假设及备择假设角度考虑分析数据,其定义如下:

定义 7.1　零假设(null hypothesis,也叫无效假设),常记为 H_0,是指需要检验的假设。而**备择假设**(alternative hypothesis),常记为 H_1,是在某种意义上与零假设相反的假设。

例 7.3　产科学　例 7.2 中,零假设(H_0)是,在低 SES 地区医院中抽得平均出生体重(μ)等同于全美国的平均出生体重(μ_0)。这就是我们要做检验的假设。而备择假设(H_1)是,医院中抽得的平均出生体重(μ)低于全美国的平均体重(μ_0)。我们需要由样本对每个上述假设做比较。

我们还假定,在上述任一假设下潜在分布是正态分布。这些假设常更简洁地写成下面的形式:

方程 7.1　$H_0: \mu = \mu_0$　　　vs.　　　$H_1: \mu < \mu_0$

假设我们只能取一个:或接受 H_0,或接受 H_1。上述记号中,一般情况下特别关注的是零假设。因此,如果我们判定 H_0 是真实的,则说"我们接受 H_0";如果判定 H_1 为真,则说"H_0 是不真实的",或等价地说,"我们拒绝 H_0"。实际上共有 4 种可能的结果:

(1)我们接受 H_0,而 H_0 实际上也是真的,

(2)我们接受 H_0,而 H_1 实际上是真的,

(3)我们拒绝 H_0,而 H_0 实际上是真的,

(4)我们拒绝 H_0,而 H_1 实际上是真的。

这 4 种可能性可以列成表 7.1。

表 7.1　假设检验中的 4 种可能性

判定		真实性	
		H_0	H_1
	接受 H_0	H_0 是真,H_0 被接受	H_1 是真,H_0 被接受
	拒绝 H_0	H_0 是真,H_0 被拒绝	H_1 是真,H_0 被拒绝

客观实际中,使用假设检验方法时,我们不可能证明零假设是否为真。因此,如果我们接受了 H_0,就有可能犯错误。

如果 H_0 是真的而我们接受了 H_0,或如果 H_1 是真而我们拒绝了 H_0,则我们都是正确地做出了判定。如果 H_0 是真而 H_0 被拒绝,或 H_1 是真而 H_0 被接受了,

则都是错误的判定。这里就有两类不同类型的错误。

定义 7.2　当 H_0 为真时我们拒绝 H_0 的概率，这种错误概率称为 **Ⅰ 型错误**（概率）。

定义 7.3　当 H_1 为真时我们接受 H_0 的概率，这种错误概率称为 **Ⅱ 型错误**（概率）。

例 7.4　产科学　在出生体重的例 7.2 中，Ⅰ 型错误概率是，判定该医院中平均出生体重小于 120 盎司，而事实上它是 120 盎司的概率。Ⅱ 型错误概率是，判定该医院中平均出生体重是 120 盎司但事实上它低于 120 盎司的概率。

例 7.5　心血管病，儿科学　例 7.1 中的胆固醇数据，Ⅰ 型及 Ⅱ 型错误是什么？

解　Ⅰ 型错误是我们判定父亲死于心脏病的子代的胆固醇平均值大于 175 mg/dL 而实际上这些子代的平均胆固醇是 175 mg/dL。Ⅱ 型错误是我们判定子代有正常人的胆固醇但实际上他们的胆固醇水平高于正常人。犯这种错误的概率分别称为 Ⅰ 型或 Ⅱ 型错误（概率）。Ⅰ 型或 Ⅱ 型错误常造成经济及非经济的损失。

例 7.6　儿科学　例 7.2 的出生体重数据可以帮助我们决定是否需要对这个医院中出生的低体重婴儿增加一个特殊的保育室。如果 H_1 是真实的，也就是说这个医院中出生的婴儿常低于全国平均水平的出生体重，则该医院可以有建立特别护理保育室的权利。如果 H_0 是真的，即该医院出生的婴儿与全国平均水平没有什么差异，则医院就不必去建立上述的婴儿特别保育室。如果发生 Ⅰ 型错误，则就可建议建设一个特别保育室，这涉及额外的成本开支，而实际上是不必要的。如果统计推断中做出 Ⅱ 型错误，则不会建立附加的婴儿保育室，而事实上这是很应该的。其他的非经济损失是某些低体重婴儿得不到必要的护理。

定义 7.4　**Ⅰ 型错误**的概率通常用 α 表示，也常称为一个检验的**显著性水平**。

定义 7.5　**Ⅱ 型错误**的概率常用 β 表示。

定义 7.6　一个检验的**功效**（power）是

$$1-\beta = 1 - Ⅱ 型错误的概率 = Pr(拒绝\ H_0\,|\,H_1\ 是真)$$

例 7.7　风湿病　假设要检测一种新药能否减轻关节类（OA）病人的疼痛。疼痛减轻的测度指标是，服药一个月后病人主诉疼痛减轻的程度。共有 50 名 OA 病人参与。这个检验的假设是什么？什么是 Ⅰ 型错误？什么是 Ⅱ 型错误，及什么是此例中检验的功效？

解　记 $\mu = $ 服药一个月后疼痛的总体的平均改变量。则此例中的假设应当是

$$H_0: \mu = 0 \quad 对 \quad H_1: \mu > 0$$

这里的 $\mu > 0$ 表示疼痛有改善，如 $\mu < 0$ 则表示疼痛加重了。

Ⅰ 型错误是判定新药对 50 个病人有减轻疼痛的作用，但实际上它没有减轻疼痛的作用的概率。Ⅱ 型错误是判定新药没有减轻病人疼痛，但实际上新药可以有

效减轻疼痛的概率。

检验的功效是指这个新药实际上对 50 例病人的疼痛有减轻作用而我们的判定也认为新药是有效的概率。要注意的是,功效不是一个单一的值,其值依赖于减轻疼痛的平均程度(记以 δ)。较大的 δ 值表示容易有较大的功效[*]。我们将在 7.5 节中更详细地介绍如何计算功效。

假设检验中,我们的主要目标是要求 α 及 β 都尽可能小。但这个要求很难同时实现。因为 α 变小时则很难拒绝接受 H_0,从而使 β 值增大;而当 β 变小时,则 α 常会增大。两者是矛盾的。我们的一般做法是先固定 α 在某个水平上(比如,0.10, 0.05, 0.01, …),再找某个检验以使 β 尽可能的小,或等价地使功效尽可能大。

7.3 正态分布均值的单样本检验:单侧备择

现在考虑对例 7.2 中出生体重的合适检验问题。统计模型是出生体重来自一个具有均值 μ 及方差 σ^2 的正态总体。我们要检验零假设 $H_0: \mu = 120$(盎司)和备择假设 $H_1: \mu < 120$(盎司)。假设一个更具体的备择是 $H_1: \mu = \mu_1 = 110$(盎司)。我们将指出,最好的检验不依赖于 μ_1 值,此处 μ_1 是低于 120 的任一指定值。对于具体问题,我们要 α 在一个水平上,此处取 $\alpha = 0.05$。

例 7.8 我们使用附录中表 4 的随机数。假设我们从随机数中选两个数字。零假设是:如果两个数字在 00 与 04 之间(包含 04),则为拒绝;如果两个数字在 05 与 99 之间,则为接受。显然由随机数表的性质知,I 型错误的概率 $= \alpha = Pr$(拒绝零假设 | H_0 是真) $= Pr$(抽中两个数字在 00 到 04 之间) $= \dfrac{5}{100} = 0.05$,这满足先前指定的 α 水平。问题是这个检验的功效很低。因为功效 $= Pr$(拒绝零假设 | H_1 是真的) $= Pr$(两个随机数字在 00 到 04 之间) $= \dfrac{5}{100} = 0.05$。

我们能证明,最好(最有效)的假设检验是建立在样本均值($\bar{x}$)上。如果 $\bar{x}$ 充分地小于 μ_0,则 H_0 会被拒绝;否则接受 H_0。这时检验合理,因为如果 H_0 是真的,则在大多数情况下 $\bar{x}$ 的值会在 μ_0 周围;而如果 H_1 是真的话,大多数情况下 $\bar{x}$ 的值将会在 μ_1 附近。这是一种最有功效的检验,所有检验都先给出 I 型错误概率 α。

定义 7.7 H_0 被接受时 $\bar{x}$ 的取值范围称为**接受域**(acceptance region)。

定义 7.8 H_0 被拒绝时 $\bar{x}$ 的取值范围称为**拒绝域**(rejection region)。

在例 7.2 的出生体重例中,拒绝域由较小的 $\bar{x}$ 值构成,因为备择假设的未知均值(μ_1)小于零假设下的未知均值(μ)。这种形式的检验称为**单尾检验**(one-tailed

---

[*] 大的 δ 值表示新药有高的疗效—减轻疼痛好,所以也就容易被正确判定——译者注

test)或**单侧检验**。

定义 7.9   **单侧检验**是如下的检验,在备择假设下所研究的参数值(μ_1)允许或大于或小于在零假设下的参数值 μ_0,但不能两者同时成立。

例 7.9   **心血管病,儿科学**   例 7.1 中对胆固醇资料的假设是 $H_0:\mu=\mu_0$ 对 $H_1:\mu>\mu_0$,此处 μ 是父亲死于心脏病的儿童胆固醇的真实均值。而 μ_0 是全国儿童胆固醇的真实均值。这个检验是单侧的,因为备择假设中仅允许大于零假设中的均值。

$\bar{x}$ 应小到如何才能使 H_0 被拒绝? 这个问题与我们所选定的显著性水平 α 值有关。如果 $\bar{x}<c$ 时拒绝 H_0,其他则接受 H_0;这时应如何选择 c 值以使 I 型错误 $=\alpha$?

更方便的是按标准化值定义检验的准则而不是按照 $\bar{x}$ 的值。在样本均值上减去 μ_0 再除以样本的标准误差,即获得随机变量 $t=(\bar{X}-\mu_0)/(S/\sqrt{n})$。按照方程 6.5,在 H_0 成立时这是一个 t_{n-1} 分布。注意到基于 t 分布的百分位点定义,有 $Pr(t<t_{n-1,\alpha})=\alpha$。这引出下面的检验法。

方程 7.2   **对方差未知的正态分布均值的单样本 t 检验(备择均值 < 无效均值)**   检验假设

$$H_0:\mu=\mu_0 \quad 对 \quad H_1:\mu<\mu_0$$

指定的显著性水平为 α,我们计算

$$t=\frac{\bar{x}-\mu_0}{s/\sqrt{n}}$$

如果 $t<t_{n-1,\alpha}$ 则我们拒绝 H_0,如果 $t\geqslant t_{n-1,\alpha}$ 则我们接受 H_0。

定义 7.10   方程 7.2 中的 t 值称为**检验统计量**(test statistic),因为检验过程是建立在这个统计量上的。

定义 7.11   方程 7.2 中的值 $t_{n-1,\alpha}$ 称为**临界值**(critical value),因为检验的结果依赖于是否有 $t<t_{n-1,\alpha}=$ 临界值,此式成立则拒绝 H_0,而 $t\geqslant t_{n-1,\alpha}$ 则接受 H_0。

定义 7.12   在预先指定的 I 型错误概率后,通过比较检验统计量与临界值,从而判断检验结果的方法称为假设检验的**临界值方法**。

例 7.10   **产科学**   例 7.2 的出生体重数据中,指定显著性水平为 0.05,使用单样本 t 检验去检验假设 $H_0:\mu=120$ 对 $H_1:\mu<120$。

解   我们计算

$$t=\frac{\bar{x}-\mu_0}{s/\sqrt{n}}$$

$$=\frac{115-120}{24/\sqrt{100}}$$

$$= \frac{-5}{2.4} = -2.08$$

使用 Excel,我们可以看到临界值 $= t_{99,0.05} = -1.66$。因为 $t = -2.66 < -1.66$,所以我们可以在显著性水平 0.05 上拒绝 H_0。

　　例 7.11　产科学　在显著性水平 0.01 上,利用单样本 t 统计量去检验例 7.10 中的假设。

　　解　用 Excel,临界值是 $t_{99,0.01} = -2.36$,因为 $t = -2.08 > -2.36$,所以我们在显著性水平 0.01 上接受 H_0。

　　如果我们使用临界值方法,如何知道 α 取用什么水平? 实际使用的 α 水平应该依赖于 I 型及 II 型错误的相对重要性,因为对一个固定的样本量 n,较小的 α 会有较大的 β。大多数人不喜欢 α 水平远超过 0.05。传统上,使用 $\alpha = 0.05$ 是最普遍的。

　　如同例 7.10 及例 7.11,一般应在不同的 α 水平上完成显著性水平的检验,在每个例中注意 H_0 是被接受还是被拒绝。这种做法有时很乏味。替代法是使用下面的检验 p-值。

　　定义 7.13　任何假设检验中的 **p-值**就是 α 水平,但它在接受或拒绝 H_0 两者之间不作判断;也就是说,由检验统计量(比如 t 统计量)计算出来的 p-值就是接受和拒绝区域的边界上的 α 水平。

　　因此,按照方程 7.2 的检验准则,如果使用 p 当作显著性水平,若 $t < t_{n-1,p}$ 则拒绝 H_0;若 $t \geq t_{n-1,p}$ 则接受 H_0,若 $t = t_{n-1,p}$ 则在接受与拒绝之间作中性的选择。我们通过下式可以看出 p 是 t 的函数:

　　方程 7.3　　$p = Pr(t_{n-1} \leq t)$

因此,p-值实际就是 t_{n-1} 分布中 t 点左边的面积,见图 7.1。

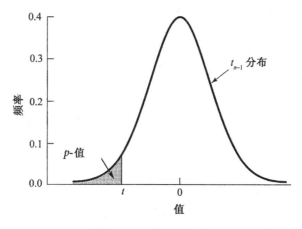

图 7.1　p-值的图示法

例 7.12 产科学 计算例 7.2 中出生体重的 p-值。

解 从方程 7.3，p-值为

$$Pr(t_{99} \leqslant -2.08)$$

使用 Excel 中 TDIST 函数，我们可以求出上式概率为 0.020，这就是 p-值。

在其他假设检验问题中，p-值还可以有另外的定义法。

定义 7.14 p-**值**亦可看作是检验统计量(比如 t)一个如下的概率值：它是由 H_0 成立时的检验统计量(t_{n-1})出现在由样本而计算出来的检验统计量(t 值)的末端或更末端处的概率值。

比如在例 7.10 中，在 H_0 成立时 t 统计量就是 t_{n-1} 随机变量，例 7.10 中对应于"末端或更末端"是指"$\leqslant$"，于是 t_{n-1} 统计量 $\leqslant H_0$ 成立时，该统计量的样本值(即 t 值)的概率就是 $Pr(t_{n-1} \leqslant t) = p$-值，也就是图 7.1 所示。

例 7.13 心脏病学 目前临床上感兴趣的一个课题是使用药物去减小在过去 24 小时内有心肌梗塞病人的梗塞大小。假设我们知道未经医治的病人的平均梗塞大小是 $25(ck-g-EQ/m^2)$。而 8 个接受了一种药物治疗的人中，平均梗塞大小是 16 及标准差是 10。这个药物能有效减小梗塞大小吗？

解 这里的假设是 $H_0: \mu = 25$，$H_1: \mu < 25$。而使用方程 7.3 计算 p-值。首先我们计算 t 值：

$$t = \frac{16-25}{10/\sqrt{8}} = -2.55$$

p-值就是 $p = Pr(t_7 < -2.55)$。参看附录中表 5，我们有 $t_{7,0.975} = 2.365$，及 $t_{7,0.99} = 2.998$。因为 $2.365 < 2.55 < 2.998$，这引出 $1 - 0.99 < p < 1 - 0.975$ 或 $0.01 < p < 0.025$。如此，H_0 是被拒绝。我们的结论是，这个药物能减小梗塞大小(在所有其他情形相同时)。

此例中的概率(指 p)也可以这样解释，在无效(零)假设是真实条件下，随机抽取的 8 个病人的样本，其平均梗塞大小不超过 16 的概率。此例中，零假设是，这个药物是无效的，或换言之，患有心肌炎的全体病人的总体的真实平均梗塞大小，医治前与医治后是一样的，都是 25。

p-值的重要性是，它可精确地告诉我们检验结果是如何显著的而不再重复采用不同的 α 水平。一个问题仍然存在：计算结果的 p-值应如何小以使我们可以考虑是在统计上显著？虽然这个问题没有确定的答案，但某些常用的标准供选择：

方程 7.4 判断 p-值显著性的指导

如果 $0.01 \leqslant p < 0.05$，则结果是显著的。

如果 $0.001 \leqslant p < 0.01$，则结果是高度显著。

如果 $p < 0.001$，则结果是很高地显著。

如果 $p > 0.05$，则结果被认为没有统计显著性(有时记为 NS)。

但是如果 $0.05 \leqslant p < 0.10$,则有时注记为有倾向的统计显著。

作者通常都注明 p-值的范围,而不精确地指出 p-值,因为 p-值是 0.024 或 0.016 并不重要。其他很多作者常给出一个精确的 p-值,即使检验结果不显著也如此。统计软件,比如 Excel 或 MINITAB,总是给出精确的 p-值。这些不同的方法从而引出下面的一般性原理。

方程 7.5　从假设检验的结果决定统计显著性

下面两方法中任一法都可以认为假设检验的结果有统计学显著性:

(1)检验 $H_0: \mu = \mu_0$ 对 $H_1: \mu < \mu_0$ 指定 $\alpha = 0.05$。比较计算出来的 t 值与临界值 $t_{n-1,0.05}$,如果 $t < t_{n-1,0.05}$ 则拒绝 H_0 且称结果有统计学显著性($p < 0.05$);如 $t \geqslant t_{n-1,0.05}$ 则接受 H_0 且称结果没有统计学显著性($p \geqslant 0.05$)。我们把这个方法称为**临界值方法**(也可见定义 7.12)。

(2)仍然是(1)中的假设检验问题,但 p-值被精确地计算出来。如果 $p < 0.05$,则拒绝 H_0 且称结果有统计学显著性;$p \geqslant 0.05$,则接受 H_0 且称结果没有统计学显著性。我们把此方法称为 **p-值方法**。

这两个方法等价。p-值方法更精细些,因为它产生精确的 p-值。方程 7.5 也可以用于其他假设检验问题中的统计显著性问题。

例 7.14　产科学　判断例 7.12 中出生体重数据的统计显著性。

解　因为 p-值是 0.020,此结果是统计显著的,因而我们的结论是,医院中真实的平均出生体重显著地低于一般人口中的平均出生体重。

例 7.15　心脏病学　判断例 7.13 中梗塞大小的显著性。

解　p-值 $= Pr(t_7 < -2.55)$。使用 Excel 中 TDIST 函数,我们有 $p = 0.019$,因此结果是显著的。

上述研究表明,科学上的显著与统计学上的显著是有区别的,因为这两者并不必须一致。一个研究结果有统计学上的显著性,并不表明此结果在科学上有多么重要。这种情形特别容易发生在大样本时,因为大样本中一个很小的差异也可以被统计学家发现出来。相反地,某些统计学上不显著的差异结果可能在科学上是重要的,因为它可以促使科学家进一步用大样本去判断所发现的"表面"差异。以上论述不仅对 t 检验而且对其他任何假设检验都一样。

例 7.16　产科学　假设例 7.2 中的平均体重是 119(盎司),而样本量是 10000。判断这个研究结果。

解　检验的统计量为

$$t = \frac{119 - 120}{24 / \sqrt{10000}} = -4.17$$

这时 p-值是 $Pr(t_{9999} < -4.17)$。因为 9999 个自由度的 t 分布实际上是 $N(0,1)$ 分布,所以用 $N(0,1)$ 表得 $\Phi(-4.17) < 0.001$,即有很高的显著性。但实际上由

于两者仅相差很小的 1 盎司,这实在不是一个重要的差异。

例7.17　产科学　假设例 7.2 中的平均体重是 110(盎司),而样本量是 10, 判断这个研究的结果。

解　检验的统计量为

$$t = \frac{110 - 120}{24/\sqrt{10}} = -1.32$$

这时 p-值是 $Pr(t_9 < -1.32)$。从附录中表 5 得 $t_{9,0.85} = 1.100$ 及 $t_{9,0.90} = 1.383$。 而 $1.100 < 1.32 < 1.383$,即 $1 - 0.90 < p < 1 - 0.85$ 或写成 $0.10 < p < 0.15$,即没 有统计学上显著性,但是两者之间的差异(10 盎司)远比例 7.16 中大得多。而此 p-值却也提示我们,这个差异可能是重要的或有意义的。

方程 7.2 的检验是基于备择假设 $\mu < \mu_0$ 上的。在许多情形中,我们的备择假 设是基于 $\mu > \mu_0$ 的。在这种情形下,如果 $\bar{x}$,或对应的检验统计量 t 大的话(即 $> c$)则拒绝 H_0;如果 t 值小则接受 H_0。为确保 I 型错误概率为 α,应寻找 c 以使 下式成立:

$$\alpha = Pr(t > c \mid H_0) = Pr(t > c \mid \mu = \mu_0)$$
$$= 1 - Pr(t \leqslant c \mid \mu = \mu_0)$$

因为在 H_0 下的 t 是 t_{n-1} 分布,因此,我们有

$$\alpha = 1 - Pr(t_{n-1} \leqslant c) \text{ 或 } 1 - \alpha = Pr(t_{n-1} \leqslant c)$$

因为 $Pr(t_{n-1} < t_{n-1,1-\alpha}) = 1 - \alpha$,所以我们有 $c = t_{n-1,1-\alpha}$。因此,在 α 水平时,如 果 $t > t_{n-1,1-\alpha}$,则拒绝 H_0;其他则接受 H_0。这个 p 值是检验统计量至少要大于 零假设下的 t 值的概率。这是因为 H_0 成立时 t 即为 t_{n-1},所以我们有

$$p = 1 - Pr(t_{n-1} \leqslant t) = Pr(t_{n-1} > t)$$

这个检验方法可以总结如下:

方程7.6　对方差未知的正态分布均值的单样本 t 检验(备择均值＞无效均 值)　检验假设

$$H_0: \mu = \mu_0 \quad \text{对} \quad H_1: \mu > \mu_0$$

指定的显著性水平为 α,检验统计量为

$$t = \frac{\bar{x} - \mu_0}{s/\sqrt{n}}$$

如果 $t > t_{n-1,1-\alpha}$,则拒绝 H_0,如果 $t \leqslant t_{n-1,1-\alpha}$,则接受 H_0。这个检验的 p-值为

$$p = Pr(t_{n-1} > t)$$

这个检验的 p-值见图 7.2。

例7.18　心血管病,儿科学　例 7.1 中父亲死于心脏病的 10 个儿童的平均 胆固醇水平是 200 mg/dL,而样本标准差是 50 mg/dL。要求检验这组儿童的平均

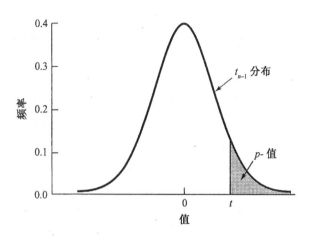

图 7.2　当备择均数 (μ_1) > 无效均数 (μ_0)
时单样本 t 检验的 p-值

胆固醇水平是否高于一般人群中儿童胆固醇水平(均值为 175 mg/dL)。

解　假设是

$$H_0:\mu = 175 \quad 对 \quad H_1:\mu > 175$$

取水平 $\alpha = 0.05$。如果

$$t > t_{n-1,\alpha} = t_{9,0.95}$$

则拒绝 H_0。此时可计算得

$$t = \frac{200 - 175}{50/\sqrt{10}}$$

$$= \frac{25}{15.81} = 1.58$$

从附录中表 5,查得 $t_{9,0.95} = 1.833$。因为 $1.833 > 1.58$,所以我们在 5% 的显著性水平上接受 H_0。

如果我们使用 p-值方法,精确的 p-值由下式确定

$$p = Pr(t_9 > 1.58)$$

使用附录表 5,我们发现 $t_{9,0.90} = 1.383$ 及 $t_{9,0.95} = 1.833$。由于 $1.383 < 1.58 < 1.833$,所以有 $0.05 < p < 0.10$。另外,使用 Excel 中的 TDIST 函数,我们能够得出精确的 p-值,p-值 $= Pr(t_9 > 1.58) = 0.074$。因为 $p > 0.05$,我们的结果没有统计显著性,因此无效假设可以被接受。即认为这组儿童的平均胆固醇水平与人群中同龄者的平均胆固醇水平没有显著差异。

7.4   正态分布均值的单样本检验:双侧备择

上一节中的备择假设是事先被指定在无效假设的某一个方向(上侧或下侧)。

例 7.19   产科学   例 7.2 中,一个低经济收入地区医院中婴儿的平均出生体重等于或低于全国平均水平。例 7.1 中,我们认为死于心脏病的男性的子女的平均胆固醇水平等于或高于全国平均水平。

但在大多数情形中先验知识是不知道的。即在无效假设被否定后,备择中的均值应取什么方向是不知道的。

例 7.20   心血管病   假设我们要比较最近进入美国的亚洲移民与美国一般人群中的血清胆固醇水平。假设美国 21~40 岁妇女的胆固醇水平近似呈正态分布且均值为 190 mg/dL。我们不知道最近亚洲移民的胆固醇水平是高于或低于一般美国人水平。我们将认为亚洲女性移民的胆固醇水平是正态分布但不知道均值 μ。因此,假设检验的零假设为 $H_0 : \mu = \mu_0 = 190$ 对 $H_1 : \mu \neq \mu_0$。血液检查在 100 名 21~40 岁女性亚洲移民中得到:均值 $\bar{x} = 181.52$ mg/dL,标准差 $= 40$ mg/dL。你能由此得出什么结论?

例 7.20 中的备择假设称为双侧(或双尾)备择,因为备择均值可能是大于或小于零假设的均值。

定义 7.15   一个**双侧检验**(two-tail test 或 two-sided test)是如下的一种检验,在备择假设下所研究的参数(此处为 μ)允许大于或小于无效假设下的参数(μ_0)。

最好的检验是使用样本均值 $\bar{x}$ 或等价地用检验统计量 t,如同 7.3 节中的单侧检验一样。我们在方程 7.2 中已证明,要检验 $H_0 : \mu = \mu_0$ 对 $H_1 : \mu < \mu_0$ 时,最好的检验形式为,如 $t < t_{n-1, \alpha}$ 则拒绝 H_0,如 $t \geqslant t_{n-1, \alpha}$ 则接受 H_0。这个检验明显是惟一合适的检验 $\mu < \mu_0$。我们还在方程 7.6 中证明,要检验假设 $H_0 : \mu = \mu_0$ 对 $\mu > \mu_0$,则最好的双侧检验形式为,如 $t > t_{n-1, 1-\alpha}$ 则拒绝 H_0,而如 $t \leqslant t_{n-1, 1-\alpha}$ 则接受 H_0。

方程 7.7   对于备择可以是无效均值中任一边的检验中,一个合理的判定是,如果 t 值太小或太大则拒绝 H_0;另一种提法是,如果 $t < c_1$ 或 $t > c_2$ 则拒绝 H_0(对某些常数 c_1 及 c_2),而当 $c_1 \leqslant t \leqslant c_2$ 时则接受 H_0。

这里的问题是什么是合适的 c_1 及 c_2 值? 这些值应由 I 型错误水平(α)所决定。c_1 及 c_2 应该由下面规则选取:

方程 7.8
$$Pr(拒绝\ H_0 | H_0\ 真) = Pr(t < c_1\ 或\ t > c_2 | H_0\ 真)$$
$$= Pr(t < c_1 | H_0\ 真) + Pr(t > c_2 | H_0\ 真)$$
$$= \alpha$$

上式证明中可以看到,α 水平可以分成两部分,因此我们可以用下面方法求 c_1 及 c_2:

方程 7.9　　$Pr(t<c_1|H_0\ 真)=Pr(t>c_2|H_0\ 真)=\alpha/2$

我们知道在 H_0 下 t 的分布是 t_{n-1}。因为 $t_{n-1,\alpha/2}$ 与 $t_{n-1,1-\alpha/2}$ 分别是 t_{n-1} 分布中下端及上端的 $100\%\times\alpha/2$ 分位点。因此有

$$Pr(t<t_{n-1,\alpha/2})=Pr(t>t_{n-1,1-\alpha/2})=\alpha/2$$

因此,

$$c_1=t_{n-1,\alpha/2},\qquad c_2=t_{n-1,1-\alpha/2}$$

这个检验方法可以汇总成下面方程:

方程 7.10　　正态分布均值的单样本 t 检验(双侧备择)　要检验 $H_0:\mu=\mu_0$ 对 $H_1:\mu\neq\mu_0$,规定显著性水平为 α,则最好的检验是 $t=(\bar{x}-\mu_0)/(s/\sqrt{n})$。判断法是如果

$$|t|>t_{n-1,1-\alpha/2}$$

则拒绝 H_0;如果

$$|t|\leqslant t_{n-1,1-\alpha/2}$$

则接受 H_0。

这个检验的接受及拒绝区域见图 7.3。

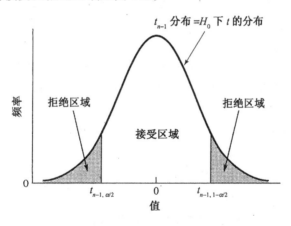

图 7.3　对正态分布均值的单样本 t 检验(双侧备择)

例 7.21　心血管病　检验例 7.20 中最新亚洲移民的平均胆固醇水平是否不同于一般美国人群?

解　计算统计量

$$t=\frac{\bar{x}-\mu_0}{s/\sqrt{n}}$$

$$=\frac{181.52-190}{40/\sqrt{100}}$$

$$= \frac{-8.48}{4} = -2.12$$

对于双侧检验取 $\alpha = 0.05$,则临界值是 $c_1 = t_{99,0.025}$, $c_2 = t_{99,0.975}$。

从附录表 5 可以看出,因为 $t_{99,0.975} < t_{60,0.975} = 2.000$,所以我们知道 $c_2 < 2.000$。同样,因为 $c_1 = -c_2$,所以 $c_1 > -2.000$。因为 $t = -2.12 < -2.000 < c_1$,即我们可以在 5% 水平上拒绝 H_0。即我们的结论是,最新亚洲移民的平均胆固醇水平显著低于一般美国人的平均水平。

另外,我们也可以如同单侧情形一样计算 p-值。而 p-值的计算可以有两个不同的方法,它依赖于 t 是小于 0 还是大于 0。

方程 7.11　正态分布均值的单样本 t 检验的 p-值(双侧备择)

记　　$t = \dfrac{\bar{x} - \mu_0}{s/\sqrt{n}}$

则

$$p = \begin{cases} 2 \times Pr(t_{n-1} \leqslant t), & \text{如果 } t \leqslant 0 \\ 2 \times [1 - Pr(t_{n-1} \leqslant t)], & \text{如果 } t > 0 \end{cases}$$

因此,上式也就是,如果 $t \leqslant 0$,则 $p = t_{n-1}$ 分布曲线下从左到右边 t 值时面积的 2 倍;如果 $t > 0$,则 $p = t_{n-1}$ 分布曲线下从右到 t 值时面积的 2 倍(见图 7.4)。可用下法解释 p-值:

方程 7.12　p-值是"在 H_0 成立下的检验统计量(t_{n-1})比样本检验统计量(t 值)极端及更极端的概率"。因为使用的是双侧备择假设,所以"极端"的测度也就是检验统计量的**绝对值**。[*]

例 7.22　心血管病　计算例 7.21 中假设的 p-值。

解　因为 $t = -2.12$,则

$$p = 2 \times Pr(t_{99} < -2.12) = 0.037^{**}$$

此值表明结果有统计显著性。

最后应注意,如 n 大(比如 > 200),则方程 7.10 中决定临界点($t_{n-1,1-\alpha/2}$)可以用对应的正态分布 $N(0,1)$ 的百分位点 $z_{1-\alpha/2}$ 近似。类似地方程 7.11 中计算 p-值时如 $n > 200$,则 $Pr(t_{n-1} \leqslant t)$ 可以用 $Pr[N(0,1) < t] = \Phi(t)$ 取代。这在 6.5.5 节中求置信区间时是一样的道理。

什么情况下单侧检验比双侧检验更合适? 一般情况下,样本均值落在 μ_0 的期望方向时使用单侧检验会比用双侧检验更容易拒绝 H_0。但这不是常常如此。

---

　　[*] 记 t 值是样本的 t 统计量值,则 p-值为 $p = 2Pr(t_{n-1} > |t|)$。此公式更便于记忆,中国学界常用此式。——译者注

　　[**] 这是用计算机计算的,附录中表 5 无此值。——译者注

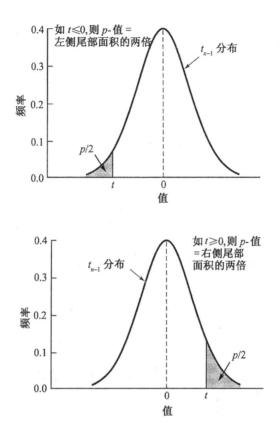

图 7.4 正态分布的均数的单样本
t 检验的 p-值图例(双侧备择)

假如我们从已有的文献资料中已知:由于生活习惯原因亚洲人的胆固醇水平常常低于一般美国人水平。在这种情形中使用单侧检验是合适的,即 $H_0: \mu = 190$ 对 $H_1:\mu < 190$。由方程 7.3 知,单侧的 p-值 $= Pr(t_{99} < -2.12) = 0.018 = ($双侧 p-值$)/2$。另外,假设我们从过去文献中知道,亚洲人的胆固醇水平常常高于一般美国人的水平。这种情况下,应使用下面的单侧假设 $H_0:\mu = 190$ 对 $H_1:\mu > 190$。这时由方程7.6, p-值 $= Pr(t_{99} > -2.12) = 0.982$,如此,我们接受 H_0。这么大的 p-值原因是,我们使用的单侧假设及检验与样本均值形成了相反的方向。一般情形下,双侧检验总是合适的,因为它得出的显著性结论,在任一个单侧检验中也总是能满足。但如果我们能从专业知识判断应该是单侧,则采用单侧检验会比双侧检验有更大的功效(即如果 H_1 为真时用单侧会更容易地拒绝 H_0)。在所有情形下,一个重要的决定是在做数据分析以前(或在数据收集之前),先要决定要做的分析是用单侧还是双侧,而不是在计算了 t 值后才考虑单侧或双侧问题,因为这会产生人为的主观偏差。

例7.23　高血压　假设我们要检验一种药物降低血压的功效。我们认为血压值的变化值(基数血压 − 跟踪血压)是正态分布且有均值 μ 及方差 σ^2。一个合适的假设是 $H_0:\mu=0$ 对 $H_1:\mu>0$,因为药物一般总是能降低血压而不是升高血压。

本教材中,我们常使用双侧检验,因为它在文献中使用得更多。

本节及7.3节中,我们已经提出单样本 t 检验。这个检验是当方差未知时检验正态分布的均值。该检验的流程图见章末的图7.18($p.249$)。此图给出了如何找统计推断的合适方法。从框图顶点开始,通过回答下面问题:(1)仅一个变量?(2)是单样本问题? (3)未知分布是正态或中心极限定理假设成立? (4)推断是均值 μ? (5) σ 已知吗? 回答"否"即到 t 检验。

7.4.1　单样本的 z-检验

方程7.10及7.11中,假设方差未知时,单样本 t 检验的临界值及 p-值由 t 分布的百分位点所决定。在某些应用中,由过去的研究,方差可能是知道的。在这种情形中,检验的 t 统计量可以由 z 统计量所代替,其中 $z=(\bar{x}-\mu)/(\sigma/\sqrt{n})$。当然,基于 t 分布的临界值也就被标准正态分布的临界值所代替。这样就得出下面的检验法:

方程7.13　方差已知时正态分布均值的单样本 z 检验(双侧备择)　检验假设

$$H_0:\mu=\mu_0 \qquad 对 \qquad H_1:\mu\neq\mu_0$$

且有一个显著性水平 α,此处总体分布的标准差已知。这时最好的检验是

$$z=\frac{(\bar{x}-\mu)}{\sigma/\sqrt{n}}$$

$$如果 \quad z<z_{\alpha/2} \quad 或 \quad z>z_{1-\alpha/2} \quad 则拒绝 H_0$$

$$如果 \quad z_{\alpha/2}\leqslant \quad z \quad \leqslant z_{1-\alpha/2} \quad 则接受 H_0$$

如计算双侧 p-值,则

$$p=2\Phi(z), \qquad 在 z\leqslant 0 时$$

$$p=2[1-\Phi(z)], \quad 在 z>0 时$$

例7.24　心血管病　考察例7.21中的胆固醇数据,假设标准差是知道的, $\sigma=40$,样本量为200而不是100,判断结果的显著性。

解　检验统计量为

$$z=\frac{181.52-190}{40/\sqrt{200}}$$

$$=\frac{-8.48}{2.828}=-3.00$$

首先我们使用 $\alpha=0.05$ 的临界值法。使用方程7.13,临界值是 -1.96 及 1.96。

因为 $z = -3.00 < -1.96$, 我们在 5% 显著性水平上拒绝 H_0。而双侧 p-值是 $2 \times \Phi(-3.00) = 0.003$。

类似地, 我们可以对单侧备择使用 z 检验如下:

方程 7.14 **已知方差的正态分布均值的单样本 z 检验**($\mu < \mu_0$, 单侧备择)

检验假设 $\qquad H_0 : \mu = \mu_0 \qquad$ 对 $\qquad H_1 : \mu < \mu_0$, 显著性水平为 α,

这里标准差 σ 已知。最好的检验是

$$z = (\bar{x} - \mu_0)/(\sigma/\sqrt{n})$$

如果 $z < z_\alpha$ 则拒绝 H_0; 如果 $z \geqslant z_\alpha$ 则接受 H_0。p-值则是 $p = \Phi(z)$。

方程 7.15 **已知方差的正态分布均值的单样本 z 检验**($\mu > \mu_0$, 单侧备择)

检验假设 $\qquad H_0 : \mu = \mu_0 \qquad$ 对 $\qquad H_1 : \mu > \mu_0$, $\qquad$ 且显著性水平为 α,

这里标准差 σ 已知。最好的检验是

$$z = (\bar{x} - \mu_0)/(\sigma/\sqrt{n})$$

如果 $z > z_{1-\alpha}$ 则拒绝 H_0; 如果 $z \leqslant z_{1-\alpha}$ 则接受 H_0。而 p-值为 $p = 1 - \Phi(z)$。

在 7.4.1 节中我们介绍单样本 z 检验, 这个检验用于当方差已知时正态分布的均数问题。在流程图(图 7.18, P249)中从顶部框开始, 通过回答下列一串"是"或"否":(1)仅一个变量? (2)单样本问题? (3)总体分布是正态或能适合使用中心极限定理? (4)推断的是 μ? 及(5)σ是已知吗? 即可到达单样本的 z 检验。

7.5 检验的功效

要研究功效问题, 通常在任何数据未收集以前就应设计方案。另外, 我们通常在做计划而又没有任何数据时涉及的标准差总是无法估计的。因此, 我们此处仅介绍标准差是已知, 而考察方程 7.13 及 7.14 中的单样本 z 检验的功效。

7.5.1 单侧备择

例 7.25 **眼科学** 一种药可医治 IOP(高眼内压), 目的是为了阻止青光眼的发展。试点试验在 10 名病人上进行, 治疗一个月后他们的平均 IOP 减低 5 mmHg 且标准差(sd)为 10 mmHg。研究者企图在主要试验时选 100 名受试者, 对此研究而言这个样本量是否足够大?

解 要决定 100 名受试者是否足够问题, 我们需要进行功效计算。这个研究中的功效是如下事件的概率:样本量 100 中的真实 IOP 的均数确是下降 5 mmHg 且其标准差为 10 mmHg。通常我们在完成一个研究时功效至少应是 80%。此节中我们的目的是学习有关功效的公式及如何提出有关功效的问题。

7.4 节(方程 7.14)中指出, 合适的假设检验是

$$H_0: \mu = \mu_0 \qquad 对 \qquad H_1: \mu = \mu_1 < \mu_0$$

此处假定潜在的分布是正态且总体方差已知。最好的检验是用 z 检验。特别地，使用方程 7.14 及取定 I 型错误概率为 α 下,如果 $z < z_\alpha$ 则拒绝 H_0 而 $z \geqslant z_\alpha$ 时接受 H_0。这个最好的检验不依赖于备择均值(μ_1)的具体取值(只要服从 $\mu_1 < \mu_0$ 即可)。

例 7.2 中,$\mu_0 = 120$(盎司),如果我们用备择 $\mu_1 = 115$(盎司)而不是 $\mu_1 = 110$(盎司),则相同的检验方法仍然成立。但是对于功效问题,这两个备择均值是有差别的。检验的功效 $= 1 - Pr(\text{II 型错误})$。回忆定义 7.6,则

$$功效 = Pr(拒绝 H_0 \mid H_0 不真) = Pr(Z < z_\alpha \mid \mu = \mu_1)$$

$$= Pr\left[\frac{\bar{X} - \mu_0}{\sigma/\sqrt{n}} < z_\alpha \mid \mu = \mu_1\right]$$

$$= Pr[\bar{X} < \mu_0 + z_\alpha \sigma/\sqrt{n} \mid \mu = \mu_1]$$

我们知道在 H_1 下,$\bar{X} \sim N(\mu_1, \sigma^2/n)$。所以对上面用标准化法,得

$$功效 = \Phi[(\mu_0 + z_\alpha \sigma/\sqrt{n} - \mu_1)/(\sigma/\sqrt{n})] = \Phi\left[z_\alpha + \frac{(\mu_0 - \mu_1)}{\sigma}\sqrt{n}\right]$$

这个功效图示在图 7.5 中的阴影部分。

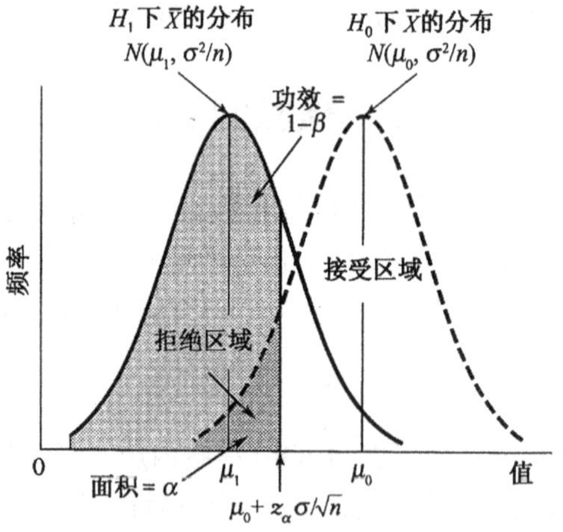

图 7.5 已知方差的正态分布均值的单样本检验的功效说明($\mu_1 < \mu_0$)

注意,在 H_0 分布下 $\mu_0 + z_\alpha \sigma/\sqrt{n}$ 左边的面积即是显著性水平 α,而在 H_1 分布下 $\mu_0 + z_\alpha \sigma/\sqrt{n}$ 左边的面积就是功效 $= 1 - \beta$。

为什么我们应该涉及功效? 功效可以告诉我们:在备择假设是真实时(即应该否定 H_0 时),我们能否定 H_0 的可信程度;如果功效太低,这时即使真实的 μ(未知

总体均数)与 μ_0 之间有差异,也很难被所用的检验方法发现。而不充分的样本量总是造成了检验的低功效。

例7.26 产科学 例7.2的出生体重数据中,假定备选的均值是115(盎司),$\alpha = 0.05$,而实际的标准差为24(盎司),请计算功效。

解 此处 $\mu_0 = 120$(盎司),$\mu_1 = 115$(盎司),$\alpha = 0.05$,$\sigma = 24$,$n = 100$。于是

$$功效 = \Phi[z_{0.05} + (120 - 115)\sqrt{100}/24]$$
$$= \Phi[-1.645 + 5(10)/24] = \Phi(0.438)$$
$$= 0.669$$

因此,在使用5%的显著性水平,$n = 100$ 的上述样本中,我们大约有67%的机会发现均数间实际存在的的差异。

现在我们关注 $\mu_1 < \mu_0$ 的情形,当检验假设是

$$H_0 : \mu = \mu_0 \qquad 对 \qquad H_1 : \mu = \mu_1 > \mu_0$$

时,求这个检验的功效。如例7.1中的胆固醇数据一样,最好的检验是用方程7.15,当 $z > z_{1-\alpha}$ 时拒绝 H_0,而当 $z \leqslant z_{1-\alpha}$ 时接受 H_0。注意,如果 $z > z_{1-\alpha}$ 则有

方程7.16 $\dfrac{\bar{x} - \mu_0}{\sigma/\sqrt{n}} > z_{1-\alpha}$

如果在上式两边乘以 $\sigma/\sqrt{n}$ 及加上 μ_0,则上式可按照 $\bar{x}$ 重写拒绝域如下:

方程7.17 $\bar{x} > \mu_0 + z_{1-\alpha}\sigma/\sqrt{n}$

类似地,接受域 $z \leqslant z_{1-\alpha}$ 也可改写为:

方程7.18 $\bar{x} \leqslant \mu_0 + z_{1-\alpha}\sigma/\sqrt{n}$

所以这个检验的功效就是

$$功效 = Pr(\bar{x} > \mu_0 + z_{1-\alpha}\sigma/\sqrt{n} \mid \mu = \mu_1)$$
$$= 1 - Pr(\bar{x} < \mu_0 + z_{1-\alpha}\sigma/\sqrt{n} \mid \mu = \mu_1)$$
$$= 1 - \Phi\left[\frac{\mu_0 + z_{1-\alpha}\sigma/\sqrt{n} - \mu_1}{\sigma/\sqrt{n}}\right]$$
$$= 1 - \Phi\left[z_{1-\alpha} + \frac{(\mu_0 - \mu_1)\sqrt{n}}{\sigma}\right]$$

使用关系式 $\Phi(-x) = 1 - \Phi(x)$ 及 $z_\alpha = -z_{1-\alpha}$,上式可以重写:

$$功效 = \Phi\left[-z_{1-\alpha} + \frac{(\mu_1 - \mu_0)\sqrt{n}}{\sigma}\right] = \Phi\left[z_\alpha + \frac{(\mu_1 - \mu_0)\sqrt{n}}{\sigma}\right], 如果 \mu_1 > \mu_0$$

此功效见图7.6。

例7.27 心血管病,儿科学 使用5%的显著性水平及样本量10,对例7.18中胆固醇数据计算检验的功效,备择均值是 190 mg/dL,而零假设下均值是 175 mg/dL。标准差(σ)是 50 mg/dL。

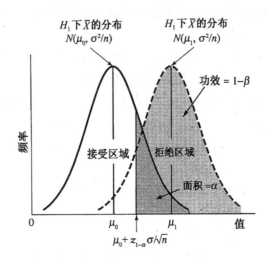

**图 7.6 已知方差下正态分布均值的单样
本检验的功效计算例图**($\mu_1 > \mu_0$)

解　我们有 $\mu_0 = 175$, $\mu_1 = 190$, $\alpha = 0.05$, $\sigma = 50$, $n = 10$, 于是

$$功效 = \Phi[-1.645 + (190 - 175)\sqrt{10}/50]$$
$$= \Phi[-1.645 + 15\sqrt{10}/50] = \Phi(-0.70)$$
$$= 1 - \Phi(0.70) = 1 - 0.757 = 0.243$$

也就是说,在此情形中能发现有显著性的机会仅 24%。这个结果并不奇怪,它在
例 7.18 中也未发现有显著性差异,原因就是样本量太少了。

上面的功效公式可以汇总如下:

方程 7.19　已知方差时,对正态分布均值的单样本 z 检验的功效(单侧备择)
这个检验的假设是

$$H_0: \mu = \mu_0 \qquad 对 \qquad H_1: \mu = \mu_1$$

此处已知潜在的分布是正态而总体方差为(σ^2),则该检验的功效是

$$\Phi(z_\alpha + |\mu_0 - \mu_1|\sqrt{n}/\sigma) = \Phi(-z_{1-\alpha} + |\mu_0 - \mu_1|\sqrt{n}/\sigma)$$

注意,由方程 7.19 可见功效依赖于 4 个因素:α, $|\mu_1 - \mu_0|$, n 及 σ。

方程 7.20　影响功效的因素

(1)如果显著性水平变小(即 α 变小),则 z_α 减小,所以功效也减小。

(2)如果备择均值远离无效均值(即 $|\mu_1 - \mu_0|$ 增加),则功效也增加。

(3)如果观察值分布的标准差增加(即 σ 增加),则功效减小。

(4)如果样本量增加(n 增加),则功效增加。

例 7.28　心血管病,儿科学　计算例 7.27 胆固醇数据中检验的功效,显著性
水平为 0.01 而备择均值为 190 mg/dL。

解 $\alpha = 0.01$,功效是

$$\Phi[z_{0.01} + (190 - 175)\sqrt{10/50}]$$
$$= \Phi(-2.326 + 15\sqrt{10/50})$$
$$= \Phi(-1.38) = 1 - \Phi(1.38)$$
$$= 1 - 0.9158 \approx 8\%$$

这个功效比例 7.27 中计算的 $\alpha = 0.05$ 时的 24% 更低。这意味着什么?这意味着,α 水平从 0.05 改为 0.01 时,β 错误概率将增大,或等价地,功效从 24% 降到 8%。

例 7.29 产科学 计算例 7.26 对出生体重做检验的功效,$\mu_1 = 110$(盎司)而不是 115(盎司)。

解 如果 $\mu_1 = 110$(盎司),则功效为

$$\Phi[-1.645 + (120 - 110)10/24] = \Phi(2.522) = 0.994 \approx 99\%$$

这个功效远高于例 7.26 中 $\mu_1 = 115$(盎司)中的功效 67%。为什么?这是因为备择均值从 115 改为 110,扩大了备择均值与无效均值间的差异,所以造成了功效从 67% 增加到 99%。

例 7.30 心脏病学 计算例 7.13 中检验梗塞大小数据的功效,$\sigma = 10$ 及 $\sigma = 15$,使用备择均值为 20(ck－g－EQ/m^2)及 $\alpha = 0.05$。

解 例 7.13 中,$\mu_0 = 25$,$n = 8$。这样,如果 $\sigma = 10$,则

$$功效 = \Phi[-1.645 + (25 - 20)\sqrt{8}/10] = \Phi(-0.23)$$
$$= 1 - \Phi(0.23) = 1 - 0.591 = 0.409 \approx 41\%$$

而在 $\sigma = 15$ 时,则

$$功效 = \Phi[-1.645 + (25 - 20)\sqrt{8}/15] = \Phi(-0.70)$$
$$= 1 - 0.759 = 0.241 \approx 24\%$$

这是为什么?这是因为 $\sigma = 10$ 变到 15 时造成了发现显著性差异的机会从 41% 下降到 24%。

例 7.31 产科学 假设样本量是 10 而不是 100,计算例 7.26 出生体重数据中检验的功效,其中规定备择均值为 115(盎司)及 $\alpha = 0.05$。

解 我们有 $\mu_0 = 120$,$\mu_1 = 115$,$\alpha = 0.05$,$\sigma = 24$,$n = 10$,则

$$功效 = \Phi[z_{0.05} + (120 - 115)\sqrt{10/24}] = \Phi(-1.645 + 5\sqrt{10/24})$$
$$= \Phi(-0.99) = 1 - 0.838 = 0.162$$

即当 $n = 10$ 时仅有 16% 的机会能发现客观存在的差异,而在 $n = 100$ 时,(例 7.26)则有 67% 的机会发现存在的差异。

在此出生体重例中,在 $\alpha(0.05)$,$\sigma(24)$,$n(100)$ 及 $\mu_0(120)$ 时,对各种备择均值 (μ) 可以求出功效曲线,见图 7.7。这个功效范围从 $\mu = 110$(盎司)时的 99% 到 $\mu =$

118(盎司)时的约 20%。

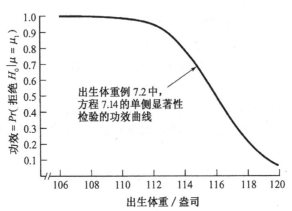

图 7.7 例 7.2 中出生体重检验的功效曲线

7.5.2 双侧备择

方程 7.19 给出了单侧显著性检验时的功效。使用双侧检验时,假设为 $H_0:\mu = \mu_0$,对 $H_1:\mu \neq \mu_0$,则可使用下面的功效公式。

方程 7.21 正态分布均值的单样本 z 检验的功效(双侧备择) 双侧检验 $H_0:\mu = \mu_0$ 对 $H_1:\mu \neq \mu_0$,而在 $\mu = \mu_1$ 指定值下,如分布是正态,总体方差(σ^2)已知,则 z 检验功效的精确公式为

$$\Phi\left[-z_{1-\alpha/2} + \frac{(\mu_0 - \mu_1)\sqrt{n}}{\sigma}\right] + \Phi\left[-z_{1-\alpha/2} + \frac{(\mu_1 - \mu_0)\sqrt{n}}{\sigma}\right]$$

而功效的近似式为

$$\Phi\left[-z_{1-\alpha/2} + \frac{|\mu_0 - \mu_1|\sqrt{n}}{\sigma}\right]$$

为证明这一点,从方程 7.13 可见,拒绝 H_0 的是

$$z = \frac{\bar{x} - \mu_0}{\sigma/\sqrt{n}} < z_{\alpha/2} \qquad 或 \qquad z = \frac{\bar{x} - \mu_0}{\sigma/\sqrt{n}} > z_{1-\alpha/2}$$

如果上式两边乘 $\sigma/\sqrt{n}$,加 μ_0,可以重写拒绝域为下式:

方程 7.22 $\bar{x} < \mu_0 + z_{\alpha/2}\,\sigma/\sqrt{n}$ 或 $\bar{x} > \mu_0 + z_{1-\alpha/2}\sigma/\sqrt{n}$

它在备择 $\mu = \mu_1$ 时的检验功效为:

方程 7.23

$$功效 = Pr(\bar{X} < \mu_0 + z_{\alpha/2}\sigma/\sqrt{n} \mid \mu = \mu_1) + Pr(\bar{X} > \mu_0 + z_{1-\alpha/2}\sigma/\sqrt{n} \mid \mu = \mu_1)$$

$$= \Phi\left(\frac{\mu_0 + z_{\alpha/2}\sigma/\sqrt{n} - \mu_1}{\sigma/\sqrt{n}}\right) + 1 - \Phi\left(\frac{\mu_0 + z_{1-\alpha/2}\sigma/\sqrt{n} - \mu_1}{\sigma/\sqrt{n}}\right)$$

$$= \Phi\left[z_{\alpha/2} + \frac{(\mu_0 - \mu_1)\sqrt{n}}{\sigma}\right] + 1 - \Phi\left[z_{1-\alpha/2} + \frac{(\mu_0 - \mu_1)\sqrt{n}}{\sigma}\right]$$

使用 $1 - \Phi(x) = \Phi(-x)$，把上最后两式联合在一起，有

方程 7.24

$$功效 = \Phi\left[z_{\alpha/2} + \frac{(\mu_0 - \mu_1)\sqrt{n}}{\sigma}\right] + \Phi\left[- z_{1-\alpha/2} + \frac{(\mu_1 - \mu_0)\sqrt{n}}{\sigma}\right]$$

最后，利用 $z_{\alpha/2} = - z_{1-\alpha/2}$，我们有

方程 7.25

$$功效 = \Phi\left[- z_{1-\alpha/2} + \frac{(\mu_0 - \mu_1)\sqrt{n}}{\sigma}\right] + \Phi\left[- z_{1-\alpha/2} + \frac{(\mu_1 - \mu_0)\sqrt{n}}{\sigma}\right]$$

这就是方程 7.21。此公式比常用的要麻烦些。特别地，如果 $\mu_1 > \mu_0$，则第 1 项相对于第 2 项，第 1 项常常被忽略。因此上式也就变成了方程 7.21 中的近似公式，

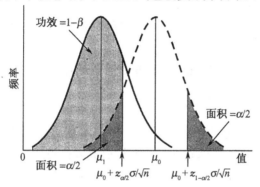

(a) $\mu_1 < \mu_0$

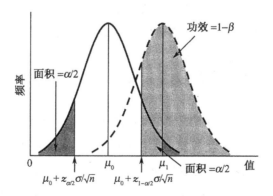

(b) $\mu_1 > \mu_0$

**图 7.8 已知方差时正态分布均值
的双侧检验的功效图示**

因为此近似式代表了第 2 项;而如果 $\mu_0 > \mu_1$,则方程 7.25 的第 2 项常被忽略,这时近似式就是方程 7.25 中的第 1 项。这个功效图示法见图 7.8。我们注意到双侧检验的功效近似式(方程 7.21)与单侧检验的功效公式方程 7.19 是相同的,只不过双侧中用 $\alpha/2$ 代替单侧的 α 而已。

例 7.32　心脏病学　一种钙通道阻滞剂新药用于治疗不稳定型心绞痛(一种严重类型的心绞痛),其效果用心率的改变来衡量。假设研究 20 个病人,用药 48 小时后,已知道标准差是每分 10 次。如果假设从基数心率到 48 小时后心率的真实平均改变是每分钟或增加 5 次,或减少 5 次,那么检验 48 小时后,心率有否显著改变的功效是多少?

解　使用方程 7.21,$\sigma = 10$,$|\mu_0 - \mu_1| = 5$,$\alpha = 0.05$,$n = 20$,我们有

$$功效 = \Phi\left(-z_{1-0.05/2} + 5\sqrt{20}/10\right) = \Phi(-1.96 + 2.236)$$
$$= \Phi(0.276) = 0.609 \approx 0.61$$

也就是说,这个研究中有 61% 的机会可以检测出有显著性差异。

7.6　样本量的决定

7.6.1　单侧备择下求样本量

通常在实际开始研究工作以前,需要决定样本量。什么是研究工作中合适的样本量? 考察例 7.2 中出生体重数据。我们研究零假设 $H_0:\mu = \mu_0$ 对 $H_1:\mu = \mu_1$,假设出生体重的分布是正态且标准差 σ 已知。如果检验方法是使用方程 7.14,则如果 $z < z_\alpha$ 或等价地,如果 $\bar{x} < \mu_0 + z_\alpha\sigma/\sqrt{n}$ 则拒绝 H_0;如果 $z \geqslant z_\alpha$ 或等价地,$\bar{x} \geqslant \mu_0 + z_\alpha\sigma/\sqrt{n}$ 则接受 H_0。假设备择假设为真,研究者希望用多大的概率去拒绝 H_0? 这个概率当然就是 $1 - \beta$,也就是功效。理想的功效常取 80%,90%,$\cdots$。因此决定**样本量**问题可以总结如下:给出将要进行研究的显著性水平 α,真实备择均值的期望值 μ_1,及在所求的样本量下应该有的功效 $(1 - \beta)$ 的值。此情形可用图 7.9 表示。

图 7.9 中($\mu_1 < \mu_0$),$\bar{X}$ 的抽样分布分成两种可能:零假设下的分布及备择假设下的分布。$\mu_0 + z_\alpha\sigma/\sqrt{n}$ 是临界点,如果 $\bar{x} < \mu_0 + z_\alpha\sigma/\sqrt{n}$ 则拒绝 H_0。右边曲线(H_0 下分布)到 $\mu_0 + z_\alpha\sigma/\sqrt{n}$ 点下的面积为 α。在左边曲线(H_1 为真时)到 $\mu_0 + z_\alpha\sigma/\sqrt{n}$ 点下的面积就是 $1 - \beta$,它代表功效。从图中可以看出,如果 n 充分大,每个曲线的方差(都是 σ^2/n)将变成很小,于是两曲线将可能分离开来。从方程 7.19 的功效公式可见

$$功效 = \Phi(z_\alpha + |\mu_0 - \mu_1|\sqrt{n}/\sigma) = 1 - \beta$$

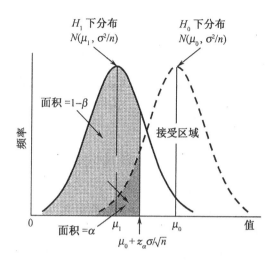

图 7.9 求样本量所需要的指标 *

我们希望从上式中解出 n。回忆 $\Phi(z_{1-\beta}) = 1-\beta$,因此

$$z_\alpha + |\mu_0 - \mu_1| \sqrt{n}/\sigma = z_{1-\beta}$$

两边减 z_α,再乘 $\sigma/|\mu_0 - \mu_1|$,得

$$\sqrt{n} = \frac{(-z_\alpha + z_{1-\beta})\sigma}{|\mu_0 - \mu_1|}$$

用 $z_{1-\alpha}$ 代 $-z_\alpha$,再两边平方,得

$$n = \frac{(z_{1-\alpha} + z_{1-\beta})^2 \sigma^2}{(\mu_0 - \mu_1)^2}$$

类似地,如果我们检验假设

$$H_0: \mu = \mu_0 \ 对 \ H_1: \mu = \mu_1 > \mu_0$$

比如例 7.1 中胆固醇数据就是这种情形。使用显著性水平 α 及功效 $1-\beta$,则从方程 7.19 可找出来的公式是与上述求样本大小的公式是相同的。这样我们可以总结如下:

方程 7.26 对正态分布的均值检验中样本量的估计(单侧备择)

假设我们要检验

$$H_0: \mu = \mu_0 \quad 对 \quad H_1: \mu = \mu_1$$

此处数据是正态分布具有均值 μ 及已知方差 σ^2。在单侧检验,显著性水平为 α,检出有显著性差异的概率 $= 1-\beta$ 时,所求的样本量为

---

* 要有 $\alpha, \mu_0, \mu_1, 1-\beta$ 及 σ。——译者注

$$n = \frac{\sigma^2 (z_{1-\beta} + z_{1-\alpha})^2}{(\mu_0 - \mu_1)^2}$$

例 7.33　产科学　考察例 7.2 中出生体重数据。假设 $\mu_0 = 120$(盎司),$\mu_1 = 115$(盎司),$\sigma^2 = 576$,$\alpha = 0.05$,$1 - \beta = 0.80$,我们使用单侧检验。请计算合适的样本量。

解

$$n = \frac{576(z_{0.8} + z_{0.95})^2}{25} = 23.04(0.842 + 1.645)^2$$

$$= 23.04(6.175) = 142.5$$

应该采用小数进位,这样,需要的样本为 143 才能有 80% 的机会检测出所希望的显著差异。

注意,样本量与备择均值的选择大小关系很大。这从方程 7.26 可以看出,n 与 $(\mu_0 - \mu_1)^2$ 成反比。所以如果无效与备择均值间的绝对值差异缩小 0.5,则样本量(n)就要增加 4 倍。

例 7.34　产科学　例 7.2 的出生体重数据中,如果 $\mu_1 = 110$(盎司)而不是 115(盎司),再计算样本量。

解　这时 $(\mu_0 - \mu_1)^2 = 100$ 而不是 25。于是样本量缩小 4 倍,即 $n = 35.6$ 或 36 人。

例 7.35　心血管病,儿科学　考虑例 7.1 中胆固醇数据。设无效均值为 175 mg/dL,备择均值为 190 mg/dL,标准差为 50,我们需要用单侧检验在 5% 显著性水平及 90% 的功效。这时应需要多大的样本量?

解

$$n = \frac{\sigma^2 (z_{1-\beta} + z_{1-\alpha})^2}{(\mu_0 - \mu_1)^2} = \frac{50^2 (z_{0.9} + z_{0.45})^2}{(190 - 175)^2}$$

$$= \frac{2500(1.282 + 1.645)^2}{15^2} = \frac{2500(8.556)}{225} = 95.1$$

即显著性水平为 5% 时选用 96 人可使功效为 90%。而在我们例 7.18 中 $n = 10$ 时发现不了显著性差异也就不奇怪了。

明显地,与样本大小有关的是下面四个因素:

方程 7.27　影响样本量的因素

(1)当 σ^2 增加时,样本量也增加。

(2)当显著性水平变小时(即 α 变小),样本量也增加。

(3)所要求达到的功效($1 - \beta$)值增加时,样本量也增加。

(4)无效均值与备择均值间的距离($|\mu_0 - \mu_1|$)增加时,样本量会减少。

例 7.36　产科学　如果例 7.33 中 σ 增加到 30,样本量的估计会如何? 如果 α

减小到 0.01 又会怎样? 如果要求功效增加到 90% 又怎样? 如果备择均值变成 110(盎司)又怎样? 假设在这例子中其他参数都保持不变。

解 从例 7.33 中我们知道需要用 143 个婴儿才能达到功效为 80%,显著性水平为 5% 而且无效均值为 120(盎司),一个备择均值是 115(盎司),标准差为 24(盎司)。

如果 σ 增加到 30,则我们需要

$$n = 30^2(z_{0.8} + z_{0.95})^2/(120 - 115)^2 = 900(0.842 + 1.645)^2/25 \approx 223 \text{ 个婴儿}。$$

如果 α 减小到 0.01,则需要

$$n = 24^2(z_{0.8} + z_{0.99})^2/(120 - 115)^2 = 576(0.842 + 2.326)^2/25 \approx 231 \text{ 个婴儿}。$$

如果 $1 - \beta$ 增加到 0.9,则需要

$$n = 24^2(z_{0.9} + z_{0.95})^2/(120 - 115)^2 = 576(1.282 + 1.645)^2/25 \approx 198 \text{ 个婴儿}。$$

如果 μ_1 减小到 110,等价的是 $|\mu_0 - \mu_1|$ 从 5 增加到 10,则需要

$$n = 24^2(z_{0.8} + z_{0.95})^2/(120 - 110)^2 = 576(0.842 + 1.645)^2/100 \approx 36 \text{ 个婴儿}。$$

可见,当 σ 增加,α 减小,或 $1 - \beta$ 增加都可造成所需样本量增加。而如果无效均值与备择均值间的距离增加,则样本量会减少。

一个问题是,在估计样本量时,如何估计上述这些参数? 通常无效假设的均值 (μ_0) 是容易指定的,Ⅰ型错误概率 (α) 也很方便,常定在 0.05。而功效水平却不是很容易可以确定的,但大多数的研究工作者都认为功效低于 80% 不大合适。备选均值 μ_1 及总体方差 σ^2 常是未知的。参数 μ_1 及 σ^2 可以从先前的工作,类似的经验,或隐含分布的先验知识中找到。在缺乏上述知识时,参数 μ_1 有时由专业知识对 $|\mu_1 - \mu_0|$ 作出符合科学规律的判断而作出某个估计,有时则做些小试验来作估计。这种研究一般是不需花费很多的,目的就是为了得到 μ_1 及 σ^2 的估计值,以便用于决定样本大小。

要记住大多数的样本量估计就像"ballpark estimates"(棒球场估计),这是由于对 μ_1 及 σ^2 估计的不精确性造成的。这些估计常常仅用于检查研究中所提出的样本量是否接近于实际需要,而不是为了去识别一个精确的样本大小。

7.6.2 双侧备择下求样本量

方程 7.26 中给出的样本量公式仅适合单侧显著性检验。如果不知道备择均值 (μ_1) 是大于还是小于无效均值 (μ_0),则用双侧检验是合适的,这时对应的样本量公式,在 $1 - \beta$ 功效及 α 显著性水平下的公式为

$$n = \frac{\sigma^2(z_{1-\beta} + z_{1-\alpha/2})^2}{(\mu_0 - \mu_1)^2}$$

为理解此公式,可证明如下,在方程 7.21 的功效公式中解出 n,即

$$\Phi\left(-z_{1-\alpha/2} + \frac{|\mu_1 - \mu_0|\sqrt{n}}{\sigma}\right) = 1 - \beta$$

或

$$-z_{1-\alpha/2} + \frac{|\mu_1 - \mu_0|\sqrt{n}}{\sigma} = z_{1-\beta}$$

两边加 $z_{1-\alpha/2}$,再乘以 $\sigma/|\mu_0 - \mu_1|$,我们得

$$\sqrt{n} = \frac{(z_{1-\beta} + z_{1-\alpha/2})\sigma}{|\mu_0 - \mu_1|}$$

平方,得

$$n = \frac{(z_{1-\beta} + z_{1-\alpha})^2\sigma^2}{(\mu_0 - \mu_1)^2}$$

此方法汇总如下式:

方程7.28　检验正态分布均值时的样本量(双侧备择)

假设检验 $H_0 : \mu = \mu_0$, 对 $H_1 : \mu = \mu_1$, 此处数据呈正态分布, 且具有均值 μ 及未知方差 σ^2。在显著性水平 α, 功效 $1 - \beta$ 下,**样本量公式如下**:

$$n = \frac{\sigma^2(z_{1-\beta} + z_{1-\alpha/2})^2}{(\mu_0 - \mu_1)^2}$$

注意,这个样本量常常大于对应的单侧检验中方程 7.26 的样本量,这是因为 $z_{1-\alpha/2}$ 是大于 $z_{1-\alpha}$ 的结果。

例7.37　心脏病学　考察例 7.32 中一种新药治疗不稳定型心绞疼的心率。假设我们至少要有 80% 的功效能检测出显著性差异,这里的差异是指治疗 48 小时后能平均改变心率 5 次/分。但不计改变的方向,且 $\sigma = 10$ 次/分。在此研究中应需要多少病人?

解　我们设 $\alpha = 0.05, \sigma = 10$ 次/分,如同例 7.32 一样。因为我们不能保证用药后心率的改变是在哪一个方向上,所以我们使用双侧检验。因此样本量的估计也就用方程 7.28

$$\begin{aligned}
n &= \frac{\sigma^2(z_{1-\beta} + z_{1-\alpha/2})^2}{(\mu_0 - \mu_1)^2} \\
&= \frac{10^2(z_{0.8} + z_{0.975})^2}{5^2} = \frac{100(0.84 + 1.96)^2}{25} \\
&= 4(7.84) = 31.36 \approx 32 \text{ 个病人}
\end{aligned}$$

即需要 32 个病人才能有 80% 的机会发现服药后有 $\alpha = 0.05$ 双侧的显著性差异。如果心率的改变是每分 5 次,注意例 7.32 中在 20 个病人身上做试验,得出的功效是 61%,这 $n = 20$ 显然不足以发现有显著性的差异。

如果用药后心率的改变方向是可以确定的,则用单侧公式是正当的。这时合适的样本量公式是方程 7.26,即

$$n = \frac{\sigma^2(z_{1-\beta} + z_{1-\alpha})^2}{(\mu_0 - \mu_1)^2}$$

$$= \frac{10^2(z_{0.8} + z_{0.95})^2}{5^2}$$

$$= \frac{100(0.842 + 1.645)^2}{25}$$

$$= 4(6.185) = 24.7 \approx 25 \text{ 个病人}$$

即仅需 25 个病人即可用于单侧检验而不是双侧中的 32 个病人。

7.6.3 基于置信区间宽度的样本量估计

在某些情形下,希望某些治疗能在生理学参数上有显著的效果。这时我们的目标是在给定精度的情形下估计样本量。

例 7.38　心脏病学　假设我们已经知道标准剂量的心得安治疗心绞痛病人,在 48 小时后可以降低心率。一个新的研究提出来使用较高剂量的普萘洛尔(propranolol)治疗心绞痛。研究者感兴趣的是希望有高的精度去估计心率的下降。这时如何估计所需样本量?

假设我们对精度的定量估计是用 $100\% \times (1-\alpha)$ 双侧置信区间的宽度来衡量。由方程 6.6,对于 μ(= 心率的实际减小量)的 $100\% \times (1-\alpha)$ 的 CI 是 $\bar{x} \pm t_{n-1,1-\alpha/2}s/\sqrt{n}$。这个置信区间的宽度是 $2t_{n-1,1-\alpha/2}s/\sqrt{n}$。如果我们希望这个区间的宽度不超过 L,则应有等式(应该是不等式,但这里只取等号计算):

$$2t_{n-1,1-\alpha/2}s/\sqrt{n} = L$$

两边乘 $\sqrt{n}/L$,得

$$2t_{n-1,1-\alpha/2}s/L = \sqrt{n}$$

平方,得

$$n = 4t_{n-1,1-\alpha/2}^2 s^2/L^2$$

由于 t_{n-1} 中受 n 影响,取近似式,即用 $z_{1-\alpha/2}$ 代 $t_{n-1,1-\alpha/2}$ 即得下面的结果:

方程 7.29　基于置信区间宽度的样本量估计　假设我们希望估计正态分布均值,且具有样本方差 s^2 及要求有双侧 $100\% \times (1-\alpha)$ 的置信区间,以使 μ 的 CI,宽度不超过 L。则样本量的近似估计为

$$n = 4z_{1-\alpha/2}^2 s^2/L^2$$

例 7.39　心脏病学　求例 7.38 中估计平均心率 (μ) 的最小样本量,如果我们要求 μ 的双侧 95% CI 长度不超过每分钟 5 次,而心率变化的样本标准差是每分钟 10 次。

解 我们有 $\alpha = 0.05, s = 10, L = 5$,从方程 7.29 有

$$n = 4(z_{0.975})^2(10)^2/5^2$$

$$= 4(1.96)^2(100)/25 = 61.5$$

即需 62 个病人参与研究。

7.7 假设检验与置信区间的关系

方程 7.10 中介绍了检验假设 $H_0:\mu = \mu_0$ 对 $H_1:\mu \neq \mu_0$。类似地,6.5.5 节中,在正态分布方差未知时介绍了参数 μ 的双侧置信区间。这两者之间的关系可叙述如下:

方程 7.30 假设检验与置信区间的关系(双侧情形) 假设我们检验 $H_0:\mu = \mu_0$ 对 $H_1:\mu \neq \mu_0$。如双侧显著性水平为 α,当且仅当 μ 的双侧 $100\% \times (1-\alpha)$ 置信区间不包含 μ_0 时拒绝 H_0;而当且仅当置信区间包含 μ_0 时接受 H_0。

回忆 μ 的双侧 $100\% \times (1-\alpha)\mathrm{CI} = (c_1, c_2) = \bar{x} \pm t_{n-1,1-\alpha/2}s/\sqrt{n}$。假设我们拒绝 H_0(在 α 水平上),则必有 $t < -t_{n-1,1-\alpha/2}$ 或 $t > t_{n-1,1-\alpha/2}$。假设

$$t = (\bar{x} - \mu_0)/(s/\sqrt{n}) < -t_{n-1,1-\alpha/2}$$

两边乘 $s/\sqrt{n}$,得

$$\bar{x} - \mu_0 < -t_{n-1,1-\alpha/2}s/\sqrt{n}$$

两边加 μ_0,则有

$$\bar{x} < \mu_0 - t_{n-1,1-\alpha/2}s/\sqrt{n}$$

或

$$\mu_0 > \bar{x} + t_{n-1,1-\alpha/2}s/\sqrt{n} = c_2$$

类似地,如果 $t > t_{n-1,1-\alpha/2}$,则

$$\bar{x} - \mu_0 > t_{n-1,1-\alpha/2}s/\sqrt{n}$$

或

$$\mu_0 < \bar{x} - t_{n-1,1-\alpha/2}s/\sqrt{n} = c_1$$

于是如果在 α 水平上我们拒绝 H_0,则必有 $\mu_0 < c_1$ 或 $\mu_0 > c_2$ 之一成立;也就是说,μ_0 必然落在 μ 的 $100\% \times (1-\alpha)$ 之外。类似地,可以证明,如果使用双侧检验,显著性水平为 α,若我们接受 H_0,则 μ_0 必落在 μ 的双侧 $100\% \times (1-\alpha)$ 置信区间内(即 $c_1 \leqslant \mu_0 \leqslant c_2$)。

因此,第 6 章中使用置信区间去判决 μ 是有道理的。如果任一个指定的值 μ_0 都不落在 μ 的双侧 $100\% \times (1-\alpha)$ 置信区间内,则我们说这个参数 μ 与 μ_0 有显著差异,显著性水平为 α。

叙述两者关系的其他方法是:

方程7.31 对 μ 的双侧 $100\% \times (1-\alpha)$ 置信区间包含了所有被 H_0 接受的 μ_0 值,此处使用双侧检验及显著水平为 α 的 H_0,而假设是 $H_0: \mu = \mu_0$ 对 $H_1: \mu \neq \mu_0$。反之,μ 的置信区间不包含任何拒绝 H_0 的 μ_0 值,此处使用双侧检验,显著性水平为 α,且 $H_0: \mu = \mu_0$ 对 $H_1: \mu \neq \mu_0$。

例7.40　心血管病　考察例 7.20 中的胆固醇数据。我们有 $\bar{x} = 181.52$ mg/dL,$s = 40$ mg/dL,$n = 100$。对 μ 的双侧置信区间为

$$(\bar{x} - t_{99,0.975} s / \sqrt{n}, \bar{x} + t_{99,0.975} s / \sqrt{n})$$

$$= \left[181.52 - \frac{1.984(40)}{10}, 181.52 + \frac{1.984(40)}{10} \right]$$

$$= (181.52 - 7.94, 181.52 + 7.94) = (173.58, 189.46)$$

这个置信区间包含了所有被 $H_0: \mu = \mu_0$ 接受的 μ_0 值,但不包含任何被 H_0 在 5% 水平拒绝的 H_0 的 μ_0 值。特别地,95% 置信区间 $(173.58, 189.46)$ 不包含 190,这对应于例 7.21 的判决法则,那里我们在 5% 显著性水平上拒绝 $H_0: \mu = 190$。

其他方法是由例 7.22 中对 $\mu_0 = 190$ 时计算的 p-值,其值为 0.037,小于 0.05。

例7.41　心血管病　例 7.20 中,假设胆固醇数据的均值是 185 mg/dL。而 95% 置信区间为

$$(185 - 7.94, 185 + 7.94) = (177.06, 192.94)$$

它包含有无效均值(190)。而假设检验的 p-值是

$$p = 2 \times Pr[t_{99} < (185 - 190)/4] = 2 \times Pr(t_{99} < -1.25)$$

$$= 2 \times (0.1071) = 0.214 > 0.05$$

使用 Excel 中 TDIST 函数。我们能由 $\alpha = 0.05$ 而接受 H_0。这里 $\mu_0 = 190$,它与 190 落在上面的 95% 置信区间相一致。这样,基于置信区间上的结论与假设检验中的方法是相同的[*]。

7.3 节中的单侧假设检验与 6.10 节中的单侧置信区间之间的关系也有相类似的关系式。由于假设检验与置信区间方法产生相同的结果,因此,一个问题是两法各有什么优点? p-值法告诉我们此结果在统计显著性上是如何的精细。但是统计学上的显著性在实际工作中往往并不是很重要的,这是因为大样本时,$\bar{x}$ 与 μ_0 之间的实际差异可能是不大的,由于细小的差异而造成有统计显著性,这种差异自然不很重要。而 μ 的 95% 置信区间法往往给出一些附加的信息,因为它给出 μ 可能存在的数值范围。相反地,95% 置信区间中不包括所有关于 p-值的信息。它只告诉我们在 5% 显著性水平上,而没有告诉我们这个结果是如何的显著,因此实际工作中的一个好的做法是,同时计算 p-值及求 μ 的 95% 置信区间。

---

[*] 此结论在两个率比较时不成立。——译者注

不幸的是,某些研究工作者在此问题上太极端化了,某些统计学家只偏好假设检验法,而某些流行病学家又只偏好置信区间法。这些问题也影响到期刊的编辑方针,某些期刊要求用某一种固定方式表达上述问题。这个命题的困难之处是,传统做法用统计显著性(在 5% 水平)叙述某个发现的有效性。这个方法的优点是对所有研究者在叙述发现结果时都用一个上下一致的统计标准(5% 水平)。置信区间方法的拥护者满意于置信区间的宽度可以提供组间差异的可能幅度,而不去理睬显著性水平。我的观点是显著性水平和置信区间两方法可提供互补信息且两方法应尽可能地都报告。

例 7.42 心血管病 考虑例 7.22 及 7.40 中的胆固醇数据。p-值是 0.037(例 7.22 计算),它告诉我们这个结果是如何显著。而 μ 的 95% 置信区间为 $(173.58, 189.46)$(由例 7.40 计算),它给出了 μ 可能取值的范围。两种类型的信息是互为补充的。

7.8 正态分布中方差的单样本卡方检验($H_0 : \sigma^2 = \sigma_0^2$)

例 7.43 高血压 考虑例 6.39,考察超声波血压计的血压变异性。两个测量员用同样机器测量每个受试者。记 $d_i = x_{1i} - x_{2i}$,此处 $x_{1i} =$ 第 i 个受试者经第 1 个测量者的血压值,$x_{2i} =$ 第 i 个受试者经第 2 个测量者的血压值。应该说此差异 d_i 很好地反映了血压计的内部变异。我们准备把这个变异与标准血压计的变异作比较。我们有理由相信,超声血压计的变异会不同于标准袖珍式血压计的变异。直观上看,新法应该比标准法有较低的变异。但是由于新方法较少使用,测试员在使用新机器时显然缺乏经验,因此也可能出现新法的变异会超过标准法。这样,双侧检验是需要的。假如我们知道(从文献中)标准血压计中 d_i 的方差 $\sigma^2 = 35$。我们检验 $H_0 : \sigma^2 = \sigma_0^2 = 35$,对 $H_1 : \sigma^2 \neq \sigma_0^2$。如何做这种检验?

如果 $x_1, \cdots, x_n$ 是随机样本,我们的合理检验应基于 s^2 上,因为它是 σ^2 的无偏估计。由方程 6.14 知道,如果 $x_1, \cdots, x_n$ 是从 $N(\mu, \sigma^2)$ 抽得的随机样本,则 H_0 下有

$$X^2 = \frac{(n-1)S^2}{\sigma^2} \sim \chi_{n-1}^2$$

因此,

$$Pr(X^2 < \chi_{n-1, \alpha/2}^2) = \alpha/2 = Pr(X^2 > \chi_{n-1, 1-\alpha/2}^2)$$

所以检验方法为:

方程 7.32 对正态分布方差的单样本 χ^2 检验(双侧备择)

我们计算检验统计量

$$X^2 = (n-1)s^2/\sigma_0^2$$

如果 $X^2 < \chi_{n-1, \alpha/2}^2$ 或 $X^2 > \chi_{n-1, 1-\alpha/2}^2$，则拒绝 H_0

如果 $\chi_{n-1, \alpha/2}^2 \leqslant X^2 \leqslant \chi_{n-1, 1-\alpha/2}^2$，则接受 H_0

这个检验的接受及拒绝区域见图 7.10 的阴影。

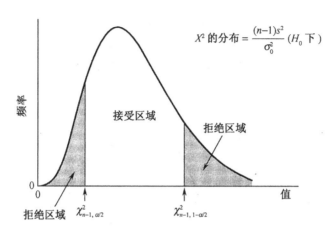

图 7.10 正态分布方差的单样本 χ^2 检验的
接受及拒绝区域(双侧备择)

另外，我们也可以计算 p-值，但此 p 值的计算依赖于是否 $s^2 \leqslant \sigma_0^2$ 或 $s^2 > \sigma_0^2$。方法如下：

方程 7.33 正态分布方差的单样本 χ^2 检验的 p-值(双侧备择)
检验统计量为

$$X^2 = \frac{(n-1)s^2}{\sigma^2}$$

如果 $s^2 \leqslant \sigma_0^2$，则 p-值 $= 2 \times (\chi_{n-1}^2$ 分布曲线下从左到 X^2 点的面积)

如果 $s^2 > \sigma_0^2$，则 p-值 $= 2 \times (\chi_{n-1}^2$ 分布曲线下从右到 X^2 点的面积)

这 p-值见图 7.11 阴影。

例 7.44 高血压 判断例 7.43 中超声血压计中数据的统计显著性。

解 在例 6.39 中知道 $s^2 = 8.178$, $n = 10$。从方程 7.32 知，我们计算检验的 X^2 如下(此处 $H_0 : \sigma^2 = \sigma_0^2 = 35$)：

$$X^2 = \frac{(n-1)s^2}{\sigma_0^2} = \frac{9(8.178)}{35} = 2.103$$

在 H_0 下，此 X^2 具有 9 个自由度。临界值 $\chi_{9, 0.025}^2 = 2.70$ 及 $\chi_{9, 0.975}^2 = 19.02$。因为 $X^2 = 2.103 < 2.70$，这得出结论：在双侧检验而 $\alpha = 0.05$ 时，我们拒绝 H_0。计算 p-值如下：从方程 7.33，由于 $s^2 = 8.178 < 35 = \sigma_0^2$，所以 p-值为

$$p = 2 \times Pr(\chi_9^2 < 2.103)$$

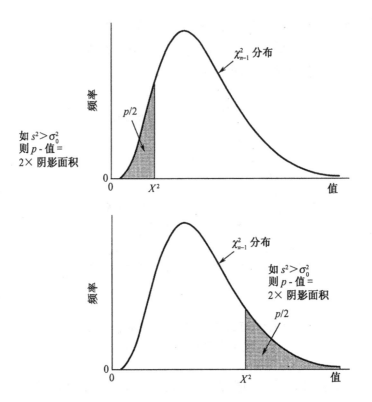

图 7.11 正态分布方差的单样本 χ^2 检验的 p-值(双侧备择)

从附录中表 6,得

$$\chi^2_{9,0.025} = 2.70, \qquad \chi^2_{9,0.01} = 2.09$$

如此,因为 $2.09 < 2.103 < 2.70$,所以我们有 $0.01 < p/2 < 0.025$,或 $0.02 < p < 0.05$。

如要计算精确 p-值,可使用 Excel 97 中的 CHIDIST 函数。可以计算得 χ^2 分布下的面积。可算得右边尾数面积 $= 0.9897$。用 1 减去该数,再 2 倍得精确双侧 p-值为 0.021,这个过程见表 7.2。

表 7.2 对例 7.44 的超声血压计数据,使用单样本 χ^2 检验,计算精确 p-值

(用 Excel 97 的 CHIDIST 函数)

Excel 97		Excel 97	
x	2.103	p-值(单尾)	0.010268
df	9	p-值(双尾)	0.020536
cdf = chisq(2.103, 9)	0.989732		

因此,这个结果是统计显著的,即我们可以下结论,超声血压计的内部方差显著不同于标准袖珍式的内部方差。定量地表示两个方差,可用 σ^2 的双侧置信区间,如同例 6.41 一样。这个区间是 $(3.87, 27.26)$。当然,这个区间不会包含 35,因为 p-值小于 0.05。

一般说来,在方差的置信区间估计及检验中,正态性的条件特别重要。如果这个条件不满足,则例 7.32 及 7.33 的临界值 p-值及置信区间都不是有效的。

本节中,我们已经提出了**方差的单样本卡方检验**,它是用于检验正态分布的方差。在图 7.18 的流程图中,也可以看出来,从顶端的框开始,(1)是否为单变量?是;(2)是单样本问题吗? 是;(3)未知分布是正态或中心极限定理成立吗? 是;(4)推断 μ 吗? 否;(5)是推断 σ 吗? 是,即到达对方差的单样本卡方检验。

7.9 二项分布的单样本检验

7.9.1 正态理论法

例 7.45 癌 考察例 6.44 中乳腺癌数据,在那里我们研究乳腺癌家族史对于乳腺癌发病率的效应。假设我们调查 10000 名 50~54 岁的妇女,这些妇女的母亲曾有乳腺癌。发现在她们的那个生存期内的某个时刻有 400 例乳腺癌。基于大样本的研究,知道在该年龄段中美国妇女的乳腺癌患病率是 2%。这个样本中的 4% 患病率能与全国人群中的 2% 相符吗?

用其他方法表达上述问题的,是使用假设检验法,如果 $p =$ 母亲曾有乳腺癌史的 50~54 岁妇女的乳腺癌患病率,则我们希望检验假设 $H_0: p = 0.02$ 对 $H_1: p \neq 0.02$,应如何分析?

显著性检验是建立在样本中患病的比例 $\hat{p}$。我们认为正态近似二项分布是有效的,这个假定的合理性是 $np_0q_0 \geqslant 5$。因此,我们从方程 6.17 出发,知道在 H_0 下有

$$\hat{p} \sim N\left(p_0, \frac{p_0q_0}{n}\right)$$

对 $\hat{p}$ 做标准化处理,即令

$$z = \frac{\hat{p} - p_0}{\sqrt{p_0q_0/n}}$$

这个 z 统计量在 H_0 条件下,有 $z \sim N(0, 1)$。于是

$$Pr(z < z_{\alpha/2}) = Pr(z > z_{1-\alpha/2}) = \alpha/2$$

于是这个检验可以写成如下形式:

方程 7.34 对二项比例的单样本检验——正态理论法(双侧备择) 记检验统计量为

$$z = (\hat{p} - p_0)/\sqrt{p_0 q_0 / n}$$

如果 $z < z_{\alpha/2}$ 或 $z > z_{1-\alpha/2}$,则拒绝 H_0;如果 $z_{\alpha/2} \leqslant z \leqslant z_{1-\alpha/2}$,则接受 H_0。这个接受及拒绝域见图 7.12。

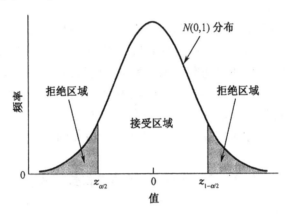

图 7.12   单样本二项检验的接受及拒绝域
——正态理论方法(双侧备择)

另外,也可以计算 p-值,p-值的计算依赖于 $\hat{p} \leqslant p_0$ 或 $\hat{p} > p_0$。

如果 $\hat{p} \leqslant p_0$ 则

p-值 $= 2 \times N(0,1)$ 曲线下从左到 z 点的面积

如果 $\hat{p} > p_0$ 则

p-值 $= 2 \times N(0,1)$ 曲线下从右到 z 点的面积

这个方法总结成下面:

方程 7.35   单样本二项检验的 p-值计算——正态理论方法(双侧备择)

记检验的统计量为

$$z = (\hat{p} - p_0)/\sqrt{p_0 q_0 / n}$$

如果 $\hat{p} \leqslant p_0$,则 p-值 $= 2 \times \Phi(z) = N(0,1)$ 曲线下从左到 z 点的面积的 2 倍。

如果 $\hat{p} > p_0$,则 p-值 $= 2 \times [1 - \Phi(z)] = N(0,1)$ 曲线下从右到 z 点的面积的 2 倍。这个 p-值的计算图例见图 7.13。

例 7.46   癌   判断例 7.45 中数据的统计显著性。

解   使用临界值方法,我们计算检验统计量

$$z = \frac{\hat{p} - p_0}{\sqrt{p_0 q_0 / n}}$$

$$= \frac{0.04 - 0.02}{\sqrt{0.02(0.98)/10000}} = \frac{0.02}{0.0014} = 14.3$$

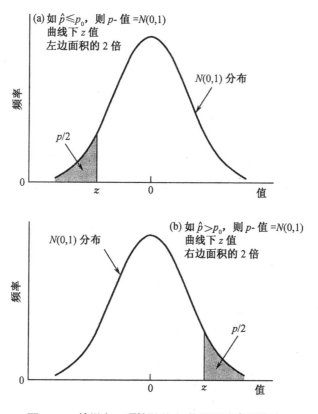

(a) 如 $\hat{p} \leqslant p_0$，则 p- 值 $=N(0,1)$ 曲线下 z 值左边面积的 2 倍

$N(0,1)$ 分布

$p/2$

(b) 如 $\hat{p} > p_0$，则 p- 值 $=N(0,1)$ 曲线下 z 值右边面积的 2 倍

$N(0,1)$ 分布

$p/2$

图 7.13   单样本二项检验的 p-值示图正态理论法
（双侧备择）

因为 $z_{1-\alpha/2} = z_{0.975} = 1.96$, 所以使用 $\alpha = 0.05$ 的双侧检验拒绝 H_0。可以计算 p-值，因为 $p = 0.04 > p_0 = 0.02$，于是

$$p\text{-}值 = 2 \times [1 - \Phi(z)]$$
$$= 2 \times [1 - \Phi(14.3)] < 0.001$$

于是此结果是高度显著。

7.9.2   精确方法

出现在方程 7.34 的检验方法依赖于正态分布近似二项分布的有效性，这个有效性仅当 $np_0q_0 \geqslant 5$ 时才成立。如果这个条件不满足，又如何去做检验？

这个方法就是建立在精确二项分布的基础上。特别地，记 X 是二项分布的随机变量，具有参数 n 及 p。令 $\hat{p} = x/n$, x 是观察到的事件数。p-值的计算依赖于 $\hat{p} \leqslant p_0$ 还是 $\hat{p} > p_0$ 而分别开来。如果 $\hat{p} \leqslant p_0$，则

$$p/2 = Pr(X \leqslant n \text{ 次试验中成功 } x \text{ 次 } | H_0)$$

$$= \sum_{k=0}^{x} \binom{n}{k} p_0^k (1 - p_0)^{n-k}$$

如果 $\hat{p} > p_0$, 则

$$p/2 = Pr(X \geqslant n \text{ 次试验中成功 } x \text{ 次} \mid H_0)$$

$$= \sum_{k=x}^{n} \binom{n}{k} p_0^k (1 - p_0)^{n-k}$$

这样可以总结成下面:

方程 7.36　单样本二项检验的 p-值计算——精确方法(双侧备择)

如果 $\hat{p} \leqslant p_0$, 则 $p = 2 \times Pr(X \leqslant x) = \min \left[2 \sum_{k=0}^{x} \binom{n}{k} p_0^k (1 - p_0)^{n-k}, 1 \right]$

如果 $\hat{p} > p_0$, 则 $p = 2 \times Pr(X \geqslant x) = \min \left[2 \sum_{k=x}^{n} \binom{n}{k} p_0^k (1 - p_0)^{n-k}, 1 \right]$

这个 p-值的计算见图 7.14, 那里 $n = 30$, $p_0 = 0.5$, $x = 10$ 及 20。

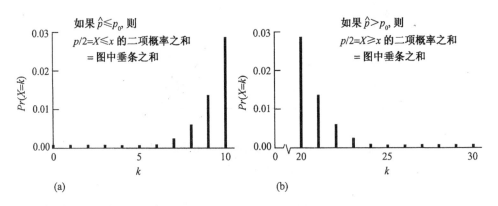

图 7.14　单样本二项检验中 p-值的计算图例(双侧备择)

在任一情形下, p-值都对应于出现在样本点末端及更末端事件概率之和。

例 7.47　职业内科学, 癌　最近一些年, 生活或工作在核能工厂周围的人的安全性问题受到广泛议论。由于暴露在放射危险性下, 癌的死亡数增加了。一个问题是, 除了长期作跟踪研究以外, 死于癌的人数不管是一般性原因还是某个特殊原因都是很少的, 因此要达到统计学上的显著性是困难的。另一种研究法称为*比例—死亡率研究*(proportional-mortality study), 其思想是在一个暴露组中把由于某个特殊原因而造成死亡的比例与大总体中对应的比例作比较。作为例子, 设在某一个核能工厂中 55～64 岁的男性中死亡 13 人而其中 5 人死于癌。如果根据人口统计报告, 死亡人中约 20% 的死亡者能归因于某种癌而死亡, 此结果有否显著性?

　　解　我们要检验的是 $H_0: p = 0.20$ 对 $H_1: p \neq 0.20$, 此处 $p = $ 核能工厂的死

亡工人中死于癌的概率。这里正态近似法不能使用,这是因为

$$np_0q_0 = 13(0.2)(0.8) = 2.1 < 5$$

但是,可使用方程 7.36 的精确方法:

$$\hat{p} = \frac{5}{13} = 0.38 > 0.20$$

因此,

$$p = 2\sum_{k=5}^{13} \binom{13}{k}(0.2)^k(0.8)^{13-k} = 2\left[1 - \sum_{k=0}^{4}\binom{13}{k}(0.2)^k(0.8)^{13-k}\right]$$

从附录中表 1,查 $n = 13$, $p = 0.2$,我们有

$$Pr(0) = 0.0550$$
$$Pr(1) = 0.1787$$
$$Pr(2) = 0.2680$$
$$Pr(3) = 0.2457$$
$$Pr(4) = 0.1535$$

因此,

$$p = 2 \times [1 - (0.0550 + 0.1787 + 0.2680 + 0.2457 + 0.1535)]$$
$$= 2 \times (1 - 0.9009) = 0.198$$

即,该核能工厂中癌的死亡比例与一般人群中同年龄男性相比,没有显著差别。

7.9.3 功效及样本量的估计

7.9.1 节的单样本二项检验中也可以计算功效。假设我们在 α 水平下用双侧检验,无效假设是 $p = p_0$,备择假设为 $p = p_1$,这功效是下面公式:

方程 7.37 单样本二项检验的功效(双侧备择) 单样本二项检验下面假设

$$H_0: p = p_0 \quad 对 \quad H_1: p \neq p_0$$

在备择假设的具体指定值 $p = p_1$ 下,正态近似法检验功效为

$$\Phi\left[\sqrt{\frac{p_0q_0}{p_1q_1}}\left(z_{\alpha/2} + \frac{|p_0 - p_1|\sqrt{n}}{\sqrt{p_0q_0}}\right)\right]$$

注意,这个公式只在 $np_0q_0 \geq 5$ 时使用,这时 7.9.1 节的正态近似法有效。

例 7.48 癌 假设我们检验,姐妹之一有乳腺癌史的妇女,她本人患乳腺癌的风险有多大。如例 7.45 一样,全美国 50~54 岁妇女中乳腺癌的患病率是 2%,而姐妹之一有乳腺癌史的妇女中乳腺癌的患病率则是 5%。我们调查 500 名 50~54 岁有一个姐妹曾有乳腺癌史的妇女。在双侧检验中 α = 0.05 下,这个正态近似法检验中的功效是多少?

解 此处 α = 0.05, $p_0 = 0.02$, $p_1 = 0.05$, $n = 500$。方程 7.37 中给出的功效为

$$\text{功效} = \Phi\left[\sqrt{\frac{0.02(0.98)}{0.05(0.95)}}\left(z_{0.025} + \frac{0.03\sqrt{500}}{\sqrt{0.02(0.98)}}\right)\right]$$

$$= \Phi[(0.642(-1.96 + 4.792)] = \Phi(1.819) = 0.966$$

也就是说,在 500 样本量下,曾有一个姐妹有乳腺癌史的妇女,其真实的乳腺癌患病率若是同龄 50～54 岁妇女的 2.5 倍的话,则用正态近似法的检验时约有 96.6% 的机会可以发现有显著差异。

如果给定 α, p_0, p_1 及功效,我们也可以考察单样本二项检验中估计合适的样本量。样本大小由下式估计:

方程 7.38 单样本二项检验中样本量的估计(双侧备择) 假设要检验 $H_0 : p = p_0$ 对 $H_1 : p \neq p_0$,而显著性水平为 α 及功效为 $1 - \beta$,在指定备择假设的某个值 p_1 下,双侧检验的样本量为

$$n = \frac{p_0 q_0 \left(z_{1-\alpha/2} + z_{1-\beta}\sqrt{\dfrac{p_1 q_1}{p_0 q_0}}\right)^2}{(p_1 - p_0)^2}$$

例 7.49 癌 例 7.48 中,在 $\alpha = 0.05$,功效为 90% 下,我们应调查多少妇女?

解 $\alpha = 0.05$,$1 - \beta = 0.90$,$p_0 = 0.02$,$p_1 = 0.05$。由方程 7.38 得

$$n = \frac{0.02(0.98)\left[z_{0.975} + z_{0.90}\sqrt{\dfrac{0.05(0.95)}{0.02(0.98)}}\right]^2}{(0.03)^2}$$

$$= \frac{0.0196[1.96 + 1.28(1.557)]^2}{0.0009} = \frac{0.01969(15.623)}{0.0009} = 340.2 \approx 341 \text{ 个妇女}$$

即需要调查 341 个妇女,才可有 90% 的机会发现有显著差异,这里 $\alpha = 0.05$,且有一个姐妹曾有乳腺癌史的妇女的真实乳腺癌患病率是全美国同龄 50～54 岁妇女的 2.5 倍。

注意,如果我们是要用单侧检验的 α 而不是双侧检验时,则在方程 7.37 及方程 7.38 中的 $\alpha/2$ 应用 α 代。

本节中我们介绍了**单样本二项检验**,涉及的假设是二项分布中的 p。在流程图 7.18 中,从顶部开始,对问题 (1) 是单变量? 答是,(2) 单样本? 答是,(3) 未知分布是正态或中心极限定理成立? 答否,(4) 未知分布是二项? 答是,则可到达单样本二项检验。

7.10 泊松分布的单样本推断

例 7.50 职业卫生 许多研究已表明橡胶工人面临有健康危险性。在一个研究中,1964 年 1 月 1 日时年龄在 40 至 84 岁(不管是仍在工作或已退休)的一组

8418 名白人工人,为调查各种死亡率结果而对上述工人随访 10 年[1]。把他们的死亡率与美国 1968 年时白人死亡率相比较。报告中称,4 人死于 Hodgkin(何杰金氏)病,而在全美国该病在那时间内的平均死亡数是 3.3 人。这个差异有显著性?

这种研究形式中的一个问题是,在 1964 年时不同年龄的工人今后会有很不相同的死亡危险性。而在方程 7.34 及 7.36 中的 p 对这个样本中的所有人都是一样的,也就是说不适合于应用方程 7.34 或 7.36 去解此问题。这个问题的更一般提法是对于不同个体有不同死亡危险的人时,我们令

$X =$ 在研究总体的成员中观察到死亡的总人数

$p_i =$ 第 i 个成员死亡的概率。

这时零假设是研究总体的死亡概率与一般美国人的死亡概率相同,这时事件的期望数 μ_0 定义如下:

$$\mu_0 = \sum_{i=1}^{n} p_i \quad ^*$$

如果研究中的疾病罕见,则事件的观察数可以考虑是近似的泊松分布,其未知期望 $= \mu$,我们要做的检验是 $H_0: \mu = \mu_0$ 对 $H_1: \mu \neq \mu_0$。

检验的一种方法是临界值方法。我们从 7.7 节中知道,μ 的双侧 $100\% \times (1 - \alpha)$ 置信区间 (c_1, c_2) 包含了所有先前假设检验中被 H_0 接受的 μ 值。因此,如果 $c_1 \leqslant \mu_0 \leqslant c_2$,则我们接受 H_0;如果 $\mu_0 < c_1$ 或 $\mu_0 > c_2$,则我们拒绝 H_0。附录中表 8 给出了泊松分布期望值 μ 的精确置信区间,这使得我们引出下面方法去检验零假设。

方程 7.39 泊松分布的单样本推断(小样本检验——临界值法)

记 X 是有期望值 μ 的泊松随机变量。检验假设 $H_0: \mu = \mu_0$ 对 $H_1: \mu \neq \mu_0$,用双侧显著性水平 α 作检验。

(1)利用 X 的观察值 x 求 μ 的双侧 $100\% \times (1 - \alpha)$ 置信区间。记此区间为 (c_1, c_2)。

(2)如果 $\mu_0 < c_1$ 或 $\mu_0 > c_2$ 则拒绝 H_0

如果 $c_1 \leqslant$ μ_0 $\leqslant c_2$,   则接受 H_0

例 7.51 职业卫生 对例 7.50 使用临界值法且双侧显著性水平 0.05,做显著性检验。

解 我们检验的假设是 $H_0: \mu = 3.3$ 对 $H_1: \mu \neq 3.3$。我们观察到 $x = 4$ 个事件。查附录中表 8,得在 $x = 4$ 时 μ 的双侧 95% 置信区间为 $(1.09, 10.24)$。从方程 7.39,由于 $1.09 \leqslant 3.3 \leqslant 10.24$,所以我们在 5% 显著性水平上接受 H_0。

另一显著性检验方法是使用 p-值法。这引出下面的方法:

方程 7.40 对泊松分布的单样本推断(小样本检验——p-值法)

记 $\mu =$ 泊松分布的期望。检验假设 $H_0: \mu = \mu_0$ 对 $H_1: \mu \neq \mu_0$。

---

* 原文未交代 n;此处 n 应是研究总体的成员数。——译者注

（1）计算

$$x = 研究总体中死亡的观察数$$

（2）在 H_0 为真时，随机变量 X 是具有参数 μ_0 的下面泊松分布。因此，μ 的精确双侧 p-值为

$$\min\left(2 \times \sum_{k=0}^{x} \frac{e^{-\mu_0}\mu_0{}^{k}}{k!}, 1\right) \quad 如果\ x < \mu_0$$

$$\min\left[2 \times \left(1 - \sum_{k=0}^{x-1} \frac{e^{-\mu_0}\mu_0{}^{k}}{k!}\right), 1\right] \quad 如果\ x \geqslant \mu_0$$

这些计算的示图见图 7.15，图中 $\mu_0 = 5$，$x = 3$ 及 8。

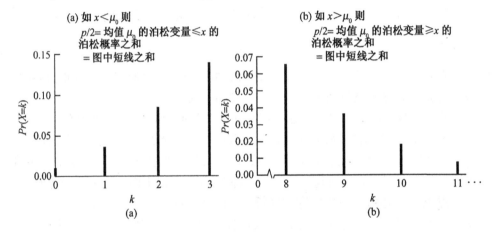

图 7.15　单样本泊松检验中精确 p-值的计算

例 7.52　职业卫生　对例 7.50 使用 p-值方法做显著性检验。

解　用方程 7.40，因为 $x = 4 > \mu_0 = 3.3$，p-值由下式给出：

$$p = 2 \times \left[1 - \sum_{k=0}^{3} e^{-3.3}(3.3)^{k}/k!\right]$$

从泊松分布知，

$$Pr(0) = e^{-3.3} = 0.0369$$
$$Pr(1) = e^{-3.3}(3.3)/1! = 0.1217$$
$$Pr(2) = e^{-3.3}(3.3)^{2}/2! = 0.2008$$
$$Pr(3) = e^{-3.3}(3.3)^{3}/3! = 0.2209$$

于是

$$p = 2 \times [1 - (0.0369 + 0.1217 + 0.2008 + 0.2209)]$$
$$= 2 \times (1 - 0.5803) = 0.839$$

结论是研究总体中的何杰金氏病既未超出也不少于一般人群的病人数。

在研究总体与一般总体作定量的危险性比较时,一个常用的指标是标准化死亡(率)比(SMR, standardized mortality ratio)。

定义 7.16 **标准化死亡(率)比**(SMR,有时也称为**标准化发病率比**)的定义是

$$SMR = 100\% \times \frac{O}{E}$$

$$= 100\% \times \frac{研究总体中观察到的死亡数(或发病数)}{按一般人群死亡率(或发病率)计算时,研究总体的(期望)死亡数(或发病数)}$$

于是

■如果 SMR>100%,这表示研究总体中的危险性超过一般总体。

■如果 SMR<100%,这表示研究总体中的危险性低于一般总体。

■如果 SMR=100%,研究总体与一般总体的危险性是相同的。

例 7.53 **职业卫生** 例 7.50 中何杰金氏病的标准化死亡率是多少?

解 SMR = 100% × 4/3.3 = 121%

另一方法去解析方程 7.39 及 7.40 中的检验是用 SMR 是否显著地不同于 100%。

例 7.54 **职业卫生** 例 7.50 的橡胶工人数据中,观察到 21 例膀胱癌患者,而在一般总体中癌的死亡率事件的期望为 18.1。估计这个结果的统计显著性。

解 在附录表 8 中的第 21 行及 0.95 列下,可以发现 μ 的 95% CI 是(13.00, 32.10)。因为 μ_0 = 期望死亡数 = 18.1,落在 95% CI 内,所以我们在 5% 显著性水平上接受 H_0。要找精确 p-值,我们看方程 7.40 且计算

$$p = 2 \times \left[1 - \sum_{k=0}^{20} e^{-18.1}(18.1)^k / k! \right]$$

这个计算很烦,所以我们使用 Excel,结果列于表 7.3 中。从 Excel 97,我们看出 $Pr(X \leqslant 20 \mid \mu = 18.1) = 0.7227$。因此,$p$-值 = 2 × (1 − 0.7227) = 0.55。因此没有显著性差异。对于膀胱癌的 SMR = 100% × 21/18.1 = 116%。显著性检验结果认为在 SMR 上研究总体与 100% 没有显著性差异(基于方程 7.39 及 7.40)。

表 7.3 例 7.54 中膀胱癌数据的精确 p-值计算法

Excel 97	
mean(均值)	18.1
k	20
$Pr(X \leqslant k)$ = poisson(20, 18.1, true)	0.722696

方程 7.39 及 7.40 中的检验法是精确方法。如果事件的期望大,则可以使用

下面的近似法。

方程7.41 泊松分布的单样本推断（大样本检验）

令 μ = 泊松随机变量的期望值。要检验 $H_0: \mu = \mu_0$ 对 $H_1: \mu \neq \mu_0$

(1)计算 x = 在研究总体中事件的观察数

(2)计算检验统计量

$$X^2 = \frac{(x - \mu_0)^2}{\mu_0} = \mu_0 \left(\frac{\text{SMR}}{100} - 1 \right)^2 \sim \chi_1^2 \text{ 在 } H_0 \text{ 成立时}$$

(3)对显著性水平为 α 的双侧检验，

$$\text{如果 } X^2 > \chi_{1,1-\alpha}^2, \text{则拒绝 } H_0$$

$$\text{如果 } X^2 \leqslant \chi_{1,1-\alpha}^2, \text{则接受 } H_0$$

(4)精确 p-值由 $Pr(\chi_1^2 > X^2)$ 给出

(5)此检验仅适用于当 $\mu_0 \geqslant 10$ 时。

这个检验的接受及拒绝区域见图7.16，而精确计算 p-值的图例见图7.17。

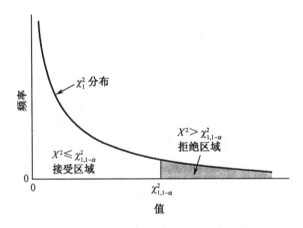

图7.16 单样本泊松检验的接受及拒绝区域
（大样本检验）

例7.55 职业卫生 判断例7.54中膀胱癌数据的统计显著性，使用大样本检验。

解 检验 $H_0: \mu = 18.1$ 对 $H_1: \mu \neq 18.1$。此处 $x = 21$，而 SMR = $100\% \times 21/18.1 = 116\%$。所以我们有检验统计量

$$X^2 = \frac{(21 - 18.1)^2}{18.1} \quad \text{或} \quad 18.1 \times (1.16 - 1)^2$$

$$= \frac{8.41}{18.1} = 0.46 \sim \chi_1^2 \text{ 在 } H_0 \text{ 为真时}$$

因为 $\chi_{1,0.95}^2 = 3.84 > X^2$，所以 $p > 0.05$，即 H_0 被接受。另外，从附录的表6我们

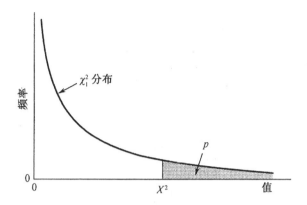

图 7.17 单样本泊松检验 p-值的计算(大样本检验)

知 $\chi^2_{1,0.50} = 0.45$, $\chi^2_{1,0.75} = 1.32$, 所以由 $0.45 < X^2 < 1.32$ 得 $1 - 0.75 < p < 1 - 0.50$ 或 $0.25 < p < 0.50$。所以橡胶工人相对于一般人群而言, 他们的膀胱癌风险并没有显著增加或减少。使用 MINITAB 可计算 p-值, 用大样本检验公式产生 p-值 $= Pr(\chi^2_1 > 0.46) = 0.50$。而在例 7.54, 建立在泊松分布上的精确 p-值时 $p = 0.55$。一般而言, 精确 p-值应该有较大的说服力。

本节中, 我们介绍**单样本的泊松检验**。它常用于检验泊松分布中有关 μ 的假设。另外在流程图 7.18 中, 我们从头开始, 通过回答(1)仅一个变量? 是, (2)单样本问题? 是, (3)未知分布是正态或中心极限定理成立? 否, (4)未知分布是二项分布? 否, (5)未知分布是泊松分布? 是, 即到达单样本泊松检验。

7.11 病例研究:中年妇女吸烟对骨无机物密度的效应研究

第 6 章中我们比较双胞胎中重度抽烟者与轻度抽烟者腰椎的骨无机物密度, 使用的是置信区间法。我们现在考虑类似命题但基于假设检验方法上。

例 7.56 内分泌学 把重度抽烟者与轻度抽烟者之间在骨无机物密度 (BMD)上的平均差异表示成均数 ± 标准误(mean ± se)的百分比, 即为 $-5.0\% \pm 2.0\%$, 这是基于 41 对双胞胎上的。判断此结果的统计显著性。

解 我们使用单样本 t 检验去检验 $H_0: \mu = 0$ 对 $H_1: \mu \neq 0$, 此处 $\mu =$ 重度抽烟者与轻度抽烟者在 BMD 上的未知平均差异。用方程 7.10, 我们有

$$t = \frac{\bar{x} - \mu_0}{s/\sqrt{n}}$$

因为 $\mu_0 = 0$ 及 $s/\sqrt{n} = se$, 所以有

$$t = \frac{\bar{x}}{se} = \frac{-5.0}{2.0} = -2.5 \sim t_{40} \qquad 在 H_0 为真时$$

使用附录表 5，有 $t_{40,0.99} = 2.423$，$t_{40,0.995} = 2.704$。因为 $2.423 < 2.5 < 2.704$，所以 $1 - 0.995 < p/2 < 1 - 0.99$，或 $0.005 < p/2 < 0.01$ 或 $0.01 < p < 0.02$。所以，重度抽烟者与轻度抽烟者在平均 BMD 上有显著性差异，即重度抽烟者有较低的平均 BMD。

7.12　摘　要

本章介绍了假设检验的某些基本概念：(1)零(或无效)及备择假设；(2)一个假设检验的 I 型错误(α)、II 型错误(β)，及功效($1-\beta$)；(3)一个假设检验的 p-值；(4)单侧及双侧检验的区别。在预先指定零假设和备择假设及 I 型、II 型错误后，讨论了检验及估计的样本量。

这些一般概念应用于如下几个单样本假设检验：

(1)未知方差的正态分布的均值(单样本 t 检验)

(2)已知方差的正态分布的均值(单样本 z 检验)

(3)正态分布的方差(单样本卡方检验)

(4)二项分布的参数 p(单样本二项检验)

(5)泊松分布的期望值 μ(单样本泊松检验)。

每个假设检验都可以用以下两个方法之一作分析：

(1)使用临界值去决定接受及拒绝区域(临界值方法)，要先指定 I 型错误 α。

(2)计算 p-值(p-值法)。

这些方法可以证明，它们在对零假设作推断时可以产生相同的接受及拒绝区域。

最后，讨论了本章的假设检验法与第 6 章中置信区间法的关系。我们证明了这两个方法在推断时通常是相同的。

许多假设检验法贯穿于全书。本书末尾($p749$)提出一个流程图以便帮助读者弄清决策过程，以便选取适当的检验。此流程图在选择合适方法时通过一系列的是/否问题而去找合适的检验。这个流程图中选录了一些在本章出现的检验做成图 7.18 的流程图。例如，我们的问题是关于正态分布有已知方差的假设检验问题，则从图 7.18 的头开始，通过对下面的问题回答"是"，(1)仅一个变量？(2)单样本问题？(3)未知的分布是正态或中心极限定理成立？(4)推断 μ？(5)σ 已知？这样，流程图引导我们到达图 7.18 底部较低的位置，指示我们应该使用单样本的 z 检验法。图 7.18 中的"参见 1"及"参见 4"是指本书末中流程图的其他部分。

对于有两个不同样本的假设检验问题出现在第 8 章。这个命题相当于对(1)仅一个变量？答是，而对(2)是单样本吗？答否，即第 8 章内容。

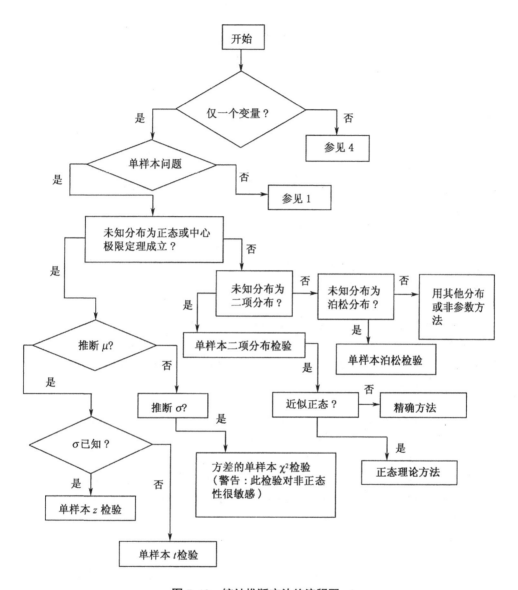

图 7.18 统计推断方法的流程图

练 习 题

肾病

给予 12 例患者一种新的抗生素,24 小时后测得血清肌酐的均值为 1.2 mg/dL。

*7.1 如果一般人群中血清肌酐的均值和标准差分别是 1.0 mg/dL 和 0.4 mg/dL,那么当检验水平为 0.05 时,检验患者的平均血清肌酐水平是否与一般人群不同。

*7.2　该检验的 p-值是多少?

7.3　假定对 7 例受试对象进行单样本 t 检验,得 $\dfrac{\bar{x} - \mu_0}{s/\sqrt{n}} = -1.52$,问双侧 p 值是多少?

*7.4　假定练习 7.1 中该组患者血清肌酐的样本标准差为 0.6 mg/dL,一般人群中血清肌酐的标准差未知,对练习 7.1 中的问题进行假设检验,并给出 p-值。

糖尿病

血糖水平常用于诊断糖尿病。假定一般人口中 35~44 岁的人群血糖浓度(mg/dL)自然对数值的均值为 4.86,标准差为 0.54。现研究 100 例 35~44 岁的脑力劳动者的血糖水平是否高于或低于一般人群。

7.5　如果期望差值是 0.10 个自然对数值单位,那么做检验水平为 0.05 的双侧检验时,该研究的功效是多大?

7.6　如果期望差值是 0.20 个自然对数值单位,回答练习 7.5。

7.7　在练习 7.5 的假定下,功效要达到 80%,需要多大的样本量?

*7.8　计算练习 7.4 中真实平均血清肌酐水平的双侧 95% 置信区间。

*7.9　练习 7.8 与练习 7.4 的答案有何联系?

心血管病

假定 1970 年 45~54 岁男性心肌梗塞(MI)的年发病率是 5‰。为了观察发病率随时间的变化,从 1980 年开始对 5000 例 45~54 岁的男性随访 1 年,其中有 15 例发生 MI。

7.10　用 $\alpha = 0.05$ 的临界值方法,检验从 1970 年到 1980 年 MI 的发病率是否有变化。

7.11　给出练习 7.10 中相应的 p-值。

假定 1970 年 MI 患者中有 25% 在 24 小时内死亡,这个比例被称为 24 小时病死率。

7.12　前面的研究中,1980 年 15 例 MI 患者中有 5 例在 24 小时内死亡。检验从 1970 年到 1980 年 24 小时病死率是否有变化。

7.13　假定我们计划在 1980~1985 年间收集 50 例 MI 患者,在此期间的 24 小时病死率的真实值是 20%。取检验水平为 0.05 的双侧检验时,发现 1970 年和 1980~1985 年的病死率之间有差异的功效有多大?

7.14　在练习 7.13 中要达到 90% 的功效,需要多大的样本量?

肺病

假定 0~4 岁的一般儿童中,男童哮喘病的年发病率是 1.4%,女童哮喘病的年发病率是 1%。

*7.15　如果母亲吸烟的 500 名 0~4 岁男童中,1 年内出现 10 例患者,那么试用双侧检验的临界值方法检验,这组儿童与一般儿童的哮喘病年发病率是否不同。

*7.16　给出练习 7.15 中相应的 p-值。

*7.17　假定母亲吸烟的 300 名 0~4 岁女童中,1 年内出现 4 例患者,试回答练习 7.15。

*7.18　给出练习 7.17 中相应的 p-值。

遗传学

核糖体 5SRNA 可以表示为含 120 个核苷酸的一种序列。每个核苷酸用下列四个字符之一表示:A(腺嘌呤),G(鸟嘌呤),C(胞嘧啶),或 U(尿嘧啶)。在每一个位点上这四种核苷酸出现的概率不同。我们希望检验一种新序列是否和核糖体 5SRNA 相同。出于这个目的,重复新序列 100 次,发现在第 20 个位点上出现 60 次 A(腺嘌呤)。

7.19 如果核糖体 5SRNA 的第 20 个位点上 A 出现的概率是 0.79,那么用临界值方法检验新序列是否和核糖体 5SRNA 相同。

7.20 给出练习 7.19 中相应的 p-值。

癌

7.21 假定我们考察母亲和姐妹曾有乳腺癌史的 50 例 50~54 岁女性。这些女性中有 5 例在某一时期发展有乳腺癌。假定母亲患乳腺癌的女性中乳腺癌的期望患病率是 4%,那么其一个姐妹曾患乳腺癌是否会增加该女性患乳腺癌的危险性?

产科学

7.22 在美国,生双胞胎的概率近似九十分之一。这个比例被认为受很多因素的影响,包括年龄、种族和产次。为了研究年龄的影响,抽取一些医院的记录,发现 538 例 20 岁以下的产妇中,有 2 例分娩双胞胎。关于母亲的年龄对生育双胞胎的影响,你有什么看法?

产科学

红霉素是一种被建议用于降低早产危险性的药物。受人关注的是红霉素与怀孕期间副反应发生率的关系。假定所有孕妇中 30% 的人抱怨在孕期第 24 周到第 28 周感觉恶心。另外,假定在此期间定期服用红霉素的 200 名孕妇中,有 110 名抱怨感觉恶心。

*7.23 检验服用红霉素的妇女组恶心发生率是否与一般孕妇相同。

流行病学

100 名志愿者同意参加一项关于膳食干预的临床试验。调查者想检查这个样本对一般人群的代表性如何。一个有趣的发现是其中有 10 名志愿者目前在吸烟。

7.24 假定一般成人中 30% 的人目前吸烟,请陈述关于“从吸烟的角度,上述志愿者组是否代表一般人群”的检验假设。

7.25 对练习 7.24 进行假设检验,并给出 p-值。

心血管病,营养学

近年来,大量的医学文献讨论了饮食对心脏病的影响。20~39 岁的 24 人采用主要能促进长寿的饮食方案,测得这组人群血清胆固醇的均值为 175 mg/dL,标准差为 35 mg/dL。

7.26 如果 20~39 岁的一般人群血清胆固醇的均值为 230 mg/dL,假定血清胆固醇的分布是正态分布,那么检验采用能促进长寿的饮食方案的人群血清胆固醇水平是否不同于一般人群?

7.27 计算这组人群中真实血清胆固醇水平的 95% 置信区间。

7.28 在这个例子中假设检验和置信区间提供了什么互补信息?

心血管病

某一时期内高胆固醇水平被推测是心脏病发作的先兆。问题是需要考虑其他因素,例如年龄、吸烟、体重和家族史等,不同的因素是很难分离的。假定我们能孤立这 100 名有高胆固醇水平的男性,并且在其他因素的基础上能够预测这些男性中的 10% 在未来 5 年内将会有心脏病发作。

7.29 假定这组人群在未来 5 年内心脏病发生率是 13%。这个发现是否能说明胆固醇有问题?

7.30 假定我们有 1000 名男性而不是 100 名,并且也发现有 13% 的发病率。这个发现是否能说明胆固醇有问题?

7.31 如果这组人群中真实的心脏病发生率是 13%,那么要有 80% 的机会发现显著性差异,需要多大的样本量?

高血压

在对一种新的降压药进行一项较大的研究之前,需要进行预研究。舒张压至少在95 mmHg 以上的 5 例患者参加此项研究,持续服药 1 个月。1 个月后测得这 5 例患者舒张压平均降低 4.8 mmHg,标准差为 9 mmHg。

*7.32 如果 μ_d = 基线与服药 1 个月后两舒张压差值的真实均值,那么用检验水平为 5% 的单侧检验,要有 90% 的机会发现显著性差异,需要多少例患者?假定舒张压差值的真实均值和标准差与预研究中观测到的相同。

*7.33 假定我们的研究中,前述的假设基于 20 例患者。如果舒张压差值的真实均值和标准差与预研究中观测到的相同,那么用检验水平为 5% 的单侧检验,拒绝 H_0 的概率是多少?

职业卫生

1970~1972 年英格兰和威尔士的 15~64 岁男性的死因构成中死于肺癌的占 12%。假定在某化工厂工作至少 1 年的 15~64 岁男性工人中,20 例死者中有 5 例死于肺癌。我们希望判断该化工厂肺癌的死亡比例是否与一般人群有差别。

7.34 叙述回答这个问题的假设检验。

7.35 这里适合单侧还是双侧检验?

7.36 完成假设检验并给出 p-值。

评论 1 个工厂的结果后,公司决定增加 3 个工厂以扩大研究。结果发现 4 个工厂中工作至少 1 年的 15~64 岁男性工人中,90 例死者中有 19 例死于肺癌。

7.37 用 4 个工厂的数据回答练习 7.36,给出 p-值。

这类研究存在一个问题,由于"健康工人"的影响而存在偏性。也就是说,总的来看工人比一般人群更健康,尤其用心血管病作为死亡结局,这就使非心血管病的死亡比例似乎反常得高。

7.38 如果英格兰和威尔士的 15~64 岁男性中由于局部缺血性心脏病(IHD)而死亡的比例是 40%,而前述 90 例死亡中有 18 例死于 IHD,那么在不包括 IHD 死者的情况下回答练习 7.37。

营养学

在美国,缺铁性贫血是一个重要的营养健康问题。对生活在贫困线以下的 51 名 9~11 岁的男童进行饮食评估。他们每日铁摄入量的均值为 12.50 mg,标准差为 4.75 mg。假定大量人群中来自各收入阶层的 9~11 岁的男童平均每日铁摄入量为 14.44 mg。我们希望检验低收入组平均每日铁摄入量是否不同于一般人群。

*7.39 针对这个问题陈述相应的检验假设。

*7.40 取检验水平 $\alpha = 0.05$,用临界值方法对练习 7.39 做假设检验,总结你的结论。

*7.41 练习 7.40 中检验得到的 p-值是多少?

大量人群中 9~11 岁的男童每日铁摄入量的标准差为 5.56 mg。我们希望检验低收入组每日铁摄入量的标准差是否与一般人群相同。

*7.42 针对这个问题陈述相应的检验假设。

*7.43 取检验水平 $\alpha = 0.05$,用临界值方法对练习 7.42 做假设检验,总结你的结论。

*7.44 练习 7.43 中检验得到的 p-值是多少?

*7.45 计算低收入组每日铁摄入量的总体方差的 95% 置信区间。从置信区间中你能推断出什么?

7.46 比较你从练习 7.43,7.44,7.45 中得到的结论。

妇科学

1965 年国家卫生统计中心进行的避孕方法调查表明,采取避孕措施的 30~39 岁已婚非怀孕妇女中,20% 采用某种长效避孕措施(妇女输卵管结扎或配偶输精管结扎术)。推测使用长效避孕措施的人数十年后会发生变化。为了检验这个假设,在 1975 年,搜集 50 例满足人口统计学标准的妇女的资料,她们支持 1975 年实施的健康计划。从这些资料中发现有 35 例妇女采取了某种避孕措施,其中 10 例采用某种长效避孕措施。我们希望在没有指定变化方向的情况下,检验假设:采用长效避孕措施避孕者的比例发生了变化。

7.47 详细说明需要进行的检验假设。

7.48 取 $\alpha = 0.01$,用临界值方法进行假设检验。

7.49 该检验的精确 p-值是多少?

调查者从小规模研究的结果中得到支持,希望扩大该研究。

7.50 在下面的假定成立的情况下,检验前面的假设需要多大的样本?

    (a)避孕者中采用长效避孕措施的真实比例是 30%。

    (b)70% 的妇女采用某种避孕措施。

    (c)取 $\alpha = 0.05$,用双侧假设检验,我们希望有 90% 的机会发现显著性差异。

人口学

1970 年对居住在纽约和旧金山唐人街地区的 10000 例美籍华人进行人口调查,以了解各种疾病指标。与本研究相比较的是 1970 年美国人群。假定结果发现,1 年内有 100 例华人死亡,这比 1970 年美国性别和年龄别期望死亡率低 15%。

7.51 检验美籍华人的死亡率是否与美国人口有显著性差异,给出确切 p-值。

假定美籍华人中 8 例死于结核病,是 1970 年美国人群期望结核病死亡率的两倍。

7.52 检验美籍华人的结核病死亡率是否与美国人群有显著性差异,给出确切 p-值。

职业卫生

研究 1946~1981 年 8146 例男性工人的死亡情况,这些工人来自纽约 Tonawanda 的机械厂及金属制造厂[2]。二战期间"曼哈顿计划"遗留下来的废料,使这些工地暴露于潜在的危险:焊接烟雾、裂解油、石棉、有机溶剂和环境的电离辐射。比较这些工人的死亡概率和 1950~1978

年间美国白人男性工人的死亡概率。

假定这些工人 1946 年以前参加工作,已工作 10 年以上,其中有 17 例死于肝硬化;而按照美国白人中男性工人的死亡概率,期望死亡数是 6.3。

7.53 这些工人的标准化死亡比(SMR)是多少?

7.54 进行假设检验,以判断 1946 年以前参加工作的工人中肝硬化死亡概率与长期的工作环境是否有关联。给出 p-值。

7.55 对 1945 年以后参加工作,已工作 10 年以上的工人进行类似分析。结果发现有 4 例死于肝硬化;而按照美国白人男性工人的死亡概率,期望死亡数是 3.4。这些工人的标准化死亡比(SMR)是多少?

7.56 进行假设检验,以判断 1945 年以后参加工作的工人中肝硬化死亡率与工作环境是否有关联。给出 p-值。

眼科学

据报道,由于过度暴露于太阳光,白内障的发病率可能升高。为了证实这一点,对 200 例过度暴露于太阳光的 65~69 岁的人进行一项预研究。结果 200 人中有 4 例在 1 年内出现白内障。假定 1 年内 65~69 岁的人白内障的期望发病率是 1%。

*7.57 通过什么检验方法比较该人群和一般人群的白内障发病率?

*7.58 对练习 7.57 进行假设检验,给出 p-值(双侧)。

研究者决定将研究延长至 5 年,结果 5 年内 200 人中有 20 例出现白内障。假定一般人群中 65~69 岁的人白内障的期望 5 年发病率是 5%。

*7.59 检验该人群和一般人群的白内障 5 年发病率是否不同? 给出 p-值(双侧)。

*7.60 给出过度暴露于太阳光的人群 5 年发病率 95% 的置信区间。

癌

在瑞士巴塞尔进行了一项研究,血浆中抗氧化维生素的浓度和患癌危险性的关系[3]。表 7.4 显示了胃癌病例组和对照组的血浆中维生素 A 的浓度。

表 7.4 胃癌病例组和对照组的血浆中维生素 A 的浓度(μmol/L)

	均值	标准误差	例数
胃癌病例组	2.65	0.11	20
对照组	2.88		2421

7.61 如果我们假定对照组的血浆中维生素 A 的平均浓度是已知的,没有误差,那么用什么方法检验胃癌病例组和对照组的血浆中维生素 A 的浓度是否相同?

7.62 对练习 7.61 进行假设检验,给出 p-值(双侧)。

7.63 取 $\alpha = 0.05$ 的双侧检验,如果两组平均浓度的真实差值是 0.2 μmol/L,那么要达到 80% 的功效,需要多少例胃癌病例?

营养学,心血管病

前面的研究表明添加燕麦片的饮食可以降低血清胆固醇水平。但是我们不知道血清胆固醇水平的降低是由于燕麦片的直接作用,还是由于替代了饮食中的脂肪食物。为了陈述这个问题,进行一项研究比较 20 例 23～49 岁健康人的饮食中添加含高纤维素的燕麦片(每日 87 g)和低纤维素的精面对血清胆固醇的影响[4]。每名受试对象在基线时测量血清胆固醇水平,6 周内随机接受高纤维素或低纤维素饮食,随后的 2 周不摄入添加的饮食,最后每名受试对象再在 6 周内更换添加的饮食。结果见表 7.5。

表 7.5 在添加高纤维素或低纤维素饮食以前及此期间的血清胆固醇水平[a]

	n	基线	高纤维素	低纤维素	差值(高纤维素−低纤维素)	差值(高纤维素−基线)	差值(低纤维素−基线)
总胆固醇/(mg/dL)	20	186±31	172±28	172±25	−1(−8,+7)	−14(−21,−7)	−13(−20,−6)

[a]表中加减数值为均值±标准差,括号内数值为 95% 可信限。

7.64 检验假设,与基线相比,高纤维素饮食对胆固醇水平是否有影响(给出 $p < 0.05$ 或 $p > 0.05$)。

7.65 检验假设,与基线相比,低纤维素饮食对胆固醇水平是否有影响(给出 $p < 0.05$ 或 $p > 0.05$)。

7.66 检验假设,高纤维素饮食与低纤维素饮食对胆固醇水平的影响是否不同(给出 $p < 0.05$ 或 $p > 0.05$)。

7.67 与低纤维素饮食相比较的高纤维素饮食的近似均值及标准误差是多少(即高纤维素与低纤维素饮食胆固醇水平的差值的均值及标准误差)?

7.68 取 $\alpha = 0.05$ 的双侧检验,如果高纤维素饮食比低纤维素饮食平均降低胆固醇 5 mg/dL,那么要有 90% 的机会发现高、低纤维素饮食降低胆固醇水平有显著性差异,需要多大的样本量?

营养学

参考数据集 VALID.DAT。

7.69 用假设检验或置信区间方法,评价饮食记录和食物频率问卷在营养物质的消耗量方面是否具有差异(包括饱和脂肪、总脂肪、酒精消耗量和总热量摄入)。

7.70 对于饮食记录和食物频率问卷报告的脂肪(分别考虑饱和脂肪和总脂肪)产生的热量比例,回答练习 7.69。假定消耗每克脂肪产生 9 卡热量。

人口学

参考数据集 SEXRAT.DAT。

7.71 对于练习 4.68 中提出的问题,给出假设检验的方法。

心脏病学

参考数据集 NIFED.DAT。

7.72 用假设检验方法评价该治疗方法对心绞痛患者的血压或心率是否有影响。

癌

口服甲氧沙林(补骨脂素)联合紫外线 A 照射的光化学疗法(简称 PUVA),是治疗银屑病的一种有效方法。但是 PUVA 具有致突变性,增加患皮肤鳞状细胞癌的危险性,并且引起皮肤色素沉着的损害。Stern 等人[5]进行了一项研究,评价接受 PUVA 治疗的患者中黑素瘤的发生率。该研究确诊了 1975 年或 1976 年首次接受 PUVA 治疗的 1380 例银屑病患者。患者按照接受治疗的总次数被分组(1975 年到 1996 年,按<250 或≥250)。对于每一组,比较 1975 年到 1996年黑素瘤的观测人数和根据美国公布的年龄、性别黑素瘤发生率计算的期望人数。结果如下:

	观测人数	期望人数
<250 次治疗	5	3.7
≥250 次治疗	6	1.1

7.73　假定我们希望比较<250 次治疗组中观测人数和期望人数。进行适当的显著性检验,给出双侧 p-值。

7.74　给出≥250 次治疗组中期望人数的 95% 置信区间。

7.75　解释练习 7.73 和 7.74 中的结果。

脑血管病

对近来已有一次脑卒中发作的患者,比较华法令和阿司匹林两种治疗方法。主要是观察 18 个月随访期内预防第二次脑卒中的效果。此研究的一个子研究是评价随机分配到阿司匹林治疗组的患者由于其他危险因素而引起第二次脑卒中发作,其中一个潜在的危险因素是血中 F_{12} 水平(一种止血因子)。

在过去的研究中,安慰剂组 63 例患者 F_{12} 水平的均值为 1.57,标准差为 0.794。

7.76　在过去的研究中,安慰剂组 F_{12} 水平均值的标准误差是多少?

7.77　本例中标准差与标准误差在意义上有什么不同?

7.78　我们想比较隐源性脑卒中患者(C 组)和非隐源性脑卒中患者(D 组)在基线的 F_{12} 平均水平。假定:(1)C 组与过去的研究中安慰剂组 F_{12} 平均水平相等;(2)相对于 C 组,D 组 F_{12} 平均水平减少 30%;(3)两组标准差与过去的研究中安慰剂组相同;(4)我们希望进行双侧检验,Ⅰ型错误为 0.05;(5)Ⅱ型错误为 0.20;(6)C 组和 D 组观察例数相等。该子研究需要多少观察例数?

7.79　假定 C 组实际观察 40 例,D 组 30 例。在练习 7.78 中(1)~(4)的假定下子研究的功效有多大?

癌

乳腺癌是一种受妇女生育史影响很大的疾病。特别地,从月经初潮年龄(月经周期开始的年龄)到生育第一胎的年龄间隔时间越长,患乳腺癌的危险性越大。

基于数学模型的一项研究表明,美国一般人群中妇女 30 年内(从 40 岁到 70 岁)发生乳腺癌的危险性是 7%。假定一个特定亚群有 500 例无乳腺癌的 40 岁妇女,其月经初潮年龄是 17 岁(相比较,一般人群中妇女平均月经初潮年龄是 13 岁),生育第一胎的年龄是 20 岁(相比较,一般人群中妇女生育第一胎的年龄是 25 岁)。追踪这些妇女从 40 岁到 70 岁乳腺癌的发生情况,结果其中有 18 例妇女发生乳腺癌。

7.80　检验假设,该人群和一般人群乳腺癌的发病率是否相同。

7.81 给出这个特定亚组从 40 岁到 70 岁乳腺癌的真实发病率的 95% 置信区间。

7.82 假定美国 1 亿妇女 40 岁以前未得乳腺癌。如果美国所有妇女的月经初潮年龄都是 17 岁,生育第一胎的年龄都是 20 岁,那么从 40 岁到 70 岁不患乳腺癌的人数的最佳估计值是多少? 给出相应的 95% 置信区间。

眼科学

进行一项研究,评价一种局部抗过敏的滴眼药是否能有效预防过敏性结膜炎的症状。在预研究中,第一次随访,受试者被给予一种过敏诱导剂,即让他们接受一种过敏物质(如猫的毛皮屑),并且 10 分钟后记录眼红得分(第一次随访得分)。第二次随访,受试者的一只眼给予滴眼药,另一只眼给予安慰剂,3 小时后给予过敏诱导剂,并且 10 分钟后记录眼红得分(第二次随访得分)。数据收集如下表。

	给予滴眼药 均值 ± 标准差	给予安慰剂 均值 ± 标准差	滴眼药-安慰剂 均值 ± 标准差
眼红得分的平均变化[a](第二次随访-第一次随访)	− 0.61 ± 0.70	− 0.04 ± 0.68	− 0.57 ± 0.86

[a] 眼红得分的范围从 0 到 4,间隔 0.5;0 表示无眼红,4 表示重度眼红。

7.83 取 $\alpha = 0.05$ 的双侧检验,我们期望给予滴眼药的平均眼红得分比给予安慰剂至少低 0.5 个单位,那么要有 90% 的机会发现显著性的差异,需要多大的样本量?

7.84 假定本研究有 60 例受试对象。取 $\alpha = 0.05$ 的双侧检验,本研究有多大的功效检测出 0.5 个单位的平均差异?

眼科学

研究者检验一种新的滴眼药预防过敏季节眼痒的效果。为研究这种药物,她采用"对侧设计(contralateral design)"。用随机数字表,每名受试对象的一只眼被随机给予滴眼药(A),而另一只眼给予安慰剂(P)。受试者一周内每天用药 3 次,一周后按照 4 分法报告每只眼睛的眼痒程度(1 = 无,2 = 轻度,3 = 中度,4 = 重度)(受试者不知道哪只眼睛用了滴眼药)。本研究随机选 10 例受试对象。

7.85 对侧设计的主要优点是什么?

假定随机化分配情况如表 7.6。

表 7.6 随机化分配

	眼[a]			眼	
受试对象	左	右	受试对象	左	右
1	A	P	6	A	P
2	P	A	7	A	P
3	A	P	8	P	A
4	A	P	9	A	P
5	P	A	10	A	P

[a] A = 滴眼药;P = 安慰剂。

7.86 似乎给予左眼的 A 多于 P。研究者想知道分配是否真正随机。进行显著性检验,以评价随机化的程度如何(提示:采用二项表)。

每名受试对象报告的眼痒得分见表 7.7。

表 7.7　每名受试对象报告的眼痒得分

受试对象	眼[a]		差值[a]
	左	右	
1	1	2	− 1
2	3	3	0
3	4	3	1
4	2	4	− 2
5	4	1	3
6	2	3	− 1
7	2	4	− 2
8	3	2	1
9	4	4	0
10	1	2	− 1
均值	2.60	2.80	− 0.20
标准差	1.17	1.03	1.55
例数	10	10	10

[a]左眼眼痒得分-右眼眼痒得分。

7.87 用什么检验方法来检验假设:滴眼药和安慰剂的平均眼痒程度相同?

7.88 用双侧检验对练习 7.87 进行假设检验(给出 p-值)。

内分泌学

参考数据集 BONEDEN.DAT。

7.89 进行假设检验,评价重度吸烟和轻度吸烟的双胞胎之间,股骨颈的骨无机物密度(BMD)平均值有无显著性差异。

7.90 对于股骨干的 BMD 平均值,回答练习 7.89。

模拟

参考例题 7.2 中出生体重数据。

7.91 假定低 SES 的婴儿出生体重的真实平均值是 120 盎司,真实标准差是 24 盎司,并且出生体重服从正态分布。从这个分布中随机抽取 100 个样本含量为 100 的随机样本。对每一个样本进行适当的 t 检验,检验例题 7.2 中陈述的假设,计算有显著性差异的样本所占的比例(取 $\alpha = 0.05$ 的单侧检验)。

7.92 对于大量的模拟样本,这个比例应该是多少?练习 7.91 的结果和这个比例相比,关系如何?

7.93 假定婴儿出生体重的真实平均值是 115 盎司,重复练习 7.91 中的问题(假定练习 7.91 中陈述的其他条件仍然成立)。

7.94 你认为有显著性差异的样本的比例占多少? 这个比例和图 7.7 的结果有什么关系?

参 考 文 献

[1] Andjelkovic, D., Taulbee, J., & Symons, M. (1976). Mortality experience of a cohort of rubber workers, 1964—1973. *Journal of Occupational Medicine*, 18(6), 387—394

[2] Teta, M.J., & Ott, M.G. (1988). A mortality study of a research, engineering and metal fabrication facility in western New York State. *American Journal of Epidemiology*, 127(3), 540—551

[3] Stähelin, H.B., Gey, K.F., Eichholzer, M., Ludin, E., Bernasconi, F., Thurneysen, J., & Brubacher, G. (1991). Plasma antioxidant vitamins and subsequent cancer mortality in the 12-year follow-up of the prospective Basel Study. *American Journal of Epidemiology*, 133(8), 766—775

[4] Swain, J.F., Rouse, I.L., Curley, C.B., & Sacks, F.M. (1990). Comparison of the effects of oat bran and low-fiber wheat on serum lipoprotein levels and blood pressure. *New England Journal of Medicine*, 322(3), 147—152

[5] Stern, R.S., Nichols, K.J., & Vakeva, L.H. (1997). Malignant melanoma in patients treated for psoriasis with methoxsalen (Psoralen) and ultraviolet A radiation (PUVA). The PUVA follow-up study. *New England Journal of Medicine*, 336, 1041—1045

第8章 假设检验:两样本的推断

8.1 绪　言

第7章中介绍的检验都是一个样本上的检验。所作的比较或检验是建立在有一个一般性的大总体,这个总体的参数被认为是已知的,而把样本所在的总体的潜在参数与上述一般性的总体中已知的参数作比较。

例8.1　产科　例7.2的出生体重例中,将一个医院中的潜在平均出生体重与全美国的平均出生体重作比较,后者的值被认为是已知的。

一个更常发生的情形是两样本的假设检验问题。

定义8.1　两样本的**假设检验问题**是指两个不同总体的潜在参数都是未知的,是要作比较的。

例8.2　心血管病,高血压　我们感兴趣的是妇女口服避孕药(OC)与血压(BP)水平的关系。

可以用两个不同的实验设计去判断上述关系。研究方法涉及下面的设计:

方程8.1　纵向研究

(1)对16~49岁月经前不曾服用OC的未怀孕妇女,测量她们的血压,这个血压称为基础血压。

(2)对上述育龄妇女随访一年,判断这些妇女是否确实服用了OC,并观察她们是否一直未怀孕。这个组的妇女称为研究总体。

(3)随访时测量研究总体的BP。

(4)在研究总体中比较基础与随访时的血压,以决定妇女在服用OC时随访的血压(BP)与他们在基础时未服用OC时的血压(BP)的差异。

另一个方法涉及下面的设计:

方程8.2　横截面研究

(1)找两组育龄妇女(16~49岁),一组服用OC,一组未服用OC。分别测量每个妇女的BP。

(2)比较服用OC组与未服用OC组妇女的BP。

定义8.2　第1种研究形式称为**纵向研究**(longitudinal study)**或随访研究**(follow-up study),因为相同的妇女一定时间内全程的被跟踪访问。

定义8.3　第2种形式的研究称为**横断面研究**(cross-sectional study),因为这些妇女仅在某一时间上被调查。

这两种设计的其他重要区别:第 1 种研究代表了一种匹配(配对)样本设计(paired-sample design),因为每个妇女用她自己作对照。而第 2 种研究代表了独立样本设计(independent-sample design),因为比较的是完全不相关的两组妇女。

定义 8.4 当第 1 组样本中的每一个数据点都与第 2 组样本中惟一的数据点相联系,这样的两个样本称为**匹配(或配对)样本**。

例 8.3 匹配样本可以是在相同的人上,使用两种计量(测量)。在这种情形中,每一个人可以用他(或她)自己作对照,比如在方程 8.1 中。匹配样本也可以用彼此看来很相似的(比如同性别,同年龄)的不同人作计量。

定义 8.5 当一个样本中的数据与另一个样本中的数据不发生关系时的两个样本,称为**独立的**(independent)两样本。

例 8.4 方程 8.2 的两样本是完全独立的,因为数据取自不相关的妇女。

这两种研究形式中哪一种更好? 第 1 种形式的研究设计应该是更肯定的,因为影响妇女血压的其他很多因素(可看作是混杂的),他们既出现在第 1 次测量也出现在第 2 次测量中,他们不会影响血压的比较。而第 2 种形式的研究设计更多是启发性的,因为其他混杂因素可以用不同的方式影响两组中的血压值,从而造成了两组间血压在表面上的不同,这可能掩盖了我们真正关心的组间效应。

例如,我们已经知道 OC 服用者会比不服用 OC 者体重轻,早已知道低体重者会有较低的血压(BP),因而导致的低血压不一定是服用 OC 造成的。但是跟踪(随访)调查研究常常比横断面调查研究有大得多的财务开支及时间消耗。因此,横断面研究仅在财务及时间不充足时才使用。

本章我们讨论对匹配样本及独立样本如何做合适的假设检验。

8.2 匹配 t 检验

假设例 8.1 中采用了配对研究设计而样本数据见表 8.1。记 x_{i1} 是第 i 个妇女在开始(未服用 OC)时的收缩压(SBP),而 x_{i2} 是随访(服用 OC 后)调查后的血压值。

方程 8.3 假设基础水平时第 i 个妇女的 SBP 呈正态分布,其均值为 μ_i,方差为 σ^2,而在随访时均值为 $\mu_i + \Delta$ 而方差为 σ^2。

因此我们认为在随访与基础之间 SBP 的潜在的平均差异是 Δ(口服避孕药效应)。如果 $\Delta = 0$ 则基础与跟踪时血压没有差异;如果 $\Delta > 0$,则 OC 药丸可增加平均 SBP;而如果 $\Delta < 0$,则 OC 药丸可降低平均 SBP。

表 8.1　未服用 OC(基础)及服用 OC(随访)的 10 个白人妇女的收缩压水平(mmHg)

i	白人, 未服用 OC SBP 值(x_{i1})	白人, 服用 OC SBP 值(x_{i2})	d_i[a]
1	115	128	13
2	112	115	3
3	107	106	−1
4	119	128	9
5	115	122	7
6	138	145	7
7	126	132	6
8	105	109	4
9	104	102	−2
10	115	117	2

[a] $d_i = x_{i2} - x_{i1}$。

　　我们要检验假设 $H_0:\Delta=0$ 对 $H_1:\Delta\neq 0$。我们应该如何做? 问题是 μ_i 是未知的, 且一般而言对不同的妇女, μ_i 值也是不同的。我们考虑差值 $d_i = x_{i2} - x_{i1}$。从方程 8.3 可知, d_i 是正态分布, 其均值为 Δ 且方差记为 σ_d^2。因此, 虽然 BP 水平对每个妇女的 μ_i 不同, 但两组之间差值在不同妇女上有相同的均值(Δ)及方差(σ_d^2)。因此假设检验可以当做单样本 t 检验。从 7.4 节的单样本 t 检验, 我们知道对 $H_0:\Delta=0$ 对 $H_1:\Delta\neq 0$ 的最好检验建立于平均差异

$$\bar{d} = (d_1 + d_2 + \cdots + d_n)/n$$

特别地, 从方程 7.10 的双侧水平为 α 的检验, 有下面的检验方法, 称为匹配 t 检验:

方程 8.4　匹配 t 检验(paired t test)　记

$$t = \bar{d}/(s_d/\sqrt{n})$$

此处 s_d 是观察值差异的样本标准差:

$$s_d = \sqrt{\left[\sum_{i=1}^{n} d_i^2 - \left(\sum_{i=1}^{n} d_i\right)^2 \Big/ n\right]\Big/(n-1)}$$

n = 匹配组数。

　　　　如果　　$t > t_{n-1,1-\alpha/2}$ 或 $t < -t_{n-1,1-\alpha/2}$,　　　　则拒绝 H_0

　　　　如果　　$-t_{n-1,1-\alpha/2} \leqslant t \leqslant t_{n-1,1-\alpha/2}$,　　　　则接受 H_0

拒绝及接受区域见图 8.1。

类似地, 从方程 7.11, 这个检验的 p-值计算如下:

方程 8.5　匹配 t 检验的 p-值计算

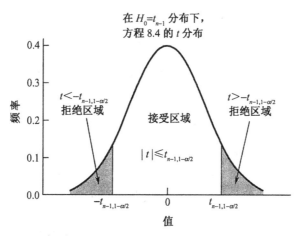

图 8.1 匹配 t 检验的接受及拒绝区域

如果 $t < 0$, 则

$$p = 2 \times [t_{n-1} 分布曲线下从左到 \ t = \bar{d}/(s_d/\sqrt{n}) 点的面积]$$

如果 $t > 0$, 则

$$p = 2 \times [t_{n-1} 分布曲线下从右到 \ t = \bar{d}/(s_d/\sqrt{n}) 点的面积]$$

p-值计算图示法见图 8.2。

例 8.5 心血管病, 高血压 判断表 8.1 中 OC-BP 数据的统计显著性。

解　$\bar{d} = (13 + 3 + \cdots + 2)/10 = 4.80$

$s_d^2 = [(13 - 4.8)^2 + \cdots + (2 - 4.8)^2]/9 = 20.844$

$s_d = \sqrt{20.844} = 4.566$

$t = 4.80/(4.566/\sqrt{10}) = 4.80/1.444 = 3.32$

首先用临界值法。$10 - 1 = 9$ 个自由度, 从附录表 5 知, $t_{9, 0.975} = 2.262$。因为 $t = 3.32 > 2.262$, 因此在 $\alpha = 0.05$ 上拒绝 H_0。计算 p-值, 看附录表 5, 有 $t_{9, 0.9995} = 4.781$, $t_{9, 0.995} = 3.250$。因为 $3.25 < 3.32 < 4.781$, 所以 $0.0005 < p/2 < 0.005$, 即 $0.001 < p < 0.01$。如要更精细计算 p-值, 可使用计算机, 表 8.2 是使用 Excel 97 中 T-Test 程序计算的。

这个程序中, 数据安排在 B 列的 B_3 到 B_{12} 及 C 列的 C_3 到 C_{12}, 尾数指定为 2 (表示双尾), t 检验的类型选 1, 表示是 "paired t test"。

注意, 表 8.2 中精确 p-值为 $= 0.009$。因此结论是口服避孕药与血压升高有显著的联系。

例 8.5 是一个典型的匹配研究, 因为每个妇女以她自己做对照。在许多其他匹配研究中, 使用不同的人作为两个组, 但他们是按某个指定的匹配要求而成为匹配组的。

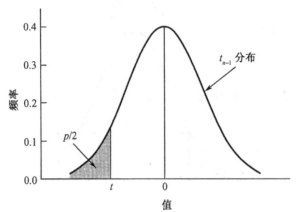

如果 $t = \bar{d}/(s_d/\sqrt{n}) < 0$, 则 $p = 2 \times (t_{n-1}$ 分布下 t 值左边的面积)

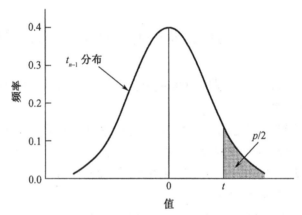

如果 $t = \bar{d}/(s_d/\sqrt{n}) \geqslant 0$, 则 $p = 2 \times (t_{n-1}$ 分布下 t 值右边的面积)

图 8.2　匹配 t 检验中 p 值计算

表 8.2　对表 8.1 的血压数据, 用 Excel T-test 的分析结果

SBP while not using OC's	SBP while using OC's	Paired t test p-value*
115	128	0.008874337
112	115	* TTEST(B3:B12, C3:C12, 2, 1)
107	106	
119	128	
115	122	
138	145	
126	132	
105	109	
104	102	
115	117	

例 8.6 妇科学 最近临床感兴趣的研究课题是：育龄妇女中不同避孕方法的效果问题。特别地，假设我们欲比较口服避孕药与隔膜法在停止避孕后多长时间变成怀孕。20 名妇女是口服避孕药者(OC 组)，另一组寻找与每个 OC 使用者相匹配，她们在年龄(5 年以内差别)，种族，类似性(指先前怀孕次数)及经济收入(SES)上相匹配。两组之间在怀孕时间上的差异被计算出来：平均差异 $\bar{d}$(OC 法－隔膜法)是 4 个月，且标准差(s_d)是 8 个月。从这些数据上，你能发现什么结论？

解 用配对 t 检验，我们有

$$t = \bar{d}/(s_d/\sqrt{n}) = 4/(8/\sqrt{20}) = 4/1.789 = 2.24 \sim t_{19}$$

在 H_0 下查附录表 5，有

$$t_{19,0.975} = 2.093 \qquad t_{19,0.99} = 2.539$$

由于 $2.093 < 2.24 < 2.539$，所以 $0.01 < p/2 < 0.025$，即 $0.02 < p < 0.05$。所以先前使用口服避孕药者显著地有较长的时间受孕。

本节中我们介绍了配对 t 检验，用于两个匹配样本间，比较具有正态分布的随机变量(或样本数足够地大，可以适用中心极限定理的随机变量)的平均水平差异。如果我们参照章末的流程图(图 8.13，$p294$)，从位置 1 开始，对下面问题回答"是"：(1)两样本问题？(2)潜在分布是正态或中心极限定理成立？(3)推断均值？对下面问题回答"否"，(4)样本独立？这就引导我们进入"用配对 t 检验"。

8.3 两匹配样本均值比较的区间估计

前一节中讨论了两匹配样本组均值比较的假设检验。我们也可以对真实的均值差(Δ)构建置信区间。观察差值 d_i 是正态分布，其均值为 Δ 且方差为 σ_d^2。于是，样本均值差 $\bar{d}$ 也具有正态分布，其均值为 Δ 且方差为 σ_d^2/n，此处 σ_d^2 未知。这时方程 6.6 中置信区间法可用于对 Δ 求 $100\% \times (1-\alpha)$ 的置信区间，公式为

$$(\bar{d} - t_{n-1,1-\alpha/2}s_d/\sqrt{n}, \quad \bar{d} + t_{n-1,1-\alpha/2}s_d/\sqrt{n})$$

方程 8.6 两匹配样本的潜在均值差(Δ)的置信区间(双侧)
Δ 的 $100\% \times (1-\alpha)$ 置信区间是

$$(\bar{d} - t_{n-1,1-\alpha/2}s_d/\sqrt{n}, \quad \bar{d} + t_{n-1,1-\alpha/2}s_d/\sqrt{n})$$

例 8.7 心血管病，高血压 使用表 8.1 中的数据，计算口服避孕药后收缩压增加的真实平均值的 95% 置信区间。

解 在例 8.5，我们有 $\bar{d} = 4.80$ mmHg，$s_d = 4.566$ mmHg，$n = 10$。于是由方程 8.6，95% 置信区间为

$$\bar{d} \pm t_{n-1,0.975}s_d/\sqrt{n} = 4.80 \pm t_{9,0.975}(1.444)$$

$$= 4.80 \pm 2.262(1.444) = 4.80 \pm 3.27$$

$$= (1.53, 8.07) \text{ mmHg}$$

于是在 BP 上的真实改变最可能是在 1.5 和 8.1 mmHg 之间。

例 8.8　妇科学　使用例 8.6 的数据,计算 OC 使用者及隔膜使用者在怀孕时间上真实差异的 95% 置信区间。

解　由例 8.6,有 $\bar{d} = 4$ 月, $s_d = 8$ 月, $n = 20$,于是 μ_d 的 95% 置信区间是

$$\bar{d} \pm \frac{t_{n-1, 0.975} s_d}{\sqrt{n}} = 4 \pm \frac{t_{19, 0.975}(8)}{\sqrt{20}}$$

$$= 4 \pm \frac{2.093(8)}{\sqrt{20}}$$

$$= 4 \pm 3.74 = (0.26, 7.74) \text{ 月}$$

这个置信区间的宽度约 8 个月,是太宽了些。因此,增加样本量以缩短置信区间的宽度很有必要。

8.4　等方差的两独立样本均值比较的 t 检验

现在讨论例 8.2 提出的问题,而假设它是由方程 8.2 所定义的横断面研究而不是方程 8.1 中的纵向研究。

例 8.9　心血管病, 高血压　假设有 8 个 35 至 39 岁未怀孕的妇女,她们是 OC 的服用者,平均收缩压为 132.86 mmHg,样本标准差为 15.34 mmHg。另一样本是 21 个 35~39 岁的未怀孕妇女,未曾服用过 OC,她们的平均收缩压是 127.44 mmHg,样本标准差为 18.23 mmHg。这两组之间血压的平均差异有显著性吗?

假设血压是正态分布,在第 1 组中收缩压(SBP)的均值为 μ_1,方差为 σ_1^2;而在第 2 组样本中均值为 μ_2,方差为 σ_2^2。我们要检验 $H_0 : \mu_1 = \mu_2$ 对 $H_1 : \mu_1 \neq \mu_2$。本节中我们先假定两组中潜在的方差相等(即 $\sigma_1^2 = \sigma_2^2 = \sigma^2$)。两组中样本的均值及方差分别记为 $\bar{x}_1, \bar{x}_2, s_1^2, s_2^2$。

合理的检验法应建立在 $\bar{x}_1 - \bar{x}_2$ 上,如果 $\bar{x}_1 - \bar{x}_2$ 远离 0 则应拒绝 H_0,反之则接受 H_0。今研究 $\bar{x}_1$ $\bar{x}_2$ 的行为(在 H_0 为真时)。我们知道 $\bar{X}_1$ 随机变量是均值为 μ_1 方差为 σ^2 / n_1 的正态变量;而 $\bar{X}_2$ 随机变量的均值为 μ_2 且方差为 σ^2 / n_2,这里 n_1, n_2 分别为二个样本中的样本量。由方程 5.10,因为两样本是独立的,所以 $\bar{X}_1 - \bar{X}_2$ 是正态且有均值为 $\mu_1 - \mu_2$ 及方差 $\sigma^2 (1/n_1 + 1/n_2)$。用记号表示,即:

方程 8.7　$\bar{X}_1 - \bar{X}_2 \sim N\left[\mu_1 - \mu_2, \sigma^2\left(\dfrac{1}{n_1} + \dfrac{1}{n_2}\right)\right]$

如果 H_0 为真,则 $\mu_1 = \mu_2$,于是方程 8.7 变为

方程 8.8　H_0 条件下, $\bar{X}_1 - \bar{X}_2 \sim N\left[0, \sigma^2\left(\dfrac{1}{n_1} + \dfrac{1}{n_2}\right)\right]$。如果 σ^2 已知,则 $\bar{X}_1 -$

$\bar{X}_2$ 被 $\sigma\sqrt{1/n_1 + 1/n_2}$ 除后,则方程 8.8 变成

方程 8.9 $\dfrac{\bar{X}_1 - \bar{X}_2}{\sigma\sqrt{1/n_1 + 1/n_2}} \sim N(0,1)$

方程 8.9 可以对上述假设做检验。不幸的是,一般情形下 σ^2 是未知的,它必须要由样本去估计。如何最好地估计有两组样本时的 σ^2?

第 1 及第 2 组样本方差分别是 s_1^2 及 s_2^2,他们每个都可以估计 σ^2。当然 s_1^2 及 s_2^2 的简单平均可以用来估计 σ^2,但这不是很合理的,因为样本大的样本方差对 σ^2 的估计会更好些;反之,小样本的样本方差自然估计得精度就差。因此合理方法是对 s_1^2, s_2^2 用加权平均,权就是样本方差中的自由度。

方程 8.10 两个独立样本中**方差的合并估计**:

$$s^2 = \frac{(n_1 - 1)s_1^2 + (n_2 - 1)s_2^2}{n_1 + n_2 - 2}$$

此处 s^2 的自由度是 $n_1 + n_2 - 2$。用 s 代入方程 8.9 中的 σ,则方程 8.9 即变成了 t 分布(自由度为 $n_1 + n_2 - 2$)而不再是 $N(0,1)$。

方程 8.11 等方差时两独立样本的 t 检验 假设我们检验 $H_0: \mu_1 = \mu_2$ 对 $H_1: \mu_1 \neq \mu_2$ 而显著性水平为 α 的两个独立正态分布总体,其中两总体有相同的方差 σ^2。则检验统计量为

$$t = \frac{\bar{x}_1 - \bar{x}_2}{s\sqrt{\dfrac{1}{n_1} + \dfrac{1}{n_2}}}, \qquad df = n_1 + n_2 - 2$$

其中

$$s = \sqrt{[(n_1 - 1)s_1^2 + (n_2 - 1)s_2^2]/(n_1 + n_2 - 2)}$$

如果

$$t > t_{n_1 + n_2 - 2, 1 - \alpha/2} \qquad 或 \qquad t < -t_{n_1 + n_2 - 2, 1 - \alpha/2}, \qquad 则拒绝 H_0$$

如果

$$-t_{n_1 + n_2 - 2, 1 - \alpha/2} \leqslant t \leqslant t_{n_1 + n_2 - 2, 1 - \alpha/2}, \qquad 则接受 H_0$$

其接受及拒绝区域见图 8.3。

类似地,由这个检验可以计算得 p-值。p-值的计算也依赖于 $\bar{x}_1 \leqslant \bar{x}_2$(即 $t < 0$)或 $\bar{x}_1 > \bar{x}_2$(即 $t > 0$)。在每一情形中,p-值都对应于检验统计量的观察值 t 的边侧及以外的概率,由此得方程 8.12。

方程 8.12 有等方差的独立两样本 t 检验中 p-值的计算 计算 t 检验统计量

$$t = \frac{\bar{x}_1 - \bar{x}_2}{s\sqrt{1/n_1 + 1/n_2}}, \qquad df = n_1 + n_2 - 2$$

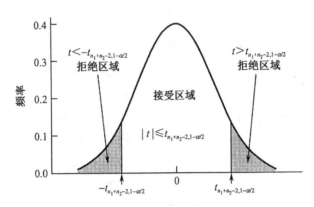

在 H_0 下，方程 8.11 中 t 的分布 $= t_{n_1+n_2-2}$ 分布

**图 8.3 等方差时独立样本下，两样本
t 检验的接受及拒绝区域**

此处

$$s = \sqrt{[(n_1 - 1)s_1^2 + (n_2 - 1)s_2^2]/(n_1 + n_2 - 2)}$$

如果 $t \leqslant 0$, 则 $p = 2 \times (t_{n_1+n_2-2}$ 分布曲线下，t 值左边的面积)

如果 $t > 0$, 则 $p = 2 \times (t_{n_1+n_2-2}$ 分布曲线下，t 值右边的面积)

p-值计算的示图见图 8.4。

例 8.10 心血管病，高血压 判断例 8.9 中数据的统计显著性。

解 首先估计公共方差：

$$s^2 = \frac{7(15.34)^2 + 20(18.23)^2}{27} = \frac{8293.9}{27} = 307.18, \text{ 或 } s = 17.527。$$

计算 t 检验统计量：

$$t = \frac{132.86 - 127.44}{17.527\sqrt{1/8 + 1/21}} = \frac{5.42}{17.527 \times 0.415}$$

$$= \frac{5.42}{7.282} = 0.74$$

如使用临界值法，注意 H_0 成立时 t 服从 t_{27} 分布。查附录表 5，有 $t_{27,0.975} = 2.052$。因为 $-2.052 \leqslant 0.74 \leqslant 2.052$，所以在双侧检验的 $\alpha = 0.05$ 下 H_0 被接受。结论是，OC 使用者及不使用者两组的平均收缩压值彼此没有显著差异。在一定意义上讲，这个结果反映了例 8.5 中纵向设计的优越性。尽管在两个研究中使用 OC 及不使用 OC 的两组的平均血压有相近的差异，但例 8.5 却能发现这两组有统计显著性的差异。而相对地，在横断面研究中却没有显著性。即纵向调查通常更加有效，因为它使用自己作对照。

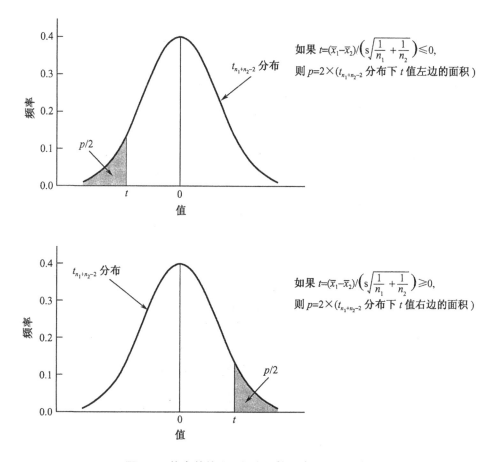

如果 $t=(\bar{x}_1-\bar{x}_2)/\left(s\sqrt{\dfrac{1}{n_1}+\dfrac{1}{n_2}}\right)\leqslant 0$,

则 $p=2\times(t_{n_1+n_2-2}$ 分布下 t 值左边的面积)

如果 $t=(\bar{x}_1-\bar{x}_2)/\left(s\sqrt{\dfrac{1}{n_1}+\dfrac{1}{n_2}}\right)\geqslant 0$,

则 $p=2\times(t_{n_1+n_2-2}$ 分布下 t 值右边的面积)

图8.4 等方差独立两样本 t 检验中 p-值的计算

计算 p-值,由附录表 5 知 $t_{27,0.75}=0.684$,$t_{27,0.80}=0.855$。由 $0.684<0.74<0.855$,得 $0.2<p/2<0.25$,即 $0.4<p<0.5$。而用精确 p-值,可从 MINITAB 得 $p=2\times Pr(t_{27}>0.74)=0.46$。

8.5 两独立样本均值比较的区间估计(等方差情形)

前一节讨论了两独立样本均值比较的假设检验方法。我们也可以对两样本均值的真实差异 $\mu_1-\mu_2$ 计算 $100\%\times(1-\alpha)$ 的置信区间。方程 8.7 中,若已知 σ,则 $\bar{X}_1-\bar{X}_2\sim N[\mu_1-\mu_2,\sigma^2(1/n_1+1/n_2)]$,或等价地,

$$\frac{\bar{X}_1-\bar{X}_2}{\sigma\sqrt{\dfrac{1}{n_1}+\dfrac{1}{n_2}}}\sim N(0,1)$$

如 σ 未知,则由方程 8.10 有

$$\frac{(\bar{x}_1 - \bar{x}_2) - (\mu_1 - \mu_2)}{s\sqrt{\dfrac{1}{n_1} + \dfrac{1}{n_2}}} \sim t_{n_1+n_2-2}$$

要构建双侧 $100\% \times (1-\alpha)$ 置信区间,则注意到

$$Pr\left[-t_{n_1+n_2-2,1-\alpha/2} \leqslant \frac{(\bar{x}_1 - \bar{x}_2) - (\mu_1 - \mu_2)}{s\sqrt{\dfrac{1}{n_1} + \dfrac{1}{n_2}}} \leqslant t_{n_1+n_2-2,1-\alpha/2}\right] = 1 - \alpha$$

重写上面不等式成两个不等式:

$$-t_{n_1+n_2-2,1-\alpha/2} \leqslant \frac{(\bar{x}_1 - \bar{x}_2) - (\mu_1 - \mu_2)}{s\sqrt{\dfrac{1}{n_1} + \dfrac{1}{n_2}}}$$

及

$$\frac{(\bar{x}_1 - \bar{x}_2) - (\mu_1 - \mu_2)}{s\sqrt{\dfrac{1}{n_1} + \dfrac{1}{n_2}}} \leqslant t_{n_1+n_2-2,1-\alpha/2}$$

每一个不等式在两边乘 $s\sqrt{1/n_1 + 1/n_2}$,再加 $\mu_1 - \mu_2$,得

$$(\mu_1 - \mu_2) - t_{n_1+n_2-2,1-\alpha/2}s\sqrt{\frac{1}{n_1} + \frac{1}{n_2}} \leqslant \bar{x}_1 - \bar{x}_2$$

及

$$\bar{x}_1 - \bar{x}_2 \leqslant (\mu_1 - \mu_2) + t_{n_1+n_2-2,1-\alpha/2}s\sqrt{\frac{1}{n_1} + \frac{1}{n_2}}$$

最后,前一不等式两边加 $t_{n_1+n_2-2,1-\alpha/2}s\sqrt{\dfrac{1}{n_1} + \dfrac{1}{n_2}}$,而在后一不等式减去该项,得

$$\mu_1 - \mu_2 \leqslant (\bar{x}_1 - \bar{x}_2) + t_{n_1+n_2-2,1-\alpha/2}s\sqrt{\frac{1}{n_1} + \frac{1}{n_2}}$$

$$(\bar{x}_1 - \bar{x}_2) - t_{n_1+n_2-2,1-\alpha/2}s\sqrt{\frac{1}{n_1} + \frac{1}{n_2}} \leqslant \mu_1 - \mu_2$$

联合这两个不等式,即得所要求的置信区间:

$$\left[(\bar{x}_1 - \bar{x}_2) - t_{n_1+n_2-2,1-\alpha/2}s\sqrt{\frac{1}{n_1} + \frac{1}{n_2}}, (\bar{x}_1 - \bar{x}_2) + t_{n_1+n_2-2,1-\alpha/2}s\sqrt{\frac{1}{n_1} + \frac{1}{n_2}}\right]$$

此结果总结如下:

方程 8.13   两组之间均值差($\mu_1 - \mu_2$)的置信区间(双侧及 $\sigma_1^2 = \sigma_2^2$ 下)   两独立样本下,真实均值差 $\mu_1 - \mu_2$ 的双侧 $100\% \times (1-\alpha)$ 置信区间为

$$\left(\bar{x}_1 - \bar{x}_2 - t_{n_1+n_2-2,1-\alpha/2} s\sqrt{\frac{1}{n_1} + \frac{1}{n_2}}, \bar{x}_1 - \bar{x}_2 + t_{n_1+n_2-2,1-\alpha/2} s\sqrt{\frac{1}{n_1} + \frac{1}{n_2}} \right)$$

例 8.11 心血管病,高血压 用例 8.9 及例 8.10 数据,计算有关 OC 的两组中血压的真实差异的 95% 置信区间。

解 35~39 岁的两组妇女,一组使用 OC,另一组不使用 OC 时,两组间收缩压水平的真实平均差异的 95% 置信区间为

$$[5.42 - t_{27,0.975}(7.282), 5.42 + t_{27,0.975}(7.282)]$$
$$= [5.42 - 2.052(7.282), 5.42 + 2.052(7.282)]$$
$$= (-9.52, 20.36)$$

这是一个很宽的置信区间。它表示,如要更精细地判断真实的差异就必须加大样本量。

本节中,我们介绍了有相同方差的两个独立样本的两个样本 t 检验,这个检验用于比较正态分布或适合中心极限定理的随机变量间的均值水平。如果我们使用流程图(图 8.13,$p294$),从位置 1 开始,对下述问题回答"是",(1)两样本问题?(2)潜在分布是正态或适合中心极限定理?(3)推断均值?(4)样本独立?而对以下问题回答"否",(5)两组样本方差显著不同(讨论见 8.6 节)?则流程图将把你引向"使用等方差的两样本 t 检验"。

8.6 两方差的相等性检验

上一节处理的是两独立样本的 t 检验,其中假设两样本的潜在方差相等。这时公共方差是用两个样本方差的加权平均而求得。本节中讨论两方差相等的检验问题。即检验 $H_0: \sigma_1^2 = \sigma_2^2$,对 $H_1: \sigma_1^2 \neq \sigma_2^2$,这里应假设两样本分别从两个独立的 $N(\mu_1, \sigma_1^2)$ 及 $N(\mu_2, \sigma_2^2)$ 中抽取。

例 8.12 心血管病,儿科学 讨论前面已讨论过的一个问题,即胆固醇水平的家族聚集性。假设我们要评估 100 个 2~14 岁儿童,而这些孩子的父亲都死于心脏病。发现他们的平均胆固醇水平($\bar{x}_1$)是 207.3 mg/dL,标准差为(s_1)= 35.6 mg/dL。而在这个年龄组先前的大样本研究中知,儿童的平均胆固醇水平为 175 mg/dL。

一个较好的设计应该选对照组儿童,他们的父亲在活着时没有心脏病,这些同龄孩子应该与上述儿童在同一社区中生活。对照组儿童可以从社区的死亡记录中寻找信息,这里没有要求做配对设计。因此这样的两组儿童可以当作独立样本。假设我们找到 74 名对照儿童,他们的平均胆固醇水平为($\bar{x}_2$) 193.4 mg/dL,而样本标准差(s_2)为 17.3 mg/dL。我们希望用独立样本的 t 检验去比较这两组儿童的胆固醇水平。但这个检验要求两样本的潜在理论方差相同,而我们此处两样本

方差之比为

$$35.6^2/17.3^2 = 4.23$$

这应怎么办?

我们应该检验潜在的两方差是否相等,即检验 $H_0:\sigma_1^2 = \sigma_2^2$ 对 $H_1:\sigma_1^2 \neq \sigma_2^2$,合理的检验方法应建立在样本方差的相对度量上,即用样本方差的比 (s_1^2/s_2^2) 而不是 $s_1^2 - s_2^2$。如果上述样本方差比值很大或很小,则拒绝接受 H_0,另外情形则接受 H_0。为此,我们应先叙述 s_1^2/s_2^2 的抽样分布。

8.6.1 F 分布

方差比的分布由统计学家 R.A.Fisher 及 G.Snedecor 研究完成。他们在 $H_0:\sigma_1^2 = \sigma_2^2$ 成立时得出上述分布,称为 **F 分布**。这个分布由两个参数,分子及分母的自由度(degree of freedom,简记为 df)决定。若我们记第 1 个(分子)样本的样本量为 n_1,第 2 个样本的样本量为 n_2。则方差比的 F 分布由分子自由度为 $n_1 - 1$ 及分母自由度为 $n_2 - 1$ 所决定,记这时的分布为 $F_{n_1 - 1, n_2 - 1}$。

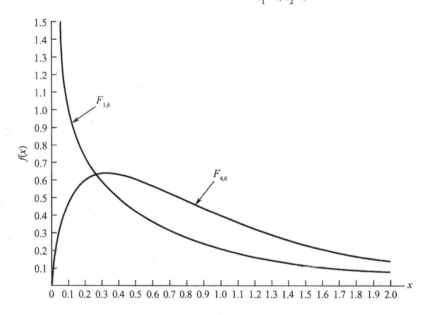

图 8.5 F 分布的概率密度

F 分布一般是倾斜的,斜度取决于两个自由度的相对大小。如果分子自由度是 1 或 2,则分布的众数在 0;其他情形则众数在大于零的某个点上。此分布的例子见图 8.5。附录表 9 列出 F 分布的百分位点。

定义8.6 自由度为 d_1, d_2 的 **F 分布的第 $100 \times p$ 百分位点**记为 $F_{d_1, d_2, p}$，即

$$Pr(F_{d_1, d_2} \leqslant F_{d_1, d_2, p}) = p$$

F 表的安排是，第1行是分子 $df(d_1)$，而分母 df 放在第1列上 (d_2)，而各种不同的百分位点列于第2列上。

例8.13 找出具有5及9自由度 (df) 的 F 分布的上侧第1百分位点。

解 即找 $F_{5, 9, 0.99}$，它在第5列，第9行上注有 0.99 的行上，即

$$F_{5, 9, 0.99} = 6.06$$

一般的 F 表只给出上侧百分位点，这是因为 F 分布具有下面所述的对称性，使得任一个下侧百分位点都可以由上侧百分位点求出来。因为 F_{d_1, d_2} 是 s_1^2/s_2^2 的分布，则 s_2^2/s_1^2 就有 F_{d_2, d_1} 的分布。利用上侧百分位点的意义，就有

$$Pr(s_2^2/s_1^2 \geqslant F_{d_2, d_1, 1-p}) = p$$

上式不等式中颠倒关系，仍然成立，所以

$$Pr\left(\frac{s_1^2}{s_2^2} \leqslant \frac{1}{F_{d_2, d_1, 1-p}} \right) = p$$

H_0 下，因为 s_1^2/s_2^2 是 F_{d_1, d_2} 分布，所以

$$Pr\left(\frac{s_1^2}{s_2^2} \leqslant F_{d_1, d_2, p} \right) = p$$

由这后两个不等式，得出

$$F_{d_1, d_2, p} = \frac{1}{F_{d_2, d_1, 1-p}}$$

这个公式可以重复如下：

方程8.14 **F 分布下侧百分位点的计算** 具有自由度 d_1, d_2 的 F 分布的**下侧第 p 个百分位点**，就是具有自由度为 d_2 及 d_1 F 分布的**上侧第 p 个百分位点**，用记号即

$$F_{d_1, d_2, p} = 1/F_{d_2, d_1, 1-p}$$

于是由方程8.14可见，一个 F 分布的下侧第 p 个百分位点是有相反自由度的 F 分布的上侧第 p 个百分位点的倒数。

例8.14 计算 $F_{6, 8, 0.05}$

解 由方程8.14，$F_{6, 8, 0.05} = 1/F_{8, 6, 0.95} = 1/4.15 = 0.241$

8.6.2 F 检验

现在回到两个方差的相等性检验。我们希望检验 $H_0: \sigma_1^2 = \sigma_2^2$ 对 $H_1: \sigma_1^2 \neq \sigma_2^2$。我们的检验是基于 s_1^2/s_2^2，在 H_0 成立下，这个 F 分布有自由度 $n_1 - 1$ 及 $n_2 - 1$。

用双侧检验，对 s_1^2/s_2^2 的小值或大值则拒绝 H_0。此方法可以更具体地叙述如下：

方程 8.15　两个方差相等性的 F 检验　如果我们要检验 $H_0: \sigma_1^2 = \sigma_2^2$ 对 $H_1:$ $\sigma_1^2 \neq \sigma_2^2$，而显著性水平为 α，则我们计算统计量

$$F = s_1^2/s_2^2, \quad \text{自由度为 } n_1 - 1 \text{ 及 } n_2 - 1$$

如果　　$F > F_{n_1-1,\, n_2-1,\, 1-\alpha/2}$　或　$F < F_{n_1-1,\, n_2-1,\, \alpha/2}$，则拒绝 H_0

如果　　$F_{n_1-1,\, n_2-1,\, \alpha/2} \leqslant$　　F　　$\leqslant F_{n_1-1,\, n_2-1,\, 1-\alpha/2}$，则接受 H_0

这个检验的接受及拒绝区域见图 8.6。

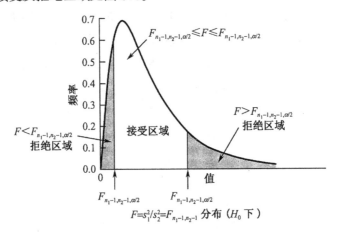

图 8.6　检验两方差的相等性对 F 检验的接受及拒绝区域

另外，精确的 p-值可由下式求出。

方程 8.16　方差相等性 F 检验中 p-值的计算

计算统计量　$F = s_1^2/s_2^2$

如果 $F \geqslant 1$，则 $p = 2 \times Pr(F_{n_1-1,\, n_2-1} > F)$

如果 $F < 1$，则 $p = 2 \times Pr(F_{n_1-1,\, n_2-1} < F)$

计算的图示见图 8.7。

例 8.15　心血管病，儿科学　检验例 8.12 中两方差的相等性。

解　$F = s_1^2/s_2^2 = 35.6^2/17.3^2 = 4.23$

因为两样本分别有 100 及 74 个人。由方程 8.15 知，H_0 成立时 $F \sim F_{99,73}$，于是

当 $F > F_{99,73,0.975}$　或　$F < F_{99,73,0.025}$ 时，拒绝 H_0

注意，无论是 $99df$ 或 $73df$ 都未出现在附录表 9 中。一种办法是使用计算机计算。此例中，我们要求值 $c_1 = F_{99,73,0.025}$ 及 $c_2 = F_{99,73,0.975}$ 以使下面成立：

$$Pr(F_{99,73} \leqslant c_1) = 0.025 \qquad \text{及} \qquad Pr(F_{99,73} \geqslant c_2) = 0.975$$

这个结果见表 8.3，它是由 Excel 97 中 FINV 函数计算的，这里 FINV 函数中，第 1

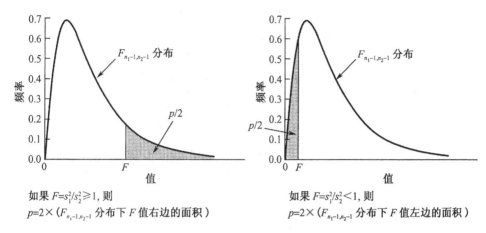

图8.7　方差相等性 F 检验中 p-值的计算

个自变量是右边尾数的面积,而第2个及第3个自变量分别是分子及分母的自由度。

表8.3　使用 Excel 97 中 FINV 函数对例8.15 中胆固醇数据计算临界值

Numerator df(分子自由度)	99	
Denominator df(分母自由度)	73	
Percentile(百分位点)		
0.025	0.6547598	FINV(0.975, 99, 73)
0.975	1.54907909	FINV(0.025, 99, 73)

由表8.3,得 $c_1 = 0.6548$ 及 $c_2 = 1.5491$。因为 $F = 4.23 > c_2$,所以有 $p < 0.05$。另外,我们也可以计算精确 p-值。这由式 $p = 2 \times Pr(F_{99,73} \geqslant 4.23)$ 决定。这时要选用 Excel 97 中的 FDIST 函数,它计算右边尾侧的面积,由表8.4取 4 位小数,则有 $p = 2 \times Pr(F_{99,73} > 4.23) \leqslant 0.0001$。于是,结论是两样本方差显著不同。这样就不可以使用 8.4 节中等方差的两样本 t 检验。因为那个检验是建立在等方差条件下的[*]。

一个问题是,第1个样本与第2个样本的序号本是主观的且有任意性。如果把第2个样本改记为第1个样本而把第2个改记为第1个,做 F 检验时结果会有变化吗? 在上述的双侧检验中,回答是肯定不会变的,这是由方程8.14 的关系式

---

[*] 对此例如不要求过分精细,或手边没有计算机或不会使用 Excel,则可再用附录表 9,以便比 $p < 0.05$ 做得更细致一些。做法:以 $d_1 = \infty$ 取代 99, $d_2 = 120$ 取代 73,可从附录表 9 中查得 $F_{\infty, 120, 0.999} = 1.89$。因为必有 $F_{99, 73, 0.999} > F_{\infty, 120, 0.999} = 1.89$,因此当 $F = 4.23$ 时,双侧下必有 $p < 0.001$。——译者注

决定的。但一般做法,为了便于查表,总是把样本方差大的改记为第 1 样本(置 s_1^2 于分子),而把样本方差小的记为 s_2^2。

表 8.4　使用 Excel 97 中 FDIST 函数对例 8.15 计算精确 p-值

Numerator df	99	
Denominator df	73	
x	4.23	
one-tailed p-value	4.41976E-10	FDIST(4.23, 99, 73)
two-tailed p-value	8.83951E-10	2 * FDIST(4.23, 99, 73)

例 8.16　心血管病,高血压　使用例 8.9 中数据,检验使用 OC 者与不使用 OC 者血压的方差有否显著性差异。

解　8 个 OC 使用者的样本标准差为 15.34,而 21 个不使用 OC 者的样本方差为 18.23。因此,样本方差比是

$$F = 18.23^2/15.34^2 = 1.41$$

H_0 成立时, F 的自由度分别为 20 及 7,但附录表 9 中找不到它的百分位点。我们可以证明,在指定上侧百分位点时,分子或分母中自由度增加,对应的百分位点将减小。因此,

$$F_{20, 7, 0.975} > F_{24, 7, 0.975} = 4.42 > 1.41$$

这就得出所求的 p-值必有 $p > 2(0.025) = 0.05$。[*]也就是说此例中两个样本方差没有显著差异。因此可以使用两样本的 t 检验公式(方程 8.12)。

对此例如要计算精确的 p-值,可使用 Excel 97。其结果列于表 8.5 中。计算得右边 F 下的尾部面积 $= Pr(F_{20, 7} > 1.41) = 0.334$。而双侧时 p-值 $= 2 \times Pr(F_{20, 7} > 1.41) = 2 \times 0.334 = 0.669$。

表 8.5　用 Excel 97 中的 FDIST 函数对例 8.16 的血压数据
检验方差相等性,计算精确的 p-值

Numerator df	20	
Denominator df	7	
x	1.412285883	
one-tailed p-value	0.334279505	FDIST(1.41, 20, 7)
two-tailed p-value	0.66855901	2 * FDIST(1.41, 20, 7)

---

[*] 这在图 8.7 中 F ⩾ 1 的图中记 F = 4.42 及 F = 1.41 作比较时,一目了然。——译者注

如果样本中分子、分母倒过来,则 F 统计量 $=1/1.41=0.71\sim F_{7,20}$(在 H_0 成立时)。我们使用 Excel 97 中,FDIST 函数计算 $Pr(F_{7,20}\geqslant 0.71)$,得 FDIST $(0.71,7,20)=0.666$。因为 $F<1$,所以我们有 p-值 $=2\times Pr(F_{7,20}\leqslant 0.71)=2\times(1-0.666)=0.669$,它与上面计算结果相同。这样就可以正确使用等方差的独立样本双样本的 t 检验公式,因为此公式要求方差相等。

本节中,我们引进 F 统计量检验两方差的相等性。这个检验应该用于两个正态分布的样本。如果我们要参考流程图(图 8.13),则从位置 1 开始,对下面问题回答“是”,(1)两样本?(2)潜在分布是正态或中心极限定理成立?对下面问题回答“否”,(3)推断均值?对下面问题回答“是”,(4)推断方差?这样就把我们引入“比较方差的两样本 F 检验”。对于非正态样本,我们要很谨慎地使用这个检验。

8.7　不相同方差下两个独立样本的 t 检验

方程 8.15 中的 F 检验是用于两个独立正态分布样本的方差相等性检验。如果两个方差没有显著不同,则就可以使用 8.4 节中的具有相等方差的两个独立样本的 t 检验公式。如果两个方差显著不同,则就应该采用本节中的不相同方差下独立样本的 t 检验。

现在假设有两个正态分布的样本,第 1 个样本是大小为 n_1 的从 $N(\mu_1,\sigma_1^2)$ 中抽得的随机样本,第 2 个样本是大小为 n_2 的从 $N(\mu_2,\sigma_2^2)$ 中抽得的随机样本,且 $\sigma_1^2\neq\sigma_2^2$。我们要检验 $H_0:\mu_1=\mu_2$ 对 $H_1:\mu_1\neq\mu_2$。统计学家常称这个问题为 **Behrens-Fisher** 问题。

仍然把显著性检验建立在样本均值差 $\bar{x}_1-\bar{x}_2$ 上,在任一假设下,$\bar{X}_1$ 是正态分布且具有均值 μ_1 及方差 σ_1^2/n_1,而 $\bar{X}_2$ 是正态分布且具有均值 μ_1 及方差 σ_2^2/n_2。所以有下面公式:

方程 8.17　$\bar{X}_1-\bar{X}_2\sim N\left(\mu_1-\mu_2,\dfrac{\sigma_1^2}{n_1}+\dfrac{\sigma_2^2}{n_2}\right)$

在 H_0 成立时,$\mu_1-\mu_2=0$,于是方程 8.17 变成下式:

方程 8.18　当 H_0 成立时,$\bar{X}_1-\bar{X}_2\sim N\left(0,\dfrac{\sigma_1^2}{n_1}+\dfrac{\sigma_2^2}{n_2}\right)$

如果 σ_1^2 及 σ_2^2 已知,则对 H_0 的检验统计量为

方程 8.19　$z=(\bar{x}_1-\bar{x}_2)/\sqrt{\dfrac{\sigma_1^2}{n_1}+\dfrac{\sigma_2^2}{n_2}}$

此公式在 σ_1^2 及 σ_2^2 已知时可用于检验 H_0,$z\sim N(0,1)$。但是,σ_1^2 及 σ_2^2 通常是未知的,被 s_1^2 及 s_2^2 分别估计时,方程 8.10 中的合并方差估计是不可以使用的,因为 σ_1^2 与 σ_2^2 不同。如果在方程 8.19 中用 s_1^2 代替 σ_1^2,s_2^2 代替 σ_2^2,即得下面的检验统计量:

方程 8.20　$t = (\bar{x}_1 - \bar{x}_2)/\sqrt{s_1^2/n_1 + s_2^2/n_2}$

在 H_0 成立时,上述 t 的精确分布难以找出。但是,在合适的 I 型错误下,已经找出了几个近似的分布。下面公式的优点是可以很方便地用普通的 t 表完成检验[1]:

方程 8.21　**不等方差下,两个独立样本的 t 检验**(Satterthwaite 近似方法)

(1)计算检验统计量

$$t = \frac{\bar{x}_1 - \bar{x}_2}{\sqrt{\dfrac{s_1^2}{n_1} + \dfrac{s_2^2}{n_2}}}$$

(2)计算上公式的近似自由度 d'

$$d' = \frac{(s_1^2/n_1 + s_2^2/n_2)^2}{(s_1^2/n_1)^2/(n_1 - 1) + (s_2^2/n_2)^2/(n_2 - 1)}$$

(3)把 d' 四舍五入到最近的整数 d'',则

如果　　　　$t > t_{d'', 1-\alpha/2}$　　或　　　$t < -t_{d'', 1-\alpha/2}$,　　则拒绝 H_0

如果　　　　$-t_{d'', 1-\alpha/2} \leqslant t \leqslant t_{d'', 1-\alpha/2}$,　　　　　　　　则接受 H_0

图 8.8 画出了这个检验中的拒绝及接受区域。

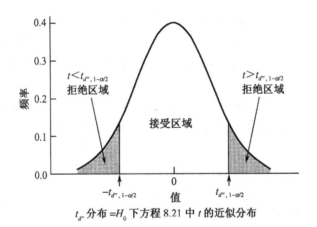

$t_{d''}$ 分布 $= H_0$ 下方程 8.21 中 t 的近似分布

图 8.8　**在不等方差下两独立样本 t 检验的接受及拒绝区域**

类似地,对假设检验的 p-值也可由下式算出:

方程 8.22　**不等方差下,两独立样本 t 检验的 p-值计算**(Satterthwaite 近似方法)

计算检验统计量

$$t = \frac{\bar{x}_1 - \bar{x}_2}{\sqrt{s_1^2/n_1 + s_2^2/n_2}}$$

如果 $t \leqslant 0$,   则 $p = 2 \times (t_{d''}$ 分布在 t 值左侧的面积)

如果 $t > 0$,   则 $p = 2 \times (t_{d''}$ 分布在 t 值右侧的面积)

其中 d'' 由方程 8.21 求出。

图 8.9 画出了 p-值计算的示图。

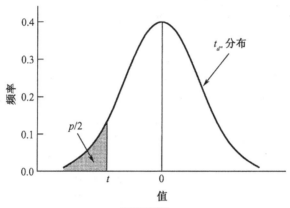

如果 $t = (\bar{x}_1 - \bar{x}_2)/\sqrt{s_1^2/n_1 + s_2^2/n_2} \leqslant 0$,
则 $p = 2 \times (t_{d''}$ 分布下 t 值左边的面积)

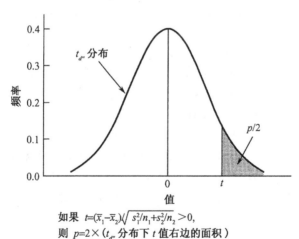

如果 $t = (\bar{x}_1 - \bar{x}_2)/\sqrt{s_1^2/n_1 + s_2^2/n_2} > 0$,
则 $p = 2 \times (t_{d''}$ 分布下 t 值右边的面积)

图 8.9 不等方差下,两独立样本 t 检验中 p-值的计算

例 8.17   心血管病,儿科学 考虑例 8.12 中胆固醇数据,检验父亲死于心脏病的孩子与父亲没有心脏病史的孩子的平均胆固醇水平之间的比较。

解 我们已在例 8.15 中检验了这两组的方差显著不同。因此需要应用方程

8.21 的不等方差的 t 检验公式。检验的统计量是

$$t = \frac{207.3 - 193.4}{\sqrt{35.6^2/100 + 17.3^2/74}} = \frac{13.9}{4.089} = 3.40$$

近似的自由度

$$d' = \frac{(s_1^2/n_1 + s_2^2/n_2)^2}{(s_1^2/n_1)^2(n_1 - 1) + (s_2^2/n_2)^2/(n_2 - 1)}$$

$$= \frac{(35.6^2/100 + 17.3^2/74)^2}{(35.6^2/100)^2/99 + (17.3^2/74)^2/73}$$

$$= \frac{16.718^2}{1.8465} = 151.4$$

因此近似自由度为 $d'' = 151$。如果使用临界值法,注意,$t = 3.40 > t_{120, 0.975} = 1.980 > t_{151, 0.975}$,因此 $\alpha = 0.05$ 时用双侧检验法可以拒绝相等性的均值检验。另外,$t = 3.40 > t_{120, 0.9995} = 3.373 > t_{151, 0.9995}$,这隐含有 p-值 $< 2 \times (1 - 0.9995) = 0.001$。若要计算更精细,则见表 8.6(Excel 97)。

表 8.6   例 8.17 中精细 p-值的计算

t	3.4
df	151
two-tailed p-value	0.000862 TDIST(3.4, 151, 2)

我们从表 8.6 看到,这个 p-值 $= 2 \times [1 - Pr(t_{151} \leqslant 3.40)] = 0.0009$。我们的结论是,父亲死于心脏病的孩子的平均胆固醇水平显著高于父亲没有心脏病史的孩子的平均胆固醇水平。这就给我们一个机会去寻找这两者之间差异的原因,是遗传因素,环境因素,还是两者都有?

本章中提出两个方法去比较两个独立正态样本的均值。这个过程的第 1 步是用方程 8.15 中 F 检验去检验两个方差的相等性。如果这个检验不显著,则使用等方差下的 t 检验;其他,则用不等方差下的 t 检验。此过程见图 8.10。

例 8.18   传染病   使用表 2.11 中数据,比较使用抗生素及不使用抗生素两者的平均住院时间。

解   表 8.7 是使用 PC-SAS 中的 T-TEST 程序(PROC TTEST)去分析这批数据。7 个使用抗生素(ANTIB = yes)者平均住院 11.57 天,标准差为 8.81 天;而 18 个不使用抗生素者(ANTIB = no)平均住院 7.44 天,且标准差为 3.70 天。F 检验和相等及不相等方差下的 t 检验都显示在计算结果中。图 8.10 中,我们指出第 1 步应比较方差的相等性。表 8.7 中显示这个 F 值是用 F' 表示的,$F' = 5.68$, p-值(标记为 Prob $> F'$)为 0.0043,即说明方差显著不同。这说明应该使用不等方差的

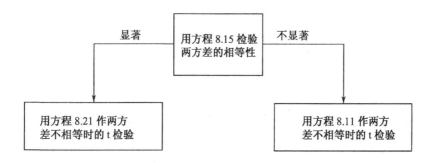

图 8.10　检验两独立正态分布样本均数相等性的过程

两样本 t 检验。看表中的不等方差行，此处 t 统计量(即方程 8.21)是 1.20，自由度为 $d'=6.8$。对应的两个双侧 p 值(标记为 Prob$>|T|$)是 0.271。这说明这两组的平均住院时间没有显著差异。

表 8.7　用 PC–SAS 程序(PROC TTEST)分析例 8.18 中的住院时间(原数据见表 8.11)

The SAS System

TTEST PROCEDURE

Variable：DUR

ANTIB	N	Mean	Std Dev	Std Error	Variances	T	DF	Prob>|T|
yes	7	11.57142857	8.81016729	3.32993024	Unequal	1.1990	6.8	0.2705
no	18	7.44444444	3.69772939	0.87156317	Equal	1.6816	23.0	0.1062

For H0：Variances are equal，$F'=5.68$　DF$=(6,17)$　Prob$>F'=0.0043$

　　如果 F 检验被指出，两样本的方差没有显著差异时，就应该使用等方差的 t 检验，这就要看 SAS 计算结果中的等方差行。此例中呈现出有两个 t 统计量 (1.68 对 1.20)和两个 p-值(0.106 及 0.271)就是由两种计算方法造成的。

　　类似于 8.5 节，我们可以证明，在不等方差下也有类似的均值差 $\mu_1-\mu_2$ 的 $100\% \times (1-\alpha)$ 置信区间：

方程 8.23　对 $\boldsymbol{\mu_1-\mu_2}$ 的双侧 $\boldsymbol{100\% \times (1-\alpha)}$ 置信区间($\boldsymbol{\sigma_1^2 \neq \sigma_2^2}$)

$$\left(\bar{x}_1 - \bar{x}_2 - t_{d'',1-\alpha/2} \sqrt{s_1^2/n_1 + s_2^2/n_2}, \quad \bar{x}_1 - \bar{x}_2 + t_{d'',1-\alpha/2} \sqrt{s_1^2/n_1 + s_2^2/n_2} \right)$$

此处 d'' 由方程 8.21 求出。

　　例 8.19　传染病　使用表 8.7 的数据，计算用抗生素与不用抗生素的两组病人住院时间的平均差异的 95% 置信区间。

　　解　用表 8.7，95% 置信区间为

$$[(11.571 - 7.444) - t_{6,0.975} \sqrt{8.810^2/7 + 3.698^2/18},$$

$$(11.571 - 7.444 + t_{6,0.975} \sqrt{8.810^2/7 + 3.698^2/18}]$$

$$= [4.127 - 2.447(3.442), 4.127 + 2.447(3.442)]$$

$$= (4.127 - 8.423, 4.127 + 8.423)$$

$$= (-4.30, 12.55)$$

本节中,我们介绍不等方差下两个独立样本的 t 检验。这个检验用于比较正态随机变量(或样本足够大而中心极限定理能成立的随机变量)的均值。如果我们借助流程图(图 8.13),则从位置 1 开始对下面(1)~(4)问题答"是",(1)两样本问题? (2)正态分布或中心极限定理成立? (3)推断均值? (4)样本是独立? 对问题(5)两样本方差显著不同? 回答"否",就引导我们到达"使用不等方差的两样本 t 检验"。

8.8 病例研究:铅暴露对儿童神经及心理机能的效应研究

例 8.20 环境卫生,儿科学 2.9 节中我们叙述了在 Texas 州的 El Paso 地区完成的一项研究,主要考察铅暴露与儿童生长发育性状的关系[2]。可以有不同方法研究铅暴露的影响。一种方法是设置对照组,在此研究中对照组儿童在 1972 年及 1973 年时血铅水平都 <40 μg/100mL, $n = 78$ 人;而暴露组儿童在 1972 年或 1973 年时血铅水平都超过 40 μg/100 mL, $n = 46$ 人。两个重要的结果变量是,在优势手中每 10 秒内轻叩手指腕得分(神经系统指标)和 Wechsler 全量表 IQ 得分(智商发育指标)。由于仅对 5 岁及以上儿童才能做神经学检查,所以我们实际上只有 35 个暴露及 64 个对照儿童的轻叩指腕得分。这些变量按组别分开的分布见图 2.10 及 2.11 中的盒形图。这些分布显示出对称性,特别在暴露组,尽管有一点界外值(奇异值)出现。我们将在 8.9 节中讨论奇异值。从图上也注意到,暴露组似乎有较低的水平。如何判断这些印象是正确的?

一种办法是用两样本的 t 检验去比较暴露组与对照组在上述变量上的平均水平。我们用 PC-SAS 的 TTEST 计算程序完成这项工作,结果列于表 8.8 及 8.9。每个表中都有三个不同的显著性检验。按照图 8.10 的要求,第 1 步应先完成两方差相等性的 F 检验。表 8.8 中,F 统计量(标记为 F')$= 1.19$,自由度为 34 及 63,而 p-值(标记为 Prob $> F'$)为 0.5408,它说明两组的方差没有显著差异,即应接受 H_0。因此按图 8.10 要求,再去做等方差的两样本 t 检验(方程 8.11)。此 t 统计量在"T"列及"Equal"行上,值为 2.6772,$df = 97$。而双侧 p 值在"Prob $> |T|$"列及"Equal"行上,值为 0.0087,它指出暴露组及对照组之间的平均轻叩手指腕得分变量有显著差异,而暴露组有较低的平均得分。如果在 F 检验中有显著性差异,

即如果 Prob＞F' 的概率＜0.05,则我们在两样本 t 检验中应使用不等方差的 t 检验,这时在表 8.8 中应查"Unequal"行的 $T=2.6091$(由方程 8.21 算出),$df=65$,而它对应的 p 值为 0.0113。此 SAS 软件结果还同时提供每组的均值,标准差(Std Dev)及标准误差(Std Error)。考察表 8.9,这是分析全量表 IQ 得分,我们看到 F 检验的 p-值是 0.0982,统计上不显著,因此我们可以再使用等方差的 t 检验。此 t 统计量是 1.8334,$df=122$,双侧 p-值是 0.0692。这说明全量表 IQ 得分在两组中没有显著差异。

表 8.8 暴露与对照组轻叩手指腕得分均值的比较(用 SAS t 检验)

The SAS System

TTEST PROCEDURE

Variable: MAXFWT

CSCN2	N	Mean	Std Dev	Std Error	Variances	T	DF	Prob＞|T|
control	64	54.43750000	12.05657958	1.50707245	Unequal	2.6091	65.0	0.0113
case	35	47.42857143	13.15582115	2.22373964	Equal	2.6772	97.0	0.0087

For H0: Variances are equal, $F'=1.19$ DF＝(34,63) Prob＞$F'=0.5408$

表 8.9 暴露组与对照组全量表 IQ 得分的均值比较(用 SAS t 检验)

The SAS System

TTEST PROCEDURE

Variable: IQF

CSCN2	N	Mean	Std Dev	Std Error	Variances	T	DF	Prob＞|T|
control	78	92.88461538	15.34451192	1.73742384	Unequal	1.9439	111.4	0.0544
case	46	88.02173913	12.20653583	1.79975552	Equal	1.8334	122.0	0.0692

For H0: Variances are equal, $F'=1.58$ DF＝(77,45) Prob＞$F'=0.0982$

8.9 奇异值的处理

8.8 节中,我们在病例研究中已经提出可能有奇异值问题。实际上某些奇异值(也称界外值)有时会对研究结论有重要影响。因此,识别奇异值并将其排除在外,或至少应该做有或无奇异值时的统计结论。因此本节我们讨论某些准则去识别奇异值(也称非正常值)。

我们察看图 8.11 及 8.12,这是用 SAS 软件包计算的轻叩手指腕得分及全量表 IQ 得分的茎叶图及盒形图。见盒形图 8.11,对照组(control)有远离中心的得分值(图中记为 0)为 13,23,26 及 84,而暴露组(exposed)有 13,14 及 83,这些是轻

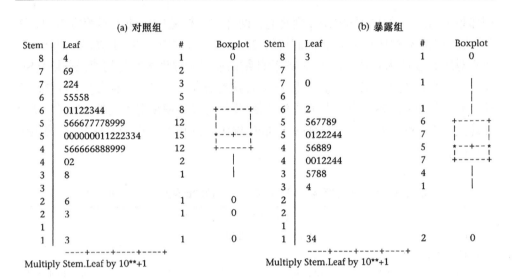

图 8.11　分组轻叩手指腕得分的茎叶图及盒形图（El Paso 的铅研究）

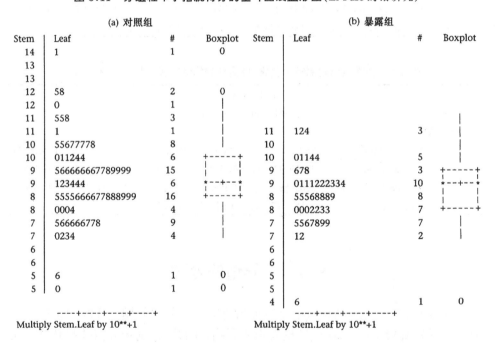

图 8.12　分组全量表 IQ 的茎叶图及盒形图（El Paso 的铅研究）

叩手指腕得分上每 10 秒内的值；而从全量表 IQ 得分的图 8.12 看，远离中心可能的奇异值在对照组为 50，56，125，128 及 141。而在暴露组为 46。这些可能的奇异值在绝对值上都远离其均值。因此，常用的方法是以远离均值的标准差倍数多少来定量地描述奇异值。在一个样本中把这个统计量应用于最极端的观察值时称为"极端学生化偏差"(extreme studentized deviate, ESD),定义如下:

定义 8.7 **极端学生化偏差**,或记 **ESD 统计量**,为

$$\text{ESD} = \max_{i=1,\cdots,n} |x_i - \bar{x}| / s$$

例 8.21 在例 8.20 数据中计算对照组轻叩手指腕得分值的 ESD 统计量。

解 由表 8.8 知,$\bar{x} = 54.4$,$s = 12.1$。由图 8.11(a)可以看出,离均值最远的两数是 $|13 - 54.4| = 41.4$ 及 $|84 - 54.4| = 29.6$。因为 $41.4 > 29.6$,所以此例中的 $\text{ESD} = 41.4/12.1 = 3.44$。

ESD 应取多大才能列为奇异值? 回答是与样本量有关。在正态分布下,样本量为 n 而没有奇异值时我们常希望最大值应该近似对应于第 $100\% \times (n/(n+1))$ 个百分位点。即对于从一个正态分布抽取的样本量为 64 的样本,上式为第 $100 \times 64/65 \approx 98.5$ 个百分位点,其值为 2.17。如果有奇异值,则该值的 ESD 统计量应大于 2.17。对于样本量为 n 的正态分布,建立在 ESD 统计量上的采样分布的临界值由[3]及[4]求出,列于附录表 10。应用附录表 10 时,记住此 ESD 的临界值依赖于样本量 n 及你定义的第 p 个百分位点,因此 ESD 统计量的分界点记为 $\text{ESD}_{n,p}$。

例 8.22 求样本量为 50 时,ESD 统计量的上侧第 5 个百分位点。

解 近似解是求 $\text{ESD}_{50,0.95}$,这在附录表 10 中的第 50 行及 0.95 列上找出,为 3.13。

对于不出现于附录表 10 的 n 值,我们也可以用下述原理近似求出,当样本量增加时,临界值也随着增加。这就引导出正态分布样本中检测单个奇异值的方法:

方程 8.24 **ESD 的单个奇异值法** 假设我们有一个样本 $x_1, \cdots, x_n \sim N(\mu, \sigma^2)$。我们感觉有奇异值存在。则检验

H_0:没有奇异值 对 H_1:有一个奇异值存在于样本内。在 Ⅰ 型错误 α 下,

(1)计算极端学生化偏差统计量

$$\text{ESD} = \max_{i=1,\cdots,n} |x_i - \bar{x}| / s$$

记取 ESD 为最大值的这个 x_i 为 $x^{(n)} (= |x_i - \bar{x}|/s)$。

(2)查附录表 10 中的临界值,记为 $\text{ESD}_{n,1-\alpha}$。

(3)如果 $\text{ESD} > \text{ESD}_{n,1-\alpha}$,则拒绝 H_0,而认为此 $x^{(n)}$ 为一个奇异值,如果 $\text{ESD} \leqslant \text{ESD}_{n,1-\alpha}$,则我们认为这个样本中没有奇异值。

例 8.23 考察在对照组中轻叩手指腕得分的例 8.21 中有否奇异值,$(n = 64)$。

解 由方程 8.24,计算 ESD 统计量,例 8.21 中我们已找出 $\text{ESD} = 3.44$ 的 $x = 13$ 是最可能的奇异值。取显著性水平 $\alpha = 0.05$,查附录表 10,得 $\text{ESD}_{70,0.95} = 3.26$。因为 $3.44 > \text{ESD}_{70,0.95} = 3.26 > \text{ESD}_{64,0.95}$,于是有 $p < 0.05$。因此,我们判

断 $x = 13$ 点是一个奇异点。

在某些情形中,可以会有多个奇异值,这时用方程 8.24 去识别多个奇异值是不大合适的。因为若有多个奇异值时,ESD 中分母 s 的计算就成为问题。

例 8.24   估计在暴露组中轻叩手指腕得分的任何奇异值。

解   表 8.8 中,在暴露组中有 $\bar{x} = 47.4$, $s = 13.2$, $n = 35$。远离均值最远的两个是 13 及 83。因为 $|83 - 47.4| = 35.6 > |13 - 47.4| = 34.4$,因此 ESD 统计量是 $35.6/13.2 = 2.70$。从附录表 10,知 $ESD_{35,0.95} = 2.98 > ESD = 2.70$,因此,$p > 0.05$,我们接受 H_0,即没有奇异值。

例 8.24 的求解法不太妥当,因为它与图 8.11(b)不大一致。图上显示 13,14 及 83 是奇异值,而用方程 8.24 的单值奇异值法未发现有显著性。问题产生的根源是有多个奇异值存在时标准差的计算有些问题。这种情况特别发生在多个奇异值近似相等且远离均值,就像图 8.11(b)的情形。为解决这个问题,我们必须使用一个可变通的方法使它能精细地识别出是单个还是多个奇异值。为此,我们首先对数据中奇异值的个数给出一个合理的上界。就我的经验,可能奇异值个数的一个合理上界是 $\min([n/10], 5)$,这里的 $[n/10]$ 是 $\leqslant n/10$ 的最大整数。如果一个数据集中有多于 5 个奇异值,除非样本量很大,这个样本分布很可能是非正态。下面提出求多个奇异值的方法[3]:

方程 8.25 ESD 求多个奇异值法   设 $x_1, \cdots, x_n$ 的样本点中大多数数据呈 $N(\mu, \sigma^2)$ 分布,但我们怀疑可能有 k 个奇异点,此处 $k = \min([n/10], 5)$,其中 $[n/10]$ 是一个不超过 $n/10$ 的最大整数。我们希望有 I 型错误 α 去检验:

H_0:没有奇异值 对 H_1:至少有 1 个但不超过 k 个奇异值。

用下面法则去识别奇异值:

(1)对全体样本点计算 ESD 统计量: $ESD = \max_{i=1,\cdots,n} |x_i - \bar{x}| / s$,

记在 $x^{(n)}$ 点上达到 ESD 值,其值记为 $ESD^{(n)}$。

(2)移去 $x^{(n)}$,再在其他 $n-1$ 个数据中重新计算均值、sd 及 ESD,标记这时的 ESD 为 $ESD^{(n-1)}$,对应的样本点为 $x^{(n-1)}$。

(3)继续(2)步 k 次,直到有 k 个 ESD 值:
$ESD^{(n)}, ESD^{(n-1)}, \cdots, ESD^{(n-k+1)}$,与其对应的样本量为 $n, n-1, \cdots, n-k+1$,而识别出来对应于上述 ESD 值的原始数据为 $x^{(n)}, x^{(n-1)}, \cdots, x^{(n-k+1)}$。

(4)从附录表 10 中可找出每一个 ESD 对应的临界值,记为
$ESD_{n,1-\alpha}, ESD_{n-1,1-\alpha}, \cdots, ESD_{n-k+1,1-\alpha}$。

(5)用以下法则去检测奇异值,

如果 $ESD^{(n-k+1)} > ESD_{n-k+1,1-\alpha}$,则我们认为 k 个值 $x^{(n)}, x^{(n-1)}, \cdots,$
$x^{(n-k+1)}$ 都是奇异值;

如果上不等式不成立,但 $\mathrm{ESD}^{(n-k+2)} > \mathrm{ESD}_{n-k+2,1-\alpha}$,则我们认为有 $k-1$ 个奇异值,它们是 $x^{(n)}, \cdots, x^{(n-k+2)}$;

……

如果 $\mathrm{ESD}^{(n)} > \mathrm{ESD}_{n,1-\alpha}$,则我们认为仅有一个奇异点,即 $x^{(n)}$;

如果 $\mathrm{ESD}^{(n)} \leqslant \mathrm{ESD}_{n,1-\alpha}$,则我们认为没有奇异点。

用上述方法,我们就可求出 $0, 1, \cdots$,或 k 个奇异点。

(6)如果 $n \geqslant 20$,我们应该仅用附录表 10 去完成上述步骤。

注意,我们必须计算全部 k 个 $\mathrm{ESD}^{(n)}, \mathrm{ESD}^{(n-1)}, \cdots, \mathrm{ESD}^{(n-k+1)}$ 奇异值检验统计量,而不必问具体的每一个是否有显著性。除非真实的奇异值数超过 k 个,否则上述的方法有很好的功效。

例 8.25 重新分析图 8.11(b)中暴露组轻叩手指腕得分数据,使用方程 8.25 中的多个奇异值公式。

解 首先计算可能的最大奇异点数:$[35/10] = 3$。从例 8.24 中知 $\mathrm{ESD}^{(35)} = 2.70$,最大奇异值 $x^{(35)} = 83$。我们从 35 个样本中移去点 83,在 34 个点中重新计算样本均值(为 46.4)及标准差(11.8)。因为 $|13 - 46.4| = 33.4 > |70 - 46.4| = 23.6$,这时得分 13 是最可能的奇异值且 $\mathrm{ESD}^{(34)} = 33.4/11.8 = 2.83$。我们再移去得分 13,重新在样本量 33 中计算样本均值(47.4)及标准差(10.4)。因为 $|14 - 47.4| = 33.4 > |70 - 47.4| = 22.6$,随之有 $\mathrm{ESD}^{(33)} = 33.4/10.4 = 3.22$。

要判断统计显著性,我们首先把 3.22 与临界值 $\mathrm{ESD}_{33,0.95}$ 作比较。从附录表 10,得 $\mathrm{ESD}^{(33)} = 3.22 > \mathrm{ESD}_{35,0.95} = 2.98 > \mathrm{ESD}_{33,0.95}$。因此 $p < 0.05$,于是我们认为这三个最极端的值(83,13 及 14)都是奇异值。虽然我们仅对第 3 个极端值(14)作分析,一旦得出它是奇异值后,比它更极端的值(13,83)也自然是奇异值。注意,此结果与图 8.11(b)一致,但不同于用单值奇异值法,那时结论是没有奇异值。

例 8.26 对照组中判断轻叩手指腕得分值中有否奇异值。

解 因为 $n = 64$,所以 $\min[(64/10), 5] = \min(6, 5) = 5$。因此,我们可以设置可能的 5 个奇异值,并做合适的检验与临界值作比较,结果见表 8.10。

表 8.10 例 8.26 中检验的统计量与临界值

n	$\bar{x}$	s	$x^{(n)}$	$\mathrm{ESD}^{(n)}$	$\mathrm{ESD}_{n,0.95}$	p-值
64	54.4	12.1	13	3.44	$\mathrm{ESD}_{64,0.95}$[a]	< 0.05
63	55.1	10.9	23	2.94	$\mathrm{ESD}_{63,0.95}$[b]	NS
62	55.6	10.2	26	2.90	$\mathrm{ESD}_{62,0.95}$[b]	NS
61	56.1	9.6	84	2.92	$\mathrm{ESD}_{61,0.95}$[b]	NS
60	55.6	8.9	79	2.62	3.20	NS

[a]$\mathrm{ESD}_{64,0.95} < \mathrm{ESD}_{70,0.95} = 3.26$。

[b]$\mathrm{ESD}_{63,0.95}, \mathrm{ESD}_{62,0.95}, \mathrm{ESD}_{61,0.95}$ 全部 $> \mathrm{ESD}_{60,0.95} = 3.20$,NS = 不显著。

从表 8.10 可见，79，84，26 及 23 都不能认为是奇异值，仅 13 被认为是奇异值。这个问题与例 8.23 一致。

除非我们很有把握知道只可能有一个奇异值。一般地，方程 8.25 更为常用。另外，在我们知道了对照组中已识别出 1 个奇异值，而在暴露组中识别出 3 个奇异值后，我们该怎么做？一般地，我们应删除这些奇异值后再重新做两样本的 t 检验。

例 8.27   重新分析表 8.8 中的轻叩手指腕得分值。

解   删除例 8.25 及例 8.26 中已找出的奇异值后，再重新做两样本 t 检验，结果见表 8.11。

表 8.11   删除奇异值后，在暴露组及对照组中比较轻叩手指腕平均得分，用 SAS t 检验

The SAS System

TTEST PROCEDURE

Variable：MAXFWT

CSCN2	N	Mean	Std Dev	Std Error	Variances	T	DF	Prob>|T|
control	63	55.09523810	10.93487213	1.37766439	Unequal	3.2485	77	0.0017
case	32	48.43750000	8.58332028	1.51733099	Equal	3.0035	93	0.0034
For H0：Variances are equal，$F' = 1.62$ DF = (62,31)   Prob>$F' = 0.1424$

我们看到，去除奇异值后，轻叩手指腕得分在两组间比较的 p-值是 0.003，此结果比先前的结果（$p = 0.0087$）更显著了，这是因为标准差更低了，特别是在暴露组中。

有几种方法处理奇异值以完成数据分析。一种方法是检测出奇异值，然后对有奇异值与没有奇异值情形下去分析数据以便比较。另外，也可以不删除奇异值但把它们在数据分析中的作用尽量减少。这也可以有多种方法，一种方法是把连续数据（比如轻叩手指腕得分）转换为等级变量（比如记，高＝大于中位数，低＝低于中位数），再利用等级数据法分析样本。这在第 10 章中作介绍。其他是用非参数法分析数据。这种方法并不像 t 检验那样要求有正态性的条件，非参数法中对正态性条件要弱得多，这将在第 9 章中讨论。还有其他方法是对重要的参数，比如均值（μ）使用"稳健性"估计量（robust estimator）。这些估计量受样本中奇异值影响较小，但又不排除它们。稳健性估计已不属于本书的范围。使用这些方法中的每一个，功效都要比使用 t 检验（如果没有奇异值）低，但是如果有奇异值存在，则上述方法的功效则是好的。一般而言，没有一种正确的方法可以适用于所有数据；对一个研究，如果有几种方法所得结论一致，则自然可以增加结果的可信度。

8.10 均值比较中样本量及功效的估计

8.10.1 样本量的估计

在已知方差下对正态分布均值作单样本 z 检验时所需样本大小的估计已在 7.6 节中介绍, 本节介绍两样本作比较时所需样本的大小。

例 8.28 心血管病, 高血压 例 8.9 中 OC 使用者及不使用 OC 者两组的血压数据是作为试点试验, 以便求得必要的参数估计作为大规模研究的准备。假设 35～39 岁的 OC 使用者真实的血压分布是正态分布且均值为 μ_1 方差为 σ_1^2。类似地, 设 OC 不使用者的血压也是正态分布, 但均值为 μ_2 及方差为 σ_2^2。我们要检验假设 $H_0: \mu_1 = \mu_2$ 对 $H_1: \mu_1 \neq \mu_2$。需要用多大的样本去做参数比较?

假如我们已知 σ_1^2 及 σ_2^2 且期望两组中有相同的样本数。用双侧, 显著性水平为 α 而功效为 $1 - \beta$, 则每组中合适的样本量应是多少?

方程 8.26 估计等样本数, 正态分布的两样本均值比较, 双侧检验且显著性水平为 α 功效为 $1 - \beta$ 下, 样本量的估计

$$n = \frac{(\sigma_1^2 + \sigma_2^2)(z_{1-\alpha/2} + z_{1-\beta})^2}{\Delta^2} = 每一组的样本量$$

其中 $\Delta = |\mu_1 - \mu_2|$, 两组的均值及方差分别为 (μ_1, σ_1^2) 及 (μ_2, σ_2^2)。

换言之, 每一组样本量为 n 时, 将有 $1 - \beta$ 的机会发现两组中真实存在 Δ 的差异, 而所用的检验是方程 8.19 的 z 检验, 双侧水平为 α。

例 8.29 心血管病, 高血压 在例 8.28 中决定样本量, 使用的是双侧检验及显著性水平为 α 功效为 $1 - \beta$。

解 在小样本试点中已知 $\bar{x}_1 = 132.86$, $s_1 = 15.34$, $\bar{x}_2 = 127.44$, $s_2 = 18.23$, 如果我们把 $(\bar{x}_1, s_1^2, \bar{x}_2, s_2^2)$ 当作 $(\mu_1, \sigma_1^2, \mu_2, \sigma_2^2)$, 则用方程 8.26, 在 $\alpha = 0.05$, $\beta = 0.20$ 下, 有

$$n = (15.34^2 + 18.23^2)(1.96^2 + 0.84^2)/(132.86 - 127.44)^2$$
$$= 151.5$$

即每一组约 152 人。这也就解释了在前面用 8 及 21 个样本量时未能发现两组有显著性差异的原因。

在许多情形中, 两组的样本量应是不平衡的, 即我们可以事先规定两组中样本量的一个比例数 k, 比如记 $n_2 = kn_1$, 在 (n_1, n_2) 样本量下要求达到功效为 $1 - \beta$, 双侧显著性水平为 α。所求公式为下:

方程 8.27 正态分布的两样本均值比较中, 使用不等样本数, 双侧检验, 显著性水平为 α, 功效为 $1 - \beta$ 时, 所需的样本量

$$n_1 = \frac{(\sigma_1^2 + \sigma_2^2/k)(z_{1-\alpha/2} + z_{1-\beta})^2}{\Delta^2} = 第一组样本量$$

$$n_2 = \frac{(k\sigma_1^2 + \sigma_2^2)(z_{1-\alpha/2} + z_{1-\beta})^2}{\Delta^2} = 第二组样本量$$

其中 $\Delta = |\mu_1 - \mu_2|$; (μ_1, σ_1^2), (μ_2, σ_2^2) 分别是两正态总体中的均值、方差, $k = n_2/n_1$ = 两样本量预先指定的比值。

注意, $k = 1$ 这公式就是方程 8.26。

例 8.30 心血管病 假设在例 8.28 中,规定不使用 OC 组的样本量为使用 OC 组的 2 倍,试求两组的样本量,现定双侧检验,显著性水平为 5%,功效为 80%。

解 在方程 8.27 中用 $\mu_1 = 132.86$, $\sigma_1 = 15.34$, $\mu_2 = 127.44$, $\sigma_2 = 18.23$, $k = 2$, $\alpha = 0.05$, $1 - \beta = 0.8$, 则我们需要的样本量为

$$n_1 = \frac{(15.34^2 + 18.23^2/2)(1.96 + 0.84)^2}{(132.86 - 127.44)^2} = 107.1 \text{ 或 } 108 \text{ OC 使用者}$$

而

$$n_2 = 2(108) = 216 \quad \text{不使用 OC 者}。$$

如果两组中方差相等,则在给定 α, β 下,最少的**样本量总数**是在方程 8.26 中的等样本数下达到。因此,在等方差下,应尽可能使两组的样本量相同。

最后,如使用的检验是单侧而不是双侧,则在上述方程 8.26 及 8.27 中用 α 代 $\alpha/2$ 即可。

8.10.2 功效的估计

在许多情形下,预先决定了样本量,而要求在指定备择值下求检验的功效。

例 8.31 心血管病 假设使用 OC 者有 100 人,而不使用 OC 者也是 100 人,而两组之间实际的平均血压差异预期是 5 mmHg,而使用 OC 者有较高的 SBP。假设例 8.9 中在试点试验中方差的估计是正确时,如何估计这个研究的功效?

在 σ_1^2 及 σ_2^2 已知时,双侧检验时用显著性水平 α,则功效由下式给定:

方程 8.28 两个正态样本作均值比较时的功效,假设用的是双侧检验,显著性水平为 α。检验假设 $H_0: \mu_1 = \mu_2$ 对 $H_1: \mu_1 \neq \mu_2$,对指定的备择 $\Delta = |\mu_1 - \mu_2|$,则功效为

$$功效 = \Phi\left(-z_{1-\alpha/2} + \frac{\sqrt{n_1}\Delta}{\sqrt{\sigma_1^2 + \sigma_2^2/k}}\right)$$

此处 (μ_1, σ_1^2), (μ_2, σ_2^2) 分别是两组的均值及方差,且 $k = n_2/n_1$ = 样本量计划比。

例 8.32 心血管病 估计例 8.31 中研究的功效,使用双侧及显著性水平 0.05。

解 由例 8.31 知, $n_1 = n_2 = 100$, $k = n_2/n_1 = 1$, $\Delta = 5$, $\sigma_1 = 15.34$, $\sigma_2 = 18.23$, $\alpha = 0.05$, 因此由方程 8.28 得

$$功效 = \Phi\left(-z_{0.975} + \frac{\sqrt{100}(5)}{\sqrt{15.34^2 + 18.23^2/1}}\right)$$

$$= \Phi\left(-1.96 + \frac{10(5)}{23.85}\right)$$

$$= \Phi(-1.96 + 2.099)$$

$$= \Phi(0.139) = 0.555$$

即有 55% 的机会可以检测出显著的差异, 其中使用的是双侧检验, 显著性水平 = 0.05。

要计算单侧而不是双侧检验, 则可从方程 8.28 中用 α 代 α/2 即可。

8.11　纵向研究中样本量的估计

例 8.33　高血压　假设我们计划在纵向研究中比较处理组与对照组收缩压 (SBP) 的平均变化。规划中要利用先前已有的数据, 即已知基础水平及随访时 SBP 的标准差都是 15 mmHg, 而随访一年后基础与一年后的 SBP 的相关系数为 0.70。则应抽多少个人才能以 80% 的功效检测出两组之间有显著性差异? 设使用的是双侧检验, α = 0.05, 且设处理组的 SBP 在 1 年后平均改变 8 mmHg, 而对照组的平均改变则是 3 mmHg。

回答例 8.33 的问题, 我们似乎要用方程 8.26。但是方程 8.26 要求在每一组中有 SBP 的变化值的方差。先看对照组, 令

x_{1i} = 对照组中第 i 个人的基础 SBP 值

x_{2i} = 对照组中第 i 个人一年后的 SBP 值。

因此,

$d_i = x_{2i} - x_{1i}$ = 对照组中第 i 个人的 SBP 一年后的改变量, 如果 x_{1i} 与 x_{2i} 是独立的, 则由方程 5.9, 知

$\mathrm{Var}(d_i) = \sigma_1^2 + \sigma_2^2$, 其中

σ_1^2 = 对照组中基础 SBP 的方差

σ_2^2 = 对照组中一年后 SBP 的方差

但是, 在相同人上的重复测量, 表明 x_{1i} 与 x_{2i} 不会是独立的。一般地, 它们之间的相关系数依赖于跟踪调查的时间长短, 记一年后的血压与基础时测量 SBP 的相关系数为 ρ。相关系数的定义见第 5 章, 而在第 11 章中我们将讨论如何用样本估计相关系数。由方程 5.11, 我们有

方程 8.29　$\mathrm{Var}(x_{2i} - x_{1i}) = \sigma_2^2 + \sigma_1^2 - 2\rho\sigma_1\sigma_2 = \sigma_d^2$

此处 σ_d^2 = SBP 前后变化的方差。

为简单起见,我们设 $\sigma_1^2, \sigma_2^2, \rho$ 及 σ_d^2 在处理组及对照组中相同。我们检验假设 $H_0 : \mu_1 = \mu_2$ 对 $H_1 : \mu_1 \neq \mu_2$,此处

$\mu_1 = $ 对照组中真实的均值变化值

$\mu_2 = $ 处理组中真实的均值变化值。

基于方程 8.26 及 8.29,我们得到下面样本量的估计公式。

方程 8.30 在纵向研究的两个时间点上,比较两个正态样本平均值变化时需要样本量公式 设我们计划一个纵向研究,计划每一组中样本数都是 n。我们检验假设 $H_0 : \mu_1 = \mu_2$ 对 $H_1 : \mu_1 \neq \mu_2$,此处

$\mu_1 = $ 组 1 中随访 t 时间后均值的预期改变量

$\mu_2 = $ 组 2 中随访 t 时间后均值的预期改变量。

我们用双侧检验,显著性水平为 α,希望有 $1 - \beta$ 的功效检验出显著性差异,如果在 H_1 下 $|\mu_1 - \mu_2| = \delta$。所需的每组样本数为

$$n = \frac{2\sigma_d^2(z_{1-\alpha/2} + z_{1-\beta})^2}{\delta^2}$$

此处 $\sigma_d^2 = \sigma_1^2 + \sigma_2^2 - 2\rho\sigma_1\sigma_2$

$\sigma_1^2 = $ 处理组中基础值的方差*

$\sigma_2^2 = $ 处理组中随访后的方差

$\rho = $ 处理组中基础与随访后值的相关系数。

例 8.33 的解 我们有 $\sigma_1^2 = \sigma_2^2 = 15^2 = 225, \rho = 0.70, \delta = 8 - 3 = 5$ mmHg。因此

$$\sigma_d^2 = 225 + 225 - 2(0.70)(15)(15) = 135$$

查表知 $z_{1-\alpha/2} = z_{0.975} = 1.96, z_{1-\beta} = z_{0.80} = 0.84$,所以

$$n = \frac{2(135)(1.96 + 0.84)^2}{5^2} = \frac{2116.8}{25}$$

$$= 84.7 \text{ 或 } 85 \text{ 人(在每组中)}$$

类似地,对于方程 8.30,在给定 $\alpha, \sigma_1^2, \sigma_2^2, \rho$ 及指定每组中样本量为 n 后,我们也能考虑纵向研究的功效。

方程 8.31 在纵向研究的两个时间点上,比较两个正态样本均值改变量的功效估计 要检验的假设是 $H_0 : \mu_1 = \mu_2$ 对 $H_1 : \mu_1 \neq \mu_2$,此处

$\mu_1 = $ 组 1 中经时间 t 后,均值改变量

$\mu_2 = $ 组 2 中经时间 t 后,均值改变量。

---

* 原书未指定处理组是组 1 还是组 2。但一般处理组方差较大,因此估计得的样本量也会大些。——译者注

对于指定的备择 $\delta = |\mu_1 - \mu_2|$，用双侧显著性水平 α，每组中样本大小 n 已知。则功效为

$$功效 = \Phi\left(-z_{1-\alpha/2} + \frac{\sqrt{n}\,\delta}{\sigma_d\sqrt{2}}\right)$$

此处

$\sigma_d^2 = \sigma_1^2 + \sigma_2^2 - 2\rho\sigma_1\sigma_2$

$\sigma_1^2 = $ 处理组中基础时测量值水平的方差

$\sigma_2^2 = $ 处理组中跟踪后测量值的方差

$\rho = $ 处理组中基础与跟踪后观察值的相关系数

例 8.34　高血压　例 8.33 中设每组抽 75 人作研究。在与例 8.33 的相同假设下，这个研究的功效有多大？

解　我们有 $n = 75$，$\alpha = 0.05$，$\delta = 5$ mmHg，$\sigma_d^2 = 135$（从例 8.33 中的解得来），则

$$
\begin{aligned}
功效 &= \Phi\left(-z_{0.975} + \frac{\sqrt{75}(5)}{\sqrt{135(2)}}\right) \\
&= \Phi\left(-1.96 + \frac{43.30}{16.43}\right) \\
&= \Phi(0.675) = 0.750
\end{aligned}
$$

即这个研究将有 75% 的机会检测出实际的差异。

我们注意到，如果随访前后测量值的相关系数减小，改变量的方差（σ_d^2）将会增加，则由方程 8.30 可见，每组的样本量将会增加（当指定的功效不变时），而由 (8.31) 可见，样本量不变时则功效会减小。因此，如要保持功效，就要有更大的样本。

另外，当随访的时间长度（t）增加时，相关系数减低。因此，在较长（比如 2 年）的随访研究中将会要求比在较短（比如 1 年）的随访研究中有较大的样本量才能检测出有相同的差异（δ）。但是，在某些情形中，期望的差异（δ）也会由于 t 的增加而增加。因此，把总的影响都考虑进去，随访时间 t 在样本量上的影响将是不确定的。

最后，如果经过 t 时间的随访后已经有了指标得分变化值的数据（不管是从试点研究还是从文献中来），则指标变化的方差（σ_d^2）就可以直接从样本变化值的方差中求得（也不管是试点还是文献中得来），而不一定要用方程 8.29 中公式去计算 σ_d^2。一个常犯的错误是：把由较短的随访时间（比如一周）所得的指标变化方差值（σ_d^2）用到一个更长得多的随访时间（比如一年）去代替指标变化值的方差，这是很不妥当的。这种做法容易造成 σ_d^2 的过低估计（有时相当大），而对应的是造成对 ρ 的过高估计，又再造成在一定功效下样本量的过低估计，或在给定样本量时对功效

的过高估计。

本节描述的随访研究属于单个跟踪访问(single follow-up visit)。对于多个随访研究,将有更复杂的方法估计样本量及功效[5]。

8.12　摘　　要

本章的假设检验方法是比较两正态样本的均值及方差。基本做法见流程图

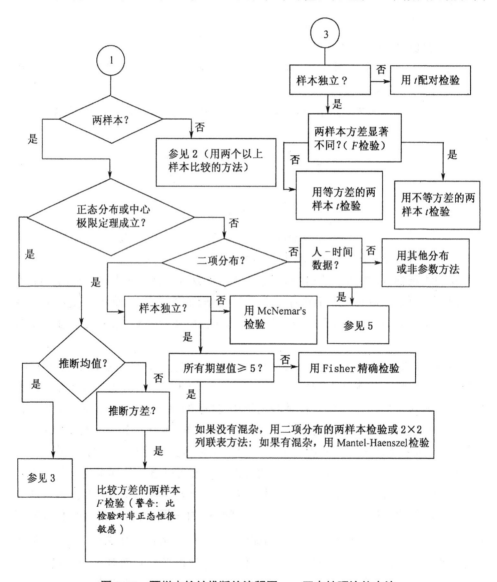

图 8.13　两样本统计推断的流程图 —— 正态性理论的方法

(图 8.13),这个图是从书末中一个更大的流程图中抽出。参看图中左边上侧的位置 1,首先我们应先分清是否为两样本问题,而这两样本应是正态或中心极限定理能成立的两样本。如果我们感兴趣的是作均值比较,则应参看标记有"3"号的框。如果我们的两样本是配对的,即每一个人以他(或她)自己做对照,或样本是由不同人作对照但不同两个人之间可以按某个规则一一对应,这时用配对 t 检验是合适的。如果样本是独立的,则 F 检验可用于决定两样本中的方差是否有显著性差异。如果方差没有显著差异,则应该采用等方差的两样本 t 检验;如果方差有显著差异,则应采用不等方差的两样本 t 检验。如果我们仅是为了比较两样本的方差,则可使用 F 检验,这在图 8.13 的左下角中有方框。

   本章还提供检测奇异值的方法,提出样本量的估计,及功效估计公式,目的是为了比较两独立样本的均值。我们在纵向研究及横断面研究中介绍了样本量及功效估计公式。在第 9 章中,我们拓广两样本的比较可以不要求正态分布条件,我们引进非参数方法去解决这个问题,以便可作为第 7 章及第 8 章的补充。

练 习 题

心血管病

   20 例志愿者接受了持续 3 个月的低胆固醇饮食方案。3 个月期间他们的血清胆固醇变化值(基线 − 3 个月)的均值 ± 标准差为(20.0 ± 35.0) mg/dL。

8.1   检验 3 个月期间平均血清胆固醇水平是否有显著性变化。

   作为胆固醇的一个重要组分,HDL 胆固醇被普遍认为有益于心脏病。3 个月期间 20 例志愿者的 HDL 胆固醇变化值(基线 − 3 个月时)的均值 ± 标准差为(3.0±12.0) mg/dL。

8.2   检验 3 个月期间平均 HDL 胆固醇是否有显著性变化。

   3 个月期间 20 例志愿者体重减轻的均值 ± 标准差为(5.2±8.0)磅。

8.3   检验 3 个月期间平均体重是否有显著性变化。

8.4   给出自由度 $df = 14$ 和 7 的 F 分布的下侧第 2.5 百分位数。

营养学

   25 例生活在贫困线以下的 12~14 岁女孩的钙摄入量(mg)自然对数值的均值 ± 标准差为 6.56±0.64。类似的,40 例生活在贫困线以上的 12~14 岁女孩的钙摄入量(mg)自然对数值的均值 ± 标准差为 6.80±0.76。

8.5   检验两组间方差是否有显著性差异。

8.6   要检验两组间均值是否有显著性差异,适当的检验方法是什么?

8.7   用临界值方法检验练习 8.6。

8.8   与练习 8.7 的回答相应的 p-值是多少?

8.9   计算两组间均值差值的 95% 置信区间。

参考表 2.11 中的数据。

8.10 检验接受和未接受细菌培养的两组患者的首次白细胞数(WBC)的方差是否有显著性差异。

8.11 要检验接受和未接受细菌培养的两组患者的平均 WBC 是否有显著性差异,适当的方法是什么?

8.12 用临界值方法检验练习 8.11。

8.13 与练习 8.12 的回答相应的 p-值是多少?

8.14 计算两组间平均 WBC 真实差值的 95% 置信区间。

参考练习 8.5。

*8.15 研究生活在贫困线以下及以上的两组相等例数的 12~14 岁女孩钙摄入量的差别。取 $\alpha = 0.05$ 的双侧检验,要有 80% 的机会发现两组间的显著性差异,需要多大的样本量?

*8.16 如果用单侧检验而不是双侧检验,回答练习 8.15。

*8.17 取 $\alpha = 0.05$ 的双侧检验,预期生活在贫困线以上的女孩与生活在贫困线以下的女孩比例为 2:1,回答练习 8.15。

*8.18 假定本研究选入 50 例生活在贫困线以上的女孩与 50 例生活在贫困线以下的女孩。假定总体参数与练习 8.5 中的样本估计值相同,取 $\alpha = 0.05$ 的双侧检验,该研究有多大的功效可以发现两组间的显著性差异?

*8.19 如果用单侧检验而不是双侧检验,回答练习 8.18。

*8.20 假定本研究选入 50 例生活在贫困线以上的女孩与 25 例生活在贫困线以下的女孩。取 $\alpha = 0.05$ 的双侧检验,该研究有多大的功效可以发现两组间的显著性差异?

*8.21 如果取 $\alpha = 0.05$ 的单侧检验,回答练习 8.20。

妇科学

进行一项研究,比较美国一所小型私立学院 1975 年入学和 1985 年入学的一年级女生月经初潮年龄(即第一次月经周期的年龄)。该研究是为了验证其他国家报告的月经初潮年龄随时间而有差异。假定 1975 年入学的 30 例一年级女生月经初潮年龄的均值为 12.78 岁,标准差为 0.43 岁;1985 年入学的 40 例一年级女生月经初潮年龄的均值为 12.42 岁,标准差为 0.67 岁。

8.22 要检验两组女生的平均月经初潮年龄是否随时间而变化,合适的无效假设和备择假设是什么? 判断你选择的检验假设的合理性。

8.23 对练习 8.22 提出的假设进行显著性检验,陈述你的结论。

8.24 与比较 1975 年和 1985 年两所不同学校的班级相比,比较同一所学校的两个不同班级有什么优点?

眼科学

二氟苯水杨酸是一种用于治疗轻度及中度疼痛、骨关节炎或类风湿关节炎的药物。在研究该药物对已接受最大限度治疗的青光眼患者眼内压的影响之后,该药物对眼睛的疗效才开始被研究[6]。

*8.25 假定 10 例患者在开始时接受标准治疗方案(甲氮酰胺和经典的青光眼治疗药物),再接受二氟苯水杨酸的治疗后,眼压变化值(随访－基线)的均值±标准差为－1.6±1.5 mmHg。评价结果的统计学显著性。

*8.26 假定 30 例患者的标准治疗方案中只有经典的青光眼治疗药物,接受二氟苯水杨酸的治疗后眼压变化值(随访－基线)的均值±标准差为－0.7±2.1 mmHg。评价结果的统计学显著性。

*8.27 计算练习 8.25 和练习 8.26 中各组的平均眼压变化值的 95% 置信区间。

*8.28 用假设检验方法,比较练习 8.25 和练习 8.26 中两组间眼压的平均变化值。

心血管病,儿科学

在匹兹堡研究儿童从出生至 5 岁期间心血管病的各种危险因素[7]。分别在以下不同时期测定他们的心率:出生时,5 个月,15 个月,24 个月,以后每年一次直到五岁。心率与年龄、性别、种族和社会经济地位相关。表 8.12 中的数据给出了新生儿心率和种族的关系。

表 8.12　新生儿心率和种族的关系

种族	均值(次/分)	标准差	例数
白人	125	11	218
黑人	133	12	156

注:获 *American Journal of Epidemiology*, 119(4), 554~563,准许。

8.29 检验白人和黑人新生儿的平均心率是否有显著性差异。

8.30 给出练习 8.29 中假设检验的 p-值。

药理学

一种评价药物有效性的方法是在给药后的某个时间记录血样或尿样中的药物浓度。假定我们要比较服药 1 小时后,从同一人身上提取的尿样标本中两类阿司匹林(A 型和 B 型)的浓度。因此,在某个时间先给予一定剂量的 A 型或 B 型阿司匹林,测定 1 小时后的尿浓度;一周后,推测首次给予的阿司匹林已经从机体中清除,再给予相同剂量的另一类阿司匹林,并且记录 1 小时后的尿浓度。因为给药顺序可能影响结果,所以用随机数字表决定先给哪类阿司匹林。本试验入选 10 例受试对象,结果见表 8.13。

假定我们希望检验尿样标本中两类药物的浓度是否相同。

表 8.13 尿样中阿司匹林的浓度

患者编号	A 型阿司匹林 1 小时后浓度/mg%	B 型阿司匹林 1 小时后浓度/mg%
1	15	13
2	26	20
3	13	10
4	28	21
5	17	17
6	20	22
7	7	5
8	36	30
9	12	7
10	18	11
均值	19.20	15.60
标准差	8.63	7.78

*8.31 适当的假设是什么?

*8.32 要检验这些假设, 合适的方法是什么?

*8.33 对练习 8.32 进行检验。

*8.34 两类药物浓度的平均差值的最佳点估计是什么?

*8.35 两类药物浓度的平均差值的 95% 置信区间是什么?

8.36 假定练习 8.33 中的假设检验取 $\alpha = 0.05$, 练习 8.33 中的假设检验与练习 8.35 中的置信区间有什么联系?

营养学

进行一项临床试验, 以检验维生素 C 是否能预防普通感冒。该研究入选 20 例囚犯。随机分配 10 例服用维生素 C 胶囊, 10 例服用安慰剂胶囊。每例受试对象 12 个月期间感冒的次数见表 8.14。我们希望检验维生素 C 是否能预防普通感冒。

表 8.14 服用维生素 C 和安慰剂的受试对象在 12 个月期间感冒的次数

	维生素 C	安慰剂	
i	x_{i1}	x_{i2}	$d_i = (x_{i1} - x_{i2})$
1	4	7	-3
2	0	8	-8
3	3	4	-1
4	4	6	-2
5	4	6	-2
6	3	4	-1
7	4	6	-2
8	3	4	-1
9	2	6	-4
10	6	6	0

8.37 这里,应该进行单样本检验还是两样本检验?

8.38 这里,应该进行单侧检验还是双侧检验?

8.39 要检验这个假设,应该用下列的什么检验方法?(可能有一种以上的方法)(参考图 8.13)

(a) 配对 t 检验

(b) 等方差两样本 t 检验

(c) 不等方差两样本 t 检验

(d) 两方差齐性的 F 检验

(e) 单样本 t 检验

8.40 对练习 8.39 进行检验,给出 p-值。

8.41 给出两组间每年感冒次数的平均差值(维生素 C-安慰剂)的单侧下限 95% 置信区间。

8.42 练习 8.40 与练习 8.41 的答案之间有什么联系?

肺病

1980 年进行了一项研究,目的是比较允许吸烟和不允许吸烟的办公室室内空气质量[8]。下午 1:20 分别在 40 个允许吸烟的工作区和 40 个不允许吸烟的工作区测定 CO 的含量。允许吸烟的工作区 CO 含量的均值为 11.6 ppm,标准差为 7.3 ppm;不允许吸烟的工作区 CO 含量的均值为 6.9 ppm,标准差为 2.7 ppm。

8.43 检验两种工作环境中 CO 含量的标准差是否有显著性差异。

8.44 检验两种工作环境中 CO 含量的均值是否有显著性差异。

8.45 给出吸烟和非吸烟工作环境之间平均 CO 含量差值的 95% 置信区间。

眼科学

已经研制一种照相机,用于更精确地检测是否患白内障。这种照相机能将人眼晶状体的每一点(或像素)的灰度分为 256 个等级,其中第 1 级表示黑色,第 256 级表示白色。为了验证这种照相机,随机抽取 6 例正常人和 6 例白内障患者,对他们的眼睛进行照相(这两组包含不同人)。每只眼睛的中央灰度用晶状体 10000 以上像素计算,数据见表 8.15。

表 8.15 白内障组和正常组眼睛的中央灰度

患者编号	白内障组眼睛的中央灰度	正常组眼睛的中央灰度
1	161	158
2	140	182
3	136	185
4	171	145
5	106	167
6	149	177
均值	143.8	169.0
标准差	22.7	15.4

8.46 要检验白内障组和正常组眼睛的中央灰度是否有显著性差异,用什么统计方法?

8.47 对练习 8.46 进行检验，给出 p-值。

8.48 给出白内障组和正常组眼睛的中央灰度平均差值的 99% 置信区间。

产科学

在某大医院的妇科进行一项临床试验，以判断药物 A 预防早产的效果。在本试验中入选 30 例孕妇，15 例被分配到处理组（接受药物 A），15 例被分配到对照组（接受安慰剂）。两组患者在怀孕第 24 周到第 28 周期间分别服用固定剂量的药物一次。通过计算机产生的随机数字，患者被分配到各组；每 2 例患者入选时，其中 1 例被随机分配到处理组，另 1 例则被分配到对照组。

8.49 假定你正进行该研究。将妇女分配到处理组和安慰剂组的合理方法是什么？

假定婴儿出生体重见表 8.16。

表 8.16　检验药物 A 预防低出生体重(1b)的临床试验中婴儿出生体重

患者编号	处理组婴儿体重(lb)	对照组婴儿体重(lb)
1	6.9	6.4
2	7.6	6.7
3	7.3	5.4
4	7.6	8.2
5	6.8	5.3
6	7.2	6.6
7	8.0	5.8
8	5.5	5.7
9	5.8	6.2
10	7.3	7.1
11	8.2	7.0
12	6.9	6.9
13	6.8	5.6
14	5.7	4.2
15	8.6	6.8

8.50 根据练习 8.49 的回答，你如何评价药物 A 的效果？你用配对分析还是非配对分析？

8.51 对数据进行配对分析和非配对分析。不同的分析方法影响结果的评价吗？

8.52 假定对照组中编号为 3 的患者分娩前搬迁到另一个城市，她的婴儿出生体重未知。这个事件影响练习 8.51 中的分析吗？如果有影响，如何影响？

药理学

进行一项儿科临床研究，以观察阿司匹林在降低体温方面的疗效。选 12 例患流感的 5 岁儿童，在他们服用阿司匹林之前及之后 1 小时测量体温，结果见表 8.17。假定体温服从正态分布，我们要检验阿司匹林是否能降低体温。

表 8.17　服用阿司匹林前后的体温(℉)

患者编号	服药前	服药后
1	102.4	99.6
2	103.2	100.1
3	101.9	100.2
4	103.0	101.1
5	101.2	99.8
6	100.7	100.2
7	102.5	101.0
8	103.1	100.1
9	102.8	100.7
10	102.3	101.1
11	101.9	101.3
12	101.4	100.2

8.53 这种情况下的无效假设和备择假设是什么?

8.54 换句话说,这种情况下的 I 型错误含义是什么?

8.55 假定备择假设是阿司匹林能平均降低体温 1℉。这个备择假设的功效含义是什么?

8.56 如果备择假设是阿司匹林能平均降低体温 2℉,那么练习 8.55 中的功效将如何变化?

8.57 计算练习 8.55 和练习 8.56 中备择假设的功效。

8.58 对练习 8.53 中的假设进行显著性检验。对得到的结果有什么可能的解释?

肺病

可能影响儿童肺功能的一个重要环境决定因素是家庭中吸烟量。假定选择两组人群来研究这个问题,第 1 组包括 23 例不吸烟的 5~9 岁儿童,他们的父母都吸烟,儿童 FEV 的均值为 2.1 L,标准差为 0.7 L;第 2 组包括 20 例不吸烟的 5~9 岁儿童,他们的父母都不吸烟,儿童 FEV 的均值为 2.3 L,标准差为 0.4 L;

*__8.59__ 这种情况下,适当的无效假设和备择假设是什么?

*__8.60__ 对于练习 8.59 中的假设,合适的检验方法是什么?

*__8.61__ 用临界值方法,对练习 8.60 进行假设检验。

*__8.62__ 给出父母都吸烟和父母都不吸烟的两组 5~9 岁儿童之间 FEV 的真实均值差值的 95% 置信区间。

*__8.63__ 如果将该研究看作是预研究,那么取 $\alpha = 0.05$ 的双侧检验,要有 95% 的机会发现两组儿童的 FEV 有显著性差异,每组需要多大的样本量(假定每组例数相等)?

*__8.64__ 如果研究者想用单侧检验,而不是双侧检验,回答练习 8.63 的问题。

假定该研究选 40 例父母都吸烟的儿童和 50 例父母都不吸烟的儿童。

*__8.65__ 假定预研究中对总体参数的估计是正确的,取 $\alpha = 0.05$ 的双侧检验,该研究有多大的功效?

*__8.66__ 如果用单侧检验,而不是双侧检验,回答练习 8.65。

传染病

在一项有关男性同性恋与男性艾滋病(AIDS)或艾滋病相关疾病(ARC)患者的性接触研究

中,随机抽取 32 例入选者,以评价不同医生诊断全身性淋巴结病的临床一致性程度[9]。三位医生都对可触摸的淋巴结数目作出了诊断。其中两名医生的结果见表 8.18。

表 8.18　与 AIDS 或 ARC 患者性接触的男性同性恋的可触摸淋巴结数目的诊断可重复性

患者编号	可触摸淋巴结数目		
	医生 A	医生 B	差值
1	4	1	3
2	17	9	8
3	3	2	1
4	11	13	−2
5	12	9	3
6	5	2	3
7	5	6	−1
8	6	3	3
9	3	0	3
10	5	0	5
11	9	6	3
12	1	1	0
13	5	4	1
14	8	4	4
15	7	7	0
16	8	6	2
17	4	1	3
18	12	9	3
19	10	7	3
20	9	11	−2
21	5	0	5
22	3	0	3
23	12	12	0
24	5	1	4
25	13	9	4
26	12	6	6
27	6	9	−3
28	19	9	10
29	8	4	4
30	15	9	6
31	6	1	5
32	5	4	1
均值	7.91	5.16	2.75
标准差	4.35	3.93	2.83
例数	32	32	32

8.67 要检验医生 A 和医生 B 的诊断是否有差异,适当的检验方法是什么?

8.68 应该用单侧检验还是双侧检验? 为什么?

8.69 对练习 8.67 进行检验,给出 p-值。

8.70 计算观察者之间的真实平均差值的 95% 置信区间。该区间与练习 8.69 中的回答有什么关系?

8.71 假定练习 8.69 的结果无显著性差异,这是否意味着诊断具有高度可重复性? 为什么?

肾病

　　10 例糖尿病肾病综合征(糖尿病的肾并发症)的患者用卡托普利(captopril)进行治疗,8 周一个疗程[10]。药物治疗前后分别测定尿蛋白,尿蛋白测定值的原始数据和自然对数值见表 8.19。

表 8.19　卡托普利(captopril)治疗后,前后尿蛋白的变化

患者编号	尿蛋白原始数据/(g/24h)		尿蛋白自然对数值/(g/24h)	
	治疗前	治疗后	治疗前	治疗后
1	25.6	10.1	3.24	2.31
2	17.0	5.7	2.83	1.74
3	16.0	5.6	2.77	1.72
4	10.4	3.4	2.34	1.22
5	8.2	6.5	2.10	1.87
6	7.9	0.7	2.07	−0.36
7	5.8	6.1	1.76	1.81
8	5.4	4.7	1.69	1.55
9	5.1	2.0	1.63	0.69
10	4.7	2.9	1.55	1.06

*8.72 要检验在 8 周内平均尿蛋白是否有变化,合适的统计学方法是什么?

*8.73 分别用原始数据和自然对数值对练习 8.72 进行检验,给出 p-值。用原始数据或自然对数值,哪一个更可取?

*8.74 基于表 8.19 中的数据,尿蛋白变化百分比的最佳估计值是多少?

*8.75 给出练习 8.74 中相应估计值的 95% 置信区间。

营养学

　　在有关高血压的研究中,一个重要的假设是限制钠摄入可以降低血压。然而长期限制钠摄入是很困难的,有时候需要通过调节饮食来实现这个目标。8 例受试对象入选限制钠摄入组,他们的尿钠数据见表 8.20。收集基线及饮食咨询 1 周后的数据。

表 8.20 饮食咨询前后的夜间每 8 小时尿钠排泄水平(mEq/8h)

患者编号	第 0 周(基线)	1 周后	差值
1	7.85	9.59	-1.74
2	12.03	34.50	-22.47
3	21.84	4.55	17.29
4	13.94	20.78	-6.84
5	16.68	11.69	4.99
6	41.78	32.51	9.27
7	14.97	5.46	9.51
8	12.07	12.95	-0.88
均值	17.65	16.50	1.14
标准差	10.56	11.63	12.22

8.76 要检验 1 周的饮食调节是否能有效地减少钠摄入(夜间测定尿钠排泄水平),适当的假设是什么?

8.77 对练习 8.76 进行检验,给出 p-值。

8.78 给出一周内夜间尿钠排泄水平的真实平均变化值的 95% 置信区间。

8.79 取 $\alpha = 0.05$ 的单侧检验,将表 8.20 中的估计值(差值的均值和标准差)作为真实的总体参数,要有 90% 的机会发现平均尿钠排泄水平有显著性变化,需要多大的样本量?

参考数据集 NIFED.DAT。关于该数据集的详细描述,见第 5 章练习题中表 5.3。

8.80 评价硝苯地平和普萘洛尔对血压和心率的影响是否不同。参考练习 6.81~6.85 中定义的各指标的变化。

遗传学

研究遗传和环境对胆固醇水平的影响。该研究的数据来自瑞典的双胞胎登记处[11]。该研究包括 4 类双胞胎成年人:(1)分开养育的同卵双胎(MZ)型双胞胎,(2)共同养育的 MZ 型双胞胎,(3)分开养育的异卵双胎(DZ)型双胞胎,(4)共同养育的 DZ 型双胞胎。现在有一个问题,在进行更复杂的遗传学分析之前是否有必要对性别进行校正。表 8.21 中的数据给出了分开养育的 MZ 型双胞胎中分性别的总胆固醇水平。

表 8.21 比较分开养育的 MZ 型双胞胎中不同性别的平均总胆固醇水平

	男性	女性
均值	253.3	271.0
标准差	44.1	44.1
例数[a]	44	48

[a]男性 44 例即 22 对双胞胎。

*8.81 如果我们假定:(a)血液胆固醇服从正态分布,(b)样本相互独立,(c)男女标准差相同,那么比较这两组总胆固醇水平的统计学方法是什么?

*8.82 假定取双侧检验,用练习 8.81 中的方法陈述假设,进行检验,给出 p-值。

*8.83 假定取单侧检验(备择假设是男性比女性胆固醇水平更高),用练习 8.81 中的方法陈

述假设,进行检验,给出 p-值。

*8.84 对于这些样本,练习 8.81 中的假定有可能成立吗? 为什么?

肺病

进行一项研究,以观察臭氧的平均暴露量对肺功能变化的影响。选 50 例步行者,其中 25 例在低臭氧暴露量的天气步行,25 例在高臭氧暴露量的天气步行。记录每例受试对象步行 4 小时后肺功能的变化,结果见表 8.22。

表 8.22 高臭氧天气和低臭氧天气 FEV 的变化值比较

	FEV 的平均变化值[a]	标准差	例数
高臭氧天气	0.101	0.253	25
低臭氧天气	0.042	0.106	25

[a] FEV 的变化值,即 1 秒钟内用力呼气量的变化值(L)(基线-随访)。

8.85 要检验高臭氧和低臭氧的天气 FEV 的平均变化值是否有差异,应该用什么检验方法?

8.86 对练习 8.85 进行检验,给出 p-值(双侧)。

8.87 假定我们确定在高臭氧天气肺功能的真实平均变化值的 95% 置信区间。这个置信区间比 90% 置信区间更窄、更宽还是相同宽度? (不要实际计算置信区间)

风湿病学

进行一项研究[12],比较风湿性关节炎(RA)与骨关节炎(OA)患者的肌肉功能。采用 10 分制评价平衡性和协调性,得分越高表明协调性越好。36 例 RA 患者和 30 例 OA 患者的结果见表 8.23。

表 8.23 比较风湿性关节炎与骨关节炎患者的平衡性得分

	平均平衡能力得分	标准差	例数
RA	3.4	3.0	36
OA	2.5	2.8	30

*8.88 要检验 RA 和 OA 患者的平均平衡性得分是否相同,用什么检验方法? 这个检验的有关假定是什么?

*8.89 对练习 8.88 进行检验,给出 p-值。

*8.90 假定平衡性得分服从正态分布,当平衡性得分 $\leqslant 2$ 时认为平衡性受到损害,那么平衡性受损的 RA 和 OA 患者比例的最佳估计值是多少?

*8.91 假定计划进行一项较大的研究。取 $\alpha = 0.05$ 的双侧检验,如果两组受试对象例数相等,要有 80% 的功效发现平均平衡性得分相差 1 个单位,需要多大样本量?

眼科学

鉴定患有视网膜色素变性(RP)的 8 例不相关的患者,发现他们的视紫红质基因编码有明显的点突变。这个突变与视紫红质蛋白质上单个氨基酸的替换相对应。比较这 8 例患者和 140 例无此突变的不相关的 RP 患者眼部检查结果。视野面积的自然对数值见表 8.24。

表 8.24　比较有视紫红质突变和无视紫红质突变的 RP 患者视野面积的自然对数值

	均值	标准差	例数
有突变组	7.11	1.21	8
无突变组	7.99	1.32	140

8.92　要检验两组的方差是否相同, 用什么检验方法?

8.93　对练习 8.92 进行检验, 给出 p-值(双侧)。

8.94　假定两组的总体方差相同, 要检验两组的均值是否相同, 用什么检验方法?

8.95　对练习 8.94 进行检验, 给出 p-值(双侧)。

8.96　给出两组间视野面积的自然对数值的真实均值差值 95% 置信区间, 及视野面积差值百分比的 95% 置信区间。

心脏病学

　　进行一项临床试验, 以比较"经皮腔内冠脉成形术(PTCA)"和药物治疗对单血管冠脉疾病的疗效[13]。随机分配 107 例患者接受药物治疗, 105 例患者接受 PTCA 治疗。在基线和随访 6 个月后, 对患者进行运动测试至最大极限, 直到症状(例如心绞痛)出现。运动时间的变化值(min)见表 8.25(6 个月 – 基线)。

表 8.25　随机接受药物治疗和 PTCA 治疗的冠状动脉疾病患者运动时间的变化

	平均变化值/min	标准差	例数
药物治疗	0.5	2.2	100
PTCA 治疗	2.1	3.1	99

*8.97　要检验某一治疗组的运动时间是否有变化, 用什么检验方法?

*8.98　对练习 8.97 中的药物治疗组进行检验, 给出 p-值。

*8.99　要比较两个治疗组间运动时间的平均变化值, 用什么检验方法?

*8.100　对练习 8.99 中进行检验, 给出 p-值。

高血压

　　在 Kaiser 永久健康计划的参与者中进行一项病例对照研究, 以比较"高血压"人群(进入该计划时血压正常, 经过一段时间成为高血压)与"正常血压"人群(在参与计划的整个过程中血压始终正常)的身体脂肪分布。对每例"高血压"者按照相同性别、种族、出生年和进入计划的年份进行匹配; 共有 609 个匹配对。表 8.26 中的数据给出了两组在基线时的身体质量指数(BMI)[14]。

表 8.26　"高血压"人群与"正常血压"人群的 BMI 比较

	病例		对照		平均差值	检验统计量
	均值	标准差	均值	标准差		
BMI/(kg/m²)	25.39	3.75	24.10	3.42	1.29	6.66

8.101 本研究采用匹配设计有什么优点?

8.102 要检验两组之间平均 BMI 有无差异,用什么检验方法?

8.103 对练习 8.102 进行检验,给出 p-值。

8.104 计算两组之间 BMI 平均差值的 90% 置信区间。

肝病

进行一项实验,以检测禽类胰多肽(aPP)、胆囊收缩素(CCK)、血管活性肠肽(VIP)及促胰泌素对蛋鸡胰液和胆汁分泌的影响。研究者关心这些激素增加或减少时,对胆汁和胰液的流量及它们的 pH 的影响程度。

对 14~29 周的白来亨(white leghorn)鸡实施外科手术,进行插管以收集胰液和胆汁的分泌,在颈静脉插管以连续灌输 aPP,CCK,VIP 或促胰泌素。如果植入的插管起作用,那么一只母鸡每天进行一次实验。每只母鸡实验次数不同。

每次实验开始时灌输 20 分钟的生理盐水。之后,收集胰液和胆汁的分泌,插管与新的小瓶相连,测定胰液和胆汁的流速(微升/分钟)及 pH(可能的情况下)。然后连续灌输激素 40 分钟后,重复测定胰液和胆汁的流速及 pH。

数据集 HORMONE.DAT 包括了与 4 种激素和生理盐水有关的数据,其中在第二个阶段用生理盐水代替活性激素来灌输。文件中每次实验对应 1 个记录,每次实验有 11 个有关变量,见表 8.27。

表 8.27 HORMONE.DAT 的格式

列	记录数	HORMONE.DAT 的格式	编码
1~8	1	每只母鸡的惟一编号	xx.x
10~17	1	胆汁分泌速率(灌输激素之前)	xx.x
19~26	1	胆汁 pH(灌输激素之前)	xx.x
28~35	1	胰液分泌速率(灌输激素之前)	xx.x
37~44	1	胰液 pH(灌输激素之前)	x.x
46~53	1	激素剂量	xx.x
55~62	1	胆汁分泌速率(灌输激素之后)	xx.x
64~71	1	胆汁 pH(灌输激素之后)	x.x
1~8	2	胰液分泌速率(灌输激素之后)	xx.x
10~17	2	胰液 pH(灌输激素之后)	x.x
19~26	2	激素(1 = 生理盐水;2 = aPP;3 = CCK;4 = 促胰泌素;5 = VIP)pH 为 0 表示缺失值。剂量单位:aPP 为 mμg/mL 血浆、CCK、VIP、促胰泌素为 μg/kg·h。	xx.x

8.105 评价灌输任一种激素或生理盐水,分泌速率或 pH 是否有显著性变化。

8.106 比较每一种活性激素与安慰剂(生理盐水)的分泌速率或 pH 的变化。用假设检验或置信区间的方法进行统计学上的比较。

8.107 对于每一种活性激素,按剂量分为高剂量组(大于中位数),低剂量组(小于或等于中位数),评价是否存在剂量—反应关系(即高剂量组与低剂量组的分泌速率或 pH 的平均变化值的差异)。

参考数据集 FEV.DAT。

8.108 分别对 3 个不同的年龄组(5~9,10~14,15~19)比较男性和女性的平均 FEV 水平。

8.109 分别对 10~14 岁男孩、10~14 岁女孩、15~19 岁男孩和 15~19 岁女孩比较吸烟者和不吸烟者的平均 FEV 水平。

高血压,儿科学

参考数据集 INFANTBP.DAT 和 INFANTBP.DOC。

再次考虑练习 6.67~6.68 中建立的盐味指标和糖味指标。

8.110 根据这些指标是否高于或低于相应的中位数,获得高、低指标的频数分布和婴儿分组。用假设检验和置信区间的方法比较高、低两组婴儿的平均血压。

8.111 如果用不同方法更精确地划分盐味指标和糖味指标(如五分位数或十分位数),回答练习 8.110。比较极端两组的婴儿(如在最高五分位数和最低五分位数的婴儿)的平均血压。你认为这些指标和血压有关联吗? 为什么? 在第 11 章回归分析和第 12 章方差分析中我们将从不同的观点讨论这个问题。

运动医学

网球员肘病是一种疼痛状态,在一段时间内给很多网球运动员带来了痛苦。对这种症状,有很多不同的治疗方法,包括休息、加温和消炎治疗。选 87 例受试对象,进行一项临床试验以比较一种广泛使用的消炎药 Motrin(通用名称布洛芬)和安慰剂的效果。受试对象接受两种药物,但随机确定两种药物的给药顺序。约一半的受试对象(A 组)在开始 3 周接受 Motrin,而其他受试对象(B 组)在开始 3 周接受安慰剂。3 周后受试对象接受持续 2 周的洗脱期,在此期间他们不能接受研究药物。洗脱期的目的是消除前期治疗的任何残留的生物学效应。洗脱期之后,第二个阶段 A 组接受 3 周的安慰剂,B 组接受 3 周的 Motrin。洗脱期结束及有效药物期结束时,让受试对象评价与基线(首次使用活性药物之前)相比较的疼痛程度。本研究的目的是比较给予 Motrin 和安慰剂治疗后的疼痛程度。这类研究称为交叉设计,我们将在第 13 章更详细地讨论。相对基线的疼痛程度按照 1~6 个等级测量,1 表示"比基线更差",6 表示"痊愈"。通过 4 种不同途径比较:(1)最大活动量期间,(2)最大活动量之后 12 小时,(3)平均一天期间,(4)对药物效果总的看法。数据集 TENNIS2.DAT 和文件 TENNIS2.DOC 给出了数据及说明。

8.112 比较在最大活动量期间给予 Motrin 和安慰剂后的疼痛程度。

8.113 对于最大活动量之后 12 小时的疼痛程度,回答练习 8.112。

8.114 对于平均一天期间的疼痛程度,回答练习 8.112。

8.115 对于药物效果总的看法,回答练习 8.112。

环境卫生,儿科学

参考图 8.12 和表 8.9。

8.116 评价对照组的全量表 IQ 值是否有奇异点。

8.117 评价暴露组的全量表 IQ 值是否有奇异点。

8.118 基于练习 8.116 和练习 8.117 的回答,在剔除奇异点之后,比较暴露组和对照组的平均全量表 IQ 值。

肺病

8.119 参考数据集 FEV.DAT。评价下列各组的 FEV 是否有奇异点:5~9 岁男孩、5~9 岁女孩、10~14 岁男孩、10~14 岁女孩、15~19 岁男孩和 15~19 岁女孩。

眼科学

视网膜色素变性(RP)是一种经常致盲的遗传性眼病。进行一项研究,以比较不同遗传类型的 RP 患者的平均 ERG(视网膜电流图)振幅。下表结果为 18~29 岁患者 ERG 振幅的自然对数值。

遗传类型	均值 ± 标准差	例数
显性	0.85 ± 0.18	62
隐性	0.38 ± 0.21	35
X 连锁	-0.09 ± 0.21	28

8.120 显性 RP 患者 ERG 振幅的自然对数值标准误差是多少? 它与表中的标准差有何不同?

8.121 要比较显性 RP 和隐性 RP 患者 ERG 振幅的自然对数值的方差,用什么检验方法?

8.122 对于练习 8.121 进行检验,给出 p-值(双侧)。(提示: $F_{34,61,0.975} = 1.778$)

8.123 要比较显性 RP 和隐性 RP 患者 ERG 振幅的自然对数值的均值,用什么检验方法?

8.124 对于练习 8.123 进行检验,给出 p-值(双侧)。

糖尿病

进行一项研究,以比较糖尿病患者与正常人之间,以及 I 型糖尿病(IDDM,胰岛素依赖型)与 II 型糖尿病(NIDDM,非胰岛素依赖型)患者之间血清氧化产物及抗氧化酶的水平[15]。下表给出了 IDDM 患者与正常对照的脂质过氧化酶(LP)的平均水平。

两组 LP 的均数 ± 标准差(mmol/L)

	均值	标准差	例数
IDDM 患者	2.5	1.22	27
正常对照	2.2	0.95	39

8.125 要比较两组间的方差,用什么检验方法?

8.126 对练习 8.125 进行检验,取 $\alpha = 0.05$,评价两组之间的方差是否有显著性差异。(注: $F_{26,38,0.95} = 1.79$, $F_{26,38,0.975} = 2.00$)

8.127 要比较两组间的平均 LP,用什么检验方法?

8.128 对练习 8.127 进行检验,给出双侧 p-值。

8.129 假定前面研究中的样本标准差是真实标准差,取 $\alpha = 0.05$ 的双侧检验,当两组间真实均值差值为 1.0 mmol/L 时,前面的研究有多大的功效可以检测出两组间的差异?

高血压

进行一项研究,比较不同的非药物治疗方法对正常舒张压(DBP)高限者(DBP 在 80~89

mmHg)的降压效果。所研究的方法之一是应激处理。受试对象被随机分配到应激处理干预(SMI)组和对照组。每月定期对 SMI 组的受试对象进行有关处理应激的不同技巧的指导。建议对照组的受试对象继续他们通常的生活方式,并且紧密监测他们的血压,血压升高时通知他们的医生。下面给出了 SMI 组(242 例)在研究结束时(18 个月)的结果:

血压变化值的均值 = −5.53 mmHg(随访 − 基线)

血压变化值的标准差 = 6.48 mmHg

8.130 要评价 SMI 组的平均血压是否有显著性变化,用什么检验方法?

8.131 对练习 8.130 进行检验,给出 p-值。

下面给出了对照组(320 例)在研究结束时的结果:

血压变化值的均值 = −4.77 mmHg(随访 − 基线)

血压变化值的标准差 = 6.09 mmHg

8.132 要比较两组间平均血压的变化值,用什么检验方法?

8.133 对练习 8.132 进行检验,给出 p-值。(提示:参考 $F_{241,319,0.90} = 1.116$, $F_{241,319,0.95} = 1.218$, $F_{241,319,0.975} = 1.265$)

8.134 取 $\alpha = 0.05$ 的双侧检验,如果 SMI 组比对照组平均 DBP 降低 2 mmHg,组内变化值的标准差是 6 mmHg,那么该研究有多大的功效可以发现两组间有显著性差异?

心血管病,营养学

近来某项随机化试验研究饮食中限制脂肪对患高胆固醇血症的男性降低胆固醇的影响[16]。随机分配 71 例男性接受脂肪热量占 22% 的饮食,1 年内低密度脂蛋白胆固醇(LDL)平均降低 8.4%(标准差为 11.2%)。随机分配 59 例男性接受脂肪热量占 18% 的饮食,1 年内 LDL 平均降低 13.0%(标准差为 15.7%)。

8.135 假定 LDL 降低百分比服从正态分布。检验假设,接受脂肪热量占 22% 的饮食的男性,其 LDL 平均降低百分比与 0 有显著性差异。

8.136 给出平均降低百分比的 95% 置信区间。注: $t_{70,0.975} = 1.994$

8.137 检验两组间平均降低百分比是否不同,即接受脂肪热量占 18% 的饮食的男性 LDL 平均降低百分比,是否与接受脂肪热量占 22% 的饮食的男性不同。

8.138 给出两组间均数差值的 95% 置信区间。

内分泌学

研究在不用外源性激素的情况下,73 例绝经后的妇女采用低脂饮食对激素水平的影响[17]。下表数据给出了血浆雌二醇的含量(pg/mL)。

	雌二醇(pg/mL)[a]
干预前	0.71(0.26)
干预后	0.63(0.26)
差值(干预后 − 干预前)	−0.08(0.20)

[a] 表格中数据为干预前、干预后及差值的以 10 为底对数值的均值,括号内为相应的标准差。

8.139 要评价采用低脂饮食对平均血浆雌二醇水平的影响,用什么检验方法?

8.140 对练习 8.139 进行检验,给出 p-值。

8.141 给出血浆雌二醇以 10 为底对数值的平均差值 95% 置信区间。(提示:自由度 $df = 72$ 的 t 分布第 95 百分位数为 1.6663;自由度 $df = 72$ 的 t 分布第 97.5 百分位数为 1.9935)

8.142 假定对使用外源性激素的妇女进行类似的研究。取 $\alpha = 0.05$ 的双侧检验,如果血浆雌二醇以 10 为底对数值的差值均值为 -0.08,差值标准差为 0.20,要达到 80% 的功效,需要多大的样本量?

心脏病学

研究颈动脉狭窄的有关危险因素。选生于 1914 年,居住在瑞典马尔摩(Malmö)城市的 464 例男性,他们的血糖水平见下表。

	无颈动脉狭窄($n = 356$)		颈动脉狭窄($n = 108$)	
	均值	标准差	均值	标准差
血糖/(mmol/L)	5.3	1.4	5.1	0.8

8.143 要评价两组男性的平均血糖水平是否有显著性差异,用什么方法? (提示: $F_{355,107,0.95} = 1.307$; $F_{355,107,0.975} = 1.377$)

8.144 对练习 8.143 进行检验,给出 p-值(双侧)。(提示: $t_{282,0.975} = 1.968$)

眼科学

进行一项研究,以评价一种局部抗过敏滴眼药是否能有效预防过敏性结膜炎的症状。在预研究中,首次随访时,给予受试对象过敏诱导剂,即一种过敏物质(如猫的毛皮屑)。10 分钟后记录眼红得分(第一次随访得分)。第二次随访时,受试对象的一只眼被给予活性滴眼药,另一只眼被给予安慰剂;3 小时后给予过敏诱导剂,然后 10 分钟之后记录第二次随访的眼红得分。收集的数据见下表。

	给予滴眼药的眼	给予安慰剂的眼	滴眼药 – 安慰剂
	均值 ± 标准差	均值 ± 标准差	均值 ± 标准差
平均眼红得分的变化值[a] (第二次随访 – 第一次随访)	-0.61 ± 0.70	-0.04 ± 0.68	-0.57 ± 0.86

[a] 眼红得分的范围从 0 到 4,间隔 0.5,0 表示无眼红,4 表示重度眼红。

8.145 假定取 $\alpha = 0.05$ 的双侧检验,给予活性滴眼药的眼平均眼红得分比给予安慰剂的眼低 0.5 个单位,要有 90% 的机会发现活性滴眼药和安慰剂有显著性差异,主要研究需要多大的样本量?

8.146 假定取 $\alpha = 0.05$ 的双侧检验,主要研究选 60 例受试对象,该研究有多大的功效发现 0.5 个单位的均值差异?

8.147 在一个子研究中,受试对象根据过敏症状的严重程度分为例数相等的两组,比较这两组间滴眼药(相对于安慰剂)的效果。如果主要研究中选 60 例受试对象(为两组的总例数),取 $\alpha = 0.05$ 的双侧检验,两组间真实均值差值为 0.25[如(第 1 组,滴眼药 – 安慰剂) − (第 2 组,滴眼药 − 安慰剂) = 0.25],该子研究有多大的功效?

微生物学

本研究的目的是证实在不使用昂贵的、对环境有害的合成化肥的情况下,接种固氮微生物的大豆生长好,产量更多。该实验在相同土壤量的条件下进行。最初的假设是接种的植物比未接种的植物产量更多。这个假设基于以下事实:植物需要氮以合成重要的蛋白质和氨基酸,而固氮微生物将提供给植物充足的氮,从而提高大豆的产量。现有 8 棵接种植物(I)和 8 棵未接种植物(U),表 8.28 的数据给出了每棵植物的豆荚重量以衡量植物产量。

表 8.28　接种植物(I)和未接种植物(U)的豆荚重量[a](gm)

	I	U
	1.76	0.49
	1.45	0.85
	1.03	1.00
	1.53	1.54
	2.34	1.01
	1.96	0.75
	1.79	2.11
	1.21	0.92
均数	1.634	1.084
标准差	0.420	0.510
例数	8	8

[a] 数据由 David Rosner 提供。

8.148 给出每组平均豆荚重量的 95% 置信区间。

8.149 假定练习 8.148 中 95% 置信区间有重叠。这是否意味着两组平均豆荚重量之间无显著性差异?为什么?

8.150 要比较两组平均豆荚重量,用什么检验方法?

8.151 对练习 8.150 进行检验,给出 p-值(双侧)。

8.152 给出两组平均豆荚重量差值的 95% 置信区间。

心血管病

进行一项研究,以评价高胰岛素是否为局部缺血性心脏病(IHD)的一个独立危险因素[19]。选 91 例 5 年内出现 IHD 临床表现的男性作为病例组,105 例 5 年内未出现 IHD 的男性作为对照组;两组男性在年龄、肥胖程度(身体质量指数 = 体重(kg)/身高^2(m^2))、吸烟史及酒精摄入量方面具有可比性。所关心的主要暴露变量是基线的空腹胰岛素水平。数据见下表。

	对照组($n = 105$)	病例组($n = 91$)
空腹胰岛素(pmol/L)	78.2±28.8[a]	92.1±27.5

[a] 表格内数据为均值 ± 标准差。

8.153 要比较病例组和对照组的平均空腹胰岛素水平,用什么检验方法?(提示:$F_{104,90,0.975}$ = 1.498)

8.154 对练习 8.153 进行检验,给出 p-值(双侧)。

8.155 给出两组空腹胰岛素水平的差值均值 95% 置信区间。(提示:$t_{194,0.975}$ = 1.972)

8.156 假定已得到差值均值的 99% 置信区间,这个区间与 95% 置信区间一样长、更长、还是更短(不用实际计算这个区间)?

脑血管病

进行一项研究,以比较华法林和阿司匹林治疗近来有一次中风的患者疗效。主要目的是预防在 18 个月的随访期内发生第二次中风。主要研究的一个子研究是评价被随机分配服用阿司匹林的患者发生第二次中风的其他危险因素。其中一个潜在的危险因素是 F_{12} 水平,即一种血中凝血因子。

在前面的研究中,63 例患者接受安慰剂治疗,F_{12} 水平的均值为 1.57,标准差为 0.794。

8.157 在前面的研究中,安慰剂组 F_{12} 水平均数的标准误差是多少?

8.158 这个例子中标准差和标准误差的解释有什么不同?

8.159 在新的子研究中,目的是要比较隐源性中风(C 组)和非隐源性中风(D 组)的患者基线的平均 F_{12} 水平。假定(1)C 组平均 F_{12} 水平 = 前面研究中安慰剂组平均 F_{12} 水平;(2) D 组平均 F_{12} 水平相对于 C 组减少 30%;(3)两组的标准差与前面研究中安慰剂组相同;(4)取 α = 0.05 的双侧检验;(5)犯 II 型错误的概率为 0.20;(6)在子研究中 C 组和 D 组例数相等。该子研究需要多大的样本量?

8.160 假定该子研究实际入选患者例数为 C 组 40 例,D 组 30 例。在练习 8.159 中假定(1)~(4)成立的情况下,该子研究有多大的功效?

肾病

"瑞士镇痛药研究",其研究目的是评价摄入含有镇痛成分的非那西丁对肾功能和其他健康指标的影响。研究组包括瑞士巴塞尔附近的工厂中 624 例妇女,她们被鉴定大量摄入含有镇痛成分的非那西丁。尿中 NAPAP(N-乙酰-P-氨基苯)的水平常用作摄入非那西丁的标志。另外,对照组包括来自同样工厂的 626 例妇女,她们 NAPAP 水平正常,并且未摄入或低量摄入非那西丁。研究组根据绝对的 NAPAP 水平又分为高 NAPAP 组和低 NAPAP 组。在 1967 年或 1968 年间测定基线时的水平,并在 1969、1970、1971、1972、1975 及 1978 年由几个客观的实验室检查来评价她们的肾功能。数据集 SWISS.DAT 包括了研究组和对照组妇女的血清肌酐水平(肾功能的一个重要指标)的纵向数据。文件 SWISS.DOC 给出了这个数据集的说明。

8.161 如果假设镇痛药滥用者在基线时血清肌酐水平不同于对照组。利用基线的数据,你能提出问题吗?

8.162 本研究的一个主要假设是与低量摄入非那西丁的妇女相比,大量摄入非那西丁的妇女血清肌酐水平有更大的变化。用数据集中可获得的纵向数据,你能对这个问题作出评价吗?(提示:一个简单的方法是看基线和最后一次随访之间血清肌酐水平的变化。用所有数据的更复杂的方法将在第 11 章回归分析中讨论)

健康促进

进行一项研究,以评价一个新的健康教育计划促进重度吸烟(每日 ≥20 支烟)青少年的戒烟效果。作为一项随机化的研究,来自两所学校(A 校和 B 校)的 50 例重度吸烟的青少年接受一种积极的干预措施,此干预措施是根据"美国癌症协会协议"由培训过的心理学家管理的小组会议;来自另外两所学校(C 校和 D 校)的 50 例重度吸烟的青少年被给予由"美国癌症协会协议"提供的关于促进戒烟的小册子,但不接受心理学家的积极的干预措施。采用随机数字选择两所学校接受积极干预措施,另外两所学校接受对照干预措施。所有学校的研究参与者亲自提供吸烟量的报告,并通过尿生化实验确定后,实施干预措施 1 年。主要结果变量是每日吸烟量的变化。如果 1 例受试对象完全停止吸烟,那么他每日吸烟量为 0。

假定积极干预组的干预结果是 1 年内平均每日吸烟量减少 5 支,对照组 1 年内平均每日吸烟量增加 2 支。假定两组在基线时每日吸烟量的分布服从正态分布,均值为 30 支/日,标准差为 5 支/日。另外,基于前面的干预研究,期望每日吸烟量的标准差在 1 年后将增加到 7 支/日。以前的数据也表明同一人在基线和 1 年时的吸烟量的相关系数为 0.80。

8.163 取 $\alpha = 0.05$ 的双侧检验,该研究有多大的功效?

8.164 假定该研究的组织者要估计样本量。取 $\alpha = 0.05$ 的双侧检验,要达到 80% 的功效,积极干预组和对照干预组应该有多少例?

高血压

近来,一项研究报道了在 8 周随访期内比较不同饮食模式对血压的影响[20]。随机分配受试对象为 3 组:A,对照饮食组,$N = 154$;B,水果蔬菜饮食组,$N = 154$;C,复合饮食组,包括丰富的水果、蔬菜,低脂奶酪及减量的饱和脂肪和总脂肪,$N = 151$。下表给出了收缩压的结果。

水果蔬菜饮食组的平均变化值 – 对照组的平均变化值	− 2.8 mmHg
(97.5% 置信区间)	(− 4.7, − 0.9)

8.165 假定我们要通过计算比较上表的结果的 p-值(双侧)。不做任何进一步的计算,下述报告中哪一个结果一定是错误的?

(1) $p = 0.01$ (2) $p = 0.04$ (3) $p = 0.07$ (4) $p = 0.20$

(注:实际的 p-值可能不同于这些值)

8.166 假定每一组血压变化值的标准差是相同的,并且没有误差。利用提供的信息计算确切 p-值。

8.167 假定我们用 (c_1, c_2) 表示水果蔬菜饮食组的真实平均变化值 – 对照组的真实平均变化值的双侧 95% 置信区间。不做任何进一步的计算,哪一个结果一定是错误的?

(1) 置信区间的下限 $(c_1) = -5.0$。

(2) 置信区间的上限 $(c_2) = -1.0$。

(3) 置信区间的宽度 $(c_2 - c_1) = -3.0$。

(注:实际的 $c_1, c_2, c_2 - c_1$ 值可能不同于(1),(2),(3)所给的值)

8.168 如果我们像练习 8.166 一样作相同的假定,那么利用提供的信息计算 95% 置信区间。

参 考 文 献

[1] Satterthwaite, F. W. (1946). An approximate distribution of estimates of variance components. *Biometrics Bulletin*, 2, 110—114

[2] Landrigan, P. J., Whitworth, R. H., Baloh, R. W., Staehling, N. W., Barthel, W. F., & Rosenblum, B. F. (1975, March 29). Neuropsychological dysfunction in children with chronic low-level lead absorption. *The Lancet*, 708—715

[3] Rosner, B. (1983). Percentage points for a generalized ESD many-outlier procedure. *Technometrics*, 25(2), 165—172

[4] Quesenberry, C. P., & David, H. A. (1961). Some tests for outliers. *Biometrika*, 48, 379—399

[5] Cook, N. R., & Rosner, B. A. (1997). Sample size estimation for clinical trials with longitudinal measures: Application to studies of blood pressure. *Journal of Epidemiology and Biostatistics*, 2, 65—74

[6] Yablonski, M. E., Maren, T. H., Hayashi, M., Naveh, N., Potash, S. D., & Pessah, N. (1988). Enhancement of the ocular hypertensive effect of acetazolamide by diflunisal. *American Journal of Ophthalmology*, 106, 332—336

[7] Schachter, J., Kuller, L. H., & Perfetti, C. (1984). Heart rate during the first five years of life: Relation to ethnic group (black or white) and to parental hypertension. *American Journal of Epidemiology*, 119(4), 554—563

[8] White, J. R., & Froeb, H. E. (1980). Small airway dysfunction in nonsmokers chronically exposed to tobacco smoke. *New England Journal of Medicine*, 302(13), 720—723

[9] Coates, R. A., Fanning, M. M., Johnson, J. K., & Calzavara, L. (1988). Assessment of generalized lymphadenopathy in AIDS research: The degree of clinical agreement. *Journal of Clinical Epidemiology*, 41(3), 267—273

[10] Taguma, Y., Kitamoto, Y., Futaki, G., Ueda, H., Monma, H., Ishizaki, M., Takahashi, H., Sekino, H., & Sasaki, Y. (1985). Effect of captopril on heavy proteinuria in azotemic diabetics. *New England Journal of Medicine*, 313(26), 1617—1620

[11] Heller, D. A., DeFaire, U., Pederson, N. L., Dahlen, G., & McClearn, G. E. (1993). Genetic and environmental influences on serum lipid levels in twins. *New England Journal of Medicine*, 328(16), 1150—1156

[12] Ekdahl, C., Andersson, S. I., & Svensson, B. (1989). Muscle function of the lower extremities in rheumatoid arthritis and osteoarthrosis. A descriptive study of patients in a primary health care district. *Journal of Clinical Epidemiology*, 42(10), 947—954

[13] Parisi, A. F., Folland, E. D., & Hartigan, P. (1992). A comparison of angioplasty with medical therapy in the treatment of single-vessel coronary artery disease. *New England Journal of Medicine*, 326(1), 10—16

[14] Selby, J. V., Friedman, G. D., & Quesenberry, C. P., Jr. (1989). Precursors of essential hypertension: The role of body fat distribution pattern. *American Journal of Epidemiology*, 129(1), 43—53

[15] Hartnett, M. E., Stratton, R. D., Browne, R. W., Rosner, B. A., Lanham, R. J., & Armstrong, D. (1999). Serum markers of oxidative stress and severity of diabetic retinopathy.

Diabetes Care, in press

[16] Knopp, R. H., Walden, C. E., Retzlaff, B. M., McCann, B. S., Dowdy, A. A., & Albers, J. J. (1997). Longterm cholesterol-lowering effects of 4 fat-restricted diets in hypercholesterolemic and combined hyperlipidemic men. The Dietary Alternatives Study. *Journal of the American Medical Association*, 278, 1509—1515

[17] Prentice, R., Thompson, D., Clifford, C., Gorbach, S., Goldin, B., & Byar, D. (1990). Dietary fat reduction and plasma estradiol concentration in healthy postmenopausal women. The Women's Health Trial Study Group. *Journal of the National Cancer Institute*, 82, 129—134

[18] Jungquist, G., Hanson, B. S., Isacsson, S. O., Janzon, L., Steen, B., & Lindell, S. E. (1991). Risk factors for carotid artery stenosis: An epidemiological study of men aged 69 years. *Journal of Clinical Epidemiology*, 44(4/5), 347—353

[19] Despres, J. P., Lamarche, B., Mauriege, P., Cantin, B., Dagenais, G. R., Moorjani, S., & Lupien, P. J., (1996). Hyperinsulinemia as an independent risk factor for ischemic heart disease. *New England Journal of Medicine*, 334, 952—957

[20] Appel, L. J., Moore, T. J., Oberzanek, E., Vollmer, W. M., Svetkey, L. P., et. al. (1997). A clinical trial of the effects of dietary patterns on blood pressure. *New England Journal of Medicine*, 336, 1117—1124

第9章 非参数检验

9.1 绪 言

本书的前面几章中,数据被假设是来自某个潜在的分布,比如正态或二项分布,这个分布的一般形式是已知的。估计方法及假设检验都是基于这个分布。这种方法通常称为**参数统计法**,因为这个分布的参数形式被认为是已知的,只是要用数据对参数作估计而已。而如果分布的形状未知,中心极限定理似乎又不适用,比如样本数太少,这时就必须使用**非参数统计方法**(nonparametric statistical methods),在该方法中对于分布的形状很少有要求。

本书中其他假设涉及到数据值之间的距离。这个假设是基数(cardinal)数据的特征。

定义 9.1 **基数数据**(cardinal data)是一种有尺度的数据,在该数据的内部可以用某种尺度测出任两个数据间距离的数据。

例 9.1 体重是一个基数变量,因为差异 6 磅是差异 3 磅的 2 倍。

定义 9.2 对于基数数据,如果零点是任意的,则称该基数数据为**区间尺度**(interval scale)数据;如果零点是固定的,则称该基数数据为**比例尺度**(ratio scale)数据。

也就是说,基数数据实际上有两类:区间尺度数据及比例尺度数据。

例 9.2 体温是一种区间尺度,因为它的零点是不确定的,比如在华氏温度及摄氏温度中,零点有不同的意义。

例 9.3 人体血压及体重是比例尺度数据,因为在这两种情形下零点有很明确的意义。

在比例尺度数据中,任何两个数据的比值是有意义的(比如,A 的体重比 B 的体重多 10%),但是对于区间尺度数据,比值可能是没有意义的(比如,用华氏及摄氏温度计时,两个指定值的比值是没有意义的)。可是不管哪一种形式的基数数据,均值及标准差都是有意义的。

在医学及生物学工作中,常常出现其他形式的数据,它们都不满足定义 9.1,这就是有序数据。

定义 9.3 **有序数据**(ordinal data)是指它们之间可以排成次序但却没有指定的数值。因此,通常的算术运算是没有意义的。

例 9.4 **眼科学** 视觉敏锐度可以是一个有序尺度,因为我们知道 20－20 的视力好于 20 - 30 的视力,更是好于 20 - 40,……,但是,对每一水平的视力不易指定一串数值去代表它而又能被所有眼科医生所接受。

例 9.5   在某些临床研究中,经过治疗后,病情的结果是随病人的状态而改变的。这个治疗结果变量常被分成 5 个数:1 = 好转很多,2 = 稍有好转,3 = 基本未好转,4 = 稍微变坏,5 = 更加恶化。这个变量是有序的,因为不同的结果,1,2,3,4,5排序是按状态 1 是优于状态 2,而 2 则优于 3……但是我们不可以说 2 与 1 间的差别(2 - 1)的 1 是相同于 3 与 2 之间的差别(3 - 2),……而这种差别在基数数据中是有意义且可以作比较的。

由于有序变量无法用一组数值使它变成有意义,因此对这类数据计算均值及标准差是不合适的。因此,建立在正态分布上的估计及假设检验(第 6,7,8 章)方法不适用。但是我们仍然对这种变量在两组之间的行为比较感兴趣。非参数方法即可以适用此类数据。

其他形式的数据尺度,与有序数据类似的是名义尺度。

定义 9.4   所谓的**名义尺度**(nominal scale)数据是,不同的数据值被分为"类型"(或称"属性"),而类型是没有次序的。

例 9.6 肾病   滥用止痛药而死亡的数据中,死亡原因分类如下:①心血管病,②癌,③泌尿疾病,④所有其他疾病。这里死亡原因是一个很好的名义尺度变量,因为代表死亡原因的数值彼此之间不代表有序性。

本章中介绍最常用的非参数统计检验,假设数据是基数或有序尺度。如果他们是基数尺度数据而又不是正态数据时,则使用非参数方法最有效。对于名义尺度数据(或类型数据)的离散数据方法将在第 10 章中介绍。

9.2   符号检验(匹配数据)

上一节讨论中,对于有序数据,我们可以度量它们间的相对大小,即我们可以使用大于,小于或等于去描述两个数据间的关系,但不可用"差值"来衡量。

例 9.7 皮肤病学   假设我们想比较两种软膏(A 及 B)在减轻因阳光照射所致过分红色反应的有效性。软膏 A 随机使用于右或左臂上,而软膏 B 使用于对应的另一手臂上。于是,阳光照射 1 小时后,可以对比两臂的红色程度。假设仅能做出下面的定性的判断:

(1)A 手臂发红的程度低于 B 手臂。

(2)B 手臂发红的程度低于 A 手臂。

(3)两手臂有同样程度的红色。

有 45 个人被试验,22 人 A 手臂较好(红色淡些),18 人 B 手臂较好,5 人两臂相同地好。如何判断 A 软膏是否比 B 软膏好?

9.2.1 正态化理论法

这一节我们将考虑大样本的方法,见例 9.7。

假设发红的程度可以被定量地测定,用较大的数去表示较红的颜色。记 $x_i =$ 第 i 个人 A 手臂上的发红程度,$y_i =$ 第 i 个人 B 手臂上的发红程度。我们关注 $d_i = x_i - y_i = $ A 与 B 手臂上红色的差异,而去检验 $H_0:\Delta = 0$ 对 $H_1:\Delta \neq 0$,此处 Δ 是 d_i 值的中位数,或是 d_i 的潜在分布中的第 50 个百分位点上值。

(1)如果 $\Delta = 0$,则说明软膏有相同的效果。

(2)如果 $\Delta < 0$,则说明 A 软膏较好。

(3)如果 $\Delta > 0$,则说明 B 软膏较好,因为 A 臂上红色比 B 臂上更重。

注意,总体中真实的 d_i 不能被观察到;我们只能观察到样本 d_i 值,$d_i > 0$,$d_i < 0$,或 $d_i = 0$;而 $d_i = 0$ 应当被排除,因为它不能提供谁更好的信息。整个检验将基于:n 个总数(无 $d_i = 0$)中 $d_i > 0$ 的个数 C 上。这个检验意义是,如果 C 大,则说明 B 疗效比 A 疗效好;反之,则 A 疗效更好。记 H_0 仍是无效假设,此处 H_0 为 $Pr(d_i > 0 | d_i \neq 0) = 1/2$。我们认为用正态分布去近似这个二项分布是合适的。这里适用正态分布的条件是

$$npq \geqslant 5, \text{ 或 } n\left(\frac{1}{2}\right)\left(\frac{1}{2}\right) \geqslant 5 \text{ 或 } n \geqslant 20$$

此处 $n = $ 非零的 d_i 个数。

下面的检验方法用于双侧显著性水平 α 上,它被称为符号检验:

方程 9.1 符号检验(sign test) 假设 $H_0:\Delta = 0$ 对 $H_1:\Delta \neq 0$,此处 d_i 的非零个数为 $n \geqslant 20$,而 $C = d_i$ 中大于零的个数,如果

$$C > c_2 = \frac{n}{2} + \frac{1}{2} + z_{1-\alpha/2} \sqrt{n/4}$$

或

$$C < c_1 = \frac{n}{2} - \frac{1}{2} - z_{1-\alpha/2} \sqrt{n/4}$$

则拒绝 H_0,否则接受 H_0。

这个检验的接受及拒绝区域见图 9.1。

类似地,这个检验法的精确 p-值由下式决定:

方程 9.2 符号检验法中 p-值的计算(正态理论法)

$$p = 2 \times \left[1 - \Phi\left(\frac{C - \frac{n}{2} - 0.5}{\sqrt{n/4}} \right) \right], \quad \text{如果 } C \geqslant \frac{n}{2}$$

$$p = 2 \times \Phi\left(\frac{C - \frac{n}{2} + 0.5}{\sqrt{n/4}} \right), \quad \text{如果 } C < \frac{n}{2}$$

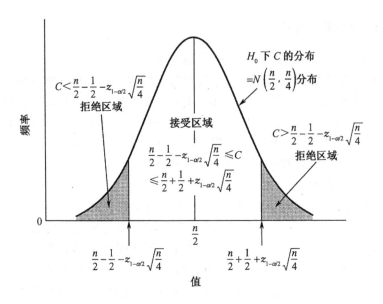

图 9.1 符号检验的接受及拒绝区域

图示见图 9.2。

一个备择且等价的公式是

$$p = 2 \times \left[1 - \Phi\left(\frac{|C - D| - 1}{\sqrt{n}} \right) \right]$$

此处 $C = d_i > 0$ 的个数, $D = d_i < 0$ 的个数, $C + D = n$。

这个检验被称为符号检验, 是因为这个检验仅依赖于差异的符号而不依赖于差异的程度。

符号检验实际上是二项分布的一个特例, 此处是假设 $H_0: p = 1/2$ 对 $H_1: p \neq 1/2$。在方程 9.1 及 9.2 中, 应用的是大样本。在此 H_0 下, $p = 1/2$。因此, $E(C) = np = n/2$, $\text{Var}(C) = npq = n/4$, 所以 $C \sim N(n/2, n/4)$。在上面计算临界值及 p-值时中的 0.5 是使用了连续性修正, 以便二项分布可以更好地被正态所近似。

例 9.8 皮肤病学 判断例 9.7 中皮肤软膏疗效的统计显著性。

解 此例是去除 5 例外, 实际上 $n = 40$, $C = 18 < n/2 = 20$。方程 9.1 中临界值为

$$c_2 = n/2 + 1/2 + z_{1-\alpha/2} \sqrt{n/4}$$
$$= 40/2 + 1/2 + z_{0.975} \sqrt{40/4}$$
$$= 20.5 + 1.96(3.162)$$
$$= 26.7$$

如果 $C < n/2$, 则 $p = 2 \times \left[\left(C - \dfrac{n}{2} + \dfrac{1}{2} \right) \Big/ \sqrt{\dfrac{n}{4}} \text{ 点左边的面积} \right]$, $N(0,1)$分布下

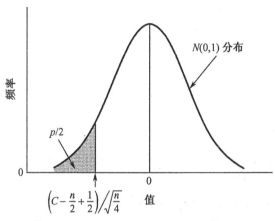

如果 $C \geqslant n/2$, 则 $p = 2 \times \left[\left(C - \dfrac{n}{2} - \dfrac{1}{2} \right) \Big/ \sqrt{\dfrac{n}{4}} \text{ 点右边的面积} \right]$, $N(0,1)$下。

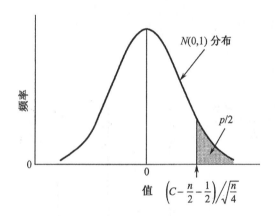

图9.2　符号检验法中 p-值的计算

及 $c_1 = n/2 - 1/2 - z_{1-\alpha/2}\sqrt{n/4} = 19.5 - 1.96(3.162) = 13.3$

因为 $13.3 \leqslant C = 18 \leqslant 26.7$, 所以在双侧检验 $\alpha = 0.05$ 时接受 H_0, 即结论是, 两软膏的疗效没有显著差异。由方程 9.2, 因为 $C = 18 < n/2 = 20$, 所以精确 p-值为

$$p = 2 \times \Phi \left[\left(18 - 20 + \dfrac{1}{2} \right) \Big/ \sqrt{40/4} \right]$$

$$= 2 \times \Phi(-0.47) = 2 \times 0.3176$$

$$= 0.635$$

这是不显著的。

另外, 我们也可用检验统计量

$$z = \frac{|\,C - D\,| - 1}{\sqrt{n}}$$

此处 $C = 18$, $D = 22$, $n = 40$, 所以

$$z = \frac{|\,18 - 22\,| - 1}{\sqrt{40}} = \frac{3}{\sqrt{40}} = 0.47$$

于是 p-值为

$$p = 2 \times [1 - \Phi(0.47)] = 0.635$$

9.2.2　精确方法

如果 $n < 20$, 则精确二项分布是合适的。如果 C 值很大或很少则拒绝 H_0。基于精确二项分布的 p-值公式见下:

方程 9.3　符号检验法中 p-值的计算(精确检验)

如果 $C > n/2$, 则 $p = 2 \times \sum_{k=C}^{n} \binom{n}{k} \left(\frac{1}{2} \right)^n$

如果 $C < n/2$, 则 $p = 2 \times \sum_{k=0}^{C} \binom{n}{k} \left(\frac{1}{2} \right)^n$

如果 $C = n/2$, 则 $p = 1.0$

这个计算见图 9.3。

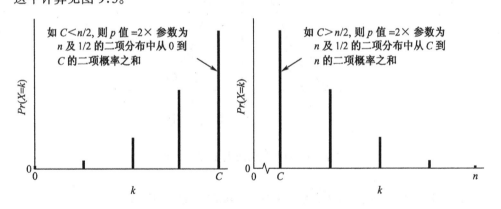

图 9.3　符号检验法中 p-值的计算(精确检验)

这个检验是方程 7.36 中单样本二项检验小样本的特例, 此时检验 $H_0: p = \frac{1}{2}$ 对 $H_1: p \neq \frac{1}{2}$。

例 9.9　眼科学　假设我们要比较两种不同形式的滴眼药水(A, B), 目的是阻止患有花粉热的红眼病病人。A 药随机滴在一只眼上而 B 药滴在另一只眼上。在治疗前(基础)测量了基础值, 10 分钟后由一名并不知晓哪一种药用于哪一只眼的

观察者去观察治疗结果。我们发现有 15 个人在基础时左右眼是相同程度的红眼，10 分钟后，A 眼的红色低于 B 眼的有 8 人；而 B 眼的红色低于 A 眼的有 2 人；两眼有相同红色的是 5 人。判断这个结果的统计显著性。

解 这个试验有不同反应的是 10 人，因为 $n = 10 < 20$，所以方程 9.2 的正态法在此不适用，即应该使用方程 9.3 的精确方法。因为 $C = 8 > 10/2 = 5$，所以

$$p = 2 \times \sum_{k=8}^{10} \binom{10}{k} \left(\frac{1}{2}\right)^{10}$$

查二项分布表（附录表 1），使用 $n = 10$，$p = 0.5$，注意到 $Pr(X = 8) = 0.0439$，$Pr(X = 9) = 0.0098$，$Pr(X = 10) = 0.0010$，于是 $p = 2 \times Pr(X \geqslant 8) = 2(0.0439 + 0.0098 + 0.0010) = 2 \times 0.0547 = 0.109$，此值是统计不显著。于是接受 H_0，即认为两种形式的眼药水在治疗花粉热的红眼病中有相同的疗效。

9.3 Wilcoxon 符号-秩检验（匹配数据）

例 9.10 皮肤病学 从不同的观点考虑例 9.7 中的数据。例 9.7 中，我们仅考虑软膏 A 治疗晒红程度好于或坏于软膏 B。现在我们把晒红程度定量地分为 10 个级别，10 是最严重的晒红，1 是根本未晒红。计算 $d_i = x_i - y_i$，此处 $x_i =$ 用 A 软膏后晒红的程度，$y_i =$ 用 B 软膏后晒红的程度。如果 A 软膏优于 B 则 d_i 为负。例如，如果 $d_i = 5$，则表示用 A 软膏比用 B 软膏红色程度多 5 个单位；反之，如 $d_i = -3$，则表示用 A 软膏比用 B 软膏红色程度少 3 个单位。这两个软膏有相同的疗效吗？

该样本数据列于表 9.1，其中 f_i 代表频数。注意，负值的 d_i 数（共 22 人）仅稍多于正值的 d_i 数（18 人）。但是这 22 个负 d_i 的绝对值却远比正值 d_i 的绝对值大，这一点在图 9.4 中很明显。

我们要检验 $H_0 : \Delta = 0$ 对 $H_1 : \Delta \neq 0$，此处 $\Delta =$ A 软膏和 B 软膏在手臂上差异值的中位数。如果 $\Delta < 0$，则 A 软膏优于 B；如果 $\Delta > 0$，则 B 软膏优于 A。此处我们假定 d_i 值有潜在的连续分布。

考察图 9.4，似乎一个合理的检验应考虑到 d_i 差数的符号以及差异的大小程度。这里可以使用配对的 t 检验，但问题是这里的等级尺度是有序的，这里 $d_i = -5$ 并不表示是 $d_i = -1$ 的 5 倍！但它仍有简单的意义：差异有相对的秩次，即 $d_i = -8$ 者最有利于 A 软膏，-7 者次之，……于是一个类似于匹配 t 检验的非参数检验被研究出来了，这就是 Wilcoxon 符号-秩检验（Wilcoxon signed-rank test）。称为非参数是因为它是建立在观察值的秩次上，而不是如同 t 检验那样基于观察值上。

表 9.1   阳光暴露下，A 软膏及 B 软膏用于手臂后，红色程度的差异

$\lvert d_i \rvert$	负差异		正差异		有相同绝对值差异的人数*	秩范围	平均秩
	d_i	f_i	d_i	f_i			
10	-10	0	10	0	0	–	–
9	-9	0	9	0	0	–	–
8	-8	1	8	0	1	40	40.0
7	-7	3	7	0	3	$37\sim39$	38.0
6	-6	2	6	0	2	$35\sim36$	35.5
5	-5	2	5	0	2	$33\sim34$	33.5
4	-4	1	4	0	1	32	32.0
3	-3	5	3	2	7	$25\sim31$	28.0
2	-2	4	2	6	10	$15\sim24$	19.5
1	-1	4	1	10	14	$1\sim14$	7.5
		22		18			
0	0	5					

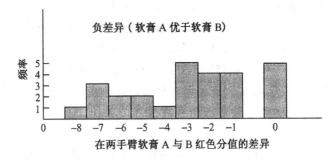

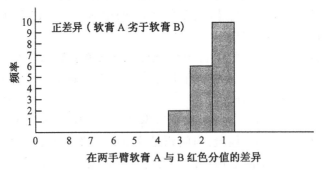

图 9.4   例 9.10 中数据，A 软膏与 B 软膏治疗
皮肤红色的差异的条形图

---

* 此列即是后面介绍的结（t_i 值），表中 f_i 是频数，$d_i=$ A－B。——译者注

要完成这个检验首先要计算每个观察值的秩。方法如下：

方程9.4 Wilcoxon(威尔科克森)符号-秩检验中的秩排序

(1)把差 d_i 按绝对值大小排序,如同表9.1所做。

(2)计算有相同绝对值的个数。

(3)去除 $d_i = 0$ 的观察值,在其他观察值中对绝对值排序,最小的绝对值记为 1,次之为 2,$\cdots$,把有最大绝对值的记为 n。

(4)如果有几个绝对值相同,记相同的绝对值为一个组。记 R = 上一个组中最大的秩,G = 这一组中秩的范围(即这组的个数),于是这个相同绝对值组的秩是从 $1 + R$ 到 $G + R$。计算相同绝对值组中的平均秩,它 = (该组中最小秩 + 该组中最大秩)/2,它被取作相同秩组中每个差异的秩(平均秩)。

例9.11 皮肤病学 计算表9.1皮肤软膏数据中的秩。

解 首先收集有相同绝对值的差异。发现 14 人的 d_i 绝对值为 1,于是这组中的秩从 1 排序到 14,其平均秩为 $(1 + 14)/2 = 7.5$。差数为 2 的绝对值共有 10 个,其秩为 $(14 + 1)$ 到 $(14 + 10)$ 即从 15 到 24,而平均秩为 $(15 + 24)/2 = 19.5$,$\cdots\cdots$ 结果见表9.1的右边 3 列。

这个检验建立在**秩和**(rank sum)上,记 R_1 是具有正 d_i 的人们的秩的和,也就是那些 A 软膏比 B 软膏坏的所有人对应的秩的和。一个大的秩和指明 B 处理法在减轻晒红程度上要优于 A 处理法。如果零假设成立,则秩和(没有结时)的期望值及方差分别为

$$E(R_1) = n(n + 1)/4, \qquad \mathrm{Var}(R_1) = n(n + 1)(2n + 1)/24$$

此处 n 是非零差异的总数。

如果非零的 d_i 个数超过 16,则正态近似法可以用来检验上面的假设。这个检验法称为 Wilcoxon 符号-秩检验,具体如下:

方程9.5 Wilcoxon 符号-秩检验(双侧,水平 α 的正态近似法)

(1)差异的秩由方程9.4求出

(2)对有正的差异,计算它们的秩和(R_1)

(3)(a)当没有结(即没有绝对值相同的差异)时,

$$T = \left[\left| R_1 - \frac{n(n + 1)}{4} \right| - \frac{1}{2} \right] \Big/ \sqrt{n(n + 1)(2n + 1)/24}$$

(b)如果有结,记 t_i 是第 i 个差异有相同绝对值的个数,记 g 是有结的组数。则

$$T = \left[\left| R_1 - \frac{n(n + 1)}{4} \right| - \frac{1}{2} \right] \Big/ \sqrt{n(n + 1)(2n + 1)/24 - \sum_{i=1}^{g} (t_i^3 - t_i)/48}$$

(4)如果 $T > z_{1-\alpha/2}$ 则拒绝 H_0,否则接受 H_0。

(5)这个检验的 p-值为

$$p = 2 \times [1 - \Phi(T)]$$

(6)这个检验仅适用于非零差异数≥16 且差异计分值是连续型的对称分布。

p-值的计算见图 9.5 所示。

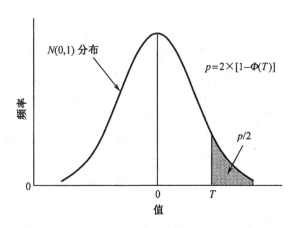

图 9.5 Wilcoxon 符号-秩检验 p-值的计算

公式中的 1/2 与方程 9.1 及 9.2 的符号检验一样,是连续性修正。

例 9.12 皮肤病学 在例 9.10 中做 Wilcoxon 符号-秩检验。

解 因为非零差异数$(22 + 18 = 40) > 16$,因此可以使用方程 9.5 的正态近似法。先计算有正 d_i 的秩和,也就是 B 软膏优于 A 的那些差 d_i,得

$$R_1 = 10(7.5) + 6(19.5) + 2(28.0) = 75 + 117 + 56 = 248$$

而期望秩和为

$$E(R_1) = 40(41)/4 = 410$$

秩和被结(tie)所修正的方差为

$$\begin{aligned}
\text{Var}(R_1) &= 40(41)(81)/24 - [(14^3 - 14) + (10^3 - 10) + (7^3 - 7) \\
&\quad + (2^3 - 2) + (2^3 - 2) + (3^3 - 3)]/48 \\
&= 5535 - (2730 + 990 + 336 + 6 + 6 + 24)/48 \\
&= 5535 - 4092/48 = 5449.75
\end{aligned}$$

于是 $sd(R_1) = \sqrt{5449.75} = 73.82$。因此,检验统计量 T 为

$$T = \left(|\,248 - 410\,| - \frac{1}{2} \right) \bigg/ 73.82 = 161.5/73.82 = 2.19$$

而 p-值为

$$p = 2[1 - \Phi(2.19)] = 2 \times (1 - 0.9857) = 0.029$$

因此,我们的结论是,两种软膏的疗效有显著差异,A 软膏比 B 软膏更好,这是因为 B 的观察秩和(248)低于期望秩和(410)。这个结论不同于例 9.8 中的符号检验,那里认为 A 与 B 没有显著差异。此例说明,我们应当考虑治疗效果之间的方向也应当考虑治疗效果差异的程度,而单纯考虑差异的方向的符号检验显然不够精细。

一般地,对于双侧检验,如果符号-秩检验基于负的差异上(而不是正的差异),则可证明,它与建立在正差异上的检验有相同检验 T 值及相同的 p-值,也就是说,选用哪一个方向做秩和是任意的。

例 9.13　皮肤病学　对例 9.10 中的数据用负的差异(而不是例 9.12 中的正差异)做 Wilcoxon 符号-秩检验。

解

$$R_2 = 负差异的秩和$$
$$= 4(7.5) + 4(19.5) + 5(28.0) + 1(32.0)$$
$$+ 2(33.5) + 2(35.5) + 3(38.0) + 1(40.0)$$
$$= 572$$

于是

$$\left| R_2 - \frac{n(n+1)}{4} \right| - 0.5 = |572 - 410| - 0.5 = 161.5$$
$$= \left| R_1 - \frac{n(n+1)}{4} \right| - 0.5,$$

因为 $\mathrm{Var}(R_1) = \mathrm{Var}(R_2)$,因此即得有相同的 $T = 2.19$ 及 p-值 $= 0.029$。

在非零 d_i 数 $\leqslant 15$ 时,正态近似法不再适用,这时在给定显著性下小样本的表被制造出来,见附录表 11,它给出 α 水平分别在 $0.10, 0.05, 0.02$ 及 0.01 下双侧检验 R_1 的上侧及下侧临界值。一般地,在给定 α 水平下,如果 $R_1 \leqslant$ 下侧临界值或 $R_1 \geqslant$ 上侧临界值则认为有统计显著性。

例 9.14　假设有 13 个非结的对,且秩和是 43,请估计统计显著性。

解　因为 $R_1 = 43 \geqslant 42$(注:表 11 中 $n = 9, \alpha = 0.02$ 时上侧为 42, $\alpha = 0.01$ 时上侧为 44),所以 $p < 0.02$,但因 $R_1 = 43 < 44$,所以 $p \geqslant 0.01$,即 $0.01 \leqslant p \leqslant 0.02$,结果有统计显著性。

有序数据的符号秩检验例子已被做出。这个检验及其他非参数检验都可应用于基数数据,特别地,如果正态性假定根本性的不成立,符号秩检验的假设为数据分布是连续、对称的,但不要求是正态。但如果正态分布成立,虽然也可用符号秩检验,但其功效远不如 t 检验,这也算是对符号秩检验的一种惩罚。

9.4   Wilcoxon 秩-和检验

前一节提出一种类似于配对 t 检验的——Wilcoxon 符号-秩检验。本节介绍两个独立样本类似于 t 检验的非参数检验。

例 9.15   眼科学   视网膜炎色素沉着病(RP)的不同遗传学形式被认为有不同等级:疾病前进的显性形式最慢,隐性形式次慢,而疾病的伴性(或称性连锁)形式最快。我们要比较 10～19 岁有不同遗传形式 RP 者的视敏度。假设 25 人有显性病,30 人有伴性病。这些人的较好眼中最好的修正视敏度(即配以合适的眼镜)数据见表 9.2。如何检验这两组人的中位数视敏度差异?

表 9.2   在 10～19 岁的人中比较有显性及伴性视网膜炎色素沉着

视敏度	显性	伴性	样本联合	秩范围	平均秩
20 - 20	5	1	6	1～6	3.5
20 - 25	9	5	14	7～20	13.5
20 - 30	6	4	10	21～30	25.5
20 - 40	3	4	7	31～37	34.0
20 - 50	2	8	10	38～47	42.5
20 - 60	0	5	5	48～52	50.0
20 - 70	0	2	2	53～54	53.5
20 - 80	$\frac{0}{25}$	$\frac{1}{30}$	$\frac{1}{55}$	55	55.0

如果记 median_D 及 median_{SL} 分别是显性组及伴性组中视敏度的中位数。我们要检验假设 $H_0: \text{median}_D = \text{median}_{SL}$ 对 $H_1: \text{median}_D \neq \text{median}_{SL}$。两样本的 t 检验(已在 8.4 及 8.7 节中讨论)通常可用于解这类问题。但是,视敏度却不能用一个具体的值来表示,因此 t 检验是不合适的。因此我们用与 t 检验相似的非参数检验。这个检验称为 **Wilcoxon 秩-和检验**。这个检验是非参数的,因为它是基于观察值的秩而不是用实际观察值。这个检验的排秩法见下:

方程 9.6   Wilcoxon 秩-和检验的排秩法

(1)把两组数据联合起来,从最低到最高排序,在视敏度情况下,就是从最好的视敏度(20 - 20)到最差的视敏度(20 - 80)排序。

(2)对每一个观察值指定一个秩:对最好的视敏度(20 - 20)(即最低的序号)给以最低的秩,而最坏的视敏度(20 - 80)(即最高的序号)给以最大的秩;但也可以完全反过来。

(3)如果有相同的观察值,把相同的几个观察值当作一个组,计算此组的秩范围,如同在方程 9.4 所做的一样,对此组中每个成员给以平均秩。

例 9.16 计算表 9.2 中视敏度的秩。

解 首先把两组中所有相同视敏度的人收集在一起,如表 9.2 中所示。20 - 20 视敏度的人有 6 个。给他们的秩号是 1~6 号,他们的平均秩数是 $(1 + 6)/2 = 3.5$;两组中视敏度是 20 - 25 的有 14 人,给他们的秩号从 $(1 + 6)$ 到 $(14 + 6)$,即 7 到 20,这组人的平均秩是 $(7 + 20)/2 = 13.5$;类似法用于其他的组。

这个检验的统计量是:记第一个样本的秩的和为 R_1,如果这个"和"大,则认为显性组比伴性组的视敏度差;反之如果 R_1 小,则显性组好于伴性组。记两组中样本数分别为 n_1 及 n_2,则联合两组后的总平均秩为 $(1 + n_1 + n_2)/2$。于是在 H_0 成立条件下,第一组的期望秩和 $\equiv E(R_1) = n_1 \times$ 联合样本的平均秩 $= n_1(n_1 + n_2 + 1)/2$。可以证明在 H_0 成立时,R_1 的方差为 $\mathrm{Var}(R_1) = n_1 n_2(n_1 + n_2 + 1)/12$。进一步,我们要求两组中较少样本的样本量不少于 10,且所研究的变量有潜在的连续分布。在这些假设要求下,秩和 R_1 的分布近似于正态。于是有下面的检验方法:

方程 9.7 Wilcoxon 秩-和检验(双侧,正态近似法)

(1)观察值的秩由方程 9.6 法求出。

(2)在第一组样本(可任选一组为第一组)中计算秩和 R_1。

(3)(a)如果没有结点(即没有相同的观察值),计算

$$T = \left[\left| R_1 - \frac{n_1(n_1 + n_2 + 1)}{2} \right| - \frac{1}{2} \right] \bigg/ \sqrt{\left(\frac{n_1 n_2}{12} \right)(n_1 + n_2 + 1)}$$

(b)如果有结点,记 t_i 为第 i 个结点组中有相同值的个数,g 为结点组的个数,则计算

$$T = \left[\left| R_1 - \frac{n_1(n_1 + n_2 + 1)}{2} \right| - \frac{1}{2} \right] \bigg/$$

$$\sqrt{\left(\frac{n_1 n_2}{12} \right) \left[n_1 + n_2 + 1 - \frac{\sum\limits_{i=1}^{g} t_i(t_i^2 - 1)}{(n_1 + n_2)(n_1 + n_2 - 1)} \right]}$$

(4)如果 $T > z_{1-\alpha/2}$,则拒绝 H_0,否则接受 H_0^*。

(5)计算精确 p-值

$$p = 2 \times [1 - \Phi(T)]$$

(6)这个检验的适用条件:n_1 与 n_2 均不少于 10,观察值变量有连续性分布。

p-值的计算示图见图 9.6。

---

* z 为标准化正态变量。——译者注

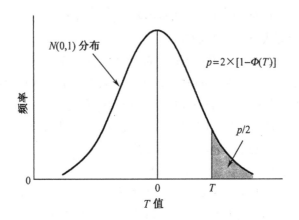

图 9.6　Wilcoxon 秩-和检验中 p -值计算

例 9.17　对表 9.2 的数据完成 Wilcoxon 秩-和检验。

解　因为两组中最少的样本数是 25,超过 10,于是可以使用正态分布近似法。显性组的秩和是

$$R_1 = 5(3.5) + 9(13.5) + 6(25.5) + 3(34) + 2(42.5)$$
$$= 17.5 + 121.5 + 153 + 102 + 85$$
$$= 479$$

另外 $E(R_1) = \dfrac{25(26)}{2} = 700$,对"结"的 $\mathrm{Var}(R_1)$ 的修正值为

$$[25(30)/12]\{56 - [6(6^2 - 1) + 14(14^2 - 1) + 10(10^2 - 1)$$
$$+ 7(7^2 - 1) + 10(10^2 - 1) + 5(5^2 - 1) + 2(2^2 - 1)]/[55(54)]\}$$
$$= 62.5(56 - 5382/2970)$$
$$= 3386.4$$

于是,检验统计量 T 为

$$T = \frac{(\mid 479 - 700 \mid - 0.5)}{\sqrt{3386.74}} = \frac{220.5}{58.2} = 3.79$$

在 H_0 下,此 T 为 $N(0,1)$ 分布。p-值为

$$p = 2 \times [1 - \Phi(3.79)] < 0.001$$

结论是,两组的视敏度有显著性差异。因为显性组观察的秩和(479)低于期望秩和(700),所以显性组比伴性组有更好的视敏度。

　　只要其中一组的样本量少于 10,正态近似法就不合适,这时必须使用有精确显著性水平的小样本表。附录表 12 给出了显著性水平分别为 0.10,0.05,0.02 及 0.01 时,两样本中第一个样本的秩-和(T)的上侧及下侧临界值。一般地,在显著性水平 α 时,如果 $T \leqslant T_l =$ 下侧临界值,或 $T \geqslant T_r =$ 上侧临界值,则此结果有统计

显著性(α 水平下)。

例 9.18　假设有样本量为 8 及 15 的两独立样本,样本量为 8 的秩和为 73。试估价此结果的统计显著性。

解　考虑 $n_1 = 8$, $n_2 = 15$, $\alpha = 0.05$, 及从表 12 中可以查出 $T_l = 65$, $T_r = 127$, 因为样本的秩和 $T = 73 > 65$ 而 $T < 127$, 因此, 此结果在双侧检验 5% 水平上没有统计显著性。

Wilcoxon 秩-和检验在某些文献上也称为 **Mann-Whitney U 检验**。而 Mann-Whitney U 检验是建立在匹配观察值(x_i, y_i)上, 比如 $x_i < y_i$ 的数目上; 另外, 如果有 $x_i = y_i$ 则对 (x_i, y_i)的检验统计量加上 0.5。Mann-Whitney U 检验与 Wilcoxon 秩-和检验完全等价, 因为这两检验中计算出来的 p-值相同。因此, 检验的选取视方便而定。

因为在大样本中计算秩很烦, 因此使用计算机计算较方便。对表 9.2 的数据, 如用 MINITAB Mann-Whitney 检验方法, 结果列于表 9.3。

表 9.3　对表 9.2 数据用 MINITAB Mann-Whitney 检验

Mann-Whitney Confidence Interval and Test

Dominant(显性)　　　　　　 N = 25　　　　Median (中位数) = 25.00

Sex-link(伴性)　　　　　　　 N = 30　　　　Median (中位数) = 50.00

Point estimate (点估计)　 for ETA1-ETA2 is　　　　　 −15.00

95.1 Percent C.I. for ETA1-ETA2is　　　 (−25.00, −5.00)

W = 479.0

Test of ETA1 = ETA2　 vs. ETA1 ~ = ETA2　　　 is significant at 0.0002

The test is significant at 0.0002 (adjusted for ties)

(经对"结"调整后检验 p-值为 0.0002)

上表中首先列出显性组及伴性组视敏度的中位数。显性组有较低的中位数(25), 倾向于有比伴性组更好的视敏度。Wilcoxon 秩-和(用 W 标记) = 479, 列在输出的结果上; 在 W 下面的行给出双侧的 p-值 = 0.0002, 这是没有对"结"作调整; 对"结"作调整的 p-值给出在最末一行上, $p = 0.0002$。另外, 两组之间在视敏度上的中位数差异的 95% 置信区间也被计算出来, 它们是(−25.00, −5.00)。这个点估计及置信区间的构建法不在本书介绍。

最后, 对秩-和检验的严格有效性条件是潜在的分布为连续分布。但是, McNeil 曾经把它用于离散分布后发现, 把正态分布变量分组定义后(即变成离散)使用秩和检验时, 其功效仅比正态组时的功效略微差了一些[1]。所以他的结论是, 秩-和检验在这种离散分布时也近似有效。

9.5　病例研究:铅暴露对儿童神经及心理机能的效应研究

　　前一章中,我们已经讨论过铅暴露对儿童神经及认知功能的影响,其数据存放在数据软盘的 LEAD.DAT 文件上。铅的其他影响,在文献报道中是对人的性格行为上,这种变量之一是活动过度性。在此研究中,询问孩子的双亲关于他们的孩子的活动程度,这个程度分为四级:正常(0)到活动很过度(3)。这是性格的有序尺度。我们要比较暴露组与对照组的活动程度。这时用非参数法是适宜的。对照组有 49 名孩子,暴露组有 35 人,数据见表 9.4。表 4 中的列是组号(1 = 对照,2 = 暴露),表中的行对应于活动程度。每一列除了给出计数外,还给出列的百分比。可以看出,暴露组儿童比对照组稍微活动性大些。

表 9.4　病例研究中的原始数据

行:HYPERACT(活动性)	列:GROUP(组号)		
	1	2	全部
0	24	15	39
	48.98	42.86	46.43
1	20	14	34
	40.82	40.00	40.48
2	3	5	8
	6.12	14.29	9.52
3	2	1	3
	4.08	2.86	3.57
全部	49	35	84
	100.00	100.00	100.00

每一格子内为计数及列的百分比%

　　我们使用 Mann-Whitney U 检验去比较两组中活动性的中位数。结果列于表 9.5。我们可以看出,双侧的 p-值(经对"结"作调整后)是 0.46。说明这两组之间在活动性的中位数水平没有显著差异。

表 9.5　对表 9.4 数据用 Mann-Whitney U 检验的结果

Mann-Whitney Confidence Interval and Test

hyper-1(组 1)　　　N = 49　　　Median (中位数) =　　　1.0000
hyper-2(组 2)　　　N = 35　　　Median (中位数) =　　　1.0000
Point estimate for ETA1-ETA2　is　　　　　　　0.0000(中位数差异点估计)
95.1 Percent C.I. for ETA1-ETA2　is　　　　　$(-0.0000, 0.0001)$
(差异的 95% 置信区间)
W = 2008.5
Test of ETA1 = ETA2　　vs.　　ETA1 ~ =　　ETA2 is significant　at　0.5049
The test is significant at 0.4649 (adjusted for ties)

Cannot reject at alpha = 0.05

9.6　摘　　要

　　本章介绍与第 8 章参数方法对应的有广泛应用的非参数方法。非参数方法的主要优点是放松了前一章所要求的正态分布条件。如果正态分布条件或中心极限定理成立而我们仍使用非参数方法,则在功效上会有些损失。有些数据很难用原始尺度去作比较时,把它们变成秩次法是最常用的方法。

　　两样本比较中包括符号检验,Wilcoxon 符号-秩检验,及 Wilcoxon 秩-和检验。符号检验及符号-秩检验是类似于配对 t 检验的非参数法。对于符号检验仅需要决定配对组中一个成员是大于(或小于)对子中另一个成员的个数;而对于符号-秩检验中除了比较大小(符号)外还要找出差异的程度(这是通过排秩);进而,对于秩-和检验(也可叫做 Mann-Whitney U 检验),它类似于独立样本的两样本 t 检验,但 t 检验中的真实观察值用秩得分代替。非参数方法也适用于回归分析,方差分析及生存分析,它们将在第 11,12 及 14 章中介绍。*

　　本章中的检验属于最基本的非参数检验。Hollander 及 Wolfe 在文献[2]中提供了非参数统计方法更综合得多的内容。

练　习　题

牙科学

　　某研究进行一项口腔教育计划以促进更好的口腔卫生。在该计划实施之前以及在完成该

---

　　* 多组比较的非参数法见 12.7 节。——译者注

计划之后的 6 个月,分别对 28 例患有轻度牙周病的成人进行评价。6 个月后,有 15 例患者的牙周情况改善,8 例患者情况恶化,5 例患者情况不变。

*9.1　　用统计学方法评价这项计划的效果(用双侧检验)。

假定采用 7 分制,根据患者牙周情况变化的程度分等级,+ 3 表示最大程度的改善,0 表示无变化,- 3 表示最大程度的恶化。数据见表 9.6。

表 9.6　牙周情况变化的程度

变化得分	患者例数
+ 3	4
+ 2	5
+ 1	6
0	5
- 1	4
- 2	2
- 3	2

9.2　　要检验牙周情况随时间是否有显著性变化,用什么非参数检验方法?

9.3　　对练习 9.2 进行检验,给出 p-值。

9.4　　假定两个样本的样本量分别为 6 和 7,样本量为 6 的样本秩和为 58。用 Wilcoxon 秩和检验,评价结果的显著性。

9.5　　对样本量分别为 7 和 10 的两个样本,回答练习 9.4,样本量为 7 的样本秩和为 47。

9.6　　对样本量分别为 12 和 15 的两个样本,回答练习 9.4,样本量为 12 的样本秩和为 220(假定没有结)。

产科学

9.7　　用非参数方法重新分析表 8.16 中的数据。假定样本未匹配。

9.8　　对表 8.16 的数据用参数方法是否比非参数方法更合适? 为什么?

卫生服务管理

假定我们要比较两个不同医院的同一疾病患者住院日的长短。结果见下表:

第一家医院	21, 10, 32, 60, 8, 44, 29, 5, 13, 26, 33
第二家医院	86, 27, 10, 68, 87, 76, 125, 60, 35, 73, 96, 44, 238

*9.9　　为什么在这个例子中 t 检验可能不是很合适的方法?

*9.10　　用非参数方法检验两个医院的住院日是否更合适?

传染病

白细胞数的分布是典型的正偏态分布,正态分布的假定通常是错误的。

9.11　　当未假定正态分布时,要比较表 2.11 中用内科和外科方法治疗的患者白细胞数,用什么检验方法?

9.12 对练习 9.11 进行检验,给出 p-值。

运动医学

参考数据集 TENNIS2.DAT。

9.13 要比较 Motrin 组和安慰剂组的最大运动量期间的疼痛程度,用什么检验方法?

9.14 对练习 9.13 进行检验,给出 p-值。

耳鼻喉科学,儿科学

幼儿中耳炎的一个常见症状是"中耳渗出",即中耳分泌物的出现延长。分泌物的出现可以导致暂时性的失聪以及在开始 2 年内正常听觉受干扰。假设母乳喂养至少 1 个月的婴儿已建立了一定的预防疾病的免疫功能,他们中耳分泌物的持续时间比人工喂养的婴儿短。进行一项小研究,选 24 对婴儿,按照年龄、性别、社会经济地位和采取的医疗保健类型进行 1:1 的匹配。匹配对中一个婴儿是母乳喂养,另一个是人工喂养。结局变量是中耳炎第一次发作后中耳分泌物的渗出持续时间。结果见表 9.7。

表 9.7 母乳喂养和人工喂养的婴儿中耳分泌物的渗出持续时间

配对号	母乳喂养婴儿中耳渗出持续时间/天	人工喂养婴儿中耳渗出持续时间/天
1	20	18
2	11	35
3	3	7
4	24	182
5	7	6
6	28	33
7	58	223
8	7	7
9	39	57
10	17	76
11	17	186
12	12	29
13	52	39
14	14	15
15	12	21
16	30	28
17	7	8
18	15	27
19	65	77
20	10	12
21	7	8
22	19	16
23	34	28
24	25	20

*9.15 这里要检验的假设是什么?

*9.16 检验练习 9.15 中的假设时,为什么非参数检验可能是合适的?

*9.17 这里应该用什么非参数检验方法?

*9.18 用非参数方法检验:母乳喂养的婴儿比人工喂养的婴儿分泌物的持续时间短。

高血压

饮食中多不饱和脂肪酸对心血管病的一些危险因素有有利影响,其中多不饱和脂肪酸主要是亚油酸。为了检验饮食中补充亚油酸对血压的影响,选 17 例成人连续 4 周每日消耗 23 g 红花油(亚油酸含量高)。在基线(摄入红花油以前)及 1 个月后测量血压,每次随访时取几次读数的平均值,数据见表 9.8。

9.19 要检验亚油酸对血压的影响,用什么参数检验方法?

9.20 对练习 9.19 进行检验,给出 p-值。

9.21 要检验亚油酸对血压的影响,用什么非参数检验方法?

9.22 对练习 9.21 进行检验,给出 p-值。

9.23 比较练习 9.20 和 9.22 中的结果,讨论你认为哪一种方法适合。

表 9.8 亚油酸对收缩压(SBP)的影响

受试对象编号	基线 SBP	1 个月后 SBP	基线 SBP − 1 个月后 SBP
1	119.67	117.33	2.34
2	100.00	98.78	1.22
3	123.56	123.83	− 0.27
4	109.89	107.67	2.22
5	96.22	95.67	0.55
6	133.33	128.89	4.44
7	115.78	113.22	2.56
8	126.39	121.56	4.83
9	122.78	126.33	− 3.55
10	117.44	110.39	7.05
11	111.33	107.00	4.33
12	117.33	108.44	8.89
13	120.67	117.00	3.67
14	131.67	126.89	4.78
15	92.39	93.06	− 0.67
16	134.44	126.67	7.77
17	108.67	108.67	0.00

高血压

在血压流行病学中应用很普遍的一种仪器是随机零点仪,这种仪器在每次使用时零点被随机设定,观察者在测量时不知道实际的血压水平,从而可以降低观察者偏性。在用这种仪器之前,检测它的平均读数与标准袖带是否可比很重要。出于这个目的,用标准袖带和随机零点仪两次测量 20 例儿童血压。每种仪器两次读数取平均收缩压(SBP),数据见表 9.9。假定观察者的血压服从正态分布是很勉强的。

*9.24   要比较两种仪器的平均 SBP,应该用什么非参数检验方法?

*9.25   对练习 9.24 进行检验。

上述研究的另一目的是要比较每种方法的变异性。对每种方法计算 $|x_1 - x_2|$(即第一次和第二次读数差的绝对值),然后比较仪器之间差的绝对值。数据见表 9.10。假设观察者正态分布的假定是很勉强。

*9.26   应该用什么非参数检验方法考察两种仪器的变异性?

*9.27   对练习 9.26 进行检验。

表 9.9   标准袖带和随机零点仪测得平均收缩压(mmHg)的比较

受试对象编号	平均 SBP(标准袖带)	平均 SBP(随机零点仪)
1	79	84
2	112	99
3	103	92
4	104	103
5	94	94
6	106	106
7	103	97
8	97	108
9	88	77
10	113	94
11	98	97
12	103	103
13	105	107
14	117	120
15	94	94
16	88	87
17	101	97
18	98	93
19	91	87
20	105	104

健康促进

参考数据集 SMOKE.DAT。

9.28   用非参数方法检验男性和女性的戒烟天数是否有差异。

9.29   将数据集按年龄分组(大于/小于中位数),用非参数方法检验戒烟天数是否与年龄有关。

9.30   用与练习 9.29 中相同的方法检验以前的吸烟量是否与戒烟天数有关。

9.31 用与练习 9.29 中相同的方法检验调整的 CO 水平是否与戒烟天数有关。

9.32 为什么非参数方法很适合用于研究戒烟这类的危险因素?

参考表 8.20 中的尿钠数据(P304)。

9.33 用非参数方法,评价饮食咨询对于减少钠摄入是否有效(观察指标为尿钠排泄水平)。

参考数据集 HORMONE.DAT。

9.34 用非参数方法回答练习 8.105。

9.35 用非参数方法回答练习 8.106。

9.36 用非参数方法回答练习 8.107。

9.37 比较练习 9.34~9.36 的结果和相应的练习 8.105~8.107 中参数方法的结果。

表 9.10 比较标准袖带和随机零点仪测得收缩压(mmHg)的变异性

受试对象编号	差的绝对值,标准袖带(a_s)	差的绝对值,随机零点仪(a_r)
1	2	12
2	4	6
3	6	0
4	4	2
5	8	4
6	4	4
7	2	6
8	2	8
9	4	2
10	2	4
11	0	6
12	2	6
13	6	6
14	2	4
15	8	8
16	0	2
17	6	6
18	4	6
19	2	14
20	2	4

眼科学

参考第 7 章练习题中表 7.6 和表 7.7 的数据。

9.38 用非参数方法回答练习 7.87 中的问题。

9.39 对练习 9.38 进行检验,给出双侧 p-值。

9.40 比较练习 9.39 和练习 7.88 中的结果。

内分泌学

参考数据集 BONEDEN.DAT。

9.41 用非参数方法回答练习7.89中的问题,与用参数方法获得的结果比较。

9.42 用非参数方法回答练习7.90中的问题,与用参数方法获得的结果比较。

传染病

9.43 用非参数方法重新分析表8.18中的数据,与练习8.69的结果比较。

微生物学

参考第8章练习题中表8.28的数据。

9.44 要比较接种植物和未接种植物豆荚重量的中位数,用什么非参数检验方法?

9.45 对练习9.44进行检验,给出 p-值(双侧)。

9.46 将结果与练习8.151的结果进行比较。

参 考 文 献

[1] McNeil, D. R. (1967). Efficiency loss due to grouping in distribution free tests. *Journal of the American Statistical Association*, 62, 954—965

[2] Hollander, M., & Wolfe, D. (1973). *Nonparametric statistical methods*. New York: Wiley

第 10 章　假设检验:类型数据

10.1　绪　言

第 7 及 8 章中假设检验的基本方法都是建立在连续数据上,而且每个检验中,一个或两个样本的数据都来自潜在的正态分布;在此分布条件下才发展出上述检验。在第 9 章,此正态分布条件被放松而提出非参数方法。这时研究的变量值能排成顺序,但不需要有任何分布假定。

如果研究的变量并不连续但可以分成一些类型,它可以或不可以排成顺序,这又如何去做统计推断? 可以先考虑 3 个例子。

例 10.1　癌　假设我们感兴趣于研究口服避孕药(OC)与子宫癌的一年发病率的关系,研究时间是从 1988 年 1 月 1 日到 1989 年 1 月 1 日。这些妇女在 1988 年 1 月 1 日时都没有子宫癌。把这些妇女分成两类:在那段时间内服用 OC 者以及从不服用 OC 者。因此,这是两个样本比较两个二项比例的问题。这时第 8 章的 t 检验法不适用,因为这里的结果变量是子宫癌的发生与否,这是具有两个类型(是或否)的离散变量,而不是一个连续变量。

例 10.2　癌　设例 10.1 中把使用 OC 者分成"重度"使用者及"轻度"使用者,重度是指已服用 5 年及以上时间,轻度是指服用不足 5 年。我们研究重度使用,轻度使用及不服用 OC 者的一年内子宫癌发病率。在这里有 3 个二项比例需要作比较,即我们要研究比较两个以上比例的方法。

例 10.3　传染病　用泊松分布的概率模型去拟合 1968~1976 年全美国每年由于小儿麻痹症而死亡的数据,此数见表 4.8。我们希望发展一种一般性的方法去检验这种拟合的优良性,以及用其他模型拟合真实样本数据时的拟合优良性问题。

本章介绍两个或多个二项比例的假设检验及比较问题;介绍检验一个概率模型对真实数据的拟合优良性的方法;还介绍在数据分析中类型与非参数方法之间的关系。

10.2　二项比例问题的两样本检验

例 10.4　癌　一种假设认为,一部分妇女的乳腺癌是在月经初潮的年龄与生第一个孩子时的年龄之间形成的。特别地,这个假设认为随着上述时间间隔的增长,患乳腺癌的危险性也增加。如果这个理论正确,则乳腺癌的一个重要危险因子是生第一个孩子时的年龄。这个理论可以解析为什么具有高社会经济地位的妇女常具有高的乳腺癌发病率,因为这些妇女倾向于较晚生孩子。

建立了一个国际性的研究用于检验这个假设[1]。乳腺癌的病例取自美国、希腊、南斯拉夫、巴西、台湾及日本的医院。对照组要有可比性的年龄,她们与选中的病例在同一医院,相同时间住院,但是没有乳腺癌。所有妇女都被问及生第一个孩子时的年龄。

至少生一个孩子的妇女被任意分成两个类型:(1)生第一个孩子时的年龄≤29岁,及(2)生第一个孩子时的年龄≥30 岁。结果发现,至少生一个孩子的妇女中,3220 个患有乳腺癌的妇女(病例组)中有 683 个是生第一个孩子时的年龄超过 30岁(占 21.2%),而没有乳腺癌的妇女(对照组),10245 人中有 1498 人是超过 30岁时生第一个孩子(占 14.6%)。如何能判断这个差异是实质性的,还是由于偶然性造成的?

记 p_1 为疾病组中至少生一个孩子的妇女中生第一个孩子时年龄≥30 岁的概率,而 p_2 为对照组中至少生一个孩子的妇女生第一个孩子时年龄≥30 岁时的概率。问题是这两个潜在的概率是否有差异。此问题等价于检验假设 $H_0: p_1 = p_2 = p$ 对 $H_1: p_1 \neq p_2$,这里 p 是未知常数。

介绍两个方法去检验这个假设。一个是正态理论法,它类似于第 8 章及下面10.2.1 节中的方法。另一个是列联表法,见 10.2.2 节。这两个方法等价,它们通常会产生相同的 p-值,因此,可随便使用任一方法。

10.2.1 正态理论法

显著性检验基于样本比例的差值($\hat{p}_1 - \hat{p}_2$)。如果这个差值与零差别大,则H_0 应被拒绝,否则就接受 H_0。这里的样本数应足够大,以使对二项分布的正态近似有效。H_0 成立时,$\hat{p}_1$ 应是正态分布,均值为 p,方差为 pq/n_1;而 $\hat{p}_2$ 也是正态分布,均值为 p,方差为 pq/n_2。根据方程 5.10,由于样本是独立的,所以 $\hat{p}_1 - \hat{p}_2$ 是正态,均值为 0,方差为

$$\frac{pq}{n_1} + \frac{pq}{n_2} = pq\left(\frac{1}{n_1} + \frac{1}{n_2}\right)$$

如果 $\hat{p}_1 - \hat{p}_2$ 被它的标准误

$$\sqrt{pq\left(\frac{1}{n_1} + \frac{1}{n_2}\right)}$$

除,则在 H_0 成立下,有

方程 10.1 $\quad z = (\hat{p}_1 - \hat{p}_2) \Big/ \sqrt{pq\left(\frac{1}{n_1} + \frac{1}{n_2}\right)} \sim N(0,1).$

问题是这里的 p, q 是未知的,因此不能计算 z 的分母,除非发现某种方法可以计

算分母。对 p 的最好估计应是样本比例 $\hat{p}_1$ 及 $\hat{p}_2$ 的加权平均。这个加权平均记作 $\hat{p}$,即

方程 10.2　$\hat{p} = \dfrac{n_1\hat{p}_1 + n_2\hat{p}_2}{n_1 + n_2} = \dfrac{x_1 + x_2}{n_1 + n_2}.$

此处 x_1 为第一个样本中事件的观察数,x_2 为第二个样本中事件的观察数。这个估计很直观,即公共的样本比例是联合两样本后总的比例。把 $\hat{p}$ 代入方程 10.1 中的 p,最后形成了较好的正态近似式。可以引进一个连续性修正到方程 10.1 的分子。如果 $\hat{p}_1 \geqslant \hat{p}_2$,则减去 $\left(\dfrac{1}{2n_1} + \dfrac{1}{2n_2}\right)$;如果 $\hat{p}_1 < \hat{p}_2$,则加上 $\left(\dfrac{1}{2n_1} + \dfrac{1}{2n_2}\right)$。与此等价,可以写分子为 $|\hat{p}_1 - \hat{p}_2| - \left(\dfrac{1}{2n_1} + \dfrac{1}{2n_2}\right)$,当 z 正值大时拒绝 H_0。具体做法见下:

方程 10.3　二项比例的两样本检验(正态理论法)　要检验假设 $H_0: p_1 = p_2$ 对 $H_1: p_1 \neq p_2$,这些比例由两个独立样本中产生,使用下面方法:

(1)计算检验统计量

$$z = \frac{|\hat{p}_1 - \hat{p}_2| - \left(\dfrac{1}{2n_1} + \dfrac{1}{2n_2}\right)}{\sqrt{\hat{p}\hat{q}\left(\dfrac{1}{n_1} + \dfrac{1}{n_2}\right)}}$$

此处

$$\hat{p} = \frac{n_1\hat{p}_1 + n_2\hat{p}_2}{n_1 + n_2} = \frac{x_1 + x_2}{n_1 + n_2}, \quad \hat{q} = 1 - \hat{p}$$

其中 x_1, x_2 分别是第一及第二样本中的事件数。

(2)对于双侧检验,α 水平下

$$\text{如 } z > z_{1-\alpha/2}, \quad \text{则拒绝 } H_0$$
$$\text{如 } z \leqslant z_{1-\alpha/2}, \quad \text{则接受 } H_0$$

(3)这个检验的近似 p-值是

$$p = 2[1 - \Phi(z)]$$

(4)仅当每个样本中正态分布可以近似二项时才有效,即要求条件 $n_1\hat{p}\hat{q} \geqslant 5$ 及 $n_2\hat{p}\hat{q} \geqslant 5$。

这个检验的接受及拒绝区域见图 10.1,精确 p-值见图 10.2。

例 10.5　癌　判断例 10.4 的国际研究结果的统计显著性。

解　此例中样本比例为

$$\hat{p}_1 = 683/3220 = 0.212, \quad \hat{p}_2 = 1498/10245 = 0.146$$

计算共同比例 $\hat{p}$:

$$\hat{p} = (683 + 1498)/(3220 + 10245) = 2181/13465 = 0.162$$

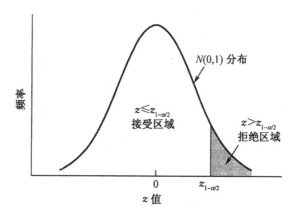

图 10.1 二项比例的两样本检验中接受及拒绝区域
（正态理论法）

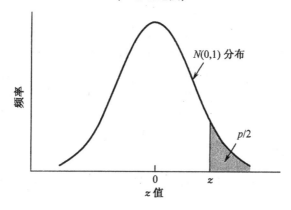

图 10.2 二项比例的两样本检验中精确 p -值的计算法
（正态理论法）

$$\hat{q} = 1 - 0.162 = 0.838$$

注意,

$$n_1 \hat{p}\hat{q} = 3220(0.162)(0.838) = 437.1 \geqslant 5$$
$$n_2 \hat{p}\hat{q} = 10245(0.162)(0.838) = 1390.7 \geqslant 5$$

因此可以使用方程 10.3,检验统计量为

$$z = \frac{\left\{|0.212 - 0.146| - \left[\frac{1}{2(3220)} + \frac{1}{2(10245)}\right]\right\}}{\sqrt{0.162(0.838)\left(\frac{1}{3220} + \frac{1}{10245}\right)}}$$

$$= 0.0657/0.00744$$

$$= 8.8$$

而 p-值 $= 2 \times [1 - \Phi(8.8)] < 0.001$。因此,这个结果极度显著。结论是,有乳腺癌的妇女生第一个孩子时年龄超过 30 岁的比例高于没有乳腺癌的妇女。

例 10.6　心血管病　要研究口服避孕药(OC)对 40~44 岁妇女的心脏病的影响。结果发现,5000 名在开始时服用 OC 的妇女,在 3 年内发展有心肌梗塞(MI)者为 13 人;而 10000 名未服用 OC 者,在 3 年内发现有 7 例 MI 病例。判断这个结果的统计显著性。

解　注意 $n_1 = 5000$, $\hat{p}_1 = 13/5000 = 0.0026$, $n_2 = 10000$, $\hat{p}_2 = 7/10000 = 0.0007$。我们检验 $H_0 : p_1 = p_2$ 对 $H_1 : p_1 \neq p_2$。公共比例 p 的最好估计为

$$\hat{p} = \frac{13 + 7}{15000} = \frac{20}{15000} = 0.00133$$

因为 $n_1 \hat{p}\hat{q} = 5000(0.00133)(0.99867) = 6.66$, $n_2 \hat{p}\hat{q} = 10000(0.00133)(0.99867) = 13.32$,因此正态理论法可以使用。检验统计量为

$$z = \frac{|\, 0.0026 - 0.0007\,| - \left[\dfrac{1}{2(5000)} + \dfrac{1}{2(10000)}\right]}{\sqrt{0.00133(0.99867)(1/5000 + 1/10000)}} = \frac{0.00175}{0.00063} = 2.77$$

而 p-值为 $2 \times [1 - \Phi(2.77)] = 0.006$。于是 OC 使用者与 OC 不使用者在心肌梗塞病发病率上有很显著差异,即 OC 服用者与 3 年内患心肌梗塞的发病率有显著关联。

10.2.2　列联表法

列联表法(contingency-table method)是与 10.2.1 节相同的检验,但却是从不同的角度考察数据。

例 10.7　癌　在例 10.4 的国际研究中,假设至少生过一个孩子的全部妇女分成两类:疾病组与对照组,而生第一个孩子时的年龄也分成 $\leqslant 29$ 及 $\geqslant 30$。这时会有 4 个可能的结局,列于表 10.1。

表 10.1　例 10.4 的国际性研究中,在乳腺癌与对照组中比较妇女首次分娩时的年龄

状态	初娩时的年龄		总数
	$\geqslant 30$	$\leqslant 29$	
疾病	683	2537	3220
对照	1498	8747	10245
总数	2181	11284	13465

注:获 WHO Bulletin, 43, 209~221, 1970 准许。

疾病与对照状态出现于表 10.1 的两行中,而初娩时年龄记录在两列上。所以每一个妇女必属于这 4 个格(或盒)中之一。比如,有乳腺癌的妇女中,她们在生第

一个孩子时的年龄≥30 岁的有 683 人,她们在生第一个孩子时年龄≤29 岁的有 2537 人;而在对照组中妇女 30 岁后生第一个孩子的是 1498 人,生第一个孩子时年龄≤29 岁的是 8747 人。进而,每行及每列的总数记在边上。疾病组妇女是 3220(= 683 + 2537)人;对照组妇女是 10245(= 1498 + 8747)人;而 2181 名妇女生第一个孩子时年龄≥30 岁,11284(= 2537 + 8747)名妇女第一次生产时年龄≤29 岁。这些总数分别代表行的边际及列的边际。最后,总共有 13465(表的下一右边角上)人参与这个研究,它是 4 个格子数值之和(= 683 + 2537 + 1498 + 8747),也是行边际(3220 + 10245)之和,且是列边际(2181 + 11284)之和。这个和是*总和*(grand total)。

表 10.1 称为 2 × 2 列联表(contingency table),因为在状态上有 2 个类:疾病与对照,而在年龄上也有 2 个类。

定义 10.1 一个 **2 × 2 列联表**是由两行及两列交错组成的一种表。数据可以被两个不同变量所分类,其中每一个变量仅有两个可能的结果。一个变量可以任意放在行(或列)上而另一个则指定在列(或行)上。4 个格子有时用下述号码代表,(1,1)表示第 1 行第 1 列上的格子,(1,2)表示第 1 行及第 2 列上的格子,(2,1)表示第 2 行第 1 列上的格子,(2,2)表示第 2 行第 2 列上的格子。在 4 个格子内观察到的单元数常分别记为 $O_{11}, O_{12}, O_{21}, O_{22}$。而习惯性地,对于和,则有

(1)每一行的单元总数显示在右边际,称为**行边际和**或**行边际**(**row margin**)。

(2)每一列的单元总数显示在底部,这称为**列边际和**或**列边际**(**column margin**)。

(3)4 个格子的单元总数,显示在表的右下角上,称为**总计数**(**grand total**)

例 10.8 心血管病 把例 10.6 中心肌梗塞的数据做成 2 × 2 列联表。

解 记表中的行代表 OC 使用组,第 1 行代表 OC 使用者,第 2 行代表未使用 OC 者。记表中的列代表 MI,第 1 列代表有 MI 者(Yes),第 2 列代表无 MI 者(No)。把 5000 个 OC 使用者分放在第 1 行,10000 个未使用 OC 者放在第 2 行,见表 10.2[*]。

表 10.2 例 10.6 中 OC - MI 的 2 × 2 列联表

OC 使用组	3 年内的 MI 状态		总数
	Yes	No	
使用 OC 者	13 *	4987	5000
不使用 OC 者	7	9993	10000
总数	20	14980	15000

----

[*] 流行病学中有不成文的约定,把处理组放在第 1 行,而把"暴露"(或 Yes)放在第 1 列。——译者注

上述两例是把采样设计如何归纳为一个列联表。在例 10.4 的乳腺癌数据中有两个独立样本(即有病妇女与对照妇女)，我们要比较生第一个孩子时年龄较晚者的两个比例。类似地，在例 10.6 的 OC-MI 数据中，也有两组独立妇女样本，她们具有不同的避孕药使用状态，我们要比较两组中发生 MI 的比例。这两个例子都是要检验两个独立样本是否有相同的比例问题。这在统计学上称为**"二项比例的齐性检验"**(test for homogeneity of binomial proportion)。这里，一组边际是固定的(比如，行边际)，而每行中"成功"的数目是一个随机变量。例如，例 10.4 中，乳腺癌总数及对照组总数是固定的，而妇女在年龄 30 岁及以后生第一个孩子的数目是一个二项随机变量，它是在两个行边际固定下的随机变量(即疾病组中的 3220 及对照组中的 10245 都是固定值)。

列联表的其他可能的用处是可以检验列联表中两个变量(或称特征)间的独立性。这时，两组边际都是固定的。这时 2×2 表中有一个格子，比如 $(1,1)$ 格子中的单元素是随机变量，而另外格子内的单元数则可以从固定的边际及 $(1,1)$ 上的单元数而推算出来。下面给出这样设计的一个例子。

例 10.9 营养学 食物频数问卷广泛地应用于测度每天的摄入量。每个人要详细列出许多不同食物中每一种的一周消费量。再从中计算出总的营养成分。判断问卷好坏的一个方法是考察它的可重复性。此处判断问卷可重复性的做法是：在不同时间的 50 个人，用同一问卷对同一个人做两次调查，并比较两次问卷的结果。假设我们调查每天胆固醇的摄入量，规定如每天摄入量超过 300 mg 则认为是"高"，否则认为是"正常"。这个列联表见表 10.3，我们很自然地要比较这两次调查的结果。我们要检验，在同一个人上做的相同的两次调查胆固醇摄入量是否有某种关系。这个检验也称为两个特征的**独立性检验**(test of independence)或**关联性检验**(test of association)[*]。

表 10.3 在不同时间对一个食物频数问卷中胆固醇的两次调查

第 1 次调查问卷	第 2 次调查问卷 高	正常	总数
高	15	5	20
正常	9	21	30
总数	24	26	50

幸运的是，齐性检验或独立性检验用的统计检验方法是相同的，因此在本节中我们不再区别它们。

---

[*] 独立性检验也称一致性检验(test of concordance)。——译者注

10.2.3 使用列联表法做显著性检验

表 10.1 是**观察列联表**或称**观察表**(observed table)。为做统计检验,我们需要发展一种**期望表**(expected table),它也是列联表,但它是在 $H_0: p_1 = p_2 = p$ 为真时(即乳腺癌与第一次分娩时年龄无关系)格子内的期望数。此例中,p_1, p_2 分别是乳腺癌患者或对照组中初次分娩年龄 $\geqslant 30$ 岁时的概率。现在写得更一般些,在一般的 2×2 表中,如果 n_1 个乳腺癌妇女中有 x_1 个暴露(即 $\geqslant 30$ 岁),而 n_2 个对照组妇女中有 x_2 个暴露(即 $\geqslant 30$ 岁)。这时的观察表见表 10.4。

表 10.4 例 10.4 国际性研究中数据的一般性列联表:其中疾病组的 n_1 个妇女中 x_1 个暴露,对照组的 n_2 个妇女中 x_2 个暴露(暴露:意即首次分娩年龄 $\geqslant 30$)

疾病-对照状态	首次分娩的年龄		总数
	$\geqslant 30$	$\leqslant 29$	
有病组	x_1	$n_1 - x_1$	n_1
对照组	x_2	$n_2 - x_2$	n_2
总数	$x_1 + x_2$	$n_1 + n_2 - (x_1 + x_2)$	$n_1 + n_2$

如果 H_0 为真,则公共比例 p 的最好估计是 $\hat{p}$,它由方程 10.2 给出,为

$$\hat{p} = (n_1 \hat{p}_1 + n_2 \hat{p}_2)/(n_1 + n_2)$$

或写成

$$(x_1 + x_2)/(n_1 + n_2)$$

此处 x_1 及 x_2 分别是 1 组及 2 组中暴露的妇女数。这时,H_0 下,格子 $(1,1)$ 内期望单元数即是有病组中初次分娩年龄 $\geqslant 30$ 岁时的期望妇女数,即为

$$n_1 \hat{p} = n_1(x_1 + x_2)/(n_1 + n_2)$$

此数也就是表 10.4 中第 1 行的边际(n_1)乘以第 1 列的边际($x_1 + x_2$),再除以全部总和($n_1 + n_2$)。类似地,$(2,1)$ 格子上的期望数等于对照组中初次分娩年龄 $\geqslant 30$ 的期望数:

$$n_2 \hat{p} = n_2(x_1 + x_2)/(n_1 + n_2)$$

它也是第 2 行的边际乘以第 1 列的边际再除以全部总和。一般地,可以应用下面的法则:

方程 10.4 2×2 列联表中计算期望值 在 (i, j) **格子**内**期望单元数**常记以 E_{ij},它就是**第 i 行**的边际乘以**第 j 列**的边际,再除以全部总和。

例 10.10 癌 对例 10.4 中乳腺癌数据计算期望表。

解 考虑表 10.1,这是观察表,其中行总数分别是 3220 及 10245;列总数分别

是 2181 及 11284；而全部总和是 13465。于是

$$E_{11} = (1,1) \text{ 格子上的期望单元数}$$
$$= 3220(2181)/13465 = 521.6$$
$$E_{12} = (1,2) \text{ 格子上的期望单元数}$$
$$= 3220(11284)/13465 = 2698.4$$
$$E_{21} = (2,1) \text{ 格子上的期望单元数}$$
$$= 10245(2181)/13465 = 1659.4$$
$$E_{22} = (2,2) \text{ 格子上的期望单元数}$$
$$= 10245(11284)/13465 = 8585.6$$

这些期望显示于表 10.5。

表 10.5　例 10.4 中乳腺癌数据的期望表

疾病-对照状态	首次分娩年龄		总数
	≥30	≤29	
有病	521.6	2698.4	3220
对照	1659.4	8585.6	10245
总数	2181	11284	13465

例 10.11　心血管病　计算例 10.6 中 OC‐MI 数据的期望表。

解　由表 10.2 的观察表数据，得

$$E_{11} = \frac{5000(20)}{15000} = 6.7$$

$$E_{12} = \frac{5000(14980)}{15000} = 4993.3$$

$$E_{21} = \frac{10000(20)}{15000} = 13.3$$

$$E_{22} = \frac{10000(14980)}{15000} = 9986.7$$

期望值列于表 10.6。

表 10.6　例 10.6 的 OC‐MI 数据的期望表

OC 使用者组	3 年期内 MI 状态		总数
	Yes	No	
使用 OC	6.7	4993.3	5000
不使用 OC	13.3	9986.7	10000
总数	20	14980	15000

我们可以从方程 10.4 中看出来,每一行(或列)期望值的总和应该与对应的观察表中的行(或列)的总数相同。这个关系供我们检查计算期望表时是否有错误。

例 10.12 检查表 10.5 中期望值有否错误。

解 可以有下面结果:

(1)第 1 行期望数总和 $= E_{11} + E_{12} = 521.6 + 2698.4 = 3220$
$\qquad\qquad\qquad\qquad =$ 观察表中第 1 行的总和

(2)第 2 行期望数总和 $= E_{21} + E_{22} = 1659.4 + 8585.6 = 10245$
$\qquad\qquad\qquad\qquad =$ 观察表中第 2 行的总和

(3)第 1 列期望数总和 $= E_{11} + E_{21} = 521.6 + 1659.4 = 2181$
$\qquad\qquad\qquad\qquad =$ 观察表中第 1 列的总和

(4)第 2 列期望数的总和 $= E_{12} + E_{22} = 2698.4 + 8585.6 = 11284$
$\qquad\qquad\qquad\qquad =$ 观察表中第 2 列的总和

我们现在比较表 10.1 的观察表与表 10.5 的期望表。如果两个表中对应的格子数全都近似相同,则我们应该接受 H_0;反之,如果两表中有较大的差异,则应拒绝 H_0。两表差异到什么程度,我们才可以拒绝 H_0? 可以证明,两表比较的最好方法是使用统计量 $(O-E)^2/E$,此处 O 及 E 分别是指定格子内观察及期望的单元数。特别地,在 H_0 成立条件下,可以证明 4 个格子上 $(O-E)^2/E$ 的和值近似于 χ^2 分布且自由度为 $1(df=1)$。仅当这个和值大时才拒绝 H_0,否则就接受 H_0。因为这个和式小的值表示这两个表有很好的一致性,当然和式的大值是对应于很差的一致性。这个检验方法仅适用于当正态分布近似于二项分布是有效时。如果表中没有小于 5 的期望值,则认为正态分布的近似是成立的。

另外,在某些情况下,对这个统计量做连续性修正,比不做连续性修正可以产生更精密的 p-值。这里所指的连续性修正是指,对每一个格子内,用 $(|O-E|-0.5)^2/E$ 代替 $(O-E)^2/E$。这个统计量称为 Yate 修正。现总结方法如下。

方程 10.5 对 2×2 列联表的 Yate 修正卡方检验 假设我们利用列联表法检验 $H_0:p_1=p_2$ 对 $H_1:p_1 \neq p_2$。计 O_{ij} 代表格子 (i,j) 上的观察数,E_{ij} 表示 (i,j) 格子上的期望数。

(1)计算统计量
$$X^2 = (|O_{11}-E_{11}|-0.5)^2/E_{11} + (|O_{12}-E_{12}|-0.5)^2/E_{12}$$
$$+ (|O_{21}-E_{21}|-0.5)^2/E_{21} + (|O_{22}-E_{22}|-0.5)^2/E_{22}$$

H_0 成立时,上面统计量是近似的 χ_1^2 分布

(2)在显著性水平 α 下,

如果 $X^2 > \chi_{1,1-\alpha}^2$ 则拒绝 H_0,如果 $X^2 \leqslant \chi_{1,1-\alpha}^2$ 则接受 H_0。

(3)近似的 p-值就是 χ_1^2 分布在点 X^2 右边的面积。

(4)这个检验的使用条件是,4 个期望值没有一个小于 5*。

此检验的接受和拒绝区域见图 10.3。p- 值计算示于图 10.4。

即使 χ 分布的临界值是单边的,但 Yate 连续性修正卡方检验总是双侧检验。这种做法的理由是,不管是 $p_1 < p_2$ 还是 $p_1 > p_2$,小的 X^2 值总是有利于 H_0 假设,而大的 $|O_{ij} - E_{ij}|$ 总是对应于有大的 X^2 值。

例 10.13　癌　使用列联表法判断例 10.4 的乳腺癌数据有否统计显著性。

解　首先分别计算观察及期望列联表,见表 10.1 及表 10.5。检查表 10.5 中期望值是否全部超过 5,这很易看出是成立的。于是由表 10.5,得

$$X^2 = \frac{(|683 - 521.6| - 0.5)^2}{521.6} + \frac{(|2537 - 2698.4| - 0.5)^2}{2698.4}$$

$$+ \frac{(|1498 - 1659.4| - 0.5)^2}{1659.4} + \frac{(|8747 - 8585.6| - 0.5)^2}{8585.6}$$

$$= \frac{160.9^2}{521.6} + \frac{160.9^2}{2698.4} + \frac{160.9^2}{1659.4} + \frac{160.9^2}{8585.6}$$

$$= 49.661 + 9.599 + 15.608 + 3.107$$

$$= 77.89 \sim \chi_1^2 (\text{在 } H_0 \text{ 下})$$

因为 $\chi_{1,0.999}^2 = 10.83 < 77.89 = X^2$,我们有 $p < 1 - 0.999 = 0.001$ 这个结果极度显著。于是乳腺癌与首次分娩时年龄是否超过 30 岁有很强的统计联系。

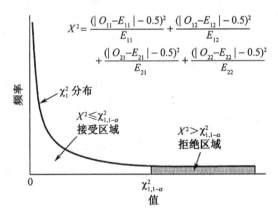

图 10.3　对 2×2 列联表的 Yate-修正卡方检验的
拒绝及接受区域

例 10.14　心血管病　使用列联表法判断例 10.6 中 OC - MI 数据的统计显著性。

---

* 国内很多统计书认为"至少有一个期望数<5,才应用 Yate 修正",与此书条件完全相反。——译者注

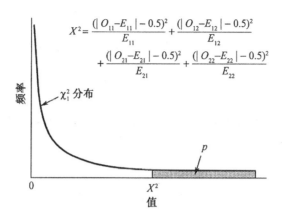

图 10.4   对 2×2 列联表的 Yate - 修正卡方检验
p-值的计算

解   首先计算观察及期望频数,已见表 10.2 及表 10.6。注意,表 10.6 中最小的期望值是 6.7,它 $\geqslant 5$。于是可以用方程 10.5 的方法:

$$X^2 = \frac{(\mid 13 - 6.7 \mid - 0.5)^2}{6.7} + \frac{(\mid 4987 - 4993.3 \mid - 0.5)^2}{4993.3}$$

$$+ \frac{(\mid 7 - 13.3 \mid - 0.5)^2}{13.3} + \frac{(\mid 9993 - 9986.7 \mid - 0.5)^2}{9986.7}$$

$$= \frac{5.8^2}{6.7} + \frac{5.8^2}{4993.3} + \frac{5.8^2}{13.3} + \frac{5.8^2}{9986.7}$$

$$= 5.104 + 0.007 + 2.552 + 0.003$$

$$= 7.67 \sim \chi_1^2 (H_0 \text{ 下})$$

因为 $\chi_{1,0.99}^2 = 6.63$, $\chi_{1,0.995}^2 = 7.88$, 及 $6.63 < 7.67 < 7.88$, 所以 $1 - 0.995 < p < 1 - 0.99$ 或 $0.005 < p < 0.01$, 此结果有很高的显著性。也就是说,使用 OC 者 MI 的发病率与不使用 OC 者 MI 的发病率有显著差异,而使用 OC 者有较高的发病率。

方程 10.3 与方程 10.5 的两个检验等价,即它们可以给出相同的 p-值且有相同的方向性去接受或拒绝 H_0, 视用什么方法更方便而选用。大多数研究工作者发现,列联表法更容易理解,也更多地在科学文献中出现。

对于方程 10.5 的列联表检验中是否需要做连续性修正,这在统计学家中普遍地有不同意见。一般地,使用连续性修正求得的 p-值稍微较大。因此造成的结果也就稍微缺少显著性(指与不修正的卡方检验)。但在大样本情形,这种差别应该极小。而我相信,Yate 修正的统计检验在应用文献中使用得更为广泛些,因此我把它写在本节中。另外,对于 2×2 表的假设检验还有 Fisher 的精确检验,此方法见 10.3 节。

10.2.4 2×2 列联表中 Yate-修正卡方检验的简单计算公式

方程 10.5 的检验统计量 X^2 可以有另外的计算形式,它更便于手算而不需要计算期望值:

方程 10.6 2×2 列联表中 Yate-修正卡方检验的简略计算公式 假设我们已有如表 10.7 形式的 2×2 列联表。则方程 10.5 的 X^2 检验统计量可以写成如下形式

$$X^2 = n\left(\mid ad - bc \mid - \frac{n}{2}\right)^2 \Big/ [(a + b)(c + d)(a + c)(b + d)]$$

即,这个检验统计量 X^2 依赖于:(1)全部总和 n;(2)行及列的边际 $a + b, c + d, a + c, b + d$;(3)$ad - bc$ 的值。计算 X^2 的过程如下:

(1)计算

$$\left(\mid ad - bc \mid - \frac{n}{2}\right)^2;$$

再下面按第 1 列边际开始,并按逆时针方向进行:

(2)除以每列的边际;

(3)乘全部总和;

(4)除以每行的边际。

这个计算很容易用计算器完成,因为前一个乘积及商可以通过显示而再进一步往下计算。

表 10.7 一般 2×2 列联表

a	b	$a + b$
c	d	$c + d$
$a + c$	$b + d$	$n = a + b + c + d$

例 10.15 营养学 对例 10.9 的营养数据,用简略公式计算卡方统计量。

解 由表 10.3,

$$a = 15, b = 5, c = 9, d = 21, n = 50$$

因为最小的期望值 = (24×20)/50 = 9.6 ≥ 5,因此使用卡方检验是有效的。使用方程 10.6 如下:

(1)计算

$$\left(\mid ad - bc \mid - \frac{n}{2}\right)^2 = \left[\mid 15 \times 21 - 5 \times 9 \mid - \frac{50}{2}\right]^2$$

$$= (270 - 25)^2 = 245^2 = 60025$$

(2)把上一步的结果(60025)除以两个列的边际(24 及 26),得 96.194;

(3)上一步结果(96.194)乘以全部总和(50),得 4809.70;

(4)在上一步结果(4809.70)中除以两个行边际(20 及 30),得 8.02。

因为临界值 $= \chi^2_{1,0.95} = 3.84$ 及 $X^2 = 8.02 > 3.84$,说明结果有显著性。求 p-值范围,注意,$\chi^2_{1,0.995} = 7.88$,$\chi^2_{1,0.999} = 10.83$,因此,$7.88 < 8.02 < 10.83$,所以 $0.001 < p < 0.005$。

这个数据也可以用 SPSS^X/PC 中的 CROSSTABS 程序计算,结果见表 10.8。该程序可打印出格子中计数(count),行及列的总数与百分比,全部总和。进而可以打印出最少期望频数(即 Min E.F = 9.6)。注意,此处没有期望频数 < 5。最后,打印出用 Yate 修正的卡方检验的值(8.01616),自由度 $df = 1$,及显著性 p-值 = 0.0046;及未修正的卡方检验的值(9.73558),$df = 1$,及 p-值 = 0.0018。

表 10.8 用 SPSS^X/PC 中的 CROSSTABS 程序分析表 10.3 中营养数据

SPSS/PC   Release 1.0

Crosstabulation: CHOL1   第 1 个食物问卷
　　　　　　　　　BY CHOL2   第 2 个食物问卷

	Count	HIGH	NORMAL	
				Row
CHOL2→		1.00	2.00	Total
CHOL1	1.00	15	5	20
HIGH				40.0
	2.00	9	21	30
NORMAL				60.0
	Column	24	26	50
	Total	48.0	52.0	100.0

Chi-Square	D.F.	Significance	Min E. F.	Cells with E. F. < 5
8.01616	1	0.0046	9.600	None
9.73558	1	0.0018	(Before Yates Correction)	

Number of Missing Observations = 0

这个结果表明,对同一个人不同时间的两次每日胆固醇的摄入量有很高的显著关联性。这是我们所希望的,说明了这个问卷有再现性。我们将在 10.8 节再讨论类型数据中再现性的测度。

本节中我们讨论了二项比例的两样本检验。这类似于第 8 章中两独立样本均数比较的 t 检验,只是这里比较的是比例。

我们看书末流程图(P.749)。对于第 10 章中的所有方法,对(1)仅一个变量?是;(2)单样本问题?否;(3)两样本问题?是;(4)分布为正态分布或中心极限定理成立?否;(5)分布是二项分布?是。即进入第 10 章中研究的内容。

现在我们考察本章的流程图(图 10-16,P.391)。我们回答(1)独立样本?是;(2)所有期望值$\geqslant$5?是。这就通过 A 圆圈而引导我们进入盒形标题"如果没有混杂存在,对二项分布用两样本检验或 2×2 列联表;如果存在混杂,用 Mantel-Haenszel 检验"。简言之,一个混杂变量实际是一种潜在的与行及列变量相关的变量,因此在分析时必须加以控制。我们将在第 13 章中完成这个讨论。本章中我们只讨论没有混杂存在的情形。因此,我们只要使用二项比例的两样本检验(方程 10.3)或等价地对 2×2 列联表使用卡方检验(方程 10.5)。

10.3　Fisher 精确检验

上一节中,我们讨论比较两个二项比例问题的方法,可以使用正态理论也可以使用列联表法。两个方法产生相同的 p-值。但是,这两个方法都要求正态近似二项分布是有效的,但却不是任何情形都适用的,特别是在小样本时。

例 10.16　心血管病,营养学　我们研究高盐摄入量与心血管病(CVD)死亡率的关系。对高盐及低盐使用者随访一段长时间,比较有或没有 CVD 的两组的相对死亡频率。作为上述研究的对照,有的研究者通过寻找死亡记录,分别记录有或没有 CVD 者的名字,再去询问与死者相近的亲属(比如配偶),了解死者的每天饮食习惯,再把有 CVD 者的盐摄入量与没有 CVD 者的盐摄入量作比较。

后者的这种研究属于回顾性研究,有很多理由说明要完成这样的研究是不大可能的。但如果能完成这种研究,则这种研究的花费至少比前瞻性研究的花费要少得多。

例 10.17　心血管病,营养学　假设一个回顾性研究是在某个地区的 50～54 岁男性中完成,这些人都在一个月内死亡。研究者收集两组近似相等数量的男性死者,一组是 CVD 死者(病例组),另一组是死于其他原因的男性(对照组)。调查发现 35 个 CVD 死者中有 5 个生前是高盐者。而死于其他疾病的 25 人中 2 人生前是高盐者,数据见表 10.9,这是一个 2×2 表。用 10.2.2 节中的方法应先检查期望数。

表 10.9 死亡原因与高盐摄入量之间可能有联系的数据

死亡原因	饮食类型		总数
	高盐	低盐	
非 CVD	2	23	25
CVD	5	30	35
总数	7	53	60

但这个表的期望值太小:

$$E_{11} = 7(25)/60 = 2.92$$

$$E_{21} = 7(35)/60 = 4.08$$

即四格表中 2 个格子的期望值小于 5。死亡的原因与饮食类型是否应该有联系?

对于此例,**Fisher 精确检验**是有用的。这个方法可以对任何 2×2 表给出精确结果,但是它特别适用于格子内期望数少的情形,而此情形下,方程 10.5 的标准方法不适用。而对于卡方检验适用的情形时,Fisher 精确检验可以与卡方检验有很类似的结果。假设一男性嗜高盐食物而预先已知是死于非心血管病(non-CVD)的概率为 p_1,高盐嗜好者而预先已知是死于 CVD 的男性的概率为 p_2。我们要检验假设 $H_0: p_1 = p_2 = p$ 对 $H_1: p_1 \neq p_2$。表 10.10 给出数据的一般形式。

表 10.10 Fisher 精确检验例中数据的一般安排

死亡原因	饮食形式		总数
	高盐	低盐	
non-CVD	a	b	$a+b$
CVD	c	d	$c+d$
总数	$a+c$	$b+d$	n

为了数学上方便,我们假定表 10.10 中的所有边际都固定不变;也就是说,non-CVD 死亡人数及 CVD 死亡人数都分别固定在 $a+b$ 及 $c+d$,而高盐及低盐饮食的人数分别固定在 $a+c$ 及 $b+d$。要如此固定的原因是,除非作上述固定,否则很难计算所要求的概率。在上述固定条件下,四格表中恰好出现 a、b、c 及 d 指定数的概率可以给出如下:

方程 10.7 观察表中格子数恰为 a, b, c, d 的精确概率为

$$P_r(a, b, c, d) = \frac{(a+b)!(c+d)!(a+c)!(b+d)!}{n!a!b!c!d!}$$

这个公式很便于记忆,因为分子是 4 个边际阶乘之积,而分母是全部总和阶乘与 4 个格子内观察频数阶乘之积。

例 10.18   假设有一个 2×2 表如表 10.11,请计算出现该表的精确概率,假定边际都固定。

表 10.11   例 10.18 中的假设性 2×2 列联表

2	5	7
3	1	4
5	6	11

解 $Pr(2,5,3,1) = \dfrac{7!\ 4!\ 5!\ 6!}{11!\ 2!\ 5!\ 3!\ 1!} = \dfrac{5040(24)(120)(720)}{39916800(2)(120)(6)}$

$$= \frac{1.0450944 \times 10^{10}}{5.7480192 \times 10^{10}} = 0.182$$

10.3.1   超几何分布

假设行边际固定值分别为 N_1 及 N_2,列边际固定值分别为 M_1 及 M_2,下面考察 4 个边际全都固定下 2×2 表所有可能的个数。我们可以重新安排行及列以使总有 $M_1 \leqslant M_2, N_1 \leqslant N_2$。在边际全都固定时,4 个格子的观察数实际上只有一个,比如(1,1),是可以随机变动的,其他格子数都可由(1,1)格子内数及边际数中找出。记随机变量 X 是(1,1)格子内的单元数。则 X 的概率分布为:

方程 10.8 $Pr(X=a) = \dfrac{N_1!\ N_2!\ M_1!\ M_2!}{N!\ a!\ (N_1-a)!\ (M_1-a)!\ (M_2-N_1+a)!}$,

$$a = 0, 1, \cdots, \min(N_1, M_1)$$

此处 $N = N_1 + N_2 = M_1 + M_2$。这样的概率分布称为**超几何分布**(hypergeometric distribution)。

方程 10.9   超几何分布的期望值及方差   在所有行及列的边际全是固定下,且记 $M_1 \leqslant M_2, N_1 \leqslant N_2, N = N_1 + N_2 = M_1 + M_2$ 下,记 X 随机变量是(1,1)格子内的单元数。则 X 的期望及方差为

$$E(X) = \frac{M_1 N_1}{N}$$

$$\mathrm{Var}(X) = \frac{M_1 M_2 N_1 N_2}{N^2(N-1)}$$

检验假设 $H_0: p_1 = p_2$ 对 $H_1: p_1 \neq p_2$ 的基本做法是计算与观察 2×2 表有相同边际的所有可能的 2×2 列联表,而每一个这样表的概率都可由方程 10.8 计算出来。完成这个任务的方法给出如下:

方程 10.10   列出所有可能与观察表有相同边际的表。

(1)重新安排观察表,以使最小行边际出现在第 1 行,最小列边际出现在第 1

列。

记重新安排行或列后的四格表中的观察频数分别为 a, b, c, d, 如同表 10.10 一样。

(2)开始时把(1,1)格子内的频数变成 0。于是其他格子数都可从(1,1)内的数及 4 个边际中分别算出, 比如这时(1,2)内的频数必是 $a+b$, (2,1)格子上必是 $a+c$, 而(2,2)上必是 $c+d-(a+c)=d-a$。这样做成了第 1 个四格表。

(3)把(1,1)格子内的 0 改为 1, 这时(1,2), (2,1)格子内的数分别减少 1 个, 而(2,2)格子内的数增加 1 个。这就形成第 2 个四格表, 它与观察表有相同的边际。

(4)对(1,1)格子内数, 继续第(3)步, 直到另外 3 个格子有一个格子出现 0 为止。这样就构建完成了与观察表边际相同的所有可能的 2×2 表。其特点是, 第 1 个表中(1,1)上计数为零, 第 2 个表中(1,1)上计数为 1, ……。

例 10.19 心血管病, 营养学 请计数与表 10.9 有相同边际的所有可能的 2×2 表。

解 这时观察表中 $a=2, b=23, c=5, d=30$。因此行及列不需要重新安排 (因为第 1 行边际 25＜第 2 行边际 35, 第 1 列边际 7 小于第 2 列边际 53)。开始时, 构建的第 1 个表是把(1,1)上计数变为 0, 这时(1,2)上计数为 25, (2,1)上为 7, (2,2)上为 30−2＝28; 第 2 个四格表是(1,1)内由 0 增加为 1, 这时另外 3 个格子分别变为 24, 6, 29; 继续这种做法, 直到(1,1)上计数变为 7 时, 可以发现(2,1)上的计数变为 0, 全部这些四格表, 组成了与观察表 10.9 有相同边际的全体 2×2 表。见表 10.12。

表 10.12 例 10.19 中与表 10.9 有相同边际的全部四格表, 及其在超几何分布中出现的概率

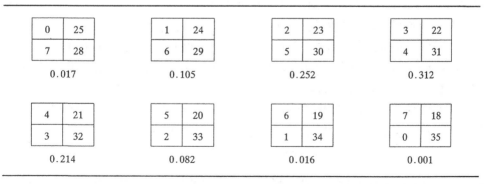

现在问题是如何用这些结果做统计检验? 答案是首先要指定这个检验是单侧还是双侧。一般而言, 可用下面的方法。

方程 10.11 Fisher 精确检验的一般方法及 p-值计算。   要检验假设 $H_0: p_1 = p_2$ 对 $H_1: p_1 \neq p_2$,此处四格表中应至少有一个格子内的期望数 <5。检验法为:

(1)计数所有可能的与观察表有相同边际的四格表,如方程 10.10 法;

(2)计算步骤(1)中的每个表的精确概率,计算法是利用方程 10.7;

(3)设原观察表是 a 表*,而最后的计数表是 k 表。则

　　(a)要检验假设 $H_0: p_1 = p_2$ 对 $H_1: p_1 \neq p_2$,则

$$p\text{-值} = 2 \times \min[Pr(0) + Pr(1) + \cdots + Pr(a), Pr(a) + Pr(a+1) + \cdots + Pr(k), 0.5]$$

　　(b)要检验假设 $H_0: p_1 = p_2$ 对 $H_1: p_1 < p_2$,则

$$p\text{-值} = Pr(0) + Pr(1) + \cdots + Pr(a)$$

　　(c)要检验假设 $H_0: p_1 = p_2$ 对 $H_1: p_1 > p_2$,则

$$p\text{-值} = Pr(a) + Pr(a+1) + \cdots + Pr(k)$$

对上述每一个备择假设,该 p-值都可解析为出现比末端观察表更末端的观察表的概率。

例 10.20 心血管病,营养学   计算例 10.17 中数据的统计显著性。

解   假设我们用双侧备择,$H_0: p_1 = p_2$ 对 $H_1: p_1 \neq p_2$。例 10.17 中表 10.9 中 $a = 2$,这个"2"表从表 10.12 看,其概率为 0.252。因此在 p-值计算中要计算对应于"2"表的两个尾侧概率,再取较小者而加倍,这个思想与第 7 及 8 章中各种正态理论检验中的思路一样。首先计算左边尾数面积:

$$Pr(0) + Pr(1) + Pr(2) = 0.017 + 0.105 + 0.252 = 0.375$$

再计算右边尾数面积:

$$Pr(2) + Pr(3) + \cdots + Pr(7) = 0.252 + 0.312 + 0.214 + 0.082 + 0.016 + 0.001$$
$$= 0.878$$

于是 $p = 2 \times \min(0.375, 0.878, 0.5) = 0.749$。

如果我们使用的是单侧检验,$H_0: p_1 = p_2$ 对 $H_1: p_1 < p_2$,则

$$p = Pr(0) + Pr(1) + Pr(2) = 0.017 + 0.105 + 0.252 = 0.375$$

因此,这两个比例不论用单侧还是双侧检验都不显著。也就是说,在高盐摄入量与死亡原因之间没有什么显著性联系。

大多数情形中,计算机软件常用于完成 Fisher 精确检验,比如用 SAS 统计软件,也有其他可能的检验方法用于双侧情形。比如在 SAS 方法中

$$p\text{-值}(\text{双侧}) = \sum_{\{i: Pr(i) \leqslant Pr(a)\}} Pr(i)$$

换言之,SAS 软件中计算的 p-值是所有出现概率≤观察表概率的概率之和。使用

---

*   即原观察四格表中(1,1)格子上计数——译者注

这种方法时,此例中的 p-值为

$$p\text{-}值(双侧) = Pr(0) + Pr(1) + Pr(2) + Pr(4) + Pr(5) + Pr(6) + Pr(7)$$
$$= 0.017 + 0.105 + 0.252 + 0.214 + 0.082 + 0.016 + 0.001$$
$$= 0.688$$

本节我们学习 Fisher 精确检验,它常用于比较 2×2 表中期望频数 < 5 时两个独立样本的二项比例问题。这个两样本问题类似于方程 7.36 中单样本二项检验。如果我们参照本章末流程图(图 10.16),只要回答:(1)独立样本? 是;(2)所有期望值 $\geqslant 5$? 否,则就引导到标题"使用 Fisher 精确检验"。

10.4 两样本匹配数据中,二项比例的检验(McNemar's Test)

例 10.21　癌　假设我们比较乳房切除术后两种不同化学疗法治疗乳腺癌患者的效果。这两个治疗组在其他预后因子上应尽可能地具有可比性。为此目的,建立起一个随机配对研究,每一对中随机指定一人接受 A 治疗(即手术后一周内在手术部位附近化疗)及 6 个月的附加治疗,而同一对中的另一个病人则接受 B 治疗(即只在手术部位附近化疗);病人按年龄(差别在 5 岁之内)及临床状况配对。对病人跟踪 5 年,他们的生存情况作为结果变量。数据用表 10.13 的 2×2 表形式显示。注意,这两种疗法之间的差异很小,A 治疗下 5 年生存率是 $526/621 = 0.847$,而 B 治疗下是 $515/621 = 0.829$。这时用方程 10.5 时 Yate-修正卡方检验统计量是 0.59,自由度 1,此检验显然很不显著。但应当注意,上述检验只应适用于独立的两样本,而从我们这个例子中,取样法可见,这显然是不独立的两组样本,因为每个匹配的两个病人在年龄及临床状态上是相近的。因此 Yate-修正卡方检验是不合适的,原因是计算出来的 p-值不正确。那么如何比较及使用假设检验?

表 10.13　在 1242 个乳腺癌者用 A 及 B 治疗的比较

治疗	结果		总数
	生存 5 年及以上	5 年内死亡	
A	526	95	621
B	515	106	621
总数	1041	201	1242(人)

现在对此数据构建不同形式的 2×2 表,见表 10.14。在表 10.13 中"人"是分析中的单元,这时样本总数是 1242(人);而在表 10.14 中,"匹配组"是我们分析的单元,表的分类是按是否"生存 5 年及以上"来划分。这时表 10.14 中全部总数是

621（组）而不是表 10.13 中的 1242（人）。从表 10.14 可见，90"对"（或称组）中的两病人的生存时期都少于 5 年；510"对"病人全都生存时间在 5 年及以上；16"对"中 A 治疗法生存在 5 及以上但同对的另一病人在 B 治疗法下生存时间低于 5 年；有 5 对是 A 与 B 反过来。这两组样本的依赖性可以通过下面概率看出，在给定 A 治疗生存的条件下，B 治疗下生存的概率为 510/526 = 0.970；同时在 A 治疗法下 5 年内死亡的条件下，接受 B 治疗而生存的概率为 5/95 = 0.053。如果两组样本独立，则上两个概率应当相同。因此，从这样的分析法中可以看出，这两组样本有很高的依赖性，因此方程 10.5 的卡方检验是不适用的。

表 10.14　基于 621 个匹配组，以匹配组作为单元的配对 2×2 列联表

A 治疗法	B 治疗法病人的结局		
病人的结局	生存 5 年及以上	5 年内死亡	总数
生存 5 年以上	510	16	526
5 年内死亡	5	90	95
总数	515	106	621（组）

表 10.14 中，(90 + 510) = 600 对的两种治疗法的结局相同，而两治疗法结局不同的有 21 对(16 + 5)。下面给出特别的名词来定义这两种形式的对：

定义 10.2　在一匹配对中，对中的每个成员的结局是相同的，称为**"一致"对**（concordant pair）。

定义 10.3　在一匹配对中，对中的各个成员的结局是不相同的，称为**"不一致"对**（discordant pair）。

例 10.22　表 10.14 中有 600 个一致对，21 个不一致对。

一致对在比较两治疗法的差异时不提供信息，因此在分析研究中就抛弃它们，而集中研究不一致对上，这样就引出下面形式：

定义 10.4　在一个"不一致"对中，用 A 处理后发生有事件而用 B 处理未发生事件则称此"不一致"对为 **A 型不一致对**；类似地，在"不一致"对中，经 B 处理后发生有事件而 A 处理中没有发生事件则称此不一致对为 **B 型不一致对**。

例 10.23　表 10.14 的数据中，如果我们定义"在 5 年内死亡"为事件，则 A 型不一致有 5 对，而 B 型不一致有 16 对。

记 $p = $ A 型不一致对的概率。如果两个处理等效，则 A 型与 B 型不一致的数目应相等，即应该有 $p = 1/2$。如果 A 处理比 B 处理更为有效，则 A 型不一致应该更少发生，即应有 $p < 1/2$；同样，如果 B 处理比 A 处理更有效则 B 型不一致应更少发生，即 p 值应该是 $>1/2$。

因此,我们的无效假设应是:

$$H_0 : p = \frac{1}{2} \quad 对 \quad H_1 : p \neq \frac{1}{2}$$

10.4.1 正态理论检验

假设共有 n_D 组不一致对,A 型不一致对有 n_A 组,则在 H_0 成立下,$E(n_A) = n_D/2$ 及 $\mathrm{Var}(n_A) = n_D/4$(从二项分布理论知)。假如我们认为正态分布理论在此可以近似于二项分布,但我们使用连续性修正作为更好的近似。近似的有效性是 $npq = n_D/4 \geqslant 5$,即 $n_D \geqslant 20$。下面的检验法称为 McNemar's Test:

方程 10.12   对于相关性比例的 McNemar 检验——正态法检验

(1)对于匹配资料的 2×2 表,表中的行是配对 A 的结局,而列是配对 B 的结局。

(2)不一致对的总数为 n_D,其中 A 型不一致对有 n_A 对,B 型不一致的对数为 n_B,(注: $n_A + n_B = n_D$)。

(3)计算检验统计量

$$X^2 = \left(\left| n_A - \frac{n_D}{2} \right| - \frac{1}{2} \right)^2 \Big/ \left(\frac{n_D}{4} \right)$$

与上述等价的形式为

$$X^2 = (| n_A - n_B | - 1)^2 \big/ (n_A + n_B)$$

(4)对于双侧检验水平 α,

$$如果 \; X^2 > \chi^2_{1, 1-\alpha}, \qquad 则拒绝 \; H_0$$
$$如果 \; X^2 \leqslant \chi^2_{1, 1-\alpha}, \qquad 则接受 \; H_0$$

(5)精确 p-值为 $p = Pr(\chi^2_1 \geqslant X^2)$。

(6)这个检验的适用条件: $n_D \geqslant 20$。

这个检验的接受及拒绝区域见图 10.5。而 p-值计算图见图 10.6。

图 10.5 是双侧检验,但不管是否用单侧检验,临界值都是一样的,因为在 $p < \frac{1}{2}$ 或 $p > \frac{1}{2}$ 时,永远是 $|n_A - n_{D/2}|$ 增大时对应的 X^2 总是也增大,因此不管是哪一个方向的 p-值,都要拒绝无效假设 $H_0 \left(p = \frac{1}{2} \right)$,而如果 X^2 很小则也不论哪一边,总是要接受 H_0 的。

例 10.24   癌   判断表 10.14 中数据的统计显著性。

解   此处 $n_D = 21$,因为 $n_D \left(\dfrac{1}{2} \right) \left(\dfrac{1}{2} \right) = 5.25 \geqslant 5$,因此正态理论近似二项分布是合适的。用方程 10.12 中检验,有

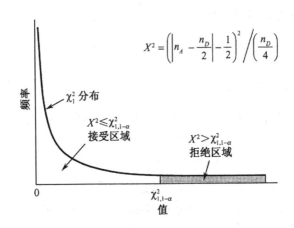

图 10.5   McNemar 检验的接受及拒绝区域
——正态理论法

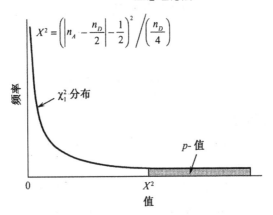

图 10.6   McNemar 检验 p-值的计算——正态理论法

$$X^2 = \frac{\left(|\,5 - 10.5\,| - \dfrac{1}{2} \right)^2}{21/4} = \frac{\left(5.5 - \dfrac{1}{2} \right)^2}{5.25} = \frac{5^2}{5.25} = \frac{25}{5.25} = 4.76$$

等价地,也可以用下式计算

$$X^2 = \frac{(\,|\,5 - 16\,| - 1)^2}{5 + 16} = \frac{10^2}{21} = 4.76$$

由表 6 得

$$\chi^2_{1,0.95} = 3.84 \qquad \chi^2_{1,0.975} = 5.02$$

由于 $3.84 < 4.76 < 5.02$,所以 $0.025 < p < 0.05$,此结果统计显著。

如果两种处理(治疗)在配对中给出不同的结果,则此例中 A 治疗比 B 治疗在 5 年存活期上更优,所以如果在其他各种条件(比如,成本……)都相同的情形下,A

治疗法更可取。

10.4.2 精确检验

在 $n_D/4 < 5$, 即 $n_D < 20$ 时, 用正态近似二项分布是不合适的。这时应当使用精确的二项分布法, 这个检验类似于单样本的二项检验(见方程 7.36)。叙述如下:

方程 10.13 相关性比例的 McNemar 检验 —— 精确检验

(1) 与方程 10.12 中的步骤(1)一样;

(2) 与方程 10.12 中的步骤(2)一样;

(3) $p = 2 \times \sum\limits_{k=0}^{n_A} \binom{n_D}{k} \left(\frac{1}{2}\right)^{n_D},$ 如果 $n_A < n_D/2$;

$p = 2 \times \sum\limits_{k=n_A}^{n_D} \binom{n_D}{k} \left(\frac{1}{2}\right)^{n_D},$ 如果 $n_A > n_D/2$;

$p = 1,$ 如果 $n_A = n_D/2$;

(4) 这个检验对一切不一致数 n_D 有效, 但它特别适用于方程 10.12 中正态条件不成立的 $n_D < 20$ 时的情形。

例 10.25 高血压 记录血压的一个最新现象是可以在公共电话间或小房子内由计算机设备自动测量血压。一个研究要比较这种自动计算机测量与受过训练的测量员测量标准血压测量法的差异。选 20 个人, 其高血压状态定义如下, 如收缩压≥160, 或舒张压≥95, 则为高血压, 否则为正常血压。数据见表 10.15, 请判断这两种方法的统计显著性。

表 10.15 20 个病人的血压由计算机设备及受过训练的测量员测量的比较数据

人	高血压状态		人	高血压状态	
	计算机设备	受过训练的测量员		计算机设备	受过训练的测量员
1	−	−	11	+	−
2	−	−	12	+	−
3	+	−	13	−	−
4	+	+	14	+	−
5	−	−	15	−	+
6	+	−	16	+	−
7	−	−	17	+	−
8	+	+	18	−	−
9	+	+	19	−	−
10	−	−	20	−	−

解　此例中不能使用 Yate-修正的卡方公式，因为每两组是以自己作对照，这两组没有独立性。实际上应当把表 10.15 做成表 10.16 的 2×2 表形式。这里有 3 个人被两种方法都定为高血压，有 9 个人被两种方法都定义为正常，7 个人在计算机测量中为高血压而在标准法中为正常，1 个人在计算机法中正常而在标准法中为高血压。这里共有 $12(=9+3)$ 对是一致对，不一致对为 $7+1=8$ 对，即 $n_D = 8$。因为 $n_A = 7 > n_D/2 = 4$，所以用方程 10.13，有

$$p = 2 \times \sum_{k=7}^{8} \binom{8}{k} \left(\frac{1}{2} \right)^8$$

表 10.16　计算机设备与测量员测量 20 个人高血压的 2×2 表

		受过训练的测量员	
		+	−
计算机设备	+	3	7
	−	1	9

这个公式可以由附录表 1 计算，$n = 8$，$p = 0.5$，得 $Pr(X \geqslant 7 | p = 0.5) = 0.0313 + 0.0039 = 0.0352$，于是双侧 p-值 $= 2 \times 0.0352 = 0.070$。

另外，计算机软件也可用来计算上述结果，结果见表 10.17。注意，此表中第 1 及第 2 列不同于表 10.16，因此不一致对出现在表 10.17 的对角线上。结果是没有统计显著性。虽然计算机设备法似乎可诊断出更多的高血压，但我们不能认为两法有显著差别。注意，对双侧的单样本二项检验中，假设 $H_0: p = p_0$ 对 $H_1: p \neq p_0$ 的检验中，如 $p_0 = 1/2$，则单样本二项检验与此处的 McNemar 检验相同。

最后，如果我们交换两个结局中的事件的定义，则在方程 10.12 及 10.13 中计

表 10.17　用 SPSS^X/PC 的 McNemar 检验程序估计表 10.16 中的数据显著性

SPSS^X/PC　Release 1.0

……McNemart Test

COMP　　电脑设备

with OBS　受训的测量员

		OBS				
		2.00	1.00	Cases		20
COMP	1.00	7	3	(Binomial)		
	2.00	9	1	2-tailed	p	0.0703

算出来的 p-值将是相同的。例如, 如果我们把生存 5 年及以上作为事件(而不是以死亡作事件), 在表 10.14 中, 这时 $n_A = 16$, $n_B = 5$(不是例 10.23 中 $n_A = 5$, $n_B = 16$)。这时的统计量 X^2 及 p-值也是相同的, 这是因为$|n_A - n_B|$不变;类似地, 由于 $p = 1/2(H_0$ 下)的对称性, 方程 10.13 中 p-值也不变。

　　本节我们研究相关性比例的 McNemar 检验,用于检验配对数据两个二项比例的比较问题。在大样本(即不一致对数 $n_D \geqslant 20$)时, 可以用正态法去近似二项。我们也研究了小样本时(即 $n_D < 20$)的情形。参见本章末尾的流程图 10.16, 我们可以这样回答, (1)样本独立? 否, 则此图即可引导我们到标有"使用 McNemar 检验"的盒框中去。

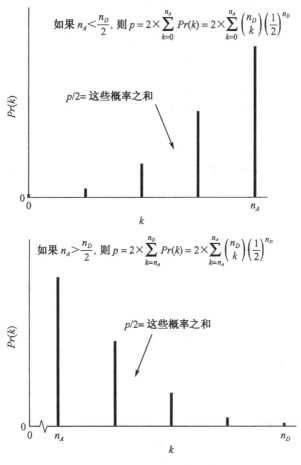

图 10.7　McNemar 检验 p-值的计算——精确方法

10.5　在两个二项比例的比较中,样本量及功效的估计

8.10 节中我们讨论了用于比较均数的两正态总体中样本量的估计。本节则用类似的方法讨论两个比例问题比较时所需的样本量。

10.5.1　独立样本

例 10.26　癌,营养学　假设我们从 Connecticut 州的肿瘤登记数据中得知,45~49岁妇女在开始时未有乳腺癌,而在一年之内发生乳腺癌的发病率为 150/100000[2]。我们想研究服用大剂量的维生素 A 药片可否预防乳腺癌。在这个研究中,(1)在 Connecticut 州的肿瘤登记所指出的乳腺癌发病地区找 45~50 岁的对照组,通过邮寄只给她们服用安慰剂;(2)在类似的年龄组中通过邮寄给她们服用维生素 A 药片。并假定预期可以降低 20% 的发病率,应找多大的样本才能在双侧检验水平为 0.05,功效为 80% 下发现有差异?

我们要检验假设 $H_0: p_1 = p_2$ 对 $H_1: p_1 \neq p_2$,而显著性水平为 α 功效为 $1 - \beta$ 下。预设组 2 的样本人数应是组 1 的 k 倍,即 $n_2 = kn_1$。这时样本量有如下公式:

方程 10.14　比较两个二项比例所需的样本量,已给出双侧检验显著性水平为 α,功效为 $1 - \beta$,而一组样本 (n_2) 应是另一组样本 (n_1) 的 k 倍 (独立样本情况下)。 要检验假设 $H_0: p_1 = p_2$ 对 $H_1: p_1 \neq p_2$ 在指定 $\Delta = |p_1 - p_2|$。显著性双侧为 α,功效为 $1 - \beta$ 时样本量公式为

$$n_1 = \left[\sqrt{\bar{p}\,\bar{q}\left(1 + \frac{1}{k}\right)}\, z_{1-\alpha/2} + \sqrt{p_1 q_1 + \frac{p_2 q_2}{k}}\, z_{1-\beta} \right]^2 \bigg/ \Delta^2$$

$$n_2 = kn_1$$

此处 $p_1, p_2 =$ 两组中成功的真实概率(计划中)

$$q_1, q_2 = 1 - p_1, 1 - p_2$$

$$\Delta = |p_2 - p_1|$$

$$\bar{p} = \frac{p_1 + kp_2}{1 + k}$$

$$\bar{q} = 1 - \bar{p}$$

例 10.27　癌,营养学　估计例 10.26 中提出的样本量。

解　由例 10.26 知,$p_1 = 150$ 每 10 万人 $= 150/10^5 = 0.00150$

$$q_1 = 1 - p_1 = 0.99850$$

如果我们希望能减小 20% 的危险,则 $p_2 = 0.8 p_1$,或

$$p_2 = (150 \times 0.8)/10^5 = 120/10^5 = 0.00120$$

$$q_2 = 1 - 0.00120 = 0.99880$$

$$1 - \beta = 0.8$$

$$\alpha = 0.05$$

$$k = 1 \quad (\text{因为} \ n_1 = n_2)$$

$$\bar{p} = \frac{0.00150 + 0.00120}{2} = 0.00135$$

$$\bar{q} = 1 - 0.00135 = 0.99865$$

$$z_{1-\alpha/2} = z_{0.975} = 1.96$$

$$z_{1-\beta} = z_{0.80} = 0.84$$

因此,方程 10.14 中有

$$n_1 = \frac{\left[\sqrt{0.00135(0.99865)(1+1)}(1.96) + \sqrt{0.00150(0.99850) + 0.00120(0.99880)}(0.84) \right]^2}{(0.00150 - 0.00120)^2}$$

$$= \frac{[0.05193(1.96) + 0.05193(0.84)]^2}{(0.00030)^2}$$

$$= \frac{0.14539^2}{0.00030^2} = 234881 = n_2$$

即大约需每组 235000 名妇女。

如我们要检验的是**单侧**而不是双侧检验,则只要在方程 10.14 中**用 α 代替 $\alpha/2$ 即可**。

从例 10.14 的结果可见,要在一年中完成这么大的抽样是不现实的。如果研究周期超过一年,则样本量将会大大减少,这是因为在多于一年的观察中事件(乳腺癌)的期望数必将大大增加。

在许多情形中,样本量由于实际情形的约束而被固定,这时在给定样本量下需要估计统计检验的功效。而在另外一些情形中是在完成研究以后,要去计算这个研究的功效。因此,下面介绍在检验 $H_0: p_1 = p_2$ 对 $H_1: p_1 \neq p_2$ 时,具有显著性水平为 α 样本大小为 n_1 及 n_2 下的功效问题。

方程 10.15 比较两个二项比例时的功效, 在使用双侧检验显著水平为 α,样本大小为 n_1 及 n_2(**独立样本情形**)。检验假设 $H_0: p_1 = p_2$ 对 $H_1: p_1 \neq p_2$,在指定备择 $\Delta = |p_1 - p_2|$ 下,计算

$$功效 = \Phi\left[\frac{\Delta}{\sqrt{p_1 q_1/n_1 + p_2 q_2/n_2}} - z_{1-\alpha/2} \frac{\sqrt{\bar{p}\,\bar{q}\,(1/n_1 + 1/n_2)}}{\sqrt{p_1 q_1/n_1 + p_2 q_2/n_2}} \right]$$

此处

$$p_1, p_2 = \text{分别为组 1 及组 2 中成功的期望真实概率}$$

$$q_1, q_2 = 1 - p_1, 1 - p_2$$

$$\Delta = |p_2 - p_1|$$

$$\bar{p} = \frac{n_1 p_1 + n_2 p_2}{n_1 + n_2}$$

$$\bar{q} = 1 - \bar{p}$$

例 10.28　耳鼻喉科　假设我们要比较内科治疗及外科治疗 3 岁以内儿童的中耳炎(OTM)重复发生事件。设内科及外科治疗的成功率分别为 50% 及 70%。现在每组实际参加的都是 100 个病人。成功事件的定义为,接受治疗后 12 个月内再次发生的次数≤1。这样的研究法能有多大的功效检出实际差异? 如果我们使用双侧检验 α 水平为 0.05。

解　此时 $p_1 = 0.5, p_2 = 0.7, q_1 = 0.5, q_2 = 0.3, n_1 = n_2 = 100, \Delta = 0.2, \bar{p} = (0.5 + 0.7)/2 = 0.6, \bar{q} = 0.4, \alpha = 0.05, z_{1-\alpha/2} = z_{0.975} = 1.96$。于是由方程 10.15,功效计算为

$$功效 = \Phi\left[\frac{0.2}{\sqrt{[0.5(0.5) + 0.7(0.3)]/100}} - \frac{1.96\sqrt{0.6(0.4)(1/100 + 1/100)}}{\sqrt{[0.5(0.5) + 0.7(0.3)]/100}}\right]$$

$$= \Phi\left[\frac{0.2}{0.0678} - 1.96\frac{(0.0693)}{0.0678}\right] = \Phi(2.949 - 2.002)$$

$$= \Phi(0.947) = 0.83$$

于是有 83% 的机会发现存在的显著差异。

如果使用**单侧**检验,则在方程 10.15 中用 $z_{1-\alpha}$ **代替** $z_{1-\alpha/2}$ 即可。

10.5.2　配对样本

10.4 节中,介绍了配对样本中比较二项比例的 McNemar 检验。也指出,这个检验实为样本二项检验的一个特例。因此对样本大小及功效的估计问题也就可以使用 7.9.3 节的单样本二项检验。现在考虑方程 7.38,检验假设 $H_0: p = p_0$ 对 $H_1: p \neq p_0$,使用双侧检验及显著性水平 α 及功效 $1 - \beta$,且特别在给定 $p = p_1$ 下,方程 7.38 的样本量为

$$n = \frac{p_0 q_0 \left[z_{1-\alpha/2} + z_{1-\beta}\sqrt{p_1 q_1/(p_0 q_0)}\right]^2}{(p_1 - p_0)^2}$$

现把这个公式用于 McNemar 检验,只要令 $p_0 = q_0 = \frac{1}{2}$, $p_1 = p_A = A$ 型不一致对的比例,及令 $n = n_D =$ 不一致对的总数,代入上式得

$$n_D = \frac{\left(z_{1-\alpha/2} + 2z_{1-\beta}\sqrt{p_A q_A}\right)^2}{4(p_A - 0.5)^2}$$

但要记住,不一致对数(n_D)= 样本中总对数(n)×配对组中不一致对的概率。如果记后者的概率为 p_D,则 $n_D = n p_D$ 或 $n = n_D/p_D$。这就引出下面的样本大小估计公式:

方程 10.16　比较两个二项比例需要的样本量, 在双侧显著性水平为 α 功效为 $1-\beta$ 时(匹配样本情形)。如果使用 McNemar 检验法去对相关性的比例做假设 $H_0: p = \dfrac{1}{2}$ 对 $H_1: p \neq \dfrac{1}{2}$ 的检验, 指定备择 $p = p_A$, 其中 $p = A$ 型不一致对的概率, 则所需的样本量为

$$n = \frac{\left(z_{1-\alpha/2} + 2z_{1-\beta}\sqrt{p_A q_A}\right)^2}{4(p_A - 0.5)^2 p_D} \quad (\text{单位:配对组数})$$

或

$$2n = \frac{\left(z_{1-\alpha/2} + 2z_{1-\beta}\sqrt{p_A q_A}\right)^2}{2(p_A - 0.5)^2 p_D} \quad (\text{单位:个体数})$$

其中 $p_D =$ 所有匹配组中不一致组(对)的规划比例。$p_A =$ 在所有不一致对中 A 型不一致对的规划比例。

例 10.29　癌　假设我们要比较两个化疗(A, B)治疗乳腺癌的效果, 结果变量是 5 年内乳腺癌是否复发。设计的是配对研究, 病人按年龄和疾病的临床状态配对。每个匹配组中一个病人被随机地指定给 A, 同时另一个病人被指定给 B。基于以前的工作知道, 在一个匹配组中两个病人有相同反应的约占 85% 个匹配对(即 85% 的对中两病人或都有复发, 或都不曾复发)。进而在不同反应的对子中, 约 2/3 匹配对中 A 治疗法下的病人有复发而这时 B 治疗下的病人未复发; 约 1/3 匹配对中 B 治疗法下的病人有复发而 A 治疗法下病人不曾复发。需要有多少匹配对才能保证约 90% 的机会发现有显著差异而用的是双侧检验 I 型错误为 0.05?

解　此处 $\alpha = 0.05, \beta = 0.10, p_D = 1 - 0.85 = 0.15, p_A = 2/3, q_A = 1/3$。因此, 由方程 10.16, 有

$$n(\text{对}) = \frac{\left[z_{0.975} + 2z_{0.90}\sqrt{(2/3)(1/3)}\right]^2}{4(2/3 - 1/2)^2(0.15)}$$

$$= \frac{[1.96 + 2(1.28)(0.4714)]^2}{4(1/6)^2(0.15)} = \frac{3.1668^2}{0.167} = 602(\text{匹配组})$$

$$2n = 2 \times 602 = 1204(\text{人})$$

因此, 需要 602 个匹配对, 计 1204 个病人应被抽样。这时约可产生近似于 $0.15 \times 602 = 90$ 个不一致匹配对。

在某些情形中, 我们已有固定的样本量而要去估计研究的功效。对于双侧样本的二项检验, 在显著性水平 α 时, 检验假设 $H_0: p = p_0$ 对 $H_1: p \neq p_0$ 时, 如已指定 $p = p_1$ 下, 则从方程 7.37 中知,

$$\text{功效} = \Phi\left[\sqrt{p_0 q_0/(p_1 q_1)}\left(z_{\alpha/2} + \frac{|p_1 - p_0|\sqrt{n}}{\sqrt{p_0 q_0}}\right)\right]$$

把它用于 McNemar 检验,令 $p_0 = q_0 = 1/2$, $p_1 = p_A$, $n = n_D$,则有

$$功效 = \Phi\left[\frac{1}{2\sqrt{p_A q_A}} \left(z_{\alpha/2} + 2 \mid p_A - 0.5 \mid \sqrt{n_D} \right) \right]$$

把 $n_D = n p_D$ 代入,即得下面的功效公式:

方程 10.17 两个二项比例比较时的功效,使用双侧检验,显著性水平为 α (配对样本情形)。如果 McNemar 检验用于相关比例问题,检验假设 $H_0: p = \frac{1}{2}$ 对 $H_1: p \neq \frac{1}{2}$,对于指定的备择 $p = p_A$,此处 $p =$ 发生 A 型不一致对的概率,则

$$功效 = \Phi\left[\frac{1}{2\sqrt{p_A q_A}} \left(z_{\alpha/2} + 2 \mid p_A - 0.5 \mid \sqrt{n p_D} \right) \right]$$

此处

$$n = 匹配对的数目$$
$$p_D = 全部匹配组中不一致对的规划比例$$
$$p_A = 不一致对中发生 A 型不一致对的规划比例$$

例 10.30 癌 考虑例 10.29 中的研究,如果收集 400 个匹配组,这个研究会有多大的功效?

解 此处 $\alpha = 0.05$, $p_D = 0.15$, $p_A = 2/3$, $n = 400$。因此,由方程 10.17 知:

$$功效 = \Phi\left\{ \frac{1}{2\sqrt{(2/3)(1/3)}} \left[z_{0.025} + 2 \left| \frac{2}{3} - 0.5 \right| \sqrt{400(0.15)} \right] \right\}$$
$$= \Phi\left\{ 1.0607 [-1.96 + 2(1/6)(7.7460)] \right\}$$
$$= \Phi[1.0607(0.6220)] = \Phi(0.660) = 0.745$$

因此有 74.5% 的功效,或有 74.5% 的机会检测出统计显著性。

如果计算样本大小及功效中使用**单侧**备择,则在方程 10.16 及 10.17 中用 α 代替公式中 $\alpha/2$。

注意,使用方程 10.16 及方程 10.17 计算二项比例的匹配研究中的样本量及功效时,决定性因素是关于匹配组中结果的不一致性的概率(p_D)。这个概率将依赖于匹配准则及匹配准则与结果变量的强相关性。

10.5.3 临床试验中的样本量及功效

在例 10.27 及 10.28 中,是假定治疗处理中的依从性是完全情况下,临床试验中样本量及功效的估计。从更真实的角度看,如果这些**依从性**并不完全时,如何估计上述这些量?

假设我们在临床上要把某种治疗与安慰剂作比较。这时有两种形式的非依从性要考虑。

定义 10.5 **中断率**(dropout rate)是如下一类人的比例:他(她)被分在治疗组中但又未曾完成治疗研究;也就是说,他(她)实际上未完全接受治疗。

定义 10.6 **下降率**(drop-in rate) 是如下一类人的比例:他(她)原是分在安慰剂组,但实际上他(她)在研究过程中又接受了治疗组的处理。

例 10.31 **心血管病** 内科医生健康研究是一种随机化的临床试验,它的一个目标是要判断阿司匹林在预防心肌梗塞(MI)上的效果。试验在 22000 名 40~84 岁,1982 年时没有心血管病的内科医生身上进行。这些医生被随机地指定或服用阿司匹林(含 325mg 阿司匹林的白色片剂,隔日服 1 片),或服用阿司匹林的安慰剂药片(同阿司匹林大小颜色一样的片剂,隔日服 1 片)。随着研究的进展,阿司匹林组自服时,估计有 10% 的对象没有按照要求服药(即没有按研究要求服用阿司匹林药片),即中断率为 10%。另外,在安慰剂组中,根据自报,约有 5% 的人在这个研究以外他们自己取阿司匹林隔日有规律地服用,即下降率为 5%。因此,由于依从性的缺乏,它们如何影响样本大小及功效的估计?

记 λ_1 =中断率,λ_2 =下降率,p_1 =这些医生正确地服用阿司匹林而在 5 年内 MI 的发病率,p_2 =在假设完全依从情况下没有服用阿司匹林的人中 5 年内 MI 的发病率。最后,记 p_1^*,p_2^* =5 年研究时间内分别为阿司匹林组及安慰剂组中 MI 观察到的危险概率(即假定依从可能不完美)。我们可以使用全概率法则估计 p_1^* 及 p_2^*。特别地,有

方程 10.18
$$
\begin{aligned}
p_1^* &= Pr(\text{MI}|\text{指定在阿司匹林组})\\
&= Pr(\text{MI}|\text{阿司匹林组依从}) \times Pr(\text{阿司匹林组依从})\\
&\quad + Pr(\text{MI}|\text{阿司匹林组不依从}) \times Pr(\text{阿司匹林组不依从})\\
&= p_1(1-\lambda_1) + p_2\lambda_2
\end{aligned}
$$

类似地,有

方程 10.19
$$
\begin{aligned}
p_2^* &= Pr(\text{MI}|\text{指定在安慰剂组})\\
&= Pr(\text{MI}|\text{安慰剂组依从}) \times Pr(\text{安慰剂组依从})\\
&\quad + Pr(\text{MI}|\text{安慰剂组不依从}) \times Pr(\text{安慰剂组不依从})\\
&= p_2(1-\lambda_2) + p_1\lambda_1
\end{aligned}
$$

此处我们假定在安慰剂组中的非依从率是指,安慰剂组的受试者自己服用阿司匹林,因此这样的受试者的危险率应定为 p_1,即等于阿司匹林组中依从者的危险(概)率。而安慰剂组中的受试者按照研究规定而服用安慰片的人,他们的 MI 危险率自然应是 p_2。因此,由方程 10.19 及 10.18 得:

方程 10.20
$$
\begin{aligned}
p_1^* - p_2^* &= p_1(1-\lambda_1-\lambda_2) - p_2(1-\lambda_1-\lambda_2)\\
&= (p_1-p_2)(1-\lambda_1-\lambda_2)\\
&= \text{按依从率调整后的危险性差异}
\end{aligned}
$$

在有不依从情形下,样本的大小及功效的估计应该建立在调整后的危险(概)率(p_1^*, p_2^*)而不是(p_1, p_2)之上。此结果汇总如下。

方程 10.21 在临床试验中比较两个二项比例的样本量的估计(独立样本情形) 一个随机化临床试验中,设组 1 接受真实治疗而组 2 接受安慰剂,每组抽相同的样本量。设 p_1, p_2 是组 1 及组 2 中的完全依从情形下疾病的危险(概)率。我们要检验假设 $H_0: p_1 = p_2$ 对 $H_1: p_1 \neq p_2$,在指定备择 $\Delta = |p_1 - p_2|$ 下,显著性水平为 α 及功效为 $1 - \beta$。我们还假定

$\lambda_1 =$ 中断率 = 实际治疗组中受试者没有照做的比例

$\lambda_2 =$ 下降率 = 安慰剂组中受试者未按约定而去接受实际治疗者的比例

(1)每组中的合适样本量是

$$n_1 = n_2 = \left(\sqrt{2\,\overline{p}^*\,\overline{q}^*}\, z_{1-\alpha/2} + \sqrt{p_1^* q_1^* + p_2^* q_2^*}\, z_{1-\beta} \right)^2 \Big/ \Delta^{*2}$$

此处

$$p_1^* = (1 - \lambda_1) p_1 + \lambda_1 p_2$$

$$p_2^* = (1 - \lambda_2) p_2 + \lambda_2 p_1$$

$$\overline{p}^* = (p_1^* + p_2^*)/2, \quad \overline{q}^* = 1 - \overline{p}^*$$

$$\Delta^* = |p_1^* - p_2^*| = (1 - \lambda_1 - \lambda_2)|p_1 - p_2| = (1 - \lambda_1 - \lambda_2)\Delta$$

(2)如果非依从率是低的(即每个 $\lambda_1, \lambda_2 \leq 0.10$),则一个近似的样本量为

$$n_{1,近似} = n_{2,近似} = \frac{\left(\sqrt{2\,\overline{p}\,\overline{q}}\, z_{1-\alpha/2} + \sqrt{p_1 q_1 + p_2 q_2}\, z_{1-\beta} \right)^2}{\Delta^2} \times \frac{1}{(1 - \lambda_1 - \lambda_2)^2}$$

$$= n_{完全依从} / (1 - \lambda_1 - \lambda_2)^2$$

此处 $n_{完全依从}$ 是假定完全依从时每组的样本量,此公式同方程 10.14,其中 $p_1^* = p_1$, $p_2^* = p_2$ 及 $k = n_2/n_1 = 1$。

例 10.32 心血管病 考察例 10.31,假如我们认为在实际的安慰剂组中 MI 的发病率是每年 0.005,及阿司匹林可预防 MI 的 20%(即 $p_1/p_2 = 0.80$)。我们还假设在 5 年的研究期间,安慰剂组下降率为 5%。而在阿司匹林组的中断率为 10%。这时每组应抽取多少个受试者,并能以 80% 的功效检测出双侧检验的显著水平 0.05 的差异?

解 这是一个 5 年的研究,计算 5 年内 MI 的发病率,在安慰剂组为 5(0.005) = 0.025 = p_2。因为 $p_1/p_2 = 0.8$,所以 $p_1 = 0.020 = 5$ 年内服用阿司匹林组的 MI 发病率。要估计研究中期望的实际发病率,就必须考虑到非依从的情形。由方程 10.21,调整率 p_1^* 及 p_2^* 计算如下:

$$p_1^* = (1 - \lambda_1) p_1 + \lambda_1 p_2$$

$$= 0.9(0.020) + 0.1(0.025) = 0.0205$$

$$p_2^* = (1 - \lambda_2)p_2 + \lambda_2 p_1$$
$$= 0.95(0.025) + 0.05(0.020) = 0.02475$$

还有, $\Delta^* = |p_1^* - p_2^*| = 0.00425$

$$\bar{p}^* = \frac{p_1^* + p_2^*}{2} = \frac{0.0205 + 0.02475}{2} = 0.02263, \quad \bar{q}^* = 1 - p^* = 0.97737$$

由 $z_{1-\beta} = z_{0.80} = 0.84$, $z_{1-\alpha/2} = z_{0.975} = 1.96$。因此方程 10.21 中所需要的样本为

$$n_1 = n_2 = \frac{\left[\sqrt{2(0.02263)(0.97737)}(1.96) + \sqrt{0.0205(0.9795) + 0.02475(0.97525)}(0.84)\right]^2}{0.00425^2}$$

$$= \left[\frac{0.2103(1.96) + 0.2103(0.84)}{0.00425}\right]^2 = 19196(每组人数)$$

总样本为 38392(人)。

　　如果不考虑依从性而估计样本大小,则要用方程 10.14,这时

$$n_1 = n_2 = \frac{\left(\sqrt{2\bar{p}\,\bar{q}}\, z_{1-\alpha/2} + \sqrt{p_1 q_1 + p_2 q_2}\, z_{1-\beta}\right)^2}{\Delta^2}$$

$$= \frac{\left[\sqrt{2(0.0225)(0.9775)}\,1.96 + \sqrt{0.02(0.98) + 0.025(0.975)}\,0.84\right]^2}{|0.02 - 0.025|^2}$$

$$= 13794(每组)$$

这时总数 $= 2(13794) = 27588(人)$。

　　如使用方程 10.21 中的近似式计算,则

$$n_{1,近似} = n_{2,近似} = \frac{n_{完全依从}}{(1 - 0.10 - 0.05)^2}$$

$$= \frac{13794}{0.85^2} = 19093(每组)$$

这时总数为 $2(19093) = 38186(人)$。

　　我们比较 $(p_1, p_2) = (0.020, 0.025)$ 与 $(p_1^*, p_2^*) = (0.0205, 0.02475)$,可以看出,非依从性把两组间的差异变小了,从而造成了所需样本量大大增加,大约增加 $100\% \times (1/0.85^2 - 1) = 38\%$,或更精确地增加 $100\% \times (38392 - 27588)/27588 = 39\%$。

　　内科医生健康研究中抽样的是 22000 个受试者,这意味着在这 5 年跟踪调查中的功效显然低于 80%。另外,如果不考虑依从性,还意味着所有受试者必须要比预期的更健康才能保证完成 5 年的研究。而实际情形是,阿司匹林比预期的效果更好,它可以预防 40% 的心肌梗死而不是原先以为的 20%。一个类似的研究是考察阿司匹林可否预防女性的 MI,这个工作正在女性护士中进行。

　　在方程 10.15 两个二项比例的比较中,对功效的估计公式要求完全的依从性。临床试验情况中,需要修正非依从性。方法是,方程 10.15 中的公式 $p_1, p_2, \Delta, \bar{p}$

及 $\bar{q}$ 分别用方程 10.21 中的 p_1^*, p_2^*, Δ^*, 及 $\bar{p}^*$, $\bar{q}^*$ 代替,这时求出的功效估计值称为调整依从性的功效估计。

10.6 $R \times C$ 列联表

10.6.1 $R \times C$ 列联表中关联性的检验

前面我们分析的是 2×2 列联表,该研究中的每一个变量仅有两个类型。而更常遇见的是变量类型超过两个。

定义 10.7   一个 $R \times C$ **列联表**是指有 R 行及 C 列的表。它用于显示两个变量间的关系,而其中一个变量有 R 个类型,另一个变量有 C 个类型。

例 10.33   癌   假如我们要进一步研究例 10.4 中乳腺癌与初次分娩时的年龄关系,我们特别想知道初次分娩时年龄如按表 10.18 那样划分,这时乳腺癌与初次分娩年龄的关系又将如何? 这里的表是一个 2×5 的列联表。

表 10.18   在例 10.4 的国际研究数据中,研究初次分娩年龄与乳腺癌的关联性

疾病状态	初次分娩时的年龄					总数
	<20	20~24	25~29	30~34	≥35	
乳腺癌	320	1206	1011	463	220	3220
对照组	1422	4432	2893	1093	406	10245
总数	1742	5638	3904	1555	626	13465
乳腺癌 %	0.184	0.214	0.259	0.298	0.351	0.239

来源:获 WHO Bulletin, 43, 209~221, 1970 准许。

把 2×2 表中的情形加以拓广,一个 $R \times C$ 表的期望表可以与 2×2 表相同的方式形成。

方程 10.22   计算 $R \times C$ 列联表的期望表
此表中 (i, j) 格子中的期望单元数(即计数)为
$$E_{ij} = 第 i 行的边际 \times 第 j 列边际 / 表中全部总和^*$$
例 10.34   癌   计算表 10.18 中数据的期望表。

解
$$(1,1)格子中期望数(E_{11}) = \frac{3220(1742)}{13465} = 416.6$$
$$(1,2)格子中期望数(E_{12}) = \frac{3220(5638)}{13465} = 1348.3$$

---

*这个期望数应当指明是在无效假设 H_0:行变量与列变量没有任何关联性,即独立下的求法 —— 译者注。

……

$$(2,5)格子中的期望数(E_{25}) = \frac{10245(626)}{13465} = 476.3$$

全部结果见表 10.19。

表 10.19 表 10.18 数据的期望表

疾病状态	初次分娩时年龄					总数
	<20	20~24	25~29	30~34	≥35	
乳腺癌	416.6	1348.3	933.6	371.9	149.7	3220
对照	1325.4	4289.7	2970.4	1183.1	476.3	10245
总数	1742	5638	3904	1555	626	13465

期望表中任一行(或列)的总和必须与观察表中任一行(或列)的总和相同,这与 2×2 表时情形一样,可作为检查有否计算错误的一种方法,但要注意,期望表可以有小数点值,因此属于四舍五入性的不一致可以忽略。

我们再次要比较观察表与期望表。如果这两个表很接近,则认为无效假设(两变量间没有关联性)成立(可以接受),如两表间的数值差别大则应拒绝 H_0。另外,$(O-E)^2/E$ 再次可以用于说明一个指定格子内观察与期望之间的差异程度。将表中所有格子内上述差异 $(O-E)^2/E$ 总加就综合反映了观察表与期望表间的一致性程度。H_0 成立情形下,$R \times C$ 表中的 RC 个 $(O-E)^2/E$ 的总和将近似于卡方分布且自由度为 $(R-1) \times (C-1)$。如这个和值很大则拒绝 H_0,否则就接受 H_0。

一般说来,除了 2×2 表以外不使用连续性修正,因为经验发现这个修正不会增加对卡方分布的近似性。如同 2×2 表一样,当期望数太小时也不应当使用卡方检验。Cochran 研究了在这种情形近似的有效性,并建议只在满足下面条件时才可使用卡方检验[3]:

(1)格子期望数<5 的不超过格子总数的 1/5。

(2)没有一个格子的期望值<1。

这个检验方法可以汇总如下。

方程 10.23 $R \times C$ 列联表的卡方检验 要检验两个离散变量的关联性,此处一个变量有 R 个类型而另一个变量有 C 个类型,则使用下面方法。

(1)把数据做成 $R \times C$ 型列联表,记 O_{ij} 为 (i,j) 格子内观察到的单元数(计数)。

(2)用方程 10.22 计算期望表,令 E_{ij} 表示 (i,j) 格子内算得的期望单元数。

(3)计算检验统计量

$$X^2 = (O_{11} - E_{11})^2/E_{11} + (O_{12} - E_{12})^2/E_{12} + \cdots + (O_{RC} - E_{RC})^2/E_{RC}$$

H_0 成立条件下,此 X^2 应当是一个卡方分布的统计量,自由度为 $(R-1) \times (C-1)$。

(4) 对于显著性水平 α,

$$\text{如果 } X^2 > \chi^2_{(R-1) \times (C-1), 1-\alpha}, \qquad \text{则拒绝 } H_0$$

$$\text{如果 } X^2 \leqslant \chi^2_{(R-1) \times (C-1), 1-\alpha}, \qquad \text{则接受 } H_0$$

(5) 在 $\chi^2_{(R-1) \times (C-1)}$ 分布下,X^2 值右边的面积即 H_0 成立下检验的 p-值。

(6) 只要下面两个条件满足,就可以使用上面的卡方检验。

(a) 格子内期望数 <5 的格子数不超过总格子数的 1/5。

(b) 没有一个格子的期望数 <1。

这个检验的接受及拒绝区域及 p-值见图 10.8 及 10.9。

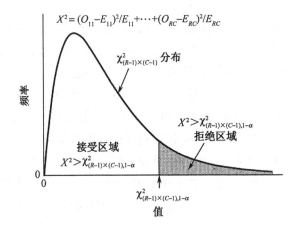

图 10.8 $R \times C$ 列联表卡方检验的接受及拒绝区域

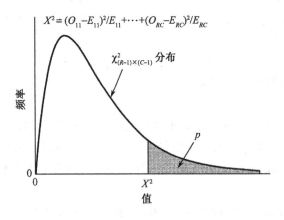

图 10.9 $R \times C$ 列联表卡方检验中 p-值的计算

例 10.35　癌　判断例 10.33 中数据的统计显著性。

解　由表 10.19,我们看到全部期望值 $\geqslant 5$;所以可使用方程 10.23。由表 10.18 及 10.19,得

$$X^2 = \frac{(320 - 416.6)^2}{416.6} + \frac{(1206 - 1348.3)^2}{1348.3} + \cdots + \frac{(406 - 476.3)^2}{476.3} = 130.3$$

H_0 成立下,X^2 应当具有 $(2 - 1) \times (5 - 1) = 4 \; df$,因为

$$\chi^2_{4, 0.999} = 18.47 < 130.3 = X^2$$

这就得出 $p < 1 - 0.999 = 0.001$。

这个结果有很高的显著性,我们可以下结论:初次分娩年龄与乳腺癌的发生有显著关联性[*]。

10.6.2　二项比例中倾向性的卡方检验

我们再考察表 10.18 中的国际研究数据。例 10.35 中用方程 10.23 分析这批数据。对于此 $R \times C$ 表的特例 $2 \times k$ 表,上述的检验允许我们检验假设 $H_0: p_1 = p_2 = \cdots = p_k$ 对 H_1:至少有两个 p_i 不相等,此处 p_i 是第 i 组的成功概率 $= 2 \times k$ 表中第 1 行中第 i 列观察值的概率。当这个检验用于例 10.35 时,我们已发现卡方统计量值为 130.3,自由度为 4,这是高度显著的($p < 0.001$)。因此 H_0 被拒绝了,我们的结论是,5 个年龄组中至少有 2 个年龄组中乳腺癌的发病率不同。但是,这个结果虽然揭示了乳腺癌与初次分娩年龄之间有某种关联性,但并没有告诉我们这个关联性的性质。特别从表 10.18 中可以看出,妇女的患乳腺癌比例有随着列数而增加的趋向性。因此,我们应当使用一种特别的检验去检测这种倾向性。为此目的,引入一个第 i 组的**记分变量** S_i。这个记分变量代表了该组某种特别的数值属性。另外情形中,为简化起见,我们用 1 表示第 1 组,用 2 表示第 2 组,……,用 k 表示最后的第 k 组。

例 10.36　癌　对表 10.18 中数据构建一个记分变量。

解　很自然的是使用初次分娩年龄组中的平均年龄作为记分变量。这种法则对于第 2,第 3 及第 4 组数据不会有问题,比如第 2 组中平均记分为 22.5[因为 $(20 + 25)/2 = 22.5$],第 3 组为 27.5,第 4 组为 32.5。但是这种算法不能用于第 1 及第 5 组,因为它们定义为 < 20 及 $\geqslant 35$,但利用对称性我们可以对第 1 组指定为 17.5,对第 5 组指定为 37.5。这种作法也具有与 1,2,3,4 及 5 一样的等距离间隔

---

[*] 方程 10.23 可以改写成更简单的下式(其中 $n_{i.}, n_{.j}$ 是边际和):

$$X^2 = n \Big(\sum_i \sum_j \frac{O_{ij}^2}{n_{i.}, n_{.j}} - 1 \Big), \quad n = \text{总和}。—— 译者注$$

性质。从简化角度看,这样的记分是可取的。

我们要叙述一个组中乳腺癌的比例与它的分数之间的关系,即要检验随着初次分娩年龄的增长是否引起乳腺癌的比例数也增加(或减少)。为此目的,引入下面的检验方法。

方程 10.24   二项比例中倾向性的卡方检验(双侧)   假设共有 k 组[*],我们希望检验 k 个组的"成功"比例中,当组号 i 增加时,对应的 p_i 是否存在有增加(或减少)的倾向性(也就是第 i 组中第 1 行的单元数比例是否随 i 的增大而增加)。

(1)建立一个形为 $2 \times k$ 的列联表,第 1 及 2 行分别对应于成功或失败,而 k 个组则按排在 k 列上。

(2)记第 i 组中成功的数目为 x_i,第 i 组的总数为 n_i,而第 i 组的成功比例数即为 $\hat{p}_i = x_i / n_i$。记 x 为所有成功的总数(即第 1 行边际),记 n 为全部的总计数,记 $\bar{p} = x/n$ 为成功的总比例,记 $\bar{q} = 1 - \bar{p}$ 是失败的总比例。

(3)对应于第 i 组构建一个得分变量 S_i。通常情况下,k 个组的记分常选用 1、2、…、k 代表 k 个组的记分。

(4)我们现在检验

$$H_0 : p_1, p_2, \cdots, p_k \text{ 之间没有倾向性}$$

对 $H_1 : p_1, p_2, \cdots, p_k$ 之间随记分变量 $S_1, \cdots, S_k$ 的增加而增加(或减少),也就是说,关系式 $p_i = \alpha + \beta S_i$ 对某两个常数 α 及 β 成立。检验的统计量为

$$X_1^2 = A^2 / B$$

其中

$$A = \sum_{i=1}^{k} n_i (\hat{p}_i - \bar{p})(S_i - \bar{S}) = \Big(\sum_{i=1}^{k} x_i S_i \Big) - x \bar{S}$$

$$= \Big(\sum_{i=1}^{k} x_i S_i \Big) - x \Big(\sum_{i=1}^{k} n_i S_i \Big) \Big/ n$$

$$B = \bar{p}\,\bar{q} \Big[\Big(\sum_{i=1}^{k} n_i S_i^2 \Big) - \Big(\sum_{i=1}^{k} n_i S_i \Big)^2 \Big/ n \Big]$$

当 H_0 成立时,X_1^2 近似于自由度为 1 的卡方分布。

(5)对于双侧检验:

$$\text{如果 } X_1^2 > \chi_{1, 1-\alpha}^2, \text{则拒绝 } H_0$$

$$\text{如果 } X_1^2 \leqslant \chi_{1, 1-\alpha}^2, \text{则接受 } H_0$$

(6)χ_1^2 分布下 X_1^2 点右边的面积即为 p-值。

---

* 这里的 k 组不是指疾病、对照的组数,在表 10.18 中,是指"年龄"划分的组数,习惯上把表 10.18 型的表称为 $2 \times k$ 表。另外,这里的"倾向性"仅指"线性"倾向性。——译者注

（7）比例倾向性的方向视 A 的符号而定。如 $A > 0$，则此比例随 S_i 的增加而增加，如 $A_i < 0$，则 S_i 增加时 p_i 减少。

（8）这个检验的有效性当 $n \bar{p} \bar{q} \geqslant 5$ 时才合适。

这个检验的接受及拒绝域见图 10.10，p 值计算见图 10.11。

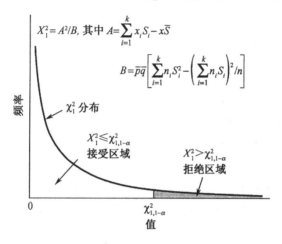

图 10.10　二项比例倾向性的卡方检验的接受及拒绝区域

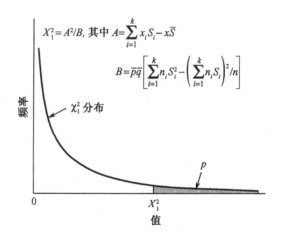

图 10.11　二项比例倾向性的卡方检验中 p-值计算法

这个检验是合理的，因为当 S_i 增加时如果 $\hat{p}_i$（或 $\hat{p}_i - \bar{p}$）增加，则 $A > 0$；反之，S_i 增加时而 $\hat{p}_i$ 减小时显然 $A < 0$；这两种情形中任一种都使 A^2 增大即 X_1^2 变大。但是如果 S_i 变化时 $\hat{p}_i$ 没有一定的倾向性，则 A 将近似于零，这时 X_1^2 也是很小的，即不会拒绝 H_0。这个检验即使在某个组中样本数不大时，也可以使用，因为

这个检验是建立在总体样本上。这个性质与方程 10.23 中的卡方检验不同,方程 10.23 是对比例的异质性检验,它要求格子中的期望数不能太小。

例 10.37　癌　用表 10.18 中国际性研究数据,判断在初次分娩年龄增加时,乳腺癌的比例数有否倾向性。

解　分别令 5 个组的得分变量 $S_i = 1, 2, 3, 4, 5$。进而由表 10.18 知,$x_i =$ 320, 1206, 1011, 463, 220 及 $n_i = $ 1742, 5638, 3904, 1555, 626,而且 $x = 3220$, $n = $ 13465,$\bar{p} = x/n = 0.239$,$\bar{q} = 1 - \bar{p} = 0.761$。由方程 10.24 得

$$
\begin{aligned}
A &= 320(1) + 1206(2) + \cdots + 220(5) \\
&\quad - (3220)[1742(1) + 5638(2) + \cdots + 625(5)]/13465 \\
&= 8717 - (3220)(34080)/13465 = 8717 - 8149.84 = 567.16 \\
B &= (0.239)(0.761)\{1742(1^2) + 5638(2^2) + \cdots + 626(5^2) \\
&\quad - [1742(1) + (5638)(2) + \cdots + 626(5)]^2/13465\} \\
&= 0.239(0.761)[99960 - 34080^2/13465] \\
&= 0.239(0.761)(99960 - 86256.70) = 2493.33
\end{aligned}
$$

于是

$$
X_1^2 = A^2/B = \frac{567.16^2}{2493.33} = 129.01 \sim \chi_1^2 (H_0 \text{ 成立下})
$$

因为 $\chi_{1,0.999}^2 = 10.83 < 129.01 = X_1^2$,故以 $p < 0.001$ 拒绝 H_0。我们的结论是,在初次分娩年龄增加时,乳腺癌发病率 p_i 有显著倾向性。因为 $A > 0$,所以认为随着初次分娩年龄的增加,乳腺癌比例上升[*]。

方程 10.24 对于 $2 \times k$ 表中倾向性的检验常常比方程 10.23 的异质性检验更恰当,因为前者可以检验比例的趋向性而后者只检验比例数之间有否差异,而这个比例数可以按任何方式排列。另外,判断 $R \times C$ 表更高级的方法可以参见 Maxwell 的"Analyzing Qualitative Data"[4]。

在此部分,我们已经介绍了两个类型(也称属性)变量分别有 R 个及 C 个类型时的关联性检验,此处可以 $R > 2$ 或 $C > 2$。如果 R 及 C 都 > 2,则可以使用 $R \times C$ 列联表。在本章末的流程图(P.391)中,我们回答(1)是 2×2 列联表? 否;(2)是 $2 \times k$ 列联表? 否;(3)是 $R \times C$ 列联表且 $R > 2$ 及 $C > 2$? 是。则此流程图即可引导我们到标题为"对 $R \times C$ 表使用卡方检验"的盒框中。对于 R 或 $C = 2$,则我们应重新安排行及列变量,以使行变量只有两个类型。假设列数为 k(实际上是 C,但 k 更常用)。如果我们感兴趣的是第 1 行中 k 个单元数的比例有否倾向性,则我们应当使用二项检验的倾向性卡方检验公式。这时在本章末流程图中,回答(1)2×2 列联表? 否;(2)是 $2 \times k$ 列联表? 是;(3)是否关心 k 个比例的趋势?

---

[*]　应是有线性上升的倾向性,这个检验实质是线性回归中对回归系数的检验。——译者注

是。这就引导我们到达标题"如果没有混杂存在用趋势卡方检验;如存在混杂,用 Mantel Extension 检验。"

10.6.3 Wilcoxon 秩-和检验与倾向性卡方检验的关系

方程 9.7 的 Wilcoxon 秩-和检验实际上是有倾向性卡方检验(方程 10.24)的一个特例。

方程 10.25 Wilcoxon 秩-和检验与倾向性卡方检验的关系

假设我们有 $2 \times k$ 如表 10.20 所示。

表 10.20 一个假设性的 $2 \times k$ 表,其中 D 是二态疾病变量, E 是有 k 个有序属性的暴露变量

			E			
		1	2	$\cdots$	k	
D	+	x_1	x_2	$\cdots$	x_k	x
	-	$n_1 - x_1$	$n_2 - x_2$	$\cdots$	$n_k - x_k$	$n - x$
		n_1	n_2	$\cdots$	n_k	n
记分		S_1	S_2	$\cdots$	S_k	

这里对第 i 暴露类,指定了一个分数 $S_i, i = 1, 2, \cdots, k$。记 $p_i =$ 第 i 暴露类中疾病的概率。如果有 $p_i = \alpha + \beta S_i$,而我们要检验假设 $H_0 : \beta = 0$ 对 $H_1 : \beta \neq 0$,则

(1)对于倾向性,我们可用卡方检验,但这个统计量可写成如下形式

$$X^2 = \frac{(|O - E| - 0.5)^2}{V} \sim \chi_1^2, \text{在 } H_0 \text{ 下}$$

此处

$$O = \sum_{i=1}^{k} x_i S_i = \text{疾病受试者中的所有观察值的记分总和}$$

$$E = \frac{x}{n} \sum_{i=1}^{k} n_i S_i = \text{在 } H_0 \text{ 成立时,疾病受试者中的所有期望记分总和}$$

$$V = \frac{x(n-x)}{n(n-1)} \left[\sum_{i=1}^{k} n_i S_i^2 - \left(\sum_{i=1}^{k} n_i S_i \right)^2 \Big/ n \right]$$

如果 $X^2 > \chi_{1,1-\alpha}^2$, 则拒绝 H_0(认为有倾向性)

如果 $X^2 \leqslant \chi_{1,1-\alpha}^2$, 则接受 H_0(认为没有倾向性)

(2)我们可以使用方程 9.7 的秩-和检验,重写这个统计量

$$T = \frac{\left| R_1 - \dfrac{x(n+1)}{2} \right| - \dfrac{1}{2}}{\sqrt{\left[\dfrac{x(n-x)}{12} \right] \left[n + 1 - \dfrac{\sum n_i(n_i^2-1)}{n(n-1)} \right]}}$$

如果 $T > z_{1-\alpha/2}$,拒绝 H_0

如果 $T \leqslant z_{1-\alpha/2}$,接受 H_0

此处 $z_{1-\alpha/2} = N(0,1)$ 分布中上侧 $\alpha/2$ 的百分位点。

(3)如果我们对记分 S_i 的定义用第 i 组的中间秩,如同方程 9.6 中那样做法,那里对第 i 个暴露属性的中间秩 = 第 $i-1$ 组中观察计数 + $(1+n_i)/2$,即令

$$S_i = \sum_{j=1}^{i-1} n_j + \frac{(1+n_i)}{2}, \quad 如 \ i > 1$$

$$S_i = \frac{1+n_1}{2}, \qquad\qquad 如 \ i = 1$$

则检验法中的(1)与(2)可以产生相同的 p-值,即二者等价。特别地,有等式

$$O = R_1 = 第 1 行中秩和,$$

$$E = x(n+1)/2$$

$$V = \frac{x(n-x)}{12} \left[n + 1 - \frac{\displaystyle\sum_{i=1}^{k} n_i(n_i^2-1)}{n(n-1)} \right]$$

$$X_1^2 = T^2$$

例 10.38 眼科学 假设表 9.2 中显性及伴性中平均视敏度不同;或等价地说,显性受试者的比例随视敏度的下降而有趋势地改变。请用倾向性卡方检验。

解 我们把表 9.2 写成下面形式的 2×8 表。

	20~20	20~25	20~30	20~40	20~50	20~60	20~70	20~80	
显性	5	9	6	3	2	0	0	0	25
伴性	1	5	4	4	8	5	2	1	30
	6	14	10	7	10	5	2	1	55
分数	3.5	13.5	25.5	34.0	42.5	50.0	53.5	55.0	

这里用平均秩作为分数,则我们有

$$O = 5(3.5) + 9(13.5) + 6(25.5) + 3(34.0) + 2(42.5) = 479$$

$$E = \frac{25}{55}[6(3.5) + 14(13.5) + 10(25.5) + 7(34.0) + 10(42.5)$$

$$+ 5(50.0) + 2(53.5) + 1(55.0)]$$

$$= \frac{25}{55}(1540) = 700$$

$$V = \frac{25(30)}{55(54)}\left\{\left[6(3.5)^2 + 14(13.5)^2 + 10(25.5)^2 + 7(34.0)^2 + 10(42.5)^2\right.\right.$$

$$\left.\left. + 5(50.0)^2 + 2(53.5)^2 + 1(55.0)^2\right] - \frac{1540^2}{55}\right\}$$

$$= \frac{25(30)}{55(54)}(56531.5 - 43120)$$

$$= \frac{25(30)}{55(54)}(13411.5) = 3386.74$$

$$X^2 = \frac{(\mid 479 - 700 \mid - 0.5)^2}{3386.74} = 14.36 \sim \chi_1^2 \quad (在 H_0 成立时)$$

这时 p-值 $= P_r(\chi_1^2 > 14.36) < 0.001$。参考例 9.17,我们可以看出 $O = R_1 = 479$,$E = E(R_1) = 700$,对结的修正 $V = V(R_1) = 3386.4$ 及

$$X^2 = 14.36 = T^2 = 3.79^2$$

可以看出两个检验是等价的。但是,如果我们选取不同的得分(比如,用 $1, 2, \cdots,$ 8)代替 S_i,则做出来的检验将会不同。分数的选取有些任意性。如果每列中的变量类型是定量的,则合理的做法是用此类型内定量类型的平均数作 S_i;如果这列的暴露水平不易定量化,则合理的做法是用中间秩或连续整数作为得分的合理估计。如果每个暴露类型中受试者的数目相同,则这两个做法在用卡方检验倾向性时可产生相同的 p-值。

方程 10.25 中方差 (V) 的估计引自超几何分布,它稍微不同于方程 10.24 中用于检验倾向性的卡方检验的方差估计

$$V = \frac{x(n-x)}{n^2}\left[\sum_{i=1}^{k} n_i S_i^2 - \left(\sum_{i=1}^{k} n_i S_i\right)^2 \Big/ n\right]$$

而这个 V 引自二项分布。超几何分布更合理,但这种差异常常很细小,特别在 n 大时。另外,方程 10.25 中我们还使用了连续性修正 0.5,而在方程 10.24 中 X_1^2 的分子 A 中并没有使用连续性修正。这个差异也非常微小。

10.7 卡方拟合优度检验

前面的章节中都涉及的是估计及假设检验问题,那里我们认为数据来自一个特定的概率模型(或分布),而我们研究如何估计这个模型中的参数或检验这些参数可能的各种取值。本节提供一般方法用于检验概率模型拟合的优良性问题。考虑下面的例 10.39。

例 10.39 高血压 Massachusetts 州的 East Baston 地区是全国研究检测及处

理高血压人群的一个地区[5],在一个很大的社区中,到 30~69 岁人群中 14736 个成年人家中,去家中测量舒张压。访问时同时用两个仪器测量血压。这时平均舒张压的分布见表 10.21,按 10mmHg 区间划分。

表 10.21　Massachusetts 州 East Boston 地区,30~69 岁成人测量的平均舒张压的频数分布

组 (mmHg)	观察 频数	期望 频数	组 (mmHg)	观察 频数	期望 频数
<50	57	78	≥80,<90	4604	4479
≥50,<60	330	547	≥90,<100	2119	2431
≥60,<70	2132	2127	≥100,<110	659	684
≥70,<80	4584	4283	≥110	251	107
			总数	14736	14736

我们要判断由这些仪器测量获得的数据是否为一个潜在的正态分布。而正态分布是统计推断中最为常用的分布。我们能否检验这个假设的合理性?

这个假设检验中,首先要计算每组的期望频数,再比较期望频数与观察频数的差异。

例 10.40　高血压　假设表 10.21 中的数据来自正态分布,计算期望频数。

解　假设未知的正态分布的均值及标准差与表 10.21 中的样本均数及标准差分别相同($\bar{x} = 80.68, s = 12.00$)。这时从 a 到 b 区间内的期望频数为

$$14736\{\Phi[(b - \mu)/\sigma] - \Phi[(a - \mu)/\sigma]\}$$

因此,(≥50,<60)组的期望频数应是

$$14736 \times \{\Phi[(60 - 80.68)/12] - \Phi[(50 - 80.68)/12]\}$$
$$= 14736 \times [\Phi(-1.72) - \Phi(-2.56)]$$
$$= 14736 \times (0.0424 - 0.0053) = 14736 \times (0.0371)$$
$$= 547$$

同样,小于 a 的期望频率是 $\Phi[(a - \mu)/\sigma]$,而大于 b 的期望频率应是 $1 - \Phi[(b - \mu)/\sigma]$。由此可算得所有组的期望频数见表 10.21。

在列联表中,我们用 $(O - E)^2/E$ 作为观察频数与期望频数相一致性的测度,这里也同样适用。如果我们对潜在(未知)分布的假设是正确的,则全部$(O - E)^2/E$ 的总和应是卡方分布且自由度(df)为 $g - 1 - k$,此处 $g = $ 组数,$k = $ 用数据去估计参数的个数。这个卡方分布的有效性仍是组中的期望频数不可以太小。特别是,不能有期望频数<1,及期望值<5 的格子数不可超过 1/5。如果发现有很多组中的期望数都很小,则应合并组,用调整组数法以使前述的基本条件得到满足。这个检验可以总结如下。

方程 10.26　卡方拟合优度检验　要检验概率模型的拟合优度,使用下面的

方法。

(1)把原始数据划分成组。数据的分组法可见本书 2.7 节。特别注意,组的区域不可太窄,不可出现下面第(7)步不成立的情形。

(2)使用第 6 章的方法,利用样本数据估计要检验的概率模型中的参数,记有 k 个需要估计。

(3)使用(2)步中计算出来的结果,估计每一个组中的概率 $\hat{p}$,则对应于这一组的期望频数就是 $n\hat{p}$,其中 n 是数据中的样本总数。

(4)记 O_i 及 E_i 分别是第 i 组中的观察及期望频数,则计算

$$X^2 = (O_1 - E_1)^2/E_1 + (O_2 - E_2)^2/E_2 + \cdots + (O_g - E_g)^2/E_g$$

此处　$g = $ 组数

(5)如显著性水平为 α,则

　　　　如 $X^2 > \chi^2_{g-k-1,1-\alpha}$,则拒绝 H_0(即拒绝对模型的假设)

　　　　如,$X^2 \leqslant \chi^2_{g-k-1,1-\alpha}$,则接受 H_0

(6)这个检验的 p-值为

$$Pr(\chi^2_{g-k-1} > X^2)$$

(7)这个检验的适用条件

　　(a)期望数<5 的格子数(即组数)不超过 1/5。

　　(b)没有一个组的期望数<1。

这个检验的接受及拒绝区域见图 10.12,p-值的计算见图 10.13。

例 10.41　高血压　检验用正态分布模型拟合表 10.21 数据的拟合优良性。

解　这里对模型中的两个参数(μ, σ^2)应加以估计,因此 $k = 2$,因有 8 组所以 $g = 8$。在 H_0(即认为该数据来自正态总体)下,X^2 应是自由度为 $8 - 2 - 1 = 5$ 的卡方分布。

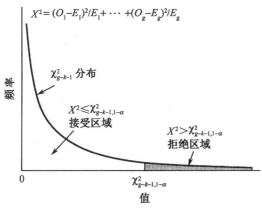

图 10.12　拟合优度检验的接受及拒绝区域

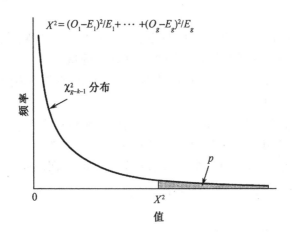

图 10.13 拟合优度检验时 p-值的计算

$$X^2 = (O_1 - E_1)^2/E_1 + \cdots + (O_8 - E_8)^2/E_8$$

$$= (57 - 78)^2/78 + \cdots + (251 - 107)^2/107 = 350.2 \sim \chi_5^2 \quad (在 H_0 下)$$

因为 $\chi_{5,0.999}^2 = 20.52 < 350.2 = X^2$,而 p-值 $< 1 - 0.999 = 0.001$,这说明 p-值有很高的显著性。

此检验说明正态分布不能充分拟合这批数据。正态分布可以在中间部分(比如 $60 \sim 110$mmHg)有好的拟合(见表 10.21),但在尾部的拟合不好,比如 <60mmHg,及 $\geqslant 110$mmHg 时,前者提供过多的期望频数,而后者提供太小的期望频数。

方程 10.26 的检验方法可以适用于对任何概率模型的拟合,而绝不仅限于拟合正态分布模型。期望频数可以由提供的概率分布而计算出来,再由方程 10.26 计算拟合的检验统计量。

10.8 卡帕统计量

前面我们涉及的是两个类型变量(通常一个是疾病,另一个是暴露变量)间的关联性检验。某些情形中,我们期望有两个变量间的关联性程度。这特别在**可靠性研究**(reliability studies)中,那里人们希望能定量地表示出对相同变量(比如,对某种食物的每天摄入量)作多次测量时,它的重复性有多大的研究中。

例 10.42 营养学 膳食问卷两次相隔几个月,邮寄给 537 名美国女护士。问卷询问 100 多种食物的消费情况。表 10.22 是两次调查的牛肉消费情况,由表 10.22 可见,两次调查有相同结果的仅是 $136 + 240 = 376$,占 537 人的 70%。如何定量描述这批数据中牛肉消费调查中的可重复性?

表 10.22 两次不同调查中, 537 名美国女护士自述的牛肉消费情况

第 1 次调查	第 2 次调查		总数
	≤1 次/周	>1 次/周	
≤1 次/周	136	92	228
>1 次/周	69	240	309
总数	205	332	537

可以对两次调查的关联性做卡方检验, 但这个检验不能定量描述两次调查中反应的重复性大小。替代的是, 我们把目标集中于两次调查中一致性的反应上。我们已注意到, 例 10.42 中 70% 的妇女给出了一致回答。我们将把观察到的一致性率(p_0)与无效假设(两次调查中妇女的回答是统计独立)下的期望一致性率(p_e)作比较。这个无效假设的实质是: 两次调查彼此毫无关系。假设共有 c 个反应类型, 在第 1 次调查中第 i 个类型的反应概率为 a_i, 而在第 2 次调查中第 i 个类型的反应概率为 b_i。则从列联表中的行及列边际中可以估计出, 两个调查结果彼此独立时, 期望一致性率(p_e)为 $\sum a_i b_i$。

例 10.43 营养学 计算表 10.22 中牛肉消费数据的期望一致性率。

解 由表 10.22, 这里 $c = 2$,

$$a_1 = \frac{228}{537} = 0.425$$

$$a_2 = \frac{309}{537} = 0.575$$

$$b_1 = \frac{205}{537} = 0.382$$

$$b_2 = \frac{332}{537} = 0.618$$

于是

$$p_e = (0.425 \times 0.382) + (0.575 \times 0.618) = 0.518$$

因此, 在两次调查中如假定消费者认为牛肉的两次调查是彼此独立时, 其期望的一致率估计是 51.8%。

我们使用 $p_0 - p_e$ 作为可重复性的测度。但是我们总希望用 1.0 代表完全一致性, 而用 0.0 代表两个调查完全独立。实际上, $p_0 - p_e$ 的最大值为 $1 - p_e$(当 $p_0 = 1$ 时达到), 因此 Kappa 统计量就是 $(p_0 - p_e)/(1 - p_e)$, 它就用于测度重复性的指标。

方程 10.27 Kappa 统计量 (Kappa statistic)

(1) 有 n 个受试者, 如果每一个受试者都接受了两次调查对于同一个类型变量的反应, 则 Kappa 统计量(κ)常用于测度这两次调查的可重复性程度:

$$\kappa = \frac{p_o - p_e}{1 - p_e}$$

其中

p_o = 两次调查中观察到的一致性概率

p_e = 无效性假设下(H_0：两次调查彼此独立)，两次调查的期望一致性概率

$$= \sum_{i=1}^{c} a_i b_i$$

此处 a_i, b_i 分别是 $c \times c$ 列联表中两个调查中第 i 个类型的边际概率。

(2) κ 的标准误为

$$se(\kappa) = \sqrt{\frac{1}{n(1-p_e)^2} \times \left\{ p_e + p_e^2 - \sum_{i=1}^{c} \left[a_i b_i (a_i + b_i) \right] \right\}}$$

如要检验单侧假设 $H_0 : \kappa = 0$ 对 $H_1 : \kappa > 0$，则检验的统计量为

$$z = \frac{\kappa}{se(\kappa)}$$

在 H_0 下这是 $N(0,1)$ 分布。

(3) 如果 $z > z_{1-\alpha}$，则拒绝 H_0，否则就接受 H_0。

(4) 精确 p-值是 $p = 1 - \Phi(z)$。

这时接受及拒绝区域见图 10.14，p-值计算见图 10.15。

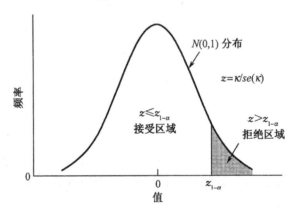

图 10.14   对 Kappa 显著性检验的接受及拒绝区域

注意，由于 Kappa 值 < 0 时没有生物学意义，因此方程 10.27 中通常都是单侧检验。

例 10.44   营养学   计算表 10.22 中牛肉消费量数据中的 Kappa 统计量并判断显著性。

解   由例 10.42 及 10.43，有

$$p_o = 0.700$$

$$p_e = 0.518$$

因此, Kappa 统计量为

$$\kappa = \frac{0.700 - 0.518}{1 - 0.518} = \frac{0.812}{0.482} = 0.378$$

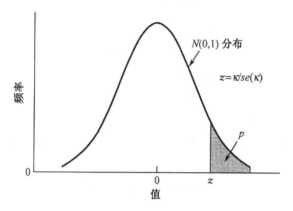

图 10.15 对 Kappa 显著性检验 p-值的计算

从方程 10.27, 及例 10.43 的结果, κ 的标准误为

$$se(\kappa) = \sqrt{\frac{1}{537(1 - 0.518)^2} \times \left\{ 0.518 + 0.518^2 - \sum [a_i b_i (a_i + b_i)] \right\}}$$

此处

$$\sum [a_i b_i (a_i + b_i)] = 0.425 \times 0.382 \times (0.425 + 0.382)$$
$$+ 0.575 \times 0.618(0.575 + 0.618) = 0.555$$

于是,

$$se(\kappa) = \sqrt{\frac{1}{537 \times 0.232} \times (0.518 + 0.268 - 0.555)}$$

$$= \sqrt{\frac{1}{124.8} \times 0.231} = 0.0430$$

检验统计量为

$$z = \frac{0.378}{0.0430} = 8.8 \sim N(0,1)(在 H_0 \text{ 下})$$

p-值为 $p = 1 - \Phi(8.8) < 0.001$

于是从 Kappa 统计量指出, 对牛肉消费的两次调查有很高显著的重复性。

虽然上例中对 Kappa 统计的检验很显著, 但其数值表明, 这个可重复性指标离完全可重复性还很远。因此, Landis 及 Koch(1977) 提出下面值作为参考性标

准[6]:

> **方程 10.28　估价 Kappa 值的指标**
>
> $\kappa > 0.75$　表示极好的重复性,
>
> $0.4 \leqslant \kappa \leqslant 0.75$　表示好的重复性,
>
> $0 \leqslant \kappa < 0.4$　表示边界(勉强够格)重复性。

一般地,对于有多个项目的规定饮食调查,如重复性不好,这表示:在多重饮食调查中应设法减少变异。文献[7]中,Fleiss 提供 Kappa 统计量的进一步信息,包括多于两次调查时如何判断重复性。

Kappa 值也常用作在相同变量上重复估计之间有否重复性的一种测度。如果我们对两个不同变量上反应的一致性有兴趣,而其中一个变量的反应可作为金标准,则灵敏度及特异度(见第 3 章)是比 Kappa 统计量更好的指标。

10.9　摘　　要

本章大部分内容讨论类型(或属性)数据的分析技术。首先,讨论了在两个独立样本中如何比较二项比例问题。大样本情形中,这个问题可以有两种不同方式的分析法:使用二项比例的两样本检验法,或用 2×2 列联表的卡方检验法。前一方法类似于第 8 章中讨论的 t 检验,而列联表法可以推广到更复杂的类型数据。小样本时,Fisher 精确检验可用于比较两个独立样本的二项比例问题。在比较配对样本的二项比例问题中,比如一个人用自己作对照时,可用 McNemar 检验相关的比例问题。

2×2 列联表问题可以拓广到两个类型变量间的关系研究,这时两个或一个变量可以有多于两个类型的反应。2×2 列联表的直接拓广是 $R \times C$ 列联表。本章也讨论前章中提出的概率模型拟合的优良性问题,它使用卡方拟合优良性的检验;还介绍了类型变量重复性的指标 **Kappa 统计量**。

最后,在比较两个二项比例问题时给出了估计所需样本量的公式及功效估计公式。特别讨论了临床试验中样本量及功效的估计。本章方法也见流程图 10.16。

第 8,9 及 10 章中,我们考虑了两组之间的比较,这里的变量可以是连续、有序、及类型(或称属性)变量。第 11 章中,我们将讨论一个连续反应变量与一个或多个预测变量间的关系,其中预测变量可以是连续的也可以是类型的。

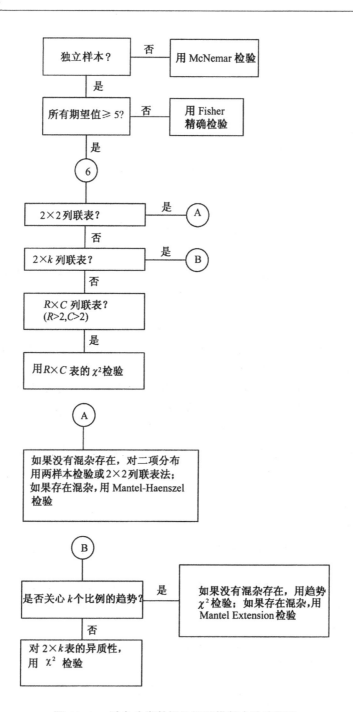

图 10.16　适合分类数据的统计推断方法流程图

练 习 题

心血管病

考虑例 10.32 给出的医生健康研究数据。

10.1   如果完全依从,那么取 $\alpha = 0.05$ 的双侧检验时,要有 90% 的机会发现显著性差异,各组需要选多少例研究对象?

10.2   根据例 10.32 给出的依从性,回答练习 10.1。

10.3   如果完全依从且取功效为 0.8 的单侧检验,回答练习 10.1。

10.4   假定各处理组实际选 11000 例男性。如果取 $\alpha = 0.05$ 的双侧检验且完全依从,该研究的功效有多大?

10.5   根据例题 10.32 给出的依从性,回答练习 10.4。

参考表 2.11。

10.6   为了评价住院期间接受抗生素治疗和接受细菌培养之间是否有关联,能用什么显著性检验方法?

10.7   对练习 10.6 进行检验,且给出 p-值。

胃肠病学

比较两种药物(A,B)对十二指肠溃疡的疗效。为此,对患者在年龄、性别和临床病情方面严格匹配。200 个匹配对的治疗结果如下,89 个匹配对两种治疗方法均有效;90 个匹配对两种治疗方法均无效;5 个匹配对 A 药有效,而 B 药无效;16 个匹配对 B 药有效,而 A 药无效。

*10.8   可以用什么检验方法比较两种药物的疗效?

*10.9   对练习 10.8 进行检验,且给出 p-值。

在相同研究中,对 100 个男性匹配对的治疗结果如下:52 个匹配对在两种治疗方法下均有效;35 个匹配对两种治疗方法均无效;4 个匹配对 A 药有效,而 B 药无效;9 个匹配对 B 药有效,而 A 药无效。

*10.10   有多少个一致的男性匹配对?

*10.11   有多少个不一致的男性匹配对?

*10.12   评价男性中两种药物的疗效是否有差异,进行显著性检验且给出 p-值。

妇科学

1985 年研究了 IUD 使用期限和不孕症的关系[8]。选两组 IUD 使用者,病例组包括 89 例患不孕症的 IUD 使用者,对照组包括 640 例未患不孕症的 IUD 使用者。按照 IUD 使用期限,将妇女分组,数据见表 10.23。

表 10.23   IUD 使用者中 IUD 使用期限和不孕症的关系

	IUD 使用期限(月)			
	<3	≥3, <18	≥18, ≤36	>36
病例组	10	23	20	36
对照组	53	200	168	219

注:获 *New England Journal of Medicine*,312(15),941~947,1985 准许。

10.13　检验 4 个期限之间病例组所占比例有否差异。

10.14　假定对 4 个 IUD 使用期限组分别赋值 1，2，3，4。对这些数据的趋势进行检验，即随着 IUD 使用期限的增加，病例组的比例是增加还是下降，或不变？

10.15　解释练习 10.13 和 10.14 的结果。

10.16　检验表 2.11 给出的住院期分布是否满足正态性。

10.17　对于住院期的自然对数值分布，回答练习 10.16。

性传播疾病

对到 STD 诊所就诊的人进行一项流行病学调查。结果发现，200 例被诊断为淋病的患者中有 160 例曾经有尿道炎病史，105 例被诊断为非淋球菌性尿道炎（NGU）的患者中有 50 例曾经有尿道炎病史。

*10.18　目前的诊断与曾经有尿道炎病史之间是否有联系？

癌症

10.19　1980 年调查研究使用口服避孕药与子宫内膜癌发病率的关系[9]。结果发现，117 例子宫内膜癌患者中，6 例曾经服用过口服避孕药 Oracon；而 395 例对照中，8 例曾经服用过该药。采用双侧检验，检验使用口服避孕药 Oracon 与子宫内膜癌发病率之间是否有联系。

眼科学

视网膜色素变性是一种有不同遗传方式的遗传性疾病。已经证明患者有显性、隐性和伴性遗传方式。推测遗传方式与个体种族起源有关。在英国人种和瑞士人种中调查这种疾病，结果如下：125 例英国人种患者中，46 例伴性遗传疾病，25 例隐性疾病，54 例显性疾病；110 例瑞士人种患者中，1 例伴性遗传疾病，99 例隐性疾病，10 例显性疾病。

*10.20　这些数据是否表明了种族起源和遗传方式之间有显著性关联？

性传播疾病

假定我们想比较两种不同抗生素 A 和 B 对淋病的疗效。每两个人按照年龄和性别匹配（年龄相差 5 岁以内，相同性别），每对中一人接受抗生素 A，另一人接受抗生素 B。要求这些人在 1 周内返回诊所，以诊断淋病是否已经治愈。假定结果如下。

（1）40 对患者中，两种抗生素均有效；

（2）20 对患者中，抗生素 A 有效但抗生素 B 无效；

（3）16 对患者中，抗生素 B 有效但抗生素 A 无效；

（4）3 对患者中，两种抗生素均无效。

10.21　检验两种抗生素的相对疗效。

10.22　如果我们取 $\alpha = 0.05$，功效为 0.80 的双侧检验，那么在将来的研究中应该选多少匹配对？使用（1），（2），（3）和（4）中的结果。

肺病

医学诊断中很重要的一个方面是重复性。假定 2 名不同医生检查 100 例患者是否患有呼吸系统疾病中的呼吸困难。结果如下，15 例患者被 A 医生诊断患有呼吸困难，10 例患者被 B 医生诊断患有呼吸困难，7 例患者被 A 医生和 B 医生都诊断患有呼吸困难。

10.23　计算 Kappa 统计量及其标准误，评价临床上呼吸困难的诊断重复性。

传染病

假定有一个计算机数据库,该数据库包含了美国克利夫兰和俄亥俄州 9 家医院所有患者的图表。研究推测护理医生可能过低或过高报告了各种诊断,尽管这些诊断看起来似乎和患者的图表一致。一名研究者宣称数据库中 10000 例中有 50 例患者被护理医生报告患有某种病毒感染。计算机自动诊断的方法表明 10000 例中有 68 例患有此病毒感染,其中有 48 例来自护理医生诊断的 50 例阳性者,20 例来自护理医生诊断的 9950 例阴性者。

10.24　检验计算机诊断和护理医生诊断是否有显著差异。

心血管病

某研究者要研究吸烟对妇女心肌梗塞(MI)发生的影响。而文献中对于吸烟和 MI 之间的关联,在时间性上存在争论。一所学校认为目前吸烟者比戒烟者的危险性更高。另一所学校认为戒烟者戒烟一段时间之后,危险性才可能比吸烟者低。第 3 所学校认为戒烟者 MI 的发病率可能比目前吸烟者更高,因为有更多的妇女戒烟者可能比吸烟者曾经患有更多的心脏病(如心绞痛)。1996 年选 2000 例未患 MI 的目前吸烟妇女和 1000 例未患 MI 的戒烟妇女,她们的年龄在 50～59 岁。随访 2 年,记录 1996～1998 年间 MI 的发病情况。研究者发现 40 例目前吸烟妇女和 10 例戒烟妇女发生 MI。

*10.25　这里需要进行单样本检验还是两样本检验?

*10.26　这里需要用单侧检验还是双侧检验?

*10.27　应该用下列哪种检验方法? (可以使用一种以上的选择)(提示:使用图 10.16 中的流程图)。

(1)2×2 列联表的 χ^2 检验;

(2)Fisher 精确检验;

(3)McNemar 检验;

(4)单样本二项分布检验;

(5)单样本 t 检验;

(6)等方差的两样本 t 检验。

*10.28　对练习 10.27 提到的方法进行检验,且给出 p-值。

心血管病

对正常男性进行纵向研究,观察心血管危险因素的变化和以后死亡(概)率之间的关系。需要检验胆固醇升高的男性与胆固醇降低的男性以后的死亡(概)率是否不同。选两组开始时胆固醇水平正常的 50～59 岁男性,A 组 = 25 例 5 年内胆固醇水平升高 50 mg/dL 的男性,B 组 = 25 例 5 年内胆固醇水平降低 50 mg/dL 的男性。再追踪随后 5 年的两组死亡(概)率。结果见表 10.24。

10.29　这里应该进行单样本检验还是两样本检验?

10.30　这里应该用单侧检验还是双侧检验?

10.31　应该用下列哪种检验方法? (可以使用一种以上的选择)(查阅图 10.16 中的流程图)。

(1) 配对 t 检验;

(2)等方差的两样本 t 检验;

(3)2×2 表的 χ^2 检验;

  (4)Fisher 精确检验;

  (5)McNemar 检验;

  (6)单样本二项分布检验。

10.32 对练习 10.31 进行检验,给出 p-值。

10.33 如果取 $\alpha = 0.05$,功效为 90% 的双侧检验,且两组例数相等,那么在将来的研究中需要多大的样本量? (使用表 10.24 给出的结果)

10.34 假定本研究选 200 例,A 组和 B 组各 100 例,该研究的功效有多大? (使用表 10.24 给出的结果)

表 10.24 心血管死亡率与胆固醇变化之间的联系(+ 示 5 年内死亡; − 示 5 年后存活)

编号	A 组结局	B 组结局
1	−	−
2	+	−
3	−	−
4	−	+
5	−	−
6	−	−
7	−	−
8	+	−
9	−	−
10	−	−
11	+	−
12	−	−
13	−	−
14	−	−
15	−	−
16	−	−
17	+	−
18	−	−
19	−	−
20	−	−
21	+	−
22	−	−
23	−	−
24	−	−
25	−	−

癌症

下列数据是由美国卫生、教育和福利部门公布的 1955~1964 年胰腺癌生存率[10],45 岁以下年龄组的 256 例患者中,8% 存活满 3 年;45~54 岁年龄组的 710 例患者中,2% 存活满 3 年;55~64 岁年龄组的 1348 例患者中,2% 存活满 3 年;65~74 岁年龄组的 1768 例患者中,1% 存活满 3 年;75 岁以上年龄组的 1292 例患者中,1% 存活满 3 年。

*10.35   要检验 3 年存活率是否有随年龄变化的趋势,应该用什么显著性检验方法?

*10.36   对 10.35 进行检验,且给出 p-值。

性传播疾病

假定进行一项研究,比较青霉素和壮观霉素治疗淋病的相对疗效。有三种处理,(1)青霉素;(2)壮观霉素,低剂量;(3)壮观霉素,高剂量。记录三种可能的结局,(1)阳性涂片;(2)阴性涂片,阳性培养物;(3)阴性涂片,阴性培养物。数据见表 10.25。

表 10.25   不同处理治疗淋病的疗效

处理	结 局			合计
	阳性涂片	阴性涂片 阳性培养物	阴性涂片 阴性培养物	
青霉素	40	30	130	200
壮观霉素(低剂量)	10	20	70	100
壮观霉素(高剂量)	15	40	45	100
合计	65	90	245	400

10.37   不同处理和结局之间有联系吗? 什么形式的联系?

10.38   为了与阴性涂片及阴性培养物相区别,阳性涂片或阳性培养物被看作为阳性结局。不同处理和结局之间有联系吗?

糖尿病

控制血糖水平是糖尿病患者使用胰岛素泵的重要目的。然而已经报告过泵治疗的某些副作用。表 10.26 提供了患者在泵治疗前后酮症酸中毒(DKA)发生情况的数据[11]。

表 10.26   患者在泵治疗前后 DKA 发生情况

泵治疗之后	泵治疗之前	
	无 DKA	有 DKA
无 DKA	128	7
有 DKA	19	7

注:获 *JAMA*,252(23),3265~3269,1984 准许。

*10.39   要检验在泵治疗前后 DKA 发病率是否不同,合适的检验方法是什么?

*10.40   对练习 10.39 进行显著性检验,且给出 p-值。

肾病

1968 年选 576 例 30~49 岁服用含非那西丁成分镇痛剂的职业妇女作为研究组,533 例年龄可比的未服用含非那西丁成分镇痛剂的职业妇女作为对照组,随访发病和死亡结局。要检验的假设是服用非那西丁可能影响肾功能,从而影响肾病发病率和死亡(概)率。从 1968 年至 1987 年确诊这些妇女的死亡情况。结果研究组中 16 例妇女和对照组中 1 例妇女至少有一个死亡原因是肾病[12]。

10.41 不考虑方向,要检验两组间肾病死亡(概)率是否有差异,应该用什么统计学检验?

10.42 对练习 10.41 进行检验,给出 p-值。

随访队列的总死亡(概)率,结果发现研究组中 74 例妇女死亡,对照组中 27 例妇女死亡。

10.43 要比较研究组和对照组总死亡(概)率,应该用什么统计学检验?

10.44 对练习 10.43 进行检验,给出 p-值。

精神卫生

在黎巴嫩进行一项研究,观察丧偶对死亡(概)率的影响[13]。151 例鳏夫和 544 例寡妇与在婚者按照年龄(相差不超过 2 岁)和性别匹配。追踪直到匹配对中有一名成员死亡。到 1980 年为止,每个匹配对中至少一名成员死亡,结果见表 10.27。

表 10.27 丧偶对死亡率的影响

年龄(岁)	男 性		女 性	
	n_1[a]	n_2[b]	n_1	n_2
36~45	4	8	3	2
46~55	20	17	17	10
56~65	42	26	16	15
66~75	21	10	18	11
未知	0	2	3	2
合计	87	63	57	40

[a] n_1 = 该对中丧偶者死亡而配对的在婚者存活的对数。

[b] n_2 = 该对中丧偶者存活而配对的在婚者死亡的对数。

注:获 *American Journal of Epidemiology*, 125(1), 127~132, 1987 准许。

*10.45** 假定考虑表 10.27 中的所有匹配对,要检验丧偶与死亡率之间是否有联系,用什么分析方法?

*10.46** 练习 10.45 进行检验,给出 p-值。

*10.47** 如果仅考虑 36~45 岁男性,回答练习 10.45 中同样的问题。

*10.48** 对练习 10.47 进行检验,给出 p-值。

*10.49** 建立在所有的匹配对且考虑所有年龄组,对于备择假设:鳏失的死亡率是同年龄、同性别在婚者的两倍时,该研究有多大的功效?

肝病

参考数据集 HORMONE.DAT(参见表 8.27 对此数据集的描述)。

10.50　要比较 5 种处理之间母鸡胰腺分泌物增加(后-前)的百分比,应该用什么检验方法?

10.51　对练习 10.50 进行检验,给出 p-值。

10.52　对于胆汁分泌,回答练习 10.51。

10.53　对于除盐水之外的所有激素组,把不同剂量的激素分配给不同组母鸡。母鸡胰腺分泌物增加的百分比与激素剂量之间是否有剂量 − 反应关系? 对于每种特定的激素分别评价。

10.54　对于胆汁分泌,回答练习 10.53。

心血管病

进行一项研究,以观察心肌梗塞(MI)的家族史和妇女冠心病之间的联系。对于 50～55 岁年龄组妇女,发现 4 年内 900 例 60 岁以上有 MI 家族史的妇女中 4 例死于冠心病,1700 例无 MI 家族史的妇女中 1 例死于冠心病。开始时所有妇女均未患冠心病。

10.55　要检验 60 岁以上 MI 家族史与冠心病死亡(概)率之间是否有联系,应该用什么检验方法?

10.56　对练习 10.55 进行检验,且给出 p-值。

心血管病

在曾经患有心肌梗塞(MI)的患者中进行降脂干预试验。随机分配患者到给予饮食治疗和降胆固醇药物的治疗组,或给予饮食治疗和安慰剂的对照组。研究结局包括明确的致死性冠心病或非致死性 MI (指新发生的非致死性 MI)。假定按照设计,对照组中事件发生率为每年 7%。

*10.57　5 年内对照组有多大的比例发生事件?

假定按照设计,5 年内治疗组中事件的发生率降低了 30%。

*10.58　治疗组的事件发生率期望值是多少?

*10.59　如果练习 10.57 和 10.58 中的率是真实率,取 $\alpha = 0.05$ 的单侧检验,要有 80% 的机会发现显著性差异,每组需要选多少例?

研究者预期不是所有受试对象都依从。故设计治疗组中 5% 不服从药物治疗,对照组中 10% 在本研究外服用降胆固醇药物。

*10.60　如果考虑依从性的缺乏,练习 10.57 和 10.58 中的期望率是多少?

*10.61　如果考虑依从性的缺乏,练习 10.59 中修正的样本量估计值是多少?

儿科学,内分泌学

在爱丁堡一所学校的 40 例男孩中进行一项研究,按照年龄观察尿标本中精子的情况[14]。男孩进入本研究时年龄在 8～11 岁,退出本研究时年龄在 12～18 岁。每名男孩每 3 个月提供一份 24 小时尿样本。表 10.28 不仅给出了每名男孩进入研究时的年龄、退出研究时的年龄和第一份尿样本精子阳性时的年龄,而且给出了尿样本中精子细胞的有或无。

对于问题的各部分,我们排除没有一份尿样本精子阳性的男孩(如编号为 8,9,14,25,28,29 和 30 的男孩)。

表 10.28　所有男孩的连续尿样中精子的有（＋）或无（－），进入研究时的年龄，第一份尿样中精子阳性时的年龄和退出研究时的年龄

编号	年龄			观测值
	进入	第一次＋	退出	
1	10.3	13.4	16.7	－ － － － － － － － － ＋ ＋ － － － － ＋ ＋ ＋ － －
2	10.0	12.1	17.0	－ － － － － － － ＋ － ＋ ＋ － ＋ － － ＋ － ＋ － － － － ＋ ＋
3	9.8	12.1	16.4	－ － － － － － － ＋ － ＋ ＋ － ＋ ＋ ＋ ＋ ＋ － － ＋ ＋ － ＋
4	10.6	13.5	17.7	－ － － － － － － － － ＋ ＋ － － － ＋ － － － －
5	9.3	12.5	16.3	－ － － － － － － － － － ＋ ＋ － － － － ＋ － － － － － －
6	9.2	13.9	16.2	－ － － － － － － － － － － － － ＋ － － － － － －
7	9.6	15.1	16.7	－ － － － － － － － － － － － － － ＋ － － － ＋
8	9.2	—	12.2	－ － － － － － － － －
9	9.7	—	12.1	－ － － － － － － －
10	9.6	12.7	16.4	－ － － － － － － － － ＋ － ＋ ＋ ＋ ＋ － － ＋ ＋ － ＋
11	9.6	12.5	16.7	－ － － － － － － ＋ － － ＋ － ＋ － － ＋ ＋ ＋
12	9.3	15.7	16.0	－ － － － － － － － － － － － － － ＋ ＋
14	9.6	—	12.0	－ － － － － － － －
16	9.4	12.6	13.1	－ － － － － － － ＋ ＋ ＋
17	10.5	12.6	17.5	－ － － － － － ＋ － ＋ ＋ ＋ ＋ ＋ ＋ ＋ － － ＋ － － ＋ ＋
18	10.5	13.5	14.1	－ － － － － － － － ＋ － －
19	9.9	14.3	16.8	－ － － － － － － － ＋ － － － － ＋ － ＋
20	9.3	15.3	16.2	－ － － － － － － － － － － ＋ ＋ ＋
21	10.4	13.5	17.3	－ － － － － － ＋ ＋ － ＋ － ＋ － ＋ － ＋ ＋ ＋
22	9.8	12.9	16.7	－ － － － － － ＋ ＋ ＋ － ＋ ＋ ＋ ＋ － ＋ ＋ － ＋ － －
23	10.8	14.2	17.3	－ － － － － － － ＋ － ＋ ＋ ＋ － ＋
24	10.9	13.3	17.8	－ － － － － ＋ ＋ ＋ ＋ － ＋ ＋ ＋ ＋ － ＋ ＋ － －
25	10.6	—	13.8	－ － － － － － － － －
26	10.6	14.3	16.3	－ － － － － － － － ＋ － － － ＋ － － －
27	10.5	12.9	17.4	－ － － － － ＋ － ＋ ＋ ＋ ＋ － － ＋ ＋ － － ＋ ＋ ＋ ＋
28	11.0	—	12.4	－ － － － － －
29	8.7	—	12.3	－ － － － － － － － －
30	10.9	—	14.5	－ － － － － － － － － －
31	11.0	14.6	17.5	－ － － － － － － － － ＋ ＋ ＋ ＋ ＋ ＋ ＋ ＋ ＋ ＋ ＋ － ＋
32	10.8	14.1	17.6	－ － － － － － － － ＋ ＋ － ＋ － － － －
33	11.3	14.4	18.2	－ － － － － － ＋ ＋ － ＋ ＋ － － ＋ － － －
34	11.4	13.8	18.3	－ － － － ＋ － ＋ － ＋ － － ＋ ＋ ＋ － － ＋ － ＋
35	11.3	13.7	17.8	－ － － － － ＋ ＋ ＋ － ＋ － － ＋ ＋ ＋ － ＋ ＋
36	11.2	13.5	15.7	－ － － － － － － ＋ － － － －
37	11.3	14.5	16.3	－ － － － － － － ＋ － ＋ ＋ － － －
38	11.2	14.3	17.2	－ － － － － － － ＋ － ＋ － ＋ － ＋ ＋ ＋ ＋ ＋ －
39	11.6	13.9	14.7	－ － － － ＋ － － －
40	11.8	14.1	17.9	－ － － － ＋ － ＋ － ＋ － ＋ ＋ ＋ ＋ － － － －
41	11.4	13.3	18.2	－ － － ＋ ＋ － ＋ － － － ＋ ＋ ＋ ＋ ＋ － －
42	11.5	14.0	17.9	－ － － － － － ＋ ＋ － ＋ － － － ＋ ＋ － ＋ －

10.62 给出第一份尿样精子阳性时的年龄茎叶图。

*10.63 如果我们假定所有男孩在 11 岁(11.0 岁)时都没有精子细胞,在 18 岁时都有精子细胞,那么分别估计在 12 岁(指 12.0 到 12.9 岁之间)、13 岁、14 岁、15 岁、16 岁和 17 岁时开始出现精子细胞的概率。

*10.64 假定男孩出现精子的平均年龄为 13.67 岁,标准差为 0.89 岁,且假定男孩出现精子的年龄服从正态分布。儿科医生想知道,为了将来的随访,在指点没有经历精子出现的男孩向专家咨询之后,95% 的男孩出现精子的最早年龄(月)是多大? 从这部分练习所提供的信息,你能估计这个年龄吗?

*10.65 假定我们不能确定男孩出现精子的年龄是否可用正态分布拟合。用练习 10.62~10.64 的结果回答这个问题(假定本章讨论的大样本方法适用于这些数据)。

卫生服务管理

在哈佛医疗实践研究中[15],考察 31429 份医院患者的医疗记录以评价医疗事故的频数。医疗事故分为两种类型:

(1)不良事件,是指由于医疗管理引起的伤害(不是由于疾病本身引起);

(2) 疏忽,是指医生责任心低于社会的基本期望。

按照约 1% 的比例抽取医疗记录,由不同考察者对两种类型医疗事故进行考察。数据见表 10.29。

表 10.29　医疗事故类型的重现性

		(a) 不良事件			(b) 疏忽	
		考查过程 B			考查过程 B	
		+	−		+	−
考查过程 A	+	35	13	考查过程 A　+	4	9
	−	21	249	−	12	293

10.66 在考查过程 A(原先的考查)和考查过程 B(再次考查)中,不良事件和疏忽报告的频数有差异吗?

10.67 你能评价不良事件和疏忽的重现性吗? 哪一个更具有重现性?

传染病

进行一项研究,观察参与美沙酮计划的静脉吸毒者中 HIV 感染的危险因素[16]。表 10.30 中给出了按照家庭总收入分组的 120 例非西班牙白人查血时 HIV 抗体的情况。

表 10.30　按照收入水平分组的 120 例非西班牙白人中 HIV 抗体的情况

组别	家庭总收入/美元	HIV 阳性的人数	检测人数
A	<10000	13	72
B	10000~20000	5	26
C	>20000	2	22

10.68 要评价家庭总收入是否与 HIV 阳性的比例具有一致性的关系,应该用什么检验方法?

10.69 进行检验,且给出 p-值。

运动医学

数据集 TENNIS1.DAT 给出了有关"网球肘"(很多网球运动员经历的一种疼痛状态)研究的数据,文件 TENNIS1.DOC 给出了数据格式。

调查波士顿地区几个网球俱乐部的成员。询问每一个成员是否曾经患有网球肘病,如果患过,发作了多少次。尽量选发作至少一次网球肘病的成员作为病例组,没有发作过网球肘病的成员作为对照组,两组例数大致相等。调查员询问成员们有关其他可能的相关因素,包括人口学因素(如年龄,性别),他们的网球拍特征(球拍网线的类型,球拍的材料)。本研究采取病例对照研究,也称作观察性研究。它与临床试验有明显的不同,临床试验中处理是随机分配的。由于随机化,临床试验中接受不同处理的受试对象平均来说具有可比性。而在一项观察性研究中,我们关心与疾病结局有关的危险因素。由于不同类型球拍没有随机分配给受试对象,所以很难做出因果推断(例如,"木制球拍引起网球肘病")。实际上,如果我们发现对于不同球拍类型网球肘病的频数不同,那么可能有其他变量既与网球肘病有关,又与球拍类型有关,是网球肘病更直接的"病因"。尽管如此,观察性研究在获得关于疾病病因学的重要线索方面还是有用的。观察性研究的一个有趣方面是哪些危险因素与疾病有关,以前经常没有先验信息,因此研究者常常对可能的危险因素提出很多问题。

10.70 在这个练习中,分别观察数据集中每一个危险因素以及该危险因素与网球肘病的关系。如何定义网球肘病有时是随意的。你可以将"发作至少一次网球肘病"和"没有发作过网球肘病"的受试对象作比较。或者你可以特别关注发作多次网球肘病的受试对象,或者根据网球肘病发作次数创建一个等级变量(例如,0 次发作,1 次发作,2 次及以上发作)等。在这个练习中,分别考虑每一个危险因素。在第 13 章,我们将讨论 logistic 回归方法,那时我们能够研究一个以上的危险因素同时对疾病的影响。

遗传学

考虑数据集 SEXRAT.DAT。这个数据集包括连续出生儿的性别,在第 4 章练习题的表 4.16 中首次被描述。我们想检验假设,同一家庭中不同孩子的性别是独立随机变量。我们集中考察连续有几个相同性别孩子的家庭。

10.71 考虑有 2 个以上孩子的家庭,其中前 2 个孩子性别相同。比较前 2 个孩子是男孩的家庭和前 2 个孩子是女孩的家庭中,第 3 个孩子是男孩的比例。

10.72 考虑有 3 个以上孩子的家庭,其中前 3 个孩子性别相同。比较前 3 个孩子是男孩的家庭和前 3 个孩子是女孩的家庭中,第 4 个孩子是男孩的比例。

10.73 考虑有 5 个孩子的家庭,其中前 4 个孩子性别相同。比较前 4 个孩子是男孩的家庭和前 4 个孩子是女孩的家庭中,第 5 个孩子是男孩的比例。

10.74 对于连续出生的孩子性别独立的假设,你的观点是什么?

耳鼻喉科学

考虑数据集 EAR.DAT。

10.75 对于基线时有 1 只耳听觉受影响的儿童,比较两种研究药物的疗效。

10.76 对于基线时有 2 只耳听觉受影响的儿童,比较两种研究药物的疗效,把治疗 14 天时的结果作为一个等级变量(2 只耳听觉正常,1 只耳听觉正常,0 只耳听觉正常)。

10.77 对于有 2 只耳听觉受影响的儿童,检验假设:药物对第 1 只耳和第 2 只耳的疗效是独立的。

医院流行病学

医院中患者死亡是一个引起高度重视的医疗结局。一些死亡可能由不周到的护理造成,这是可以预防的。住院期间的不良事件(AE)是指患者在住院期间遇到任何种类和严重程度的问题,而这些问题是由于临床或行政管理不当造成,而不是由于疾病本身引起。在西班牙格拉纳达的一家医院进行一项研究,评价不良事件和住院期间的死亡是否有关联[17]。在该研究中,从 1990 年 1 月 1 日至 1991 年 1 月 1 日期间确诊 524 例患者死于这家医院,将这 524 例患者作为病例组。另外入选 524 例存活患者作为对照组。对照组和病例组的患者的入院诊断和入院日期匹配。在所有对照组和病例组的患者中回顾调查不良事件的发生情况。报告如下,病例组中有 299 例发生不良事件,对照组中有 225 例发生不良事件,其中病例与对照均发生不良事件的有 126 个匹配对。(存在的问题:对照组和病例组的不良事件频数很高,可能吗? 此题可能存在不合理性。)

10.78 在这个调查中,用了哪种类型的研究设计?

10.79 要比较对照组和病例组中不良事件的比例,应该用什么分析方法?

10.80 对练习 10.79 进行检验,且给出 p-值(双侧)。

癌症

目前关心的一个课题是流产是否为乳腺癌的危险因素。一个问题是有过流产的妇女与没有流产的妇女在乳腺癌其他危险因素方面是否有差异。众所周知的乳腺癌的一个危险因素是产次(指出生孩子的数目),生育很多孩子的妇女患乳腺癌的危险性比未生育过的妇女(指没有孩子的妇女)低 30%。因此评价有流产史和没有流产史的妇女产次分布是否有差异是很重要的。对于这个问题,表 10.31 给出了从护理健康研究中获得的数据。

表 10.31 有流产史和没有流产史的妇女产次分布

产次	流产情况	
	有($n = 16\,353$)	无($n = 77220$)
0	34%	29%
1	23%	18%
2	30%	34%
3	10%	15%
4 及以上	3%	4%

10.81 要比较有流产史和没有流产史的妇女产次分布,应该用什么检验方法?

10.82 对练习 10.81 进行检验,且给出 p-值(双侧)。

假定每增加一个孩子,乳腺癌的危险性降低 10%(指有 1 个孩子的妇女患乳腺癌的危险性是同年龄未生育过妇女的 90%；有 2 个孩子的妇女患乳腺癌的危险性是同年龄未生育过妇女的 0.9² 或 81%，等。)（对于这个问题，把有 4 个及以上孩子作为有 4 个孩子。)

10.83 假定流产对乳腺癌没有因果影响。基于两组的产次分布，有流产史的妇女与没有流产史的妇女相比，预期患乳腺癌的危险性相同，更高，还是更低？如果更高或者更低，差异的程度如何？（假定有流产史和没有流产史的妇女年龄分布相同。)

眼科学

对 601 例视网膜色素变性的患者进行一项 5 年的研究，评价高剂量的维生素 A(15000IU/日)和维生素 E(400IU/日)对疾病病程的影响。一个问题是补充多少量的维生素 A 可以影响他们的血清视黄醇水平。73 例男性每日服用 15000IU 的维生素 A(维生素 A 组)，57 例男性每日服用 75IU 的维生素 A(微量组)(此剂量与通常的每日膳食摄入量 3000IU 相比是微不足道的)；随访 3 年，得到血清视黄醇水平的数据如下。

视黄醇(mmol/L)	N	第 0 年	第 3 年
		均数 ± 标准差	均数 ± 标准差
维生素 A 组	73	1.89±0.36	2.06±0.53
微量组	57	1.83±0.31	1.78±0.30

10.84 要评价 3 年期间维生素 A 组平均血清视黄醇是否增加，应该用什么检验方法？

10.85 基于现有的数据能进行检验吗？为什么？如果可以，进行检验并给出双侧 p-值。

10.86 练习 10.84 中检验的一个假定是血清视黄醇的分布近似正态。为了验证这个假设，研究者获得了维生素 A 组中男性在第 0 年的血清视黄醇频数分布，数据如下。

血清视黄醇分组/(μmol/L)	N
≤1.40	6
1.41~1.75	22
1.76~2.10	22
2.11~2.45	20
≥2.46	3
	73

进行统计学检验，以检查正态性假定。基于你的结果，你认为正态性假定有根据吗？为什么？

眼科学

在练习 10.84 描述的研究中，有趣的方面是评价补充维生素 A 引起的其他某些指标的变化。此处所关心的指标是血清甘油三酯水平。结果发现：维生素 A 组的 133 例受试对象(男女合计)基线时血清甘油三酯在正常范围(<2.13μmol/L)，而 15 例在最后 2 次连续随访时每一次均高于正常范围的上限。微量组的 138 例受试对象基线时血清甘油三酯在正常范围(<2.13μmol/L)，而 2 例在最后 2 次连续随访时每一次均高于正常范围的上限[18]。

10.87 每组中甘油三酯水平异常的人占多大比例? 这些比例是否可以测度患病率,发病率,或者两者都不?

10.88 要比较维生素 A 组和微量组中甘油三酯水平异常的比例,应该用什么检验方法?

10.89 对练习 10.88 进行检验,且给出 p-值(双侧)。

肺病

进行一项研究,了解儿童哮喘病发病率与暴露于蟑螂过敏原的关系(Rosenstreich 等[19])。监测家庭,分析尘土样本,检测蟑螂、尘螨和猫过敏原。研究者想把他们的结果和一个更大的研究(国家协作性城市内哮喘病研究)进行比较。下面给出比较两个研究的种族分布的数据。

种族分组	研究样本 ($n = 475$)	国家协作性城市内哮喘病研究 ($n = 1512$)
西班牙人	78	295
黑人	371	1111
其他	26	106

10.90 要比较两个研究的种族分布,应该用什么检验方法?

10.91 对练习 10.90 进行检验,且给出 p-值(双侧)。

动物学

进行一项研究,观察不同种类鸟对不同类型葵花籽的选择。安排两个喂食器装不同类型的葵花籽养鸟,一个盛黑油籽喂鸟,另一个盛斑纹籽喂鸟。在一个月内观察 12 天,每天观察一次喂食器,每次 1 个小时。对于每个喂食器及不同种类的鸟,计算从特定喂食器中食籽的不同种类鸟的数量。(这个练习的数据由 David Rosner 提供。)

在观察的第一天,有 1 只山雀食黑油籽,4 只山雀食斑纹籽;有 19 只金翅雀食黑油籽,5 只金翅雀食斑纹籽。

10.92 要比较观察第一天山雀和金翅雀对食物的选择是否有显著差异,应该用什么检验方法?

10.93 对练习 10.92 进行检验,且给出 p-值。

整个实验的一个假定是同一种类鸟在不同时间选择的食物是相同的。为了检验这个假定,在 6 天内分别观察金翅雀(它们在另外 6 天没有被观察)。6 天中有 2 天观察数量较少(一天有 2 只,另一天有 1 只),因此不包括这两天的数据。下面给出其余 4 天的结果。

金翅雀在不同天内食物的选择

葵花籽的类型	天				
	1	2	3	4	合计
黑油籽	19	14	9	45	87
斑纹籽	5	10	6	39	60

10.94 要评价金翅雀在不同天内食物的选择是否相同,应该用什么检验方法?

10.95 对练习 10.94 进行检验,且给出 p-值。

癌症

　　内科医生健康研究是一个随机、双盲、安慰剂对照的 β 胡萝卜素试验(每隔一天 50 mg)。1982 年选 22071 例 40～84 岁男医生进行临床试验。截止 1995 年 12 月 31 日,观察随访受试对象是否出现新的癌(恶性肿瘤)。报告结果如下(Hennekens 等[20])。

	β 胡萝卜素 ($n = 11036$)	安慰剂 ($n = 11\,035$)
恶性肿瘤	1273	1293

10.96 要比较两个处理组之间癌的发病率,应该用什么检验方法?

10.97 对练习 10.96 进行检验,且给出 p-值(双侧)。

10.98 在研究开始之前,与安慰剂相比,预期 β 胡萝卜素可以预防 10% 的癌症发生。假定安慰剂组的真实发病率与观测发病率相同,如果取 $\alpha = 0.05$ 的双侧检验,那么本研究有多大的功效可以检测出这么大的效应?

人口学

　　一个通常的假定是连续出生婴儿的性别彼此是独立的。为了检验这个假定,从 51868 个家庭前 5 胎中收集出生记录。在有 5 个孩子的家庭中,下面给出了数据集 SEXRAT.DAT 中男婴数的频数分布(说明见表 4.16, p.111)。

在有 5 个孩子的家庭中男婴数的频数分布

男婴数	n
0	518
1	2245
2	4621
3	4753
4	2476
5	549
合计	15162

　　假定研究者虽然怀疑男婴出生的概率正好是 50%,但是希望连续出生婴儿的性别是独立的。

10.99 基于所观察的数据,男婴出生概率的最佳估计值是多少?

10.100 基于练习 10.99 中的估计,5 胎中男婴数为 0,1,2,3,4,5 的概率各是多少?

10.101 基于练习 10.100 的模型,检验这个假设:连续出生儿的性别是独立的。关于这个假设,你的结论是什么?

参 考 文 献

[1] MacMahon, B., Cole, P., Lin, T. M., Lowe, C. R., Mirra, A. P., Ravnihar, B., Salber, E. J., Valaoras, V. G., & Yuasa, S. (1970). Age at first birth and breast cancer risk. *Bulletin of the World Health Organization*, 43, 209—221.

[2] Doll, R., Muir, C., & Waterhouse, J. (Eds.). (1970). *Cancer in five continents* (Vol. Ⅱ). Berlin: Springer-Verlag.

[3] Cochran, W. G. (1954). Some methods for strengthening the common χ^2 test. *Biometrics*, 10, 417—451.

[4] Maxwell, A. E. (1961). *Analyzing qualitative data*. London: Methuen.

[5] Hypertension Detection and Follow-up Program Cooperative Group. (1977). Blood pressure studies in 14 communities—A two-stage screen for hypertension. *JAMA*, 237(22), 2385—2391.

[6] Landis, J. R., & Koch, G. G. (1977). The measurement of observer agreement for categorical data. *Biometrics*, 33, 159—174.

[7] Fleiss, J. (1981). *Statistical methods for rates and proportions*. New York: Wiley.

[8] Cramer, D. W., Schiff, I., Schoenbaum, S. C., Gibson, M., Belisle, J., Albrecht, B., Stillman, R. J., Berger, M. J., Wilson, E., Stadel, B. V., & Seibel, M. (1985). Tubal infertility and the intrauterine device. *New England Journal of Medicine*, 312(15), 941—947.

[9] Weiss, N. S., & Sayetz, T. A. (1980). Incidence of endometrial cancer in relation to the use of oral contraceptives. *New England Journal of Medicine*, 302(10), 551—554.

[10] U. S. Department of Health, Education, and Welfare. (1972). *End results in cancer* (Reprt No. 4).

[11] Mecklenburg, R. S., Benson, E. A., Benson, J. W., Fredlung, P. N., Guinn, T., Metz, R. J., Nielsen, R. L. & Sannar, C. A. (1984). Acute complications associated with insulin pump therapy: Report of experience with 161 patients. *JAMA*, 252(23), 3265—3269.

[12] Dubach, U. C., Rosner, B., & Stürmer, T. (1991). An epidemiological study of abuse of analgesic drugs: Effects of phenacetin and salicylate on mortality and cardiovascular morbidity (1968—1987). *New England Journal of Medicine* 324, 155—160.

[13] Armenian, H., Saadeh, F. M., & Armenian, S. L. (1987). Widowhood and mortality in an Armenian church parish in lebanon. *American Journal of Epidemiology*, 125(1), 127—132.

[14] Jorgensen, M., Keiding, N., & Skakkebaek, N. E. (1991). Estimation of spermache from longitudinal spermaturia data. *Biometrics*, 47, 177—193.

[15] Brennan, T. A., Leake, L. L., Laird, N. M., Hebert, L., Localio, A. S., Lawthers, A. G., Newhouse, J. P., Weiler, P. G., & Hiatt, H. H. (1991). Incidence of adverse events and negligence in hospitalized patients. Results of the Harvard Medical Practice Study I. *New England Journal of Medicine*, 324(6), 370—376.

[16] Schoenbaum, E. E., Hartel, D., Selwyn, P. A., Klein, R. S., Davenny, K., Rogers, M., Feiner, C., & Friedland, G. (1989). Risk factors for human immunodeficiency virus infection in intravenous drug users. *New England Journal of Medicine*, 321(13), 874—879.

[17] García-Martín, M., Lardelli-Claret, P., Bueno-Cavanillas, A., Luna-del-Castillo, J. D., Espigares-Garcia, M., & Galvez-Vargas, R. (1997). Proportion of hospital deaths associated with adverse events. *Journal of Clinical Epidemiology*, 50(12), 1319—1326.

[18] Sibulesky, L., Hayes, K. C., Pronczuk, A., Weigel-DiFranco, C., Rosner, B., & Berson, E. L. (1999). Safety of <7500 RE(<25000 IU) Vvitamin A daily in adults with retinitis pigmentosa. *American Journal of Clinical Nutrition* 69(4):656—663.

[19] Rosenstreich, D. L., Eggleston, P., Kattan, M., Baker, D., Slavin, R. G., Gergen, P., Mitchell, H., McNiff-Mortimer, K., Lynn, H., Ownby, D., & Malveaux, F. (1997). The role of cockroach allergy and exposure to cockroach allergen in causing morbidity among inner-city children with asthma. *New England Journal of Medicine*, 336(19), 1356—1363.

[20] Hennekens, C. H., Buring, J. E., Manson, J. E., Stampfer, M., Rosner, B., Cook, N. R., Belanger, C., LaMotte, F., Gaziano, J. M., Ridker, P. M., Willett, W., & Peto, R. (1996). Lack of effect of long-term supplementation with beta carotene on the incidence of malignant neoplasms and cardiovascular disease. *New England Journal of Medicine*, 334(18), 1145—1149.

第11章　回归和相关方法

11.1　绪　言

第8章中,我们用 t 检验比较两个具有正态分布的结果变量的平均数。我们可以称结果变量为 y,而称组别(或类型)变量为 x。在应用 t 检验时,x 取两个值。其他在第8章中出现的方法也是一个正态分布 y 与类型变量 x 间的某个可能的关联。我们将看到这些方法都是本章中**线性回归**(linear-regression)技术的某种特例。在线性回归中,我们将研究正态分布的结果变量 y 是如何与一个或多个预测变量 $x_1, \cdots, x_k$ 发生联系的,这里 x_i 是连续或类型变量。

例11.1　产科　产科专家有时要检查即将分娩的孕妇 24 小时尿样中雌三醇的水平,因为雌三醇水平与婴儿出生体重有关,检查可以间接地判断将要出生的婴儿是否不正常地小。雌三醇水平与出生体重之间的关系可以通过拟合的回归线表示出来。

第 10 章中,我们讨论了 Kappa 统计量,它是两个类型变量之间关联性大小的一个指标。在两个类型变量不是用于彼此作预测时,这个指标很有用处。定量的描述两个连续变量间关联性大小的是 5.6.1 节中的相关系数。本章我们将对相关系数做假设检验,而且把相关概念拓广到多个连续变量时的情形。

例11.2　高血压　很多文献都在讨论高血压的家庭聚集性。一般地,双亲有高血压的孩子常有比其他孩子更高的血压。可以用一种办法去描述这种关系,即计算双亲血压与孩子血压的相关系数。

本章中我们讨论回归与相关分析的方法,这里涉及的是同一批样本中的两个不同变量。这个方法的进一步拓广是多重回归,这时需要同时考虑多个变量。

11.2　一　般　概　念

例11.3　产科　Greene 和 Touchstone 研究了一批临产妇女的雌三醇水平与婴儿出生体重间的关系[1]。图 11.1 是该数据的点图而真实数据列于表 11.1 上。我们可以从图上看出,虽然这些点相当分散,但出生体重与雌三醇水平之间大体上存在有线性关系。如何定量描述这种关系?

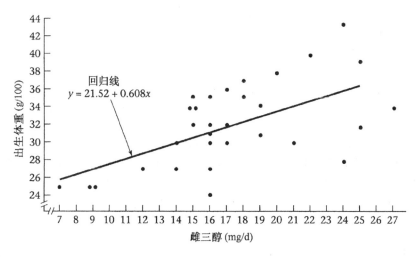

图 11.1　临产孕妇中雌三醇水平与婴儿出生体重的相关研究

(数据来自 Greene-Tonchstone 的研究并得允许)

表 11.1　临产孕妇中雌三醇水平与婴儿出生体重的数据(取自 Greene-Touchstone 的研究)

i	雌三醇 水平 /(mg/24h) x_i	出生体重 /(g/100) y_i	i	雌三醇 水平 /(mg/24h) x_i	出生体重 /(g/100) y_i
1	7	25	17	17	32
2	9	25	18	25	32
3	9	25	19	27	34
4	12	27	20	15	34
5	14	27	21	15	34
6	16	27	22	15	35
7	16	24	23	16	35
8	14	30	24	19	34
9	16	30	25	18	35
10	16	31	26	17	36
11	17	30	27	18	37
12	19	31	28	20	38
13	21	30	29	22	40
14	24	28	30	25	39
15	15	32	31	24	43
16	16	32			

注：获 American Journal of Obstetrics and Gynecology, 85(1), 1～9, 1963 准许。

如果记 $x = $ 雌三醇水平，$y = $ 出生体重，则 y 与 x 可以有下面形式的关系：

方程 11.1　　$E(y|x) = \alpha + \beta x$

上式意思是，给定雌三醇水平 x 值后，平均出生体重 $E(y|x)$ 是 $\alpha + \beta x$，其中 α 及 β 是未知常数。

定义 11.1　称 $y = \alpha + \beta x$ 为**回归线**(regression line)，其中 α 是截距，β 是直线的斜率。

关系式 $y = \alpha + \beta x$ 并不表示对每一个妇女都成立。例如，并不是有相同雌三醇水平的所有妇女都会出生体重相同的婴儿。因此，一个误差 e 应该引进到上述模型中去，这个 e 的方差代表了具有雌三醇水平为 x 的孕妇的所有婴儿出生体重的方差。我们认为 e 是正态分布，其均值为 0 方差为 σ^2。因此一个完整的线性回归模型写成下面形式。

方程 11.2　　$y = \alpha + \beta x + e$

此处 e 是正态分布，均值为 0 及方差为 σ^2。

定义 11.2　对任何形为

$$y = \alpha + \beta x + e$$

的线性回归方程，称 y 为**应变量**(dependent variable)而称 x 为**独立变量**(independent variable)，因为我们总是用 x 预测 y。

例 11.4　产科　例 11.3 中出生体重是应变量而雌三醇水平是独立变量，因为我们的目的是用雌三醇水平去预测将要出生的婴儿的体重。

线性回归线的一种理解为：对于已知雌三醇水平为 x 的妇女，她对应的出生体重将是正态分布，其均值为 $\alpha + \beta x$ 而方差为 σ^2。如果 $\sigma^2 = 0$ 则样本点全部精确地落在回归线上；而对于大的 σ^2 值，则数据点在直线上下将会有大的分散性。关系见图 11.2。

对于 β，如果 $\beta > 0$ 则 x 增加时 y 的期望值 $y = \alpha + \beta x$ 将会增加。

例 11.5　产科　如图 11.3(a)所示，这里 $\beta > 0$，于是 x 增加时平均出生体重 (y)对应地也将增加。

如果 $\beta < 0$，这时当 x 增加时 y 的期望值将减小。

例 11.6　儿科学　上述情形可以在脉率(y)与婴儿的年龄(x)关系上发生，见图 11.3(b)，因为对于刚出生的婴儿，常有很快的脉率且随着年龄的增加脉率将下降。

如果 $\beta = 0$，这说明 x 与 y 没有线性关系。

例 11.7　这种情形可以出现在出生体重与出生日期之间，因为这两者没有任何关系，所以 $\beta = 0$，图形见图 11.3(c)。

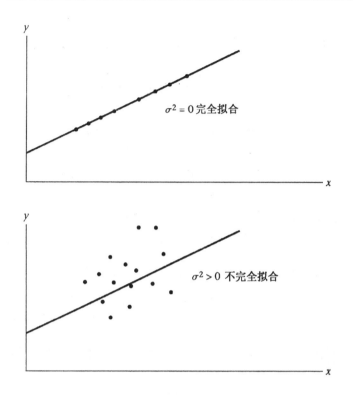

图 11.2 σ^2 在回归线的拟合上的作用

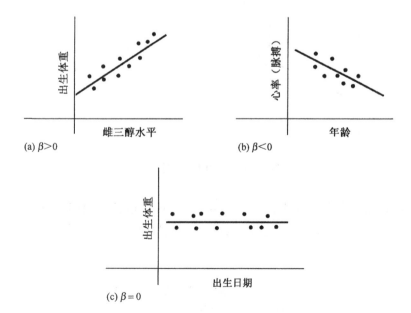

图 11.3 在不同 β 下回归线的解释

11.3　拟合回归直线——最小二乘方法

当数据如图 11.1 所示时,问题是如何拟合回归线,或等价地,如何去求得 α 及 β,分别记它们的估计值为 a 及 b。当然,我们似乎可以用目测法,画一直线以使它离所有的点都不太远,但这种做法在实际中很难,也很不精确,这特别在有大量的分散性大的数据时更是如此。一个好的方法应是建立某种准则,定义一组点集到一直线的接近程度,再去寻找按上述准则对这个点集是最接近的直线。

考察图 11.4 中的数据而要去估计回归线 $y = a + bx$。一个样本点 (x_i, y_i) 按平行于 y 轴到达直线上的距离记为 d_i。如果我们记 $(x_i, \hat{y_i}) = (x_i, a + bx_i)$ 是对应于 x_i 的估计点,则上述距离就是 $d_i = y_i - \hat{y_i} = y_i - a - bx_i$。一个好的直线应使这些距离都尽可能地小。因为 d_i 不会全是 0,所以 $S_1 = \sum\limits_{i=1}^{n} |d_i| = $ 样本点到直线的绝对值距离之和可以作为一个准则,寻找使 S_1 为最小的直线。但在这种准则下求直线,在数学上遇到很大的困难。因此,代之以下面的最小平方准则:

$$S = \sum_{i=1}^{n} d_i^2 = \sum_{i=1}^{n} (y_i - a - bx_i)^2 = \text{样本点离直线的平方距离的和}$$

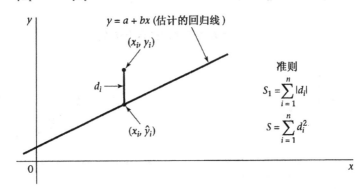

图 11.4　拟合回归线的准则

定义 11.3　**最小平方线**(least-square line),或称**估计的回归线**(estimated regression line)是 $y = a + bx$,它寻找 a 及 b 使下式为最小:

$$S = \sum_{i=1}^{n} d_i^2$$

这种估计回归直线中参数的方法称为**最小平方法**(method of least squares)。

下面的记号在定义回归线的斜率及截距时有用。

定义 11.4　x 的原始平方和　(raw sum of squares for x)是

$$\sum_{i=1}^{n} x_i^2$$

而 **x 的修正平方和**(corrected sum of squares for x)常记为 L_{xx},定义如下:

$$\sum_{i=1}^{n}(x_i - \bar{x})^2 = \sum_{i=1}^{n} x_i^2 - \Big(\sum_{i=1}^{n} x_i\Big)^2 \Big/ n$$

它代表了 x_i 离均值的偏差的平方和。类似地,**y 的原始平方和**(raw sum of squares for y)定义为

$$\sum_{i=1}^{n} y_i^2$$

而 **y 的修正平方和**(corrected sum of squares for y)记为 L_{yy},且定义为

$$\sum_{i=1}^{n}(y_i - \bar{y})^2 = \sum_{i=1}^{n} y_i^2 - \Big(\sum_{i=1}^{n} y_i\Big)^2 \Big/ n$$

注意,L_{xx} 及 L_{yy} 分别是 x 的样本方差(即 s_x^2)及 y 的样本方差(即 s_y^2)的分子,这是因为

$$s_x^2 = \sum_{i=1}^{n}(x - \bar{x})^2/(n-1), \qquad s_y^2 = \sum_{i=1}^{n}(y_i - \bar{y})^2/(n-1)$$

定义 11.5　叉积原始和　(raw sum of cross products)定义为

$$\sum_{i=1}^{n} x_i y_i$$

而**叉积的修正和**为

$$\sum_{i=1}^{n}(x_i - \bar{x})(y_i - \bar{y})$$

它常记为 L_{xy}。很易证明,它就等于下式

$$\sum_{i=1}^{n} x_i y_i - \Big(\sum_{i=1}^{n} x_i\Big)\Big(\sum_{i=1}^{n} y_i\Big)\Big/ n$$

叉积修正和有什么意义? 假设 $\beta > 0$。从图 11.3(a)可见,如果 $\beta > 0$,则 x 增加时 y_i 也会增加。表达这个关系的替代法是,如果 $(x_i - \bar{x}) > 0$(对于较大的 x 总是成立的),则 y_i 也会较大,于是 $y_i - \bar{y}$ 将大于 0,这时 $(x_i - \bar{x})(y_i - \bar{y})$ 将是正值;类似地,如 $(x_i - \bar{x}) < 0$,则 $(y_i - \bar{y})$ 也将 < 0,这时 $(x_i - \bar{x})(y_i - \bar{y})$ 仍 > 0。因此,如果 $\beta > 0$,则叉积修正和将是正数。反之,若 $\beta < 0$,从图 11.3(b)可见,当 x 变小时,y 将变大;当 x 增大,y_i 将变小;因此在上述两种情形下 $(x_i - \bar{x})(y_i - \bar{y})$ 常是负数,即 $\beta < 0$,则叉积修正和将是负值。最后,如果 $\beta = 0$,即 x 与 y 将没有线性关系,于是叉积修正和将近似于 0。

可以证明,对 β 的最好估计是 $b = L_{xy}/L_{xx}$。因为 L_{xx} 常是正数(除非样本中 x 全都相同),因此 b 的符号总是与 L_{xy} 的符号相同。基于前面的讨论也就可以得出 b 的直观意义。由于计算了 b,所以截距也很容易求出,$a = \bar{y} - b\bar{x}$。我们总结这

些结果如下。

方程 11.3　最小平方线的估计(estimation of the least-square line)　最小平方
线 $y = a + bx$ 中的系数是

$$b = L_{yx}/L_{xx}$$

及

$$a = \bar{y} - b\bar{x} = \left(\sum_{i=1}^{n} y_i - b \sum_{i=1}^{n} x_i \right) \Big/ n$$

例 11.8　产科学　试求表 11.1 中数据的回归线

解　首先计算

$$\sum_{i=1}^{31} x_i, \quad \sum_{i=1}^{31} x_i^2, \quad \sum_{i=1}^{31} y_i, \quad \sum_{i=1}^{31} y_i x_i$$

这是为了计算修正的平方和(L_{xx})及叉积(L_{xy})而必须的,可得

$$\sum_{i=1}^{31} x_i = 534, \quad \sum_{i=1}^{31} x_i^2 = 9876, \quad \sum_{i=1}^{31} y_i = 992, \quad \sum_{i=1}^{31} y_i x_i = 17500$$

于是

$$L_{xy} = \sum_{i=1}^{31} x_i y_i - \left(\sum_{i=1}^{31} x_i \right) \left(\sum_{i=1}^{31} y_i \right) \Big/ 31 = 17500 - (534)(992)/31 = 412$$

$$L_{xx} = \sum_{i=1}^{31} x_i^2 - \left(\sum_{i=1}^{31} x_i \right)^2 \Big/ 31 = 9876 - 534^2/31 = 677.42$$

最后回归线的斜率

$$b = L_{xy}/L_{xx} = 412/677.42 = 0.608$$

回归线的截距可得出,由方程 11.3 知

$$a = \left(\sum_{i=1}^{31} y_i - 0.608 \sum_{i=1}^{31} x_i \right) \Big/ 31 = [992 - 0.608(534)]/31 = 21.52$$

于是回归线即是 $y = 21.52 + 0.608x$。这个回归线即表示在图 11.1 上。

回归线有什么用处? 一个用处即是预测 y 值(在给定 x 值下)。

定义 11.6　在给出 x 的值后,**y 的平均值**(average value of y)**的预测值**(predicted)就是 $\hat{y} = a + bx$。这个点$(x, a + bx)$总是在回归线上。

例 11.9　产科学　如果孕妇 24 小时内尿中雌三醇水平为 15mg/24h, 则预计出生婴儿的平均体重多大?

解　这时在例 11.8 中用 $x = 15$,代入回归方程得 y 的平均值的预测值为

$$\hat{y} = 21.52 + 0.608(15) = 30.65$$

因 y 的单位是(g)/100,所以出生体重的平均值估计为 $30.65 \times 100 = 3065$g。

雌三醇可用于识别孕妇是否会生下过低体重婴儿。如果预测她会生下过低体重的婴儿,则由于低体重婴儿的第一年死亡率很高,即死亡危险性大,因此可以使

用药物去延长孕妇的怀孕时间直到婴儿生长得更大些。

例 11.10 产科学 低出生体重的定义是≤2500g。什么样的雌三醇水平能预测婴儿出生的体重是 2500g?

解 y 的预测值为

$$\hat{y} = 21.52 + 0.608x$$

如果 $\hat{y} = 2500/100 = 25$,则 x 可以从下面方程中求得:

$$25 = 21.52 + 0.608x$$

$$x = (25 - 21.52)/0.608 = 5.72$$

即如果孕妇的雌三醇水平是 5.72mg/24h 时,则预测出生体重是 2500g。进而,可以这么说,当雌三醇水平≤5mg/24h 时,预测孕妇的平均出生婴儿体重会低于2500g(这里假定雌三醇的测定只能准确到 1mg/24h)。这个水平可以作为识别孕妇出生婴儿前的一个临界值,如雌三醇低于此值,则应延长孕妇的怀孕期。*

例 11.11 **产科学** 对例 11.1 的出生体重数据,试解释回归线的斜率。

解 斜率是 0.608,它告诉我们,雌三醇水平每增加 1 个单位(即 1mg/24h),则预计 y 值将增加 0.61 单位。

本节中,我们学习了如何基于最小平方准则用数据去拟合方程 11.1 的回归线。注意,这里并未对残差 e 的正态性有什么要求。正态性要求只是在后面对参数做假设检验时才需要。在本章末的流程图中(图 11.32, $P.478$),通过如下问答,(1)研究两个变量间的关系? 是;(2)两个变量都连续? 是;(3)用一个变量预测另一个变量? 是,则就可引导我们进入框"简单线性回归"。

11.4 回归线中关于参数的推断

11.3 节中讨论了用最小平方方法拟合回归线。考虑图 11.5 中的回归线。图中画出了假设性的回归线及一个有代表性的样本点。首先应注意到 $(\bar{x}, \bar{y})$ 总是落在回归线之上。这个特性很易从下面看出,回归线总可以写成

$$y = a + bx = \bar{y} - b\bar{x} + bx = \bar{y} + b(x - \bar{x})$$

或等价地有

方程 11.4 $y - \bar{y} = b(x - \bar{x})$

---

* 此例的这种做法是广泛使用的方法,但在统计理论上看似有些问题:$\hat{y} = a + bx$ 中只能用于由 x 预测 y。如要用 y 预测 x,则应另外建立一个回归公式:$\hat{x} = c + dy$。从最小平方理论上看,同一批数据必有两个回归公式。由表 11.1 中数据,可求得 $\hat{x} = -2.335 + 0.611y$,标准误为 3.83。用 $y = 25$ 代入,得 $\hat{x} = 12.94$! 与上面求得 5.72 差异很大! 但如考虑 $\hat{x}$ 的标准误(见方程 11.11),$se_1(\hat{x}) = 4.03$,则 x 的 95% 下限为:$12.94 - t_{1-0.95/2} * 4.03 = 12.94 - 2.045 \times 4.03 = 4.71$ 此值与上面的 5.72 仍差异不小;但 4.71 在统计学角度看是合理的,而 5.72 仅是纯代数法。——译者注

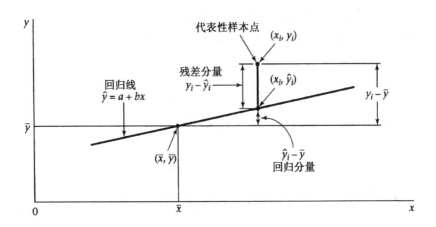

图 11.5　回归线的拟合优良性

在上面方程中,分别用 $\bar{x}$ 代 x,$\bar{y}$ 代 y,显然总能使上式成立($0=0$)。因此,($\bar{x}$,$\bar{y}$)点永远落在回归线之上。在任一点(x_i, y_i)上,作平行于 y 轴的线交于回归线上,此交点显然是$(x_i, \hat{y}_i)$,其中 $\hat{y}=a+bx_i$。

　　定义 11.7　对于任何样本点(x_i, y_i),这一点离回归线的**残差**(residual)或称**残差分量**(residual component)是由 $y_i - \hat{y}_i$ 定义。

　　定义 11.8　对于任何样本点(x_i, y_i),有 $\hat{y}=a+bx_i$,我们称 $\hat{y}_i - \bar{y}$ 为样本点(x_i, y_i)对于回归线的**回归分量**(regression component)

　　图 11.5 中,显然偏差 $y_i - \bar{y}$ 可以表示成残差 $y_i - \hat{y}_i$ 及回归分量$\hat{y}_i - \bar{y}$ 两部分。注意,如果点(x_i, y_i)精确地落在回归线上,则 $y_i = \hat{y}_i$ 及残差分量 $y_i - \hat{y}_i$ 必是 0,因而 $y_i - \bar{y} = \hat{y}_i - \bar{y}$。一般说来,一个拟合得好的回归线将在绝对值上有较大的回归分量及在绝对值上较小的残差分量;相反,如果拟合得不好,情况自然反过来。一些典型情形见图 11.6。

　　图 11.6(a)中,这是很好的拟合,有大的回归分量及小的残差分量。很坏的拟合是图 11.6(d),这时回归分量小而残差分量大。拟合的中间状态见图 11.6(b)及11.6(c)。

　　如何把图 11.6 定量化? 做法是把偏差 $y_i - \bar{y}$ 平方再求和,而分解这个平方和成两部分,回归分量的平方和与残差分量的平方和。

　　定义 11.9　总平方和　(total sum of square)或称**总 SS**(Total SS),是指每个样本点离样本均值的偏差平方和:

$$\sum_{i=1}^{n}(y_i - \bar{y})^2$$

　　定义 11.10　回归平方和(regression sum of squares)或记为 **Reg SS**,是指回归分量的平方和:

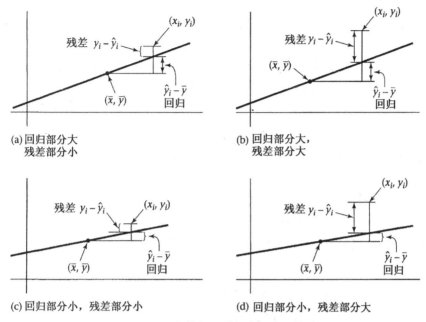

(a) 回归部分大
残差部分小

(b) 回归部分大,
残差部分大

(c) 回归部分小,残差部分小

(d) 回归部分小,残差部分大

图 11.6 回归线与各种拟合优度的关系

$$\sum_{i=1}^{n}(\hat{y}_i - \bar{y})^2$$

定义 11.11 **残差平方和**(residual sum of squares)或记为 **Res SS**,是指残差分量的平方和:

$$\sum_{i=1}^{n}(y_i - \hat{y})^2$$

能够证明,有下面的关系式。

方程 11.5 总平方和可分解成回归及残差平方和

$$\sum_{i=1}^{n}(y_i - \bar{y})^2 = \sum_{i=1}^{n}(\hat{y}_i - \bar{y})^2 + \sum_{i=1}^{n}(y_i - \hat{y}_i)^2$$

或写成

$$\text{Total SS} = \text{Reg SS} + \text{Res SS}$$

11.4.1 简单线性回归的 F 检验

我们把回归平方和与残差平方和之比值当作拟合优良性的准则。比值愈大说明拟合得好,反之,则说明拟合得不好。在假设检验中,我们要检验 $H_0 : \beta = 0$ 对 $H_1 : \beta \neq 0$,此外 β 是方程 11.2 中回归线的斜率。

下面的术语在假设检验中要用到:

定义 11.12 回归平均平方(regression mean square),常记为 **Reg MS**,是 Reg

SS 除以模型中预测变量数(k)的值,即 MS＝Reg SS/k。在简单线性回归中,由于 $k＝1$,所以 Reg MS＝Reg SS。而对于 11.9 节中多重回归,那里 $k＞1$。我们把 k 称为回归平方和的自由度,或记以 Reg df。

定义 11.13   残差平均平方(residual mean square),或 **Reg MS**,是 Res SS 除以 ($n－k－1$)的值。在简单线性回归中,$k＝1$,因此 Res MS＝Res SS/($n－2$)。我们 称 $n－k－1$ 为残差平方和的自由度,或记为 Res df,Res MS 有时在文献中也记为 $s_{y \cdot x}^2$。

在 H_0 成立下,$F＝$ Reg MS/Res Ms 是 F 分布,自由度分别为 1 及 $n－2$。因 此,对于大的 F 值就拒绝 H_0。所以如 α 为显著性水平,则当 $F＞F_{1, n-2, 1-\alpha}$ 则拒 绝 H_0,否则接受 H_0。

方程 11.5 中,回归及残差平方和的表达式可以写成下面形式:

方程 11.6   回归及残差平方和的简化计算式

$$回归 SS ＝ bL_{xy} ＝ b^2 L_{xx} ＝ L_{xy}^2 / L_{xx}$$

$$残差 SS ＝ 总 SS － 回归 SS ＝ L_{yy} － L_{xy}^2 / L_{xx}$$

这样检验方法可以写成下面形式:

方程 11.7   简单线性回归的 F 检验   要检验 $H_0: \beta＝0$ 对 $H_1: \beta \neq 0$,则使用 下面方法:

(1)计算检验统计量

$$F ＝ Reg MS/Res MS ＝ (L_{xy}^2 / L_{xx}) / [L_{yy} － (L_{xy}^2 / L_{xx}) / (n － 2)]$$

在 H_0 成立时 F 为 $F_{1, n-2}$ 分布。

(2)对于双侧检验,显著性水平 α 时,

$$如果 F ＞ F_{1, n-2, 1-\alpha}, \quad 则拒绝 H_0$$

$$如果 F \leqslant F_{1, n-2, 1-\alpha}, 则接受 H_0$$

(3)精确的 p-值为 $P_r(F_{1, n-2} ＞ F)$。

接受及拒绝区域见图 11.7,而 F 检验的 p-值计算见图 11.8。这些结果常汇 总在方差分析(ANOVA)表,如表 11.2 中。

表 11.2   显示回归结果的方差分析(ANOVA)表

	平方和 (SS)	自由度 (df)	平均平方和 (MS)	F 统计量	p-值
回归(Regression)	$(a)^a$	1	$(a)/1$	$F＝[(a)/1]/[(b)/(n-2)]$	$P_r(F_{1, n-2} ＞ F)$
残差(Residual)	$(b)^b$	$n－2$	$(b)/(n-2)$		
总(total)	$(a)＋(b)$				

    a (a)＝回归平方和。

    b (b)＝残差平方和。

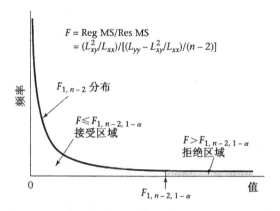

图 11.7　简单线性回归 F 检验的接受及拒绝域

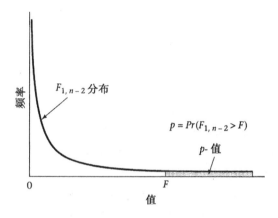

图 11.8　简单线性回归 F 检验中 p- 值的计算

例 11.12　产科学　例 11.8 中出生体重-雌三醇数据中, 检验回归线的显著性。

解　由例 11.8, 有

$$L_{xy} = 412, \qquad L_{xx} = 677.42$$

进而有

$$\sum_{i=1}^{31} y_i^2 = 32418, \quad L_{yy} = \sum_{i=1}^{31} y_i^2 - \left(\sum_{i=1}^{31} y_i \right)^2 \Big/ 31 = 32418 - 992^2/31 = 674$$

因此,

$$\text{Reg SS} = L_{xy}^2/L_{xx} = \text{Reg MS} = 412^2/677.42 = 250.57$$

$$\text{Total SS} = L_{yy} = 674$$

$$\text{Res SS} = \text{Total SS} - \text{Reg SS} = 674 - 250.57 = 423.43$$

$$\text{Res MS} = \text{Res SS}/(31 - 2) = \text{Res SS}/29 = 423.43/29 = 14.60$$

$$F = \text{Reg MS/Res MS} = 250.57/14.60 = 17.16 \sim F_{1,29} \quad \text{在 } H_0 \text{ 下}$$

查附录表 9,

$$F_{1,29,0.999} < F_{1,20,0.999} = 14.82 < 17.16 = F$$

因此,

$$p < 0.001$$

即 H_0 被拒绝,备择假设成立。即回归线的斜率显著不为 0,这隐含着我们接受出生体重与雌三醇水平之间有显著的线性关系。这个结果,使用 MINITAB RE-GRESSION 程序时汇总成 ANOVA 表(见表 11.3)。

表 11.3   例 11.12 中出生体重-雌三醇数据的 ANOVA 结果

Analysis of Variance

SOURCE	DF	SS	MS	F	p
Regression	1	250.57	250.57	17.16	0.000
Error	29	423.43	14.60		
Total	30	674.00			

拟合优度大小的一个汇总性指标通常记为 R^2。

定义 11.14 R^2 是定义为 Reg SS/Total SS。

R^2 可以看作是 y 的方差可以被变量 x 解释的方差的比值。如果 $R^2 = 1$ 说明 y 的所有变异都能被 x 的变异所解释,这时所有的数据都落在直线上;换言之,一旦知道了 x 值就可以精确地预测 y 而不会有误差。如果 $R^2 = 0$,则 x 的数值不能提供预测 y 的任何信息,即 y 的方差与 x 值已知或未知无关。如果 R^2 在 0 与 1 之间,则说明 x 已知时,y 的方差是低于 x 未知时 y 的方差。特别地,在 x 给定时,y 方差的最好估计(或方程 11.2 中回归模型中 σ^2 的最好估计)是 Res MS(或 $s_{y \cdot x}^2$)。对于大的 n,$s_{y \cdot x}^2 \approx s_y^2 (1 - R^2)$。因此,$R^2$ 代表了 y 的方差中被 x 解释的比例。

例 11.13   产科学 对例 11.12 中出生体重-雌三醇数据计算及解释 R^2 及 $s_{y \cdot x}^2$。

解 由表 11.3,对于出生体重-雌三醇回归线的 R^2 就是 250.57/674 = 0.372。即约有 37% 的出生体重方差可以由雌三醇解释。进而 $s_{y \cdot x}^2 = 14.60$,此数可以与下面比较

$$s_y^2 = \sum_{i=1}^{n} (y_i - \bar{y})^2/(n - 1) = 674/30 = 22.47$$

于是,对于指定的雌三醇水平,比如 10mg/24h 时,这些妇女的子集中,出生体重的方差是 14.60,而对于任何雌三醇水平的所有妇女,婴儿出生体重的方差是 22.47。

注意,

$$s_{y\cdot x}^2/s_y^2 = 14.60/22.47 = 0.650 \approx 1 - R^2 = 1 - 0.372 = 0.628。$$

例 11.14   肺功能   FEV(用力呼气量)是肺功能的一个标准测度。要识别非正常肺功能的人时,首先要建立正常人群的 FEV 标准。一个问题是 FEV 常与年龄及身高有关。现在让我们考虑 10~15 岁的男孩,假定其 FEV 与体重之间的回归形式为 FEV = α + β(身高) + e。在 Michigan 州的 Tecumseh 地区,在上述年龄组中共收集 655 名男孩的 FEV 及身高数据[2]。数据列于表 11.4 中,其中的 FEV 是被分成 12 组,分组变量是身高,间隔 4cm。试求最好的拟合回归线及检验统计显著性,并要求 FEV 的方差能有多少比例可被身高所解释?

表 11.4   10~15 岁男孩的平均 FEV 及身高(Michigan 州,Tecumseh 地区)

身高 (cm)	平均 FEV (L)	身高 (cm)	平均 FEV (L)
134[a]	1.7	158	2.7
138	1.9	162	3.0
142	2.0	166	3.1
146	2.1	170	3.4
150	2.2	174	3.8
154	2.5	178	3.9

a   此处值为每 4cm 身高中的中间值。

注:获 American Review of Respiratory Disease, 108, 258~272, 1973 准许。

解   用一线性回归线去拟合表 11.4 数据:

$$\sum_{i=1}^{12} x_i = 1872, \qquad \sum_{i=1}^{12} x_i^2 = 294320, \qquad \sum_{i=1}^{12} y_i = 32.3$$

$$\sum_{i=1}^{12} y_i^2 = 93.11, \qquad \sum_{i=1}^{12} x_i y_i = 5156.20$$

因此,

$$L_{xy} = 5156.20 - \frac{1872(32.3)}{12} = 117.4$$

$$L_{xx} = 294320 - \frac{1872^2}{12} = 2288$$

$$b = L_{xy}/L_{xx} = 0.0513$$

$$a = \left(\sum_{i=1}^{12} y_i - b \sum_{i=1}^{12} x_i \right) \Big/ 12 = [32.3 - 0.0513(1872)/12] = -5.313$$

因此,拟合的回归线是

$$FEV = -5.313 + 0.0513 \times 身高$$

统计显著性是通过计算方程 11.7 中 F 统计量:

$$\text{Reg SS} = L_{xy}^2/L_{xx} = 117.4^2/2288 = 6.024 = \text{Reg MS}$$

$$\text{Total SS} = L_{yy} = 93.11 - 32.3^2/12 = 6.169$$

$$\text{Res SS} = 6.169 - 6.024 = 0.145$$

$$\text{Res MS} = \text{Res SS}/(n-2) = 0.145/10 = 0.0145$$

$$F = \text{Reg MS}/\text{Res MS} = 414.8 \sim F_{1,10} \quad （在 H_0 成立时），$$

明显地,这个 F 值是统计显著的,因为附录表 9 中 $F_{1,10,0.999} = 21.04$,如此 $p < 0.001$。这个结果也可以显示在 ANOVA 表(表 11.5)中。

表 11.5　例 11.14 中 FEV-身高回归结果的 ANOVA 表

Analysis of Variance

SOURCE	DF	SS	MS	F	p
Regression	1	6.0239	6.0239	414.78	0.000
Error	10	0.1452	0.0145		
Total	11	6.1692			

最后,FEV 的方差可以被身高解释的比例为 $R^2 = 6.024/6.169 = 0.972$。也就是说,在这个年龄组中,身高上的差异几乎解释了 FEV 全部方差。

11.4.2　简单线性回归的 t 检验

本节中,我们用另一方法去检验 $H_0: \beta = 0$ 对 $H_1: \beta \neq 0$。这个方法建立在 t 检验上,它等价于方程 11.7 中的 F 检验。这个方法广泛使用而且还可以提供对 β 的区间估计。

这个检验是建立在样本回归系数 b,或更细致地说,是建立在 $b/se(b)$ 上。如果 $|b|/se(b) > c$(对某个常数 c),则拒绝 H_0,否则接受 H_0。

样本回归系数 b 是总体回归系数 β 的**无偏估计量**。这时 H_0 也可写成 $H_0: E(b) = 0$,而可以证明 b 的方差为

$$\sigma^2 \Big/ \sum_{i=1}^{n} (x_i - \bar{x})^2 = \sigma^2/L_{xx}$$

一般,σ^2 是未知的。但是 σ^2 的最好估计是 $s_{y \cdot x}^2$。所以

$$se(b) \approx s_{y \cdot x}/(L_{xx})^{1/2}$$

最后,在 H_0 成立下,$t = b/se(b)$ 是 t 分布,且自由度为 $n-2$。因此,在显著性水

平 α 下有下面的双侧检验法:

方程 11.8 简单线性回归的 t 检验

检验假设 $H_0 : \beta = 0$ 对 $H_1 : \beta \neq 0$,使用下面方法:

(1) 计算检验统计量

$$t = b/(s_{y \cdot x}^2/L_{xx})^{1/2}$$

(2) 对双侧具有显著性水平 α,

如果 $t > t_{n-2, 1-\alpha/2}$ 或 $t < t_{n-2, \alpha/2} = -t_{n-2, 1-\alpha/2}$,则拒绝 H_0;

如果 $-t_{n-2, 1-\alpha/2} \leqslant t \leqslant t_{n-2, 1-\alpha/2}$, 则接受 H_0。

(3) p-值是

$$p = 2 \times (t_{n-2} \text{ 分布在 } t \text{ 值左侧的面积}),\text{如果 } t < 0$$

$$p = 2 \times (t_{n-2} \text{ 分布在 } t \text{ 值右侧的面积}),\text{如果 } t \geqslant 0$$

这个检验的接受及拒绝区域见图 11.9。而 p-值的计算见图 11.10。

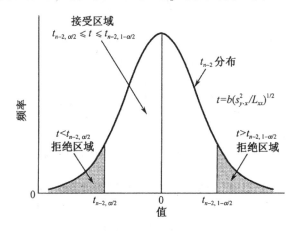

图 11.9 简单线性回归中 t 检验的接受及拒绝区域

本节的 t 检验与方程 11.7 中的 F 检验等价,它们常常提供相同的 p-值。两者都常出现于文献报道中。

例 11.15 产科学 使用方程 11.8 中的 t 检验去判断出生体重-雌三醇数据的统计显著性。

解 由例 11.8,$b = L_{xy}/L_{xx} = 0.608$。进而由表 11.3 及例 11.12,有

$$se(b) = (s_{y \cdot x}^2/L_{xx})^2 = (14.60/677.42)^{1/2} = 0.147$$

于是

$$t = b/se(b) = 0.608/0.147 = 4.14 \sim t_{29},\text{在 } H_0 \text{ 下}$$

因为

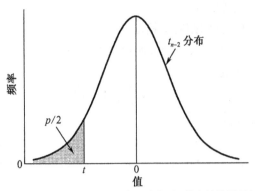

(a) 如 $t<0$, 则 $p=2\times(t_{n-2}$ 分布下 t 值左边的面积)

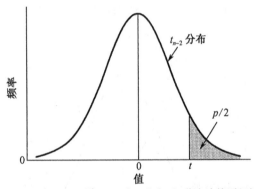

(b) 如 $t>0$, 则 $p=2\times(t_{n-2}$ 分布下 t 值右边的面积)

图 11.10　简单线性回归中 t 检验 p-值的计算

$$t_{29,0.9995} = 3.659 < 4.14 = t$$

我们有

$$p < 2 \times (1 - 0.9995) = 0.001$$

这个信息汇总在表 11.6。注意,表 11.3 中的 p-值是基于 F 检验而表 11.6 中的 p-值是基于 t 检验,它们是相同的($p=0.000$)。

表 11.6　出生体重-雌三醇例中的 t 检验

The regression equation is birthwt = 21.5 + 0.608 estriol				
Predictor	Coef	Stdev	t-ratio	p
Constant	21.523	2.620	8.21	0.000
estriol	0.6082	0.1468	4.14	0.000

11.5　线性回归的区间估计

11.5.1　回归参数的区间估计

回归线参数的区间估计及标准误常用作估计的精度指标。如果我们要把估计出来的回归系数与以前文献中已知的回归系数 β_0 及 α_0 作比较,而这 α_0 及 β_0 往往是过去由大样本中估计出来的。这种比较可以考察 α_0 及 β_0 是否分别落在 α 及 β 的 95% 置信区间内来判断这两组参数是否有显著差异。

回归参数的标准误给出如下。

方程 11.9　简单线性回归中参数估计量的标准误

$$se(b) = \sqrt{s_{y\cdot x}^2 / L_{xx}}$$

$$se(a) = \sqrt{s_{y\cdot x}^2 \left(\frac{1}{n} + \frac{\bar{x}^2}{L_{xx}} \right)}$$

进而,可得出 α 及 β 的双侧置信区间:

方程 11.10　回归线中参数的双侧 $100\% \times (1-\alpha)$ 置信区间　如果 b 及 a 分别是方程 11.3 中回归线的斜率及截距的估计量, $se(b)$ 及 $se(a)$ 分别是对应的标准误,则 β 及 α 的双侧 $100\% \times (1-\alpha)$ 置信区间分别为

$$b \pm t_{n-2,1-\alpha/2} se(b) \text{ 及 } a \pm t_{n-2,1-\alpha/2} se(a)$$

例 11.16　产科学　对表 11.1 的出生体重-雌三醇数据回归参数,估计其标准误及 95% 置信区间。

解　由例 11.15, b 的标准误为

$$\sqrt{14.60/677.42} = 0.147$$

于是 β 的 95% 置信区间为

$$0.608 \pm t_{29,0.975}(0.147) = 0.608 \pm 2.045(0.147) = 0.608 \pm 0.300$$
$$= (0.308, 0.908)$$

计算 $\bar{x}$ 去求 a 的标准误,由例 11.8,

$$\bar{x} = \frac{\sum\limits_{i=1}^{31} x_i}{31} = \frac{534}{31} = 17.23$$

于是 a 的标准误为

$$\sqrt{14.60 \left(\frac{1}{31} + \frac{17.23^2}{677.42} \right)} = 2.62$$

α 的 95% 置信区间为

$$21.52 \pm t_{29,0.975}(2.62) = 21.52 \pm 2.045(2.62)$$

$$= 21.52 \pm 5.36 = (16.16, 26.88)$$

这两区间是相当宽的,原因是样本量很少。

假设另外有一个数据集是基于 500 名孕妇,估计出生体重与雌三醇的回归公式为 $y = 25.04 + 0.52x$,此公式发表于其他文献。因为这里的斜率 0.52 落在我们上面 β 的 95% 置信区间内,而 25.04 也落在我们这里 α 的 95% 置信区间内,因此可以认为此处的结果与前人的结果没有显著差别。

11.5.2　预测值的区间估计

回归线的一个重要应用是做预测。通常这样做预测时必须判断这个预测的精度。

例 11.17　肺功能　假设我们要利用例 11.14 中计算出来的 FEV-身高回归去做 10~15 岁男孩的正常值范围。比如,要考察 John H, 12 岁男孩,身高 160cm, FEV 为 2.5L。他的 FEV 在其年龄及身高人之中是否正常?

一般地,如果能收集到所有身高为 x 的男孩,则这些人的 FEV 平均值的最好估计就是 $\hat{y} = a + bx$。这个估计的精度如何? 回答这个问题依赖于你是对某一个男孩做预测? 还是对某个身高的所有男孩的 FEV **平均值**做预测? 第 1 个问题中常常对某一个指定的病人作估计,判断其肺功能是否正常。而第 2 个问题常用于研究在一个大的男孩总体中平均身高与肺功能之间关系。第 1 个估计问题中标准误(se_1)及预测值的置信区间如下。

方程 11.11　利用回归线对个体观察值做预测　设我们要预测具有独立变量为 x 的个体观察者的回归应变量的值,而这 x 值又不属于建立回归公式中的样本点,则这时对应于独立变量 x 的个体应变量观察值 y 的分布为正态分布且均数为 $\hat{y} = a + bx$ 及标准误为

$$se_1(\hat{y}) = \sqrt{s_{y \cdot x}^2 \left[1 + \frac{1}{n} + \frac{(x - \bar{x})^2}{L_{xx}} \right]}$$

因此,观察值 y 的 $100\% \times (1 - \alpha)$ 的双侧置信区间为

$$\hat{y} \pm t_{n-2, 1-\alpha/2} \, se_1(\hat{y})$$

这个区间也称为对个体 y 的 $100\% \times (1 - \alpha)$ 预测区间。

例 11.18　肺功能　例 11.17 中,对于 John H 的男孩,在他的年龄及身高情况下,其 FEV 正常吗?

解　例 11.14 中已求出 FEV 与身高的关系为 $\hat{y} = -5.313 + 0.0513 \times$ 身高,因此估计身高 160cm 的 12 岁男孩的平均 FEV 为

$$\hat{y} = -5.313 + 160 \times 0.0513 = 2.90 \text{L}$$

我们需要知道 $\bar{x}$,由例 11.14 知,

$$\bar{x} = \frac{\sum_{i=1}^{12} x_i}{12} = \frac{1872}{12} = 156.0$$

于是 $se_1(\hat{y})$ 为

$$se_1(\hat{y}) = \sqrt{0.0145\left[1 + \frac{1}{12} + \frac{(160 - 156)^2}{2288}\right]} = 0.126$$

进而,对这年龄及身高中该男孩 FEV 的 95% 区间为

$$2.90 \pm t_{10,0.975}(0.126) = 2.90 \pm 2.228(0.126) = 2.90 \pm 0.28 = (2.62, 3.18)$$

这个预测区间能有什么用? 因为 John H. 的观察 FEV 是 2.5L,它不属于上述置信区间中。因此我们可以说,在他的这个年龄及身高中,John 的肺功能是不正常地低。如果可能,应去寻找使他不正常的原因*。

方程 11.11 中标准误的数值与新观察点 x 离均值 $\bar{x}$ 的远近关系很大。当 x 靠近 $\bar{x}$ 时,标准误将很小,而 x 离 $\bar{x}$ 远时标准误就增大。也就是说,利用回归方程做预测时,如果 x 远离 $\bar{x}$,则这个预测精度很差。

例 11.19 肺功能 假设与例 11.8 中 John H. 同年龄的 Bill Y. 有 190cm 的身高,而 FEV 是 3.5L,试求他的 FEV 预测值的标准误,并与例 11.18 的作比较。

解 由方程 11.11,

$$se_1(\hat{y}) = \sqrt{0.0145\left[1 + \frac{1}{12} + \frac{(190 - 156)^2}{2288}\right]}$$
$$= \sqrt{0.0145(1.589)} = 0.152 > 0.126 = se_1(例 11.18 中结果)$$

这个结果并不奇怪,因为 190cm 的身高比 160cm 的身高更远离 $\bar{x} = 156$cm。

假设我们不是估计一个男孩,而是估计具有指定身高的一大群男孩的 FEV 平均值。这种问题可能在研究男孩肺功能的生长曲线中遇到。如何估计平均 FEV 及对应的标准误? 方法如下。

方程 11.12 对于一个给定 x 值下,用回归公式预测对应于 x 的 y 的平均值,标准误及置信区间 给定 x 后,y 平均值的最好估计仍是 $\hat{y} = a + bx$。它的标准误记为 $se_2(\hat{y})$ 则为

$$se_2(\hat{y}) = \sqrt{s_{y\cdot x}^2\left[\frac{1}{n} + \frac{(x - \bar{x})^2}{L_{xx}}\right]}$$

进而,y 平均值的双侧 $100\% \times (1 - \alpha)$ 置信区间为

---

* 本书用方程 11.11 去判断 John H. 的肺功能是否正常是正确的,但所用的例子却是不妥的。原因是表 11.4 中的数据不是由 12 个男孩组成的。如果表 11.4 中仅 12 个男孩,即不是“平均 FEV”而是每一个男孩的 FEV,则上述做法合适。因此作者选表 11.4 的数据建立回归公式,再去预测一个男孩的 FEV95% 置信区间不妥。如直接用 655 名男孩去建立回归公式就可以了。——译者注

$$\hat{y} \pm t_{n-2, 1-\alpha/2} \, se_2(\hat{y})$$

例 11.20   肺功能   估计身高 160cm 的大群男孩的平均 FEV 及 95％的置信区间。

解   参看例 11.18 的结果, 平均 FEV 的最好估计值仍是 2.90L。但是标准误的估计是不同的, 由方程 11.12, 知

$$se_2(\hat{y}) = \sqrt{0.0145\left[\frac{1}{12} + \frac{(160-156)^2}{2288}\right]} = \sqrt{0.0145(0.090)} = 0.036$$

因此, 对身高 160cm 的一大群男孩的平均 FEV 的 95％置信区间为

$$2.90 \pm t_{10, 0.975}(0.036) = 2.90 \pm 2.228(0.036) = 2.90 \pm 0.08$$
$$= (2.82, 2.98)$$

注意, 这个置信区间比例 11.18 中对个体估计的置信区间 $(2.62, 3.18)$ 要窄很多。$(2.62, 3.18)$ 是男孩作为个体时的 95％置信区间。这也反映了一个直观思想, 使用大量的男孩去估计平均数总比用少数样本(特例是一个观察)估计更为精确。

再一次注意, 对于给定 x 值下对 y 均值的估计精度是依赖于 x 离样本均值 $(\bar{x})$ 的远近: x 离 $\bar{x}$ 越远, 估计的 y 的均数的精度就越不好。

例 11.21   肺功能   对于身高 190cm 的男孩, 计算他的平均 FEV 及其标准误。

解   由方程 11.12,

$$se_2(\hat{y}) = \sqrt{0.0145\left[\frac{1}{12} + \frac{(190-156)^2}{2288}\right]} = \sqrt{0.0145(0.589)}$$
$$= 0.092 > 0.036 = se_2(\hat{y}) (在 \ x = 160\text{cm})$$

这个结果也是可预料的, 因为 190cm 比 160cm 更远离 $\bar{x} = 156$cm。

11.6   回归线的拟合优度

本章的前面几节中使用了很多有关简单线性回归的假定。这些假定是什么意思? 如果这些假定不成立将会有什么结果?

方程 11.13   线性回归模型的假定

(1)对于任何给定的 x 值, 对应的 y 值有一个平均值 $\alpha + \beta x$, 它就是 x 的一个线性函数。

(2)对于任何给定的 x 值, 对应的 y 值是正态分布, 其均值为 $\alpha + \beta x$, 而对任何的 x 值, 都有相同的方差 σ^2。

(3)对于任何两个数据点 (x_1, y_1), (x_2, y_2), 对应的误差项 e_1, e_2 是彼此独立的。

现在让我们再考察出生体重-雌三醇数据是否违反上述的假定。要判断这些

假定是否成立,我们使用几种不同的点图法。最简单的图形是 x 对 y 的散点图。我们可以对应变量 y 与独立变量 x 作图,再添加回归线在图上。我们在图 11.1 中已经构建了出生体重-雌三醇的图形。图 11.1 显示线性假定似乎合理,在原始数据中没有明显的曲线型存在。但是图中的散点显示,高雌三醇水平上的点比低雌三醇水平上的点在线性回归上下有更大的变异性。要更清楚看出这一点,可以计算所有拟合回归线的残差,再把这些残差与雌三醇水平(x)或与预测的出生体重($\hat{y} = a + bx$)作散点图。

　　由方程 11.2,我们知道误差(e)对于真实的回归线($y = \alpha + \beta x$)应该有相同的方差 σ^2。但是可以证明,关于拟合回归线($\hat{y} = a + bx$)上的残差却可以有不同的方差,它依赖于观察点 x 离均值($\bar{x}$)的远近有关。特别地,对于样本点(x_i, y_i)的残差,如果 x_i 靠近样本点均值($\bar{x}$)(即 $|x_i - \bar{x}|$ 小),则它一般有比 x_i 远离样本点均数(即 $|x_i - \bar{x}|$ 大)有更大的方差。有意思的是,如果 $|x_i - \bar{x}|$ 很大,则回归线几乎总想要穿过此(x_i, y_i)点(或很近地通过它),也就是说此时有一个很小的残差。残差的标准差见下面:

　　方程 11.14　拟合回归线上残差的标准差　设(x_i, y_i)是用于估计回归线 $y = \alpha + \beta x$ 的样本点。如果 $\hat{y} = a + bx$ 是估计的回归线,且 $\hat{e}_i =$ 点(x_i, y_i)关于估计回归线上的残差,即 $\hat{e}_i = y_i - (a + bx_i)$,则

$$sd(\hat{e}_i) = \sqrt{\hat{\sigma}^2 \left[1 - \frac{1}{n} - \frac{(x_i - \bar{x})^2}{L_{xx}} \right]}$$

而对应于点(x_i, y_i)上的 **Studentized 残差** 为

$$\hat{e}_i / sd(\hat{e}_i)$$

图 11.11 是用 Studentized 残差(即观察值残差除以它的标准差)对预测出生体重($\hat{y} = 21.52 + 0.608x$ 雌三醇)作的散点图。图中标记有"2"的点,表示有两个数据有相同的散点,此即表 11.1 中的第 2 及第 3 点有两个(9, 25)。另一个注意的是,随着预测值($\hat{y}$)的增加,残差的散布也缓慢增加。但是,这个印象基本上是由于有最小预测值的四个数据点引起的,它们的残差几乎都接近于 0。一种普遍使用的方法是,如果有不等的残差方差,则通过对应变量(y)作变换以使残差方差具有不变性。这种形式的变换也称为"**方差的稳定性变换**"(variance-stabilizing transformation)。这种变换目的是使得在每个 x 水平上的残差方差近似于相同(或等价地,对每一个预测值的方差近似相同)。当残差方差随 x 而增加时最常用的变换是取对数(ln)或使用平方根法。当残差方差与 y 的平均值成正比时(即,如果 y 的均值增加 2 倍则残差方差也增加 2 倍)则常用平方根变换;当残差方差与 y 均值的平方成比例时(即,如果均值增加 2 倍时,残差方差增加 4 倍时)则常用 log 变换。作为例子,我们对出生体重作对数变换(即,令 $y = \ln$ 出生体重)后再做线性回归。这时残差方差图形见图 11.12。

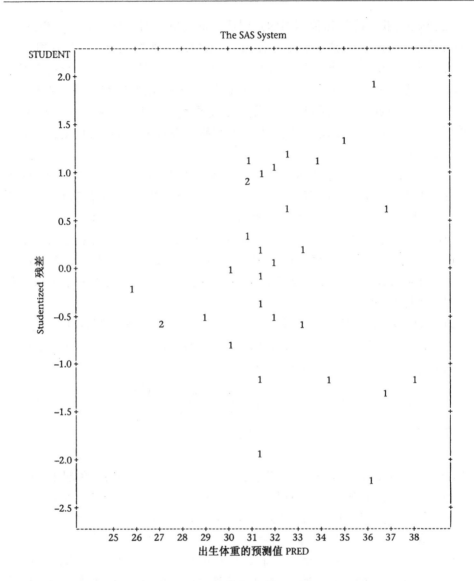

图 11.11　表 11.1 出生体重数据中 Studentized 残差与出生体重
预测值的散点图

　　图 11.11 与图 11.12 看起来相似。如对出生体重作开方变换也类似。因此,为了简化考虑,我们不如仍保留原始尺度。但在其他数据中,使用合适的变换可能是决定性的,它可能会有更好的线性,正态性,或等方差性。可是有时也会出现变换后虽可使等方差性更合理了但线性的假定变得不好了。另外,我们也可保持原始数据,但使用加权回归,而"权"的通常取法是与残差方差成反比。如果数据点是由很多个体的平均所组成(比如,生活在不同城市的人),这时权就与城市中人口数

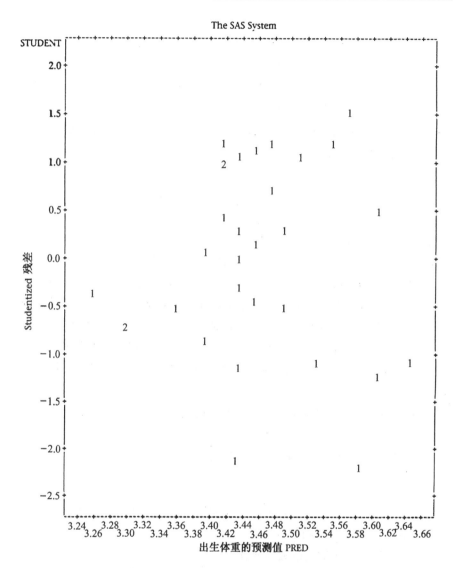

图 11.12 对表 11.1 中数据作 ln(出生体重)变换后, ln(出生体重)
的预测值与 Studentized 残差的散点图

成比例。加权回归已不属于本书的范围, 对此可查看文献[3]。

与回归直线拟合优度有关的内容是**奇异点**(outlier)及**有影响点**(influential point)。8.9 节中我们已经讨论过检测奇异点的方法, 但那时我们仅涉及一个奇异点。在回归问题中的奇异点的检测会比在单变量时更困难, 特别在数据中如有多个奇异点时更是如此。有影响点是指这一点是否存在对回归线中的系数可造成重要影响。假设我们删去第 i 个样本点, 而用另外 $n-1$ 个样本点去拟合回归直线,

如果分别记这时的回归斜率及截距为 $b^{(i)}$ 及 $a^{(i)}$, 如 $|b - b^{(i)}|$ 或 $|a - a^{(i)}|$ 有大的值, 我们称这第 i 样本点是有影响点。奇异点与有影响点可以不相同。一个奇异点 (x_i, y_i) 可以是也可以不是有影响的点, 这依赖于它与另外 $n-1$ 个点的相对位置。例如, 当 $|x_i - \bar{x}|$ 是小时, 则即使它是奇异点, 它对斜率的影响也是小的, 但它对截距可能会有重要影响。相反, 当 $|x_i - \bar{x}|$ 是大时, 这时 (x_i, y_i) 即使不是奇异点, 也将会有很大的影响。如读者要更多关注这个命题可以参见 Draper 和 Smith[3] 及 Weisberg[4]。

11.7　相　关　系　数

在 11.2 节至 11.6 节, 我们讨论了由独立变量 (x) 预测应变量的方法。通常我们并不一定对预测问题有兴趣, 而是对两个变量间的定量关系感兴趣。在定义 5.13 中引进的**相关系数**在描述两个变量间的定量关系上比回归系数更为合适。

例 11.22　心血管病　血清胆固醇在心血管病病因学中是一个重要的危险因子。已经有很多研究去解释环境因素如何造成高胆固醇。为此目的, 测量了在遗传学上看来不相关的 100 对配偶的胆固醇水平。我们对用丈夫去预测妻子的胆固醇不感兴趣, 而想了解配偶之间胆固醇的相关程度。我们可用相关系数来实现这个目的。

在定义 5.13 中, 我们定义了总体相关系数 ρ。一般 ρ 是未知的, 我们总是用样本相关系数 r 去估计 ρ。

定义 11.15　样本 (Pearson) 相关系数　定义为

$$L_{xy} \Big/ \sqrt{L_{xx}L_{yy}}$$

注意, 相关系数是不受尺度的影响, 而且它总是在 -1 与 $+1$ 之间取值。对样本相关系数的解释与总体相关系数 ρ 一样。

方程 11.15　样本相关系数的解释

(1) 如果相关是大于 0, 比如出生体重与雌三醇的关系。此时两变量 (x, y) 中当 x 增加时 y 也趋向于增加, 或 x 减小时 y 也趋向于减小, 则两变量是**正相关**。

(2) 如相关是小于 0, 比如年龄与脉率。此时两变量 (x, y) 中, 当 x 增加时 y 趋向于减小, 或 x 减小时 y 趋向于增加, 则两变量是**负相关**。

(3) 如果相关系数精确为 0, 比如出生体重与出生时间, 则认为这两变量是**不相关** (uncorrelated)。如果两个变量之间没有线性关系, 则两变量也一定是不相关的。因此, 相关系数提供了两变量间依赖性的一个定量测度, $|r|$ 接近于 1, 则这两个变量关系密切; 如果 $|r| = 1$, 则一个变量可以精确地用另一个变量预测。

如同总体相关系数 (ρ) 一样, 在样本相关系数作上述解释的正确性仅适用 x

与 y 是正态分布及某些特殊情况。如果变量不是正态分布,则上述的解释未必正确(见例 5.30,两个随机变量的一个例子,其相关系数为 0 但二者完全相互依赖)。[译者注:例 5.30 中两变量是 (x, x^2),这是非线性关系。如限定在线性关系中,方程 11.15 仍是成立的,即上述的相关系数定义仅描述 x 与 y 可能存在的线性关系的密切程度,反之亦然]。

例 11.23 假设两变量是 $y =$ 华氏温度,$x =$ 摄氏温度。这两个变量的相关必是 $+1$,这因为一个变量可以用另一个变量精确地预测出来$\left(因为 y = \dfrac{9}{5}x + 32\right)$。

例 11.24 产科学 对表 11.1 中的出生体重-雌三醇数据,计算样本相关系数。

解 由例 11.8 及 11.12,

$$L_{xx} = 677.42, \quad L_{xy} = 412, \quad L_{yy} = 674$$

因此,

$$r = L_{xy} \Big/ \sqrt{L_{xx}L_{yy}} = 412 \Big/ \sqrt{677.42(674)} = 412/675.71 = 0.61$$

11.7.1 样本相关系数(r)与总体相关系数(ρ)之间的关系

对样本相关系数 r,我们可以在分子、分母分别除以 $(n-1)$,由定义 11.15 得:

方程 11.16 $\quad r = \dfrac{L_{xy}/(n-1)}{\sqrt{\left(\dfrac{L_{xx}}{n-1}\right)\left(\dfrac{L_{yy}}{n-1}\right)}}$

我们记 $s_x^2 = L_{xx}/(n-1)$,$s_y^2 = L_{yy}/(n-1)$,进而我们定义样本协方差 $s_{xy} = L_{xy}/(n-1)$,则方程 11.16 可以重写为

方程 11.17 $\quad r = \dfrac{s_{xy}}{s_x s_y} = \dfrac{x 与 y 间的样本协方差}{(x 的样本标准差)(y 的样本标准差)}$

这样,样本相关系数的定义就与定义 5.13 中总体相关系数的定义完全相似,只是此处用样本估计量 s_{xy}, s_x, s_y 代替总体估计量 $\mathrm{Cov}(x, y)$,σ_x 及 σ_y。

11.7.2 样本回归系数(b)与样本相关系数(r)的关系

样本回归系数(b)与样本相关系数(r)有什么关系? 注意方程 11.3,$b = L_{xy}/L_{xx}$,而由定义 11.15,$r = L_{xy}/\sqrt{L_{xx}L_{yy}}$。所以如两边乘 $\sqrt{L_{yy}/L_{xx}}$,即得:

方程 11.18 $\quad r\sqrt{\dfrac{L_{yy}}{L_{xx}}} = \dfrac{L_{xy}}{\sqrt{L_{xx}L_{yy}}} \times \dfrac{\sqrt{L_{yy}}}{\sqrt{L_{xx}}} = \dfrac{L_{xy}}{L_{xx}} = b$

进而,由定义 11.4,有

$$s_y^2 = L_{yy}/(n-1)$$
$$s_x^2 = L_{xx}/(n-1)$$

$$s_y^2 / s_x^2 = L_{yy} / L_{xx}.$$

或

$$s_y / s_x = \sqrt{L_{yy} / L_{xx}}$$

代入方程 11.18,即产生下面结果:

方程 11.19 $b = r \times \dfrac{s_y}{s_x}$

如何解释方程 11.19? 回归系数(b)可以看作是相关系数(r)的一个重新标度的变形,这里的尺度因子是 y 的标准差与 x 标准差的比值。注意,当 x 及 y 的尺度变化时,r 是不会改变的,而 b 的单位是 y/x 的单位。

例 11.25   **肺功能**   计算例 11.14 中肺功能数据中 FEV 与身高的相关系数。

解   例 11.14,

$$L_{xy} = 117.4, \quad L_{xx} = 2288, \quad L_{yy} = 6.169$$

因此,

$$r = \frac{117.4}{\sqrt{2288(6.169)}} = \frac{117.4}{118.81} = 0.988$$

即 FEV 与身高之间存在有很强的正相关。样本回归系数已由例 11.14 知为 $b = 0.0513$。而样本标准差可以用下式计算:

$$s_x = \sqrt{\frac{\sum_{i=1}^{n}(x_i - \bar{x})^2}{n-1}} = \sqrt{\frac{L_{xx}}{n-1}} = \sqrt{\frac{2288}{11}} = 14.42$$

$$s_y = \sqrt{\frac{\sum_{i=1}^{n}(y_i - \bar{y})^2}{n-1}} = \sqrt{\frac{L_{yy}}{n-1}} = \sqrt{\frac{6.169}{11}} = 0.749$$

它们的比为

$$s_y / s_x = 0.749 / 14.42 = 0.0519$$

最后,b 可以表达成 r 的另一标度,如

$$b = r(s_y / s_x) \text{ 或 } 0.0513 = 0.988(0.0519)$$

注意,如果身高不是用厘米而是用英寸(1 英寸 $=2.54$cm),则 s_x 被除以 2.54,而 b 乘以 2.54,即

$$b_{in} = b_{cm} \times 2.54 = 0.0513 \times 2.54 = 0.130$$

这里 b_{in} 的单位是升/英寸,而 b_{cm} 单位是升/厘米。但是相关系数仍然是 0.988。

什么时候应该用回归系数? 什么时候应该使用相关系数? 当需要用一个变量去预测另一个变量时就应使用回归系数,当我们仅要知道两变量间的线性关系而不需要做预测时用相关系数。当目标不清楚时,可以在文章中同时报告相关系数及回归系数。

例 11.26 产科学, 肺病, 心血管病 对于出生体重-雌三醇数据(例 14.4), 产科医生感兴趣的是如何由雌三醇水平去预测婴儿的出生体重。因此计算回归系数更为合适。类似地, 在例 11.14 的 FEV-身高数据中, 儿科医生感兴趣的是儿童的肺功能与身高的生长曲线, 这时回归系数更为合适。但是, 在例 11.22 配偶的胆固醇例中, 遗传学家感兴趣的仅是描述配偶间胆固醇水平间的关系而不对预测有兴趣。这时用相关系数足够了。

本节中, 我们介绍了相关系数的概念。在下一节中, 我们将集中讨论相关系数的检验问题。当我们仅研究两变量间的关联性而不是做预测时应该使用相关系数。在本章末的流程图中(图 11.32), 我们应通过回答, (1)研究两变量间关系? 是; (2)两个都是连续变量? 是; (3)用一个变量预测另一个变量? 否; (4)关心两变量间的相关性? 是; (5)两个变量都是正态? 是, 从而到达标题"Pearson 相关方法"。

11.8 相关系数的统计推断

上一节我们定义了样本相关系数。如果总体中每一个单元都被抽作样本, 则样本相关系数(r)将与由定义 5.13 中的总体相关系数(ρ)是相同的。本节中我们使用的 r 是从有限的样本中计算出来而且要对各种涉及 ρ 的假设做检验。

11.8.1 对相关系数的单样本 t 检验

例 11.27 心血管病 假设我们测量了一对配偶的血清胆固醇, 我们要决定配偶间的胆固醇是否有相关性。特别地, 我们要检验假设 $H_0:\rho=0$ 对 $H_1:\rho\neq0$。假设 $r=0.25$ 是从 100 对配偶中计算出来的。我们是否有充分的证据拒绝这个假设?

在此情形中, 假设检验总是建立在样本相关系数上, 而且如果$|r|$充分远离 0 则拒绝 H_0。假设 $x=$ 丈夫的血清胆固醇, $y=$ 妻子的血清胆固醇, 它们都是正态分布, 则最好的检验 H_0 方法如下。

方程 11.20 对相关系数的单样本检验

检验假设 $H_0:\rho=0$ 对 $H_1:\rho\neq0$, 使用下面方法。

(1)计算样本相关系数 r。

(2)计算检验统计量

$$t = r\sqrt{n-2}\Big/\sqrt{1-r^2}$$

在 H_0 成立时, 此 t 为 $n-2$ 自由度的 t 分布。

(3)对于双侧水平 α,

如果 $t > t_{n-2, 1-\alpha/2}$ 或 $t < -t_{n-2, 1-\alpha/2}$，   则拒绝 H_0；

如果 $-t_{n\ 2, 1-\alpha/2} \leqslant t \leqslant t_{n-2, 1-\alpha/2}$,   则接受 H_0。

(4) p-值的计算为

$$p = 2 \times (t_{n-2} \text{ 分布下 } t \text{ 值左边的面积}), \text{如 } t < 0,$$

$$p = 2 \times (t_{n-2} \text{ 分布下 } t \text{ 值右边的面积}), \text{如 } t > 0.$$

(5) 假设在计算 r 时的每个随机变量都是正态分布的随机变量。

这个检验的接受及拒绝区域见图 11.13。而 p-值的计算见图 11.14。

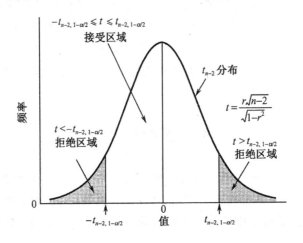

图 11.13 对相关系数的单样本 t 检验的接受及拒绝区域

例 11.28 完成例 11.27 中数据的显著性检验。

解 此处 $n = 100, r = 0.25$，这时

$$t = 0.25 \sqrt{98} \Big/ \sqrt{1 - 0.25^2} = 2.475/0.968 = 2.56$$

由附录表 5,

$t_{60, 0.99} = 2.39$, $t_{60, 0.995} = 2.66$, $t_{120, 0.99} = 2.358$, $t_{120, 0.995} = 2.617$

因为 $60 < 98 < 120$，所以

$$0.005 < p/2 < 0.01 \text{ 或 } 0.01 < p < 0.02$$

于是 H_0 被拒绝。我们的结论是：配偶间胆固醇水平有显著聚集性。这个结果可能是共同的生活环境比如饮食等因素造成的。但也可能是由于配偶有相似的身体及爱好而彼此才结婚的，也就是说，在他们结婚时可能就有相关的胆固醇了。

有意思的是，方程 11.20 的单样本 t 检验在数学上可以证明，它等价于方程 11.7 中的 F 检验及回归分析中方程 11.8 的 t 检验，即在那些公式中都可产生相同的 p-值。应使用哪一个检验更合适？这完全取决于你对参数的兴趣是回归还是相关。

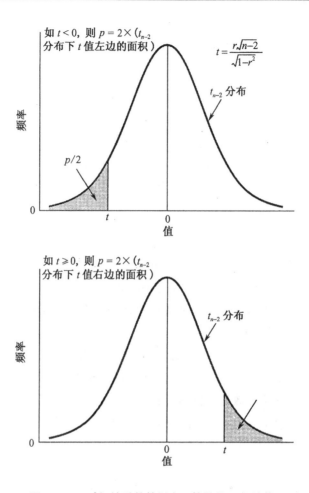

图 11.14   对相关系数单样本 t 检验的 p-值计算

11.8.2   相关系数的单样本 z 检验

11.8.1 节中我们检验 $H_0:\rho=0$ 对 $H_1:\rho\neq0$。有时我们要检验的是两个随机变量间的相关系数是否等于某个常数 ρ_0 而不是 0,即我们的无效假设是 $H_0:\rho=\rho_0$ 对 $H_1:\rho\neq\rho_0$。

例 11.29   假设测量了 100 个父亲及其大儿子的体重,计算得他们间的相关系数为 0.38。我们要问这个样本相关系数是否与潜在的从基因出发的相关系数 0.5 相一致? 如何去做检验?

在此情况中我们的假设检验是 $H_0:\rho=0.5$ 对 $H_1:\rho\neq0.5$。如果我们使用方程 11.20 的 t 检验,则这时 H_0 成立下的样本相关系数 r 在非零 ρ 值上有一个倾斜的分布,它不容易用一个正态分布去近似它。Fisher 考虑到了这个问题,他提出一个变换使得我们可以用正态分布去做检验。

方程 11.21　样本相关系数 r 的 Fisher 变换　r 的 z 变换是

$$z = \frac{1}{2}\ln\left(\frac{1+r}{1-r}\right)$$

它在 H_0 成立时近似于正态分布,且均值为

$$z_0 = \frac{1}{2}\ln\left[(1+\rho_0)/(1-\rho_0)\right]$$

方差为 $1/(n-3)$。在 $|r|$ 值很小时,这个 z 近似于 r,但当 $|r|$ 大时,r 与 z 的差异将会很大。附录表 13 中给出对应于 r 的 z 变换值。

例 11.30　$r = 0.38$ 时计算 z 变换。

解　由方程 11.21 计算,

$$z = \frac{1}{2}\ln\left(\frac{1+0.38}{1-0.38}\right) = \frac{1}{2}\ln\left(\frac{1.38}{0.62}\right) = \frac{1}{2}\ln(0.800) = 0.400$$

另法,查附录表 13,可得 $r = 0.38$ 时有 $z = 0.400$。

Fisher 的 z 变换可以用来做下面的假设检验。在 H_0 成立时,z 是正态分布,均值为 z_0 且方差为 $1/(n-3)$,或等价地,

$$\lambda = (z - z_0)\sqrt{n-3} \sim N(0,1)$$

因此,如 z 远离 z_0 则拒绝 H_0。这就是下面的双侧检验法:

方程 11.22　相关系数的单样本 z 检验

要检验假设 $H_0: \rho = \rho_0$ 对 $H_1: \rho \neq \rho_0$,　　使用下面的方法。

(1)计算样本相关系数 r 及 r 的 z 变换。

(2)计算检验统计量

$$\lambda = (z - z_0)\sqrt{n-3}$$

(3)　　　　如果 $\lambda > z_{1-\alpha/2}$　或　$\lambda < -z_{1-\alpha/2}$,则拒绝 H_0

　　　　　　如果　$-z_{1-\alpha/2} \leq \lambda \leq z_{1-\alpha/2}$,　　　　则接受 H_0

(4)精确的 p-值为

$$p = 2 \times \Phi(\lambda), \qquad 如果 \lambda \leq 0$$
$$p = 2 \times [1 - \Phi(\lambda)], \quad 如果 \lambda > 0$$

(5)假定用于计算 r 的每个随机变量都是正态分布。

这个检验的接受及拒绝区域见图 11.15,p 值的计算见图 11.16。

例 11.31　对例 11.29 中的数据完成显著性检验。

解　这时 $r = 0.38$, $n = 100$, $\rho_0 = 0.50$,从附录的表 13,

$$z_0 = \frac{1}{2}\ln\left(\frac{1+0.5}{1-0.5}\right) = 0.549, \quad z = \frac{1}{2}\ln\left(\frac{1+0.38}{1-0.38}\right) = 0.400$$

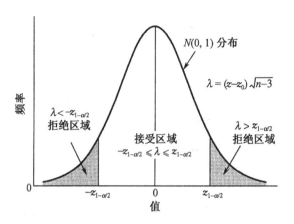

图 11.15　对相关系数使用单样本 z 检验的接受及
拒绝区域

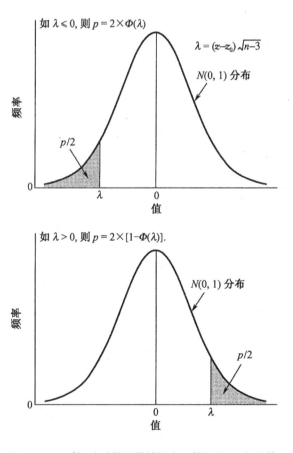

图 11.16　对相关系数使用单样本 z 检验的 p-值计算

所以

$$\lambda = (0.400 - 0.549)\sqrt{97} = (-0.149)(9.849) = -1.47 \sim N(0,1)$$

因此, p-值为

$$2 \times [1 - \Phi(1.47)] = 2 \times (1 - 0.9292) = 0.142$$

因此,我们接受 H_0,即认为样本相关系数 0.38 与潜在的相关系数 0.50 没有统计学上的差异;而这真是遗传学所期望的结果。

　　总结上面的结果,方程 11.22 中的 z 检验是用于检验非零的无效假设,而方程 11.20 中的 t 检验是用于检验零的无效假设。z 检验当然也可用于对零的无效假设检验,但这时用 t 检验时其功效要稍高于 z 检验。而如果 $\rho_0 \neq 0$,则这时 x 或 y 之一有非正态性时,这个 z 检验是很敏感的。这在后面介绍的(11.8.5 节中)两样本相关系数的检验时也是如此。

11.8.3　相关系数的区间估计

　　前两节中,我们学习了如何估计相关系数 ρ 及如何完成涉及 ρ 的合适的假设检验。现在是如何求得 ρ 的置信区间。求 ρ 的置信区间的一个容易的方法是从对 r 的 Fisher 变换的近似正态性出发。此方法如下。

　　方程 11.23　相关系数(ρ)的区间估计　假设我们有基于 n 对观察数据上的样本相关系数 r。现要求总体相关系数(ρ)的双侧 $100\% \times (1 - \alpha)$ 的置信区间:

　　(1)计算 r 的 Fisher z 变换 $z = \dfrac{1}{2}\ln\left(\dfrac{1+r}{1-r}\right)$。

　　(2)记 z_0 是 ρ 的 Fisher 变换 $z_0 = \dfrac{1}{2}\ln\left(\dfrac{1+\rho}{1-\rho}\right)$。

对于 z_0 的双侧 $100\% \times (1 - \alpha)$ 置信区间 (z_1, z_2) 为:

$$z_1 = z - z_{1-\alpha/2}\Big/\sqrt{n-3}$$

$$z_2 = z + z_{1-\alpha/2}\Big/\sqrt{n-3}$$

而 $z_{1-\alpha/2}$ 是 $N(0,1)$ 分布的 $100\% \times (1 - \alpha/2)$ 百分位点。

　　(3)ρ 的双侧 $100\% \times (1 - \alpha)$ 置信区间 (ρ_1, ρ_2) 为

$$\rho_1 = \frac{e^{2z_1} - 1}{e^{2z_1} + 1}$$

$$\rho_2 = \frac{e^{2z_2} - 1}{e^{2z_2} + 1}$$

方程 11.23 中的区间 (z_1, z_2) 是可以与求已知方差的正态分布中均数的置信区间求法相类似的方式求出,见方程 6.7,该区间即为

　　方程 11.24　$(z_1, z_2) = z \pm z_{1-\alpha/2}\Big/\sqrt{n-3}$

我们从方程 11.24 中解出 z 中的 r，即得

方程 11.25 $\quad r = \dfrac{e^{2z} - 1}{e^{2z} + 1}$

现在把 z_0 的置信区间，即方程 11.24 中的 (z_1, z_2)，代入方程 11.25，即求得对应于 ρ 的置信区间，此即为方程 11.23。

例 11.32 例 11.29 中，已经知道 100 个父亲 (x) 与大儿子 (y) 间体重的样本相关系数为 0.38。试求潜在的相关系数 ρ 的 95% 置信区间。

解 例 11.31 中，知道 $r = 0.38$ 的 z 变换值为 0.400。由方程 11.23 的第(2)步知 z_0 的 95% 置信区间(CI) (z_1, z_2) 为

$$z_1 = 0.400 - 1.96/\sqrt{97} = 0.400 - 0.199 = 0.201$$
$$z_2 = 0.400 + 1.96/\sqrt{97} = 0.400 + 0.199 = 0.599$$

由方程 11.23 中(3)步，ρ 的 95% CI (ρ_1, ρ_2) 为

$$\rho_1 = \frac{e^{2(0.201)} - 1}{e^{2(0.201)} + 1} = \frac{e^{0.402} - 1}{e^{0.402} + 1}$$

$$= \frac{1.4950 - 1}{1.4950 + 1} = \frac{0.4950}{2.4950} = 0.198$$

$$\rho_2 = \frac{e^{2(0.599)} - 1}{e^{2(0.599)} + 1} = \frac{e^{1.198} - 1}{e^{1.198} + 1}$$

$$= \frac{2.3139}{4.3139} = 0.536。$$

于是 ρ 的 95% CI $= (0.198, 0.536)$。

注意，z_0 的置信区间 $(z_1, z_2) = (0.201, 0.599)$ 是在 z 点 $(= 0.400)$ 对称的。但是，把 z 变换回原来的 ρ 的尺度后，ρ 的置信区间 $(\rho_1, \rho_2) = (0.198, 0.536)$ 却并不在 $r = 0.400$ 对称。理由是，Fisher 的 z 变换是 r 的非线性变换，这个变换仅在 r 很小(比如 $|r| \leqslant 0.2$)时才是 r 的近似线性变换。

11.8.4 检验相关系数的样本量估计

例 11.33 **营养学** 设一种新的膳食问卷在因特网上进行，回忆过去 24 小时内的饮食。为了验证这个问卷的有效性，要求每个参加者做 3 天的饮食日记，在日记中他们要精确地填写这 3 天中吃了什么，历时一个月以上。3 天的平均摄入量当作金标准。24 小时的回忆与上述的金标准之间的相关系数当作问卷有效性的一个指标。应选用多大的样本量才能有 80% 的功效检测出上述两个测度之间的相关性？假设希望真实的相关是 0.5 而使用单侧检验 $\alpha = 0.05$。

我们对 ρ_0 使用 Fisher 的 z 变换法。我们要检验假设 $H_0 : \rho = 0$ 对 $H_1 : \rho = \rho_0 > 0$。在 H_0 成立下，

$$z \sim N[0, 1/(n-3)]$$

如果 $z\sqrt{n-3} > z_{1-\alpha}$ 则拒绝 H_0。设 z_0 是对应于 ρ_0 的 Fisher z 变换, 在等号两边减去 $z_0\sqrt{n-3}$, 则有

$$\lambda = \sqrt{n-3}(z - z_0) > z_{1-\alpha} - \sqrt{n-3}z_0$$

在 H_1 成立时, $\lambda \sim N(0,1)$, 因此,

$$Pr\left(\lambda > z_{1-\alpha} - \sqrt{n-3}z_0\right) = 1 - \Phi\left(z_{1-\alpha} - \sqrt{n-3}z_0\right)$$
$$= \Phi\left(\sqrt{n-3}z_0 - z_{1-\alpha}\right)$$

如果我们要求功效是 $1-\beta$, 则上式右边的概率即为 $1-\beta$, 或等价地写成

$$\sqrt{n-3}z_0 - z_{1-\alpha} = z_{1-\beta}$$

此即

$$功效 = 1 - \beta = \Phi\left(\sqrt{n-3}z_0 - z_{1-\alpha}\right)$$

上式中解出 n, 即得对应的所需样本量大小的估计,

$$n = [(z_{1-\alpha} + z_{1-\beta})^2/z_0^2] + 3$$

这个方法可以总结如下。

方程 11.26　求相关系数时功效及样本量的估计

假设我们要检验假设 $H_0: \rho = 0$ 对 $H_1: \rho = \rho_0 > 0$。对于指定的 $\rho = \rho_0$, 要用单侧及显著性水平为 α 的检验, 在指定样本量为 n 时, 功效为

$$功效 = \Phi\left(\sqrt{n-3}z_0 - z_{1-\alpha}\right)$$

对于指定的 $\rho = \rho_0$, 要用单侧显著性水平 α, 功效为 $1-\beta$ 做检验时所需的样本量为

$$n = [(z_{1-\alpha} + z_{1-\beta})^2/z_0^2] + 3$$

例 11.33 的解　在例 11.33 情形中, $\rho_0 = 0.5$。查附录表 13, 得 $z_0 = 0.549$。另外, $\alpha = 0.05, 1-\beta = 0.8$。所以由方程 11.26 有

$$n = [(z_{0.95} + z_{0.80})^2/0.549^2] + 3$$
$$= [(1.645 + 0.84)^2/0.549^2] + 3$$
$$= 23.5$$

即要有 80% 的功效, 我们需要 24 名受试者。

例 11.34　**营养学**　假设在上例的有效性研究中, 我们实际抽取了 50 名受试者。如果真实的相关是 0.5, 使用单侧及 $\alpha = 0.05$ 的检验, 这个研究的功效有多大?

解　我们有 $\alpha = 0.05, \rho_0 = 0.50, z_0 = 0.549, n = 50$, 于是由方程 11.26, 得

$$功效 = \Phi\left(\sqrt{47}(0.549) - z_{0.95}\right)$$
$$= \Phi(3.746 - 1.645)$$

$$= \Phi(2.119) = 0.983$$

即这时的功效高达 98.3%。

11.8.5 相关系数的两样本检验

Fisher 的 z 变换也能拓广到两样本问题。

例 11.35 高血压 假设有两组儿童。一组儿童与双亲生活在一起,另一组儿童与养父母生活在一起,研究的问题是,母亲的血压与其一个孩子的血压的相关性在两组中是否不同? 不同的相关性即表明了有遗传因素在起作用。第 1 组中有 1000 名母亲与孩子配对,相关系数为 0.35;第 2 组中有 100 对母亲及孩子,相关为 0.06。如何回答这个问题?

实际上我们要检验假设 $H_0: \rho_1 = \rho_2$ 对 $H_1: \rho_1 \neq \rho_2$。合理的做法是对这两样本做 z 变换。如果 $|z_1 - z_2|$ 是大的,则拒绝 H_0;否则接受 H_0。这就提出了下面检验法(双侧 α 下)。

方程 11.27 比较两个相关系数的 Fisher z 检验 要检验假设 $H_0: \rho_1 = \rho_2$ 对 $H_1: \rho_1 \neq \rho_2$,使用下面的方法。

(1)对两个样本,计算样本相关系数 (r_1, r_2) 及对应的 Fisher z 变换值 (z_1, z_2)

(2)计算检验统计量

$$\lambda = \frac{z_1 - z_2}{\sqrt{\dfrac{1}{n_1 - 3} + \dfrac{1}{n_2 - 3}}} \sim N(0, 1) \quad (在 H_0 成立下)$$

(3) 如果 $\lambda > z_{1-\alpha/2}$ 或 $\lambda < -z_{1-\alpha/2}$, 则拒绝 H_0;

如果 $-z_{1-\alpha/2} \leqslant \lambda \leqslant z_{1-\alpha/2}$, 则接受 H_0。

(4)精确的 p-值为

$$p = 2\Phi(\lambda), \qquad 如果 \lambda \leqslant 0$$
$$p = 2[1 - \Phi(\lambda)], \qquad 如果 \lambda > 0$$

(5)假设用于计算 r_1, r_2 及 z_1 与 z_2 的每一个随机变量都是正态随机变量。

这个检验的接受及拒绝域见图 11.17,p-值的计算见图 11.18。

例 11.36 在例 11.35 的数据中完成显著性检验。

解 此时 $r_1 = 0.35, r_2 = 0.06, n_1 = 1000, n_2 = 100$

由附录表 13,得

$$z_1 = 0.365, \qquad z_2 = 0.060$$

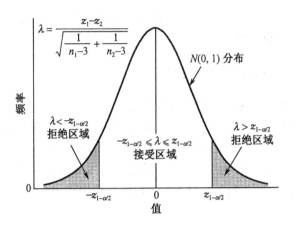

图 11.17   比较两个相关系数时 Fisher 检验的接受及
拒绝区域

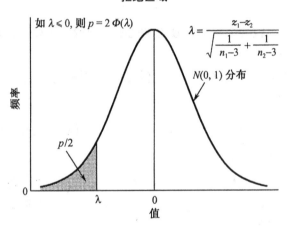

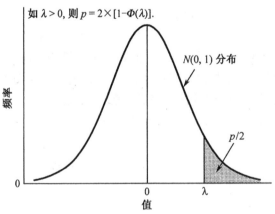

图 11.18   比较两相关系数时 Fisher z 检验中精确
p-值的计算

于是得

$$\lambda = \frac{0.365 - 0.060}{\sqrt{\dfrac{1}{997} + \dfrac{1}{97}}} = 9.402(0.305) = 2.87 \sim N(0,1) \quad (在 H_0 下)$$

所以 p-值为

$$2 \times [1 - \varPhi(2.87)] = 0.004$$

这说明两组中母亲-孩子的血压相关性显著不同,这表明血压有显著的遗传效应。

11.9 多重线性回归

在 11.2 节到 11.6 节,我们讨论有一个独立变量(x)及一个应变量(y)的线性回归分析。实际问题中常常有多个独立变量,而且要求考虑其他变量存在时每一个独立变量对应变量的关系。这种形式的问题称为**多重回归分析**(multiple-regression analysis)。

例 11.37 高血压,儿科学 高血压研究中的一个课题是,新生儿的血压水平,婴儿的血压水平,及成年后的血压水平间有什么关系。一个问题是,新生儿的血压受几个外在因素的影响,而这些因素往往很难研究。特别地,新生儿的血压受(1)出生体重,(2)测量血压时距出生天数的影响。此处研究中,婴儿是在测量血压时称重的,我们把这个体重当作"出生体重",虽然它稍稍不同于真实的出生体重。由于婴儿在出生后头几天内会有生长,我们相信头 5 天内平均体重增加会超过头 2 天内的平均体重增加数。我们希望在考察其他因素如何影响新生儿的血压以前,先对上述两个因素对新生儿血压的影响加以调整。

11.9.1 回归方程的估计

假设舒张压(y),出生体重(x_1)及出生后天数(x_2)存有下面的关系:

方程 11.28 $\quad y = \alpha + \beta_1 x_1 + \beta_2 x_2 + e$

此处 e 是误差项,其均数为 0 方差为 σ^2。我们将估计此模型中的参数并检验各种有关参数的假设。与 11.3 节相同的最小平方法将引进来用于拟合多重回归模型中的参数。且记 a, b_1 及 b_2 为 α, β_1 及 β_2 的估计,我们选取的 a, b_1 及 b_2 要能使下面在所有数据点上的和式为最小:

$$[y - (a + b_1 x_1 + b_2 x_2)]^2$$

一般地,如果我们有 k 个独立变量 $x_1, \cdots, x_k$,则涉及 $x_1, \cdots, x_k$ 的线性回归模型的形式为

方程 11.29 $\quad y = \alpha + \sum_{j=1}^{k} \beta_j x_j + e$

此处 e 是一个误差,它是均数为 0 方差为 σ^2 的正态分布。

我们用 $a, b_1, \cdots, b_k$ 代表在最小平方法下对 $\alpha, \beta_1, \cdots, \beta_k$ 的估计,此处的最小平方是指

$$\left[y - \left(a + \sum_{j=1}^{k} b_j x_j \right) \right]^2$$

例 11.38　高血压、儿科学　例 11.37 中,假设我们在 16 个婴儿上测量了舒张压,出生体重(盎司)及年龄(即出生天数,日),数据见表 11.7。试估计方程 11.28 中的多重回归模型的参数。

表 11.7　16 个婴儿的血压,年龄及出生体重的数据

i	出生体重/盎司 (x_1)	出生天数 (x_2)	舒张压/mmHg (y)
1	135	3	89
2	120	4	90
3	100	3	83
4	105	2	77
5	130	4	92
6	125	5	98
7	125	2	82
8	105	3	85
9	120	5	96
10	90	4	95
11	120	2	80
12	95	3	79
13	120	3	86
14	150	4	97
15	160	3	92
16	125	3	88

解　使用 SAS 中 PROC REG 程序求最小平方估计。结果列于表 11.8 上。

表 11.8　表 11.7 的新生儿血压数据中回归参数的最小平方估计,使用 SAS PROC REG 程序

The SAS System

Model1: MODEL1

Dependent Variable: SYSBP

Analysis of Variance

Source	DF	Sum of Squares	Mean Square	F Value	Prob>F
Model	2	591.03564	295.51782	48.081	0.0001
Error	13	79.90186	6.14630		
C Total	15	670.93750			

（续表）

Variable	DF	Parameter Estimate	Standard Error	T for H0: Parameter=0	Prob>|T|	Standarized Estimate	Squared Partial Corr Type Ⅱ
Root MSE		2.47917		R-sqnare		0.8809	
Dep Mean		88.06250		Adj R-sq		0.8626	
C. V.		2.81524					

Parameter Estimates

Variable	DF	Parameter Estimate	Standard Error	T for H0: Parameter=0	Prob>|T|	Standarized Estimate	Squared Partial Corr Type Ⅱ
INTERCEP	1	53.450194	4.53188859	11.794	0.0001	0.00000000	·
BRTHWGT	1	0.125583	0.03433620	3.657	0.0029	0.35207698	0.50714655
AGEDYS	1	5.887719	0.68020515	8.656	0.0001	0.83323075	0.85214312

按照参数估计列,回归方程为

$$\hat{y} = 53.45 + 0.126x_1 + 5.89x_2$$

这个回归方程告诉我们,出生体重每增加1盎司,则平均血压增加0.126mmHg,年龄每增加1天,则血压增加5.89mmHg。

例11.39 高血压,儿科学 预测一个婴儿出生体重为8磅(合128盎司)出生后3天的平均舒张压。

解 平均舒张压为

$$53.45 + 0.126(128) + 5.89(3) = 87.2\text{mmHg}$$

表11.8中的回归系数称为偏回归系数。

定义11.16 我们考虑多重回归模型 $y = \alpha + \sum_{j=1}^{k} \beta_j x_j + e$,此处$e$是正态分布且均值为0,方差为$\sigma^2$。而$\beta_j, j = 1, 2, \cdots, k$,称为**偏回归系数**(partial-regression coefficient)。β_j代表了x_j每增加一个单位在y上预测增加的量,而这时其他变量保持不变(换句话说,是调整模型中其他变量后的结果),β_j的估计为b_j。

偏回归系数不同于方程11.2中的简单线性回归系数。而后者在x增加1个单位后,y的增加时不曾固定其他任何独立变量。如果回归模型中的独立变量之间存在有强的关系,则偏回归系数与简单线性回归系数(即单独计算每一个独立变量与y的回归)可以有很大的不同。

例11.40 高血压 解释表11.8中的回归系数。

解 出生体重的偏回归系数 $= b_1 = 0.126$mmHg/盎司,它代表了在相同年龄的婴儿中出生体重每增加1盎司,舒张压平均增加0.126mmHg;而年龄的回归系

数 = b_2 = 5.89mmHg/日,代表了在相同出生体重的情况下婴儿年龄每增加一日,舒张压平均增加值为 5.89mmHg。

人们常常感兴趣的是把独立变量按其与应变量 y 的预测关系排序。这种排序的一个困难是来源于对偏回归系数的度量,因为独立变量常常有不同的单位。特别地,由方程 11.29 的多重回归模型,我们知道,如果 x 增加 1 个标准差(即 s_x),即从 x 增加到 $x + s_x$,则 y 将增加 $b \times s_x$ 个单位,或 y 增加 $(b \times s_x)/s_y$ 个 y 的标准差单位(s_y)。

定义 11.17   我们称 $b \times (s_x/s_y)$ 为**标准化回归系数**(standardized regression coefficient),记为 b_s,它代表了在调整模型中所有其他变量后,x 变量每增加 1 个标准差,y 平均增加的数值(单位是 y 的标准差)。

因此,标准化回归系数在比较多个独立变量对 y 的影响时是个有用的测度,因为它可以告诉我们每个独立变量增加 1 个标准差时,预测 y 可以增加多少个 y 的标准差。

例 11.41   计算表 11.7 及 11.8 中出生体重及年龄的标准化回归系数。

解   由表 11.7,s_y = 6.69,s_{x_1} = 18.35,s_{x_2} = 0.946。因此,由表 11.8 的参数估计,得标准化回归系数为

$$b_s(\text{出生体重}) = \frac{0.1256 \times 18.75}{6.69} = 0.352$$

$$b_s(\text{年龄}) = \frac{5.888 \times 0.946}{6.69} = 0.833$$

这就是表 11.8 中的 "Standardized Estimate" 值。它的意义是,在控制年龄是常数时,出生体重每增加 1 个标准差,血压平均将增加 0.352 个血压标准差;而控制出生体重为常数时,年龄每增加 1 个标准差时,血压平均增加 0.833 个血压标准差。此结果显示,年龄是更重要的变量。

11.9.2   假设检验

例 11.42   **高血压,儿科学**   我们要检验表 11.7 中数据的多种假设。首先我们要去检验假设,把出生体重及年龄一起考虑时,可否显著地预测血压? 如何做才能达此目的?

用统计术语,我们应检验 $H_0: \beta_1 = \beta_2 = \cdots = \beta_k = 0$ 对 $H_1:$ 至少有一个 $\beta_i \neq 0$。这个显著性检验类似于 11.4 节中的 F 检验。在显著性水平 α 下,检验法如下:

方程 11.30   在多重线性回归中,

$$H_0: \beta_1 = \cdots = \beta_k = 0 \text{ 对 } H_1: \text{至少一个 } \beta_j \neq 0 \text{ 的 } F \text{ 检验}$$

(1)用最小平方法拟合参数,计算 Reg SS 及 Res SS,此处

$$\text{Res SS} = \sum_{i=1}^{n}(y_i - \hat{y}_i)^2$$

$$\text{Reg SS} = \text{Total SS} - \text{Res SS}$$

$$\text{Total SS} = \sum_{i=1}^{n}(y_i - \bar{y})^2$$

$$\hat{y}_i = a + \sum_{j=1}^{k} b_j x_{ij}$$

$$x_{ij} = 第 j 个独立变量的第 i 个受试者值,$$

$$j = 1, \cdots, k, i = 1, \cdots, n$$

(2)计算 Reg MS = Reg SS/k, Res MS = Res SS/$(n - k - 1)$。

(3)计算检验统计量

$$F = \text{Reg MS/Res MS}$$

在 H_0 成立时, F 是 $F_{k, n-k-1}$分布。

(4)对显著性水平 α,

如果 $F > F_{k, n-k-1, 1-\alpha}$ 则拒绝 H_0

如果 $F \leqslant F_{k, n-k-1, 1-\alpha}$ 则接受 H_0

(5)精确的 p 值是 $F_{k, n-k-1}$分布下 F 点右边的面积, 即 $p = Pr(F_{k, n-k-1} > F)$。

这个检验的接受及拒绝区域见图 11.19; 而 p 值的计算见图 11.20。

例 11.43 **高血压, 儿科学** 对表 11.7 及 11.8 中的数据, 检验 $H_0: \beta_1 = \beta_2 = 0$ 对 $H_1: \beta_1 \neq 0$ 或 $\beta_2 \neq 0$。

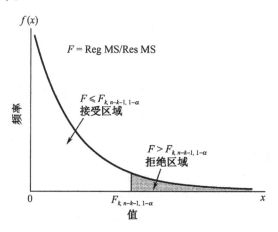

图 11.19 在多重线性回归中检验假设

$$H_0: \beta_1 = \beta_2 = \cdots = \beta_k = 0$$

对 H_1:至少一个 $\beta_j \neq 0$ 的接受及拒绝区域

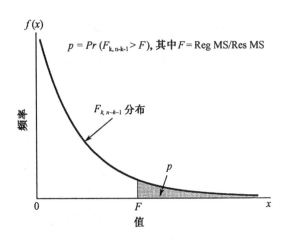

图 11.20　在多重线性回归中检验 $H_0: \beta_1 = \cdots = \beta_k = 0$
对 H_1: 至少一个 $\beta_j \neq 0$ 的检验中 p-值计算

解　参见表 11.8 并注意

$$Reg\ SS = 591.04(即表 11.8 中 Model\ SS)$$
$$Reg\ MS = 591.04/2 = 295.52$$
$$Reg\ SS = 79.90(参见表 11.8 中 Error\ SS)$$
$$Reg\ MS = 79.90/13 = 6.146$$
$$F = Reg\ MS/Res\ MS = 48.08 \sim F_{2,13}(在 H_0 下)$$

因为

$$F_{2,13,0.999} < F_{2,12,0.999} = 12.97 < 48.08 = F$$

所以 $p < 0.001$。于是, 我们能够下结论, 这两个变量一起时, 可以显著地预测血压。

　　这个检验中 p-值的显著性可以归因于任何一个变量, 但我们常希望知道每一个变量的独立贡献。怎么办? 要判断出生体重的独立贡献, 我们将对年龄做其他的假定, 即我们检验 $H_0: \beta_1 = 0, \beta_2 \neq 0$ 对 $H_1: \beta_1 \neq 0, \beta_2 \neq 0$(译者注: 原文未对 x_2 变量或 β_2 做进一步叙述。在多重回归理论中, 考察 x_1 变量的独立贡献时, 应把 x_2 变量固定在一常数上, 原书只提 $\beta_2 \neq 0$, 似乎含糊些)。类似地, 要考察年龄对 y 的独立贡献, 我们将把出生体重做另一个假设, 即检验 $H_0: \beta_2 = 0, \beta_1 \neq 0$, 对 $H_1: \beta_2 \neq 0, \beta_2 \neq 0$。一般地, 我们如有 k 个独立变量, 则要判断 x_l 变量对 y 的影响时应控制另外变量, 即去检验假设 $H_0: \beta_l = 0$, 而另外所有 $\beta_j \neq 0$ 对 H_1: 所有 $\beta_j \neq 0$。此处我们只关心出生体重的贡献。我们所用的方法即是计算出生体重回归系数的标准误 $se(b_1)$, 再计算 $t = b_1/se(b_1)$, 这个统计量在 H_0 成立时为 $n - k - 1$ 个自由度的 t 分布。一般我们用下面方法做检验(显著性 α 下)。

方程 11.31 在多重线性回归中, 对回归系数的 t 检验:

$H_0:\beta_l=0$, 而另外所有 $\beta_j\neq0$ 对 $H_1:\beta_l\neq0$, 其他 $\beta_j\neq0$ 时的 t 检验。

(1)计算 $t=b_l/se(b_l)$。

在 H_0 成立时, 这是自由度为 $n-k-1$ 的 t 分布。

(2)   如果 $t<t_{n-k-1,\alpha/2}$ 或 $t>t_{n-k-1,1-\alpha/2}$ 则拒绝 H_0;

          如果 $t_{n-k-1,\alpha/2}\leqslant t\leqslant t_{n-k-1,1-\alpha/2}$ 则接受 H_0。

(3)精确 p-值计算为

$$p=2\times Pr(t_{n-k-1}>t),\quad \text{如 } t>0$$

$$p=2\times Pr(t_{n-k-1}\leqslant t),\quad \text{如 } t<0$$

这个检验的接受及拒绝区域见图 11.21, 而精确 p-值计算见图 11.22。

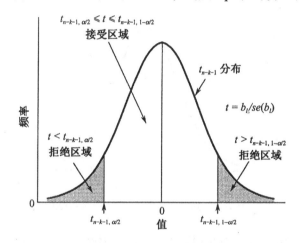

图 11.21   多重线性回归中 t 检验的接受及拒绝区域

例 11.44   高血压, 儿科学   对表 11.8 中数据试计算出生体重及年龄在预测婴儿舒张压中的独立贡献。

解   由表 11.8, 知

$$b_1=0.1256$$

$$se(b_1)=0.0343$$

所以

$$t(出生体重)=b_1/se(b_1)=3.66$$

$$p=2\times Pr(t_{13}>3.66)=0.003$$

$$b_2=5.888$$

$$se(b_2)=0.6802$$

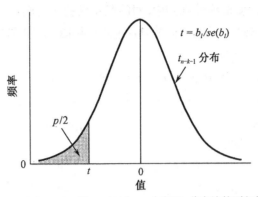

(a) 如 $t < 0$，则 $p = 2 \times (t_{n-k-1}$ 分布下 t 值左边的面积）

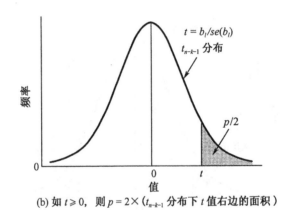

(b) 如 $t \geqslant 0$，则 $p = 2 \times (t_{n-k-1}$ 分布下 t 值右边的面积）

图 11.22   在多重线性回归 t 检验中精确 p- 值的计算

$$t(年龄) = b_2 / se(b_2) = 8.66$$
$$p = 2 \times Pr(t_{13} > 8.66) < 0.001$$

因此,即使控制了另外变量,出生体重及年龄与舒张压都有高度显著的关联性。

一个独立变量(x_1)在简单线性回归中可能对应变量有重要影响,但在多重线性回归中,由于被独立变量(x_2)所调整,结果 x_1 对应变量(y)没有显著影响。这种情况常常发生于 x_1 与 x_2 之间有强的相关性及 x_2 亦与 y 有关时。这时常称 x_2 是应变量 y 与 x_1 间关系的一种混杂,我们将在第 13 章中详细讨论它。其实,多重回归的一个优点就是可以从大量的独立变量中识别出经其他重要变量调整后少数的对应变量有影响的变量。

例 11.45   高血压,儿科学   设我们考察两个独立变量:$x_1 =$ 出生体重,$x_2 =$ 婴儿体长,要用这两个变量去预测新生儿的舒张压(y)。当我们分开两个独立变量,单独使用方程 11.2 作简单回归时,发现 x_1 及 x_2 与 y 都分别有显著关系。但当把(x_1, x_2)一起与y作多重线性回归时,则可能会发现,经出生体重调整后,体长(x_2)已不再对血压有显著影响了。这种结果的可能解释就是体长对血压的影响被出生体重的作用取代了。

某些情况下,两个很强相关的变量同时进入同一个多重线性回归时,可以发现没有一个变量对应变量有显著影响,这是因为考察一个变量对y的影响时控制了另一个变量的结果。这样的两个变量称为**共线性**(collinear)。在多重线性回归中我们应尽量避免把有很强共线性的变量同时放在一个多重回归模型中去,因为它们同时出现有时会造成不能识别每一个变量对y的效应。

例11.46　高血压　肥胖症的常用测度是"**身体-质量指数**"(body-mass index, BMI),定义为体重/身高^2。当我们分开体重与BMI,分别与血压水平作回归时,可以发现每一个都与血压有强的相关性。但如果让它们同时进入一个多重回归模型时,就可能发现哪一个也不显著。这是因为这两个变量彼此有太强的共线性结果,即我们如控制体重,这时另一个变量(BMI)就没有多少可以变异的信息了,反之亦然。

方程11.31中,我们考虑假设$H_0: \beta_l = 0$对$H_1: \beta_l \neq 0$时,用t统计量检验上述H_0。但我们也可以用下面的偏F检验。

方程11.32　在多重线性回归中,对偏回归系数的偏F检验(partial F-test) 在多重线性回归中,检验

$$H_0: \beta_l = 0 \text{ 而所有其他 } \beta_j \neq 0 \quad \text{对} \quad H_1: \text{所有 } \beta_j \neq 0$$

我们

(1)计算

$$F = \frac{\text{Reg SS}_{\text{完全模型}} - \text{Reg SS}_{\text{没有}x_l\text{变量}}}{\text{Res MS}_{\text{完全模型}}} \sim F_{1, n-k-1}(\text{在 } H_0 \text{ 下})$$

(2)此检验的p-值为$Pr(F_{1, n-k-1} > F)$。

(3)可以证明上述(2)中的p-值完全等于方程11.31中t检验的p-值。

许多统计软件在"向前"或"向后"选择变量时是从上述偏F检验出发的。完整地讨论变量选择方式见文献[3]及[4]。

11.9.3　拟合的优良性准则

11.6节中,我们讨论了简单线性回归模型的拟合优度准则,那是从残差分析角度出发的。类似的准则也可以用于多重回归模型中。

例11.47　高血压　判断表11.8在拟合表11.7的婴儿血压数据的优良性。

解　我们对表11.7的样本点计算残差。每一个拟合残差的标准误是不同的,它依赖于样本点离样本均数的距离。我们通常用 Studentized 残差 = STUDENT(i) =

$\hat{e}_i / sd(\hat{e}_i)$。（见文献[3]及[4]中多重回归 $sd(\hat{e}_i)$ 的计算）。在图 11.23a 中我们把 Studentized 残差与预测的血压作散点图, 也与两个独立变量分别作图, 见图 11.23b 及 11.23c。这可使得我们去识别奇异值及有否违反"线性"及"不等方差"性的点。

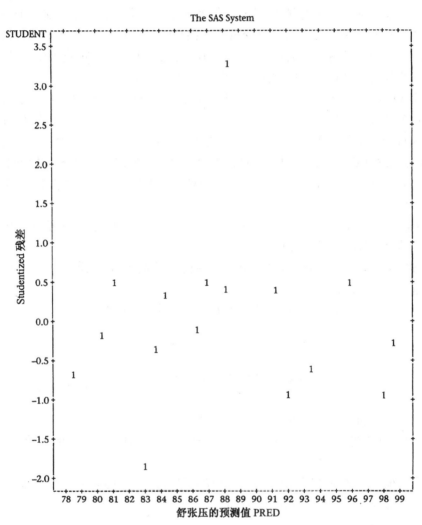

图 11.23a   表 11.8 中多重回归模型舒张压的预测值及与 Studentized 残差的点图

在图 11.23a 中, Studentized 残差≅3.0 的点可能是奇异点, 它对应于第 10 号观察值 $x_1 = 90$ 及 $x_2 = 4$。为了更清楚地考察它是否为奇异点, 某些统计软件包允许我们删掉一个观察值后重新计算另外样本点上的回归公式, 再去计算被删的样本点在重新计算的回归中的残差。这种方法的合理性是奇异点可以影响回归参数

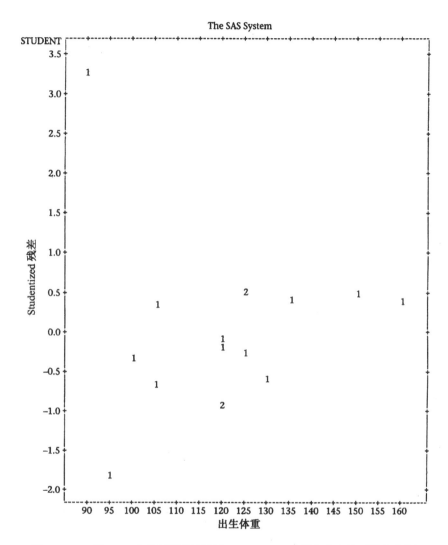

图 11.23b 表 11.8 中多重回归模型中 Studentized 残差与出生体重的散点图

的估计。记

$$\hat{y} = a^{(i)} + b_1^{(i)} x_1 + \cdots + b_k^{(i)} x_k$$

表示第 i 个样本点删去后的回归模型的估计公式。被删的样本点在这个方程中的
残差为

$$\hat{e}^{(i)} = y_i - [a^{(i)} + b_1^{(i)} x_{i1} + \cdots + b_k^{(i)} x_{ik}]$$

它的标准误为 $sd(\hat{e}^{(i)})$。对应的 Studentized 残差为 $\hat{e}^{(i)}/sd(\hat{e}^{(i)})$ 且记为 RSTU-
DENT (i)。它有时也被称为**外生 Studentized 残差**(external studentized residual),
这是因为第 i 个样本点没有用于估计回归参数;这不同于 STUDENT(i),有时把

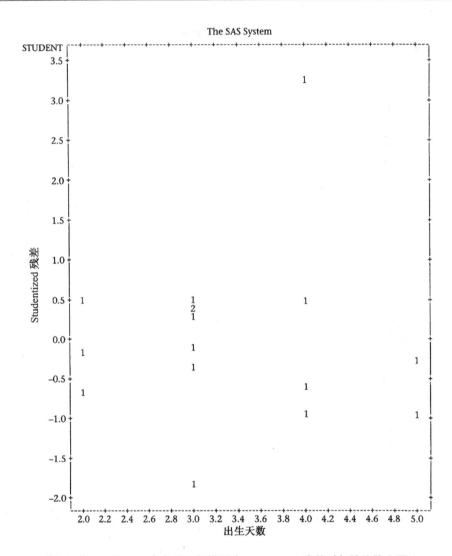

图 11.23c   表 11.8 中多重回归模型中 Studentized 残差对年龄的散点图

STUDENT(i) 称为**内生 Studentized 残差**(internally studentized residual),因为这第 i 样本点参与估计回归参数。图 11.24a 就是外生 Studentized 残差〔即 RSTUDENT(i)〕对预测舒张压的图形,而它与每个独立变量的点图则见图 11.24b 及 11.24c。这些图上真实地突出了很重要的奇异点:样本点 10 号具有的 RSTUDENT 值约为 7 个标准差,它指示我们这是个很强的奇异点。

图 11.24a—11.24c 的散点图还不能真实地反映数据的多变量性质。方程 11.29 的多重回归模型下,y 与指定的独立变量 x_l 间的关系也可以表示成下面形式。

方程 11.33 y 是有期望值 $= \alpha_l + \beta_l x_l$ 及方差 s^2 的正态分布,其中

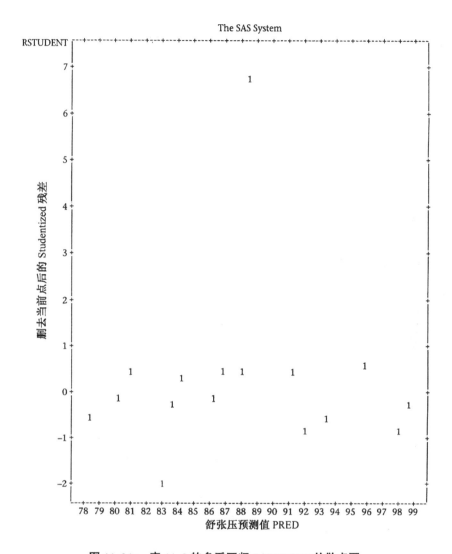

图 11.24a 表 11.8 的多重回归 RSTUDENT 的散点图

$$\alpha_l = \alpha + \beta_1 x_1 + \cdots + \beta_{l-1} x_{l-1} + \beta_{l+1} x_{l+1} + \cdots + \beta_k x_k$$

于是在给定所有其他独立变量$(x_1, x_2, \cdots, x_{l-1}, x_{l+1}\cdots, x_k)$的值后

(1)y 的均值与 x_l 有线性关系;

(2)y 的方差是常数(即 σ^2);

(3)y 是正态分布。

用偏残差作图是检查方程 11.33 中假设有效性的好方法。

定义 11.18   在一个多重回归模型中,应变量 y 与一个指定变量 x_l 间的关系可以由构造的**偏残差图**来说明,作图步骤如下。

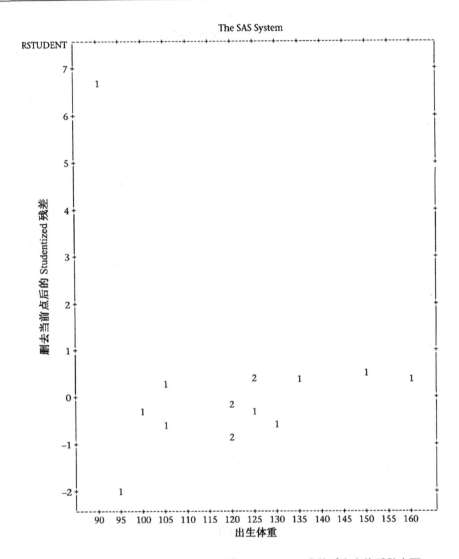

图 11.24b　表 11.8 的多重回归模型中 RSTUDENT 残差对出生体重散点图

(1) 把 y 与 x_l 以外的所有变量(即 $x_1, \cdots, x_{l-1}, x_{l+1}, \cdots, x_k$)做多重回归,而且把残差储存起来。

(2) 以 x_l 作应变量,把 x_l 与其他变量(即 $x_1, \cdots, x_{l-1}, x_{l+1}, \cdots, x_k$)作多重回归,且把残差储存起来。

(3) 把(1)步中的残差当作纵轴,把(2)步中的残差作为横轴,把这两个残差点图,这散点图就称为偏残差图。

许多统计软件包都可以计算偏残差图,这只要在其多重回归程序中选取适当的命令即可以完成上述 3 个计算。这种残差图(称为偏残差)反映的是 y 与 x_l 在

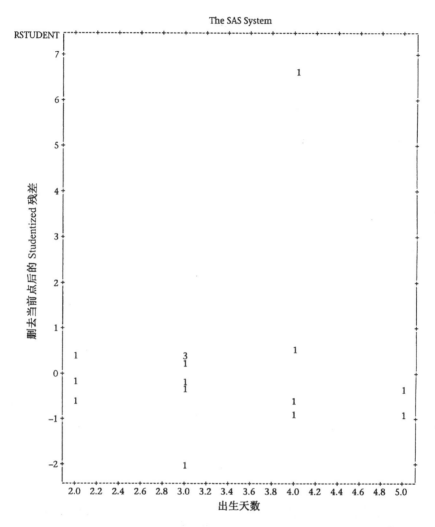

图 11.24c　表 11.8 多重回归模型中 RSTUDENT 对年龄（日）的散点图

调整其他所有独立自变量后的关系。这种图的目的是考察 x_l 变量与 y 是否有线性关系，可以证明，如果方程 11.29 成立，则上述步骤（1）残差与步骤（2）残差应当有线性关系，而且线性斜率即为 β_l（也即方程 11.29 中 x_l 的偏回归系数），线性模型的方差即为 σ^2。我们可以对每个预测变量 $x_1, \cdots, x_k$ 的偏残差与 y 的偏残差作图，用以考察模型中"线性"的合理性。

例 11.48　对表 11.7 中的数据，分别构建舒张压与出生体重或年龄的偏残差图。

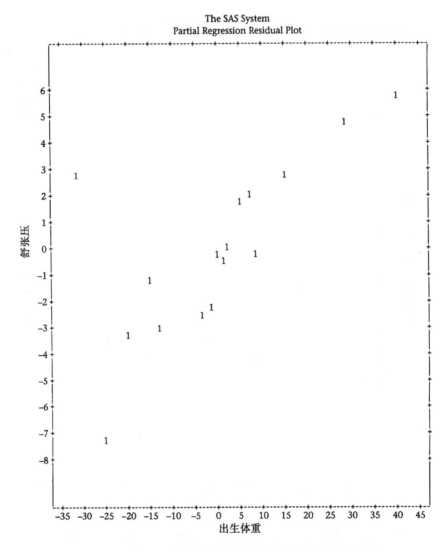

图 11.25a   表 11.7 中数据舒张压对出生体重的偏残差散点图

  解 用 SAS 统计软件构建图 11.25a 及图 11.25b。图 11.25a 中的 y 轴对应于调整了年龄(天)后的舒张压残差,而 x 轴代表调整了年龄后的出生体重残差。图 11.25b 是相似的。注意,这时图 11.25a 上的 x 轴及 y 轴的数值已不是我们所熟悉的血压及出生体重的数值了。图 11.25a 中,我们可以看出,除了 10 号点外,舒张压与出生体重近似于线性(可能稍稍有点弯曲)。图 11.25b 中,除了 10 号点外,舒张压与年龄也显出很好的线性。注意,在图 11.25b 的左下角有 3 个点聚在一起,它们对应于年龄 = 2(天)。但这 3 点在图上却有不同的横坐标,因为它们反

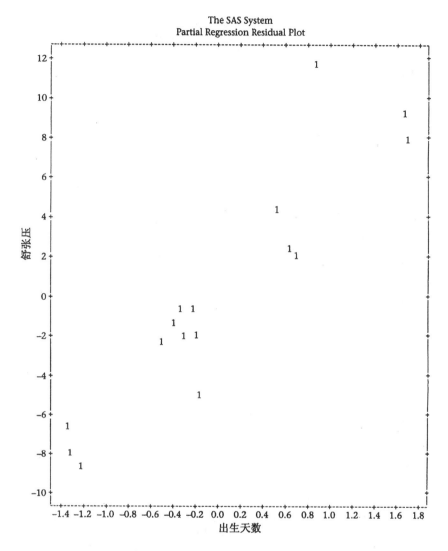

图 11.25b　表 11.7 中数据舒张压对年龄(天)的偏残差散点图

映的是经过出生体重修正后的年龄残差是不同的(见样本点号 4, 7 及 11, 它们的出生体重分别为 105, 125, 120)。在这些数据中, 年龄在出生体重上的拟合回归线为年龄 $= 2.66 + 0.0054 \times$ 出生体重。

因为我们认为样本点 10 号是奇异点, 我们删去 10 号样本点, 再利用余下的 15 个样本点重新计算回归。这个回归模型的计算结果见表 11.9, 而偏残差图见图 11.26a 及 11.26b。估计的多重回归模型为

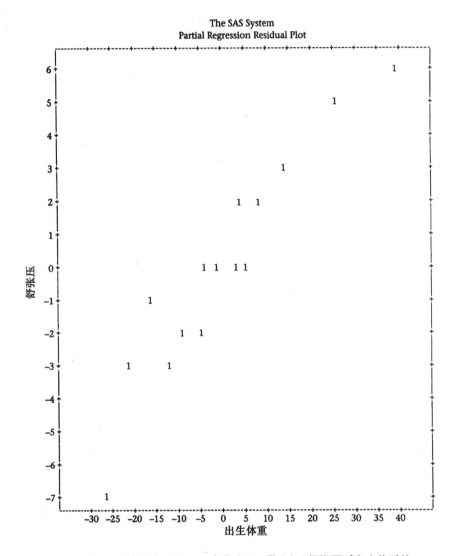

图 11.26a   表 11.7 数据中删除一个奇异点(10 号点)后舒张压对出生体重的偏残差散点图($n = 15$)

$$\hat{y} = 47.94 + 0.183 \times 出生体重 + 5.28 \times 年龄$$

这个公式与表 11.8 中的公式($\hat{y} = 53.45 + 0.126 \times$ 出生体重 $ + 5.89 \times$ 年龄)差别相当大。特别是出生体重的回归系数,增加了约 50%。这时的偏残差图见图 11.26a 及 11.26b,这两个图上看不出有任何奇异点。而在图 11.26a 中,稍稍显示出有些弯曲形状,它说明了在控制年龄后,出生体重对舒张压的影响稍稍有些非线性。

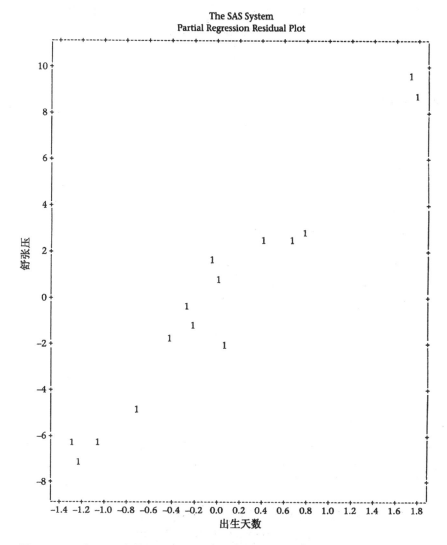

图 11.26b 表 11.7 中数据删除一个奇异点(10 号点)后舒张压对年龄(天)的偏
残差散点图($n = 15$)

　　11.9 节中,我们讨论了多重线性回归。当我们在研究具有正态分布的结果变
量 y(称为应变量)与几个(多于 1 个)独立变量 $x_1, \cdots, x_k$ 间的关系时通常使用这
个方法。这里独立变量并未要求有正态分布。其实,独立变量可以是类型变量,它
的进一步讨论见 11.10 节及 12.5 节的病例研究。参见本章末的流程图(图
11.32),我们通过回答下面的问题:(1)研究两个变量间的关系? 否;(2)结果变量
是连续或二分类变量? 进入连续变量,再进入"多重回归方法"。

表 11.9   表 11.7 中删除一个奇异点(10 号点)后,舒张压与出生体重及年龄的
多重回归模型($n = 15$)

The SAS System

Model: MODEL1

Dependent Variable: SYSBP

Analysis of Variance

Source	DF	Sum of Squares	Mean Square	F Value	Prob>F
Model	2	602.96782	301.48391	217.519	0.0001
Error	12	16.63218	1.38601		
C Total	14	619.60000			

Root MSE	1.17729	R-square	0.9732
Dep Mean	87.60000	Adj R-sq	0.9687
C.V.	1.34394		

Parameter Estimates

Variable	DF	Parameter Estimate	Standard Error	T for H0: Parameter=0	Prob>|T|	Standardized Estimate	Squared Partial Corr Type II
INTERCEP	1	47.937689	2.30154115	20.829	0.0001	0.00000000	.
BRTHWGT	1	0.183157	0.01839777	9.955	0.0001	0.48213133	0.89199886
AGEDYS	1	5.282477	0.33520248	15.759	0.0001	0.76319791	0.95390786

11.10   病例研究:铅暴露对儿童神经
及心理机能的效应研究

表 8.11 中,我们用 t 检验比较暴露组与对照组之间轻叩手指腕分数。另外,我们也可以引进一个虚拟变量(dummy variable),用它的代码表示两组的成员,再用回归法比较两组间的差别。

定义 11.19   一个**虚拟变量**是一个二值变量,它常用于代表有两个类(比如 A 及 B)的类别变量。定义法是,如果受试者在 A 类中,则规定虚拟变量的值为 c_1,而受试者在 B 类中,则规定虚拟变量取值为 c_2。c_1,c_2 值的最常用取法是 1 及 0。

例 11.49   环境卫生,儿科学   使用回归法比较暴露组及对照组中的平均 MAXFWT。

解 我们定义一个虚拟变量 CSCN2 如下

$$CSCN2 = \begin{cases} 1 & \text{如果儿童属于暴露组} \\ 0 & \text{如果儿童属于对照组} \end{cases}$$

于是我们可以建立一个简单的线性回归模型如下:

方程 11.34 $MAXFWT = \alpha + \beta \times CSCN2 + e$

这时模型中的参数意味着什么? 如果一个儿童属于暴露组,则这个儿童的 MAXFWT 即为 $\alpha + \beta$;如果这个儿童属于对照组,则这个 MAXFWT 即为 α。因此 β 即代表了 MAXFWT 在两组之间的平均值的差异。$\alpha + \beta$ 的最好估计量即是暴露组中 MAXFWT 的样本平均;α 的最好估计量是对照组中 MAXFWT 的样本平均。因此 β 的最好估计就是两组之间 MAXFWT 的平均差异。其他办法解释 β 是 CSCN2 增加 1 个单位时 MAXFWT 的平均增加值。而 CSCN2 上的 1 个单位增加值恰是暴露组与对照组之间 CSCN2 的差异。对方程 11.34,我们使用 SAS 软件中 PROC REG 程序完成回归计算,计算结果列于表 11.10。我们可以看出, MAXFWT 在两组之间有显著差异($p = 0.003$)。而两组 MAXFWT 差异的估计值为 -6.66,标准误为 2.22。此回归系数精确地对应了表 8.11 中的平均差异(暴露组中平均值为 48.44 次/10 秒;而在对照组中平均值为 55.10 分/10 秒,而 b 的标准误也精确地对应于 t 检验中两样本均数差的标准误。两方法的 p-值也相同)。

表 11.10 对变量 MAXFWT 用简单线性模型法比较暴露组与对照组间的差异

The SAS System

Model: MODEL1
Dependent Variable: MAXFWT

Analysis of Variance

Source	DF	Sum of Squares	Mean Square	F Value	Prob > F
Model	1	940.63327	940.63327	9.021	0.0034
Error	93	9697.30357	104.27208		
C Total	94	10637.93684			

Root MSE	10.21137	R-square	0.0884	
Dep Mean	52.85263	Adj R-sq	0.0786	
C.V.	19.32046			

Parameter Estimates

Variable	DF	Parameter Estimate	Standard Error	T for H0: Parameter = 0	Prob > |T|	Standardized Estimate
INTERCEP	1	55.095238	1.28651172	42.825	0.0001	0.00000000
CSCN2	1	-6.657738	2.21666753	-3.003	0.0034	-0.29735926

这就引出下面的原理。

方程 11.35   简单线性回归与 t 检验法的关系   如果我们要比较两组的未知均数,组 1 的受试者是均数为 μ_1 及方差为 σ^2 的正态分布,而组 2 的受试者是均数为 μ_2 及方差为 σ^2 的正态分布。要检验假设 $H_0 : \mu_1 = \mu_2$ 对 $H_1 : \mu_1 \neq \mu_2$,我们可以使用下面两个等价的方法。

(1)使用等方差的两样本 t 检验;

(2)可以建立下面形式的线性回归:

$$y = \alpha + \beta x + e$$

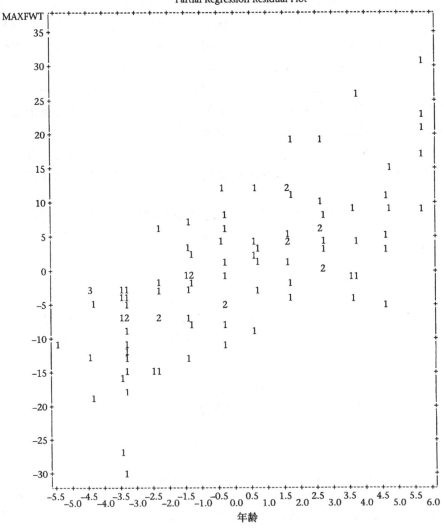

图 11.27a   MAXFWT 对年龄(年)的偏残差散点图($n = 95$)

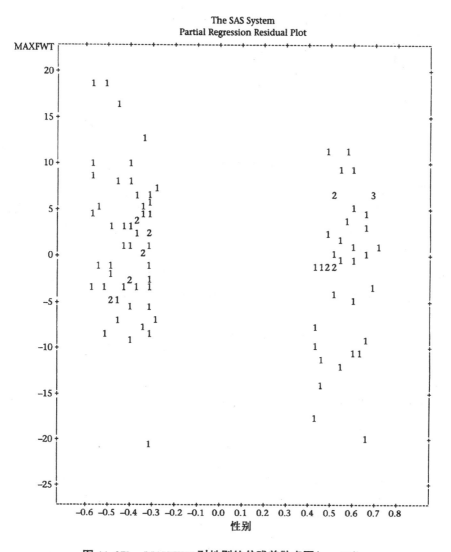

图 11.27b　MAXFWT 对性别的偏残差散点图($n = 95$)

此处 y 是结果变量,若受试者属组 1 则 $x = 1$,若受试者为组 2 则 $x = 0$,$e \sim N(0, \sigma^2)$。方法 1 中,$t = (\bar{y}_1 - \bar{y}_2) / \sqrt{s^2(1/n_1 + 1/n_2)}$,相同于方法 2 中 $t = b/se(b)$。方法 1 中组间均值差的估计同方法 2 中斜率(b)的估计。方法 1 中均值差的标准误 $= \sqrt{s^2(1/n_1 + 1/n_2)}$ 也相同于方法 2 中 b 的标准误。p-值在两法中也相同。

　　我们的例子中,儿童的神经功能指标常显示出与年龄有强的相关性,有时也与性别有关。暴露组及对照组中,年龄的轻微差别都可能造成两组在神经功能上的差异。因此,我们首先应决定 MAXFWT 是否与年龄及性别有关系。为此目的,我们可以构建一个多重回归模型如下。

　　方程 11.36　$MAXFWT = \alpha + \beta_1\, age + \beta_2\, sex + e$

这里年龄是年,性别中男性为 1 女性为 2。注意,对于儿童而言,稍为更精细地应当把年龄做成“年 + 月数/12”,而不是简单的岁数。对方程 11.36 的拟合结果见表 11.11。我们可以看到 MAXFWT 与年龄有强的相关($p < 0.001$),而与性别似乎稍有相关但不显著。较大年龄的男性有较高的 MAXFWT 值(由表 11.11 可见,在同性别中,年龄增加 1 年,每 10 秒内平均 MAXFWT 增加 2.5 分;而相同年龄中,每 10 秒内男孩比女孩多 2.4 次),而图 11.27a 及 11.27b 分别给出了 MAXFWT 对年龄及性别的偏残差图。由图 11.27a 可见,MAXFWT 与年龄有强的线性关系,也无明显的奇异点。图 11.27b 中,我们可以看出,男性(对应于左边的点)的 MAXFWT 值稍稍高于女性(经过年龄校正后的值)。而图 11.28 给出 Studentized 残差与 MAXFWT 的预测值的散点图。这些图上似乎没有奇异点。对于不同的年龄、性别及 MAXFWT 的预测值时,MAXFWT 的方差似乎也相同。

表 11.11　MAXFWT 在年龄及性别上的多重回归模型($n = 95$)

The SAS System

Model: MODEL1

Dependent Variable: MAXFWT

Analysis of Variance

Source	DF	Sum of Squares	Mean Square	F Value	Prob>F
Model	2	5438.14592	2719.07296	48.109	0.0001
Error	92	5199.79092	56.51947		
C Total	94	10637.93684			

Root MSE	7.51794	R-square	0.5112	
Dep Mean	52.85263	Adj R-sq	0.5006	
C.V.	14.22435			

Parameter Estimates

Variable	DF	Parameter Estimate	Standard Error	T for H0: Parameter=0	Prob>|T|	Standardized Estimate
INTERCEP	1	31.591389	3.16011063	9.997	0.0001	0.00000000
AGEYR	1	2.520683	0.25705630	9.806	0.0001	0.72618377
SEX	1	−2.365745	1.58721503	−1.491	0.1395	−0.11037958

从表 11.10 上看,暴露组与对照组之间每 10 秒钟内平均 MAXFWT 相差 6.66 分。于是,在两组之间,年龄差别一年,则在 MAXFWT 的观察平均值上差别为 $(2.52/6.66) \times 100\% = 38\%$。因此,我们重做表 11.10 的分析,即要控制年龄和性别在两组比较时可能的影响。仍使用多重回归模型

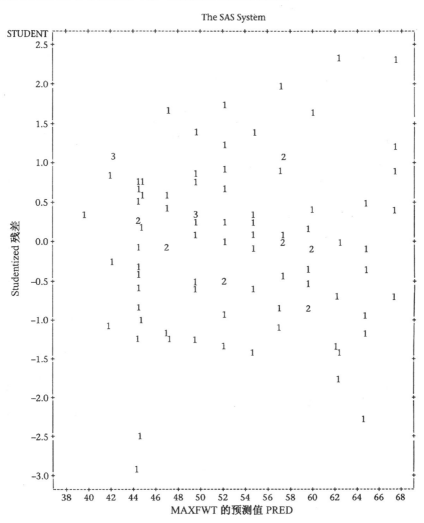

图 11.28 **Studentized 残差对 MAXFWT 预测值散点图**($n = 95$)

方程 11.37 $\text{MAXFWT} = \alpha + \beta_1 \times \text{CSCN2} + \beta_2 \times \text{age} + \beta_3 \times \text{sex} + e$
此处若为暴露组则 CSCN2 = 1,若为对照组则 CSCN2 = 0;而男性则 sex = 1,女性 sex = 2。拟合模型结果见表 11.12。我们可以看出,在调整了年龄及性别后,组间的平均差异为 -5.15 ± 1.56 分/(10 秒)($p = 0.001$)。年龄及性别效应类似于表

11.11。MAXFWT 在 CSCN2 上的偏残差图见图11.29。左边的点对应于对照组，而右边的点对应于暴露组。虽然两组之间有相当的重叠，但对照组显示出一般要高于暴露组。对照组残差的范围也大于暴露组，但是对照组人数($n = 63$)也多于暴露组($n = 32$)。表8.11中，我们用双侧 t 检验比较两组的差别时发现，对照组中组内标准差为10.9而暴露组的组内标准差为8.6(F 检验 $p = 0.14$)。另外，我们也有趣地发现，在做性别及年龄调整后，组间差异(-5.15 分/10 秒)小于原始差异(-6.66 分/10 秒)。这个差异的原因是由年龄及性别上的差异造成的。方程11.37中的模型称为**协方差分析**模型(analysis-of-covariance model)。当结果变量是

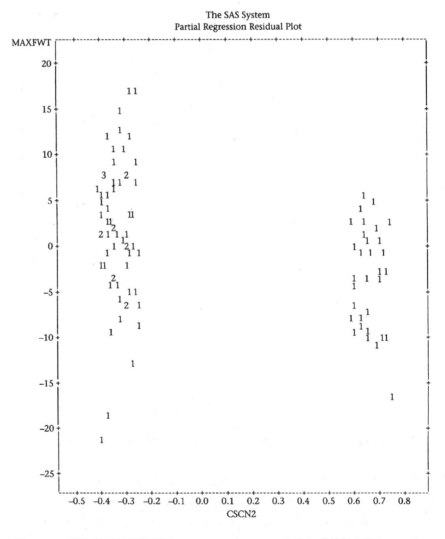

图 11.29　对年龄及性别修正后 MAXFWT 在 CSCN2 上的偏残差散点图($n = 95$)

正态分布时,若要控制一个或多个混杂变量(有时也称协变量——covariate)而去比较结果变量的组间差别时,协方差分析模型是常用的方法。这时用一个分组变量去定义组别,它可以有 2 个或多个类型变量。协变量可以是任何连续变量(比如年龄)或分类变量(比如性别)的组合。我们将在第 12 章中更详细地讨论。

表 11.12 控制年龄(ageyr)及性别(sex)后,在暴露组与对照组之间比较平均 MAXFWT 的多重回归模型($n = 95$)

The SAS System

Model: MODEL1

Dependent Variable: MAXFWT

Analysis of Variance

Source	DF	Sum of Squares	Mean Square	F Value	Prob>F
Model	3	5994.81260	1998.27087	39.164	0.0001
Error	91	4643.12424	51.02334		
C Total	94	10637.93684			

Root MSE	7.14306	R-square	0.5635	
Dep Mean	52.85263	Adj R-sq	0.5491	
C.V.	13.51506			

Parameter Estimates

Variable	DF	Parameter Estimate	Standard Error	T for H0: Parameter=0	Prob>|T|	Standardized Estimate
INTERCEP	1	34.121258	3.09868543	11.012	0.0001	0.00000000
CSCN2	1	−5.147169	1.55831499	−3.303	0.0014	−0.22989163
AGEYR	1	2.442016	0.24539673	9.951	0.0001	0.70352057
SEX	1	−2.385209	1.50808045	−1.582	0.1172	−0.11128774

11.11　偏相关和多重相关

11.11.1　偏相关

两个变量 x 与 y 之间线性关联度的测度是相关系数。某些情形中,我们需要判断在控制其他变量后两个变量的关联程度。偏相关就是这样一种测度。

定义 11.20　假设我们研究两个变量 x 与 y 间的线性相关程度,但要在控制其他协变量 $z_1, \cdots, z_k$ 后的相关性。如下两个派生出来的变量 e_x 与 e_y 之间的

Pearson 相关称为 x 与 y 间的**偏相关**(partial correlation),

$$e_x = x \text{ 在}(z_1, \cdots, z_k) \text{ 上的线性回归的残差}$$

$$e_y = y \text{ 在}(z_1, \cdots, z_k) \text{ 上的线性回归的残差}。$$

　　例 11.50　高血压,儿科学　考虑表 11.7 中的儿科学中的血压数据,其中有 16 例婴儿的舒张压和出生体重及年龄。试估计在控制某一个危险因素后,求舒张压与每一个危险因素的偏相关。

　　解　见表 11.8,在最后一列中,标记有"Squared Partial Corr Type Ⅱ"下。在控制年龄(即 AGEDYS)后,舒张压与出生体重的偏相关为 $\sqrt{0.5071} = 0.71$。在控制出生体重(即 BRTHWGT)后,舒张压与年龄的偏相关为 $\sqrt{0.8521} = 0.92$。这些关系分别显示在舒张压对出生体重(图 11.25a)及年龄(图 11.25b)的偏残差散点图上。

11.11.2　多重相关

　　在控制其他协变量后,两个变量间的关联性测度是偏相关系数。在多重回归研究中,有一个结局变量及有 2 个或多个预测变量$(x_1, \cdots, x_k)$。y 与每一个预测变量 x_j 在控制其他变量 $x_1, \cdots, x_{j-1}, x_{j+1}, \cdots, x_k$ 后的相关就是偏相关。但我们也可以定义 y 与所有预测变量(看作是一个组)间的关联性。这就是下面的多重相关。

　　定义 11.21　设我们有一个结局变量 y 及一组预测变量$(x_1, \cdots, x_k)$。y 与预测变量的线性组合 $c_1 x_1 + \cdots + c_k x_k$ 间的最大可能相关就是 y 与其回归函数 $\beta_1 x_1 + \cdots + \beta_k x_k$ 间的相关,这称为 y 与 $(x_1, \cdots, x_k)$ 的**多重相关**(multiple correlation)。这个相关的估计就是 y 与 $b_1 x_1 + \cdots + b_k x_k$ 间的 Pearson 相关,此处 $b_1, \cdots, b_k$ 是 $\beta_1, \cdots, \beta_k$ 的估计。可以证明,在方程 11.30 中,此多重相关就是 $\sqrt{R^2} = \sqrt{\text{Reg SS}/\text{Total SS}}$,即定义 11.14。

　　例 11.51　高血压,儿科学　考察表 11.7 中数据,试求舒张压与预测变量(出生体重和年龄)间的多重相关。

　　解　由表 11.8,回归模型中 $R^2 = 591.04/670.94 = 0.8809$,即 $R = \sqrt{0.8809} = 0.94$。这指出 y 与预测变量(出生体重和年龄)有很强的关联性。

11.12　秩　相　关

　　在研究两变量间关系时,有时一个或两个变量是有序的或其分布远离正态。这时用 Pearson 相关系数去做检验就不再有效,因此非参数法是必要的。

　　例 11.52　产科学　1952 年发展出一种 Apgar 得分,它被用作婴儿出生后

1分钟及5分钟时身体条件的一个测度[5]。这个得分由五个分量的总和构成,而每个分量又是用等级0,1及2分别代表婴儿出生时不同方面的条件[6]。得分方法记在表11.13中。在美国医院中计算这个记分是一种例行的工作。假设我们已有了表11.14中的一组记分数据。我们要去判断在出生1分钟时的记分与5分钟时的记分有否相关性及考察相关的显著性。应如何做?

表 11.13　Apgar 记分法

征状	分数		
	0	1	2
心率	没有	慢(<100)	≥100
呼吸	没有	弱哭;呼吸弱	好;强哭叫
肌肉弹性	软弱的	四肢有一些可弯曲	有好的屈曲
应激性反应	没有	有些	哭叫
颜色	蓝色;灰白色	身体粉红色;肢体蓝色	完全粉红色

注:获 JAMA,168(15),1985~1988,1958 准许。

表 11.14　24 名出生 1 及 5 分钟时 Apgar 分数

婴儿号	Apgar 分 1 min	Apgar 分 5 min	婴儿号	Apgar 分 1 min	Apgar 分 5 min
1	10	10	13	6	9
2	3	6	14	8	10
3	8	9	15	9	10
4	9	10	16	9	10
5	8	9	17	9	10
6	9	10	18	9	9
7	8	9	19	8	10
8	8	9	20	9	9
9	8	9	21	3	3
10	8	9	22	9	9
11	7	9	23	7	10
12	8	9	24	10	10

11.7 节中的普通相关系数不应该用于此,因为用普通相关系数的显著性检验要求每个 Apgar 分数的分布是正态分布。代替它的,我们用建立在秩上的非参数相关系数。

定义 11.22　Spearman 秩-相关系数(r_s)是建立在秩基础上的普通相关系数,即

$$r_s = \frac{L_{xy}}{\sqrt{L_{xx} \times L_{yy}}}$$

这里 L 的计算是从秩而不是从实测的数据出发。

　　这个估计量的合理性是：如果两变量间有完全的相关，这时每人在每个变量上的秩将是相同的且 $r_s = 1$。而不完全相关时，特别是有近似于零的相关时，则 r_s 也同样地近似于零。

　　例 11.53　产科学　对表 11.14 中的 Apgar 分计算 Spearman 秩-相关系数。

　　解　使用 MINITAB 软件对表 11.14 中数据进行排秩且记为 APGAR _ 1R 及 APGAR _ 5R，结果见表 11.15。对这两个变量计算相关系数得 $r_s = 0.593$。

表 11.15　对表 11.14 的 Apgar 得分排秩 *

```
MTB>Rank C1 C3.
MTB>Rank C2 C4.
MTB>Print C1～C4
```

ROW	APGAR _ 1M	APGAR _ 5M	APGAR _ 1R	APGAR _ 5R
1	10	10	23.5	19.5
2	3	6	1.5	2.0
3	8	9	10.0	8.5
4	9	10	18.5	19.5
5	8	9	10.0	8.5
6	9	10	18.5	19.5
7	8	9	10.0	8.5
8	8	9	10.0	8.5
9	8	9	10.0	8.5
10	8	9	10.0	8.5
11	7	9	4.5	8.5
12	8	9	10.0	8.5
13	6	9	3.0	8.5
14	8	10	10.0	19.5
15	9	10	18.5	19.5
16	9	10	18.5	19.5
17	9	10	18.5	19.5
18	9	9	18.5	8.5
19	8	10	10.0	19.5
20	9	9	18.5	8.5
21	3	3	1.5	1.0
22	9	9	18.5	8.5
23	7	10	4.5	19.5
24	10	10	23.5	19.5

```
MTB>Correlation C3 C4.
```

Correlation of APGAR _ 1R and APGAR _ 5R = 0.593

　　表中 APGAR _ 1M 为 1 分钟时的 Apgar 分值，APGAR _ 5M 为 5 分钟时 Apgar 值；而 APGAR-1R 及 APGAR-5R 表示秩。——译者注

现在我们检验秩相关的统计显著性。与对 Pearson 相关系数检验的方程 11.20完全类似的检验是下式：

方程 11.38 对 Spearman 秩相关的 t 检验。

(1)计算检验统计量

$$t = \frac{r_s \sqrt{n-2}^{\ *}}{\sqrt{1 - r_s^2}}$$

在无相关的无效假设下，上述 t 是 $n-2$ 自由度的 t 分布。

(2) 对于双侧水平为 α 的检验，

如果 $t_s > t_{n-2, 1-\alpha/2}$ 或 $t_s < t_{n-2, \alpha/2} = - t_{n-2, 1-\alpha/2}$，则拒绝 H_0；否则接受 H_0。

(3)精确 p-值为

$$p = 2 \times (t_{n-2} \text{ 分布下 } t_s \text{ 值左边的面积})，如果 } t_s < 0$$

$$p = 2 \times (t_{n-2} \text{ 分布下 } t_s \text{ 值右边的面积})，如果 } t_s \geqslant 0$$

(4)如果 $n \geqslant 10$，这个检验是有效的。

这个检验的接受及拒绝区域见图 11.30。而 p-值计算见图 11.31。

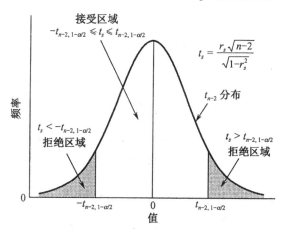

图 11.30 对 Spearman 秩相关系数作 t 检验时的接受及拒绝区域

例 11.54 产科学 对表 11.14 中 Apgar 记分数据的 Spearman 秩相关系数做显著性检验。

---

* 此公式相同于方程 11.20 中对 Pearson 相关的系数公式，因此当 $r = r_s$ 时，应有相同的 t 及临界值，但一些教科书中 r 与 r_s 的临界值差别很大，而且表中数值也与此书的表不同。——译者注

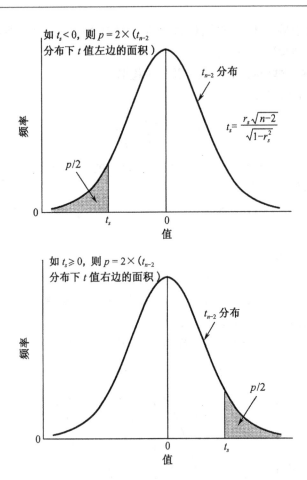

图 11.31　对 Spearman 秩-相关系数做 t 检验时精确
p-值的计算

解　从上面已知 $r_s = 0.593$,这时检验统计量为

$$t_s = \frac{r_s \sqrt{n-2}}{\sqrt{1-r_s^2}} = \frac{0.593 \sqrt{22}}{\sqrt{1-0.593^2}} = \frac{2.781}{0.805} = 3.45$$

在 H_0 下,这 t 是 t_{22} 分布,而

$$t_{22,0.995} = 2.819 \quad t_{22,0.9995} = 3.792$$

因此双侧 p-值为

$$2 \times (1-0.9995) < p < 2 \times (1-0.995)$$

即 $0.001 < p < 0.01$,因此两个得分之间有显著的秩相关。

注意,方程 11.38 中的检验方法仅对 $n \geqslant 10$ 有效。如果 $n < 10$,这时 t_s 不具有好的 t 分布。这时可使用附录表 14,它可以给出精确的显著性水平。表 14 的用

法介绍如下。

(1)对指定的显著性水平 α,结合 n 值,可从表14中查得一值,比如是 c。

(2)使用双侧检验,如 $r_s \geqslant c$ 或 $r_s \leqslant -c$,则拒绝 H_0;否则,接受 H_0。

例 11.55 假设样本量为9的样本计算得 $r_s = 0.750$,判断它的统计显著性。

解 从附录表14,用临界值 $\alpha = 0.05$,$n = 9$,查表得临界值为0.683,及 $\alpha = 0.02$ 及 $n = 9$ 时临界值为0.783。因为 $0.683 < 0.750 < 0.783$,所以用双侧 p-值时有:$0.02 < p < 0.05$。

本节中,我们讨论秩相关系数。这些方法常用于两个连续变量间的关联性研究,而其中至少有一个变量呈非正态分布。在本章末的流程图11.32中,我们可以通过回答,(1)研究两个变量间关系? 是;(2)两个变量都是连续变量? 是;(3)是用一个变量预测另一个变量? 否;(4)关心两个变量间的相关性? 是;(5)两变量都是正态? 否,从而到达标题为"秩相关方法"的框子。

秩相关方法也常用于研究两个有序变量间的关系。我们再次使用本章末的流程图(图11.32)。通过回答(1)是研究两个变量间关系? 是;(2)两个变量都是连续? 否;(3)一个是连续变量,另一个是分类变量? 否;(4)两个都是有序变量? 是,到达"秩相关方法"的框子。

11.13 摘 要

本章研究两个或多个变量间关系的统计推断方法。如果仅两个变量,而且都是连续变量,关心的是用一个变量去预测另一个变量,即一个变量是另一个变量(独立变量)的函数,则可使用简单线性回归分析法。如果仅想了解两个正态变量间的关联性大小而不去区别应变量及独立变量,则使用 Pearson 相关系数是合适的。如果两个变量都是连续但并不是正态分布,则可以使用秩相关法。如果两变量都是类型变量而要研究它们间的关联性,则应当使用第10章的列联表法。另外,如果我们大体可以判断两个变量间有关联性而想定量地描述关联性大小,则可以使用 Kappa 统计量。

很多情形中,常有多个变量的情形而我们要预测一个变量(应变量)的值,即把此变量看作是几个独立变量的函数。如果这个应变量是正态分布,则可以使用多重回归法。多重回归是一种很有效的方法,因为它的独立变量中可以有连续变量,也可以有分类变量,或都是连续变量。

很多情形中,我们有一个连续的结果变量而想寻找与一个或多个分类变量间的关系。一般而言,这可以用 ANOVA(方差分析——analysis of variance)法去处理。但在很多场合,用多重回归法找出它们间的函数关系更为合适。我们将在第 12 章讨论这些备选方法。上述方法都汇总在流程图 11.32 中,也可以在本书末找到。

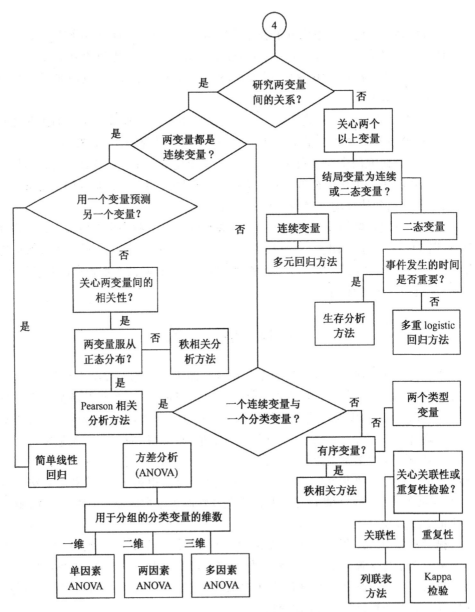

图 11.32　流程图:统计推断方法

练 习 题

血液学

表 11.16 给出了 9 例再生障碍性贫血患者的数据[7]。

表 11.16 再生障碍性贫血患者的血液学数据

患者编号	网状细胞的比例/%	淋巴细胞数目/(个/mm²)
1	3.6	1700
2	2.0	3078
3	0.3	1820
4	0.3	2706
5	0.2	2086
6	3.0	2299
7	0.0	676
8	1.0	2088
9	2.2	2013

注:获 *New England Journal of Medicine*,312(16),1015~1022,1985 准许。

*11.1 对网状细胞比例(x)和淋巴细胞数目(y)的关系拟合线性回归。

*11.2 对此线性回归进行 F 统计检验。

*11.3 练习 11.1 中线性回归的 R^2 多大?

*11.4 练习 11.3 中 R^2 的意义是什么?

*11.5 $s_{y \cdot x}^2$ 多大?

*11.6 对此线性回归线进行 t 统计检验。

*11.7 练习 11.1 中线性回归的斜率和截距的标准误多大?

11.8 数值 0.34 的 z 变换是什么?

肺功能

假定 100 对同卵双胎的 FEV 之间相关系数为 0.7,与它具有可比性的 120 对异卵双胎的 FEV 之间相关系数为 0.38。

*11.9 要比较上述两个相关系数,应该用什么检验方法?

*11.10 用临界值方法对练习 11.9 进行检验。

*11.11 上题中该检验的 p-值多大?

假定 100 对同卵双胎的体重之间相关系数为 0.78,而 120 对异卵双胎的体重之间相关系数为 0.50。

*11.12　检验两组之间真实相关系数是否有差异。给出 p-值。

传染病

参考表 2.11 中的住院数据。

11.13　在住院期和年龄之间寻找最佳拟合线性关系。

11.14　对这种线性关系进行显著性检验。陈述你用的假定。

11.15　该线性回归的 R^2 多大?

11.16　评价该线性回归的拟合优度。

环境卫生

假定我们关心一氧化碳浓度和某个地区汽车密度之间的关系。测定某个街区每小时汽车流量和一氧化碳(CO)浓度(ppm),按照每小时汽车数量分组。数据见表 11.17。

表 11.17　某个街区 CO 浓度和汽车密度

汽车流量/小时 ($\times 10^3$)	CO 浓度				样本数
1.0	9.0	6.8	7.7		3
1.5	9.6	6.8	11.3		3
2.0	12.3	11.8			2
3.0	20.7	19.2	21.6	20.6	4

11.17　CO 浓度和每小时汽车流量有关系吗?

11.18　如果路上每小时有 2500 辆汽车,CO 的平均浓度是多少?

11.19　当路上每小时有 2500 辆汽车时,CO 的平均浓度的标准误是多少?

11.20　评价该线性回归的拟合优度。

产科学

表 11.18 中的数据给出了 1960~1979 年美国每 1000 例活产儿的婴儿死亡(概)率[8]。

表 11.18　1960~1979 年美国每 1000 例活产儿的婴儿死亡(概)率

x*	y*	x	y
1960	26.0	1974	16.7
1965	24.7	1975	16.1
1970	20.0	1976	15.2
1971	19.1	1977	14.1
1972	18.5	1978	13.8
1973	17.7	1979	13.0

* x = 年代, y = 每 1000 例活产儿的婴儿死亡数。

假定给出下列信息

$$\sum_{i=1}^{12} x_i = 23670$$

$$\sum_{i=1}^{12} x_i^2 = 46689410$$

$$\sum_{i=1}^{12} y_i = 214.9$$

$$\sum_{i=1}^{12} y_i^2 = 4033.83$$

$$\sum_{i=1}^{12} x_i y_i = 423643.3$$

*11.21 对婴儿死亡率和年代之间的关系,拟合线性回归。

*11.22 对练习 11.21 中的线性关系进行显著性检验。

*11.23 如果目前的趋势再持续 10 年,那么预测 1989 年婴儿死亡率是多大?

*11.24 给出练习 11.23 中估计值的标准误。

*11.25 预期练习 11.21 中的线性关系能无限延续吗?为什么?

营养学

评价饮食摄入与疾病的关系是当前医学研究中较突出的领域之一。其中一个问题是难于精确评价一个人的饮食。因为对于不同的调查,报告的饮食摄入也有所不同,有两个原因:(1)错误地回忆实际饮食情况;(2)饮食随时间确实发生了变化。为了评价可重复性,在两个不同时间(间隔 6 个月)给 537 例美国护士一份包含 100 多项食物项目的食物频数问卷。在此基础上,计算很多营养物质如总蛋白和脂肪的摄入量,并对两份问卷的结果计算相关性。假定在两个时间点上总蛋白摄入量的相关系数为 0.362。我们希望检验在两个时间点上报告的总蛋白摄入量之间是否有显著性相关。

11.26 在这里适合用单侧检验还是双侧检验?

11.27 对此相关性进行显著性检验,且给出 p-值。

评价饮食摄入的一个备择方法是 7 天饮食记录,一个人记录一周内吃的每种食物,从这些数据中计算总营养物质摄入量。假定有 50 例护士(不同于第一组的 537 例护士)在间隔 6 个月的两个不同时间完成两个 7 天饮食记录,结果发现这两种方法计算的总蛋白摄入量的相关系数为 0.45。我们希望检验这两种方法是否具有同等的可重复性。

11.28 在这里需要用单侧检验还是双侧检验?

11.29 对该假设进行显著性检验,且给出 p-值。

高血压

儿童血压控制第二工作队(the Second Task Force on Blood Pressure Control in Children)[9]报告了基于以前研究的 1~18 岁每一年龄的收缩压第 90 百分位数。表 11.19 给出了男孩的数据。

表 11.19   1～18 岁男孩的收缩压(SBP)第 90 百分位数

年龄(x)	SBP[a](y)	年龄(x)	SBP[a](y)
1	105	10	117
2	106	11	119
3	107	12	121
4	108	13	124
5	109	14	126
6	111	15	129
7	112	16	131
8	114	17	134
9	115	18	136

[a] 每岁年龄组的第 90 百分位数。

假定我们希望寻找一个更有效的方法表达数据,选择线性回归来完成这个任务。

11.30   对于年龄和 SBP 的关系,用表 11.19 中的数据拟合线性回归。

提示:

$$\sum_{i=1}^{18} x_i = 171, \qquad \sum_{i=1}^{18} x_i^2 = 2109, \qquad \sum_{i=1}^{18} y_i = 2124,$$

$$\sum_{i=1}^{18} y_i^2 = 252338, \qquad \sum_{i=1}^{18} x_i y_i = 21076$$

11.31   给出线性回归参数的 95% 置信区间。

11.32   你认为线性回归对数据拟合得好吗? 为什么? 用残差分析验证你的回答。

11.33   对于平均 13 岁的男孩,由线性回归估计的血压预测值多大?

11.34   练习 11.33 中估计值的标准误是多少?

11.35   对于 18 岁男孩,回答练习 11.33 和 11.34。

癌症

下列统计资料来源于 P. Burch[10]有关吸烟和肺癌关系的文章。文章给出了英格兰与威尔士的妇女肺癌死亡率和 40 年期间平均香烟消耗量(磅/人)的关系。数据见表 11.20。

$$\sum_{i=1}^{8} x_i = 2.38, \qquad \sum_{i=1}^{8} x_i^2 = 1.310, \qquad \sum_{i=1}^{8} y_i = -15.55,$$

$$\sum_{i=1}^{8} y_i^2 = 30.708, \qquad \sum_{i=1}^{8} x_i y_i = -4.125$$

表 11.20　1930～1969 年英格兰与威尔士的妇女香烟消耗量和肺癌死亡率

时期	$\log_{10}$死亡率(5 年), y	$\log_{10}$每年香烟消耗量/(磅/人), x
1930~1934	-2.35	-0.26
1935~1939	-2.20	-0.03
1940~1944	-2.12	0.30
1945~1949	-1.95	0.37
1950~1954	-1.85	0.40
1955~1959	-1.80	0.50
1960~1964	-1.70	0.55
1965~1969	-1.58	0.55

注:获 *Journal of the Royal Statistical Society, A.*, 141, 437~477, 1978 准许。

11.36　计算 5 年死亡率和每年香烟消耗量(均取以 10 为底的对数)的相关系数。

11.37　对此相关性进行统计学显著性检验,并且给出 p-值。

11.38　对 5 年死亡率和每年香烟消耗量的关系,拟合线性回归。

11.39　为了检验该线性回归的显著性,除了练习 11.37 以外,需要进行任何附加的检验吗? 如果需要,则进行检验。

11.40　对于每年香烟消耗量 1 磅/人,相应的死亡率期望值是多少?

11.41　为什么死亡率和每年香烟消耗量用对数尺度表示?

高血压

参考表 3.9 中的数据。自动和人工仪器测量的血压之间的关系可以用相关系数表达。假定用每种类型的血压仪器测量 79 例个体的血压,这两组血压的相关系数是 0.19。

11.42　要检验自动和人工仪器测量的血压之间是否有相关性,合适的方法是什么?

11.43　对练习 11.42 进行检验,且给出 p-值。换句话说,结果的含义是什么?

11.44　给出两组血压之间相关系数的 95% 置信区间。

营养学

参考数据集 VALID.DAT。

11.45　评价食物频数问卷和饮食记录中总脂肪摄入量、饱和脂肪摄入量、酒精摄入量和总热量摄入量的一致性。对一致性水平定量化(分别用原始的连续数值和第五分位数表示饮食摄入量)。

肺病

参考数据集 FEV.DAT。

11.46　用回归方法分别及同时考虑其他因素(如年龄、身高和个人吸烟)时,肺功能水平和这些因素之间的关系。评价你提出的模型的拟合优度。不仅要分性别进行分析,还要对性别合并后进行分析(分析中控制性别的影响)。

肝病

参考数据集 HORMONE.DAT。

11.47　用线性回归分析的方法评价胆汁和胰液分泌水平是否有剂量-反应关系。对检测的四种激素分别分析。

11.48　用线性回归分析的方法评价胆汁和胰液 pH 水平是否有剂量-反应关系。对检测的四种激素分别分析。

儿科学,心血管病

一个重要的研究领域是改变儿童心血管危险因素的发展策略。目前一致认为 LDL(低密度脂蛋白)胆固醇与成人心血管病相关。在路易斯安那州的博格拉萨及得克萨斯州的 Brooks County 进行一项研究,鉴别与儿童 LDL 胆固醇相关的可改变的因素[11]。结果发现,903 例白人男孩中 LDL 胆固醇和衡量肥胖症的重量指数[体重(kg)/身高^3(cm^3)]之间的相关系数为 0.28,474 例黑人男孩中相关系数为 0.14。

*__11.49__　要评价 LDL 胆固醇和重量指数之间是否有显著性关联,应该用什么检验方法?

*__11.50__　对白人男孩进行练习 11.49 中的检验,且给出 p-值(双侧)。

*__11.51__　要比较白人男孩和黑人男孩之间的相关系数,应该用什么检验方法?

*__11.52__　对练习 11.51 进行检验,且给出 p-值。

*__11.53__　分别给出白人男孩中真实相关系数(ρ_1)和黑人男孩中真实相关系数(ρ_2)的 95% 置信区间。

传染病

参考数据集 HOSPITAL.DAT,说明文件为 HOSPITAL.DOC。数据列于表 2.11 中。

11.54　对于住院期和表 2.11 中其他变量的关系构建多元回归模型。评论该回归模型的拟合优度。如果需要,采用适当的数据变换。

高血压,儿科学

在练习 6.67~6.69 中,我们描述了数据集 INFANTBP.DAT。数据集有关婴儿血压分别与盐敏感性和糖敏感性之间可能的关联。构建盐敏感性指标和糖敏感性指标。

11.55　对于提出的每个盐敏感性指标和糖敏感性指标与收缩压的关系构建线性回归模型。评论该回归模型的拟合优度。如果需要,采用适当的数据变换。

11.56　对舒张压,回答练习 11.55。

环境卫生,儿科学

参考数据集 LEAD.DAT。在 11.10 节中,对手指腕叩击得分(finger-wrist tapping score, MAXFWT)和铅暴露的关系采用回归方法。

11.57　用回归方法评价全量表 IQ(IQF)和铅暴露的关系,其中铅暴露作为二值分类变量(暴露和对照)。在你的分析中控制可能的年龄和性别混杂效应。评价该回归模型的拟合优度。

11.58　在数据集中实际的血铅水平是可以获得的。LD72 和 LD73(变量值分别有 22 例和 23 例)分别是 1972 年和 1973 年实际血铅水平。在控制年龄和性别影响的情况下,用回归方法评价 MAXFWT 和实际铅暴露水平的关系。评价该回归模型的拟合优度。

11.59　对于 IQF,回答练习 11.58 中同样的问题。

儿科学,内分泌学

短暂的低甲状腺素血症通常出现在早产儿中,目前不认为它有长期影响或需要治疗。进行一项研究,调查早产儿中低甲状腺素血症是否是以后运动和认知异常的病因[12]。对 536 例出生体重低于 2000 g 并且孕 33 周以前出生的婴儿,在出生第一周常规检查中获得血中甲状腺素值。给出表 11.21 中的数据,研究平均甲状腺素水平和孕龄的关系。

表 11.21　536 例早产儿中平均甲状腺素水平和孕龄的关系

（x） 孕龄/周	（y） 平均甲状腺素水平/(μg/dL)
≤24[a]	6.5
25	7.1
26	7.0
27	7.1
28	7.2
29	7.1
30	8.1
31	8.7
32	9.5
33	10.1

[a] 在以后的分析中视作 24。

11.60　对于平均甲状腺素水平和孕龄的关系,最佳拟合线性回归是什么?

提示:

$$\sum_{i=1}^{10} x_i = 285, \quad \sum_{i=1}^{10} x_i^2 = 8205, \quad \sum_{i=1}^{10} y_i = 78.4,$$

$$\sum_{i=1}^{10} y_i^2 = 627.88, \quad \sum_{i=1}^{10} x_i y_i = 2264.7$$

11.61　平均甲状腺素水平和孕龄之间有显著性联系吗? 给出 p-值。

11.62　评价练习 11.60 中线性回归的拟合优度。

本研究中婴儿按照孕龄分类,如果测定的标本中甲状腺素浓度在平均值以下 2.6 个标准差,则诊断为重度低甲状腺素血症。测定每组 240 例标本的甲状腺素,计算相应的均数和标准差。Bayley 测验常用于测试幼儿的智力发育。该研究测定年龄 < 30 个月的儿童的 Bayley 智力发育指数。其中孕龄 30~31 周的儿童结果如下表。

Bayley 智力发育指数(得分)

重度低甲状腺素血症	平均得分 ± 标准差	n
无	106 ± 21	138
有	88 ± 25	17

11.63   进行检验,以比较有重度低甲状腺素血症和无重度低甲状腺素血症儿童之间平均 Bay-
ley 得分(给出 p-值)。

11.64   假定我们想利用该研究中所有孕周的儿童数据。建议一种分析方法:在控制孕周影响
的情况下考察 Bayley 得分和重度低甲状腺素血症的关系(不需要实际作此分析)。

高血压

内皮素是一种来自内皮的强力血管收缩肽。通过研究内皮素受体拮抗剂波生坦的效果来
评价内皮素对高血压患者血压调节的作用。293 例轻至中度高血压患者随机接受口服波生坦
的四种剂量(每日 100, 500, 1000 或 2000 mg)之一,安慰剂或 ACE(血管紧张素转化酶)抑制剂如
依那普利(一种确定的降压药物)[13]。表 11.22 给出了 24 小时内报告的收缩压平均变化值。

表 11.22   24 小时内收缩压(SBP)的平均变化值

分组	平均变化值	波生坦剂量/mg	ln(剂量)
安慰剂	−0.9	1	0
100 mg 波生坦	−2.5	100	4.61
500 mg 波生坦	−8.4	500	6.21
1000 mg 波生坦	−7.4	1000	6.91
2000 mg 波生坦	−10.3	2000	7.60

11.65   对于 SBP 平均变化值与波生坦的 ln(剂量)的关系,拟合线性回归。
提示:对于安慰剂组,假定波生坦剂量 = 1 mg,即 ln(剂量) = 0

11.66   要评价 SBP 平均变化值是否与波生坦的 ln(剂量)显著相关,应该用什么检验方法?

11.67   对练习 11.66 进行检验,且给出 p-值(双侧)。

11.68   患者平均服用 2000 mg 波生坦,SBP 平均变化值的估计值是多少? 给出此估计值的
95% 置信区间。

内分泌学

参考数据集 BONEDEN.DAT。

11.69   对于年吸烟量和腰椎骨密度之间的关系,进行回归分析。评价该线性回归的拟合优
度。
提示:对于双胞胎,考察重度和轻度吸烟双胞胎的骨密度差异和年吸烟量差异的关系。

11.70   对于股骨颈的骨密度,回答练习 11.69 中的问题。

11.71   对于股骨干的骨密度,回答练习 11.69 中的问题。

骨密度和吸烟的关系中,需要讨论的一个问题是吸烟者和不吸烟者在可能与骨密度有关的
很多其他特征方面是不同的(称为混杂)。

11.72   用假设检验方法比较重度和轻度吸烟双胞胎的体重。

11.73   在控制重度和轻度吸烟双胞胎体重之间的差异后,重复练习 11.69 中的分析。

11.74   对于股骨颈的骨密度,回答练习 11.73 中的问题。

11.75 对于股骨干的骨密度,回答练习 11.73 中的问题。

11.76 在比较重度和轻度吸烟双胞胎时考虑其他可能的混杂变量。调整这些混杂变量,重复练习 11.72~11.75 中的分析。关于骨密度与吸烟之间可能的联系,总的结论是什么?

健康促进

参考数据集 SMOKE.DAT。

11.77 用秩相关方法检验戒烟天数是否与年龄相关。将你的结果与练习 9.29 中的结果比较。

11.78 用秩相关方法检验以前的吸烟量是否与戒烟天数相关。将你的结果与练习 9.30 中的结果比较。

11.79 用秩相关方法检验调整的 CO 水平是否与戒烟天数相关。将你的结果与练习 9.31 中的结果比较。

营养学

参考数据集 VALID.DAT。

11.80 *用秩相关方法考察饮食记录和食物频数问卷中报告的酒精摄入量之间的关系。

11.81 对总脂肪摄入量,回答练习 11.80。

11.82 对饱和脂肪摄入量,回答练习 11.80。

11.83 对总热量摄入量,回答练习 11.80。

11.84 你认为参数和非参数方法,哪一种更适合分析数据集 VALID.DAT 中的数据?为什么?

11.85 假定我们基于样本量为 24 的样本,估计秩相关系数为 0.45。评价结果的显著性。

11.86 假定我们基于样本量为 8 的样本,估计秩相关系数为 0.75。评价结果的显著性。

参 考 文 献

[1] Greene, J., & Touchstone, J. (1963). Urinary tract estriol: An index of placental function. *American Journal of Obstetrics and Gynecology*, 85(1), 1—9.

[2] Higgins, M., & Keller, J. (1973). Seven measures of ventilatory lung function. *American Review of Respiratory Disease*, 108, 258—272.

[3] Draper, N., & Smith, H. (1981). *Applied regression analysis* (2nd ed.). New York: Wiley.

[4] Weisberg, S. (1985). *Applied regression analysis* (2nd ed.). New York: Wiley.

[5] Apgar, V. (1953). A proposal for a new method of evaluation of the newborn infant. *Current Researches in Anesthesia and Analgesia*, 260—267

[6] Apgar, V., et al. (1958). Evaluation of the newborn infant-second report. *JAMA*, 168(15), 1985—1988

[7] Torok-Storb, B., Doney, K., Sale, G., Thomas, E.D., & Storb, R. (1985). Subsets of patients with aplastic anemia identified by flow microfluorometry. *New England Journal of Medicine*, 312(16), 1015—1022.

[8] National Center for Health Statistics. (1979). *Monthly vital statistics report, annual summary*.

[9] Report of the Second Task Force on Blood Presure Control in Children. (1987), *Pediatrics*,

79(1),1—25.

[10] Burch, P. R. B. (1978). Smoking and lung cancer: The problem of inferring cause. *Journal of the Royal Statistical Society*, 141, 437—477.

[11] Webber, L. S., Harsha, D. W., Phillips, G. T., Srinivasan, S. R., Simpson, J. W., & Berenson, G. S. (1991, April). Cardiovascular risk factors in Hispanic, white and black children: The Brooks County and Bogalusa Heart Studies. *American Journal of Epidemiology*, 133(7), 704—714.

[12] Reuss, M. L., Paneth, N., Pinto-Martin, J. A., Lorenz, J. M., & Susser, M. (1996). Relation of transient hypothyroxinemia in preterm infants to neurologic development at 2 years of age. *New England Journal of Medicine*, 334(13), 821—827.

[13] Krum, H., Viskoper, R. J., Lacourciere, V., Budde, M. & Charlon. V. for the Bosentan Hypertension Investigators. (1998). The effect of an endothelin-receptor antagonist, Bosentan, on blood pressure in patients with essential hypertension. *New England Journal of Medicine*, 338(12), 784—790.

第12章　多组样本的推断

12.1　单向方差分析绪言

第 8 章中,我们使用 t 检验比较两个独立正态分布样本的均数。通常,我们很容易碰到多组样本要求比较均数。

例 12.1　肺病　目前公共卫生中一个有趣的课题是被动吸烟(即非吸烟者暴露于吸烟者造成的环境中),即把是否被动吸烟当作肺部卫生的一个可测性指标。White 及 Froeb 用几种方式研究肺功能问题,共有 6 组。

(1) **非吸烟者**(NS):人们自己不抽烟,在家或在工作中也未暴露于吸烟者之中。

(2) **被动吸烟者**(PS):人们自己不吸烟,在家中也未暴露于吸烟的环境中,但 20 多年来一直暴露于吸烟的工作环境中。

(3) **非吸入吸烟者**(NI):吸烟但不把烟吸入。

(4) **轻度吸烟者**(LS):吸烟且吸入,每天吸入 1～10 支烟,历经 20 年或更多(一包为 20 支烟)。

(5) **中度吸烟者**(MS):每天吸入 11～39 支烟且历经 20 年以上。

(6) **重度吸烟者**(HS):每天吸入 40 支烟或更多且历经 20 年或更长。

作者使用"用力中期呼出量"(FEF)作为肺功能指标。此处我们感兴趣的是比较上述 6 组中 FEF 的差异。

此课题中 t 检验的拓广就是单向方差分析(one-way analysis of variance)。

12.2　单向方差分析——固定效应模型

例 12.2　肺病　参见例 12.1。除 NI 组外,其他 5 组每组抽取 200 名男性及 200 名女性;NI 组由于人数少,只抽 50 名男性及 50 名女性。表 12.1 列出男性中 6 组的平均 FEF 及标准差。如何比较这 6 组的均数?

假设我们有 k 个组,第 i 组有 n_i 个观察值。记 y_{ij} 为第 i 组中第 j 观察值。我们假设下面模型成立。

表 12.1 男性吸烟及非吸烟者的 FEF 数据

组号 i	组名	平均 FEF /(L/s)	sd FEF /(L/s)	n_i
1	NS	3.78	0.79	200
2	PS	3.30	0.77	200
3	NI	3.32	0.86	50
4	LS	3.23	0.78	200
5	MS	2.73	0.81	200
6	HS	2.59	0.82	200

注：获 *New England Journal of Medicine*，302(13)，720～723，1980 准许。

方程 12.1　$y_{ij} = \mu + \alpha_i + e_{ij}$

此处 μ 是常数，α_i 是指定给第 i 组的常数；而 e_{ij} 是误差，它是正态分布，均数为 0 方差为 σ^2。于是第 i 组中的观察值是均数为 $\mu + \alpha_i$ 且方差为 σ^2 的正态分布。

由于我们只有 k 个组，用它来同时估计 $k+1$ 个参数（μ 及 k 个 α_i）是不可能的。因此，我们常对参数的估计加以约束，从而可以估计 k 个参数。经典的约束条件是(1) k 个 α_i 的和为 0，或(2)对最后一组的 α_i 指定为 0。这里，我们使用前一个约束。但后一个约束常出现于 SAS 软件中。

定义 12.1　方程 12.1 的模型称为**单向方差分析**（one-way analysis of variance）或称**单向 ANOVA 模型**。在此模型中，组数是任意的，但每一组中观察值是正态分布，目的是比较均数。数据中的变异通常来源于组内部的变异及组间实际存在的差异。

方程 12.1 中的参数可以用下面方程作解释。

方程 12.2 固定效应的单向方差分析模型中参数的解释

(1) μ 代表所有组中数据混合后的均值。

(2) α_i 代表第 i 组均数与混合后均值间的差异。

(3) e_{ij} 代表第 i 组中第 j 个观察与均值 $\mu + \alpha_i$ 间的随机误差。

直观上，表 12.1 中每个 FEF 是全体 FEF 的均数加每一个抽烟组的效应再加每组内部的随机误差所组成。这个模型就是为了比较组的均值。

12.3 单向方差分析(ANOVA)的假设检验 ——固定效应模型

这里的零假设(H_0)是 6 组中每组平均 FEF 都相同。这个假设等价于每个 α_i =0，而 α_i 的和式是 0。备择假设(H_1)是至少两组的均数不相同。这个备择假设等价于至少有一个 $\alpha_i \neq 0$。于是我们的检验可以写成

$$H_0: \text{所有 } \alpha_i = 0 \quad \text{对} \quad H_1: \text{至少一个 } \alpha_i \neq 0$$

12.3.1 用 F 检验作组间均数的综合比较

记 $\bar{y}_i$ 为第 i 组的平均 FEF, $\bar{\bar{y}}$ 表示所有组混合后的平均 FEF。每个观察值离总平均的偏差为

方程 12.3
$$y_{ij} - \bar{\bar{y}} = (y_{ij} - \bar{y}_i) + (\bar{y}_i - \bar{\bar{y}})$$

右边第 1 项 $(y_{ij} - \bar{y}_i)$ 代表一个观察值离组内均数的偏差,这是组内变异的一个指标;而右边第 2 项 $(\bar{y}_i - \bar{\bar{y}})$ 代表组均数离总体均数的偏差,它是组间变异的一个指标。这两项可直观地用图 12.1 表示。

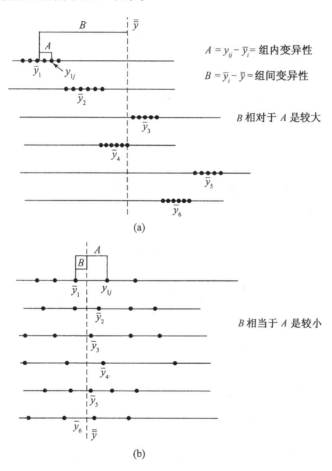

图 12.1　组间及组内变异的比较

一般说来,如果组间变异大而组内变异小,如图 12.1a 所示,则 H_0 将被拒绝,且认为未知的组间均数显著不同。相反,如果组间变异小而组内变异大,如图

12.1b 所示,则 H_0 被接受,即认为未知组间均数相同。

如果对方程12.3的两边平方,再对平方离差求和,则可以得出下面的关系。

方程 12.4

$$\sum_{i=1}^{k} \sum_{j=1}^{n_i} (y_{ij} - \bar{\bar{y}})^2 = \sum_{i=1}^{k} \sum_{j=1}^{n_i} (y_{ij} - \bar{y}_i)^2 + \sum_{i=1}^{k} \sum_{j=1}^{n_i} (\bar{y}_i - \bar{\bar{y}})^2$$

上式求和时,利用叉积项的和为零而得上式。

定义 12.2 我们称

$$\sum_{i=1}^{k} \sum_{j=1}^{n_i} (y_{ij} - \bar{\bar{y}})^2$$

为**总平方和**(total sum of squares),记为 Total SS。

定义 12.3 我们称

$$\sum_{i=1}^{k} \sum_{j=1}^{n_i} (y_{ij} - \bar{y}_i)^2$$

为**组内平方和**(within sum of squares),记为 Within SS。

定义 12.4 我们称

$$\sum_{i=1}^{k} \sum_{j=1}^{n_i} (\bar{y}_i - \bar{\bar{y}})^2$$

为**组间平方和**(between sum of squares),记为 Between SS。

于是方程 12.4 可以写成

$$\text{Total SS} = \text{Within SS} + \text{Between SS}$$

对组内平方和及组间平方和,我们很容易使用简易计算形式去完成假设检验,其形式如下。

方程 12.5 对组间平方和及组内平方和的简易计算式

$$\text{Between SS} = \sum_{i=1}^{k} n_i \bar{y}_i^2 - \frac{\left(\sum_{i=1}^{k} n_i \bar{y}_i\right)^2}{n} = \sum_{i=1}^{k} n_i \bar{y}_i^2 - \frac{y_{..}^2}{n}$$

$$\text{Within SS} = \sum_{i=1}^{k} (n_i - 1) s_i^2$$

其中 $y_{..}$ = 所有观察值的和——也就是 k 个组混合合观察值的和;而

n = 混合合观察值总数。

例 12.3 肺病 对表 12.1 中数据,计算组内及组间平方和。

解 使用方程 12.5,得

组间平方和 $= [200(3.78)^2 + 200(3.30)^2 + \cdots + 200(2.59)^2]$

$$- \frac{[200(3.78) + 200(3.30) + \cdots + 200(2.59)]^2}{1050}$$

$$= 10505.58 - 3292^2/1050 = 10505.58 - 10321.20 = 184.38$$

组内平方和 $= 199(0.79)^2 + 199(0.77)^2 + 49(0.86)^2 + 199(0.78)^2$

$$+ 199(0.81)^2 + 199(0.82)^2$$

$$= 124.20 + 117.99 + 36.24 + 121.07 + 130.56 + 133.81$$

$$= 663.87$$

最后,我们引出下面的重要定义。

定义 12.5 组间平均平方和 = 组间 **MS** = Between SS/($k-1$)。

定义 12.6 组内平均平方和 = 组内 **MS** = Within SS/($n-k$)。

显著性检验建立在组间平均平方和与组内平均平方和的比值上。如果这个比值大,则认为应拒绝 H_0;如果这比值小,则应接受(或称为不能拒绝)H_0。进一步,在 H_0 成立时,可以证明,Between MS/Within MS 是 F 分布,其自由度分别为 $k-1$ 及 $n-k$。这就是下面的检验方法(α 水平)。

方程 12.6 **单向 ANOVA 的整体 F 检验** 要检验假设 H_0:对所有 i, $\alpha_i = 0$ 对 H_1:至少一个 $\alpha_i \neq 0$,可使用下面方法:

(1) 计算组间平方和,组间平均平方和,组内平方和,组内平均平方和(利用方程 12.5 及定义 12.5,12.6);

(2) 计算

$$F = 组间\ \mathrm{MS}/组内\ \mathrm{MS} \sim F_{k-1, n-k}(在\ H_0\ 成立时)$$

(3) 如果 $F > F_{k-1, n-k, 1-\alpha}$ 则拒绝 H_0,如果 $F \leqslant F_{k-1, n-k, 1-\alpha}$ 则接受 H_0;

(4) 精确 p-值为 $F_{k-1, n-k}$ 分布下 F 值右边的面积,即 p-值 $= Pr(F_{k-1, n-k} > F)$。

这个检验的接受及拒绝区域见图 12.2,p-值计算见图 12.3。这个结果常用 ANOVA 表形式出现,见表 12.2。

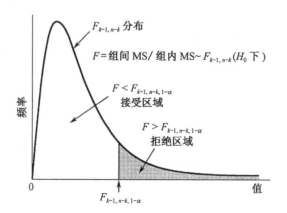

图 12.2 单向 ANOVA 整体 F 检验的接受及拒绝区域

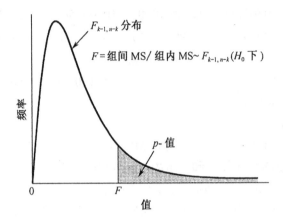

图 12.3　单向 ANOVA 整体 F 检验 p- 值的计算

表 12.2　单向方差分析(ANOVA)结果的表示法

变异来源	SS	df	MS	F 统计量	p 值
组间	$\sum_{i=1}^{k} n\bar{y}_i^2 - \dfrac{y_{\cdot}^2}{n} = A$	$k-1$	$\dfrac{A}{k-1}$	$\dfrac{A/(k-1)}{B/(n-k)}$	$Pr(F_{k,n-k} > F)$
组内	$\sum_{i=1}^{k} (n_i - 1)s_i^2 = B$	$n-k$	$\dfrac{B}{n-k}$		
总变异	组间 SS + 组内 SS				

例 12.4　肺病　检验表 12.1 数据在 6 个组中平均 FEF 是否有显著差异。

解　由例 12.3 知,组间 SS = 184.38,组内 SS = 663.87。6 组联合时共有 $n = 1050$ 个观察值,这就有:

组间 MS = 184.38/5 = 36.875;

组内 MS = 663.87/(1050 − 6) = 663.87/1044 = 0.636;

F = 组间 MS/组内 MS = 36.875/0.636 = 58.0 ~ $F_{5,1044}$(H_0 下)。

查附录表 9,得

$$F_{5,120,0.999} = 4.42$$

因为

$$F_{5,1044,0.999} < F_{5,120,0.999} = 4.42 < 58.0 = F$$

所以有 $p < 0.001$,即拒绝 H_0。我们的结论是至少有两组的均值不相同,这个结果列成 ANOVA 表见表 12.3[*]。

---

[*]　上述 $p < 0.001$ 的结果是正确的,但叙述法若改为下面方法或许更好理解,求下式成立的 p-值

$$F = 58.0 \geqslant F_{5,1044,0.999} > F_{5,\infty,0.999} = 4.10$$

所以 $p < 0.001$(因为 F 值愈大,对应的 p-值愈小)。——译者注

表 12.3　表 12.1 数据中 FEF 指标的 ANOVA 表

	SS	df	MS	F 统计量	p 值
组间	184.38	5	36.875	58.0	$p < 0.001$
组内	663.87	1044	0.636		
总	848.25				

12.4　单向方差分析(ANOVA)中,在指定组之间作比较

前一节中,我们检验假设 H_0:所有组的均值相等,备择假设为 H_1:至少两个组的均值不同。在 H_0 被否定后,只知道至少有两个组的均值不同,但并不能指示我们哪两组的均值不同。在实际做法中,使用上述整体 F 检验后,如果 H_0 被否定,则应使用本节的方法对指定的组作比较,以便找出哪些组之间的均值有显著不同。

12.4.1　指定两组之间作比较的 t 检验

假设我们要检验组 1 与组 2 的均值有否显著不同。按方程 12.1 中未知模型的假设,我们有

方程 12.7　$\bar{y}_1$ 是正态分布且均值为 $\mu + \alpha_1$ 方差为 σ^2 / n_1,$\bar{y}_2$ 是正态分布且均数为 $\mu + \alpha_2$ 方差为 σ^2 / n_2。

这时样本均值差($\bar{y}_1 - \bar{y}_2$)可用作检验的基础。由方程 12.7,因为这两样本是独立的,于是有

方程 12.8　$$\bar{y}_1 - \bar{y}_2 \sim N\left[\alpha_1 - \alpha_2, \sigma^2\left(\frac{1}{n_1} + \frac{1}{n_2}\right)\right]$$

在 H_0 成立时,$\alpha_1 = \alpha_2$,这时方程 12.8 归结为

方程 12.9　$$\bar{y}_1 - \bar{y}_2 \sim N\left[0, \sigma^2\left(\frac{1}{n_1} + \frac{1}{n_2}\right)\right]$$

如果 σ^2 已知,则 $\bar{y}_1 - \bar{y}_2$ 的标准误为

$$\sigma \sqrt{\frac{1}{n_1} + \frac{1}{n_2}}$$

即得出检验统计量:

方程 12.10　$$Z = \frac{\bar{y}_1 - \bar{y}_2}{\sqrt{\sigma^2\left(\frac{1}{n_1} + \frac{1}{n_2}\right)}}$$

这个检验统计量在 H_0 下是 $N(0,1)$ 分布。因为 σ^2 一般是未知的,它的最好估计应是 s^2。这时上述的统计量应作修改。

如何估计 σ^2? 回忆方程 12.1, 有 $y_{ij} \sim N(\mu + \alpha_i, \sigma^2)$。即各组中的观察值有相同方差, 因此合并指定组的方差是合理的。回忆第 8 章中两个独立样本方差的合并估计公式, 应使用加权平均法, 这时的权就是每个样本的自由度。特别地, 由方程 8.10, 我们有

$$s^2 = [(n_1 - 1)s_1^2 + (n_2 - 1)s_2^2]/(n_1 + n_2 - 2)$$

而在单向 ANOVA 中, 有 k 个样本方差。因此, 一个类似的估计 σ^2 是对 k 个独立样本的方差作加权, 权是每个样本的自由度。这就引出

方程 12.11　单向 ANOVA 中方差的合并估计为

$$s^2 = \sum_{i=1}^{k} (n_i - 1)s_i^2 \bigg/ \sum_{i=1}^{k} (n_i - 1) = \sum_{i=1}^{k} (n_i - 1)s_i^2/(n - k) = 组内 \ MS$$

但我们注意方程 12.5, 12.11 及定义 12.6, 上述的加权平均与组内 MS 的公式相同。于是 σ^2 的最好估计应是组内 MS。注意, 这时在两组时 s^2 的自由度为 $(n_1 - 1) + (n_2 - 1) = n_1 + n_2 - 2$。而单向 ANOVA 中, 自由度为

$$(n_1 - 1) + (n_2 - 1) + \cdots + (n_k - 1) = n - k \ (df)$$

例 12.5　肺病　对表 12.1 中 FEF 数据, σ^2 的最好估计是什么?

解　由表 12.3, 方差的最好估计为组内 MS $= 0.636$, 其自由度为 $1044(df)$。

在方程 12.10 中用 s^2 代 σ^2 后, 统计量 z 要用统计量 t 取代。这个检验法为:

方程 12.12　在单向 ANOVA 中, 指定两组间均数比较的 t 检验(LSD 方法)

假设我们要在 k 个组中比较两个指定的组, 记为组 1 及组 2。即要检验 $H_0: \alpha_1 = \alpha_2$ 对 $H_1: \alpha_1 \neq \alpha_2$, 则使用下面方法。

(1) 计算方差的合并估计 $s^2 =$ 组内 MS。

(2) 计算检验统计量

$$t = \frac{\bar{y}_1 - \bar{y}_2}{\sqrt{s^2 \left(\dfrac{1}{n_1} + \dfrac{1}{n_2} \right)}}$$

它在 H_0 成立时是 t_{n-k} 分布。

(3) 对双侧水平 α,

如果　　　$t > t_{n-k, 1-\alpha/2}$　　或　　　$t < t_{n-k, 1-\alpha/2}$,　　　则拒绝 H_0

如果　　　$t_{n-k, 1-\alpha/2} \leqslant$　　　t　　　$\leqslant t_{n-k, 1-\alpha/2}$,　　　则接受 H_0

(4) 精确 p-值为

如 $t < 0$,　$p = 2 \times (t_{n-k}$ 分布下 t 值左边的面积),

$$= 2 \times Pr(t_{n-k} < t)$$

如 $t > 0$,　$p = 2 \times (t_{n-k}$ 分布下 t 值右边的面积),

$$= 2 \times Pr(t_{n-k} > t)$$

它的接受及拒绝区域见图 12.4。p-值计算见图 12.5。这个检验常称为最小显著

性差异法(least significant difference, LSD)。

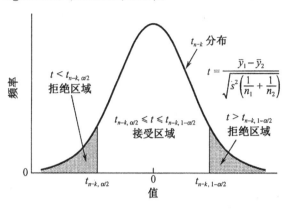

图 12.4   在单向 ANOVA 中比较两组的 t 检验时的接受及拒绝区域

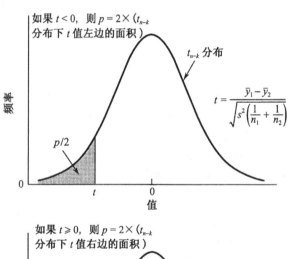

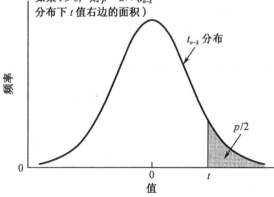

图 12.5   在单向 ANOVA 中比较两组的 t 检验中 p-值的计算

例 12.6   肺病   比较表 12.1 的 FEF 数据中每两组的显著性差异。

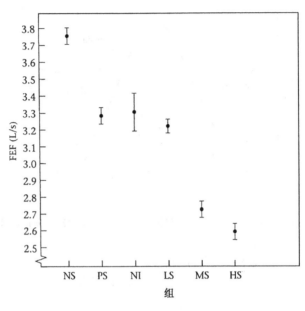

图 12.6   6 组抽烟人群中 FEF 的均数 $\pm\ se$

解   首先把 6 组的均值 $\pm\ se$ 做成图 12.6 形式, 目的是获得组间差异的某些直观印象。其中每一组中样本均值的标准误(se)是由 $s/\sqrt{n_i}$ 所估计, 此处 s^2 = 组内 MS。注意, 非抽烟者(NS)具有最好的肺功能; 被动抽烟者(PS), 非吸入抽烟者 (NI), 及轻度抽烟者(LS)有大体相同的肺功能, 但都比非抽烟者(NS)要低; 而中度(MS)及重度抽烟者(HS)有最坏的肺功能。也可以发现, 非吸入抽烟者(NI)具有最宽的标准误, 这是因为 NI 组仅 50 人而另外组都有 200 人。在图 12.6 中观察到的差异在方程 12.12 是否有统计学上的显著性? 结果列于表 12.4。

表 12.4   对表 12.1 中 FEF 数据, 比较任两组, 用 LSD 的 t 方法

比较的两组	检验的统计量	p 值
NS, PS	$t = \dfrac{3.78 - 3.30}{\sqrt{0.636\left(\dfrac{1}{200} + \dfrac{1}{200}\right)}} = \dfrac{0.48}{0.08} = 6.02^{a}$	< 0.001
NS, NI	$t = \dfrac{3.78 - 3.32}{\sqrt{0.636\left(\dfrac{1}{200} + \dfrac{1}{50}\right)}} = \dfrac{0.46}{0.126} = 3.65$	< 0.001
NS, LS	$t = \dfrac{3.78 - 3.23}{\sqrt{0.636\left(\dfrac{1}{200} + \dfrac{1}{200}\right)}} = \dfrac{0.55}{0.08} = 6.90$	< 0.001

续表

比较的两组	检验的统计量	p 值
NS, MS	$t = \dfrac{3.78 - 2.73}{0.080} = \dfrac{1.05}{0.08} = 13.17$	<0.001
NS, HS	$t = \dfrac{3.78 - 2.59}{0.080} = \dfrac{1.19}{0.08} = 14.92$	<0.001
PS, NI	$t = \dfrac{3.30 - 3.32}{0.126} = \dfrac{-0.02}{0.126} = -0.16$	NS
PS, LS	$t = \dfrac{3.30 - 3.23}{0.080} = \dfrac{0.07}{0.08} = 0.88$	NS
PS, MS	$t = \dfrac{3.30 - 2.73}{0.080} = \dfrac{0.57}{0.08} = 7.15$	<0.001
PS, HS	$t = \dfrac{3.30 - 2.59}{0.080} = \dfrac{0.71}{0.08} = 8.90$	<0.001
NI, LS	$t = \dfrac{3.32 - 3.23}{0.126} = \dfrac{0.09}{0.126} = 0.71$	NS
NI, MS	$t = \dfrac{3.32 - 2.73}{0.126} = \dfrac{0.59}{0.126} = 4.68$	<0.001
NI, HS	$t = \dfrac{3.32 - 2.59}{0.126} = \dfrac{0.73}{0.126} = 5.79$	<0.001
LS, MS	$t = \dfrac{3.23 - 2.73}{0.08} = \dfrac{0.50}{0.08} = 6.27$	<0.001
LS, HS	$t = \dfrac{3.23 - 2.59}{0.08} = \dfrac{0.64}{0.08} = 8.03$	<0.001
MS, HS	$t = \dfrac{2.73 - 2.59}{0.08} = \dfrac{0.14}{0.08} = 1.76$	NS

[a] 在 H_0 假定下,所有检验的统计量是 t_{1044} 分布。

由表 12.4 可见,有很显著差异的有:(1) 非抽烟者与所有其他组;(2) 被动抽烟者与中度及重度抽烟者;(3) 非吸入抽烟者与中度及重度抽烟者;(4) 轻度抽烟者与中度及重度抽烟者。无显著差异的有:被动抽烟者,非吸入抽烟者,及轻度抽烟者之间;中度与重度抽烟者之间虽然有倾向性但还未发现有显著性差异。此结果与图 12.6 所示一致。这里人们感兴趣的是,被动抽烟者的肺功能显著地坏于非抽烟者,而与非吸入抽烟者及轻度抽烟者基本相同。

方程 12.12 中,比较组 1 与组 2 的 t 检验时,常见的错误是仅用组 1 及组 2 的样本方差去估计 σ^2 而不是用所有 k 个组的样本方差。前者做法的不合理是因为此处 k 组有相同的方差。而且用全部 k 个组的信息自然比仅用两组的信息更为精确。但是如果有理由认为 k 个组的方差并不相同,就不应当使用 ANOVA,这时只好分别对两组之间用 t 检验。

12.4.2　线性约束

12.4.1 节中的方法是对两个预先指定的组的均值做比较。更一般的比较是,预先选取 l_1 个组与另外 l_2 个组之间作比较。

例 12.7　肺病　假设我们要比较吸入抽烟者与非抽烟者的肺功能。表 12.1 中有 3 个吸入抽烟者组,联合起来有 600 个烟民。但是在一般人口总体中,轻度、中度及重度抽烟者的比例并不像此例中是 1:1:1。假设在一个大的抽样调查中,报告称抽烟者中 70% 是中度抽烟者,20% 是重度抽烟者,10% 是轻度抽烟者。如何把这 3 组烟民变成一个组而去与非抽烟者作比较?

对于上述形式的问题,应当使用线性约束的估计及检验。

定义 12.7　一个**线性约束**(linear contrast)是指对某些组的均值做线性组合,而线性组合中的系数之和应是 0。即

$$L = \sum_{i=1}^{k} c_i \bar{y}_i$$

而要求 $\sum_{i=1}^{k} c_i = 0$。

注意,两个组之间作比较可以视作上述线性约束的一个特例。

例 12.8　肺病　假设我们要比较非抽烟组与被动抽烟组的肺功能。要把他们写成线性约束的形式。

解　因为非抽烟组是第 1 组而被动抽烟组是第 2 组,于是这个线性约束可以写成如下形式:

$$L = \bar{y}_1 - \bar{y}_2, 此处 c_1 = 1, c_2 = -1$$

例 12.9　肺病　假设我们要比较非抽烟组与吸入抽烟者烟民,假定烟民中 10% 是轻度吸入者,70% 是中度吸入者,20% 是重度吸入者。请用线性约束法表示。

解　按照烟民所在的 3 个组 $(4, 5, 6)$,我们可以写成

$$L = \bar{y}_1 - 0.1\bar{y}_4 - 0.7\bar{y}_5 - 0.2\bar{y}_6$$

如果由线性约束式所代表的统计量的未知均值不为零,我们应如何做检验?一般地,对于任何线性约束

$$L = c_1\bar{y}_1 + c_1\bar{y}_2 + \cdots + c_k\bar{y}_k$$

记 μ_L 是线性约束 L 的理论(未知)均值,则我们的假设检验是

$$H_0: \mu_L = 0 \quad 对 \quad H_1: \mu_L \neq 0$$

而 μ_L 实际上可以写成 $c_1\alpha_1 + c_2\alpha_2 + \cdots + c_k\alpha_k$。因为 $\mathrm{Var}(\bar{y}_i) = s^2/n_i$,因此由方程 5.7,有

$$\mathrm{Var}(L) = s^2 \sum_{i=1}^{k} c_i^2/n_i$$

于是可以得出下面类似于两组间的 LSD 法中的 t 检验公式。

方程 12.13 单向 ANOVA 中线性约束的 t 检验

假设我们要检验假设 $H_0:\mu_L=0$ 对 $H_1:\mu_L\neq0$。使用双侧检验水平为 α。

此处 $y_{ij} \sim N(\mu+\alpha_i, \sigma^2)$,$\mu_L = \sum_{i=1}^{k} c_i\alpha_i$,$\sum_{i=1}^{k} c_i = 0$。计算步骤为:

(1) 计算方差的联合估计量 $s^2 =$ 组内 MS(从单向 ANOVA 中得出);

(2) 计算线性组合值 $L = \sum_{i=1}^{k} c_i\bar{y}_i$;

(3) 计算 t 统计量

$$t = L \Big/ \sqrt{s^2 \sum_{i=1}^{k} c_i^2/n_i}$$

(4) 如果　　 $t > t_{n-k, 1-\alpha/2}$　　或　　 $t < t_{n-k, \alpha/2}$　　　　　则拒绝 H_0

　　 如果　　 $t_{n-k, \alpha/2} \leqslant$　　　　 $t \leqslant t_{n-k, 1-\alpha/2}$,　　　 则接受 H_0

(5) 精确 p-值为

$$p = 2 \times (t_{n-k} \text{ 分布下 } t \text{ 值左边的面积})$$
$$= 2 \times Pr(t_{n-k} < t), \quad \text{当 } t < 0$$
$$p = 2 \times (t_{n-k} \text{ 分布下 } t \text{ 值右边的面积})$$
$$= 2 \times Pr(t_{n-k} > t), \quad \text{当 } t \geqslant 0$$

例 12.10 肺病 检验例 12.9 中所定义的线性约束的未知均数是否显著异于零。

解 由表 12.3 知,$s^2=0.636$。而线性约束 L 值为

$$L = \bar{y}_1 - 0.1\bar{y}_4 - 0.7\bar{y}_5 - 0.2\bar{y}_6$$
$$= 3.78 - 0.1(3.23) - 0.7(2.73) - 0.2(2.59) = 1.03$$

线性约束 L 的标准误为

$$se(L) = \sqrt{s^2 \sum_{i=1}^{k} c_i^2/n_i}$$
$$= \sqrt{0.636\left[\frac{(1)^2}{200} + \frac{(-0.1)^2}{200} + \frac{(-0.7)^2}{200} + \frac{(-0.2)^2}{200}\right]}$$
$$= 0.070$$

于是 $t = L/se(L) = 1.03/0.070 = 14.69 \sim t_{1044}$(在 H_0 成立时)。显然,这个 t 值非常显著($p < 0.001$)。即抽烟者与不抽烟者的肺功能有很显著的差异。

线性约束的其他常用法是,当不同的组与不同的某种特定的数量(比如剂量)指标相对应时,线性约束中的系数可以取成能反应上述数量关系的值。在不同组中样本量差别很大时,这特别有用。因为小样本的组在统计检验时常易出现不显著的结果,但其趋势常是在某个方向上。

例 12.11　肺病　假设我们要研究抽烟的数量是否会影响肺功能指标 FEF,还要考察抽烟数量与肺功能 FEF 的方向性关系。

解　在此分析中我们只考察轻度抽烟者,中度抽烟及重度抽烟者。我们已知道轻度抽烟者每天抽 1～10 支,我们取如下的平均值$(1+10)/2=5.5$;对中度抽烟者,每天抽 11～39 支,于是我们取$(11+39)/2=25$作为平均值;对重度抽烟者,每天抽 40 支以上,我们保守些以抽 40 支作他们的代表,这是一个烟量过低的估计。我们要检验如下约束

$$L = 5.5\bar{y}_4 + 25\bar{y}_5 + 40\bar{y}_6$$

其对应理论值的统计显著性。问题是,这个约束中系数的和不为 0:$5.5 + 25 + 40 = 70.5$。但是我们把每个系数减去 $70.5/3 = 23.5$。即我们去检验如下约束

$$L = (5.5 - 23.5)\bar{y}_4 + (25 - 23.5)\bar{y}_5 + (40 - 23.5)\bar{y}_6$$
$$= -18\bar{y}_4 + 1.5\bar{y}_5 + 16.5\bar{y}_6$$

的统计显著性。这个约束代表:3 个组中每天抽烟量的增加数。由方程 12.13 及表 12.1,

$$L = -18(3.23) + 1.5(2.73) + 16.5(2.59) = -58.14 + 4.10 + 42.74 = -11.31$$

$$se(L) = \sqrt{0.636\left[\frac{(-18)^2}{200} + \frac{1.5^2}{200} + \frac{16.5^2}{200}\right]} = \sqrt{0.636(2.99)} = 1.38$$

于是,$t = L/se(L) = -11.31/1.38 = -8.20 \sim t_{1044}$($H_0$ 下)。显然此 t 值有很高的显著性($p < 0.001$)。因此我们说,吸入抽烟者随着每天烟量的增加,肺功能要变差。

12.4.3　多重比较——Bonferroni 法

许多研究中,我们在考察实际数据之前,先决定对哪些组的均值要作比较。在此情况下,用方程 12.12 及方程 12.13 的线性约束法是合适的。而在另外一些情形中,事先并没有决定去比较特定的某两组,而是要考察了数据之后,从众多可能的任两组对比中找出某两组间的显著性差异。在这种情形中,显著性水平应当作修改。

例 12.12　设我们有 10 个组,这时任取两组,共有 $\binom{10}{2} = 45$ 个"组对"应作比较。如显著性水平为 5%,则它隐含有 $0.05(45)(\approx 2)$,即只有两个组对之间可作比较。我们应如何从太多的比较中保护我们自己以避免找出虚假的有显著性差异的两组来?

在**多重比较方法**中,有几种方法可确保使许多虚假的显著性差异不会出现。这些方法的基本思想是确保任何两组之间显著性差异的总体概率都能维持在某个固定的显著性水平上(比如 α)。一个最简单也最常用的方法是 Bonferroni 修正法。此方法总结如下。

方程 12.14 **在单向方差分析中,任意两组作比较时的 Bonferroni 多重比较法** 假设我们要在 k 个组中比较两个组,比如组 1 与组 2。要检验 $H_0: \alpha_1 = \alpha_2$ 对 $H_1: \alpha_1 \neq \alpha_2$,使用下面方法。

(1) 从单向 ANOVA 中计算方差 σ^2 的合并估计 $s^2 =$ 组内 MS。

(2) 计算检验统计量

$$t = \frac{\bar{y}_1 - \bar{y}_2}{\sqrt{s^2\left(\dfrac{1}{n_1} + \dfrac{1}{n_2}\right)}}$$

(3) 对双侧检验,显著性水平为 α ,记 $\alpha^* = \alpha \Big/ \dbinom{k}{2}$。

如果 $\quad t > t_{n-k, 1-\alpha^*/2} \quad$ 或 $\quad t < t_{n-k, \alpha^*/2}, \qquad$ 则否定 H_0;

如果 $\quad t_{n-k, \alpha^*/2} \leqslant \quad t \leqslant t_{n-k, 1-\alpha^*/2}, \qquad$ 则接受 H_0。

这个检验的接受及拒绝区域见图 12.7。这个检验称为 Bonferroni **多重比较方法**。

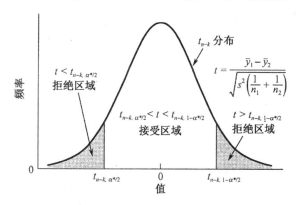

图 12.7 **在单向 ANOVA 中多重的两组比较中接受及拒绝区域**
(Bonferroni 方法)

这个方法的合理性如下,今有 k 个组,共有 $\dbinom{k}{2}$ 个可能的两组比较。假设每两组间比较的显著性水平都为 α^*。记 E 为至少有一个两组比较是统计显著性的事件。$Pr(E)$ 有时称为"实验性Ⅰ型误差"(experiment-wise type Ⅰ error)。我们下面要决定 α^* 值以使 $Pr(E) = \alpha$。求 α^* 时,注意

$$Pr(\bar{E}) = Pr(\text{没有一个两组比较中有显著性差异}) = 1 - \alpha$$

如果任一个两组的比较都是独立的,则利用乘法概率,有

$$Pr(\overline{E}) = (1 - \alpha^*)^c, \quad 此处 \ c = \begin{pmatrix} k \\ 2 \end{pmatrix}$$

于是有下面公式

方程 12.15 $1 - \alpha = (1 - \alpha^*)^c$

如果 α^* 是很小,则方程 12.15 右边可以近似为 $1 - c\alpha^*$,于是

$$1 - \alpha \approx 1 - c\alpha^*$$

或 $\alpha^* \approx \alpha/c = \alpha \Big/ \begin{pmatrix} k \\ 2 \end{pmatrix}$,这就是方程 12.14 中 α^*。通常所有的两组比较不会都是统计独立,也就是说,α^* 的合适值应大于 $\alpha \Big/ \begin{pmatrix} k \\ 2 \end{pmatrix}$。因此,Bonferroni 法将是保守的,因它能确保 $Pr(E) < \alpha$。

例 12.13　对表 12.1 的 FEF 数据施用 Bonferroni 方法。

解　我们取"实验性 I 型误差"$\alpha = 0.05$。总数有 $n = 1050$ 个受试者,及 $k = 6$ 组。$n - k = 1044, c \begin{pmatrix} 6 \\ 2 \end{pmatrix} = 15$。这样 $\alpha^* = 0.05/15 = 0.0033$。因此,在对两组比较的 t 检验中取显著性水平为 0.0033。由方程 12.14, t 的临界值为 $t_{1044, 1 - 0.0033/2} = t_{1044, 0.99833}$。这个自由度为 1044 的 t 分布实际就是 $N(0,1)$ 分布,即 $t_{1044, 0.99833} \approx z_{0.99833}$。查附录表 3, $z_{0.99833} = 2.935$。对照表 12.4 中的 t 值。可以看出,表 14.2 中用 LSD 法显著的统计量全都 $\geqslant 3.65$。因为 $3.65 > 2.935$,所以这些在 LSD 法显著的组间比较在 Bonferroni 法中也仍然显著。也可以看出,在 LSD 法中不显著的在 Bonferroni 法中也不显著。后者结果是必然的,因为 Bonferroni 法比 LSD 法更保守,因此 LSD 法中不显著的在 Bonferroni 法中也不会显著。在此例子中,LSD 法中的双侧检验($\alpha = 0.05$)t 的临界值为 $t < -1.96$ 或 $t > 1.96$,而 Bonferroni 法中比较用的临界值为 $t < -2.935$ 及 $t > 2.935$。

多重比较的结果常做成图 12.8 的方式。图中的划线表示线下的组之间没有显著性差异。此图能直观简要地显示出多个两组比较的结果。

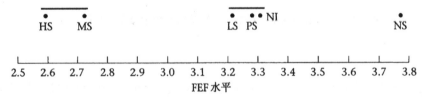

图 12.8　对表 12.1 中 FEF 数据的均值用 Bonferroni 多重比较结果的图示

注意,表 12.4 中的 LSD 法及例 12.13 中的 Bonferroni 法的结果都是相同的。也就是,有 3 个不同的组群:重度与中度抽烟者;轻度、被动抽烟及非吸入抽烟者;

非抽烟者。一般说来,如果组数超过 2 组作两两比较,则多重比较法要比普通的 t 检验(即 LSD 法)更为严格。也就是说,在 LSD 法比较中显著的,在多重比较中可能会不显著。原因在于多重比较中是先确定 α 水平下,寻找任何两组间的显著性差异,它不同于先选定两个组再去用 t 检验作比较。如果只有两个组(即 $k = 2$),这时多重比较与普通 t 检验完全相同。

还要注意的是,当需要作比较的组数(k)增加时,多重比较中决定统计显著性的临界值要变大。这是因为 k 增加时 $c = \binom{k}{2}$ 变大,因此 $\alpha^* = \alpha/c$ 变小,于是临界值 $t_{n-k,1-\alpha^*/2}$ 中自由度 $n-k$ 减小而 $1-\alpha^*/2$ 增大,这就造成临界值 $t_{n-k,1-\alpha^*/2}$ 增大。而这种情形在 LSD 法中不会出现,因为它的临界值 $t_{n-k,1-\alpha/2}$ 在 k 增加时大体上不会改变。

我们应该使用更加保守的多重比较还是使用 LSD 法去识别组间差异?这是一个有争论的题目。某些研究工作者在单向 ANOVA 中习惯地使用多重比较,但其他一些人不使用多重比较。我的看法是,在事先没有计划要对某些特定的组作比较且 k 较大时,我们应该使用多重比较法。而在组数较小且仅对某些特定的组间比较感兴趣时(常称为草案分析),我建议应采用通常的 t 检验法(即 LSD 法)。

12.4.4 线性约束下的多重比较 —— Scheffé 法

12.4.3 节的方法对于比较组间均值是适用的。在某些情形中,线性约束涉及的比较要比简单的两组之间的比较要复杂得多。如果某个线性约束不是在事先计划好了要做的比较,则应采用多重比较。这时 H_0 为:任何线性约束下的显著性概率不超过 α。这时可以使用 Scheffé 多重比较。此法如下。

方程 12.16 Scheffé 多重比较法 假设我们要检验假设 $H_0 : \mu_L = 0$ 对 $H_1 : \mu_L \neq 0$,显著性水平为 α,此处

$$L = \sum_{i=1}^{k} c_i \bar{y}_i, \qquad \mu_L = \sum_{i=1}^{k} c_i \mu_i \quad \text{及} \quad \sum_{i=1}^{k} c_i = 0$$

共 k 个组,第 i 组有 n_i 个观察值,$n = n_1 + \cdots + n_k$。Scheffé 法如下。

(1) 计算检验统计量(同方程 12.13),

$$t = \frac{L}{\sqrt{s^2 \sum_{i=1}^{k} c_i^2 / n_i}}$$

(2) 如果 $\quad t > a_2 = \sqrt{(k-1)F_{k-1,n-k,1-\alpha}} \quad$ 或

$\quad t < a_1 = -\sqrt{(k-1)F_{k-1,n-k,1-\alpha}} \quad$ 则拒绝 H_0;

如果 $\quad a_1 \leqslant t \leqslant a_2 \quad$ 则接受 H_0。

例 12.14　肺病　检验例 12.11 中线性约束的假设,那里有 FEF 水平与抽烟吸入数量发生关系的约束,请试用 Scheffé 多重比较法。

解　例 12.11 中 $t = L/se(L) = -8.20$。有 $k = 6$ 个组,1050 个观察值。因 t 是负值,故临界值为 $a_1 = -\sqrt{(k-1)F_{k-1, n-k, 1-\alpha}} = -\sqrt{5F_{5, 1044, 0.95}}$。而 $F_{5, 1044, 0.95}$ 近似于 $F_{5, \infty, 0.95} = 2.21$,因此有 $a_1 = -\sqrt{5(2.21)} = -3.32$。因为 $t = -8.20 < a_1 = -3.32$,所以 H_0 被拒绝。即随着吸入烟量的增加,肺功能将变差。

Scheffé 多重比较法也可用于两组之间均值的比较,这是因为均值差是线性约束的一个简单特例。但在此情形中,12.4.3 节中的 Bonferroni 法要更可取些。因为仅比较两组间差异时,则当差异确实存在时;Bonferroni 法比 Scheffé 法在显著性检验上更为合适。从例 12.13 看来,Bonferroni 法的临界值为 $t < -2.935$ 或 $t > 2.935$,而同时,在 Scheffé 法中 $t < -3.32$ 或 $t > 3.32$。*

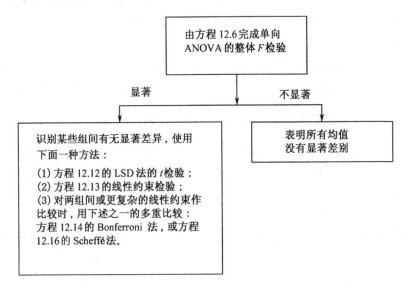

图 12.9　比较 k 个独立正态分布均值的一般性方法

如果线性约束个数很少,而且是事先就被指定要检验的约束,则我们可以不使用多重比较法,因为如果使用多重比较,在发现差异上就会比方程 12.13 法减小很多功效。相反,如果约束很多,且又不是在得到数据前就要检验的,则多重比较在此情形中是合适的。

基于 12.1~12.4 节,图 12.9 中汇总了有 k 个独立正态样本中比较均值的一

---

* 方程 12.16 中,t 的临界值 a_1 及 a_2 与约束中系数 c_i 值无关,即任何两组间的比较都使用相同的临界值。因此例 12.14 中 Scheffé 临界值 ± 3.32 也是多重两组比较时的临界值。——译者注

般性方法。

本节中,我们学习了单向方差分析(ANOVA)法。这个方法是用于比较多个(>2)正态分布样本的均值。要考察这些方法可以查看(P.749)的流程图。从〈开始〉框开始,回答(1)仅一个变量? 否,然后转到4;(2)是研究两变量间关系? 是;(3) 两变量连续吗? 否;(4) 一个是连续变量,另一个是分类变量? 是,从而到达"方差分析"的框子。再继续(5)类型变量数? 回答"1";(6) 结果变量服从正态,或中心极限定理成立? 是;(7) 需要控制其他协变量? 否,从而到达"单向 ANOVA"的框子。

12.5 病例研究:铅暴露对儿童神经及心理机能的效应研究

12.5.1 单向 ANOVA 的应用

8.8 节(表8.8)中,我们分析平均手指腕得分(MAXFWT)在铅暴露组与对照组之间的差异。儿童被分成两组:一组是铅暴露组,他们在 1972 或 1973 年时是高血铅水平($\geqslant 0.4$ $\mu g/mL$),而另一组是对照组,他们在 1972 及 1973 年有正常血铅水平(< 0.4 $\mu g/mL$)。我们首先使用 ESD 方法移去奇异值,再使用两样本的 t 检验比较两组之间的得分(见表 8.11)。但是因为神经学及心理学试验是在 1973 年完成的,可能的争论是,暴露组最好的定义应是 1973 年时暴露的血铅水平。因此,我们把数据集中变量 LEAD‐GRP 拆成两个暴露组。具体做法是把变量 LEAD‐GRP 分成 3 个铅暴露组 GRP:

如 LEAD‐GRP=1,则该儿童在 1972 及 1973 年都有正常的血铅水平(<0.40 $\mu g/mL$),(记为 control)

如 LEAD‐GRP=2,则该儿童在 1973 年时有高血铅水平($\geqslant 0.40$ $\mu g/mL$),称为现在暴露组,(记为 cur exp)

如 LEAD‐GRP=3,则该儿童在 1972 年时有高血铅水平但在 1973 年时有正常的铅水平,称之为先前暴露组,(记为 prv exp)。

每一组 MAXFWT 的均值及标准差见表 12.5,相应的盒形图见图 12.10。

表 12.5 分组的 MAXFWT 的描述性统计

分析的变量:MAXFWT

GRP	N Obs*	N*	平均	标准差	最小值	最大值
1	77	63	55.0952381	10.9348721	23	84
2	22	17	47.5882353	7.0804204	34	58
3	21	15	49.4000000	10.1966381	35	70

*N Obs 是每组中总儿童数,而 N 是每组在做分析时实际儿童数(即 MAXFWT 中奇异值被删后的数)。
注:做统计检验时仅取 5 岁及以上儿童。

　　图 12.10 明显看出：现在暴露组（cur exp）与先前暴露组（prv exp）中的平均 MAXFWT 近似相同而低于相应的对照组（control）。对 3 组作均值比较，我们用单向 ANOVA，使用方程 12.6 去检验 $H_0: \alpha_1 = \alpha_2 = \alpha_3$ 对 H_1：至少两个 α_i 不同。结果见表 12.6。

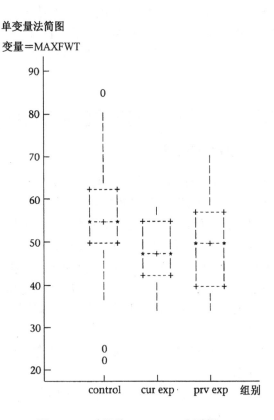

图 12.10　分组的 MAXFWT 盒形图

表 12.6　变量 MAXFWT 的单向 ANOVA（SAS 中的输出）

The SAS System

General Linear Models Procedure

Dependent Variable: MAXFWT

Source	DF	Sum of Squares	Mean Square	F Value	Pr > F
Model	2	966.79062362	483.39531181	4.60	0.0125
Error	92	9671.14621849	105.12115455		
Corrected Total	94	10637.93684211			

我们可以从表 12.6 中看出,平均 MAXFWT 在 3 组之间有显著差异,其中 F 值 = 4.60,而 p-值 = $Pr(F_{2,92} > 4.60) = 0.0125$。因此,我们进一步考察每两组之间的差异。因为我们事先就是计划要比较这两组之间的差异,所以我们采用方程 12.12 中的 LSD 法。结果见表 12.7。

表 12.7　对 MAXFWT 作两两之间均数比较(LSD 法)

The SAS System

General Linear Models Procedure

Least Square Means

GRP	MAXFWT LSMEAN	Std Err LSMEAN	$Pr > \lvert T \rvert$ H_0:LSMEAN = 0	i/j	$Pr > \lvert T \rvert$ H_0:LSMEAN(i) = LSMEAN(j) 1	2	3
1	55.0952381	1.2917390	0.0001	1	—	0.0087	0.0563
2	47.5882353	2.4866840	0.0001	2	0.0087	—	0.6191
3	49.4000000	2.6472773	0.0001	3	0.0563	0.6191	—

我们看出,现在暴露组与对照组之间的平均 MAXFWT 有极显著差异($p = 0.0087$,它位于右边 H_0:之下第 1 行对应于对照组与第 2 列对应的现在暴露组)。而在先前暴露组与对照组之间有很强趋势的显著性差异($p = 0.0563$)。而在现在暴露组与先前暴露组之间平均 MAXFWT 没有显著性差异($p = 0.6191$)。也就是说,现在暴露组显著不同于对照组,而先前暴露组表现出有强的趋势是不同于对照组。表 12.7 中左边的数字是分组的平均值及标准误,它们列于 LSMEAN 下面的第 1 及 2 列。第 1 列中是普通的算术均值(同表 12.5);标准误是(误差的平均平方/n_i)$^{1/2}$,这是因为公共组内方差是误差的平均平方(前面我们称为组内平均平方)。第 3 列是对假设(每组中未知均数 = 0,表中记为 H_0:LSMENA = 0)的检验,在这个例子中这个检验是不必要的。当使用一般线性模型而不是单向 ANOVA 时,这里的 LSMEAN 不同于普通算术均数。我们将在 12.5.3 节中详细讨论。

分析这个数据的其他方法是考察每两组之间未知均数差的 95% 置信区间。这个公式为

$$\bar{y}_{i_1} - \bar{y}_{i_2} \pm t_{n-k, 0.975} \sqrt{\text{组内 MS}\left(\frac{1}{n_{i_1}} + \frac{1}{n_{i_2}}\right)}$$

结果列于表 12.8。我们可以看出,对照组(组 1)与现在暴露组(组 2)之间有显著差异,因为它的 95% 置信区间为 (1.9, 13.1)。

表 12.8   任两组之间平均 MAXFWT 的 95%置信区间

The SAS System

General Linear Models Procedure

T tests (LSD) for variable：MAXFWT

NOTE：This test controls the type I comparisonwise error rate, not the experimentwise error rate.

Alpha＝0.05 Confidence＝0.95 df ＝92 MSE＝105.1212

Critical Value of T＝1.98609

Comparisons significant at the 0.05 level are indicated by '＊ ＊ ＊'.

	GRP Comparison	Lower Confidence Limit	Difference Between Means	Upper Confidence Limit	
1	－3	－0.155	5.695	11.545	
1	－2	1.942	7.507	13.072	＊ ＊ ＊
3	－1	－11.545	－5.695	0.155	
3	－2	－5.402	1.812	9.025	
2	－1	－13.072	－7.507	－1.942	＊ ＊ ＊
2	－3	－9.025	－1.812	5.402	

12.5.2   单向 ANOVA 与多重回归的关系

在 12.5.1 节中,我们把暴露组分成两个小的组:现在暴露组与先前暴露组;再对 3 个组采用单向 ANOVA 去比较平均 MAXFWT 在现在暴露组、先前暴露组与对照组之间的差异。对这个问题,我们也可以通过引进虚拟变量而使用多重回归法去分析。在定义 11.19 中,我们定义一个虚拟变量代表一个有两个类别的分类变量。这个方法可以拓广到任意多个数目的类。

方程 12.17   使用多个虚拟变量去代表有 k 个类的类型变量   假设有一个类型变量 C,在多重回归中,我们可构建 $k-1$ 个虚拟变量以取代变量 C,其构建法为

$$x_1 = \begin{cases} 1, & \text{如受试者属于类 2} \\ 0 & \text{其他} \end{cases}$$

$$x_2 = \begin{cases} 1, & \text{如受试者属于类 3} \\ 0 & \text{其他} \end{cases}$$

……

$$x_{k-1} = \begin{cases} 1, & \text{如受试者属于类 } k \\ 0, & \text{其他} \end{cases}$$

这里漏失的类 1 被取作参考组。

把哪一个组取作参考组是任意的,参考组的选取通常是为了方便考虑。表 12.9 中,我们给出每一个虚拟变量的取值。注意,变量 C 的每一个类别都惟一地对应有一组 $(x_1, x_2, \cdots, x_{k-1})$。当结果变量是 y 时,多重回归的模型为

表 12.9 分类变量 C(代表 k 个类)由虚拟变量表示时

c 的类别	虚拟变量			
	x_1	x_2	$\cdots$	x_{k-1}
1	0	0	$\cdots$	0
2	1	0	$\cdots$	0
3	0	1	$\cdots$	0
$\vdots$				
k	0	0	$\cdots$	1

方程 12.18 $\qquad y = \alpha + \beta_1 x_1 + \beta_2 x_2 + \cdots + \beta_{k-1} x_{k-1} + e$

如何使用方程 12.18 中的多重回归去比较指定的类? 由方程 12.18 可以看出,类 1 中的受试者 y 的平均值 $= \alpha$,类 2 中受试者 y 的均值为 $\alpha + \beta_1$。因此 β_1 即代表了类 2 与类 1(参考组)之间受试者中 y 值的平均差异。类似地,β_j 即代表类 $(j+1)$ 与类 1(参考组)之间受试者中 y 值的平均差异,而 $j = 1, 2, \cdots, k-1$。在方程 12.1 的固定效应的单向 ANOVA 中,我们感兴趣的是检验假设 H_0:所有组的未知均数相同,对 H_1:至少有一个 $\beta_j \neq 0$。后面的假设与方程 11.30 给出的假设是相同的,那里对多重回归使用整体 F 检验。因此,一个固定效应的单向 ANOVA 模型可以表示成一个多重线性回归模型,只是后者对分组变量用一组虚拟变量去代表它。此结果可叙述如下。

方程 12.19 单向 ANOVA 与多重线性回归的关系

假设我们要比较 k 个组的未知均数,此处组 j 中观察值被认为是正态分布且均值为 $\mu_j = \alpha + \alpha_j$ 及方差为 σ^2。要检验

$$H_0:\text{所有 } \alpha_j = 0 \text{ 对 } H_1:\text{至少两个 } \mu_j \text{ 不同}$$

我们可以使用下面两个等价的方法去做检验。

(1) 使用单向 ANOVA 做整体 F 检验,或

(2) 我们可以建立如下的线性回归模型

$$y = \alpha + \beta_1 x_1 + \cdots + \beta_{k-1} x_{k-1} + e$$

此处 y 是结果变量;如果观察值属于第 $(j+1)$ 组则 $x_j = 1$,其他则 $x_j = 0$,$j = 1, 2, \cdots, k-1$。

在单向 ANOVA 的方法(1)中的组间 SS 及组内 SS 就是方法(2)中多重线性回归模型中的回归 SS 及线差 SS。F 统计量及 p-值都相同。

要比较第$(j+1)$组的未知均值与参考组(组1)未知均数是否相同,也有下面两个等价方法。

(3) 在 ANOVA 法中使用 LSD 法,那里要计算 t 统计量。

$$t = \frac{\bar{y}_{j+1} - \bar{y}_1}{s \sqrt{1/n_{j+1} + 1/n_1}} \sim t_{n-k}$$

及 $s^2 =$ 组内 MS, $n = n_1 + \cdots + n_k$。

(4) 或者,我们计算下面的 t 统计量

$$t = \frac{b_j}{se(b_j)} \sim t_{n-k}$$

这时(3)及(4)两法下的两个 t 统计量相同且也有相同的 p-值。

要比较第$(j+1)$组均数与第$(l+1)$组均值是否相同。我们可以使用下面两个等价方法中的任一种。

(5) 基于单向 ANOVA 使用 LSD 法,计算

$$t = \frac{\bar{y}_{j+1} - \bar{y}_{l+1}}{s \sqrt{1/n_{j+1} + 1/n_{l+1}}} \sim t_{n-k}$$

而 $s^2 =$ 组内 MS

(6) 或者 $t = \dfrac{b_j - b_l}{se(b_j - b_l)} \sim t_{n-k}$

$b_j - b_l$ 的标准误及检验统计量 t 通常是在多重回归程序中由线性约束所求得,大多数统计软件都有此功能。

计算 $se(b_j - b_l)$ 的其他方法是需打印出回归系数的方差及协方差矩阵(variance-covariance matrix)。如果有 k 个回归系数,则矩阵中(j, j)上元素就是 b_j 的方差 $= \mathrm{Var}(b_j)$。矩阵中(j, l)上元素就是 b_j 与 b_l 间的协方差 $= \mathrm{Cov}(b_j, b_l)$。于是用方程 5.11,我们有

$$\mathrm{Var}(b_j - b_l) = \mathrm{Var}(b_j) + \mathrm{Var}(b_l) - 2\mathrm{Cov}(b_j, b_l)$$

而 $$se(b_j - b_l) = \sqrt{\mathrm{Var}(b_j - b_l)}$$

例 12.15 环境卫生,儿科学   在对照组儿童,现在暴露于铅的儿童组及先前暴露于铅的儿童组中,使用多重回归方法分别比较上述 3 组的平均 MAXFWT 水平。

解   用对照组作参考组,建立虚拟变量如下:

$$\mathrm{GRP2} = \begin{cases} 1, & \text{如果现在暴露于铅} \\ 0, & \text{其他} \end{cases}$$

$$\mathrm{GRP3} = \begin{cases} 1, & \text{如果先前暴露于铅} \\ 0, & \text{其他} \end{cases}$$

建立的多重回归模型为

$$y = \alpha + \beta_1 \times \mathrm{GRP2} + \beta_2 \times \mathrm{GRP3} + e$$

用 SAS 中 PROC REG 拟合上述模型。

　　结果列于表 12.10 中,表中的方差分析(analysis of variance)显示出这 3 个组之间有显著性差别($p = 0.0125$);对照表 12.6 中单向方差分析可以发现两法精确一致。而参数估计揭示:出现在暴露组的儿童(GRP2 = 1)平均 MAXFWT 低于对照组儿童 7.51($p = 0.009$),而先前暴露组儿童(GRP3 = 1)比对照组儿童平均低 5.70($p = 0.056$)[*]。

表 12.10　MAXFWT 上的多重回归分析(对照,现在暴露,先前暴露), $n = 95$

The SAS System

Model：MODEL1
Dependent Variable：MAXFWT

Analysis of Variance

Source	DF	Sum of Squares	Mean Square	F Value	Prob＞F
Model	2	966.79062	483.39531	4.598	0.0125
Error	92	9671.14622	105.12115		
C Total	94	10637.93684			

Root MSE	10.25286	R-square	0.0909	
Dep Mean	52.85263	Adj R-sq	0.0711	
C.V.	19.39896			

Parameter Estimates

Variable	DF	Parameter Estimate	Standard Error	T for H_0: Parameter = 0	Prob＞|T|	Standardized Estimate
INTERCEP	1	55.095238	1.29173904	42.652	0.0001	0.00000000
GRP2	1	− 7.507003	2.80217542	− 2.679	0.0087	− 0.27192418
GRP3	1	− 5.695238	2.94561822	− 1.933	0.0563	− 0.19625106

表 12.11　使用 SAS PROC GLM 在指定的组之间比较 MAXFWT

The SAS System
General Linear Models Procedure
Least Squares Means

GRP	MAXFWT LSMEAN	Std Err LSMEAN	$Pr＞\|T\|$ H_0:LSMEAN=0	i/j	H_0:LSMEAN(i) = LSMEAN(j) 1	2	
CONTROL	55.0952381	1.2917390	0.0001	1	—	0.0087	0.0563
CUR EXP	47.5882353	2.4866840	0.0001	2	0.0087	—	0.6191
PRV EXP	49.4000000	2.6472773	0.0001	3	0.0563	0.6191	—

　　如果我们要比较现在与先前暴露组儿童,则我们可以使用 SAS 中 PROC REG 的线性约束选择,也可以在 SAS 的 PROC GLM 用最小均方的选项。此处我们使用后者,结果列于表 12.11。我们可以看出,现在与先前暴露儿童之间差异不显著

---

　*　对比表 12.7 及 12.8,两法计算结果也完全一致。——译者注

$(p = 0.62)$。这时，LSMEAN(least square mean)与普通算术平均法相一致。组的均值标准误 $= s/\sqrt{n_j}, j = 1, \cdots, k$，此处 $s = \sqrt{\text{残差 MS}} = \sqrt{\text{误差 MS}}$。例如，在对照组，$se = \sqrt{105.12115/63} = 1.292$。

12.5.3　单向协方差分析

方程 11.37 中，我们在控制年龄及性别后，比较暴露组与对照组儿童的平均 MAXFWT。现在我们也可以用这个模型，仍然控制年龄及性别，而比较对照组，现在暴露组及先前暴露组之间的平均 MAXFWT：

方程 12.20　$y = \alpha + \beta_1 \times \text{GRP2} + \beta_2 \times \text{GRP3} + \beta_3 \times \text{age} + \beta_4 \times \text{sex} + e$

方程 11.37 及方程 12.20 中的模型也称为**单向协方差分析模型**(one-way analysis-of-covariance model)，有时也记为 **one-way ANCOVA model**。协方差分析模型是控制潜在的混杂变量(也称为协变量)后，去比较 2 组或多组(由一个分类变量所定义)之间连续结果变量的均值。我们在此用 SAS 的 PROC GLM 去拟合这个模型，见表 12.12。

对方程 12.20 中模型，有几个假设需要检验。首先，应检验假设 $H_0: \beta_1 = \beta_2 = \beta_3 = \beta_4 = 0$ 对 H_1：至少一个 $\beta_j \neq 0$。换言之，这是检验方程 12.20 中任何变量是否都与 MAXFWT 无关系。表 12.12 中顶端的值(F 值 $= 29.06$，p-值 $= 0.0001$)就是上述对 H_0 的检验结果。它说明有些变量对 MAXPWT 有显著的影响。其次，我们应检验在控制年龄及性别后各个组的效应，即可以检验假设 $H_0: \beta_1 = 0, \beta_2 = 0, \beta_3 \neq 0, \beta_4 \neq 0$，对 H_1：所有 $\beta_j \neq 0, j = 1, 2, 3, 4$。这个检验结果列于表 12.12 的中间，Type Ⅲ SS 的下面。这里的 Type Ⅲ SS(平方和)提供了每一个指定因子(变量)在控制其他变量后效应的一个估计。这时，我们可以看到，在控制年龄和性别后，组(即 GRP—译者)的效应是显著的(F 统计量 $= 5.40, p = 0.0061$)。再次，对所感兴趣的组变量内两组之间的比较，列于表 12.12 底部即 Least Squares Means 下面。可以看到：现在暴露组($p = 0.009$)与先前暴露组($p = 0.018$)的平均 MAXFWT 显著低于对照组；而在调整年龄及性别后，现在暴露组与先前暴露组之间却没有显著差异($p = 0.909$)。要估计组间的平均差异，看表 12.12 底部的 LSMEAN 列。这里，LSMEAN 列不同于普通的算术均值(对照表 12.5)，它的每组均值是调整了年龄及性别的均值。其调整法的思想是，对协变量的取值作如下规定：

(1) 对模型中每一个连续性变量，用全部样本的均值取代它在回归公式中的变量取值。

(2) 对模型中的任何类型(或称属性)变量(设有 m 个类别)，则用 $1/m$ 代替。

例 12.16　环境卫生，儿科学　对表 12.12 中的多重线性回归模型，计算对照组，现在暴露组及先前暴露组中的 LSMEAN。

表 12.12 MAXFWT 关于组,年龄、性别的 SAS PROC GLM 的计算结果

The SAS System

General Linear Models Procedure

Dependent Variable:MAXFWT

Source	DF	Sum of Squares	Mean Square	F Value	$Pr > F$
Model	4	5995.49849815	1498.87462454	29.06	0.0001
Error	90	4642.43834395	51.58264827		
Corrected Total	94	10637.93684211			

Source	DF	Type Ⅲ SS	Mean Square	F Value	$Pr > F$
GRP	2	557.35257731	278.67628866	5.40	0.0061
AGEYR	1	5027.97870763	5027.97870763	97.47	0.0001
SEX	1	128.28154597	128.28154597	2.49	0.1183

Parameter		Estimate	T for H_0: Parameter = 0	$Pr > \|T\|$	Std Error of Estimate
INTERCEPT		26.76514260 B	8.85	0.0001	3.02389880
GRP	GONTROL	4.99198543 B	2.42	0.0177	2.06543844
	CUR EXP	−0.29455702 B	−0.12	0.9085	2.55441917
	PRV EXP	0.00000000 B	—	—	—
AGEYR		2.44032385	9.87	0.0001	0.24717388
SEX	FEMALE	−2.39491720 B	−1.58	0.1183	1.51865886
	MALE	0.00000000 B	—	—	—

The SAS System

General Linear Models Procedure

Least Squares Means

GRP	MAXFWT LSMEAN	Std Err LSMEAN	$Pr > \|T\|$ H_0:LSMEAN = 0	i/j	$Pr > \|T\|$ H_0:LSMEAN(i) = LSMEAN(j) 1	2	3
CONTROL	54.3977803	0.9139840	0.0001	1	—	0.0090	0.0177
CUR EXP	49.1112378	1.7622906	0.0001	2	0.0090	—	0.9085
PRV EXP	49.4057948	1.8550823	0.0001	3	0.0177	0.9085	—

注:为确保整个显著性水平,在组间比较时,应该仅选用预先有计划要比较的组间相应的概率。

解 这个模型中的协变量有一个连续性变量(age)及一个类型变量(sex)。年龄(age)在全体样本($n = 95$)中的均值为 9.768(岁)。性别中女性记为 1 男性记为 0。由于 SAS 统计软件中总把类型变量的最后一个类取作参考组,因此表 12.12 中 PROC GLM 结果中是以先前暴露组(组 3)当作参考组。于是 LSMEAN 在每组中的值为*:

$$对照组:26.765 + 4.992 + 2.440(9.768) + \frac{1}{2}(-2.395)(1) = 54.4;$$

---

* 利用回归方程式。——译者注

现在暴露组：$26.765 - 0.295 + 2.440(9.768) + \dfrac{1}{2}(-2.395)(1) = 49.1$；

先前暴露组：$26.765 + 2.440(9.768) + \dfrac{1}{2}(-2.395)(1) = 49.4$。

于是现在及先前暴露组中儿童的平均 MAXFWT 要比对照组儿童低 5 个单位。最后，我们可以看出，年龄每增加 1 年，平均 MAXFWT 将增加 2.44 个单位（$p < 0.001$），而相同年龄时女性（sex = 1）则比男性（sex = 0）平均低 2.39 个单位，尽管性别的影响不显著（$p = 0.12$）。

本节中，我们讨论了单向协方差分析。它用于控制其他协变量（可以是连续或分类变量）后，如何判断几个组之间结果变量的平均差异。如使用流程图（P.749），我们对问题（1）至（4）的回答同图 12.9 中的方差分析。这引导我们到达"方差分析"的框子。我们再回答（5）类型变量数，答"1"；（6）结果变量服从正态或中心极限定理成立？是；（7）需要控制其他协变量？是，则这流程图就把我们引入到"协方差分析"的框子。

12.6　双向方差分析

12.1 节到 12.5 节中，抽烟与肺功能之间的关系被用于说明固定效应的单向方差分析。在该例中，"组"是由一个变量（抽烟情况）所分类。某些情况下，"组"按两个不同变量所分类而且被安排成 $R \times C$ 列联表的形式。目的是在控制一个变量的效应后，考察另一个变量的效应。对这种形式的数据分析通常使用**双向方差分析**（two-way analysis of variance）。

例 12.17　高血压，营养学　研究两个不同素食人群的血压，而且与正常人群作比较。226 人是严格素食人群（SV），不吃任何动物性食品；63 人是乳素食人群（LV），吃奶制品但不吃任何其他动物性食物；而 460 人是正常人群（NOR），吃美国人的标准饮食。表 12.13 列出他们按性别划分后的平均收缩压。

表 12.13　规定饮食人群按性别划分后的平均收缩压

饮食人群		性　别	
		男	女
SV	平均	109.9	102.6
	n	138	88
LV	平均	115.5	105.2
	n	26	37
NOR	平均	128.3	119.6
	n	240	220

我们要考察的是性别及不同饮食对血压的影响。性别与饮食的效应可以是彼此独立的,或者彼此有"交互"关系。对这个问题的分析法是构建一个双向 ANOVA 模型去预测平均收缩压,且把血压看作是性别及饮食组的函数。

定义 12.8 两个变量间的**交互效应**(interaction effect)是指,一个变量对结果变量的影响要依赖于另一个变量所取的水平,这时称这两个变量对结果变量有交互效应。

例 12.18 高血压,营养学 假设 SV(严格素食)男性的平均收缩压比正常组男性低 10 mmHg,而 SV 女性的平均收缩压可相同于正常组女性。这可以认为是性别与饮食习惯对血压有交互作用的一个例子,因为饮食对血压的影响在男性及女性有不同的效应。

一般地,如果存在交互作用,则在解释每一个变量对应变量的单独(或主要)效应上会有困难,因为一个因素(比如饮食习惯)的效应要依赖于其他因素(比如性别)所处的水平状态。

双向方差分析的一般性模型可以写成:

方程 12.21 双向方差分析——一般模型

$$y_{ijk} = \mu + \alpha_i + \beta_j + \gamma_{ij} + e_{ijk}$$

此处 y_{ijk} 是第 k 个人在第 i 饮食组及第 j 性别水平上的收缩压值。

μ 是一个常数;

α_i 是一个常数,但代表第 i 饮食组的效应;

β_j 是一个常数,但代表第 j 个性别的效应;

γ_{ij} 是一个常数,但代表第 i 饮食组与第 j 性别的交互作用(效应);

e_{ijk} 是一个误差项,它被认为是均值为 0 方差为 σ^2 的正态分布变量。

为了方便,设定

$$\sum_{i=1}^{r} \alpha_i = \sum_{j=1}^{c} \beta_j = 0, \sum_{j=1}^{c} \gamma_{ij} = 0, \quad \text{对一切 } i$$

$$\sum_{i=1}^{r} \gamma_{ij} = 0, \quad \text{对一切 } j$$

于是,由方程 12.21 可见,y_{ijk} 是均值为 $\mu + \alpha_i + \beta_j + \gamma_{ij}$ 及方差为 σ^2 的正态分布。

12.6.1 双向 ANOVA 中的假设检验

记 $\bar{y}_{ij}$ 是(表 12.13)第 i 行第 j 列上的平均收缩压;而 $\bar{y}_{i.}$ 表示第 i 行的平均收缩压;$\bar{y}_{.j}$ 是第 j 列上平均收缩压,$\bar{y}_{..}$ 是收缩压的总平均。一个观察值(y_{ijk})离总平均($\bar{y}_{..}$)的偏差可以写成

方程 12.22 $y_{ijk} - \bar{y}_{..} = (y_{ijk} - \bar{y}_{ij}) + (\bar{y}_{i.} - \bar{y}_{..}) + (\bar{y}_{.j} - \bar{y}_{..})$
$$+ (\bar{y}_{ij} - \bar{y}_{i.} - \bar{y}_{.j} + \bar{y}_{..})$$

定义 12.9   上式右边第 1 项($y_{ij} - \bar{y}_{ij}$)代表 y_{ijk} 在所处组别中的偏差。这个偏差常称为组内偏差(within-group variability),也称为误差项(error term)。

定义 12.10   第 2 项($\bar{y}_{i.} - \bar{y}_{..}$)是第 i 行离总均数的偏差,称为**行效应**(row effect)。

定义 12.11   第 3 项($\bar{y}_{.j} - \bar{y}_{..}$)是第 j 列离总均数的偏差,称为**列效应**(column effect)。

定义 12.12   右边第 4 项是
$$(\bar{y}_{ij} - \bar{y}_{i.} - \bar{y}_{.j} + \bar{y}_{..}) = (\bar{y}_{ij} - \bar{y}_{i.}) - (\bar{y}_{.j} - \bar{y}_{..})$$
称为**交互效应**。

我们需要检验的是下面的假设。

(1) 检验行效应:H_0:所有 $\alpha_i = 0$ 对 H_1:至少一个 $\alpha_i \neq 0$。这个检验是在控制性别效应后检验饮食对收缩压的影响。

(2) 检验列效应:H_0:所有 $\beta_j = 0$ 对 H_1:至少一个 $\beta_j \neq 0$。这是在控制饮食效应后检验性别对收缩压的影响。

(3) 检验交互作用:H_0:所有 $\gamma_{ij} = 0$ 对 H_1:至少一个 $\gamma_{ij} \neq 0$。这是检验饮食对血压的效应是否会在男性与女性之间不同。例如,饮食习惯对血压的影响是否仅对男性有效?

为了简单化,我们在此例的分析中忽略交互作用。SAS 软件包中的一般线性模型语句(PROC GLM)用于去分析这批数据。特别地,我们引进两个"指示性"或称"虚拟"变量(x_1, x_2)如下:

$$x_1 = 1, \qquad 如果该人属于第 1 组(SV)$$
$$x_1 = 0, \qquad 其他$$
$$x_2 = 1, \qquad 如果该人属于第 2 组(LV)$$
$$x_2 = 0, \qquad 其他$$

这里把正常组作为参考组。变量 x_3 引进作为性别,即令

$$x_3 = 1, \qquad 如果是男性$$
$$x_3 = 0, \qquad 如果是女性$$

这时多重回归模型可以写为:

方程 12.23 $y = \alpha + \beta_1 x_1 + \beta_2 x_2 + \beta_3 x_3 + e$

**表 12.14　对表 12.13 中的数据, 用 SAS.GLM 法计算饮食习惯(STUDY)
和性别对收缩压的影响**

SAS

GENERAL LINEAR MODELS PROCEDURE

DEPENDENT VARIABLE:MSYS

SOURCE	DF	SUM OF SQUARES	MEAN SQUARE	F VALUE	PR>F	R-SQUARE	C.V.
MODEL	3	62202.7921308	20734.26404360	105.85	0.0001	0.298854	11.8858
ERROR	745	145934.76850283	195.88559531				
CORRECTED					ROOT MSE		MSYS MEAN
TOTAL	748	208137.56063362			13.99591352		117.75303516

SOURCE	DF	TYPE I SS	F VALUE	PR>F	DF	TYPE III SS	F VALUE	PR>F
STUDY	2	49146.49426085	125.45	0.0001	2	51806.42069945	132.24	0.0001
SEX	1	13056.29786994	66.65	0.0001	1	13056.29786994	66.65	0.0001

STUDY PROB>|T|

	SV	LV	NOR
SV	—	0.0425	0.0001
LV	0.0425	—	0.0001
NOR	0.0001	0.0001	—

SEX　　PROB>|T|

	MALE	FEMALE
MALE	—	0.0001
FEMALE	0.0001	—

PARAMETER		ESTIMATE	T FOR H_0: PARAMETER = 0	Pr>|T|	STD ERROR OF ESTIMATE
INTERCEPT		119.75747587	141.53	0.0001	0.84614985
STUDY	SV	−17.86546724	−15.66	0.0001	1.14061756
	LV	−13.79147908	−7.32	0.0001	1.88356205
	NOR	0.00000000	—	—	—
SEX	MALE	8.42854624	8.16	0.0001	1.03239026
	FEMALE	0.00000000	—	—	—

SAS GLM 方法的计算结果列于表 12.14。表中, 首先提供一个整体检验 H_0:
$\beta_1 = \beta_2 = \beta_3 = 0$ 对 H_1: 至少一个 $\beta_j \neq 0$。检验公式见方程 11.30, 其中 F 值为
$105.85 \sim F_{3,745}$(H_0 下), p 值 <0.001。因此, 可认为至少一个效应(所研究的组
study 或性别)是显著的。在表 12.12 的第 2 部分, 表中列出 type III SS 及对应的
F 统计量(F 值)及 p-值($Pr > F$)。这 type III SS 是在控制模型中所有其他变量
以后对指定变量效应的估计。因此, 在控制性别(sex)后检验研究组变量(study

group)的检验为 $H_0 : \beta_1 = \beta_2 = 0, \beta_3 \neq 0$ 对 $H_1 : \beta_3 \neq 0$,至少 β_1, β_2 中一个不为 0。这时 F 统计量计算法为,计算 study MS $= (51806.42/2) = 25903.21$,再除以 error MS $= 195.89$,得 F 值为 132.24,它在 H_0 为真时是 $F_{2,745}$,故有 p-值($Pr > F$)< 0.001。因此结论是,在控制性别效应后,饮食习惯对收缩压有高的显著性效应。类似地,检验性别,我们是检验 $H_0 : \beta_3 = 0$,至少 β_1, β_2 中一个不为 0 对 $H_1 : \beta_3 \neq 0$ 及至少一个 β_1, β_2 不为零。这 F 值计算为 $(13056/1)/195.89 = 66.65 \sim F_{1,745}(H_0$ 下),$p < 0.001$。因此,在控制饮食习惯后性别仍对收缩压有高的显著性影响,男性比女性有较高的血压。SAS 软件中显示 type I SS 及其 F 检验与 p-值。type I SS 是按使用者指定的顺序要检验的变量。在此例中首先被指定要检验的是 study group 变量,第 2 个是 sex 变量。因此,study group 变量被首先检验(注意:没有控制 sex),产生的 F 统计量是 $125.45 \sim F_{2,745}(H_0$ 下),且得 $p < 0.001$。其次,在控制 study group 变量下检验 sex 变量,这与 type III SS 中结果一致,一般地,除了最后一个被检验的变量外,对变量的检验中,type I SS(只控制现行检验变量前面的变量)与 type III SS(控制模型中一切其他变量)不一定会相同。通常,除非我们需要按次序检验变量,一般情形下,人们应当用 type III SS 作变量的检验。

　　在控制性别后虽然研究的组(study group)有显著的效应,但可以看出,不同的组对血压的影响不一定相同。因此,我们可以在控制性别后对组别两两之间作比较,可使用 t 检验($1 = SV, 2 = LV, 3 = NOR$)。此结果显示在表 12.14 中部的 STUDY PROB$> |T|$ 下面的 3×3 表中。饮食 i 组与饮食 j 组的比较结果(双侧)见 (i, j) 格子中[也可见 (j, i) 格子]。比如 $(1, 2)$ 格子上,我们看见在控制性别后组 1(SV)与组 2(LV)的平均收缩压是显著不同($p = 0.0425$)。类似地,对 $(1, 3)$ 或 $(3, 1)$ 格子,组 1(SV)与组 3(NOR)的平均收缩压也显著不同($p = 0.0001$)。类似地,在组 2(LV)与组 3(NOR)也有同样结果。进一步,表 12.14 还列出在控制 study group 效应后,性别(sex)之间的比较。考察 2×2 表中 $(1, 2)$ 或 $(2, 1)$ 上的格子,$p = 0.0001$。由于这里性别仅有两组,所以这里 2×2 表中的 t 检验等价于上面 type III SS 中的 F 检验。

　　最后,在表 12.14 的底部,给出了每个回归参数的估计及其标准误与 t 统计量值。其解释同方程 11.16 中多重回归参数的解释。比如,在控制性别效应后,SV 组与 NOR 组在平均收缩压上的差异即是 $b_1 = -17.9$ mmHg。类似地,回归系数 $b_2 = -13.8$ mmHg 是控制性别效应后,LV 组与 NOR 组间平均收缩压的差异。而 SV 与 LV 之间的平均收缩压差异可以用下法算得,$-17.9 - (-13.8) = (SV - NOR) - (LV - NOR) = SV - LV$,即差异为 4.1 mmHg,即在控制性别后严格素食者血压平均比乳素食者低 4.1 mmHg。对于第 3 个 study group(即正常组),由于没有参数进入回归公式,计算程序自动把它取值为 0(对照)。最后,回归系数 $b_3 = 8.4$ mmHg 告诉我们,即使控制了饮食效应,男性的平均收缩压也要高于女性 8.4 mmHg。

我们也可以对双向 ANOVA 模型判断有无交互作用(即使用 SAS 的 PROC GLM 程序),但此例是为了简单化而未列入此项。更详细地讨论双向及更高形式的 ANOVA 可以参看 Kleinbaum, Kupper 和 Muler[2]。

12.6.2 双向协方差分析

我们常常要寻找一个连续结果变量与一个或多个分类变量间的关系。如果仅一个类型变量则常用单向 ANOVA;如果有两个(或更多)类型变量,常用双向(或更高)ANOVA。但是,组群之间也可以有其他差异,这时如何去分析及解释这些差异就会更困难一些。

例 12.19 高血压,营养学 例 12.17 中,使用双向 ANOVA 模型去分析不同饮食习惯及性别之间平均收缩压(SBP)的差异。在控制性别后,发现饮食习惯之间有高度显著性差异,即发现 SV 的平均 SBP < LV 的平均 SBP < NOR 的平均 SBP。但是这些饮食习惯不同的人们之中,还可以有其他变量可以影响血压。比如体重、年龄,它们或许可以全部或部分地解释上述发现的血压差异。如何控制混杂变量再去比较存在的组间差异?

其他协变量效应存在时,方程 12.23 的多重回归分析模型也可以拓广到去完成双向协方差分析。如果记 x_4 是体重,x_5 是年龄,于是上例中的多重回归模型可以写成

方程 12.24 $y = \alpha + \beta_1 x_1 + \beta_2 x_2 + \beta_3 x_3 + \beta_4 x_4 + \beta_5 x_5 + e$

此处 $e \sim N(0, \sigma^2)$。我们用 SAS PROC GLM 去拟合上述模型,结果列于表 12.15。

从表 12.15 的上部可见,整个模型是高度显著的($F = 103.16$, $p = 0.0001$),这指出,这些变量可以显著影响 SBP。要识别哪些变量对 SBP 有影响,要看 type III SS。可以发现,表中所列的每一个变量对 SBP 都有显著影响($p = 0.0001$)。最后,在控制年龄、性别及体重后,饮食习惯的影响不同于表 12.14,检查 STUDY 的 t 统计量的 p-值,可以发现组 1(严格素食者,SV)与组 2(乳素食者,LV)在控制其他变量后没有显著性差异($p = 0.7012$);而每一个素食习惯与正常人群仍有高度的显著性($p = 0.0001$)。这就说明,表 12.14 中 SV 与 LV 间的显著性差异是由于这两组人群中年龄或/及体重有很大差异造成的。最后,表 12.15 的底部,列出每个回归参数的估计。注意,在控制年龄、性别及体重后,在 SBP 上 SV 与 NOR 组间的差异 = b_1 = -8.2 mmHg, LV 与 NOR 组之间的差异 = b_2 = -9.0 mmHg, 而 SV 与 LV 组间的差异 = $b_1 - b_2$ = $-8.23 - (-8.95)$ = 0.7 mmHg。这些差异值都分别远小于表 12.14 估计的差异:-17.9 mmHg, -13.8 mmHg 及 -4.1 mmHg, 但表 12.14 中未控制年龄及体重。表 12.15 中男性与女性的差异(5.5 mmHg)也远低于表 12.14(8.4 mmHg), 但表 12.14 中的性别差异中未控制年龄及体重。由表 12.15 也可看出,年龄与体重对 SBP 的影响分别是每年 0.47 mmHg 及体重每增加

1 磅则血压增加 0.13 mmHg。可见在回归分析中,控制这些解释变量是很重要的。

表 12.15　对表 12.13 中数据用 SAS GLM 程序计算饮食习惯(study group), 年龄,性别及体重对收缩压的效应

SAS

GENERAL LINEAR MODELS PROCEDURE

DEPENDENT VARIABLE:MSYS

SOURCE	DF	SUM OF SQUARES	MEAN SQUARE	F VALUE	PR>F	R-SQUARE	C. V.
MODEL	5	85358.44910498	17071.68982100	103.16	0.0001	0.410402	10.9264
ERROR	741	122628.85342226	165.49103026				
CORRECTED					ROOT MSE		MSYS MEAN
TOTAL	746	207987.30252724			12.86433171		117.73630968

SOURCE	DF	TYPE I SS	F VALUE	PR>F	DF	TYPE III SS	F VALUE	PR>F
STUDY GROUP	2	49068.284401	148.25	0.0001	2	8257.214278	24.95	0.0001
SEX	1	13092.512732	79.11	0.0001	1	4250.577083	25.68	0.0001
AGE	1	12978.849187	78.43	0.0001	1	10524.414387	63.60	0.0001
WGT	1	10218.802785	61.75	0.0001	1	10218.802785	61.75	0.0001

STUDY PROB>|T|

	SV	LV	NOR
SV	—	0.7012	0.0001
LV	0.7012		0.0001
NOR	0.0001	0.0001	—

SEX PROB>|T|

	MALE	FEMALE
MALE	—	0.0001
FEMALE	0.0001	—

PARAMETER		ESTIMATE	T FOR H0: PARAMETER=0	PR>|T|	STD ERROR OF ESTIMATE
INTERCEPT		82.749872	25.69	0.0001	3.221216
STUDY GROUP	SV	−8.227993	−6.20	0.0001	1.32787
	LV	−8.953896	−5.03	0.0001	1.780824
	NOR	0.000000	—	—	—
SEX	MALE	5.503528	5.07	0.0001	1.085937
	FEMALE	0.000000	—	—	—
AGE		0.474883	7.97	0.0001	0.059549
WGT		0.130117	7.86	0.0001	0.016558

　　本节中,我们学习了双向方差分析(ANOVA)及双向协方差分析(ANCOVA)。当一个正态变量同时与两个类型变量可能有关系时,常使用双向方差分析;而当正态变量与两个类型变量可能有关而同时需要控制一个或多个协变量(可以是连续

或类型变量)时,则应使用双向协方差分析。我们也可以看到,双向方差分析或协方差分析都可以表示成多重回归模型的一种特例处理。

见书末流程图,我们回答(1)到(4)都与 12.4 节中一样(P.507),即到达“方差分析”的标题。我们再回答(5)类型变量的个数? 答 2,(6)结果变量是正态或中心极限定理成立? 是,若我们没有其他协变量需要控制,则(7)需要控制其他协变量? 否,从而到达“双向 ANOVA”,若我们有其他协变量需要控制,则对(7)回答是,从而到达“(双向)协方差分析”。*

如果我们要研究正态结果变量与多于两个的类型变量间的关系,则需要用高(多)维 ANOVA 或 ANCOVA,这已不在本书范围,可看文献[2]。

12.7　Kruskal-Wallis 检验

某些情形中,总体分布远非正态或根本就是有序数据,这时我们要比较多个样本时,在 12.1~12.5 节中的单向方差分析就应改用非参数方法。

例 12.20　眼科学　花生四烯酸对视觉新陈代谢有明显效应。它的一个局部效应可以造成闭眼和流泪等。一种研究是在使用花生四烯酸后,比较四种不同药物在兔子身上的消炎作用[3]。每组有 6 只兔子。不同组使用不同的兔子。四组分别使用四种不同的药物,每只兔子一只眼中用药而另一只眼使用盐液。先在两眼使用花生四烯酸钠,等待 10 分钟后用药,在 15 分钟后,对闭眼程度估计打分:0 = 完全静眼,3 = 完全闭眼,而 1,2 分别是中间状态。有效性测度(x)是闭眼的变化值(从基础到跟踪),计算公式见表 12.16 的下部。一个高的 x 值表示该药物有效。跟踪 15 分钟后,结果列于表 12.16。由于测量值已被做成有序的数(0, 1, 2, 3),所以在比较四组处理的效果时,用非参数法是合适的。

表 12.16　滴入花生四烯酸后,四种药物在眼睑关闭上消失作用的比较

兔子号码	Indomethicin		阿司匹林		Piroxican		BW755C	
	得分[a]	秩	得分	秩	得分	秩	得分	秩
1	+2	13.5	+1	9.0	+3	20.0	+1	9.0
2	+3	20.0	+3	20.0	+1	9.0	0	4.0
3	+3	20.0	+1	9.0	+2	13.5	0	4.0
4	+3	20.0	+2	13.5	+1	9.0	0	4.0
5	+3	20.0	+2	13.5	+3	20.0	0	4.0
6	0	4.0	+3	20.0	+3	20.0	−1	1.0

[a] (基础状态下闭眼得分—15 分后闭眼得分)用药眼—(基础状态闭眼得分—15 分后闭眼得分)盐水眼。

---

* 此处叙述与书末图不一致。正确做法是先考察文中(6),后考察(5),再转(7)。——译者注

我们将 Wilcoxon 秩-和检验拓广到多于两个样本。要完成这项工作,先要把所有处理组的观察值混和在一起,再对每个观察值排序(秩)。于是对每个处理组可计算得平均秩($\bar{R}_i$),这是比较的基础。如果平均秩彼此近似,则 H_0(各处理组的效应全一样)被接受;如果不同组的平均秩相差很远,则拒绝 H_0,于是我们下结论,至少有两个组的处理效应不同。这个检验方法称为 Kruskal-Wallis 检验。

方程 12.25   Kruskal-Wallis(克鲁斯凯-沃利斯)**检验**   用非参数法比较 $k(k>2)$ 个样本的平均数[*],使用下面算法:

(1) 把所有样本全部混合在一起,这时样本量为 $N = \sum n_i$;

(2) 对每个观察值排秩,对于"结"(相同秩号的观察值),用平均秩代"结"中的每一个观察值;

(3) 对 k 个样本,计算每个样本的秩和 R_i;

(4) 如果没有结,计算下面统计量

$$H = H^* = \frac{12}{N(N+1)} \times \sum_{i=1}^{k} \frac{R_i^2}{n_i} - 3(N+1)$$

如果有"结",计算下面统计量

$$H = \frac{H^*}{1 - \dfrac{\sum_{j=1}^{g}(t_j^3 - t_j)}{N^3 - N}}$$

此处 g 是"结"的个数,t_j 是第 j 组"结"中的观察值个数[**]。

(5) 对显著性水平 α,

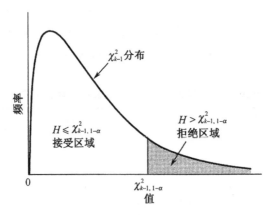

图 12.11   Kruskal-Wallis 检验的接受及拒绝区域

---

[*] 应是中位数。——译者注

[**] 显然不是结的观察值,$t_j \equiv 1$,于是 H 分母为 1。——译者注

$$如\ H > \chi^2_{k-1,1-\alpha},则拒绝\ H_0;$$

$$如\ H \leqslant \chi^2_{k-1,1-\alpha},则接受\ H_0。$$

（6）p-值的计算为

$$p = Pr(\chi^2_{k-1} > H)$$

（7）这个检验法的适用范围为每组样本量 $n_i \geqslant 5$。

这个检验的接受及拒绝区域见图 12.11, p-值计算见图 12.12。

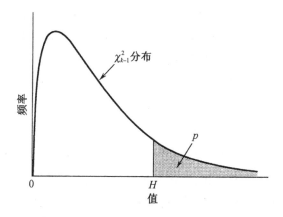

图 12.12 Kruskal-Wallis 检验的精确 p-值

例 12.21 眼科学 使用 Kruskal-Wallis 检验法判断表 12.16 中四种药物的显著性差异。

解 首先把四组数据合并,然后排序,其结果列于表 12.17。

表 12.17 对表 12.16 中全体观察值排序

闭眼得分	频数	秩的范围	平均秩
-1	1	1	1.0
0	5	2—6	4.0
+1	5	7—11	9.0
+2	4	12—15	13.5
+3	9	16—24	20.0

对每一组计算秩和:

$$R_1 = 13.5 + 20.0 + \cdots + 4.0 = 97.5$$

$$R_2 = 9.0 + 20.0 + \cdots + 20.0 = 85.0$$

$$R_3 = 20.0 + 9.0 + \cdots + 20.0 = 91.5$$

$$R_4 = 9.0 + 4.0 + \cdots + 1.0 = 26.0$$

因为有结,计算 Kruskal-Wallis 的检验统计量 H,

$$H = \frac{\dfrac{12}{24 \times 25} \times \left(\dfrac{97.5^2}{6} + \dfrac{85.0^2}{6} + \dfrac{91.5^2}{6} + \dfrac{26.0^2}{6} \right) - 3(25)}{1 - \dfrac{(5^3 - 5) + (5^3 - 5) + (4^3 - 4) + (9^3 - 9)}{24^3 - 24}}$$

$$= \frac{0.020 \times 4296.583 - 75}{1 - \dfrac{1020}{13800}} = \frac{10.932}{0.926} = 11.804$$

判断显著性时,先把 H 与具有 $k - 1 = 4 - 1 = 3$ df 的卡方分布作比较。注意 $\chi^2_{3, 0.99} = 11.34$, $\chi^2_{3, 0.995} = 12.84$,因为 $11.34 < H < 12.84$,所以有 $0.005 < p < 0.01$。这说明四种药物在闭眼上有显著性差异。

表 12.16 中每组的样本量相同,但实际上 Kruskal-Wallis 检验并不要求每组有相等的样本量。如果没有结,则方程 12.25 中的 Kruskal-Wallis 检验统计量 H 可以写成下面简单形式

方程 12.26　　　　　　$H = \dfrac{12}{N(N + 1)} \sum\limits_{i=1}^{k} n_i (\bar{R}_i - \bar{\bar{R}})^2$

其中 $\bar{R}_i = $ 第 i 组样本的平均秩, $\bar{\bar{R}} = $ 全部混合样本的平均秩。

所以,当各组样本中平均秩相同时,则显然 $\bar{R}_i - \bar{\bar{R}}$ 为零。因此 H_0 自然被接受;反之,如平均秩之间差别很大,于是 $|\bar{R}_i - \bar{\bar{R}}|$ 将增大, H_0 将被拒绝。

方程 12.25 中的方法仅适用于最少组的样本量 $n_i \geqslant 5$ 的情形。如果其中有一组样本量少于 5,则这一组要么与其他组合并起来,要么使用附录表 15 的小样本检验法。附录表 15 中是 $k = 3$ 且每组的样本量都小于 5 时设计的。该表的用法如下。

(1) 把样本号安排成 $n_1 \leqslant n_2 \leqslant n_3$,也就是第 1 个样本应有最少的样本量,第 3 个样本有最大的样本量。

(2) 对选定的水平 α,求表 15 中与 α 对应的列及与样本量 (n_1, n_2, n_3) 对应的行,及临界值 c。

(3) 如统计量 $H \geqslant c$,则拒绝 H_0(即 $p < \alpha$);否则接受 H_0(即 $p \geqslant \alpha$)。

例 12.22　设有 3 个组,样本量分别为 2, 4, 5,而且已计算得 $H = 6.141$。判断这个结果的统计显著性。

解　此处 $n_1 = 2$, $n_2 = 4$, 及 $n_3 = 5$,找到对应的行,对应于 $\alpha = 0.05$ 及 $\alpha = 0.02$ 的临界值分别为 5.273 及 6.541。由于 $H \geqslant 5.273$,所以这结果是统计显著的($p < 0.05$),但因为 $H < 6.541$,所以 $p \geqslant 0.02$,即此例中 $0.02 \leqslant p < 0.05$。

12.7.1　Kruskal-Wallis 检验中的两两比较

表 12.16 中的四种处理,并不一定有相同的疗效。决定两两之间的差异要使

用下面方法。

方程 12.27　用 Kruskal-Wallis 检验做两两比较(Dunn 方法)

在 Kruskal-Wallis 检验中比较第 i 组与第 j 组,使用下面方法。

(1) 计算

$$z = \frac{\bar{R}_i - \bar{R}_j}{\sqrt{\dfrac{N(N+1)}{12} \times \left(\dfrac{1}{n_i} + \dfrac{1}{n_j}\right)}}$$

(2) 对双侧水平 α,

如 $|z| > z_{1-\alpha^*}$,　　则拒绝 H_0;

如 $|z| \leqslant z_{1-\alpha^*}$,　　则接受 H_0。

此处 $\alpha^* = \dfrac{\alpha}{k(k-1)}$, $z \sim N(0,1)$(H_0 成立下)。

此检验的接受及拒绝域见图 12.13。

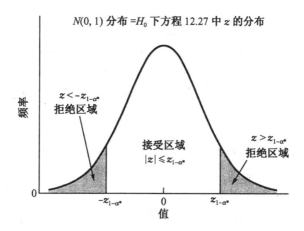

图 12.13　Dunn 方法的接受及拒绝区域

例 12.23　眼科学　对表 12.16 中的四种药物处理,判断彼此间的显著性差异。

解　从例 12.21 中,

$$\bar{R}_1 = \frac{97.5}{6} = 16.25$$

$$\bar{R}_2 = \frac{85.0}{6} = 14.17$$

$$\bar{R}_3 = \frac{91.5}{6} = 15.25$$

$$\bar{R}_4 = \frac{26.0}{6} = 4.33$$

因此,下面的两两比较为

组 1 与组 2：$z_{12} = \dfrac{16.25 - 14.17}{\dfrac{24 \times 25}{12} \times \left(\dfrac{1}{6} + \dfrac{1}{6} \right)} = \dfrac{2.08}{4.082} = 0.51$

组 1 与组 3：$z_{13} = \dfrac{16.25 - 15.25}{4.082} = \dfrac{1.0}{4.082} = 0.24$

组 1 与组 4：$z_{14} = \dfrac{16.25 - 4.33}{4.082} = \dfrac{11.92}{4.082} = 2.92$

组 2 与组 3：$z_{23} = \dfrac{14.17 - 15.25}{4.082} = \dfrac{-1.08}{4.082} = -0.27$

组 2 与组 4：$z_{24} = \dfrac{14.17 - 4.33}{4.082} = \dfrac{9.83}{4.082} = 2.41$

组 3 与组 4：$z_{34} = \dfrac{15.25 - 4.33}{4.082} = \dfrac{10.92}{4.082} = 2.67$

对 $\alpha = 0.05$ 时的临界值为 $z_{1-\alpha^*}$,此处

$$\alpha^* = \frac{0.05}{4 \times 3} = 0.0042$$

在附录表 3, $\Phi(2.635) = 0.9958 = 1 - 0.0042$,于是 $z_{1-0.0042} = z_{0.9958} = 2.635$,这就是临界值。因为 z_{14} 及 z_{34} 值超过临界值,所以药物 Indomethicin(组 1)与 Piroxicam(组 3)在消炎上都比组 4(BW755C)显著地好,而其他处理组之间彼此没有统计显著性。

在此部分中,我们讨论了 Kruskal-Wallis 检验,这是用于比较各组中位数的非参数检验,当数据的正态性假设不成立时,常用于取代单向方差分析的备选方法。如使用书末(P749)的流程图,在(1)至(4)问题中的回答同方差分析中第 507 页,这引导我们进入"方差分析"的标题。再继续回答,(5)类型变量数时,答"1",(6)结果变量是正态或中心极限定理成立? 答否,这即指向标题"非参数 ANOVA"及"Kruskal-Wallis"检验。

12.8　单向 ANOVA——随机效应模型

例 12.1 中,我们研究肺功能的主动及被动抽烟问题。我们感兴趣的是被动抽烟者(PS)与不抽烟者(NS)之间在肺功能上的差异。这是一个**固定效应**(fixed-effect)的方差分析模型,因为在设计这个研究时,就是为了要比较它们之间的差异。而在其他一些情形,我们的兴趣在于组间有否差异及组间差异与组内差异分别在总差异中贡献的百分比,但并不对指定的组之间(比如两两之间)的比较有兴趣。

例 12.24　内分泌学 "护士健康研究"是约有 10 万名美国护士参加的一个大型前瞻性研究项目。从 1976 年开始,这些护士每 2 年寄回各自卫生习惯的问卷答案。其中一个小项目是寄送血样,用于研究各种激素与疾病发展的关系。这个

研究的第一步,是从 5 名月经后期的妇女中获得血样。这些血样被分成两等分,用双盲方式把 5 个人的血样送某个实验室做分析。这个研究目的是要判断人与人之间的差异及同一个人血样中的波动各有多大[4]。表 12.18 是某个实验室中化验血浆雌二醇水平的重复性数据。我们能从这批数据中估计出人之间的波动及人内部的波动的差异程度吗?

由表 12.18 可以看出,重复测量之间的变异大小与该人的平均值大小有关。比如,对第 1 号人,他有最大的差异(4.9),而对应的平均值(27.95)也最大。这种现象在很多实验室中都很常见。我们将对表 12.18 中数据取对数,再去作分析比较。这种做法的根据是,如果人的重复测量值的标准差正比于原始尺度的水平,则使用对数变换后的重复测量值的标准差就会独立于取对数后的平均水平[5]。另外,使用对数变换也能使我们方便地求变异系数(这是重复性研究中的一个常用指数)。

表 12.18　血浆雌二醇的重复性数据(pg/mL)(护士健康研究)

人	重复		重复之间的绝对值差异	平均值
	1	2		
1	25.5	30.4	4.9	27.95
2	11.1	15.0	3.9	13.05
3	8.0	8.1	0.1	8.05
4	20.7	16.9	3.8	18.80
5	5.8	8.4	2.6	7.10

估价人与人之间及人内部差异时,常使用下面的模型。

方程 12.28　$y_{ij} = \mu + \alpha_i + e_{ij}, i = 1, \cdots, k, j = 1, \cdots, n_i$

此处:

y_{ij} = 第 i 受试者的第 j 次重复(它对应于表 12.18 中的 ln(血浆雌二醇)),

α_i 是代表受试者之间差异的一个随机变量,它常被认为服从 $N(0, \sigma_A^2)$ 分布。

e_{ij} 是代表受试者内部(即组内)差异的一个随机变量,它独立于 α_i 及独立于其他 e_{ij},且分布为 $N(0, \sigma^2)$。

方程 12.28 的模型常被称为**随机效应**(random-effect)单向方差分析模型。第 i 个受试者(给定后)的未知均数是 $\mu + \alpha_i$。因此两个不同的受试者 i_1, i_2,将会有不同的均数 $\mu + \alpha_{i_1}$ 与 $\mu + \alpha_{i_2}$,它们之间的变异性大小指标是 σ_A^2。因此,如 σ_A^2 增加,说明人与人之间差异增大。而组内方差 σ^2 表明,如在第 i 个受试者上有两次重复,值为 y_{i1}, y_{i2},则这两次重复的均数都是 $\mu + \alpha_i$ 且方差为 σ^2。随机效应方差分析的一个重要目标是检验假设 $H_0: \sigma_A^2 = 0$ 对 $H_1: \sigma_A^2 > 0$。H_0 成立则说明人与人之间(受试者之间或组间)没有差异,即所有测量到的差异都来源于人内部之间的差异(也称为"噪声");若 H_1 为真,说明受试者之间(或组间)有实在的差异。如何去检验这个假设? 先叙述下面几个公式。

方程 12.29 $E(\text{组内 MS}) = \sigma^2$

在平衡设计中,即对每个受试者有相同次数的重复时,这可以有下面公式。

方程 12.30 $E(\text{组间 MS}) = \sigma^2 + n\sigma_A^2$

此处 $n_1 = n_2 = \cdots = n_k = n = $ 每个受试者重复数。

在非平衡设计时,即每个受试者的重复次数不全相同时,则有性质

方程 12.31 $E(\text{组间 MS}) = \sigma^2 + n_0\sigma_A^2$

此处

$$n_0 = \Big(\sum_{i=1}^{k} n_i - \sum_{i=1}^{k} n_i^2 \Big/ \sum_{i=1}^{k} n_i \Big) \Big/ (k - 1)$$

显然,如每个受试者的重复数相同,即 $n_1 = n_2 = \cdots = n_k = n$,则

$$n_0 = [(kn - kn^2)/(kn)]/(k - 1) = (kn - n)/(k - 1) = n$$

于是,在此平衡状况下,方程 12.30 与方程 12.31 一致。一般情形下,在非平衡时,n_0 常小于平均重复数($\bar{n} = \sum_{i=1}^{k} n_i/k$),但 $\bar{n}$ 与 n_0 的差异常是小的。

我们使用与固定效应模型单向方差分析(ANOVA)相同的检验统计量($F = $ 组间 MS/组内 MS)去检验 H_0。在随机效应模型中,如 H_1 是真实时(即 $\sigma_A^2 > 0$),则上面的 F 值将是大的;而如果 H_0 是真实(即 $\sigma_A^2 = 0$),则 F 应是小的,且 F 值具有自由度 $k - 1$ 及 $N - k$,此处 $N = n_1 + \cdots + n_k$。我们可以用方程 12.29 至 12.31 去估计方差分量 σ^2 及 σ_A^2。

由方程 12.29 可以看出,σ^2 的无偏估计量是组内 MS。由方程 12.30 可见,如果我们用组内 MS 估计了 σ^2,则在平衡设计中,有

$$E\Big(\frac{\text{组间 MS} - \text{组内 MS}}{n} \Big) = \frac{E(\text{组间 MS} - \text{组内 MS})}{n}$$

$$= \frac{\sigma^2 + n\sigma_A^2 - \sigma^2}{n} = \sigma_A^2$$

因此,σ_A^2 的无偏估计是

$$\hat{\sigma}_A^2 = \frac{(\text{组间 MS} - \text{组内 MS})}{n}$$

而由方程 12.31 可见,一个类似的结果在非平衡设计中也成立,只要用 n_0 代 n,就引出下面的公式。

方程 12.32 单向方差分析——随机效应模型 假设我们有模型 $y_{ij} = \mu + \alpha_i$

$+ e_{ij}, i = 1, 2, \cdots, k, j = 1, 2, \cdots, n_i$，此处 $\alpha_i \sim N(0, \sigma_A^2)$ 及 $e_{ij} \sim N(0, \sigma^2)$。

检验 $\qquad\qquad H_0 : \sigma_A^2 = 0$ 对 $H_1 : \sigma_A^2 > 0$

则

(1) 计算检验 F 统计量：

$$F = \frac{\text{组间 MS}}{\text{组内 MS}} \sim F_{k-1, N-k}(\text{当 } H_0 \text{ 成立时})$$

此处

$$\text{组间 MS} = \sum_{i=1}^{k} n_i (\bar{y}_i - \bar{\bar{y}})^2 / (k - 1)$$

$$\text{组内 MS} = \sum_{i=1}^{k} \sum_{j=1}^{n_i} (y_{ij} - \bar{y}_i)^2 / (N - k)$$

$$\bar{y}_i = \sum_{j=1}^{n_i} y_{ij} / n_i, \bar{\bar{y}} = \sum_{i=1}^{k} \sum_{j=1}^{n_i} y_{ij} / N = \sum_{i=1}^{k} n_i \bar{y}_i / N$$

$$N = n_1 + \cdots + n_k$$

(2) $\qquad\qquad$ 如 $F > F_{k-1, N-k}$，则拒绝 H_0

$\qquad\qquad\qquad$ 如 $F \leqslant F_{k-1, N-k}$，则接受 H_0

(3) 精确的 p-值就是 $F_{k-1, N-k}$ 分布下 F 值右边的面积。

(4) 组内方差分量（σ^2）由组内 MS 所估计。

(5a) 如果我们是平衡设计（即 $n_1 = n_2 = \cdots = n_k = n$），则组间方差（$\sigma_A^2$）由下估计

$$\hat{\sigma}_A^2 = \max\left[\left(\frac{\text{组间 MS} - \text{组内 MS}}{n}\right), 0\right]$$

(5b) 如我们是非平衡设计（即 n_i 中至少有两个不相同），则组间方差（σ_A^2）由下式估计

$$\hat{\sigma}_A^2 = \max\left[\left(\frac{\text{组间 MS} - \text{组内 MS}}{n_0}\right), 0\right]$$

其中，$n_0 = \left(\sum_{i=1}^{k} n_i - \sum_{i=1}^{k} n_i^2 / \sum_{i=1}^{k} n_i\right) / (k - 1)$

例 12.25 内分泌学 对表 12.18 中数据，检验不同受试者的平均血浆雌二醇是否显著不同。

解 我们使用 SAS 中的 GLM（general linear model）程序去计算方程 12.32。结果列于表 12.19。

表 12.19　对表 12.18 中血浆雌二醇(取对数 ln 后)数据,用 SAS GLM 法分析结果

The SAS System

General Linear Models Procedure

Dependent Variable: LESTRADL

Source	DF	Sum of Squares	Mean Square	F Value	$Pr > F$
Model	4	2.65774661	0.66443665	22.15	0.0022
Error	5	0.15001218	0.03000244		
Corrected total	9	2.80775879			

R-Square	C. V.	Root MSE	LESTRADL Mean
0.946572	6.744242	0.17321271	2.56829589

例 12.25 中,我们有 5 个受试者,每个受试者重复两次。F 统计量是 22.15,在 H_0 成立时,可计算得 p-值 $= Pr(F_{4,5} > 22.15) = 0.0022$(在表 12.19 中的 $Pr > F$)。于是在不同受试者之间 ln(血浆雌二醇)的平均值有显著性差异。

例 12.26　内分泌学　对表 12.18 中数据,估计取对数后受试者间及受试者内的方差分量。

解　由方程 12.32 知,受试者内的方差分量由组内平均平方所估计,这在表 12.19 中就是对 Error(或 MSE)的平均平方 $= 0.030$。要估计受试者间的方差,由方程 12.32 知,对这个平衡设计,我们有

$$\hat{\sigma}_A^2 = \max\left[\left(\frac{组间\ MS - 组内\ MS}{2}\right), 0\right]$$

$$= \frac{0.6644 - 0.030}{2} = \frac{0.6344}{2} = 0.317$$

可见,受试者之间的方差大约是受试者内部方差的 10 倍,这表示可重复性是好的。

另外,SAS 的 GLM 还可以输出如表 12.20 的结果。

表 12.20　计算表 12.18 的数据,可按照方差来源而显示期望平均平方的表达式

The SAS System

General Linear Models Procedure

Source	Type III Expected Mean Square
PERSON	Var(Error) + 2 Var(PERSON)

我们看到,表 12.20 中给出 PERSON(或组间平均平方)的一个无偏估计是:组(人)内方差 + 2 组间方差(即表中的 Var(Error) + 2Var(PERSON))$= \sigma^2 + 2\sigma_A^2$。因为已经有了 Var(Error) 的估计,所以只要用减法,即,(PERSON 平均平方 $-$ 对 Error 的平均平方)/2 $= 0.317$。表 12.20 最常用于非平衡设计,因为它不需要使用

者自己去计算方程 12.32 中 5b 步骤中的 n_0。在这种情形中,PERSON 的平均平方的期望值将是 $\text{Var(Error)} + n_0\text{Var(PERSON)}$。

在重复性研究工作中,另一个感兴趣的参数是变异系数(CV)。一般来说,重复测量中的变异系数<20%是理想的,而变异系数>30%是不理想的。重复测量中变异系数的定义是

$$CV = 100\% \times \frac{\text{组(人)内标准差}}{\text{组(人)内平均数}}$$

我们可以对表 12.18 中原始数据的血浆雌二醇值计算 5 个受试者中每一个受试者的均值和标准差及 CV 值。但如果发现当均值增加时标准差也随之增加,则计算 CV 的更好方法是用下面方法[5]。

方程 12.33 在重复性研究中变异系数的估计 假设我们有 k 个受试者,而且第 i 个受试者有 n_i 次重复,$i = 1, 2, \cdots, k$。要估计变异系数。

(1) 对每个值取 ln 的对数变换。

(2) 使用方程 12.32 中单向随机效应模型 ANOVA,计算受试者(组)之间及受试者(组)之内的方差分量。

(3) 原始尺度中的变异系数就是下式(从上一步得)

$$100\% \times \sqrt{\text{组内 MS}}$$

例 12.27 内分泌学 估计表 12.19 中已给数据中血清雌二醇的变异系数。

解 由表 12.19 知,基于对数变换后血清雌二醇的组内平均平方是 0.0300,于是

$$CV = 100\% \times \sqrt{0.0300} = 17.3\%$$

表 12.21 在原始数据(尺度)中分析血清雌二醇,使用 SAS GLM 程序

The SAS System

General Linear Models Procedure

Dependent Variable: ESTRADIL

Source	DF	Sum of Square	Mean Square	F Value	$Pr > F$
Model	4	593.31400000	148.32850000	24.55	0.0017
Error	5	30.21500000	6.04300000		
Corrected Total	9	623.52900000			

R-Square	C.V.	Root MSE	ESTRADIL Mean
0.951542	16.39928	2.45825141	14.99000000

另外,我们也可使用 $100\% \times \text{Root MSE} = 100\% \times \sqrt{\text{Error 的平均}} = 17.3\%$。注意,在这种情况下,表 12.19 中给出的 CV 值 6.74% 是不合适的,因为它是简单地用 $100\% \times \sqrt{\text{MSE}/(\text{LESTRADL MEAN})}$ 计算的,它指出的是 ln(血清雌二醇)的变异

系数而不是表 12.18 中原始血清雌二醇的变异系数。类似地,如果我们在原始尺度上用 GLM 程序计算,结果见表 12.21,那里给出的变异系数(16.4%)也是不合适的,因为这里的假设是组的标准差要独立于组的均数,而这一点在原始数据中不成立的。

在某些例子中,离差的来源可能多于两个。

例 12.28　高血压　假设我们从 k 个受试者中测得血压。我们可以要求每个受试者去医院就诊 n_1 次;而在这 n_1 次就诊中的每一次都可以获得 n_2 次血压记录。在这个设计中,我们感兴趣于 3 个血压的变异:(1) 人与人之间差异,(2) 同一个人上不同次就诊之间的差异,(3) 同一个人在一次就诊时,不同的记录之间的差异。

这可看作是多于 2 个水平的嵌套的随机效应模型方差分析。但这已经不属于本书介绍的范围了。可参见 Snedecor 及 Cochran[6]的详述。

本节中,我们学习**单向 ANOVA 的随机效应模型**。随机效应模型不同于固定效应模型,差别在几个方面:首先,在随机效应模型中是不对类型(或属性变量)的水平之间在结果变量(比如雌二醇)上平均水平有否差异作比较。比如在例 12.24 中,我们不去比较不同的受试者之间平均雌二醇有否不同。替代的是,所有受试者妇女被当做所有可以参加该项目全体妇女中的一个随机样本。这种做法常常是不去考察不同的妇女可能有不同的雌二醇的事实。而考察的却是估计雌二醇的总体变异中,人与人之间及人内部变异在总变异中的比例。而在固定效应 ANOVA 中(比如,例 12.1),我们研究非吸烟者与被动吸烟者在平均 FEF 水平上的差异。在固定效应模型中,类型变量的水平是内在的,且原来的目标就是要去比较结果变量(FEF)在组型变量各个水平上是否有差异。

12.9　组(或类)内相关系数

在 11.7~11.8 节中,我们涉及两个不同变量(记为 x 与 y)之间的 Pearson 相关系数。例如,在例 12.22 中,我们讨论了妻子(x)与丈夫(y)在胆固醇上的相关系数。例 11.29 中,我们讨论了父亲(x)与第一个儿子(y)之间在体重上的相关系数。但在某些情形中,我们研究的相关系数并不一定是从不同变量中产生的。

例 12.29　内分泌学　例 12.24 中,我们研究了两次重复测量的可复制性问题,数据是从 5 名妇女测得血样,而每个血样又被分成两等分(记为 x 与 y),这时的 x 与 y 实是同一个变量。

方程 11.17 已讨论了样本相关系数(r)可写成下面形式

$$s_{xy}/(s_x s_y)$$

这个相关系数(r)的定义也可以作其他解析:样本相关系数是 x 与 y 之间的协方

差除以 x 的标准差和 y 的标准差的积。这隐含着 x 与 y 是不同的变量,因此 x 与 y 的均值及标准差是分别由 x 及 y 计算而得出的。而在例 12.24 中,我们对每个血样的两部分随机指定一个为 x 另一个为 y 而再去计算 r。如果 x 与 y 彼此不可区别,则计算均数与标准差的更有效的方法是使用全部重复。因此,在相同受试者上测量有重复时,重复之间的相关是一种特殊的相关形式,它被称为组(类)内相关系数。

定义 12.13 假设有 k 个受试者,对第 i 个受试者有 n_i 次重复,$i = 1, \cdots, k$。记 y_{ij} 代表第 i 个受试者上的第 j 次重复。在同一个受试者上的两个重复测量值之间的相关(也就是 y_{ij} 与 y_{il} 之间的相关,此处 $j \neq l$,$1 \leqslant j \leqslant n_i$,$1 \leqslant l \leqslant n_i$)就称为**组(类)内相关系数**(**intraclass correlation coefficient**),且记为 ρ_I。

如果 y_{ij} 服从随机效应 ANOVA 模型,此处

$$y_{ij} = \mu + \alpha_i + e_{ij}, \quad \alpha_i \sim N(0, \sigma_A^2), \quad e_{ij} \sim N(0, \sigma^2)$$

则可以证明 $\rho_I = \sigma_A^2 / (\sigma_A^2 + \sigma^2)$;也就是说,$\rho_I$ 是组(人)间方差在方差总和中所占的比例(或比)。组内相关系数是在相同受试者身上重复性测量的一个重复性的测度。它的范围是 0 与 1 之间,$\rho_I = 0$ 表明根本不能重复(即组内差异很大而组间差异为 0),而 $\rho_I = 1$ 表示完全可复制(即组内差异为 0 而组间差异很大)。根据 Fleiss[7] 的意见,有

方程 12.34 组内相关系数的解释

$$\rho_I < 0.4 \text{ 表示重复性很差}$$
$$0.4 \leqslant \rho_I < 0.75 \text{ 表示有中等可重复性}$$
$$\rho_I \geqslant 0.75 \text{ 表示有很好的重复性。}$$

可以有多种方法估计组内相关系数。而最简单或许也是普遍使用的方法是基于单向随机效应模型 ANOVA,它已出现在 12.8 节中。

方程 12.35 组内相关系数的点及区间估计 假设我们有一个单向随机效应模型 ANOVA,此处

$$y_{ij} = \mu + \alpha_i + e_{ij}, e_{ij} \sim N(0, \sigma^2), \alpha_i \sim N(0, \sigma_A^2), i = 1, \cdots, k, j = 1, \cdots, n_i$$

组内相关系数为 $\rho_I = \sigma_A^2 / (\sigma_A^2 + \sigma^2)$。它的点估计为

$$\hat{\rho}_I = \max[\hat{\sigma}_A^2 / (\hat{\sigma}_A^2 + \hat{\sigma}^2), 0]$$

此处 $\hat{\sigma}_A^2$ 及 $\hat{\sigma}^2$ 是受试者之间及受试者内部的方差分量,这是在方程 12.32 中单向随机效应模型 ANOVA 中的有关量。这个估计有时也被称为**方差估计量分析**(analysis-of-variance estimator)。

对于 ρ_I 的一个近似双侧 $100\% \times (1 - \alpha)$ CI 是 (c_1, c_2),此处

$$c_1 = \max\left\{ \frac{F / F_{k-1, N-k, 1-\alpha/2} - 1}{n_0 + F / F_{k-1, N-k, 1-\alpha/2} - 1}, 0 \right\}$$

$$c_2 = \max \left\{ \frac{F/F_{k, N-k, \alpha/2} - 1}{n_0 + F/F_{k-1, N-k, \alpha/2} - 1}, 0 \right\}$$

此处 F 是方程 12.32 中用于检验假设 $H_0: \sigma_A^2 = 0$ 对 $H_1: \sigma_A^2 > 0$ 时使用的 F 统计量, $N = \sum_{i=1}^{k} n_i$, 而

$$n_0 = \left(\sum_{i=1}^{k} n_i - \sum_{i=1}^{k} n_i^2 / \sum_{i=1}^{k} n_i \right) / (k-1)$$

如果所有受试者都有相同的重复数 (n), 则 $n_0 = n$。

例 12.30   内分泌学   估计表 12.18 数据中重复血清雌二醇血样的组内相关系数。

解   与表 12.19 中一样, 我们使用 ln(血清雌二醇), 这因为在取对数后, 我们发现组(人)内方差相对来说是常数, 而在原始数据中这个组内方差依赖于原始的尺度。由例 12.26, 我们有 $\hat{\sigma}_A^2 = 0.317, \hat{\sigma}^2 = 0.030$。因此, 组内相关系数的点估计为

$$\rho_I = \frac{0.317}{0.317 + 0.030} = \frac{0.317}{0.347} = 0.914$$

因此, 可认为对于 ln(雌二醇)的测定有极好的重复性。由方程 12.35 可以求得这个估计的置信区间。由表 12.19, 我们已知道基于单向随机效应模型 ANOVA 上的 F 值是 22.15。因为这是一个平衡设计(即对每个受试者有相同的重复数), 我们有 $n_0 = 2$。我们还要求临界值(从附录表 9 或从 Excel)可得 $F_{4, 5, 0.975} = 7.39$ 及 $F_{4, 5, 0.025} = 1/F_{4, 5, 0.975} = 1/9.36 = 0.107$。因此, ρ_I 的 95% CI 是 (c_1, c_2), 其中

$$c_1 = \max \left\{ \frac{\dfrac{22.15}{F_{4, 5, 0.975}} - 1}{2 + \dfrac{22.15}{F_{4, 5, 0.975}} - 1}, 0 \right\}$$

$$= \max \left\{ \frac{\dfrac{22.15}{7.39}}{1 + \dfrac{22.15}{7.39}}, 0 \right\}$$

$$= \frac{1.997}{3.997} = 0.500$$

$$c_2 = \max \left\{ \frac{\dfrac{22.15}{F_{4, 5, 0.025}} - 1}{2 + \dfrac{22.15}{F_{4, 5, 0.025}} - 1}, 0 \right\}$$

$$= \max \left\{ \frac{\dfrac{22.15}{0.107}}{1 + \dfrac{22.15}{0.107}}, 0 \right\}$$

$$= \frac{206.324}{208.324} = 0.990$$

因此, ρ_I 的 95% CI = $(0.500, 0.990)$, 这是相当宽的。

对于组内相关系数的另外解释是可靠性而不是重复性。

例 12.31　高血压　假设我们要在一个短时间内(比如, 一个月的周期)表示一个人的血压, 而血压是一个具有许多组内变异的不精确测度。因此, 理想的血压表示方法是在一个短时间内多次重复测定而且使用平均值(T)作为血压的真实水平。于是我们就会问, 单个血压值(X)与 T 相关的程度多大? 回答这个问题是由组内相关系数作答案。

方程 12.36　可靠性(reliability 或称"信度")**是组内相关系数的另一个解释**假设我们有一个单向随机效应模型 ANOVA, 此处

$$y_{ij} = \mu + \alpha_i + e_{ij}, \quad e_{ij} \sim N(0, \sigma^2), \quad \alpha_i \sim N(0, \sigma_A^2)$$

y_{ij} 表示第 i 个受试者的第 j 次重复测量值。对第 i 个受试者的无限次测量平均值记为 $Y_i = \mu + \alpha_i$。Y_i 与单个重复测量值 y_{ij} 的相关系数的平方就是组内相关系数。因此, 组内相关系数也常理解为可靠性的一个测度, 有时也称为**可靠性系数**(reliability coefficient)。

例 12.31 的解: 文献[8]指出, $30 \sim 49$ 岁人的舒张压测量与单次就诊间的组(人)内相关系数是 0.79。因此, 单次就诊与"真实"舒张压之间的相关系数就是 $\sqrt{0.79} = 0.89$。为要增加血压测量的可靠性, 临床大夫常对几次测量取平均值。这种做法的理论基础是平均舒张压的可靠性较高, 它比任何单独一次的测量值有更高的可靠性。这也是 TOHP(trial of hypertension prevention)设计的基础[9]。

本节中, 我们引进组内相关系数。假设某些人(比如, 一批儿童)是由一个分组变量(比如家庭)而分成组。组内相关系数常用于去估计同一组中两个不同成员之间的相关性大小(比如, 同一家庭中两个孩子的相关性)。这个定义的确与常用的 Pearson 相关系数(11.7 节)不一样。Pearson 相关中, 有两个不同的变量(比如, 丈夫的胆固醇与妻子的胆固醇)。每个变量的均值及方差是分别计算的。而在组内相关系数中, 在同一类内把某个孩子记为 x 而另一个孩子记为 y 是任意的。因此, 对 x 与 y 的均值及方差的估计是相同的, 而且是把全部家庭内的所有孩子放在一起后计算的。组内相关系数也可理解为组间(比如家庭之间)的方差在总的方差中所占的百分比。

12.10　摘　　要

　　单向方差分析(ANOVA)方法使我们能研究一个正态分布的结果变量与属性(类型)分类变量间的关系。本文考察了两种方差分析,固定效应模型与随机效应模型。固定效应模型中,属性变量的水平是预先固定的。这时的主要目标是要检验不同的属性水平上应变量的平均水平是否有显著差异。这时可以对某些组之间作比较,比如用 LSD 法时的 t 检验(比较是预先计划好了的),如果不是预先指定要比较哪些组,则可用多重比较法。而对于更复杂的比较,比如剂量-反应关系,那里涉及多于两个水平之间作比较时,可以使用线性约束方法。固定效应模型的方差分析也可看做是第 8 章中 t 检验的拓广。

　　当正态性假设成问题时,可以使用非参数的 Kruskal-Wallis 检验去解决固定效应的 ANOVA。这个检验可以看作是第 9 章中 Wilcoxon 秩和检验的拓广,而后者仅适用于两样本问题。

　　在随机效应模型中,属性变量的水平是随机决定的,它的方差描述了研究总体中组(受试者)间变异的特征。另外,对于一个固定的受试者,他的测量值还有内部变异存在。随机效应设计的目标是估计组(受试者)间及组(受试者)内的方差分量。随机效应模型也可以在重复性研究中估计变异系数。

　　我们也讨论了两方式的方差分析(ANOVA)。在两方式 ANOVA 中,我们是在两个类型(分组)变量的不同水平下去比较结果变量的平均值(比如,血压在性别及民族群中的差别)。对于双向 ANOVA,我们能同时估计性别的主要效应(即在控制民族差别下,求得性别在血压上的效应)及民族群的主要效应(即在控制性别下,求得血压在民族群上的效应),以及得出性别与民族的交互作用(即在男性及女性上民族群上血压的差异)。我们也能看到,对类型变量使用虚拟变量,则单向或双向 ANOVA 模型都可看作多重回归模型的特例。

　　最后,我们学习了单向及双向协方差分析(ANCOVA)。在单向 ANCOVA 中,我们要控制协变量去研究连续结果变量与类型变量的关系。类似地,在双向 ANCONA 中,我们要控制协变量同时研究连续结果变量在两个类型变量上的影响。最后也可以看到,单向或双向 ANCOVA 模型都可以表示成多重回归模型的特例。

练　习　题

营养学

　　比较以下三组绝经后的妇女蛋白质摄入量:(1)采用标准美国饮食(STD)的妇女,(2)采用乳蛋素食(LAC)的妇女,(3)采用严格素食(VEG)的妇女。表 12.22 给出了蛋白质摄入量的均数 ± 标准差(mg)。

表 12.22　三组绝经后妇女的蛋白质摄入量(mg)

分组	均数	标准差	n
STD	75	9	10
LAC	57	13	10
VEG	47	17	6

*12.1　用临界值方法进行统计学检验,比较三组的均值。

*12.2　练习 12.1 中检验的 p-值多大?

*12.3　用 t 检验方法比较每特定两组的均值。

*12.4　假定一般人群中,70% 的素食者是乳蛋素食者,30% 的素食者是严格素食者。请检验 $L = 0.7\bar{y}_2 + 0.3\bar{y}_3 - \bar{y}_1$ 是否与 0 有显著性差异。L 的意义是什么?

12.5　利用表 12.22 中的数据进行多重比较,验证哪些均值间有差异。

肺病

选 22 例年轻的哮喘病志愿者,用以研究志愿者在不同条件下暴露于二氧化硫(SO_2)的短期效应[10]。表 12.23 给出了筛选时根据肺功能(定义为 FEV_1/FVC)分层,对 SO_2 的支气管反应的基线数据。

*12.6　检验假设:总的来说,三个肺功能组的支气管反应均值间有差异。

*12.7　用 LSD 方法比较每两组间的均值。

*12.8　用 Bonferroni 方法比较每两组间的均值。

表 12.23　22 例哮喘病志愿者按肺功能分组的支气管反应与 SO_2(cm H_2O/s)的关系

肺功能分组		
A 组 $FEV_1/FVC \leqslant 74\%$	B 组 $FEV_1/FVC\ 75\sim84\%$	C 组 $FEV_1/FVC \geqslant 85\%$
20.8	7.5	9.2
4.1	7.5	2.0
30.0	11.9	2.5
24.7	4.5	6.1
13.8	3.1	7.5
	8.0	
	4.7	
	28.1	
	10.3	
	10.0	
	5.1	
	2.2	

注:获 *American Review of Respiratory Disease*,131(2),221~225,1985 准许。

高血压

近来在很多银行、药店和其他公共场所出现了自动血压计。进行一项研究,以评价机器读数和标准袖带读数的差异[11]。在四个不同场所用机器和标准袖带测量血压。结果见表 12.24。我们希望检验四个场所机器和标准袖带读数的平均差值是否一致(如果四个场所的偏倚具有可比性)。

表 12.24   四个场所的机器和人工读数的平均收缩压(SBP)及平均差值

场所	机器 SBP/mmHg			标准袖带 SBP/mmHg			机器 SBP - 标准袖带 SBP/mmHg		
	均值	标准差	n	均值	标准差	n	均值	标准差	n
A	142.5	21.0	98	142.0	18.1	98	0.5	11.2	98
B	134.1	22.5	84	133.6	23.2	84	0.5	12.1	84
C	147.9	20.3	98	133.9	18.3	98	14.0	11.7	98
D	135.4	16.7	62	128.5	19.0	62	6.9	13.6	62

注:获 *American Heart Association*, *Hypertension*, 2(2), 221~227, 1980 准许。

12.9   在这里应该适合用固定效应还是随机效应的方差分析?

12.10   检验四个场所的平均差值是否一致。

12.11   估计机器之间及机器内的变异性,估计方差贡献的比例。

精神卫生

为了鉴别有老年痴呆症早期征兆的非痴呆老人,用三个有关的认知功能的小测验构造一个精神功能指标。表 12.25 中,列出独立地测定这些老人在基线和随访期(取随访期 959 天的中位数)时,他们的精神功能指标的临床状况。[12]。

表 12.25   在基线与随访时(随访期 959 天的中位数)测得的精神功能指标

临床状况		均值	标准差	n
基线	随访			
正常	未变化	0.04	0.11	27
正常	可能或轻度有病	0.22	0.17	9
可能有病	有发展	0.43	0.35	7
肯定有病	有发展	0.76	0.58	10

注:获 *American Journal of Epidemiology*, 120(6), 922~935, 1984 准许。

12.12   要检验组间的显著性差异,应该用什么检验方法?

12.13   对练习 12.12 进行检验,给出适当的 p-值,以识别指定组之间的差别。

产科学

婴儿出生体重一直被假定与母亲在第一次妊娠期间的吸烟状态有关联。通过记录婴儿出生体重和 1 个月内在某家医院产前门诊登记的所有母亲的吸烟状态,检验这个假设。根据吸烟情况,母亲被分为四组,每组的出生体重(磅)数据如下。

组 1:母亲是不吸烟者(NON)

    7.5 6.2 6.9 7.4 9.2 8.3 7.6

组 2:母亲是戒烟者(孕前某段时间吸烟,但怀孕期间未吸烟)(EX)

    5.8 7.3 8.2 7.1 7.8

组 3:母亲是目前吸烟者,每日吸烟少于 1 包(CUR<1)

    5.9 6.2 5.8 4.7 8.3 7.2 6.2

组 4:母亲是目前吸烟者,每日吸烟大于或等于 1 包(CUR ≥1)

    6.2 6.8 5.7 4.9 6.2 7.1 5.8 5.4

12.14   总地来说,四组平均出生体重有差异吗?

12.15   用 LSD 方法检验每两组间是否有差异,总结你的结论。

12.16   用多重比较的方法进行练习 12.15 中相同的检验。

12.17   练习 12.15 和 12.16 之间的结果有差异吗?

12.18   我们假定每日吸烟≥1 包的吸烟者平均每日吸烟 1.3 包,而每日吸烟<1 包的吸烟者平均每日吸烟 0.5 包。用线性约束法,检验目前吸烟者中目前吸烟量是否与出生体重显著相关。

12.19   用多重比较方法回答练习 12.18 中提出的问题。

药理学

    假定我们希望检验三种药物(A,B,C)退烧的相对效果。A 药是 100% 的阿司匹林,B 药含 50% 阿司匹林和 50% 其他化合物,C 药含 25% 阿司匹林和 75% 其他化合物。入选来医院门诊就诊的 5~14 岁儿童,主诉"流感",体温在 100℉至 100.9℉之间。按照时间先后顺序分配药物,第 1 例患者给 A 药,第 2 例患者给 B 药,第 3 例患者给 C 药,第 4 例患者给 A 药等等,直到 15 例患者。给药后 4 小时给患者打电话,记录退烧情况。结果见表 12.26。假定给药时间(指一天之内给药的时间)与退烧不相关。

表 12.26   服用不同剂量阿司匹林的患者体温的降低

药物		均数/℉	标准差/℉	n
A 药	2.0, 1.6, 2.1, 0.6, 1.3	1.52	0.61	5
B 药	0.5, 1.2, 0.3, 0.2, −0.4	0.36	0.58	5
C 药	1.1, −1.0, −0.2, +0.2, +0.3	0.08	0.77	5
合计		0.65		15

12.20   要检验三种药物是否有相同的效果,合适的无效假设和备择假设是什么?

***12.21**   对练习 12.20 进行显著性检验。

***12.22**   用多重比较的方法总结三种药物之间治疗效果的差异。

***12.23**   给出每两组药物之间体温降低的平均差值的 95% 置信区间。

高血压

    治疗高血压患者的非药物治疗的常用方案包括(1)减轻体重(2)通过沉思疗法(meditation)或者其他技术尝试让患者更放松。假定了为了评价这些方案,选 4 组高血压患者,分别接受下列类型的非药物治疗。

组 1：患者接受减轻体重和沉思疗法的咨询。

组 2：患者接受减轻体重的咨询，但未接受沉思疗法的咨询。

组 3：患者接受沉思疗法的咨询，但未接受减轻体重的咨询。

组 4：患者未接受任何咨询。

假定分别有 20 例高血压患者被随机分配到这 4 个组，1 个月后记录这些患者的舒张压变化。结果见表 12.27。

表 12.27　接受不同类型非药物治疗的 4 组高血压患者的舒张压(DBP)的变化

分组	DBP 上变化值的均值/mmHg		
	（基线-随访）	DBP 变化值的标准差	n
1	8.6	6.2	20
2	5.3	5.4	20
3	4.9	7.0	20
4	1.1	6.5	20

12.24　检验假设：四组间 DBP 的平均变化值相同。

12.25　分析减轻体重咨询对于降低血压是否有显著性影响。

12.26　分析沉思疗法咨询对于降低血压是否有显著性影响。

12.27　减轻体重咨询和沉思疗法咨询降低血压的效果之间是否有联系？也就是说，对于接受沉思疗法咨询的患者或未接受沉思疗法咨询的患者，减轻体重咨询是否作用更好？或者这两组的效果之间不存在差异？

高血压

一位健康教育工作者想让她的学生熟悉血压的测量。给每位学生一个手提式血压计带回家。告诉每位学生连续 10 天，每天读数 2 次。表 12.28 给出了一个学生的数据。

表 12.28　一个受试对象连续 10 天，每天读数 2 次记录的收缩压(SBP)

天	读数	
	1	2
1	98	99
2	102	93
3	100	98
4	99	100
5	96	100
6	95	100
7	90	98
8	102	93
9	91	92
10	90	94

*12.28 估计该受试对象每天之间及每天之内的方差分量。

*12.29 该受试对象按天计算的平均血压有差别吗?

生物有效性

在一些观察性研究中,食物中高剂量β胡萝卜素的摄入与癌症发病率的降低有关联。进行一项临床试验,比较β胡萝卜素胶囊组和安慰剂组的癌症发病率。该研究的一个问题是应该用β胡萝卜素胶囊的哪一种制剂。考虑 4 种制剂:(1)Solatene(30 mg 胶囊),(2)Roche(60 mg 胶囊),(3)BASF(30 mg 胶囊),(4)BASF(60 mg 胶囊)。为了检验这 4 种制剂对提高血浆胡萝卜素水平的效果,进行一项小的生物有效性研究。在连续 2 天抽取空腹血样本之后,随机分配 23 例志愿者接受 4 种制剂之一,连续 12 周每隔 1 天服用 1 粒药丸:(1)Solatene 30 mg,(2)Roche 60 mg,(3)BASF 30 mg,(4)BASF 60 mg。主要结局是适当延长及稳定摄入之后的血浆胡萝卜素水平。为此,在 6 周,8 周,10 周及 12 周时抽取血样本,结果在数据集 BETACAR. DAT 中给出。数据格式见表 12.29。

表 12.29 数据集 BETACAR. DAT 的格式

变量	列	编码
制剂	1	1 = SOL; 2 = ROCHE; 3 = BASF - 30; 4 = BASF - 60
受试对象编号	3~4	
第一次基线水平	6~8	
第二次基线水平	10~12	
6 周水平	14~16	
8 周水平	18~20	
10 周水平	22~24	
12 周水平	26~28	

12.30 基于两次基线测量,用方差分析方法估计血浆β胡萝卜素的变异系数。

12.31 4 种不同制剂的生物有效性是否有显著性差异? 基于和基线比较的 6 周数据,用方差分析方法评价这个问题。

12.32 用练习 12.31 中的方法比较 4 种不同制剂在和基线比较的 8 周时生物有效性。

12.33 用练习 12.31 中的方法比较 4 种不同制剂在和基线比较的 10 周时生物有效性。

12.34 用练习 12.31 中的方法比较 4 种不同制剂在和基线比较的 12 周时生物有效性。

12.35 基于和基线比较的平均血浆β胡萝卜素(6 周,8 周,10 周及 12 周),用练习 12.31 中的方法比较 4 种不同制剂的生物有效性。

12.36 在 6 周,8 周,10 周及 12 周的生物有效性有差异吗? 如果有,则什么时间的生物有效性最大?(仅给出定性的回答;不要进行显著性检验)

肝病

参考数据集 HORMONE. DAT。(参见表 8.27 所在页对该数据集的描述)

12.37 用方差分析方法检验 5 个激素组胆汁分泌水平的变化是否有差异。对任意指定组间的差异进行检验。

12.38　对于胰液水平的变化回答练习 12.37。

12.39　对于胆汁 pH 水平的变化回答练习 12.37。

12.40　对于胰液 pH 水平的变化回答练习 12.37。

内分泌学

　　进行一项研究[13]，了解补钙对绝经后期的妇女骨损失的疗效。随机分配妇女到以下 3 组：(1)雌激素和钙安慰剂($n = 15$)，(2)雌激素安慰剂和 2000 mg/日的钙($n = 15$)，(3)雌激素安慰剂和钙安慰剂($n = 13$)。受试对象每 3 个月被观察 1 次，持续 2 年。每例妇女的骨损失率是用损失量占最初骨质量的比例表示。结果见表 12.30。

表 12.30　三个处理组的平均骨损失率 ± 标准差

处理组		
(1)雌激素 ($n = 15$)	(2)钙 ($n = 15$)	(3)安慰剂 ($n = 13$)
-0.43 ± 1.60	-2.62 ± 2.68	-3.98 ± 1.63

　　注：获 *New England Journal of Medicine*，316(4)，173～177，1987 准许。

12.41　要比较 3 组平均骨损失率，应该用什么检验方法？

12.42　对练习 12.41 进行检验，且给出 p-值。

12.43　用 t 检验和多重比较方法验证哪两组有差别。给出每一比较的 p-值。

12.44　你认为练习 12.43 中哪一种方法更合适？

内分泌学

　　参考数据集 ENDOCRIN.DAT。该数据集包括在同一实验室测定的 5 例受试对象的血浆样本中 4 种激素测定值。数据格式见表 12.31。

表 12.31　ENDOCRIN.DAT 的格式

	列	单位
受试对象编号	1	
重复编号	3	
血浆雌酮	5～8	pg/mL
血浆雌二醇	10～14	pg/mL
血浆雄烯二酮	16～19	ng/dL
血浆睾酮	21～24	ng/dL

12.45　对于血浆雌酮、血浆雄烯二酮及血浆睾酮，估计受试对象间和受试对象内的变异。

12.46　对于练习 12.45，估计每一种激素的变异系数。

环境卫生

　　一名学生想确定家庭中是否有特殊的散热位置。为此，她连续 30 天，每天记录某户家庭内 20 个位置的温度。另外，她也记录了室外温度。数据见数据集 TEMPERAT.DAT。数据格式见表 12.32。

12.47 使用随机效应模型。估计这个家庭中天与天之间相对于一天内的变异。

12.48 这个家庭内不同位置的温度是否有显著性差异?

12.49 如使用固定效应模型。用多重比较方法评价这个家庭中哪些特定位置间的平均温度有差异。

表 12.32　TEMPERAT.DAT 的格式

	列	注释
1.日期	1~6	(月/日/年)
2.室外温度	8~9	(°F)
3.家庭内位置	11~12	(1~20)
4.室内温度	14~17	(°F)

注:数据由 Sarah Rosner 收集。

环境卫生

参考数据集 LEAD.DAT。

12.50 用方差分析方法,评价总体上对照组、目前暴露组及曾经暴露组的平均全量表 IQ 有无差异。且做任意两组的两两比较,给出 p-值。

12.51 给出考虑的两组全量表 IQ 的平均差值的 95% 置信区间。

胃肠病学

在表 12.33 中,关于胆囊纤维化患者中蛋白质浓度和胰腺功能(用分泌胰蛋白酶测量)的关系,我们给出了相应的数据[14]。

表 12.33　十二指肠分泌的蛋白质浓度(mg/mL)和胰腺功能[用分泌胰蛋白酶[U/(kg/h)]测量]的关系

胰蛋白酶分泌物/[U/(kg/h)]					
≤50		51~1000		>1000	
患者编号	蛋白质浓度	患者编号	蛋白质浓度	患者编号	蛋白质浓度
1	1.7	1	1.4	1	2.9
2	2.0	2	2.4	2	3.8
3	2.0	3	2.4	3	4.4
4	2.2	4	3.3	4	4.7
5	4.0	5	4.4	5	5.0
6	4.0	6	4.7	6	5.6
7	5.0	7	6.7	7	7.4
8	6.7	8	7.6	8	9.4
9	7.8	9	9.5	9	10.3
		10	11.7		

注:获 *New England Journal of Medicine*,312(6),329~334,1985 准许。

12.52　如果我们不假定这些分布的正态性,那么比较这三组应该用什么统计学方法?

12.53　对练习 12.52 进行检验,且给出 p-值。如何比较你的结果和参数分析的结果?

环境卫生,儿科学

参考数据集 LEAD. DAT。

12.54　用非参数方法,比较根据变量 LEAD_GRP 定义的 3 个暴露组之间的 MAXFWT。

12.55　对于 IQF(全量表 IQ),回答练习 12.54。

12.56　将练习 12.54 和 12.55 中的结果,与相应的表 12.6 中 MAXFWT 和练习 12.50 中 IQF 的参数方法结果进行比较。

眼科学

视网膜色素变性(RP)是一种通常会致盲的遗传性眼病。进行一项研究,比较不同遗传类型的 RP 患者平均 ERG(视网膜电流图)振幅。18~29 岁患者中 ln(ERG 振幅)见下表。

遗传类型	均数 ± 标准差[a]	N
显性	0.85 ± 0.18	62
隐性	0.38 ± 0.21	35
X 连锁	-0.09 ± 0.21	28

[a]　单位是 $\ln(\mu V)$

12.57　用方差分析方法,评价总体上不同遗传类型的平均 ln(ERG 振幅)是否有差异。

12.58　评价任意两种遗传类型之间是否有差异,给出双侧 p-值。

12.59　在练习 8.124 中显性和隐性患者之间用两样本 t 检验比较,如何比较你的结果和练习 8.124 中的结果?

肾病

参考数据集 SWISS. DAT。

12.60　用方差分析方法比较高 NAPAP 组、低 NAPAP 组及对照组妇女从基线至 1978 年随访的血清肌酐变化值。

练习 12.60 中的问题是用第一次和最后一次的随访来评价血清肌酐随时间的变化。

12.61　分别对高 NAPAP 组、低 NAPAP 组及对照组中每一个人血清肌酐和时间的关系,拟合线性回归。你如何解释对于每一个人的截距和斜率?

12.62　用回归分析或方差分析方法比较 3 组的斜率。

12.63　对于 3 组的截距,回答练习 12.62 中的问题。

12.64　对于 3 组血清肌酐的比较,你总的结论是什么?

注:前述分析中存在的问题是我们不考虑随访的次数,认为所有的人都具有相同的信息。更精确的方法是用纵向数据分析方法,按照受试对象随访的次数和间隔对受试对象加权。但这超出了本章的范围。

生物有效性

参考表 12.29。

12.65 计算基线时重复测量的血浆 β 胡萝卜素样本之间组内相关系数。使用所有数据进行分析给出估计值的 95% 置信区间。

12.66 用线性回归方法评价在 12 周内血浆 β 胡萝卜素水平是否增加。如果需要,则采用适当的数据变换。对 4 种制剂分别进行检验。

12.67 关于在临床试验中应该用哪种制剂,你有什么评论?

内分泌学

参见表 12.31。

12.68 对于血浆雌酮、血浆雄烯二酮及血浆睾酮,分别估计组内相关,且给出 95% 置信区间。这些血浆激素水平的重复性是优,良还是差?

环境卫生

参见表 12.32。

12.69 用回归方法评价室内和室外温度读数是否有关联?

眼科学

视网膜色素变性(RP)是一种视网膜色素发生退行性病变的遗传病。患者通常在 10～40 岁之间,主诉夜盲及视野损失。一些患者在 30 岁时完全失明(指成为真正的盲人),而另一些患者在 60 岁以上仍然保留中心视野。一种特定的基因和 RP 的某些类型是有关联的,遗传模式是常染色体显性遗传。追踪 RP 患者病程的最可靠方法是测量视网膜电活动的视网膜电流图 (ERG)。随着疾病的发展,患者的 ERG 振幅下降。ERG 振幅与患者进行日常活动如在夜间独自驾车或行走的能力关系很密切。

一个假设是对于 RP 患者,视网膜直接暴露于太阳光是有害的。因此很多患者戴墨镜。为了检验关于太阳光的假设,将这种基因导入一组老鼠,经过多代配对后产生一组"RP 老鼠"。然后将这些老鼠从出生就开始随机分配到不同的照明环境:(1)光亮,(2)暗淡,(3)黑暗。作为对照组的正常老鼠也被随机分配到同样的照明环境。在出生后 15 天,20 天及 35 天测量老鼠在不同光亮时相应的 ERG 振幅(B 波振幅和 A 波振幅分别用 BAMP 和 AAMP 表示)。另外除了只测量 B 波振幅之外,正常老鼠组用相同的方案。RP 老鼠和正常老鼠的有关数据见数据集 MICE.DAT 和文件 MICE.DOC。

12.70 分析数据,检验关于太阳光的假设并总结你的结果。

提示:对于每一个照明环境组,分别估计 ERG 振幅的斜率,用方差分析或回归方法比较光亮组、暗淡组及黑暗组之间的斜率。分别分析 A 波振幅和 B 波振幅。为了确保结果变量的近似正态性,考虑适当的数据变换。

高血压

参见表 12.14。用 SAS 中的 PROC GLM 程序运行类似的两因素方差分析,结果见表 12.34。试比较研究因素和性别分组的平均舒张压。

12.71 用几句话总结结果。

高血压

参见表 12.15。在控制年龄和体重影响的情况下,用 SAS 中的 PROC GLM 程序运行协方差分析,比较按照研究因素和性别分组的平均舒张压。结果见表 12.35。

12.72 用几句话总结结果,且与练习 12.71 中的结果进行比较。

表 12.34   用例题 12.17 中的数据用 SAS 中 GLM 程序, 计算结果见下表,
试分析研究因素和性别对舒张压影响

SAS

GENERAL LINEAR MODELS PROCEDURE

DEPENDENT VARIABLE: MDIAS

SOURCE	DF	SUM OF SQUARES	MEAN SQUARE	F VALUE	PR>F	R-SQUARE	C.V.
MODEL	3	48186.99270094	16062.33090031	134.15	0.0001	0.350741	15.0906
ERROR	745	89199.44205496	119.73079470				
CORRECTED					ROOT MSE		MDIAS MEAN
TOTAL	748	137386.43475590			10.94215677		72.50972853

SOURCE	DF	TYPE I SS	F VALUE	PR>F	DF	TYPE III SS	F VALUE	PR>F
STUDY	2	45269.88509153	189.05	0.0001	2	46573.92818903	194.49	0.0001
SEX	1	2917.10760942	24.36	0.0001	1	2917.10760942	24.36	0.0001

STUDY PROB>|T|

	SV	LV	NOR
SV	—	0.0001	0.0001
LV	0.0001	—	0.0001
NOR	0.0001	0.0001	—

SEX PROB>|T|

	MALE	PEMALE
MALE	—	0.0001
FEMALE	0.0001	—

PARAMETER		ESTIMATE	T FOR H0: PARAMETER=0	PR>|T|	STD ERROR OF ESTIMATE
INTERCEPT		76.47708914	115.61	0.0001	0.66152912
STUDY	SV	−17.30065001	−19.40	0.0001	0.89174716
	LV	−10.65302392	−7.23	0.0001	1.47258921
	NOR	0.00000000	—	—	—
SEX	MALE	3.98399582	4.94	0.0001	0.80713389
	FEMALE	0.00000000	—	—	—

表 12.35 用例 12.17 中的数据,在控制年龄与体重后,研究组和性别对舒张压的效应(使用了 SAS GLM 程序)

SAS

GENERAL LINEAR MODELS PROCEDURE

DEPENDENT VARIABLE: MDIAS

SOURCE	DF	SUM OF SQUARES	MEAN SQUARE	F VALUE	PR>F	R-SQUARE	C.V.
MODEL	5	57521.19225928	11504.23845186	107.08	0.0001	0.419457	14.2973
ERROR	741	79611.39165542	107.43777551				
CORRECTED					ROOT MSE		MDIAS MEAN
TOTAL	746	137132.58391470			10.36521951		72.49770638

SOURCE	DF	TYPE I SS	F VALUE	PR>F	DF	TYPE III SS	F VALUE	PR>F
STUDY	2	45234.31356527	210.51	0.0001	2	12349.74237359	57.47	0.0001
SEX	1	2912.79699312	27.11	0.0001	1	624.47946004	5.81	0.0162
AGE	1	5237.52247659	48.75	0.0001	1	4245.67574526	39.52	0.0001
WGT	1	4136.55922429	38.50	0.0001	1	4136.55922429	38.50	0.0001

STUDY PROB>|T|

	SV	LV	NOR
SV	—	0.0186	0.0001
LV	0.0186	—	0.0001
NOR	0.0001	0.0001	—

SEX PROB>|T|

	MALE	FEMALE
MALE	—	0.0162
FEMALE	0.0162	—

PARAMETER		ESTIMATE	T FOR H0: PARAMETER=0	PR>|T|	STD ERROR OF ESTIMATE
INTERCEPT		52.96724415	20.41	0.0001	2.59544038
STUDY	SV	−11.18295628	−10.45	0.0001	1.06990647
	LV	−7.58825363	−5.29	0.0001	1.43486888
	NOR	0.00000000	—	—	—
SEX	MALE	2.10948458	2.41	0.0162	0.87497527
	FEMALE	0.00000000	—	—	—
AGE		0.30162065	6.29	0.0001	0.04798065
WGT		0.08278540	6.20	0.0001	0.01334174

参 考 文 献

[1] White, J.R., & Froeb, H.F.(1980). Small-airways dysfunction in nonsmokers chronically exposed to tobacco smoke. *New England Journal of Medicine*, 302(13),720—723.

[2] Kleinbaum, D. G., Kupper, L. L., & Muller, K. E. (1988). *Applied regression analysis and other multivariable methods* (2nd ed.). Boston: Duxbury.

[3] Abelson, M. B., Kliman, G. H., Butrus, S. I., & Weston, J. H.(1983). Modulation of arachidonic acid in the rabbit conjunctiva: Predominance of the cyclo-oxygenase pathway. Presented at the Annual Spring Meeting of the Association for Research in Vision and Ophthalmology, Sarasota Florida, May 2—6, 1983.

[4] Hankinson, S. E., Manson, J. E., Spiegelman, D., Willett, W. C., Longcope, C., & Speizer, F. E. (1995). Reproducibility of plasma hormone levels in post-menopausal women over a 2—3 year period. *Cancer Epidemiology, Biomarkers and Prevention*, 4(6),649—654.

[5] Chinn, S. (1990). The assessment of methods of measurement. *Statistics in Medicine*, 9, 351—362.

[6] Snedecor, G., & Cochran, W. G. (1988). *Statistical methods*. Ames: Iowa State University Press.

[7] Fleiss, J. L. (1986). *The design and analysis of clinical experiments*. New York: Wiley.

[8] Cook, N. R., & Rosner, B. (1993). Screening rules for determining blood pressure status in clinical trials: Application to the Trials of Hypertension Prevention. *American Journal of Epidemiology*, 137(12),1341—1352.

[9] Satterfield, S., Cutler, J. A., Langford, H. G., et al.(1991). Trials of Hypertension Prevention: Phase I design. *Annals of Epidemiology*, 1,455—457.

[10] Linn, W. S., Shamoo, D. A., Anderson, K. R., Whynot, J. D., Avol, E. L., & Hackney, J. D.(1985). Effects of heat and humidity on the responses of exercising asthmatics to sulfur dioxide exposure. *American Review of Respiratory Disease*, 131(2),221—225.

[11] Polk, B. F., Rosner, B., Feudo, R., & Van Denburgh, M.(1980). An evaluation of the Vita Stat automatic blood pressure measuring device. *Hypertension*, 2(2), 221—227.

[12] Pfeffer, R. I., Kurosaki, T. T., Chance, J. M., Filos, S., & Bates, D.(1984). Use of the mental function index in older adults: Reliability, validity and measurement of change over time. *American Journal of Epidemiology*, 120(6),922—935.

[13] Riis, B., Thomsen, K., & Christiansen, C. (1987). Does calcium supplementation prevent post-menopausal bone loss? A double-blind controlled study. *New England Journal of Medicine*, 316(4), 173—177.

[14] Kopelman, H., Durie, P., Gaskin, K., Weizman, Z., & Forstner, G. (1985). Pancreatic fluid secretion and protein hyperconcentration in cystic fibrosis. *New England Journal of Medicine*, 312(6),329—334.

第13章 流行病研究中的设计与分析技术

13.1 绪 言

第 10 章中,我们已讨论了类型(属性)数据的分析方法。这些数据显示为 2×2 列联表或更一般的 $R \times C$ 列联表,在流行病学应用中,表头的行一般代表疾病类型,而列则表示暴露类型。这很自然地要对列联表的计数数据定义效应测度(比如相对危险度)及对此测度求置信区间。一个重要的课题是,该疾病与暴露的关系是否受其他变量(称为混杂)的影响? 本章中,我们将

(1) 学习流行病学工作中某些通用的研究设计。

(2) 对类型(属性)数据定义几个常用的效应测度。

(3) 在控制混杂变量下,学习如何判断最初疾病与暴露关系技术,包括

　　(a) Mantel-Haenszel 方法;

　　(b) Logistic 回归。

(4) 学习 meta(再)分析,这是把多次研究结果联合起来的方法。

(5) 考察几个备选的研究设计,有

　　(a) 有效对照设计(active-control design);

　　(b) 交叉设计(cross-over design)。

(6) 流行病学中某些标准方法的假设不满足时,学习使用新的数据分析技术,内有

　　(a) 对聚集性二态数据的分析方法;

　　(b) 对有实质性测量误差的数据处理方法。

13.2 研 究 设 计

我们来分析表 10.2。在这个表中,我们可以看到开始时使用口服避孕药(OC)和在 3 年随访期间发展有心肌梗塞(MI)的关系。在这个设计中,OC 使用者常被当做暴露变量,而 MI 发生者当作疾病变量。我们常把暴露与疾病关系列成表 13.1 形式。其中 $n_1 = a + b$ 是暴露下的人数,a 是暴露下而患病的人数;而 $n_2 = c + d$ 是非暴露的人数,其中 c 是有病的人数。这类研究有 3 个基本研究设计:前瞻性研究设计,回顾性研究设计和现状研究设计(或称横断面研究设计)。

表 13.1　表示暴露与疾病关系的假设性表

		疾病		
		是	否	
暴露	是	a	b	$a + b = n_1$
	否	c	d	$c + d = n_2$
		$a + c = m_1$	$b + d = m_2$	

定义 13.1　前瞻性研究(prospective study)　在这个研究中,在开始的某个时间点上没有疾病的一群人,经过一段时间后,他们中某些人发生了疾病。在这段时间内,发生疾病的人可能与开始时受某个变量(一般称为暴露变量)的影响有关。这前瞻性研究中的总体常称为**队列**(cohort)。因此,这个研究的别名为**队列研究**(cohort study)。

定义 13.2　回顾性研究(retrospective study)　在这个研究中,共有两组人群:(1) 一组在研究中有病(病例);(2) 另一组在研究中没有疾病(对照)。研究者要寻找这两组人在过去的一段时间内的某种卫生习惯是否有差异。这种形式的研究也常称为**病例-对照研究**(case-control study)。

定义 13.3　现状研究(cross-sectional study)　这个研究是在某一个时间点上,询问研究总体中的所有成员,请他们回答现在的疾病状况及他们的现在或过去的暴露状况。这种研究有时也称为**患病率研究**(prevalence study),因为它可以在某时刻上即时地比较暴露与未暴露个体之间的患病率。而前瞻性研究中感兴趣的是发病率而不是患病率。

例 13.1　心血管病　表 10.2 应用了什么形式的研究设计?

解　表 10.2 中的研究是一个前瞻性设计。所有被调查者在开始(基础时刻)时都未患病,而且都有暴露(OC 使用者)变量。而跟踪 3 年后,其中某些人患病了而其他人仍未患病(心肌梗塞)。

例 13.2　癌　例 10.4 乳腺癌国际研究中,研究设计是什么形式?

解　这是一个回顾性研究。乳腺癌患者与其对照的非乳腺癌病人同时住在一个医院中且具有相同的年龄,也同时调查她们的怀孕史(生头胎时的年龄)。

两种研究形式各有什么优点? 前瞻性研究通常是更加被肯定。因为病人讲述现在的健康状况或卫生习惯肯定比他们(或有关的个体)回忆过去的情况要更精确。其次,回顾性调查的询问中会有较大的机会出现偏差:(1) 在问卷中要获得已有疾病的一个代表性样本相当困难。因为在询问对照组时被调查者可能有病,而有疾病的人可能已死去,即样本中可能只包含有轻微疾病的人,或者只包含有已死病人,或有严重疾病的人;(2) 在疾病组调查中,病人如仍活着,或由代理人作答,如果(她)们主观认为他(她)们的病与先前的卫生习惯有关系,则在回答时往往会有倾向性的偏差。但是回顾性调查总是花费很少且可以用比前瞻性调查少得多的时间完成。例如,在例 10.4 中,如果我们使用前瞻性研究,要获得 3000 例乳腺癌,就必须要有一个很大的研究总体及跟踪很多年才有可能完成。因此,例 10.4 是花钱不多的回顾性研究。

例 13.3　高血压　我们研究所有在指定医院内出生的婴儿在出生一周内测定的血压。婴儿分成两组,如果血压高出全国平均水平 10% 以上,则认为是高血压组;而另一组为正常血压组。婴儿的血压与其出生体重有关(体重≤88 盎司为低体重,其他为正常)。这是一个现状研究。因为血压与出生体重近似于在相同时间内及时被测定。

并非所有的研究都可整齐地按定义 13.1~13.3 来划分。事实上,有些病例-对照研究的数据是以前瞻性方式收集的。

例 13.4　心血管病　医生卫生研究是一个大型随机性的临床试验。共有 22000 名 40~84 岁男性内科医生,在开始时(1982 年)没有冠心病及癌(非黑瘤癌除外)。研究目的是考察阿司匹林对冠心病的效应及 β 胡萝卜素对癌发病率的效应。因此,受试者被随机地分成 4 个处理组(组 1 接受阿司匹林安慰剂及 β 胡萝卜素安慰剂胶囊,组 2 接受活性阿司匹林及 β 胡萝卜素安慰剂胶囊,组 3 接受阿司匹林安慰剂及活性 β 胡萝卜素胶囊,而组 4 接受活性阿司匹林及活性胡萝卜素胶囊)。研究阿司匹林的目标在 1990 年停止了,因为那时已经很清楚地知道阿司匹林在预防冠心病的发展上有重要的保护作用。β 胡萝卜素目标也在 1997 年中止,因为那时已经知道 β 胡萝卜素对癌预防没有作用。作为研究的第二个目标,血样是在队列研究开始(基础)时从所有内科医生上收集来的。这个研究的部分目标是判断血样中的变态脂类与发生冠心病的关系。但是花费极其巨大,我们不可能分析所有收集到的血样。代之,仅在已发展有冠心病的人(约 300 人,为疾病组)及在未发生有冠心病的人(约 600 人,为对照组中随机抽取一个样本)。他们有近似相同的年龄,分析他们的血样。这种研究形式是病例-对照研究,但其实质却是前瞻性的嵌套研究。这种研究不能完全整齐地归纳为定义 13.1 及定义 13.2。特别地,在回顾性的病例-对照研究中的暴露变量的偏性在此未能发生,这因为血样在开始(基础)研究时已获得。而病例-对照研究的统计分析方法却可整齐地应用于此类研究形式。

本节中,我们讨论了流行病学研究中的基本设计方法。在前瞻性研究中,一群无病的个体在基础(开始)时刻被测量,再经过一段时间后,此群组的一些人患病。这种设计在观察研究中被看作是设计的金标准。但是,这种方法相对来说花费很大,因为为了保证有足够的病例,大量的受试者及相当长的时间是必需的。而在病例-对照研究中,要抽取有病的一组人(病例)及没有病的一组人(对照)。通常是采用回顾他们的卫生习惯以获取数据。这种方法花费相对很小,因为我们不需要等

待被调查者发展出疾病,而这对于某些稀有疾病常需要很长时间。这种研究设计的结果,在解释时常会遇到问题,因为

(1) 对已有疾病的人而言,很容易有回忆偏性;

(2) 易有潜在的选择偏性:

    (a) 在疾病组,比如,把某些还活着的但病情轻微的病人选进疾病组[*];

    (b) 在对照组,选取的对照者常常有不希望有的暴露变量存在。

因此,病例-对照研究常用于研究的初步阶段,判断该种研究的正当性后,再使用前瞻性研究。现状研究是处理某一时刻上的研究,除了预先不固定病例及对照组人数以外,它有与病例-对照研究相同的问题。

13.3   类型(属性)数据的效应测度

我们要在暴露与未暴露受试者之间比较疾病发生的频率。这在前瞻性研究中是最直截了当的做法,这时比较的是发病率;而在现状研究中我们是比较暴露与未暴露受试者之间的患病率。我们将对前瞻性研究的题目作讨论,是比较发病率,但是它用在现状研究中时,被称为患病率。

定义 13.4   令

$$p_1 = 暴露受试者中有病的概率$$

$$p_2 = 未暴露受试者中有病的概率$$

危险率差值(risk difference)定义为 $p_1 - p_2$。而**危险比**(率)(或相对危险度 risk ratio)(relative risk)则定义为 p_1/p_2。

13.3.1   危险率差

假设 $\hat{p}_1$ 及 $\hat{p}_2$ 分别为暴露及未暴露受试者样本中有病的比例,而样本量分别为 n_1 及 n_2。则 p_1-p_2 的无偏点估计为 $\hat{p}_1$-$\hat{p}_2$。假设这个二项分布中正态分布的假定成立,则可以使用正态分布理论近似地求出置信区间估计。由第 6 章知,$\hat{p}_1 \sim N(p_1, p_1q_1/n_1)$,$\hat{p}_2 \sim N(p_2, p_2q_2/n_2)$。因为这是两个独立的样本,于是由方程 5.10 知

$$\hat{p}_1 - \hat{p}_2 \sim N\left(p_1 - p_2, \frac{p_1q_1}{n_1} + \frac{p_2q_2}{n_2} \right)$$

如果 $p_1q_1/n_1 + p_2q_2/n_2$ 用 $\hat{p}_1\hat{q}_1/n_1 + \hat{p}_2\hat{q}_2/n_2$ 代,则有

$$Pr\left(p_1 - p_2 - z_{1-\alpha/2} \sqrt{\frac{\hat{p}_1\hat{q}_1}{n_1} + \frac{\hat{p}_2\hat{q}_2}{n_2}} \leqslant \hat{p}_1 - \hat{p}_2 \right.$$

---

[*] 或只选择很严重的疾病者,即疾病组的代表性易成问题。——译者注

$$\leqslant p_1 - p_2 + z_{1-\alpha/2} \sqrt{\frac{\hat{p}_1\hat{q}_1}{n_1} + \frac{\hat{p}_2\hat{q}_2}{n_2}} \Bigg) = 1 - \alpha$$

这可以重写为两个不等式

$$p_1 - p_2 - z_{1-\alpha/2} \sqrt{\frac{\hat{p}_1\hat{q}_1}{n_1} + \frac{\hat{p}_2\hat{q}_2}{n_2}} \leqslant \hat{p}_1 - \hat{p}_2$$

及 $$\hat{p}_1 - \hat{p}_2 \leqslant p_1 - p_2 + z_{1-\alpha/2} \sqrt{\frac{\hat{p}_1\hat{q}_1}{n_1} + \frac{\hat{p}_2\hat{q}_2}{n_2}}$$

在第 1 个不等式两边加 $z_{1-\alpha/2}\sqrt{\hat{p}_1\hat{q}_1/n_1 + \hat{p}_2\hat{q}_2/n_2}$，再减第 2 个不等式，即得

$$p_1 - p_2 \leqslant \hat{p}_1 - \hat{p}_2 + z_{1-\alpha/2} \sqrt{\frac{\hat{p}_1\hat{q}_1}{n_1} + \frac{\hat{p}_2\hat{q}_2}{n_2}}$$

及 $$\hat{p}_1 - \hat{p}_2 - z_{1-\alpha/2} \sqrt{\frac{\hat{p}_1\hat{q}_1}{n_1} + \frac{\hat{p}_2\hat{q}_2}{n_2}} \leqslant p_1 - p_2$$

这就引出下面对危险率差的点及区间估计。

方程 13.1　危险率差的点及区间估计　记 $\hat{p}_1$ 及 $\hat{p}_2$ 是前瞻性研究中样本量分别为 n_1 及 n_2 中有病者的比例。危险率差的点估计为 $\hat{p}_1 - \hat{p}_2$。它的 $95\% \times (1-\alpha)$ 的置信区间为

$$\hat{p}_1 - \hat{p}_2 - [1/(2n_1) + 1/(2n_2)] \pm z_{1-\alpha/2} \sqrt{\hat{p}_1\hat{q}_1/n_1 + \hat{p}_2\hat{q}_2/n_2}, \text{如 } \hat{p}_1 \geqslant \hat{p}_2$$

$$\hat{p}_1 - \hat{p}_2 + [1/(2n_1) + 1/(2n_2)] \pm z_{1-\alpha/2} \sqrt{\hat{p}_1\hat{q}_1/n_1 + \hat{p}_2\hat{q}_2/n_2}, \text{如 } \hat{p}_1 \leqslant \hat{p}_2$$

这个置信区间的适用条件为 $n_1\hat{p}_1\hat{q}_1 \geqslant 5$ 及 $n_2\hat{p}_2\hat{q}_2 \geqslant 5$。*

例 13.5　心血管病　考察表 10.2 中的 OC-MI 数据，请提供妇女使用 OC 者及不使用 OC 者的 MI 发病率的点估计及危险率差的 95% 置信区间估计。

解　此处 $n_1 = 5000$，$\hat{p}_1 = 13/5000 = 0.0026$；$n_2 = 10000$，$\hat{p}_2 = 7/10000 = 0.0007$。于是危险率差（$p_1 - p_2$）的点估计为 $\hat{p}_1 - \hat{p}_2 = 0.0026 - 0.0007 = 0.0019$。因为 $n_1\hat{p}_1\hat{q}_1 = 13.0 \geqslant 5$，$n_2\hat{p}_2\hat{q}_2 = 7.0 \geqslant 5$，所以，方程 13.1 中的大样本置信区间是适用的。95% 置信区间为

$$0.0026 - 0.0007 - \left[\frac{1}{2(5000)} + \frac{1}{2(10000)} \right]$$

$$\pm 1.96 \sqrt{\frac{0.00026(0.9974)}{5000} + \frac{0.0007(0.9993)}{10000}}$$

$$= 0.00175 \pm 1.96(0.00077)$$

$$= 0.00175 \pm 0.00150 = (0.0002, 0.0033)$$

---

* 请对比方程 10.3 中 z 检验公式中的分母(P342)。即从方程 10.3 出发推导置信区间是不合适的，因为此处 $H_0: p_1 = p_2 = p$ 不一定成立，所以 z 的分母不是 $\hat{p}_1 - \hat{p}_2$ 的标准误，这是常见的错误。——译者注

13.3.2 危险(率)比(相对危险度)

危险(率)比($RR = p_1/p_2$)的点估计为

方程 13.2 $\hat{RR} = \hat{p}_1/\hat{p}_2$

要获得区间估计,我们将认为二项分布用正态分布近似是合适的。在此假设下,我们认为 $\ln(\hat{RR})$ 的样本分布比 $\hat{RR}$ 本身更接近于正态分布。

我们注意到

$$
\begin{aligned}
\mathrm{Var}[\ln(\hat{RR})] &= \mathrm{Var}[\ln(\hat{p}_1) - \ln(\hat{p}_2)] \\
&= \mathrm{Var}[\ln(\hat{p}_1)] + \mathrm{Var}[\ln(\hat{p}_2)]
\end{aligned}
$$

要求得 $\mathrm{Var}[\ln(\hat{p}_1)]$,我们使用有名的 **δ 方法**(delta method)。

方程 13.3 δ 方法 一个随机变量 X 的函数 $f(X)$ 的方差近似于

$$
\mathrm{Var}[f(X)] \cong [f'(X)]^2 \mathrm{Var}(X)
$$

例 13.6 使用 delta 方法求 $\ln(\hat{p}_1), \ln(\hat{p}_2)$, 及 $\ln(\hat{RR})$ 的方差。

解 此例中,$f(X) = \ln(X)$,因为 $f'(X) = 1/X$,所以有

$$
\mathrm{Var}[\ln(\hat{p}_1)] = \frac{1}{\hat{p}_1^2}\mathrm{Var}(\hat{p}_1) = \frac{1}{\hat{p}_1^2}\left(\frac{\hat{p}_1\hat{q}_1}{n_1}\right) = \frac{\hat{q}_1}{\hat{p}_1 n_1}
$$

因为由表 13.1 知,$\hat{p}_1 = a/n_1, \hat{q}_1 = b/n_1$,所以

$$
\mathrm{Var}[\ln(\hat{p}_1)] = \frac{b}{an_1},
$$

类似地,有

$$
\mathrm{Var}[\ln(\hat{p}_2)] = \frac{\hat{q}_2}{\hat{p}_2 n_2} = \frac{d}{cn_2}
$$

于是有

$$
\mathrm{Var}[\ln(\hat{RR})] = \frac{b}{an_1} + \frac{d}{cn_2}
$$

或

$$
se[\ln(\hat{RR})] = \sqrt{\frac{b}{an_1} + \frac{d}{cn_2}}
$$

于是 $\ln\hat{RR}$ 的双侧 $100\% \times (1-\alpha)$ 区间为

方程 13.4

$$
\left[\ln(\hat{RR}) - z_{1-\alpha/2}\sqrt{\frac{b}{an_1} + \frac{d}{cn_2}}, \quad \ln(\hat{RR}) + z_{1-\alpha/2}\sqrt{\frac{b}{an_1} + \frac{d}{cn_2}}\right]
$$

对上述区间的两端取反对数,即得 RR 的 $100\% \times (1-\alpha)$ 区间如下。

方程 13.5

$$\left[e^{\ln(\hat{RR}) - z_{1-\alpha/2}\sqrt{b/(an_1)+d/(cn_2)}}, e^{\ln(\hat{RR}) + z_{1-\alpha/2}\sqrt{b/(an_1)+d/(cn_2)}}\right]$$

于是危险率比的估计可以总结如下。

方程 13.6 危险(率)比的点及区间估计 记 $\hat{p}_1, \hat{p}_2$ 是由样本量分别为 n_1 及 n_2 的前瞻性研究中暴露及非暴露受试者中发展有疾病的样本比例。危险(率)比 (或相对危险度)的点估计为 $\hat{p}_1/\hat{p}_2$,它的 $100\%(1-\alpha)$ 的置信区间为 $[\exp(c_1), \exp(c_2)]$,其中

$$c_1 = \ln(\hat{RR}) - z_{1-\alpha/2}\sqrt{\frac{b}{an_1} + \frac{d}{cn_2}}$$

$$c_2 = \ln(\hat{RR}) + z_{1-\alpha/2}\sqrt{\frac{b}{an_1} + \frac{d}{cn_2}}$$

此处 a, b = 暴露的受试者发展出疾病及没有疾病的人数;c, d = 未暴露的受试者发展出疾病及没有疾病的人数。上述方法的适用条件是 $n_1\hat{p}_1\hat{q}_1 \geqslant 5$ 及 $n_2\hat{p}_2\hat{q}_2 \geqslant 5$。

例 13.7 心血管病 考察表 10.2,求 OC 使用及不使用者发生 MI 病的相对危险度的点估计及 95% 置信区间。

解 例 13.5 中,我们已知 $\hat{p}_1 = 13/5000 = 0.0026$, $n_1 = 5000$, $n_2 = 10000$, $\hat{p}_2 = 7/10000 = 0.0007$。于是 RR 的点估计为 $\hat{RR} = \hat{p}_1/\hat{p}_2 = 0.0026/0.0007 = 3.71$。计算 95% CI,我们求方程 13.6 中的 c_1、c_2。此处 $a = 13$, $b = 4987$, $c = 7$, 及 $d = 9993$,于是

$$c_1 = \ln\left(\frac{0.0026}{0.0007}\right) - 1.96\sqrt{\frac{4987}{13(5000)} + \frac{9993}{7(10000)}}$$
$$= 1.312 - 1.96(0.4685)$$
$$= 1.312 - 0.918 = 0.394$$
$$c_2 = 1.312 + 0.918 = 2.230$$

因此,RR 的 95% CI 为 $(e^{0.394}, e^{2.230}) = (1.5, 9.3)$。

13.3.3 优势比

13.3.2 节中引进危险(率)比(或相对危险度)。相对危险度可以表示成暴露组及非暴露组的疾病概率之比(p_1/p_2)。这虽然很容易理解,但缺点是受分母的概率影响太大。比如,$p_2 = 0.5$ 时,$1/0.5 = 2$;如 $p_2 = 0.8$,则 $1/p_2 = 1.25$。为了避免这种限制,对于涉及两个比例问题的另外一种测度称为优势比(odds ratio),有的书译为"比值比"。对"成功"事件有利的"优势"定义如下。

定义 13.5 如果一个事件"成功"发生的概率为 p,则有利于"成功"发生的

"优势"(odds)为 $p/(1-p)$。

如果有两个概率 p_1, p_2,则分别可以计算得两个优势,这时要对它们作比较,则引进了下面涉及两个概率的有用测度。

定义 13.6　记 p_1, p_2 分别是两组中"成功"(比如"死亡")事件发生的概率。则**优势比**(odds ratio, 简记为 **OR**)*定义为

$$OR = \frac{p_1/q_1}{p_2/q_2} = \frac{p_1 q_2}{p_2 q_1},$$

样本估计为

$$\widehat{OR} = \frac{\hat{p}_1 \hat{q}_2}{\hat{p}_2 \hat{q}_1}$$

等价地,对于如表 13.1 中的 2×2 四格列联表,则

$$\widehat{OR} = \frac{[a/(a+b)] \times [d/(c+d)]}{[c/(c+d)] \times [b/(a+b)]} = \frac{ad}{bc}$$

在前瞻性研究中,优势比可以看作为暴露组中疾病发生的优势与非暴露组中疾病发生的优势之比。有时也称为疾病优势比*。

定义 13.7　疾病优势比(disease odds ratio)　是暴露组中有利于疾病的优势除以非暴露组中有利于疾病的优势。

例 13.8　心血管病　使用表 10.2 中 OC-MI 数据,在 OC 使用与不使用者中估计 MI 的优势比(也就是疾病优势比)。

解　我们已有 $\hat{p}_1 = 0.0026$, $\hat{q}_1 = 0.9974$, $\hat{p}_2 = 0.0007$, $\hat{q}_2 = 0.9993$ 于是

$$\widehat{OR} = \frac{0.0026(0.9993)}{0.0007(0.9974)} = 3.72$$

这意味着 OC 使用者 MI 的疾病比是非 OC 使用者 MI 疾病比的 3.7 倍。$\widehat{OR}$ 也可以直接从表 10.2 的列联表中算出;即

$$\widehat{OR} = \frac{13 \times 9993}{7 \times 4987} = 3.72$$

如果暴露组与非暴露组中有疾病的概率相同。则 OR=1。反之,如优势比大于 1,这指示暴露者有病的机会要大于非暴露者;而当优势比小于 1 时,这指出非暴露者有病的机会要大于暴露者。注意,在优势比中没有象相对危险度那样受 p_2 太大的影响。特别地,暴露者中患病的概率(p_1)常近似于 0,于是 OR 近似于 0;而当 p_1 近似于 1 时,则不论非暴露者中 p_2 多大,OR 值总近似于 ∞。当把几个 2×2 表联合在一起时,如后面 13.5 节那样,则 OR 的优点更明显。最后,如"成功"发生的概率低时(即 p_1, p_2 很小时),则每个 $1-p_1$,及 $1-p_2$ 都近似于 1,则可以看出,这时的优势比将近似于 OR,它在罕见病中就是这样。

---

* 国内有的流行病学书中把"有病"的优势称为"发病比"。因此"优势比"也就是暴露组与非暴露组中"发病比"的商。后面,我们有时把"优势"或"发病比"译成"疾病比"。——译者注

例 13.8 中,我们把"优势比"看做"疾病优势比"。但是另一方法是把优势比看作是"暴露优势比"。

定义 13.8 暴露优势比(exposure odds ratio) 是有病者中有利于暴露的优势除以无病者中有利于暴露的优势。

方程 13.7 暴露优势比 $= \dfrac{[a/(a+c)]/[c/(a+c)]}{[b/(b+d)]/[d/(b+d)]}$

$= \dfrac{ad}{bc} = $ 疾病优势比

因此,暴露优势比与疾病优势比相同。这些测度在疾病-对照研究中是特别有用。在前瞻性研究中,我们已经看到有危险(率)差,危险(率)比,或优势比都可以使用于两率的比较。而对于疾病-对照研究,我们不能直接估计危险(率)差或危险(率)比。要问为什么,请看下面的理由。记 A, B, C, D 分别是所研究总体的真实成员数,而对应的 a, b, c, d 是对应的总体中样本的成员数,关系如表 13.2。

表 13.2 在研究总体及其样本中描述暴露-疾病关系的假设性表

		样本				总体	
		疾病				疾病	
		是	否			是	否
暴露	是	a	b	暴露	是	A	B
	否	c	d		否	C	D

在病例-对照研究中,假设我们研究的样本中病例数在总体的疾病数中所占的比例为 f_1(它是随机变量),样本中没有疾病者在总体的没有疾病数中所占的比例为 f_2(随机变量)。假设这里没有抽样偏差,因此 f_1 即是样本中暴露及非暴露个体中病例数在总体病例数中所占的比例,f_2 则是暴露及非暴露个体中非疾病者在总体中相应项所占的比例。因此,$a = f_1 A, c = f_1 C, b = f_2 B, d = f_2 D$。即得

方程 13.8 $\widehat{RR} = \dfrac{a/(a+b)}{c/(c+d)}$

$= \dfrac{f_1 A/(f_1 A + f_2 B)}{f_1 C/(f_1 C + f_2 D)}$

$= \dfrac{A/(f_1 A + f_2 B)}{C/(f_1 C + f_2 D)}$

但是由表 13.2,在研究总体中真实的相对危险度是

方程 13.9 $RR = \dfrac{A/(A+B)}{C/(C+D)}$

从方程 13.8 及 13.9 右边可见,仅当 $f_1 = f_2$ 时,即当有病及无病的样本在总体中

的比例数相同时,才会有上两式右边相等。但是,很不幸地在病例-对照研究中,由于样本设计时,病例数比例(f_1)几乎总是超过 f_2,因此方程 13.8 不是 RR 的无偏估计。

例 13.9   癌   研究饮食习惯与结肠癌的关系。假设 100 名结肠癌患者选自肿瘤登记处,而 100 名对照者与患病者组生活在同一社区而且年龄及性别相同。这样在样本中病例组与对照组数目相同。但实际上结肠癌在该社区中的比例很低。因此,f_1 实际上远大于 f_2。这样,$\hat{\text{RR}}$ 将提供 RR 的一个偏性估计,这在几乎所有的病例-对照中都如此,也就是说,$\hat{\text{RR}}$ 实际上是 RR 的一个有偏估计,至少在大多数病例-对照研究中如此。这在危险率差异的研究中也如此。但是,我们如用表 13.2 去估计优势比,这时

$$\hat{\text{OR}} = \frac{ad}{bc}$$

$$= \frac{f_1 A(f_2 D)}{f_2 B(f_1 C)}$$

$$= \frac{AD}{BC} = \text{OR}$$

可见,样本估计的优势比,实际上它是研究总体中优势比的一个无偏估计。我们可以从方程 13.7 中看到,对于 2×2 表中有关暴露与疾病的关系,暴露与疾病的优势比也相同,即不论采样怎样都是如此。因此,病例-对照研究中的优势比实际上提供了真实的疾病优势比的无偏估计。而当所研究的疾病是罕见病时,疾病优势比与危险比近似相同,即在病例-对照研究中允许我们可以间接地估计危险(率)比。

一般地,在病例-对照研究中估计危险比的方法汇总如下。

方程 13.10   病例-对照研究中危险(率)比的估计   假设我们有涉及暴露与疾病的 2×2 表如表 13.1 所示。如果数据按病例-对照研究设计而收集,而所研究的疾病又是很罕见的(即疾病的发病率<0.10),则我们可以用下式估计危险比

$$\hat{\text{RR}} \cong \hat{\text{OR}} = \frac{ad}{bc}$$

例 13.10   癌   对表 10.1 中数据,对初娩时年龄≥30 岁的妇女与初娩时年龄≤29 岁的妇女估计乳腺癌的危险(率)比。

解   估计优势比用

$$\hat{\text{OR}} = \frac{ad}{bc}$$

$$= \frac{683(8747)}{2537(1498)} = 1.57$$

这也就是危险(率)比的估计,因为乳腺癌在妇女中很普遍,但除了很老的妇女以外,一般人群中妇女的乳腺癌发病率还是相对较低的。

13.3.4 优势比的区间估计

13.3.3 节中我们讨论了优势比的估计。我们知道在病例-对照研究中,对于罕见疾病,优势比可提供危险(率)比的近似估计。下面用最通用的方法,即 Woolf 方法[1]求置信区间。Woolf 证明,近似地有

$$\text{Var}[\ln(\hat{\text{OR}})] \cong \frac{1}{a} + \frac{1}{b} + \frac{1}{c} + \frac{1}{d}$$

此处 a, b, c, d 是 2×2 表中对应的 4 个频数,见表 13.1。证明如下。

由优势比的定义 13.6 知,优势比是 $(\hat{p}_1/\hat{q}_1)/(\hat{p}_2/\hat{q}_2)$,此处 $\hat{p}_1 = a/(a+b)$, $\hat{p}_2 = c/(c+d)$,$\hat{q}_1 = 1 - \hat{p}_1$,$\hat{q}_2 = 1 - \hat{p}_2$ 进而,

$$\begin{aligned}\text{Var}[\ln(\hat{\text{OR}})] &= \text{Var}[\ln(\hat{p}_1/\hat{q}_1)/(\hat{p}_2/\hat{q}_2)] \\ &= \text{Var}[\ln(\hat{p}_1/\hat{q}_1) - \ln(\hat{p}_2/\hat{q}_2)] \\ &= \text{Var}[\ln(\hat{p}_1/\hat{q}_1)] + \text{Var}[\ln(\hat{p}_2/\hat{q}_2)]\end{aligned}$$

求 $\text{Var}[\ln(\hat{p}_1/\hat{q}_1)]$,我们使用 delta 方法,有

$$\frac{\mathrm{d}[\ln(\hat{p}_1/\hat{q}_1)]}{\mathrm{d}\hat{p}_1} = \frac{1}{\hat{p}_1\hat{q}_1}$$

而已知 $\text{Var}(\hat{p}_1) = \hat{p}_1\hat{q}_1/(a+b)$
所以,

$$\begin{aligned}\text{Var}[\ln(\hat{p}_1/\hat{q}_1)] &= \left(\frac{1}{\hat{p}_1\hat{q}_1}\right)^2 \frac{\hat{p}_1\hat{q}_1}{a+b} \\ &= \frac{1}{(a+b)\hat{p}_1\hat{q}_1} \\ &= \frac{1}{(a+b)\left(\frac{a}{a+b}\right)\left(\frac{b}{a+b}\right)} \\ &= \frac{a+b}{ab} = \frac{1}{a} + \frac{1}{b}\end{aligned}$$

类似地,可得 $\text{Var}[\ln(\hat{p}_2/\hat{q}_2)] = \frac{1}{c} + \frac{1}{d}$。这就引出

$$\text{Var}[\ln(\hat{\text{OR}})] = \frac{1}{a} + \frac{1}{b} + \frac{1}{c} + \frac{1}{d}$$

如果用病例-对照研究代替前瞻性研究,也有类似结果。

如果我们认为 $\ln(\hat{\text{OR}})$ 近似于正态[*],则 $\ln(\text{OR})$ 的 $100\% \times (1-\alpha)$CI 为

---

* 可以简单证明,此正态性成立。——译者注

$$\ln(\hat{OR}) \pm z_{1-\alpha/2} \sqrt{\frac{1}{a} + \frac{1}{b} + \frac{1}{c} + \frac{1}{d}}$$

取反对数,即得 OR 的 $100\% \times (1-\alpha)$CI 为

$$e^{\ln(\hat{OR}) \pm z_{1-\alpha/2}\sqrt{1/a+1/b+1/c+1/d}}$$

$$= \left(\hat{OR}\, e^{-z_{1-\alpha/2}\sqrt{1/a+1/b+1/c+1/d}}, \ \hat{OR}\, e^{z_{1-\alpha/2}\sqrt{1/a+1/b+1/c+1/d}} \right)$$

这个方法可以汇总如下。

方程 13.11　优势比的点估计及区间估计(Woolf 方法)　设涉及暴露与疾病的有 2×2 列联表,对应的格子分布如表 13.1,计数分别为 a, b, c, d。

(1) 真实优势比的点估计为 $\hat{OR} = ad/bc$。

(2) OR 的近似双侧估计为 (e^{c_1}, e^{c_2}),此处

$$c_1 = \ln(\hat{OR}) - z_{1-\alpha/2} \sqrt{\frac{1}{a} + \frac{1}{b} + \frac{1}{c} + \frac{1}{d}}$$

$$c_2 = \ln(\hat{OR}) + z_{1-\alpha/2} \sqrt{\frac{1}{a} + \frac{1}{b} + \frac{1}{c} + \frac{1}{d}}$$

(3) 在前瞻性或现状研究中,(2)中的 CI(置信区间)仅在 $n_1 \hat{p}_1 \hat{q}_1 \geqslant 5$ 及 $n_2 \hat{p}_2 \hat{q}_2 \geqslant 5$ 时适用,

此处

$n_1 =$ 暴露组数目

$\hat{p}_1 =$ 暴露组中有病者在样本中的比例且 $\hat{q}_1 = 1 - \hat{p}_1$

$n_2 =$ 非暴露组数目

$\hat{p}_2 =$ 非暴露组中有病者在样本中的比例,且 $\hat{q}_2 = 1 - \hat{p}_2$。

(4) 在病例-对照研究中,CI 适用的条件是

$$m_1 \hat{p}_1^* \hat{q}_1^* \geqslant 5 \ \text{及} \ m_2 \hat{p}_2^* \hat{q}_2^* \geqslant 5$$

此处

$m_1 =$ 病例组数目

$\hat{p}_1^* =$ 暴露组中疾病者的比例,$\hat{q}_1^* = 1 - \hat{p}_1^*$

$m_2 =$ 对照组数目

$\hat{p}_2^* =$ 非暴露组中疾病者的比例,$\hat{q}_2^* = 1 - \hat{p}_2^*$

(5) 在研究的总体中如疾病是罕见的,则 $\hat{OR}$ 及它的 $100\% \times (1-\alpha)$CI 可以解释为危险(率)比的近似点估计及置信区间。这在病例-对照研究中特别重要,因为病例-对照研究中没有危险比合适的定义。

例 13.11　表 10.1 中数据涉及妇女初婚时年龄与乳腺癌发病率,请估计优势比及 95% 置信区间。

解　由例 13.10,我们知道优势比的点估计为 1.572。求区间估计时,首先求

$\ln(OR)$的$95\%CI$。

$$\ln(\hat{OR}) \pm z_{0.975} \sqrt{\frac{1}{a} + \frac{1}{b} + \frac{1}{c} + \frac{1}{d}}$$

$$= \ln(1.572) \pm 1.96 \sqrt{\frac{1}{683} + \frac{1}{2537} + \frac{1}{1498} + \frac{1}{8747}}$$

$$= 0.452 \pm 1.96(0.0514)$$

$$= 0.452 \pm 0.101 = (0.352, 0.553)$$

于是OR的$95\%CI$为

$$(e^{0.352}, e^{0.553}) = (1.42, 1.74)$$

因为这个$95\%CI$中未包含1,因此我们可以下结论,此OR显著大于1,而这是相对罕见的疾病,所以我们也可以认为这个区间也就是危险比(OR)的近似95%置信区间。

本节中,我们学习了危险(率)差,危险(率)比及优势比,它们都是流行病学中的基本效应测度。危险(率)差及危险(率)比可以直接由前瞻性研究中得出估计,但是不能从病例-对照研究中得出。优势比既可以从前瞻性研究中求出,也可以从病例-对照研究中求出。当结果变量是罕见病时,病例-对照研究中的优势比提供了危险比的间接估计。我们也介绍了上述效应测度的大样本方法及估计置信区间,如果我们知道随机变量(X)的方差,我们就可以用一般性技术(delta方法)去求随机变量函数[比如,$\ln(X)$]的方差。

13.4　混杂和分层

13.4.1　混杂

当我们在考察一种疾病与一个暴露变量的关系时,一件重要的事是要控制与疾病和暴露变量有关的其他变量的影响。

定义 13.9　一个**混杂变量**(confounding variable)是一个与疾病和暴露变量都有关的变量。这样的变量在考察疾病与暴露的关系前必须加以控制。

表 13.3　肺癌发病率与酗酒状态的原始数据

		肺癌		
		是	否	
饮酒状态	酗酒	33	1667	1700
	不饮酒	27	2273	2300
		60	3940	4000

例 13.12　癌　假设我们感兴趣的是肺癌的发病率与酗酒之间的关系。我们用前瞻性研究,先在开始(基础时间)时记录饮酒状态,再跟踪 10 年,从而考察癌的状况。构建一个 2×2 表,见表 13.3。表中比较的是酗酒(每天 2 杯及以上)与不喝酒者。

因为肺癌是一种罕见病。因此计算优势比 = $(33 \times 2273)/(27 \times 1667) = 1.67$ 可以看做是危险(率)比的估计。此结果显示,酗酒似是肺癌的一个危险因子。

表 13.3 被标以"原始",是因为表 13.3 中的肺癌与饮酒状态的关系中未对任何可能的混杂变量加以调整。这样的混杂变量中,抽烟是可能的一个,因为抽烟可能与酗酒及肺癌发生关系:抽烟者比不抽烟者可能更易发生肺癌及可能酗酒。要研究这个假设,我们可以对抽烟者加以控制(即在开始时刻分开抽烟者及不抽烟者),再去考察肺癌与酗酒的关系。这样的数据见表 13.4。

表 13.4　按开始时刻的抽烟状况分别统计肺癌与酗酒的关系

		(a) 开始时就是抽烟者					(b) 开始时为非抽烟者		
		肺癌					肺癌		
		是	否				是	否	
饮酒状况	酗酒	24	776	800	饮酒状况	酗酒	9	891	900
	不饮酒	6	194	200		不饮酒	21	2079	2100
		30	970	1000			30	2970	3000

我们看见,抽烟与饮酒有关:1000 名抽烟者中 800 人酗酒(80%),而 3000 名不抽烟者中仅 900 人(30%)酗酒。而抽烟也与肺癌有关:1000 名抽烟者中有 30 人发展有肺癌(3%),而 3000 名非抽烟者中仅 30 人发展有肺癌(1%)。

例 13.13　癌　控制了抽烟后,研究肺癌与饮酒状况的关系。

解　我们在控制抽烟情况后,再计算表 13.4a 及 b 中肺癌的发生与饮酒状况的优势比。在抽烟者中肺癌对饮酒状况的优势比的 $OR = (24 \times 194)/(6 \times 776) = 1.0$;同时在非抽烟者中 $OR = (9 \times 2079)/(21 \times 891) = 1.0$。这说明在控制可能的混杂变量抽烟后,肺癌与酗酒没有关系。

定义 13.10　在疾病-暴露关系分析中,把数据按一个或多个潜在的混杂变量的水平分成若干小组,这称为"**分层**"(stratification),这些小组就称为"**层**"(strata)。

在上述吸烟的例子中,吸烟称为"**正混杂**",因为肺癌的发病率与酗酒的关系与是否抽烟有相同的方向。

定义 13.11　符合下面之一情况的混杂称为**正混杂**(positive confounder)

(1) 该变量与暴露及疾病两者的关系都是正向的,或

(2) 该变量与暴露及疾病两者的关系都是负向的。

在控制正向混杂后,调整后的危险(率)比或优势比要比原始的危险(率)比或优势比的值低。

定义 13.12　符合下面之一情况的混杂称为**负混杂**(negative confounder)

(1) 该混杂变量与疾病成正的关系而与暴露成负的关系,或

(2) 该混杂变量与疾病成负的关系而与暴露成正的关系。

调整负混杂后,调整了的危险(率)比或优势比会大于原始的危险(率)比或优势比。

例 13.14　癌　表 13.4 中,抽烟的混杂是什么形式?

解　是正向混杂,因为抽烟与酗酒(暴露)及与肺癌(疾病)两者都呈正向相关。实际上,肺癌与饮酒状况间的原始优势比(OR=1.67)高于控制抽烟后的两个优势比(两个 OR=1)。

例 13.15　心血管病　Shapiro 等[2]研究分析了对年龄分层后,口服避孕药(OC)与心肌梗塞(MI)的关系,数据见表 13.5。

表 13.5　年龄分层后,心肌梗塞(MI)与口服避孕药的关系

年龄	最近使用 OC	病例(MI)	对照	$\widehat{OR}$	OC 使用者比例/%	MI 使用者比例/%
25~29	是	4	62	7.2	23	2
	否	2	224			
30~34	是	9	33	8.9	9	5
	否	12	390			
35~39	是	4	26	1.5	8	9
	否	33	330			
40~44	是	6	9	3.7	3	16
	否	65	362			
45~49	是	6	5	3.9	3	24
	否	93	301			
总数	是	29	135	1.7		
	否	205	1607			

我们看见年龄别优势比几乎都比不加控制时的原始优势比(1.7)要高。此处年龄是负混杂因子,因为它对 OC 使用者是负向联系(年老妇女使用 OC 者通常比年轻妇女使用 OC 者少)而对疾病是正向联系(年老妇女比年轻妇女有更多的 MI)。于是年龄别优势比趋向于比原始优势比为高。

通常会有一个问题,在我们研究暴露与疾病关系时,什么时候对混杂变量加以控制是合理的?这依赖于该混杂因素是否是"暴露与疾病"之间的因果链条之中。

定义 13.13　在暴露与疾病的**因果链**(causal pathway)中,满足:(1)暴露可作为原因而影响混杂因子,及(2)混杂因子可作为原因而影响疾病,则认为它是混杂因子。

例 13.16　心血管病　假设我们研究肥胖与冠心病的可能联系。如果我们检查肥胖与冠心病之间的大致关系时,我们常常可以发现肥胖的人常常会比正常人有更高的冠心病患病率。可是肥胖与高血压及糖尿病两者呈正的相关。某些研究显示,一旦高血压和(或)糖尿病被当作混杂变量加以控制,则肥胖与冠心病的发生仅有微弱甚至没有关系。这是否表示肥胖与冠心病没有实际联系?

解　否,不是这样的。如果肥胖是引发高血压及糖尿病的一个重要原因,而后两个又是发生冠心病的原因,那么高血压及糖尿病就处在肥胖与发生冠心病的因果链之中。因为它们是在因果链之中,就把高血压或糖尿病看做是肥胖与冠心病之间的混杂因子是不合适的。

决定因果链上的因素是否为混杂因子应该从生物学上而不是从纯统计学上考虑。

13.4.2　标准化

年龄常常是暴露与疾病之间的一个重要混杂因素。因此,作为一个传统手段,在考察疾病与暴露的关系时,年龄常常被加以控制。第一步常是分别计算年龄标准化后暴露与非暴露组中有关的率。这里"年龄标准化(age standardization)"意味着在暴露组及非暴露组中的期望率是从一个标准参考总体中的年龄分布中计算出来的。如果对暴露及非暴露组中使用同样的标准,则在这两个标准化率之间就可以作比较,而这种比较不会被两个总体之间可能的年龄差异所混淆。

表 13.6　在使用与不使用避孕药(OC)者中杆菌尿的危险性

	有杆菌尿的百分数			
	使用 OC 者		不使用 OC 者	
年龄组	%	人数(n)	%	人数(n)
16~19	1.2	84	3.2	281
20~29	5.6	284	4.0	552
30~39	6.3	96	5.5	623
40~49	22.2	18	2.7	482

注:获 *New England Journal of Medicine*, 299, 536~537, 1978 准许。

例 13.17　传染病　尿(杆菌尿)中存在的细菌常与肾病相联系。口服避孕药(OC)对于杆菌尿的可能作用常有争论,以下有几个研究报告。下面的数据是从 50 岁以下的非怀孕绝经前期的人群中收集到的[3]。表 13.6 中数据是按年龄计算的。杆菌尿的患病率一般随年龄的增加而增加。另外,在 OC 使用者及不使用者中的年龄分布有相当大的差别,年轻妇女中 OC 的使用更为普遍。于是为了描述方便,我们将分别对 OC 使用及不使用者计算杆菌尿的年龄标准化率,及使用危险(率)比去比较它们。

定义 13.14 设在所研究的总体中,人们被分成 k 个年龄组。设在第 i 年龄组中暴露者中疾病的危险率(即概率)为 $\hat{p}_{i1} = x_{i1}/n_{i1}$,其中 $x_{i1} =$ 第 i 年龄组中暴露人群中患病人数,$n_{i1} =$ 第 i 年龄组中暴露人数,$i = 1, 2, \cdots, k$。而第 i 年龄组中非暴露人群疾病的危险率为 $\hat{p}_{i2} = x_{i2}/n_{i2}$,此处 $x_{i2} =$ 第 i 年龄组中非暴露人群中患病的人数,$n_{i2} =$ 第 i 年龄组中非暴露组人数,$i = 1, \cdots, k$。令 $n_i =$ 在一个标准总体中第 i 年龄组中的人数,$i = 1, \cdots, k$。

暴露者中疾病的**年龄-标准化危险率**为

$$\hat{p}_1^* = \sum_{i=1}^{k} n_i \hat{p}_{i1} / \sum_{i=1}^{k} n_i;$$

非暴露者中疾病的**年龄-标准化危险率**为

$$\hat{p}_2^* = \sum_{i=1}^{k} n_i \hat{p}_{i2} / \sum_{i=1}^{k} n_i;$$

标准化危险(率)比 $= \hat{p}_1^* / \hat{p}_2^*$。

例 13.18 传染病 使用表 13.6 的数据,分别计算 OC 使用者及非 OC 使用者杆菌尿的年龄-标准化危险率,及上两组中杆菌尿的标准化危险(率)比。

解 这个研究中人群的年龄分布是

年龄组	n
16～19	365
20～29	836
30～39	719
40～49	500
总数	2420

这时 OC 使用者(暴露组)杆菌尿的年龄标准化危险率为

$$\hat{p}_1^* = \frac{365(0.012) + 836(0.056) + 719(0.063) + 500(0.222)}{2420}$$

$$= \frac{207.493}{2420} = 0.086$$

非 OC 使用者(非暴露组)杆菌尿的年龄标准化危险率为

$$\hat{p}_2^* = \frac{365(0.032) + 836(0.040) + 719(0.055) + 500(0.027)}{2420}$$

$$= \frac{98.165}{2420} = 0.041$$

而标准化危险(率)比 = 0.086/0.041 = 2.1。

标准化方法有时称为**直接标准化**(direct standardization)。年龄标准化危险率的使用,有时会引起争论,因为它的结果依赖于所使用的标准化总体。但是时间等原因的限制,不可能在一篇论文中找出理想的标准化人口,而读者总可以很快地汇总所有关于年龄标准化率的结果。

在控制混杂上,使用标准化率是一种好的描述性统计。下一节中,我们将讨论在判断疾病-暴露关系的一个假设检验框架中,如何使用 Mantel-Haenszel 检验去控制混杂。最后,标准化法也可以使用于年龄以外的分层上。比如,用于对年龄及性别的分层。类似的方法也可得出年龄-性别标准化危险率,及在定义 13.14 中的标准化危险比。

本节中,我们介绍了混杂变量(C)的概念,它是一个与疾病(D)及暴露(E)有关的变量。进而,我们把混杂变量分成正混杂——如果 C 与 D 及 C 与 E 有相同的关联方向;及负混杂——如果 C 与 D 的关联方向不同于 C 与 E 的关联方向。我们还讨论了对一个混杂变量是否应该加以控制,按照变量 C 是否处在 E 与 D 的因果链之中。最后,因为年龄常常是重要的混杂变量,因此有理由在控制年龄时去考察相对危险度的描述性比例测度。这些测度就是年龄-标准化比例及危险(率)比。

13.5　分层的类型数据统计推断方法
——Mentel-Haenszel 检验

例 13.19　癌　1985 年的一个研究,对 15~59 岁的 518 名癌病例组及与癌病人在年龄-性别配对的组[4]中使用邮寄问卷法。研究的主要目的是看被动吸烟对癌危险率的影响。在此研究中,被动吸烟是一个暴露变量,其配偶是吸烟者,每天至少吸一支且已有 6 个月以上的吸烟史。这里的混杂变量就是被动吸烟者本人是否也吸烟。因为本人是否吸烟也与癌及配偶的吸烟有联系。因此,我们在观察被动吸烟与癌的发生关系时应控制本人是否也吸烟的变量。

我们把此例中的数据显示成表 13.7 及 13.8。表 13.7 是本人不是吸烟者的 2×2 表,而表 13.8 是本人也是吸烟者。

被动吸烟的效应可以按吸烟及不吸烟分开计算。表 13.7 中的非吸烟者优势比是(120×155)/(80×111) = 2.1;对应的表 13.8 中,优势比是(161×124)/(130×117) = 1.3。这两个表的结果显示,两表有相同的方向性,即被动吸烟者更易发生癌。关键问题是如何结合这两个表的结果以获得被动吸烟效应的整体检验显著性。

表 13.7　非吸烟者中被动吸烟与癌的关系

病例-对照状态	被动吸烟		总计
	是	否	
病例	120	111	231
对照	80	155	235
总计	200	266	466

注：获 *American Journal of Epidemiology*, 121(1), 37～48, 1985 准许。

表 13.8　吸烟者中被动吸烟与癌的关系

病例-对照状态	被动吸烟		总计
	是	否	
病例	161	117	278
对照	130	124	254
总计	291	241	532

注：获 *American Journal of Epidemiology*, 121(1), 37～48, 1985 准许。

　　一般地, 当数据常按一个或多个混杂变量分成 k 层(组)时, 以使各层内部是尽可能地齐性。设每层的 2×2 表如表 13.9。

表 13.9　第 i 层上疾病与暴露的关系

疾病		暴露		总数
		是	否	
	是	a_i	b_i	$a_i + b_i$
	否	c_i	d_i	$c_i + d_i$
		$a_i + c_i$	$b_i + d_i$	n_i

　　基于前面的 Fisher 精确检验。这里 a_i 是**超几何分布**。检验方法是比较每层中$(1, 1)$格子中的观察频数(记为 $O_i = a_i$)与这一格子中的期望频数(记为 E_i)。不论行及列的次序这个检验方法都是相同的。也就是说, 哪一行(或列)被指定为第一行(或列)是任意的。由超几何分布(方程 10.9)知, 在第 i 层中$(1, 1)$格子内的期望频数为

方程 13.12
$$E_i = \frac{(a_i + b_i)(a_i + c_i)}{n_i}$$

把所有的层数上$(1, 1)$格子内的期望及观察频数相加, 得 $O = \sum\limits_{i=1}^{k} O_i$, $E = \sum\limits_{i=1}^{k} E_i$。检验是基于 $O - E$。由超几何分布(方程 10.9), O_i 的方差为

方程 13.13
$$V_i = \frac{(a_i + b_i)(c_i + d_i)(a_i + c_i)(b_i + d_i)}{n_i^2(n_i - 1)}$$

进而, O 的方差就是 $V = \sum_{i=1}^{k} V_i$。此检验统计量记为 $X_{MH}^2 = (|O - E| - 0.5)^2 /$

V, 它是卡方分布且自由度为 $1(H_0 : $疾病与暴露之间无联系)。如 X_M^2 大则拒绝

H_0。这里 MH 是 Mantel-Haenszel 的缩写; 这个检验称为 Mantel-Haenszel 检验且

总结如下。

方程 13.14 Mantel-Haenszel 检验   判断二态疾病和二态暴露变量在控制一

个或多个混杂变量后的关联性, 使用下面的方法。

(1) 把一个或多个混杂变量的水平做成 k 层, 且对每一层的疾病与暴露构建

一个 2×2 表, 如表 13.9 一样。

(2) 对所有层的 $(1,1)$ 格子, 计算总观察数 (O),
$$O = \sum_{i=1}^{k} O_i = \sum_{i=1}^{k} a_i$$

(3) 对所有层的 $(1,1)$ 格子, 计算总期望数 (E),
$$E = \sum_{i=1}^{k} E_i = \sum_{i=1}^{k} \frac{(a_i + b_i)(a_i + c_i)}{n_i}$$

(4) 计算 O 的方差 (V), 此处
$$V = \sum_{i=1}^{k} V_i = \sum_{i=1}^{k} \frac{(a_i + b_i)(c_i + d_i)(a_i + c_i)(b_i + d_i)}{n_i^2(n_i - 1)}$$

(5) 检验统计量为
$$X_{MH}^2 = \frac{(|O - E| - 0.5)^2}{V}$$

在 H_0 下, 这是自由度为 1 的卡方分布。

(6) 对于双侧显著性水平 α,

如 $X_{MH}^2 > \chi_{1,1-\alpha}^2$ 则拒绝 H_0;

如 $X_{MH}^2 \leqslant \chi_{1,1-\alpha}^2$ 则接受 H_0。

(7) 这个检验的 p-值为
$$p = Pr(\chi_1^2 > X_{MH}^2)$$

(8) 这个检验的适用条件是 $V \geqslant 5$。

(9) 哪一行或列被安排在第 1 是任意的。即这个检验统计量 X_{MH}^2 及判断的显

著性不受行及列的顺序影响。

对 Mantel-Haenszel 检验的接受及拒绝区域见图 13.1, 而 p 值的计算见图

13.2。

例 13.20 癌   表 13.7 及表 13.8 中的数据是按个人的吸烟情况分层, 请判

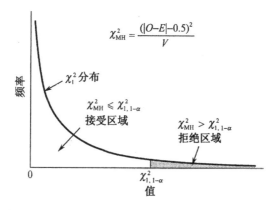

图 13.1　Mantel-Haenszel 检验的接受及拒绝区域

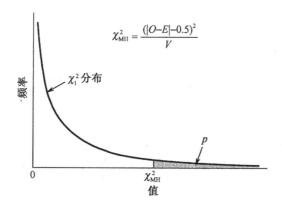

图 13.2　Mantel-Haenszel 检验 p- 值的计算

断被动吸烟与癌危险率间的关系。

　　解　记非吸烟者为第 1 层, 吸烟者为第 2 层, 则

　　$O_1 = $ 本人不吸烟的被动吸烟者的癌病的数目 $= 120$

　　$O_2 = $ 本人吸烟的被动吸烟者的癌病的数目 $= 161$

因而

$$E_1 = \frac{231 \times 200}{466} = 99.1$$

$$E_2 = \frac{278 \times 291}{532} = 152.1$$

于是被动吸烟者中有癌病人的观察数及期望频数是

$$O = O_1 + O_2 = 120 + 161 = 281$$

$$E = E_1 + E_2 = 99.1 + 152.1 = 251.2$$

可见, 观察到的病人数(281)比无效假设下的期望病人数(251.2)要高。现在计算方差以评价差异是否显著。

$$V_1 = \frac{231 \times 235 \times 200 \times 266}{466^2 \times (466 - 1)} = 28.60$$

$$V_2 = \frac{278 \times 254 \times 291 \times 241}{532^2 \times (532 - 1)} = 32.95$$

因此, $V = V_1 + V_2 = 28.60 + 32.95 = 61.55$

于是检验显著性的统计量为

$$X^2_{MH} = \frac{(\mid 281 - 251.2 \mid - 0.5)^2}{61.55} = \frac{858.17}{61.55} = 13.94 \sim \chi^2_1(H_0 \text{ 下})$$

因为 $\chi^2_{1, 0.999} = 10.83 < 13.94 = X^2_{MH}$, 所以 $p < 0.001$, 于是结论为, 即使控制了本人是否有吸烟习惯, 在病例-对照状态下, 被动吸烟与疾病(癌)有高度显著的正向关联性。

13.5.1　分层数据中优势比的估计

Mantel-Haenszel 检验提供了疾病与暴露间关系的显著性检验。但是, 它并不能给出关联性强度的测度。实际上, 我们可以有一个与定义 13.6 中 2×2 表的优势比一样的测度。假设每层中**内在的优势比**都相同, 一个公共的内在优势比由 Mantel-Haenszel 估计量所提供。

　　方程 13.15　在分层数据中公共优势比的 Mantel-Haenszel 估计　在 k 个 2×2 列联表中, 第 i 个表对应于第 i 层, 记号如表 13.9 所示。这 k 个 2×2 列联表的公共优势比为

$$\widehat{OR}_{MH} = \frac{\sum\limits_{i=1}^{k} a_i d_i / n_i}{\sum\limits_{i=1}^{k} b_i c_i / n_i}$$

　　例 13.21　癌　上述被动吸烟例中, 估计在控制个人吸烟习惯后癌与被动吸烟者的优势比。

　　解　由方程 13.15 及表 13.7 和 13.8,

$$\widehat{OR}_{MH} = \frac{(120 \times 155/466) + (161 \times 124/532)}{(80 \times 111/466) + (130 \times 117/532)} = \frac{77.44}{47.65} = 1.63$$

这样, 被动吸烟者患癌的"差异"是对照组的 1.6 倍。因为癌是相对罕见的疾病, 因此可以把优势比理解为被动吸烟者患癌的危险率是非被动吸烟者的 1.6 倍, 这是控制个人抽烟习惯后的结果。

　　我们也要估计方程 13.15 中优势比的置信区间。$\ln(\widehat{OR}_{MH})$ 的方差估计已由 Robin 等人[5]证明, 此公式在很宽的条件下是精确的, 特别是对许多层中的每层有

很少的频数也适用。此公式可以用于估计 $\ln(OR)$ 的置信区间。方法如下。

方程 13.16 k 个 2×2 列联表中公共优势比的置信区间 当 k 个 2×2 表联合时,公共优势比的双侧 $100\% \times (1-\alpha)$CI 为

$$\exp[\ln(\hat{OR}_{MH}) \pm z_{1-\alpha/2} \sqrt{\mathrm{Var}(\ln(\hat{OR}_{MH}))}\,]$$

其中

$$\mathrm{Var}[\ln\hat{OR}_{MH}] = A + B + C$$

$$A = \frac{\sum\limits_{i=1}^{k} P_i R_i}{2\left(\sum\limits_{i=1}^{k} R_i\right)^2}$$

$$B = \frac{\sum\limits_{i=1}^{k}(P_i S_i + Q_i R_i)}{2\left(\sum\limits_{i=1}^{k} R_i\right)\left(\sum\limits_{i=1}^{k} S_i\right)}$$

$$C = \frac{\sum\limits_{i=1}^{k} Q_i S_i}{2\left(\sum\limits_{i=1}^{k} S_i\right)^2}$$

而

$$P_i = \frac{a_i + d_i}{n_i}, \quad Q_i = \frac{b_i + c_i}{n_i}, \quad R_i = \frac{a_i d_i}{n_i}, \quad S_i = \frac{b_i c_i}{n_i}$$

例 13.22 癌 计算表 13.7, 13.8 中公共优势比的 95% 置信区间。

解 由例 13.21 可见,优势比的点估计为 $\hat{OR}_{MH} = 1.63$。要找置信区间,首先计算 P_i, Q_i, R_i, S_i。

$$P_1 = \frac{120 + 155}{466} = 0.590, \quad Q_1 = 1 - P_1 = 0.410$$

$$R_1 = \frac{120(155)}{466} = 39.91, \quad S_1 = \frac{80(111)}{466} = 19.06$$

$$P_2 = \frac{161 + 124}{532} = 0.536, \quad Q_2 = 1 - P_2 = 0.464$$

$$R_2 = \frac{161(124)}{532} = 37.53, \quad S_2 = \frac{130(117)}{532} = 28.59$$

于是

$$A = \frac{0.590 \times 39.91 + 0.536 \times 37.53}{2 \times (39.91 + 37.53)^2} = 0.00364$$

$$B = \frac{0.590 \times 19.06 + 0.410 \times 39.91 + 0.536 \times 28.59 + 0.464 \times 37.53}{2 \times (39.91 + 37.53) \times (19.06 + 28.59)} = 0.00818$$

$$C = \frac{0.410 \times 19.06 + 0.464 \times 28.59}{2 \times (19.06 + 28.59)^2} = 0.00464$$

于是

$$\text{Var}(\ln \widehat{\text{OR}}_{\text{MH}}) = 0.00364 + 0.00818 + 0.00464 = 0.01646$$

$\ln(\text{OR})$的 95% 置信区间为

$$\ln(1.63) \pm 1.96 \sqrt{0.01646} = (0.234, 0.737)$$

取反对数, OR 的 95% 置信区间为

$$(e^{0.234}, e^{0.737}) = (1.26, 2.09)$$

13.5.2　效应的修正

方程 13.15 的公共优势比估计中的一个假设是, 每一层中的关联程度相同。如果在各层中内在的优势比不同, 则估计公共优势比意义不大。

定义 13.15　假设我们在研究中要考察疾病变量 D 和一个暴露变量 E 的关联性, 但是有混杂变量 C 的效应在内。于是我们按变量 C 把总体分成 g 层且计算每层中疾病与暴露的优势比。如果各层中的内在的(真实的)优势比不相同, 则我们认为在 E 与 C 之间有**交互作用**(interaction)或**效应修正**(effect modification), 而变量 C 称为**效应修正因子**(effect modifier)。

换言之, 如果 C 是一个效应修正因子, 则 C 的不同水平中会有不同的疾病与暴露的关系。

例 13.23　癌　考察表 13.7 及 13.8 中的数据。我们在非吸烟者中估计患疾病与被动吸烟者的优势比为 2.1, 而对于吸烟者是 1.3。如果这些量就是这些层中的真实优势比, 则这里的"个人吸烟"变量就是一个效应的修正因子。而且可以认为, 在不吸烟者中被动吸烟与癌的关系远大于在吸烟者中的关系。这个结果的理由是, 吸烟家庭的环境中已经包含有烟, 也就是说生活环境已严重地恶化了。

另外一个问题, 如何判断变量 C 是一个效应修正因子? 我们将拓广方程 13.11 中求单个优势比置信区间的 Woolf 方法。特别地, 我们将去检验假设 H_0: $\text{OR}_1 - \cdots - \text{OR}_k$ 对 H_1: 至少两个 OR_i 不同。这个检验基于统计量 $X^2 - \sum_{i=1}^{k} w_i (\ln \widehat{\text{OR}}_i - \overline{\ln\text{OR}})^2$ 上, 此处 $\ln\widehat{\text{OR}}_i =$ 潜在效应修正因子 C 的第 i 层上疾病与暴露关系的对数优势比的估计, 而 $\overline{\ln\text{OR}} =$ 所有层一起时以 w_i 为权的对数优势比的加权平均, 其中权 w_i 与 $\ln\widehat{\text{OR}}_i$ 的方差成反比。加权的目的是使较小的方差层(通常对应于有较多样本量的层)有更大的权。如果 H_0 为真, 则 X^2 将是小的, 因为这时层与层之间的对数优势比将彼此差不多都近似于"平均"的对数优势比。相反, 如 H_1 为真, 则 X^2 将变大。在 H_0 下 , 这 X^2 是一个自由度为 $k - 1$ 的卡方分

布。因此若 $X^2 > \chi^2_{k-1,1-\alpha}$ 则拒绝 H_0,否则就接受 H_0。这个方法总结如下。

方程 13.17 不同层间优势比齐性的卡方检验(Woolf)方法 假设我们有一个二态疾病变量 D 及一个暴露变量 E。按照混杂变量 C 的水平,我们可以把研究总体分成 k 层。记

$$OR_i = 第 i 层中内在的优势比$$

检验 $H_0: OR_1 = OR_2 = \cdots = OR_k$

对 $H_1:$ 至少两个 OR_i 彼此不同

显著性水平 α 下,我们用下法检验 H_0。

(1) 计算检验统计量

$$X^2_{\text{HOM}} = \sum_{i=1}^{k} w_i(\ln\widehat{OR}_i - \overline{\ln OR})^2 \sim \chi^2_{k-1}(在 H_0 下)$$

此处

$$\ln\widehat{OR}_i = \ln\left(\frac{a_i d_i}{b_i c_i}\right) = 第 i 层的对数优势比$$

a_i, b_i, c_i 及 d_i 是第 i 层中疾病与暴露 2×2 表中对应的格子频数,如表 13.9 所示。

$$w_i = \left(\frac{1}{a_i} + \frac{1}{b_i} + \frac{1}{c_i} + \frac{1}{d_i}\right)^{-1}$$

$$\overline{\ln OR} = \sum_{i=1}^{k} w_i \ln\widehat{OR}_i \Big/ \sum_{i=1}^{k} w_i$$

(1a) 上述检验统计量可以改写成下面计算更方便的形式

$$X^2_{\text{HOM}} = \sum_{i=1}^{k} w_i(\ln\widehat{OR}_i)^2 - \left(\sum_{i=1}^{k} w_i \ln\widehat{OR}_i\right)^2 \Big/ \sum_{i=1}^{k} w_i$$

(2) 如果 $X^2_{\text{HOM}} > \chi^2_{k-1,1-\alpha}$,则拒绝 H_0

如果 $X^2_{\text{HOM}} \leqslant \chi^2_{k-1,1-\alpha}$,则接受 H_0

(3) 精确 p 值为 $p = Pr(\chi^2_{k-1} > X^2)$。

例 13.24 癌 使用表 13.7 及 13.8 中数据,判断吸烟与不吸烟者中被动吸烟与癌的关系中是否有不同的优势比。

解 记层 1 是非吸烟,层 2 是吸烟。参见表 13.7 及 13.8,我们有

$$\ln\widehat{OR}_1 = \ln\left(\frac{120 \times 155}{80 \times 111}\right) = \ln(2.095) = 0.739$$

$$w_1 = \left(\frac{1}{120} + \frac{1}{111} + \frac{1}{80} + \frac{1}{155}\right)^{-1} = (0.036)^{-1} = 27.55$$

$$\ln\widehat{OR}_2 = \ln\left(\frac{161 \times 124}{130 \times 117}\right) = \ln(1.313) = 0.272$$

$$w_2 = \left(\frac{1}{161} + \frac{1}{117} + \frac{1}{130} + \frac{1}{124}\right)^{-1} = (0.031)^{-1} = 32.77$$

按照方程 13.17 中的(1a),检验统计量为

$$X_{HOM}^2 = 27.55 \times (0.739)^2 + 32.77 \times (0.272)^2$$
$$- [27.55 \times 0.739 + 32.77 \times 0.272]^2/(27.55 + 32.77)$$
$$= 17.486 - (29.284)^4/60.32$$
$$= 17.486 - 14.216 = 3.27 \sim \chi_1^2(\text{在 } H_0 \text{ 下})$$

查附录表 6,$\chi_{1,0.90}^2 = 2.71$,$\chi_{1,0.95}^2 = 3.84$,因为 2.71<3.27<3.84,所以有 $0.05 < p$ <0.10。因此,从 $\alpha = 0.05$ 上看,两层没有显著的优势比差异,但从 $\alpha = 0.10$ 上看,有显著不同。

　　一般而言,检验各层之间优势比是否齐性是重要的。如果真实的优势比彼此不同,则用方程 13.15 去估计公共优势比没有意义。代之,我们应该分别报告不同层的结果。

13.5.3　匹配研究中优势比的估计

　　方程 10.12 中对匹配数据的 McNemar 检验与方程 13.14 中分层的类型数据的 Mantel-Haenszel 检验有密切联系。匹配对是分层的一种特例,其中每一个匹配对应于样本量为 2 的一个层。可以证明,McNemar 检验是层中样本量为 2 的 Mantel-Hantel 检验的一个特例。因而,方程 13.15 的 Mantel-Haenszel 优势比估计量可以归结为 $\hat{OR} = n_A/n_B$(匹配数据),其中 $n_A = A$ 型不一致对的数目,$n_B = B$ 型不一致对的数目。也可以证明,在匹配对研究中 $\ln(\hat{OR})$ 的方差为 $Var[\ln(\hat{OR})] = 1/(n\hat{p}\hat{q})$,此处 $n =$ 不一致对的总数 $= n_A + n_B$,$\hat{p} = A$ 型不一致对的比例 $= n_A/(n_A + n_B)$,$\hat{q} = 1 - \hat{p}$。这样就引出下面的匹配对研究中疾病与暴露中优势比的估计。

　　方程 13.18　配对研究中优势比的估计　假设我们要研究在一个病例-对照设计中,一个二态疾病与暴露变量间的关系。我们控制有病与无病(对照)匹配受试者的混杂因素,即认为在每个匹配组中的两个受试者有相同或相近的混杂变量值。

　　(1)疾病与暴露关系的优势比为

$$\hat{OR} = n_A/n_B$$

此处

　　$n_A =$ 匹配对中,病例处于暴露而对照是不暴露,这种匹配对的数目

　　$n_B =$ 匹配对中,病例处于不暴露而对照是暴露,这种匹配对的数目

　　(2)对 OR 的双侧 $100\% \times (1-\alpha)$CI 为 (e^{c_1}, e^{c_2}),此处

$$c_1 = \ln(\hat{OR}) - z_{1-\alpha/2} \sqrt{\frac{1}{n\hat{p}\hat{q}}}$$

$$c_2 = \ln(\hat{OR}) + z_{1-\alpha/2} \sqrt{\frac{1}{n\hat{p}\hat{q}}}$$

$$n = n_A + n_B$$

$$\hat{p} = \frac{n_A}{n_A + n_B}, \quad \hat{q} = 1 - \hat{p}$$

(3) 对于前瞻性或现状研究时上述公式仍然适用,其中暴露及非暴露受试者在一个或多个混杂变量上匹配,而要比较暴露与非暴露受试者之间的疾病结果。这里

n_A = 暴露受试者有病而非暴露受试者没有病的匹配对数目

n_B = 暴露受试者没有病而非暴露受试者有病的匹配对数目

(4) 此方法的适用条件是 n = 不一致对的数目$\geqslant 20$。

例 13.25 癌 用表 10.14 的匹配数据,估计两种不同处理(治疗)对 5 年死亡率的优势比。

解 由表 10.14,我们有

n_A = A 治疗法病人 5 年内死亡而 B 治疗法存活 5 年以上的匹配对数目 = 5

n_B = A 治疗法病人存活 5 年以上而 B 治疗法 5 年内死亡的匹配对数目 = 16

于是,$\hat{OR}$ = 5/16 = 0.31。要求 95% 置信区间,我们有 $n = 21$,$\hat{p} = 5/21 = 0.238$,$\hat{q} = 1 - \hat{p} = 0.762$,而 $n\hat{p}\hat{q} = 3.81$。于是 $\ln\hat{OR} = -1.163$,$\text{Var}[\ln\hat{OR}] = 1/3.81 = 0.263$。于是由方程 13.18 得 $\ln(OR)$ 的 95% CI 为

$$(-1.163 - 1.96\sqrt{0.263}, -1.163 + 1.96\sqrt{0.263}) = (-2.167, -0.159)$$

对应的 OR 的 CI 为($e^{-2.167}$, $e^{-0.159}$) = $(0.11, 0.85)$。

13.5.4 存在混杂时,患病率有趋势性的检验——Mantel-Extension 检验

例 13.26 睡眠紊乱 睡眠呼吸紊乱在成年人中很普遍。为估计这种错乱的患病率,调查了 Wisconsin 地区 3 大州的 3513 名在职人员,调查通过邮递问卷询问他们的睡眠习惯[6]。被调查者被分类成是否有习惯性打鼾,如符合下列之一即认为是,(1) 几乎每晚有发哼声、打鼾或呼吸暂停,或(2)有很响的鼾声。调查结果分年龄及性别列于表 13.10,我们要判断习惯性打鼾的患病率是否随年龄而增加。

在这个研究中,我们希望去判断控制性别后,习惯性打鼾的患病率是否会随年龄的增加而增加? 要研究此课题,我们需要把方程 10.24 中趋势性的卡方检验拓广到被混杂变量分层的多个列联表。我们也可把这个问题看作是方程 13.14 拓广到多个 $2 \times k$ 表的联合问题。假设我们的暴露变量是 k 个有序的类型(属性)变量,而且混杂被分成 s 层。设第 i 层(表 13.11)中二态疾病变量 D 与有序的类型暴露变量 E 的样本数据做成表 13.11 形的 $2 \times k$ 表。设在第 j 个暴露水平上有一

个分数为 $x_j, j = 1, 2, \cdots, k$。且记第 i 层中有病个体的观察分数总和为

$$O_i = \sum_{j=1}^{k} n_{ij} x_j \qquad i = 1, 2, \cdots, s$$

表 13.10　按年龄和性别分布的习惯性打鼾数

年龄	妇女			男性		
	是	否	总数	是	否	总数
30～39	196	603	799	188	348	536
40～49	223	486	709	313	383	696
50～60	103	232	335	232	206	438
总数	522	1321	1843	733	937	1670

表 13.11　在第 i 层中疾病与暴露的关系, $i = 1, 2, \cdots, s$

		暴露				
		1	2	...	k	
疾病	+	n_{i1}	n_{i2}	...	n_{ik}	n_i
	−	m_{i1}	m_{i2}	...	m_{ik}	m_i
		t_{i1}	t_{i2}	...	t_{ik}	N_i
分数		x_1	x_2	...	x_k	

无效假设是每一层中有病或无病的个体分数平均数相同。在此无效假设下,记第 i 层中有病个体的期望分数是

$$E_i = \Big(\sum_{j=1}^{k} t_{ij} x_j \Big) \frac{n_i}{N_i} \qquad i = 1, 2, \cdots, s$$

如果有病个体比无病个体趋向于有较高的平均分数,则大多数层中应有 O_i 大于 E_i。如果有病个体比无病个体趋向于有较低的平均分数,则大多数层中应有 O_i 小于 E_i。因此,我们可以在 $O - E$ 上构建检验统计量,其中 $O = \sum_{i=1}^{s} O_i, E = \sum_{i=1}^{s} E_i$。这个检验方法如下。

方程 13.19　对多重趋势的卡方检验(Mantel-Extension 检验)

(1) 假设我们有 s 层,在每一层中疾病(二态)与暴露(k 个有序类型)的关系形成 $2 \times k$ 表,而且对于第 j 个类型有分数为 x_j,如表 13.11 所示。

(2) 要检验假设 $H_0: \beta = 0$ 对 $H_1: \beta \neq 0$,此处

　　　　　$p_{ij} =$ 第 i 层的第 j 个暴露水平上个体中有病者的比例

　　　　　　　$= \alpha_i + \beta x_j$

我们计算检验统计量

$$X^2_{\text{TR}} = (\mid O - E \mid - 0.5)^2 / V \sim \chi^2_1 (H_0 \text{ 下})$$

其中

$$O = \sum_{i=1}^{s} O_i = \sum_{i=1}^{s} \sum_{j=1}^{k} n_{ij} x_j$$

$$E = \sum_{i=1}^{s} E_i = \sum_{i=1}^{s} \left[\left(\sum_{j=1}^{k} t_{ij} x_j \right) \frac{n_i}{N_i} \right]$$

$$V = \sum_{i=1}^{s} V_i = \sum_{i=1}^{s} \frac{n_i m_i (N_i s_{2i} - s_{1i}^2)}{N_i^2 (N_i - 1)}$$

$$s_{1i} = \sum_{j=1}^{k} t_{ij} x_j, \quad i = 1, 2, \cdots, s$$

$$s_{2i} = \sum_{j=1}^{k} t_{ij} x_j^2, \quad i = 1, 2, \cdots, s$$

(3) 如 $X^2_{\text{TR}} > \chi^2_{1, 1-\alpha}$，我们拒绝 H_0

如 $X^2_{\text{TR}} \leqslant \chi^2_{1, 1-\alpha}$，我们接受 H_0。

(4) 精确 p-值为 $p = Pr(\chi^2_1 > X^2_{\text{TR}})$。

(5) 这个检验的适用条件是 $V \geqslant 5$。

例 13.27 使用表 13.10 中数据，判断在控制性别后，习惯性打鼾的患病率是否随年龄的增加而增加？

解 此例中，我们仅有 2 层，对应于女性（$i=1$）及男性（$i=2$），我们用 1, 2, 3 分别代表 3 个年龄组的分数。我们有

$$O_1 = 196(1) + 223(2) + 103(3) = 951$$

$$O_2 = 188(1) + 313(2) + 232(3) = 1510$$

$$O = O_1 + O_2 = 951 + 1510 = 2461$$

$$E_1 = [799(1) + 709(2) + 335(3)]522/1843 = 912.6$$

$$E_2 = [536(1) + 696(2) + 438(3)]733/1670 = 1423.0$$

$$E = E_1 + E_2 = 912.6 + 1423.0 = 2335.6$$

$$s_{11} = 799(1) + 709(2) + 335(3) = 3222$$

$$s_{21} = 799(1)^2 + 709(2)^2 + 335(3)^2 = 6650$$

$$s_{12} = 536(1) + 696(2) + 438(3) = 3242$$

$$s_{22} = 536(1)^2 + 696(2)^2 + 438(3)^2 = 7262$$

$$V_1 = \frac{522(1321)[1843(6650) - 3222^2]}{1843^2(1842)} = 206.61$$

$$V_2 = \frac{733(937)\left[1670(7262) - 3242^2\right]}{1670^2(1669)} = 238.59$$

$$V = V_1 + V_2 = 206.61 + 238.59 = 445.21$$

于是检验统计量为

$$X_{TR}^2 = \frac{(\mid 2461 - 2335.6 \mid - 0.5)^2}{445.21} = \frac{124.9^2}{445.21} = 35.06 \sim \chi_1^2(H_0 \, 下)$$

因为 $\chi_{1,0.999}^2 = 10.83$ 且 $X_{TR}^2 = 35.06 > 10.83$,这说明 $p < 0.001$。因此,这说明,随年龄的增加习惯性打鼾的患病率有显著趋向性,即老年人更频繁地打鼾。这个分析是在控制可能的性别混杂下完成的。

本节中,我们学习了在流行病学中有混杂时的统计分析技术。如果我们有一个二态疾病变量(D),一个二态暴露变量(E),及一个类型混杂变量(C),则在控制 C 后,用 Mantel-Haenszel 检验去判断 D 与 E 之间的关联性。参考书末的流程图(P753)。对圆圈 6,我们回答(1)是 2×2 列联表? 是;即到达标题"如果没有混杂存在,对二项比例使用两样本检验或 2×2 列联表法;或如存在有混杂,使用 Mantel-Haenszel 检验"。

如果 E 是类型变量但是多于 2 个水平,则我们可以使用 Mantel Extension 检验去达到上述要求。再看流程图,我们通过回答(1)是 2×2 列联表? 否;(2) $2 \times k$ 列联表? 是;(3) 是研究 k 个比例的趋势? 即到达标题"如果没有混杂存在,则用趋势卡方检验,如果存在有混杂,使用 Mantel-Extension 检验"。

13.6　分层类型数据中功效及样本量的估计

例 13.28　癌　在护士健康研究中,文献[7]完成对样本量为 106330 名妇女的调查,这个研究是 1976 年时(基础时刻)口服避孕药(OC)到 1980 年时发展有乳腺癌的发病率关联性研究。因为 OC 的使用和乳腺癌都与年龄有关,所以数据是按 5 年的年龄组分层,再用 Mantel-Haenszel 检验去考察其关联性。检验结果支持无效假设。优势比的估计$(\widehat{OR}_{MH})$是 1.0, 而 95% 置信区间 $=(0.8, 1.3)$。这个课题中,如果潜在的 $OR = 1.3$,要检验出有显著性差异必须有多大的功效?

这里用方程 10.15 去计算功效是不妥的,因为这里是分层分析而不是二项比例的简单比较。这时可以有后面介绍的近似公式[8]。使用这公式时,我们需要知道:(1) 每一层中暴露个体的比例,(2) 每层中有病个体的比例,(3) 每层的样本数在研究总体中样本数的比例,(4) 研究总体中的样本量。这个公式如下。

方程 13.20　基于 Mantel-Haenszel 检验中 k 个 2×2 表的功效估计　假设我们要控制类型混杂变量 C,而研究二态疾病变量 D 与二态暴露变量 E 间的关联性。我们把所研究的总体分成 k 层,其中第 i 层的 2×2 表形式如下。

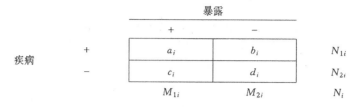

我们要检验假设 $H_0: \mathrm{OR} = 1$ 对 $H_1: \mathrm{OR} = \exp(\gamma)$,某个 $\gamma \neq 0$,此处 OR 是每层中疾病与暴露间潜在的优势比,而且认为每一层中的优势比相同。令

$$N = 研究总体的样本总数$$
$$r_i = 第 \ i \ 层中暴露个体的比例$$
$$s_i = 第 \ i \ 层中疾病个体的比例$$
$$t_i = 第 \ i \ 层中样本在所研究总体中样本的比例。$$

如果我们用显著性水平 α 的 Mantel-Haenszel 检验,则这个检验的功效是

$$功效 = \Phi\left[\frac{\sqrt{N}\left(\gamma B_1 + \dfrac{\gamma^2}{2} B_2\right) - z_{1-\alpha/2}\sqrt{B_1}}{(B_1 + \gamma B_2)^{1/2}}\right]$$

此处

$$B_1 = \sum_{i=1}^{k} B_{1i}$$
$$B_{1i} = r_i s_i t_i (1 - r_i)(1 - s_i)$$
$$B_2 = \sum_{i=1}^{k} B_{2i}$$
$$B_{2i} = B_{1i}(1 - 2r_i)(1 - 2s_i)$$

例 13.29　癌　估计例 13.28 中当假定 $\mathrm{OR} = 1.3$ 时的功效。

解　数据是按 5 年一组分层。OC 组的年龄别比例(γ_i),4 年期间的乳腺癌年龄别发病率(s_i),及所研究总体的年龄分布(t_i)都给出在表 13.12 上,也同时给出 B_1 及 B_2 值。

我们看见,OC 使用者的比例按年龄组而迅速下降,而乳腺癌发病率则飞速上升。这有力地说明存在有负混杂,而分层分析是必须的。要计算功效,我们注意,$N = 106330$,$\gamma = \ln(1.3) = 0.262$,$z_{1-\alpha/2} = z_{0.975} = 1.96$,于是

$$功效 = \Phi\left[\frac{\sqrt{106330}[0.262 \times 1.06 \times 10^{-3} + 0.262^2(2.32 \times 10^{-4}/2)] - 1.96\sqrt{1.06 \times 10^{-3}}}{[1.06 \times 10^{-3} + 0.262 \times (2.32 \times 10^{-4})]^{1/2}}\right]$$

$$= \Phi\left(\frac{0.0296}{0.0335}\right) = \Phi(0.882) = 0.81$$

于是,此研究有81%的功效可以检查出真实的 OR 为1.3。

**表 13.12 基于护士健康研究的数据,计算乳腺癌发病率
与口服避孕药(OC)间的关联性研究中功效的计算**

年龄组	OC 使用者的比例 (r_i)	乳腺癌发病率 $(s_i)^a$	在研究总体中样本比例 (t_i)	B_{1i}	B_{2i}
30~34	0.771	160	0.188	5.30×10^{-5b}	-2.86×10^{-5b}
35~39	0.629	350	0.195	1.59×10^{-4}	-4.07×10^{-5}
40~44	0.465	530	0.209	2.74×10^{-4}	1.90×10^{-5}
45~49	0.308	770	0.199	3.24×10^{-4}	1.23×10^{-4}
50~55	0.178	830	0.209	2.52×10^{-4}	1.59×10^{-4}
总数			1.00	$B_1 = 1.06 \times 10^{-3}$	$B_2 = 2.32 \times 10^{-4}$

a $\times 10^{-5}$;

b 例如,$B_{11} = 0.771 \times 160 \times 10^{-5} \times 0.188 \times (1-0.771) \times (1-160 \times 10^{-5}) = 5.30 \times 10^{-5}$

$B_{21} = 5.30 \times 10^{-5} \times [1-2(0.771)] \times [1-2(160 \times 10^{-5})] = -2.86 \times 10^{-5}$。

其他(较简单的)方法计算功效是把所有层合并成一个 2×2 的疾病与暴露关系的表;再计算它的粗功效。一般而言,如果有正混杂,则真实的功效(即,方程 13.14 中建立在 Mantel-Haenszel 检验上的功效)低于粗功效;如果有负混杂(如同例 13.29 的情形),则真实功效会大于粗功效。

在开始研究以前,我们总要指定一个功效并估计达到这个功效需要对此研究总体抽取多大的样本。这时我们需要知道该总体在分层后的分布及每层中暴露及疾病的率。合适的样本量公式给出如下。

方程 13.21 基于 Mantel-Haenszel 检验的 k 个 2×2 表中样本总量的估计

$N = $ 对分层设计而使用 Mantel-Haenszel 检验时全部样本量

$$= \left(z_{1-\alpha/2} \sqrt{B_1} + z_{1-\beta} \sqrt{B_1 + \gamma B_2} \right)^2 / \left(\gamma B_1 + \frac{\gamma^2}{2} B_2 \right)^2$$

此处 $\alpha = $ I 型错误率,$1-\beta = $ 功效,$\gamma = \ln(OR)$(在 H_1 下),B_1 及 B_2 的定义见方程 13.20。

13.7 多重 logistic 回归

13.7.1 绪言

13.5 节中,我们学习了 Mantel-Haenszel 检验及 Mantel-Extension 检验,此技术是对单个类型协变量 C 加以控制后,检验二态疾病 D 和一个类型暴露变量 E 的关联性。如果下面之一成立

(1) E 是连续变量

(2) 或 C 是连续变量

(3) 或有多个混杂变量 $C_1, C_2, \cdots$, 而这里每个变量都可能是连续或类型变量。这时, 我们很难或不可能使用先前的方法去控制混杂。本节中, 我们将学习多重 logistic 回归的技术, 它既能够处理 13.5 节的情形又能处理如 (1), (2), (3) 的情形。多重 logistic 回归类似于多重线性回归 (第 11 章), 但这里的结果变量 (或应变量) 是二态而不服从正态分布。

13.7.2 一般模型

例 13.30 传染病 沙眼衣原体是一种微生物, 被证实为非淋球菌尿道炎、骨盆炎症及其他一些传染病的重要病因。对沙眼衣原体的危险因素的研究中, 收集了 431 名女性大学生[9]。在做与沙眼衣原体相关联的变量分析时必须同时控制多个危险因素。

下面考虑一个模型。

方程 13.22 $$p = \alpha + \beta_1 x_1 + \cdots + \beta_k x_k$$

此处, p = 疾病发生的概率。方程 13.32 的右边可能会出现小于 0 或大于 1 的情形, 而这是不应该的。代之, 对 p 作 logit (即 logistic) 变换, 把它作为应变量, 即

定义 13.16 logit 变换 logit(p) 定义为

$$\mathrm{logit}(p) = \ln[p/(1-p)]$$

不同的 p, logit 变换可以从 $-\infty$ 到 $+\infty$ 取任何值。

例 13.31 计算 logit(0.1), logit(0.95)

解 $\mathrm{logit}(0.1) = \ln(0.1/0.9) = \ln(1/9) = -\ln 9 = -2.20$

$\mathrm{logit}(0.95) = \ln(0.95/0.05) = \ln(19) = 2.94$

如把 logit(p) 取作独立变量 $x_1, \cdots, x_k$ 的线性函数, 则可得下面的多重 logistic 回归模型。

方程 13.23 多重 logistic-回归模型 如果 $x_1, \cdots, x_k$ 是一组独立变量, 而 y 是具有"成功"发生概率 p 的二项结果变量, 则多重 logistic 回归模型为

$$\mathrm{logit}(p) = \ln\left(\frac{p}{1-p}\right) = \alpha + \beta_1 x_1 + \cdots + \beta_k x_k$$

或等价地, 上式中解出 p, 则上面模型可以写成

$$p = \frac{e^{\alpha + \beta_1 x_1 + \cdots + \beta_k x_k}}{1 + e^{\alpha + \beta_1 x_1 + \cdots + \beta_k x_k}}$$

在第 2 个模型中, 我们看出, p 只能取值在 0 与 1 之间, 而不论 $x_1, \cdots, x_k$ 怎样变化。要拟合这个模型, 通常需要有复杂的运算。对于例 13.30 关于沙眼衣原体患病率的最好拟合中, 涉及的危险因素有: (1) 种族, 及 (2) 出现于表 13.13 中的避孕方法。计算结果见表 13.13。

表 13.13   沙眼衣原体与种族及性生活中避孕的多重 logistic 回归模型

危险因素	回归系数 $(\hat{\beta}_j)$	标准误 $(\mathrm{se}(\hat{\beta}_j))$	z $(\hat{\beta}_j/\mathrm{se}(\hat{\beta}_j))$
常数	-1.637		
黑人	2.242	0.529	4.24
使用避孕法	0.102	0.040	2.55
不使用隔膜法[a]			
使用隔膜法[b]			

[a]   避孕隔膜法有:隔膜法,隔膜加泡沫,避孕套;
　　　使用隔膜法中包括所有其他形式的避孕或不避孕。

[b]   对于使用隔膜法者,此值为 0。

注:获 *American Journal of Epidemiology*, 121(1), 107～115, 1985 准许。

13.7.3   回归参数的解释

如何解释表 13.13 中的回归系数? 表 13.13 中显示的回归系数的作用类似于多重回归中的偏回归系数(见定义 11.16)。特别地,假设我们考虑两个不同的独立变量,如表 13.14 所示,其中第 j 个变量是一个二态变量。如果视这第 j 独立变量为暴露变量,则个体 A 及 B 除了第 j 个暴露变量外都是相同的,此处个体 A 是暴露(代码为 1)且个体 B 是非暴露(代码为 0)。根据方程 13.23,个体 A 及 B 中"成功"概率的 logit 变换分别记以 $\mathrm{logit}(p_A)$ 及 $\mathrm{logit}(p_B)$,则

表 13.14   在多重 logistic 回归中,两个假设性个体,他们在二态变量(x_j)上
有不同但在另外变量上有相同的值

个体	独立变量							
	1	2	$\cdots$	$j-1$	j	$j+1$	$\cdots$	k
A	x_1	x_2	$\cdots$	x_{j-1}	1	x_{j+1}	$\cdots$	x_k
B	x_1	x_2	$\cdots$	x_{j-1}	0	x_{j+1}	$\cdots$	x_k

方程 13.24

$$\mathrm{logit}(p_A) = \alpha + \beta_1 x_1 + \cdots + \beta_{j-1} x_{j-1} + \beta_j(1) + \beta_{j+1} x_{j+1} + \cdots + \beta_k x_k$$

$$\mathrm{logit}(p_B) = \alpha + \beta_1 x_1 + \cdots + \beta_{j-1} x_{j-1} + \beta_j(0) + \beta_{j+1} x_{j+1} + \cdots + \beta_k x_k$$

如果我们在方程 13.24 中两式相减,即得

方程 13.25 $\mathrm{logit}(p_A) - \mathrm{logit}(p_B) = \beta_j$

但是,由定义 13.16 知, $\mathrm{logit}(p_A) = \ln[p_A/(1 - p_A)]$, $\mathrm{logit}(p_B) = \ln[p_B/(1 - p_B)]$。因此,从方程 13.25,得

$$\ln[\,p_A/(1-p_A)\,] - \ln[\,p_B/(1-p_B)\,] = \beta_j$$

即

方程 13.26
$$\ln\left[\frac{p_A/(1-p_A)}{p_B/(1-p_B)}\right] = \beta_j$$

上面方程两边取反对数,即得

方程 13.27
$$\frac{p_A/(1-p_A)}{p_B/(1-p_B)} = e^{\beta_j}$$

但从优势比的定义(定义 13.6),我们知道,对个体 A 的有利于"成功"的优势(记为 Odd_A)是 $\mathrm{Odd}_A = p_A/(1-p_A)$,类似地,$\mathrm{Odd}_B = p_B/(1-p_B)$。因此,我们可以重写方程 13.27 如下

方程 13.28
$$\frac{\mathrm{Odd}_A}{\mathrm{Odd}_B} = e^{\beta_j}$$

我们知道 $\mathrm{Odd}_A/\mathrm{Odd}_B$ 就是第 j 个暴露变量与疾病的优势比,而这两个个体除第 j 变量外全是相同的。因此,这个涉及疾病与暴露变量间的优势比是在调整模型中所有其他危险因素后得出的。这可以总结如下。

方程 13.29 二态独立变量在多重 logistic 回归模型中优势比的估计 假设有一个二态暴露变量(x_j),它的代码 1 表示有暴露而 0 表示没有暴露。对于多重 logistic 回归模型(方程 13.23),这个暴露变量对于应变量的优势比(OR)被估计为

$$\widehat{\mathrm{OR}} = e^{\hat{\beta}_j}$$

这个关系式代表 $x_j = 1$ 的有利于"成功"的疾病比除以 $x_j = 0$ 时有利于"成功"的疾病比(即疾病-暴露优势比),而这个优势比是在控制了所有在 logistic 回归模型中其他变量后的结果。进而,一个 OR 的双侧 $100\% \times (1-\alpha)$ 置信区间为

$$\left[\,e^{\hat{\beta}_j - z_{1-\alpha/2}\mathrm{se}(\hat{\beta}_j)}, \; e^{\hat{\beta}_j + z_{1-\alpha/2}\mathrm{se}(\hat{\beta}_j)}\,\right]$$

例 13.32 传染病 例 13.30 中,试比较黑人妇女与白人妇女在控制避孕方法后的优势比及其 95% 置信区间。

解 由表 13.13,

$$\widehat{\mathrm{OR}} = e^{2.242} = 9.4$$

即黑人妇女在传染此病上的"优势"是白人妇女的 9 倍以上,这还是在控制了先前的避孕法以后的结果。进而,因为 $z_{1-\alpha/2} = z_{0.975} = 1.96$,$\mathrm{se}(\hat{\beta}_j) = 0.529$,所以对真实 OR 的 95% 置信区间为

$$\left[\,e^{2.242 - 1.96(0.529)}, \; e^{2.242 + 1.96(0.529)}\,\right] = (e^{1.205}, e^{3.279}) = (3.3, 26.5)$$

我们也可以把方程 13.29 作为 logistic 回归与第 10 章中 2×2 列联表分析之间的连接点。假设在模型中仅有一个危险因子 E,而 $E = 1$ 表示暴露,$E = 0$ 表示未接受暴露;另有一个二态疾病变量 D。我们能把 D 与 E 的关系写成 logistic 模

型。

方程 13.30 $\ln[p/(1-p)] = \alpha + \beta E$

此处 $p=$ 在暴露状态下有病的概率。因此,在非暴露状态下有病的概率即为 $e^{\alpha}/(1+e^{\alpha})$(只要取上式 $E=0$ 即可),而暴露下($E=1$)的有病概率即为 $e^{\alpha+\beta}/(1+e^{\alpha+\beta})$。由方程 13.29,$e^{\beta}$ 代表了 D 关于 E 的优势比,且与在表 10.7 中的 2×2 表求出的优势比(ad/bc)相同*。我们在方程 13.23 及 13.30 中的模型是假设我们处理的是前瞻性研究或现状研究(也就是说,我们的研究总体是一般总体的代表,我们并没有如同在病例-对照研究中那样过度地抽取病例)。但是,logistic 回归对于病例-对照研究中的数据也适用。假设我们有一个病例-对照研究,那里有一个疾病变量 D 及一个暴露变量 E,但没有其他协变量。如果我们使用方程 13.30 中的 logistic 回归模型,也就是说,D 是结果变量且 E 是独立(或预测)变量,则在非暴露中的疾病发生概率[$e^{\alpha}/(1+e^{\alpha})$]和在暴露中的疾病概率[$e^{\alpha+\beta}/(1+e^{\alpha+\beta})$]将不能拓广到所研究的总体上去,因为它们是从有偏的样本中抽出,病例数比例总是大于总体中实际的比例。我们可以从此病例-对照研究中估计出优势比,但不能估计出有病的概率。但这种情形在病例-对照研究的 logistic 回归中,即使有多个暴露变量时也是真的。logistic 回归分析与列联表分析的关系可以总结如下。

方程 13.31　logistic 回归分析和列联表分析之间的关系　假设我们有一个二态疾病变量 D 及一个二态暴露变量 E,数据是由前瞻性、现状、或病例-对照研究的任一种中产生,由此产生一个疾病与暴露的 2×2 表如下:

		E	
		$+$	$-$
D	$+$	a	b
	$-$	c	d

　(1) 我们可以用下面两个等价方法中任一种估计 D 与 E 之间的优势比:
　　(a) 直接从 2×2 表中求优势比 $= ad/bc$
　　(b) 我们建立一个 logistic 回归模型,形为
$$\ln[p/(1-p)] = \alpha + \beta E$$
　　此处 $p=$ 在暴露变量 E 下有病 D 的概率,此处产生的优势比为 e^{β}。
　(2) 对于前瞻性或现状研究,我们可以用下面两个等价方法中任一种估计个体在暴露下的疾病概率(p_E)及未暴露下的疾病概率($p_{\bar{E}}$)。
　　(a) 由 2×2 表法,有

$$p_E = a/(a + c), p_{\bar{E}} = b/(b + d)$$

(b) 由 logistic 回归模型

$$p_E = e^{\hat{\alpha}+\hat{\beta}}/(1 + e^{\hat{\alpha}+\hat{\beta}}), \qquad p_{\bar{E}} = e^{\hat{\alpha}}/(1 + e^{\hat{\alpha}})$$

此处 $\hat{\alpha}, \hat{\beta}$ 是 logistic 回归模型中的参数估计。

(3) 对于病例-对照研究, 我们不可能估计疾病发生的概率, 除非病例及对照样本数在研究总体中的比例已知, 而这几乎不大现实。

例 13.33 对表 10.1 中的数据, 用 logistic 回归分析法, 判断母亲初娩时的年龄与乳腺癌发病率的关系。

解 我们使用下面的 logistic 回归模型

$$\ln[p/(1 - p)] = \alpha + \beta \times \text{AGEGE30}$$

此处 p = 患乳腺癌的概率

     AGEGE30 = 1   如果生头胎时年龄 $\geqslant 30$

     = 0   其他情形

表 13.15 对表 10.1 中数据, 用 SAS PROC LOGISTIC 程序计算妇女生头胎时年龄与患乳腺癌的关系

Case/Trials Model (Recommended Instead of Wts)

Logistic Regression

The LOGISTIC Procedure

Data Set: WORK. LGTFL

Response Variable (Events): CASES

Response Variable (Trials): TRIALS

Number of Observations: 2

Link Function: Logit

Response Profile		
Ordered	Binary	
Value	Outcome	Count
1	EVENT	3220
2	NO EVENT	10245

Analysis of Maximum Likelihood Estimates

Variable	DF	Parameter Estimate	Standard Error	Wald Chi-Square	Pr> Chi-Square	Standardized Estimate	Odds Ratio
INTERCPT	1	-1.2377	0.0225	3012.7792	0.0001		
AGEGE30	1	0.4523	0.0514	77.4982	0.0001	0.091884	1.572

把此数据及上面模型用 SAS 软件中 PROC LOGISTIC 程序计算, 结果见表 13.15。我们看到乳腺癌与 AGEGE30 变量关系的优势比估计为 $e^{0.4523} = 1.57$。这与例 13.10 中列联表法的估计相同。注意, 这个研究中受试者共有 13465 人, 但 PROC LOGISTIC 计算输出告诉我们仅有两个观察者。原因是该程序允许进入的数据以

组群形式输入,这时列联表中的独立变量的相同组合就以一个记录作为输入。在此情形中,协变量(AGEGE30)仅有两个可能的值(0 或 1),因此也就只有 2 个记录(即两个观察者)。对于 AGEGE30 变量的每一个水平,我们需要提供病例(即"成功")及试验(即观察)的数量。组群形式的数据可以减少计算时间。

我们有时也对一个连续独立变量与应变量之间用优势比衡量两者关系的强度,这是在控制其他独立变量下完成的。假设我们有两个个体 A 及 B,除了在连续变量 x_j 外,在模型中的其他变量上 A,B 都相同,而在 x_j 上,A、B 两个体相差 Δ,见表 13.16。与方程 13.24 一样,我们有

表 13.16　在多重 logistic 回归模型中的两个假设性个体,
它们在 x_j 上有差异,而在其他变量上全相同

个体	独立变量							
	1	2	$\cdots$	$j-1$	j	$j+1$	$\cdots$	k
A	x_1	x_2	$\cdots$	x_{j-1}	$x_{j+\Delta}$	x_{j+1}	$\cdots$	x_k
B	x_1	x_2	$\cdots$	x_{j-1}	x_j	x_{j+1}	$\cdots$	x_k

方程 13.32　$\log(p_A) = \alpha + \beta_1 x_1 + \cdots + \beta_{j-1} x_{j-1} + \beta_j(x_j + \Delta) + \beta_{j+1} x_{j+1} + \cdots + \beta_k x_k$

$\qquad$ $\text{logit}(p_B) = \alpha + \beta_1 x_1 + \cdots + \beta_{j-1} x_{j-1} + \beta_j x_j + \beta_{j+1} x_{j+1} + \cdots + \beta_k x_k$

在上两式中相减,得

$$\text{logit}(p_A) - \text{logit}(p_B) = \beta_j \Delta$$

或 $\qquad$ $$\ln\left(\frac{p_A}{1-p_A}\right) - \ln\left(\frac{p_B}{1-p_B}\right) = \beta_j \Delta$$

或 $\qquad$ $$\ln\left(\frac{p_A/(1-p_A)}{p_B/(1-p_B)}\right) = \beta_j \Delta$$

或 $\qquad$ $$\text{OR} = \frac{p_A/(1-p_A)}{p_B/(1-p_B)} = e^{\beta_j \Delta}$$

如此,个体 A 相对于 B 而有利于疾病的差异为 $e^{\beta_j \Delta}$。此结果可以总结如下。

方程 13.33　对于连续独立变量,在多重 logistic 回归中优势比的估计　假设有一个连续变量(x_j),有两个个体在 x_j 上的取值分别为 $x_j + \Delta$ 及 x_j,而在模型中其他的自变量取值全相同。则第一个个体相对于第二个个体的优势比的估计为

$$\widehat{\text{OR}} = e^{\hat{\beta}_j \Delta}$$

进而,对于真值 OR 的双侧 $100\% \times (1-\alpha)$ 置信区间为

$$\{e^{[\hat{\beta}_j - z_{1-\alpha/2}\text{se}(\hat{\beta}_j)]\Delta}, \ e^{[\hat{\beta}_j + z_{1-\alpha/2}\text{se}(\hat{\beta}_j)]\Delta}\}$$

于是,个体取值为 $x_j + \Delta$ 者相对于个体取值为 x_j 者的优势比 OR 的估计(在控制

其他变量后)即可求出,而 Δ 的取值常是人们取一个有意义值而自己确定。

例 13.34 传染病 对于表 13.13 中的结果。在相同的种族下,不使用隔膜避孕法的妇女在传播沙眼衣原体上的优势比点估计及 95% 置信区间多大?

解 我们取 $\Delta = 1$。由表 13.13 可见 $\hat{\beta}_j = 0.102$,$\mathrm{se}(\hat{\beta}_j) = 0.040$,于是

$$\widehat{\mathrm{OR}} = e^{0.102} = 1.11$$

也就是说,即使同一种族的妇女,不使用隔膜避孕者比使用隔膜避孕者在传播沙眼衣原体上要高出 11%。OR 的 95% 区间估计为

$$\{e^{[0.102-1.96(0.040)]}, e^{[0.102+1.96(0.040)]}\} = (e^{0.0236}, e^{0.1804}) = (1.02, 1.20)$$

13.7.4 假设检验

表 13.13 中如何求出危险因素的统计显著性? 其中每一个变量的统计显著性是在控制其他变量后做出的。这个工作中,首先是计算检验统计量 $z = \hat{\beta}_j/\mathrm{se}(\hat{\beta}_j)$,在无效假设($H_0$:控制了其他变量后,第 j 个独立变量与应变量没有关联性)成立下,z 是一个 $N(0,1)$ 分布。如 z 的绝对值很大,则拒绝 H_0。这个方法可以总结如下。

方程 13.34 多重 logistic 回归中的假设检验 检验 $H_0: \beta_j = 0$,所有其他 $\beta_l \neq 0$,对 $H_1: \beta_j \neq 0$,对方程 13.23 中的多重回归模型,使用下面方法做检验。

(1) 计算检验统计量 $z = \hat{\beta}_j/\mathrm{se}(\hat{\beta}_j) \sim N(0,1)(H_0 \; \mathrm{下})$

(2) 对于双侧检验,显著性水平为 α,

如果　　$z < z_{\alpha/2}$　或　$z > z_{1-\alpha/2}$　　　则拒绝 H_0

如果　　$z_{\alpha/2} \leqslant z \leqslant z_{1-\alpha/2}$　　　　则接受 H_0

(3) 精确 p-值为

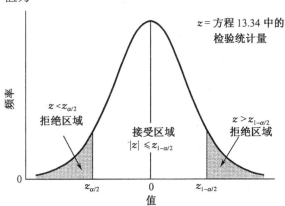

图 13.3 在多重 logistic 回归中,对 $H_0: \beta_j = 0$,其他 $\beta_l \neq 0$,对 H_1:所有 $\beta_l \neq 0$ 的检验中的接受及拒绝区域

$$p = 2 \times [1 - \Phi(z)] \quad \text{如 } z \geqslant 0$$
$$p = 2 \times \Phi(z) \quad \text{如 } z < 0$$

（4）这应当是大样本方法，仅适用于至少有 20 个"成功"的个体或 20 个"失败"的个体。这个检验的接受及拒绝区域见图 13.3。而 p-值计算的例图见图 13.4。

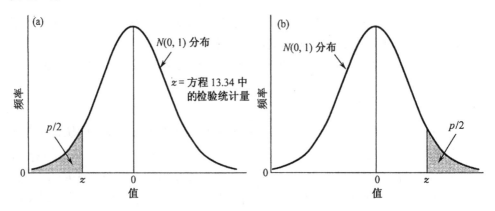

图 13.4　在多重 logistic 回归中，对 $H_0 : \beta_j = 0$ 其他 $\beta_l \neq 0$，对 H_1 : 所有 $\beta_l \neq 0$ 的检验中 p-值的计算

(a)如 $z = \hat{\beta}_j / se(\hat{\beta}_j) < 0$，则 $p = 2 \times$（在 $N(0,1)$ 分布下 z 值左边的面积）

(b)如 $z = \hat{\beta}_j / se(\hat{\beta}_j) \geqslant 0$，则 $p = 2 \times$（在 $N(0,1)$ 分布下 z 值右边的面积）。

例 13.35　传染病　对表 13.13 中的多重 logistic 回归模型中的独立变量判断显著性。

解　首先计算每一个自变量的检验统计量 $z = \hat{\beta}_j / se(\hat{\beta}_j)$，如表 13.13 所示。对于 $\alpha = 0.05$，计算 $|z|$ 且与 $z_{0.975} = 1.96$ 作比较去判断统计显著性。而精确 p-值为

$$p(\text{黑人}) = 2 \times [1 - \Phi(4.24)] < 0.001$$
$$p(\text{使用避孕法}) = 2 \times [1 - \Phi(2.55)] = 0.011$$

于是两个变量都是显著的。特别地，在控制模型中其他变量后，黑人妇女比白人妇女，及有较多性经验的妇女比有较少性经验的妇女，传染的概率增加了。

我们也可以定量地叙述这种关联的强度。由例 13.32，黑人妇女在传播此病中的"疾病比"是白人妇女的 9.4 倍，而且这两种妇女或都使用避孕方法（$x_2 = 0$）或都不使用避孕方法（$x_2 > 0$）。由例 13.34 见，对相同的种族，不使用隔膜避孕者传播沙眼衣原体的优势比是 1.11。

最后，在方程 13.29 与 13.33 中，仅当 x_j 与应变量之间没有显著性联系时，则 x_j 中 OR 的 95% 的置信区间将包含 1。类似地，这些置信区间不包含 1 是仅在 x_j 与应变量之间有显著关联性时。表 13.13 中因为两个独立变量是统计显著的，所以例 13.32 及 13.34 中的置信区间都不会包含 1。

例 13.36　心血管病　Framingham 心脏研究始于 1950 年, 它登记有 30～59 岁的 2282 名男性及 2845 名女性。对这些人一直随访至今[10]。对他们每年检查两次以获得冠心病的危险因素信息。检查的危险因素有年龄, 性别, 血清胆固醇, 血液葡萄糖, 身体质量指数, 收缩压和吸烟量[11]。为了分析, 在第 4 次检查时男性被选取的都没有冠心病(CHD)(不论是非致命的心肌梗塞还是致命的冠心病), 而妇女在第 4 次检查时全部危险信息都较好。在这个分析中, 所有冠心病都是在今后 10 年内(第 5～9 次检查)发展出来的。有 1731 名男性满足这些条件。此研究总体的基础特征列于表 13.17。这些人平均 50 岁, 且每个冠心病危险因素都呈现在一个很宽的范围内。

表 13.17　研究总体的基本特征(Framingham 心脏病研究)

危险因子	平均	标准差	人数	%
血清胆固醇/(mg/dl)[a]	234.8	40.6		
血清葡萄糖/(mg/dl)[b]	81.8	27.4		
身体质量指数/(kg/m²)	26.5	3.4		
收缩压/(mmHg)[c]	132.1	20.1		
年龄/岁	49.6	8.5		
35～39			228	13
40～49			670	39
50～59			542	31
60～69			291	17
现在抽烟数/(支数/日)[d]	13.1	13.5		
0			697	40
1～10			183	11
11～20			510	29
≥21			341	20

注:受试者是 1731 名男性, 他们在第 4 次检查时都没有冠心病。

　[a]　基于 Abell-Kendall 法。

　[b]　基于在受试者的全血非正式的血样上, 使用 Nelson 法。

　[c]　在第 4 次检查时, 两次重复的平均, 使用标准的水银血压计。

　[d]　现在抽烟者的定义为:他在去年一年中都抽烟。

　　方程 13.29 中, 我们研究了如何去评判二态暴露变量的 logistic 回归系数。方程 13.33 中, 我们学习过如何去评判连续暴露变量的 logistic 回归系数。在某些情形中, 我们在多重 logistic 回归中常使用类型变量且可以有多于两个(比如 k 个)类型变量。这时, 我们可以像在多重回归中的方程 12.17 那样, 把这样的变量分成 $k-1$ 个虚拟变量。

　　在分析例 13.36 时, 年龄被做成类型变量(35～44, 45～54, 55～64, 65～69), 而其他所有危险因素都当作连续变量。把年龄处理成类型变量的理由是, 在某些研究报告中,认为 CHD 的发病率与年龄的关系是非线性的;也就是说,50～54 岁相对于 45～49 岁时发病率的优势比不同于 60～64 岁对于 55～59 岁时的发病率优势比。如果年龄作为连续变量进入模型,则每 5 年的年龄增加时的危险率(用优势比测度)被看作是相同的。因此,我们把年龄做成类型变量,而且把 35～44 岁时的状态取作参考类别,且选取 3 个虚拟变量代表年龄组:分别为 45～54,55～64 及 65～69。注意,实际上选哪一个年龄组作参考年龄组是任意的。在某些情形,基于科学上的考虑而取一个特殊的组作参考类别。所有其他危险因素,除了现在的抽烟量外,都被变换成对数(ln)测度以减少正倾斜。这样,我们的模型就是

$$\ln\left(\frac{p}{1-p}\right) = \alpha + \beta_1 age4554 + \beta_2 age5564 + \beta_3 age6569 + \beta_4 LCHLD235$$

$$+ \beta_5 LSUGRD82 + \beta_6 SMOKEM13 + \beta_7 LBMID26 + \beta_8 LMSYD132$$

此处

p = 在后 10 年中发生 CHD 的概率

age4554 = 1 如果年龄在 45～54 岁, = 0 其他

age5564 = 1 如果年龄在 55～64 岁, = 0 其他

age6569 = 1 如果年龄在 65～69 岁, = 0 其他

LCHLD235 = ln(血清胆固醇/235)

LSUGRD82 = ln(血清葡萄糖/82)

SMOKEM13 = 现在吸烟数 - 13

LBMID26 = ln(身体指数/26)

LMSYD132 = ln(收缩压/132)

上述做法是,除年龄变量外,所有危险因子全都是均数中心化;也就是每一个值减去近似均数或每个值除以均数。这样做法对常数项(α)更为合适,且可减少计算时间。在此分析中,常数项 α 代表了(35～44 岁)参考(研究)总体中"平均"个体的 logit(p);也即,此时所有其他危险因素是 0(对应于血清胆固醇的均值 235,血液葡萄糖 82,吸烟数 13,身体质量指数 26,收缩压 132)。模型的拟合用 SAS 中的 PROC LOGISTIC,结果列于表 13.18。

我们从表 13.18 可见,每一个危险因子(除血清葡萄糖)都显著影响 CHD 的发病率。表中的优势比提供了这些因素与 CHD 关联性的强度。每一个年龄变量的优势比是相对于参考年龄组(35～44 岁组)而作出。比如,45～54 岁者对于 CHD 的疾病比在其他所有变量保持不变时,是参考组的 2.1(= $e^{0.7199}$)倍;类似地,55～64 及 65～69 岁者的 CHD 发病比分别是参考组的 3.2 及 4.3 倍。对于胆固醇的优势比($e^{1.8303}$ = 6.2)指出:两个男性在 ln(血液胆固醇)相差为 1(在其他因素都固定不变)时,较高胆固醇的人得冠心病的发病率是另一个人的 6.2 倍。记住,对数值差别为 1 的两人,实际上等价于胆固醇相差 e^1 = 2.7(单位)。如果我们比较胆

固醇差 1 倍的两人, 他们的优势比是 $e^{1.8303\ln 2} = e^{1.8303 \times 0.6931} = e^{1.27} = 3.6$。即, 如果男性 A 的胆固醇是男性 B 胆固醇的 2 倍, 而其他危险因素全相同, 则在 10 年内, A 男性 CHD 的发病比将是 B 男性的 3.6 倍。对于其他连续变量(比如葡萄糖, 身体质量指数, 收缩压)的解释是类似的。对于吸烟变量(它是原始尺度指标), 它的优势比是 1.018, 提供了两人在吸雪茄烟量差别 1 支时的优势比。因为这是一个很平常的差别, 更有意义的比较是如果每天差别 1 包(一包 20 支), 则两个人(比如, A 与 B)中, 吸更多烟的人(A)CHD 的发病比相对于 B 是 $e^{20(0.0177)} = 1.42$ 倍。也可以这么说, 在其他因素相同下, 每天吸一包烟的人 CHD 的发病率是不吸烟者的 1.42 倍。因为除了年龄以外, 所有危险因子都已均数中心化, 所以截距项告诉我们在参考组(35~44 岁)的"平均"男性在 10 年期间 CHD 的累加发病率。具体地说, 就是具有胆固醇=235, 葡萄糖=82, 每天吸烟数=13, 身体质量指数=26, 收缩压=132 的一个 35~44 岁男性, 10 年累加 CHD 发病率是 $e^{-3.1232}/(1 + e^{-3.1232}) = 0.0440/(1 + 0.0440) = 0.042 = 4.2\%$。

表 13.18 多重 logistic 回归模型预测 10 年之内 1731 名男性 CHD 的累加发病率, 这些人在基础时都无 CHD (SAS PROC LOGISTIC)

Logistic Regression

The LOGISTIC Procedure

Data Set: WORK.FRMFL

Response Variable: CMBMICHD

Response Levels: 2

Number of Observations: 1731

Link Function: Logit

Response Profile

Ordered Value	CMBMICHD	Count
1	1	163
2	2	1568

Analysis of Maximum Likelihood Estimates

Variable	DF	Parameter Estimate	Standard Error	Wald Chi-Square	Pr> Chi-Square	Standardized Estimate	Odds Ratio
INTERCPT	1	−3.1232	0.2090	223.2961	0.0001		
AGE4554	1	0.7199	0.2474	8.4686	0.0036	0.188857	2.054
AGE5564	1	1.1661	0.2551	20.9036	0.0001	0.283285	3.210
AGE6569	1	1.4583	0.3762	15.0251	0.0001	0.166826	4.299
LCHLD235	1	1.8303	0.5086	12.9537	0.0003	0.175202	6.236
LSUGRD82	1	0.5728	0.3261	3.0848	0.0790	0.070232	1.773
SMOKEM13	1	0.0177	0.00637	7.6910	0.0055	0.131608	1.018
LBMID26	1	1.4817	0.7012	4.4658	0.0346	0.106619	4.400
LMSYD132	1	2.7967	0.5737	23.7665	0.0001	0.222964	16.391

13.7.5　多重 logistic 回归中的预测

我们可以用多重 logistic 回归模型去预测协变量为 $x_1, \cdots, x_k$ 的个体患病的概率。如果回归参数已知,则疾病发生概率可以使用方程 13.23,即下式估计

$$p = \frac{e^L}{1 + e^L}$$

此处 $L = \alpha + \beta_1 x_1 + \cdots + \beta_k x_k$。$L$ 有时称为**线性预测量**(linear predictor)。因为参数未知,所以我们用样本去估计它,即

方程 13.35 $\hat{p} = \dfrac{e^{\hat{L}}}{1 + e^{\hat{L}}},$

而 $\hat{L} = \hat{\alpha} + \hat{\beta}_1 x_1 + \cdots + \hat{\beta}_k x_k$

要求得真实 p 的双侧 $100\% \times (1 - \alpha)$ 置信区间,我们必须先获得线性预测 L 的置信区间,它是

$$\hat{L} \pm z_{1-\alpha/2} se(\hat{L}) = (L_1, L_2)$$

再把它变换回概率尺度而求得 CI $= (p_1, p_2)$,此处

$$p_1 = e^{L_1}/(1 + e^{L_1}), \quad p_2 = e^{L_2}/(1 + e^{L_2})$$

$se(\hat{L})$ 的表达式是复杂的,要求有矩阵知识,这已不在本书范围之内,当然它容易由电脑计算出来。这个方法总结如下。

方程 13.36　使用 logistic 回归估计预测概率的点估计及置信区间　假设我们要对具有协变量 $x_1, \cdots, x_k$ 的个体估计患病的预测概率(p),且求 p 的置信区间,则

(1) 计算线性预测

$$\hat{L} = \hat{\alpha} + \hat{\beta}_1 x_1 + \cdots + \hat{\beta}_k x_k$$

此处 $\hat{\alpha}, \hat{\beta}_1, \cdots, \hat{\beta}_k$ 是 logistic 回归模型中的估计回归系数。

(2) p 的点估计为 $e^{\hat{L}}/(1 + e^{\hat{L}})$

(3) 对 p 的双侧 $100\% \times (1 - \alpha)$CI,记为 (p_1, p_2),则

$$p_1 = e^{L_1}/(1 + e^{L_1}), \quad p_2 = e^{L_2}/(1 + e^{L_2})$$

而 $L_1 = \hat{L} - z_{1-\alpha/2} se(\hat{L})$

$$L_2 = \hat{L} + z_{1-\alpha/2} se(\hat{L})$$

求 $se(\hat{L})$ 需要矩阵知识,这常常可由计算机算出,而 $se(\hat{L})$ 常随协变量值 $x_1, \cdots, x_k$ 而改变。

(4) 这些估计仅适用于前瞻性及现状研究。

例 13.37　心血管病　对例 13.36 中的 Framingham 心脏研究数据,试求个体有 CHD 的预测概率及 95% 置信区间。

表 13.19　Framingham 心脏研究数据(部分)，对于 logistic 回归模型(表 13.18)中的原始数据，预测概率，及 95%置信区间

OBS	CMBMICHD	AGE4554	AGE5564	AGE6569	LCHLD235	LSUGRD82	SMOKEM13	LBMID26	LMSYD132	PHAT	LCL	UCL
951	2	1	0	0	0.0579	-0.0892	-4	0.1716	0.0335	0.11192	0.08182	0.15127
952	2	0	0	1	-0.4162	-0.1726	-10	-0.1061	0.0225	0.05751	0.02768	0.11563
953	2	1	0	0	-0.1125	0.0241	17	-0.0506	-0.1643	0.05575	0.03713	0.08291
954	2	0	0	0	0.0294	0.0476	30	0.0117	-0.0153	0.07328	0.04603	0.11472
955	2	1	0	0	-0.0751	0.0931	-13	-0.0409	-0.1733	0.03688	0.02400	0.05628
956	1	0	1	0	0.2834	0.0121	17	0.2921	0.4353	0.62697	0.46703	0.76324
957	2	0	0	0	-0.1713	-0.1163	30	-0.0997	0.0939	0.05426	0.03103	0.09320
958	2	1	0	0	-0.1366	-0.0247	-13	0.2771	0.3429	0.17833	0.10975	0.27644
959	1	1	0	0	-0.0435	0.2567	17	0.1276	0.0113	0.14006	0.09710	0.19785
960	1	1	0	0	-0.2285	0.1041	7	0.0044	-0.0953	0.05224	0.03487	0.07757
961	2	0	0	0	0.1572	-0.1301	7	-0.0011	0.0075	0.05914	0.03975	0.08711
962	2	0	1	0	-0.1030	-0.1027	7	-0.0622	0.2530	0.18765	0.13240	0.25907
963	2	1	0	0	-0.1317	-0.1027	-13	-0.0997	-0.2053	0.02521	0.01556	0.04061
964	2	1	0	0	0.0738	0.0121	-13	0.0277	0.0588	0.09232	0.06695	0.12601
965	2	0	0	0	0.0376	-0.3463	-13	0.0903	-0.1037	0.02561	0.01533	0.04250
966	2	0	0	1	0.0579	-0.0760	17	-0.1202	-0.1643	0.03236	0.02017	0.05152
967	2	0	1	0	0.1894	-0.0123	-13	0.0385	0.0939	0.17834	0.13293	0.23507
968	2	0	1	0	-0.2126	0.2472	-13	0.0545	-0.0788	0.07083	0.04636	0.10675
969	2	0	0	0	-0.0085	0.0931	-13	0.0485	0.0445	0.04233	0.02691	0.06600
970	2	0	0	0	-0.0705	-0.0629	2	-0.0244	-0.2007	0.02083	0.01312	0.03292
971	2	1	0	0	0.0934	0.5631	7	0.1814	-0.0465	0.08570	0.04953	0.14428
972	2	1	0	0	-0.0843	-0.0500	-13	0.1702	0.0870	0.08943	0.06178	0.12778
973	2	1	0	0	0.0211	-0.0892	-13	0.2161	0.1924	0.14340	0.09817	0.20474
974	2	0	0	0	0.0085	-0.1726	-13	0.1803	0.1008	0.05279	0.03259	0.08442

续表

OBS	CMBMICHD	AGE4554	AGE5565	AGE6569	LCHLD235	LSUGRD82	SMOKEM13	LBMID26	LMSYD132	PHAT	LCL	UCL
975	2	0	1	0	-0.0983	0.3724	-13	-0.0210	0.0335	0.10998	0.07607	0.15646
976	1	1	0	0	0.5854	0.0931	7	-0.1561	0.0113	0.20513	0.11702	0.33447
977	2	0	0	0	-0.0085	-0.1027	17	0.1304	-0.0545	0.05435	0.03553	0.08231
978	2	1	0	0	-0.0524	0.8403	7	0.1029	0.1542	0.21241	0.12589	0.33555
979	2	1	0	0	-0.3416	0.2183	7	0.1333	0.0150	0.07308	0.04465	0.11738
980	2	0	0	0	-0.0705	-0.1163	-13	0.0297	-0.0666	0.02434	0.01512	0.03897
981	2	0	1	0	0.1859	-0.2020	-13	-0.1366	-0.1554	0.06918	0.04326	0.10887
982	2	0	0	0	-0.0660	-0.0373	7	-0.0588	-0.0076	0.03732	0.02454	0.05639
983	2	0	0	0	-0.0479	-0.1582	7	-0.0727	-0.2627	0.01763	0.01069	0.02896
984	2	0	0	0	-0.1866	-0.0247	-13	-0.0144	0.0660	0.02805	0.01660	0.04702
985	2	0	0	0	-0.4357	-0.2171	7	-0.1098	-0.1037	0.01244	0.00646	0.02382
986	2	1	0	0	0.1499	-0.1301	7	-0.1019	0.0730	0.11644	0.08325	0.16053
987	1	0	0	0	-0.0435	-0.0629	7	-0.1244	-0.1823	0.02168	0.01342	0.03485
988	1	1	0	0	0.2240	-0.2171	7	-0.0747	-0.2578	0.05595	0.03475	0.08890
989	2	0	0	0	-0.1317	0.0819	7	-0.1669	0.0113	0.03200	0.01912	0.05310
990	2	0	0	0	-0.2556	-0.1582	-13	0.1712	0.0939	0.03245	0.01840	0.05661
991	2	0	0	0	-0.1563	0.1366	7	0.1350	-0.0829	0.03772	0.02352	0.05996
992	2	0	0	0	0.2770	0.0706	17	-0.0022	0.0588	0.10773	0.06959	0.16311
993	2	0	0	0	-0.1125	-0.2796	7	0.0221	0.0225	0.03662	0.02355	0.05651
994	1	0	0	1	0.1929	-0.0629	2	0.1789	0.1606	0.35472	0.22029	0.51681
995	2	0	0	0	-0.0479	0.1680	-13	0.0999	-0.2007	0.02280	0.01337	0.03864
996	2	0	0	1	0.1011	0.2567	-13	0.1154	0.0225	0.20937	0.12173	0.33597
997	2	0	0	0	0.0000	-0.1872	7	-0.1808	-0.2627	0.01615	0.00933	0.02781
998	2	1	0	0	0.1425	-0.1301	-13	-0.0795	0.1638	0.10846	0.07181	0.16060
999	2	0	0	0	-0.2948	0.0000	-13	0.0221	-0.2384	0.01070	0.00578	0.01974
1000	2	0	0	0	-0.4162	0.0241	-13	0.0174	-0.0038	0.01653	0.00867	0.03130

解 参见表 13.19,那里提供有 951~1000 号的原始数据,CHD 的预测概率(记为 PHAT),95% 置信区间的下限及上限(记为 LCL 及 UCL)。例如,对于 969 号个体,其结果变量列于第 2 列(CMBMICHD)且值为 2(指示这不是 CHD),其独立变量列于 3~10 列。例如,我们知道,35~44 岁个体的所有虚拟变量(3~5 列)都是 0。这人不是一个非吸烟者(因为 SMOKEMB = 13),其血液胆固醇 = 235 × $e^{-0.085}$ = 233 等。由表 13.18,线性预测值为

$$\hat{L} = -3.1232 + 0.7199(0) + 1.1661(0) + 1.4583(0)$$
$$+ 1.8303(-0.0085) + \cdots + 2.7967(0.0445) = -3.1192$$

其对应的预测概率为

$$\hat{p}_i = e^{-3.1192}/(1 + e^{-3.1192}) = -0.0423 \quad (\text{见 PHAT 列})$$

它的 95% 下限及上限为 LCL = 0.0269,UCL = 0.0660。

13.7.6 logistic 回归模型拟合优良性的估价

我们可以用预测概率去定义残差及判断 logistic 回归模型拟合的优良性。

方程 13.37 logistic 回归中的残差 如果我们的数据以非组群形式出现,也就是说,每个个体都有一组协变量(比如表 13.19),则我们可以定义第 i 个体的 **Pearson 残差**如下。

$$r_i = \frac{y_i - \hat{p}_i}{se(\hat{p}_i)}$$

此处

$y_i = 1$ 如果第 i 观察个体是"成功",

   $= 0$ 如果第 i 观察个体是"失败"。

$$\hat{p}_i = \frac{e^{\hat{L}_i}}{1 + e^{\hat{L}_i}}$$

$$L_i = \text{第 } i \text{ 个体上的线性预测值} = \hat{\alpha} + \hat{\beta}_1 x_1 + \cdots + \hat{\beta}_k x_k$$

$$se(\hat{p}_i) = \sqrt{\hat{p}_i(1 - \hat{p}_i)}$$

如果我们的数据是组群形式,即一些个体具有相同的协变量从而形成一个组(比如表 13.15),则第 i 组的 Pearson 残差定义为

$$r_i = \frac{y_i - \hat{p}_i}{se(\hat{p}_i)}$$

此处

$$y_i = \text{第 } i \text{ 组的个体中"成功"的比例}$$

$$\hat{p}_i = \frac{e^{\hat{L}_i}}{1 + e^{\hat{L}_i}} \text{(与非组群数据相同)}$$

$$se(\hat{p}_i) = \sqrt{\frac{\hat{p}_i(1 - \hat{p}_i)}{n_i}}$$

Logistic Regression

The LOGISTIC Procedure

表 13.20　Framingham 心脏研究数据(部分), 对于 logistic 回归模型(表 13.18)的拟合中的 Pearson 残差

Covariates / Regression Diagnostics — Pearson Residual (1 unit = 0.9), scale $-8\ -4\ 0\ 2\ 4\ 6\ 8$

Case Number	AGE4554	AGE5564	AGE6569	LCHLD235	LSUGRD82	SMOKEM13	LBMID26	LMSYD132	Value
969	0	0	0	-0.00850	0.0931	-13.0000	0.0485	0.0445	-0.2102
970	0	0	0	-0.0705	-0.0629	2.0000	-0.0244	-0.2007	-0.1458
971	0	0	0	0.0934	0.5631	7.0000	0.1814	-0.0465	-0.3062
972	1.0000	0	0	-0.0843	-0.0500	-13.0000	0.1702	0.0870	-0.3134
973	1.0000	0	0	0.0211	-0.0892	-13.0000	0.2161	0.1924	-0.4092
974	0	0	0	0.00850	-0.1726	-13.0000	0.1803	0.1008	-0.2361
975	0	1.0000	0	-0.0983	0.3724	-13.0000	-0.0210	0.0335	-0.3515
976	1.0000	0	0	0.5854	0.0931	7.0000	-0.1561	0.0113	1.9685
977	0	0	0	-0.00850	-0.1027	17.0000	0.1304	-0.0545	-0.2397
978	1.0000	0	0	-0.0524	0.8403	7.0000	0.1029	0.1542	-0.5193
979	1.0000	0	0	-0.3416	0.2183	7.0000	0.1333	0.0150	-0.2808
980	0	0	0	-0.0705	-0.1163	-13.0000	0.0297	-0.0666	-0.1580
981	0	1.0000	0	0.1859	-0.2020	-13.0000	-0.1366	-0.1554	-0.2726
982	0	0	0	-0.0660	-0.0373	7.0000	-0.0588	-0.00760	-0.1969
983	0	0	0	-0.0479	-0.1582	7.0000	-0.0727	-0.2627	-0.1340
984	0	0	0	-0.1866	-0.0247	-13.0000	-0.0144	0.0660	-0.1699
985	0	0	0	-0.4357	-0.2171	7.0000	-0.1098	-0.1037	-0.1122
986	1.0000	0	0	0.1499	-0.1301	7.0000	-0.1019	-0.0730	-0.3630
987	0	0	0	-0.0435	-0.0629	7.0000	-0.1244	-0.1823	6.7172
988	1.0000	0	0	0.2240	-0.2171	7.0000	-0.0747	-0.2578	4.1076

989	0	0	0	0	-0.1317	0.0819	7.0000	-0.1669	0.0113	-0.1818	*
990	0	0	0	0	-0.2556	-0.1582	-13.0000	0.1712	0.0939	-0.1831	*
991	0	0	0	0	-0.1563	0.1366	7.0000	0.1350	-0.0829	-0.1980	*
992	0	0	0	0	0.2770	0.0706	17.0000	-0.00220	0.0588	-0.3475	*
993	1.0000	0	0	0	-0.1125	-0.2796	7.0000	0.0221	0.0225	-0.1950	*
994	0	0	0	0	0.1929	-0.0629	2.0000	0.1789	0.1606	1.3487	*
995	0	0	0	0	-0.0479	0.1680	-13.0000	0.0999	-0.2007	-0.1528	*
996	1.0000	0	0	0	0.1011	0.2567	-13.0000	0.1154	0.0225	-0.5146	*
997	0	0	0	0	0	-0.1872	7.0000	-0.1808	-0.2627	-0.1281	*
998	0	0	1.0000	0	0.1425	-0.1301	-13.0000	-0.0795	0.1638	-0.3488	*
999	0	0	0	0	-0.2948	0	-13.0000	0.0221	-0.2384	-0.1040	*
1000	0	0	0	0	-0.4162	0.0241	-13.0000	0.0174	-0.00380	-0.1296	*
1001	0	0	1.0000	0	0.4376	-0.1163	17.0000	0.0809	-0.1379	-0.4417	*
1002	0	1.0000	0	0	-0.1173	0.0931	-13.0000	0.0240	0.1008	-0.3623	*
1003	0	0	0	0	-0.2073	0.2567	30.0000	-0.1994	-0.2100	-0.1566	*
1004	0	0	0	0	-0.0705	-0.1301	7.0000	0.1291	-0.0788	-0.1987	*
1005	0	0	0	0	-0.1764	0.0706	17.0000	0.1471	-0.0625	-0.2163	*
1006	0	0	0	0	-0.0524	-0.1872	-10.0000	0.0762	0.0150	-0.1875	*
1007	0	0	0	0	0.0895	-0.0500	-13.0000	-0.1052	0.00750	-0.1871	*
1008	0	1.0000	0	0	-0.3179	-0.0760	7.0000	-0.0678	-0.0747	-0.2506	*
1009	0	0	0	0	-0.1030	-0.0500	2.0000	-0.1216	-0.0545	-0.1622	*
1010	0	0	0	1.0000	0.0252	-0.1163	-13.0000	0.0887	-0.1554	-0.2280	*
1011	0	0	0	0	-0.1464	-0.1027	7.0000	-0.0494	-0.2627	-0.1266	*
1012	0	0	0	0	-0.1077	0.0359	-13.0000	0.0347	0	-0.1757	*

$$n_i = 第 \ i \ 组中个体数目。$$

这里的 Pearson 残差类似于线性回归中方程 11.14 定义的 Studentized 残差。如同回归中一样,残差是各不相同的。这里的标准误是基于二项分布,其"成功"概率由 $\hat{p}_i$ 所估计。这样,对于非组群的个体,$se(\hat{p}_i) = \sqrt{\hat{p}_i(1-\hat{p}_i)}$,因为这里每个观察没有重复,样本量为 1。而对于分组数据,$se(\hat{p}_i) = \sqrt{\hat{p}_i(1-\hat{p}_i)/n_i}$,$n_i =$ 第 i 组中个体数。在分组数据中,当 $\hat{p}_i$ 接近于 0 或 1 时,或 n_i 增大时,标准误将减小。

例 13.38　心血管病　对 Framingham 心脏研究数据中,用表 13.18 的 logistic 回归模型拟合时,计算 969 号个体的 Pearson 残差。

解　由例 13.37,我们有 $\hat{p}_i = 0.0423$,$\hat{p}_i$ 的标准误为 $se(\hat{p}_i) = \sqrt{0.0423(1-0.0423)} = 0.2013$。从表 13.19 可见,此个体并未发生 CHD,即 $y_i = 0$。因此,Pearson 残差为

$$r_i = \frac{0 - 0.0423}{0.2013} = -0.2102$$

表 13.20 中,我们仅列出该研究的部分个体的计算结果(列于标记 Value 之下)。于是对 966 号,Value $= -0.2102$。Pearson 残差也用散点图的形式列于表 13.20 的右边。

我们可以用 Pearson 残差去识别异常值。但是个体残差的使用要比线性回归有更多的限制,特别在非组群形式时。然而,当 Pearson 残差的绝对值大时,应当检查其独立变量及应变量的值进入时是否正确? 以及对协变量值的识别模式是否一致? 为了更方便考察个体的情形,图 13.5 中把 Pearson 残差加以平方(记为 DIFCHISQ)而展示部分数据。图中,最大的 Pearson 残差是 646 号个体,与之对应的是一个没有其他危险因素的年轻吸烟者,其 CHD 预测值近似于 2% 但在 10 年内发展有 CHD。而其残差为 7.1,对应的 DIFCHISQ $= 7.1^2 \approx 50$。如果几个年轻吸烟者没有其他危险因素但却在 10 年中发展有 CHD,则我们就需要修正我们的模型,比如,年龄与吸烟是否有交互作用? 即允许较年轻的抽烟者可以与年老者有不同的效应。

如线性回归一样,也有其他方法去判断拟合的优良性,比如可以考察每个观察值如何影响回归系数的大小。假设第 j 个回归系数在有全部数据时的估计为 $\hat{\beta}_j$,而当删去第 i 个观察值后的回归系数记为 $\hat{\beta}_j^{(i)}$。第 i 个观察对 β_j 的影响估计的测度,可用下式衡量。

方程 13.38　$\Delta\beta_j^{(i)} = \dfrac{\hat{\beta}_j - \hat{\beta}_j^{(i)}}{se(\beta_j)}$

$\qquad\qquad\qquad\quad =$ 第 i 个观察对第 j 个回归系数的影响

此处 $se(\hat{\beta}_j)$ 是 $\hat{\beta}_j$ 的标准误(从全部数据中得出)。如果 $|\Delta\beta_j^{(i)}|$ 大,说明第 i 观察值对 β_j 有大的影响。

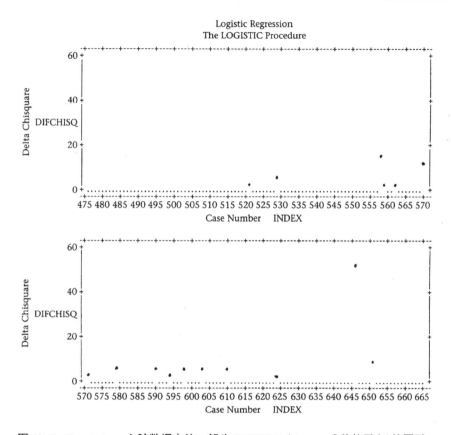

图 13.5 Framingham 心脏数据中的一部分 DIFCHISQ（Pearson 残差的平方）**的图形**

例 13.39 心血管病 表 13.18 中的模型,试判断收缩压回归系数中,个体对它的影响。

解 这里收缩压被做成 ln(收缩压/132)且被记成 LMSYD132(表 13.18)。方程 13.38 中的影响测度显示在图 13.6 上,图上仅列出部分数据且记成 DFBETA8,因为这是模型中的第 8 个回归系数(除截距外)。我们看见,图上没有一个观察值对此回归系数有大的影响,$|\Delta\beta_j^{(i)}|$ 的最大值约为 0.2,对应它的真实差异为 $0.2 \times se(\hat{\beta}_8) = 0.2 \times 0.5737 \approx 0.11$(见表 13.18 中 Standard Error)。因为在全部拟合的模型中 $\hat{\beta}_j$ 的值为 2.80,这是相对于较小的变化($\approx 4\%$)。这对于其他变量及观察值也一样。

本节中,我们已经学习了多重回归分析。当结果变量是二态,而需要控制一个或多个连续或类型变量时,这是一个极重要的技术。如同在 Mantel-Haenszel 型的技术拓广一样,它通常可以同时控制多个混杂效应,它也类似于结果变量是正态变量的多重线性回归。

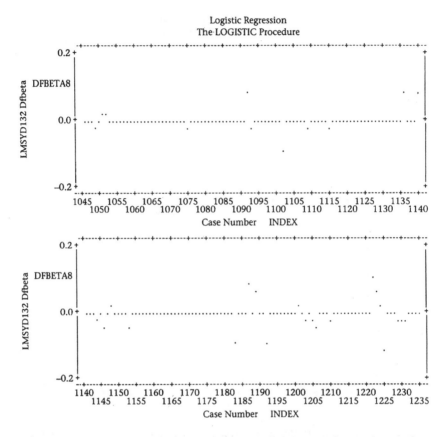

图 13.6　Framingham 心脏研究中,用表 13.18 的模型拟合时,部分观察个体对收缩压回归系数的影响

　　参见流程图(P.751),我们从图中的 4 开始,回答:(1)研究两个变量间关系? 否,进入标题为"两个以上变量"的框子。我们对(2)结果变量是连续还是二态? 答二态。这引导我们到"二态变量"。再回答(3)事件发生的时间很重要吗? 否。这引导我们进入"多重 logistic-回归方法"。

　　如果仅有两个变量:一个是二态应变量,另一个是连续独立变量,我们也可以用 logistic 回归。如果应变量是二态且仅有一个类型的独立变量,我们可以用多重 logistic 回归也可以用列联表方法,结果相同,但后者或许更可取且简单些。

13.8　再　分　析

　　在前一章及前面所有章节中,我们都是对某一个研究中的数据做分析。但是在某种研究中,我们希望把不同组群的研究分析结果综合成一个结果。在某些情形,不同的研究结果似乎相互矛盾,而在另外一些研究中,它们之间又似乎没有显著差异。

例 13.40 肾病 在数据集 NEPHRO. DAT 中,我们从文献中得到几种不同的氨基甙类抗生素治疗肾切开术(即发展有不正常肾功能)[12]的效果。表 13.21 中,我们考察 8 个研究中的一个子集,比较 2 个氨基甙类抗生素——庆大霉素与妥布霉素。在 8 个研究中的 7 个,妥布霉素与庆大霉素相比的优势比小于 1,这意味着用妥布霉素比用庆大霉素可以更少使用肾切开术。但是这些研究中,有许多研究例数较少且有不显著的结果。现在的问题是,用什么方法把这些研究联合起来以便可以减小抽样误差并增加研究的功效?如何解决不同研究中的不相容性?完成这样研究的技术称为**再分析**(meta-analysis)。本节中,我们将提出 DerSimonian 和 Laird 方法[13]。

表 13.21 在 NEPHRO. DAT 的肾切开术中,庆大霉素与妥布霉素的比较

研究	庆大霉素		妥布霉素		优势比[b]	y_i[c]	w_i[d]	w_i^*[e]
	调查人数	阳性数[a]	调查人数	阳性数[a]				
1. Walker	40	7	40	2	0.25	−1.394	1.430	1.191
2. Wade	43	13	47	11	0.71	−0.349	4.367	2.709
3. Greene	11	2	15	2	0.69	−0.368	0.842	0.753
4. Smith	72	19	74	9	0.39	−0.951	5.051	2.957
5. Fong	102	18	103	15	0.80	−0.229	6.873	3.500
6. Brown	103	5	96	2	0.42	−0.875	1.387	1.161
7. Feig	25	10	29	8	0.57	−0.560	2.947	2.086
8. Matzke	99	9	97	17	2.13	+0.754	5.167	2.996

[a] 发展成需肾切开术的数目。

[b] 肾切开术中妥布霉素病人的优势/庆大霉素病人的优势。

[c] $y_i = \ln$(优势比)。

[d] $w_i = (1/a_i + 1/b_i + 1/c_i + 1/d_i)^{-1}$。

[e] $w_i^* = [(1/w_i) + \hat{\Delta}^2]^{-1}$。

假设第 i 个研究中内在的对数优势比为 θ_i,其估计值为 $y_i = \ln(\hat{OR}_i)$, $i = 1$, 2, $\cdots$, 8,此处 OR_i 的估计值见表 13.21 中优势比列。我们认为用 y_i 估计真值 θ_i 存在有"研究内的变异",其度量为 y_i 的方差:

$$s_i^2 = \frac{1}{a_i} + \frac{1}{b_i} + \frac{1}{c_i} + \frac{1}{d_i} = \frac{1}{w_i}, \quad i = 1, 2, \cdots, k$$

其中,全部研究的个数为 $k = 8$, a_i, b_i, c_i 及 d_i 是第 i 个研究中 2×2 表的格子内频数。我们也认为 θ_i 之间也存在有离全部研究中真实 $\log$(优势比)的平均 μ 的"研究间的变异",因为 θ_i 是第 i 个研究的 $\log$(优势比),于是有

$$\theta_i = \mu + \delta_i,$$

且
$$\mathrm{Var}(\delta_i) = \Delta^2,$$

δ_i 是第 i 个研究离总平均 μ 的变异。这很类似于 12.8 节中的随机效应 ANOVA 模型。要估计 μ,我们计算对数优势比的加权平均

$$\hat{\mu} = \sum_{i=1}^{k} w_i^* y_i \bigg/ \sum_{i=1}^{k} w_i^*$$

此处

$$w_i^* = (s_i^2 + \hat{\Delta}^2)^{-1}$$

也就是说,第 i 个研究的权与第 i 个研究的总方差($= s_i^2 + \Delta^2$)成反比,且

$$se(\hat{\mu}) = 1 / \Big(\sum_{i=1}^{k} w_i^* \Big)^{1/2}$$

可以证明 Δ^2 的最好估计是

$$\hat{\Delta}^2 = \max\Big\{0, \big[Q_w - (k-1) \big] \Big/ \Big[\sum_{i=1}^{k} w_i - \Big(\sum_{i=1}^{k} w_i^2 \Big/ \sum_{i=1}^{k} w_i \Big) \Big] \Big\}$$

此处

$$Q_w = \sum_{i=1}^{k} w_i (y_i - \bar{y}_w)^2$$

及

$$\bar{y}_w = \sum_{i=1}^{k} w_i y_i \bigg/ \sum_{i=1}^{k} w_i$$

这个方法可以总结如下。

　　方程 13.39　再分析,随机效应模型　假设有 k 个研究,每个研究的目标都是估计优势比 $\exp(\mu)$—在每个处理组中的疾病优势相对于对照组中的疾病优势。

　　(1) 把 k 个研究联合,平均对数优势比的最好估计为

$$\hat{\mu} = \sum_{i=1}^{k} w_i^* y_i \bigg/ \sum_{i=1}^{k} w_i^*$$

此处 $y_i =$ 第 i 个研究中的对数优势比

$$w_i^* = (s_i^2 + \hat{\Delta}^2)^{-1}$$

$$1/w_i = s_i^2 = \frac{1}{a_i} + \frac{1}{b_i} + \frac{1}{c_i} + \frac{1}{d_i} = \text{第 } i \text{ 个研究内的方差}$$

而 a_i, b_i, c_i 及 d_i 是第 i 个研究中 2×2 表的计数。

$$\hat{\Delta}^2 = \max\Big\{0, \big[Q_w - (k-1) \big] \Big/ \Big[\sum_{i=1}^{k} w_i - \Big(\sum_{i=1}^{k} w_i^2 \Big/ \sum_{i=1}^{k} w_i \Big) \Big] \Big\}$$

$$Q_w = \sum_{i=1}^{k} w_i (y_i - \bar{y}_w)^2 = \sum_{i=1}^{k} w_i y_i^2 - \Big(\sum_{i=1}^{k} w_i y_i \Big)^2 \Big/ \sum_{i=1}^{k} w_i$$

及

$$\bar{y}_w = \sum_{i=1}^{k} w_i y_i \Big/ \sum_{i=1}^{k} w_i$$

对应的优势比的点估计 $= \exp(\hat{\mu})$。

(2) $\hat{\mu}$ 的标准误为

$$se(\hat{\mu}) = \Big(1 \Big/ \sum_{i=1}^{k} w_i^* \Big)^{1/2}$$

(3) μ 的 $100\% \times (1-\alpha)$CI 为

$$\hat{\mu} \pm z_{1-\alpha/2} se(\hat{\mu}) = (\mu_1, \mu_2)$$

OR 的 $100\% \times (1-\alpha)$CI 为 $[\exp(\mu_1), \exp(\mu_2)]$

(4) 检验假设 $H_0 : \mu = 0$ 对 $H_1 : \mu \neq 0$

(或等价的检验 $H_0 : OR = 1$ 对 $H_1 : OR \neq 1$),

检验统计量为 $\qquad z = \hat{\mu} / se(\hat{\mu})$

在 H_0 下, z 是 $N(0,1)$ 分布。双侧 p 值为

$$2 \times [1 - \Phi(|z|)]$$

例 13.41 肾病 对表 13.21 中的数据, 估计联合肾切开术的优势比。求 95% 置信区间(CI), 及提供检验假设(两个处理有相同的肾切开比例)的双侧 p-值。

解 首先计算每个研究中的对数优势比(y_i)及对应的权 $w_i = (1/a_i + 1/b_i + 1/c_i + 1/d_i)^{-1}$,这些都已出现在表 13.21 中。

再计算研究间的方差 $\hat{\Delta}^2$。我们有

$$\sum_{i=1}^{8} w_i = 1.430 + \cdots + 5.167 = 28.0646$$

$$\sum_{i=1}^{8} w_i y_i = 1.430(-1.394) + \cdots + 5.167(0.754) = -9.1740$$

$$\sum_{i=1}^{8} w_i y_i^2 = 1.430(-1.394)^2 + \cdots + 5.167(0.754)^2 = 13.2750$$

所以,

$$Q_w = 13.2750 - (-9.1740)^2 / 28.0646 = 10.276$$

进而

$$\sum_{i=1}^{8} w_i^2 = 1.430^2 + \cdots + 5.167^2 = 131.889$$

$$\hat{\Delta}^2 = (10.276 - 7)/(28.0646 - 131.889/28.0646)$$

$$= 0.140 = 不同研究间的方差$$

所以,

$$w_i^* = (1/w_i + \hat{\Delta}^2)^{-1}$$

这已出现于表 13.21。最后,计算

$$\sum_{i=1}^{8} w_i^* y_i = 1.191(-1.394) + \cdots + 2.996(0.754) = -6.421$$

$$\sum_{i=1}^{8} w_i^* = 1.191 + \cdots + 2.996 = 17.3526$$

及

$$\hat{\mu} = -6.421/17.3526 = -0.370$$

其标准误为

$$se(\hat{\mu}) = (1/17.3526)^{1/2} = 0.240$$

所以,平均优势比的点估计 $\exp(\mu)$ 为 $\exp(-0.370) = 0.69$。$\exp(\mu)$ 的 95%CI 为

$$\exp[-0.370 \pm 1.96(0.240)] = (0.43, 1.11)$$

检验假设 $H_0 : \mu = 0$ 对 $H_1 : \mu \neq 0$,我们有统计量

$$z = \hat{\mu}/se(\hat{\mu})$$
$$= -0.370/0.240 = -1.542$$

对应的双侧 p-值为

$$p = 2 \times [1 - \Phi(1.542)] = 0.123$$

所以,此例中优势比虽然小于 1,但与 1 没有显著区别。

13.8.1　优势比的齐性检验

某些研究认为,方程 13.39 中的方法仅应使用于 k 个研究的优势比没有异质(即同质或齐性)的情形。即我们应检验

$H_0 : \theta_1 = \cdots = \theta_k$　对　$H_1 :$ 至少两个 θ_i 彼此不同,我们使用下面方法。

方程 13.40　再分析中优势比的齐性检验　检验假设 $H_0 : \theta_1 = \cdots = \theta_k$ 对 $H_1 :$ 至少两个 θ_i 不同,此处 $\theta_i =$ 第 i 个研究中对数优势比。我们使用下面检验统计量,

$$Q_w = \sum_{i=1}^{k} w_i(y_i - \bar{y}_w)^2$$

这相同于方程 13.39 中的量。可以证明,在 H_0 成立时,$Q_w \sim \chi_{k-1}^2$。所以对应的 p-值为

$$p\text{-值} = Pr(\chi_{k-1}^2 > Q_w)$$

例 13.42　肾病　检验表 13.21 中优势比的齐性。

解　由例 13.41,我们有 $Q_w = 10.276 \sim \chi_7^2(H_0$ 下$)$。$\chi_{7,0.75}^2 = 9.04$ 及 $\chi_{7,0.90}^2 = 12.02$,及 $9.04 < 10.276 < 12.02$ 所以,$1 - 0.90 < p < 1 - 0.75$,即 $0.10 < p < 0.25$。所以表 13.21 中的 8 个优势比没有发现异质性。

一个在研究者中引发争论的问题,再分析研究中,应该使用固定效应还是随机

效应? 固定效应模型中,不同研究间的方差(Δ^2)被忽略了(在计算研究的权重时),而仅考察研究内部的方差。所以,方程 13.39 中仅用 w_i 去代替 w_i^*。有一个争论是,如果不同研究中优势比有实质性差异,则应该研究非齐性(异质)的来源(即,不同的研究设计等)且不应报告如方程 13.39 那样的全部联合的优势比。其他研究者认为,再分析中研究间的方差应该被考虑在内。一般来讲,使用固定效应模型可以有较窄的置信区间并更易得出显著性结果。但是,固定效应模型与随机效应模型会有相对不同的权。在一个固定效应模型中,仅考虑研究内部的方差;而在随机效应模型中,要考虑研究内部也要考察研究间的方差。如果在一个随机效应模型中,研究间的方差实质性地相对于研究内方差为大,则在固定效应模型中,较大样本的研究将比在随机效应模型中得到更大的权。所以,两个模型得出的优势比可以不同。这在表 13.21 中的情况可以得到验证,表 13.21 中,比较权 w_i(固定效应模型中的权)与 w_i^*(随机效应模型中的权),可以看出,w_i 受样本量的大小影响比对 w_i^* 的影响大。对表 13.21 中数据,如果用 w_i 代替 w_i^*,我们可以计算得综合的优势比($\exp(\hat{\mu})$)的估计为 0.72,它的 95% CI 为(0.49,1.04),对 H_0:OR = 1 对 H_1:OR≠1 的检验 p-值 = 0.083;这些结果与用随机效应模型中的优势比为 0.69,95% 置信区间为(0.43,1.11)相比,两者是不一样的。

另外,当 2×2 表中频数中有 0 发生时,在固定效应模型中,常令权为 0;但在随机效应模型中,如果研究间的方差大于 0,则这时的权常常是非零。这就会引起问题,因为 0 的对数是 + ∞ 或 − ∞。因此,文献[12]中提出,应排除样本量很少的研究。一个合理的折中方法是使用方程 13.40 检验各个研究中优势比的异质性,再使用表 13.22 去决定用什么模型。

表 13.22　对再分析中模型的使用

异质性检验的 p-值	使用模型的形式
≥0.5	使用固定效应模型
0.05≤p<0.5	使用随机效应模型
<0.05	不要报告合并的优势比;寻找异质性的来源

再分析方法中也可以使用其他效应测度(例如,用处理组间的平均差异取代优势比),但这已不在本书范围之内。此种再分析法的完全描述见 Hedge 和 Olkin[14]。

本节中,我们学习再分析技术,此技术允许我们把多个研究的结果联合成一个结果,以便在估计参数时可以增大检验的功效。我们研究了固定效应模型,这个模型中的权仅由研究内的方差所决定;研究了随机效应模型,这时权由研究内也由研究间的方差所共同决定。我们也讨论了这两个模型的区别及如何选用哪一个模型。

13.9   等效性研究

13.9.1   绪言

第 10 章中,我们已经考察过无效假设(H_0:两个处理有相同的效应,对 H_1:两个处理的效应彼此不同)的样本量的估计。临床试验的多数是这种研究形式,这种研究形式常称为优效性研究(superiority studies)。可是近来提出一种新的研究设计形式,它的主要目标是研究两种处理是否等效而不是一种优于另一种。考虑下面的例子,这由 Makuch 和 Simon[5]提出。

例 13.43   癌   假设我们设计一种临床试验,用于比较早期乳房切除术的两种外科处理。两种处理是简单的乳房切除术与更复杂的肿块切除术。在这类设计中,过去常用的设计从伦理上看是不大道德:把实验处理与对照处理作比较。而这里用的是在两种有效的对照处理之间作比较:前一种处理法是标准方法,它能产生80%的 5 年存活期;后一种处理是一种实验性处理,它比经典的标准方法可以增加体力。但是仅当后一处理方法在统计意义上不比 5 年存活期的标准处理法低10%时才是可以接受的。我们如何检验此实验性的方法是否可接受?且如何估价所需样本量?

13.9.2   用置信区间做统计推断

定义 13.17   例 13.43 的研究中,目标是两个处理有近似的等效性,这样的研究称为**等效性研究**(equivalence study)。

设 p_1 是标准处理法中的生存率,p_2 是实验性法中的生存率。我们将找一个 $p_1 - p_2$ 的较低的单侧 $100\% \times (1 - \alpha)$ 置信区间,方程 13.1 中,我们提出的是 $p_1 - p_2$ 的双侧 CI。而对应的较低的单侧置信区间为

方程 13.41 $p_1 - p_2 < \hat{p}_1 - \hat{p}_2 + z_{1-\alpha} \sqrt{\hat{p}_1 \hat{q}_1 / n_1 + \hat{p}_2 \hat{q}_2 / n_2}$

这里我们忽略了较小起作用的修正因子。

上述单侧置信区间中的上界如不超过事先指定的 δ,则称这两个处理是等效的*。

例 13.44   癌   假设我们有一个临床试验,在标准处理及实验性处理中各有100 例病人。我们发现,标准处理组中 5 年存活率为 80%而实验性组中是 75%。如果规定的等效性临界值不能比标准处理法低 10%,且用单侧 95% CI,则这两种处理等效吗?

---

* 实际为检验 p_2 不比 p_1 小。——译者注

解 我们构建 $p_1 - p_2$ 的下限单侧 95% CI。由方程 13.41，有

$$p_1 - p_2 < 0.80 - 0.75 + z_{0.95} \sqrt{0.80(0.20)/100 + 0.75(0.25)/100}$$

$$= 0.05 + 1.645(0.0589)$$

$$= 0.05 + 0.097 = 0.147$$

下界 95% CI 中的上界已超过 10%，所以这里的实验性组不能被看作与标准法等效。虽然观察到的生存概率仅比标准法低 5%，但这两个样本生存率的内在差异可以高达 15%，这隐含着两个处理法是不能等效的。

13.9.3 等效性研究中样本量的估计

从例 13.44 中可以明显看出，等效性研究中大样本是必要的。在某些情形，等效性也依赖于临界值 δ。对比经典的优效性研究，这里的样本量会相当大地超过优效性研究中的样本量。这里的方法要求样本量大到足以有高的概率 $(1-\beta)$ 保证方程 13.41 中的上限不超过 δ。所以，我们要求有

方程 13.42 $Pr[\hat{p}_1 - \hat{p}_2 + z_{1-\alpha}\sqrt{\hat{p}_1\hat{q}_1/n_1 + \hat{p}_2\hat{q}_2/n_2} \leqslant \delta] = 1 - \beta$

上面方程两边减 $p_1 - p_2$，再除以 $\sqrt{\hat{p}_1\hat{q}_1/n_1 + \hat{p}_2\hat{q}_2/n_2}$，两边再减去 $z_{1-\alpha}$，我们得

$$Pr\left[\frac{\hat{p}_1 - \hat{p}_2 - (p_1 - p_2)}{\sqrt{\hat{p}_1\hat{q}_1/n_1 + \hat{p}_2\hat{q}_2/n_2}} \leqslant \frac{\delta - (p_1 - p_2)}{\sqrt{\hat{p}_1\hat{q}_1/n_1 + \hat{p}_2\hat{q}_2/n_2}} - z_{1-\alpha}\right] = 1 - \beta$$

在假设两处理组的真实差异是 $p_1 - p_2$ 时，左边的随机变量是一个标准化正态变量，因此，要满足上述方程，就有

方程 13.43 $\dfrac{\delta - (p_1 - p_2)}{\sqrt{\hat{p}_1\hat{q}_1/n_1 + \hat{p}_2\hat{q}_2/n_2}} - z_{1-\alpha} = z_{1-\beta}$

在方程 13.43 两边加 $z_{1-\alpha}$，再除 $\delta - (p_1 - p_2)$，得

$$\frac{1}{\sqrt{\hat{p}_1\hat{q}_1/n_1 + \hat{p}_2\hat{q}_2/n_2}} = \frac{z_{1-\alpha} + z_{1-\beta}}{\delta - (p_1 - p_2)}$$

如果我们认为实验组的样本量 (n_2) 是标准组样本量 (n_1) 的 k 倍，则我们从上式有

$$\frac{\sqrt{n_1}}{\sqrt{\hat{p}_1\hat{q}_1 + \hat{p}_2\hat{q}_2/k}} = \frac{z_{1-\alpha} + z_{1-\beta}}{\delta - (p_1 - p_2)}$$

上式中解出 n_1，即有

方程 13.44 $n_1 = \dfrac{(\hat{p}_1\hat{q}_1 + \hat{p}_2\hat{q}_2/k)(z_{1-\alpha} + z_{1-\beta})^2}{[\delta - (p_1 - p_2)]^2}$

$$n_2 = kn_1$$

在无效假设下，认为 $p_1 = p_2 = p$。则方程 13.44 可以总结如下。

方程 13.45 等效性研究中样本量的估计 假设我们要在一个标准处理组（记为处理 1）与一个实验性处理组（记为处理 2）中建立等效性。记 p_1 及 p_2 分别

是处理组 1 及组 2 的处理"成功"率。如果 $p_1 - p_2$ 的下限 $100\% \times (1-\alpha)$ 置信区间的上界 $\leqslant \delta$,则认为这两个处理可看作是等效的(其意义是,实验性处理组在实质上不会比标准处理组差)。如果 $p_1 = p_2 = p$,且我们要有 $1 - \beta$ 的概率建立等效性,则我们需要的样本量为

$$n_1 = \frac{(pq)(1+1/k)(z_{1-\alpha} + z_{1-\beta})^2}{\delta^2} \quad (在处理组 1)$$

$$n_2 = kn_1 \quad (在处理组 2, k \text{ 是事先指定的})^*$$

例 13.45　癌　例 13.44 的研究中,如果我们(1) 要求有 80% 的概率建立两种处理的等效性,(2) 两组的样本量应相等,(3) 两个处理的 5 年生存率都是 80%,(4) 等效性的临界值是 10%,及(5) 我们的等效性建立在低限 95% CI 的上界上。

解　我们有 $p = 0.80, q = 0.20, \alpha = 0.05, \beta = 0.20, \delta = 0.10$,因此,

$$n_1 = \frac{0.80(0.20)(2)(z_{0.95} + z_{0.80})^2}{(0.10)^2} = \frac{0.32(1.645 + 0.84)^2}{0.01} = 197.6 = n_2$$

因此,我们需要每组病人数是 198 才能有 80% 的概率建立这个试验设计的等效性。这个数值大于例 13.44 中的样本数,所以在那里我们不可能有等效性的结果。

本节中,我们已经考虑了等效性研究(有时也称为有效-对照研究,active-control studies)中的分析方法及样本量估计。等效性研究中,要求两种处理的差异以 $1 - \beta$ 的概率不超过预先指定的临界值 δ。这个 δ 值及概率 $1 - \beta$ 都是事先指定的。

什么情况下选用等效性研究还是优效性研究? 有些人认为建立在空白对照上的优效性研究常常是为了考察一种处理的效率[16]。而另一些人认为,如果标准治疗方法已经被证明有效,则对病人不给以治疗的做法是不道德的(比如,对精神分裂症病人使用空白对照去估价某种新治疗法的效果等)。这方面的更多讨论是 Rothman 和 Michels[17]。

13.10　交 叉 设 计

例 13.46　运动医学　练习题 8.112 中,我们介绍了数据文件 TENNIS2.DAT (在数据盘上)。这是一个临床试验,用于对网球运动员肘病的处理,一种是 Motrin(药名布洛芬),另一种是安慰剂。每个受试者随机接受 Motrin(组 A)或安慰剂(组 B),历时 3 周。然后再有 2 周的洗脱期,洗脱期目的是使受试者消除残留的药物效应。所有受试者都回到"现状",再接受第二个 3 周的相反治疗,原来接受 Motrin 的现改为接受安慰剂,原来接受安慰剂的现改为 Motrin 治疗。这种形式的

---

* $H_0: p_1 = p_2 = p$ 中的 p,应该是标准处理组中的成功率,$q = 1 - p$。——译者注

设计改为**交叉设计**。使用这种设计时,如何比较 Motrin 与安慰剂的效应?

定义 13.18 **交叉设计**(cross-over design)是随机临床试验的一种形式。在这种设计中,每个受试者被随机指定为组 1 或组 2。组 1 的受试者在第一个处理期内接受 A 药而在第二个处理期中接受 B 药。组 2 的受试者在第一个处理期中接受 B 药而在第二个处理期中接受 A 药。在两个给药期之间常常有一段洗脱时间,以便消除前面药物的残留效应。

定义 13.19 **交叉设计中的洗脱期**(washout period) 此时间要安排在两个有效药物处理期之间,以便能消除剩余药物的效应。

定义 13.20 **交叉设计中的剩余效应**(carry-over effect) 这是指在第一个处理期内的一个或两个药物会在第二个处理期中有剩余的生物学效应。

定义 13.18 中的交叉设计是有两个周期的交叉设计。而有的交叉设计也可以有两个以上的周期,用于去比较两个以上的处理。

13.10.1 处理效应的估价

在例 13.46 的网球运动员肘病的研究中,疼痛减轻分成 6 个等级。在每个有效处理结束时,询问每个受试者在与基线时的疼痛作比较时疼痛的减轻程度:结果中"1"表示更坏,"2"是没有变化,"3"是稍微改善(约改善 25%),"4"是中等程度改善(50%),"5"是减轻很多(75%),而"6"是完全不疼了(100%)。我们要比较 Motrin 疗法相对于安慰剂有多大的减轻疼痛作用。记

x_{ijk} = 在第 k 周期的第 i 组中第 j 个受试者减轻疼痛的级别,

i = 组号(1 = 组 A, 2 = 组 B),

j = 受试者号($j = 1, \cdots, n_1$ 对组 A;$j = 1, \cdots, n_2$ 对组 B)

k = 周期号(1 = 第 1 周期,2 = 第 2 周期)

对组 A 的第 j 个受试者,药物的有效性测度为

$$d_{1j} = x_{1j1} - x_{1j2}, \quad j = 1, \cdots, n_1$$

而对组 B 的第 j 个受试者,药物的有效性测度为

$$d_{2j} = x_{2j2} - x_{2j1}, \quad j = 1, \cdots, n_2$$

在每种情形中,d 值愈大,愈表示 Motrin 药(组 A)的效果比安慰剂要好,即表示病人感觉疼痛减轻得多。于是在组 A 中全体病人的有效性测度为

$$\bar{d}_1 = \sum_{j=1}^{n_1} d_{1j} / n_1$$

而对组 B,全体受试者的有效性测度为

$$\bar{d}_2 = \sum_{j=1}^{n_2} d_{2j} / n_2$$

整个药物的有效性是

方程 13.46
$$\bar{d} = \frac{1}{2}(\bar{d}_1 + \bar{d}_2)$$

计算 $\bar{d}$ 的标准误时,我们认为组 A 中受试者的内在方差与组 B 中内在方差相同,所以我们估计 σ_d^2 可以用合并起来的下述法估计,即

方程 13.47

$$s_{d,\,\text{pooled}}^2 = \frac{\sum\limits_{j=1}^{n_1}(d_{1j} - \bar{d}_1)^2 + \sum\limits_{j=1}^{n_2}(d_{2j} - \bar{d}_2)^2}{n_1 + n_2 - 2}$$

$$= \frac{(n_1 - 1)s_{d_1}^2 + (n_2 - 1)s_{d_2}^2}{n_1 + n_2 - 2}$$

因此,有

$$\text{Var}(\bar{d}) = \frac{1}{4}\big[\text{Var}(\bar{d}_1) + \text{Var}(\bar{d}_2)\big]$$

$$= \frac{1}{4}\left[\frac{\sigma_d^2}{n_1} + \frac{\sigma_d^2}{n_2}\right]$$

$$= \frac{\sigma_d^2}{4}\left(\frac{1}{n_1} + \frac{1}{n_2}\right)$$

其估计量为

$$\frac{s_{d,\,\text{pooled}}^2}{4}\left(\frac{1}{n_1} + \frac{1}{n_2}\right)$$

自由度为 $n_1 + n_2 - 2$。因此 $\bar{d}$ 的标准误是

$$se(\bar{d}) = \frac{s_{d,\,\text{pooled}}}{2}\sqrt{\frac{1}{n_1} + \frac{1}{n_2}}$$

这就引出下面的方法去判断交叉设计中总的处理效应。

方程 13.48　交叉设计中综合处理效应的估计

记　　x_{ijk} = 交叉设计中,病人在第 k 个周期中,第 i 组第 j 个病人的得分值,

$$k = 1, 2; \qquad i = 1, 2; \qquad j = 1, \cdots, n_i$$

假设组 1 中的病人在周期 1 中接受处理 1,而在周期 2 中接受处理 2;而组 2 中的病人在周期 1 中接受处理 2,而在周期 2 中接受处理 1。如果没有剩余效应存在,则我们使用下面方法去估价综合的处理有效性。

(1) 计算

$$\bar{d} = 处理有效性的总估计 = \frac{1}{2}(\bar{d}_1 + \bar{d}_2),$$

此处

$$\bar{d}_1 = \sum_{j=1}^{n_1} d_{1j}/n_1$$

$$\bar{d}_2 = \sum_{j=1}^{n_2} d_{2j}/n_2$$

$$d_{1j} = x_{1j1} - x_{1j2}, j = 1, \cdots, n_1$$

$$d_{2j} = x_{2j2} - x_{2j1}, j = 1, \cdots, n_2$$

（2）$\bar{d}$ 的标准误估计量为

$$\sqrt{\frac{s_{d,\text{pooled}}^2}{4}\left(\frac{1}{n_1} + \frac{1}{n_2}\right)} = \frac{s_{d,\text{pooled}}}{2}\sqrt{\frac{1}{n_1} + \frac{1}{n_2}}$$

此处

$$s_{d,\text{pooled}}^2 = \frac{(n_1-1)s_{d_1}^2 + (n_2-1)s_{d_2}^2}{n_1 + n_2 - 2}$$

$$s_{d_1}^2 = \sum_{j=1}^{n_1}(d_{1j} - \bar{d}_1)^2/(n_1 - 1)$$

$$s_{d_2}^2 = \sum_{j=1}^{n_2}(d_{2j} - \bar{d}_2)^2/(n_2 - 1)$$

（3）记 $\Delta =$ 真实的平均处理有效性，则检验假设 $H_0:\Delta=0$ 对 $H_1:\Delta\neq 0$。使用双侧水平为 α 的显著性检验，计算检验统计量

$$t = \frac{\bar{d}}{\sqrt{\frac{s_{d,\text{pooled}}^2}{4}\left(\frac{1}{n_1} + \frac{1}{n_2}\right)}}$$

（4）如果 $t > t_{n_1+n_2-2,1-\alpha/2}$ 或 $t < t_{n_1+n_2-2,\alpha/2}$，则拒绝 H_0；

如果 $t_{n_1+n_2-2,\alpha/2} \leqslant t \leqslant t_{n_1+n_2-2,1-\alpha/2}$，则接受 H_0。

（5）检验的 p-值为

$$2 \times [t_{n_1+n_2-2} \text{ 分布中 } t \text{ 值左边的面积}]，如果 } t \leqslant 0$$

或

$$2 \times [t_{n_1+n_2-2} \text{ 分布中 } t \text{ 值右边的面积}]，如果 } t > 0$$

（6）真实处理效应 Δ 的 $100\% \times (1-\alpha)$ 的 CI 为

$$\bar{d} \pm t_{n_1+n_2-2,1-\alpha/2}\sqrt{\frac{s_{d,\text{pooled}}^2}{4}\left(\frac{1}{n_1} + \frac{1}{n_2}\right)}$$

例 13.47 **运动医学** 检验 Motrin 对安慰剂的疗效中，与基线时相比较，疼痛是否有减轻？估计 Motrin 与安慰剂相比较疼痛减轻的 95％置信区间。

解 在此数据集中有 88 名受试者，44 人在组 1，44 人在组 2。可是在每组中

都有 2 人在一个或两个周期中漏失疼痛记分。所以在每组中实际只有 42 人可供分析。首先我们计算每组每个周期每个受试者相对于基线时的平均疼痛得分，及在疼痛上的平均差异（Motrin 法–安慰剂法），并计算在两个周期上的平均减轻得分，见表 13.23。

表 13.23　在与基线比较时，药物有效性综合的印象汇总统计

	组							
	1				2			
	Motrin	安慰剂	差异[a]	平均[b]	Motrin	安慰剂	差异	平均
平均	3.833	3.762	0.071	3.798	4.214	2.857	1.357	3.536
sd	1.188	1.574	1.813	1.060	1.353	1.160	1.376	1.056
n	42	42	42	42	42	42	42	42

注：数据见文件 TENNIS2.DAT，在周期 1 中使用变量 22 作为药物有效的总效果，在周期 2 中用变量 43 作为药物有效的总效果。

[a]　Motrin 法上的疼痛分 – 安慰剂法上的疼痛分。

[b]　这是 Motrin 法的疼痛分与安慰剂上疼痛分的平均。

药物有效性的总测度为

$$\bar{d} = \frac{0.071 + 1.357}{2} = 0.714$$

计算 $\bar{d}$ 的标准误，首先计算合并方差的估计。

$$s^2_{d,\text{pooled}} = [(n_1 - 1)s^2_{d_1} + (n_2 - 1)s^2_{d_2}]/(n_1 + n_2 - 2)$$

$$= \frac{41(1.813)^2 + 41(1.376)^2}{82} = 2.590$$

于是 $\bar{d}$ 的标准误是

$$se(\bar{d}) = \sqrt{\frac{2.590}{4}\left(\frac{1}{42} + \frac{1}{42}\right)} = 0.176$$

检验统计量为

$$t = \frac{0.714}{0.176} = 4.07 \sim t_{82}（在 H_0 下）$$

精确 p-值 $= Pr(t_{82} > 4.07)$。因为 $4.07 > t_{60, 0.9995} = 3.460 > t_{82, 0.9995}$，所以 $p < 2 \times (1 - 0.9995)$，即 $p < 0.001$。说明 Motrin 法的减轻疼痛作用有高度显著性。

对 Δ（处理得益的真实均数）的 95% CI 为

$$\bar{d} \pm t_{n_1+n_2-2, 0.975} se(\bar{d})$$

$$= 0.714 \pm t_{82, 0.975}(0.176)$$

用 Excel，可估计得 $t_{82, 0.975} = 1.989$。因此，Δ 的 95% CI $= 0.714 \pm 1.989(0.176) =$

$(0.365, 1.063)$。也就是说,这个处理受益在 1/3 到 1 个疼痛记分尺度之间。

13.10.2 剩余效应的估价

在前面节中,方程 13.48 中我们认为没有剩余效应。但实际上,当受试者在组 A 时与他(她)在组 B 时的实际效应不同时,剩余效应是存在的。

例 13.48 **运动医学** 假设 Motrin 法在减轻网球运动肘病疼痛中很有效但能维持一个长的时间(也就是说,即使停止了用药,疼痛的减轻也可以继续一个时间,而安慰剂则没有这种情况)。在此情形中,用 Motrin 法与用安慰剂处理病人之间的效应差别将大于第 1 处理周期与第 2 处理周期间的差别。其他方法又说明,受试者在用 Motrin 法与安慰剂之间的差别将少于受试者在组 1 时与在组 2 时的差别。这是因为 Motrin 在第 1 周期时的剩余效应进入第 2 周期。如何识别这种剩余效应?

注意例 13.48,如果有剩余效应,则组 1(给药组)中病人在两个处理周期中的平均效应将会大于组 2(安慰剂组)中病人在两个处理周期中的平均效应。这就是检验识别有无剩余效应的基础。

方程 13.49 **交叉设计中剩余效应的估价** 记 x_{ijk} 是第 k 处理周期中第 i 组的第 j 个受试者的记分。定义

$$\bar{x}_{ij} = (x_{ij1} + x_{ij2})/2$$
$$= 两个处理周期合并后第 j 个受试者在$$
$$第 i 组上的平均得分$$

$$\bar{x}_i = \sum_{j=1}^{n_i} \bar{x}_{ij}/n_i$$
$$= 两个处理周期合并后第 i 组中所有受$$
$$试者的平均得分$$

我们假定 $\bar{x}_{ij} \sim N(\mu_i, \sigma^2)$, $i = 1, 2$, $j = 1, \cdots, n_i$,检验假设

$$H_0: \mu_1 = \mu_2 \quad 对 \quad H_1: \mu_1 \neq \mu_2$$

(1)计算检验统计量

$$t = \frac{\bar{x}_1 - \bar{x}_2}{\sqrt{s^2 \left(\frac{1}{n_1} + \frac{1}{n_2} \right)}}$$

此处

$$s^2 = \frac{(n_1 - 1)s_1^2 + (n_2 - 1)s_2^2}{(n_1 + n_2 - 2)}$$

$$s_i^2 = \sum_{j=1}^{n_i} (x_{ij} - \bar{x}_i)^2/(n_i - 1), \quad i = 1, 2$$

(2) 如果 $t > t_{n_1+n_2-2, 1-\alpha/2}$ 或 $t < t_{n_1+n_2-2, \alpha/2}$,则拒绝 H_0

如果 $t_{n_1+n_2-2, \alpha/2} \leqslant t \leqslant t_{n_1+n_2-2, 1-\alpha/2}$,则接受 H_0

(3) 精确 p-值为

$$p\text{-值} = 2 \times Pr(t_{n_1+n_2-2} > t) \text{ 如果 } t > 0$$
$$= 2 \times Pr(t_{n_1+n_2-2} < t) \text{ 如果 } t \leqslant 0$$

例 13.49　例 13.48 中,判断网球运动员肘痛数据中有否剩余效应。

解　由表 13.23 得

$$\bar{x}_1 = 3.798, s_1 = 1.060, n_1 = 42$$
$$\bar{x}_2 = 3.536, s_2 = 1.056, n_2 = 42$$
$$s^2 = \frac{41(1.060)^2 + 41(1.056)^2}{82} = 1.119$$

因此,检验统计量为

$$t = \frac{3.798 - 3.536}{\sqrt{1.119\left(\frac{1}{42} + \frac{1}{42}\right)}}$$
$$= \frac{0.262}{0.231} = 1.135 \sim t_{82}(H_0 \text{ 下})$$

因为 $t > 1.046 = t_{60, 0.85} > t_{82, 0.85}$,所以 $p < 2 \times (1 - 0.85) = 0.30$。因为 $t < 1.289 = t_{120, 0.90} < t_{80, 0.90}$,所以 $p > 2 \times (1 - 0.90) = 0.20$。因此,有 $0.20 < p < 0.30$,即没有剩余效应。我们也可以从表 13.23 中看看可能的剩余效应,在第 1 处理期中处理得益是 $3.833 - 2.857 = 0.976$,而在第 2 处理期中处理得益是 $4.214 - 3.762 = 0.452$。即在每一个周期中都有些处理效应。而在第 1 周期中处理得益较大,只是还不显著地大。一般地,剩余效应的检验功效是不大的。因此,某些作者建议,检验剩余效应显著性的 p-值应定为 0.10 而不是 0.05。在此例中,即使放松了统计检验的显著性水平,在网球员肘病上仍没有显著的剩余效应。

其他需要研究的是考察处理周期的效应。例如,表 13.23 中,Motrin 法的受试者在周期 2 的效应与周期 1 的效应的差别是 $4.214 - 3.833 = 0.381$,而在安慰剂上的受试者的周期效应差为 $3.762 - 2.857 = 0.905$。可是,受试者在忽略所用的药物时,经验性地会认为周期 2 比周期 1 会有更少的疼痛。

如果在方程 13.49 中,我们识别出有显著的剩余效应后,应怎么办? 这时我们就不可以使用第 2 周期中的结果,因为它们提供的处理效应有偏差,这特别在受试者第 1 周期中使用有效药物而第 2 周期中使用安慰剂时更是如此,这时我们就只能利用第 1 周期中结果作比较。我们可以使用普通的两样本 t 检验去分析第一周期中的数据。这样的检验要比方程 13.48 中的交叉研究检验更小的功效,另外也需要有更大的样本量才能达到给定的功效(见例13.50)。

13.10.3 交叉研究中样本量的估计

如果没有剩余效应,交叉研究的主要优点是,它可以比通常的随机化临床试验(比如仅用第1周期)节省大量受试者。样本量的估计公式如下。

方程13.50 交叉研究中样本量的估计 假定我们要检验假设 $H_0:\Delta = 0$ 对 $H_1:\Delta \neq 0$,双侧显著性水平为 α,此处 Δ = 在交叉研究中处理1比处理2内在的获益值。如果我们的功效为 $1 - \beta$,且在每组中受试者数目相同。这里组1是在周期1中接受处理1,在周期2中接受处理2;而组2在周期1中接受处理2,在周期2中接受处理1,则每组中近似的样本量记为 n,公式为

$$n = \frac{\sigma_d^2(z_{1-\alpha/2} + z_{1-\beta})^2}{2\Delta^2}$$

此处 σ_d^2 = 获益得分的方差 = (处理1得分—处理2得分)的方差

此样本量公式的适用条件是没有剩余效应存在(剩余效应见定义13.20)。

例13.50 高血压 假设我们要研究绝经后期激素(PMH)对舒张压(DBP)的效应。我们打算每组招收 n 个绝经后期妇女。组1中的妇女在周期1(4周)中获得 PMH 丸,而在周期2中是安慰剂丸(4周)。组2中的妇女,在周期1中得到的是安慰剂丸而在周期2中是 PMH 丸。在每4周的有效处理期后每人都有2周的洗脱期。在每个周期末尾都由一个医生测量3次血压,取平均作记录。如果我们预期 PMH 丸对 DBP 的效应会有2 mmHg 的效益,在试验性研究中知,两个周期间的平均 DBP 的差异的内部方差估计为31,且我们要求功效为80%,则在每组中我们应选取多少例受试者?

解 我们有 $\sigma_d^2 = 31$, $\alpha = 0.05$, $\beta = 0.20$, $\Delta = 2$。于是,由方程13.50,有 $z_{1-\alpha/2} = z_{0.975} = 1.96$, $z_{1-\beta} = z_{0.80} = 0.84$,且

$$n = \frac{31(1.96 + 0.84)^2}{2(4)}$$

$$= \frac{31(7.84)}{8} = 30.4$$

即我们需要每组取31名妇女,共62名妇女才可以使我们有80%的功效完成这个研究,这是在不存在剩余效应的条件下设计的。

另外也可以对上述要求做平行组设计,这时对 PMH 或安慰剂中受试者都用随机化原则,且在基线时就测定他们的 DBP,再跟踪4周,对每个受试者的有效性测度是(追踪4周后的平均 DBP - 基线时的平均 DBP)。所需样本量按方程8.27计算,为

$$n = 每组中的样本量 = \frac{(2\sigma_d^2)(z_{1-\alpha/2} + z_{1-\beta})^2}{\Delta^2}$$

= 4 × 交叉研究中每组样本量

= 4 × (30.4) = 121.5 = 122 受试者(每组)

这里 σ_d^2 是平均 DBP 差异(即追踪 4 周后平均 DBP-基线时平均 DBP)的内部方差 = 31。显然,交叉设计更有效(如果认为剩余效值不存在)。重要的是,在交叉设计中,有效的处理周期中要有基线测度的先验信息。虽然基线测度通常在交叉设计研究中并不有用,但如果发现有剩余效应存在时,它将会很有用。在这种情况下,基于周期 1 的得分和基线时结果变量的差异,我们可以使用平行组设计,而不是简单的周期 1 上的得分。差异值上的得分一般比周期 1 时的得分会更少有变异,因为它代表受试者内部的变异,而不是受试者之间及受试者内部的两个变异所代表的周期 1 得分。

本节中,我们学习了交叉设计。交叉设计中,每一个受试者接受两种处理,但在不同的时间内。对每一个受试者用随机化原则去决定接受处理的顺序。交叉设计比传统的平行组设计更加有效率(即只需更少的样本量),条件是交叉设计中没有剩余效应。如果剩余效应存在,则功效会下降,因为这时第 2 周期中的结果数据是不可以使用的。在后一种情形,如果每一种处理都有基线得分,则可以改善功效。

当交叉设计适用时,这种设计是值得考虑的。特别是像高血压这样的研究,药物效应只发生在一个短时间内(即以周而不是年作单位),且不需要在服药后维持长时间,这时最好使用交叉设计。另一方面,大多数临床Ⅲ期试验(即,由 FDA 所定义的研究,它对新药或生活用品作检验用以建立药物有效性的基础)是长期性的研究,这种研究违反交叉设计中先前的原理。因此,一般在Ⅲ期临床试验中,更多使用传统的平行组设计。

13.11   聚集性的二态数据

13.11.1   绪言

关于二项比例的两样本检验已在 10.2 节中讨论了,在应用性研究中这是一个最常用的统计方法。从方法学上看,它的一个重要假设是,样本中的观察值是统计独立的。

例 13.51   传染病,皮肤病学   Rowe 等人[20]报告一个经典的临床试验,使用 3%的阿糖腺苷(vidarbine)对比安慰剂去处理多发性的嘴唇疱疹。在试验有效的药物期内,在 31 个病人上,对观察到的 53 个损伤性特征使用阿糖腺苷药物,而对 39 个病人上的 69 个损伤性特征使用安慰剂。两组都治疗 7 天后,我们要比较两组中损伤性的比例是否相同。这要求发展出一种检验方法,可适用于多个反应变量(即在同一个病人身上观察到的多个损伤性特征)之间可以有关联性的方法。

13.11.2 假设检验

假设有两组样本数据,组 1 有 n_1 个体,组 2 有 n_2 个体。

记 m_{ij} = 第 i 组第 j 个受试者能提供分析用的观察(特征)数,

$$M_i = \sum_{j=1}^{n_i} m_{ij} = \text{第 } i \text{ 组中提供分析用的观察总数,}$$

假设对每一个观察的结局,都是"成功"或是"失败"。

记 a_{ij} = 第 i 组第 j 个体上"成功"的总数,

$$A_i = \sum_{j=1}^{n_i} a_{ij} = \text{第 } i \text{ 组中"成功"的总观察数,}$$

$$\hat{p}_{ij} = \frac{a_{ij}}{m_{ij}} = \text{第 } i \text{ 组第 } j \text{ 个体上"成功"的观察比例,}$$

$$\hat{p}_i = \frac{A_i}{M_i} = \frac{\sum_{j=1}^{n_i} m_{ij}\hat{p}_{ij}}{M_i} = \text{第 } i \text{ 组中观察到的总"成功"比例,}$$

$$N = n_1 + n_2, \qquad M = M_1 + M_2.$$

N 及 M 分别表示两组中受试者总数及观察数总数。

记 p_i 表示第 i 组中所有受试者中内在的"成功"率,$i = 1, 2$。则我们假设检验是

$$H_0: p_1 = p_2 \quad \text{对} \quad H_1: p_1 \neq p_2$$

假设样本量足够大,以致二项分布可近似为正态分布。

对于聚集性的二态数据,同一个体内聚集性的程度可用组(类)内相关系数来衡量。它的计算类似于 12.9 节中正态分布数据的方法。个体之间及内部的平均平方误差给出如下。

$$MSB = \sum_{i=1}^{2} \sum_{j=1}^{n_i} m_{ij}(\hat{p}_{ij} - \hat{p}_i)^2 / (N - 2)$$

$$MSW = \sum_{i=1}^{2} \sum_{j=1}^{n_i} a_{ij}(1 - \hat{p}_{ij}) / (M - N)$$

这时类内相关系数由下式估计

$$\hat{\rho} = (MSB - MSW) / [MSB + (m_A - 1)MSW]$$

其中

$$m_A = [M - \sum_{i=1}^{2} (m_{ij}^2 / M_i)] / (N - 2)$$

可以定义第 i 组中聚集性修正因子为

$$C_i = \sum_{j=1}^{n_i} m_{ij} C_{ij} / M_i$$

其中 $\qquad\qquad\qquad\qquad C_{ij} = 1 + (m_{ij} - 1)\hat{\rho}$

这个聚集性修正因子有时也称为设计效应(design effect)。注意,如果类内相关系数为 0,则表示没有聚集性且两样本中的设计效应都是 1。如果类内相关性 >0,则设计效应将大于 1。在比较两个二项比例时,方程 10.3 中给出的是标准的在无设计效应时的检验统计量,而此处的设计效应 C_1 及 C_2 是用于聚集性数据中对上述标准检验统计的修正。我们有下面的检验方法。

方程 13.51　二项比例的两样本检验(聚集性数据情况)　假设我们有两个分别有 n_1 及 n_2 个受试者的样本,此处 m_{ij} 是第 i 组第 j 个受试者提供分析用的观察数,而其中"成功" a_{ij} 个。要检验 $H_0 : p_1 = p_2$ 对 $H_1 : p_1 \neq p_2$,

(1) 我们计算检验统计量

$$z = \left[\mid \hat{p}_1 - \hat{p}_2 \mid - \left(\frac{C_1}{2M_1} + \frac{C_2}{2M_2} \right) \right] \Big/ \sqrt{\hat{p}\hat{q}(C_1/M_1 + C_2/M_2)}$$

其中

$$\hat{p}_{ij} = a_{ij}/m_{ij}$$

$$\hat{p}_i = \sum_{j=1}^{n_i} a_{ij} \Big/ \sum_{j=1}^{n_i} m_{ij} = \sum_{j=1}^{n_i} m_{ij}\hat{p}_{ij} \Big/ \sum_{j=1}^{n_i} m_{ij}$$

$$\hat{p} = \sum_{i=1}^{2}\sum_{j=1}^{n_i} a_{ij} \Big/ \sum_{i=1}^{2}\sum_{j=1}^{n_i} m_{ij} = \sum_{i=1}^{2} M_i\hat{p}_i \Big/ \sum_{i=1}^{2} M_i, \quad \hat{q} = 1 - \hat{p}$$

$$M_i = \sum_{j=1}^{n_i} m_{ij}$$

$$C_i = \sum_{j=1}^{n_i} m_{ij}C_{ij}/M_i$$

$$C_{ij} = 1 + (m_{ij} - 1)\hat{\rho}$$

$$\hat{\rho} = (MSB - MSW)/[MSB + (m_A - 1)MSW]$$

$$MSB = \sum_{i=1}^{2}\sum_{j=1}^{n_i} m_{ij}(\hat{p}_{ij} - \hat{p}_i)^2/(N - 2)$$

$$MSW = \sum_{i=1}^{2}\sum_{j=1}^{n_i} a_{ij}(1 - \hat{p}_{ij})/(M - N)$$

$$m_A = \left[M - \sum_{i=1}^{2}\left(\sum_{j=1}^{n_i} m_{ij}^2/M_i \right) \right]/(N - 2)$$

$$N = n_1 + n_2$$

(2) 做显著性检验,

如 $\mid z \mid > z_{1-\alpha/2}$ 则拒绝 H_0,否则接受 H_0,此处 $z_{1-\alpha/2}$ 是标准化正态分布

的上侧 $\alpha/2$ 的百分位点。

(3) 对 $p_1 - p_2$ 的一个近似 $100\% \times (1-\alpha)$ 置信区间为

如 $\hat{p}_1 > \hat{p}_2$

$$\hat{p}_1 - \hat{p}_2 - [C_1/(2M_1) + C_2/(2M_2)] \pm z_{1-\alpha/2} \sqrt{\hat{p}_1\hat{q}_1 C_1/M_1 + \hat{p}_2\hat{q}_2 C_2/M_2},$$

如 $\hat{p}_1 \leqslant \hat{p}_2$

$$\hat{p}_1 - \hat{p}_2 + [C_1/(2M_1) + C_2/(2M_2)] \pm z_{1-\alpha/2} \sqrt{\hat{p}_1\hat{q}_1 C_1/M_1 + \hat{p}_2\hat{q}_2 C_2/M_2};$$

(4) 检验的适用条件是 $M_1\hat{p}\hat{q} \geqslant 5$ 及 $M_2\hat{p}\hat{q} \geqslant 5$。

例 13.52　牙科学　一个暴露牙根上龋齿损伤的纵向研究发表于文献[21]。40 名慢性病人被跟踪一年。数据列于表 13.24。请判断在这段时间内，男性病人是否比女性的牙面有更高的牙根损伤发病率？

解　我们注意到，在 11 个男性病人上 27 个暴露牙发展有龋齿损伤的是 6 个牙(占 22.2%)，而 29 个妇女的 99 个暴露牙中有龋齿损伤是 6 个(占 6.1%)。标准的正态分布检验(方程 10.3)用于比较两组比例的方法是

$$z = \left[|\hat{p}_1 - \hat{p}_2| - \left(\frac{1}{2M_1} + \frac{1}{2M_2} \right) \right] \Big/ \sqrt{\hat{p}\hat{q}(1/M_1 + 1/M_2)}$$

$$= \left\{ |0.2222 - 0.0606| - \left[\frac{1}{2(27)} + \frac{1}{2(99)} \right] \right\}$$

$$\Big/ \sqrt{(12/126)(114/126)(1/27 + 1/99)}$$

$$= 0.1380/0.0637 = 2.166 \sim N(0,1) (在 H_0 下)$$

它产生的 p-值为 $2 \times [1 - \Phi(2.166)] = 0.030$。但是，这个检验忽略了不同暴露牙上彼此的关联性。为体现这种关联性，我们使用方程 13.51 的检验方法。此时我们必须计算类内相关系数 $\hat{\rho}$，计算公式为

$$\hat{\rho} = (MSB - MSW)/[MSB + (m_A - 1)MSW]$$

此处

$$MSB = [4(0/4 - 0.2222)^2 + \cdots + 2(0/2 - 0.2222)^2 + 2(1/2 - 0.0606)^2 + \cdots$$

$$+ 2(0/2 - 0.0606)^2]/38$$

$$= 6.170/38 = 0.1624$$

$$MSW = [0(1 - 0/4) + \cdots + 0(1 - 0/2)]/(27 + 99 - 40)$$

$$= 5.133/86 = 0.0597$$

$$m_A = [126 - (77/27 + 403/99)]/(40 - 2)$$

$$= (126 - 6.923)/38 = 119.077/38 = 3.134$$

$$\hat{\rho} = (0.1624 - 0.0597)/[0.1624 + (3.134 - 1)0.0597])$$

$$= 0.1027/0.2898 = 0.354$$

表 13.24　一年内发展有龋齿损伤的纵向数据

ID	年龄	性别	损伤	牙面
1	71	M	0	4
5	70	M	1	1
6	65	M	2	2
7	53	M	0	2
8	71	M	2	4
11	74	M	0	3
15	81	M	0	3
18	64	M	0	3
30	40	M	0	1
32	78	M	1	2
35	79	M	0	2
总数　11			6	27
2	80	F	1	2
3	83	F	1	6
4	86	F	0	8
9	69	F	1	5
10	59	F	0	4
12	88	F	0	4
13	36	F	1	2
14	60	F	0	4
16	71	F	0	4
17	80	F	0	4
19	59	F	0	6
20	65	F	0	2
21	85	F	0	4
22	72	F	0	4
23	58	F	0	2
24	65	F	0	3
25	59	F	0	2
26	45	F	0	2
27	71	F	0	4
28	82	F	2	2
29	48	F	0	2
31	67	F	0	2
33	80	F	0	2
34	69	F	0	4
36	85	F	0	4
37	77	F	0	4
38	71	F	0	3
39	85	F	0	2
40	52	F	0	2
总数　29			6	99

计算调整(修正)检验统计量时,先估计 C_1, C_2,此处

$$C_1 = \frac{2.063(4) + \cdots + 1.354(2)}{4 + \cdots + 2}$$

$$= \frac{44.719}{27} = 1.656$$

$$C_2 = \frac{1.354(2) + \cdots + 1.354(2)}{2 + \cdots + 2}$$

$$= \frac{206.732}{99} = 2.088$$

于是调整的检验统计量为

$$z = \frac{|\,0.2222 - 0.0606\,| - \left[\dfrac{1.656}{2(27)} + \dfrac{2.088}{2(99)}\right]}{\sqrt{(12/126)(114/126)(1.656/27 + 2.088/99)}}$$

$$= \frac{0.1204}{0.08617(0.08244)}$$

$$= \frac{0.1204}{0.0843} = 1.429$$

这产生的双侧 p-值是 $2 \times [1 - \Phi(1.429)] = 2 \times (0.0766) = 0.153$,没有统计显著性。这个结果是不同于忽视牙齿表面之间有关联性时的检验结果($p = 0.030$),这也说明了牙面间有关联性。这种关联性的存在从生物学上是可以觉察到的:人的口中有一些共同因子会影响所有的牙齿表层,比如食物,盐及饮食习惯等。

使用方程 13.51,我们也可以给出 $p_1 - p_2$ 的 95% 置信区间(即男性与女性之间一年内牙根损伤的发病率的差异),它是

$$0.1204 \pm 1.96 \sqrt{\frac{0.2222(0.7778)(1.656)}{27} + \frac{0.0606(0.9394)(2.088)}{99}}$$

$$= 0.1204 \pm 1.96(0.1086)$$

$$= 0.1204 \pm 0.2129 = (-0.092, 0.333)$$

注意,当 $\hat{\rho} = 0$ 时,方程 13.51 即退化为标准的两样本推断方法(即变为方程 10.3),或当 $m_{ij} = 1$, $i = 1, 2$, $j = 1, \cdots, n_i$ 时也是如此。最后,注意到,当每一组中所有的受试者都有相同的观察数(m)时,方程 13.51 的检验法可以简化为方程 13.52。

方程 13.52　二项比例的两样本检验(聚集性数据,每个体有相同的观察数)
如果两组中每组每个体都有相同的观察数 m,则对

$$H_0: p_1 = p_2 \quad \text{对} \quad H_1: p_1 \neq p_2$$

的检验可以由下面步骤完成。

(1) 令

$$z = \frac{\mid \hat{p}_1 - \hat{p}_2 \mid - \dfrac{[1+(m-1)\hat{\rho}]}{2}\left(\dfrac{1}{M_1} + \dfrac{1}{M_2}\right)}{\sqrt{\hat{p}\hat{q}(1/M_1 + 1/M_2)}} \times \frac{1}{\sqrt{1+(m-1)\hat{\rho}}}$$

此处 $M_i = n_i m$, $i = 1, 2$, $\hat{\rho}$ 及 $\hat{p}$ 由方程 13.51 定义。

(2) 如 $\mid z \mid > z_{1-\alpha/2}$ 则拒绝 H_0, 否则接受 H_0;
　　此处 $z_{1-\alpha/2}$ 是标准正态分布上侧 $\alpha/2$ 的百分位点。

(3) $p_1 - p_2$ 的近似 $100\% \times (1-\alpha)$ 置信区间为

$$\left\{ \hat{p}_1 - \hat{p}_2 - \frac{[1+(m-1)\hat{\rho}]}{2}(1/M_1 + 1/M_2) \right.$$

$$\left. \pm z_{1-\alpha/2}\sqrt{[1+(m-1)\hat{\rho}](\hat{p}_1\hat{q}_1/M_1 + \hat{p}_2\hat{q}_2/M_2)} \right\} \qquad \text{如 } \hat{p}_1 > \hat{p}_2$$

$$\left\{ \hat{p}_1 - \hat{p}_2 + \frac{[1+(m-1)\hat{\rho}]}{2}(1/M_1 + 1/M_2) \right.$$

$$\left. \pm z_{1-\alpha/2}\sqrt{[1+(m-1)\hat{\rho}](\hat{p}_1\hat{q}_1/M_1 + \hat{p}_2\hat{q}_2/M_2)} \right\} \qquad \text{如 } \hat{p}_1 \leqslant \hat{p}_2$$

(4) 该检验的适用条件是 　　$M_1\hat{p}_1\hat{q}_1/[1+(m-1)\hat{\rho}] \geqslant 5$
　　 及 　　$M_2\hat{p}_2\hat{q}_2/[1+(m-1)\hat{\rho}] \geqslant 5$。

13.11.3　聚集性二态数据研究中样本量及功效的估计

假定我们要检验假设 $H_0 : p_1 = p_2$ 对 $H_1 : p_1 \neq p_2$。如果每个人的各个观察值之间彼此独立, 则每组需要的观察数可由方程 10.14 给出, 即

$$M = M_2 = (z_{1-\alpha/2}\sqrt{2\bar{p}\bar{q}} + z_{1-\beta}\sqrt{p_1 q_1 + p_2 q_2})^2 \big/ (p_1 - p_2)^2$$

此处 $\bar{p} = (p_1 + p_2)/2$, $\bar{q} = 1 - \bar{p}$, $1-\beta$ 是功效, 上式双侧显著性水平为 α。

对于聚集性数据, 假设每样本有 n 个人, 但不同的人可以有不同大小的观察数。这时每组所要求的总观察数可估计为方程 13.53。

方程 13.53　　　　　　$M_s = M[1+(\bar{m}-1)\rho]$

此处 $\bar{m}$ 是每人的平均观察数, 而 ρ 是受试者(人)内不同观察之间的类内相关系数。每组中受试者(人)数为 $n = M_s/\bar{m}$。

许多研究中, 样本量相对固定, 而研究设计的主要目的是决定检测指定备择假设的功效。为此目的, 我们可以使用方程 13.53 去决定功效作为每组总观察数(M_s)、每受试者中平均观察数($\bar{m}$)、受试者中观察之间的类内相关系数(ρ)及双侧 I 型错误率(α)的函数。有下面结果。

方程 13.54

$$\text{功效} = \Phi\left[\frac{\sqrt{M_s/[1+(\bar{m}-1)\rho]}\mid p_1 - p_2 \mid - z_{1-\alpha/2}\sqrt{2\bar{p}\bar{q}}}{\sqrt{p_1 q_1 + p_2 q_2}} \right]$$

这些结果可以总结如下。

方程 13.55　在比较两个二项比例中样本量及功效的估计　假设我们要检验 $H_0: p_1 = p_2$ 对 $H_1: p_1 \neq p_2$。如果用双侧，显著性水平为 α，功效为 $1 - \beta$，则合适的样本量（指每组观察总数）为

$$M_s = M[1 + (\bar{m} - 1)\rho] = 每组中观察总数$$

此处

$$M = (z_{1-\alpha/2} \sqrt{2\bar{p}\bar{q}} + z_{1-\beta} \sqrt{p_1 q_1 + p_2 q_2})^2 \big/ (p_1 - p_2)^2$$

$$\bar{p} = (p_1 + p_2)/2, \qquad \bar{q} = 1 - \bar{p}$$

所要求的每组个体数 (n) 为

$$n = M_s / \bar{m}$$

这里 $\bar{m}$ 为每个受试者中平均观察数，ρ 是在相同受试者内观察之间结果的类内相关系数。

如果每组中观察总数固定，且人们要判断该研究对特定备择假设的功效，此功效为

$$功效 = \Phi(z_{1-\beta})$$

此处

$$z_{1-\beta} = \frac{\sqrt{M_s / [1 + (\bar{m} - 1)\rho]} \, | \, p_1 - p_2 \, | - z_{1-\alpha/2} \sqrt{2 \, \bar{p} \, \bar{q}}}{\sqrt{p_1 q_1 + p_2 q_2}}$$

而 M_s 是供分析用的每组中观察总数，$\bar{m}$ 是每个受试者中观察值之间的平均数，ρ 是受试者内观察值之间的类内相关系数，而 α 为双侧显著性 I 型错误。

例 13.53　牙科学　计划对周期性疾病做新的物理疗法。观察的单位是病人口内牙齿的暴露表面。两组病人，一组病人被随机指定为新疗法组而其他病人被随机指定为标准疗法组。治疗后每人观察 6 个月。目的是比较牙齿表面失落连接物的百分比。据以往研究经验，标准物理疗法处理的人中约 2/3 会失落连接物。如果这个比例可以减少到 1/2，则被认为在临床上有显著意义。假设每个病人被要求提供平均为 25 个牙面供分析。我们应在每个处理组中收集多少牙面，才能有 80% 的功效检查出两个处理组在显著性水平 $\alpha = 0.05$ 上有差异？

解　因为病人牙齿表层之间不能认为是彼此独立，所以样本量的估计依赖于类内连接物失落的相关系数 (ρ)。根据 Flesis 等人[23] 的报告文献，ρ 的合理估计是 0.50。于是按题意知，$p_1 = 0.5, q_1 = 0.5, p_2 = 2/3 = 0.667, q_2 = 0.333$，于是 $\bar{p} = (0.5 + 0.667)/2 = 0.584, \bar{q} = 0.416$。于是由方程 13.55 知，每组所要求的牙齿数为

$$M_s = \frac{[1 + (25 - 1)0.5](z_{0.97} \sqrt{2\bar{p}\bar{q}} + z_{0.80} \sqrt{p_1 q_1 + p_2 q_2})^2}{(p_1 - p_2)^2}$$

$$= \frac{13[1.96\sqrt{2(0.584)(0.416)} + 0.84\sqrt{0.667(0.333) + 0.5(0.5)}]^2}{(0.667 - 0.500)^2}$$

$$= \frac{13(1.3662 + 0.5772)^2}{0.0279} = \frac{49.0983}{0.0279} = 1760(每组数)$$

因为每受试者取 25 个牙面,所以所需的每组人数为 $n = 1760/25 = 70.4$ 或 71 人才能有 80% 的功效检测出所述差异。

例 13.54　牙科学　例 15.53 中,如果我们能每组收集到 100 名病人,我们如何估计例 15.53 中给出的参数情形下的检验法的功效? 用双侧及 $\alpha = 0.05$。

解　由方程 13.55,有

$$z_{1-\beta} = \frac{\sqrt{M_s/[1 + (\overline{m} - 1)\rho]}\,|p_1 - p_2| - z_{1-\alpha/2}\sqrt{2\,\overline{p}\,\overline{q}}}{\sqrt{p_1 q_1 + p_2 q_2}}$$

在这里 M_s = 每组中供分析用的牙面数目 = $100 \times 25 = 2500$, $\overline{m} = 25$, $\rho = 0.5$, $p_1 = 0.5$, $q_1 = 0.5$, $p_2 = 0.667$, $q_2 = 0.333$, $\overline{p} = (p_1 + p_2)/2 = 0.584$, $\overline{q} = 0.416$, $z_{1-\alpha/2} = z_{0.975} = 1.96$,于是

$$z_{1-\beta} = \frac{\sqrt{2500/[1 + 24(0.5)]}\,|0.667 - 0.500| - 1.96\sqrt{2(0.584)(0.416)}}{\sqrt{0.500(0.500) + 0.667(0.333)}}$$

$$= \frac{2.3159 - 1.3662}{0.6871} = 1.382$$

功效 = $\Phi(1.382) = 0.917$

即这个研究如收集到每组 100 人,则有 91.7% 的功效可以检测出两组的显著性($\alpha = 0.05$)差异。

本节中,我们已经学习了聚集性数据,有时也称为相关性二态数据(correlated binary data)的分析方法及样本量的估计。聚集性数据如发生在临床试验中,则这时随机化的单元可以不同于分析时使用的单元。例如,在临床试验中,随机化通常是以人为单位完成的,但是实际分析时真实的单元是牙齿或者是牙面。类似地,在组群(区组)随机化中,一个大的群组(比如一个学校)是随机化的单元。比如,5 个学校可以被随机化地取作为有效的食物干预组,干预是指要减少脂肪摄入量,而其他 5 个学校可以随机取作对照。假设结果是,一年后干预组热量中脂肪摄入量 < 30%。这个结果当然是由学校的学生中计算出来的。在前一个例子中,牙面上的结果是建立在相关性的二态数据上的,因为在同一口内,不同的牙齿或表面上的反应彼此间缺乏独立性。在后一例子中,学生的反应应是相关性的二态数据,因为在同一个学校的饮食中,学生可能有类似的饮食习惯。在观察性研究中也可能有聚集性的二态数据,比如在眼科学的任何研究中,一只眼是分析用的一个单元。

可以把聚集性二态数据技术用到基于 Mantel-Haenszel 检验的控制混杂变量

上[24]。也可以拓广这些方法到连续性变量并去做回归分析。回归分析中,同一个初始单元内的观察值之间的相关性受到重视,这种回归模型有的称为相关性反应模型,有的称为谱系模型,混合效应模型,或多水平模型。对这些模型需要用特别的软件包去拟合,比如在 SAS 中有 PROC MIXED,或 GENMOD 方法。但这些都已在本书介绍范围之外。

13.12 测量误差方法

13.12.1 绪言

流行病学中对暴露变量的测量常会有误差。产生的一个问题是,这样的测量误差对标准的分析结果会造成什么影响?

例 13.55 癌,营养学 提出一个假设,乳腺癌的发生率与饱和脂肪摄入量有关。为检验这个假设,1980 年时没有乳腺癌的一组 34~59 岁 89538 名妇女被随访到 1984 年。在此期间,发生有 590 例乳腺癌。对此,使用 logistic 回归模型,虚拟变量有 34~39 岁,40~44 岁,45~49 岁,50~54 岁,55~59 岁,脂肪摄入量作为连续变量,另外还有连续性变量的食物频数问卷(FFQ),酒精摄入量被做成虚拟变量(0,0.1~1.4,1.5~4.9,5.0~14.9,15 及以上,单位是克/天)。拟合结果见表 13.25。

对调整后的热量饱和脂肪摄入量(以下称为饱和脂肪)增加 10 g/天的 OR 是 0.92(95%CI 是 0.80~1.05)。用于判断饮食的工具是 1980 年的食物频数问卷(FFQ)。在此 FFQ 上,调查的是在过去一年中 61 种食物中每一种的平均消费量。这样的工具,明显带有很大的测量误差。它有时称为是对没有误差的测量饮食理想工具的"代用品"。FFQ 的测量误差对表 13.25 的结果会有什么影响?

表 13.25 乳腺癌发病率与热量调整后的饱和脂肪摄入量,护士健康研究,
1980~1984 年,590 名癌,89538 名妇女

变量	β	se	z	p	OR(95%CI)
饱和脂肪摄入量/g (X)	-0.0878	0.0712	-1.23	0.22	0.92(0.80~1.05)

注:基于饱和脂肪增加 10 g。

13.12.2 用金标准暴露变量修正测量误差

表 13.25 中模型的拟合形式为

方程 13.56 $$\ln[p/(1-p)] = \alpha + \beta X + \sum_{j=1}^{m} \delta_j u_j$$

其中 X 是 FFQ 中的饱和脂肪摄入量, 它有测量误差, 而 $u_1, \cdots, u_m$ 是一组没有测量误差的变量, 例 13.55 中它们代表虚拟年龄变量及酒精摄入量的虚拟变量。虽然酒精摄入量常有测量误差, 但在此例中相对于饱和脂肪而言, 此误差较小[26], 而为了简单起见, 这里把它当作无测量误差变量。

为判断测量误差对方程 13.56 中 β 估计的影响, 我们先要考察, 如果平均每天脂肪摄入量是没有误差, 如何估计 β? 在某些营养流行病学中, 规定饮食的记录 (DR) 被当作一个金标准。在 DR 中, 一个人在真实的时间内记录下所吃的每一种食物及数量, 再由计算机计算出相应的热量。实际上, 在 1980 年的每一天, 要求 89538 名护士在此研究中每天做记录。这种 DR 的数据很费时且很昂贵。而实际上, 真正有效的研究称为考证性研究, 或称有效性研究 (validation study), 这是由 173 名护士在 1980 年时填满 4 周的 DR, 再在 1981 年的相同时间填写 FFQ。这些数据用来建立真实 DR 中的饱和脂肪摄入量 (x) 与在 FFQ 中填写的饱和脂肪摄入量 (X) 间的关系, 一般用线性模型

方程 13.57　　　　　　　　　$x = \alpha' + \gamma X + e$

此处 e 是假定为 $N(0, \sigma^2)$。结果列于表 13.26。

表 13.26　DR 中的饱和脂肪摄入量 (x) 与 FFQ 中的饱和脂肪摄入量 (X) 间的关系, 护士健康研究, 1981 年, 173 人

变量	γ	se	t	p-值
饱和脂肪摄入量 FFQ/g(X)	0.468	0.048	9.75	<0.001

我们看到, 如所期望的一样, x 与 X 之间有高度的关联性, 我们的目标是控制年龄、酒精摄入量后求找乳腺癌发病率与 DR 饱和脂肪摄入量 (x) 间的关系。对这个关系, 我们使用 logistic 模型

方程 13.58　　　　$\ln[p/(1-p)] = \alpha^* + \beta^* x + \sum_{j=1}^{m} \delta_j^* u_j$

此处 $u_1, \cdots, u_m$ 是一组被认为没有测量误差 (代表年龄及酒精摄入量) 的其他协变量。问题是我们仅观察到 89538 名妇女中的 173 人。因此估计 logistic 回归方程 13.58 的是用间接法。我们估计 x, 是用已知 X 估计 x, 这记为 $E(x|X)$, 使用方程 13.57, 我们有

方程 13.59　　　　　　　　$E(x|X) = \alpha' + \gamma X$

把 $E(x|X)$ 代入方程 13.58 中的 x, 得

方程 13.60　　$\ln[p/(1-p)] = (\alpha^* + \beta^* \alpha') + (\beta^* \gamma) X + \sum_{j=1}^{m} \delta_j^* u_j$

把方程 13.60 与方程 13.56 比较, 可以看出, 应变量及自变量都相同。于是对比后

可以得出

方程 13.61 $\qquad\qquad\qquad \beta^*\gamma=\beta$

上式两边除以 γ, 得

方程 13.62 $\qquad\qquad\qquad \beta^*=\beta/\gamma$

这就是乳腺癌在"真实"的饱和脂肪摄入量上的 logistic 回归系数的估计法。对方程 13.56 与方程 13.60 的相等性的比较, 当然这是一种近似, 因为我们忽略了方程 13.57 中测量误差(e)的影响, 但当疾病是罕见病而且测量误差(方程 13.57 中 σ^2)小时, 这个近似估计是有效的, 这里的 X 是真值 x 的代用暴露变量。

要获得 $\hat{\beta}^*$ 的标准误及 β^* 的置信区间, 我们使用了方程 13.3 中的 delta 方法在多变量上的拓广公式。这个方法在估计 β^* 时称为回归-标准方法[26], 且可以总结如下。

方程 13.63　当金标准暴露变量 x 合适时, 用回归-标准方法(reqression-cali-bration approach)**去估计二态疾病变量**(D)**与具有测量误差的单一暴露变量**(X)**间的修正优势比的方法**　假设我们有

(1) 一个二态疾病变量 D, 此处有疾病则 $D=1$, 如没有疾病则 $D=0$

(2) 一个具有测量误差的暴露变量 X, 称之为代用暴露(surrogate exposure)

(3) 一个对应的金标准暴露变量 x, 它代表真实的暴露(或者, 它至少是一个真实暴露变量的无偏估计且与代用暴露不相关)

(4) 有一组被认为没有测量误差的其他协变量 $u_1, \cdots, u_m$。

我们的拟合要用 logistic 回归模型

$$\ln[p/(1-p)]=\alpha+\beta^*x+\sum_{j=1}^{m}\delta_j^*u_j$$

此处 $p=Pr(D=1)$。另外我们有

(a) 一个样本量 n(通常是大样本)的目标研究设计, 其中 D, X, 及 $u_1, \cdots, u_m$ 是已观察变量。

(b) 一个有效的样本量为 n_1(常常是小的)的样本, 那里 x 及 X 是观察变量。实际上, 有效研究样本应该是从目标研究样本中抽取的有代表性样本, 或是一个可比较的外部样本。

我们的目标是估计 β^*, 为此目的。

(ⅰ) 我们用目标研究样本去拟合 D 在 X 及 $u_1, \cdots, u_m$ 上的 logistic 回归模型

$$\ln[p/(1-p)]=\alpha+\beta X+\sum_{j=1}^{m}\delta_j u_j$$

(ⅱ) 我们使用有效样本去拟合 x 在 X 上的线性回归模型:

$$x=\alpha'+\gamma X+e \quad 此处 e\sim N(0,\sigma^2)$$

(ⅲ) 联合(ⅰ)及(ⅱ), 即求得 β^* 的点估计

$$\hat{\beta}^* = \hat{\beta}/\hat{\gamma}$$

对应的 D 在 x 上的优势比(OR)估计为

$$\hat{OR} = \exp(\hat{\beta}^*)$$

(ⅳ) $\hat{\beta}^*$ 的方差为

$$\mathrm{Var}(\hat{\beta}^*) = (1/\hat{\gamma}^2)\mathrm{Var}(\hat{\beta}) + (\hat{\beta}^2/\hat{\gamma}^4)\mathrm{Var}(\hat{\gamma})$$

此处 $\hat{\beta}$ 及 $\mathrm{Var}(\hat{\beta})$ 从(ⅰ)中求得,而 $\hat{\gamma}$ 及 $\mathrm{Var}(\hat{\gamma})$ 从(ⅱ)中求出。

(ⅴ) 对 β^* 的 $100\% \times (1-\alpha)$ 置信区间为

$$\hat{\beta}^* \pm z_{1-\alpha/2}se(\hat{\beta}^*) = (\hat{\beta}_1^*, \hat{\beta}_2^*)$$

此处 $\hat{\beta}^*$ 由(ⅲ)中获得,且

$$se(\hat{\beta}^*) = [\mathrm{Var}(\hat{\beta}^*)]^{1/2}$$

对应的 OR 的 $100\% \times (1-\alpha)$ 置信区间为

$$[\exp(\hat{\beta}_1^*), \exp(\hat{\beta}_2^*)]$$

这个方法适用的条件应是,该研究的疾病是罕见病(发病率<10%),且测量误差方差((ⅱ)中的 σ^2)是小的。

例13.56　癌,营养学　估计在表 13.25 及表 13.26 数据中乳腺癌发病率(1980~1984 年)对 1980 年时饱和脂肪摄入量 OR 的优势比。

解　由表 13.25 有,$\hat{\beta} = -0.0878$, $se(\hat{\beta}) = 0.0712$;由表 13.26,我们有 $\hat{\gamma} = 0.468$, $se(\hat{\gamma}) = 0.048$。于是从方程 13.63 中(ⅲ),$\hat{\beta}^*$ 的点估计为 $\hat{\beta}^* = -0.0878/0.468 = -0.1876$。对应的乳腺癌发病率对"真实"(DR)饱和脂肪摄入量每增加 10g 的 OR 估计量为 $\exp(-0.1876) = 0.83$。要估计 $\mathrm{Var}(\hat{\beta}^*)$,我们从方程 13.63 的(ⅳ)中出发,有

$$\mathrm{Var}(\hat{\beta}^*) = (1/0.468^2)(0.0712)^2 + [(-0.0878)^2/(0.468)^4](0.048)^2$$
$$= 0.02315 + 0.00037 = 0.02352$$
$$se(\hat{\beta}^*) = (0.02352)^{1/2} = 0.1533$$

于是,从方程 13.63 的(ⅴ),得 β^* 的 95%CI 为

$$-0.1876 \pm 1.96(0.1533) = -0.1876 \pm 0.3006$$
$$= (-0.488, 0.113) = (\beta_1^*, \beta_2^*)$$

对应的 OR 的 95%CI 为

$$[\exp(-0.488), \exp(0.113)] = (0.61, 1.12)$$

注意,OR 的测量误差修正估计量(0.83)比表 13.25 中原先未修正的估计量(0.92)更远离 1。即由于测量误差的影响,原始未修正的估计量 0.92 是衰减性的,即它更接近零假设中的值 1。因此,修正估计量(0.83)有时称为"去衰减"OR估计(deattenuated OR estimate)。还要注意,修正 OR 的 CI(0.61, 1.12)远比表

13.25 中未修正的 OR 的 CI(0.80, 1.05)要宽,通常都是这样。最后, 在 $\text{Var}(\hat{\beta}^*)$ 表达式中的两项(0.02315 及 0.00037)分别反映了在目标研究中 logistic 回归系数 $(\hat{\beta})$ 的误差及有效研究中线性回归系数 $(\hat{\gamma})$ 的误差。除非有效研究中样本量很少, 通常第一项误差总是占优势。

13.12.3　没有金标准暴露变量时测量误差的修正

例 13.55 中, 有一个规定食物的标准(DR), 被某些营养学家视为金标准。技术上看, 回归标准方法中, 金标准法仅提供"真实"暴露变量上参数的一个无偏估计。例 13.55 中给出的 DR 是由 28 天(4 周)的平均摄入量组成的, 再间隔一年去作回忆。这似乎可以提供整个 365 天摄入量的一个无偏估计。但是对某些暴露变量, 却不一定存在这种潜在的金标准。

例 13.57　癌, 内分泌学　在绝经后期, 可以观察到血液雌激素水平与乳腺癌危险之间的关联性。但是, 多数研究都是小样本的, 不能估计指定的部分雌激素。护士健康研究中的一个次级研究是收集 11169 名绝经后期的妇女, 从 1989 年到 1990 年期间, 她们每人提供一个血样, 而在血液收集时间内却并没有使用绝经后期的激素[27]。但是, 要分析全部 11000 名妇女的激素水平太昂贵了。代之以在 1994 年 7 月以前, 收集血液以后对发展有乳腺癌的 156 名妇女做血液化验。每个乳腺癌妇女选两个对照妇女, 她们在年龄, 绝经期状态, 血液收集的时间和月份相配对。在这个例子中, 我们考虑的是 ln(血液雌激素)与乳腺癌间的关系。对数变换是用于能更好地满足 logistic 回归中的线性假设。结果指出, 对照组的 ln(雌激素)分布中, ln(雌激素)的高四分位数的妇女(它的雌激素中位数 = 14 pg/mL)相对于 ln(雌激素)的低四分位数(它的雌激素中位数是 4 pg/mL)的乳腺癌 RR 是 1.77 (95% CI 是 1.06~2.93)。我们知道在血液雌激素上有测量误差, 我们希望获得测量误差修正的 RR 估计。如何完成这个任务?

这里不同于例 13.55, 对于血液雌激素上没有如同上例 DR 那样的金标准。但是, 一个合理的考虑是对 ln(雌激素)测量的大量例数的平均值(x)可以作为一个金标准, 因为它可以与在研究中获得的单个 ln(雌激素)的测量作比较。虽然 x 不能直接测量得到, 但我们能够考察 X 与 x 的一个随机效应 ANOVA 模型, 它的形式为

方程 13.64　　　　　　　　　　　　$X_i = x_i + e_i$

　　　此处

　　　　　X_i = 第 i 个妇女上单个 ln(雌激素)的测量值

　　　　　x_i = 第 i 个妇女 ln(雌激素)的内在的均值

　　　　　$x_i \sim N(\mu, \sigma_A^2)$, $e_i \sim N(0, \sigma^2)$

σ_A^2 是妇女之间的方差, 而 σ^2 代表 ln(雌激素)水平上妇女内在的变异(即

方差)。

要完成回归标准方法,我们需要获得如同方程 13.57 中 γ 的一个估计——即,"真实"ln(雌激素)水平 x 在单个 ln(雌激素)水平 X 上的回归系数。我们由方程 12.35 知,

方程 13.65　　$\text{Corr}(x, X)=$ 可靠性系数 $=(\rho_I)^{1/2}$

此处 $\rho_I = \sigma_A^2/(\sigma_A^2 + \sigma^2)=$ 组内相关系数。

进而,由回归系数和相关系数(方程 11.19)间的关系,我们有

方程 13.66　　$b(x \text{ 在 } X \text{ 上})=\text{Corr}(x, X) sd(x)/sd(X)$

由方程 13.64,我们有

方程 13.67　　　　　　　　　　　$sd(x)=\sigma_A$

方程 13.68　　　　　　　　　$sd(X)=(\sigma_A^2 + \sigma^2)^{1/2}$

因而,联合方程 13.65~13.68,得

方程 13.69　　$b(x \text{ 在 } X \text{ 上})=(\rho_I)^{1/2}\sigma_A/(\sigma_A^2 + \sigma^2)^{1/2}$

$$= (\rho_I)^{1/2}[\sigma_A^2/(\sigma_A^2 + \sigma^2)]^{1/2}$$

$$= (\rho_I)^{1/2}(\rho_I)^{1/2}=\rho_I$$

于是,我们能通过样本的组内相关系数 γ_I 去估计 x 在 X 上的回归系数。要获得 γ_I,我们需要构建有重复性的研究,即每个受试者至少要有两次重复。此重复性研究就起到了前面所述金标准中的有效性研究。如果我们用 γ_I 代替方程 13.57 中的 γ,就获得了在没有金标准下有测量误差时的回归标准方法。

方程 13.70　当金标准不存在时,用回归-标准方法(reqression-calibration approach)**去估计二态疾病变量**(D)**与具有测量误差单一暴露变量**(X)**间的修正优势比方法**　假设我们有

(1) 一个二态疾病变量 D, 有疾病则 $D=1$,如没有疾病则 $D=0$

(2) 一个具有测量误差的暴露变量 X

(3) 有(或也可没有)一组被认为没有测量误差的其他协变量 $u_1, \cdots, u_m$

我们定义 x 是一个受试者上 X 的许多次重复的平均值。我们认为它适用下面 logistic 回归模型

$$\ln[p/(1-p)] = \alpha^* + \beta^* x + \sum_{j=1}^{m} \delta_j^* u_j$$

此处 $p=Pr(D=1)$。

我们还要有

(a) 目标研究的样本,样本量 n 应当是大的,其中 D, X 及 $u_1, \cdots, u_m$ 是已观察的变量。

(b) 样本量为 n_1(通常较少)的有重复性的研究样本,其中 k_i 表示第 i 个体上

对 X 的重复数,从这些重复中可以估计组内相关系数 γ_I(由方程 12.35)。

要估计 β^*,我们

(i)在目标研究中,D 与 X 及 $u_1,\cdots,u_m$ 用 logistic 回归模型拟合,得

$$\ln[\,p/(1-p)\,] = \alpha + \beta X + \sum_{j=1}^{m} \delta_j u_j$$

(ii)使用重复性研究法用 γ_I 估计 ρ_I

(iii)用下式估计 $\hat{\beta}^*$

$$\hat{\beta}^* = \hat{\beta}/\gamma_I$$

而对应的优势比为 $OR = \exp(\hat{\beta}^*)$

(iv)估计 $\hat{\beta}^*$ 的方差

$$\text{Var}(\hat{\beta}^*) = (1/\gamma_I^2)\text{Var}(\hat{\beta}) + (\hat{\beta}^2/\gamma_I^4)\text{Var}(\gamma_I) = A + B$$

此处 $\text{Var}(\gamma_I)$ 由文献[28]获得:

$$\text{Var}(\gamma_I) = 2(1-\gamma_I)^2[1+(k_0-1)\gamma_I]^2/[k_0(k_0-1)(n_1-1)]$$

及 $$k_0 = \Big(\sum_{i=1}^{n_1} k_i - \sum_{i=1}^{n_1} k_i^2 / \sum_{i=1}^{n_1} k_i \Big) \Big/ (n_1 - 1)$$

(注:如果所有个体提供相同数目的重复数 k,则 $k_0 = k$)。

(v)β^* 的 $100\% \times (1-\alpha)$CI 为

$$\hat{\beta}^* \pm z_{1-\alpha/2} se(\hat{\beta}^*) = (\hat{\beta}_1^*, \hat{\beta}_2^*)$$

此处 $\hat{\beta}^*$ 由(iii)求出,而 $se(\hat{\beta}^*) = [\text{Var}(\hat{\beta}^*)]^{1/2}$ 由(iv)求出。

对应的 OR 的 $100\% \times (1-\alpha)$ 置信区间为

$$[\exp(\hat{\beta}_1^*), \exp(\hat{\beta}_2^*)]$$

例 13.58 癌,内分泌学 对由例 13.57 所描述的数据,一个具有真实血液雌激素为 14 pg/mL 的妇女相对于一个具有真实血液雌激素为 4 pg/mL 的妇女,在修正测量误差后,请估计她的乳腺癌的优势比。

解 使用方程 13.70 的回归-标准方法。由例 13.57 有,$\hat{\beta} = \ln(1.77) = 0.571$。进而,$\beta$ 的 95%CI 为 $[\ln(1.06), \ln(2.93)] = (0.058, 1.075)$。这个 CI 的宽度为

$$2(1.96)se(\hat{\beta}) = 3.92se(\hat{\beta}) = 1.075 - 0.058 = 1.017$$

于是得 $se(\hat{\beta}) = 1.017/3.92 = 0.259$

进一步的是在 78 名护士上完成的一个重复性研究[29]。由此估计出来的 ln(血液雌激素)的组内相关系数为 0.68。这 78 名护士中,65 人提供 3 次重复,13 人提供 2 次重复。由方程 13.70 的(iii)步知,点估计 $\hat{\beta}^* = 0.571/0.68 = 0.840$,对应的 OR 为 $\exp(0.840) = 2.32$。由方程 13.70 中(iv)步知,我们可求出 $\text{Var}(\hat{\beta}^*)$

中的
$$A = (0.259)^2/(0.68)^2 = 0.1451$$
要估计 B，需要计算 $\mathrm{Var}(\gamma_I)$，有
$$\mathrm{Var}(\gamma_I) = 2(1 - 0.68)^2[1 + (k_0 - 1)(0.68)]^2/[77k_0(k_0 - 1)]$$
求 k_0：共有 $65(3) + 13(2) = 221$ 次重复。于是
$$k_0 = \{221 - [65(3)^2 + 13(2)^2]/221\}/77$$
$$= 218.12/77 = 2.833$$
因此，
$$\mathrm{Var}(\gamma_I) = 2(1 - 0.68)^2[1 + 1.833(0.68)]^2/[2.833(1.833)77]$$
$$= 1.033/399.74 = 0.0026$$
于是，
$$B = [(0.571)^2/(0.68)^4](0.0026)$$
$$= 0.0040$$
进而得出
$$\mathrm{Var}(\hat{\beta}^*) = 0.1451 + 0.0040 = 0.1490$$
$$se(\hat{\beta}^*) = (0.1490)^{1/2} = 0.386$$
从（v），$\hat{\beta}^*$ 的 95%CI 为
$$0.840 \pm 1.96(0.386) = 0.840 \pm 0.757$$
$$= (0.083, 1.596)$$
对应的 OR 的 95%CI 为 $[\exp(0.083), \exp(1.596)] = (1.09, 4.94)$。

　　于是，在修正测量误差后，真实血液雌激素为 14 pg/mL 的妇女相对于真实血液雌激素为 4 pg/mL 的妇女的优势比为 2.32，它的 95%CI 为 $(1.09, 4.94)$。而对应的未修正的优势比为 1.77，CI 为 $(1.06, 2.93)$。这时 OR 的"去衰减"（即修正）的点估计实质性地大于未修正的估计，但具有较宽的置信区间。

　　与这个例子有关的有一些说明。首先，这是一个前瞻性的病例-对照研究，而又嵌套一个群组研究。如在 13.3 节所述，我们不能估计乳腺癌准确的危险率，因为此设计中约 1/3 的妇女是病例。但是，它可以求得 $\ln$（雌激素）上相对危险的有效估计。其次，在此模型中假定了其他变量是很少有或没有测量误差。第三，相对危险度的点估计及 95%CI 稍微不同于文献[27]，这是由于四舍五入的误差及使用了稍微不同的方法估计类内相关系数所致。

　　本节中，我们讨论了 logistic 回归模型，对感兴趣的某个协变量使用回归-标准方法修正测量误差，从而获得相对风险的点估计及区间估计。13.12.2 节中，我们讨论的是金标准暴露测量。在此方法中，我们需要有样本量为 n 的目标研究及样

本量为 n_1 的有效性研究。而在 13.12.3 节中,我们没有合适的可作为金标准的暴露变量样本。这时,我们需要有一个目标研究及一个有重复性的研究以作为代替物。此重复性研究的样本可以是也可以不是目标研究中样本的一部分。在 13.12.2 节及 13.12.3 节中,我们的目标研究中仅有一个有测量误差的协变量而其他协变量都认为是没有测量误差。而当有多个协变量具有测量误差时,这个研究是很复杂的,且不在本书的写作范围内。对于有多个协变量有测量误差而有金标准的情形,读者可参见文献[30],而没有金标准情形下,可以参见文献[31]。重要的是要认识到,虽然仅有一个变量有测量误差,但修正了测量误差后,没有测量误差(比如年龄)的其他协变量上的偏回归系数也要受影响(见文献[31]中的例子)。

13.13　摘　　要

　　本章中,我们学习了流行病学中某些基本设计及分析技术。13.2 节中,我们学习了用于流行病学设计中的队列研究、病例对照研究及现状研究的基本研究设计。13.3 节中,我们学习了某些常用的效应测度,这包括有危险率差,危险(率)比及优势比。对每一个研究设计,我们讨论了其中的参数可估计及不可估计问题。13.4 节中,我们引进混杂的概念并学习标准化方法,介绍在控制混杂变量后如何描述效应的测度。在 13.5 节及 13.6 节中,我们讨论了 Mantel-Haenszel 检验方法,此方法常用于控制其他混杂变量后如何检验主要暴露变量的效应。当有许多混杂变量时,这方法很不方便,于是在 13.7 节,我们学习了 logistic 回归,此技术类似于多重线性回归(当结果变量是二态时)。使用该技术,我们可以同时控制一个或多个混杂变量。

　　13.1~13.7 节中的技术是流行病学研究中常用且标准的设计方法。近年来,这些方法很多已被拓广到非标准情形,其中有一些出现于 13.8~13.12 节。13.8 节中,我们讨论再分析的基本原理。再分析是一种把多个研究结果联合成一个结果的方法。13.9 节中,我们考虑有效-对照(也称为等效)研究。标准临床试验中,常要阐明一种药剂的效应时,用把一个有效的药剂与安慰剂作比较。在有效-对照研究中,一种新的药剂常与已存在的有效药剂(此处我们称它为标准治疗)作比较。研究目的是要表明两种处理法大致等效而不是新药剂是否优于标准处理。有效-对照研究的基本原理是:在某些情形下,随机地把一个受试者指定在安慰剂组中是不道德的,特别在早已知道旧疗法确实有效时(比如,在临床试验中用于精神分裂的药物等)更是如此。其他用于临床研究中备选的设计有交叉设计,这已在 13.10 节中讨论。通常临床中有两种处理法时常用平行设计,该法把每个受试者随机分配到两个可能的处理组中去。在交叉设计中,每一个受试者接受两种处理,但是在不同的时间周期中给予。这两个有效的处理周期中常安排一个洗脱周期。两个处理的安排顺序对每个受试者是随机的。这个设计的基本原理是:它通常会比平行设计需要少得多的样本量,它要求在第一周期中的处理效应不会对第二周期的处理产生剩余效应。对于没有剩余效应的短期有效的疗法,这种方法常是合适的。13.11 节中,我们考虑聚集性二态数据的统计分析法。临床试验中,当随机化的单元不同于统计分析时所使用的单元时,常需要用此法。例如,对某些生活方式的干预研究(比如饮食干预)中,随机化的单元可能是一个学校或一个学校的地区,但是分析的单元却是每个儿童。这时对常用 2×2 表(见 10.2 节)作修正来说明同一个学校中不同儿童反应之间的相关性。最后,在 13.12 节中,我们考虑了有测量误差的修正方法。这些技术都拓广了标准的统计方法,比如 logistic 回归,它在流行病学研究中常用于表达暴露变量与疾病的关系。但暴露变量常会有测量误差,比如对血压的测量,这时的金标准(即"真实"的血压)应是对受试者做大量的测量后的平均值。如果有了金标准,则可以用它取代 logistic 回归中的"代理"暴露变量。我们介绍了有效研究及有重复性的研究,它们都是辅助性的研究,用于估计"真实"的与"代用"暴露之间的关系。

练　习　题

妇科学

1985 年研究使用避孕工具与不孕之间的关系。283 例不孕妇女中有 89 例及 3833 例对照妇女中有 640 例曾经使用过 IUD[32]。

***13.1**　用正态性理论的方法检验两组间使用避孕工具是否有显著性差异。

***13.2**　用列联表方法对练习 13.1 进行检验。

***13.3**　比较练习 13.1 和 13.2 中的结果。

***13.4**　计算练习 13.1 中病例组和对照组之间曾经使用过 IUD 的妇女所占比例的差值的 95% 可信区间。

***13.5**　计算不孕妇女与对照妇女相比,曾经使用过 IUD 的优势比。

***13.6**　对于练习 13.5 中的回答,给出真实优势比的 95% 置信区间。

13.7　练习 13.2 和练习 13.6 中的回答有什么联系?

肾病

13.8　参考练习 10.41。估计研究组与对照组的总死亡率危险比。给出危险比的 95% 置信区间。

癌症

阅读 R. Doll 和 A. B. Hill 于 1950 年 9 月 30 日发表在 *British Medical Journal* 上的文章 "Smoking and Carcinoma of Lung"中第 739~748 页。参考这篇论文中的表Ⅳ,基于该表回答下列问题。

13.9　检验吸烟与男性中疾病状况的联系。

13.10　计算男性肺癌病例组与对照组相比的吸烟优势比。如何解释此优势比?

13.11 计算练习 13.10 中优势比的 95% 置信区间。

13.12 检验吸烟与女性中疾病状况的联系。

13.13 对于女性, 回答练习 13.10。

13.14 对于女性, 回答练习 13.11。

13.15 评价男性和女性的吸烟与疾病状况的优势比是否相同。

该研究人群在发生疾病之前根据每日吸烟量分组, 列于表 V。

13.16 在吸烟量与疾病状况之间是否有一致的趋势? 进行适当的显著性检验。对于男女求合计。

传染病

参见表 13.6。

13.17 在控制年龄的影响之后, 对使用 OC 和杆菌尿之间的联系做显著性检验。

13.18 在控制年龄的影响之后, 估计使用 OC 者和非使用 OC 者杆菌尿的优势比。

13.19 给出练习 13.18 中优势比估计值的 95% 置信区间。

13.20 在不同年龄组中使用 OC 和杆菌尿之间的联系有可比性吗? 为什么?

13.21 假定在前述分析中你没有控制年龄。计算使用 OC 者和非使用 OC 者杆菌尿的粗优势比(未调整年龄)。

13.22 练习 13.18 和 13.21 的回答有什么关系? 对不同的结果进行解释。

内分泌学

进行一项研究, 观察三个农村社区骨折的危险性。根据水样本的测定来判断三个农村社区饮用水是否"高钙"、"高氟"或"对照"。分别对 20~35 岁和 55~80 岁的妇女, 比较高钙区与对照区的骨折率(5 年内), 数据见表 13.27[33]。

表 13.27　饮用水钙含量与农村社区骨折率的关系

年龄 20~35 岁	骨折 妇女人数	总 妇女人数	年龄 55~80 岁	骨折 妇女人数	总 妇女人数
对照	3	37	对照	11	121
高钙	1	33	高钙	21	148

13.23 在控制年龄的影响时, 要比较这两个社区的骨折率, 应该用什么检验方法?

13.24 对练习 13.23 进行检验, 给出 p-值(双侧)。

13.25 在控制年龄的影响时, 估计高钙与骨折关系的优势比。

13.26 给出练习 13.25 中估计值的 95% 置信区间。

肺病

阅读 J. R. T. Colley, W. W. Holland 及 R. T. Corkhill 于 1974 年 11 月 2 日在 *Lancet* 上发表的文章 "Influence of Passive Smoking and Parental Phlegm on Pneumonia and Bronchitis in Early Childhood" 中第 1031~1034 页。基于这篇文章, 回答下列问题。

13.27 进行统计学检验, 比较双亲都不吸烟和双亲都吸烟的家庭中 1 岁以内婴儿肺炎和支气管炎发病率。

13.28　对于双亲都吸烟和双亲都不吸烟家庭,计算肺炎和支气管炎发病率的优势比。

13.29　给出练习 13.28 中优势比的 95% 置信区间。

13.30　比较双亲都不吸烟和双亲中有一人吸烟的家庭中 1 岁以内婴儿肺炎和支气管炎发病率。

13.31　回答练习 13.28,比较双亲中有一人吸烟的家庭和双亲都不吸烟的家庭。

13.32　给出练习 13.31 中优势比的 95% 置信区间。

13.33　根据吸烟双亲的人数,1 岁以内患肺炎和支气管炎的婴儿比例是否有显著性趋势? 给出 p-值。

13.34　假定我们希望比较双亲都不吸烟家庭中婴儿在 1 岁以内和 1~2 岁以内的疾病发病率。表Ⅱ中给出了样本量为 372 和 358 时发病率分别为 7.8% 和 8.1%。用 χ^2 检验比较这些率是合理的吗?

13.35　进行统计学检验,比较在按照每日吸烟量分层(用表Ⅳ中的分组)的情况下,1 岁以内的婴儿肺炎和支气管炎发病率。分析限于双亲中有一人或两人目前吸烟的家庭。特别地,随着吸烟量的增加,发病率有一致的趋势吗?

13.36　家庭中同胞的数量影响 1 岁以内的婴儿肺炎和支气管炎发病率吗? 使用表Ⅳ中的数据,控制下列混杂效应:(1)双亲的吸烟习惯(2)双亲的呼吸道症状史。

精神卫生

　　参考练习 10.45。

***13.37**　基于表 10.27 中的所有数据,估计丧偶与死亡率关系的优势比。

***13.38**　给出优势比的 95% 置信区间。

高血压

　　在威尔士进行一项有关血压和血铅水平关系的研究[34]。据报告,455 例血铅水平 ≤ 0.11 $\mu g/mL$ 的男性中 4 例收缩压高(SBP≥160 mmHg),而 410 例血铅水平 ≥0.12 $\mu g/mL$ 的男性中 16 例 SBP 高。663 例血铅水平 ≤0.11 $\mu g/mL$ 的女性中 6 例 SBP 高,而 192 例血铅水平 ≥0.12 $\mu g/mL$ 的女性中 1 例 SBP 高。

13.39　在控制性别时,要检验血压和血铅水平是否有关联,合适的检验方法是什么?

13.40　对练习 13.39 进行检验,给出 p-值。

13.41　估计血压和血铅关系的优势比,给出该估计值的 95% 置信区间。

传染病

　　临床中,氨基糖甙抗生素治疗严重革兰氏阴性细菌感染的住院患者特别有效。尽管它有潜在毒性,而且其他种类更新的抗菌制剂一直在发展,但氨基糖甙抗生素在临床将继续广泛使用。患者选择某一种特定的氨基糖甙抗生素依赖于几个因素,包括特定的临床病情,抗菌谱的差异,费用及副作用的危险性,尤其是肾毒性和听力毒性。现在已经公布了很多随机、对照试验,这些试验比较了各种氨基糖甙抗生素的疗效、肾毒性和较小范围的听力毒性。这些单个试验在设计特点和结论方面有很大的不同。它们的主要限制在于大多数单个试验缺乏足够的样本量,从而很难发现处理组间看似很合理的小至中度差异。结果,公布的单个试验通常没有强有力的结论,特别是关于氨基糖甙抗生素相对的潜在毒性。

　　在这些情况下,更精确估计这些制剂真实效果的一个方法是从所有随机化试验的数据中进行综合分析或 Meta(再)分析。用这种方法,能够体现出危险性的真正增加,否则由于小样本,任何单个试验都不会很明显。所以要将所有公布的评价氨基糖甙抗生素疗效和毒性的随机对照试验结果进行数量的综合。

在 1975 年至 1985 年 9 月公布的 45 个随机化临床试验都是比较五种氨基糖甙抗生素中的两种以上:丁胺卡那霉素、庆大霉素、奈替米星、西索霉素和妥布霉素。其中 37 个试验能够提供合适的数据以进行比较。

所关心的结局是疗效、肾毒性和听力毒性(耳毒性)。疗效是指每个单个试验报告中对治疗的细菌或临床反应。肾毒性是指不管是否是公开发表的论文,报告中对肾引起毒性的事件比例,除了使用药物如使用其他潜在肾毒性制剂或目前的疾病影响了肾功能之外。听力毒性是指报告的治疗前后听力图的差异。

数据在三个数据集中:EFF. DAT, NEPHRO. DAT 和 OTO. DAT。给出每种抗生素每个结局的记录。说明格式见 EFF. DOC, NEPHRO. DOC 和 OTO. DOC:

列　1~8:研究名称

　　10~11:研究数量(参考列表中的数量)

　　13:结局(1=疗效;2=肾毒性;3=耳毒性)

　　15:抗生素(1=丁胺卡那霉素;2=庆大霉素;3=奈替米星;4=西索霉素;5=妥布霉素)

　　17~19:样本量

　　21~23:治愈人数(指疗效)或有副作用的人数(指肾毒性或耳毒性)

肾病

参考数据集 NEPHRO. DAT。

13.42 用再分析方法评价每两种抗生素之间的肾毒性是否有差异。给出优势比的点估计和 95% 置信区间,给出双侧 p-值。

参考数据集 OTO. DAT。

13.43 回答练习 13.42 中的问题,以评价每两种抗生素之间的耳毒性是否有差异。

参考数据集 EFF. DAT。

13.44 回答练习 13.42 中的问题,以评价每两种抗生素之间的疗效是否有差异。

心脏病学

近来有研究比较使用皮腔内冠脉成形术(PTCA)和药物方法治疗单血管冠脉疾病。随机分配 105 例患者接受 PTCA 治疗,107 例患者接受药物治疗。经过 6 个月,PTCA 组中有 5 例患者发生心肌梗塞(MI),药物治疗组中有 3 例患者发生 MI。

*13.45 估计 PTCA 组相对于药物治疗组发生 MI 的危险比,且给出该估计值的 95% 置信区间。

在 6 个月的临床随访时,观察 PTCA 组 96 例患者中有 61 例,及药物治疗组 102 例患者中有 47 例未发生心绞痛。

*13.46　以 6 个月时未发生心绞痛作为结局,回答练习 13.45。

心血管病

　　进行一项研究,估计 1965～1974 年间局部缺血性心脏病死亡率的下降,寻找其中的原因[35]。1965 年和 1974 年在加利福尼亚阿拉米达的居民中分别抽取有代表性的样本 6928 例和 3119 例。每组人群随访 9 年,获得死亡结局。根据队列(1965,1974)和研究对象在基线时是否有心脏病分组,给出 40 岁及以上的白人和黑人性别年龄别的 9 年局部缺血性心脏病死亡率 (1965 年的队列,$n = 3742$;1974 年的队列,$n = 1549$),见表 13.28。

表 13.28　1965 年和 1974 年队列中根据基线时自我报告有无心脏病分组的性别和年龄的 9 年局部缺血性心脏病死亡率:阿拉米达的研究

	有心脏病				无心脏病			
	1965 年队列		1974 年队列		1965 年队列		1974 年队列	
性别和年龄(年)	%	死亡例数	%	死亡例数	%	死亡例数	%	死亡例数
男性								
<60	11.6	43	7.3	41	2.4	1129	1.5	411
60～69	38.5	39	4.2	24	7.7	273	7.2	110
70 及以上	47.1	34	25.0	12	25.8	178	16.9	89
女性								
<60	0.0	32	0.0	26	0.5	1304	0.8	497
60～69	23.4	47	12.9	31	5.6	324	2.9	137
70 及以上	25.8	62	11.1	45	13.4	277	14.3	126

*13.47　分别计算 1965 年和 1974 年队列中年龄和性别调整的 9 年局部缺血性心脏病死亡 (概)率。计算与 1965 年队列比较的 1974 年队列的标准化危险比(将 1965 年和 1974 年包括有心脏病和无心脏病的总人口作为标准)。

*13.48　对于在基线时没有心脏病的人群回答练习 13.47。

*13.49　计算与 1965 年在基线时有心脏病的人群比较的 1974 年局部缺血性心脏病死亡(概)率的优势比。将你的回答与练习 13.47 中的回答比较。

*13.50　对于在基线时没有心脏病的人群回答练习 13.49。将你的回答与练习 13.48 中的回答比较。

*13.51　研究者的一个假设是:报告有心脏病的人群中心脏病死亡率下降的幅度比没有心脏病的人群更大。练习 13.49 和 13.50 中你的回答支持这个假设吗? 如果支持,如何解释?

13.52　用 logistic 回归方法评价局部缺血性心脏病的死亡危险性与年龄、性别、队列(1965 与 1974 年)和基线时心脏病症状(有或没有心脏病)的关系。关键问题是确定局部缺血性心脏病死亡率在 1965 年和 1974 年间是否降低。如果降低,下降率在不同的亚组间是否不同(如年龄组、性别组和基线时心脏病症状组)。

运动医学

参考练习 10.70。在这个练习中,我们描述了数据集 TENNIS1.DAT,它是一个有关网球肘病的发作和其他危险因素关系的观察性研究。

13.53 用 logistic 回归方法在考虑多个危险因素的情况下,比较网球肘病发作 1 次及以上的研究对象和网球肘病发作 0 次的研究对象。

13.54 用线性回归方法预测作为几个危险因素的函数的网球肘病发作次数。

高血压

一家医药公司建议一种新的降压药,该药针对以前有心脏病的老年高血压患者。因为这是一个高危人群,因此公司不愿停止该人群的降压治疗,而改用等效性研究,比较新药(A 药)与目前这些患者所用的降压治疗。因此,随机分配受试对象保持目前的治疗,或者用 A 药代替目前的治疗。假定结局是总心血管病(CVD)死亡率,且假定在目前治疗下,15% 受试对象在今后 5 年内死于 CVD。

13.55 假定如果 A 药治疗的 CVD 患者的 5 年死亡率不超过 20%,那么认为 A 药与目前的治疗等效。如果等效性基于单侧 95% 置信区间的方法,随机分配相等例数的受试对象接受 A 药与目前的治疗,那么要保证至少有 80% 机会说明等效,该研究需要入选多少例受试对象?

13.56 假定实际研究中,每一组随机分配给 200 例受试对象。44 例服用 A 药者和 35 例接受目前治疗者在今后的 5 年内死于 CVD。可以认为两种治疗等效吗?为什么?

13.57 在练习 13.55 的假定下,练习 13.56 中描述的研究有多大的功效可以说明等效?

心血管病

猝死是重要的、致死性心血管病的结局。以前对猝死危险因素的大多数研究集中于男性。这个问题对于女性也是重要的。为此,利用 Framingham 心脏研究中的数据[36]。所关心的几个潜在危险因素如年龄、血压、经济及吸烟需要同时被控制。所以用多元 logistic 回归模型拟合这些数据,结果见表 13.29。

表 13.29 用多元 logistic 回归模型,拟合以前没有冠心病的女性中猝死的 2 年发生率与几个危险因素的关系(数据来源于 Framingham 心脏研究)

危险因素	回归系数 $\hat{\beta_1}$	$se(\hat{\beta_1})$
常数	−15.3	
收缩压/mmHg	0.0019	0.0070
Framingham 相对体重/%	−0.0060	0.0100
胆固醇/(mg/100mL)	0.0056	0.0029
血糖/(mg/100mL)	0.0066	0.0038
吸烟/(支/天)	0.0069	0.0199
红细胞压积/%	0.111	0.049
肺活量/厘升	−0.0098	0.0036
年龄/岁	0.0686	0.0225

注:获 *American Journal of Epidemiology*,120(6),888~899,1984 准许。

13.58 评价每个危险因素的统计学显著性。

13.59 这个例子中,这些统计学检验的意义是什么?

13.60 计算在调整其他危险因素后,肺活量每减少 100 厘升,猝死危险性的优势比增加多少?

13.61 给出练习 13.60 中估计值的 95% 置信区间。

肝病

参考数据集 HORMONE.DAT。

13.62 用 logistic 回归方法评价第二阶段胆汁分泌的出现(有或无)是否与第二阶段使用激素的类型有关。

13.63 对于胰液分泌的出现,回答练习 13.62 中相同的问题。

13.64 用 logistic 回归方法评价第二阶段胆汁分泌的出现是否与第二阶段使用激素的剂量有关[对每一种激素(激素 2~5)分别做分析]。

13.65 对于胰液分泌的出现,回答练习 13.64 中相同的问题。

耳鼻喉科学

参考数据集 EAR.DAT(参见表 3.10)。

13.66 考虑将以下情况作为"治愈":(1)患者是单侧病例,病耳在截止 14 天内听力恢复正常,或(2)患者是双侧病例,两只病耳听力已恢复正常。将是否治愈作为结局变量,抗生素、年龄及病例类型(单侧或双侧)作为自变量,进行 logistic 回归分析。评价该模型的拟合优度。

运动医学

参考数据集 TENNIS2.DAT。

13.67 评价最大运动期间的疼痛有无显著性疗效。

13.68 评价最大运动之后 12 小时的疼痛有无显著性疗效。

13.69 评价平均一天的疼痛有无显著性疗效。

13.70 评价练习 13.67 中的结局有无显著性剩余效应。

13.71 评价练习 13.68 中的结局有无显著性剩余效应。

13.72 评价练习 13.69 中的结局有无显著性剩余效应。

高血压

参考数据集 ESTROGEN.DAT。有关信息见表 13.30。

表 13.30　数据集 ESTROGEN.DAT 的格式

变量	列	注释
受试对象	1~2	
治疗	4	(1=安慰剂,2=0.625 mg 雌激素,3=1.25 mg 雌激素)
时期	6	
平均 SBP	8~10	(mmHg)
平均 DBP	12~14	(mmHg)

基于不同组的受试对象,分别进行三个两时期的交叉设计研究。在研究 1 中,0.625 mg 雌激素与安慰剂比较;在研究 2 中,1.25 mg 雌激素与安慰剂比较;在研究 3 中,1.25 mg 雌激素与 0.625 mg 雌激素比较。受试对象在每个治疗期接受 4 周的治疗,两个治疗期间隔 2 周的洗脱期。

13.73 评价对于研究 1 中的收缩压(SBP)和舒张压(DBP),是否有显著性疗效或显著性剩余效应。

13.74 对于研究 2,回答练习 13.73。

13.75 对于研究 3,回答练习 13.73。

13.76 假定我们进行一项类似研究 1 设计的新研究。假定没有剩余效应,取 $\alpha = 0.05$ 的双侧检验,要有 80% 的功效发现 SBP 有 3 mmHg 的疗效,我们需要多少例受试对象?

提示:用研究 1 中差值的样本标准差作为新研究中差值的真实标准差。

13.77 对于 DBP 有 2 mmHg 的疗效,回答练习 13.76。

13.78 对于一项类似研究 2 设计的新研究,回答练习 13.76。

13.79 对于一项类似研究 2 设计的新研究,回答练习 13.77。

耳鼻喉科学

在波士顿中耳炎研究中,进行一项儿童的纵向研究[37]。基于在婴儿 1 岁以内医生的随访,婴儿分组为中耳炎(OTM)发作 1 次及以上与 0 次发作。对左耳和右耳分别进行分组。研究几个危险因素,作为 OTM 可能的预测。其中一个危险因素是耳部感染的家族史,相关数据见表 13.31。

13.80 评价耳部感染的家族史是否与 1 岁以内 OTM 的发生有关联。

13.81 给出有耳部感染家族史和无耳部感染家族史婴儿发病率真实差值的 95% 置信区间。

表 13.31 耳部感染家族史与 1 岁以内 OTM 发作次数的关系

组 1			组 2		
有耳部感染家族史			无耳部感染家族史		
右耳	左耳	n	右耳	左耳	n
−	−	76	−	−	115
+	−	21	+	−	20
−	+	20	−	+	18
+	+	77	+	+	91
		194			244

注意: + = 某只耳朵在 1 岁以内 OTM 发作 1 次及以上; − = 某只耳朵在 1 岁以内 OTM 发作 0 次。

耳鼻喉科学

考虑数据集 EAR.DAT(参见表 3.10)。

假定我们用耳作为分析单位,结局是如果一只耳在 14 天内听力恢复正常,则认为成功;否则认为失败。

13.82 比较头孢克洛(cefaclor)治疗组和阿莫西林治疗组之间听力恢复正常的耳的比例。给出 p-值(双侧)。

13.83 比较 2～5 岁儿童与<2 岁儿童听力恢复正常的耳的比例。给出 p-值(双侧)。

13.84 比较 6 岁及以上儿童与<2 岁儿童听力恢复正常的耳的比例。给出 p-值(双侧)。

癌,营养学

用类似例 13.55 的 logistic 回归方法,分析 1980～1984 年乳腺癌发病率和 1980 年食物频数问卷(FFQ)报告的调整热量的总脂肪摄入量的关系。另外,也控制 5 岁一组年龄的影响和作为分类变量的酒精的影响(0, 0.1～4.9, 5.0～14.9, 15 及以上 g/天)。总脂肪摄入量增加 10 g/天时,相应的回归系数为 −0.163,标准误是 0.135。

13.85 给出总脂肪摄入量增加 10 g/天的妇女患乳腺癌的相对危险度的点估计和 95 % 置信区间。

13.12.2 节中讨论的考证性研究的数据参见数据集 VALID.DAT。

13.86 利用总脂肪的数据,拟合饮食记录(DR)中总脂肪摄入量对 FFQ 中总脂肪摄入量的线性回归。求回归系数,标准误和由回归得到的 p-值。

13.87 假定年龄和酒精摄入量没有测量误差。用练习 13.85 和 13.86 中的结果,获得 DR 总脂肪摄入量增加 10 g/天的妇女乳腺癌的相对危险度估计值。

13.88 对于练习 13.87 中的点估计值,给出 95 % 置信区间。

13.89 将练习 13.87 和 13.88 中测量误差校正的相对危险度及置信区间,与练习 13.85 中未校正的相对危险度及置信区间进行比较。

癌,内分泌学

在 13.12.3 节的研究中,除了血浆雌二醇以外,也考虑其他激素。表 13.32 给出了其他激素的未校正相对危险度估计值和 95 % 置信区间[27]。

表 13.32　护士健康研究中 1989 年在未采取激素治疗的 11169 例绝经后的妇女中进行嵌套式病例-对照研究,比较 1989 年至 1994 年 6 月 1 日激素分布第 4 个四分位数的中位数值和第 1 个四分位数的中位数值的妇女乳腺癌发病率的相对危险度估计值和 95 % 置信区间

激素	第 1 个四分位数的中位数值	第 4 个四分位数的中位数值	RR	95 % CI
游离雌二醇(%)	1.33	1.82	1.69	1.03～2.80
雌酮(pg/mL)	17	45	1.91	1.15～3.16
睾酮(ng/dL)	12	37	1.65	1.00～2.71

注:比较第 4 个四分位数的中位数值和第 1 个四分位数的中位值的妇女,四分位数由对照中激素的分布决定。

13.90 对于表 13.32 中各种激素,给出未校正的 logistic 回归系数和标准误。

13.12.3 节中提到的重复性研究也包括表 13.32 中的激素[29]。每种激素的组内相关系数和样本量见表 13.33。

表 13.33   1989 年护士健康研究中重复性研究选择的激素的组内相关系数(ICCs)

| 激素 | ICC | 受试对象的重复数 | | 总测量次数 |
		3 次重复	2 次重复	
游离雌二醇(%)	0.80	79	0	237
雌酮(pg/mL)	0.74	72	6	228
睾酮(ng/dL)	0.88	79	0	237

13.91   对表 13.32 中每种激素,试求测量误差校正的 logistic 回归系数和标准误。

13.92   用练习 13.91 中的结果,试求每种激素的测量误差校正的比值比和 95% 置信区间。

13.93   如何比较练习 13.92 和表 13.32 中的结果?

参 考 文 献

[1] Woolf, B. (1955). On estimating the relation between blood group and disease. *Annals of Human Genetics*, 19, 251—253.

[2] Shapiro, S., Slone, D., Rosenberg, L., et al. (1979). Oral contraceptive use in relation to myocardial infarction. *Lancet*, 1, 743—747.

[3] Evans, D. A., Hennekens, C. H., Miao, L., Laughlin, L. W., Chapman, W. G., Rosner, B., Taylor, J. O., & Kass, E. H. (1978). Oral contraceptives and bacteriuria in a community-based study. *New England Journal of Medicine*, 299, 536—537.

[4] Sandler, D. P., Everson, R. B., & Wilcox, A. J. (1985). Passive smoking in adulthood and cancer risk. *American Journal of Epidemiology*, 121 (1), 37—48.

[5] Robins, J. M., Breslow, N., & Greenland, S. (1986). Estimators of the Mantel-Haenszel variance consistent in both sparse data and large strata limiting models. *Biometrics*, 42, 311—323.

[6] Young, T., Palta, M., Dempsey, J., Skatrud, J., Weber, S., & Badr, S. (1993). The occurrence of sleep-disordered breathing among middle-aged adults. *New England Journal of Medicine*, 328, 1230—1235.

[7] Lipnick, R. J., Buring, J. E., Hennekens, C. H., Rosner, B., Willett, W., Bain, C., Stampfer, M. J., Colditz, G. A., Peto, R., & Speizer, F. E. (1986). Oral contraceptives and breast cancer: A prospective cohort study. *JAMA*, 255, 58—61.

[8] Munoz, A., & Rosner, B. (1984). Power and sample size estimation for a collection of 2 × 2 tables. *Biometrics*, 40, 995—1004.

[9] McCormack, W. M., Rosner, B., McComb, D. E., Evrard, J. R., & Zinner, S. H. (1985). Infection with *Chlamy dia trachomatis* in female college students. *American Journal of Epidemiology*, 121(1), 107—115.

[10] Dawber, T. R. (1980). *The Framingham Study*. Cambridge, MA: Harvard University Press.

[11] Rosner, B., Spiegelman, D., & Willett, W. C. (1992). Correction of logistic regression relative risk estimates and confidence intervals for random within-person measurement error.

American Journal of Epidemiology, 136, 1400—1413.

[12] Buring, J. E., Evans, D. A., Mayrent, S. L., Rosner, B., Colton, T., & Hennekens, C. H. (1988). Randomized trials of aminoglycoside antibiotics. *Reviews of Infectious Disease*, 10(5), 951—957.

[13] DerSimonian, R., & Laird, N. M. (1986). Meta analysis in clinical trials. *Controlled Clinical Trials*, 7, 177—188.

[14] Hedges, L. V., & Olkin, I. (1985). *Statistical methods in meta analysis*. London: Academic Press.

[15] Makuch, R. & Simon, R. (1978). Sample size requirements for evaluating a conservative therapy. *Cancer Treatment Reports*, 62, 1037—1040.

[16] Temple, R. (1996). Problems in interpreting active control equivalence trials. *Accountability in Research*, 4, 267—275.

[17] Rothman, K. J., & Michels, K. B. (1994). The continuing unethical use of placebo controls. *New England Journal of Medicine*, 331(16), 394—398.

[18] Fleiss, J. L. (1986). *The design and analysis of clinical experiments*. New York: Wiley.

[19] Grizzle, J. E. (1965). The two-period change-over design and its use in clinical trials. *Biometics*, 21, 467—480.

[20] Rowe, N. H., Brooks, S. L., Young, S. K., Spencer, J., Petrick, T. J., Buchanan, R. A., Drach, J. C., & Shipman, C. (1979). A clinical trial of topically applied 3 percent vidarbine against recurrent herpes labialis. *Oral Pathology*, 47, 142—147.

[21] Banting, D. W., Ellen, R. P., & Fillery, E. D. (1985). A longitudinal study of root caries: Baseline and incidence data. *Journal of Dental Research*, 64, 1141—1144.

[22] Imrey, P. B. (1986). Considerations in the statistical analyses of clinical trials in periodontics. *Journal of Clinical Periodontology*, 13, 517—528.

[23] Fleiss, J. L., Park, M. H., & Chilton, N. W. (1987). Within-mouth correlations and reliabilities for probing depth and attachment level. *Journal of Periodontology*, 58, 460—463.

[24] Donald, A., & Donner, A. (1987). Adjustments to the Mantel-Haenszel chi-square statistic and odds ratio variance estimator when the data are clustered. *Statistics in Medicine*, 6, 49—500.

[25] Rosner, B. (1984). Multivariate methods in ophthalmology with application to other paired data situations. *Biometrics*, 40, 1025-1035.

[26] Rosner, B., Willett, W. C., & Spiegelman, D. (1989). Correction of logistic regression relative risk estimates and confidence intervals for systematic within-person measurement error. *Statistics in Medicine*, 8, 1051—1069.

[27] Hankinson, S. E., Willett, W. C., Manson, J. E., Colditz, G. A., Hunter, D. J., Spiegelman, D., Barbieri, R. L., & Speizer, F. E. (1998). Plasma sex steroid hormone levels and risk of breast cancer in postmenopausal women. *Journal of the National Cancer Institute*, 90, 1292—1299.

[28] Donner, A. (1986). A review of inference procedures for the intraclass correlation coefficient in the oneway random effects model. *International Statistical Review*, 54, 67—82.

[29] Hankinson, S. E., Manson, J. E., Spiegelman, D., Willett, W. C., Longcope, C., & Speizer, F. E. (1995). Reproducibility of plasma hormone levels in postmenopausal women over a 2-3 year period. *Cancer, Epidemiology, Biomarkers and Prevention*, 4, 649—654.

[30] Rosner, B., Spiegelman, D., & Willett, W. C. (1990). Correction of logistic regression relative risk estimates and confidence intervals for measurement error: The case of multipele covariates measured with error. *American Journal of Epidemiology*, 132, 734—745.

[31] Rosner, B., Spiegelman, D., & Willett, W. C. (1992). Correction of logistic regression relative risk estimates and confidence intervals for random within-person measurement error. *American Journal of Epidemiology*, 136, 1400—1413.

[32] Cramer, D. W., Schiff, I., Schoenbaum, S. C., Gibson, M., Belisle, J., Albrecht, B., Stillman, R. J., Berger, M. J., Wilson, E., Stadel, B. V., & Seibel, M. (1985). Tubal infertility and the intrauterine device. *New England Journal of Medicine*, 312 (15), 941—947.

[33] Sowers, M. F. R., Clark, M. K., Jannausch, M. L., & Wallace, R. B. (1991). A prospective study of bone mineral content and fracture in communities with differential fluoride exposure. *American Journal of Epidemiology*, 133 (7), 649—660.

[34] Elwood, P. C., Yarnell, J. W. G., Oldham, P. D., Catford, J. C., Nutbeam, D., Davey-Smith, G., & Toothill, C. (1988). Blood pressure and blood lead in surveys in Wales. *American Journal of Epidemiology*, 127(5), 942—945.

[35] Cohn, B. A., Kaplan, G. A., & Cohen, R. D. (1988). Did early detection and treatment contribute to the decline in ischemic heart disease mortality? Prospective evidence from the Alameda County Study. *American Journal of Epidemiology*, 127 (6), 1143—1154.

[36] Schatzkin, A., Cupples, L. A., Heeren, T., Morelock, S., & Kannel, W. B. (1984). Sudden death in the Framingham Heart Study: Differences in incidence and risk factors by sex and coronary disease status. *American Journal of Epidemiology*, 120 (6), 888—899.

[37] Teele, D. W., Klein, J. O., & Rosner, B. (1989). Epidemiology of otitis media during the first seven years of life in children in Greater Boston: A prospective, cohort study. *Journal of Infectious Disease*, 160 (1), 83—94.

第14章 假设检验:人－时间数据

14.1 人－时间数据中效应的测度

第10章中,我们讨论了类型数据的统计分析,那里"人"是分析的单位。在前瞻性研究设计中,我们在基线时把个体分成暴露及未暴露组,然后比较两组之间在一定时间内发生疾病的比例。我们把这些比例称为发病率(incidence rate),实际上更为恰当的名称应是**累加发病率**(见定义3.18)。累加发病(CI)率是一种比例,以人作为分析的单元,其值在0与1之间。在累加发病率的计算中,隐含所有人都被跟踪相同的时间(比如 T)。这种做法不是常常能做得到的,看下面的例子。

例14.1 癌 最新的很多研究假设,口服避孕药(OC)可能与发生乳腺癌有关联。为考察这个题目,数据由护士卫生研究课题所收集,她们在1976年时没有乳腺癌,但按 OC 使用情况分类(现在使用者/过去使用者/从不使用者)。用邮寄问卷法作调查,每两年寄出 OC 使用状态更新了的问卷,这两年中调查一次乳腺癌的发生情况。对每个妇女,累计她现在使用 OC 或从不使用 OC 的时间(忽略过去使用),从而可以累计出从研究开始至今的"人-时间"(person-time)数。这样,每个护士在分析时完全可能有各不相同的"人-时间"数以供分析使用。这些数据列于表14.1,这是45~49岁的妇女中现在及从不使用 OC 者的情况。如何判断这些数据在乳腺癌发病率上的差异?

表14.1 在护士卫生研究课题中,45~49 岁妇女中 OC 使用及不使用者间乳腺癌的发病率

使用 OC 状况	病例数	人-年数
现在使用者	9	2935
从不使用者	239	135130

这里第一个要注意的是每组中分析时使用的单位。如果以妇女作为分析的单位,则不同的妇女完全可以有不同的人-年数供分析使用,这时每个妇女有事件(患癌)出现的概率被认为常数的假设不成立。如果以一个"人-年"作为分析的单位(即,一个人被随访一年称为1个"人-年"),则每个妇女在分析中的"人-年"数常超过1,这时在二项分布中独立性的基本假设不成立。

为了使每个妇女可以有不同的随访时间,我们定义发病密度的概念。

定义 14.1 一组人群的**发病密度**(incidence density, 简记为 ID)定义为,该组群中发生事件(疾病)的人数除以该组群在研究期间累加的人-年(时间)总数*。

这里的分母是"人-年"。不同于累加发病率的是,发病密度可以从 0 到 ∞。

例 14.2 癌 对表 14.1 中数据,计算现在使用者及从不使用者中的发病密度。

解 现在使用 OC 者,发病密度 = 9/2935 = 0.00307,其单位是每个"人-年"中发生 0.00307 例癌,这也等同于每 100000 人-年中发生 307 例癌。而在从不使用OC 者的发病密度为 239/135130 = 0.00177,这相当于每 100000 人-年中发生 177例癌。

时间长度增加时,发病密度可以不变也可以改变,但一般情况下,随着年龄的增加,发病密度也会增加。如何叙述在一定时间长度(t)内,累加发病率与发病密度的关系? 为简单起见,**假设在某个时间长度 t 内发病密度是不变的**。假设 $CI(t) = $ 时间长度 t 内累加发病率,$\lambda = $ 发病密度,则在上述假设下,可以用微积分学证明,有

方程 14.1 累加发病率 $CI(t) = 1 - e^{-\lambda t}$,$\lambda = $ 发病密度

如果累加发病率低(<0.1),则我们可以把 $e^{-\lambda t}$ 近似为 $1 - \lambda t$,这时上式改为

方程 14.2 $CI(t) \cong 1 - (1 - \lambda t) = \lambda t$

这个关系可以总结如下。

方程 14.3 累加发病率与发病密度的关系 假设我们跟踪一组具有发病密度为常数 λ 的人群,这里 $\lambda = $ 每人-年中发生"事件"的个数,则在区间长为 t 的时间内精确累加发病率为

$$CI(t) = 1 - e^{-\lambda t}$$

如果累加发病率低(<0.1),则累加发病率可以近似为

$$CI(t) \cong \lambda t$$

在**本章的后面**,我们把**发病密度(ID)用更常用的术语发病率(incidence rate)λ 表示,以区别于在某个时间长度 t 中的累加发病率 $CI(t)$。前者的变化是从 0 到∞,而后者是一个比例,它必须在 0 与 1 之间变化。

例 14.3 癌 假设 40~44 岁绝经前期的妇女每 100000 人-年中有 200 人患乳腺癌(即发病密度)。则在 40 岁没有患癌的上述妇女中,今后 5 年患乳腺癌的累加发病率是多少?

---

* 如"事件"指死亡,则这里的发病密度相当于寿命表中的"死亡率"(mortality)。注意本书中的发病率不是发病概率。——译者注

解 由方程 14.3,我们有 $\lambda = 200/10^5$, $t = 5$ 年。于是精确的累加发病率为

$$\begin{aligned}
\mathrm{CI}(5) &= 1 - e^{-(200/10^5)5}\\
&= 1 - e^{-1000/10^5}\\
&= 1 - e^{-10^{-2}} = 1 - e^{-0.01} = 0.00995 = 995/10^5
\end{aligned}$$

它的近似累加发病率为

$$\mathrm{CI} \cong (200/10^5) \times 5 = 0.01 = 1000/10^5 \, 。$$

14.2 单样本发病率数据的统计推断

14.2.1 大样本检验

例 14.4 癌, 遗传学 1990～1994 年间建立了一套记录系统,对还没有发现乳腺癌但怀疑有遗传性乳腺癌的妇女做了标记。500 名 60～64 岁的妇女被识别并随访至 2000 年 12 月 31 日。于是取随访的时间长度作为变量。整个随访的总长度是 4000 人-年, 在此期间发生 28 例乳腺癌。这组人群乳腺癌的发病率与 60～64 岁妇女的全国平均发病率 $400/(10^5 \text{ 人-年})$ 有否差异?

这里, 我们检验的是 $H_0 : \mathrm{ID} = \mathrm{ID}_0$ 对 $H_1 : \mathrm{ID} \neq \mathrm{ID}_0$, 此处 ID = 有遗传标记组中未知的发病密度(率), 而 ID_0 = 在全国人口中已知的发病密度(率)。我们将在观察到的乳腺癌例数(记为 a)上去建立检验公式。我们将假设 a 近似于 Poisson 分布。在 H_0 下, a 的均数 $= t(\mathrm{ID}_0)$ 且方差为 $t(\mathrm{ID}_0)$, 注意:此处 t = 总人-年数。假定此 Poisson 分布可以用正态分布近似, 则下面的检验是合适的。

方程 14.4 对于发病率数据的单样本推断(大样本检验) 假设一个随访研究观察的 t 人-年中发生有 a 个事件, 且 ID = 未知的发病密度(率)。

检验 $H_0 : \mathrm{ID} = \mathrm{ID}_0$ 而 $H_1 : \mathrm{ID} \neq \mathrm{ID}_0$

(1) 计算检验统计量

$$X^2 = \frac{(a - \mu_0)^2}{\mu_0} \sim \chi_1^2 \text{ 在 } H_0 \text{ 下}$$

此处

$$\mu_0 = t \times \mathrm{ID}_0$$

(2) 在水平 α 的双侧检验下,

如果 $X^2 > \chi_{1,1-\alpha}^2$,   则拒绝 H_0,

如果 $X^2 \leqslant \chi_{1,1-\alpha}^2$,   则接受 H_0。

(3) 精确 p-值 $= Pr(\chi_1^2 > X^2)$,

(4) 检验适用条件, $\mu_0 = t(\mathrm{ID}_0) > 10$。

例 14.5　癌, 遗传学　完成例 14.4 中的显著性检验。

解　此处 $a = 28, \mu_0 = (400/10^5)(4000) = 16$, 于是检验统计量为

$$X^2 = \frac{(28 - 16)^2}{16}$$

$$= \frac{144}{16} = 9.0 \sim \chi_1^2 \text{ 在 } H_0 \text{ 下}$$

因为 $\chi_{1,0.995}^2 = 7.88, \chi_{1,0.999}^2 = 10.83$, 且 $7.88 < 9.0 < 10.83$, 于是 $0.001 < p < 0.005$。这说明在遗传标记组群中乳腺癌达到了显著性差异。

14.2.2　精确检验

假如在使用方程 14.4 中, 发生的事件数(a)太少, 这时方程 14.4 是不适用的, 而应当使用建立在 Poisson 分布上的精确检验法。如果 $\mu = t(\text{ID})$, 则我们重新叙述假设形式为 $H_0: \mu = \mu_0$ 而 $H_1: \mu \neq \mu_0$, 使用下面的单样本的 Poisson 检验

方程 14.5　对发病密度(率)的单样本推断(小样本)　假设随访研究观察 t 人-年中发生 a 个事件, 且记 ID = 未知的发病密度(或率)。我们要检验

$$H_0: \text{ID} = \text{ID}_0 \text{ 对 } H_1: \text{ID} \neq \text{ID}_0$$

在 H_0 下, 观察到的事件数 a 遵从 Poisson 分布, 且有参数 $\mu_0 = t(\text{ID}_0)$。于是精确双侧检验 p-值为

$$\text{如果 } a < \mu_0, \min\left(2 \times \sum_{k=0}^{a} \frac{e^{-\mu_0}\mu_0^k}{k!}, 1\right)$$

$$\text{如果 } a \geqslant \mu_0, \min\left[2 \times \left(1 - \sum_{k=0}^{a-1} \frac{e^{-\mu_0}\mu_0^k}{k!}\right), 1\right]$$

例 14.6　癌, 遗传学　假设例 14.4 中的 500 名有遗传学标记的妇女中, 125 人有乳腺癌家族史。这 125 人的 1000 人-年中共发生乳腺癌 8 例。这个人群的乳腺癌发病率与全国水平有否显著差异?

解　这组人群的期望乳腺癌例数为 $\mu_0 = 1000(400/10^5) = 4$。如要使用方程 14.4 的大样本检验公式, 则期望病例数太少。因此使用小样本的方程 14.5。此时 $a = 8, \mu_0 = 4$, 因为 $8 > 4$, 所以

$$p\text{-值} = 2 \times \left(1 - \sum_{k=0}^{7} \frac{e^{-4}4^k}{k!}\right)$$

查附录表 2 的 Poisson 表, 得

$$p\text{-值} = 2 \times [1 - (0.0183 + 0.0733 + \cdots + 0.0595)]$$

$$= 2 \times (1 - 0.9489)$$

$$= 0.102$$

所以, 这 125 人的组群的乳腺癌发病率与全国水平没有显著差异。如要更有效地

检验出差异,加大样本是必须的。

14.2.3 发病率的置信区间

要估计 ID 的置信区间,我们先基于 Poisson 分布求得事件数 a 的期望数 μ 的置信区间,再对此区间除以随访调查的人-年数(t),即可求得 ID 的置信区间。特别地,我们有 $\hat{\mu}=a$,$\mathrm{Var}(\hat{\mu})=a$。于是如用正态分布近似 Poisson 分布成立,则 μ 的 $100\%\times(1-\alpha)$ 的置信区间为 $a\pm z_{1-\alpha/2}\sqrt{a}$。即得 ID 的 $100\%\times(1-\alpha)$ 置信区间为 $(a\pm z_{1-\alpha/2}\sqrt{a})/t$。另外,在附录表 8 中也可求得 μ 的精确置信区间,再除以 t 即得 ID 的置信区间。这方法可以总结如下。

方程 14.6　发病率的点估计及置信区间　假设在随访研究的 t 个人-年中发现 a 个事件。

(1) 发病密度 ID 的点估计为 $\hat{\mathrm{ID}}=a/t$。

(2) 对 μ 的双侧 $100\%\times(1-\alpha)$ 置信区间为

　　(a) 如 $a\geqslant10$,则计算 $a\pm z_{1-\alpha/2}\sqrt{a}=(c_1,c_2)$;

　　(b) 如 $a<10$,则从附录表 8 中查第 a 行第 $1-\alpha$ 列,即得 (c_1,c_2)

(3) 求 ID 的双侧 $100\%\times(1-\alpha)$ 置信区间,为 $(c_1/t,c_2/t)$

例 14.7　癌,遗传学　对例 14.4 中数据的 ID,求它的点估计及 95% 置信区间。

解　此处有 $a=28$,$t=4000$,所以 ID 的点估计为 $28/4000=0.007=700/10^5$ 人-年 = ID。因为 $a\geqslant10$,所以对 μ 的置信区间可以使用方程 14.6 中的 $2(a)$ 法:

$$28\pm1.96\sqrt{28}=28\pm10.4=(17.6,38.4)=(c_1,c_2)$$

于是对应于 ID 的 95% 置信区间为 $(17.6/4000,38.4/4000)=(0.00440,0.00960)$ 或 $(440/10^5$ 人-年,$960/10^5$ 人-年$)$。这个区间中没有零假设中的 $400/10^5$ 人-年 (例 14.4)。

例 14.8　癌,遗传学　对例 14.6 中的数据,求 ID 的点估计及 95% 双侧置信区间。

解　由例 14.6,这个组群乳腺癌的期望数为 $4(=\mu_0)$。ID 的点估计为 $\mathrm{ID}=8/1000=0.008=$ 每 10^5 人-年中有 800(例癌)。因为 $a=8<10$,我们使用方程 14.6 中的 $2(b)$ 求 ID 的置信区间。查附录表 8 的 $x=a=4$ 的行及 0.95 的列,我们有 μ 的 95% 置信区间为 $(1.09,10.24)$。于是对应于 ID 的 95% 置信区间为 $(1.09/1000,10.24/1000)=(109/10^5$ 人-年,$1024/10^5$ 人-年$)$。这个区间包含了一般人群中发病密度 $\mathrm{ID}_0=400/10^5$ 人-年。

本节中,我们学习了发病密度(也称为发病率,incidence rate),它是每单位时间内的事件数*;它不同于累加发病率,后者是在时间长度 t 内事件发生的概率。我们已经学习一个样本下发病率的估计。这个估计建立在时间长度 t 内的事件数是 Poisson 分布的条件上。当期望事件数 $\geqslant 10$ 时,可用正态分布近似代替 Poisson 分布从而建立检验公式。而在小样本 $(a < 10)$ 时,这个检验建立于精确的 Poisson 概率。最后,我们讨论了发病率的点估计及区间估计。下一节中,我们把本节方法拓广到两样本的发病率(指密度)比较问题。

参见本章末的流程图(图 14.9,P704),我们通过回答问题(1)是人-时间数据? 是,(2)单样本问题? 是,即到达标题"发病率用单样本检验"。

14.3 两样本发病率数据的统计推断

14.3.1 假设检验——一般性考虑

本节我们讨论如何比较不同暴露的两组的发病率。比较的方法称为条件检验(conditional test)。

表14.2 两组之间比较发病率时一般的观察表

暴露组	事件数	人-时数
1	a_1	t_1
2	a_2	t_2
总数	$a_1 + a_2$	$t_1 + t_2$

假设我们有两个不同的暴露组,其观察表见表 14.2。我们要检验假设 H_0:$ID_1 = ID_2$ 而 H_1:$ID_1 \neq ID_2$,此处 ID_1 = 组 1 中真实发病密度 = 组 1 中每单位人-时中"事件"发生数;ID_2 = 组 2 中与组 1 可比较的发病密度。在零假设下,两个组可以合并,总的"事件"数是 $a_1 + a_2$,总的"人-时"数是 $t_1 + t_2$,这时每组期望的"事件"数(H_0 成立下)为

方程 14.7 组 1 的期望事件数 = $(a_1 + a_2)t_1/(t_1 + t_2)$,

组 2 的期望事件数 = $(a_1 + a_2)t_2/(t_1 + t_2)$

例 14.9 癌 计算表 14.1 中 OC -癌数据中现在使用 OC 者及从不使用 OC 者的"事件"(即癌)期望数。

解 我们有 $a_1 = 9$,$a_2 = 239$,$t_1 = 2935$ 人-年,$t_2 = 135130$ 人-年。因此,在 H_0 的无效假设下,两组(现在及从不使用)的期望事件数分别为

$$E_1 = (9 + 239)2935/(2935 + 135130) = 5.27$$

$$E_2 = (9 + 239)135130/(2935 + 135130) = 242.73$$

---

* 实为单位时间内事件发生的概率。——译者注

14.3.2　正态理论检验

要判断统计显著性,在无效假设 H_0 下* 两组的事件数中一个事件属于组 1 的个数被看作二项随机变量,且具有参数 $n = a_1 + a_2$ 及 $p_0 = t_1/(t_1 + t_2)$。在这样的假定下,上述无效假设可叙述为 $H_0: p = p_0$ 对 $H_1: p \neq p_0$,此处 $p =$ 组 1 中事件发生的真实比例。我们认为用正态分布近似二项分布是合适的。组 1 中事件的观察数为 a_1,其正态分布有均数 $= np_0 = (a_1 + a_2)t_1/(t_1 + t_2) = E_1$,及方差 $= np_0q_0 = (a_1 + a_2)t_1t_2/(t_1 + t_2)^2 = V_1$。如果 a_1 远小于或远大于 E_1 则拒绝 H_0。这是单样本二项检验在大样本下的一个应用,此法汇总如下面。

方程 14.8　发病率的比较(大样本检验)　要检验假设 $H_0: \mathrm{ID}_1 = \mathrm{ID}_2$ 对 $H_1: \mathrm{ID}_1 \neq \mathrm{ID}_2$,此处 ID_1 及 ID_2 分别是组 1 及组 2 中真实发病密度,使用下面方法

(1) 计算检验统计量

$$z = \frac{a_1 - E_1 - 0.5}{\sqrt{V_1}} \qquad \text{如果 } a_1 > E_1$$

$$z = \frac{a_1 - E_1 + 0.5}{\sqrt{V_1}} \qquad \text{如果 } a_1 \leqslant E_1$$

此处

$$E_1 = (a_1 + a_2)t_1/(t_1 + t_2)$$
$$V_1 = (a_1 + a_2)t_1t_2/(t_1 + t_2)^2$$
$$a_1, a_2 = \text{分别是组 1 及组 2 中“事件” 数}$$
$$t_1, t_2 = \text{分别是组 1 及组 2 中人-时数}$$

在 H_0 下, $z \sim N(0, 1)$

(2) 对双侧,水平为 α 的检验,

如 $z > z_{1-\alpha/2}$　　或　　$z < z_{\alpha/2}$,　则拒绝 H_0

如 $z_{\alpha/2} \leqslant$　　　　z　　$\leqslant z_{1-\alpha/2}$,　则接受 H_0

(3) 这个检验仅适用于 $V_1 \geqslant 5$

(4) 检验的精确 p-值为

$$2 \times [1 - \Phi(z)] \qquad \text{如 } z \geqslant 0$$
$$2 \times \Phi(z) \qquad\qquad \text{如 } z < 0$$

临界区域及 p-值的图示法见图 14.1 及图 14.2。

例 14.10　癌　判断表 14.1 中 OC-乳腺癌数据的统计显著性

解　由例 14.9,我们有 $a_1 = 9$, $a_2 = 239$, $t_1 = 2935$, $t_2 = 135130$, $E_1 = 5.27$,

---

* H_0 下两组可以合并,这时每个人-年内发生的事件是等概率的。——译者注

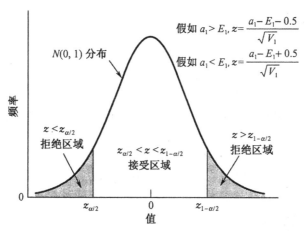

假如 $a_1 > E_1$, $z = \dfrac{a_1 - E_1 - 0.5}{\sqrt{V_1}}$

假如 $a_1 < E_1$, $z = \dfrac{a_1 - E_1 + 0.5}{\sqrt{V_1}}$

图 14.1 发病率的双侧检验的接受及拒绝区域(正态理论法)

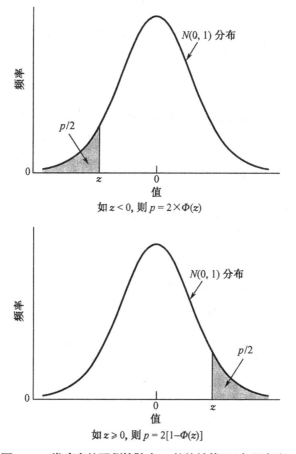

如 $z < 0$, 则 $p = 2 \times \Phi(z)$

如 $z \geqslant 0$, 则 $p = 2[1 - \Phi(z)]$

图 14.2 发病率的双侧检验中 p-值的计算(正态理论法)

$E_2 = 242.73$, 因此,

$$V_1 = \frac{(a_1 + a_2)t_1 t_2}{(t_1 + t_2)^2}$$

$$= \frac{(9 + 239)(2935)(135130)}{(2935 + 135130)^2} = \frac{9.8358 \times 10^{10}}{138065^2} = 5.16$$

因为 $V_1 \geqslant 5$, 所以我们可以使用方程14.8的大样本检验。因为 $a_1 > E_1$, 所以,

$$z = \frac{9 - 5.27 - 0.5}{\sqrt{5.16}} = \frac{3.23}{2.27} = 1.42 \sim N(0,1)$$

而 p-值 $= 2 \times [1 - \Phi(1.42)] = 2 \times (1 - 0.9223) = 0.155$。如此, 这个结果是不显著的。也就是说, 乳腺癌发病率与该年龄组中是否使用 OC 没有显著差异。

14.3.3　精确检验

假设 $V_1 < 5$, 由于事件数太少而不能使用正态理论。这时必须使用二项分布的精确检验法。从14.3.1节知, 在 H_0 下, 组1的事件数 (a_1) 将是一个二项分布, 参数为 $n = a_1 + a_2$ 及 $p = p_0 = t_1/(t_1 + t_2)$。我们要检验的假设为 $H_0: p = p_0$ 对 $H_1: p \neq p_0$, 此处 p 是组1中发生事件的未知比例。这是单样本二项分布精确检验的一个应用。如果观察数 a_1 远小于或大于期望数 $E_1 = np_0$, 则拒绝 H_0。这引出下面的检验法。

方程14.9　发病率的比较——精确检验　令 a_1, a_2 分别是组1及组2中人-时总数中发生的事件数。记 $p =$ 组1中事件发生的真实比例。我们要检验假设

$$H_0: \mathrm{ID}_1 = \mathrm{ID}_2 (\text{或等价地}, p = p_0)$$

对

$$H_1: \mathrm{ID}_1 \neq \mathrm{ID}_2 (\text{或等价地}, p \neq p_0)$$

此处

$$\mathrm{ID}_1 = \text{组1中真实发病密度}$$

$$\mathrm{ID}_2 = \text{组2中真实发病密度}$$

$$p_0 = t_1/(t_1 + t_2), \quad q_0 = 1 - p_0$$

用双侧显著性水平 α 的检验, 使用下面方法

(1) 如果 $a_1 < (a_1 + a_2)p_0$, 则

$$p\text{-值} = 2 \times \sum_{k=0}^{a_1} \binom{a_1 + a_2}{k} p_0^k q_0^{a_1 + a_2 - k}$$

(2) 如果 $a_1 \geqslant (a_1 + a_2)p_0$, 则

$$p\text{-值} = 2 \times \sum_{k=a_1}^{a_1 + a_2} \binom{a_1 + a_2}{k} p_0^k q_0^{a_1 + a_2 - k}$$

（3）这检验一般是用于两个发病密度的比较而又 $V_1 < 5$ 时使用,因为这时方程 14.8 的正态理论不适用。

这个检验的 p-值见图 14.3。

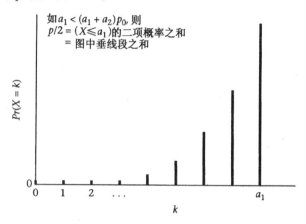

如 $a_1 < (a_1 + a_2)p_0$, 则
$p/2 = (X \leqslant a_1)$的二项概率之和
    = 图中垂线段之和

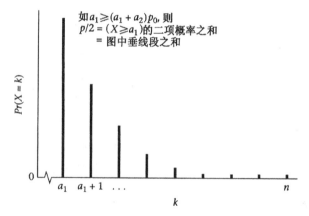

如 $a_1 \geqslant (a_1 + a_2)p_0$, 则
$p/2 = (X \geqslant a_1)$的二项概率之和
    = 图中垂线段之和

图 14.3　两样本发病率的比较检验中 p-值计算图示法
（精确方法,双侧）

例 14.11　癌　假定我们有如表 14.3 中的数据,是 30～34 岁妇女中关于 OC 使用者与乳腺癌关系的数据,试判断 OC 使用者与从不使用者间的差异显著性。

表 14.3　30～34 岁妇女乳腺癌发病率与 OC 使用间的关系(护士卫生研究)

OC 使用 状况组	乳腺癌 例数	人-年数
现在使用者	3	8250
从不使用者	9	17430

解 表 14.3 中,$a_1 = 3$, $a_2 = 9$, $t_1 = 8250$, $t_2 = 17430$,于是

$$V_1 = \frac{12(8250)(17430)}{(8250 + 17430)^2} = 2.62 < 5$$

因 $V_1 < 5$,故应当使用方程 14.9 中的小样本检验。$p_0 = 8250/25680 = 0.321$, $n = a_1 + a_2 = 12$,因为 $a_1 = 3 < 12(0.321) = 3.9$,所以

$$p\text{-值} = 2 \times \sum_{k=0}^{3} \binom{12}{k} (0.321)^k (0.679)^{12-k}$$

记 X 是组 1 中事件数的随机变量,使用 Excel 去计算 p-值,结果为

n	12
p	0.321262
k	$Pr(X = k)$
0	0.009559
1	0.054296
2	0.141346
3	0.223008
$Pr(X \leqslant 3)$	0.428209
p-值	0.856418

于是

p-值 $= 2 \times (0.0096 + 0.0543 + 0.1413 + 0.2230) = 2 \times 0.4282 = 0.856$

因此,30~34 岁妇女是否使用 OC 对乳腺癌的发生没有显著影响。

14.3.4 率比

13.3 节中我们已定义危险(率)比(RR)作为两个比例数比较时的效应测度,我们现在将其用作前瞻性研究中两个暴露组之间累加发病率相比较时的一种测度,那时,"人"是分析时的一个单位。类似的概念也可使用于人-时数据中两个发病率间的比较。

定义 14.2 记 λ_1, λ_2 分别是暴露与非暴露组中的发病率。我们称 λ_1/λ_2 为**率比**(rate ratio)。

例 14.12 癌 设组 1 是 40~49 岁绝经前期有乳腺癌家庭史(母亲或一个姐妹有乳腺癌)的妇女,她们在 10^5 人-年中发现有 500 例乳腺癌,组 2 是同上年龄但没有乳腺癌家庭史的妇女,她们在 10^5 人-年中发生有 200 例乳腺癌。组 1 对组 2 的率比是什么?

解 率比 $= (500/10^5)/(200/10^5) = 2.5$。

建立在发病率上的率比与建立在累加发病率上的危险(率)比有什么关系? 假定在一个队列研究中每个人都被跟踪 T 年,记 λ_1 是暴露组中的发病率,λ_2 是非暴露组中的发病率。如果累加发病率是低的,则在暴露组中累加发病率可近似为 $\lambda_1 T$(见方程 14.3),而非暴露组中近似为 $\lambda_2 T$。于是危险率比即近似于 $\lambda_1 T / (\lambda_2 T) = \lambda_1/\lambda_2$,此即为率比。

如何从数据中估计率比? 假定我们有事件数及人-年数如表 14.2 所示。这时在暴露组中发病率的估计为 a_1/t_1,而非暴露组中为 a_2/t_2。率比的点估计即为 $\widehat{RR} = (a_1/t_1)/(a_2/t_2)$。为求区间估计,我们认为 $\ln \widehat{RR}$ 近似于正态,则可以证明有

方程 14.10 $\quad \text{Var}[\ln(\widehat{RR})] \approx \dfrac{1}{a_1} + \dfrac{1}{a_2}$

因此,对于 $\ln(\widehat{RR})$ 的双侧 $100\% \times (1-\alpha)$CI 为

$$(d_1, d_2) = \ln(\widehat{RR}) \pm z_{1-\alpha/2} \sqrt{\frac{1}{a_1} + \frac{1}{a_2}}$$

我们对 d_1, d_2 分别取反对数,即得 RR 的双侧 $100\% \times (1-\alpha)$ 的 CI 为下式。

方程 14.11 率比的点及区间估计 假定我们在暴露组 t_1 个人-年中观察到 a_1 个事件,而在非暴露组 t_2 个人-年中观察到 a_2 个事件。则率比的估计为

$$\widehat{RR} = (a_1/t_1)/(a_2/t_2)$$

对 RR 的双侧 $100\% \times (1-\alpha)$CI 记为 (c_1, c_2),则

$$c_1 = e^{d_1}, \quad c_2 = e^{d_2},$$

而

$$d_1 = \ln(\widehat{RR}) - z_{1-\alpha/2} \sqrt{\frac{1}{a_1} + \frac{1}{a_2}}$$

$$d_2 = \ln(\widehat{RR}) + z_{1-\alpha/2} \sqrt{\frac{1}{a_1} + \frac{1}{a_2}}$$

这个检验的适用条件是,$V_1 = (a_1 + a_2) t_1 t_2 / (t_1 + t_2)^2$ 大于等于 5。

例 14.13 癌 对表 14.1 中的数据,试求口服避孕药(OC)与乳腺癌发病率间关联性的指标"率比"计算点估计及 95% 置信区间。

解 由表 14.1,此率比的点估计为

$$\widehat{RR} = \frac{9/2935}{239/135130} = 1.73$$

要求区间估计,我们用方程 14.11,对 $\ln(RR)$ 的 95%CI,记为 (d_1, d_2),则

$$d_1 = \ln(\hat{RR}) - 1.96 \sqrt{\frac{1}{9} + \frac{1}{239}}$$

$$= 0.550 - 0.666 = -0.115$$

$$d_2 = \ln(\hat{RR}) + 1.96 \sqrt{\frac{1}{9} + \frac{1}{239}}$$

$$= 0.550 + 0.666 = 1.216$$

因此，$c_1 = e^{-0.115} = 0.89$，$c_2 = e^{1.216} = 3.37$，于是 RR 的 95% 区间估计是 (0.89, 3.37)。

　　本节中，我们已介绍了"率比"，它是两个发病率相比较的一个效应测度。它类似于危险(率)比但不完全相同。后者在第 13 章中已作介绍，它是用于比较两个累加发病率的效应测度。比较两个发病率的推断方法是建立在单样本二项分布检验之上，这时分析中所使用的单元数 = 两个样本合并后事件的总数，而成功发生的概率 p = 他(她)发生有事件情况下，他(她)属于组 1 的概率。我们考察了建立在大样本上的正态近似法及小样本上的精确二项分布概率法。下一节中，我们将考察两组比较中的功效及样本量的估计。

　　参见图 14.9 中的流程图(P704)，我们回答：(1)是人-时数据？是，(2)是单样本问题？否，(3)发病率不随时间变化？是，(4)两样本问题？是，从而到达标题"如果没有混杂，用两样本检验比较发病率；如果有混杂，用分层的人-时间数据分析方法"。在 14.5 节中，我们将考察混杂存在时两样本发病率的比较。

14.4　人-时间数据的功效及样本量估计

14.4.1　功效的估计

　　例 14.14　癌　假定登记有 10000 名绝经后期的妇女，在一个临床试验开始时没有任何癌病。试验开始时，5000 人随机接受雌激素补充疗法(ERT)，而另外 5000 人被指定为安慰剂疗法。比较试验结束时的乳腺癌发病率。受试者的记录是从 1995 年 1 月 1 日到 1996 年 12 月 31 日，他们都被随访调查到 2000 年 12 月 31 日，每个受试者平均随访 5 年(随访范围是 4～6 年)。对照组中期望的发病率为 $300/10^5$ 人-年。假定 ERT 的效应是可以增加乳腺癌 25% 的发病率，则如何估计所提研究的功效？

　　功效的计算是建立在两个发病率比较时的方程 14.8。我们要检验假设 H_0：率比(RR) = 1 对 H_1：RR ≠ 1，此处 RR = ID_1/ID_2。

　　如 14.3.2 节所讨论的，这个假设也可以用其他方法叙述，H_0：$p = p_0$ 对 H_1：

$p \neq p_0$, 此处 $p_0 = t_1/(t_1 + t_2)$。这是 7.9 节中讨论的单样本二项检验,此时 $n =$ 两组联合时事件发生的总数,$p =$ 发生事件的人是属于组 1 的概率。这时我们的命题是,在 H_1(记这时的 p 为 p_1)下,与 RR 对应的率比应取什么值? 要引出这个值,我们注意,由方程 14.3

组 1 中事件的期望数 $= 1 - \exp(-\mathrm{ID}_1 t_1) \cong \mathrm{ID}_1 t_1$

组 2 中事件的期望数 $= 1 - \exp(-\mathrm{ID}_2 t_2) \cong \mathrm{ID}_2 t_2$

于是,组 1 中事件的期望比例是

方程 14.12 $\quad p = t_1 \mathrm{ID}_1/(t_1 \mathrm{ID}_1 + t_2 \mathrm{ID}_2)$

对此式分子及分母同除以 ID_2,则得

方程 14.13 $\quad p = t_1 \mathrm{RR}/(t_1 \mathrm{RR} + t_2)$

在 H_1 下,RR 将不会是 1,我们改记方程 14.13 中的 p 为 p_1。而在 H_0 成立时,把 $p = t_1/(t_1 + t_2)$ 记为 p_0。使用单样本的二项检验(方程 7.37)的功效公式,得

方程 14.14 $\quad$ 功效 $= \Phi\left[\sqrt{\dfrac{p_0 q_0}{p_1 q_1}} \left(z_{\alpha/2} + \dfrac{|p_0 - p_1| \sqrt{m}}{\sqrt{p_0 q_0}} \right) \right]$

此处 $m = $ 两组合并后事件的期望数 $= m_1 + m_2$。

我们现在叙述组 1 及组 2 中事件的期望数(m_1, m_2)与每组中个体数(n_1, n_2)间的关系。回忆方程 14.1,有

方程 14.15 $\quad \mathrm{CI}(t) = 1 - \exp(-\mathrm{ID}_1 t^*)$

此处 $t^* = $ 观察个体的人-年平均数。应用方程 14.15 到每个组,有

方程 14.16 $\quad$ 组 1 的累加发病率 $= m_1/n_1 = 1 - \exp(-\mathrm{ID}_1 t_1^*)$

$\quad\quad\quad\quad\quad$ 组 2 的累加发病率 $= m_2/n_2 = 1 - \exp(-\mathrm{ID}_2 t_2^*)$

或

方程 14.17 $\quad m_1 = n_1[1 - \exp(-\mathrm{ID}_1 t_1^*)]$

$\quad\quad\quad\quad\quad m_2 = n_2[1 - \exp(-\mathrm{ID}_2 t_2^*)]$

把方程 14.17,代入方程 14.14,即得下面的求功效公式。

方程 14.18 **两发病率比较时的功效** 设我们要检验 $H_0: \mathrm{ID}_1 = \mathrm{ID}_2$ 对 $H_1:$ $\mathrm{ID}_1 \neq \mathrm{ID}_2$,此处 ID_1 及 ID_2 分别是组 1 及组 2 的发病密度。对于指定的备择 $\mathrm{ID}_1/\mathrm{ID}_2 = \mathrm{RR}$,双侧及显著性水平 α 的功效为

$$\text{功效} = \Phi\left[\sqrt{\frac{p_0 q_0}{p_1 q_1}} \left(z_{\alpha/2} + \frac{|p_0 - p_1| \sqrt{m}}{\sqrt{p_0 q_0}} \right) \right]$$

此处

$$p_0 = t_1/(t_1 + t_2)$$
$$p_1 = t_1 \mathrm{RR}/(t_1 \mathrm{RR} + t_2)$$

$$m = 两组联合后事件的期望数 = m_1 + m_2$$

$$m_1 = n_1[1 - \exp(-\, ID_1 t_1^*)]$$

$$m_2 = n_2[1 - \exp(-\, ID_2 t_2^*)]$$

$n_1, n_2 = $ 分别为组 1 及组 2 中的个体数

$t_1, t_2 = $ 分别为组 1 及组 2 中人-年数

$t_1^*, t_2^* = $ 分别为组 1 及组 2 中个体的平均人-年数,

$ID_1, ID_2 = $ 分别为在 H_1 成立时,组 1 及组 2 中的发病密度。

例 14.15 癌 回答例 14.14 中的问题

解 我们有 $n_1 = n_2 = 5000, t_1^* = t_2^* = 5, ID_2 = 300/10^5$ 人-年,$ID_1 = 1.25 \times 300/10^5 = 375/10^5$ 人-年,$RR = (ID_1/ID_2) = 1.25$。于是,由方程 14.18,得

$$m_1 = 5000\{1 - \exp[-(375/10^5)5]\}$$

$$= 5000(1 - 0.98142) = 92.9$$

$$m_2 = 5000\{1 - \exp[-(300/10^5)5]\}$$

$$= 5000(1 - 0.98511) = 74.4$$

$$m = 92.9 + 74.4 = 167.3$$

$$t_1 = t_2 = 5000 \times 5 = 25000$$

$$p_0 = t_1/(t_1 + t_2) = 1/2$$

$$p_1 = 25000(1.25)/[25000(1.25) + 25000]$$

$$= 31250/56250 = 0.556$$

于是

$$功效 = \Phi\left[\sqrt{\frac{0.5(0.5)}{0.556(0.444)}}\left(-1.96 + \frac{|0.5 - 0.556|\sqrt{167.3}}{\sqrt{0.5(0.5)}}\right)\right]$$

$$= \Phi\left[1.0062\left(-1.96 + \frac{0.7186}{0.5}\right)\right]$$

$$= \Phi[1.0062(-0.5228)]$$

$$= \Phi(-0.5261) = 0.299$$

于是看出,这个研究中对假设的检验仅约 30% 的功效。

14.4.2 样本量的估计

很明显,例 14.14 的研究中,由于样本太少而难以有足够的功效去检验所提的假设。现在命题是,应用多大的研究设计以便有一个预定的(比如,80%)的功效水平? 为此目的,应事先指定一个功效 $1 - \beta$,再从单样本二项试验中去求事件总数 m。由方程 7.38,我们有

方程 14.19 $m = \dfrac{\left(\sqrt{p_0 q_0}\, z_{1-\alpha/2} + \sqrt{p_1 q_1}\, z_{1-\beta}\right)^2}{|p_0 - p_1|^2}$

把这所要求的事件数(m)转换到所要求的个体数(n),我们参见方程 14.18,得

方程 14.20 $m = m_1 + m_2 = n_1[1 - \exp(-\text{ID}_1 t_1^*)] + n_2[1 - \exp(-\text{ID}_2 t_2^*)]$

如果我们事先指定两组中的样本量之比为,$k = n_2/n_1$;则由方程 14.20,有

方程 14.21 $n_1 = \dfrac{m}{\{1 - \exp(-\text{ID}_1 t_1^*) + k[1 - \exp(-\text{ID}_2 t_2^*)]\}}$

$n_2 = k n_1$

联合方程 14.19~14.21,即产生下面的求样本量公式:

方程 14.22 两发病率比较中样本量的估计 设我们要检验假设 $H_0: \text{ID}_1 = \text{ID}_2$ 而 $H_1: \text{ID}_1 \neq \text{ID}_2$。此处 ID_1 及 ID_2 分别是组 1 及组 2 中的发病密度。如果我们用双侧且显著性水平为 α,功效为 $1 - \beta$,则联合两组后事件总数的期望数为

$$m = \frac{\left(\sqrt{p_0 q_0}\, z_{1-\alpha/2} + \sqrt{p_1 q_1}\, z_{1-\beta}\right)^2}{|p_0 - p_1|^2}$$

此处

$p_0 = t_1/(t_1 + t_2)$

$p_1 = t_1 \text{RR}/(t_1 \text{RR} + t_2)$

$\text{RR} = \text{ID}_1/\text{ID}_2$

$t_1, t_2 = $ 分别为组 1、组 2 中人-年数

$\text{ID}_1, \text{ID}_2 = $ 分别为组 1、组 2 中 H_1 成立时的发病密度

对应于上述 m 的每组中个体数分别为

$$n_1 \doteq \frac{m}{(k+1) - \exp(-\text{ID}_1 t_1^*) - k \exp(-\text{ID}_2 t_2^*)}$$

$n_2 = k n_1$

例 14.16 癌 例 14.14 中的研究,我们应取多少例受试者以使功效为 80%?如果用双侧及显著性水平为 α,且规定每组有相等的受试者数目。

解 此处 $\alpha = 0.05$,$1 - \beta = 0.80$,从例 14.15 的求解中,我们有 $p_0 = 0.50$,$p_1 = 0.556$。于是,由方程 14.22,所求的事件总数为

$$m = \frac{\left[\sqrt{0.5(0.5)}(1.96) + \sqrt{0.556(0.444)}(0.84)\right]^2}{(0.50 - 0.556)^2}$$

$$= \frac{1.397^2}{0.056^2}$$

$$= \frac{1.9527}{0.00309} = 632.7 \text{ 或 } 633 \text{ 事件}$$

于是,我们需要 633 个事件才能达到 80 % 的功效。由例 14.15 见,我们有 $t_1^* = t_2^*$ = 5 年, $ID_1 = 375/10^5$ 人-年, $ID_2 = 300/10^5$ 人-年。也因样本量在两组中要求相等,所以, $k = 1$。因此,由方程 14.22,每组中的个体数应是

$$n_1 = n_2 = \frac{633}{2 - \exp[(-375/10^5)5] - \exp[(-300/10^5)5]}$$

$$= \frac{633}{2 - 0.98142 - 0.98511}$$

$$= \frac{633}{0.0335} = 18916.2 \text{ 或 } 18917 \text{ 人}$$

于是,我们需要每组收集 18917 人,总数为 37834 人才能达到 80 % 功效。此样本量大约是例 14.14 中原先设计的 4 倍。这个研究可以期望产生

$$m_1 = 18917\{1 - \exp[(-375/10^5)5]\}$$

$$= 18917(1 - 0.98142) = 351 \text{ 事件(在 ERT 组)}$$

$$m_2 = 18917\{1 - \exp[(-300/10^5)5]\}$$

$$= 18917(1 - 0.98511) = 282 \text{ 事件(在对照组)}$$

总数为 633 个事件。这是一个用于"妇女卫生第一步"中的研究设计,是临床试验的一个大的多中心研究。

本节中,我们学习了两个发病率比较中的功效估计及样本量估计。这些公式实际上分别是单样本二项检验(方程 7.37 及 7.38)的特例。如果随访每个受试者的人-年数都相同,则本节中的公式应该与方程 10.15 及 10.14 中用于比较两个比例的公式近似相同。而本节方法的优点是允许把随访每个受试者的时间长度考虑在内,这在许多临床试验中更为实际。下一节中,我们将考察有混杂变量时如何考察两个组的发病率比较问题。

14.5   分层的人-时间数据的统计推断

14.5.1   假设检验

在判断疾病与基本暴露变量之间的关系前,应当控制混杂。混杂变量可以是年龄、性别,及其他与暴露、疾病或这两者都有关的变量。

例 14.17   癌   一个一直使人感兴趣的题目是绝经后期妇女使用绝经后期激素是否会引起心血管病及癌的发生? 数据是在护士卫生研究项目中得到,通过 1976 年邮寄问卷再每 2 年随访的问卷调查得到。数据是从 1976 年到 1986 年,一共随访352871人-年,其中发生有 707 例乳腺癌,数据见表 14.4[1]。

表 14.4 在护士卫生研究中,对绝经后期妇女使用绝经后期激素对乳腺癌危险性的影响

年龄	从不使用		现在使用			过去使用		
	病例数	人-年数	病例数	人-年数	RR	病例数	人-年数	RR
39~44	5	4722	12	10199	1.11	4	3835	0.99
45~49	26	20812	22	14044	1.25	12	8921	1.08
50~54	129	71746	51	24948	1.14	46	26256	0.97
55~59	159	73413	72	21576	1.54	82	39785	0.95
60~64	35	15773	23	4876	2.13	29	11965	1.09

1976 年时有 23607 个绝经后期妇女没有癌(非黑瘤皮肤癌除外)。其他妇女都在随访研究期间变成绝经后期。随访调查在下列情况才停止:诊断有乳腺癌、死亡,或到达最后问卷返回的日期。这样,每个妇女都有各不相同的随访时间长度。由于乳腺癌的发生及可能的绝经后期激素的使用与年龄有关,因此重要的是在分析时要控制年龄。

我们可以如第 13 章中对累加发病率数据(或拓广到计数数据)使用 Mantel-Haenszel 检验那样,分析此处的数据。假设我们有 k 层,对第 i 层中的事件数及人-时数如表 14.5 所示。我们记

p_{1i} = 第 i 层中暴露者中疾病发病率*

p_{2i} = 第 i 层中非暴露者中疾病发病率。

表 14.5 在第 i 层中事件数及人-时数的一般观察表

暴露状态	事件数	人-时数
暴露组	a_{1i}	t_{1i}
非暴露组	a_{2i}	t_{2i}
总数	$a_{1i} + a_{2i}$	$t_{1i} + t_{2i}$

于是,第 i 层中:

暴露者中的事件期望数 = $p_{1i}t_{1i}$

非暴露者中的事件期望数 = $p_{2i}t_{2i}$

记 p_i = 两组合并后第 i 层暴露组中事件数在事件总数中的期望比例,于是 p_i 与 p_{1i} 及 p_{2i} 间的关系为

方程 14.23 $p_i = \dfrac{p_{1i}t_{1i}}{p_{1i}t_{1i} + p_{2i}t_{2i}}$,记此值为 $p_i^{(0)}$

---

* 实为发病密度。——译者注

假定疾病与暴露间的"率比"在每一层中都相同，且记为 RR。因此，RR = p_{1i}/p_{2i}，对 $i = 1, \cdots, k$ 全相同。方程 14.23 中的分子及分母分别除以 p_{2i}，用 RR 取代 p_{1i}/p_{2i}，则有

方程 14.24 $p_i = \dfrac{(p_{1i}/p_{2i})t_{1i}}{(p_{1i}/p_{2i})t_{1i} + t_{2i}}$

$\qquad\qquad\quad = \dfrac{\mathrm{RR}t_{1i}}{\mathrm{RR}t_{1i} + t_{2i}}$，记此值为 $p_i^{(1)}$

我们要检验假设 $H_0:\mathrm{RR}=1$ 而 $H_1:\mathrm{RR}\neq 1$，或等价地，$H_0:p_i=p_i^{(0)}$ 而 $H_1:p_i = p_i^{(1)}$，$i = 1, \cdots, k$。我们的检验将建立在 $A = \sum\limits_{i=1}^{k} a_{1i}$ = 暴露组中观察到的全部事件数。在 H_0 成立时，我们认为第 i 层上事件的观察总数 $(a_{1i} + a_{2i})$ 是固定的。因此在 H_0 成立下，有

方程 14.25 $E(a_{1i}) = (a_{1i} + a_{2i})p_i^{(0)} = (a_{1i} + a_{2i})t_{1i}/(t_{1i} + t_{2i})$

$\qquad\qquad\quad \mathrm{Var}(a_{1i}) = (a_{1i} + a_{2i})p_i^{(0)}(1 - p_i^{(0)})$

$\qquad\qquad\qquad\qquad\quad = (a_{1i} + a_{2i})t_{1i}t_{2i}/(t_{1i} + t_{2i})^2$

而且 $E(A) = \sum\limits_{i=1}^{k} E(a_{1i})$，$\mathrm{Var}(A) = \sum\limits_{i=1}^{k} \mathrm{Var}(a_{1i})$。在 H_1 成立时，如果 RR > 1，则 A 将大于 $E(A)$；而如果 RR < 1，则 A 将小于 $E(A)$。我们使用检验统计量 $X^2 = [\,|\,A - E(A)\,| - 0.5]^2/\mathrm{Var}(A)$，此处 X^2 将是 χ_1^2 分布 (H_0 下)。这个检验可以总结如下：

方程 14.26   分层人-时间数据的假设检验

记 p_{1i}, p_{2i} = 分别是第 i 层中暴露与非暴露中的疾病发病率，

$\qquad a_{1i}, t_{1i}$ = 分别是第 i 层中暴露组中事件数及人-时数，

$\qquad a_{2i}, t_{2i}$ = 分别是第 i 层中非暴露组中事件数及人-时数，$i = 1, 2, \cdots, k$。

我们假定所有层中 RR = p_{1i}/p_{2i} 是相同的。要检验：

$\qquad\qquad H_0:\mathrm{RR}=1 \quad$ 而 $\quad H_1:\mathrm{RR}\neq 1$

使用双侧及显著性水平为 α 的检验。计算步骤：

(1) 计算所有层中暴露组中事件发生的总观察数 $A = \sum\limits_{i=1}^{k} a_{1i}$

(2) 计算在 H_0 成立时所有层中暴露组中事件发生的期望数

$$E(A) = \sum\limits_{i=1}^{k} E(a_{1i}),$$

$\qquad$ 此处 $E(a_{1i}) = (a_{1i} + a_{2i})t_{1i}/(t_{1i} + t_{2i})$，$i = 1, \cdots, k$

(3) 计算 $\mathrm{Var}(A) = \sum\limits_{i=1}^{k} \mathrm{Var}(a_{1i})$，在 H_0 成立下，有

$$\mathrm{Var}(a_{1i}) = (a_{1i} + a_{2i})t_{1i}t_{2i}/(t_{1i} + t_{2i})^2, \quad i = 1, \cdots, k$$

(4) 计算检验统计量

$$X^2 = \frac{(\mid A - E(A)\mid - 0.5)^2}{\mathrm{Var}(A)} \sim \chi_1^2, \text{在} H_0 \text{下}$$

(5) 如果 $X^2 > \chi_{1,1-\alpha}^2$　　则拒绝 H_0,

　　 如果 $X^2 \leqslant \chi_{1,1-\alpha}^2$　　则接受 H_0。

(6) p-值 $= Pr(\chi_1^2 > X^2)$

(7) 此检验仅适用于当 $\mathrm{Var}(A) \geqslant 5$ 时。

例 14.18 **癌** 检验表 14.4 中乳腺癌发病率与绝经后期激素的现在使用者之间关联性的显著性。

解 我们用方程 14.26 中方法比较绝经后期激素的现在使用者(暴露组)与从不使用者间的差异。对 39～44 岁的妇女,我们有

$$a_{11} = 12$$

$$E(a_{11}) = \frac{(12 + 5) \times 10199}{10199 + 4722} = 17 \times 0.684 = 11.62$$

$$\mathrm{Var}(a_{11}) = 17 \times 0.684 \times 0.316 = 3.677$$

类似地,可以对其他 4 组年龄也依样算出。另外,

$$A = 12 + 22 + 51 + 72 + 23 = 180$$

$$E(A) = 11.62 + 19.34 + 46.44 + 52.47 + 13.70 = 143.57$$

$$\mathrm{Var}(A) = 3.677 + 11.548 + 34.459 + 40.552 + 10.462 = 100.698$$

$$X^2 = \frac{(\mid 180 - 143.57 \mid - 0.5)^2}{100.698} = \frac{35.93^2}{100.698} = 12.82 \sim \chi_1^2, H_0 \text{下}。$$

因为 $X^2 > 10.83 = \chi_{1,0.999}^2$,所以 $p < 0.001$。因此,乳腺癌发病率与使用绝经后期激素有高度显著性。

14.5.2　率比的估计

我们用类似的方法去估计 14.3.4 中的率比。我们计算每一层中 $\ln$(率比)的估计,再将层估计加权平均以获得整个 $\ln$(率比)的估计。令

方程 14.27　$\widehat{\mathrm{RR}}_i = (a_{1i}/t_{1i})/(a_{2i}/t_{2i})$

这是第 i 层中率比的估计。由方程 14.10 知,我们看出有

方程 12.28　$\mathrm{Var}[\ln(\widehat{\mathrm{RR}}_i)] \approx \dfrac{1}{a_{1i}} + \dfrac{1}{a_{2i}}$

要获得 $\ln(\widehat{\mathrm{RR}})$ 的总体估计,即计算 $\ln(\widehat{\mathrm{RR}}_i)$ 的加权平均,此处的权即是 $\ln(\widehat{\mathrm{RR}}_i)$ 方差的倒数,于是有

方程 **14.29**

$$\ln(\hat{\mathrm{RR}}) = \frac{\displaystyle\sum_{i=1}^{k} w_i \ln(\hat{\mathrm{RR}}_i)}{\displaystyle\sum_{i=1}^{k} w_i}$$

此处 $w_i = 1/\mathrm{Var}[\ln(\hat{\mathrm{RR}}_i)]$。从上式中再取反对数即得 RR 的估计。

要求率比的置信区间，我们用方程 14.29，去求 $\ln(\hat{\mathrm{RR}})$ 的方差为

方程 **14.30**

$$\mathrm{Var}[\ln(\hat{\mathrm{RR}})] = \frac{1}{\left(\displaystyle\sum_{i=1}^{k} w_i\right)^2}\mathrm{Var}\Big[\sum_{i=1}^{k} w_i \ln(\hat{\mathrm{RR}}_i)\Big]$$

$$= \frac{1}{\left(\displaystyle\sum_{i=1}^{k} w_i\right)^2}\sum_{i=1}^{k} w_i^2 \mathrm{Var}[\ln(\hat{\mathrm{RR}}_i)]$$

$$= \frac{1}{\left(\displaystyle\sum_{i=1}^{k} w_i\right)^2}\sum_{i=1}^{k} w_i^2 (1/w_i)$$

$$= \frac{1}{\left(\displaystyle\sum_{i=1}^{k} w_i\right)^2}\sum_{i=1}^{k} w_i = \frac{1}{\displaystyle\sum_{i=1}^{k} w_i}$$

于是，$\ln(\mathrm{RR})$ 的双侧 $100\% \times (1-\alpha)$ CI 即为 $\ln(\hat{\mathrm{RR}}) \pm z_{1-\alpha/2} \times \sqrt{1\big/\displaystyle\sum_{i=1}^{k} w_i}$。再对置信区间取反对数，就求得 RR 的置信区间，此方法可以总结如下。

方程 **14.31**　**分层数据中率比的点及区间估计**

记　a_{1i}, t_{1i} = 分别为第 i 层中暴露组中的事件数及人-年数

　　a_{2i}, t_{2i} = 分别为第 i 层中非暴露组中的事件数及人-年数

则率比(RR)的点估计为 $\hat{\mathrm{RR}} = e^c$，其中

$$c = \frac{\displaystyle\sum_{i=1}^{k} w_i \ln(\hat{\mathrm{RR}}_i)}{\displaystyle\sum_{i=1}^{k} w_i}$$

$$\hat{\mathrm{RR}}_i = \frac{a_{1i}/t_{1i}}{a_{2i}/t_{2i}}$$

$$w_i = \left(\frac{1}{a_{1i}} + \frac{1}{a_{2i}}\right)^{-1}$$

RR 的双侧 $100\% \times (1-\alpha)$ CI 为 (e^{c_1}, e^{c_2})，此处

$$c_1 = \ln(\hat{RR}) - z_{1-\alpha/2} \sqrt{1 \Big/ \sum_{i=1}^{k} w_i}$$

$$c_2 = \ln(\hat{RR}) + z_{1-\alpha/2} \sqrt{1 \Big/ \sum_{i=1}^{k} w_i}$$

这个估计仅适用于当方程 14.26 中 $Var(A) \geqslant 5$。

例 14.19　癌　求表 14.4 数据中,乳腺癌与绝经后期激素的现在使用者与从不使用者关联性的率比的点估计及 95% 置信区间。

解　汇总的计算列于表 14.6,例如对于 39~44 岁年龄组,

$$\hat{RR}_1 = \frac{12/10199}{5/4722} = 1.11$$

$$\ln(\hat{RR}_1) = 0.105$$

$$Var[\ln(\hat{RR}_1)] = \frac{1}{12} + \frac{1}{5} = 0.283$$

$$w_1 = 1/0.283 = 3.53$$

类似地,可以计算出其他年龄层。于是,率比的总体估计为 1.41,而 95% 置信区间为 (1.17, 1.69)。这指出,现在使用绝经后期激素者比从不使用者的乳腺癌发病率要高出约 40%(在控制年龄后)。而如果不控制年龄,则粗的 RR = (180/75643)/(354/186466) = 1.25 < 1.41,这指出,年龄是一个负混杂变量。这是因为随着年龄的增加,绝经后期妇女使用后绝经期激素的比例减少了,而同时随着年龄的增加,乳腺癌发病率却增加了。

表 14.6　乳腺癌与雌激素替代疗法,对年龄分层后率比的估计

年龄组	$\hat{RR}_i$	$\ln(\hat{RR}_i)$	$Var[\ln(\hat{RR}_i)]$	w_i	$w_i \ln(\hat{RR}_i)$
39~44	1.11	0.105	0.283	3.53	0.372
45~49	1.25	0.226	0.084	11.92	2.697
50~54	1.14	0.128	0.027	36.55	4.691
55~59	1.54	0.432	0.020	49.56	41.423
60~64	2.13	0.754	0.072	13.88	10.467
总数				115.43	39.650

注:$\ln(\hat{RR}) = \dfrac{39.650}{115.43} = 0.343$,$\hat{RR} = \exp(0.343) = 1.41$

$Var[\ln(\hat{RR})] = 1/115.43 = 0.0087$,$se[\ln(\hat{RR})] = \sqrt{0.0087} = 0.0931$

$\ln(RR)$ 的 95% CI = $0.343 \pm 1.96(0.0931) = 0.343 \pm 0.182 = (0.161, 0.526)$

RR 的 95% CI = $[\exp(0.161), \exp(0.526)] = (1.17, 1.69)$

14.5.3　不同层间率比的齐性假设检验

14.5.2 节的估计方法中一个重要的假设是，在所有层中未知的"率比"都相同。如果这个假设不成立则估计公共的"率比"是很少有意义的。如果率比在不同层之间不相同，但是相对于零假设都是同一方向（即所有率比都 >1，或都 <1），则 14.5.1 节中假设检验方法仍然有效仅稍微损失一些功效。但如果在不同层中率比具有不同的方向，或在某些层是零，则如仍使用方程 14.31，就会造成功效上的巨大损失。

要检验此齐性假设，我们将与第 13 章中对计数资料在不同层中优势比的齐性假设检验时所用相似的方法。特别地，我们将检验 $H_0 : RR_1 = \cdots = RR_k$ 对 H_1：至少两个 RR_i 不同。我们的检验建立于检验统计量 $X_{\text{het}}^2 = \sum\limits_{i=1}^{k} w_i [\ln(\widehat{RR}_i) - \ln(\widehat{RR})]^2 \sim \chi_{k-1}^2$（在 H_0 下），如 X_{het}^2 很大则拒绝 H_0。此检验方法可以总结如下。

方程 14.32　不同层间率比齐性的卡方检验
假设我们的发病率数据是按混杂变量而分成 k 层。今要检验假设 $H_0 : RR_1 = \cdots = RR_k$ 对 H_1：至少两个层的 RR_i 不同。α 是显著性水平，我们使用下面的检验法。

(1) 计算检验统计量

$$X_{\text{het}}^2 = \sum_{i=1}^{k} w_i [\ln(\widehat{RR}_i) - \ln(\widehat{RR})]^2 \sim \chi_{k-1}^2 \quad (H_0 \text{ 下})$$

此处

$$\widehat{RR}_i = \text{第 } i \text{ 层中估计的率比}$$

$$\widehat{RR} = \text{方程 14.31 中给出的整体率比的估计}$$

$$w_i = 1/\text{Var}[\ln(\widehat{RR}_i)]\text{，由方程 14.31 给出}$$

(2) 如果 $X_{\text{het}}^2 > \chi_{k-1,\,1-\alpha}^2$，则拒绝 H_0

如果 $X_{\text{het}}^2 \leqslant \chi_{k-1,\,1-\alpha}^2$，则接受 H_0

(3) p-值 $= Pr(\chi_{k-1}^2 > X_{\text{het}}^2)$

(4) 在(1)中的检验统计量 X_{het}^2 也可以用下式计算

$$\sum_{i=1}^{k} w_i [\ln(\widehat{RR}_i)]^2 - \left(\sum_{i=1}^{k} w_i \right) [\ln(\widehat{RR})]^2$$

例 14.20　癌　对表 14.4 中 5 个年龄层中的率比，检验齐性假定。

解　我们有

$$X_{\text{het}}^2 = \sum_i w_i [\ln(\widehat{RR}_i) - \ln(\widehat{RR})]^2 = \sum_i w_i [\ln(\widehat{RR}_i)]^2 - \sum_i w_i [\ln(\widehat{RR})]^2 \sim \chi_{k-1}^2$$

$$= 18.405 - 115.43(0.343)^2 = 18.405 - 13.619 = 4.786 \sim \chi_4^2 \text{（在 } H_0 \text{ 下）}$$

$$p\text{-值} = Pr(\chi_4^2 > 4.786) = 0.31$$

这说明没有显著性差异。但是,从表 14.6 可见,率比随年龄的增加而增加。因此,方程 14.32 中的检验法可能对混杂变量不大敏感。一个可能的解释是随着年龄的增加(激素)在妇女身上的停留时间也增加了。要合适地说明年龄及停留时间的效应,应当使用 Cox 回归分析,这将在本章后面叙述。

　　本节中,我们考察控制一个混杂变量时比较两组之间发病率的方法。如果有多个协变量需要被控制,这些方法也是适用的,但这种做法太麻烦。代之,使用 Poisson 回归分析可以完成上述任务。此 Poisson 回归实是 logistic 回归在发病率数据上的拓广,只是它不在本书写作范围之内。

　　参见流程图 14.9,我们回答(1)是人-时间数据? 是,(2)单样本? 否,(3)发病率不随时间改变? 是,(4)两样本问题? 是。这就引导我们到达标题"如没有混杂变量,用两样本检验比较发病率;如果有混杂,用分层的人-时间数据分析方法。"本节中,我们考察了有混杂时两样本的统计推断技术。

14.6　分层的人-时间数据中功效及样本量的估计

14.6.1　样本量的估计

　　14.4 节中,我们学习了比较两个发病率时如何估计功效及样本量。本节中,我们拓广 14.4 节内容到需要控制混杂时如何估计功效及样本量。

　　例 14.21　癌　假设在另一个研究总体中,我们想研究乳腺癌发病率与使用绝经后期激素之间是否有正的关联性。我们认为:非暴露组妇女(即从不使用后绝经期激素者)的年龄别发病率,年龄分布,及每年龄组中使用绝经后期激素的妇女比例(由年龄-暴露组中的人-年数的百分比反映)都与护士卫生研究的表 14.4 中的结果相同。我们还认为每年龄组中真实的率比 = 1.5。如果每个受试者平均随访 5 年,且要求有 80% 的功效,使用双侧及 $\alpha = 0.05$,则我们应登记多少例受试者参加该研究?

　　此处样本量的估计依赖于

　　(1) 每个非暴露组中年龄别发病率

　　(2) 每个年龄-暴露组内总人-年数的分布

　　(3) 备择假设下的真实率比

　　(4) Ⅰ型及Ⅱ型错误率

这个样本量估计法如下。

　　方程 14.33　发病率数据的样本量估计

假设我们有 s 层。记

$$p_i = 第\ i\ 层中事件来自暴露组的概率$$

我们要检验

$$H_0 : p_i = t_{1i}/(t_{1i} + t_{2i}) = p_i^{(0)}$$

对　　　　　　$$H_1 : p_i = \mathrm{RR}t_{1i}/(\mathrm{RR}t_{1i} + t_{2i}) = p_i^{(1)},\ i = 1, \cdots, s$$

此处

$$t_{1i} = 第\ i\ 层中暴露个体中随访的人-年数$$

$$t_{2i} = 第\ i\ 层中非暴露个体中随访的人-年数$$

与上述等价性的假设是：$H_0 : \mathrm{RR} = 1$ 而 $H_1 : \mathrm{RR} \neq 1$，此处 $\mathrm{RR} = \mathrm{ID}_{1i}/\mathrm{ID}_{2i} = 第\ i$ 层中暴露组发病密度与非暴露组发病密度之比。RR 被认为对一切层相同。用双侧检验，显著性水平为 α，功效为 $1 - \beta$，对 H_1 下真实的 RR(率比)，且要求两组中事件的期望总数 $= m$，此处

$$m = \frac{\left(z_{1-\alpha/2}\sqrt{C} + z_{1-\beta}\sqrt{D}\right)^2}{(A - B)^2}$$

而

$$A = \sum_{i=1}^{s} \lambda_i p_i^{(0)} = \sum_{i=1}^{s} A_i$$

$$B = \sum_{i=1}^{s} \lambda_i p_i^{(1)} = \sum_{i=1}^{s} B_i$$

$$C = \sum_{i=1}^{s} \lambda_i p_i^{(0)}[1 - p_i^{(0)}] = \sum_{i=1}^{s} C_i$$

$$D = \sum_{i=1}^{s} \lambda_i p_i^{(1)}[1 - p_i^{(1)}] = \sum_{i=1}^{s} D_i$$

$$\lambda_i = G_i/G = 第\ i\ 层中事件的比例$$

$$G_i = \frac{\theta_i(k_i p_{2i} + p_{1i})}{k_i + 1}, \quad i = 1, \cdots, s$$

$$p_{2i} = 1 - \exp(-\mathrm{ID}_{2i}T)$$

$$= 第\ i\ 层中非暴露组中事件的比例，i = 1, \cdots, s$$

$$p_{1i} = 1 - \exp[-\mathrm{RR}(\mathrm{ID}_{2i}T)]$$

$$= 第\ i\ 层中暴露组中事件的比例，i = 1, \cdots, s$$

$$T = 每一个体平均随访长度$$

$$\mathrm{ID}_{2i} = 第\ i\ 层中非暴露个体中的发病密度，i = 1, \cdots, s$$

$$k_i = t_{2i}/t_{1i}, i = 1, \cdots, s$$

$$\theta_i = n_i/n = 第\ i\ 层中个体的比例，i = 1, \cdots, s$$

$$p_i^{(0)} = t_{1i}/(t_{1i} + t_{2i})$$

$= H_0$ 成立时, 第 i 层中暴露者中事件的比例, $i = 1, \cdots, s$

$$p_i^{(1)} = t_{1i}RR / (t_{1i}RR + t_{2i})$$

$= H_1$ 成立时, 第 i 层中暴露者中事件的比例, $i = 1, \cdots, s$

于是要求的总样本量 (n) 为

$$n = \frac{m}{\sum\limits_{i=1}^{s} \theta_i (k_i p_{2i} + p_{1i}) / (k_i + 1)} = \frac{m}{\sum\limits_{i=1}^{s} G_i}$$

例 14.22　癌　例 14.21 中的研究估计所需的样本量, 这里要求用双侧, $\alpha = 0.05$, 功效 80%, RR = 1.5, 每个受试者被随访 5 年, 未暴露组中疾病的发病率与表 14.4 中的从不使用者相同。

解　我们需要计算表 14.4 中每个年龄层中的 ID_{2i}, p_{2i}, p_{1i}, θ_i, $p_i^{(0)}$, 及 $p_i^{(1)}$。例如, 对于第 1 层 (年龄组为 39～44 岁), 我们有

$$ID_{2,1} = 5/4722 = 105.9/10^5 \text{ 人-年}$$

$$p_{2,1} = 1 - \exp[-5(105.9/10^5)] = 0.00528$$

$$p_{1,1} = 1 - \exp[-5(1.5)(105.9/10^5)] = 0.00791$$

$$k_1 = 4722/10199 = 0.463$$

$$p_1^{(0)} = 10199/(10199 + 4722)$$

$$= 10199/14921 = 0.684$$

$$p_1^{(1)} = 10199(1.5)/[10199(1.5) + 4722]$$

$$= 15299/20021 = 0.764$$

每个年龄组中的受试者数未出现在表 14.4 中。但我们认为每受试者被随访的时间长度平均是相同的, 于是有近似式

$$\theta_i \cong t_i / (t_1 + \cdots + t_s)$$

于是

$$\theta_1 = (4722 + 10199)/[(4722 + 10199) + \cdots + (15773 + 4876)]$$

$$= 14921/262109 = 0.0569$$

每个年龄组中的计算结果列于表 14.7。

因此, 所要求的事件数为

$$m = \frac{\left(z_{0.975} \sqrt{0.1895} + z_{0.80} \sqrt{0.2197} \right)^2}{(0.2734 - 0.3565)^2}$$

$$= \frac{[1.96(0.4353) + 0.84(0.4687)]^2}{0.0831^2}$$

$$= \frac{1.2469^2}{0.0831^2} = 225.2 \quad \text{或} \quad 226 \text{ 个事件}$$

表 14.7 例 14.22 中计算样本量的中间结果

i	年龄组	ID_{2i}^a	p_{2i}	p_{1i}	t_{1i}	t_{2i}	k_i	θ_i	$p_i^{(0)}$	$p_i^{(1)}$	G_i	λ_i
1	39~44	105.9	0.00528	0.00791	10199	4722	0.463	0.0569	0.684	0.764	4.03×10^{-4}	0.039
2	45~49	124.9	0.00623	0.00933	14044	20812	1.482	0.1330	0.403	0.503	9.94×10^{-4}	0.095
3	50~54	179.8	0.00895	0.01339	24948	71746	2.876	0.3689	0.258	0.343	3.72×10^{-3}	0.357
4	55~59	216.6	0.01077	0.01611	21576	73413	3.403	0.3624	0.227	0.306	4.34×10^{-3}	0.416
5	60~64	221.9	0.01103	0.01650	4876	15773	3.235	0.0788	0.236	0.317	9.71×10^{-4}	0.093
合计											1.04×10^{-2}	

i	年龄组	A_i	B_i	C_i	D_i
1	39~44	0.0264	0.0295	0.0084	0.0070
2	45~49	0.0384	0.0479	0.0229	0.0238
3	50~54	0.0921	0.1223	0.0683	0.0804
4	55~59	0.0945	0.1273	0.0731	0.0884
5	60~64	0.0220	0.0295	0.0168	0.0201
合计		0.2734	0.3565	0.1895	0.2197

a 每 10^5 人-年数。

对应的受试者总数为

$$n = \frac{226}{1.04 \times 10^{-2}} = 21656.2 \quad 或 \quad 21657 \ 个受试者$$

这就是说，"现在"及"从不"使用者联合在一起时，需要抽取近似为 $21657 \times 5 =$ 108285 人-年。由表 14.4，我们可算得"过去使用"者共有 90762 人-年。它占表 14.4 中全部人-年总数（352871 人-年）的 25.7%。因此，要用三组（现在使用，过去使用，从不使用），则应该增加人-年数，即总数应当是 $108285/(1 - 0.257) = $ 145781 人-年的后绝经期妇女，或等价地应登记 29156 名后绝经期妇女且每人跟踪 5 年，才能达到 80% 的功效以使 RR = 1.5。

14.6.2 功效的估计

在某些情况下，研究设计中，从总体抽取的样本量及随访的平均时间长度是固定的，我们只需在给定的率比下估计功效。这时功效将是总人-年数（$T = \sum_{j=1}^{2} \sum_{i=1}^{s} t_{ji}$）、每层中非暴露组中的发病率、各层的人-年分布、暴露状况（t_{1i}、t_{2i}）、率比（RR）、及 I 型错误率（α）的函数。这时功效公式可以写成如下。

方程 14.34 分层发病率数据中功效的估计 假定我们想在控制一个（或多个）协变量情况下，比较暴露组及非暴露组的发病率。假定此混杂的协变量可以分成 s 个组（即 s 个层）。使用与方程 14.33 相同的记号。如果我们要检验假设

$$H_0: RR(率比) = 1 \quad 而 \quad H_1: RR \neq 1$$

使用双侧，显著性水平为 α，则在指定的 H_1 中的 RR 值下，功效公式为

$$功效 = \Phi\left[\frac{\sqrt{m}\ |\ B - A\ |- z_{1-\alpha/2}\ \sqrt{C}}{\sqrt{D}}\right]$$

此处 m = 事件的总期望数,值为

$$m = \left(\sum_{i=1}^{s} G_i\right)n$$

而 n = 所有层合并后,暴露及非暴露组的受试者总数,

而 A, B, C, D 及 G_i 的定义见方程 14.33。

例 14.23 癌 假设我们已经记录了 25000 名绝经后期妇女,而且我们希望她们中的 75% 属于"现在"或"从不"使用"绝经后期激素"(记为 PMH)的两组,我们对每个妇女随访 5 年。如果此处所用的假定与例 14.22 中假定完全相同,则在率比 = 1.5 时,如何估计这个研究的功效?

解 因为暴露、分层、层内的发病率(p_{1i}, p_{2i})及人-年分布都与例 14.22 相同,于是我们可以使用例 14.22 中的 $p_{1i}, p_{2i}, p_i^{(0)}, p_i^{(1)}$ 及 λ_i。由表 14.7,有 $A = 0.2734$, $B = 0.3565$, $C = 0.1895$, $D = 0.2197$。要计算 m,我们注意, $G_1 + \cdots + G_5 = 1.04 \times 10^{-2}$。另外,由题意,现在或从不使用 PMH 的妇女数 = 25000(0.75) = 18750。于是

$$m = 1.04 \times 10^{-2}(18750) = 195.7 \quad 或 \quad 196 \text{ 个事件}$$

计算功效,见方程 14.34,得

$$功效 = \Phi\left[\frac{\sqrt{196}(0.3565 - 0.2734) - z_{0.975}\ \sqrt{0.1895}}{\sqrt{0.2197}}\right]$$

$$= \Phi\left[\frac{1.1634 - 1.96(0.4353)}{0.4687}\right]$$

$$= \Phi\left(\frac{0.3102}{0.4687}\right) = \Phi(0.662) = 0.746$$

即这个研究大约有 75% 的功效。注意,由例 14.22 知,我们要达到 80% 的功效,三个组(现在、从不、过去)需 145781 人-年,或仅研究"现在"或"从不"使用 PMH 两组时,需 108285 人-年,且要求有 226 事件。本例中两组比较时需 18750 名绝经后期妇女,人-年数为 93750,事件数为 196,则期望可以产生 75% 的功效。

其他方法估计功效是忽略年龄的效应,直接从"现在"及"从不"使用 PMH 上求功效。但由例 14.19 我们已经看到,经年龄调节后,RR = 1.41,而不考虑年龄调整则 RR = 1.25。此例中,年龄是负混杂,这是因为它与乳腺癌发病率是正相关而与 PMH 的使用是负相关。因此,建立在粗率比上的功效会低于被年龄分层的功效。而在正混杂的情形下,粗率比下的功效会高于被年龄分层后的率比时的功效。一般地,如果混杂存在,则应使用方程 14.34 去计算功效,而不使用方程 14.18。

14.7 发病率数据中趋势性的检验

14.1~14.6 节中,我们学习暴露组与非暴露组之间发病率的比较。在某些情形下,暴露变量会有多个(不止两个)类别,这时我们要判断暴露水平的上升是否会使发病率也有方向性上升(或下降)?

例 14.24 癌 从 1976 年到 1990 年的护士健康研究数据中,有乳腺癌发病率与妇女出生的孩子数按年龄分组的数据,见表 14.8。我们可以看出,在每个固定的孩子数下,乳腺癌发病率随年龄增加而迅速上升。因此在分析乳腺癌发病率与妇女孩子数的关系时,一个重要的前提就是要控制年龄的影响。同样也要看到,在一个年龄组内,生一个孩子的妇女乳腺癌发病率也高于从不生孩子的妇女发病率;可是生多个孩子的妇女乳腺癌发病率似乎随孩子数的增加而减少。如何判断乳腺癌发病率与生孩子数的关系?

表 14.8 控制年龄后,乳腺癌发病率与所生孩子数的关系(护士健康研究,1976~1990 年)

| 年龄 | 出生孩子数 | | | |
| | 0 | 1 | 2 | 3+ |
	病例数/人-年 (发病率)[a]	病例数/人-年 (发病率)	病列数/人-年 (发病率)	病例数/人-年 (发病率)
30~39	13/15265 (85)	18/20098 (90)	72/87436 (82)	60/86452 (69)
40~49	44/30922 (142)	73/31953 (228)	245/140285 (175)	416/262068 (159)
50~59	102/35206 (290)	94/31636 (297)	271/103399 (262)	608/262162 (232)
60~69	32/11594 (276)	50/10264 (487)	86/29502 (292)	176/64448 (273)

a 每 10 万人-年。

我们建立一个 ln(乳腺癌发病率)的模型,把第 i 年龄组与妇女出生的孩子数作为自变量。

方程 14.35 $\ln(p_{ij}) = \alpha_i + \beta(j-1)$

其中 α_i 代表第 i 个年龄组出生 1 个孩子妇女的 ln(发病率),而 β 代表每增加 1 个孩子后 ln(发病率)的增加值。注意,这里,认为每个年龄组(i)上的 β 都是相同的。一般地,如果我们有 k 个暴露组,我们可以对第 j 个暴露组指定一个记分 S_j,S_j 可以代表该组内的平均暴露得分,即考虑下面形式的模型。

方程 14.36 $\ln(p_{ij}) = \alpha_i + \beta S_j$

我们要检验假设 $H_0: \beta = 0$ 而 $H_1: \beta \neq 0$。方程 14.35 及 14.36 中的模型可以比配对

组的模型更有效地使用数据,因为我们使用全部数据去检验趋势性。而两两配对方法做检验可以产生相反的结果而且常常比趋势性检验功效更低。我们将使用加权回归方法,此法中对较多病例的发病率可以有更大的权。方法如下。

方程 14.37 发病率数据中趋势性的检验

设我们有一个暴露变量 E,而 E 有 k 个水平,第 j 个暴露水平组用得分 S_j 表征,这个 S_j 可以是该组内平均暴露水平,如果没有明显的记分方法,也可以用整数 $1, 2,$ $\cdots, k$ 代表 k 个记分。

记 p_{ij} = 第 i 层中第 j 暴露水平上的真实发病率,

     $\hat{p}_{ij}$ = 第 i 层中第 j 暴露水平上的观察发病率。

$$i = 1, \cdots, s, j = 1, \cdots, k$$

我们假设

$$\ln(p_{ij}) = \alpha_i + \beta S_j$$

要检验假设 $H_0: \beta = 0$ 而 $H_1: \beta \neq 0$,使用双侧及显著性水平 α,则

(1) 计算 β 的点估计,记为 $\hat{\beta}$,则

$$\hat{\beta} = L_{xy}/L_{xx}$$

其中

$$L_{xy} = \sum_{i=1}^{s} \sum_{j=1}^{k} w_{ij} S_j \ln(\hat{p}_{ij}) - \Big(\sum_{i=1}^{s} \sum_{j=1}^{k} w_{ij} S_j \Big) \times$$

$$\Big[\sum_{i=1}^{s} \sum_{j=1}^{k} w_{ij} \ln(\hat{p}_{ij}) \Big] \Big/ \sum_{i=1}^{s} \sum_{j=1}^{k} w_{ij}$$

$$L_{xx} = \sum_{i=1}^{s} \sum_{j=1}^{k} w_{ij} S_j^2 - \Big(\sum_{i=1}^{s} \sum_{j=1}^{k} w_{ij} S_j \Big)^2 \Big/ \sum_{i=1}^{s} \sum_{j=1}^{k} w_{ij}$$

$$w_{ij} = a_{ij} = 第 i 层第 j 暴露水平上病例(事件)数$$

(2) $\hat{\beta}$ 的标准误为

$$se(\hat{\beta}) = 1/\sqrt{L_{xx}}$$

(3) 计算检验统计量

$$z = \hat{\beta}/se(\hat{\beta}) \sim N(0,1) \text{ 在 } H_0 \text{ 下}$$

(4) 如 $z > z_{1-\alpha/2}$ 或 $z < -z_{1-\alpha/2}$,则拒绝 H_0

     如 $-z_{1-\alpha/2} \leqslant z \leqslant z_{1-\alpha/2}$,   则接受 H_0

(5) 双侧 p-值 $= 2\Phi(z)$ 如 $z < 0$

            $= 2[1 - \Phi(z)]$ 如 $z \geqslant 0$

(6) β 的双侧 $100\% \times (1-\alpha)$ 的 CI 为

$$\hat{\beta} \pm z_{1-\alpha/2} se(\hat{\beta})$$

例 14.25 癌 试判断表 14.8 数据中乳腺癌发病率与所生孩子数之间是否

有趋势性？

表 14.9 乳腺癌的 ln(发病率)与年龄、妇女出生孩子数的加权回归分析数据

年龄	i	出生孩子数(j)	$\ln(\hat{p}_{ij})$	w_{ij}
30~39	1	1	-7.018	18
30~39	1	2	-7.102	72
30~39	1	3	-7.273	60
40~49	2	1	-6.082	73
40~49	2	2	-6.350	245
40~49	2	3	-6.446	416
50~59	3	1	-5.819	94
50~59	3	2	-5.944	271
50~59	3	3	-6.067	608
60~69	4	1	-5.324	50
60~69	4	2	-5.838	86
60~69	4	3	-5.903	176

　　解　此表中有 4 个年龄组，即 4 层($30\sim39, 40\sim49, 50\sim59, 60\sim69$)，$s=4$，且 3 个暴露组*，我们分别记分为 $1, 2, 3$。$\ln(发病率)$，得分，及权给出于表 14.9。我们使用方程 14.37，有

$$\sum_{i=1}^{4}\sum_{j=1}^{3} w_{ij} = 2169$$

$$\sum_{i=1}^{4}\sum_{j=1}^{3} w_{ij}\ln(\hat{p}_{ij}) = -13408.7$$

$$\sum_{i=1}^{4}\sum_{j=1}^{3} w_{ij}S_j = 5363$$

$$\sum_{i=1}^{4}\sum_{j=1}^{3} w_{ij}S_j^2 = 14271$$

$$\sum_{i=1}^{4}\sum_{j=1}^{3} w_{ij}S_j\ln(\hat{p}_{ij}) = -33279.2$$

$$L_{xx} = 14271 - 5363^2/2169 = 1010.6$$

$$L_{xy} = -33279.2 - (-13408.7)(5363)/2169 = -125.2$$

$$\hat{\beta} = -125.2/1010.6 = -0.124$$

$$se(\hat{\beta}) = \sqrt{1/1010.6} = 0.031$$

$$z = \hat{\beta}/se(\hat{\beta}) = -0.124/0.031 = -3.94 \sim N(0,1)$$

$$p\text{-}值 = z \times \Phi(-3.94) < 0.001$$

---

* 此处似乎有意不考察"没有孩子"的水平。——译者注

这说明, ln(乳腺癌发病率)与妇女所生孩子数有显著的反向关联性。由于 $1 - e^{-0.124} = 11.7\%$, 所以, 可认为妇女每生一个孩子可以减少 11.7% 的患乳腺癌机会, 但此数据只到生 3 个孩子为止。

本节中, 我们考察发病密度对类型暴露变量 E 的关系问题, 此处 E 有多于两个类别且可以对应有一个有序的与第 j 个类别相联系的记分 S_j。这个方法非常类似于第 10 章用卡方检验法去考察趋势性的方法;不同的只是第 10 章中上述方法是考察计数资料中发病率的趋势问题, 而我们这里是人-年数据, 但都是发病率问题, 第 10 章中的趋势问题实是本节中方法的特例。

参见流程图 14.9, 我们回答(1)人-时间数据? 是,(2)单样本问题? 否,(3)发病率不随时间变化? 是,(4)两样本问题? 否,(5)关心两个以上暴露组的趋势检验? 是,从而到达标题"发病率的趋势检验"。

14.8 生存分析的绪言

14.1~14.7 节研究的是两组之间发病率的比较问题, 那里的前瞻性研究中, 随访周期可以不同。这些分析中, 一个假设是发病率不随时间而变化。而在许多情形中, 这个假设是不能保证的, 而且人们也希望比较两组之间疾病事件的发病率随时间而变化。

例 14.26 健康促进 考察数据盘中数据集 SMOKE. DAT。在此数据集中, 234 名吸烟者自愿表示戒烟, 于是随访一年, 估计这些人中再次吸烟的累加发病率, 也就是原吸烟者戒烟一个时间后又再吸烟的比例。一个假设是, 原烟民戒烟的可信度是很低的(更恰当地说多数是再犯者)。如何检验这个假设?

表 14.10 按年龄戒烟的天数

年龄	戒烟天数					总数
	≤90	91~180	181~270	271~364	365	
>40	92	4	4	1	19	
≤40	88	7	3	2	14	120
总数	180	11	7	3	33	114
%	76.9	4.7	3.0	1.3	14.1	234

数据列于表 14.10, 他们是按年龄(>40 及≤40)分成两个组。我们可以对联合的总体每 90 天周期计算一次疾病(重犯)的发病率。我们认为原戒烟者在给定周期内重新吸烟的时间发生在这个周期的中点, 即对于 1~90 天内戒烟者在一年之内的人-天数 = 180(45) + (234 - 180)(90) = 12960, 这个子区间上的发病率为 180/12960 = 0.014 事件/人-天。对于 91~180 天期间, 11 人重犯而 43 人仍在戒

烟,因此其人-天数 = 11(45) + 43(90) = 4365 人-天,发病率为 11/4365 = 0.0025 事件/人-天。类似地,发生在 181~270 天的发病率 = 7/[7(45) + 36(90)] = 7/3555 = 0.0020 事件/人-天。最后,在 271~360 天期间的发病率 = 3/[3(47) + 33(95)] = 3/3276 = 0.00092 事件/人-天。因此,从上述的发病率可见,在头 90 天,重新吸烟的发病率最高,以后则发病率随时间而减低。这种可随时间而可以变化的发病率,通常称为**危险率**(**hazard rate**)

例 14.26 中,为了简单起见,我们认为每个 90 天的周期中的危险率都是常数。两组之间作比较时,一个更好的方法是画出它们的危险率函数。

例 14.27 健康促进 对年龄 >40 及年龄≤40 分别画危险率函数

解 危险率函数画于图 14.4。从图可见,对于较年轻者(<40 岁),重新吸烟者比年老者(>40)稍微更多些,特别是 90 天以斥

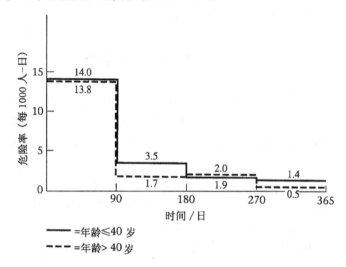

图 14.4 按年龄分组的危险率(每 1000 人-天)

生物统计工作中,危险率函数常被看作是死亡危险性(mortality risk)的指标。

其他方法比较两组间的疾病发病率是其累加发病率。如果不同时间内疾病发病率不变,如 14.1~14.7 节一样,则在时间长度 t 内累加发病率可精确地写成 $1 - e^{-\lambda t}$,而且当累加发病率很低时,上述累加发病率近似于 λt(见方程 14.3)。我们还可以计算不发生疾病的概率 = 1 - 累加发病率 = $e^{-\lambda t} \cong 1 - \lambda t$。不发生疾病的概率通常称为**生存概率**(survival probability)。我们可以把生存概率记为时间的函数,此函数常称为**生存函数**(survival function)。

定义 14.3 对每个 $t \geqslant 0$ 的点上,可以存活到时间 t 以上的概率称为**生存函数**(survival function)$S(t)$。

定义 14.4 危险函数 $h(t)$ 是单位时间内在时刻 t 上一个事件瞬时发生的

概率;也就是,一个到 t 时的存活者(即还没有发生"事件")在 t 时的瞬时发病率。特例

$$h(t) = 当 \Delta t 趋向于 0 时的 \left[\frac{S(t) - S(t + \Delta t)}{\Delta t} \right] \Big/ S(t) 值$$

例 14.28 人口学 使用表 4.13 中生命表数据,分别计算 1986 年时美国男性在 60 岁及 80 岁时的死亡危险率。

解 表 4.13 中显示,在 0 岁(即出生时)的 100000 名男性中有 80908 名男性活到 60 岁,而有 79539 名男性活到 61 岁。因此,在 60 岁时的危险率近似为

$$h(60) = \frac{80908 - 79539}{80908} = \frac{1369}{80908} = 0.017$$

类似地,因为有 34789 名男性活到 80 岁,31739 名男性活到 81 岁,所以在 80 岁时的(死亡)危险率近似为

$$h(80) = \frac{34789 - 31739}{34789} = \frac{3050}{34789} = 0.088$$

于是,也可以这么讲,在 60 岁存活的男人中,到下一年时有 1.7% 的人会死亡;而 80 岁的存活者,在下一年中约有 8.8% 会死亡。要更精细地估计这个(死亡)危险率,应当缩短时间间隔 1 年的周期。

14.9 生存曲线的估计:Kaplan-Meier 估计

当发病率随时间而变化时,我们要估计生存概率,我们可以使用一个比指数模型更复杂的参数生存模型(对于其他参数生存模型的一个更好的描述可以见文献 [2])。但是,更普通的方法是使用非参数方法,比如**乘积限**(product-limit)**或 Kaplan-Meier 估计**。

假设研究总体中的个体是在互不相同的从小到大的排列时间 $t_1, \cdots, t_k$ 上被观察。如果我们要计算 t_i 时刻上的生存概率,则我们可以把这个概率写成如下形式。

方程 14.38

$$
\begin{aligned}
S(t_i) &= Pr(t_i \text{ 时生存者}) \\
&= Pr(t_1 \text{ 时刻的生存者}) \\
&\quad \times Pr(t_2 \text{ 时刻的生存者} \mid t_1 \text{ 时刻的生存者}) \\
&\quad \cdots\cdots \\
&\quad \times Pr(t_j \text{ 时刻的生存者} \mid t_{j-1} \text{ 时刻的生存者}) \\
&\quad \cdots\cdots \\
&\quad \times Pr(t_i \text{ 时刻的生存者} \mid t_{i-1} \text{ 时刻的生存者})
\end{aligned}
$$

例 14.29　健康促进　对表 14.10 中年龄＞40 及年龄≤40 岁的人估计生存曲线[*]

解　对＞40 岁的人：

$$S(90) = 1 - \frac{92}{120} = 0.233$$

$$S(180) = S(90) \times \left(1 - \frac{4}{28}\right) = 0.200$$

$$S(270) = S(180) \times \left(1 - \frac{4}{24}\right) = 0.167$$

$$S(365) = S(270) \times \left(1 - \frac{1}{20}\right) = 0.158$$

对≤40 岁的人：

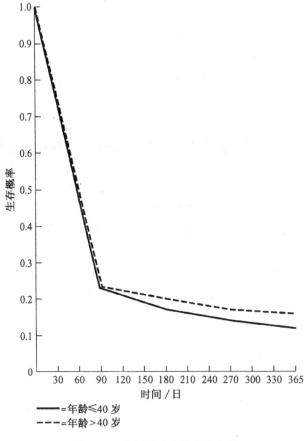

图 14.5　按年龄分组的生存曲线

---

[*]　这里"生存"指继续戒烟。——译者注

$$S(90) = 1 - \frac{88}{114} = 0.228$$

$$S(180) = S(90) \times \left(1 - \frac{7}{26}\right) = 0.167$$

$$S(270) = S(180) \times \left(1 - \frac{3}{19}\right) = 0.140$$

$$S(365) = S(270) \times \left(1 - \frac{2}{16}\right) = 0.123$$

生存曲线见图 14.5。

从图可见,年龄在 40 岁以上者的生存概率(即继续戒烟者)稍微高于 40 岁以下的组,特别是在 90 天以后。

14.9.1 失访数据的处理

例 14.26 中,研究总体中的所有成员都被随访到重新开始吸烟或到一年的规定时期。而在另外一些情形,某些个体在到达最大随访时期末端前就已失去踪迹,但却知道失去踪迹前的采样时刻该个体仍未发生有(死亡)事件。

例 14.30 眼科学 一个临床试验是要检验给视网膜炎着色的病人补充不同的维生素 A 用以预防病人视力损失[3]。视力损失由视网膜功能损失所测定,它是由仪器 ERG(电子视网膜成像仪)上 30Hz 上的振幅减少 50% 以上所表征。对正常人,ERG 30 Hz 的振幅范围是 $> 50\mu$V (微伏)。而在有视网膜的病人上,ERG 30 Hz的振幅通常 <10 μV,及常 <1 μV。约有 50% 的病人在 ERG 30 Hz 上的振幅接近 0.05μV 时就失明,不到 10% 的病人 ERG 30 Hz 振幅接近 1.3 μV(这是这次临床试验中病人的平均 ERG 振幅)。这次临床试验中病人被随机分到 4 个处理组之一。

组 1:接受 15000 IU 的维生素 A 及 3 IU(痕量)的维生素 E。

级 2:接受 75 IU 的维生素 A 及 3 IU 的维生素 E。

组 3:接受 15000 IU 的维生素 A 及 400 IU 的维生素 E。

组 4:接受 75 IU 的维生素 A 及 400 IU 的维生素 E。

我们将把上述 4 组分别改称为 A 组、痕量组、AE 组及 E 组。我们要比较不同组中病人治疗失败的比例("失败"是指 ERG 的 30 Hz 振幅损失 50%)。病人取自 1984 年至 1987 年的记录,且跟踪到 1991 年 9 月。因为追踪停止是在同一个时刻终止的,故而不同病人的跟踪时间长度各不相同。早登记的病人可以跟踪达 6 年,而记录较晚的病人则只有 4 年。另外,有些病人在 1991 年 9 月以前就退出研究了,而这些人却又未曾"失败"。"退出"者是由于死亡,其他疾病,可能的药物副作用,或不愿意继续下去等。在这种情况下,如何估计每组的危险函数和生存函数?

定义 14.5 我们把在随访周期内未到达疾病终点的病人称为**失访或截尾观察**(censored observation)。一个病人在被随访到时刻 t 时并未失败(事件),称为在

t 时失访[*]。

我们将认为失访病人与其未失访时一样,也有相同的未知生存曲线。我们要估计有失访时的生存曲线。假定 S_{i-1} 表示在 t_{i-1} 时刻没有失访且活到 t_{i-1} 时仍然存活的病人数。这些病人在到达 t_i 时刻时,S_i 个病人仍然存活,d_i 个病人失败,且有 l_i 个病人失访,于是有等式

$$S_{i-1} = S_i + d_i + l_i$$

我们可以估计 t_{i-1} 时的存活者到时刻 t_i 时的生存概率为

$$1 - d_i/S_{i-1} = 1 - d_i/(S_i + d_i + l_i)$$

t_i 时刻的失访者在 $t > t_i$ 时不会对生存函数构成影响,因此,生存函数的估计法可以写为

方程 14.39　生存函数的 Kaplan-Meier(乘积限)**法估计**(有失访的数据)　设 S_{i-1} 是个体存活到 t_{i-1} 时没有失访的人数,设在 t_i 时仍存活 S_i 人,失败 d_i 人,失访 l_i 人,$i=1,2,\cdots,k$。这时在 t_i 上的生存概率 $S(t_i)$ 的 Kaplan-Meier 估计量公式为[**]

表 14.11　接受 15000 IU 维生素 A 与接受 75 IU 维生素 A 治疗的个体生存概率

时间	失败	失访	生存	总数	Pr(生存到时间 t_i/t_{i-1} 时存活者)	$\hat{S}(t_i)$	$\hat{h}(t_i)$
每天维生素 15000 IU							
1 yr = t_1	3	4	165	172	0.9826	0.9826	0.0174
2 yr = t_2	6	0	159	165	0.9636	0.9468	0.0364
3 yr = t_3	15	1	143	159	0.9057	0.8575	0.0943
4 yr = t_4	21	26	96	143	0.8531	0.7316	0.1469
5 yr = t_5	15	35	46	96	0.8438	0.6173	0.1563
6 yr = t_6	5	41	0	46	0.8913	0.5502	0.1087
每天维生素 75 IU							
1 yr = t_1	8	0	174	182	0.9560	0.9560	0.0440
2 yr = t_2	13	3	158	174	0.9253	0.8846	0.0747
3 yr = t_3	21	2	135	158	0.8671	0.7670	0.1329
4 yr = t_4	21	28	86	135	0.8444	0.6477	0.1556
5 yr = t_5	13	31	42	86	0.8488	0.5498	0.1512
6 yr = t_6	13	29	0	42	0.6905	0.3796	0.3095

　　注:对任何的被随访者,如果他(或她)的 ERG 30 Hz 上的振幅比基础时减少 50% 以上,则被认为是失败。以后将忽视他(或她)的任何 ERG 值。

---

　　[*] 此定义不妥,应指在 t 前的采样时刻未失败。——译者注
　　[**] 上面及下面公式的分母未考察失访数。一般用法(比如 SAS 软件)在分母中应减失访数的一半。——译者注

$$\hat{S}(t_i) = \left(1 - \frac{d_1}{S_0}\right)\left(1 - \frac{d_2}{S_1}\right)\cdots\left(1 - \frac{d_i}{S_{i-1}}\right), i = 1, \cdots, k$$

例 14.31　眼科学　基于例 14.30 所述的数据,分别估计接受维生素 A 及 15000 IU组(即把 A 与 AE 组联合),及维生素 A 与 75 IU 组(即把 E 与痕量组联合)的个体 1~6 年中的生存概率。

解　计算列于表 14.11。比如,接受维生素 A15000 IU 者在第一年(末)时的生存概率为 0.9826;从第 1 年到第 2 年末的生存概率为 $1 - 6/165 = 159/165 = 0.9636$;因此,从开始到第 2 年末的生存概率 $= 0.9826 \times 0.9636 = 0.9468$,等。两组比较可见,接受 15000 IU 维生素 A 者趋向于比接受 75 IU 维生维 A 者有更高的生存概率,特别在第 6 年末时。

也有其他方法计算生存概率,比如认为在时间区间内只用失访者的一半进入计算。但这些方法已不在本书范围之内。

14.9.2　生存概率的区间估计

方程 14.39 中我们引进在指定时间点上生存概率的点估计。我们也可以引出区间估计。要获得 $S(t)$ 的区间估计,首先要引进 $\mathrm{Var}\{\ln[\hat{S}(t)]\}$,这可由下式给出。

方程 14.40　　$\mathrm{Var}\{\ln[\hat{S}(t_i)]\} = \sum_{j=1}^{i} \frac{d_j}{S_{j-1}(S_{j-1} - d_j)}$
于是我们解得 $\ln[\hat{S}(t_i)]$ 的双侧 $100\% \times (1 - \alpha)$ 的区间为

$$\ln[\hat{S}(t_i)] \pm z_{1-\alpha/2} \times \sqrt{\mathrm{Var}\{\ln[\hat{S}(t_i)]\}} = (c_1; c_2)$$

对应于 $S(t_i)$ 的双侧 $100\% \times (1 - \alpha)$CI 为 (e^{c_1}, e^{c_2})。此方法总结如下。

方程 14.41　生存概率的区间估计　设 S_{i-1} 表示生存到时间 t_{i-1} 时没有失访的个数,他们在到达时间 t_i 时 S_i 个存活,d_i 个失败,且 l_i 个失访,$i = 1, \cdots, k$。对于 t_i 时刻上的生存概率 $S(t_i)$ 的双侧 $100\% \times (1 - \alpha)$CI 记为 (e^{c_1}, e^{c_2}),则

$$c_1 = \ln[\hat{S}(t_i)] - z_{1-\alpha/2}se\{\ln[\hat{S}(t_i)]\}$$
$$c_2 = \ln[\hat{S}(t_i)] + z_{1-\alpha/2}se\{\ln[\hat{S}(t_i)]\}$$

此处 $\hat{S}(t_i)$ 由方程 14.39 中 Kaplan-Meier 估计求得,而

$$se\{\ln[\hat{S}(t_i)]\} = \sqrt{\sum_{j=1}^{i} \frac{d_j}{S_{j-1}(S_{j-1} - d_j)}}, \qquad i = 1, \cdots, k$$

例 14.32　眼科学　对于表 14.11,试求服用维生素 A15000 IU/天的病人在第 6 天时生存概率的 95% 置信区间。

解　由表 14.11,有 $\hat{S}(6) = 0.5502$,于是

$$\ln[\hat{S}(6)] = \ln(0.5502) = -0.5975$$

$$Var\{\ln[\hat{S}(6)]\} = \frac{3}{172(169)} + \frac{6}{165(159)} + \frac{15}{159(144)} + \frac{21}{143(122)}$$

$$+ \frac{15}{96(81)} + \frac{5}{46(41)}$$

$$= 6.771 \times 10^{-3}$$

于是,$\ln[S(6)]$ 的 95% CI 为

$$-0.5975 \pm 1.96 \sqrt{6.771 \times 10^{-3}} = -0.5975 \pm 0.1613$$

$$= (-0.7588, -0.4362)$$

14.9.3　危险函数的估计:乘积限方法

例 14.27 的戒烟例中,我们考察了危险函数的估计。其中,我们每隔 90 天周期估计每组的危险率。我们认为在这 90 天的周期中,重新吸烟随机发生在这 90 天之中。于是,要计算年龄>40 岁者在头 90 天中的危险率时,我们可以认为在第 45 天(90 天的一半)时 92 人中的一半(92/2 = 46 人)已恢复吸烟,但在第 45 天时还有 120 − 46 = 74 人仍在戒烟。90 天中有 92 人恢复吸烟的比值是 92/90 = 1.022,(即每天有 1.022 人恢复抽烟),这时在第 45 天时危险率的估计为 1.022/74 = 0.0138 事件/(人-天)。类似地,在每 90 天周期中的危险率可以由该周期的中点上的危险率作近似估计。这个估计方法通常称为保险方法(actuarial method)[*]。

流行病学中也使用其他方法估计危险率函数。保险估计法中关键的假设是,在随访周期内,事件的发生是随机的(译者注:应当是均匀且随机)。另外,当事件的发生时间可以被精确地观察到时,这样的估计方法称为**乘积限方法**(product-limit method)。

例 14.33　眼科学　表 14.11 数据中,对每个维生素 A 剂量组,使用乘积限方法估计随访中每一年的危险率函数值。

解　对一天服用 15000 IU 的人,在第 1 年时估计的危险率 = 在第 1 年中事件发生数/第 1 年参与的人数 = 3/172 = 0.0174。在第 2 年,检查 165 人,其中 6 人失败,于是在第 2 年的危险率 = 6/165 = 0.0364,···,等。一般地,在第 t_i 年上估计危险率为

$$h(t_i) = d_i/S_{i-1} = 1 - Pr(t_i \text{ 时存活者} / t_{i-1} \text{ 时存活者})$$

---

　[*] 保险估计法是至今国际上流行的估计方法,但孙尚拱证明了这个方法过低估计了理论危险率,见孙尚拱编《医学多变量统计与统计软件》第 263 页,或"Estimation of Life Expectancy-Cohort Life Table" Mathematical Population Studies, 2000, vol. 8(4), pp. 357~376)。——译者注

每一组上危险率函数的估计值列于表14.11的最后1列上*。

我们将在本章其余部分用乘积限方法估计危险率函数。

本节中，我们引进了生存分析的基本概念。这个分析中基本的结果变量是生存函数，它提供了生存到时间 t 的概率及危险率函数，后者提供了 t 时刻存活者在单位时间内疾病瞬时发生的概率。在一个同样长的时间区间内，并不是对所有个体都能进行跟踪。因此，才引进失访观察值，这种个体由于没有足够长时间的跟踪，所以不知道失访的观察值是否已失败。最后，我们学习 Kaplan-Maier 乘积限方法，这是一种存在有失访数据时估计生存函数及危险率函数的方法。

参见流程图14.9，我们回答：(1) 人-时间数据？是，(2) 单样本问题？否，(3) 发病率不随时间而变化？否，并进入标题"使用生存分析方法"。

下一节中，我们将继续讨论生存分析及学习两个独立样本中比较生存曲线的分析技术。

14.10 对数-秩检验

本节中，我们将考虑如何比较图14.5的吸烟数据中出现的两个生存曲线问题。我们能够在指定时间点上比较生存率，但是，如考察的是生存曲线，则更加有效的是对两曲线间的差异作比较。记

$h_1(t)=$ 暴露组中个体在时间 t 的危险率

$h_2(t)=$ 非暴露组中个体在时间 t 的危险率。

我们将认为这两个危险率之比是常数 $\exp(\beta)$：

方程 14.42 $h_1(t)/h_2(t)=\exp(\beta)$

我们要检验假设 $H_0: \beta=0$ 而 $H_1: \beta \neq 0$。如果 $\beta=0$ 则表示两条生存曲线相同。如 $\beta>0$，则表示暴露组比非暴露组有更大的患病风险；如 $\beta<0$，则非暴露组比暴露组有更大的风险，这时暴露组中的生存概率将大于非暴露组。这与方程14.8中给出的假设检验类似，只是那里感兴趣的是比较两个发病率。差异在于，方程14.8中认为发病率不随时间而变化，而方程14.42中，允许危险率随时间而改变。

考察表14.10的数据。这些数据可以按一年为周期的累加发病率法分析，比较一年时间内年老者与年轻者在戒烟上的行为。但表中的发病率**随时间而明显

---

* 上式估计危险率是在观察时间长度为1时才成立，如果考察时间为 (t_{i-1}, t_i)，而 $t_i = t_{i-1} + \Delta t_i$，则这时该区间上的危险率估计为

$$\hat{h}(t_i) = \frac{d_i}{\Delta t_i \times S_{i-1}} = \frac{1}{\Delta t_i}[1 - Pr(t_i \text{ 时存活数}/t_{i-1} \text{ 时存活数})],$$

此公式来源于 $h(t) = -S'(t)/S(t)$，$S'(t)$ 是 $S(t)$ 的导数。——译者注

** 这里指恢复吸烟的比例。——译者注

不同。比起后面将要介绍的对数-秩检验而言,上述的累加发病率分析法,不是很有效的。

　　在对数-秩检验方法中,要求把跟踪区间划分成较短的时间区间,以使小区间内发病率相对不变。例 14.26 中,理想情形是把一年划分成 365 天,每一天作为一个区间。但为了举例目的,表 14.10 中按 3 个月为周期。在每一个时间区间内,每一天中的发病率被认为相同。因此,对每一个时间区间,都可以把数据做成一个年龄组与发病率相关的 2×2 列联表。

　　例 14.34　健康促进　对表 14.10 中的戒烟数据,请按 4 个时间区间:$0 \sim 90$ 天,$91 \sim 180$ 天,$181 \sim 270$ 天,$271 \sim 365$ 天,列出分年龄的发病率表。

　　解　对第 1 个时间区间 $0 \sim 90$ 天,有 120 个年龄较大者在开始时(0 时)戒烟,其中 92 人在 $0 \sim 90$ 天内恢复吸烟;类似地,有 114 名较年轻者在开始时戒烟,其中 88 人在此期间恢复吸烟。这可以做成 2×2 列联表,见表 14.12。对第 2 个时间区间 $91 \sim 180$ 天内,开始时有 28 个较年老的戒烟者,4 人在此区间恢复吸烟;而类似地,26 名较年轻者在第 91 天时戒烟,但在第 180 天前 7 人恢复吸烟。这第 2 个 2×2 表见表 14.13。类似地,$181 \sim 270$ 周期,$271 \sim 365$ 周期,分别由表 14.14 及 14.15 所示。

表 14.12　$0 \sim 90$ 天周期,分年龄组的发病率

年龄	结　　果		总数
	恢复抽烟	继续戒烟	
>40	92	28	120
$\leqslant 40$	88	26	114
总数	180	54	234

表 14.13　$91 \sim 180$ 天周期,分年龄组的发病率

年龄	结　　果		总数
	恢复吸烟	继续戒烟	
>40	4	24	28
$\leqslant 40$	7	19	26
总数	11	43	54

表 14.14 181～270 天周期,分年龄组的发病率

年龄	结　果		总数
	恢复吸烟	继续戒烟	
>40	4	20	24
≤40	3	16	19
总数	7	36	43

表 14.15 271～365 天周期,分年龄组的发病率

年龄	结　果		总数
	恢复吸烟	继续戒烟	
>40	1	19	20
≤40	2	14	16
总数	3	33	36

如果年龄与恢复吸烟没有关联性,则在上述 4 个 2×2 表的每一个表中,年老者的发病率与年轻者的发病率应当相同。反之,如果年老组的发病率低于年轻组的发病率,则 4 个时间区间上的每一个都应当有相一致的结果。注意,在不同的时间区间内,发病率可以不同。对表 14.12～14.15 中的 4 个 2×2 表,再使用方程 13.14 中的 Mantel-Haenszel 方法,即得下面的对数-秩检验。

方程 14.43　对数-秩检验　比较两个暴露组中事件的发病率,此处的发病率可随随访时间(长度为 T)而改变,使用下面方法:

(1) 把 T 划分成 k 个较小的时间区间,在每个小区间上,发病率被认为是齐性的。

(2) 计算每个时间区间上的 2×2 列联表,这时第 i 个表做成表 14.16 形式,全部用(+/−)表示状态

表 14.16　第 i 个时间区间上疾病与暴露的关系

暴露	事　件		总数
	+	−	
+	a_i	b_i	n_{i1}
−	c_i	d_i	n_{i2}
总数	$a_i + c_i$	$b_i + d_i$	n_i

此处

n_{i1} = 第 i 个时间区间在开始时暴露组的人数,他们开始时没有发生事件也没有失访

n_{i2} = 第 i 个时间区间在开始时非暴露组的人数, 他们开始时没有发生事件也没有失访

a_i = 在第 i 个时间区间内暴露组中发生事件的个数

b_i = 在第 i 个时间区间内暴露组中没有发生事件的个数

c_i, d_i 的定义类似, 但是改为非暴露组。

(3) 对(2)中的 2×2 表做 Mantel-Haenszel 检验, 即计算检验统计量

$$X_{LR}^2 = \frac{(\mid O - E \mid - 0.5)^2}{\mathrm{Var}_{LR}}$$

此处 H_0:两组发病率没有差异

$$O = \sum_{i=1}^{k} a_i$$

$$E = \sum_{i=1}^{k} E_i = \sum_{i=1}^{k} \frac{(a_i + b_i)(a_i + c_i)}{n_i}$$

$$\mathrm{Var}_{LR} = \sum_{i=1}^{k} V_i = \sum_{i=1}^{k} \frac{(a_i + b_i)(c_i + d_i)(a_i + c_i)(b_i + d_i)}{n_i^2(n_i - 1)}$$

在 H_0 下, X_{LR}^2 是自由度为 1 的卡方分布。

(4) 对于双侧, 显著性水平为 α 的检验,

　　　如 $X_{LR}^2 > \chi_{1,1-\alpha}^2$, 则拒绝 H_0;

　　　如 $X_{LR}^2 \leqslant \chi_{1,1-\alpha}^2$, 则接受 H_0。

(5) 对这检验的精确 p-值为

$$p\text{-值} = Pr(\chi_1^2 > X_{LR}^2)$$

(6) 仅当 $\mathrm{Var}_{LR} \geqslant 5$ 时, 此检验才适用。这个对数-秩检验的接受及拒绝区域见图 14.6, 而 p-值计算见图 14.7。

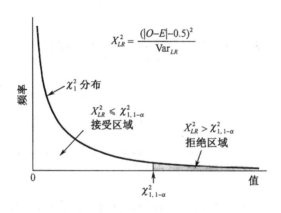

图 14.6　对数-秩检验的接受及拒绝区域

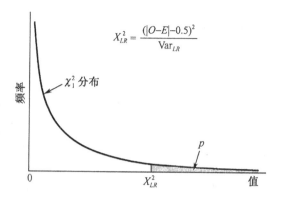

图 14.7 对数-秩检验的 p-值计算

例 14.35 健康促进 对表 14.10 中数据,年龄与恢复吸烟的发病率之间可能的关联性之间有否统计显著性?

解 对表 14.12～14.15 中的 4 个 2×2 表,我们有

$$O = 92 + 4 + 4 + 1 = 101$$

$$E = \frac{120 \times 180}{234} + \frac{28 \times 11}{54} + \frac{24 \times 7}{43} + \frac{20 \times 3}{36}$$
$$= 92.308 + 5.704 + 3.907 + 1.667 = 103.585$$

$$\mathrm{Var}_{LR} = \frac{120 \times 114 \times 180 \times 54}{234^2 \times 233} + \frac{28 \times 26 \times 11 \times 43}{54^2 \times 53}$$
$$+ \frac{24 \times 19 \times 7 \times 36}{43^2 \times 42} + \frac{20 \times 16 \times 3 \times 33}{36^2 \times 35}$$
$$= 10.422 + 2.228 + 1.480 + 0.698 = 14.829$$

因为 $\mathrm{Var}_{LR} \geqslant 5$,所以对数-秩检验适用。检验统计量为

$$X^2_{LR} = \frac{(|101 - 103.585| - 0.5)^2}{14.829} = \frac{2.085^2}{14.829} = 0.29 \sim \chi^2_1 (H_0 \text{ 下})$$

因为 $\chi^2_{1.95} = 3.84 > 0.29$,所以 p-值 > 0.05,即说明年龄之间在恢复吸烟的发病率上没有显著差异。

表 14.10 中的数据没有任何失访;即他们全都是被随访到满 1 年或到重新吸烟。但是,如果有失访数据,对数-秩检验也仍然可以使用。此时,在第 i 年表中,$S_i =$ 到 t_i 时刻仍存活的个体数;$l_i =$ 在 t_i 时刻未发生事件但随后失访的个体数,它仍被包含在一个组中,因为他们都是从 t_{i-1} 存活到 t_i。

例 14.36 眼科学 对表 14.11 中的数据,接受 15000 IU 的维生素 A 与接受 75 IU 维生素 A 两组生存曲线试作比较。

解 我们可以按年数 1,2,3,4,5 及 6 构建 6 个列联表。6 个表如下。

第 1 年

	失败	生存	总数
15000	3	169	172
75	8	174	182
总数	11	343	354

第 2 年

	失败	生存	总数
15000	6	159	165
75	13	161	174
总数	19	320	339

第 3 年

	失败	生存	总数
15000	15	144	159
75	21	137	158
总数	36	281	317

第 4 年

	失败	生存	总数
15000	21	122	143
75	21	114	135
总数	42	236	278

第 5 年

	失败	生存	总数
15000	15	81	96
75	13	73	86
总数	28	154	182

第 6 年

	失败	生存	总数
15000	5	41	46
75	13	29	42
总数	18	70	88

我们使用 SAS 中 PROC LIPETEST 程序计算对数-秩检验。基于方程 14.43, 有 $O = 65$, $E = 78.432$, 而 $\mathrm{Var}_{LR} = 33.656$。用 PROC LIFETEST 算得卡方统计量值为 5.36, 自由度为 1, 所以产生 p-值 $= 0.021$。注意, PROC LIPETEST 中未使用连续性校正。即它使用的是公式

$$X^2_{LR, 未校正} = \frac{(O - E)^2}{\mathrm{Var}_{LR}}$$

而不是方程 14.43 中的

$$X^2_{LR} = \frac{(\mid O - E \mid - 0.5)^2}{\mathrm{Var}_{LR}}$$

此例中, $X^2_{LR} = 4.97$, p-值 $= 0.026$。在 PROC LIFETEST 中, 在比较生存曲线时还有 Wilcoxon 及 likelihood ratio(LR)检验法。但这些方法将不在本书中讨论。因为对数-秩检验的使用范围更广泛。PROC LIFETEST 中也能提供分组中生存概率的估计, 如同表 14.11 一样。

例 14.36 中的结果表明两组之间有显著性差异。因为 $O = 65$(15000 IU 组的观察事件数) $< E = 78.432$(15000 IU 组的期望事件数), 这说明, 15000 IU 组有比 75 IU 组更高的生存机会, 换言之, 15000 IU 组比 75 IU 组有显著少的失败。

本节中, 我们推荐对数-秩检验, 这是对两个独立样本中比较生存曲线的方法。

它类似于 Mantel-Haenszel 检验且能用于有或没有失访数据中生存曲线的比较。它允许对两曲线作比较,这比在一个时间点上比较两个生存率有说服力。

参见流程图(图 14.9),我们回答(1)人-时间数据? 是,(2)单样本问题? 否,(3)发病率不随时间而变化? 否。这就引导到标题"使用生存分析方法"。我们再回答(4)涉及控制协变量后的两组生存曲线间的比较? 是。这就到达"使用对数-秩检验"。

14.11 比例危险率模型

对数秩检验是一个很有效的分析数据的方法,它把事件的发生与时间发生联系,这比简单地把事件不分时间只考虑发生与不发生要好。在这个检验中,对个体做追踪调查时可允许数据中有一部分失访。它还可以拓广到在控制一个或多个协变量后,考察一个暴露变量与生存变量间的关系。这只要把协变量的水平分成若干层,在每层中计算失败的观察数、期望数及失败数的方差,再把所有层求总和,使用方程 14.43 的检验统计量即可。但是,如果有多个危险因素需要研究,又如果有许多层,则一个更方便的方法是对生存数据使用回归分析法。

可以使用多种不同的方法去研究生存与危险因素的关系。最通常使用的方法之一,首先是 D. R. Cox[4] 提出,称为比例危险率模型。

方程 14.44 比例危险率模型(proportional-hazards model) 在比例危险率模型中,危险率 $h(t)$ 可以表示成

$$h(t) = h_0(t)\exp(\beta_1 x_1 + \cdots + \beta_k x_k)$$

此处 $x_1, \cdots, x_k$ 是一组独立变量,而 $h_0(t)$ 是在基准状态下在 t 时刻上的基准危险率,它代表所有独立变量全取值 0 时的危险率。假设 $H_0: \beta_i = 0$ 而 $H_1: \beta_i \neq 0$,对此的检验法为:

(1) 计算检验统计量 $z = \hat{\beta}_i / se(\hat{\beta}_i)$

(2) 双侧显著性水平为 α 时,

如 $z < z_{\alpha/2}$ 或 $z > z_{1-\alpha/2}$ 则拒绝 H_0

如 $z_{\alpha/2} \leqslant z \leqslant z_{1-\alpha/2}$ 则接受 H_0

(3) 精确 p-值为

$$2 \times [1 - \Phi(z)] \quad \text{如 } z \geqslant 0$$
$$2 \times \Phi(z) \quad \text{如 } z < 0$$

方程 14.44 中用 $h_0(t)$ 除两边,取对数。这时比例危险率模型可以写成

$$\ln\left[\frac{h(t)}{h_0(t)}\right] = \beta_1 x_1 + \cdots + \beta_k x_k$$

我们可以按照多重 logistic 回归模型的方式,允许我们去解析比例危险率模型中的

系数。特别地，如果 x_i 是一个二态独立变量，则有下面的应用。

方程 14.45 在比例危险率模型中，对于二态独立变量危险比的估计 设有一个二态危险因子(x_i)，当危险存在时，$x_i = 1$，当不存在时，$x_i = 0$。对于比例危险率模型方程 14.44 中，量 $\exp(\beta_i)$ 代表了如下两个体的危险率之比：在其他协变量全部相同下，一个体有 x_i 的出现($x_i = 1$)而另一个体中不出现 x_i(即 $x_i = 0$)。这个危险率之比也可称为相对危险率，可以看作是在其他协变量全部相同，在 t 时刻上有危险因子($x_i = 1$)的个体相对于没有危险因子($x_i = 0$)时的个体在单位时间内发生事件的瞬时相对危险率。

对于 β_i 的双侧 $100\% \times (1 - \alpha)$CI 为 (e^{c_1}, e^{c_2})，此处

$$c_1 = \hat{\beta}_i - z_{1-\alpha/2} se(\hat{\beta}_i)$$
$$c_2 = \hat{\beta}_i + z_{1-\alpha/2} se(\hat{\beta}_i)$$

类似地，如果 x_i 是连续独立变量，则有下面对回归系数 β_i 的解析。

方程 14.46 在比例危险率模型中，对于连续独立变量危险比的估计 设有一个连续型的危险因子(x_i)。设有两个个体，他们在其他协变量上取值全相同而仅在第 i 个独立变量(危险因子)x_i 上相差 Δ，则量 $\exp(\beta_i \Delta)$ 代表了这两个个体间的危险比。这危险比可以解析为，在其他协变量全相同时，在 t 时刻，一个个体的危险因子取值为 $x_i + \Delta$ 而相对于另一个体危险因子取值为 x_i 时在单位时间内事件发生的瞬时相对危险率。

对于 $\beta_i \Delta$ 的双侧 $100\% \times (1 - \alpha)$CI 为 (e^{c_1}, e^{c_2})，此处

$$c_1 = \Delta[\hat{\beta}_i - z_{1-\alpha/2} se(\hat{\beta}_i)]$$
$$c_2 = \Delta[\hat{\beta}_i + z_{1-\alpha/2} se(\hat{\beta}_i)]$$

上述的 Cox 比例危险率模型可以看作是多重 logistic 回归模型的拓广：即事件的发生与时间有联系，而不是仅简单地考察事件发生或不发生。

例 14.37 健康促进 对例 14.26 中戒烟数据，使用危险因子性别(sex)，及调整了的 log(CO 浓度)建立比例危险率模型，并判断结果的统计显著性，并解释回归系数。

解 SAS 中 PHREG(比例危险率回归模型)方法可以用 Cox 模型拟合戒烟数据。为了便于解析，性别(sex)用 1 表示男性，0 表示女性；此例中我们采用数据集中 SMOKE. DAT 中真实吸烟的时间，而不是使用表 14.10 中的分组数据。结果见表 14.17。

表 14.17　对在 SMOKE.DAT 中戒烟数据,用比例危险率模型拟合的结果

危险因子	回归系数 $(\hat{\beta}_i)$	标准误 $se(\hat{\beta}_i)$	z $[=\hat{\beta}_i/se(\hat{\beta}_i)]$
$\log_{10}CO$(调整后)[a]	0.833	0.350	2.380
性别(1=男,0=女)	−0.117	0.135	−0.867

[a]此变量代表 CO 的调整值,算法见第 4 章练习题中表 4.15。

要判断回归系数的显著性,就要计算方程 14.44 的检验统计量

$$z(\log_{10}CO) = 0.833/0.350 = 2.380$$

$$p(\log_{10}CO) = 2 \times [1 - \Phi(2.380)] = 2 \times (1 - 0.9913) = 0.017$$

$$z(Sex) = -0.117/0.135 = -0.867$$

$$p(Sex) = 2 \times \Phi(-0.867) = 2 \times [1 - \Phi(0.867)]$$
$$= 2 \times (1 - 0.8069) = 0.386$$

于是,CO 浓度对危险率(或恢复吸烟的危险性)有显著影响,即高的 CO 浓度对应有高的危险率。而性别对恢复吸烟(在此数据中)没有显著影响。

CO 的效应可以按相对危险率定量地表示,如果两个体是相同的性别,但在 $\log_{10}CO$ 上相差一个单位(即 CO 浓度相差 10 倍),则调整了的 $\log_{10}CO = x_i + 1$(个体 A)相对于调整了的 $\log_{10}CO = x_i$(个体 B),重复吸烟的瞬时相对危险率为

$$RR = \exp(0.833) = 2.30$$

于是,在当个体 A 及 B 在到 t 时刻前都未恢复吸烟,但在 t 时刻后的瞬间,个体 A 恢复吸烟的危险率是未恢复吸烟个体 B 的 2.3 倍。

Cox 比例危险率模型也适用于有失访了的数据

例 14.38　眼科学　基于表 14.11 上数据,使用 Cox 比例危险率模型,比较接受高剂量(15000 IU)对低剂量(75 IU)的维生素 A 上的生存曲线。

解　我们使用 SAS 中 PROC PHREG 去比较生存曲线。其中单个二态变量 x 定义如下。

$$x = \begin{cases} 1 & \text{如是高剂量} \\ 0 & \text{如是低剂量} \end{cases}$$

表 14.18　对表 14.11 中数据,使用 Cox 比例危险率模型拟合(SAS PROC PHREG 的结果)

The SAS System

The PHREG Procedure

Data Set:WORK. TIMES2

Dependent Variable:LENFL30

Censoring Variable:FAIL30

(接下页)

Censoring Value(s):0

Ties Handling:BRESLOW

Summary of the Number of

Event and Censored Values

	Total	Event	Censored	Percent Censored
	354	154	200	56.50

Analysis of Maximum Likelihood Estimates

Variable	DF	Parameter Estimate	Standard Error	Wald Chi-Square	Pr> Chi-Square	Risk Ratio
HIGH_A	1	−0.351729	0.16322	4.64359	0.0312	0.703

The SAS System

OBS	HIGH_A	LENFL30	S
1	1	0	1.00000
2	1	1	0.97436
3	1	2	0.92916
4	1	3	0.84090
5	1	4	0.73395
6	1	5	0.63853
7	1	6	0.52667
8	0	0	1.00000
9	0	1	0.96375
10	0	2	0.90082
11	0	3	0.78167
12	0	4	0.64423
13	0	5	0.52851
14	0	6	0.40194

计算结果列于表 14.18。我们看出，使用 15000 IU 维生素 A(变量为 HIGH_A)者比使用 75 IU 者有显著低的危险性($p = 0.031$)。这时危险比(hazard ratio，记为 risk ratio)为 $e^{\hat{\beta}} = e^{-0.351729} = 0.703$。也就是说，对于使用 15000 IU 维生素 A 者可以比使用 75 IU 维生素 A 者的失败率低 30% 左右。我们可以求出这个危险率比的 95% 置信区间为 (e^{c_1}, e^{c_2})，此处

$$c_1 = \hat{\beta} - 1.96 se(\hat{\beta}) = -0.352 - 1.96(0.163) = -0.672$$

$$c_2 = \hat{\beta} + 1.96 se(\hat{\beta}) = -0.352 + 1.96(0.163) = -0.032$$

于是，　　　　　　　$95\% \ CI = (e^{-0.672}, e^{-0.032}) = (0.51, 0.97)$

估计的生存曲线与年(记为 LENFL30)的关系列于表 14.18 的底部，它分别列出高剂量 A(HIGH_A=1)及低剂量 A(HIGH_A=0)时的情形，生存曲线图形见图 14.8。从图上或从表 14.18 可以看出，在第 6 年时高剂量组的失败率=(1−0.53)

×100％＝47％,而第 6 年时低剂量组的失败率＝(1－0.40)×100％＝60％;此时
他们的 ERG 振幅至少减低 50％。

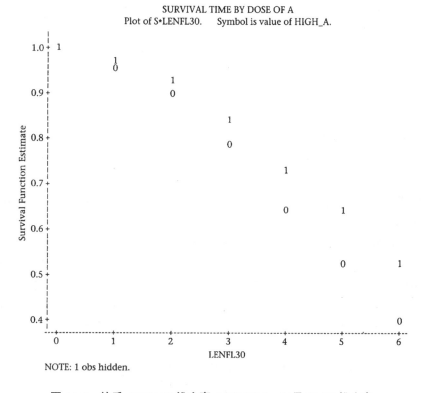

图 14.8 接受 15000 IU 维生素 A(HIGH-A＝1)及 75 IU 维生素
A (HIGH-A＝0)病人的生存曲线

　　如果没有结(即所有个体之间没有相同的失败时间),则可以证明:只有一个二
态协变量的 Cox 比例危险率模型与对数-秩检验相同。在有"结"的时候,可以有
几种不同方法使用 Cox 比例危险率模型。一般地,在有"结"时,Cox 比例危险率模
型的结果与对数-秩检验的结果不会相同,特别在有许多"结"时,如表 14.18 一样,
这时使用比例-危险率模型估计的生存曲线将不会与 Kaplan-Meior 的乘积法结果
精确相同。

　　例 14.39 眼科学 Cox 比例危险率模型也可以用于在控制其他协变量的同
时,研究暴露变量的效应。此处的暴露变量除 HIGH ＿ A 以外,还有

$$HIGH\_E = \begin{cases} 1 & \text{如果病人接受每天 400 IU 的维生素 E} \\ 0 & \text{如果病人接受每天 3 IU 的维生素 E} \end{cases}$$

其他协变量是

$$AGEBAS = 基线调查时的年龄 － 30(年)$$

$$SEX = \begin{cases} 1 & \text{男性} \\ 0 & \text{女性} \end{cases}$$

ER30OUCN = ln(基线时 ERG 30 Hz 的振幅) − 0.215

BLRETLCN = 基线时血清树脂溜油 − 50(维生素 A)(μg/dL)

BLVITECN = 基线时血清 α-育酚 − 0.92(维生素 E)(mg/dL)

DRETINCN = 基线时每天树脂溜油摄入量 − 3624(维生素 A)(IU)

DVTMNECN = 基线时 α-育酚每天摄入量 − 11.89(维生素 E)(IU)。

上述协变量中都减去对应的均值，目的是使计算机计算节约时间。计算结果列于表 14.19。

我们看到两个服药处理变量都有显著性，但方向相反。服用 15000 IU 维生素 A 者相对于服用 75 IU 维生素 A 者的危险率比是 0.69($p = 0.027$)，同时，服用 400 IU 维生素 E 者相对于服用 3 IU 维生素 E 者的危险率比是 1.47($p = 0.020$)。也就是说，在控制其他协变量后，维生素 A 有显著的保护作用，而维生素 E 则有显著的有害影响。从危险率比可见，服用高剂量维生素 A 者可比服用低剂量维生素 A 者可以减少 1/3 的失败；而服用高剂量维生素 E 者将比服用低剂量维生素 E 者多 50% 的失败危险性。其他基线协变量中没有一个有统计显著性；血清树脂溜油最接近显著性($p = 0.11$)，其系数符号表示，高的血清树脂溜油可以有较低的失败。表 14.19 计算中比表 14.18 少一例，因为此例中协变量有漏失。

表 14.19　在表 14.11 中的数据，用 Cox 比例危险率模型

The SAS System

The PHREG Procedure

Data Set: WORK.TIMES2

Dependent Variable: LENFL30

Censoring Variable: FAIL30

Censoring Value(s): 0

Ties Handling: BRESLOW

Summary of the Number of

Event and Censored Values

	Total	Event	Censored	Percent Censored
	353	153	200	56.66

Testing Global Null Hypothesis: BETA = 0

Criterion	Without Covariates	With Covariates	Model	Chi-Square	
−2 LOG L	1678.569	1660.859	17.710	with 9 DF	($p = 0.0387$)
Score			17.109	with 9 DF	($p = 0.0470$)

续表

		Parameter	Standard	Wald	Pr>	Risk
Wald			16.937	with 9 DF	(p=0.0497)	
		Analysis of Maximum Likelihood Estimates				
Variable	DF	Estimate	Error	Chi-Square	Chi-Square	Ratio
AGEBAS	1	−0.004927	0.01111	0.19682	0.6573	0.995
SEX	1	−0.045872	0.17456	0.06905	0.7927	0.955
ER30OUCN	1	−0.087821	0.07337	1.43281	0.2313	0.916
BLRETLCN	1	−0.015270	0.00955	2.55691	0.1098	0.985
BLVITECN	1	0.410557	0.43412	0.89438	0.3443	1.508
DRETINCN	1	−0.000043831	0.0000480	0.83454	0.3610	1.000
DVTMNECN	1	−0.010197	0.01403	0.52812	0.4674	0.990
HIGH _ A	1	−0.366556	0.16549	4.90616	0.0268	0.693
HIGH _ E	1	0.386538	0.16604	5.41938	0.0199	1.472

　　虽然在医学文献中,比例危险率模型或许是最为常用的模型(处理生存数据时),但还是有许多其他模型可以处理这类数据。这个领域中的拓广研究可以见 Lee[5] 及 Miller[2]。

　　本节中,我们介绍 Cox 比例危险率模型。这个技术类似于多重 logistic 回归模型,它允许我们在控制其他协变量效应的同时估计基本暴露变量的危险比。这个方法的一个重要假设是,基本暴露变量(及模型中的其他协变量)的危险比不随时间而改变。这个假设可以通过在模型中引进"变量 x 与时间 t"的交叉积项,再加上对此交叉积的统计检验是否有显著性而得到检验。同样地,如果这个假设不成立,则我们应当使用对数-秩检验,因为后者不需要上述假设。

　　参见流程图(图 14.9),我们可以回答:(1)是人-时间数据? 是,(2)单样本问题? 否,(3)发病率不随时间而改变? 否。到达标题"用生存分析方法"。我们再回答:(4)涉及控制协变量后两组生存曲线间的比较? 否,(5)涉及几个危险因素对生存的影响? 是。到达标题"用 Cox 比例危险率模型"。下一节中,我们将考虑比例危险率模型中的功效及样本量估计。

14.12　比例危险率模型中功效及样本量估计

14.12.1　功效的估计

　　例 14.40　眼科学　研究者考虑重复例 14.30 中的研究,以确保维生素 A 的保护性效应并不是随机性发生的。在这个新研究中,仅有两个处理组,每天 15000 IU 维生素 A 为一组,每天 75 IU 维生素 A 为另一组。研究者要在每一组中吸收 200 个病人，而他们都与前面的研究无关。同前一个研究一样，受试者都是在近两年中有记录的病人，而且随访调查 6 年。这个研究会有多大的功效以使能达到 RR＝0.7 的目标？ 这里结局是 ERG30 Hz 的振幅都要减少 50％ 以上。

在生存曲线上，在满足比例危险率假设下，可以有几种方法估计功效及样本量。我们现在提出的是 Freedman 方法[6]，因为它相对地容易完成且有相当好的模拟比较研究[7]。此方法叙述如下。

方程 14.47   使用 Cox 比例危险率模型时，比较两组生存曲线的功效估计

设我们要在临床上的一个实验组（E）与一个对照组（C）之间比较生存曲线；记 n_1 是 E 组个体数，n_2 是 C 组个体数，最大随访时间是 t 年。我们要检验假设 $H_0:\text{RR}=1$ 而 $H_1:\text{RR}\neq1$，此处 RR 是 E 组相对于 C 组的未知危险比。我们需要有 H_1 成立下的一个危险比 RR 值，及使用双侧显著性水平 α。如果组 E 与组 C 的样本量比值为 $n_1/n_2=k$，则此检验的功效为

$$\text{功效} = \Phi\left(\frac{\sqrt{km}\ |\ \text{RR}-1\ |}{k\text{RR}+1} - z_{1-\alpha/2}\right)$$

此处

$$m = \text{两组联合后事件的期望总数}$$
$$= n_1 p_E + n_2 p_C$$
$$n_1, n_2 = \text{组 E 与组 C 中个体数}$$
$$p_C = \text{组 C 在研究期间}(t\ \text{年})\text{失败的概率}$$
$$p_E = \text{组 E 在研究期间}(t\ \text{年})\text{失败的概率}$$

要计算 p_C, p_E，我们令

(1) $\lambda_i = Pr($已知在 $i-1$ 时刻生存且未失访的个体，它在 C 组中第 i 时刻失败$)$

　　　$=$ C 组中在 i 时刻近似的危险(率)，$i=1,2,\cdots,t$

(2) $\text{RR}\lambda_i = Pr($已知在 $i-1$ 时刻生存且未失访的个体，它在 E 组中第 i 时刻失败$)$

　　　　$=$ E 组中在 i 时刻近似的危险(率)，$i=1,2,\cdots,t$

(3) $\delta_i = Pr($已知个体在被随访到 i 时刻时没有失败，但他在 i 时刻后即失访$)$，$i=0,1,\cdots,t$，且假定 δ_i 在每组中相同。

求出(1)，(2)，(3)后，则有

$$p_C = \sum_{i=1}^{t} \lambda_i A_i C_i = \sum_{i=1}^{t} D_i$$

$$p_E = \sum_{i=1}^{t} (\text{RR}\lambda_i) B_i C_i = \sum_{i=1}^{t} E_i$$

此处

$$A_i = \prod_{j=0}^{i-1}(1-\lambda_j)$$

$$B_i = \prod_{j=0}^{i-1}(1-RR\lambda_j)$$

$$C_i = \prod_{j=0}^{i-1}(1-\delta_j)$$

例 14.41 眼科学 计算例 14.40 中所提出的研究的功效。

解 我们有 RR = 0.7, $\alpha = 0.05$, $z_{1-\alpha/2} = z_{0.975} = 1.96$, $k = 1$, $n_1 = n_2 = 200$, $t = 6$。要计算 p_C 及 p_E, 必须先求 λ_i, $RR\lambda_i$ 及 δ_i。我们使用表 14.11 中的数据。

此例中, C 组是每天 75 IU, 而 E 组是每天 15000 IU 维生素 A。在 0 年时没有失访(也就是说, 所有受试者至少被随访 1 年)。我们有 $\lambda_1 = 8/182 = 0.0440$, $\lambda_2 = 13/174 = 0.0747$, $\cdots$, $\lambda_6 = 13/42 = 0.3095$。而 $\delta_0 = 0$, $\delta_1 = 0$, $\delta_2 = 3/174 = 0.0172$, $\cdots$, $\delta_5 = 31/86 = 0.3605$, $\delta_6 = 29/42 = 0.6905$。计算结果示于表 14.20。

表 14.20　对例 14.41 计算 p_C 及 p_E*

i	λ_i	$RR\lambda_i$	δ_i	A_i	B_i	C_i	D_i	E_i
0	0.0	0.0	0.0	—	—	1.0	—	—
1	0.0440	0.0308	0.0	1.0	1.0	1.0	0.0440	0.0308
2	0.0747	0.0523	0.0186	0.9560	0.9692	1.0	0.0714	0.0507
3	0.1329	0.0930	0.0146	0.8846	0.9185	0.9814	0.1154	0.0838
4	0.1556	0.1089	0.2456	0.7670	0.8331	0.9670	0.1154	0.0877
5	0.1512	0.1058	0.4247	0.6477	0.7424	0.7295	0.0714	0.0573
6	0.3095	0.2167	1.0	0.5498	0.6638	0.4197	0.0714	0.0604
总数							0.4890	0.3707

于是, $p_C = 0.4890$, $p_E = 0.3707$, $m = 200(0.4890 + 0.3707) = 171.9$。最后,

$$\text{功效} = \Phi\left(\frac{\sqrt{171.9}\,|\,0.7-1\,|}{0.7+1} - 1.96\right)$$

$$= \Phi\left[\frac{13.11(0.3)}{1.7} - 1.96\right]$$

$$= \Phi(2.314 - 1.96)$$

$$= \Phi(0.354) = 0.638$$

即这个研究的功效为 64%。

14.12.2　样本量的估计

类似地, 我们可以询问下面问题: 为了达到指定的功效 $1 - \beta$, 每组中需要有多

---

* 表中 δ_i 与正文中不同, 由此 C_i、D_i、E_i 皆错。——译者注

少样本? 这可以在方程 14.47 中解出 m 及 n_1 及 n_2 而完成。结果是

方程 14.48 在 Cox 比例危险率模型中, 在比较两组的生存曲线时所需的样本量估计 假设我们要在一个临床试验中对一个实验组(E)及一个对照组(C)之间比较生存曲线。此处记组 E 中样本量(n_1)与组 C 中样本量(n_2)的比值为 k, 记 t =最大的随访时间长度。我们已知组 E 相对于组 C 的危险比为 RR, 我们要用双侧及显著性水平为 α, 每一组中的样本量要达到能使功效为 $1 - \beta$, 则样本量为

$$n_1 = \frac{mk}{kp_E + p_C}, \quad n_2 = \frac{m}{kp_E + p_C}$$

此处

$$m = \frac{1}{k}\left(\frac{k\,\mathrm{RR} + 1}{\mathrm{RR} - 1}\right)^2 (z_{1-\alpha/2} + z_{1-\beta})^2$$

p_E 及 p_C 分别是组 E 及组 C 中在 t 时研究期间中失败的概率, 计算由方程 14.47 给出。

例 14.42 眼科学 估计在例 14.40 的研究中应对每组提出多少的样本以便能达到 80% 的功效。

解 由例 14.40 知, $p_E = 0.3707$, $p_C = 0.4890$, $k = 1$, 由方程 14.48, 有

$$m = \left(\frac{1.7}{0.3}\right)^2 (z_{0.975} + z_{0.80})^2$$

$$= 32.11(1.96 + 0.84)^2$$

$$= 32.11(7.84) = 251.8 \text{ 事件(两组联合后)}$$

于是,

$$n_1 = n_2 = \frac{251.8}{0.3707 + 0.4890}$$

$$= \frac{251.8}{0.8597} = 293 \text{ 名受试者(每组)}$$

即我们在每组中需要有 293 名受试者, 或总数为 586 名受试者才能达到 80% 的功效。

这个计算结果似乎有些反直观, 我们在原先的两组比较研究中只用 354 名受试者即达到了统计显著性, 它所用的样本量(354)只是上述所要求样本量的一半多些。解释这点的理由, 原先研究中的结果仅是边界上的显著性($p = 0.03$), 如果 p 值精确为 0.05, 而我们使用相同的样本数到所提的新研究中去, 则仅能有 50% 的功效。因为此 p-值稍小于 0.05, 所以功效也稍微大一点(64%)。如要达到 80% 功效, 我们就需要更大的样本量以便允许在真实样本量上有随机波动。

在本节的功效及样本量估计方法中, 假设组 E 及组 C 间的生存曲线满足比例危险率模型。如果比例危险率模型不满足, 则就要用更复杂的方法去估计功效及样本量。估计功效及样本量的其他方法见文献[7]及[8]。

例 14.43　癌　应用方程 14.48 估计例 14.14 中所需的样本量,并与例 14.16 中用方程 14.22 法所得的结果作比较。

解　我们已有 RR = 1.25, α = 0.05, β = 0.20, 及 k = 1。于是

$$m = \frac{(1.25 + 1)^2}{(1.25 - 1)^2}(1.96 + 0.84)^2$$

$$= 635.04$$

此结果与例 14.16 中所求得的事件总数(633)很类似。要求每组的对应的样本量,我们用 Kaplan-Meier 估计量估计 p_C 及 p_E 为

$$p_C = 1 - [1 - (300 \times 10^{-5})]^5 = 1 - 0.98509 = 0.01491$$

$$p_E = 1 - [1 - (375 \times 10^{-5})]^5 = 1 - 0.98139 = 0.01861$$

于是

$$n_1 = n_2 = \frac{635.04}{0.01861 + 0.01491} = 18945 \text{ 个体 / 组}$$

或总数为 37890 个体即可达到功效 80%。

此结果也很类似于例 14.16 中所得的样本量(37834 个体)。因此,我们有时使用不同方法去估计样本量,而结果(如此例)却很类似,这可以增加我们对这些方法的信心。

14.13　摘　　要

本章中,我们讨论了如何分析人-时间数据的方法。这里的发病率定义是,每单位人-时间内事件的数目。在与累加发病率作比较时,累加发病率是在一个特定的时间周期内疾病发生的比例数。累加发病率是 0 与 1 界内的比例数而人-时间数据中的发病率没有上界。我们讨论了一个发病率的估计值与已知发病率的比较;讨论了两个发病率的比较,这种比较既可以基于糙(原始)的数据,也可以对协变量分层后比较两个发病率。我们再讨论了在两个发病率比较上的功效及样本量的估计,这些估计中既可以有也可以没有混杂变量存在。最后,这些方法被拓广到有多于两个水平的暴露变量以及检验上述形式数据的趋向性。

如果发病率随时间有很大的改变。则使用生存分析的技术是合适的。我们引进了危险率函数,它是表示发病率如何随时间而改变的函数。我们还引进生存曲线的概念,它是作为一个时间的函数,表示没有发生事件(即生存)的累加概率。我们介绍了非参数法的 Kaplan-Meier 法估计生存曲线。对数-秩检验使我们可以在两个生存曲线(即暴露与非暴露组)之间作统计比较。如果我们要研究几个危险因子对生存的影响效应,则可以使用 Cox 比例危险率模型。这是类似于多重 logistic 回归的方法,但它的事件发生可以与时间发生联系而不是像 logistic 回归中简单地

认为事件的发生与时间无关。最后,我们考虑了在使用 Cox 比例危险率模型中对功效及样本量的估计。这个方法可以在流程图 14.9 中找到。

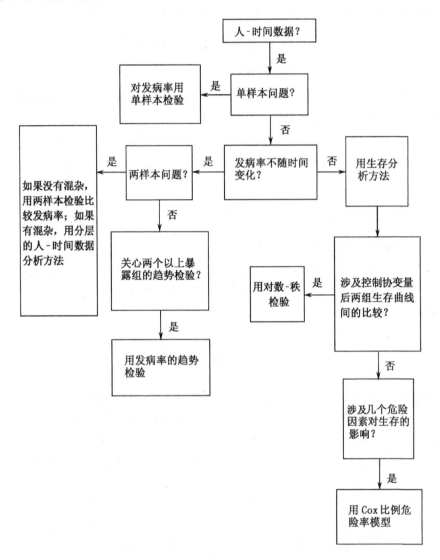

图 14.9 对人-时间数据的适当统计推断方法的流程图

练　习　题

癌症

在护士健康研究中,考察 40~44 岁年龄组中使用口服避孕药(OC)与乳腺癌发病率的关系,有关数据见表 14.21。

表 14.21　护士健康研究中 40～44 岁妇女乳腺癌发病率与使用 OC 的关系

OC 使用组	病例数	人-年数
目前使用者	13	4761
过去使用者	164	121091
从未使用者	113	98091

*14.1　比较目前使用者和从未使用者之间乳腺癌的发病密度,给出 p 值。

*14.2　比较过去使用者和从未使用者之间乳腺癌的发病密度,给出 p 值。

*14.3　估计目前使用者与从未使用者之间的率比,给出估计值的 95% 置信区间。

*14.4　估计过去使用者与从未使用者之间的率比,给出估计值的 95% 置信区间。

*14.5　如果满足下列 3 个条件:(a)从未使用者的真实乳腺癌发病率、目前使用者与从不使用者的人-年数与表 14.21 中相同,(b)从未使用者预期事件件数与表 14.21 中观察事件数相同,(c)目前使用者和从未使用者每人的平均随访时间相同、那么要发现 40～44 岁年龄组妇女中目前使用 OC 者与从未使用 OC 者乳腺癌的 RR 值为 1.5,该研究有多大的功效?

*14.6　在与练习 14.5 相同的假定下,要有 80% 的功效发现目前使用 OC 者与从未使用 OC 者乳腺癌的 RR 值为 1.5,每组需要多少预期事件数?

健康促进

参考数据集 SMOKE. DAT。

14.7　根据 $\log_{10}CO$(调整过的)的中位数将研究对象分组,估计每一组的生存曲线。

14.8　用假设检验方法比较两组的生存曲线,给出 p 值。

为了评价同时考虑年龄、性别、吸烟量、$\log_{10}CO$ 与保持戒烟能力的关系,对这些数据拟合比例危险率模型。结果见表 14.22。

表 14.22　年龄、性别、戒烟前吸烟量、$\log_{10}CO$ 与有复发危险的比例危险率模型

危险因素	回归系数($\hat{\beta}_i$)	标准误 $se(\hat{\beta}_i)$
年龄	0.0023	0.0058
性别(1 = 男/0 = 女)	− 0.127	0.143
戒烟前吸烟量	− 0.0038	0.0050
$\log_{10}CO$(调整过的)[a]	0.912	0.366

[a]　此 CO 值用从戒烟前的最后吸烟时刻至测定 CO 的时间间隔进行调整。

14.9　评价每个变量的显著性。

14.10　估计每个变量的危险比,给出与每个点估计相应的 95% 置信区间。

14.11　比较练习 14.8 和 14.9 中 $\log_{10}CO$ 与复发的关系的粗的分析结果和调整的分析结果。

生物利用度

参考数据集 BETACAR. DAT。

14.12 假定当第一周血浆胡萝卜素水平从基线(基于第一次与第二次基线测定值的平均)增加 50％时，我们认为一种制剂具有生物可利用性。用生存分析方法估计在不同时间点此制剂不具有生物可利用性的受试对象的比例。

14.13 评价练习 14.12 中的生存曲线之间是否有显著性差异。(提示：用含有虚拟变量的比例危险率模型)

14.14 如果生物利用度的标准是血浆胡萝卜素水平从基线增加 100％，回答练习 14.12 中相同的问题。

14.15 如果生物利用度的标准是血浆胡萝卜素水平从基线增加 100％，回答练习 14.13 中相同的问题。

眼科学

我们将例 14.30 中描述的 RP 临床试验得到的数据列于表 14.23，我们关心高剂量维生素 E (400IU/日)与低剂量维生素 E(3IU/日)对生存的影响(失败是指初始 ERG 的 30Hz 振幅至少损失 50％)。

表 14.23   RP 临床试验中 400 IU/日维生素 E 组和 3 IU/日维生素 E 组每年失败、失访或生存的患者数

	失败	失访	生存	合计
400 IU 维生素 E/日				
0～1 年	7	3	170	180
1～2 年	9	2	159	170
2～3 年	22	2	135	159
3～4 年	24	27	84	135
4～5 年	13	32	39	84
5～6 年	11	28	0	39
3 IU 维生素 E/日				
0～1 年	4	1	169	174
1～2 年	10	3	156	169
2～3 年	14	1	141	156
3～4 年	16	27	98	141
4～5 年	15	34	49	98
5～6 年	7	42	0	49

注：一个人失败是指从基线到任何随访期，他或她的 ERG 振幅至少损失 50％。

14.16 估计每组各年的危险率函数。

14.17 估计每组各年的生存概率。

14.18 给出每组在 6 年时的生存概率 95％置信区间。

14.19 比较两组总的生存曲线,给出 p-值。

14.20 假定进行一项新的研究,随机分配 200 例受试对象到 400 IU/日维生素 E 组和 3 IU/日维生素 E 组。如果 3 IU/日维生素 E 组的生存经历与表 14.23 相同,两组的失访经历与表 14.23 中 3 IU/日维生素 E 组相同,那么取 $\alpha=0.05$ 的双侧检验,随访的最长时期为 4 年(不是原来研究中的 6 年),新研究有多大功效?

14.21 与练习 14.20 中相同的假定,如果取 $\alpha=0.05$ 的双侧检验,要达到 80% 功效,每组需要入选多少例受试对象(假定每组例数相等)?

传染病

假定某总体的过敏反应率随时间不变。

*14.22 从该总体中随机抽取一个人,随访 1.5 年。如果真实过敏反应率是每 100 人-年有 5 个发生过敏反应,那么随访期间这个人至少有一次过敏反应的概率是多大(指累计发病率)?

*14.23 从该总体中随机抽取 200 人,随访不同时间。平均随访期是 1.5 年。假定研究结束时估计过敏反应率为 0.04/人-年。要得到估计过敏反应率为 0.04/人-年,必须观察多少事件?

*14.24 基于练习 14.23 中的观察数据,给出过敏反应率的 95% 置信区间。以每 100 人-年事件数为单位,表达结果。

癌症

表 14.24 给出了 1976～1990 年护士健康研究中乳腺癌发病率和分年龄的绝经状况之间的关系。

表 14.24 1976～1990 年护士健康研究中控制年龄后乳腺癌发病率和绝经状况之间的关系

年龄	绝经前 病例数/人-年(发病率)[a]	绝经后 病例数/人-年(发病率)[a]
35～39	124/131704(94)	15/14795(101)
40～44	264/179132(147)	47/43583(108)
45～49	304/151548(201)	163/90965(179)
50～54	159/61215(260)	401/184597(217)
55～59	25/6133(408)	490/180458(272)

[a] 每 100000 人-年。

14.25 评价控制年龄后绝经前和绝经后的妇女乳腺癌发病率是否不同。给出 p-值。

14.26 估计控制年龄后绝经前和绝经后的妇女的率比。给出率比的 95% 置信区间。

肾病

参考数据集 SWISS. DAT。

14.27 假定血清肌酐水平 $\geqslant 1.5$ mg/dL 时,则认为是可能肾毒性的征兆。用生存分析方法评价高 NAPAP 组和对照组之间肾毒性发病率是否不同。在该分析中,不包括基线时

$\geqslant 1.5$ mg/dL 的研究对象。

14.28 比较低 NAPAP 组和对照组，回答练习 14.27 中的问题。

　　　练习 14.27 中一个问题是各组的年龄或血清肌酐初始水平有可能不完全均衡。

14.29 当控制可能的年龄和组间血清肌酐初始水平的差异时，回答练习 14.27 中的问题。

14.30 当控制可能的年龄和组间血清肌酐初始水平的差异时，回答练习 14.28 中的问题。

传染病

　　　假定某个城市高中学生中 1998～1999 年冬季(指从 1998 年 12 月 21 日至 1999 年 3 月 20 日)流感的发病率是 50 事件/1000 人-月。

14.31 1998～1999 年冬季确诊一组高危高中生，他们在 1998 年 12 月 21 日以前流感发作 3 次及以上。随访其中 20 例学生 90 天，有 8 例出现流感。检验假设，在 1998～1999 年冬季，高危学生流感发病率比一般高中生更高。给出 p-值(单侧)。

14.32 给出 1998～1999 年冬季高危学生中流感发病率的 95% 置信区间。

　　　这个城市一所中学的 1200 例学生中，从 1999 年 12 月 21 日至 2000 年 3 月 20 日有 200 例学生在 90 天内新发生流感。

14.33 在 1999～2000 年冬季流感发病率的估计值是多大？

14.34 给出练习 14.33 中估计率的 95% 置信区间。

14.35 检验假设，从 1998/1999 到 1999/2000 年冬季流感发病率已经发生了变化。给出 p-值(双侧)。

矫形学

　　　梨状肌综合征是一种骨盆疾病，表现为梨状肌(臀部深层肌肉)机能障碍，经常引起腰和臀的坐骨神经痛(疼痛放射至腿)。在梨状肌综合征患者中进行一项研究，实施一个随机、双盲的临床试验，给患者注射下列 3 种物质之一：

　　　组 1 接受氟羟强的松龙和利多卡因的联合注射(TL 组)。

　　　组 2 接受安慰剂。

　　　组 3 接受 Botox 注射。

　　　对每 6 个患者实施随机化方案，其中随机分配 3 人到组 1,1 人到组 2,2 人到组 3。直接注射梨状肌。尽管有很多失访，仍然要求患者在注射后 2 周(0.5 个月),1 个月，此后每个月返回接受注射直到第 17 个月。每次随访时，患者用视觉模拟尺(visual analog scale)评价相对于基线时疼痛改善的百分比，最大改善为 100%(用 100 表示)。负数表示恶化的百分比。总共有 69 例患者和 70 条腿(编号为 23 的 1 例患者两条腿均疼痛)。我们关心比较每两组间的疗效。另外有 3 个可能影响结局的协变量：年龄(岁)，性别(1=男,0=女)，患病一侧(L=左,R=右)。数据在数据集 BOTOX.DAT，相关描述见 BOTOX.DOC。

14.36 如果将视觉模拟尺作为一个连续变量，请评价：不考虑协变量时各组间的疗效是否有差异。尝试用所有数据作至少一个分析，而不要限于特定的时间点。

14.37 考虑组间协变量的差别，重复练习 14.36 中的分析。

14.38 可以将视觉模拟尺作为一个分类变量，$\geqslant 50\%$ 的改善作为成功，$<50\%$(或保持相同，或

恶化)的改善作为失败。用成功/失败评分回答练习 14.36 中提出的问题。注意患者在一次随访时可能成功,但在以后的随访时可能失败。(提示:在这里或者用 logistic 回归方法,或者生存分析方法)

14.39 考虑组间协变量的差别,重复练习 14.38 中的分析。

为了减少变异性,研究者考虑连续两次随访中至少改善 50% 的标准定义为成功。

14.40 在此成功的定义下,回答练习 14.38 中的问题。

14.41 在此成功的定义下,回答练习 14.39 中的问题。

参 考 文 献

[1] Colditz, G. A., Stampfer, M. J., Willett, W. C., Hennekens, C. H., Rosner, B., & Speizer, F. E. (1990). Prospective study of estrogen replacement therapy and risk of breast cancer in post-menopausal women. *JAMA*. 264, 2648—2653.

[2] Miller, R. G. (1981). *Survival analysis*. New York: Wiley.

[3] Berson, E. L., Rosner, B., Sandberg, M. A., Hayes, K. C., Nicholson, B. W., Weigel-DiFranco, C., & Willett, W. C. (1993). A randomized trial of vitamin A and vitamin E supplementation for retinitis pigmentosa. *Archives of Ophthalmology*, 111, 761—772.

[4] Cox, D. R. (1972). Regression models and life tables (with discussion). *Journal of the Royal Statistical Society*, *Ser. B*, 34, 187—220.

[5] Lee, E. T. (1986). *Statistical methods for survival data analysis*. Belmont, CA: Wadsworth.

[6] Freedman, L. S. (1982). Tables of the number of patients required in clinical trials using the log-rank test. *Statistics in Medicine*, 1, 121—129.

[7] Lakatos, E., & Lan, K. K. G. (1992). A comparison of sample size methods for the log-rank statistic. *Statistics in Medicine*, 11, 179—191.

[8] Lachin, J. M., & Foulkes, M. A. (1986). Evaluation of sample size and power for analyses of survival with allowance for nonuniform patient entry, losses to follow-up, noncompliance, and stratification. *Biometrics*, 42, 507—519.

附 录

表 1 精确的二项概率 $Pr(X=k) = \binom{n}{k} p^k q^{n-k}$

n	k	0.05	0.10	0.15	0.20	0.25	0.30	0.35	0.40	0.45	0.50
2	0	0.9025	0.8100	0.7225	0.6400	0.5625	0.4900	0.4225	0.3600	0.3025	0.2500
	1	0.0950	0.1800	0.2550	0.3200	0.3750	0.4200	0.4550	0.4800	0.4950	0.5000
	2	0.0025	0.0100	0.0225	0.400	0.0625	0.0900	0.1225	0.1600	0.2025	0.2500
3	0	0.8574	0.7290	0.6141	0.5120	0.4219	0.3430	0.2746	0.2160	0.1664	0.1250
	1	0.1354	0.2430	0.3251	0.3840	0.4219	0.4410	0.4436	0.4320	0.4084	0.3750
	2	0.0071	0.0270	0.0574	0.0960	0.1406	0.1890	0.2389	0.2880	0.3341	0.3750
	3	0.0001	0.0010	0.0034	0.0080	0.0156	0.0270	0.0429	0.0640	0.0911	0.1250
4	0	0.8145	0.6561	0.5220	0.4096	0.3164	0.2401	0.1785	0.1296	0.0915	0.0625
	1	0.1715	0.2916	0.3685	0.4096	0.4219	0.4116	0.3845	0.3456	0.2995	0.2500
	2	0.0135	0.0486	0.0975	0.1536	0.2109	0.2646	0.3105	0.3456	0.3675	0.3750
	3	0.0005	0.0036	0.0115	0.0256	0.0469	0.0756	0.1115	0.1536	0.2005	0.2500
	4	0.0000	0.0001	0.0005	0.0016	0.0039	0.0081	0.0150	0.0256	0.0410	0.0625
5	0	0.7738	0.5905	0.4437	0.3277	0.2373	0.1681	0.1160	0.0778	0.0503	0.0313
	1	0.2036	0.3280	0.3915	0.4096	0.3955	0.3602	0.3124	0.2592	0.2059	0.1563
	2	0.0214	0.0729	0.1382	0.2048	0.2637	0.3087	0.3364	0.3456	0.3369	0.3125
	3	0.0011	0.0081	0.0244	0.0512	0.0879	0.1323	0.1811	0.2304	0.2757	0.3125
	4	0.0000	0.0004	0.0022	0.0064	0.0146	0.0283	0.0488	0.0768	0.1128	0.1563
	5	0.0000	0.0000	0.0001	0.0003	0.0010	0.0024	0.0053	0.0102	0.0185	0.0313
6	0	0.7351	0.5314	0.3771	0.2621	0.1780	0.1176	0.0754	0.0467	0.0277	0.0156
	1	0.2321	0.3543	0.3993	0.3932	0.3560	0.3025	0.2437	0.1866	0.1359	0.0938
	2	0.0305	0.0984	0.1762	0.2458	0.2966	0.3241	0.3280	0.3110	0.2780	0.2344
	3	0.0021	0.0146	0.0415	0.0819	0.1318	0.1852	0.2355	0.2765	0.3032	0.3125
	4	0.0001	0.0012	0.0055	0.0154	0.0330	0.0595	0.0951	0.1382	0.1861	0.2344
	5	0.0000	0.0001	0.0004	0.0015	0.0044	0.0102	0.0205	0.0369	0.0609	0.0938
	6	0.0000	0.0000	0.0000	0.0001	0.0002	0.0007	0.0018	0.0041	0.0083	0.0156
7	0	0.6983	0.4783	0.3206	0.2097	0.1335	0.0824	0.0490	0.0280	0.0152	0.0078
	1	0.2573	0.3720	0.3960	0.3670	0.3115	0.2471	0.1848	0.1306	0.0872	0.0547
	2	0.0406	0.1240	0.2097	0.2753	0.3115	0.3177	0.2985	0.2613	0.2140	0.1641
	3	0.0036	0.0230	0.0617	0.1147	0.1730	0.2269	0.2679	0.2903	0.2918	0.2734

n	k	0.05	0.10	0.15	0.20	0.25	0.30	0.35	0.40	0.45	0.50
	4	0.0002	0.0026	0.0109	0.0287	0.0577	0.0972	0.1442	0.1935	0.2388	0.2734
	5	0.0000	0.0002	0.0012	0.0043	0.0115	0.0250	0.0466	0.0774	0.1172	0.1641
	6	0.0000	0.0000	0.0001	0.0004	0.0013	0.0036	0.0084	0.0172	0.0320	0.0547
	7	0.0000	0.0000	0.0000	0.0000	0.0001	0.0002	0.0006	0.0016	0.0037	0.0078
8	0	0.6634	0.4305	0.2725	0.1678	0.1001	0.0576	0.0319	0.0168	0.0084	0.0039
	1	0.2793	0.3826	0.3847	0.3355	0.2670	0.1977	0.1373	0.0896	0.0548	0.0313
	2	0.0515	0.1488	0.2376	0.2936	0.3115	0.2965	0.2587	0.2090	0.1569	0.1094
	3	0.0054	0.0331	0.0839	0.1468	0.2076	0.2541	0.2786	0.2787	0.2568	0.2188
	4	0.0004	0.0046	0.0185	0.0459	0.0865	0.1361	0.1875	0.2322	0.2627	0.2734
	5	0.0000	0.0004	0.0026	0.0092	0.0231	0.0467	0.0808	0.1239	0.1719	0.2188
	6	0.0000	0.0000	0.0002	0.0011	0.0038	0.0100	0.0217	0.0413	0.0703	0.1094
	7	0.0000	0.0000	0.0000	0.0001	0.0004	0.0012	0.0033	0.0079	0.0164	0.0313
	8	0.0000	0.0000	0.0000	0.0000	0.0000	0.0001	0.0002	0.0007	0.0017	0.0039
9	0	0.6302	0.3874	0.2316	0.1342	0.0751	0.0404	0.0207	0.0101	0.0046	0.0020
	1	0.2985	0.3874	0.3679	0.3020	0.2253	0.1556	0.1004	0.0605	0.0339	0.0176
	2	0.0629	0.1722	0.2597	0.3020	0.3003	0.2668	0.2162	0.1612	0.1110	0.0703
	3	0.0077	0.0446	0.1069	0.1762	0.2336	0.2668	0.2716	0.2508	0.2119	0.1641
	4	0.0006	0.0074	0.0283	0.0661	0.1168	0.1715	0.2194	0.2508	0.2600	0.2461
	5	0.0000	0.0008	0.0050	0.0165	0.0389	0.0735	0.1181	0.1672	0.2128	0.2461
	6	0.0000	0.0001	0.0006	0.0028	0.0087	0.0210	0.0424	0.0743	0.1160	0.1641
	7	0.0000	0.0000	0.0000	0.0003	0.0012	0.0039	0.0098	0.0212	0.0407	0.0703
	8	0.0000	0.0000	0.0000	0.0000	0.0001	0.0004	0.0013	0.0035	0.0083	0.0176
	9	0.0000	0.0000	0.0000	0.0000	0.0000	0.0000	0.0001	0.0003	0.0008	0.0020
10	0	0.5987	0.3487	0.1969	0.1074	0.0563	0.0282	0.0135	0.0060	0.0025	0.0010
	1	0.3151	0.3874	0.3474	0.2684	0.1877	0.1211	0.0725	0.0403	0.0207	0.0098
	2	0.0746	0.1937	0.2759	0.3020	0.2816	0.2335	0.1757	0.1209	0.0763	0.0439
	3	0.0105	0.0574	0.1298	0.2013	0.2503	0.2668	0.2522	0.2150	0.1665	0.1172
	4	0.0010	0.0112	0.0401	0.0881	0.1460	0.2001	0.2377	0.2508	0.2384	0.2051
	5	0.0001	0.0015	0.0085	0.0264	0.0584	0.1029	0.1536	0.2007	0.2340	0.2461
	6	0.0000	0.0001	0.0012	0.0055	0.0162	0.0368	0.0689	0.1115	0.1596	0.2051
	7	0.0000	0.0000	0.0001	0.0008	0.0031	0.0090	0.0212	0.0425	0.0746	0.1172
	8	0.0000	0.0000	0.0000	0.0001	0.0004	0.0014	0.0043	0.0106	0.0229	0.0439
	9	0.0000	0.0000	0.0000	0.0000	0.0000	0.0001	0.0005	0.0016	0.0042	0.0098
	10	0.0000	0.0000	0.0000	0.0000	0.0000	0.0000	0.0000	0.0001	0.0003	0.0010

n	k	0.05	0.10	0.15	0.20	0.25	0.30	0.35	0.40	0.45	0.50
11	0	0.5688	0.3138	0.1673	0.0859	0.0422	0.0198	0.0088	0.0036	0.0014	0.0005
	1	0.3293	0.3835	0.3248	0.2362	0.1549	0.0932	0.0518	0.0266	0.0125	0.0054
	2	0.0867	0.2131	0.2866	0.2953	0.2581	0.1998	0.1395	0.0887	0.0513	0.0269
	3	0.0137	0.0710	0.1517	0.2215	0.2581	0.2568	0.2254	0.1774	0.1259	0.0806
	4	0.0014	0.0158	0.0536	0.1107	0.1721	0.2201	0.2428	0.2365	0.2060	0.1611
	5	0.0001	0.0025	0.0132	0.0388	0.0803	0.1321	0.1830	0.2207	0.2360	0.2256
	6	0.0000	0.0003	0.0023	0.0097	0.0268	0.0566	0.0985	0.1471	0.1931	0.2256
	7	0.0000	0.0000	0.0003	0.0017	0.0064	0.0173	0.0379	0.0701	0.1128	0.1611
	8	0.0000	0.0000	0.0000	0.0002	0.0011	0.0037	0.0102	0.0234	0.0462	0.0806
	9	0.0000	0.0000	0.0000	0.0000	0.0001	0.0005	0.0018	0.0052	0.0126	0.0269
	10	0.0000	0.0000	0.0000	0.0000	0.0000	0.0000	0.0002	0.0007	0.0021	0.0054
	11	0.0000	0.0000	0.0000	0.0000	0.0000	0.0000	0.0000	0.0000	0.0002	0.0005
12	0	0.5404	0.2824	0.1422	0.0687	0.0317	0.0138	0.0057	0.0022	0.0008	0.0002
	1	0.3413	0.3766	0.3012	0.2062	0.1267	0.0712	0.0368	0.0174	0.0075	0.0029
	2	0.0988	0.2301	0.2924	0.2835	0.2323	0.1678	0.1088	0.0639	0.0339	0.0161
	3	0.0173	0.0852	0.1720	0.2362	0.2581	0.2397	0.1954	0.1419	0.0923	0.0537
	4	0.0021	0.0213	0.0683	0.1329	0.1936	0.2311	0.2367	0.2128	0.1700	0.1208
	5	0.0002	0.0038	0.0193	0.0532	0.1032	0.1585	0.2039	0.2270	0.2225	0.1934
	6	0.0000	0.0005	0.0040	0.0155	0.0401	0.0792	0.1281	0.1766	0.2124	0.2256
	7	0.0000	0.0000	0.0006	0.0033	0.0115	0.0291	0.0591	0.1009	0.1489	0.1934
	8	0.0000	0.0000	0.0001	0.0005	0.0024	0.0078	0.0199	0.0420	0.0762	0.1208
	9	0.0000	0.0000	0.0000	0.0001	0.0004	0.0015	0.0048	0.0125	0.0277	0.0537
	10	0.0000	0.0000	0.0000	0.0000	0.0000	0.0002	0.0008	0.0025	0.0068	0.0161
	11	0.0000	0.0000	0.0000	0.0000	0.0000	0.0000	0.0001	0.0003	0.0010	0.0029
	12	0.0000	0.0000	0.0000	0.0000	0.0000	0.0000	0.0000	0.0000	0.0001	0.0002
13	0	0.5133	0.2542	0.1209	0.0550	0.0238	0.0097	0.0037	0.0013	0.0004	0.0001
	1	0.3512	0.3672	0.2774	0.1787	0.1029	0.0540	0.0259	0.0113	0.0045	0.0016
	2	0.1109	0.2448	0.2937	0.2680	0.2059	0.1388	0.0836	0.0453	0.0220	0.0095
	3	0.0214	0.0997	0.1900	0.2457	0.2517	0.2181	0.1651	0.1107	0.0660	0.0349
	4	0.0028	0.0277	0.0838	0.1535	0.2097	0.2337	0.2222	0.1845	0.1350	0.0873
	5	0.0003	0.0055	0.0266	0.0691	0.1258	0.1803	0.2154	0.2214	0.1989	0.1571
	6	0.0000	0.0008	0.0063	0.0230	0.0559	0.1030	0.1546	0.1968	0.2169	0.2095
	7	0.0000	0.0001	0.0011	0.0058	0.0186	0.0442	0.0833	0.1312	0.1775	0.2095
	8	0.0000	0.0000	0.0001	0.0011	0.0047	0.0142	0.0336	0.0656	0.1089	0.1571

续表

n	k	0.05	0.10	0.15	0.20	0.25	0.30	0.35	0.40	0.45	0.50
	9	0.0000	0.0000	0.0000	0.0001	0.0009	0.0034	0.0101	0.0243	0.0495	0.0873
	10	0.0000	0.0000	0.0000	0.0000	0.0001	0.0006	0.0022	0.0065	0.0162	0.0349
	11	0.0000	0.0000	0.0000	0.0000	0.0000	0.0001	0.0003	0.0012	0.0036	0.0095
	12	0.0000	0.0000	0.0000	0.0000	0.0000	0.0000	0.0000	0.0001	0.0005	0.0016
	13	0.0000	0.0000	0.0000	0.0000	0.0000	0.0000	0.0000	0.0000	0.0000	0.0001
14	0	0.4877	0.2288	0.1028	0.0440	0.0178	0.0068	0.0024	0.0008	0.0002	0.0001
	1	0.3593	0.3559	0.2539	0.1539	0.0832	0.0407	0.0181	0.0073	0.0027	0.0009
	2	0.1229	0.2570	0.2912	0.2501	0.1802	0.1134	0.0634	0.0317	0.0141	0.0056
	3	0.0259	0.1142	0.2056	0.2501	0.2402	0.1943	0.1366	0.0845	0.0462	0.0222
	4	0.0037	0.0349	0.0998	0.1720	0.2202	0.2290	0.2022	0.1549	0.1040	0.0611
	5	0.0004	0.0078	0.0352	0.0860	0.1468	0.1963	0.2178	0.2066	0.1701	0.1222
	6	0.0000	0.0013	0.0093	0.0322	0.0734	0.1262	0.1759	0.2066	0.2088	0.1833
	7	0.0000	0.0002	0.0019	0.0092	0.0280	0.0618	0.1082	0.1574	0.1952	0.2095
	8	0.0000	0.0000	0.0003	0.0020	0.0082	0.0232	0.0510	0.0918	0.1398	0.1833
	9	0.0000	0.0000	0.0000	0.0003	0.0018	0.0066	0.0183	0.0408	0.0762	0.1222
	10	0.0000	0.0000	0.0000	0.0000	0.0003	0.0014	0.0049	0.0136	0.0312	0.0611
	11	0.0000	0.0000	0.0000	0.0000	0.0000	0.0002	0.0010	0.0033	0.0093	0.0222
	12	0.0000	0.0000	0.0000	0.0000	0.0000	0.0000	0.0001	0.0005	0.0019	0.0056
	13	0.0000	0.0000	0.0000	0.0000	0.0000	0.0000	0.0000	0.0001	0.0002	0.0009
	14	0.0000	0.0000	0.0000	0.0000	0.0000	0.0000	0.0000	0.0000	0.0000	0.0001
15	0	0.4633	0.2059	0.0874	0.0352	0.0134	0.0047	0.0016	0.0005	0.0001	0.0000
	1	0.3658	0.3432	0.2312	0.1319	0.0668	0.0305	0.0126	0.0047	0.0016	0.0005
	2	0.1348	0.2669	0.2856	0.2309	0.1559	0.0916	0.0476	0.0219	0.0090	0.0032
	3	0.0307	0.1285	0.2184	0.2501	0.2252	0.1700	0.1110	0.0634	0.0318	0.0139
	4	0.0049	0.0428	0.1156	0.1876	0.2252	0.2186	0.1792	0.1268	0.0780	0.0417
	5	0.0006	0.0105	0.0449	0.1032	0.1651	0.2061	0.2123	0.1859	0.1404	0.0916
	6	0.0000	0.0019	0.0132	0.0430	0.0917	0.1472	0.1906	0.2066	0.1914	0.1527
	7	0.0000	0.0003	0.0030	0.0138	0.0393	0.0811	0.1319	0.1771	0.2013	0.1964
	8	0.0000	0.0000	0.0005	0.0035	0.0131	0.0348	0.0710	0.1181	0.1647	0.1964
	9	0.0000	0.0000	0.0001	0.0007	0.0034	0.0116	0.0298	0.0612	0.1048	0.1527
	10	0.0000	0.0000	0.0000	0.0001	0.0007	0.0030	0.0096	0.0245	0.0515	0.0916
	11	0.0000	0.0000	0.0000	0.000	0.0001	0.0006	0.0024	0.0074	0.0191	0.0417
	12	0.0000	0.0000	0.0000	0.0000	0.0000	0.0001	0.0004	0.0016	0.0052	0.0139
	13	0.0000	0.0000	0.0000	0.0000	0.0000	0.0000	0.0001	0.0003	0.0010	0.0032

n	k	0.05	0.10	0.15	0.20	0.25	0.30	0.35	0.40	0.45	0.50
	14	0.0000	0.0000	0.0000	0.0000	0.0000	0.0000	0.0000	0.0000	0.0001	0.0005
	15	0.0000	0.0000	0.0000	0.0000	0.0000	0.0000	0.0000	0.0000	0.0000	0.0000
16	0	0.4401	0.1853	0.0743	0.0281	0.0100	0.0033	0.0010	0.0003	0.0001	0.0000
	1	0.3706	0.3294	0.2097	0.1126	0.0535	0.0228	0.0087	0.0030	0.0009	0.0002
	2	0.1463	0.2745	0.2775	0.2111	0.1336	0.0732	0.0353	0.0150	0.0056	0.0018
	3	0.0359	0.1423	0.2285	0.2463	0.2079	0.1465	0.0888	0.0468	0.0215	0.0085
	4	0.0061	0.0514	0.1311	0.2001	0.2252	0.2040	0.1553	0.1014	0.0572	0.0278
	5	0.0008	0.0137	0.0555	0.1201	0.1802	0.2099	0.2008	0.1623	0.1123	0.0667
	6	0.0001	0.0028	0.0180	0.0550	0.1101	0.1649	0.1982	0.1983	0.1684	0.1222
	7	0.0000	0.0004	0.0045	0.0197	0.0524	0.1010	0.1524	0.1889	0.1969	0.1746
	8	0.0000	0.0001	0.0009	0.0055	0.0197	0.0487	0.0923	0.1417	0.1812	0.1964
	9	0.0000	0.0000	0.0001	0.0012	0.0058	0.0185	0.0442	0.0840	0.1318	0.1746
	10	0.0000	0.0000	0.0000	0.0002	0.0014	0.0056	0.0167	0.0392	0.0755	0.1222
	11	0.0000	0.0000	0.0000	0.0000	0.0002	0.0013	0.0049	0.0142	0.0337	0.0667
	12	0.0000	0.0000	0.0000	0.0000	0.0000	0.0002	0.0011	0.0040	0.0115	0.0278
	13	0.0000	0.0000	0.0000	0.0000	0.0000	0.0000	0.0002	0.0008	0.0029	0.0085
	14	0.0000	0.0000	0.0000	0.0000	0.0000	0.0000	0.0000	0.0001	0.0005	0.0018
	15	0.0000	0.0000	0.0000	0.0000	0.0000	0.0000	0.0000	0.0000	0.0001	0.0002
	16	0.0000	0.0000	0.0000	0.0000	0.0000	0.0000	0.0000	0.0000	0.0000	0.0000
17	0	0.4181	0.1668	0.0631	0.0225	0.0075	0.0023	0.0007	0.0002	0.0000	0.0000
	1	0.3741	0.3150	0.1893	0.0957	0.0426	0.0169	0.0060	0.0019	0.0005	0.0001
	2	0.1575	0.2800	0.2673	0.1914	0.1136	0.0581	0.0260	0.0102	0.0035	0.0010
	3	0.0415	0.1556	0.2359	0.2393	0.1893	0.1245	0.0701	0.0341	0.0144	0.0052
	4	0.0076	0.0605	0.1457	0.2093	0.2209	0.1868	0.1320	0.0796	0.0411	0.0182
	5	0.0010	0.0175	0.0668	0.1361	0.1914	0.2081	0.1849	0.1379	0.0875	0.0472
	6	0.0001	0.0039	0.0236	0.0680	0.1276	0.1784	0.1991	0.1839	0.1432	0.0944
	7	0.0000	0.0007	0.0065	0.0267	0.0668	0.1201	0.1685	0.1927	0.1841	0.1484
	8	0.0000	0.0001	0.0014	0.0084	0.0279	0.0644	0.1134	0.1606	0.1883	0.1855
	9	0.0000	0.0000	0.0003	0.0021	0.0093	0.0276	0.0611	0.1070	0.1540	0.1855
	10	0.0000	0.0000	0.0000	0.0004	0.0025	0.0095	0.0263	0.0571	0.1008	0.1484
	11	0.0000	0.0000	0.0000	0.0001	0.0005	0.0026	0.0090	0.0242	0.0525	0.0944
	12	0.0000	0.0000	0.0000	0.0000	0.0001	0.0006	0.0024	0.0081	0.0215	0.0472
	13	0.0000	0.0000	0.0000	0.0000	0.0000	0.0001	0.0005	0.0021	0.0068	0.0182
	14	0.0000	0.0000	0.0000	0.0000	0.0000	0.0000	0.0001	0.0004	0.0016	0.0052

n	k	0.05	0.10	0.15	0.20	0.25	0.30	0.35	0.40	0.45	0.50
	15	0.0000	0.0000	0.0000	0.0000	0.0000	0.0000	0.0000	0.0001	0.0003	0.0010
	16	0.0000	0.0000	0.0000	0.0000	0.0000	0.0000	0.0000	0.0000	0.0000	0.0001
	17	0.0000	0.0000	0.0000	0.0000	0.0000	0.0000	0.0000	0.0000	0.0000	0.0000
18	0	0.3972	0.1501	0.0536	0.0180	0.0056	0.0016	0.0004	0.0001	0.0000	0.0000
	1	0.3763	0.3002	0.1704	0.0811	0.0338	0.0126	0.0042	0.0012	0.0003	0.0001
	2	0.1683	0.2835	0.2556	0.1723	0.0958	0.0458	0.0190	0.0069	0.0022	0.0006
	3	0.0473	0.1680	0.2406	0.2297	0.1704	0.1046	0.0547	0.0246	0.0095	0.0031
	4	0.0093	0.0700	0.1592	0.2153	0.2130	0.1681	0.1104	0.0614	0.0291	0.0117
	5	0.0014	0.0218	0.0787	0.1507	0.1988	0.2017	0.1664	0.1146	0.0666	0.0327
	6	0.0002	0.0052	0.0301	0.0816	0.1436	0.1873	0.1941	0.1655	0.1181	0.0708
	7	0.0000	0.0010	0.0091	0.0350	0.0820	0.1376	0.1792	0.1892	0.1657	0.1214
	8	0.0000	0.0002	0.0022	0.0120	0.0376	0.0811	0.1327	0.1734	0.1864	0.1669
	9	0.0000	0.0000	0.0004	0.0033	0.0139	0.0386	0.0794	0.1284	0.1694	0.1855
	10	0.0000	0.0000	0.0001	0.0008	0.0042	0.0149	0.0385	0.0771	0.1248	0.1669
	11	0.0000	0.0000	0.0000	0.0001	0.0010	0.0046	0.0151	0.0374	0.0742	0.1214
	12	0.0000	0.0000	0.0000	0.0000	0.0002	0.0012	0.0047	0.0145	0.0354	0.0708
	13	0.0000	0.0000	0.0000	0.0000	0.0000	0.0002	0.0012	0.0045	0.0134	0.0327
	14	0.0000	0.0000	0.0000	0.0000	0.0000	0.0000	0.0002	0.0011	0.0039	0.0117
	15	0.0000	0.0000	0.0000	0.0000	0.0000	0.0000	0.0000	0.0002	0.0009	0.0031
	16	0.0000	0.0000	0.0000	0.0000	0.0000	0.0000	0.0000	0.0000	0.0001	0.0006
	17	0.0000	0.0000	0.0000	0.0000	0.0000	0.0000	0.0000	0.0000	0.0000	0.0001
	18	0.0000	0.0000	0.0000	0.0000	0.0000	0.0000	0.0000	0.0000	0.0000	0.0000
19	0	0.3774	0.1351	0.0456	0.0144	0.0042	0.0011	0.0003	0.0001	0.0000	0.0000
	1	0.3774	0.2852	0.1529	0.0685	0.0268	0.0093	0.0029	0.0008	0.0002	0.0000
	2	0.1787	0.2852	0.2428	0.1540	0.0803	0.0358	0.0138	0.0046	0.0013	0.0003
	3	0.0533	0.1796	0.2428	0.2182	0.1517	0.0869	0.0422	0.0175	0.0062	0.0018
	4	0.0112	0.0798	0.1714	0.2182	0.2023	0.1491	0.0909	0.0467	0.0203	0.0074
	5	0.0018	0.0266	0.0907	0.1636	0.2023	0.1916	0.1468	0.0933	0.0497	0.0222
	6	0.0002	0.0069	0.0374	0.0955	0.1574	0.1916	0.1844	0.1451	0.0949	0.0518
	7	0.0000	0.0014	0.0122	0.0443	0.0974	0.1525	0.1844	0.1797	0.1443	0.0961
	8	0.0000	0.0002	0.0032	0.0166	0.0487	0.0981	0.1489	0.1797	0.1771	0.1442
	9	0.0000	0.0000	0.0007	0.0051	0.0198	0.0514	0.0980	0.1464	0.1771	0.1762
	10	0.0000	0.0000	0.0001	0.0013	0.0066	0.0220	0.0528	0.0976	0.1449	0.1762
	11	0.0000	0.0000	0.0000	0.0003	0.0018	0.0077	0.0233	0.0532	0.0970	0.1442

n	k	0.05	0.10	0.15	0.20	0.25	0.30	0.35	0.40	0.45	0.50
	12	0.0000	0.0000	0.0000	0.0000	0.0004	0.0022	0.0083	0.0237	0.0529	0.0961
	13	0.0000	0.0000	0.0000	0.0000	0.0001	0.0005	0.0024	0.0085	0.0233	0.0518
	14	0.0000	0.0000	0.0000	0.0000	0.0000	0.0001	0.0006	0.0024	0.0082	0.0222
	15	0.0000	0.0000	0.0000	0.0000	0.0000	0.0000	0.0001	0.0005	0.0022	0.0074
	16	0.0000	0.0000	0.0000	0.0000	0.0000	0.0000	0.0000	0.0001	0.0005	0.0018
	17	0.0000	0.0000	0.0000	0.0000	0.0000	0.0000	0.0000	0.0000	0.0001	0.0003
	18	0.0000	0.0000	0.0000	0.0000	0.0000	0.0000	0.0000	0.0000	0.0000	0.0000
	19	0.0000	0.0000	0.0000	0.0000	0.0000	0.0000	0.0000	0.0000	0.0000	0.0000
20	0	0.3585	0.1216	0.0388	0.0115	0.0032	0.0008	0.0002	0.0000	0.0000	0.0000
	1	0.3774	0.2702	0.1368	0.0576	0.0211	0.0068	0.0020	0.0005	0.0001	0.0000
	2	0.1887	0.2852	0.2293	0.1369	0.0669	0.0278	0.0100	0.0031	0.0008	0.0002
	3	0.0596	0.1901	0.2428	0.2054	0.1339	0.0716	0.0323	0.0123	0.0040	0.0011
	4	0.0133	0.0898	0.1821	0.2182	0.1897	0.1304	0.0738	0.0350	0.0139	0.0046
	5	0.0022	0.0319	0.1028	0.1746	0.2023	0.1789	0.1272	0.0746	0.0365	0.0148
	6	0.0003	0.0089	0.0454	0.1091	0.1686	0.1916	0.1712	0.1244	0.0746	0.0370
	7	0.0000	0.0020	0.0160	0.0546	0.1124	0.1643	0.1844	0.1659	0.1221	0.0739
	8	0.0000	0.0004	0.0046	0.0222	0.0609	0.1144	0.1614	0.1797	0.1623	0.1201
	9	0.0000	0.0001	0.0011	0.0074	0.0271	0.0654	0.1158	0.1597	0.1771	0.1602
	10	0.0000	0.0000	0.0002	0.0020	0.0099	0.0308	0.0686	0.1171	0.1593	0.1762
	11	0.0000	0.0000	0.0000	0.0005	0.0030	0.0120	0.0336	0.0710	0.1185	0.1602
	12	0.0000	0.0000	0.0000	0.0001	0.0008	0.0039	0.0136	0.0355	0.0727	0.1201
	13	0.0000	0.0000	0.0000	0.0000	0.0002	0.0010	0.0045	0.0146	0.0366	0.0739
	14	0.0000	0.0000	0.0000	0.0000	0.0000	0.0002	0.0012	0.0049	0.0150	0.0370
	15	0.0000	0.0000	0.0000	0.0000	0.0000	0.0000	0.0003	0.0013	0.0049	0.0148
	16	0.0000	0.0000	0.0000	0.0000	0.0000	0.0000	0.0000	0.0003	0.0013	0.0046
	17	0.0000	0.0000	0.0000	0.0000	0.0000	0.0000	0.0000	0.0000	0.0002	0.0011
	18	0.0000	0.0000	0.0000	0.0000	0.0000	0.0000	0.0000	0.0000	0.0000	0.0002
	19	0.0000	0.0000	0.0000	0.0000	0.0000	0.0000	0.0000	0.0000	0.0000	0.0000
	20	0.0000	0.0000	0.0000	0.0000	0.0000	0.0000	0.0000	0.0000	0.0000	0.0000

表 2　精确的泊松概率 $Pr(X=k) = \dfrac{e^{-\mu}\mu^k}{k!}$

k	μ									
	0.5	1.0	1.5	2.0	2.5	3.0	3.5	4.0	4.5	5.0
0	0.6065	0.3679	0.2231	0.1353	0.0821	0.0498	0.0302	0.0183	0.0111	0.0067
1	0.3033	0.3679	0.3347	0.2707	0.2052	0.1494	0.1057	0.0733	0.0500	0.0337
2	0.0758	0.1839	0.2510	0.2707	0.2565	0.2240	0.1850	0.1465	0.1125	0.0842
3	0.0126	0.0613	0.1255	0.1804	0.2138	0.2240	0.2158	0.1954	0.1687	0.1404
4	0.0016	0.0153	0.0471	0.0902	0.1336	0.1680	0.1888	0.1954	0.1898	0.1755
5	0.0002	0.0031	0.0141	0.0361	0.0668	0.1008	0.1322	0.1563	0.1708	0.1755
6	0.0000	0.0005	0.0035	0.0120	0.0278	0.0504	0.0771	0.1042	0.1281	0.1462
7	0.0000	0.0001	0.0008	0.0034	0.0099	0.0216	0.0385	0.0595	0.0824	0.1044
8	0.0000	0.0000	0.0001	0.0009	0.0031	0.0081	0.0169	0.0298	0.0463	0.0653
9	0.0000	0.0000	0.0000	0.0002	0.0009	0.0027	0.0066	0.0132	0.0232	0.0363
10	0.0000	0.0000	0.0000	0.0000	0.0002	0.0008	0.0023	0.0053	0.0104	0.0181
11	0.0000	0.0000	0.0000	0.0000	0.0000	0.0002	0.0007	0.0019	0.0043	0.0082
12	0.0000	0.0000	0.0000	0.0000	0.0000	0.0001	0.0002	0.0006	0.0016	0.0034
13	0.0000	0.0000	0.0000	0.0000	0.0000	0.0000	0.0001	0.0002	0.0006	0.0013
14	0.0000	0.0000	0.0000	0.0000	0.0000	0.0000	0.0000	0.0001	0.0002	0.0005
15	0.0000	0.0000	0.0000	0.0000	0.0000	0.0000	0.0000	0.0000	0.0001	0.0002
16	0.0000	0.0000	0.0000	0.0000	0.0000	0.0000	0.000	0.0000	0.0000	0.0000

k	μ									
	5.5	6.0	6.5	7.0	7.5	8.0	8.5	9.0	9.5	10.0
0	0.0041	0.0025	0.0015	0.0009	0.0006	0.0003	0.0002	0.0001	0.0001	0.0000
1	0.0225	0.0149	0.0098	0.0064	0.0041	0.0027	0.0017	0.0011	0.0007	0.0005
2	0.0618	0.0446	0.0318	0.0223	0.0156	0.0107	0.0074	0.0050	0.0034	0.0023
3	0.1133	0.0892	0.0688	0.0521	0.0389	0.0286	0.0208	0.0150	0.0107	0.0076
4	0.1558	0.1339	0.1118	0.0912	0.0729	0.0573	0.0443	0.0337	0.0254	0.0189
5	0.1714	0.1606	0.1454	0.1277	0.1094	0.0916	0.0752	0.0607	0.0483	0.0378
6	0.1571	0.1606	0.1575	0.1490	0.1367	0.1221	0.1066	0.0911	0.0764	0.0631
7	0.1234	0.1377	0.1462	0.1490	0.1465	0.1396	0.1294	0.1171	0.1037	0.0901
8	0.0849	0.1033	0.1188	0.1304	0.1373	0.1396	0.1375	0.1318	0.1232	0.1126
9	0.0519	0.0688	0.0858	0.1014	0.1144	0.1241	0.1299	0.1318	0.1300	0.1251
10	0.0285	0.0413	0.0558	0.0710	0.0858	0.0993	0.1104	0.1186	0.1235	0.1251
11	0.0143	0.0225	0.0330	0.0452	0.0585	0.0722	0.0853	0.0970	0.1067	0.1137

	μ									
k	5.5	6.0	6.5	7.0	7.5	8.0	8.5	9.0	9.5	10.0
12	0.0065	0.0113	0.0179	0.0263	0.0366	0.0481	0.0604	0.0728	0.0844	0.0948
13	0.0028	0.0052	0.0089	0.0142	0.0211	0.0296	0.0395	0.0504	0.0617	0.0729
14	0.0011	0.0022	0.0041	0.0071	0.0113	0.0169	0.0240	0.0324	0.0419	0.0521
15	0.0004	0.0009	0.0018	0.0033	0.0057	0.0090	0.0136	0.0194	0.0265	0.0347
16	0.0001	0.0003	0.0007	0.0014	0.0026	0.0045	0.0072	0.0109	0.0157	0.0217
17	0.0000	0.0001	0.0003	0.0006	0.0012	0.0021	0.0036	0.0058	0.0088	0.0128
18	0.0000	0.0000	0.0001	0.0002	0.0005	0.0009	0.0017	0.0029	0.0046	0.0071
19	0.0000	0.0000	0.0000	0.0001	0.0002	0.0004	0.0008	0.0014	0.0023	0.0037
20	0.0000	0.0000	0.0000	0.0000	0.0001	0.0002	0.0003	0.0006	0.0011	0.0019
21	0.0000	0.0000	0.0000	0.0000	0.0000	0.0001	0.0001	0.0003	0.0005	0.0009
22	0.0000	0.0000	0.0000	0.0000	0.0000	0.0000	0.0001	0.0001	0.0002	0.0004
23	0.0000	0.0000	0.0000	0.0000	0.0000	0.0000	0.0000	0.0000	0.0001	0.0002
24	0.0000	0.0000	0.0000	0.0000	0.0000	0.0000	0.0000	0.0000	0.0000	0.0001
25	0.0000	0.0000	0.0000	0.0000	0.0000	0.0000	0.0000	0.0000	0.0000	0.0000

	μ									
k	10.5	11.0	11.5	12.0	12.5	13.0	13.5	14.0	14.5	15.0
0	0.0000	0.0000	0.0000	0.0000	0.0000	0.0000	0.0000	0.0000	0.0000	0.0000
1	0.0003	0.0002	0.0001	0.0001	0.0000	0.0000	0.0000	0.0000	0.0000	0.0000
2	0.0015	0.0010	0.0007	0.0004	0.0003	0.0002	0.0001	0.0001	0.0001	0.0000
3	0.0053	0.0037	0.0026	0.0018	0.0012	0.0008	0.0006	0.0004	0.0003	0.0002
4	0.0139	0.0102	0.0074	0.0053	0.0038	0.0027	0.0019	0.0013	0.0009	0.0006
5	0.0293	0.0224	0.0170	0.0127	0.0095	0.0070	0.0051	0.0037	0.0027	0.0019
6	0.0513	0.0411	0.0325	0.0255	0.0197	0.0152	0.0115	0.0087	0.0065	0.0048
7	0.0769	0.0646	0.0535	0.0437	0.0353	0.0281	0.0222	0.0174	0.0135	0.0104
8	0.1009	0.0888	0.0769	0.0655	0.0551	0.0457	0.0375	0.0304	0.0244	0.0194
9	0.1177	0.1085	0.0982	0.0874	0.0765	0.0661	0.0563	0.0473	0.0394	0.0324
10	0.1236	0.1194	0.1129	0.1048	0.0956	0.0859	0.0760	0.0663	0.0571	0.0486
11	0.1180	0.1194	0.1181	0.1144	0.1087	0.1015	0.0932	0.0844	0.0753	0.0663
12	0.1032	0.1094	0.1131	0.1144	0.1132	0.1099	0.1049	0.0984	0.0910	0.0829
13	0.0834	0.0926	0.1001	0.1056	0.1089	0.1099	0.1089	0.1060	0.1014	0.0956
14	0.0625	0.0728	0.0822	0.0905	0.0972	0.1021	0.1050	0.1060	0.1051	0.1024
15	0.0438	0.0534	0.0630	0.0724	0.0810	0.0885	0.0945	0.0989	0.1016	0.1024

续表

k	μ 10.5	11.0	11.5	12.0	12.5	13.0	13.5	14.0	14.5	15.0
16	0.0287	0.0367	0.0453	0.0543	0.0633	0.0719	0.0798	0.0866	0.0920	0.0960
17	0.0177	0.0237	0.0306	0.0383	0.0465	0.0550	0.0633	0.0713	0.0785	0.0847
18	0.0104	0.0145	0.0196	0.0255	0.0323	0.0397	0.0475	0.0554	0.0632	0.0706
19	0.0057	0.0084	0.0119	0.0161	0.0213	0.0272	0.0337	0.0409	0.0483	0.0557
20	0.0030	0.0046	0.0068	0.0097	0.0133	0.0177	0.0228	0.0286	0.0350	0.0418
21	0.0015	0.0024	0.0037	0.0055	0.0079	0.0109	0.0146	0.0191	0.0242	0.0299
22	0.0007	0.0012	0.0020	0.0030	0.0045	0.0065	0.0090	0.0121	0.0159	0.0204
23	0.0003	0.0006	0.0010	0.0016	0.0024	0.0037	0.0053	0.0074	0.0100	0.0133
24	0.0001	0.0003	0.0005	0.0008	0.0013	0.0020	0.0030	0.0043	0.0061	0.0083
25	0.0001	0.0001	0.0002	0.0004	0.0006	0.0010	0.0016	0.0024	0.0035	0.0050
26	0.0000	0.0000	0.0001	0.0002	0.0003	0.0005	0.0008	0.0013	0.0020	0.0029
27	0.0000	0.0000	0.0000	0.0001	0.0001	0.0002	0.0004	0.0007	0.0011	0.0016
28	0.0000	0.0000	0.0000	0.0000	0.0001	0.0001	0.0002	0.0003	0.0005	0.0009
29	0.0000	0.0000	0.0000	0.0000	0.0000	0.0001	0.0001	0.0002	0.0003	0.0004
30	0.0000	0.0000	0.0000	0.0000	0.0000	0.0000	0.0000	0.0001	0.0001	0.0002
31	0.0000	0.0000	0.0000	0.0000	0.0000	0.0000	0.0000	0.0000	0.0001	0.0001
32	0.0000	0.0000	0.0000	0.0000	0.0000	0.0000	0.0000	0.0000	0.0000	0.0001
33	0.0000	0.0000	0.0000	0.0000	0.0000	0.0000	0.0000	0.0000	0.0000	0.0000

k	μ 15.5	16.0	16.5	17.0	17.5	18.0	18.5	19.0	19.5	20.0
0	0.0000	0.0000	0.0000	0.0000	0.0000	0.0000	0.0000	0.0000	0.0000	0.0000
1	0.0000	0.0000	0.0000	0.0000	0.0000	0.0000	0.0000	0.0000	0.0000	0.0000
2	0.0000	0.0000	0.0000	0.0000	0.0000	0.0000	0.0000	0.0000	0.0000	0.0000
3	0.0001	0.0001	0.0001	0.0000	0.0000	0.0000	0.0000	0.0000	0.0000	0.0000
4	0.0004	0.0003	0.0002	0.0001	0.0001	0.0001	0.0000	0.0000	0.0000	0.0000
5	0.0014	0.0010	0.0007	0.0005	0.0003	0.0002	0.0002	0.0001	0.0001	0.0001
6	0.0036	0.0026	0.0019	0.0014	0.0010	0.0007	0.0005	0.0004	0.0003	0.0002
7	0.0079	0.0060	0.0045	0.0034	0.0025	0.0019	0.0014	0.0010	0.0007	0.0005
8	0.0153	0.0120	0.0093	0.0072	0.0055	0.0042	0.0031	0.0024	0.0018	0.0013
9	0.0264	0.0213	0.0171	0.0135	0.0107	0.0083	0.0065	0.0050	0.0038	0.0029
10	0.0409	0.0341	0.0281	0.0230	0.0186	0.0150	0.0120	0.0095	0.0074	0.0058
11	0.0577	0.0496	0.0422	0.0355	0.0297	0.0245	0.0201	0.0164	0.0132	0.0106

k	μ									
	15.5	16.0	16.5	17.0	17.5	18.0	18.5	19.0	19.5	20.0
12	0.0745	0.0661	0.0580	0.0504	0.0432	0.0368	0.0310	0.0259	0.0214	0.0176
13	0.0888	0.0814	0.0736	0.0658	0.0582	0.0509	0.0441	0.0378	0.0322	0.0271
14	0.0983	0.0930	0.0868	0.0800	0.0728	0.0655	0.0583	0.0514	0.0448	0.0387
15	0.1016	0.0992	0.0955	0.0906	0.0849	0.0786	0.0719	0.0650	0.0582	0.0516
16	0.0984	0.0992	0.0985	0.0963	0.0929	0.0884	0.0831	0.0772	0.0710	0.0646
17	0.0897	0.0934	0.0956	0.0963	0.0956	0.0936	0.0904	0.0863	0.0814	0.0760
18	0.0773	0.0830	0.0876	0.0909	0.0929	0.0936	0.0930	0.0911	0.0882	0.0844
19	0.0630	0.0699	0.0761	0.0814	0.0856	0.0887	0.0905	0.0911	0.0905	0.0888
20	0.0489	0.0559	0.0628	0.0692	0.0749	0.0798	0.0837	0.0866	0.0883	0.0888
21	0.0361	0.0426	0.0493	0.0560	0.0624	0.0684	0.0738	0.0783	0.0820	0.0846
22	0.0254	0.0310	0.0370	0.0433	0.0496	0.0560	0.0620	0.0676	0.0727	0.0769
23	0.0171	0.0216	0.0265	0.0320	0.0378	0.0438	0.0499	0.0559	0.0616	0.0669
24	0.0111	0.0144	0.0182	0.0226	0.0275	0.0328	0.0385	0.0442	0.0500	0.0557
25	0.0069	0.0092	0.0120	0.0154	0.0193	0.0237	0.0285	0.0336	0.0390	0.0446
26	0.0041	0.0057	0.0076	0.0101	0.0130	0.0164	0.0202	0.0246	0.0293	0.0343
27	0.0023	0.0034	0.0047	0.0063	0.0084	0.0109	0.0139	0.0173	0.0211	0.0254
28	0.0013	0.0019	0.0028	0.0038	0.0053	0.0070	0.0092	0.0117	0.0147	0.0181
29	0.0007	0.0011	0.0016	0.0023	0.0032	0.0044	0.0058	0.0077	0.0099	0.0125
30	0.0004	0.0006	0.0009	0.0013	0.0019	0.0026	0.0036	0.0049	0.0064	0.0083
31	0.0002	0.0003	0.0005	0.0007	0.0010	0.0015	0.0022	0.0030	0.0040	0.0054
32	0.0001	0.0001	0.0002	0.0004	0.0006	0.0009	0.0012	0.0018	0.0025	0.0034
33	0.0000	0.0001	0.0001	0.0002	0.0003	0.0005	0.0007	0.0010	0.0015	0.0020
34	0.0000	0.0000	0.0001	0.0001	0.0002	0.0002	0.0004	0.0006	0.0008	0.0012
35	0.0000	0.0000	0.0000	0.0000	0.0001	0.0001	0.0002	0.0003	0.0005	0.0007
36	0.0000	0.0000	0.0000	0.0000	0.0000	0.0001	0.0001	0.0002	0.0003	0.0004
37	0.0000	0.0000	0.0000	0.0000	0.0000	0.0000	0.0001	0.0001	0.0001	0.0002
38	0.0000	0.0000	0.0000	0.0000	0.0000	0.0000	0.0000	0.0000	0.0001	0.0001
39	0.0000	0.0000	0.0000	0.0000	0.0000	0.0000	0.0000	0.0000	0.0000	0.0001
40	0.0000	0.0000	0.0000	0.0000	0.0000	0.0000	0.0000	0.0000	0.0000	0.0000

表3　正态分布

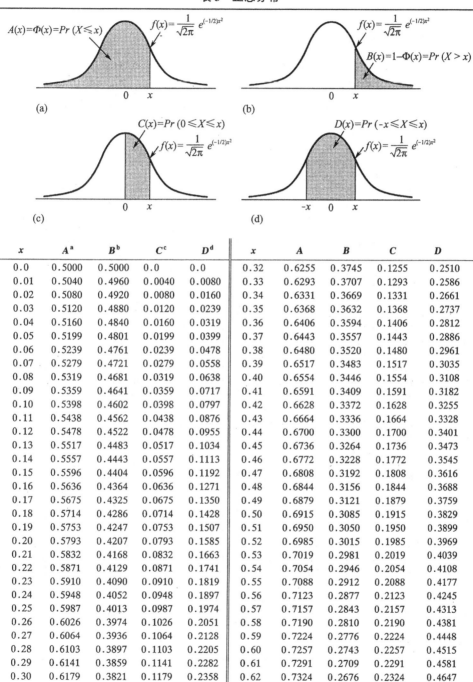

x	A^a	B^b	C^c	D^d	x	A	B	C	D
0.0	0.5000	0.5000	0.0	0.0	0.32	0.6255	0.3745	0.1255	0.2510
0.01	0.5040	0.4960	0.0040	0.0080	0.33	0.6293	0.3707	0.1293	0.2586
0.02	0.5080	0.4920	0.0080	0.0160	0.34	0.6331	0.3669	0.1331	0.2661
0.03	0.5120	0.4880	0.0120	0.0239	0.35	0.6368	0.3632	0.1368	0.2737
0.04	0.5160	0.4840	0.0160	0.0319	0.36	0.6406	0.3594	0.1406	0.2812
0.05	0.5199	0.4801	0.0199	0.0399	0.37	0.6443	0.3557	0.1443	0.2886
0.06	0.5239	0.4761	0.0239	0.0478	0.38	0.6480	0.3520	0.1480	0.2961
0.07	0.5279	0.4721	0.0279	0.0558	0.39	0.6517	0.3483	0.1517	0.3035
0.08	0.5319	0.4681	0.0319	0.0638	0.40	0.6554	0.3446	0.1554	0.3108
0.09	0.5359	0.4641	0.0359	0.0717	0.41	0.6591	0.3409	0.1591	0.3182
0.10	0.5398	0.4602	0.0398	0.0797	0.42	0.6628	0.3372	0.1628	0.3255
0.11	0.5438	0.4562	0.0438	0.0876	0.43	0.6664	0.3336	0.1664	0.3328
0.12	0.5478	0.4522	0.0478	0.0955	0.44	0.6700	0.3300	0.1700	0.3401
0.13	0.5517	0.4483	0.0517	0.1034	0.45	0.6736	0.3264	0.1736	0.3473
0.14	0.5557	0.4443	0.0557	0.1113	0.46	0.6772	0.3228	0.1772	0.3545
0.15	0.5596	0.4404	0.0596	0.1192	0.47	0.6808	0.3192	0.1808	0.3616
0.16	0.5636	0.4364	0.0636	0.1271	0.48	0.6844	0.3156	0.1844	0.3688
0.17	0.5675	0.4325	0.0675	0.1350	0.49	0.6879	0.3121	0.1879	0.3759
0.18	0.5714	0.4286	0.0714	0.1428	0.50	0.6915	0.3085	0.1915	0.3829
0.19	0.5753	0.4247	0.0753	0.1507	0.51	0.6950	0.3050	0.1950	0.3899
0.20	0.5793	0.4207	0.0793	0.1585	0.52	0.6985	0.3015	0.1985	0.3969
0.21	0.5832	0.4168	0.0832	0.1663	0.53	0.7019	0.2981	0.2019	0.4039
0.22	0.5871	0.4129	0.0871	0.1741	0.54	0.7054	0.2946	0.2054	0.4108
0.23	0.5910	0.4090	0.0910	0.1819	0.55	0.7088	0.2912	0.2088	0.4177
0.24	0.5948	0.4052	0.0948	0.1897	0.56	0.7123	0.2877	0.2123	0.4245
0.25	0.5987	0.4013	0.0987	0.1974	0.57	0.7157	0.2843	0.2157	0.4313
0.26	0.6026	0.3974	0.1026	0.2051	0.58	0.7190	0.2810	0.2190	0.4381
0.27	0.6064	0.3936	0.1064	0.2128	0.59	0.7224	0.2776	0.2224	0.4448
0.28	0.6103	0.3897	0.1103	0.2205	0.60	0.7257	0.2743	0.2257	0.4515
0.29	0.6141	0.3859	0.1141	0.2282	0.61	0.7291	0.2709	0.2291	0.4581
0.30	0.6179	0.3821	0.1179	0.2358	0.62	0.7324	0.2676	0.2324	0.4647
0.31	0.6217	0.3783	0.1217	0.2434	0.63	0.7357	0.2643	0.2357	0.4713

x	A[a]	B[b]	C[c]	D[d]	x	A	B	C	D
0.64	0.7389	0.2611	0.2389	0.4778	1.10	0.8643	0.1357	0.3643	0.7287
0.65	0.7422	0.2578	0.2422	0.4843	1.11	0.8665	0.1335	0.3665	0.7330
0.66	0.7454	0.2546	0.2454	0.4907	1.12	0.8686	0.1314	0.3686	0.7373
0.67	0.7486	0.2514	0.2486	0.4971	1.13	0.8708	0.1292	0.3708	0.7415
0.68	0.7517	0.2483	0.2517	0.5035	1.14	0.8729	0.1271	0.3729	0.7457
0.69	0.7549	0.2451	0.2549	0.5098	1.15	0.8749	0.1251	0.3749	0.7499
0.70	0.7580	0.2420	0.2580	0.5161	1.16	0.8770	0.1230	0.3770	0.7540
0.71	0.7611	0.2389	0.2611	0.5223	1.17	0.8790	0.1210	0.3790	0.7580
0.72	0.7642	0.2358	0.2642	0.5285	1.18	0.8810	0.1190	0.3810	0.7620
0.73	0.7673	0.2327	0.2673	0.5346	1.19	0.8830	0.1170	0.3830	0.7660
0.74	0.7703	0.2297	0.2703	0.5407	1.20	0.8849	0.1151	0.3849	0.7699
0.75	0.7734	0.2266	0.2734	0.5467	1.21	0.8869	0.1131	0.3869	0.7737
0.76	0.7764	0.2236	0.2764	0.5527	1.22	0.8888	0.1112	0.3888	0.7775
0.77	0.7793	0.2207	0.2793	0.5587	1.23	0.8907	0.1093	0.3907	0.7813
0.78	0.7823	0.2177	0.2823	0.5646	1.24	0.8925	0.1075	0.3925	0.7850
0.79	0.7852	0.2148	0.2852	0.5705	1.25	0.8944	0.1056	0.3944	0.7887
0.80	0.7881	0.2119	0.2881	0.5763	1.26	0.8962	0.1038	0.3962	0.7923
0.81	0.7910	0.2090	0.2910	0.5821	1.27	0.8980	0.1020	0.3980	0.7959
0.82	0.7939	0.2061	0.2939	0.5878	1.28	0.8997	0.1003	0.3997	0.7995
0.83	0.7967	0.2033	0.2967	0.5935	1.29	0.9015	0.0985	0.4015	0.8029
0.84	0.7995	0.2005	0.2995	0.5991	1.30	0.9032	0.0968	0.4032	0.8064
0.85	0.8023	0.1977	0.3023	0.6047	1.31	0.9049	0.0951	0.4049	0.8098
0.86	0.8051	0.1949	0.3051	0.6102	1.32	0.9066	0.0934	0.4066	0.8132
0.87	0.8078	0.1922	0.3078	0.6157	1.33	0.9082	0.0918	0.4082	0.8165
0.88	0.8106	0.1894	0.3106	0.6211	1.34	0.9099	0.0901	0.4099	0.8198
0.89	0.8133	0.1867	0.3133	0.6265	1.35	0.9115	0.0885	0.4115	0.8230
0.90	0.8159	0.1841	0.3159	0.6319	1.36	0.9131	0.0869	0.4131	0.8262
0.91	0.8186	0.1814	0.3186	0.6372	1.37	0.9147	0.0853	0.4147	0.8293
0.92	0.8212	0.1788	0.3212	0.6424	1.38	0.9162	0.0838	0.4162	0.8324
0.93	0.8238	0.1762	0.3238	0.6476	1.39	0.9177	0.0823	0.4177	0.8355
0.94	0.8264	0.1736	0.3264	0.6528	1.40	0.9192	0.0808	0.4192	0.8385
0.95	0.8289	0.1711	0.3289	0.6579	1.41	0.9207	0.0793	0.4207	0.8415
0.96	0.8315	0.1685	0.3315	0.6629	1.42	0.9222	0.0778	0.4222	0.8444
0.97	0.8340	0.1660	0.3340	0.6680	1.43	0.9236	0.0764	0.4236	0.8473
0.98	0.8365	0.1635	0.3365	0.6729	1.44	0.9251	0.0749	0.4251	0.8501
0.99	0.8389	0.1611	0.3389	0.6778	1.45	0.9265	0.0735	0.4265	0.8529
1.00	0.8413	0.1587	0.3413	0.6827	1.46	0.9279	0.0721	0.4279	0.8557
1.01	0.8438	0.1562	0.3438	0.6875	1.47	0.9292	0.0708	0.4292	0.8584
1.02	0.8461	0.1539	0.3461	0.6923	1.48	0.9306	0.0694	0.4306	0.8611
1.03	0.8485	0.1515	0.3485	0.6970	1.49	0.9319	0.0681	0.4319	0.8638
1.04	0.8508	0.1492	0.3508	0.7017	1.50	0.9332	0.0668	0.4332	0.8664
1.05	0.8531	0.1469	0.3531	0.7063	1.51	0.9345	0.0655	0.4345	0.8690
1.06	0.8554	0.1446	0.3554	0.7109	1.52	0.9357	0.0643	0.4357	0.8715
1.07	0.8577	0.1423	0.3577	0.7154	1.53	0.9370	0.0630	0.4370	0.8740
1.08	0.8599	0.1401	0.3599	0.7199	1.54	0.9382	0.0618	0.4382	0.8764
1.09	0.8621	0.1379	0.3621	0.7243	1.55	0.9394	0.0606	0.4394	0.8789

x	A[a]	B[b]	C[c]	D[d]	x	A	B	C	D
1.56	0.9406	0.0594	0.4406	0.8812	2.03	0.9788	0.0212	0.4788	0.9576
1.57	0.9418	0.0582	0.4418	0.8836	2.04	0.9793	0.0207	0.4793	0.9586
1.58	0.9429	0.0571	0.4429	0.8859	2.05	0.9798	0.0202	0.4798	0.9596
1.59	0.9441	0.0559	0.4441	0.8882	2.06	0.9803	0.0197	0.4803	0.9606
1.60	0.9452	0.0548	0.4452	0.8904	2.07	0.9808	0.0192	0.4808	0.9615
1.61	0.9463	0.0537	0.4463	0.8926	2.08	0.9812	0.0188	0.4812	0.9625
1.62	0.9474	0.0526	0.4474	0.8948	2.09	0.9817	0.0183	0.4817	0.9634
1.63	0.9484	0.0516	0.4484	0.8969	2.10	0.9821	0.0179	0.4821	0.9643
1.64	0.9495	0.0505	0.4495	0.8990	2.11	0.9826	0.0174	0.4826	0.9651
1.65	0.9505	0.0495	0.4505	0.9011	2.12	0.9830	0.0170	0.4830	0.9660
1.66	0.9515	0.0485	0.4515	0.9031	2.13	0.9834	0.0166	0.4834	0.9668
1.67	0.9525	0.0475	0.4525	0.9051	2.14	0.9838	0.0162	0.4838	0.9676
1.68	0.9535	0.0465	0.4535	0.9070	2.15	0.9842	0.0158	0.4842	0.9684
1.69	0.9545	0.0455	0.4545	0.9090	2.16	0.9846	0.0154	0.4846	0.9692
1.70	0.9554	0.0446	0.4554	0.9109	2.17	0.9850	0.0150	0.4850	0.9700
1.71	0.9564	0.0436	0.4564	0.9127	2.18	0.9854	0.0146	0.4854	0.9707
1.72	0.9573	0.0427	0.4573	0.9146	2.19	0.9857	0.0143	0.4857	0.9715
1.73	0.9582	0.0418	0.4582	0.9164	2.20	0.9861	0.0139	0.4861	0.9722
1.74	0.9591	0.0409	0.4591	0.9181	2.21	0.9864	0.0136	0.4864	0.9729
1.75	0.9599	0.0401	0.4599	0.9199	2.22	0.9868	0.0132	0.4868	0.9736
1.76	0.9608	0.0392	0.4608	0.9216	2.23	0.9871	0.0129	0.4871	0.9743
1.77	0.9616	0.0384	0.4616	0.9233	2.24	0.9875	0.0125	0.4875	0.9749
1.78	0.9625	0.0375	0.4625	0.9249	2.25	0.9878	0.0122	0.4878	0.9756
1.79	0.9633	0.0367	0.4633	0.9265	2.26	0.9881	0.0119	0.4881	0.9762
1.80	0.9641	0.0359	0.4641	0.9281	2.27	0.9884	0.0116	0.4884	0.9768
1.81	0.9649	0.0351	0.4649	0.9297	2.28	0.9887	0.0113	0.4887	0.9774
1.82	0.9656	0.0344	0.4656	0.9312	2.29	0.9890	0.0110	0.4890	0.9780
1.83	0.9664	0.0336	0.4664	0.9327	2.30	0.9893	0.0107	0.4893	0.9786
1.84	0.9671	0.0329	0.4671	0.9342	2.31	0.9896	0.0104	0.4896	0.9791
1.85	0.9678	0.0322	0.4678	0.9357	2.32	0.9898	0.0102	0.4898	0.9797
1.86	0.9686	0.0314	0.4686	0.9371	2.33	0.9901	0.0099	0.4901	0.9802
1.87	0.9693	0.0307	0.4693	0.9385	2.34	0.9904	0.0096	0.4904	0.9807
1.88	0.9699	0.0301	0.4699	0.9399	2.35	0.9906	0.0094	0.4906	0.9812
1.89	0.9706	0.0294	0.4706	0.9412	2.36	0.9909	0.0091	0.4909	0.9817
1.90	0.9713	0.0287	0.4713	0.9426	2.37	0.9911	0.0089	0.4911	0.9822
1.91	0.9719	0.0281	0.4719	0.9439	2.38	0.9913	0.0087	0.4913	0.9827
1.92	0.9726	0.0274	0.4726	0.9451	2.39	0.9916	0.0084	0.4916	0.9832
1.93	0.9732	0.0268	0.4732	0.9464	2.40	0.9918	0.0082	0.4918	0.9836
1.94	0.9738	0.0262	0.4738	0.9476	2.41	0.9920	0.0080	0.4920	0.9840
1.95	0.9744	0.0256	0.4744	0.9488	2.42	0.9922	0.0078	0.4922	0.9845
1.96	0.9750	0.0250	0.4750	0.9500	2.43	0.9925	0.0075	0.4925	0.9849
1.97	0.9756	0.0244	0.4756	0.9512	2.44	0.9927	0.0073	0.4927	0.9853
1.98	0.9761	0.0239	0.4761	0.9523	2.45	0.9929	0.0071	0.4929	0.9857
1.99	0.9767	0.0233	0.4767	0.9534	2.46	0.9931	0.0069	0.4931	0.9861
2.00	0.9772	0.0228	0.4772	0.9545	2.47	0.9932	0.0068	0.4932	0.9865
2.01	0.9778	0.0222	0.4778	0.9556	2.48	0.9934	0.0066	0.4934	0.9869
2.02	0.9783	0.0217	0.4783	0.9566	2.49	0.9936	0.0064	0.4936	0.9872

x	A^a	B^b	C^c	D^d	x	A	B	C	D
2.50	0.9938	0.0062	0.4938	0.9876	2.97	0.9985	0.0015	0.4985	0.9970
2.51	0.9940	0.0060	0.4940	0.9879	2.98	0.9986	0.0014	0.4986	0.9971
2.52	0.9941	0.0059	0.4941	0.9883	2.99	0.9986	0.0014	0.4986	0.9972
2.53	0.9943	0.0057	0.4943	0.9886	3.00	0.9987	0.0013	0.4987	0.9973
2.54	0.9945	0.0055	0.4945	0.9889	3.01	0.9987	0.0013	0.4987	0.9974
2.55	0.9946	0.0054	0.4946	0.9892	3.02	0.9987	0.0013	0.4987	0.9975
2.56	0.9948	0.0052	0.4948	0.9895	3.03	0.9988	0.0012	0.4988	0.9976
2.57	0.9949	0.0051	0.4949	0.9898	3.04	0.9988	0.0012	0.4988	0.9976
2.58	0.9951	0.0049	0.4951	0.9901	3.05	0.9989	0.0011	0.4989	0.9977
2.59	0.9952	0.0048	0.4952	0.9904	3.06	0.9989	0.0011	0.4989	0.9978
2.60	0.9953	0.0047	0.4953	0.9907	3.07	0.9989	0.0011	0.4989	0.9979
2.61	0.9955	0.0045	0.4955	0.9909	3.08	0.9990	0.0010	0.4990	0.9979
2.62	0.9956	0.0044	0.4956	0.9912	3.09	0.9990	0.0010	0.4990	0.9980
2.63	0.9957	0.0043	0.4957	0.9915	3.10	0.9990	0.0010	0.4990	0.9981
2.64	0.9959	0.0041	0.4959	0.9917	3.11	0.9991	0.0009	0.4991	0.9981
2.65	0.9960	0.0040	0.4960	0.9920	3.12	0.9991	0.0009	0.4991	0.9982
2.66	0.9961	0.0039	0.4961	0.9922	3.13	0.9991	0.0009	0.4991	0.9983
2.67	0.9962	0.0038	0.4962	0.9924	3.14	0.9992	0.0008	0.4992	0.9983
2.68	0.9963	0.0037	0.4963	0.9926	3.15	0.9992	0.0008	0.4992	0.9984
2.69	0.9964	0.0036	0.4964	0.9929	3.16	0.9992	0.0008	0.4992	0.9984
2.70	0.9965	0.0035	0.4965	0.9931	3.17	0.9992	0.0008	0.4992	0.9985
2.71	0.9966	0.0034	0.4966	0.9933	3.18	0.9993	0.0007	0.4993	0.9985
2.72	0.9967	0.0033	0.4967	0.9935	3.19	0.9993	0.0007	0.4993	0.9986
2.73	0.9968	0.0032	0.4968	0.9937	3.20	0.9993	0.0007	0.4993	0.9986
2.74	0.9969	0.0031	0.4969	0.9939	3.21	0.9993	0.0007	0.4993	0.9987
2.75	0.9970	0.0030	0.4970	0.9940	3.22	0.9994	0.0006	0.4994	0.9987
2.76	0.9971	0.0029	0.4971	0.9942	3.23	0.9994	0.0006	0.4994	0.9988
2.77	0.9972	0.0028	0.4972	0.9944	3.24	0.9994	0.0006	0.4994	0.9988
2.78	0.9973	0.0027	0.4973	0.9946	3.25	0.9994	0.0006	0.4994	0.9988
2.79	0.9974	0.0026	0.4974	0.9947	3.26	0.9994	0.0006	0.4994	0.9989
2.80	0.9974	0.0026	0.4974	0.9949	3.27	0.9995	0.0005	0.4995	0.9989
2.81	0.9975	0.0025	0.4975	0.9950	3.28	0.9995	0.0005	0.4995	0.9990
2.82	0.9976	0.0024	0.4976	0.9952	3.29	0.9995	0.0005	0.4995	0.9990
2.83	0.9977	0.0023	0.4977	0.9953	3.30	0.9995	0.0005	0.4995	0.9990
2.84	0.9977	0.0023	0.4977	0.9955	3.31	0.9995	0.0005	0.4995	0.9991
2.85	0.9978	0.0022	0.4978	0.9956	3.32	0.9995	0.0005	0.4995	0.9991
2.86	0.9979	0.0021	0.4979	0.9958	3.33	0.9996	0.0004	0.4996	0.9991
2.87	0.9979	0.0021	0.4979	0.9959	3.34	0.9996	0.0004	0.4996	0.9992
2.88	0.9980	0.0020	0.4980	0.9960	3.35	0.9996	0.0004	0.4996	0.9992
2.89	0.9981	0.0019	0.4981	0.9961	3.36	0.9996	0.0004	0.4996	0.9992
2.90	0.9981	0.0019	0.4981	0.9963	3.37	0.9996	0.0004	0.4996	0.9992
2.91	0.9982	0.0018	0.4982	0.9964	3.38	0.9996	0.0004	0.4996	0.9993
2.92	0.9982	0.0018	0.4982	0.9965	3.39	0.9997	0.0003	0.4997	0.9993
2.93	0.9983	0.0017	0.4983	0.9966	3.40	0.9997	0.0003	0.4997	0.9993
2.94	0.9984	0.0016	0.4984	0.9967	3.41	0.9997	0.0003	0.4997	0.9993
2.95	0.9984	0.0016	0.4984	0.9968	3.42	0.9997	0.0003	0.4997	0.9994
2.96	0.9985	0.0015	0.4985	0.9969	3.43	0.9997	0.0003	0.4997	0.9994

续表

x	A^a	B^b	C^c	D^d	x	A	B	C	D
3.44	0.9997	0.0003	0.4997	0.9994	3.72	0.9999	0.0001	0.4999	0.9998
3.45	0.9997	0.0003	0.4997	0.9994	3.73	0.9999	0.0001	0.4999	0.9998
3.46	0.9997	0.0003	0.4997	0.9995	3.74	0.9999	0.0001	0.4999	0.9998
3.47	0.9997	0.0003	0.4997	0.9995	3.75	0.9999	0.0001	0.4999	0.9998
3.48	0.9997	0.0003	0.4997	0.9995	3.76	0.9999	0.0001	0.4999	0.9998
3.49	0.9998	0.0002	0.4998	0.9995	3.77	0.9999	0.0001	0.4999	0.9998
3.50	0.9998	0.0002	0.4998	0.9995	3.78	0.9999	0.0001	0.4999	0.9998
3.51	0.9998	0.0002	0.4998	0.9996	3.79	0.9999	0.0001	0.4999	0.9998
3.52	0.9998	0.0002	0.4998	0.9996	3.80	0.9999	0.0001	0.4999	0.9999
3.53	0.9998	0.0002	0.4998	0.9996	3.81	0.9999	0.0001	0.4999	0.9999
3.54	0.9998	0.0002	0.4998	0.9996	3.82	0.9999	0.0001	0.4999	0.9999
3.55	0.9998	0.0002	0.4998	0.9996	3.83	0.9999	0.0001	0.4999	0.9999
3.56	0.9998	0.0002	0.4998	0.9996	3.84	0.9999	0.0001	0.4999	0.9999
3.57	0.9998	0.0002	0.4998	0.9996	3.85	0.9999	0.0001	0.4999	0.9999
3.58	0.9998	0.0002	0.4998	0.9997	3.86	0.9999	0.0001	0.4999	0.9999
3.59	0.9998	0.0002	0.4998	0.9997	3.87	0.9999	0.0001	0.4999	0.9999
3.60	0.9998	0.0002	0.4998	0.9997	3.88	0.9999	0.0001	0.4999	0.9999
3.61	0.9998	0.0002	0.4998	0.9997	3.89	0.9999	0.0001	0.4999	0.9999
3.62	0.9999	0.0001	0.4999	0.9997	3.90	1.0000	0.0000	0.5000	0.9999
3.63	0.9999	0.0001	0.4999	0.9997	3.91	1.0000	0.0000	0.5000	0.9999
3.64	0.9999	0.0001	0.4999	0.9997	3.92	1.0000	0.0000	0.5000	0.9999
3.65	0.9999	0.0001	0.4999	0.9997	3.93	1.0000	0.0000	0.5000	0.9999
3.66	0.9999	0.0001	0.4999	0.9997	0.94	1.0000	0.0000	0.5000	0.9999
3.67	0.9999	0.0001	0.4999	0.9998	3.95	1.0000	0.0000	0.5000	0.9999
3.68	0.9999	0.0001	0.4999	0.9998	3.96	1.0000	0.0000	0.5000	0.9999
3.69	0.9999	0.0001	0.4999	0.9998	3.97	1.0000	0.0000	0.5000	0.9999
3.70	0.9999	0.0001	0.4999	0.9998	3.98	1.0000	0.0000	0.5000	0.9999
3.71	0.9999	0.0001	0.4999	0.9998	3.99	1.0000	0.0000	0.5000	0.9999

[a]　$A(x)=\Phi(x)=Pr(X\leqslant x)$，此处 X 是标准正态分布。

[b]　$B(x)=1-\Phi(x)=Pr(X>x)$，此处 X 是标准正态分布。

[c]　$C(x)=Pr(0\leqslant X\leqslant x)$，此处 X 是标准正态分布。

[d]　$D(x)=Pr(-x\leqslant X\leqslant x)$，此处 X 是标准正态分布。

表4　1000个随机数字表

01	32924	22324	18125	09077	26	96772	16443	39877	04653
02	54632	90374	94143	49295	27	52167	21038	14338	01395
03	88720	43035	97081	83373	28	69644	37198	00028	98195
04	21727	11904	41513	31653	29	71011	62004	81712	87536
05	80985	70799	57975	69282	30	31217	75877	85366	55500
06	40412	58826	94868	52632	31	64990	98735	02999	35521
07	43918	56807	75218	46077	32	48417	23569	59307	46550
08	26513	47480	77410	47741	33	07900	65059	48592	44087
09	18164	35784	44255	30124	34	74526	32601	24482	16981
10	39446	01375	75264	51173	35	51056	04402	58353	37332
11	16638	04680	98617	90298	36	39005	93458	63143	21817
12	16872	94749	44012	48884	37	67883	76343	78155	67733
13	65419	87092	78596	91512	38	06014	60999	87226	36071
14	05207	36702	56804	10498	39	93147	88766	04148	42471
15	78807	79243	13729	81222	40	01099	95731	47622	13294
16	69341	79028	64253	80447	41	89252	01201	58138	13809
17	41871	17566	61200	15994	42	41766	57239	50251	64675
18	25758	04625	43226	32986	43	92736	77800	81996	45646
19	06604	94486	40174	10742	44	45118	36600	68977	68831
20	82259	56512	48945	18183	45	73457	01579	00378	70197
21	07895	37090	50627	71320	46	49465	85251	42914	17277
22	59836	71148	42320	67816	47	15745	37285	23768	39302
23	57133	76610	89104	30481	48	28760	81331	78265	60690
24	76964	57126	87174	61025	49	82193	32787	70451	91141
25	27694	17145	32439	68245	50	89664	50242	12382	39379

表 5　t 分布的百分位数 $(t_{d,u})$[a]

自由度, d	u								
	0.75	0.80	0.85	0.90	0.95	0.975	0.99	0.995	0.9995
1	1.000	1.376	1.963	3.078	6.314	12.706	31.821	63.657	636.619
2	0.816	1.061	1.386	1.886	2.920	4.303	6.965	9.925	31.598
3	0.765	0.978	1.250	1.638	2.353	3.182	4.541	5.841	12.924
4	0.741	0.941	1.190	1.533	2.132	2.776	3.747	4.604	8.610
5	0.727	0.920	1.156	1.476	2.015	2.571	3.365	4.032	6.869
6	0.718	0.906	1.134	1.440	1.943	2.447	3.143	3.707	5.959
7	0.711	0.896	1.119	1.415	1.895	2.365	2.998	3.499	5.408
8	0.706	0.889	1.108	1.397	1.860	2.306	2.896	3.355	5.041
9	0.703	0.883	1.100	1.383	1.833	2.262	2.821	3.250	4.781
10	0.700	0.879	1.093	1.372	1.812	2.228	2.764	3.169	4.587
11	0.697	0.876	1.088	1.363	1.796	2.201	2.718	3.106	4.437
12	0.695	0.873	1.083	1.356	1.782	2.179	2.681	3.055	4.318
13	0.694	0.870	1.079	1.350	1.771	2.160	2.650	3.012	4.221
14	0.692	0.868	1.076	1.345	1.761	2.145	2.624	2.977	4.140
15	0.691	0.866	1.074	1.341	1.753	2.131	2.602	2.947	4.073
16	0.690	0.865	1.071	1.337	1.746	2.120	2.583	2.921	4.015
17	0.689	0.863	1.069	1.333	1.740	2.110	2.567	2.898	3.965
18	0.688	0.862	1.067	1.330	1.734	2.101	2.552	2.878	3.922
19	0.688	0.861	1.066	1.328	1.729	2.093	2.539	2.861	2.883
20	0.687	0.860	1.064	1.325	1.725	2.086	2.528	2.845	3.850
21	0.686	0.859	1.063	1.323	1.721	2.080	2.518	2.831	3.819
22	0.686	0.858	1.061	1.321	1.717	2.074	2.508	2.819	3.792
23	0.685	0.858	1.060	1.319	1.714	2.069	2.500	2.807	3.767
24	0.685	0.857	1.059	1.318	1.711	2.064	2.492	2.797	3.745
25	0.684	0.856	1.058	1.316	1.708	2.060	2.485	2.787	3.725
26	0.684	0.856	1.058	1.315	1.706	2.056	2.479	2.779	3.707
27	0.684	0.855	1.057	1.314	1.703	2.052	2.473	2.771	3.690
28	0.683	0.855	1.056	1.313	1.701	2.048	2.467	2.763	3.674
29	0.683	0.854	1.055	1.311	1.699	2.045	2.462	2.756	3.659
30	0.683	0.854	1.055	1.310	1.697	2.042	2.457	2.750	3.646
40	0.681	0.851	1.050	1.303	1.684	2.021	2.423	2.704	3.551
60	0.679	0.848	1.046	1.296	1.671	2.000	2.390	2.660	3.460
120	0.677	0.845	1.041	1.289	1.658	1.980	2.358	2.617	3.373
∞	0.674	0.842	1.036	1.282	1.645	1.960	2.326	2.576	3.291

[a]　t 分布具有 d 自由度的第 u 百分位数。

Source: Table 5 is taken from Table Ⅲ of Fisher and Yates: "Statistical Tables for Biological, Agricultural and Medical Research," published by Longman Group Ltd., London (previously published by Oliver and Boyd Ltd., Edinburgh), and by permission of the authors and publishers.

表6　卡方($\chi^2_{d,u}$)分布的百分位数[a]

d	0.005	0.01	0.025	0.05	0.10	0.25	0.50	0.75	0.90	0.95	0.975	0.99	0.995	0.999
1	0.0^4393^b	0.0^3157^c	0.0^3982^d	0.00393	0.02	0.10	0.45	1.32	2.71	3.84	5.02	6.63	7.88	10.83
2	0.0100	0.0201	0.0506	0.103	0.21	0.58	1.39	2.77	4.61	5.99	7.38	9.21	10.60	13.81
3	0.0717	0.115	0.216	0.352	0.58	1.21	2.37	4.11	6.25	7.81	9.35	11.34	12.84	16.27
4	0.207	0.297	0.484	0.711	1.06	1.92	3.36	5.39	7.78	9.49	11.14	13.28	14.86	18.47
5	0.412	0.554	0.831	1.15	1.61	2.67	4.35	6.63	9.24	11.07	12.83	15.09	16.75	20.52
6	0.676	0.872	1.24	1.64	2.20	3.45	5.35	7.84	10.64	12.59	14.45	16.81	18.55	22.46
7	0.989	1.24	1.69	2.17	2.83	4.25	6.35	9.04	12.02	14.07	16.01	18.48	20.28	24.32
8	1.34	1.65	2.18	2.73	3.49	5.07	7.34	10.22	13.36	15.51	17.53	20.09	21.95	26.12
9	1.73	2.09	2.70	3.33	4.17	5.90	8.34	11.39	14.68	16.92	19.02	21.67	23.59	27.88
10	2.16	2.56	3.25	3.94	4.87	6.74	9.34	12.55	15.99	18.31	20.48	23.21	25.19	29.59
11	2.60	3.05	3.82	4.57	5.58	7.58	10.34	13.70	17.28	19.68	21.92	24.72	26.76	31.26
12	3.07	3.57	4.40	5.23	6.30	8.44	11.34	14.85	18.55	21.03	23.34	26.22	28.30	32.91
13	3.57	4.11	5.01	5.89	7.04	9.30	12.34	15.98	19.81	22.36	24.74	27.69	29.82	34.53
14	4.07	4.66	5.63	6.57	7.79	10.17	13.34	17.12	21.06	23.68	26.12	29.14	31.32	36.12
15	4.60	5.23	6.27	7.26	8.55	11.04	14.34	18.25	22.31	25.00	27.49	30.58	32.80	37.70
16	5.14	5.81	6.91	7.96	9.31	11.91	15.34	19.37	23.54	26.30	28.85	32.00	34.27	39.25
17	5.70	6.41	7.56	8.67	10.09	12.79	16.34	20.49	24.77	27.59	30.19	33.41	35.72	40.79
18	6.26	7.01	8.23	9.39	10.86	13.68	17.34	21.60	25.99	28.87	31.53	34.81	37.16	42.31
19	6.84	7.63	8.91	10.12	11.65	14.56	18.34	22.72	27.20	30.14	32.85	36.19	38.58	43.82
20	7.43	8.26	9.59	10.85	12.44	15.45	19.34	23.83	28.41	31.41	34.17	37.57	40.00	45.32
21	8.03	8.90	10.28	11.59	13.24	16.34	20.34	24.93	29.62	32.67	35.48	38.93	41.40	46.80
22	8.64	9.54	10.98	12.34	14.04	17.24	21.34	26.04	30.81	33.92	36.78	40.29	42.80	48.27
23	9.26	10.20	11.69	13.09	14.85	18.14	22.34	27.14	32.01	35.17	38.08	41.64	44.18	49.73
24	9.89	10.86	12.40	13.85	15.66	19.04	23.34	28.24	33.20	36.42	39.36	42.98	45.56	51.18
25	10.52	11.52	13.12	14.61	16.47	19.94	24.34	29.34	34.38	37.65	40.65	44.31	46.93	52.62
26	11.16	12.20	13.84	15.38	17.29	20.84	25.34	30.43	35.56	38.89	41.92	45.64	48.29	54.05
27	11.81	12.88	14.57	16.15	18.11	21.75	26.34	31.53	36.74	40.11	43.19	46.96	49.64	55.48
28	12.46	13.56	15.31	16.93	18.94	22.66	27.34	32.62	37.92	41.34	44.46	48.28	50.99	56.89
29	13.12	14.26	16.05	17.71	19.77	23.57	28.34	33.71	39.09	42.56	45.72	49.59	52.34	58.30
30	13.79	14.95	16.79	18.49	20.60	24.48	29.34	34.80	40.26	43.77	46.98	50.89	53.67	59.70
40	20.71	22.16	24.43	26.51	29.05	33.66	39.34	45.62	51.81	55.76	59.34	63.69	66.77	73.40
50	27.99	29.71	32.36	34.76	37.69	42.94	49.33	56.33	63.17	67.50	71.42	76.15	79.49	86.66
60	35.53	37.48	40.48	43.19	46.46	52.29	59.33	66.98	74.40	79.08	83.30	88.38	91.95	99.61
70	43.28	45.44	48.76	51.74	55.33	61.70	69.33	77.58	85.53	90.53	95.02	100.42	104.22	112.32
80	51.17	53.54	57.15	60.39	64.28	71.14	79.33	88.13	96.58	101.88	106.63	112.33	116.32	124.84
90	59.20	61.75	65.65	69.13	73.29	80.62	89.33	98.64	107.56	113.14	118.14	124.12	128.30	137.21
100	67.33	70.06	74.22	77.93	82.36	90.13	99.33	109.14	118.50	124.34	129.56	135.81	140.17	149.45

[a] $\chi^2_{d,u}=\chi^2$ 分布具有 d 自由度的第 u 百分位数。

[b] $= 0.0000393$

[c] $= 0.000157$

[d] $= 0.000982$

表7a　二项概率精确双侧100%×(1−α)置信区间(α=0.05)

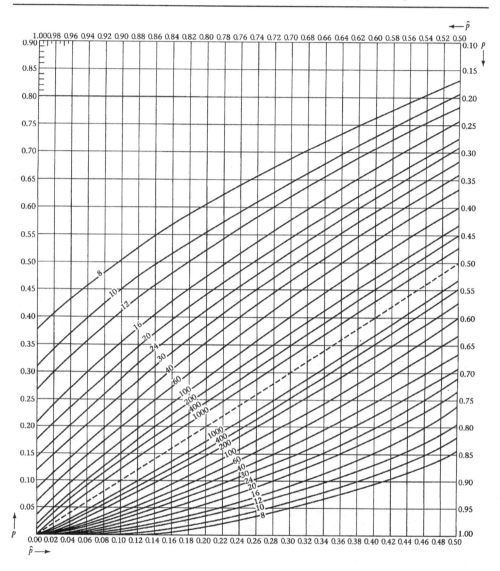

表 7b　二项概率精确双侧 100% × (1 − α) 置信区间 (α = 0.01)

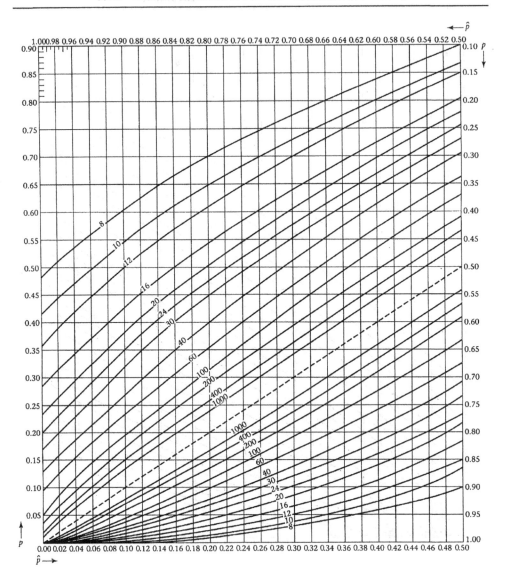

表8　泊松变量期望值(μ)的置信区间

置信水平($1-\alpha$)

$(1-\alpha)$	0.998		0.99		0.98		0.95		0.90		$(1-2\alpha)$
x	Lower	Upper	Lower	Upper	Lower	Upper	Lower	Upper	Lower	Upper	x
0	0.00000	6.91	0.00000	5.30	0.0000	4.61	0.0000	3.69	0.0000	3.00	0
1	0.00100	9.23	0.00501	7.43	0.0101	6.64	0.0253	5.57	0.0513	4.74	1
2	0.0454	11.23	0.103	9.27	0.149	8.41	0.242	7.22	0.355	6.30	2
3	0.191	13.06	0.338	10.98	0.436	10.05	0.619	8.77	0.818	7.75	3
4	0.429	14.79	0.672	12.59	0.823	11.60	1.09	10.24	1.37	9.15	4
5	0.739	16.45	1.08	14.15	1.28	13.11	1.62	11.67	1.97	10.51	5
6	1.11	18.06	1.54	15.66	1.79	14.57	2.20	13.06	2.61	11.84	6
7	1.52	19.63	2.04	17.13	2.33	16.00	2.81	14.42	3.29	13.15	7
8	1.97	21.16	2.57	18.58	2.91	17.40	3.45	15.76	3.98	14.43	8
9	2.45	22.66	3.13	20.00	3.51	18.78	4.12	17.08	4.70	15.71	9
10	2.96	24.13	3.72	21.40	4.13	20.14	4.80	18.39	5.43	16.96	10
11	3.49	25.59	4.32	22.78	4.77	21.49	5.49	19.68	6.17	18.21	11
12	4.04	27.03	4.94	24.14	5.43	22.82	6.20	20.96	6.92	19.44	12
13	4.61	28.45	5.58	25.50	6.10	24.14	6.92	22.23	7.69	20.67	13
14	5.20	29.85	6.23	26.84	6.78	25.45	7.65	23.49	8.46	21.89	14
15	5.79	31.24	6.89	28.16	7.48	26.74	8.40	24.74	9.25	23.10	15
16	6.41	32.62	7.57	29.48	8.18	28.03	9.15	25.98	10.04	24.30	16
17	7.03	33.99	8.25	30.79	8.89	29.31	9.90	27.22	10.83	25.50	17
18	7.66	35.35	8.94	32.09	9.62	30.58	10.67	28.45	11.63	26.69	18
19	8.31	36.70	9.64	33.38	10.35	31.85	11.44	29.67	12.44	27.88	19
20	8.96	38.04	10.35	34.67	11.08	33.10	12.22	30.89	13.25	29.06	20
21	9.62	39.38	11.07	35.95	11.82	34.36	13.00	32.10	14.07	30.24	21
22	10.29	40.70	11.79	37.22	12.57	35.60	13.79	33.31	14.89	31.42	22
23	10.96	42.02	12.52	38.48	13.33	36.84	14.58	34.51	15.72	32.59	23
24	11.65	43.33	13.25	39.74	14.09	38.08	15.38	35.71	16.55	33.75	24
25	12.34	44.64	14.00	41.00	14.85	39.31	16.18	36.90	17.38	34.92	25
26	13.03	45.94	14.74	42.25	15.62	40.53	16.98	38.10	18.22	36.08	26
27	13.73	47.23	15.49	43.50	16.40	41.76	17.79	29.28	19.06	37.23	27
28	14.44	48.52	16.24	44.74	17.17	42.98	18.61	40.47	19.90	38.39	28
29	15.15	49.80	17.00	45.98	17.96	44.19	19.42	41.65	20.75	39.54	29
30	15.87	51.08	17.77	47.21	18.74	45.40	20.24	42.83	21.59	40.69	30
35	19.52	57.42	21.64	53.32	22.72	51.41	24.38	48.68	25.87	46.40	35
40	23.26	63.66	25.59	59.36	26.77	57.35	28.58	54.47	30.20	52.07	40
45	27.08	69.83	29.60	65.34	30.88	63.23	32.82	60.21	34.56	57.69	45
50	30.96	75.94	33.66	71.27	35.03	69.07	37.11	65.92	38.96	63.29	50

注:如果 X 表示观察到事件数的随机变量,μ_1, μ_2 表示期望值 μ 的置信区间下、上限,则 $Pr(\mu_1 \leqslant \mu \leqslant \mu_2) = 1-\alpha$。

Source:*Biometrika Tables for Statisticians*, 3rd edition, Volume 1, edited by E. S. Pearson and H. O. Hartley. Published for the Biometrika Trustees, Cambridge University Press, Cambridge, England, 1966.

表9　F分布的百分位数($F_{d_1, d_2, p}$)

分母自由度 d_2	p	\multicolumn{11}{c}{分子自由度，d_1}										
		1	2	3	4	5	6	7	8	12	24	∞
1	0.90	39.86	49.50	53.59	55.83	57.24	58.20	58.91	59.44	60.71	62.00	63.33
	0.95	161.4	199.5	215.7	224.6	230.2	234.0	236.8	238.9	243.9	249.1	254.3
	0.975	647.8	799.5	864.2	899.6	921.8	937.1	948.2	956.7	976.7	997.2	1018.0
	0.99	4052.0	5000.0	5403.0	5625.0	5764.0	5859.0	5928.0	5981.0	6106.0	6235.0	6366.0
	0.995	16211.0	20000.0	21615.0	22500.0	23056.0	23437.0	23715.0	23925.0	24426.0	24940.0	25464.0
	0.999	405280.0	500000.0	540380.0	562500.0	576400.0	585940.0	592870.0	598140.0	610670.0	623500.0	636620.0
2	0.90	8.53	9.00	9.16	9.24	9.29	9.33	9.35	9.37	9.41	9.45	9.49
	0.95	18.51	19.00	19.16	19.25	19.30	19.33	19.35	19.37	19.41	19.45	19.50
	0.975	38.51	39.00	39.17	39.25	39.30	39.33	39.36	39.37	39.42	39.46	39.50
	0.99	98.50	99.00	99.17	99.25	99.30	99.33	99.36	99.37	99.42	99.46	99.50
	0.995	198.5	199.0	199.2	199.2	199.3	199.3	199.4	199.4	199.4	199.5	199.5
	0.999	998.5	999.0	999.2	999.2	999.3	999.3	999.4	999.4	999.4	999.5	999.5
3	0.90	5.54	5.46	5.39	5.34	5.31	5.28	5.27	5.25	5.22	5.18	5.13
	0.95	10.13	9.55	9.28	9.12	9.01	8.94	8.89	8.85	8.74	8.64	8.53
	0.975	17.44	16.04	15.44	15.10	14.88	14.74	14.62	14.54	14.34	14.12	13.90
	0.99	34.12	30.82	29.46	28.71	28.24	27.91	27.67	27.49	27.05	26.60	26.13
	0.995	55.55	49.80	47.47	46.20	45.39	44.84	44.43	44.13	43.39	42.62	41.83
	0.999	167.00	148.5	141.1	137.1	134.6	132.8	131.6	130.6	128.3	125.9	123.5
4	0.90	4.54	4.32	4.19	4.11	4.05	4.01	3.98	3.95	3.90	3.83	3.76
	0.95	7.71	6.94	6.59	6.39	6.26	6.16	6.09	6.04	5.91	5.77	5.63
	0.975	12.22	10.65	9.98	9.60	9.36	9.20	9.07	8.98	8.75	8.51	8.26
	0.99	21.20	18.00	16.69	15.98	15.52	15.21	14.98	14.80	14.37	13.93	13.46
	0.995	31.33	26.28	24.26	23.16	22.46	21.98	21.62	21.35	20.70	20.03	19.32
	0.999	74.14	61.25	56.18	53.44	51.71	50.53	49.66	49.00	47.41	45.77	44.05
5	0.90	4.06	3.78	3.62	3.52	3.45	3.40	3.37	3.34	3.27	3.19	3.10
	0.95	6.61	5.79	5.41	5.19	5.05	4.95	4.88	4.82	4.68	4.53	4.36
	0.975	10.01	8.43	7.76	7.39	7.15	6.98	6.85	6.76	6.52	6.28	6.02
	0.99	16.26	13.27	12.06	11.39	10.97	10.67	10.46	10.29	9.89	9.47	9.02
	0.995	22.78	18.31	16.53	15.56	14.94	14.51	14.20	13.96	13.38	12.78	12.14
	0.999	47.18	37.12	33.20	31.09	29.75	28.83	28.16	27.65	26.42	25.13	23.79
6	0.90	3.78	3.46	3.29	3.18	3.11	3.05	3.01	2.98	2.90	2.82	2.72
	0.95	5.99	5.14	4.76	4.53	4.39	4.28	4.21	4.15	4.00	3.84	3.67
	0.975	8.81	7.26	6.60	6.23	5.99	5.82	5.70	5.60	5.37	5.12	4.85
	0.99	13.75	10.92	9.78	9.15	8.75	8.47	8.26	8.10	7.72	7.31	6.88
	0.995	18.64	14.54	12.92	12.03	11.46	11.07	10.79	10.57	10.03	9.47	8.88
	0.999	35.51	27.00	23.70	21.92	20.80	20.03	19.46	19.03	17.99	16.90	15.75

分母自由度 d_2	p	分子自由度, d_1										
		1	2	3	4	5	6	7	8	12	24	∞
7	0.90	3.59	3.26	3.07	2.96	2.88	2.83	2.78	2.75	2.67	2.58	2.47
	0.95	5.59	4.74	4.35	4.12	3.97	3.87	3.79	3.73	3.57	3.41	3.23
	0.975	8.07	6.54	5.89	5.52	5.29	5.12	4.99	4.90	4.67	4.42	4.14
	0.99	12.25	9.55	8.45	7.85	7.46	7.19	6.99	6.84	6.47	6.07	5.65
	0.995	16.24	12.40	10.88	10.05	9.52	9.16	8.89	8.68	8.18	7.65	7.08
	0.999	29.25	21.69	18.77	17.20	16.21	15.52	15.02	14.63	13.71	12.73	11.70
8	0.90	3.46	3.11	2.92	2.81	2.73	2.67	2.62	2.59	2.50	2.40	2.29
	0.95	5.32	4.46	4.07	3.84	3.69	3.58	3.50	3.44	3.28	3.12	2.93
	0.975	7.57	6.06	5.42	5.05	4.82	4.65	4.53	4.43	4.20	3.95	3.67
	0.99	11.26	8.65	7.59	7.01	6.63	6.37	6.18	6.03	5.67	5.28	4.86
	0.995	14.69	11.04	9.60	8.81	8.30	7.95	7.69	7.50	7.01	6.50	5.95
	0.999	25.42	18.49	15.83	14.39	13.49	12.86	12.40	12.04	11.19	10.30	9.33
9	0.90	3.36	3.01	2.81	2.69	2.61	2.55	2.51	2.47	2.38	2.28	2.16
	0.95	5.12	4.26	3.86	3.63	3.48	3.37	3.29	3.23	3.07	2.90	2.71
	0.975	7.21	5.71	5.08	4.72	4.48	4.32	4.20	4.10	3.87	3.61	3.33
	0.99	10.56	8.02	6.99	6.42	6.06	5.80	5.61	5.47	5.11	4.73	4.31
	0.995	13.61	10.11	8.72	7.96	7.47	7.13	6.88	6.69	6.23	5.73	5.19
	0.999	22.86	16.39	13.90	12.56	11.71	11.13	10.70	10.37	9.57	8.72	7.81
10	0.90	3.29	2.92	2.73	2.61	2.52	2.46	2.41	2.38	2.28	2.18	2.06
	0.95	4.96	4.10	3.71	3.48	3.33	3.22	3.14	3.07	2.91	2.74	2.54
	0.975	6.94	5.46	4.83	4.47	4.24	4.07	3.95	3.85	3.62	3.37	3.08
	0.99	10.04	7.56	6.55	5.99	5.64	5.39	5.20	5.06	4.71	4.33	3.91
	0.995	12.83	9.43	8.08	7.34	6.87	6.54	6.30	6.12	5.66	5.17	4.64
	0.999	21.04	14.91	12.55	11.28	10.48	9.93	9.52	9.20	8.45	7.64	6.76
12	0.90	3.18	2.81	2.61	2.48	2.39	2.33	2.28	2.24	2.15	2.04	1.90
	0.95	4.75	3.89	3.49	3.26	3.11	3.00	2.91	2.85	2.69	2.51	2.30
	0.975	6.55	5.10	4.47	4.12	3.89	3.73	3.61	3.51	3.28	3.02	2.72
	0.99	9.33	6.93	5.95	5.41	5.06	4.82	4.64	4.50	4.16	3.78	3.36
	0.995	11.75	8.51	7.23	6.52	6.07	5.76	5.52	5.35	4.91	4.43	3.90
	0.999	18.64	12.97	10.80	9.63	8.89	8.38	8.00	7.71	7.00	6.25	5.42
14	0.90	3.10	2.73	2.52	2.39	2.31	2.24	2.19	2.15	2.05	1.94	1.80
	0.95	4.60	3.74	3.34	3.11	2.96	2.85	2.76	2.70	2.53	2.35	2.13
	0.975	6.30	4.86	4.24	3.89	3.66	3.50	3.38	3.29	3.05	2.79	2.49
	0.99	8.86	6.51	5.56	5.04	4.69	4.46	4.28	4.14	3.80	3.43	3.00
	0.995	11.06	7.92	6.68	6.00	5.56	5.26	5.03	4.86	4.43	3.96	3.44
	0.999	17.14	11.78	9.73	8.62	7.92	7.44	7.08	6.80	6.13	5.41	4.60
16	0.90	3.05	2.67	2.46	2.33	2.24	2.18	2.13	2.09	1.99	1.87	1.72
	0.95	4.49	3.63	3.24	3.01	2.85	2.74	2.66	2.59	2.42	2.24	2.01
	0.975	6.12	4.69	4.08	3.73	3.50	3.34	3.22	3.12	2.89	2.63	2.32

分母自由度 d_2	p	分子自由度, d_1										
		1	2	3	4	5	6	7	8	12	24	∞
	0.99	8.53	6.23	5.29	4.77	4.44	4.20	4.03	3.89	3.55	3.18	2.75
	0.995	10.58	7.51	6.30	5.64	5.21	4.91	4.69	4.52	4.10	3.64	3.11
	0.999	16.12	10.97	9.01	7.94	7.27	6.80	6.46	6.19	5.55	4.85	4.06
18	0.90	3.01	2.62	2.42	2.29	2.20	2.13	2.08	2.04	1.93	1.81	1.66
	0.95	4.41	3.55	3.16	2.93	2.77	2.66	2.58	2.51	2.34	2.15	1.92
	0.975	5.98	4.56	3.95	3.61	3.38	3.22	3.10	3.01	2.77	2.50	2.19
	0.99	8.29	6.01	5.09	4.58	4.25	4.01	3.84	3.71	3.37	3.00	2.57
	0.995	10.22	7.21	6.03	5.37	4.96	4.66	4.44	4.28	3.86	3.40	2.87
	0.999	15.38	10.39	8.49	7.46	6.81	6.35	6.02	5.76	5.13	4.45	3.67
20	0.90	2.97	2.59	2.38	2.25	2.16	2.09	2.04	2.00	1.89	1.77	1.61
	0.95	4.35	3.49	3.10	2.87	2.71	2.60	2.51	2.45	2.28	2.08	1.84
	0.975	5.87	4.46	3.86	3.51	3.29	3.13	3.01	2.91	2.68	2.41	2.09
	0.99	8.10	5.85	4.94	4.43	4.10	3.87	3.70	3.56	3.23	2.86	2.42
	0.995	9.94	6.99	5.82	5.17	4.76	4.47	4.26	4.09	3.68	3.22	2.69
	0.999	14.82	9.95	8.10	7.10	6.46	6.02	5.69	5.44	4.82	4.15	3.38
30	0.90	2.88	2.49	2.28	2.14	2.05	1.98	1.93	1.88	1.77	1.64	1.46
	0.95	4.17	3.32	2.92	2.69	2.53	2.42	2.33	2.27	2.09	1.89	1.62
	0.975	5.57	4.18	3.59	3.25	3.03	2.87	2.75	2.65	2.41	2.14	1.79
	0.99	7.56	5.39	4.51	4.02	3.70	3.47	3.30	3.17	2.84	2.47	2.01
	0.995	9.18	6.35	5.24	4.62	4.23	3.95	3.74	3.58	3.18	2.73	2.18
	0.999	13.29	8.77	7.05	6.12	5.53	5.12	4.82	4.58	4.00	3.36	2.59
40	0.90	2.84	2.44	2.23	2.09	2.00	1.93	1.87	1.83	1.71	1.57	1.38
	0.95	4.08	3.23	2.84	2.61	2.45	2.34	2.25	2.18	2.00	1.79	1.51
	0.975	5.42	4.05	3.46	3.13	2.90	2.74	2.62	2.53	2.29	2.01	1.64
	0.99	7.31	5.18	4.31	3.83	3.51	3.29	3.12	2.99	2.66	2.29	1.80
	0.995	8.83	6.07	4.98	4.37	3.99	3.71	3.51	3.35	2.95	2.50	1.93
	0.999	12.61	8.25	6.59	5.70	5.13	4.73	4.44	4.21	3.64	3.01	2.23
60	0.90	2.79	2.39	2.18	2.04	1.95	1.87	1.82	1.77	1.66	1.51	1.29
	0.95	4.00	3.15	2.76	2.53	2.37	2.25	2.17	2.10	1.92	1.70	1.39
	0.975	5.29	3.93	3.34	3.01	2.79	2.63	2.51	2.41	2.17	1.88	1.48
	0.99	7.08	4.98	4.13	3.65	3.34	3.12	2.95	2.82	2.50	2.12	1.60
	0.995	8.49	5.80	4.73	4.14	3.76	3.49	3.29	3.13	2.74	2.29	1.69
	0.999	11.97	7.77	6.17	5.31	4.76	4.37	4.09	3.86	3.32	2.69	1.89
120	0.90	2.75	2.35	2.13	1.99	1.90	1.82	1.77	1.72	1.60	1.45	1.19
	0.95	3.92	3.07	2.68	2.45	2.29	2.17	2.09	2.02	1.83	1.61	1.25
	0.975	5.15	3.80	3.23	2.89	2.67	2.52	2.39	2.30	2.05	1.76	1.31
	0.99	6.85	4.79	3.95	3.48	3.17	2.96	2.79	2.66	2.34	1.95	1.38

续表

分母自由度 d_2	p	分子自由度, d_1										
		1	2	3	4	5	6	7	8	12	24	∞
	0.995	8.18	5.54	4.50	3.92	3.55	3.28	3.09	2.93	2.54	2.09	1.43
	0.999	11.38	7.32	5.78	4.95	4.42	4.04	3.77	3.55	3.02	2.40	1.54
∞	0.90	2.71	2.30	2.08	1.94	1.85	1.77	1.72	1.67	1.55	1.38	1.00
	0.95	3.84	3.00	2.60	2.37	2.21	2.10	2.01	1.94	1.75	1.52	1.00
	0.975	5.02	3.69	3.12	2.79	2.57	2.41	2.29	2.19	1.94	1.64	1.00
	0.99	6.63	4.61	3.78	3.32	3.02	2.80	2.64	2.51	2.18	1.79	1.00
	0.995	7.88	5.30	4.28	3.72	3.35	3.09	2.90	2.74	2.36	1.90	1.00
	0.999	10.83	6.91	5.42	4.62	4.10	3.74	3.47	3.27	2.74	2.13	1.00

注:$F_{d_1, d_2, p} = F$ 分布具有自由度 d_1 与 d_2 的第 p 百分位点。

Source: This table has been reproduced in part with the permission of the Biometrika Trustees, from *Biometrika Tables for Statisticians*, Volume 2, edited by E. S. Pearson and H. O. Hartley, published for the Biometrika Trustees, Cambridge University Press, Cambridge, England, 1972.

表 10　检验奇异值的统计量:ESD(极端学生化偏差)的临界值($ESD_{n, 1-\alpha}, \alpha = 0.05, 0.01$)

n	$1 - \alpha$		n	$1 - \alpha$	
	0.95	0.99		0.95	0.99
5	1.72	1.76	25	2.82	3.14
6	1.89	1.97	26	2.84	3.16
7	2.02	2.14	27	2.86	3.18
8	2.13	2.28	28	2.88	3.20
9	2.21	2.39	29	2.89	3.22
10	2.29	2.48	30	2.91	3.24
11	2.36	2.56	35	2.98	3.32
12	2.41	2.64	40	3.04	3.38
13	2.46	2.70	45	3.09	3.44
14	2.51	2.75	50	3.13	3.48
15	2.55	2.81	60	3.20	3.56
16	2.59	2.85	70	3.26	3.62
17	2.62	2.90	80	3.31	3.67
18	2.65	2.93	90	3.35	3.72
19	2.68	2.97	100	3.38	3.75
20	2.71	3.00	150	3.52	3.89
21	2.73	3.03	200	3.61	3.98
22	2.76	3.06	300	3.72	4.09
23	2.78	3.08	400	3.80	4.17
24	2.80	3.11	500	3.86	4.23

注:对不在表中的 n ,它的百分位点可以用公式估计:

$$ESD_{n, 1-\alpha} = \frac{t_{n-2, p}(n-1)}{\sqrt{n(n-2+t_{n-2, p}^2)}}, \qquad 此处 \ p = 1 - [\alpha/(2n)]。$$

表 11　Wilcoxon 符号-秩检验的双侧临界值

n [a]	0.10		0.05		0.02		0.01	
	下限	上限	下限	上限	下限	上限	下限	上限
1	—		—		—		—	
2	—		—		—		—	
3	—		—		—		—	
4	—		—		—		—	
5	0	15	—		—		—	
6	2	19	0	21	—		—	
7	3	25	2	26	0	28	—	
8	5	31	3	33	1	35	0	36
9	8	37	5	40	3	42	1	44
10	10	45	8	47	5	50	3	52
11	13	53	10	56	7	59	5	61
12	17	61	13	65	9	69	7	71
13	21	70	17	74	12	79	9	82
14	25	80	21	84	15	90	12	93
15	30	90	25	95	19	101	15	105

a. n = 非结匹配对数。

Source: Figures from "Documenta Geigy Scientific Tables," 6th edition. Reprinted with the kind permission of CIBA-GEIGY Limited, *Basel*, *Switzerland*.

表 12　Wilcoxon 秩和检验双侧临界值

n_2 [b]	$\alpha = 0.10$ n_1 [a]												$\alpha = 0.05$ n_1											
	4		5		6		7		8		9		4		5		6		7		8		9	
	T_l[c]	T_r[d]	T_l	T_r	T_l	T_r	T_l	T_r	T_l	T_r	T_l	T_r	T_l	T_r	T_l	T_r	T_l	T_r	T_l	T_r	T_l	T_r	T_l	T_r
4	11 – 25		17 – 33		24 – 42		32 – 52		41 – 63		51 – 75		10 – 26		16 – 34		23 – 43		31 – 53		40 – 64		49 – 77	
5	12 – 28		19 – 36		26 – 46		34 – 57		44 – 68		54 – 81		11 – 29		17 – 38		24 – 48		33 – 58		42 – 70		52 – 83	
6	13 – 31		20 – 40		28 – 50		36 – 62		46 – 74		57 – 87		12 – 32		18 – 42		26 – 52		34 – 64		44 – 76		55 – 89	
7	14 – 34		21 – 44		29 – 55		39 – 66		49 – 79		60 – 93		13 – 35		20 – 45		27 – 57		36 – 69		46 – 82		57 – 96	
8	15 – 37		23 – 47		31 – 59		41 – 71		51 – 85		63 – 99		14 – 38		21 – 49		29 – 61		38 – 74		49 – 87		60 – 102	
9	16 – 40		24 – 51		33 – 63		43 – 76		54 – 90		66 – 105		14 – 42		22 – 53		31 – 65		40 – 79		51 – 93		62 – 109	
10	17 – 43		26 – 54		35 – 67		45 – 81		56 – 96		69 – 111		15 – 45		23 – 57		32 – 70		42 – 84		53 – 99		65 – 115	
11	18 – 46		27 – 58		37 – 71		47 – 86		59 – 101		72 – 117		16 – 48		24 – 61		34 – 74		44 – 89		55 – 105		68 – 121	
12	19 – 49		28 – 62		38 – 76		49 – 91		62 – 106		75 – 123		17 – 51		26 – 64		35 – 79		46 – 94		58 – 110		71 – 127	
13	20 – 52		30 – 65		40 – 80		52 – 95		64 – 112		78 – 129		18 – 54		27 – 68		37 – 83		48 – 99		60 – 116		73 – 134	
14	21 – 55		31 – 69		42 – 84		54 – 100		67 – 117		81 – 135		19 – 57		28 – 72		38 – 88		50 – 104		62 – 122		76 – 140	
15	22 – 58		33 – 72		44 – 88		56 – 105		69 – 123		84 – 141		20 – 60		29 – 76		40 – 92		52 – 109		65 – 127		79 – 146	
16	24 – 60		34 – 76		46 – 92		58 – 110		72 – 128		87 – 147		21 – 63		30 – 80		42 – 96		54 – 114		67 – 133		82 – 152	
17	25 – 63		35 – 80		47 – 97		61 – 114		75 – 133		90 – 153		21 – 67		32 – 83		43 – 101		56 – 119		70 – 138		84 – 159	

续表

n_2[b]	$\alpha=0.10$ n_1[a]						$\alpha=0.05$ n_1					
	4	5	6	7	8	9	4	5	6	7	8	9
	T_l[c] T_r[d]	T_l T_r	T_l T_r	T_l T_r	T_l T_r	T_l T_r	T_l T_r	T_l T_r	T_l T_r	T_l T_r	T_l T_r	T_l T_r
18	26 – 66	37 – 83	49 – 101	63 – 119	77 – 139	93 – 159	22 – 70	33 – 87	45 – 105	58 – 124	72 – 144	87 – 165
19	27 – 69	38 – 87	51 – 105	65 – 124	80 – 144	96 – 165	23 – 73	34 – 91	46 – 110	60 – 129	74 – 150	90 – 171
20	28 – 72	40 – 90	53 – 109	67 – 129	83 – 149	99 – 171	24 – 76	35 – 95	48 – 114	62 – 134	77 – 155	93 – 177
21	29 – 75	41 – 94	55 – 113	69 – 134	85 – 155	102 – 177	25 – 79	37 – 98	50 – 118	64 – 139	79 – 161	95 – 184
22	30 – 78	43 – 97	57 – 117	72 – 138	88 – 160	105 – 183	26 – 82	38 – 102	51 – 123	66 – 144	81 – 167	98 – 190
23	31 – 81	44 – 101	58 – 122	74 – 143	90 – 166	108 – 189	27 – 85	39 – 106	53 – 127	68 – 149	84 – 172	101 – 196
24	32 – 84	45 – 105	60 – 126	76 – 148	93 – 171	111 – 195	27 – 89	40 – 110	54 – 132	70 – 154	86 – 178	104 – 202
25	33 – 87	47 – 108	62 – 130	78 – 153	96 – 176	114 – 201	28 – 92	42 – 113	56 – 136	72 – 159	89 – 183	107 – 208
26	34 – 90	48 – 112	64 – 134	81 – 157	98 – 182	117 – 207	29 – 95	43 – 117	58 – 140	74 – 164	91 – 189	109 – 215
27	35 – 93	50 – 115	66 – 138	83 – 162	101 – 187	120 – 213	30 – 98	44 – 121	59 – 145	76 – 169	93 – 195	112 – 221
28	36 – 96	51 – 119	67 – 143	85 – 167	103 – 193	123 – 219	31 – 101	45 – 125	61 – 149	78 – 174	96 – 200	115 – 227
29	37 – 99	53 – 122	69 – 147	87 – 172	106 – 198	126 – 225	32 – 104	47 – 128	63 – 153	80 – 179	98 – 206	118 – 233
30	38 – 102	54 – 126	71 – 151	89 – 177	109 – 203	129 – 231	33 – 107	48 – 132	64 – 158	82 – 184	101 – 211	121 – 239
31	39 – 105	55 – 130	73 – 155	92 – 181	111 – 209	132 – 237	34 – 110	49 – 136	66 – 162	84 – 189	103 – 217	123 – 246
32	40 – 108	57 – 133	75 – 159	94 – 186	114 – 214	135 – 243	34 – 114	50 – 140	67 – 167	86 – 194	106 – 222	126 – 252
33	41 – 111	58 – 137	77 – 163	96 – 191	117 – 219	138 – 249	35 – 117	52 – 143	69 – 171	88 – 199	108 – 228	129 – 258
34	42 – 114	60 – 140	78 – 168	98 – 196	119 – 225	141 – 255	36 – 120	53 – 147	71 – 175	90 – 204	110 – 234	132 – 264
35	43 – 117	61 – 144	80 – 172	100 – 201	122 – 230	144 – 261	37 – 123	54 – 151	72 – 180	92 – 209	113 – 239	135 – 270
36	44 – 120	62 – 148	82 – 176	102 – 206	124 – 236	148 – 266	38 – 126	55 – 155	74 – 184	94 – 214	115 – 245	137 – 277
37	45 – 123	64 – 151	84 – 180	105 – 210	127 – 241	151 – 272	39 – 129	57 – 158	76 – 188	96 – 219	117 – 251	140 – 283
38	46 – 126	65 – 155	85 – 185	107 – 215	130 – 246	154 – 278	40 – 132	58 – 162	77 – 193	98 – 224	120 – 256	143 – 289
39	47 – 129	67 – 158	87 – 189	109 – 220	132 – 252	157 – 284	41 – 135	59 – 166	79 – 197	100 – 229	122 – 262	146 – 295
40	48 – 132	68 – 162	89 – 193	111 – 225	135 – 257	160 – 290	41 – 139	60 – 170	80 – 202	102 – 234	125 – 267	149 – 301
41	49 – 135	69 – 166	91 – 197	114 – 229	138 – 262	163 – 296	42 – 142	61 – 174	82 – 206	104 – 239	127 – 273	151 – 308
42	50 – 138	71 – 169	93 – 201	116 – 234	140 – 268	166 – 302	43 – 145	63 – 177	84 – 210	106 – 244	129 – 279	154 – 314
43	51 – 141	72 – 173	95 – 205	118 – 239	143 – 273	169 – 308	44 – 148	64 – 181	85 – 215	108 – 249	132 – 284	157 – 320
44	52 – 144	74 – 176	96 – 210	120 – 244	146 – 278	172 – 314	45 – 151	65 – 185	87 – 219	110 – 254	134 – 290	160 – 326
45	53 – 147	75 – 180	98 – 214	123 – 248	148 – 284	175 – 320	46 – 154	66 – 189	88 – 224	112 – 259	137 – 295	163 – 332
46	55 – 149	77 – 183	100 – 218	125 – 253	151 – 289	178 – 326	47 – 157	68 – 192	90 – 228	114 – 264	139 – 301	165 – 339
47	56 – 152	78 – 187	102 – 222	127 – 258	154 – 294	181 – 332	48 – 160	69 – 196	92 – 232	116 – 269	141 – 307	168 – 345
48	57 – 155	79 – 191	104 – 226	129 – 263	156 – 300	184 – 338	48 – 164	70 – 200	93 – 237	118 – 274	144 – 312	171 – 351
49	58 – 158	81 – 194	106 – 230	132 – 267	159 – 305	187 – 344	49 – 167	71 – 204	95 – 241	120 – 279	146 – 318	174 – 357
50	59 – 161	82 – 198	107 – 235	134 – 272	162 – 310	190 – 350	50 – 170	73 – 207	97 – 245	122 – 284	149 – 323	177 – 363

a　n_1＝两样本量中最小值。　　　c　T_l＝第1样本秩和的下临界值。

b　n_2＝两样本量中最大值。　　　d　T_r＝第1样本秩和的上临界值。

续表

$n_2^{\ b}$	$\alpha=0.10$ ($n_1^{\ a}$)						$\alpha=0.05$ (n_1)					
	4 ($T_l^{\ c}$－$T_r^{\ d}$)	5	6	7	8	9	4 (T_l－T_r)	5	6	7	8	9
4	－ －	15－35	22－44	29－55	38－66	48－78	－	－	21－45	28－56	37－67	46－80
5	10－30	16－39	23－49	31－60	40－72	50－85	－	15－40	22－50	29－62	38－74	48－87
6	11－33	17－43	24－54	32－66	42－78	52－92	10－34	16－44	23－55	31－67	40－80	50－94
7	11－37	18－47	25－59	34－71	43－85	54－99	10－38	16－49	24－60	32－73	42－86	52－101
8	12－40	19－51	27－63	35－77	45－91	56－106	11－41	17－53	25－65	34－78	43－93	54－108
9	13－43	20－55	28－68	37－82	47－97	59－112	11－45	18－57	26－70	35－84	45－99	56－115
10	13－47	21－59	29－73	39－87	49－103	61－119	12－48	19－61	27－75	37－89	47－105	58－122
11	14－50	22－63	30－78	40－93	51－109	63－126	12－52	20－65	28－80	38－95	49－111	61－128
12	15－53	23－67	32－82	42－98	53－115	66－132	13－55	21－69	30－84	40－100	51－117	63－135
13	15－57	24－71	33－87	44－103	56－120	68－139	13－59	22－73	31－89	41－106	53－123	65－142
14	16－60	25－75	34－92	45－109	58－126	71－145	14－62	22－78	32－94	43－111	54－130	67－149
15	17－63	26－79	36－96	47－114	60－132	73－152	15－65	23－82	33－99	44－117	56－136	69－156
16	17－67	27－83	37－101	49－119	62－138	76－158	15－69	24－86	34－104	46－122	58－142	72－162
17	18－70	28－87	39－105	51－124	64－144	78－165	16－72	25－90	36－108	47－128	60－148	74－169
18	19－73	29－91	40－110	52－130	66－150	81－171	16－76	26－94	37－113	49－133	62－154	76－176
19	19－77	30－95	41－115	54－135	68－156	83－178	17－79	27－98	38－118	50－139	64－160	78－183
20	20－80	31－99	43－119	56－140	70－162	85－185	18－82	28－102	39－123	52－144	66－166	81－189
21	21－83	32－103	44－124	58－145	72－168	88－191	18－86	29－106	40－128	53－150	68－172	83－196
22	21－87	33－107	45－129	59－151	74－174	90－198	19－89	29－111	42－132	55－155	70－178	85－203
23	22－90	34－111	47－133	61－156	76－180	93－204	19－93	30－115	43－137	57－160	71－185	88－209
24	23－93	35－115	48－138	63－161	78－186	95－211	20－96	31－119	44－142	58－166	73－191	90－216
25	23－97	36－119	50－142	64－167	81－191	98－217	20－100	32－123	45－147	60－171	75－197	92－223
26	24－100	37－123	51－147	66－172	83－197	100－224	21－103	33－127	46－152	61－177	77－203	94－230
27	25－103	38－127	52－152	68－177	85－203	103－230	22－106	34－131	48－156	63－182	79－209	97－236
28	26－106	39－131	54－156	70－182	87－209	105－237	22－110	35－135	49－161	64－188	81－215	99－243
29	26－110	40－135	55－161	71－188	89－215	108－243	23－113	36－139	50－166	66－193	83－221	101－250
30	27－113	41－139	56－166	73－193	91－221	110－250	23－117	37－143	51－171	68－198	85－227	103－257
31	28－116	42－143	58－170	75－198	93－227	112－257	24－120	37－148	53－175	68－204	87－233	106－263
32	28－120	43－147	59－175	77－203	95－233	115－263	24－124	38－152	54－180	71－209	89－239	108－270
33	29－123	44－151	61－179	78－209	97－239	117－270	25－127	39－156	55－185	72－215	90－246	110－277
34	30－126	45－155	62－184	79－215	99－245	120－276	26－130	40－160	56－190	73－221	92－252	112－284
35	30－130	46－159	63－189	81－220	101－251	122－283	26－134	41－164	57－195	75－226	94－258	114－291
36	31－133	47－163	65－193	83－225	103－257	125－289	27－137	42－168	58－200	76－232	96－264	117－297
37	32－136	48－167	66－198	84－231	105－263	127－296	28－140	43－172	60－204	78－237	98－270	119－304
38	32－140	49－171	67－203	86－236	107－269	129－303	28－144	44－176	61－209	79－243	100－276	121－311

a　n_1＝两样本量中最小值。　　　c　T_l＝第1样本秩和的下临界值。

b　n_2＝两样本量中最大值。　　　d　T_r＝第1样本秩和的上临界值。

续表

n_2 [b]	$\alpha=0.10$						$\alpha=0.05$					
	n_1 [a]						n_1					
	4	5	6	7	8	9	4	5	6	7	8	9
	T_l^c T_r^d	T_l T_r	T_l T_r	T_l T_r	T_l T_r	T_l T_r	T_l T_r	T_l T_r	T_l T_r	T_l T_r	T_l T_r	T_l T_r
39	33 – 143	50 – 175	69 – 207	88 – 241	109 – 275	132 – 309	29 – 147	45 – 180	62 – 214	81 – 248	102 – 282	123 – 318
40	34 – 146	51 – 179	70 – 212	90 – 246	111 – 281	134 – 316	29 – 151	46 – 184	63 – 219	82 – 254	103 – 289	126 – 324
41	34 – 150	52 – 183	72 – 216	91 – 252	113 – 287	137 – 322	30 – 154	46 – 189	65 – 223	84 – 259	105 – 295	128 – 331
42	35 – 153	53 – 187	73 – 221	93 – 257	116 – 292	139 – 329	31 – 157	47 – 193	66 – 228	85 – 265	107 – 301	130 – 338
43	35 – 157	54 – 191	74 – 226	95 – 262	118 – 298	142 – 335	31 – 161	48 – 197	67 – 233	87 – 270	109 – 307	133 – 344
44	36 – 160	55 – 195	76 – 230	97 – 267	120 – 304	144 – 342	32 – 164	49 – 201	68 – 238	88 – 276	111 – 313	135 – 351
45	37 – 163	56 – 199	77 – 235	98 – 273	122 – 310	147 – 348	32 – 168	50 – 205	69 – 243	90 – 281	113 – 319	137 – 358
46	37 – 167	57 – 203	78 – 240	100 – 278	124 – 316	149 – 355	33 – 171	51 – 209	71 – 247	91 – 287	115 – 325	139 – 365
47	38 – 170	58 – 207	80 – 244	102 – 283	126 – 322	152 – 361	34 – 174	52 – 213	72 – 252	93 – 292	117 – 331	142 – 371
48	39 – 173	59 – 211	81 – 249	103 – 289	128 – 328	154 – 368	34 – 178	53 – 217	73 – 257	95 – 297	118 – 338	144 – 378
49	39 – 177	60 – 215	82 – 254	105 – 294	130 – 334	157 – 374	35 – 181	54 – 221	74 – 262	96 – 303	120 – 344	146 – 385
50	40 – 180	61 – 219	84 – 258	107 – 299	132 – 340	159 – 381	36 – 184	55 – 225	76 – 266	98 – 308	122 – 350	148 – 392

a　n_1＝两样本量中最小值。　　　　　c　T_l＝第 1 样本秩和的下临界值。

b　n_2＝两样本量中最大值。　　　　　d　T_r＝第 1 样本秩和的上临界值。

Source：The data of this table are from *Documenta Geigy Scientific Tables*, 6th edition. Reprinted with the kind permission of CIBA-GEIGY Limited, Basel, Switzerland.

表 13　Fisher z 变换

r	z	r	z	r	z	r	z	r	z
0.00	0.000								
0.01	0.010	0.21	0.213	0.41	0.436	0.61	0.709	0.81	1.127
0.02	0.020	0.22	0.224	0.42	0.448	0.62	0.725	0.82	1.157
0.03	0.030	0.23	0.234	0.43	0.460	0.63	0.741	0.83	1.188
0.04	0.040	0.24	0.245	0.44	0.472	0.64	0.758	0.84	1.221
0.05	0.050	0.25	0.255	0.45	0.485	0.65	0.775	0.85	1.256
0.06	0.060	0.26	0.266	0.46	0.497	0.66	0.793	0.86	1.293
0.07	0.070	0.27	0.277	0.47	0.510	0.67	0.811	0.87	1.333
0.08	0.080	0.28	0.288	0.48	0.523	0.68	0.829	0.88	1.376
0.09	0.090	0.29	0.299	0.49	0.536	0.69	0.848	0.89	1.422
0.10	0.100	0.30	0.310	0.50	0.549	0.70	0.867	0.90	1.472
0.11	0.110	0.31	0.321	0.51	0.563	0.71	0.887	0.91	1.528
0.12	0.121	0.32	0.332	0.52	0.576	0.72	0.908	0.92	1.589
0.13	0.131	0.33	0.343	0.53	0.590	0.73	0.929	0.93	1.658
0.14	0.141	0.34	0.354	0.54	0.604	0.74	0.950	0.94	1.738
0.15	0.151	0.35	0.365	0.55	0.618	0.75	0.973	0.95	1.832
0.16	0.161	0.36	0.377	0.56	0.633	0.76	0.996	0.96	1.946
0.17	0.172	0.37	0.388	0.57	0.648	0.77	1.020	0.97	2.092
0.18	0.182	0.38	0.400	0.58	0.662	0.78	1.045	0.98	2.298
0.19	0.192	0.39	0.412	0.59	0.678	0.79	1.071	0.99	2.647
0.20	0.203	0.40	0.424	0.60	0.693	0.80	1.099		

表 14　Spearman 秩-相关系数双侧上临界值(r_s)

n	α			
	0.10	0.05	0.02	0.01
1	—	—	—	—
2	—	—	—	—
3	—	—	—	—
4	1.0	—	—	—
5	0.900	1.0	1.0	—
6	0.829	0.886	0.943	1.0
7	0.714	0.786	0.893	0.929
8	0.643	0.738	0.833	0.881
9	0.600	0.683	0.783	0.833

Source: The data for this table have been adapted with permission from E. G. Olds (1938), "Distributions of Sums of Squares of Rank Differences for Small Numbers of Individuals", *Annals of Mathematical Statistics*, 9, 133—148。

表 15　在已知 $k = 3$（3 组）及样本量下，Kruskal-Wallis 检验统计量(H)的
临界值与显著性水平 $α$ 的关系

n_1	n_2	n_3	α			
			0.10	0.05	0.02	0.01
1	1	2	—	—	—	—
1	1	3	—	—	—	—
1	1	4	—	—	—	—
1	1	5	—	—	—	—
1	2	2	—	—	—	—
1	2	3	4.286	—	—	—
1	2	4	4.500	—	—	—
1	2	5	4.200	5.000	—	—
1	3	3	4.571	5.143	—	—
1	3	4	4.056	5.389	—	—
1	3	5	4.018	4.960	6.400	—
1	4	4	4.167	4.967	6.667	—
1	4	5	3.987	4.986	6.431	6.954
1	5	5	4.109	5.127	6.146	7.309
2	2	2	4.571	—	—	—
2	2	3	4.500	4.714	—	—

n_1	n_2	n_3	α			
			0.10	0.05	0.02	0.01
2	2	4	4.500	5.333	6.000	—
2	2	5	4.373	5.160	6.000	6.533
2	3	3	4.694	5.361	6.250	—
2	3	4	4.511	5.444	6.144	6.444
2	3	5	4.651	5.251	6.294	6.909
2	4	4	4.554	5.454	6.600	7.036
2	4	5	4.541	5.273	6.541	7.204
2	5	5	4.623	5.338	6.469	7.392
3	3	3	5.067	5.689	6.489	7.200
3	3	4	4.709	5.791	6.564	7.000
3	3	5	4.533	5.648	6.533	7.079
3	4	4	4.546	5.598	6.712	7.212
3	4	5	4.549	5.656	6.703	7.477
3	5	5	4.571	5.706	6.866	7.622
4	4	4	4.654	5.692	6.962	7.654
4	4	5	4.668	5.657	6.976	7.760
4	5	5	4.523	5.666	7.000	7.903
5	5	5	4.580	5.780	7.220	8.000

Source: The data for this table have been adapted from Table F of *A Nonparametric Introduction to Statistics* by C. H. Kraft and C. Van Eeden, Macmillan, New York, 1968, with the permission of the publisher and the authors.

部分练习题答案(有 * 者)

第 2 章

2.4～2.7 对每个中位数、众数、几何均数与极差都乘以 C。 **2.11** $\overline{x} = 19.54$ mg/dL。

2.12 $s = 16.81$ mg/dL。 **2.14** 中位数 $= 19$ mg/dL。

第 3 章

3.1 双亲中至少一个有流行性感冒。 **3.2** 双亲都有流行性感冒。 **3.3** 无。

3.4 至少一个孩子有流感。 **3.5** 第 1 个孩子有流感。 **3.6** $C = A_1 \cup A_2$。

3.7 $D = B \cup C$。 **3.8** 母亲没有流感。 **3.9** 父亲没有流感。 **3.10** $\overline{A}_1 \cap \overline{A}_2$。

3.11 $\overline{B} \cap \overline{C}$。 **3.29** 0.0167。 **3.30** 180。 **3.49** 0.069。 **3.51** 0.541。

3.55 0.20。 **3.56** 0.5,这是一个条件概率,在练习 3.55 中的概率是联合无条件概率。

3.57 0.20。 **3.58** 否,因为 $Pr(M|F) = 0.6 \neq Pr(M|\overline{F}) = 0.2$。 **3.59** 0.084。

3.60 0.655。 **3.61** 0.690。 **3.62** 0.486。 **3.63** 0.373。 **3.64** 否。

3.65 否。 **3.68** 0.05。 **3.69** 0.326。 **3.70** 0.652。 **3.71** 0.967。

3.72 0.479。 **3.73** 0.893。 **3.74** 0.975。 **3.75** 0.630。它低于自述的预测值阴性(即 0.893)。 **3.94** 0.95。 **3.95** 0.99。 **3.96** 0.913。 **3.97** 新检验价钱更便宜,便宜 13.6%。

第 4 章

4.1 $Pr(0) = 0.72, Pr(1) = 0.26, Pr(2) = 0.02$。 **4.2** 0.30。 **4.3** 0.25。

4.4 $F(x) = 0$ 如 $x < 0$;$F(x) = 0.72$ 如 $0 \leqslant x < 1$;$F(x) = 0.98$ 如 $1 \leqslant x < 2$;$F(x) = 1$ 如 $x \geqslant 2$。

4.8 362880。 **4.11** 0.1042。 **4.12** 0.2148。 **4.13** $E(X) = Var(X) = 4.0$。

4.23 $Pr(X \geqslant 6) = 0.010$。 **4.24** $Pr(X \geqslant 4) = 0.242$。 **4.26** 0.62。

4.27 0.202。 **4.28** 0.385。 **4.29** 0.471。 **4.30** 0.144。 **4.31** 1.24。

4.34 $Pr(X \geqslant 4) = 0.241 > 0.05$。没有异常畸形。 **4.35** $Pr(X \geqslant 8) = 0.0006 < 0.05$,有异常畸形。 **4.39** 0.23。 **4.40** 0.882。 **4.41** $Pr(X = 0) = 0.91, Pr(X = 1) = 0.08, Pr(X = 2) = 0.01$。 **4.42** 0.100。 **4.43** 0.110。 **4.53** 6 月,0.25;1 年,0.52。 **4.54** 0.435。 **4.55** 0.104。 **4.56** 10.4。 **4.63** 基于泊松分布,$Pr(X \geqslant 27) = 0.049 < 0.05$。于是,有显著性。 **4.64** 0.0263。 **4.65** 如果 $Y =$ 裂腭缺陷数,则基于泊松分布,$Pr(Y \geqslant 12) = 0.0532 > 0.05$,这是一个边界值,因为此概率很接近于 0.05。

第 5 章

5.1 0.6915。	**5.2** 0.3085。	**5.3** 0.7745。	**5.4** 0.0228。	**5.5** 0.0441。
5.17 0.079。	**5.18** 0.0004。	**5.20** 0.352。	**5.21** 0.268。	**5.22** 0.380。
5.27 0.023。	**5.28** 0.067。	**5.29** 0.168。	**5.30** 0.061。	**5.35** 0.018。
5.36 0.123。	**5.37** 0.0005。	**5.38** $\geqslant 43$。	**5.39** $\geqslant 69$。	**5.40** $\geqslant 72$。

5.46　0.851。　　**5.47**　灵敏度。　　**5.48**　0.941。　　**5.49**　特异度。

5.50　$\Delta = 0.2375$ mg/dL,每组依从性 = 88%。　　**5.58**　0.635。　　**5.59**　0.323。

5.60　否,分布很偏斜。

第6章

6.5　正常男性者 0.079,有慢性气流限制者 0.071。　　**6.18**　0.44。　　**6.19**　0.099。

6.20　(0.25,0.63)。

6.24

	点估计	95%CI
E. coli	25.53	(24.16,26.90)
S. aureus	26.79	(24.88,28.70)
P. aeruginosa	19.93	(18.60,21.27)

6.25

	点估计	95%CI
E. coli	25.06	(23.73,26.38)
S. aureus	25.44	(24.60,26.29)
P. aeruginosa	17.89	(17.09,18.69)

6.26

	点估计	95%CI
E. coli	1.78	(1.21,3.42)
S. aureus	2.49	(1.68,4.77)
P. aeruginosa	1.74	(1.17,3.32)

6.27

	点估计	95%CI
E. coli	1.73	(1.17,3.31)
S. aureus	1.10	(0.75,2.12)
P. aeruginosa	1.04	(0.70,1.99)

6.35　6/46 = 0.130。　　**6.36**　(0.033,0.228)。　　**6.37**　因为 10% 在 95% CI 之内,所以两药等效。　　**6.41**　(6.17,7.83)。　　**6.42**　(2.11,9.71)。　　**6.43**　$n \approx 246$。　　**6.47**　0.544。

6.48　(0.26,1.81)。　　**6.49**　0.958。　　**6.50**　0.999。　　**6.63**　0.615。

6.64 0.918。 **6.65** 0.5 lb 时, 观察比例 $=0.615$; 1 lb 时, 观察比例 $=0.935$。观察与期望比例有很好的一致性。 **6.66** 是的。 **6.86** $95\% \text{CI} = (2.20, 13.06)$, 因为这区间并不包含 1.8, 所以轮胎工人中膀胱癌患者是过多的了。

6.87 $95\% \text{CI} = (1.09, 10.24)$, 因为这区间包含 2.5, 所以轮胎工人中胃癌并未超过正常水平。

第 7 章

7.1 $z = 1.732$, 在 5% 水平上接受 H_0。 **7.2** $p = 0.083$。 **7.4** $t = 1.155 \sim t_{11}$, $0.2 < p < 0.3$。 **7.8** $(0.82, 1.58)$。 **7.9** 95% CI 包含 1.0, 所以在 5% 水平上, 这与前述题接受 H_0 的判决一致。 **7.15** $z = 1.142$, 在 5% 水平上接受 H_0。 **7.16** $p = 0.25$。

7.17 在 5% 水平上接受 H_0。 **7.18** $p = 0.71$。 **7.23** $z = 7.72, p < 0.001$。

7.32 31。 **7.33** 0.770。 **7.39** $H_0 : \mu = \mu_0$ 对 $H_1 : \mu \neq \mu_0$, σ^2 未知。$\mu =$ 贫困线以下, $9 \sim 11$ 岁男孩每天铁的真实摄入量, $\mu_0 =$ 一般总体中, $9 \sim 11$ 岁男孩每天铁的真实摄入量。

7.40 $t = -2.917 \sim t_{50}$, 在 5% 水平上拒绝 H_0。

7.41 $0.001 < p < 0.01$ (精确 p-值 $= 0.005$)。

7.42 $H_0 : \sigma^2 = \sigma_0^2$ 对 $H_1 : \sigma^2 \neq \sigma_0^2$。$\sigma^2 =$ 低收入总体中真实的方差, $\sigma_0^2 =$ 一般总体中真实方差。

7.43 $X^2 = 36.49 \sim \chi_{50}^2$, 在 5% 水平上接受 H_0。

7.44 $0.1 < p < 0.2$ (精确 p-值 $= 0.15$)。

7.45 $(15.80, 34.86)$。因为这区间包含了 $\sigma_0^2 = 5.56^2 = 30.91$, 所以低收入与一般总体中的未知方差没有显著差异。

7.57 单样本二项检验, 精确方法。

7.58 $p = 0.28$。 **7.59** 单样本二项检验, 大样本方法。$z = 3.24, p = 0.0012$。

7.60 $(0.058, 0.142)$。

第 8 章

8.15 每组 135 女孩, 或总数为 270 人。

8.16 每组 106 女孩, 或总数为 212 人。

8.17 在低收入组 96 女孩, 在低收入以上组为 192 女孩。 **8.18** 功效 $= 0.401$。

8.19 功效 $= 0.525$。

8.20 功效 $= 0.300$。 **8.21** 功效 $= 0.417$。

8.25 使用匹配 t 检验, $t = -3.37 \sim t_9, 0.001 < p < 0.01$ (精确 p-值 $= 0.008$)。

8.26 使用匹配 t 检验, $t = -1.83 \sim t_{29}, 0.05 < p < 0.10$ (精确 p-值 $= 0.078$)。

8.27

组	眼压变化平均值的 95% CI
8.25 题	$(-2.67, -0.53)$
8.26 题	$(-1.48, 0.08)$

8.28 使用等方差的两样本 t 检验, $t = -1.25 \sim t_{38}, p > 0.05$ (精确 p-值 $= 0.22$)。

8.31 $H_0 : \mu_d = 0$ 对 $H_1 : \mu_d \neq 0$, $\mu_d =$ 在指定人上一小时浓度的平均差异 (A 药 $-$ B 药)。

8.32　用配对 t 检验去检验这个假设。

8.33　使用配对 t 检验法, $t = 3.67 \sim t_9$, $0.001 < p < 0.01$(精确 p-值 $= 0.005$)。

8.34　3.60 mg% 。　　　　**8.35**　$(1.38, 5.82)$mg% 。

8.59　$H_0 : \mu_1 = \mu_2$ 对 $H_1 : \mu_1 \neq \mu_2$, 此处 $\mu_1 =$ 双亲都抽烟者孩子的真实平均 FEV, $\mu_2 =$ 双亲都不抽烟者孩子的真实平均 FEV。

8.60　首先, 对两个方差做相等性检验, $F = 3.06 \sim F_{22,19}$, $p < 0.05$。因此, 使用不等方差的两样本 t 检验。

8.61　$t = -1.17 \sim t_{35}$, 在 5% 水平上接受 H_0。　　　　**8.62**　$(-0.55, 0.15)$。**8.63**　每组 212 名儿童。

8.64　每组 176 名儿童。　　　　**8.65**　0.363。**8.66**　0.486。

8.72　配对 t 检验。　　　　**8.73**　原始尺度 $t = 3.49 \sim t_9$, $0.001 < p < 0.01$(精确 p-值 $= 0.007$), 对数(log)尺度, $t = 3.74 \sim t_9$, $0.001 < p < 0.01$(精确 $p = 0.005$)。对数尺度应该更可取, 因为在原始数据上治疗前后的变化值似乎与治疗前的水平有关。

8.74　8 周后尿蛋白百分比下降 56.7%。

8.75　8 周后尿蛋白百分比下降的 CI $= (28.2\%, 73.9\%)$。

8.81　用等方差两样本 t 检验。

8.82　$H_0 : \mu_1 = \mu_2$ 对 $H_1 : \mu_1 \neq \mu_2$; $\mu_1 =$ 男性平均胆固醇水平, $\mu_2 =$ 女性平均胆固醇; $t = -1.92 \sim t_{90}$, $0.05 < p < 0.10$(精确 p-值 $= 0.058$)。

8.83　$H_0 : \mu_1 = \mu_2$ 对 $H_1 : \mu_1 > \mu_2$; $t = -1.92 \sim t_{90}$, $0.95 < p < 0.975$(精确 p-值 $= 0.97$)。

8.84　否, 双胞胎不是独立观察。

8.88　两方差的相等性 F 检验, $F = 1.15 \sim F_{35,29}$, $p > 0.05$。因此, 使用等方差两样本 t 检验。

8.89　$t = 1.25 \sim t_{64}$, $0.2 < p < 0.3$(精确 p-值 $= 0.22$)。

8.90　RA, 0.32, OA, 0.43。　　　　**8.91**　RA 及 OA 中每个 133 例。　　　　**8.97**　匹配 t 检验。

8.98　$t = 2.27 \sim t_{99}$, $0.02 < p < 0.05$(精确 p 值 $= 0.025$)。　　　　**8.99**　两方差的相等性 F 检验, $F = 1.99 \sim F_{98,99}$, $p < 0.05$, 使用不等方差的两样本 t 检验。

8.100　$t = -4.20 \sim t_{176}$, $p < 0.001$。

第 9 章

9.1　使用符号检验。临界值是 $c_1 = 6.3$, $c_2 = 16.7$。因为 $c_1 < c < c_2$, 此处 $c =$ 有改善的病人数 $= 15$, 所以我们接受 H_0(在 5% 水平上)。

9.9　住院日的分布是很倾斜的且远离正态, 所以 t 检验不是很适合。

9.10　使用 Wilcoxon 秩和检验(大样本检验)。$R_1 = 83.5$, $T = 3.10 \sim N(0, 1)$, $p = 0.002$

9.15　$H_0 : \mathrm{med}_1 = \mathrm{med}_2$ 对 $H_1 : \mathrm{med}_1 < \mathrm{med}_2$, 此处 $\mathrm{med}_1 =$ 母乳喂养婴儿中耳渗出物持续时间的中位数, $\mathrm{med}_2 =$ 人工喂养婴儿中耳渗出物持续时间的中位数。

9.16　渗出物的持续时间的分布是很倾斜的, 远离正态。**9.17**　Wilcoxon 符号秩检验(大样本检验)。

9.18　$R_1 = 215$, $T = 2.33 \sim N(0, 1)$, $p = 0.010$(单侧), 母乳喂养的婴儿有较短的分泌物持续时间。　**9.24**　Wilcoxon 符号秩检验(大样本检验)。

9.25　$R_1 = 33.5$, $T = 1.76 \sim N(0, 1)$, $p = 0.078$。平均 SBP 中标准法稍高些但不显著。

9.26 Wilcoxon 符号秩检验(大样本检验)。

9.27 $R_1 = 32.0$ $T = 1.86 \sim N(0,1)$, $p = 0.062$, 标准法中的变异性少些但不显著。

第 10 章

10.8 用 McNemar 检验相关比例。

10.9 $X^2 = 4.76 \sim \chi_1^2$, $0.025 < p < 0.05$,   **10.10** 87。   **10.11** 13。   **10.12** 对相关比例用 McNemar 检验, 精确检验, $p = 0.267$。   **10.18** 对 2×2 表使用卡方检验, $X^2 = 32.17 \sim \chi_1^2$, $p < 0.001$。   **10.20** 对 $R \times C$ 表使用卡方检验, $X^2 = 117.02 \sim \chi_2^2$, $p < 0.001$。

10.25 两样本检验。   **10.26** 双侧检验。

10.27 2×2 表的卡方检验。   **10.28** $X^2 = 3.48 \sim \chi_1^2$, $0.05 < p < 0.10$。   **10.35** 二项比例趋势的卡方检验。   **10.36** 对年龄组: $< 45, 45 \sim 54, \cdots, 75 +$ 用记分 $1, 2, \cdots, 5$。 $X^2 = 35.09 \sim \chi_1^2$, $p < 0.001$。   **10.39** 对相关比例用 McNemar 检验。   **10.40** $X^2 = 4.65 \sim \chi_1^2$, $0.025 < p < 0.05$。

10.45 相关比例的 McNemar 检验(大样本检验)。

10.46 $X^2 = 6.48 \sim \chi_1^2$, $0.01 < p < 0.025$

10.47 相关比例的 McNemar 检验(精确方法)。

10.48 $p = 0.387$。   **10.49** 0.9997。   **10.57** 0.304。   **10.58** 0.213。

10.59 每组 284 受试者。   **10.60** 低胆固醇每组, 218; 空白对照 A 病人, 295。

10.61 每组 390 人。

10.63 $12, 0.273; 13, 0.333; 14, 0.303; 15, 0.091; 16, 0; 17, 0$。

10.64 15.13 年 $\approx$ 15 年 2 月。

10.65 我们使用年龄组: $\leqslant 12.9, 13.0 \sim 13.9, 14.0 \sim 14.9, \geqslant 15.0$, 用拟合优良性的卡方检验。 $X^2 = 1.27 \sim \chi_1^2$, $0.25 < p < 0.50$。用正态模型时拟合的优良性是合适的。

第 11 章

11.1 $y = 1894.8 + 112.1x$。   **11.2** $F = 180750/490818 = 0.37 \sim F_{1,7}$, $p > 0.05$、

11.3 0.05。   **11.4** $R^2 \approx 5\%$ = 淋巴细胞数的方差中可以被网状细胞解析的百分比。

11.5 490818   **11.6** $t = 0.61 \sim t_7$, $p > 0.05$。

11.7 $se(b) = 184.7, se(a) = 348.5$,   **11.9** 比较两个相关系数用两样本的 z 检验。

11.10 $\lambda = 3.40 \sim N(0,1)$, 在 5% 水平上拒绝 H_0。   **11.11** $p < 0.001$。   **11.12** 对两个相关系数用两样本的 z 检验, $\lambda = 3.61$, $p < 0.001$, 所以两相关系数显著不同。

11.21 $y = 1472.0 - 0.737x$, 此处 y = 婴儿死亡率, x = 年。

11.22 对简单线性回归用 F 检验, $F = 182.04/0.329 = 553.9 \sim F_{1,10}$, $p < 0.001$。

11.23 每 1000 活产儿 5.7。

11.24 每 1000 活产儿 0.79。

11.25 否。如果线性关系存在, 则期望死亡率将出现负值, 而这是不可能的。

11.49 对相关的单样本 t 检验。

11.50 $t = 8.75 \sim t_{901}$, $p < 0.001$。

11.51 相关性的两样本 z 检验。

11.52　$\lambda = 2.581 \sim N(0,1)$，$p = 0.010$。

11.53　白人孩子$(0.219, 0.339)$，黑人孩子$(0.051, 0.227)$。

第 12 章

12.1　$F = 1643.08/160.65 = 10.23 \sim F_{2,23}$，$p < 0.05$。所以三组的均数显著不同。

12.2　$p < 0.001$

12.3

组	检验统计量	p-值
STD, LAC	$t = 3.18 \sim t_{23}$	$0.001 < p < 0.01$
STD, VEG	$t = 4.28 \sim t_{23}$	$p < 0.001$
LAC, VEG	$t = 1.53 \sim t_{23}$	NS(表示不显著)

12.4　$t = -4.09 \sim t_{23}$，$p < 0.001$。这个约束是对一般素食总体与一般非素食总体之间平均蛋白质摄入量差异的一个估计。

12.6　$F = 251.77/50.46 = 4.99 \sim F_{2,19}$，$p < 0.05$。

12.7

组	检验统计量	p-值
A, B	$t = 2.67 \sim t_{19}$	$0.01 < p < 0.02$
A, C	$t = 2.94 \sim t_{19}$	$0.001 < p < 0.01$
B, C	$t = 0.82 \sim t_{19}$	NS

12.8　A, B　$p < 0.05$；　A, C　$p < 0.05$；　B, C　NS。

12.21　$F = 2.915/0.429 = 6.79 \sim F_{2,12}$，$0.01 < p < 0.025$。

12.22　Bonferroni 临界值 $= 2.78$。A 对 B：$t = 2.80$，$p < 0.05$；A 对 C，$t = 3.48$，$p < 0.05$；B 对 C，$t = 0.68$，$p = $ NS。

12.23　$\mu_A - \mu_B$：$(0.26, 2.06)$；$\mu_A - \mu_C$：$(0.54, 2.34)$；$\mu_B - \mu_C$：$(-0.62, 1.18)$。 **12.28**　"天"之间方差 $= \hat{\sigma}_A^2 = 1.19$，"天"内部的方差 $= \hat{\sigma}^2 = 14.50$。　　**12.29**　$F = 16.89/14.50 = 1.16 \sim F_{9,10}$，$p > 0.05$，所以"天"之间方差没有显著性。

第 13 章

13.1　$z = 6.27$，$p < 0.001$。　　**13.2**　$X^2 = 38.34 \sim \chi_1^2$，$p < 0.001$。

13.3　结论是相同的，即 $z^2 = X^2 = 39.35$(未修正公式)。

13.4　$(0.090, 0.201)$，　　**13.5**　2.29 **13.6**　$(1.76, 2.98)$。

13.23　Mantel-Haenszel 检验。　　**13.24**　$X_{MH}^2 = 0.51 \sim \chi_1^2$，$p > 0.05$。

13.25　1.38，　　**13.26**　$(0.68, 2.82)$。　　**13.37**　1.40。

13.38　$(1.09, 1.80)$。　　**13.45**　$RR = 1.70$，　95% CI $= (0.42, 6.93)$。

13.46　$RR = 1.38$，95% CI $= (1.06, 1.79)$。 **13.47**　1965，队列，0.145；1974，队列，0.65；标准

化危险率比 = 0.45。

13.48   用 1965 年的队列, 0.049; 1974, 队列 0.040; 标准化危险率比 = 0.81。

13.49   0.33。   **13.50**   0.78。

13.51   是, 有心脏病者对于没有心脏病者的奇异比较低, 一个可能的解释是: 在预防致命性冠心病事件中, 1974 年相对于 1965 年有较好的监视。

第 14 章

14.1   现在使用者, 发病密度 = 273.1 病人$/10^5$ 人-年; 从不使用者, 发病密度 = 115.2 病人$/10^5$ 人-年; $z = 6.67/2.359 = 2.827 \sim N(0, 1)$, $p = 0.005$。现在 OC 使用者相对于从不使用者而言, 乳腺癌显著地高。

14.2   过去使用者, 发病密度 = 135.4 病人$/10^5$ 人-年; 从不使用者, 发病密度 = 115.2 病人$/10^5$ 人-年。$z = 10.47/8.276 = 1.265 \sim N(0, 1)$, $p = 0.21$, 过去使用者与从不使用者之间, 乳腺癌发病密度没有显著差异。

14.3 $\hat{RR} = 2.37$, $95\% \, CI = (1.34, 4.21)$。

14.4 $\hat{RR} = 1.18$, $95\% \, CI = (0.93, 1.49)$。

14.22   0.072。   **14.23**   12。   **14.24**   (每 100 个人-年有 4.1 个事件, 每 100 个人-年有 7.0 个事件)。

流程图:统计推断方法

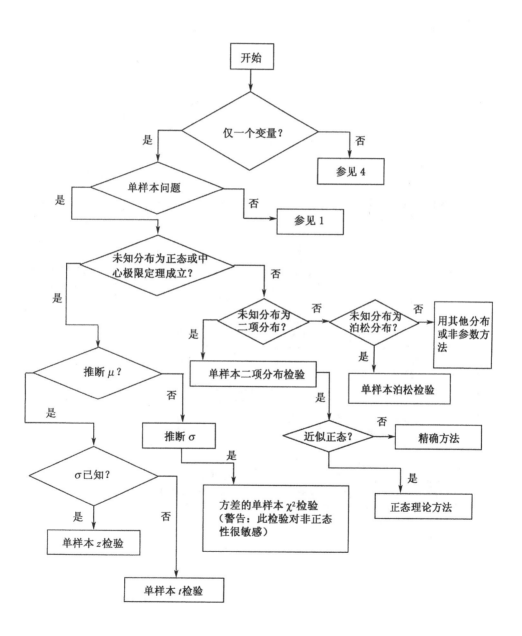

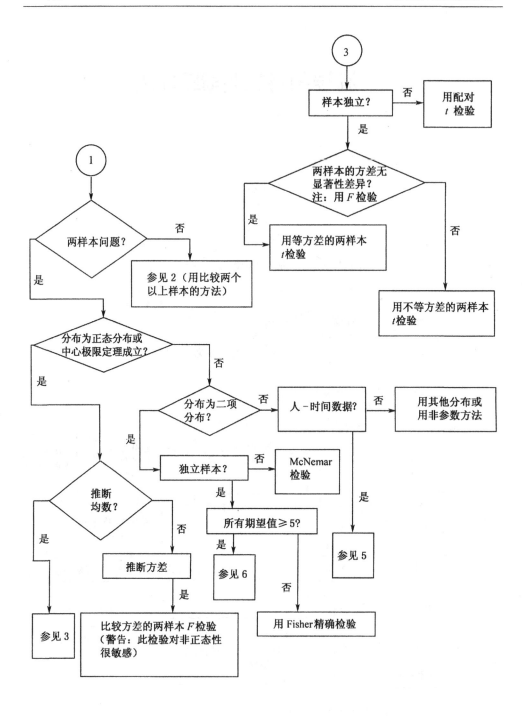

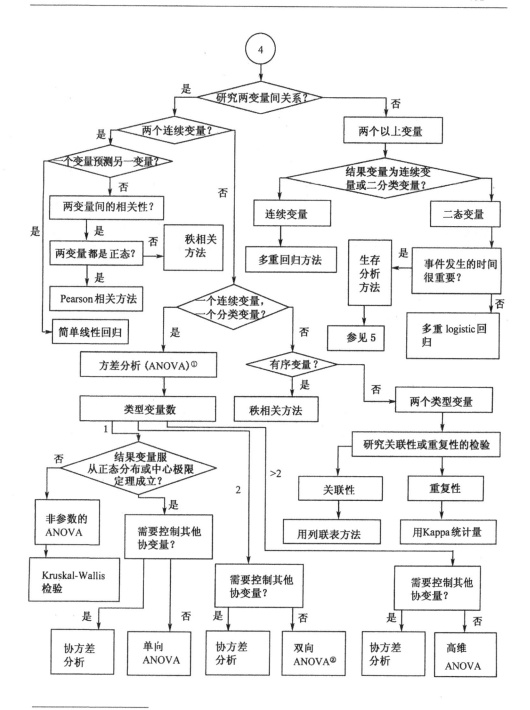

---

* ① "方差分析(ANOVA)"后,应先检查"结果变量服从…?",再进入自变量的"类型变量数"。
  ② "双向 ANOVA"涉及的是一个结果变量及两个类型变量,这与顶上"研究两变量间关系?"也不一致。此图问题颇多,难以简单修改。——译者注

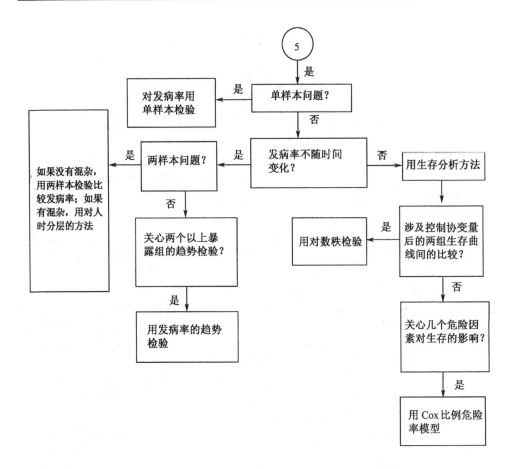

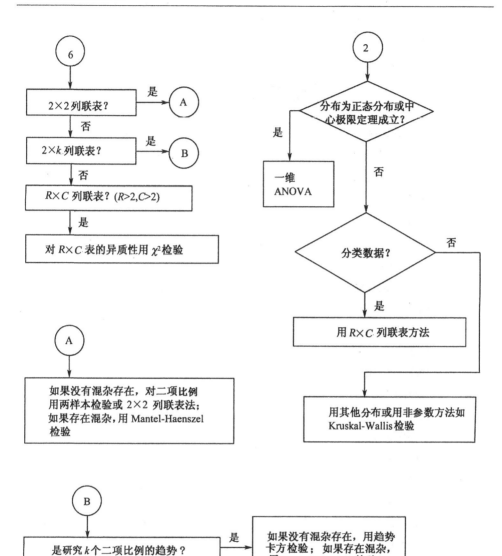

数据集索引

索　引

应用索引

（大标题按汉字笔画排序）

健康促进

职业卫生

乳腺癌发病率与绝经状态的关系：练习题 14.25～14.26

乳腺癌发病率与所生子女数的关系：例 14.24；例 14.25

乳腺癌发病率与每天脂肪摄入量间的关系：例 13.55，例 13.56；练习题 13.85～13.89

肺癌发病率与暴饮间的关系：例 13.12；例 13.13；例 13.14

血浆维生素 A 浓度与胃癌危险性的关系：练习题 7.61～7.63

每天饮食对结肠癌的关系：例 13.9

囊性纤维病人中癌的危险性：练习 5.71～5.73

经历放射性乳房切除术的乳腺癌妇女的生存期：例 6.11

维生素 E 的预防癌作用：表 5.2